"十三五"国家重点出版物出版规划项目

中 国 生 物 物 种 名 录

第一卷 植 物

种子植物（V）

被子植物 ANGIOSPERMS

（蔷薇科 Rosaceae—叶下珠科 Phyllanthaceae）

夏念和　童毅华　编著

科 学 出 版 社

北 京

内 容 简 介

本书收录了中国被子植物共28科282属3565种，其中2197种（61.63%）为中国特有，100种（2.81%）为外来植物。每一种的内容包括中文名、学名和异名及原始发表文献、国内外分布等信息。

本书可作为中国植物分类系统学和多样性研究的基础资料，也可作为环境保护、林业、医学等从业人员及高等院校师生的参考书。

图书在版编目（CIP）数据

中国生物物种名录. 第一卷，植物. 种子植物. V，被子植物. 蔷薇科—叶下珠科/夏念和，童毅华编著. —北京：科学出版社，2018.1

"十三五"国家重点出版物出版规划项目　国家出版基金项目

ISBN 978-7-03-056037-7

Ⅰ. ①中…　Ⅱ. ①夏…　②童…　Ⅲ. ①生物–物种–中国–名录　②蔷薇科–物种–中国–名录　③叶下珠–物种–中国–名录　Ⅳ. ①Q152-62　②Q949.751.8-62　③Q949.753.5-62

中国版本图书馆CIP数据核字（2017）第314880号

责任编辑：马　俊　王　静　侯彩霞 / 责任校对：刘亚琦

责任印制：张　伟 / 封面设计：刘新新

科 学 出 版 社 出版

北京东黄城根北街16号

邮政编码：100717

http：//www.sciencep.com

北京教图印刷有限公司 印刷

科学出版社发行　各地新华书店经销

*

2018年1月第 一 版　开本：889×1094 1/16

2018年1月第一次印刷　印张：26 1/4

字数：922 000

定价：180.00元

（如有印装质量问题，我社负责调换）

Species Catalogue of China

Volume 1 Plants

SPERMATOPHYTES (Ⅴ)

ANGIOSPERMS

(Rosaceae—Phyllanthaceae)

Authors: Nianhe Xia   Yihua Tong

Science Press

Beijing

《中国生物物种名录》编委会

总　　序

生物多样性保护研究、管理和监测等许多工作都需要翔实的物种名录作为基础。建立可靠的生物物种名录也是生物多样性信息学建设的首要工作。通过物种唯一的有效学名可查询关联到国内外相关数据库中该物种的所有资料，这一点在网络时代尤为重要，也是整合生物多样性信息最容易实现的一种方式。此外，“物种数目”也是一个国家生物多样性丰富程度的重要统计指标。然而，像中国这样生物种类非常丰富的国家，各生物类群研究基础不同，物种信息散见于不同的志书或不同时期的刊物中，加之分类系统及物种学名也在不断被修订，因此建立实时更新、资料翔实，且经过专家审订的全国性生物物种名录，对我国生物多样性保护具有重要的意义。

生物多样性信息学的发展推动了生物物种名录编研工作。比较有代表性的项目，如全球鱼类数据库（FishBase）、国际豆科数据库（ILDIS）、全球生物物种名录（CoL）、全球植物名录（TPL）和全球生物名称（GNA）等项目；最有影响的全球生物多样性信息网络（GBIF）也专门设立子项目处理生物物种名称（ECAT）。生物物种名录的核心是明确某个区域或某个类群的物种数量，处理分类学名称，厘清生物分类学上有效发表的拉丁学名的性质，即接受名还是异名及其演变过程；好的生物物种名录是生物分类学研究进展的重要标志，是各种志书编研必需的基础性工作。

自 2007 年以来，中国科学院生物多样性委员会组织国内外 100 多位分类学专家编辑中国生物物种名录；并于 2008 年 4 月正式发布《中国生物物种名录》光盘版和网络版（http://www.sp2000.cn/joaen），此后，每年更新一次；2012 年版名录已于同年 9 月面世，包括 70 596 个物种（含种下等级）。该名录自发布受到广泛使用和好评，成为环境保护部物种普查和农业部作物野生近缘种普查的核心名录库，并为环境保护部中国年度环境公报物种数量的数据源，我国还是全球首个按年度连续发布全国生物物种名录的国家。

电子版名录发布以后，有大量的读者来信索取光盘或从网站上下载名录数据，取得了良好的社会效果。有很多读者和编者建议出版《中国生物物种名录》印刷版，以方便读者、扩大名录的影响。为此，在 2011 年 3 月 31 日中国科学院生物多样性委员会换届大会上正式征求委员的意见，与会者建议尽快编辑出版《中国生物物种名录》印刷版。该项工作得到原中国科学院生命科学与生物技术局的大力支持，设立专门项目，支持《中国生物物种名录》的编研，项目于 2013 年正式启动。

组织编研出版《中国生物物种名录》（印刷版）主要基于以下几点考虑。①及时反映和推动中国生物分类学工作。“三志”是本项工作的重要基础。从目前情况看，植物方面的基础相对较好，2004 年 10 月《中国植物志》80 卷 126 册全部正式出版，*Flora of China* 的编研也已完成；动物方面的基础相对薄弱，《中国动物志》虽已出版 130 余卷，但仍有很多类群没有出版；《中国孢子植物志》已出版 80 余卷，很多类群仍有待编研，且微生物名录数字化基础比较薄弱，在 2012 年版中国生物物种名录光盘版中仅收录 900 多种，而植物有 35 000 多种，动物有 24 000 多种。需要及时总结分类学研究成果，把新种和新的修订，包括分类系统修订的信息及时整合到生物物种名录中，以克服志书编写出版周期长的不足，让各个方面的读者和用户及时了解和使用新的分类学成果。②生物物种名称的审订和处理是志书编写的基础性工作，名录的编研出版可以推动生物志书的编研；相关学科如生物地理学、保护生物学、生态学等的研究工作需要及时更新的生物物种名录。③政府部门和社会团体等在生物多样性保护和可持续利用的实践中，希望及时得到中国物种多样性的统计信息。④全球生物物种名录等国际项目需要中国生物物种名录等区域性名录信息不断更新完善，因此，我们的工作也可以在一定程度上推动全球生物多样性编目与保护工作的进展。

编研出版《中国生物物种名录》（印刷版）是一项艰巨的任务，尽管不追求短期内涉及所有类群，也是难度很大的。衷心感谢各位参编人员的严谨奉献，感谢几位副主编和工作组的把关和协调，特别感谢不幸过世的副主编刘瑞玉院士的积极支持。感谢国家出版基金和科学出版社的资助和支持，保证了本系列丛书的顺利出版。在此，对所有为《中国生物物种名录》编研出版付出艰辛努力的同仁表示诚挚的谢意。

虽然我们在《中国生物物种名录》网络版和光盘版的基础上，组织有关专家重新审订和编写名录的印刷版。但限于资料和编研队伍等多方面因素，肯定会有诸多不尽如人意之处，恳请各位同行和专家批评指正，以便不断更新完善。

陈宜瑜

2013 年 1 月 30 日于北京

植物卷前言

《中国生物物种名录》（印刷版）植物卷共计十二个分册和总目录一册，涵盖中国全部野生高等植物，以及重要和常见栽培植物和归化植物。包括苔藓植物、蕨类植物（包括石松类和蕨类植物）各一个分册，种子植物十个分册，提供每种植物（含种下等级）名称及国内外分布等基本信息，学名及其异名还附有原始发表文献；总目录册为索引性质，包括全部高等植物，但不引异名及文献。

根据《中国生物物种名录》编委会关于采用新的和成熟的分类系统排列的决议，苔藓植物采用Frey等（2009）的系统；蕨类植物基本上采用*Flora of China*（Vol. 2-3，2013）的系统；裸子植物按Christenhusz等（2011）系统排列；被子植物科按"被子植物发育研究组（Angiosperm Phylogeny Group，APG）"第三版（APGIII）排列（APG，2009；Haston et al.，2009；Reveal and Chase，2011），但对菊目（Asterales）、南鼠刺目（Escalloniales）、川续断目（Dipsacales）、天门冬目（Asparagales）（除兰科外）各科及百合目（Liliales）百合科（Liliaceae）的顺序作了调整，以保持各册书籍体量之间的平衡；科级范畴与刘冰等（2015）文章基本一致（http://www.biodiversity-science.net/article/2015/1005-0094-23-2-225.html）。种子植物各册所包含类群及排列顺序见附件一。

本卷名录收载苔藓植物150科591属3021种（贾渝和何思，2013）；蕨类植物40科178属2147种（严岳鸿等，2016）；裸子植物10科45属262种；被子植物264科3191属30 729种。全书共收载中国高等植物464科4005属36 159种，其中外来种1283种，特有种18 919种。

"●"表示中国特有种，"☆"表示栽培种，"△"表示归化种。

工作组以2013年电子版（网络版）《中国生物物种名录》（http://www.sp2000.org.cn/）为基础，并补充*Flora of China*新出版卷册信息构建名录底库，提供给卷册编著者作为编研基础和参考；编著者在广泛查阅近期分类学文献后，按照编写指南精心编制类群名录；初稿经过同行评审和编委会组织的专家审稿会审定后，作者再修改终成文付梓。我们对名录编著者的辛勤劳动和各位审核专家的帮助表示诚挚的谢意！

2007～2009年，我们曾广泛邀请国内植物分类学专家审核《中国生物物种名录》（电子版）高等植物部分。共有28家单位82位专家参加名录审核工作，涉及大多数高等植物种类，一些疑难科属还进行了数次或多人交叉审核。我们借此机会感谢这些专家学者的贡献，尤其感谢内蒙古大学赵一之教授和曲阜师范大学侯元同教授协助审核许多小型科属。可以说，没有这些专家的工作就没有物种名录电子版，也是他们的工作奠定了名录印刷版编研的基础。电子版名录审核专家名单见附件二。

我们再次感谢各位名录编著者的支持、投入和敬业；感谢丛书编委会主编及植物卷各位编委的审核和把关；感谢中国科学院生物多样性委员会各位领导老师的指导和帮助；感谢何强、李奕、包伯坚、赵莉娜、刘慧圆、纪红娟、刘博、叶建飞等多位同事和学生在名录录入和数据整理工作上提供的帮助；感谢杨永、刘冰两位博士提供APGIII系统框架及其科级范畴资料；感谢科学出版社各位编辑耐心而细致的编辑工作。

《中国生物物种名录》植物卷工作组

2016年10月30日

主要参考文献

Angiosperm Phylogeny Group. 2009. An update of the Angiosperm Phylogeny Group classification for the orders and families of flowering plants: APG Ⅲ. Bot. J. Linn. Soc., 161(2): 105-121.
Christenhusz M J M, Reveal J L, Farjon A, Gardner M F, Mill R R, Chase M W. 2011. A new classification and linear sequence of extant gymnosperms. Phytotaxa, 19: 55-70.
Frey W, Stech M, Fischer E. 2009. Bryophytes and seedless vascular plants. Syllabus of plant families. 3. Berlin, Stuttgart: Gebr. Borntraeger Verlagsbuchhandlung.
Haston E, Richardson J E, Stevens P F, Chase M W, Harris D J. 2009. The Linear Angiosperm Phylogeny Group (LAPG) Ⅲ: a linear sequence of the families in APGⅢ. Bot. J. Linn. Soc., 161(2): 128-131.
Reveal J L, Chase M W. 2011. APGⅢ: Bibliographical Information and Synonymy of Magnoliidae. Phytotaxa, 19: 71-134.
Wu C Y, Raven P H, Hong D Y. 1994-2013. Flora of China. Volume 1-25. Beijing: Science Press, St. Louis: Missouri Botanical Garden Press.
贾渝, 何思. 2013. 中国生物物种名录 第一卷 植物 苔藓植物. 北京: 科学出版社.
刘冰, 叶建飞, 刘夙, 汪远, 杨永, 赖阳均, 曾刚, 林秦文. 2015. 中国被子植物科属概览: 依据 APGⅢ系统. 生物多样性, 23(2): 225-231.
骆洋, 何廷彪, 李德铢, 王雨华, 伊廷双, 王红. 2012. 中国植物志、*Flora of China* 和维管植物新系统中科的比较. 植物分类与资源学报, 34(3): 231-238.
汤彦承, 路安民. 2004.《中国植物志》和《中国被子植物科属综论》所涉及"科"界定及比较. 云南植物研究, 26(2): 129-138.
严岳鸿, 张宪春, 周喜乐, 孙久琼. 2016. 中国生物物种名录 第一卷 植物 蕨类植物. 北京: 科学出版社.
中国科学院中国植物志编辑委员会. 1959-2004. 中国植物志(第一至第八十卷). 北京: 科学出版社.

附件一 《中国生物物种名录》植物卷种子植物部分系统排列

（Ⅰ分册）

裸子植物 GYMNOSPERMS
苏铁亚纲 Cycadidae
苏铁目 Cycadales
1 苏铁科 Cycadaceae
银杏亚纲 Ginkgoidae
银杏目 Ginkgoales
2 银杏科 Ginkgoaceae
买麻藤亚纲 Gnetidae
买麻藤目 Gnetales
3 买麻藤科 Gnetaceae
麻黄目 Ephedrales
4 麻黄科 Ephedraceae
松柏亚纲 Pinidae
松目 Pinales
5 松科 Pinaceae
南洋杉目 Araucariales
6 南洋杉科 Araucariaceae
7 罗汉松科 Podocarpaceae
柏目 Cupressales
8 金松科 Sciadopityaceae
9 柏科 Cupressaceae
10 红豆杉科 Taxaceae

被子植物 ANGIOSPERMS
木兰亚纲 Magnoliidae
睡莲超目 Nymphaeanae
睡莲目 Nymphaeales
1 莼菜科 Cabombaceae
2 睡莲科 Nymphaeaceae
木兰藤超目 Austrobaileyanae
木兰藤目 Austrobaileyales
3 五味子科 Schisandraceae
木兰超目 Magnolianae
胡椒目 Piperales
4 三白草科 Saururaceae
5 胡椒科 Piperaceae
6 马兜铃科 Aristolochiaceae
木兰目 Magnoliales
7 肉豆蔻科 Myristicaceae
8 木兰科 Magnoliaceae
9 番荔枝科 Annonaceae
樟目 Laurales
10 蜡梅科 Calycanthaceae
11 莲叶桐科 Hernandiaceae
12 樟科 Lauraceae
金粟兰目 Chloranthales

13 金粟兰科 Chloranthaceae
百合超目 Lilianae
菖蒲目 Acorales
14 菖蒲科 Acoraceae
泽泻目 Alismatales
15 天南星科 Araceae
16 岩菖蒲科 Tofieldiaceae
17 泽泻科 Alismataceae
18 花蔺科 Butomaceae
19 水鳖科 Hydrocharitaceae
20 冰沼草科 Scheuchzeriaceae
21 水蕹科 Aponogetonaceae
22 水麦冬科 Juncaginaceae
23 大叶藻科 Zosteraceae
24 眼子菜科 Potamogetonaceae
25 海神草科（波喜荡科）Posidoniaceae
26 川蔓藻科 Ruppiaceae
27 丝粉藻科 Cymodoceaceae
无叶莲目 Petrosaviales
28 无叶莲科 Petrosaviaceae
薯蓣目 Dioscoreales
29 肺筋草科 Nartheciaceae
30 水玉簪科 Burmanniaceae
31 薯蓣科 Dioscoreaceae
露兜树目 Pandanales
32 霉草科 Triuridaceae
33 翡若翠科 Velloziaceae
34 百部科 Stemonaceae
35 露兜树科 Pandanaceae
百合目 Liliales
36 藜芦科 Melanthiaceae
37 秋水仙科 Colchicaceae
38 菝葜科 Smilacaceae
39 白玉簪科 Corsiaceae
40 百合科 Liliaceae（移到Ⅲ分册）
天门冬目 Asparagales
41 兰科 Orchidaceae

（Ⅱ分册）

42 仙茅科 Hypoxidaceae（移到Ⅲ分册）
43 鸢尾蒜科 Ixioliriaceae（移到Ⅲ分册）
44 鸢尾科 Iridaceae（移到Ⅲ分册）
45 黄脂木科 Xanthorrhoeaceae（移到Ⅲ分册）
46 石蒜科 Amaryllidaceae（移到Ⅲ分册）
47 天门冬科 Asparagaceae（移到Ⅲ分册）
棕榈目 Arecales
48 棕榈科 Arecaceae
鸭跖草目 Commelinales
49 鸭跖草科 Commelinaceae
50 田葱科 Philydraceae
51 雨久花科 Pontederiaceae
姜目 Zingiberales
52a 鹤望兰科 Strelitziaceae
52b 兰花蕉科 Lowiaceae
53 芭蕉科 Musaceae
54 美人蕉科 Cannaceae
55 竹芋科 Marantaceae
56 闭鞘姜科 Costaceae
57 姜科 Zingiberaceae
禾本目 Poales
58 香蒲科 Typhaceae
59 凤梨科 Bromeliaceae
60 黄眼草科 Xyridaceae
61 谷精草科 Eriocaulaceae
62 灯心草科 Juncaceae
63 莎草科 Cyperaceae
64 刺鳞草科 Centrolepidaceae
65 帚灯草科 Restionaceae
66 须叶藤科 Flagellariaceae
67 禾本科 Poaceae

（Ⅲ分册）

百合科和天门冬目各科（除兰科外）
金鱼藻超目 Ceratophyllanae
金鱼藻目 Ceratophyllales
68 金鱼藻科 Ceratophyllaceae
毛茛超目 Ranunculanae
毛茛目 Ranunculales
69 领春木科 Eupteleaceae
70 罂粟科 Papaveraceae
71 星叶草科 Circaeasteraceae
72 木通科 Lardizabalaceae
73 防己科 Menispermaceae
74 小檗科 Berberidaceae
75 毛茛科 Ranunculaceae
山龙眼超目 Proteanae
清风藤目 Sabiales
76 清风藤科 Sabiaceae
山龙眼目 Proteales
77 莲科 Nelumbonaceae
78 悬铃木科 Platanaceae
79 山龙眼科 Proteaceae
昆栏树超目 Trochodendranae
昆栏树目 Trochodendrales
80 昆栏树科 Trochodendraceae
黄杨超目 Buxanae
黄杨目 Buxales
81 黄杨科 Buxaceae

156 芸香科 Rutaceae
157 苦木科 Simaroubaceae
158 楝科 Meliaceae
腺椒树目 Huerteales
159 瘿椒树科 Tapisciaceae
160 十齿花科 Dipentodontaceae
锦葵目 Malvales
161 锦葵科 Malvaceae
162 瑞香科 Thymelaeaceae
163 红木科 Bixaceae
164 半日花科 Cistaceae
165 龙脑香科 Dipterocarpaceae
十字花目 Brassicales
166 叠珠树科 Akaniaceae
167 旱金莲科 Tropaeolaceae
168 辣木科 Moringaceae
169 番木瓜科 Caricaceae
170 刺茉莉科 Salvadoraceae
171 木犀草科 Resedaceae
172 山柑科 Capparaceae
173 节蒴木科 Borthwickiaceae
174 白花菜科 Cleomaceae
175 十字花科 Brassicaceae
檀香超目 Santalanae
檀香目 Santalales
176 蛇菰科 Balanophoraceae
177 铁青树科 Olacaceae
178 山柚子科 Opiliaceae
179 檀香科 Santalaceae
180 桑寄生科 Loranthaceae
181 青皮木科 Schoepfiaceae
石竹超目 Caryophyllanae
石竹目 Caryophyllales
182 瓣鳞花科 Frankeniaceae
183 柽柳科 Tamaricaceae
184 白花丹科 Plumbaginaceae
185 蓼科 Polygonaceae
186 茅膏菜科 Droseraceae
187 猪笼草科 Nepenthaceae
188 钩枝藤科 Ancistrocladaceae
（Ⅶ分册）
189 石竹科 Caryophyllaceae
190 苋科 Amaranthaceae
191 针晶粟草科 Gisekiaceae
192 番杏科 Aizoaceae
193 商陆科 Phytolaccaceae
194 紫茉莉科 Nyctaginaceae
195 粟米草科 Molluginaceae
196 落葵科 Basellaceae
197 土人参科 Talinaceae
198 马齿苋科 Portulacaceae
199 仙人掌科 Cactaceae
菊超目 Asteranae
山茱萸目 Cornales
200 山茱萸科 Cornaceae
201 绣球花科 Hydrangeaceae
杜鹃花目 Ericales
202 凤仙花科 Balsaminaceae
203 花荵科 Polemoniaceae
204 玉蕊科 Lecythidaceae
205 肋果茶科 Sladeniaceae
206 五列木科 Pentaphylacaceae
207 山榄科 Sapotaceae
208 柿树科 Ebenaceae
209 报春花科 Primulaceae
210 山茶科 Theaceae
211 山矾科 Symplocaceae
212 岩梅科 Diapensiaceae
213 安息香科 Styracaceae
214 猕猴桃科 Actinidiaceae
215 桤叶树科 Clethraceae
216 帽蕊草科 Mitrastemonaceae
217 杜鹃花科 Ericaceae
（Ⅷ分册）
茶茱萸目 Icacinales
218 茶茱萸科 Icacinaceae
丝缨花目 Garryales
219 杜仲科 Eucommiaceae
220 丝缨花科 Garryaceae
龙胆目 Gentianales
221 茜草科 Rubiaceae
222 龙胆科 Gentianaceae
223 马钱科 Loganiaceae
224 钩吻科 Gelsemiaceae
225 夹竹桃科 Apocynaceae
紫草目 Boraginales
226 紫草科 Boraginaceae
茄目 Solanales
227 旋花科 Convolvulaceae
228 茄科 Solanaceae
229 尖瓣花科 Sphenocleaceae
唇形目 Lamiales
230 田基麻科 Hydroleaceae
231 香茜科 Carlemanniaceae
232 木犀科 Oleaceae
233 苦苣苔科 Gesneriaceae

附件二 《中国生物物种名录》（2007~2009）电子版植物类群编著者名单

苔藓植物：贾 渝[中国科学院植物研究所].
蕨类植物：张宪春[中国科学院植物研究所].
裸子植物：杨 永[中国科学院植物研究所].
被子植物：
曹 伟[中国科学院沈阳应用生态研究所]：杨柳科.
曹 明[广西壮族自治区中国科学院广西植物研究所]：芸香科.
陈家瑞[中国科学院植物研究所]：假繁缕科、锁阳科、小二仙草科、菱科、柳叶菜科.
陈 介[中国科学院昆明植物研究所]：野牡丹科、使君子科、桃金娘科.
陈世龙[中国科学院西北高原生物研究所]：龙胆科.
陈文俐，刘 冰[中国科学院植物研究所]：禾亚科.
陈艺林[中国科学院植物研究所]：鼠李科.
陈又生[中国科学院植物研究所]：槭树科、堇菜科.
陈之端[中国科学院植物研究所]：葡萄科.
邓云飞[中国科学院华南植物园]：爵床科.
方瑞征[中国科学院昆明植物研究所]：旋花科.
高天刚[中国科学院植物研究所]：菊科.
耿玉英[中国科学院植物研究所]：杜鹃花科.
谷粹芝[中国科学院植物研究所]：蔷薇科.
郭丽秀[中国科学院华南植物园]：棕榈科、清风藤科.
郭友好[武汉大学]：水蕹科、水鳖科、雨久花科、香蒲科、田葱科、花蔺科、茨藻科、浮萍科、泽泻科、黑三棱科、眼子菜科.
洪德元，潘开玉[中国科学院植物研究所]：桔梗科、芍药科、鸭跖草科.
侯元同[曲阜师范大学]：锦葵科、谷精草科、省沽油科、安息香科、苋科、椴树科、桃叶珊瑚科、蓼科、石蒜科等.
侯学良[厦门大学]：番荔枝科.
胡启明[中国科学院华南植物园]：报春花科、紫金牛科.
郎楷永[中国科学院植物研究所]：兰科.
雷立功[中国科学院昆明植物研究所]：冬青科.
黎 斌[西安植物园]：石竹科.
李安仁[中国科学院植物研究所]：藜科.
李秉滔[华南农业大学]：萝藦科、夹竹桃科、马钱科.
李 恒[中国科学院昆明植物研究所]：天南星科.
李建强[中国科学院武汉植物园]：猕猴桃科、景天科.
李锡文[中国科学院昆明植物研究所]：唇形科、藤黄科、龙脑香科.
李振宇[中国科学院植物研究所]：车前科、狸藻科.
梁松筠[中国科学院植物研究所]：百合科.
林 祁[中国科学院植物研究所]：五味子科、荨麻科.
林秦文[中国科学院植物研究所]：杜英科、梧桐科、黄杨科、漆树科、卫矛科、大风子科、山龙眼科.
刘启新[江苏省中国科学院植物研究所]：伞形科、十字花科.
刘 青[中国科学院华南植物园]：山矾科.
刘全儒[北京师范大学]：败酱科、川续断科.
刘心恬[中国科学院植物研究所]：马鞭草科.
刘 演[广西壮族自治区中国科学院广西植物研究所]：山榄科、苦苣苔科、柿科.
陆玲娣[中国科学院植物研究所]：虎耳草科.

罗　艳[中国科学院西双版纳热带植物园]：毛茛科（乌头属）.
马海英[云南大学]：金虎尾科、远志科.
马金双[中国科学院上海辰山植物科学研究中心]：大戟科、马兜铃科.
彭　华，刘恩德[中国科学院昆明植物研究所]：茶茱萸科、楝科.
彭镜毅[台湾“中央研究院”生物多样性中心]：秋海棠科.
齐耀东[中国医学科学院药用植物研究所]：瑞香科.
丘华兴[中国科学院华南植物园]：桑寄生科、槲寄生科.
任保青[中国科学院植物研究所]：桦木科.
萨　仁[中国科学院植物研究所]：榆科.
覃海宁[中国科学院植物研究所]：灯心草科、木通科、山柑科、海桑科.
王利松[中国科学院植物研究所]：伞形科.
王瑞江[中国科学院华南植物园]：茜草科（除粗叶木属外）.
王英伟[中国科学院植物研究所]：罂粟科.
韦发南[广西壮族自治区中国科学院广西植物研究所]：樟科.
文　军[美国史密斯研究院]、刘　博[中央民族大学]：五加科、葡萄科.
吴德邻[中国科学院华南植物园]：姜科.
武建勇[环境保护部南京环境科学研究所]：小檗科.
夏念和[中国科学院华南植物园]：竹亚科、木兰科、檀香科、无患子科、胡椒科.
向秋云[美国北卡罗来纳大学]：山茱萸科（广义）.
谢　磊[北京林业大学]、阳文静[江西师范大学]：毛茛科（铁线莲属、唐松草属）.
徐增莱[江苏省中国科学院植物研究所]：薯蓣科.
许炳强[中国科学院华南植物园]：木犀科.
阎丽春[中国科学院西双版纳热带植物园]：茜草科（粗叶木属）.
杨福生[中国科学院植物研究所]：玄参科.
杨世雄[中国科学院昆明植物研究所]：山茶科.
于　慧[中国科学院华南植物园]：桑科.
于胜祥[中国科学院植物研究所]：凤仙花科.
袁　琼[中国科学院华南植物园]：毛茛科（乌头属、铁线莲属和唐松草属除外）.
张树仁[中国科学院植物研究所]：莎草科.
张志耘[中国科学院植物研究所]：海桐花科、金缕梅科、列当科、茄科、葫芦科、胡桃科、紫葳科.
张志翔[北京林业大学]：谷精草科.
赵一之[内蒙古大学]：柽柳科、胡颓子科、八角枫科、金粟兰科、桤叶树科、千屈菜科、忍冬科、牻牛儿苗科、车前科等.
赵毓棠[东北师范大学]：鸢尾科.
周庆源[中国科学院植物研究所]：莼菜科、莲科、芸香科、睡莲科.
周浙昆[中国科学院西双版纳热带植物园]：壳斗科.
朱格麟[西北师范大学]：紫草科.
朱相云[中国科学院植物研究所]：豆科.

本册编写说明

《中国生物物种名录》植物卷种子植物 V 分册收录了中国被子植物蔷薇目、壳斗目、葫芦目、卫矛目、酢浆草目和金虎尾目（部分）等 6 目共 28 科 282 属 3565 种，其中 2197 种（61.63%）为中国特有种，82 种（2.30%）为栽培种，18 种（0.50%）为归化种。

根据编委会的决议，在科的排列上，本册所涉及的类群按最新的分类系统——APGIII系统进行排列；在科属的界定上主要采用 APGIII和 *Flora of China* 的处理意见，并结合最新的、可靠的研究结果进行编写，采用的较新分类处理包括采用广义李属（*Prunus s. l.*）、广义栎属（*Quercus s. l.*）的概念，认为我国的杨梅属物种全部是 *Morella* 的成员，承认蕨麻属（*Argentina*）、裸实属（*Gymnosporia*）、冻绿属（*Frangula*）等。本名录在 *Flora of China*（第 4、第 5、第 9、第 11、第 12、第 13、第 19 卷）的基础上，增加了近年来（截至 2015 年 11 月）在中国本土发现的新描述或新记录的分类群，如荨麻科征镒麻属（*Zhengyia*）、大戟科小果木属（*Micrococa*），其中收录的新分类群较多的属主要有荨麻科楼梯草属（*Elatostema*），蔷薇科栒子属（*Cotoneaster*）、花楸属（*Sorbus*）、委陵菜属（*Potentilla*）等，并新拟了缺少中文名称的类群。编写过程中还采纳了比较可靠的分类修订研究成果，如对一些种类正确名称的考证、名称合格发表的文献出处、对一些种进行合并与拆分的分类处理等，并按照国际植物命名法规的规定对部分种类的名称进行了重新组合或归并处理。

本分册在编写过程中，得到国内众多分类学专家的支持和协助。作者感谢项目负责人马克平研究员给予的大力支持，项目组织者覃海宁研究员及其课题组人员付出的辛勤劳动；感谢前期参与了名录审校的各位专家；感谢北京师范大学的刘全儒教授对本分册内容进行的细致的审稿工作；感谢中国科学院植物研究所的李振宇研究员和聊城大学的钱关泽教授分别审校了本分册的酢浆草科和蔷薇科的内容；感谢参与本分册审稿会议的洪德元院士、张宪春研究员、朱湘云研究员、彭华研究员、张志翔教授、张树仁副研究员、侯元同教授及其他与会的同仁给予的编写意见和建议；中国科学院华南植物园的邓云飞研究员在本书编写过程中给予了很多命名处理方面的意见，在此一并致谢！

由于本名录所覆盖的类群和名称很多，涉及的文献十分庞杂，而编研时间又很有限，不足之处在所难免，恳请各位读者批评指正。

夏念和　童毅华

2016 年 4 月于华南植物园

目　录

被子植物 ANGIOSPERMS

100. 蔷薇科 ROSACEAE
[50 属: 1087 种]

羽叶花属 **Acomastylis** Greene

羽叶花

Acomastylis elata (Wall. ex G. Don) F. Bolle, Repert. Spec. Nov. Regni Veg. Beih. 72: 83 (1933).
Geum elatum Wall. ex G. Don, Gen. Hist. 2: 526 (1832); *Sieversia elata* (Wall. ex G. Don) Royle, Ill. Bot. Himal. Mts. 207, t. 39 (1939).
陕西、青海、四川、云南、西藏；不丹、尼泊尔、印度（锡金）、克什米尔地区。

羽叶花（原变种）

Acomastylis elata var. **elata**
Geum elatum var. *leiocarpum* W. E. Evans, Notes Roy. Bot. Gard. Edinburgh 14 (67): 29 (1933); *Acomastylis elata* var. *leiocarpa* (W. E. Evans) F. Bolle, Repert. Spec. Nov. Regni Veg. Beih. 72: 84 (1933).
陕西、四川、西藏；不丹、尼泊尔、印度（锡金）、克什米尔地区。

矮生羽叶花

Acomastylis elata var. **humilis** (Royle) F. Bolle, Repert. Spec. Nov. Regni Veg. Beih. 72: 84 (1933).
Sieversia elata var. *humilis* Royle, Ill. Bot. Himal. Mts. 1: 207 (1835); *Potentilla adnata* Wall. ex Lehm., Nov. Stirp. Pug. 9: 9 (1851); *Geum elatum* var. *humile* (Royle) Hook. f., Fl. Brit. Ind. 2 (5): 343 (1878).
青海、云南、西藏；不丹、尼泊尔、印度（锡金）。

大萼羽叶花

Acomastylis macrosepala (Ludlow) T. T. Yu et C. L. Li, Fl. Reipubl. Popularis Sin. 37: 225, pl. 33, f. 1-6 (1985).
Geum macrosepalum Ludlow, Bull. Brit. Mus. (Nat. Hist.), Bot. 5 (5): 271, pl. 30 a, f. 2 (1976).
西藏；不丹、印度。

龙芽草属 **Agrimonia** L.

托叶龙芽草（大托叶龙芽草，朝鲜龙芽草）

Agrimonia coreana Nakai, Rep. Veget. Diam. Mt. 71 (1918).
Agrimonia velutina Juz., Fl. U. R. S. S. 10: 636, pl. 25, f. 5 (1941); *Agrimonia pilosa* var. *coreana* (Nakai) Liou et W. C. Cheng ex Liou et C. Y. Li, Fl. Pl. Herb. Chin. Bor.-Or. 5: 51 (1976).
吉林、辽宁、山东、浙江；日本、朝鲜、俄罗斯。

大花龙芽草

Agrimonia eupatoria subsp. **asiatica** (Juz.) Skalický, Repert. Spec. Nov. Regni Veg. Beih. 79 (1-2): 35 (1968).
Agrimonia asiatica Juz., Weed U. S. S. R. 3: 138 (1934).
新疆；亚洲。

小花龙芽草

Agrimonia nipponica var. **occidentalis** Skalický ex J. E. Vidal, Fl. Cambodge, Laos et Vietnam 6: 133 (1968).
安徽、浙江、江西、贵州、广东、广西；越南、老挝。

龙芽草（仙鹤草，瓜香草）

Agrimonia pilosa Ledeb., Index Seminum (Dorpat) Suppl. 1 (1823).
中国各地均有；蒙古国、日本、朝鲜、越南、老挝、缅甸、泰国、不丹、尼泊尔、印度、俄罗斯；欧洲（东部）。

龙芽草（原变种）

Agrimonia pilosa var. **pilosa**
Agrimonia viscidula Bunge, Enum. Pl. China Bor. 26 (1833); *Agrimonia viscidula* var. *japonica* Miq., Ann. Mus. Bot. Lugduno-Batavi 3: 38 (1867); *Agrimonia pilosa* var. *viscidula* (Bunge) Kom., Trudy Imp. S.-Peterburgsk. Bot. Sada 22 (2): 520 (1904); *Agrimonia pilosa* var. *japonica* (Miq.) Nakai, Veg. Mt. Apoi. 54 (1930); *Agrimonia japonica* (Miq.) Koidz., Bot. Mag. (Tokyo) 44: 104 (1930); *Agrimonia eupatoria* var. *japonica* (Miq.) Masam., Annual Rep. Taihoku Bot. Gard. 2: 134 (1932); *Agrimonia viscidula* f. *borealis* Kitag., J. Jap. Bot. 19 (4): 115 (1943); *Agrimonia obtusifolia* A. I. Baranov et Skvortsov, Quart. J. Taiwan Mus. 19: 160 (1966); *Agrimonia pilosa* subsp. *japonica* (Miq.) H. Hara, Coll. Bot. 398 (1968).
中国各地均有；蒙古国、日本、朝鲜、越南（北部）、俄罗斯；欧洲（东部）。

黄龙尾

Agrimonia pilosa var. **nepalensis** (D. Don) Nakai, Bot. Mag. (Tokyo) 47 (556): 317 (1933).
Agrimonia nepalensis D. Don, Prodr. Fl. Nepal. 229 (1825); *Agrimonia lanata* Wall., Numer. List n. 709 (1828), *nom. inval.*; *Agrimonia eupatoria* var. *nepalensis* (D. Don) Kuntze, Revis. Gen. Pl. 1: 214 (1891); *Agrimonia nepalensis* var. *obovata* Skalicky, Fl. Cambodge, Laos et Vietnam 6: 135

(1968); *Agrimonia zeylanica* auct. non Moon: Hand.-Mazz., Symb. Sin. 7: 523 (1933).
河北、山西、山东、河南、陕西、甘肃、安徽、江苏、江西、湖南、湖北、四川、贵州、云南、西藏、广东、广西；越南、老挝、缅甸、泰国、不丹、尼泊尔、印度。

羽衣草属 Alchemilla L.

无毛羽衣草

Alchemilla glabra Neygenf., Ench. Bot. 67 (1821).
四川；俄罗斯（西西伯利亚）；欧洲。

纤细羽衣草

Alchemilla gracilis Opiz, Oekon. Techn. Fl. Bohm. 2 (1): 14 (1839).
山西、陕西、甘肃、新疆、四川；蒙古国、俄罗斯（西西伯利亚）；欧洲。

羽衣草（斗蓬草）

Alchemilla japonica Nakai et H. Hara, J. Jap. Bot. 13 (3): 177 (1937).
内蒙古、陕西、甘肃、青海、新疆、四川；日本。

唐棣属 Amelanchier Medik.

东亚唐棣

Amelanchier asiatica (Siebold et Zucc.) Endl. ex Walp., Repert. Bot. Syst. 2: 55 (1843).
Aronia asiatica Siebold et Zucc., Fl. Jap. 1: 87 (1839); *Pyrus taquetii* H. Lév., Repert. Spec. Nov. Regni Veg. 7 (143-145): 199 (1909); *Pyrus vaniotii* H. Lév., Repert. Spec. Nov. Regni Veg. 7 (143-145): 200 (1909); *Amelanchier canadensis* var. *asiatica* Koidz., Bot. Mag. (Tokyo) 23 (272): 171 (1909).
陕西、安徽、浙江、江西；日本、朝鲜。

唐棣（枤移，红枸子）

●**Amelanchier sinica** (C. K. Schneid.) Chun, Chin. Econ. Trees. 168, f. 62 (1921).
Amelanchier asiatica var. *sinica* C. K. Schneid., Ill. Handb. Laubholzk. 1: 736, f. 410 i, f. 412 c-d (1906).
河南、陕西、甘肃、湖北、四川。

蕨麻属 Argentina Hill

蕨麻（蕨麻委陵菜，人参果，延寿草）

Argentina anserina (L.) Rydb., Mem. Dept. Bot. Columbia Coll. 2: 159, pl. 98 (1898).
Potentilla anserina L., Sp. Pl. 1: 495 (1753); *Potentilla anserina* var. *sericea* Hayne, Getreue Darstell. Gew. 4: 31 (1816); *Potentilla anserina* var. *nuda* Gaudin, Fl. Helv. 3: 405 (1828); *Potentilla anserina* var. *viridis* W. D. J. Koch, Syn. Fl. Germ. Helv. 213 (1835); *Potentilla anserina* f. *incisa* Wolf., Bohm. Ges. Wiss. 25: 39 (1903).
黑龙江、吉林、辽宁、内蒙古、河北、山西、陕西、宁夏、甘肃、青海、新疆、四川、云南、西藏；澳大利亚、太平洋岛屿；亚洲、欧洲、北美洲、南美洲。

多对小叶委陵菜

Argentina aristata (Soják) Soják, Thaiszia 20 (1): 93 (2010).
Potentilla aristata Soják, Candollea 43 (1): 159 (1988); *Potentilla microphylla* var. *achilleifolia* Hook. f., Fl. Brit. Ind. 2 (5): 353 (1878); *Potentilla microphylla* var. *multijuga* T. T. Yu et C. L. Li, Acta Phytotax. Sin. 18 (1): 8, pl. 2, f. 2 (1980).
云南、西藏；不丹、尼泊尔、印度（锡金）。

玉龙山委陵菜（新拟）

●**Argentina assimilis** (Soják) Soják, Thaiszia 20 (1): 93 (2010).
Potentilla assimilis Soják, Feddes Repert. 117 (7-8): 488 (2006).
云南。

聚伞委陵菜

Argentina cardotiana (Hand.-Mazz.) Soják, Thaiszia 20 (1): 93 (2010).
Potentilla cardotiana Hand.-Mazz., Acta Horti Gothob. 13 (9): 322 (1939); *Potentilla leuconota* var. *corymbosa* Cardot, Notul. Syst. (Paris) 3: 241 (1914).
云南；缅甸、尼泊尔。

多蕊委陵菜

Argentina commutata var. **polyandra** (Soják) Y. H. Tong et N. H. Xia, J. Trop. Subtrop. Bot. 24 (4): 426 (2016).
Potentilla commutata var. *polyandra* Soják, Bot. Jahrb. Syst. 116 (1): 38 (1994); *Potentilla decemjuga* Soják, Bot. Jahrb. Syst. 116 (1): 43 (1994); *Potentilla mieheorum* Soják, Bot. Jahrb. Syst. 116 (1): 38 (1994); *Argentina decemjuga* (Soják) Soják, Thaiszia 20 (1): 94 (2010); *Argentina mieheorum* (Soják) Soják, Thaiszia 20 (1): 95 (2010).
四川；不丹、尼泊尔、印度。

高山委陵菜

Argentina contigua (Soják) Y. H. Tong et N. H. Xia, J. Trop. Subtrop. Bot. 24 (4): 426 (2016).
Potentilla contigua Soják, Candollea 43 (1): 160 (1988); *Potentilla peduncularis* var. *clarkei* Hook. f., Fl. Brit. Ind. 2: 352 (1878); *Potentilla peduncularis* var. *glabriuscula* T. T. Yu et C. L. Li, Acta Phytotax. Sin. 17 (1): 7, pl. 1, f. 3 (1980).
四川、西藏；不丹、尼泊尔、印度（锡金）。

少齿蕨麻（新拟）（少齿总梗委陵菜）

Argentina curta (Soják) Soják, Thaiszia 20 (1): 93 (2010).
Potentilla curta Soják, Bot. Jahrb. Syst. 116 (1): 50 (1994); *Potentilla peduncularis* var. *curta* (Soják) H. Ikeda et H. Ohba in H. Ohba, Himal. Pl. 3: 68 (1999).
云南、西藏；印度（锡金）。

川滇委陵菜

●**Argentina fallens** (Cardot) Soják, Thaiszia 20 (1): 94 (2010).
Potentilla fallens Cardot, Notul. Syst. (Paris) 3: 232 (1916);

Potentilla rockiana Melch., Notizbl. Bot. Gart. Berlin-Dahlem 11 (108): 795 (1933).
四川、云南。

合耳委陵菜

Argentina festiva (Soják) Soják, Thaiszia 20 (1): 94 (2010).
Potentilla festiva Soják, Candollea 43 (1): 166 (1988).
四川、云南、西藏；缅甸、不丹、尼泊尔、印度。

光叶委陵菜

Argentina glabriuscula (T. T. Yu et C. L. Li) Soják, Thaiszia 20 (1): 94 (2010).
Sibbaldia glabriuscula T. T. Yu et C. L. Li, Acta Phytotax. Sin. 19 (4): 516 (1981); *Potentilla glabriuscula* (T. T. Yu et C. L. Li) Soják, Candollea 43 (2): 453 (1988).
云南、西藏；缅甸、不丹、尼泊尔、？印度（锡金）。

光叶委陵菜（原变种）

Argentina glabriuscula var. **glabriuscula**
Potentilla glabriuscula var. *narimensis* Soják, Bot. Jahrb. Syst. 116 (1): 41 (1994); *Potentilla glabriuscula* var. *majuscula* Soják, Bot. Jahrb. Syst. 116 (1): 41 (1994).
云南、西藏；缅甸、不丹、尼泊尔、？印度（锡金）。

多蕊光叶委陵菜

●**Argentina glabriuscula** var. **oligandra** (Soják) Y. H. Tong et N. H. Xia, J. Trop. Subtrop. Bot. 24 (4): 427 (2016).
Potentilla oligandra Soják, Čas. Nár. Muz. Praze, Rada Přír. 152: 160 (1983); *Potentilla glabriuscula* var. *oligandra* (Soják) Soják, Bot. Jahrb. Syst. 116: 41 (1994).
西藏。

川边委陵菜

●**Argentina gombalana** (Hand.-Mazz.) Soják, Thaiszia 20 (1): 94 (2010).
Potentilla gombalana Hand.-Mazz., Acta Horti Gothob. 13 (9): 324 (1939).
四川。

间断委陵菜

Argentina interrupta (T. T. Yu et C. L. Li) Soják, Thaiszia 20 (1): 94 (2010).
Potentilla interrupta T. T. Yu et C. L. Li, Acta Phytotax. Sin. 18 (1): 8, pl. 2, f. 1 (1980); *Potentilla polyphylla* var. *interrupta* (T. T. Yu et C. L. Li) H. Ikeda et H. Ohba, J. Linn. Soc., Bot. 112: 179 (1992).
四川、云南；不丹、尼泊尔、印度（锡金）。

银叶委陵菜（锦线镖）

Argentina leuconota (D. Don) Soják, Thaiszia 20 (1): 94 (2010).
Potentilla leuconota D. Don, Prodr. Fl. Nepal. 230 (1825).
湖北、四川、云南、西藏、台湾；缅甸、不丹、尼泊尔、印度。

银叶委陵菜（原变种）

Argentina leuconota var. **leuconota**
Potentilla leuconota var. *morrisonicola* Hayata, J. Coll. Agric. Imp. Univ. Tokyo 25 (19): 83, pl. 5 (1903); *Potentilla morrisonicola* (Hayata) Hayata, Icon. Pl. Formosan. 3: 96 (1913).
湖北、四川、云南、西藏、台湾；缅甸、不丹、尼泊尔、印度。

脱毛银叶委陵菜

Argentina leuconota var. **brachyphyllaria** (Cardot) Y. H. Tong et N. H. Xia, J. Trop. Subtrop. Bot. 24 (4): 427 (2016).
Potentilla leuconota var. *brachyphyllaria* Cardot, Notul. Syst. (Paris) 3: 241 (1914).
四川、云南、西藏；印度。

峨眉银叶委陵菜

●**Argentina leuconota** var. **omeiensis** (H. Ikeda et H. Ohba) Y. H. Tong et N. H. Xia, J. Trop. Subtrop. Bot. 24 (4): 427 (2016).
Potentilla leuconota var. *omeiensis* H. Ikeda et H. Ohba in H. Ohba, Himal. Pl. 3: 78 (1999).
四川。

西南委陵菜（地槟榔，管仲，银毛委陵菜）

Argentina lineata (Trevir.) Soják, Thaiszia 20 (1): 94 (2010).
Potentilla lineata Trevir., Index Seminum [Wroclaw / Breslau (Vratislav)] unpaginated (1822).
湖北、四川、贵州、云南、西藏；越南、老挝、缅甸、不丹、尼泊尔、印度。

西南委陵菜（原亚种）

Argentina lineata subsp. **lineata**
Potentilla siemersiana Lehm., Index Seminum (Hamburg) 8 (1821), *nom. illeg. superfl.*; *Potentilla splendens* Buch.-Ham. ex Trevir., Index Seminum [Wroclaw / Breslau (Vratislav)] 1823: 3 (1823), non Candolle (1805); *Potentilla fulgens* Wall. ex Hook., Bot. Mag. 53, pl. 2700 (1826), *nom. inval.*; *Potentilla martini* H. Lév., Bull. Soc. Bot. France 55: 57 (1908); *Potentilla fulgens* var. *macrophylla* Cardot, Notul. Syst. (Paris) 3: 232 (1914); *Potentilla siemersiana* var. *acutiserrata* T. T. Yu et C. L. Li, Acta Phytotax. Sin. 18 (1): 7, pl. 1, f. 1 (1980); *Potentilla fulgens* var. *acutiserrata* (T. T. Yu et C. L. Li) T. T. Yu et C. L. Li, Fl. Reipubl. Popularis Sin. 37: 263, pl. 39, f. 3-4 (1985).
湖北、四川、贵州、云南、西藏；越南、老挝、缅甸、不丹、尼泊尔、印度。

丽江委陵菜

●**Argentina lineata** subsp. **exortiva** (Soják) Y. H. Tong et N. H. Xia, J. Trop. Subtrop. Bot. 24 (4): 427 (2016).
Potentilla lineata subsp. *exortiva* Soják, Feddes Repert. 117 (7-8): 496 (2006).
云南。

黄毛委陵菜（小叶黄毛委陵菜）

●**Argentina luteopilosa** (T. T. Yu et C. L. Li) Soják, Thaiszia 20 (1): 94 (2010).

Potentilla luteopilosa T. T. Yu et C. L. Li, Acta Phytotax. Sin. 18 (1): 9, pl. 5, f. 2 (1980); *Potentilla microphylla* var. *luteopilosa* (T. T. Yu et C. L. Li) H. Ikeda et H. Ohba in H. Ohba, Himal. Pl. 3: 48 (1999).

四川、云南、西藏。

白叶山莓草

Argentina micropetala (D. Don) Soják, Thaiszia 20 (1): 95 (2010).

Potentilla micropetala D. Don, Prodr. Fl. Nepal. 231 (1825); *Potentilla albifolia* Wall. ex Hook. f., Fl. Brit. Ind. 2 (5): 347 (1878); *Sibbaldia micropetala* (D. Don) Hand.-Mazz., Vegetationsbilder 22 (8): 6 (1932).

四川、云南、西藏；不丹、尼泊尔、印度。

小叶委陵菜

Argentina microphylla (D. Don) Soják, Thaiszia 20 (1): 95 (2010).

Potentilla microphylla D. Don, Prodr. Fl. Nepal. 231 (1825); *Potentilla microphylla* var. *depressa* Wall. ex Lehm., Not. Stirp. Pug. 3: 19 (1831); *Potentilla microphylla* var. *glabriuscula* Wall. ex Th. Wolf, Biblioth. Bot. 16 (Heft 71): 682 (1908).

西藏；不丹、尼泊尔、印度（西北部、锡金）。

千叶蕨麻（新拟）

●**Argentina millefoliolata** (Soják) Soják, Thaiszia 20 (1): 95 (2010).

Potentilla millefoliolata Soják, Feddes Repert. 117 (7-8): 490 (2006).

云南。

总梗委陵菜（白地榆）

Argentina peduncularis (D. Don) Soják, Thaiszia 20 (1): 95 (2010).

Potentilla peduncularis D. Don, Prodr. Fl. Nepal. 230 (1825); *Potentilla peduncularis* var. *elongata* T. T. Yu et C. L. Li, Acta Phytotax. Sin. 18 (1): 7, pl. 1, f. 4 (1980); *Potentilla remota* Soják, Preslia 63 (3-4): 335 (1991).

四川、云南、西藏；不丹、尼泊尔、印度。

显脉山莓草

●**Argentina phanerophlebia** (T. T. Yu et C. L. Li) T. Feng et Heng C. Wang, Pl. Syst. Evol. 301 (3): 916 (2014).

Sibbaldia phanerophlebia T. T. Yu et C. L. Li, Acta Phytotax. Sin. 19 (4): 517 (1981).

云南、西藏。

多叶委陵菜

Argentina polyphylla (Wall. ex Lehm.) Soják, Thaiszia 20 (1): 95 (2010).

Potentilla polyphylla Wall. ex Lehm., Nov. Stirp. Pug. 3: 13 (1831).

四川、云南；缅甸、印度尼西亚（爪哇）、不丹、尼泊尔、印度、巴基斯坦、斯里兰卡。

多叶委陵菜（原变种）

Argentina polyphylla var. **polyphylla**

Potentilla sordida Klotzsch ex Lehm., Nov. Actorum Acad. Caes. Leop.-Carol. Nat. Cur. (23) Suppl.: 53 (1856).

云南；缅甸、印度尼西亚（爪哇）、不丹、尼泊尔、印度、巴基斯坦、斯里兰卡。

腺梗委陵菜

●**Argentina polyphylla** var. **miranda** (Soják) Y. H. Tong et N. H. Xia, J. Trop. Subtrop. Bot. 24 (4): 427 (2016).

Potentilla polyphylla var. *miranda* Soják, Feddes Repert. 117 (7-8): 498 (2006).

云南。

似多叶委陵菜

●**Argentina polyphylloides** (H. Ikeda et H. Ohba) Y. H. Tong et N. H. Xia, J. Trop. Subtrop. Bot. 24 (4): 427 (2016).

Potentilla polyphylloides H. Ikeda et H. Ohba, Novon 12 (1): 53, f. 1, 2 (2002).

云南。

齿萼委陵菜

●**Argentina smithiana** (Hand.-Mazz.) Soják, Thaiszia 20 (1): 95 (2010).

Potentilla smithiana Hand.-Mazz., Acta Horti Gothob. 13 (9): 325 (1939).

四川。

波密蕨麻（新拟）

●**Argentina songzhuensis** T. Feng et Heng C. Wang, Pl. Syst. Evol. 301 (3): 919 (2014).

西藏。

狭叶委陵菜

Argentina stenophylla (Franch.) Soják, Thaiszia 20 (1): 95 (2010).

Potentilla peduncularis var. *stenophylla* Franch., Pl. Delavay. 3: 214 (1890); *Potentilla stenophylla* (Franch.) Diels, Notes Roy. Bot. Gard. Edinburgh 5 (25): 271 (1912).

四川、云南、西藏；缅甸、印度（锡金）。

狭叶委陵菜（原变种）

●**Argentina stenophylla** var. **stenophylla**

Potentilla millefolia H. Lév., Bull. Acad. Int. Géogr. Bot. 24 (295-297): 281 (1914); *Potentilla stenophylla* var. *millefolia* Soják, Bot. Jahrb. Syst. 116 (1): 48 (1995).

四川、云南、西藏。

贡山狭叶委陵菜

Argentina stenophylla var. **cristata** (H. R. Fletcher) Y. H.

Tong et N. H. Xia, J. Trop. Subtrop. Bot. 24 (4): 427 (2016).
Potentilla cristata H. R. Fletcher, Notes Roy. Bot. Gard. Edinburgh 20: 218 (1950); *Potentilla stenophylla* var. *cristata* (H. R. Fletcher) H. Ikeda et H. Ohba in H. Ohba, Himal. Pl. 3: 52 (1999).
云南；缅甸。

康定委陵菜

Argentina stenophylla var. **emergens** (Cardot) Y. H. Tong et N. H. Xia, J. Trop. Subtrop. Bot. 24 (4): 427 (2016).
Potentilla stenophylla var. *emergens* Cardot, Notul. Syst. (Paris) 3: 241 (1914); *Potentilla tatsienluensis* Th. Wolf, Biblioth. Bot. 16 (Heft 71): 680 (1908); *Potentilla stenophylla* var. *exaltata* Cardot, Notul. Syst. (Paris) 3: 241 (1914); *Potentilla stenophylla* var. *compacta* J. Krause, Repert. Spec. Nov. Regni Veg. Beih. 12: 410 (1922); *Argentina tatsienluensis* (Th. Wolf) Soják, Thaiszia 20 (1): 96 (2010).
四川、西藏；印度（锡金）。

瑞丽蕨麻（新拟）（多齿总梗委陵菜）

●**Argentina shweliensis** (H. R. Fletcher) Soják, Thaiszia 20 (1): 95 (2010).
Potentilla shweliensis H. R. Fletcher, Notes Roy. Bot. Gard. Edinburgh 20: 215 (1950); *Potentilla peduncularis* var. *shweliensis* (H. R. Fletcher) H. Ikeda et H. Ohba in H. Ohba, Himal. Pl. 3: 66 (1999).
云南。

大理委陵菜

Argentina taliensis (W. W. Sm.) Soják, Thaiszia 20 (1): 96 (2010).
Potentilla taliensis W. W. Sm., Notes Roy. Bot. Gard. Edinburgh 8 (38): 199 (1914); *Potentilla stenophylla* var. *taliensis* (W. W. Sm.) H. Ikeda et H. Ohba in H. Ohba, Himal. Pl. 3: 52 (1999).
云南。

丛生蕨麻（新拟）（丛生小叶委陵菜）

Argentina tapetodes (Soják) Soják, Thaiszia 20 (1): 96 (2010).
Potentilla tapetodes Soják, Čas. Nár. Muz. Praze, Rada Přír. 152: 160 (1983); *Potentilla microphylla* var. *caespitosa* T. T. Yu et C. L. Li, Fl. Reipubl. Popularis Sin. 37: 274, pl. 41, f. 12 (1985); *Potentilla tapetodes* var. *decidua* Soják, Bot. Jahrb. Syst. 116 (1): 34 (1994); *Potentilla microphylla* var. *tapetodes* (Soják) H. Ikeda et H. Ohba in H. Ohba, Himal. Pl. 3: 49 (1999).
西藏；不丹、印度（锡金）。

大果委陵菜

●**Argentina taronensis** (C. Y. Wu ex T. T. Yu et C. L. Li) Soják, Thaiszia 20 (1): 96 (2010).
Potentilla taronensis C. Y. Wu ex T. T. Yu et C. L. Li, Acta Phytotax. Sin. 18 (1): 9, pl. 2, f. 2 (1980).
云南。

台湾委陵菜（雪山翻白草）

●**Argentina tugitakensis** (Masam.) Soják, Thaiszia 20 (1): 96 (2010).
Potentilla tugitakensis Masam., J. Soc. Trop. Agric. 4: 77 (1932); *Potentilla leuconota* var. *tugitakensis* (Masam.) H. L. Li, Lloydia 14: 234 (1951).
台湾。

簇生委陵菜

●**Argentina turfosa** (Hand.-Mazz.) Soják, Thaiszia 20 (1): 96 (2010).
Potentilla turfosa Hand.-Mazz., Symb. Sin. 7 (3): 518, pl. 17, f. 3 (1933).
云南、西藏。

簇生委陵菜（原变种）

●**Argentina turfosa** var. **turfosa**
云南、西藏。

纤细委陵菜

●**Argentina turfosa** var. **gracilescens** (Soják) Y. H. Tong et N. H. Xia, J. Trop. Subtrop. Bot. 24 (4): 428 (2016).
Potentilla glabriuscula var. *gracilescens* Soják, Bot. Jahrb. Syst. 116: 41 (1994); *Potentilla gracillima* T. T. Yu et C. L. Li, Acta Phytotax. Sin. 18 (1): 9, pl. 5, f. 1 (1980); *Potentilla turfosa* var. *caudiculata* Soják, Bot. Jahrb. Syst. 116 (1): 44 (1994); *Potentilla turfosa* var. *gracilescens* (Soják) H. Ikeda et H. Ohba in H. Ohba, Himal. Pl. 3: 61 (1999).
西藏。

条纹蕨麻（新拟）（狭叶总梗委陵菜）

●**Argentina vittata** (Soják) Soják, Thaiszia 20 (1): 96 (2010).
Potentilla vittata Soják, Candollea 43 (1): 164 (1988); *Potentilla oxyodonta* Soják, Candollea 43 (1): 162 (1988); *Potentilla vittata* var. *assidens* Soják, Bot. Jahrb. Syst. 116 (1): 50 (1994); *Potentilla vittata* var. *abbreviata* Soják, Bot. Jahrb. Syst. 116 (1): 50 (1994); *Potentilla vittata* var. *pluriflora* Soják, Candollea 43 (1): 166 (1994); *Potentilla peduncularis* var. *vittata* (Soják) H. Ikeda et H. Ohba in H. Ohba, Himal. Pl. 3: 67 (1999); *Argentina oxyodonta* (Soják) Soják, Thaiszia 20 (1): 95 (2010).
云南、西藏。

汶川委陵菜

●**Argentina wenchuanensis** (H. Ikeda et H. Ohba) Y. H. Tong et N. H. Xia, J. Trop. Subtrop. Bot. 24 (4): 428 (2016).
Potentilla wenchuanensis H. Ikeda et H. Ohba in H. Ohba, Himal. Pl. 3: 81 (1999), as "*wenchuensis*".
四川、贵州。

假升麻属 Aruncus L.

贡山假升麻

●**Aruncus gombalanus** (Hand.-Mazz.) Hand.-Mazz., Anz.

Akad. Wiss. Wien, Math.-Naturwiss. Kl. 60: 152 (1923).
Pleiosepalum gombalanum Hand.-Mazz., Anz. Akad. Wiss. Wien, Math.-Naturwiss. Kl. 59: 139 (1922); *Aruncus dioicus* var. *rotundifoliolatus* H. Hara, J. Jap. Bot. 30 (3): 69 (1955).
云南、西藏。

假升麻（棣棠升麻）

Aruncus sylvester Kostel. ex Maxim., Trudy Imp. S.-Peterburgsk. Bot. Sada 6: 169 (1879).
Spiraea aruncus L., Sp. Pl. 1: 490 (1753); *Ulmaria arunca* (L.) Hill, Hort. Kew. 224 (1769); *Astilbe aruncus* (L.) Trevir., Bot. Zeitung (Berlin) 13 (47): 819 (1855); *Aruncus sylvester* var. *kamtschaticus* Maxim., Trudy Imp. S.-Peterburgsk. Bot. Sada 6: 170 (1879); *Aruncus sylvester* var. *vulgaris* Maxim., Trudy Imp. S.-Peterburgsk. Bot. Sada 6: 170 (1879); *Aruncus sylvester* var. *triternatus* Wall. ex Maxim., Trudy Imp. S.-Peterburgsk. Bot. Sada 6: 171 (1879); *Aruncus kamtschaticus* (Maxim.) Rydb., N. Amer. Fl. 22 (3): 256 (1908); *Aruncus sylvester* var. *tomentosus* Koidz., Bot. Mag. (Tokyo) 23: 167 (1909); *Aruncus tomentosus* (Koidz.) Koidz., Acta Phytotax. Geobot. 5: 41 (1936); *Aruncus sylvester* var. *tenuifolius* Nakai ex H. Hara, J. Jap. Bot. 13: 387 (1937); *Aruncus asiaticus* Pojark., Fl. U. R. S. S. 9: 491 (1939); *Aruncus dioicus* var. *triternatus* (Wall. ex Maxim.) H. Hara, J. Jap. Bot. 30 (3): 68 (1955); *Aruncus dioicus* var. *tenuifolius* (Nakai ex H. Hara) H. Hara, J. Jap. Bot. 30 (3): 68 (1955); *Aruncus dioicus* var. *kamtschaticus* (Maxim.) H. Hara, J. Jap. Bot. 30 (3): 68 (1955); *Aruncus dioicus* var. *vulgaris* (Maxim.) H. Hara, J. Jap. Bot. 30 (3): 68 (1955).
黑龙江、吉林、辽宁、河南、陕西、甘肃、安徽、江西、湖南、四川、云南、西藏、广西；蒙古国、日本、朝鲜、不丹、尼泊尔、印度（喜马偕尔邦、锡金）、俄罗斯；亚洲（西南部）、欧洲、北美洲（西北部）。

木瓜属 **Chaenomeles** Lindl.

毛叶木瓜（木桃，木瓜海棠）

Chaenomeles cathayensis (Hemsl.) C. K. Schneid., Ill. Handb. Laubholzk. 1: 730, f. 405 p-p2, f. 406 e-f (1906).
Cydonia cathayensis Hemsl., Hooker's Icon. Pl. 27 (3): pl. 2657, 2658 (1901); *Chaenomeles lagenaria* var. *cathayensis* (Hemsl.) Rehder in Sarg., Pl. Wilson. 2 (2): 297 (1915); *Chaenomeles lagenaria* var. *wilsonii* Rehder in Sarg., Pl. Wilson. 2 (2): 298 (1915); *Cydonia japonica* var. *cathayensis* (Hemsl.) Cardot, Bull. Mus. Natl. Hist. Nat. 24 (1): 6 (1918); *Chaenomeles speciosa* var. *wilsonii* (Rehder) H. Hara, J. Jap. Bot. 32 (5): 139 (1957); *Chaenomeles speciosa* var. *cathayensis* (Hemsl.) H. Hara, J. Jap. Bot. 32 (5): 139 (1957).
陕西、甘肃、江苏、浙江、江西、湖南、湖北、四川、贵州、云南、西藏、福建、广西；缅甸。

日本木瓜（倭海棠，栌子，和圆子）

Chaenomeles japonica (Thunb.) Lindl. ex Spach, Hist. Nat. Veg. (Spach) 2: 159 (1834).
Pyrus japonica Thunb., Nova Acta Regiae Soc. Sci. Upsal. 3: 208 (1780); *Cydonia japonica* (Thunb.) Pers., Syn. Pl. 2: 40 (1807); *Pyrus maulei* Mast., Gard. Chron. 1: 756, f. 159 (1874); *Chaenomeles maulei* (Mast.) C. K. Schneid., Ill. Handb. Laubholzk. 1: 731, f. 405 q-s., 406 c-d (1906).
陕西、江苏、浙江、湖北、福建；日本。

木瓜（榠楂，木李，海棠）

●**Chaenomeles sinensis** (Thouin) Koehne, Gatt. Pomac. 29 (1890).
Cydonia sinensis Thouin, Ann. Mus. Natl. Hist. Nat. 18: 145, pl. 8, 9 (1812); *Pyrus chinensis* Spreng., Syst. Veg. 2: 516 (1825); *Pyrus cathayensis* Hemsl., J. Linn. Soc., Bot. 23 (155): 256 (1887); *Pseudocydonia sinensis* (Thouin) C. K. Schneid., Repert. Spec. Nov. Regni Veg. 3 (38-39): 181 (1906).
河北、山东、陕西、安徽、江苏、浙江、江西、湖北、贵州、福建、广东、广西。

皱皮木瓜（木瓜，楙，贴梗海棠）

Chaenomeles speciosa (Sweet) Nakai, Jap. J. Bot. 4: 331 (1929).
Cydonia speciosa Sweet, Hort. Suburb. Lond. 113 (1818); *Cydonia lagenaria* Loisel., Traité Arbr. Arbust. 6: 255, pl. 76 (1815), *nom. illeg. superfl.*; *Cydonia japonica* var. *lagenaria* Makino, Bot. Mag. (Tokyo) 22 (255): 64 (1908), *nom. illeg. superfl.*; *Chaenomeles lagenaria* Koidz., Bot. Mag. (Tokyo) 23 (272): 173 (1909), *nom. illeg. superfl.*
陕西、甘肃、江苏、湖北、四川、贵州、云南、西藏、福建、广东；缅甸。

西藏木瓜

●**Chaenomeles thibetica** T. T. Yu, Acta Phytotax. Sin. 8 (3): 234 (1963).
四川、西藏。

地蔷薇属 **Chamaerhodos** Bunge

阿尔泰地蔷薇

Chamaerhodos altaica (Laxm.) Bunge in Ledeb., Fl. Altaic. 1: 429 (1829).
Sibbaldia altaica Laxm., Novi Comment. Acad. Sci. Imp. Petrop. 18: 527 (1774).
内蒙古；蒙古国、俄罗斯。

灰毛地蔷薇（毛地蔷薇）

Chamaerhodos canescens J. Krause, Repert. Spec. Nov. Regni Veg. Beih. 12: 411 (1922).
Chamaerhodos corymbosa var. *brevifolia* Murav., Izv. Glavn. Bot. Sada S. S. S. R. 27: 38, f. 1 (1928).
黑龙江、吉林、辽宁、内蒙古、河北、山西；蒙古国、俄罗斯。

地蔷薇（追风蒿）

Chamaerhodos erecta (L.) Bunge in Ledeb., Fl. Altaic. 1: 430

(1829).
Sibbaldia erecta L., Sp. Pl. 1: 284 (1753); *Chamaerhodos micrantha* J. Krause, Repert. Spec. Nov. Regni Veg. Beih. 12: 411 (1922); *Chamaerhodos songarica* Juz., Fl. U. R. S. S. 10: 615 (1941).
黑龙江、吉林、辽宁、内蒙古、河北、山西、河南、陕西、宁夏、甘肃、青海、新疆；蒙古国、朝鲜、俄罗斯。

砂生地蔷薇

Chamaerhodos sabulosa Bunge in Ledeb., Fl. Altaic. 1: 432 (1829).
内蒙古、新疆、西藏；蒙古国、俄罗斯。

三裂地蔷薇（矮地蔷薇）

Chamaerhodos trifida Ledeb., Fl. Ross. (Ledeb.) 2: 34 (1843).
Chamaerhodos klementzii Murav., Izv. Glavn. Bot. Sada S. S. S. R. 27: 47, f. 3 (1928).
黑龙江；蒙古国、俄罗斯。

无尾果属 **Coluria** R. Br.

大头叶无尾果

●**Coluria henryi** Batalin, Trudy Imp. S.-Peterburgsk. Bot. Sada 13 (1): 94 (1893).
Coluria henryi var. *pluriflora* Cardot, Notul. Syst. (Paris) 3: 227 (1914); *Coluria henryi* var. *grandiflora* Cardot, Notul. Syst. (Paris) 3: 227 (1914).
湖北、四川、贵州。

无尾果

●**Coluria longifolia** Maxim., Bull. Acad. Imp. Sci. Saint-Pétersbourg 27 (4): 466 (1882).
Potentilla purdomii N. E. Br., Bull. Misc. Inform. Kew 1914: 184 (1914); *Coluria elegans* Cardot, Notul. Syst. (Paris) 3: 225 (1916); *Coluria elegans* var. *imbricata* Cardot, Notul. Syst. (Paris) 3: 226 (1916); *Coluria purdomii* (N. E. Br.) W. E. Evans, Notes Roy. Bot. Gard. Edinburgh 15 (71): 51, pl. 214 (1925); *Coluria longifolia* f. *uniflora* T. C. Ku, Bull. Bot. Res., Harbin 10 (3): 22 (1990).
甘肃、青海、四川、云南、西藏。

汶川无尾果

●**Coluria oligocarpa** (J. Krause) F. Bolle, Notizbl. Bot. Gart. Berlin-Dahlem 11 (103): 210 (1931).
Geum oligocarpum J. Krause, Repert. Spec. Nov. Regni Veg. Beih. 12: 412 (1922).
四川。

峨眉无尾果

●**Coluria omeiensis** T. C. Ku, Bull. Bot. Res., Harbin 10 (3): 19, f. 1 (1990).
陕西、四川、贵州。

峨眉无尾果（原变种）

●**Coluria omeiensis** var. **omeiensis**
四川。

光柱无尾果

●**Coluria omeiensis** var. **nanzhengensis** T. T. Yu et T. C. Ku, Bull. Bot. Res., Harbin 10 (3): 20 (1990).
陕西、四川、贵州。

沼委陵菜属 **Comarum** L.

沼委陵菜

Comarum palustre L., Sp. Pl. 1: 502 (1753).
Fragaria palustris (L.) Crantz, Stirp. Austr. Fasc. 2: 11 (1763); *Potentilla palustris* (L.) Scop., Fl. Carniol., ed. 2, 1: 359 (1772); *Potentilla comarum* Nestl., Monogr. Potentill. 36 (1816), *nom. illeg. superfl.*
黑龙江、吉林、辽宁、内蒙古、河北；蒙古国、日本、朝鲜、俄罗斯；欧洲、北美洲。

西北沼委陵菜

Comarum salesovianum (Stephan) Asch. et Graebn., Syn. Mitteleur. Fl. 6: 663 (1904).
Potentilla salesoviana Stephan, Mém. Soc. Imp. Naturalistes Moscou 2: 6, pl. 3 (1809); *Potentilla salesovii* Stephan ex Willd., Enum. Pl. (Willdenow) 552 (1809); *Comarum salesovii* (Stephan ex Willd.) Bunge, Contr. Recenc. Pl. Med. Cote d'Ivoire 8 (1839); *Farinopsis salesoviana* (Stephan) Chrtek et Soják, Čas. Nár. Muz. Praze, Rada Přír. 153 (1): 10 (1984).
内蒙古、宁夏、甘肃、青海、新疆、西藏；蒙古国、印度、巴基斯坦、阿富汗、塔吉克斯坦、吉尔吉斯斯坦、俄罗斯。

栒子属 **Cotoneaster** Medik.

尖叶栒子

Cotoneaster acuminatus Lindl., Trans. Linn. Soc. London 13 (1): 101, pl. 9 (1821).
Mespilus acuminata Lodd., Bot. Cab. 16: t. 1522 (1829); *Cotoneaster nepalensis* André, Ill. Hort. 22: 95 (1875); *Cotoneaster mucronatus* Franch., Pl. Delavay. 223 (1890); *Cotoneaster bakeri* G. Klotz, Wiss. Z. Friedrich-Schiller-Univ. Jena, Math.-Naturwiss. Reihe 21 (5-6): 970 (1972); *Cotoneaster kongboensis* G. Klotz, Wiss. Z. Friedrich-Schiller-Univ. Jena, Math.-Naturwiss. Reihe 21 (5-6): 997 (1972).
四川、云南、西藏；不丹、尼泊尔、印度。

灰栒子

Cotoneaster acutifolius Turcz., Bull. Soc. Imp. Naturalistes Moscou 5: 190 (1832).
内蒙古、河北、山西、河南、陕西、甘肃、青海、安徽、湖北、四川、云南、西藏、台湾；蒙古国、俄罗斯。

灰栒子（原变种）

Cotoneaster acutifolius var. **acutifolius**

Cotoneaster acutifolius var. *pekinensis* Koehne, Deut. Dendrol. 225 (1893); *Cotoneaster niger* var. *acutifolius* Wenz., Linnaea 38: 183 (1893); *Cotoneaster pekinensis* Zabel, Mitt. Deutsch. Dendrol. Ges. 7: 37 (1898); *Cotoneaster acutifolius* var. *laetevirens* Rehder et E. H. Wilson, Pl. Wilson. 1 (2): 159 (1912); *Cotoneaster konishii* Hayata, Icon. Pl. Formosan. 3: 100 (1913); *Cotoneaster acutifolius* f. *glabriusculus* Hurus., Acta Phytotax. Geobot. 13: 235 (1943); *Cotoneaster laetevirens* (Rehder et E. H. Wilson) G. Klotz, Wiss. Z. Friedrich-Schiller-Univ. Jena, Math.-Naturwiss. Reihe 21 (5-6): 985 (1972); *Cotoneaster hurusawaianus* G. Klotz, Wiss. Z. Friedrich-Schiller-Univ. Jena, Math.-Naturwiss. Reihe 21 (5-6): 984 (1972); *Cotoneaster ottoschwarzii* G. Klotz, Wiss. Z. Friedrich-Schiller-Univ. Jena, Math.-Naturwiss. Reihe 24 (4): 401 (1975).

内蒙古、河北、山西、河南、陕西、甘肃、青海、湖北、四川、云南、西藏；蒙古国。

光萼灰栒子

●**Cotoneaster acutifolius** var. **glabricalyx** Hurus., Acta Phytotax. Geobot. 13: 235 (1943).

河南。

甘南灰栒子

Cotoneaster acutifolius var. **lucidus** (Schltdl.) L. T. Lu, Acta Phytotax. Sin. 38 (3): 277 (2000).

Cotoneaster lucidus Schltdl., Linnaea 27: 541 (1854).

甘肃；俄罗斯。

密毛灰栒子（毛灰栒子）

●**Cotoneaster acutifolius** var. **villosulus** Rehder et E. H. Wilson in Sarg., Pl. Wilson. 1 (2): 158 (1912).

Cotoneaster villosulus (Rehder et E. H. Wilson) Flinck et B. Hylmö, Bot. Not. 115 (4): 383 (1962); *Cotoneaster dissimilis* G. Klotz, Wiss. Z. Friedrich-Schiller-Univ. Jena, Math.-Naturwiss. Reihe 21 (5-6): 984 (1972).

河北、陕西、甘肃、安徽、湖北、四川、西藏、台湾。

匍匐栒子（匍匐灰栒子）

Cotoneaster adpressus Bois, Frutic. Vilmor. [M. Vilmorin et Bois] 1: 116 (1904).

Cotoneaster horizontalis var. *adpressus* (Bois) C. K. Schneid., Ill. Handb. Laubholzk. 1: 745, f. 418 k-m, f. 419 e1 (1906); *Cotoneaster taoensis* G. Klotz, Wiss. Z. Friedrich-Schiller-Univ. Jena, Math.-Naturwiss. Reihe 21 (5-6): 1010 (1972).

陕西、甘肃、青海、湖北、四川、贵州、云南、西藏；缅甸、尼泊尔、印度。

藏边栒子

Cotoneaster affinis Lindl., Trans. Linn. Soc. London 13 (1): 101 (1821).

Mespilus affinis (Lindl.) D. Don, Prodr. Fl. Nepal. 238 (1825); *Cotoneaster frigidus* var. *affinis* (Lindl.) Wenz., Linnaea 38: 194 (1874); *Cotoneaster bacillaris* var. *affinis* (Lindl.) Hook. f., Fl. Brit. Ind. 2 (5): 385 (1878).

四川、云南、西藏；不丹、尼泊尔、印度、克什米尔地区。

阿拉善栒子

●**Cotoneaster alashanensis** J. Fryer et B. Hylmö, Cotoneasters Compreh. Guide 307 (2009).

内蒙古、青海。

川康栒子（四川栒子）

●**Cotoneaster ambiguus** Rehder et E. H. Wilson in Sarg., Pl. Wilson. 1 (2): 159 (1912).

Cotoneaster acutifolius var. *ambiguus* (Rehder et E. H. Wilson) Hurus., Acta Phytotax. Geobot. 13: 236 (1943); *Cotoneaster pseudoambiguus* J. Fryer et B. Hylmö, Watsonia 21 (4): 337 (1997).

陕西、宁夏、甘肃、湖北、四川、贵州、云南。

细尖栒子（尖叶栒子）

●**Cotoneaster apiculatus** Rehder et E. H. Wilson in Sarg., Pl. Wilson. 1 (2): 156 (1912).

陕西、甘肃、湖北、四川、云南。

察隅栒子（新拟）

●**Cotoneaster ataensis** J. Fryer et B. Hylmö, Cotoneasters Compreh. Guide 307 (2009).

云南、西藏。

黑绿栒子（新拟）

●**Cotoneaster atrovirens** J. Fryer et B. Hylmö, Cotoneasters Compreh. Guide 307 (2009).

四川。

阿墩子栒子（新拟）

●**Cotoneaster atuntzensis** J. Fryer et B. Hylmö, Cotoneasters Compreh. Guide 308 (2009).

云南。

橙黄栒子（新拟）

●**Cotoneaster aurantiacus** J. Fryer et B. Hylmö, Cotoneasters Compreh. Guide 308 (2009).

四川。

白马雪山栒子（新拟）

●**Cotoneaster beimashanensis** J. Fryer et B. Hylmö, Cotoneasters Compreh. Guide 308 (2009).

云南、西藏。

美丽栒子（新拟）

●**Cotoneaster brickellii** J. Fryer et B. Hylmö, New Plantsman 8 (4): 236 (2001).

云南。

泡叶栒子

●**Cotoneaster bullatus** Bois, Frutic. Vilmor. [M. Vilmorin et

Bois] 1: 119 (1904).
湖北、四川、云南、西藏。

泡叶栒子（原变种）

●**Cotoneaster bullatus** var. **bullatus**
湖北、四川、云南、西藏。

少花泡叶栒子

●**Cotoneaster bullatus** var. **camilli-schneideri** (Pojark.) L. T. Lu, Fl. China 9: 99 (2003).
Cotoneaster camilli-schneideri Pojark., Bot. Mater. Gerb. Bot. Inst. Komarova Akad. Nauk S. S. S. R. 17: 180 (1955).
湖北。

多花泡叶栒子

●**Cotoneaster bullatus** var. **floribundus** (Stapf) L. T. Lu et Brach, Novon 12 (4): 496 (2002).
Cotoneaster moupinensis f. *floribundus* Stapf, Bot. Mag. 135: pl. 8284 (1909); *Cotoneaster bullatus* f. *floribundus* (Stapf) Rehder et E. H. Wilson in Sarg., Pl. Wilson. 1 (2): 165 (1912).
四川。

大叶泡叶栒子

●**Cotoneaster bullatus** var. **macrophyllus** Rehder et E. H. Wilson in Sarg., Pl. Wilson. 1 (2): 164 (1912).
Cotoneaster rehderi Pojark., Not. Syst. Herb. Inst. Bot. U. R. S. S. 17: 184 (1955).
四川。

黄杨叶栒子

Cotoneaster buxifolius Wall. ex Lindl., Bot. Reg. 15: sub. t. 1229 (1829).
Cotoneaster microphyllus var. *buxifolius* (Wall. ex Lindl.) Dippel, Handb. Laubholzk. 3: 420 (1893).
四川、贵州、云南、西藏；缅甸、不丹、印度、尼泊尔。

黄杨叶栒子（原变种）

Cotoneaster buxifolius var. **buxifolius**
Cotoneaster brevirameus Rehder et E. H. Wilson, in Sarg., Pl. Wilson. 1 (2): 177 (1912); *Cotoneaster argenteus* G. Klotz, Wiss. Z. Martin-Luther-Univ. Halle-Wittenberg, Math.-Naturwiss. Reihe 12 (Neue oder Krit. Coton. Art.) 773 (1963); *Cotoneaster lidjiangensis* G. Klotz, Wiss. Z. Martin-Luther-Univ. Halle-Wittenberg, Math.-Naturwiss. Reihe 12 (Neue oder Krit. Coton. Art.) 773 (1963); *Cotoneaster hodjingensis* G. Klotz, Wiss. Z. Martin-Luther-Univ. Halle-Wittenberg, Math.-Naturwiss. Reihe 12 (Neue oder Krit. Coton. Art.) 774 (1963); *Cotoneaster rubens* var. *minimus* T. T. Yu, Acta Phytotax. Sin. 8 (3): 220 (1963).
四川、贵州、云南、西藏；缅甸、不丹、印度、尼泊尔。

多花黄杨叶栒子

Cotoneaster buxifolius var. **marginatus** Loudon, Encycl. Trees Shrubs 411 (1842).
Cotoneaster marginatus (Loudon) Schltdl., Linnaea 27: 541 (1856); *Cotoneaster microphyllus* var. *buxifolius* Dippel, Handb. Laubholzk. 3: 420 (1893); *Cotoneaster microphyllus* var. *buxifolius* f. *lanatus* Dippel, Handb. Laubholzk. 3: 420 (1893); *Cotoneaster rotundifolius* var. *lanatus* (Dippel) C. K. Schneid., Ill. Handb. Laubholzk. 1: 759 (1906); *Cotoneaster prostratus* var. *lanatus* (Dippel) Rehder, Man. Cult. Trees 361 (1927).
西藏；不丹、印度。

西南黄杨叶栒子

●**Cotoneaster buxifolius** var. **rockii** (G. Klotz) L. T. Lu et A. R. Brach, Fl. China 9: 102 (2003).
Cotoneaster rockii G. Klotz, Wiss. Z. Martin-Luther-Univ. Halle-Wittenberg, Math.-Naturwiss. Reihe 12 (Neue oder Krit. Coton. Art.) 775 (1963); *Cotoneaster insolitus* G. Klotz, Wiss. Z. Martin-Luther-Univ. Halle-Wittenberg, Math.-Naturwiss. Reihe 15 (Neue oder Krit. Coton. Art.) 536 (1966).
四川、云南、西藏。

华南黄杨叶栒子（小叶黄杨叶栒子）

●**Cotoneaster buxifolius** var. **vellaeus** (Franch.) G. Klotz, Wiss. Z. Martin-Luther-Univ. Halle-Wittenberg, Math.-Naturwiss. Reihe 6 (Kult. Coton.-Art. u.-Form.) 952 (1957).
Cotoneaster buxifolius f. *vellaeus* Franch., Pl. Delavay. 224 (1890), as "*vellaea*"; *Cotoneaster microphyllus* var. *vellaeus* (Franch.) Rehder et E. H. Wilson in Sarg., Pl. Wilson. 1: 176 (1912), as "*vellaea*".
四川、云南。

钟花栒子（新拟）

●**Cotoneaster campanulatus** J. Fryer et B. Hylmö, Cotoneasters Compreh. Guide 308 (2009).
四川、云南、西藏。

椒红果栒子（新拟）

●**Cotoneaster capsicinus** J. Fryer et B. Hylmö, Cotoneasters Compreh. Guide 309 (2009).
西藏。

深红栒子（新拟）

●**Cotoneaster cardinalis** J. Fryer et B. Hylmö, Cotoneasters Compreh. Guide 309 (2009).
四川。

镇康栒子

●**Cotoneaster chengkangensis** T. T. Yu, Acta Phytotax. Sin. 8 (3): 220, pl. 26, f. 2 (1963).
Cotoneaster strigosus G. Klotz, Wiss. Z. Friedrich-Schiller-Univ. Jena, Math.-Naturwiss. Reihe 21 (5-6): 999 (1972).
云南。

清水山栒子

●**Cotoneaster chingshuiensis** Kun C. Chang et Chih C. Wang,

Taiwania 56 (2): (2011).
台湾。

桂龄栒子（新拟）

●**Cotoneaster chuanus** J. Fryer et B. Hylmö, Cotoneasters Compreh. Guide 309 (2009).
四川。

德钦栒子（新拟）

●**Cotoneaster chulingensis** J. Fryer et B. Hylmö, Cotoneasters Compreh. Guide 309 (2009).
云南。

聚核栒子（新拟）

●**Cotoneaster coadunatus** J. Fryer et B. Hylmö, Cotoneasters Compreh. Guide 310 (2009).
四川。

大果栒子

●**Cotoneaster conspicuus** (Messel) Messel, Journ. Roy. Hort. Soc. 59: 303 (1934).
Cotoneaster microphyllus var. *conspicuus* Messel, Gard. Chron. ser. 3, 94: 299 (1933); *Cotoneaster conspicuus* Comber ex Marquand, Bull. Misc. Inform. Kew 1937: 119 (1937), *nom. illeg.*; *Cotoneaster conspicuus* var. *decorus* P. G. Russell, Proc. Biol. Soc. Wash. 51: 184 (1938), as "*conspicua*" and "*decora*"; *Cotoneaster conspicuus* Marquand ex G. Klotz, Wiss. Z. Martin-Luther-Univ. Halle-Wittenberg, Math.-Naturwiss. Reihe 6 (Kult. Coton.-Art. u.-Form.) 953 (1957), *nom. illeg.*; *Cotoneaster conspicuus* var. *nanus* G. Klotz, Wiss. Z. Martin-Luther-Univ. Halle-Wittenberg, Math.-Naturwiss. Reihe 6 (Kult. Coton.-Art. u.-Form.) 981 (1957); *Cotoneaster pluriflorus* G. Klotz, Wiss. Z. Martin-Luther-Univ. Halle-Wittenberg, Math.-Naturwiss. Reihe 12 (Neue oder Krit. Coton.-Art.) 781 (1963); *Cotoneaster permutatus* G. Klotz, Wiss. Z. Martin-Luther-Univ. Halle-Wittenberg, Math.-Naturwiss. Reihe 12 (Neue oder Krit. Coton.-Art.) 782 (1963); *Cotoneaster nanus* (G. Klotz) G. Klotz, Wiss. Z. Martin-Luther-Univ. Halle-Wittenberg, Math.-Naturwiss. Reihe 12 (Neue oder Krit. Coton.-Art.) 783 (1963).
四川、云南、西藏。

凸叶栒子（新拟）

●**Cotoneaster convexus** J. Fryer et B. Hylmö, Cotoneasters Compreh. Guide 310 (2009).
甘肃。

厚叶栒子

●**Cotoneaster coriaceus** Franch., Pl. Delavay. 222 (1890).
Cotoneaster lacteus W. W. Sm., Notes Roy. Bot. Gard. Edinburgh 10 (46): 23 (1917); *Cotoneaster oligocarpus* C. K. Schneid., Bot. Gaz. 64 (1): 70 (1917); *Cotoneaster smithii* G. Klotz, Mitt. Deutsch. Dendrol. Ges. 82: 77 (1996).
四川、贵州、云南、西藏。

大理栒子（新拟）

●**Cotoneaster daliensis** J. Fryer et B. Hylmö, Cotoneasters Compreh. Guide 310 (2009).
云南。

矮生栒子

●**Cotoneaster dammeri** C. K. Schneid., Ill. Handb. Laubholzk. 1: 761, f. 429 h-k (1906).
甘肃、湖北、四川、贵州、云南、西藏。

矮生栒子（原变种）

●**Cotoneaster dammeri** var. **dammeri**
Cotoneaster humifusus Duthie ex Veitch, Hort. Veitch. 396 (1906); *Cotoneaster kweitschoviensis* G. Klotz, Wiss. Z. Martin-Luther-Univ. Halle-Wittenberg, Math.-Naturwiss. Reihe 12 (Neue oder Krit. Coton.-Art.) 785 (1963); *Cotoneaster dammeri* subsp. *songmingensis* C. Y. Wu et L. H. Zhou, Acta Bot. Yunnan. 22 (3): 380 (2000).
甘肃、湖北、四川、贵州、云南。

长柄矮生栒子

●**Cotoneaster dammeri** var. **radicans** C. K. Schneid., Ill. Handb. Laubholzk. 1: 761, f. 428 a-b (1906).
Cotoneaster radicans (C. K. Schneid.) G. Klotz, Wiss. Z. Martin-Luther-Univ. Halle-Wittenberg, Math.-Naturwiss. Reihe 12 (Neue oder Krit. Coton.-Art.) 785 (1963).
甘肃、湖北、四川、西藏。

十蕊栒子（新拟）

●**Cotoneaster decandrus** J. Fryer et B. Hylmö, Cotoneasters Compreh. Guide 311 (2009).
四川。

弯枝栒子（新拟）

●**Cotoneaster declinatus** J. Fryer et B. Hylmö, Cotoneasters Compreh. Guide 311 (2009).
四川、云南。

滇西北栒子

●**Cotoneaster delavayanus** G. Klotz, Wiss. Z. Martin-Luther-Univ. Halle-Wittenberg, Math.-Naturwiss. Reihe 12 (Neue oder Krit. Coton.-Art.) 774 (1963).
云南。

木帚栒子（木帚子，茅铁香，石板柴）

●**Cotoneaster dielsianus** E. Pritz. ex Diels, Bot. Jahrb. Syst. 29 (3-4): 385 (1900).
甘肃、湖北、四川、贵州、云南、西藏。

木帚栒子（原变种）

●**Cotoneaster dielsianus** var. **dielsianus**
Cotoneaster applanatus Duthie ex Veitch, Hort. Veitch. 385 (1906); *Cotoneaster sikangensis* Flinck et B. Hylmö, Bot. Not. 115: 376 (1962); *Cotoneaster vilmorinianus* G. Klotz, Wiss. Z.

Friedrich-Schiller-Univ. Jena, Math.-Naturwiss. Reihe 21 (5-6): 992 (1972).
甘肃、湖北、四川、贵州、云南、西藏。

小叶木帚栒子（小叶木帚子）

●**Cotoneaster dielsianus** var. **elegans** Rehder et E. H. Wilson in Sarg., Pl. Wilson. 1 (2): 166 (1912).
Cotoneaster elegans (Rehder et E. H. Wilson) Flinck et B. Hylmö, Bot. Not. 115: 383 (1962); *Cotoneaster splendens* Flinck et B. Hylmö, Bot. Not. 117: 124 (1964); *Cotoneaster dokeriensis* G. Klotz, Wiss. Z. Friedrich-Schiller-Univ. Jena, Math.-Naturwiss. Reihe 21 (5-6): 974 (1972).
四川、贵州。

散生栒子（张枝栒子）

●**Cotoneaster divaricatus** Rehder et E. H. Wilson in Sarg., Pl. Wilson. 1 (2): 157 (1912).
陕西、甘肃、新疆、安徽、浙江、江西、湖南、湖北、四川、贵州、云南、西藏。

马尔康栒子（新拟）

●**Cotoneaster drogochius** J. Fryer et B. Hylmö, Cotoneasters Compreh. Guide 311 (2009).
四川。

峨眉栒子（新拟）

●**Cotoneaster emeiensis** J. Fryer et B. Hylmö, Cotoneasters Compreh. Guide 311 (2009).
四川。

恩施栒子

●**Cotoneaster fangianus** T. T. Yu, Acta Phytotax. Sin. 8 (3): 219 (1963).
湖北。

帚枝栒子（新拟）

●**Cotoneaster fastigiatus** J. Fryer et B. Hylmö, Cotoneasters Compreh. Guide 312 (2009).
四川。

繁花栒子

●**Cotoneaster floridus** J. Fryer et B. Hylmö, J. Bot. Res. Inst. Texas 2 (1): 55 (2008).
四川、云南。

麻核栒子（网脉灰栒子）

●**Cotoneaster foveolatus** Rehder et E. H. Wilson in Sarg., Pl. Wilson. 1 (2): 162 (1912).
Cotoneaster obscurus var. *cornifolius* Rehder et E. H. Wilson in Sarg., Pl. Wilson. 2 (1): 162 (1912); *Cotoneaster cornifolius* Flinck et B. Hylmö, Bot. Not. 117 (4): 379 (1964).
陕西、甘肃、湖南、湖北、四川、贵州、云南、西藏。

西南栒子（佛氏栒子）

Cotoneaster franchetii Bois, Rev. Hort. (Paris) 74 (16): 379, f. 159-161, 164 (1902).
Cotoneaster amoenus E. H. Wilson, Gard. Chron. ser. 3, 51: 2, f. 1 (1912); *Cotoneaster insculptus* Diels, Notes Roy. Bot. Gard. Edinburgh 5 (25): 273 (1912); *Cotoneaster mairei* var. *albiflorus* H. Lév., Bull. Acad. Géogr. Bot. 25: 45 (1915); *Cotoneaster mairei* H. Lév., Bull. Acad. Int. Géogr. Bot. 25: 45 (1915); *Cotoneaster franchetii* var. *cinerascens* Rehder, J. Arnold Arbor. 4 (2): 114 (1923).
四川、贵州、云南、西藏；泰国。

耐寒栒子

Cotoneaster frigidus Wall. ex Lindl., Edward's Bot. Reg. 15: pl. 1229 (1829).
Cotoneaster himalaiensis Hort. ex Zabel, Mitt. Deutsch. Dendrol. Ges. 1897 (6): 271 (1897); *Cotoneaster compta* auct. non Lemaire: Schneid., Ill. Handb. Laubholzk. 1: 758 (1906).
西藏；不丹、尼泊尔、印度（北部、锡金）。

灌丛栒子（新拟）

●**Cotoneaster fruticosus** J. Fryer et B. Hylmö, Cotoneasters Compreh. Guide, 312 (2009).
云南。

光叶栒子

●**Cotoneaster glabratus** Rehder et E. H. Wilson in Sarg., Pl. Wilson. 1 (2): 171 (1912).
湖北、四川、贵州、云南。

粉叶栒子

●**Cotoneaster glaucophyllus** Franch., Pl. Delavay. 222 (1890).
四川、贵州、云南、广西。

粉叶栒子（原变种）

●**Cotoneaster glaucophyllus** var. **glaucophyllus**
Photinia rosifoliolata H. Lév., Bull. Acad. Int. Géogr. Bot. 24: 142 (1914); *Cotoneaster transens* G. Klotz, Wiss. Z. Friedrich-Schiller-Univ. Jena, Math.-Naturwiss. Reihe 17: 337, f. 4 (1968).
四川、贵州、云南、广西。

小叶粉叶栒子

●**Cotoneaster glaucophyllus** var. **meiophyllus** W. W. Sm., Notes Roy. Bot. Gard. Edinburgh 10 (46): 21 (1917).
Cotoneaster meiophyllus (W. W. Sm.) G. Klotz, Wiss. Z. Friedrich-Schiller-Univ. Jena, Math.-Naturwiss. Reihe 17: 228 (1968); *Cotoneaster arbusculus* Klotz, Wiss. Z. Friedrich-Schiller-Univ. Jena, Math.-Naturwiss. Reihe 17: 337 (1968).
云南。

多花粉叶栒子

●**Cotoneaster glaucophyllus** var. **serotinus** (Hutch.) L. T. Lu et A. R. Brach, Novon 12 (4): 495 (2002).
Cotoneaster serotinus Hutch., Bot. Mag. 146: pl. 8854 (1920); *Cotoneaster glaucophyllus* f. *serotinus* (Hutch.) Stapf, Bot.

Mag. 153: pl. 9171 (1929).
云南。

毛萼粉叶栒子

•**Cotoneaster glaucophyllus** var. **vestitus** W. W. Sm., Notes Roy. Bot. Gard. Edinburgh 10 (46): 21 (1917).
Cotoneaster vestitus (W. W. Sm.) Flinck et B. Hylmö, Bot. Not. 119: 460 (1966).
云南。

球花栒子

•**Cotoneaster glomerulatus** W. W. Sm., Notes Roy. Bot. Gard. Edinburgh 10 (46): 21 (1917).
Cotoneaster mingkwongensis G. Klotz, Wiss. Z. Friedrich-Schiller-Univ. Jena, Math.-Naturwiss. Reihe 21: 989 (1972).
云南。

贡嘎栒子（新拟）

•**Cotoneaster gonggashanensis** J. Fryer et B. Hylmö, Cotoneasters Compreh. Guide 312 (2009).
四川。

细弱栒子（细弱灰栒子）

•**Cotoneaster gracilis** Rehder et E. H. Wilson in Sarg., Pl. Wilson. 1 (2): 167 (1912).
河南、陕西、甘肃、湖北、四川。

细弱栒子（原变种）

•**Cotoneaster gracilis** var. **gracilis**
河南、陕西、甘肃、湖北、四川。

小叶细弱栒子

•**Cotoneaster gracilis** var. **difficilis** (G. Klotz) L. T. Lu, Novon 12 (4): 496 (2002).
Cotoneaster difficilis G. Klotz, Wiss. Z. Friedrich-Schiller-Univ. Jena, Math.-Naturwiss. Reihe 21 (5-6): 1017 (1972).
甘肃、四川。

蒙自栒子（华西栒子）

•**Cotoneaster harrovianus** E. H. Wilson, Gard. Chron. ser. 3, 51: 3 (1912).
云南。

丹巴栒子

•**Cotoneaster harrysmithii** Flinck et B. Hylmö, Bot. Not. 115: 29 (1962).
四川、西藏。

钝叶栒子（云南栒子）

•**Cotoneaster hebephyllus** Diels, Notes Roy. Bot. Gard. Edinburgh 5 (25): 273 (1912).
河北、甘肃、四川、云南、西藏。

钝叶栒子（原变种）

•**Cotoneaster hebephyllus** var. **hebephyllus**
Cotoneaster hebephyllus var. *monopyrenus* W. W. Sm., Notes Roy. Bot. Gard. Edinburgh 10 (46): 23 (1917); *Cotoneaster monopyrenus* (W. W. Sm.) Flinck et B. Hylmö, Bot. Not. 119: 459 (1966); *Cotoneaster giraldii* Flinck et B. Hylmö ex G. Klotz, Wiss. Z. Friedrich-Schiller-Univ. Jena, Math.-Naturwiss. Reihe 21 (5-6): 1018 (1972).
河北、甘肃、四川、云南、西藏。

黄毛钝叶栒子

•**Cotoneaster hebephyllus** var. **fulvidus** W. W. Sm., Notes Roy. Bot. Gard. Edinburgh 10 (46): 22 (1917).
Cotoneaster fulvidus (W. W. Sm.) G. Klotz, Wiss. Z. Friedrich-Schiller-Univ. Jena, Math.-Naturwiss. Reihe 17: 335 (1968).
云南。

灰毛钝叶栒子

•**Cotoneaster hebephyllus** var. **incanus** W. W. Sm., Notes Roy. Bot. Gard. Edinburgh 10 (46): 22 (1917).
Cotoneaster incanus (W. W. Sm.) G. Klotz, Wiss. Z. Martin-Luther-Univ. Halle-Wittenberg, Math.-Naturwiss. Reihe 12 (Neue oder Krit. Coton.-Art.) 766 (1963).
云南。

大果钝叶栒子

•**Cotoneaster hebephyllus** var. **majusculus** W. W. Sm., Notes Roy. Bot. Gard. Edinburgh 10 (46): 22 (1917).
Cotoneaster majusculus (W. W. Sm.) G. Klotz, Wiss. Z. Martin-Luther-Univ. Halle-Wittenberg, Math.-Naturwiss. Reihe 12 (Neue oder Krit. Coton.-Art.) 766 (1963); *Cotoneaster handel-mazzettii* G. Klotz, Wiss. Z. Martin-Luther-Univ. Halle-Wittenberg, Math.-Naturwiss. Reihe 12 (Neue oder Krit. Coton.-Art.) 766 (1963).
四川、云南。

四瓣栒子（新拟）

•**Cotoneaster hersianus** J. Fryer et B. Hylmö, Cotoneasters Compreh. Guide 312 (2009).
陕西。

希氏栒子（新拟）

•**Cotoneaster hillieri** J. Fryer et B. Hylmö, Cotoneasters Compreh. Guide 312 (2009).
四川。

平枝栒子（栒刺木，岩楞子，山头姑娘）

Cotoneaster horizontalis Decne., Fl. Serres Jard. Eur. 22: 168 (1877).
陕西、甘肃、江苏、浙江、湖南、湖北、四川、贵州、云南、西藏、台湾；尼泊尔。

平枝栒子（原变种）

Cotoneaster horizontalis var. **horizontalis**
Cotoneaster acuminatus var. *prostratus* Hook. ex Decne., Nouv. Arch. Mus. Hist. Nat. Ser. 1, 10: 175 (1874), *nom. inval.*;

Cotoneaster symonsii Loudon ex Koehne, Deut. Dendrol. 225 (1893); *Cotoneaster microphylla* auct. non Lindl.: Diels, Bot. Jahrb. 29: 386 (1901).
陕西、甘肃、江苏、浙江、湖南、湖北、四川、贵州、云南、西藏、台湾；尼泊尔。

小叶平枝栒子

●**Cotoneaster horizontalis** var. **perpusillus** C. K. Schneid., Ill. Handb. Laubholzk. 1: 745, f. 419 e2 (1906).
Cotoneaster perpusillus (C. K. Schneid.) Flinck et B. Hylmö, Bot. Not. 119: 453 (1966).
陕西、湖北、四川、贵州。

彩斑平枝栒子

☆**Cotoneaster horizontalis** var. **variegatus** Osborn, Gard. Chron. ser. 3, 72: 351 (1922).
中国栽培于岩石花园。

花红洞栒子（新拟）

●**Cotoneaster huahongdongensis** J. Fryer et B. Hylmö, Cotoneasters Compreh. Guide 313 (2009).
云南。

花莲栒子（新拟）

●**Cotoneaster hualienensis** J. Fryer et B. Hylmö, New Plantsman 8 (4): 236 (2001), as "*hualiensis*".
台湾。

藏果栒子（新拟）

●**Cotoneaster hypocarpus** J. Fryer et B. Hylmö, Cotoneasters Compreh. Guide 313 (2009).
四川、云南。

宜昌栒子（新拟）

●**Cotoneaster ichangensis** G. Klotz, Mitt. Deutsch. Dendrol. Ges. 82: 72 (1996).
湖北。

亮红栒子（新拟）

●**Cotoneaster ignescens** J. Fryer et B. Hylmö, New Plantsman 8 (4): 236 (2001).
云南。

全缘栒子（全缘栒子木）

Cotoneaster integerrimus Medik., Gesch. Bot. 85 (1793).
Mespilus cotoneaster L., Sp. Pl. 1: 479 (1753); *Ostinia cotoneaster* (L.) Clairv., Man. Herbor. Suisse 162 (1811); *Cotoneaster vulgaris* Lindl., Trans. Linn. Soc. London 13 (1): 101 (1821).
黑龙江、内蒙古、河北、青海、新疆；朝鲜、俄罗斯；亚洲（北部）、欧洲。

康定栒子（新拟）

●**Cotoneaster kangdingensis** J. Fryer et B. Hylmö, Cotoneasters Compreh. Guide 314 (2009).
四川。

甘肃栒子（新拟）

●**Cotoneaster kansuensis** G. Klotz, Wiss. Z. Friedrich-Schiller-Univ. Jena, Math.-Naturwiss. Reihe 21 (5-6): 1001 (1972).
甘肃。

巴塘栒子

●**Cotoneaster kaschkarovii** Pojark., Bot. Mater. Gerb. Bot. Inst. Komarova Akad. Nauk S. S. S. R. 21: 194 (1961).
四川。

檵木叶栒子（新拟）

●**Cotoneaster kingdonii** J. Fryer et B. Hylmö, New Plantsman 8 (4): 237 (2001).
云南、西藏。

南江栒子（新拟）

●**Cotoneaster kitaibelii** J. Fryer et B. Hylmö, Cotoneasters Compreh. Guide 314 (2009).
四川。

汶川栒子（新拟）

●**Cotoneaster kuanensis** J. Fryer et B. Hylmö, Cotoneasters Compreh. Guide 314 (2009).
四川。

长梗栒子（新拟）

●**Cotoneaster lancasteri** J. Fryer et B. Hylmö, New Plantsman 8 (4): 237 (2001).
四川。

中甸栒子

●**Cotoneaster langei** G. Klotz, Wiss. Z. Friedrich-Schiller-Univ. Jena, Math.-Naturwiss. Reihe 21 (5-6): 1000 (1972).
四川、云南。

宽叶栒子（新拟）

●**Cotoneaster latifolius** J. Fryer et B. Hylmö, New Plantsman 8 (4): 237 (2001).
河北、陕西、甘肃。

西山栒子（新拟）

●**Cotoneaster leveillei** J. Fryer et B. Hylmö, Cotoneasters Compreh. Guide 314 (2009).
云南。

栗色栒子（新拟）

●**Cotoneaster marroninus** J. Fryer et B. Hylmö, Cotoneasters Compreh. Guide 314 (2009).
四川。

黑果栒子（黑果栒子木，黑果灰栒子）

Cotoneaster melanocarpus Lodd., G. Lodd. et W. Lodd., Bot. Cab. 16: pl. 1531 (1828).

Mespilus cotoneaster var. *niger* Wahlb., Fl. Gothob. 53 (1820); *Cotoneaster vulgaris* var. *melanocarpus* (Lodd., G. Lodd. et W. Lodd.) Ledeb., Fl. Altaic. 2: 219 (1830); *Cotoneaster peduncularis* Boiss., Diagn. Pl. Orient. 3: 8 (1843); *Cotoneaster niger* (Wahlb.) Fr., Summa Veg. Scand. 1: 175 (1846); *Cotoneaster orientalis* A. Kern., Oesterr. Bot. Z. 19 (9): 270 (1869).
黑龙江、吉林、内蒙古、河北、山西、甘肃、新疆；蒙古国、日本、俄罗斯；欧洲。

小叶栒子（铺地蜈蚣，地锅钯）

Cotoneaster microphyllus Wall. ex Lindl., Edward's Bot. Reg. 13: pl. 1114 (1827).
四川、云南、西藏；缅甸、不丹、尼泊尔、印度、克什米尔地区。

小叶栒子（原变种）

Cotoneaster microphyllus var. **microphyllus**
Cotoneaster buxifolius f. *melanotrichus* Franch., Pl. Delavay. 224 (1890); *Cotoneaster microphyllus* f. *melanotrichus* (Franch.) Hand.-Mazz., Symb. Sin. 7 (3): 459 (1933); *Cotoneaster microphyllus* var. *melanotrichus* (Franch.) Rehder, J. Arnold Arbor. 20 (1): 94 (1939); *Cotoneaster cochleatus* f. *melanotrichus* (Franch.) G. Klotz, Wiss. Z. Martin-Luther-Univ. Halle-Wittenberg, Math.-Naturwiss. Reihe 6 (Kult. Coton.-Art. u.-Form.) 952 (1957); *Cotoneaster elatus* G. Klotz, Wiss. Z. Martin-Luther-Univ. Halle-Wittenberg, Math.-Naturwiss. Reihe 12 (Neue oder Krit. Coton.-Art.) 782 (1963); *Cotoneaster melanotrichus* (Franch.) G. Klotz, Mitt. Deutsch. Dendrol. Ges. 82: 65 (1996).
四川、云南、西藏；缅甸、不丹、尼泊尔、印度、克什米尔地区。

白毛小叶栒子

Cotoneaster microphyllus var. **cochleatus** (Franch.) Rehder et E. H. Wilson in Sarg., Pl. Wilson. 1 (2): 176 (1912).
Cotoneaster buxifolius f. *cochleatus* Franch., Pl. Delavay. 224 (1890); *Cotoneaster cochleatus* (Franch.) Klotz, Wiss. Z. Martin-Luther-Univ. Halle-Wittenberg, Math.-Naturwiss. Reihe 6 (Kult. Coton.-Art. u.-Form.) 952 (1957).
四川、云南；不丹、尼泊尔。

无毛小叶栒子

Cotoneaster microphyllus var. **glacialis** Hook. f. ex Wenz., Linnaea 38: 195 (1874).
Cotoneaster congestus Baker, Refug. Bot. 1: pl. 51 (1869); *Cotoneaster microphyllus* var. *nivalis* G. Klotz, Wiss. Z. Martin-Luther-Univ. Halle-Wittenberg, Math.-Naturwiss. Reihe 12 (Neue oder Krit. Coton.-Art.) 780 (1963); *Cotoneaster glacialis* (Hook. f. ex Wenzig) Panigraphi et Arv. Kumar, Bull. Bot. Surv. India 28 (1-4): 75 (1988).
云南、西藏；缅甸、不丹、尼泊尔、印度、克什米尔地区。

细叶小叶栒子

Cotoneaster microphyllus var. **thymifolius** (Baker) Koehne, Mitt. Deutsch. Dendrol. Ges. 227 (1893).
Cotoneaster thymifolius Baker, Refug. Bot. 1: pl. 50 (1869); *Crataegus integrifolia* Roxb., Fl. Ind. (Roxburgh) 2: 509 (1832); *Cotoneaster microphyllus* f. *linearifolius* G. Klotz, Wiss. Z. Martin-Luther-Univ. Halle-Wittenberg, Math.-Naturwiss. Reihe 6 (Kult. Coton.-Art. u.-Form.) 982 (1957); *Cotoneaster integrifolius* (Roxb.) G. Klotz, Wiss. Z. Martin-Luther-Univ. Halle-Wittenberg, Math.-Naturwiss. Reihe 12 (Neue oder Krit. Coton.-Art.) 779 (1963); *Cotoneaster linearifolius* (G. Klotz) G. Klotz, Wiss. Z. Friedrich-Schiller-Univ. Jena, Math.-Naturwiss. Reihe 27 (1): 20 (1978).
云南、西藏；尼泊尔、印度、克什米尔地区。

蒙古栒子

Cotoneaster mongolicus Pojark., Bot. Mater. Gerb. Bot. Inst. Komarova Akad. Nauk S. S. S. R. 17: 196 (1955).
Cotoneaster tumeticus Pojark., Bot. Mater. Gerb. Bot. Inst. Komarova Akad. Nauk S. S. S. R. 21: 204 (1961).
内蒙古；蒙古国（东部）。

台湾栒子（玉山铺地蜈蚣）

●**Cotoneaster morrisonensis** Hayata, Icon. Pl. Formosan. 5: 62 (1915).
Cotoneaster rokujodaisanensis Hayata, Icon. Pl. Formosan. 5: 63 (1915).
台湾。

宝兴栒子（木坪栒子）

●**Cotoneaster moupinensis** Franch., Nouv. Arch. Mus. Hist. Nat. ser. 2, 8: 224 (1885).
陕西、宁夏、甘肃、湖北、四川、贵州、云南、西藏。

水栒子（栒子木，多花栒子，灰栒子）

Cotoneaster multiflorus Bunge in Ledeb., Fl. Altaic. 2: 220 (1830).
黑龙江、辽宁、内蒙古、河北、山西、河南、陕西、甘肃、青海、新疆、湖北、四川、云南、西藏；俄罗斯；亚洲。

水栒子（原变种）

Cotoneaster multiflorus var. **multiflorus**
Cotoneaster reflexus Carrière, Rev. Hort. 520 (1871); *Cotoneaster magnificus* J. Fryer et B. Hylmö, New Plantsman 5 (3): 138 (1998).
黑龙江、辽宁、内蒙古、河北、山西、河南、陕西、甘肃、青海、新疆、湖北、四川、云南、西藏；俄罗斯；亚洲。

紫果水栒子

●**Cotoneaster multiflorus** var. **atropurpureus** T. T. Yu, Acta Phytotax. Sin. 8 (3): 219 (1963).
四川、云南、西藏。

大果水栒子（水实水栒子）

●**Cotoneaster multiflorus** var. **calocarpus** Rehder et E. H. Wilson in Sarg., Pl. Wilson. 1 (2): 170 (1912).
Cotoneaster przewalskii Pojark., Bot. Mater. Gerb. Bot. Inst.

Komarova Akad. Nauk S. S. S. R. 21: 196 (1961); *Cotoneaster calocarpus* (Rehder et E. H. Wilson) Flinck et B. Hylmö, Bot. Not. 119: 457 (1966).
陕西、甘肃、四川。

小光泽栒子（新拟）

●**Cotoneaster naninitens** J. Fryer et B. Hylmö, Cotoneasters Compreh. Guide 315 (2009).
四川。

南投栒子（新拟）

●**Cotoneaster nantouensis** J. Fryer et B. Hylmö, Cotoneasters Compreh. Guide 315 (2009).
台湾。

簇果栒子（新拟）

●**Cotoneaster naoujanensis** J. Fryer et B. Hylmö, Cotoneasters Compreh. Guide 315 (2009).
云南。

光泽栒子（亮叶栒子）

●**Cotoneaster nitens** Rehder et E. H. Wilson in Sarg., Pl. Wilson. 1 (2): 156 (1912).
四川。

亮叶栒子

●**Cotoneaster nitidifolius** C. Marquand, Hooker's Icon. Pl. 32 (2): pl. 3145 (1930).
四川、云南。

两列栒子（两列枝栒子）

Cotoneaster nitidus Jacq., J. Soc. Imp. Centr. Hort. 3: 516 (1859).
四川、云南、西藏；缅甸、不丹、尼泊尔、印度。

两列栒子（原变种）

Cotoneaster nitidus var. **nitidus**
Cotoneaster distichus Lange, Bot. Tidsskr. 13: 19 (1882); *Cotoneaster rupestris* John Charlton, Gard. Chron. 18: 598 (1882); *Cotoneaster rotundifolia* auct. non Lindl: Baker, Befug. Bot. 1: t. 54 (1869).
四川、云南、西藏；缅甸、不丹、尼泊尔、印度。

大叶两列栒子

Cotoneaster nitidus var. **duthieanus** (C. K. Schneid.) T. T. Yu, Fl. Reipubl. Popularis Sin. 36: 167 (1974).
Cotoneaster distichus var. *duthieanus* C. K. Schneid., Ill. Handb. Laubholzk. 1: 745 (1906); *Cotoneaster forrestii* G. Klotz, Bull. Bot. Surv. India 5: 209 (1964); *Cotoneaster duthieanus* (C. K. Schneid.) G. Klotz, Bull. Bot. Surv. India 5: 211 (1964).
云南；缅甸。

小叶两列栒子

Cotoneaster nitidus var. **parvifolius** (T. T. Yu) T. T. Yu, Fl. Reipubl. Popularis Sin. 36: 167 (1974).
Cotoneaster distichus var. *parvifolius* T. T. Yu, Bull. Brit. Mus. (Nat. Hist.), Bot. 1: 129 (1954); *Cotoneaster cavei* G. Klotz, Bull. Bot. Surv. India 5: 213 (1963); *Cotoneaster cordifolius* G. Klotz, Bull. Bot. Surv. India 5: 212 (1963); *Cotoneaster nitidus* subsp. *cavei* (G. Klotz) H. Ohashi, Fl. E. Himalaya 1: 120 (1966).
云南；缅甸。

鹤庆栒子（新拟）

●**Cotoneaster nohelii** J. Fryer et B. Hylmö, Cotoneasters Compreh. Guide 315 (2009).
云南。

暗红栒子（暗红果栒子）

●**Cotoneaster obscurus** Rehder et E. H. Wilson in Sarg., Pl. Wilson. 1 (2): 161 (1912).
湖北、四川、贵州、云南、西藏。

多果栒子（新拟）

●**Cotoneaster ogisui** J. Fryer et B. Hylmö, Cotoneasters Compreh. Guide 316 (2009).
四川。

少花栒子

Cotoneaster oliganthus Pojark., Bot. Mater. Gerb. Bot. Inst. Komarova Akad. Nauk S. S. S. R. 8: 141, f. 3 (1938).
内蒙古、新疆；吉尔吉斯斯坦、哈萨克斯坦。

疏忽栒子（新拟）

●**Cotoneaster omissus** J. Fryer et B. Hylmö, Cotoneasters Compreh. Guide 316 (2009).
云南。

毡毛栒子

●**Cotoneaster pannosus** Franch., Pl. Delavay. 223 (1890).
四川、云南。

毡毛栒子（原变种）

●**Cotoneaster pannosus** var. **pannosus**
Cotoneaster vernae C. K. Schneid., Bot. Gaz. 64 (1): 71 (1917).
四川、云南。

大叶毡毛栒子

●**Cotoneaster pannosus** var. **robustior** W. W. Sm., Notes Roy. Bot. Gard. Edinburgh 10 (46): 24 (1917).
Cotoneaster robustior (W. W. Sm.) Flinck et B. Hylmö, Bot. Not. 119: 460 (1966).
云南。

绒毛细叶栒子

Cotoneaster poluninii G. Klotz, Wiss. Z. Friedrich-Schiller-Univ. Jena, Math.-Naturwiss. Reihe 27 (1): 21 (1978).
Cotoneaster buxifolius f. *vellaeus* Franch., Pl. Delavay. 224

(1890); *Cotoneaster microphyllus* var. *vellaeus* (Franch.) Rehder et E. H. Wilson, in Sarg., Pl. Wilson. 1 (2): 176 (1912); *Cotoneaster buxifolius* var. *vellaeus* (Franch.) G. Klotz, Wiss. Z. Martin-Luther-Univ. Halle-Wittenberg, Math.-Naturwiss. Reihe 6 (Neue oder Krit. Coton. Art.) 952 (1957); *Cotoneaster astrophores* J. Fryer et E. C. Nelson, Glastra 2: 127 (1995).
云南；尼泊尔。

拟暗红栒子（新拟）

●**Cotoneaster pseudo-obscurus** J. Fryer et B. Hylmö, Cotoneasters Compreh. Guide 316 (2009).
四川。

淡紫栒子（新拟）

●**Cotoneaster purpurascens** J. Fryer et B. Hylmö, New Plantsman 8 (4): 237 (2001).
甘肃、四川。

清碧溪栒子

●**Cotoneaster qungbixiensis** J. Fryer et B. Hylmö, J. Bot. Res. Inst. Texas 2 (1): 53 (2008).
云南。

网脉栒子（网脉叶栒子）

●**Cotoneaster reticulatus** Rehder et E. H. Wilson in Sarg., Pl. Wilson. 1 (2): 160 (1912).
四川。

麻叶栒子（瓦屋栒子）

●**Cotoneaster rhytidophyllus** Rehder et E. H. Wilson in Sarg., Pl. Wilson. 1 (2): 175 (1912).
四川、贵州。

粉花栒子（新拟）（粉红花铺地蜈蚣）

●**Cotoneaster rosiflorus** K. C. Chang et F. Y. Lu, Bot. Stud. (Taipei) 52: 214, f. 1, 2, 3 A-D (2011).
台湾。

圆叶栒子

Cotoneaster rotundifolius Wall. ex Lindl., Edward's Bot. Reg. 15: sub. pl. 1229 (1829).
Cotoneaster microphyllus var. *uva-ursi* Lindl., Edward's Bot. Reg. 14: pl. 1187 (1828); *Cotoneaster prostratus* Baker, Refug. Bot. 1: pl. 53 (1869); *Cotoneaster microphyllus* var. *rotundifolius* (Wall. ex Lindl.) Wenz., Linnaea 38: 195 (1874); *Cotoneaster distichus* var. *tongolensis* C. K. Schneid., Ill. Handb. Laubholzk. 1: 745, f. 419 d (1906); *Cotoneaster rotundifolius* var. *tongolensis* (C. K. Schneid.) Rehder, J. Arnold Arbor. 11 (3): 161 (1930).
四川、云南、西藏；不丹、尼泊尔、印度。

红花栒子

Cotoneaster rubens W. W. Sm., Notes Roy. Bot. Gard. Edinburgh 10 (46): 24 (1917).
Cotoneaster notabilis G. Klotz, Wiss. Z. Friedrich-Schiller-Univ. Jena, Math.-Naturwiss. Reihe 21 (5-6): 972 (1972).
四川、云南、西藏；缅甸（北部）、不丹。

柳叶栒子（小米麻，木帚子）

●**Cotoneaster salicifolius** Franch., Nouv. Arch. Mus. Hist. Nat. ser. 2, 8: 225 (1885).
湖南、湖北、四川、贵州、云南。

柳叶栒子（原变种）

●**Cotoneaster salicifolius** var. **salicifolius**
Cotoneaster salicifolius var. *floccosus* Rehder et E. H. Wilson in Sarg., Pl. Wilson. 1 (2): 173 (1912); *Cotoneaster floccosus* (Rehder et E. H. Wilson) Flinck et B. Hylmö, Bot. Not. 119: 460 (1966); *Cotoneaster sargentii* G. Klotz, Mitt. Deutsch. Dendrol. Ges. 82: 72 (1996); *Cotoneaster sordidus* G. Klotz, Mitt. Deutsch. Dendrol. Ges. 82: 72 (1996).
湖南、湖北、四川、贵州、云南。

窄叶柳叶栒子

●**Cotoneaster salicifolius** var. **angustus** T. T. Yu, Acta Phytotax. Sin. 8 (3): 219 (1963).
Cotoneaster angustus (T. T. Yu) G. Klotz, Mitt. Deutsch. Dendrol. Ges. 82: 71 (1996).
四川。

大叶柳叶栒子

●**Cotoneaster salicifolius** var. **henryanus** (C. K. Schneid.) T. T. Yu, Fl. Reipubl. Popularis Sin. 36: 121 (1974).
Cotoneaster rugosus var. *henryanus* C. K. Schneid., Ill. Handb. Laubholzk. 1: 758 (1906); *Cotoneaster henryanus* (C. K. Schneid.) Rehder et E. H. Wilson in Sarg., Pl. Wilson. 1 (2): 174 (1912).
湖北、四川。

皱叶柳叶栒子（小叶山米麻）

●**Cotoneaster salicifolius** var. **rugosus** (E. Pritz.) Rehder et E. H. Wilson in Sarg., Pl. Wilson. 1 (2): 172 (1912).
Cotoneaster rugosus E. Pritz., Bot. Jahrb. Syst. 29 (3-4): 385 (1900); *Cotoneaster hylmoei* Flinck et J. Fryer, Plantsman, n. s. 15 (1): 26 (1993).
湖北、四川。

血色栒子

Cotoneaster sanguineus T. T. Yu, Bull. Brit. Mus. (Nat. Hist.), Bot. 1: 130, pl. 4 (1954).
云南、西藏；不丹、尼泊尔、印度。

山东栒子

●**Cotoneaster schantungensis** G. Klotz, Wiss. Z. Friedrich-Schiller-Univ. Jena, Math.-Naturwiss. Reihe 21 (5-6): 1018 (1972).
山东。

山南栒子（新拟）

●**Cotoneaster shannanensis** J. Fryer et B. Hylmö, New

Plantsman 8 (4): 237 (2001).
云南、西藏。

康巴栒子

Cotoneaster sherriffii G. Klotz, Wiss. Z. Martin-Luther-Univ. Halle-Wittenberg, Math.-Naturwiss. Reihe 12 (Neue oder Krit. Coton.-Art.) 776 (1963).
Cotoneaster schlechtendalii G. Klotz, Wiss. Z. Martin-Luther-Univ. Halle-Wittenberg, Math.-Naturwiss. Reihe 12 (Neue oder Krit. Coton.-Art.) 776 (1963); *Cotoneaster ludlowii* G. Klotz, Wiss. Z. Martin-Luther-Univ. Halle-Wittenberg, Math.-Naturwiss. Reihe 12 (Neue oder Krit. Coton.-Art.) 775 (1963); *Cotoneaster muliensis* G. Klotz, Wiss. Z. Friedrich-Schiller-Univ. Jena, Math.-Naturwiss. Reihe 17 (3): 336 (1968).
四川、西藏；不丹。

华中栒子（湖北栒子，鄂栒子）

●**Cotoneaster silvestrii** Pamp., Nuovo Giorn. Bot. Ital., n. s. 17 (2): 288 (1910).
Cotoneaster hupehensis Rehder et E. H. Wilson in Sarg., Pl. Wilson. 1 (2): 169 (1912); *Cotoneaster racemiflorus* var. *veitchii* Rehder et E. H. Wilson in Sarg., Pl. Wilson. 3 (3): 431 (1917); *Cotoneaster veitchii* (Rehder et E. H. Wilson) G. Klotz, Wiss. Z. Martin-Luther-Univ. Halle-Wittenberg, Math.-Naturwiss. Reihe 6 (Kult. Coton.-Art. u.-Form.) 974 (1957).
河南、甘肃、安徽、江苏、江西、湖北、四川。

准噶尔栒子（总花准噶尔栒子）

●**Cotoneaster soongoricus** (Regel et Herder) Popov, Byull. Moskovsk. Obshch. Isp. Prir. Otd. Biol. n. s. 44: 128 (1935).
Cotoneaster nummularia var. *soongoricus* Regel et Herder, Bull. Soc. Imp. Naturalistes Moscou 39 (2): 59 (1866); *Cotoneaster fontanesii* var. *soongoricus* (Regel et Herder) Regel, Trudy Imp. S.-Peterburgsk. Bot. Sada 2: 313 (1873); *Cotoneaster racemiflorus* var. *soongoricus* (Regel et Herder) C. K. Schneid., Ill. Handb. Laubholzk. 1: 754, f. 424 i (1906).
内蒙古、河北、山西、宁夏、甘肃、新疆、四川、云南、西藏。

准噶尔栒子（原变种）

●**Cotoneaster soongoricus** var. **soongoricus**
Cotoneaster nummularia var. *ovalifolius* Boiss., Fl. Orient. 2: 667 (1872); *Cotoneaster racemiflorus* var. *ovalifolius* (Boiss.) Hurus., Acta Phytotax. Geobot. 13: 229 (1943); *Cotoneaster suavis* Pojark., Bot. Mater. Gerb. Bot. Inst. Komarova Akad. Nauk S. S. S. R. 16: 118 (1954); *Cotoneaster tomentellus* Pojark., Bot. Mater. Gerb. Bot. Inst. Komarova Akad. Nauk S. S. S. R. 21: 200 (1961); *Cotoneaster tibeticus* G. Klotz, Wiss. Z. Friedrich-Schiller-Univ. Jena, Math.-Naturwiss. Reihe 17: 334 (1968); *Cotoneaster zayulensis* G. Klotz, Wiss. Z. Friedrich-Schiller-Univ. Jena, Math.-Naturwiss. Reihe 17: 334 (1968).
内蒙古、山西、宁夏、甘肃、新疆、四川、云南、西藏。

小果准噶尔栒子（小果总花栒子）

●**Cotoneaster soongoricus** var. **microcarpus** (Rehder et E. H. Wilson) Klotz, Wiss. Z. Martin-Luther-Univ. Halle-Wittenberg, Math.-Naturwiss. Reihe 6 (Kult. Coton.-Art. u.-Form.) 97 (1957).
Cotoneaster racemiflorus var. *microcarpus* Rehder et E. H. Wilson in Sarg., Pl. Wilson. 1 (2): 169 (1912); *Cotoneaster potaninii* Pojark., Bot. Mater. Gerb. Bot. Inst. Komarova Akad. Nauk S. S. S. R. 21: 202 (1961); *Cotoneaster microcarpus* (Rehder et E. H. Wilson) Flinck et B. Hylmö, Bot. Not. 119: 459 (1966).
河北、甘肃、四川。

利川栒子（新拟）

●**Cotoneaster spongbergii** J. Fryer et B. Hylmö, Cotoneasters Compreh. Guide 316 (2009).
湖北。

高山栒子

●**Cotoneaster subadpressus** T. T. Yu, Acta Phytotax. Sin. 8 (3): 219 (1963).
四川、云南。

毛叶水栒子

Cotoneaster submultiflorus Popov, Byull. Moskovsk. Obshch. Isp. Prir. Otd. Biol. n. s. 44: 126 (1935).
Cotoneaster multiflorus var. *borealichinensis* Hurus., Acta Phytotax. Geobot. 13: 230, fig. 2 (1943); *Cotoneaster borealichinensis* (Hurus.) Hurus., Inform. Annuales Hort. Bot. Fac. Sci. Univ. Tokyo 14 (1967).
内蒙古、河北、山西、河南、陕西、宁夏、甘肃、青海、新疆、四川、西藏；亚洲。

迭部栒子（新拟）

●**Cotoneaster svenhedinii** J. Fryer et B. Hylmö, Cotoneasters Compreh. Guide 316 (2009).
甘肃。

蓬莱栒子（新拟）

●**Cotoneaster taiwanensis** J. Fryer et B. Hylmö, Cotoneasters Compreh. Guide 316 (2009).
台湾。

丹巴栒子（新拟）

●**Cotoneaster tanpaensis** J. Fryer et B. Hylmö, Cotoneasters Compreh. Guide 317 (2009).
四川。

道孚栒子（新拟）

●**Cotoneaster taofuensis** J. Fryer et B. Hylmö, Cotoneasters Compreh. Guide 317 (2009).
四川。

藏南栒子

●**Cotoneaster taylorii** T. T. Yu, Bull. Brit. Mus. (Nat. Hist.),

Bot. 1: 129, pl. 3 (1954).
Cotoneaster nitidus subsp. *taylorii* (T. T. Yu) H. Ohashi, Fl. E. Himalaya 1: 120 (1966).
西藏。

丽江栒子（新拟）

●**Cotoneaster teijiashanensis** J. Fryer et B. Hylmö, Cotoneasters Compreh. Guide 317 (2009).
云南。

细枝栒子（细梗栒子）

●**Cotoneaster tenuipes** Rehder et E. H. Wilson in Sarg., Pl. Wilson. 1 (2): 171 (1912).
陕西、甘肃、青海、四川、云南、西藏。

三核栒子（新拟）

●**Cotoneaster tripyrenus** J. Fryer et B. Hylmö, Cotoneasters Compreh. Guide 317 (2009).
甘肃。

滇藏栒子（新拟）

●**Cotoneaster tsarongensis** J. Fryer et B. Hylmö, Cotoneasters Compreh. Guide 317 (2009).
云南、西藏。

陀螺果栒子

●**Cotoneaster turbinatus** Craib, Bot. Mag. 140: pl. 8546 (1914).
湖北、四川、贵州、云南。

波叶栒子（新拟）

●**Cotoneaster undulatus** J. Fryer et B. Hylmö, Cotoneasters Compreh. Guide 317 (2009).
甘肃。

单花栒子

Cotoneaster uniflorus Bunge in Ledeb., Fl. Altaic. 2: 220 (1830).
Cotoneaster vulgaris var. *uniflorus* (Bunge) Regel, Trudy Imp. S.-Peterburgsk. Bot. Sada 2 (2): 315 (1873); *Cotoneaster integerrimus* var. *uniflorus* (Bunge) C. K. Schneid., Ill. Handb. Laubholzk. 1: 747 (1906).
青海、新疆；蒙古国、俄罗斯。

昆明栒子（新拟）

●**Cotoneaster vandelaarii** J. Fryer et B. Hylmö, New Plantsman 8 (4): 238 (2001).
云南。

疣枝栒子

Cotoneaster verruculosus Diels, Notes Roy. Bot. Gard. Edinburgh 5 (25): 272 (1912).
Cotoneaster distichus var. *verruculosus* (Diels) T. T. Yu, Bull. Brit. Mus. (Nat. Hist.), Bot. 1: 128 (1954); *Cotoneaster improvisus* G. Klotz, Wiss. Z. Friedrich-Schiller-Univ. Jena, Math.-Naturwiss. Reihe 21 (5-6): 1005 (1972).
四川、云南、西藏；缅甸、不丹、尼泊尔、印度。

梵净山栒子（新拟）

●**Cotoneaster wanbooyenensis** J. Fryer et B. Hylmö, Cotoneasters Compreh. Guide 318 (2009), as "*wanbooyensis*".
贵州。

瓦山栒子（新拟）

●**Cotoneaster wanshanensis** J. Fryer et B. Hylmö, Cotoneasters Compreh. Guide 318 (2009).
四川。

白毛栒子（瓦德栒子）

●**Cotoneaster wardii** W. W. Sm., Notes Roy. Bot. Gard. Edinburgh 10 (46): 25 (1917).
西藏。

蜀中栒子（新拟）

●**Cotoneaster yinchangensis** J. Fryer et B. Hylmö, Cotoneasters Compreh. Guide 318 (2009).
四川。

德浚栒子（新拟）

●**Cotoneaster yui** J. Fryer et B. Hylmö, New Plantsman 8 (4): 237 (2001).
云南。

榆林宫栒子（新拟）

●**Cotoneaster yulingkongensis** J. Fryer et B. Hylmö, Cotoneasters Compreh. Guide 319 (2009).
四川。

西北栒子（札氏栒子，杂氏栒子，土兰条）

●**Cotoneaster zabelii** C. K. Schneid., Ill. Handb. Laubholzk. 1: 748, f. 420 f-h., f. 422 i-k (1906).
Cotoneaster zabelii var. *miniatus* Rehder et E. H. Wilson in Sarg., Pl. Wilson. 3 (3): 430 (1917).
内蒙古、河北、山西、山东、河南、陕西、宁夏、甘肃、青海、江西、湖南、湖北。

山楂属 Crataegus L.

阿尔泰山楂

Crataegus altaica (Loudon) Lange, Revis. Cratag. 42 (1897).
Crataegus purpurea var. *altaica* Loudon, Arbor. Frutic. Brit. 2: 823, f. 583 (1838); *Crataegus sanguinea* var. *inermis* Kar. et Kir., Bull. Soc. Imp. Naturalistes Moscou 14: 328 (1841); *Crataegus sanguinea* var. *incisa* Regel, Trudy Imp. S.-Peterburgsk. Bot. Sada 1: 116 (1871); *Crataegus wattiana* var. *incisa* C. K. Schneid., Ill. Handb. Laubholzk. 2: 1005 (1912).
新疆；俄罗斯（欧洲东南部一部分、西伯利亚）。

橘红山楂

●**Crataegus aurantia** Pojark., Bot. Mater. Gerb. Bot. Inst.

Komarova Akad. Nauk S. S. S. R. 13: 82, f. 3 (1950).
河北、山西、陕西、甘肃。

绿肉山楂

Crataegus chlorosarca Maxim., Bull. Soc. Imp. Naturalistes Moscou 54 (1): 20 (1879).
辽宁；日本、俄罗斯。

中甸山楂

●**Crataegus chungtienensis** W. W. Sm., Notes Roy. Bot. Gard. Edinburgh 10 (46): 26 (1917).
云南。

野山楂

Crataegus cuneata Siebold et Zucc., Abh. Math.-Phys. Cl. Königl. Bayer. Akad. Wiss. 4 (2): 130 (1845).
河南、陕西、安徽、江苏、浙江、江西、湖南、湖北、贵州、云南、福建、广东、广西；日本。

野山楂（原变种）

Crataegus cuneata var. **cuneata**
Crataegus argyi H. Lév. et Vaniot, Bull. Soc. Bot. France 55: 57 (1908); *Crataegus stephanostyla* H. Lév. et Vaniot, Bull. Soc. Bot. France 55: 57 (1908); *Crataegus chantcha* H. Lév., Repert. Spec. Nov. Regni Veg. 10 (257-259): 377 (1912); *Crataegus kulingensis* Sarg., Pl. Wilson. 1 (2): 179 (1912); *Crataegus cuneata* var. *shangnanensis* L. Mao et T. C. Cui, Bull. Bot. Res., Harbin 10 (4): 61 (1990); *Crataegus cuneata* f. *pleniflora* S. X. Qian, Bull. Bot. Res., Harbin 11 (1): 57 (1991).
河南、陕西、安徽、江苏、浙江、江西、湖南、湖北、贵州、云南、福建、广东、广西；日本。

小叶野山楂

●**Crataegus cuneata** var. **tangchungchangii** (F. P. Metcalf) T. C. Ku et Spongberg, Fl. China 9: 114 (2003).
Crataegus tangchungchangii F. P. Metcalf, Lingnan Sci. J. 11 (1): 13 (1932); *Crataegus cuneata* f. *tangchungchangii* (F. P. Metcalf) Y. T. Chang, Fl. Fujian. 2: 317 (1985).
福建。

光叶山楂

Crataegus dahurica Koehne ex C. K. Schneid., Ill. Handb. Laubholzk. 1: 773, f. 437 n-o, 438 g-i (1906).
黑龙江、内蒙古、河北；蒙古国、俄罗斯。

光叶山楂（原变种）

Crataegus dahurica var. **dahurica**
Crataegus purpurea J. A. Bosc ex DC., Prodr. (DC.) 2: 628 (1825); *Crataegus sanguinea* var. *glabra* Maxim., Mém. Acad. Imp. Sci. St.-Pétersbourg Divers Savans 9: 101 (1859); *Crataegus chilliensis* Sarg., Pl. Wilson. 1 (2): 183 (1912).
黑龙江、内蒙古；蒙古国、俄罗斯。

光萼山楂

●**Crataegus dahurica** var. **laevicalyx** (J. X. Huang, L. Y. Sun et T. J. Feng) T. C. Ku et Spongberg, Fl. China 9: 116 (2003).
Crataegus laevicalyx J. X. Huang, L. Y. Sun et T. J. Feng, Bull. Bot. Res., Harbin 11 (1): 25, f. 1 (1991).
河北。

湖北山楂（猴楂子，酸枣，大山枣）

●**Crataegus hupehensis** Sarg., Pl. Wilson. 1 (2): 178 (1912).
Crataegus hupehensis var. *flavida* S. Y. Wang, J. Henan Agric. Coll. 1980 (2): 10 (1980).
山西、河南、陕西、江苏、浙江、江西、湖南、湖北、四川。

甘肃山楂（面旦子）

●**Crataegus kansuensis** E. H. Wilson, J. Arnold Arbor. 9 (2-3): 58 (1928).
河北、山西、陕西、甘肃、四川、贵州。

毛山楂

Crataegus maximowiczii C. K. Schneid., Ill. Handb. Laubholzk. 1: 771, f. 437 a-b, 438 a-c (1906).
Crataegus sanguinea var. *villosa* Rupr., Bull. Cl. Phys.-Math. Acad. Imp. Sci. Saint-Pétersbourg 15: 131 (1857); *Crataegus altaica* var. *villosa* (Rupr.) Lange, Revis. Cratag. 42, pl. 5 (1897); *Crataegus maximowiczii* var. *ninganensis* S. Q. Nie et B. J. Jen, Bull. Bot. Res., Harbin 2 (1): 159, f. 1 (1982); *Crataegus beipiaogensis* S. L. Tung et X. J. Tian, Bull. Bot. Res., Harbin 8 (4): 99, pl. 1 (1988).
黑龙江、吉林、辽宁、内蒙古；蒙古国、日本、朝鲜、俄罗斯（东西伯利亚）。

滇西山楂

●**Crataegus oresbia** W. W. Sm., Notes Roy. Bot. Gard. Edinburgh 10 (46): 26 (1917).
云南。

山楂

Crataegus pinnatifida Bunge, Enum. Pl. China Bor. 26 (1833).
Mespilus pinnatifida (Bunge) K. Koch, Wochenschr. Vereines Beförd. Gartenbaues Konigl. Preuss. Staaten 5: 398 (1862); *Crataegus oxyacantha* var. *pinnatifida* (Bunge) Regel, Trudy Imp. S.-Peterburgsk. Bot. Sada 5: 398 (1971).
黑龙江、吉林、辽宁、内蒙古、河北、山西、山东、河南、陕西、新疆、江苏、浙江；朝鲜。

山楂（原变种）

Crataegus pinnatifida var. **pinnatifida**
Crataegus pinnatifida var. *songarica* Dippel, Handb. Laubholzk. 3. 447 (1893); *Crataegus pinnatifida* var. *geholensis* C. K. Schneid., Ill. Handb. Laubholzk. 709 (1906); *Mespilus pinnatifida* var. *songarica* (Dippel) Asch. et Graebn., Syn. Mitteleur. Fl. 6 (2): 43 (1906); *Crataegus pinnatifida* Bunge f. *geholensis* (C. K. Schneid.) Kitag., Neolin. Fl. Manshur. 364 (1979).

黑龙江、吉林、辽宁、内蒙古、河北、山西、山东、河南、陕西、江苏、浙江；朝鲜。

山里红（红果，棠棣，大山楂）

☆**Crataegus pinnatifida** var. **major** N. E. Br., Gard. Chron. 26: 621, f. 121 (1886).
Mespilus korolkowii Asch. et Graebn., Syn. Mitteleur. Fl. 6 (2): 43 (1906); *Crataegus pinnatifida* var. *korolkowii* (Asch. et Graebn.) Yabe, Enum. Pl. S. Manch. 63, pl. 1, f. 3 (1913).
中国北部及东北部有栽培。

无毛山楂（长毛山楂）

Crataegus pinnatifida var. **psilosa** C. K. Schneid., Ill. Handb. Laubholzk. 1: 769 (1906).
Crataegus coreana H. Lév., Repert. Spec. Nov. Regni Veg. 7 (143-145): 197 (1909); *Crataegus pinnatifida* f. *psilosa* (C. K. Schneid.) Kitag., Neolin. Fl. Manshur. 364 (1979).
黑龙江、吉林、辽宁；朝鲜。

裂叶山楂

●**Crataegus remotilobata** Raikova ex Popov, Trudy Prikl. Bot. 22 (3): 438 (1929).
新疆。

辽宁山楂

Crataegus sanguinea Pall., Fl. Ross. (Pallas) 1 (1): 25 (1784).
Mespilus purpurea Poir., Encycl. Suppl. 4: 73 (1816); *Mespilus sanguinea* Spach, Hist. Nat. Veg. (Spach) 2: 62 (1834).
黑龙江、吉林、辽宁、内蒙古、河北、新疆；蒙古国、俄罗斯。

云南山楂（山林果，大果山楂，酸冷果）

●**Crataegus scabrifolia** (Franch.) Rehder, J. Arnold Arbor. 12 (1): 71 (1931).
Pyrus scabrifolia Franch., Pl. Delavay. 229 (1889); *Crataegus henryi* Dunn, J. Linn. Soc., Bot. 35 (247): 494 (1903); *Crataegus bodinieri* H. Lév., Bull. Soc. Bot. France 55: 57 (1908).
四川、贵州、云南、广西。

山东山楂

●**Crataegus shandongensis** F. Z. Li et W. D. Peng, Bull. Bot. Res., Harbin 6 (4): 149 (1986).
山东。

陕西山楂

●**Crataegus shensiensis** Pojark., Bot. Mater. Gerb. Bot. Inst. Komarova Akad. Nauk S. S. S. R. 13: 78, f. 1 (1950).
陕西。

准噶尔山楂

Crataegus songarica K. Koch, Verh. Vereins. Beförd. Gartenbaues Königl. Preuss. Staaten 1 (2): 287 (1853).
Crataegus fischeri C. K. Schneid., Ill. Handb. Laubholzk. 1: 789, f. 450 i-n, 451 y-z (1906).
新疆；阿富汗、哈萨克斯坦；亚洲。

少毛山楂（华中山楂）

●**Crataegus wilsonii** Sarg., Pl. Wilson. 1 (2): 180 (1912).
河南、陕西、甘肃、浙江、湖北、四川、云南。

榅桲属 Cydonia Mill.

榅桲（木梨）

Cydonia oblonga Mill., Gard. Dict., ed. 8: *Cydonia* no. 1 (1768).
Pyrus cydonia L., Sp. Pl. 1: 480 (1753); *Cydonia vulgaris* Pers., Syn. Pl. (Persoon) 2 (1): 40 et corrigendum (1807).
山西、陕西、新疆、江西、贵州、福建；亚洲。

牛筋条属 Dichotomanthes Kurz

牛筋条（红眼睛，白牛筋）

●**Dichotomanthes tristaniicarpa** Kurz, J. Bot. 11 (127): 195 (1873).
四川、云南。

牛筋条（原变种）

●**Dichotomanthes tristaniicarpa** var. **tristaniicarpa**
四川、云南。

光叶牛筋条

●**Dichotomanthes tristaniicarpa** var. **glabrata** Rehder in Sarg., Pl. Wilson. 2 (2): 344 (1916).
Dichotomanthes tristaniicarpa f. *glabrata* (Rehder) C. Y. Wu et L. H. Zhou, Acta Bot. Yunnan. 22: 384 (2000).
云南。

藏核牛筋条

●**Dichotomanthes tristaniicarpa** var. **inclusa** Li H. Zhou et C. Y. Wu, Fl. Yunnan. 12: 303, addenda (2006).
云南。

移㭎属 Docynia Decne.

云南移㭎（西南移𣐊，桃𣜃酸楂）

●**Docynia delavayi** (Franch.) C. K. Schneid., Repert. Spec. Nov. Regni Veg. 3 (38-39): 180 (1906).
Pyrus delavayi Franch., Pl. Delavay. 227, t. 47 (1890); *Eriolobus delavayi* (Franch.) C. K. Schneid., Ill. Handb. Laubholzk. 1: 727 (1906); *Cotoneaster bodinieri* H. Lév., Bull. Acad. Int. Géogr. Bot. 25: 44 (1915); *Cydonia delavayi* (Franch.) Cardot, Rev. Hort. n. 16: 131, f. 45-47 (1918).
四川、贵州、云南。

移㭎（红叶移𣐊）

Docynia indica (Wall.) Decne., Nouv. Arch. Mus. Hist. Nat.

ser. 1, 10: 131, pl. 14 (1874).
Pyrus indica Wall., Pl. Asiat. Rar. 2: 56, pl. 173 (1831); *Docynia griffithiana* Decne., Nouv. Arch. Mus. Hist. Nat. ser. 1, 10: 131 (1874); *Cydonia indica* (Wall.) Spach, Hist. Nat. Veg. (Spach) 2: 158 (1874); *Docynia hookeriana* Decne., Nouv. Arch. Mus. Hist. Nat. ser. 1, 10: 131, pl. 15 (1874); *Pyrus rufifolia* H. Lév., Bull. Acad. Int. Géogr. Bot. 25: 46 (1915); *Malus docynioides* C. K. Schneid., Bot. Gaz. 63 (5): 400 (1917); *Docynia docynioides* (C. K. Schneid.) Rehder, J. Arnold Arbor. 2 (1): 58 (1920); *Docynia rufifolia* (H. Lév.) Rehder, J. Arnold Arbor. 13 (3): 310 (1932).
四川、云南；越南、缅甸、泰国、不丹、尼泊尔、印度、巴基斯坦。

长爪移柀

●**Docynia longiunguis** Q. Luo et J. L. Liu, Bull. Bot. Res., Harbin 31: 389 (2011).
四川。

仙女木属 **Dryas** L.

东亚仙女木（多瓣木，宽叶仙女木）

Dryas octopetala var. **asiatica** (Nakai) Nakai, Fl. Sylv. Kor. 7: 47 (1918).
Dryas octopetala f. *asiatica* Nakai, Bot. Mag. (Tokyo) 30 (354): 233 (1916); *Dryas ajanensis* Juz., Izv. Glavn. Bot. Sada S. S. S. R. 28: 318 (1929); *Dryas tschonoskii* Juz., Izv. Glavn. Bot. Sada S. S. S. R. 28: 319 (1929); *Dryas nervosa* Juz., Izv. Glavn. Bot. Sada S. S. S. R. 28: 320 (1929); *Dryas octopetala* subsp. *tschonoskii* (Juz.) Hultén, Fl. Alaska Yukon 6: 1050 (1946).
吉林、新疆；日本、朝鲜、俄罗斯（东部）。

蛇莓属 **Duchesnea** Smith

棕果蛇莓（新拟）

●**Duchesnea brunnea** J. Z. Dong, Bangladesh J. Plant Taxon. 18 (2): 159 (2011).
湖北。

皱果蛇莓（地锦）

Duchesnea chrysantha (Zoll. et Moritzi) Miq., Fl. Ned. Ind. 1: 372 (1855).
Fragaria chrysantha Zoll. et Moritzi, Syst. Verz. (Moritzi et al.) 7 (1846); *Potentilla wallichiana* Ser., Prodr. (DC.) 2: 574 (1825); *Fragaria indica* var. *wallichii* Franch. et Sav., Enum. Pl. Jap. 1 (1): 129 (1873); *Potentilla indica* var. *wallichii* (Franch. et Sav.) Th. Wolf, Biblioth. Bot. 16 (Heft 71): 666 (1908); *Duchesnea wallichiana* (Ser.) Nakai ex H. Hara, J. Jap. Bot. 10 (1): 22 (1934); *Duchesnea formosana* Odash., J. Soc. Trop. Agric. 7: 79 (1935).
陕西、四川、云南、福建、台湾、广东、广西；日本、朝鲜、马来西亚、印度尼西亚、印度。

蛇莓（蛇泡草，龙吐珠，三爪风）

Duchesnea indica (Andrews) Teschem., Hort. Reg. et Gard. Mag. 1 (12): 460 (1835).
Fragaria indica Andrews, Bot. Repos. 7: pl. 479 (1807); *Duchesnea indica* (Andrews) Focke in Engler et Prantl, Nat. Pflanzenfam. 3 (3): 33 (1888), *nom. illeg.*; *Potentilla indica* (Andrews) Th. Wolf, Syn. Mitteleur. Fl. 6: 661 (1904).
辽宁以南各省（自治区、直辖市）；日本、朝鲜、印度尼西亚、不丹、尼泊尔、印度、阿富汗；归化于欧洲、非洲、北美洲。

蛇莓（原变种）

Duchesnea indica var. **indica**
Duchesnea indica var. *major* Makino, Bot. Mag. (Tokyo) 28: 184 (1914).
辽宁以南各省（自治区、直辖市）；日本、朝鲜、印度尼西亚、不丹、尼泊尔、印度、阿富汗；归化于欧洲、非洲、北美洲。

小叶蛇莓

●**Duchesnea indica** var. **microphylla** T. T. Yu et T. C. Ku, Acta Phytotax. Sin. 18 (4): 500 (1980).
西藏。

枇杷属 **Eriobotrya** Lindl.

窄叶南亚枇杷

●**Eriobotrya bengalensis** var. **angustifolia** Cardot, Notul. Syst. (Paris) 3: 371 (1918).
Eriobotrya bengalensis f. *angustifolia* (Cardot) J. E. Vidal, Adansonia, n. s. 5: 569 (1965).
贵州、云南。

大花枇杷（山枇杷）

Eriobotrya cavaleriei (H. Lév.) Rehder, J. Arnold Arbor. 13 (3): 307 (1932).
Hiptage cavaleriei H. Lév., Repert. Spec. Nov. Regni Veg. 10 (257-259): 372 (1912); *Eriobotrya grandiflora* Rehder et E. H. Wilson in Sarg., Pl. Wilson. 1 (2): 193 (1912); *Eriobotrya brackloi* Hand.-Mazz., Anz. Akad. Wiss. Wien, Math.-Naturwiss. Kl. 59: 102 (1922); *Eriobotrya brackloi* var. *atrichophylla* Hand.-Mazz., Anz. Akad. Wiss. Wien, Math.-Naturwiss. Kl. 59: 103 (1922); *Eriobotrya deflexa* var. *grandiflora* (Rehder et E. H. Wilson) Nakai, J. Arnold Arbor. 5 (2): 72 (1924); *Eriobotrya cavaleriei* var. *brackloi* (Hand.-Mazz.) Rehder, J. Arnold Arbor. 13 (3): 308 (1932).
江西、湖南、湖北、四川、贵州、福建、广东、广西；越南。

大渡河枇杷

●**Eriobotrya × daduheensis** H. Z. Zhang ex W. B. Liao, Q. Fan et M. Y. Ding, Phytotaxa 212 (1): 97 (2015).
四川。

椭圆枇杷

Eriobotrya elliptica Lindl., Trans. Linn. Soc. London 13: 102

(1821).
Mespilus cuila Buch.-Ham., Prodr. Fl. Nepal. 238 (1825).
西藏；尼泊尔。

香花枇杷

Eriobotrya fragrans Champ. ex Benth., Hooker's J. Bot. Kew Gard. Misc. 4: 80 (1852).
西藏、广东、广西；越南。

黄毛枇杷（新拟）

●**Eriobotrya fulvicoma** W. Y. Chun ex W. B. Liao, F. F. Li et D. F. Cui, Ann. Bot. Fenn. 49 (4): 264 (2012).
广东。

窄叶枇杷

Eriobotrya henryi Nakai, J. Arnold Arbor. 5 (2): 70 (1924).
贵州、云南；缅甸。

枇杷（卢橘）

Eriobotrya japonica (Thunb.) Lindl., Trans. Linn. Soc. London 13 (1): 102 (1822).
Mespilus japonica Thunb., Nova Acta Regiae Soc. Sci. Upsal. 3: 208 (1780); *Crataegus bibas* Lour., Fl. Cochinch., ed. 2, 1: 319 (1790); *Photinia japonica* (Thunb.) Benth. et Hook. f. ex Asch. et Schweinf., Ill. Fl. Égypte 73 (1877).
湖北、四川有野生，广泛栽培于河南、陕西、甘肃、安徽、江苏、浙江、江西、湖南、湖北、贵州、云南、福建、台湾、广东、广西；广泛栽培于亚洲东南部。

麻栗坡枇杷

●**Eriobotrya malipoensis** K. C. Kuan, Acta Phytotax. Sin. 8 (3): 231 (1963).
云南。

倒卵叶枇杷

●**Eriobotrya obovata** W. W. Sm., Notes Roy. Bot. Gard. Edinburgh 10 (46): 29 (1917).
云南。

栎叶枇杷

Eriobotrya prinoides Rehder et E. H. Wilson in Sarg., Pl. Wilson. 1 (2): 194 (1912).
Eriobotrya dubia auct. non Dcne.: Franch, Pl. Delavay. 1: 224 (1890); *Eriobotrya bengulensis* auct. non Hook. f.: Dunn, J. Linn. Soc., Bot. 39: 446 (1911).
四川、云南；老挝。

怒江枇杷

Eriobotrya salwinensis Hand.-Mazz., Symb. Sin. 7 (3): 475 (1933).
云南；缅甸、印度。

小叶枇杷

●**Eriobotrya seguinii** (H. Lév.) Cardot ex Guillaumin, Bull. Soc. Bot. France 71: 287 (1924).
Symplocos seguinii H. Lév., Repert. Spec. Nov. Regni Veg. 10 (260-262): 431 (1912); *Eriobotrya pseudoraphiolepis* Cardot, Notul. Syst. (Paris) 3: 371 (1918).
贵州、云南。

齿叶枇杷

Eriobotrya serrata J. E. Vidal, Adansonia, n. s. 5: 558 (1965).
云南、广西；老挝。

腾越枇杷

Eriobotrya tengyuehensis W. W. Sm., Notes Roy. Bot. Gard. Edinburgh 10 (46): 30 (1917).
云南；缅甸。

白鹃梅属 **Exochorda** Lindl.

红柄白鹃梅（纪氏白鹃梅）

●**Exochorda giraldii** Hesse, Mitt. Deutsch. Dendrol. Ges. 17: 191 (1908).
Exochorda racemosa var. *giraldii* (Hesse) Rehder in Sarg., Pl. Wilson. 1 (3): 457 (1913).
河北、山西、河南、陕西、甘肃、安徽、浙江、湖北、四川。

红柄白鹃梅（原变种）

●**Exochorda giraldii** var. **giraldii**
河北、山西、河南、陕西、甘肃、安徽、浙江、湖北、四川。

绿柄白鹃梅（绿柄红柄白鹃梅）

●**Exochorda giraldii** var. **wilsonii** (Rehder) Rehder, Stand. Cycl. Hort. 2: 1194 (1914).
Exochorda racemosa var. *wilsonii* Rehder in Sarg., Pl. Wilson. 1: 450 (1913).
安徽、浙江、湖北、四川。

白鹃梅（总花白鹃梅，茧子花，九活头）

●**Exochorda racemosa** (Lindl.) Rehder in Sarg., Pl. Wilson. 1 (3): 456 (1913).
Amelanchier racemosa Lindl., Edward's Bot. Reg. 33: sub. pl. 38 (1847); *Spiraea grandiflora* Hook., Bot. Mag. 80: t. 4795 (1854), non Sweet (1830); *Exochorda grandiflora* Lindl., Gard. Chron. 925 (1858).
河南、江苏、浙江、江西。

齿叶白鹃梅（榆叶白鹃梅，锐齿白鹃梅）

Exochorda serratifolia S. Moore, Hooker's Icon. Pl. 13: pl. 1255 (1877).
辽宁、河北、河南；朝鲜。

齿叶白鹃梅（原变种）

Exochorda serratifolia var. **serratifolia**
辽宁、河北；朝鲜。

多毛白鹃梅

●**Exochorda serratifolia** var. **polytricha** C. S. Zhu, Acta Phytotax. Sin. 32 (5): 432 (1994).
河南。

蚊子草属 **Filipendula** Mill.

细叶蚊子草

Filipendula angustiloba (Turcz. ex Fisch., C. A. Mey. et Avé-Lall.) Maxim., Trudy Imp. S.-Peterburgsk. Bot. Sada 6 (1): 250 (1879).
Spiraea angustiloba Turcz. ex Fisch., C. A. Mey. et Avé-Lall., Index Seminum (St. Petersburg) 8: 72 (1841); *Filipendula angustiloba* var. *glabra* Maxim., Trudy Imp. S.-Peterburgsk. Bot. Sada 6 (1): 251 (1879).
黑龙江、内蒙古；蒙古国、俄罗斯（东部）。

槭叶蚊子草

Filipendula glaberrima Nakai, Repert. Spec. Nov. Regni Veg. 13 (363-367): 274 (1915).
Filipendula multijuga var. *alba* Nakai, Repert. Spec. Nov. Regni Veg. 13 (363-367): 274 (1914); *Filipendula glabra* Nakai ex Kom. et Aliss., Key Pl. Far East. Reg. U. R. S. S. 2: 653 (1932); *Filipendula yezoensis* Hara, J. Jap. Bot. 10: 235 (1934); *Filipendula camtschatica* subsp. *glaberrima* (Nakai) Vorosch., Byull. Moskovsk. Obshch. Isp. Prir. Otd. Biol. 96 (3): 126 (1991); *Filipendula multijuga* subsp. *yezoensis* (H. Hara) Vorosch., Byull. Moskovsk. Obshch. Isp. Prir. Otd. Biol. 96 (3): 127 (1991); *Filipendula yezoensis* f. *alba* (Nakai) Y. N. Lee, Fl. Kor. 1158 (1996).
黑龙江、吉林、辽宁；日本、朝鲜、俄罗斯。

台湾蚊子草

●**Filipendula kiraishiensis** Hayata, Icon. Pl. Formosan. 9: 39, f. 19 (1920).
台湾。

蚊子草（合叶子）

Filipendula palmata (Pall.) Maxim., Trudy Imp. S.-Peterburgsk. Bot. Sada 6 (1): 250 (1879).
Spiraea palmata Pall., Reise Russ. Reich. 3: 735 (1776).
黑龙江、吉林、辽宁、内蒙古、河北、陕西；蒙古国、朝鲜、俄罗斯。

蚊子草（原变种）

Filipendula palmata var. **palmata**
Spiraea digitata Willd., Sp. Pl., ed. 4 [Willdenow] 2 (2): 1061 (1799); *Filipendula palmata* var. *amurensis* A. I. Baranov, Acta Soc. Harb. Invest. Nat. & Ethnog. 12: 38 (1951); *Filipendula palmata* var. *stenoloba* A. I. Baranov ex Liou et al., Clav. Pl. Chin. Bor.-Orient. 148 (1959), *nom. inval.*; *Filipendula amurensis* (A. I. Baranov) A. I. Baranov, Bot. Jahrb. Syst. 79 (4): 523 (1960).
黑龙江、吉林、辽宁、内蒙古、河北、陕西；蒙古国、朝鲜、俄罗斯。

光叶蚊子草

Filipendula palmata var. **glabra** Ledeb. ex Kom. et Aliss., Key Pl. Far East. Reg. U. S. S. R. 2: 650 (1932).
Filipendula nuda Grubov, Bot. Mater. Gerb. Bot. Inst. Komarova Akad. Nauk S. S. S. R. 12: 112 (1950); *Filipendula palmata* f. *nuda* (Grubov) T. Shimizu, J. Fac. Text. Sci. et Technol., Shinshu Univ., ser. A (Biol.) 26 (10): 14 (1961).
吉林、内蒙古、河北、陕西；俄罗斯。

旋果蚊子草

Filipendula ulmaria (L.) Maxim., Trudy Imp. S.-Peterburgsk. Bot. Sada 6 (1): 251 (1879).
Spiraea ulmaria L., Sp. Pl. 1: 490 (1753).
新疆；蒙古国、俄罗斯；亚洲、欧洲。

锈脉蚊子草

Filipendula vestita (Wall. ex G. Don) Maxim., Trudy Imp. S.-Peterburgsk. Bot. Sada 6 (1): 248 (1879).
Spiraea vestita Wall. ex G. Don, Gen. Hist. 2: 521 (1832); *Spiraea camtschatica* var. *himalensis* Lindl., Edward's Bot. Reg. 27: pl. 4 (1841).
云南；尼泊尔、阿富汗、克什米尔地区。

草莓属 **Fragaria** L.

草莓（凤梨，草莓）

☆**Fragaria × ananassa** (Weston) Duchesne ex Rozier, Cours Compl. Agric. 5: 52, t. 5, f. 1 (1785).
Fragaria chiloensis var. *ananassa* Weston, Bot. Univ. 2: 329 (1771); *Fragaria vesca* var. *sativa* L., Sp. Pl. 1: 495 (1753); *Fragaria grandiflora* Ehrh., Beitr. Naturk. (Ehrhart) 7: 25 (1792).
广泛栽培于中国；北美洲、南美洲。

裂叶草莓

Fragaria daltoniana J. Gay, Ann. Sci. Nat., Bot. ser. 4, 8: 204 (1857).
Fragaria sikkimensis Kurz, J. Asiat. Soc. Bengal, Pt. 2, Nat. Hist. 44 (2): 206 (1875).
西藏；缅甸（北部）、不丹、尼泊尔、印度（西北部、锡金）。

纤细草莓（细弱草莓）

●**Fragaria gracilis** Losinsk., Bull. Jard. Bot. Princ. U. R. S. S. 25: 63 (1926).
河南、陕西、甘肃、青海、湖北、四川、云南、西藏。

吉林草莓

●**Fragaria mandshurica** Staudt, Bot. Jahrb. Syst. 124 (4): 401, pl. 1 (2003).
吉林。

西南草莓

●**Fragaria moupinensis** (Franch.) Cardot, Bull. Mus. Natl. Hist. Nat. 22: 397 (1916).

Potentilla moupinensis Franch., Nouv. Arch. Mus. Hist. Nat. ser. 2, 7: 222 (1886).
陕西、甘肃、四川、云南、西藏。

黄毛草莓（锈毛草莓）

Fragaria nilgerrensis Schltdl. ex J. Gay, Ann. Sci. Nat., Bot. ser. 4, 8: 206 (1857).
陕西、湖南、湖北、四川、贵州、云南、台湾；越南（北部）、尼泊尔、印度（东部、锡金）。

黄毛草莓（原变种）

Fragaria nilgerrensis var. **nilgerrensis**
Fragaria vesca var. *minor* Hayata, J. Coll. Sci. Imp. Univ. Tokyo 30 (1): 97 (1911); *Fragaria hayatae* Makino, Bot. Mag. (Tokyo) 26: 285 (1912); *Fragaria nilgerrensis* subsp. *hayatae* (Makino) Staudt, Bot. Jahrb. Syst. 121 (3): 305 (1999).
陕西、湖南、湖北、四川、贵州、云南、台湾；越南（北部）、尼泊尔、印度（东部、锡金）。

粉叶黄毛草莓（白藨）

●**Fragaria nilgerrensis** var. **mairei** (H. Lév.) Hand.-Mazz., Symb. Sin. 7 (3): 507 (1933).
Fragaria mairei H. Lév., Repert. Spec. Nov. Regni Veg. 11 (286-290): 300 (1912).
陕西、湖南、湖北、四川、贵州、云南。

西藏草莓

Fragaria nubicola (Hook. f.) Lindl. ex Lacaita, J. Linn. Soc., Bot. 43 (293): 467 (1916).
Fragaria vesca var. *nubicola* Hook. f., Fl. Brit. Ind. 2 (5): 344 (1878).
西藏；缅甸、不丹、尼泊尔、印度（锡金）、巴基斯坦、阿富汗、克什米尔地区。

东方草莓

Fragaria orientalis Losinsk., Izv. Glavn. Bot. Sada S. S. S. R. 25: 70, f. 5 (1926).
Fragaria uniflora Losinsk., Izv. Glavn. Bot. Sada S. S. S. R. 25: 68 (1926); *Fragaria corymbosa* Losinsk., Izv. Glavn. Bot. Sada S. S. S. R. 25: 74 (1926).
黑龙江、吉林、辽宁、内蒙古、河北、山西、陕西、甘肃、青海；蒙古国、朝鲜、俄罗斯（东部）。

五叶草莓

●**Fragaria pentaphylla** Losinsk., Izv. Glavn. Bot. Sada S. S. S. R. 25: 69 (1926).
山西、甘肃、四川、重庆。

滇藏草莓（新拟）

●**Fragaria tibetica** Staudt et Dickoré, Bot. Jahrb. Syst. 123 (3): 348 (2001).
云南、西藏。

野草莓（欧洲草莓）

Fragaria vesca L., Sp. Pl. 1: 494 (1753).
Fragaria chinensis Losinsk., Izv. Glavn. Bot. Sada S. S. S. R. 25: 67 (1926); *Fragaria concolor* Kitag., Rep. Inst. Sci. Res. Manchoukuo 5: 155 (1941); *Fragaria nipponica* auct. non Makino: Hand.-Mazz., Acta Horti Gothob. 13: 332 (1939).
吉林、陕西、甘肃、新疆、四川、贵州、云南；广布于北温带地区。

路边青属 Geum L.

路边青（水杨梅，兰布政）

Geum aleppicum Jacq., Collectanea 1: 88, t. 127 (1787).
Geum strictum Aiton, Hort. Kew. (W. Aiton) 2: 217 (1789); *Geum intermedium* Besser ex M. Bieb., Fl. Taur.-Caucas. 1: 411 (1808), non Ehrhart (1791), non Willdenow (1806), non Tenore ex Nyman (1878); *Geum vidalii* Franch. et Sav., Enum. Pl. Jap. 2: 335 (1879); *Geum strictum* var. *bipinnatum* Batalin, Trudy Imp. S.-Peterburgsk. Bot. Sada 13 (1): 93 (1893); *Geum aleppicum* var. *bipinnatum* (Batalin) F. Bolle ex Hand.-Mazz., Symb. Sin. 7 (3): 523 (1933); *Geum potaninii* Juz., Fl. U. R. S. S. 10: 255 (1941); *Geum ranunculoides* auct. non Ser.: H. Lév., Bull. Acad. Géogr. Bot. 25: 46 (1915).
黑龙江、吉林、辽宁、内蒙古、山西、山东、河南、陕西、甘肃、新疆、湖北、四川、贵州、云南、西藏；广布于北半球温带及暖温带。

柔毛路边青（柔毛水杨梅，追风七）

Geum japonicum var. **chinense** F. Bolle, Notizbl. Bot. Gart. Berlin-Dahlem 11 (103): 210 (1931).
山东、河南、陕西、甘肃、新疆、安徽、江苏、浙江、江西、湖南、湖北、四川、贵州、云南、福建、广东、广西；日本。

紫萼路边青

Geum rivale L., Sp. Pl. 1: 501 (1753).
新疆；广布于北极和北温带地区。

棣棠花属 Kerria DC.

棣棠花（鸡蛋黄花，土黄花）

Kerria japonica (L.) DC., Trans. Linn. Soc. London 12 (1): 157 (1817).
Rubus japonicus L., Mant. Pl. Altera 245 (1771); *Corchorus japonicus* (L.) Houtt., Nat. Hist. 2 (9): 146, t. 54, f. 2 (1778); *Corchorus japonicus* (L.) Thunb., Fl. Jap. 227 (1784), *nom. illeg.*; *Kerria japonica* var. *denticulata* L. C. Wang et X. G. Sun, Bull. Bot. Res., Harbin 10 (4): 45, pl. 1, f. 3-5 (1990).
山东、河南、陕西、甘肃、安徽、江苏、浙江、江西、湖南、湖北、四川、贵州、云南、福建；日本。

苹果属 Malus Mill.

山荆子（林荆子，山定子）

Malus baccata (L.) Borkh., Theor. Prakt. Handb. Forstbot. 2:

1280 (1803).
Pyrus baccata L., Syst. Nat., ed. 12, 2: 344 (1767).
黑龙江、吉林、辽宁、内蒙古、河北、山西、山东、陕西、甘肃、新疆、西藏；蒙古国、朝鲜、不丹、尼泊尔、印度、克什米尔地区、俄罗斯。

山荆子（原变种）

Malus baccata var. **baccata**
Malus sibirica Borkh, Arch. Bot. (Leipzig) 1 (3): 89 (1798); *Malus baccata* var. *sibirica* (Borkh.) C. K. Schneid., Ill. Handb. Laubholzk. 1: 720 (1906); *Malus pallasiana* Juz., Fl. U. R. S. S. 9: 370, t. 22, f. 4 (1939).
黑龙江、吉林、辽宁、内蒙古、河北、山西、山东、陕西、甘肃、新疆、西藏；蒙古国、朝鲜、不丹、尼泊尔、印度、克什米尔地区、俄罗斯。

垂枝山荆子

●**Malus baccata** var. **gracilis** (Rehder) T. C. Ku, Fl. China 9: 181 (2003).
Malus baccata f. *gracilis* Rehder, J. Arnold Arbor. 2 (1): 49 (1920).
陕西、甘肃。

毛山荆子（辽山荆子，棠梨木）

Malus baccata var. **mandshurica** (Maxim.) C. K. Schneid., Ill. Handb. Laubholzk. 1: 721, f. 397 n (1906).
Pyrus baccata var. *mandshurica* Maxim., Bull. Acad. Imp. Sci. Saint-Pétersbourg 19 (2): 170 (1874); *Malus mandshurica* (Maxim.) Kom. ex Juz., Fl. U. R. S. S. 9: 371 (1939); *Malus baccata* subsp. *mandshurica* (Maxim.) Likhonos, Trudy Prikl. Bot. Genet. Selek. 52 (3): 28 (1974), *nom. inval.*
黑龙江、吉林、辽宁、内蒙古、河北、山西、陕西、甘肃；俄罗斯。

变叶海棠（大白石枣）

●**Malus bhutanica** (W. W. Sm.) J. B. Phipps, Edinb. J. Bot. 51 (1): 99 (1994).
Pyrus bhutanica W. W. Sm., Rec. Bot. Surv. India 4: 265 (1911); *Malus transitoria* var. *toringoides* Rehder, in Sarg., Pl. Wilson. 2 (2): 286 (1915); *Pyrus transitoria* var. *toringoides* (Rehder) Bailey, Rhodora 18: 155 (1916); *Malus toringoides* (Rehder) Hughes, Bull. Misc. Inform. Kew 1920 (6): 205, f. s. n. B (1920); *Pyrus toringoides* (Rehder) Osborn, Gard. Chron. ser. 3, 73: 89, f. 42 (1923); *Sinomalus toringoides* (Rehder) Koidz., Acta Phytotax. Geobot. 1 (1): 11 (1932).
甘肃、四川、西藏。

稻城海棠

●**Malus daochengensis** C. L. Li, Acta Phytotax. Sin. 27 (4): 301, pl. 1 (1989).
四川、云南。

台湾林檎（台湾海棠）

Malus doumeri (Bois) A. Chev., Compt. Rend. Hebd. Séances Acad. Sci. 170: 1129 (1920).
Pyrus doumeri Bois, Bull. Soc. Bot. France 51: 113 (1904); *Eriolobus doumeri* (Bois) C. K. Schneid., Ill. Handb. Laubholzk. 1: 728 (note) (1906), *nom. inval.*; *Docynia doumeri* (Bois) C. K. Schneid., Ill. Handb. Laubholzk. 2: 1001 (1907); *Pyrus formosana* Kawak. et Koidz. ex Hayata, Kawak. List Pl. Forms n. 471 (1910); *Malus formosana* (Kawak. et Koidz. ex Hayata) Kawak. et Koidz., Bot. Mag. (Tokyo) 25 (292): 146, pl. 4 (1911); *Pyrus laosensis* Cardot, Notul. Syst. (Paris) 3: 345 (1918); *Malus laosensis* (Cardot) A. Chev., Compt. Rend. Hebd. Séances Acad. Sci. 170: 1129 (1920); *Pyrus melliana* Hand.-Mazz., Anz. Akad. Wiss. Wien, Math.-Naturwiss. Kl. 60: 96 (1923); *Macromeles formosana* Koidz., Fl. Symb. Orient.-Asiat. 53 (1930); *Malus melliana* (Hand.-Mazz.) Rehder, J. Arnold Arbor. 20 (4): 414 (1939), as "*Melliana*"; *Docynia indica* var. *laosensis* (Cardot) A. Chev., Rev. Int. Bot. Appl. Agric. Trop. 22: 379 (1942); *Docynia indica* var. *doumeri* (Bois) A. Chev., Rev. Int. Bot. Appl. Agric. Trop. 22: 379 (1942); *Malus asiatica* var. *argutiserrata* Hu et F. H. Chen, Acta Phytotax. Sin. 1 (2): 225 (1951); *Malus doumeri* var. *formosana* (Kawak. et Koidz. ex Hayata) S. S. Ying, Mém. Coll. Agric. Nation. Taiwan Univ. 31 (1): 33 (1991); *Malus funingensis* J. P. Liu, W. Yuan et W. B. Zhang, J. Yunnan Agric. Univ., 8 (4): 322 (1993), *nom. inval.*
浙江、江西、湖南、贵州、云南、台湾、广东、广西；越南、老挝。

垂丝海棠

●**Malus halliana** Koehne, Gatt. Pomac. 27 (1890).
Pyrus halliana (Koehne) Voss, Vilm. Blumengaertn., ed. 3, 1 (1): 277 (1894); *Malus floribunda* var. *parkmanni* Koidz., Bot. Mag. (Tokyo) 25 (290): 76 (1911); *Malus domestica* var. *halliana* (Koehne) Likhonos, Trudy Prikl. Bot. 52 (3): 30 (1974).
陕西、安徽、江苏、浙江、湖北、四川、贵州、云南。

河南海棠（大叶毛楂，牧孤梨，冬绿茶）

●**Malus honanensis** Rehder, J. Arnold Arbor. 2 (1): 51 (1920).
Sinomalus honanensis (Rehder) Koidz., Acta Phytotax. Geobot. 3 (4): 196 (1934).
河北、山西、河南、陕西、甘肃、湖北。

湖北海棠（茶海棠，野花红，花红茶）

●**Malus hupehensis** (Pamp.) Rehder, J. Arnold Arbor. 14 (3): 207 (1933).
Pyrus hupehensis Pamp., Nuovo Giorn. Bot. Ital., n. s. 17 (2): 291 (1910), non (C. K. Schneid.) Bean (1933); *Malus domestica* var. *hupehensis* (Pamp.) Likhonos, Trudy Prikl. Bot. 52 (3). 30 (1974).
山西、山东、河南、陕西、甘肃、安徽、江苏、浙江、江西、湖南、湖北、贵州、福建、广东。

湖北海棠（原变种）

●**Malus hupehensis** var. **hupehensis**

Malus theifera Rehder in Sarg., Pl. Wilson. 2 (2): 283 (1915).
山西、山东、河南、陕西、甘肃、安徽、江苏、浙江、江西、湖南、湖北、贵州、福建、广东。

平邑甜茶

●**Malus hupehensis** var. **mengshanensis** G. Z. Qian et W. H. Shao, Bull. Bot. Res., Harbin 27 (5): 522 (2007).
山东。

泰山湖北海棠

●**Malus hupehensis** var. **taiensis** G. Z. Qian, Bull. Bot. Res., Harbin, 27 (5): 522 (2007).
山东。

金县山荆子

☆**Malus jinxianensis** J. Q. Deng et J. Y. Hong, Acta Phytotax. Sin. 25 (4): 326, pl. 1 (1987).
栽培于辽宁。

陇东海棠（大石枣，甘肃海棠）

●**Malus kansuensis** (Batalin) C. K. Schneid., Repert. Spec. Nov. Regni Veg. 3 (38-39): 178 (1906).
Pyrus kansuensis Batalin, Trudy Imp. S.-Peterburgsk. Bot. Sada 13 (1): 94 (1893); *Eriolobus kansuensis* (Batalin) C. K. Schneid., Ill. Handb. Laubholzk. 1: 726, f. 403 d-d' (1906).
河南、陕西、甘肃、？青海、湖北、四川。

陇东海棠（原变种）

●**Malus kansuensis** var. **kansuensis**
Malus komarovii var. *funiushanensis* S. Y. Wang, Fl. Henan. 2: 201 (1988); *Malus kansuensis* var. *nanping* M. H. Cheng et Q. Jin, J. Southw. Agric. Univ. 18 (4): 308 (1996), *nom. inval.*
河南、陕西、甘肃、？青海、四川。

光叶陇东海棠（光海棠）

●**Malus kansuensis** var. **calva** (Rehder) T. C. Ku et Spongberg, Fl. China 9: 186 (2003).
Malus kansuensis f. *calva* Rehder, J. Arnold Arbor. 2 (1): 50 (1920).
陕西、湖北、四川。

山楂海棠（山苹果，薄叶山楂）

Malus komarovii (Sarg.) Rehder, J. Arnold Arbor. 2 (1): 51 (1920).
Crataegus komarovii Sarg., Pl. Wilson. 1 (2): 183 (1912); *Crataegus tenuifolia* auct. non Britton.: Kom., Trudy Imp. S.-Peterburgsk. Bot. Sada 17: 435 (1901).
吉林；朝鲜。

光萼海棠

●**Malus leiocalyca** S. Z. Huang, Guihaia 9 (4): 305 (1989).
安徽、浙江、江西、湖南、云南、福建、广东、广西。

西府海棠

☆**Malus × micromalus** Makino, Bot. Mag. (Tokyo) 22: 69 (1908).
Malus spectabilis var. *kaido* Siebold, Cat. Rais. Gramin. Portugal 1856: 5 (1856); *Malus microcapa* var. *kaido* (Siebold) Carrière, Et. Pomm. Microcarp. 70 (1883); *Malus spectabilis* var. *micromalus* (Makino) Koidz., J. Coll. Sci. Imp. Univ. Tokyo 34 (2): 89 (1913); *Malus demostica* var. *micromalus* (Makino) Likhonos, Trudy Prikl. Bot. 52 (3): 32 (1974), as "*domenica* var. *micromalus*".
栽培于辽宁、内蒙古、河北、山东、陕西、甘肃、浙江、贵州、云南。

木里海棠

●**Malus muliensis** T. C. Ku, Acta Phytotax. Sin. 29 (1): 83, pl. 2 (1991).
四川。

沧江海棠

●**Malus ombrophila** Hand.-Mazz., Anz. Akad. Wiss. Wien, Math.-Naturwiss. Kl. 63: 8 (1926).
四川、云南、西藏。

西蜀海棠（川滇海棠）

●**Malus prattii** (Hemsl.) C. K. Schneid., Ill. Handb. Laubholzk. 1: 719, pl. 397 p-p1, 398 k-m (1906).
Pyrus prattii Hemsl., Bull. Misc. Inform. Kew 1895 (97): 16 (1895); *Docyniopsis prattii* (Hemsl.) Koidz., Acta Phytotax. Geobot. 3 (4): 196 (1934).
四川、云南。

西蜀海棠（原变种）

●**Malus prattii** var. **prattii**
四川、云南。

光果西蜀海棠

●**Malus prattii** var. **glabrata** G. Z. Qian, Bull. Bot. Res., Harbin 25 (2): 132 (2005).
四川。

楸子（海棠果）

☆**Malus prunifolia** (Willd.) Borkh., Theor. Prakt. Handb. Forstbot. 2: 1278 (1803).
Pyrus prunifolia Willd., Phytographie 8 (1794); *Malus domestica* Borkh. subsp. *prunifolia* (Willd.) Likhonos, Trudy Prikl. Bot. Genet. Selek. 52 (3): 31 (1974).
栽培于辽宁、内蒙古、河北、山西、山东、河南、陕西、甘肃、青海、新疆、贵州。

苹果（柰，西洋苹果）

☆**Malus pumila** Mill., Gard. Dict., ed. 8: *Malus* no. 3 (1768).
Pyrus malus L., Sp. Pl. 1: 479 (1753); *Malus dasyphylla* Borkh., Theor. Prakt. Handb. Forstbot. 2: 1269 (1803); *Malus domestica* Borkh., Theor. Prakt. Handb. Forstbot. 2: 1272 (1803), *nom. illeg. superfl.*; *Malus communis* Poir., Encycl. 5: 560 (1840); *Malus pumila* var. *domestica* C. K. Schneid., Ill. Handb. Laubholzk. 1: 715, f. 396 (1906); *Pyrus malus* var.

pumila (Mill.) A. Henry, Trees Great Britain 6: 1570 (1912); *Malus dasyphylla* var. *domestica* (C. K. Schneid.) Koidz., Acta Phytotax. Geobot. 3 (4): 189 (1934); *Malus sylvestris* subsp. *mitis* Mansf., Feddes Repert. Spec. Nov. Regni Veg. 49: 45 (1940); *Malus domestica* subsp. *pumila* (Mill.) Likhonos, Kult. Fl. S. S. S. R. 14: 69 (1983).
普遍栽培于中国北部、西北部和西南部；不丹；原产于亚洲西南部、欧洲。

丽江山荆子（喜马拉雅山荆子）

Malus rockii Rehder, J. Arnold Arbor. 14 (3): 206 (1933).
四川、云南、西藏；不丹。

丽江山荆子（原变种）

Malus rockii var. **rockii**
Pyrus baccata var. *himalaica* Maxim., Bull. Acad. Imp. Sci. Saint-Pétersbourg 19 (2): 171 (1873); *Malus baccata* var. *himalaica* (Maxim.) C. K. Schneid., Ill. Handb. Laubholzk. 1: 721, f. 397 s (1906); *Malus baccata* subsp. *himalaica* (Maxim.) Likhonos, Trudy Prikl. Bot. Genet. Selek. 52 (3): 28 (1974).
四川、云南、西藏；不丹。

裸柱丽江山荆子

●**Malus rockii** var. **calvostylata** G. Z. Qian, Bull. Bot. Res., Harbin 25 (2): 133 (2005).
云南。

新疆野苹果（塞威氏苹果）

Malus sieversii (Ledeb.) M. Roem., Fam. Nat. Syn. Monogr. 216 (1830).
Pyrus sieversii Ledeb., Fl. Altaic. 2: 222 (1830).
新疆；哈萨克斯坦、俄罗斯。

锡金海棠

Malus sikkimensis (Wenz.) Koehne, Gatt. Pomac. 5: 27 (1890).
Pyrus pashia var. *sikkimensis* Wenz., Linnaea 38: 49 (1874); *Pyrus sikkimensis* (Wenz.) Hook. f., Fl. Brit. Ind. 2: 373 (1879).
四川、云南、西藏；不丹、尼泊尔、印度。

三叶海棠

Malus toringo (Siebold) Siebold ex de Vriese, Tuinb.-Fl. 3: 368, t. 17 (1856).
Sorbus toringo Siebold, Jaarb. Kon. Ned. Maatsch. Aanm. Tuinb. 1848: 47 (1848); *Pyrus sieboldii* Regel, Ind. Sem. Hort. Petrop. 1858: 51 (1859), *nom. illeg. superfl.*; *Pyrus toringo* (Siebold) Miq., Ann. Mus. Bot. Lugduno-Batavi 3 (2): 41 (1867); *Pyrus rivularis* var. *toringo* (Siebold) Wenz., Linnaea 38 (1): 39 (1873); *Malus microcarpa* var. *toringo* (Siebold) Carrière, Étud. Gén. Pommier. 61, f. 11 (1883); *Crataegus cavaleriei* H. Lév. et Vaniot, Bull. Soc. Bot. France 55: 38 (1908); *Pyrus subcrataegifolia* H. Lév., Repert. Spec. Nov. Regni Veg. 7 (143-145): 199 (1909); *Malus baccata* subsp. *toringo* (Siebold) Koidz., Bot. Mag. (Tokyo) 25: 76 (1911); *Photinia rubrolutea* H. Lév., Repert. Spec. Nov. Regni Veg. 9 (222-226): 460 (1911); *Crataegus taquetii* H. Lév., Repert. Spec. Nov. Regni Veg. 10 (257-259): 377 (1912); *Pyrus esquirollii* H. Lév., Repert. Spec. Nov. Regni Veg. 12 (317-321): 189 (1913); *Malus sieboldii* Rehder in Sarg., Pl. Wilson. 2: 293 (1915), *nom. illeg. superfl.*
辽宁、山东、陕西、甘肃、浙江、江西、湖南、湖北、四川、贵州、福建、广东、广西；朝鲜、日本。

花叶海棠（花叶杜梨，马杜梨，小白石枣）

●**Malus transitoria** (Batalin) C. K. Schneid., Ill. Handb. Laubholzk. 1: 726 (1906).
Pyrus transitoria Batalin, Trudy Imp. S.-Peterburgsk. Bot. Sada 13 (1): 95 (1893); *Sinomalus transitoria* (Batalin) Koidz., Acta Phytotax. Geobot. 3 (4): 196 (1934).
内蒙古、陕西、甘肃、青海、四川、西藏。

花叶海棠（原变种）

●**Malus transitoria** var. **transitoria**
内蒙古、陕西、甘肃、青海、四川。

长圆果花叶海棠

●**Malus transitoria** var. **centralasiatica** (Vassilcz.) T. T. Yu, Fl. Reipubl. Popularis Sin. 36: 394 (1974).
Malus centralasiatica Vassilcz., Bot. Mater. Gerb. Bot. Inst. Komarova Akad. Nauk S. S. S. R. 19: 202 (1959).
陕西、甘肃、青海。

少毛花叶海棠

●**Malus transitoria** var. **glabrescens** T. T. Yu et T. C. Ku, Acta Phytotax. Sin. 18: 496 (1980).
西藏。

小金海棠

●**Malus xiaojinensis** M. H. Cheng et N. G. Jiang, J. Southw. Agric. Col. 4: 53, figs. 1-3 (1983).
四川。

滇池海棠

Malus yunnanensis (Franch.) C. K. Schneid., Repert. Spec. Nov. Regni Veg. 3 (38-39): 179 (1906).
Pyrus yunnanensis Franch., Pl. Delavay. 228 (1890); *Eriolobus yunnanensis* (Franch.) C. K. Schneid., Ill. Handb. Laubholzk. 1: 727 (1906); *Cormus yunnanensis* (Franch.) Koidz., J. Coll. Sci. Imp. Univ. Tokyo 34 (2): 75 (1913); *Docyniopsis yunnanensis* (Franch.) Koidz., Act. Phytotax. et Geobot. 3: 196 (1934).
陕西、湖北、四川、贵州、云南、西藏；缅甸。

滇池海棠（原变种）

Malus yunnanensis var. **yunnanensis**
四川、云南；缅甸。

川鄂滇池海棠（魏氏云南海棠，少毛滇海棠）

●**Malus yunnanensis** var. **veitchii** (Osborn) Rehder, J. Arn. Arb.

4: 115 (1923).
Pyrus yunnanensis var. *veitchii* Osborn, Gard. Chron. ser. 3, 78: 227 (1925); *Pyrus veitchii* hort., Gard. Chron. ser. 3, 52: 288 (1912), *nom. nud.*
陕西、湖北、四川、贵州、西藏。

昭觉山荆子

•**Malus zhaojiaoensis** N. G. Jiang, J. Southw. Agric. Univ. 13 (6): 599 (1991).
四川。

绣线梅属 Neillia D. Don

川康绣线梅（川康南梨）

•**Neillia affinis** Hemsl., J. Linn. Soc., Bot. 29 (202): 3 (1892).
四川、云南、西藏。

川康绣线梅（原变种）

•**Neillia affinis** var. **affinis**
四川、云南、西藏。

少花川康绣线梅

•**Neillia affinis** var. **pauciflora** (Rehder) J. E. Vidal, Adansonia, n. s. 3 (1): 156, pl. 1, f. 13 (1963).
Neilia pauciflora Rehder, in Sarg., Pl. Wilson. 1 (3): 437 (1913).
云南。

多果川康绣线梅

•**Neillia affinis** var. **polygyna** Cardot ex J. E. Vidal, Adansonia, n. s. 3 (1): 156, pl. 1, f. 12 (1963).
云南。

短序绣线梅

•**Neillia breviracemosa** T. C. Ku, Bull. Bot. Res., Harbin 10 (1): 13, f. 2, 3-4 (1990).
云南。

密花绣线梅

•**Neillia densiflora** T. T. Yu et T. C. Ku, Acta Phytotax. Sin. 18: 492 (1980).
西藏。

福贡绣线梅

•**Neillia fugongensis** T. C. Ku, Bull. Bot. Res., Harbin 10 (1): 12, f. 2, 1-2 (1990).
云南。

矮生绣线梅

•**Neillia gracilis** Franch., Pl. Delavay. 202 (1890).
四川、云南。

大花绣线梅

•**Neillia grandiflora** T. T. Yu et T. C. Ku, Acta Phytotax. Sin. 18: 493 (1980).
西藏。

井冈山绣线梅

•**Neillia jinggangshanensis** Z. X. Yu, Bull. Bot. Res., Harbin 3 (1): 150, f. 1 (1983).
江西。

毛叶绣线梅

•**Neillia ribesioides** Rehder in Sarg., Pl. Wilson. 1 (3): 435 (1913).
Neillia villosa W. W. Sm., Notes Roy. Bot. Gard. Edinburgh 10 (46): 53 (1917); *Neillia hypomalaca* Rehder, J. Arnold Arbor. 13 (3): 337 (1932); *Neillia sinensis* var. *hypomalaca* (Rehder) Hand.-Mazz., Symb. Sin. 7 (3): 449 (1933); *Neillia sinensis* var. *ribesioides* (Rehder) J. E. Vidal, Adansonia, n. s. 3 (1): 161 (1963).
陕西、甘肃、湖北、四川、云南。

粉花绣线梅

Neillia rubiflora D. Don, Prodr. Fl. Nepal. 228 (1825).
Spiraea rubiacea Wall., Numer. List sub. n. 697 (1829); *Neillia thysiflora* Franch., Nouv. Arch. Mus. Hist. Nat. sér. 2, 8: 217 (1886).
四川、云南、西藏；不丹、尼泊尔、印度。

云南绣线梅

•**Neillia serratisepala** H. L. Li, J. Arnold Arbor. 25 (3): 300 (1944).
云南。

中华绣线梅

•**Neillia sinensis** Oliv., Icon. Pl. 16: pl. 1540 (1886).
河南、陕西、甘肃、江西、湖南、湖北、四川、贵州、云南、广东、广西。

中华绣线梅（原变种）

•**Neillia sinensis** var. **sinensis**
Neillia glandulocalyx H. Lév., Fl. Kouy-Tcheou 348 (1915); *Neillia sinensis* f. *glanduligera* Hemsl. ex Rehder, J. Arnold Arbor. 13 (3): 299 (1932); *Neillia sinensis* var. *glanduligera* Hemsl., J. Arnold Arbor. 13 (3): 299 (1932), *nom. nud. in syn.*
河南、陕西、甘肃、江西、湖南、湖北、四川、贵州、云南、广东、广西。

尾叶中华绣线梅

•**Neillia sinensis** var. **caudata** Rehder in Sarg., Pl. Wilson. 1: 436 (1913).
Neillia thibetica var. *caudata* (Rehder) J. E. Vidal, Adansonia, n. s. 3 (1): 164, pl. 3, f. 5-6 (1963).
云南。

滇东中华绣线梅

•**Neillia sinensis** var. **duclouxii** (Cardot ex J. E. Vidal) T. T. Yu, Fl. Reipubl. Popularis Sin. 36: 91 (1974).

Neillia thibetica var. *duclouxii* Cardot ex J. E. Vidal, Adansonia, n. s. 3 (1): 163, pl. 3, f. 3-4 (1963).
云南。

疏花绣线梅

●**Neillia sparsiflora** Rehder, J. Arnold Arbor. 1 (4): 257 (1920).
云南。

西康绣线梅（长穗南梨）

●**Neillia thibetica** Bureau et Franch., J. Bot. (Morot) 5 (3): 45 (1891).
四川、云南。

西康绣线梅（原变种）

●**Neillia thibetica** var. **thibetica**
Neillia velutina Bureau et Franch., J. Bot. (Morot) 5 (3): 45 (1891); *Neillia longiracemosa* Hemsl., J. Linn. Soc., Bot. 29 (202): 304 (1892).
四川、云南。

裂叶西康绣线梅

●**Neillia thibetica** var. **lobata** (Rehder) T. T. Yu, Fl. Reipubl. Popularis Sin. 36: 94 (1974).
Neillia longiracemosa var. *lobata* Rehder, J. Arnold Arbor. 1: 257 (1920).
四川、云南。

绣线梅（复序南梨）

Neillia thyrsiflora D. Don, Prodr. Fl. Nepal. 228 (1825).
Spiraea thyrsiflora (D. Don) K. Koch, Dendrologie 1: 307 (1869).
四川、贵州、云南、西藏、广西；越南、缅甸、印度尼西亚、不丹、尼泊尔、印度。

绣线梅（原变种）

Neillia thyrsiflora var. **thyrsiflora**
Neillia virgata Wall., Numer. List n. 7108 (1832), *nom. nud.*
云南；缅甸、不丹、尼泊尔、印度。

毛果绣线梅

Neillia thyrsiflora var. **tunkinensis** (J. E. Vidal) J. E. Vidal, Adansonia, n. s. 3 (1): 153 (1963).
Neillia tunkinensis J. E. Vidal, Notul. Syst. (Paris) 13: 292 (1949).
四川、贵州、云南、西藏、广西；越南、印度尼西亚、印度。

东北绣线梅

Neillia uekii Nakai, Bot. Mag. (Tokyo) 26 (300): 3 (1912).
辽宁；朝鲜。

小石积属 Osteomeles Lindl.

小石积

Osteomeles anthyllidifolia (Sm.) Lindl., Trans. Linn. Soc. London 13: 99 (1821).
Pyrus anthyllidifolia Sm. in Rees, Cycl. 29: *Pyrus* no. 29 (1819).
台湾；琉球群岛。

华西小石积（沙糖果）

●**Osteomeles schwerinae** C. K. Schneid., Ill. Handb. Laubholzk. 1: 763, f. 430 m, f. 431 o-r (1906).
Osteomeles chinensis Lingelsh. et Borza, Repert. Spec. Nov. Regni Veg. 13 (370-372): 386 (1914).
甘肃、四川、贵州、云南、台湾。

圆叶小石积（小石积）

Osteomeles subrotunda K. Koch, Ann. Mus. Bot. Lugduno-Batavi 1: 250 (1864).
Osteomeles anthyllidifolia f. *subrotunda* (K. Koch) Koidz., Bot. Mag. (Tokyo) 23 (272): 169 (1909); *Osteomeles anthyllidifolia* var. *subrotunda* (K. Koch) Masam., Annual Rep. Taihoku Bot. Gard. 2: 124 (1932).
广东；琉球群岛。

圆叶小石积（原变种）

Osteomeles subrotunda var. **subrotunda**
广东；琉球群岛。

无毛圆叶小石积

●**Osteomeles subrotunda** var. **glabrata** T. T. Yu, Acta Phytotax. Sin. 13 (1): 101 (1975).
广东。

石楠属 Photinia Lindl.

安龙石楠

●**Photinia anlungensis** T. T. Yu, Acta Phytotax. Sin. 8 (3): 228 (1963).
贵州。

云南锐齿石楠（毛果锐齿石楠）

Photinia arguta var. **hookeri** (Decne.) J. E. Vidal, Adansonia, n. s. 5: 229 (1965).
Pourthiaea hookeri Decne., Nouv. Arch. Mus. Hist. Nat. ser. 1, 10: 148 (1874); *Photinia mollis* Hook. f., Fl. Brit. Ind. 2: 381 (1878); *Pourthiaea arguta* var. *hookeri* (Decne.) Hook. f., Fl. Brit. Ind. 2 (5): 382 (1878); *Photinia hookeri* (Decne.) Merr., Brittonia 4 (1): 82 (1941).
云南；泰国、印度。

柳叶锐齿石楠

Photinia arguta var. **salicifolia** (Decne.) J. E. Vidal, Adansonia, n. s. 5: 229 (1965).
Pourthiaea salicifolia Decne., Nouv. Arch. Mus. Hist. Nat. ser. 1, 10: 148 (1874); *Photinia salicifolia* (Decne.) C. K. Schneid., Ill. Handb. Laubholzk. 1: 709 (1906); *Photinia lancifolia* Rehder et E. H. Wilson in Sarg., Pl. Wilson. 1 (2): 191 (1912); *Photinia lancilimba* J. E. Vidal, Notul. Syst. (Paris) 13: 298

(1949); *Pourthiaea arguta* var. *salicifolia* (Decne.) Iketani et H. Ohashi, J. Jap. Bot. 66 (6): 353 (1991).
贵州、云南、广西；越南、老挝、缅甸、泰国、印度。

中华石楠（假思桃，牛筋木，波氏石楠）

Photinia beauverdiana C. K. Schneid., Bull. Herb. Boissier, ser. 2, 6 (4): 319 (1906).
Pourthiaea beauverdiana (C. K. Schneid.) Hatus., Bull. Exp. For. Kyushu Univ. 3: 99 (1933).
河南、陕西、安徽、江苏、浙江、江西、湖南、湖北、四川、贵州、云南、福建、台湾、广东、广西；越南、不丹。

中华石楠（原变种）

Photinia beauverdiana var. **beauverdiana**
Photinia notabilis C. K. Schneid., Ill. Handb. Laubholzk. 1: 711 (1906); *Photinia cavaleriei* H. Lév., Repert. Spec. Nov. Regni Veg. 4 (73-74): 334 (1907); *Photinia beauverdiana* var. *notabilis* (C. K. Schneid.) Rehder et E. H. Wilson in Sarg., Pl. Wilson. 1 (2): 188 (1912); *Pourthiaea beauverdiana* var. *notabilis* (C. K. Schneid.) Hatus., Bull. Exp. For. Kyushu Univ. 3: 99 (1933); *Photinia kudoi* Masam., Trans. Nat. Hist. Soc. Taiwan 23: 206 (1933).
河南、陕西、安徽、江苏、浙江、江西、湖南、湖北、四川、贵州、云南、福建、台湾、广东、广西；越南、不丹。

短叶中华石楠

●**Photinia beauverdiana** var. **brevifolia** Cardot, Notul. Syst. (Paris) 3: 378 (1918).
Pourthiaea beauverdiana var. *brevifolia* (Cardot) Iketani et H. Ohashi, J. Jap. Bot. 66 (6): 353 (1991).
陕西、江苏、浙江、湖南、湖北、四川、贵州。

椭圆叶石楠

●**Photinia beckii** C. K. Schneid., Ill. Handb. Laubholzk. 1: 707 (1906).
云南。

闽粤石楠（边沁石斑木）

Photinia benthamiana Hance, Ann. Sci. Nat., Bot. ser. 5, 5: 213 (1866).
Pourthiaea benthamiana (Hance) Nakai, Bot. Mag. (Tokyo) 30 (349): 24 (1916); *Stranvaesia benthamiana* (Hance) Merr., Philipp. J. Sci. 12 (2): 105 (1917).
浙江、湖南、湖北、云南、福建、广东、广西、海南；越南、老挝、泰国。

闽粤石楠（原变种）

Photinia benthamiana var. **benthamiana**
浙江、湖南、湖北、云南、福建、广东；越南。

倒卵叶闽粤石楠

●**Photinia benthamiana** var. **obovata** H. L. Li, J. Arnold Arbor. 25 (2): 208 (1944).
Pourthiaea benthamiana var. *obovata* (H. L. Li) Iketani et H. Ohashi, J. Jap. Bot. 66 (6): 353 (1991).
海南。

柳叶闽粤石楠

Photinia benthamiana var. **salicifolia** Cardot, Notul. Syst. (Paris) 3: 376 (1918).
Pourthiaea benthamiana var. *salicifolia* (Cardot) Iketani et H. Ohashi, J. Jap. Bot. 66 (6): 353 (1991).
云南、广西、海南；越南、老挝、泰国。

小檗叶石楠

●**Photinia berberidifolia** Rehder et E. H. Wilson in Sarg., Pl. Wilson. 1 (2): 191 (1912).
四川。

湖北石楠

●**Photinia bergerae** C. K. Schneid., Ill. Handb. Laubholzk. 1: 709, f. 388 d-e, f. 389 e-e' (1906).
Pourthiaea bergerae (C. K. Schneid.) Iketani et H. Ohashi, J. Jap. Bot. 66 (6): 353 (1991).
湖北。

短叶石楠

●**Photinia blinii** (H. Lév.) Rehder, J. Arnold Arbor. 17 (4): 335 (1936).
Cotoneaster blinii H. Lév., Cat. Pl. Yun-Nan 229 (1917); *Pourthiaea blinii* (H. Lév.) Iketani et H. Ohashi, J. Jap. Bot. 66 (6): 353 (1991).
贵州。

贵州石楠

Photinia bodinieri H. Lév., Repert. Spec. Nov. Regni Veg. 4 (73-74): 334 (1907).
陕西、安徽、江苏、浙江、湖南、湖北、四川、贵州、云南、福建、广东、广西；越南（北部）、印度尼西亚。

贵州石楠（原变种）

Photinia bodinieri var. **bodinieri**
Photinia davidsoniae Rehder et E. H. Wilson in Sarg., Pl. Wilson. 1 (2): 185 (1912); *Hiptage esquirolii* H. Lév., Repert. Spec. Nov. Regni Veg. 10 (257-259): 372 (1912).
陕西、安徽、江苏、浙江、湖南、湖北、四川、贵州、云南、福建、广东、广西；越南（北部）、印度尼西亚。

长叶贵州石楠

●**Photinia bodinieri** var. **longifolia** Cardot, Notul. Syst. (Paris) 3: 374 (1918).
贵州。

城口石楠

●**Photinia calleryana** (Decne.) Cardot, Notul. Syst. (Paris) 3: 377 (1918).
Pourthiaea calleryana Decne., Nouv. Arch. Mus. Hist. Nat. ser.

1, 10: 147 (1874); *Stranvaesia calleryana* (Decne.) Decne., Nouv. Arch. Mus. Hist. Nat. ser. 1, 10: 179 (1874); *Cotoneaster esquirolii* H. Lév., Fl. Kouy-Tcheou 346 (1915); *Photinia brevipetiolata* Cardot, Notul. Syst. (Paris) 3: 379 (1918); *Photinia esquirolii* (H. Lév.) Rehder, J. Arnold Arbor. 17 (4): 334 (1936).
四川、贵州、云南。

厚齿石楠

●**Photinia callosa** Chun ex K. C. Kuan, Acta Phytotax. Sin. 8 (3): 229 (1963).
Pourthiaea callosa (Chun ex K. C. Kuan) Iketani et H. Ohashi, J. Jap. Bot. 66 (6): 353 (1991).
广东、广西。

临桂石楠（钟氏石楠）

●**Photinia chihsiniana** K. C. Kuan, Acta Phytotax. Sin. 8 (3): 227 (1963).
湖南、广西。

宜山石楠

●**Photinia chingiana** Hand.-Mazz., Sinensia 2 (10): 125 (1932).
贵州、广西。

宜山石楠（原变种）

●**Photinia chingiana** var. **chingiana**
Photinia austroguizhouensis Y. K. Li, Bull. Bot. Res., Harbin 6 (4): 107 (1986); *Photinia simplex* Y. K. Li et X. M. Wang, Bull. Bot. Res., Harbin 8 (3): 133 (1988).
贵州、广西。

黎平石楠

●**Photinia chingiana** var. **lipingensis** (Y. K. Li et M. Z. Yang) L. T. Lu et C. L. Li, Acta Phytotax. Sin. 38 (3): 277 (2000).
Photinia lipingensis Y. K. Li et M. Z. Yang, Bull. Res., Harbin 8 (3): 134 (1988).
贵州。

清水石楠

●**Photinia chingshuiensis** (T. Shimizu) T. S. Liu et H. J. Su, Fl. Taiwan 3: 74 (1977).
Pourthiaea chingshuiensis T. Shimizu, J. Fac. Text. Sci. et Technol., Shinshu Univ. no. 36 [ser. A (Biol.)]: 36 (1963); *Photinia parvifolia* var. *chingshuiensis* (T. Shimizu) S. S. Ying, Col. Illustr. Fl. Taiwan 1: 358 (1985); *Pourthiaea villosa* var. *chingshuiensis* (T. Shimizu) Iketani et H. Ohashi, J. Jap. Bot. 66 (6): 354 (1991).
台湾。

厚叶石楠（玉枇杷）

●**Photinia crassifolia** H. Lév., Fl. Kouy-Tcheou 349 (1915).
Photinia crassifolia var. *denticulata* Cardot, Notul. Syst. (Paris) 3: 372 (1918).
贵州、云南、广西。

福建石楠

●**Photinia fokienensis** (Finet et Franch.) Franch. ex Cardot, Bull. Mus. Natl. Hist. Nat. 26 (6): 570 (1920).
Photinia glabra var. *fokienensis* Finet et Franch., Bull. Soc. Bot. France 46: 207 (1899); *Pourthiaea fokienensis* (Finet et Franch.) Iketani et H. Ohashi, J. Jap. Bot. 66 (6): 353 (1991).
浙江、福建。

光叶石楠（扇骨木，光凿树，红檬子）

Photinia glabra (Thunb.) Maxim., Bull. Acad. Imp. Sci. Saint-Pétersbourg 19 (2): 178 (1873).
Crataegus glabra Thunb., Syst. Veg., ed. 14, 165 (1784).
安徽、江苏、浙江、江西、湖南、湖北、四川、贵州、云南、福建、广东、广西；日本、缅甸、泰国。

球花石楠

●**Photinia glomerata** Rehder et E. H. Wilson in Sarg., Pl. Wilson. 1 (2): 190 (1912).
Photinia franchetiana Diels, Notes Roy. Bot. Gard. Edinburgh 5 (25): 272 (1912); *Photinia serrulata* var. *congestiflora* Cardot, Notul. Syst. (Paris) 3: 373 (1918); *Photinia glomerata* var. *microphylla* T. T. Yu, Acta Phytotax. Sin. 8 (3): 227 (1963); *Photinia glomerata* var. *cuneata* T. T. Yu, Acta Phytotax. Sin. 8 (3): 227 (1963).
湖北、四川、云南。

褐毛石楠

●**Photinia hirsuta** Hand.-Mazz., Symb. Sin. 7 (3): 481 (1933).
Pourthiaea hirsuta (Hand.-Mazz.) Iketani et H. Ohashi, J. Jap. Bot. 66 (6): 353 (1991).
安徽、浙江、江西、湖南、湖北、福建、广东。

褐毛石楠（原变种）

●**Photinia hirsuta** var. **hirsuta**
安徽、浙江、江西、湖南、湖北、福建、广东。

裂叶褐毛石楠

●**Photinia hirsuta** var. **lobulata** T. T. Yu, Acta Phytotax. Sin. 8 (3): 231 (1963).
Pourthiaea hirsuta var. *lobulata* (T. T. Yu) Iketani et H. Ohashi, J. Jap. Bot. 66 (6): 353 (1991).
福建。

陷脉石楠（青凿木）

Photinia impressivena Hayata, Icon. Pl. Formosan. 5: 67 (1915).
Stranvaesia impressivena (Hayata) Masam., Annual Rep. Taihoku Bot. Gard. 2: 127 (1932); *Pourthiaea impressivena* (Hayata) Iketani et H. Ohashi, J. Jap. Bot. 66 (6): 353 (1991); *Photinia amphidoxa* auct. non (C. K. Schneid.) Rehder et E. H. Wilson: Chun, Sunyatsenia 2: 65 (1934).
福建、广东、广西、海南；越南。

陷脉石楠（原变种）

•**Photinia impressivena** var. **impressivena**

Photinia euphlebia Merr. et Chun, Sunyatsenia 2 (3-4): 239, f. 26 (1935).

福建、广东、广西、海南。

毛序陷脉石楠

Photinia impressivena var. **urceolocarpa** (J. E. Vidal) J. E. Vidal, Fl. Cambodge, Laos et Vietnam 6: 51, pl. 6, f. 4-5 (1968).

Photinia lancilimba var. *urceolocarpa* J. E. Vidal, Notul. Syst. (Paris) 13 (4): 299 (1948); *Pourthiaea impressivena* var. *urceolocarpa* (J. E. Vidal) Iketani et H. Ohashi, J. Jap. Bot. 66 (6): 354 (1991).

广西；越南。

全缘石楠（蓝靛树）

Photinia integrifolia Lindl., Trans. Linn. Soc. London 13 (1): 103 (1821).

Eriobotrya integrifolia (Lindl.) Kurz, J. Asiat. Soc. Bengal, Pt. 2, Nat. Hist. 45 (4): 304 (1877).

贵州、云南、西藏、广西；越南、老挝、缅甸、泰国、不丹、尼泊尔、印度。

全缘石楠（原变种）

Photinia integrifolia var. **integrifolia**

Photinia notoniana Wight et Arn., Prodr. Fl. Ind. Orient. 1: 302 (1834); *Photinia sambuciflora* W. W. Sm., Notes Roy. Bot. Gard. Edinburgh 10 (46): 60 (1917); *Photinia scandens* Stapf, Bot. Mag. 149: sub. pl. 9008 (1924); *Stranvaesia scandens* (Stapf) Hand.-Mazz., Symb. Sin. 7 (3): 483 (1933); *Photinia integrifolia* var. *yunnanensis* T. T. Yu, Acta Phytotax. Sin. 8 (3): 229 (1963); *Photinia integrifolia* var. *notoniana* (Wight et Arn.) J. E. Vidal, Addisonia n. s. 5: 227 (1965).

贵州、云南、西藏、广西；越南、老挝、缅甸、泰国、不丹、尼泊尔、印度。

黄花全缘石楠

Photinia integrifolia var. **flavidiflora** (W. W. Sm.) J. E. Vidal, Adansonia n. s. 5: 227 (1965).

Photinia flavidiflora W. W. Sm., Notes Roy. Bot. Gard. Edinburgh 10: 59 (1917).

云南；缅甸。

垂丝石楠

•**Photinia komarovii** (H. Lév. et Vaniot) L. T. Lu et C. L. Li, Acta Phytotax. Sin. 38 (3): 278 (2000).

Viburnum komarovii H. Lév. et Vaniot, Repert. Spec. Nov. Regni Veg. 9 (199-201): 78 (1910); *Photinia villosa* var. *tenuipes* P. S. Hsu et L. C. Li, Acta Phytotax. Sin. 18 (3): 264, f. 4 (1980); *Photinia wuyishanensis* Z. X. Yu, J. Jiangxi Agric. Univ. 9 (1): 5, f. 3 (1982); *Photinia parvifolia* var. *tenuipes* (P. S. Hsu et L. C. Li) P. L. Chiu, J. Zhejiang Forest. Coll. 4 (1): 67 (1987); *Pourthiaea villosa* var. *tenuipes* (P. S. Hsu et L. C. Li) Iketani et H. Ohashi, J. Jap. Bot. 66 (6): 354 (1991).

浙江、江西、湖北、四川、贵州、福建。

广西石楠

•**Photinia kwangsiensis** H. L. Li, J. Arnold Arbor. 26 (1): 62 (1945).

广西。

绵毛石楠

•**Photinia lanuginosa** T. T. Yu, Acta Phytotax. Sin. 8 (3): 227 (1963).

浙江、湖南。

倒卵叶石楠

•**Photinia lasiogyna** (Franch.) C. K. Schneid., Repert. Spec. Nov. Regni Veg. 3: 153 (1906).

Eriobotrya lasiogyna Franch., Pl. Delavay. 225 (1890).

浙江、江西、湖南、四川、云南、福建、广东、广西。

倒卵叶石楠（原变种）

•**Photinia lasiogyna** var. **lasiogyna**

Stranvaesia glaucescens var. *yunnanensis* Franch., Pl. Delavay. 226 (1890); *Photinia mairei* H. Lév., Bull. Acad. Int. Géogr. Bot. 17: 28 (1916).

四川、云南。

脱毛石楠

•**Photinia lasiogyna** var. **glabrescens** L. T. Lu et C. L. Li, Acta Phytotax. Sin. 38 (3): 278 (2000).

浙江、江西、湖南、四川、云南、福建、广东、广西。

罗城石楠

•**Photinia lochengensis** T. T. Yu, Acta Phytotax. Sin. 8 (3): 226 (1963).

浙江、广西。

带叶石楠（牛筋条，黄牛筋，红牛筋）

•**Photinia loriformis** W. W. Sm., Notes Roy. Bot. Gard. Edinburgh 10 (46): 60 (1917).

四川、云南。

台湾石楠

•**Photinia lucida** (Decne.) C. K. Schneid., Ill. Handb. Laubholzk. 1: 710 (1906).

Pourthiaea lucida Decne., Nouv. Arch. Mus. Hist. Nat. ser. 1, 10: 148 (1874); *Photinia villosa* var. *formosana* Hance, Ann. Sci. Nat., Bot. ser. 5, 5: 212 (1866); *Photinia variabilis* Hemsl., J. Linn. Soc., Bot. 23 (155): 263 (1887); *Photinia taiwanensis* Hayata, J. Coll. Sci. Imp. Univ. Tokyo 30 (1): 104 (1911); *Pourthiaea formosana* (Hance) Koidz., Acta Phytotax. Geobot. 3 (3): 147 (1934).

台湾。

大叶石楠

•**Photinia megaphylla** T. T. Yu et T. C. Ku, Acta Phytotax. Sin.

18 (4): 493 (1980).
西藏。

斜脉石楠

●**Photinia obliqua** Stapf, Bot. Mag. 149: pl. 9008 (1924).
Pourthiaea obliqua (Stapf) Iketani et H. Ohashi, J. Jap. Bot. 66 (6): 354 (1991).
福建。

小叶石楠（牛筋木，牛李子，山红子）

●**Photinia parvifolia** (E. Pritz.) C. K. Schneid., Ill. Handb. Laubholzk. 1: 711, f. 392, o-o' (1906).
Pourthiaea parvifolia E. Pritz., Bot. Jahrb. Syst. 29 (3-4): 389 (1900); *Pourthiaea laevis* var. *parvifolia* (E. Pritz.) Migo, J. Shanghai Sci. Inst. 14: 311 (1944); *Photinia villosa* var. *parvifolia* (E. Pritz.) P. S. Hsu et L. C. Li, Acta Phytotax. Sin. 18 (3): 264 (1980); *Pourthiaea villosa* var. *parvifolia* (E. Pritz.) Iketani et H. Ohashi, J. Jap. Bot. 66 (6): 354 (1991).
河南、安徽、江苏、浙江、江西、湖南、湖北、四川、贵州、福建、广东、广西。

小叶石楠（原变种）

●**Photinia parvifolia** var. **parvifolia**
Photinia subumbellata Rehder et E. H. Wilson in Sarg., Pl. Wilson. 1 (2): 189 (1912).
河南、安徽、江苏、浙江、江西、湖南、湖北、四川、贵州、福建、广东、广西。

假小叶石楠

●**Photinia parvifolia** var. **subparvifolia** (Y. K. Li et X. M. Wang) L. T. Lu et C. L. Li, Acta Phytotax. Sin. 38 (3): 278 (2000).
Photinia subparvifolia Y. K. Li et X. M. Wang, Bull. Bot. Res., Harbin 6 (4): 108 (1986).
贵州。

毛果石楠

●**Photinia pilosicalyx** T. T. Yu, Acta Phytotax. Sin. 8 (3): 231 (1963).
Pourthiaea pilosicalyx (T. T. Yu) Iketani et H. Ohashi, J. Jap. Bot. 66 (6): 354 (1991).
贵州。

罗汉松叶石楠

●**Photinia podocarpifolia** T. T. Yu, Acta Phytotax. Sin. 8 (3): 230 (1963).
Pourthiaea podocarpifolia (T. T. Yu) Iketani et H. Ohashi, J. Jap. Bot. 66 (6): 354 (1991).
贵州、广西。

刺叶石楠

●**Photinia prionophylla** (Franch.) C. K. Schneid., Repert. Spec. Nov. Regni Veg. 3 (36-37): 153 (1906).
Eriobotrya prionophylla Franch., Pl. Delavay. 225, pl. 46 (1890).
云南。

刺叶石楠（原变种）

●**Photinia prionophylla** var. **prionophylla**
云南。

无毛刺叶石楠

●**Photinia prionophylla** var. **nudifolia** Hand.-Mazz., Symb. Sin. 7 (3): 480 (1933).
云南。

桃叶石楠（石斑木）

Photinia prunifolia (Hook. et Arn.) Lindl., Edward's Bot. Reg. 10: sub. pl. 1956 (1837).
Photinia serrulata var. *prunifolia* Hook. et Arn., Bot. Beechey Voy. 185 (1833).
浙江、江西、湖南、贵州、云南、福建、广东、广西；日本、越南、马来西亚、印度尼西亚。

桃叶石楠（原变种）

Photinia prunifolia var. **prunifolia**
Photinia melanostigma Hance, J. Bot. 20 (229): 5 (1852); *Photinia consimilis* Hand.-Mazz., Anz. Akad. Wiss. Wien, Math.-Naturwiss. Kl. 59: 103 (1922).
浙江、江西、湖南、贵州、云南、福建、广东、广西；日本、越南、马来西亚、印度尼西亚。

重齿桃叶石楠（水花石楠，山杠木，长叶桃叶石楠）

●**Photinia prunifolia** var. **denticulata** T. T. Yu, Acta Phytotax. Sin. 8 (3): 228 (1963).
浙江、福建、广西。

饶平石楠（细叶石斑树）

●**Photinia raupingensis** K. C. Kuan, Acta Phytotax. Sin. 8: 228 (1963).
广东、广西。

绒毛石楠

●**Photinia schneideriana** Rehder et E. H. Wilson in Sarg., Pl. Wilson. 1 (2): 188 (1912).
Pourthiaea schneideriana (Rehder et E. H. Wilson) Iketani et H. Ohashi, J. Jap. Bot. 66 (6): 354 (1991).
安徽、浙江、江西、湖南、湖北、四川、贵州、福建、台湾、广东、广西。

绒毛石楠（原变种）

●**Photinia schneideriana** var. **schneideriana**
Photinia fauriei Cardot, Notul. Syst. (Paris) 3: 376 (1918); *Photinia beauverdiana* var. *lohfauensis* F. P. Metcalf, J. Arnold Arbor. 20 (4): 440 (1939); *Photinia dabeishanensis* M. B. Deng et K. Yao, Bull. Nanjing Bot. Gard. Mem. Sun Yat Sen 1984-1985: 126 (1986); *Photinia zhijiangensis* T. C. Ku, Acta Phytotax. Sin. 31 (2): 192, pl. 1 (1993).

安徽、浙江、江西、湖南、湖北、四川、贵州、福建、台湾、广东、广西。

小花石楠

•**Photinia schneideriana** var. **parviflora** (Cardot) L. T. Lu et C. L. Li, Acta Phytotax. Sin. 38 (3): 277 (2000).

Photinia parviflora Cardot, Notul. Syst. (Paris) 3: 378 (1918); *Pourthiaea parviflora* (Cardot) Iketani et H. Ohashi, J. Jap. Bot. 66 (6): 354 (1991).

贵州。

石楠（凿木，千里红，扇骨木）

Photinia serratifolia (Desf.) Kalkman, Blumea 21 (2): 424 (1973).

Crataegus serratifolia Desf., Tabl. Ecole Bot., ed. 3, 408 (1829).

河北、河南、陕西、甘肃、安徽、江苏、浙江、江西、湖南、湖北、四川、贵州、云南、福建、台湾、广东、广西；日本、菲律宾、印度尼西亚、印度。

石楠（原变种）

Photinia serratifolia var. **serratifolia**

Photinia serrulata Lindl., Trans. London 13: 103, t. 10 (1821), *nom. illeg. superfl.*; *Photinia glabra* var. *chinensis* Maxim., Bull. Acad. Imp. Sci. Saint-Pétersbourg 19 (2): 179 (1873); *Photinia pustulata* S. Moore, J. Bot. 16: 138 (1878); *Photinia serrulata* var. *aculeata* Lawrence, Gentes Herb. 8: 80 (1949).

河北、河南、陕西、甘肃、安徽、江苏、浙江、江西、湖南、湖北、四川、贵州、云南、福建、台湾、广东、广西；日本、菲律宾、印度尼西亚、印度。

紫金牛叶石楠（窄叶石楠）

•**Photinia serratifolia** var. **ardisiifolia** (Hayata) H. Ohashi, J. Jap. Bot. 63 (7): 234 (1988).

Photinia ardisiifolia Hayata, Icon. Pl. Formosan. 5: 65 (1915); *Photinia serrulata* f. *ardisiifolia* (Hayata) H. L. Li, Lloydia 14 (4): 234 (1951); *Photinia serrulata* var. *ardisiifolia* (Hayata) K. C. Kuan, Fl. Reipubl. Popularis Sin. 36: 224 (1974).

台湾。

宽叶石楠

•**Photinia serratifolia** var. **daphniphylloides** (Hayata) L. T. Lu, Acta Phytotax. Sin. 38 (3): 277 (2000).

Photinia daphniphylloides Hayata, Icon. Pl. Formosan. 7: 30, pl. 4, f. 23 (1918); *Photinia serrulata* f. *daphniphylloides* (Hayata) H. L. Li, Lloydia 14 (4): 234 (1951); *Photinia serrulata* var. *daphniphylloides* (Hayata) K. C. Kuan, Fl. Reipubl. Popularis Sin. 36: 222 (1974).

台湾。

毛瓣石楠

•**Photinia serratifolia** var. **lasiopetala** (Hayata) H. Ohashi, J. Jap. Bot. 63 (7): 234 (1988).

Photinia lasiopetala Hayata, Icon. Pl. Formosan. 6: 17, f. 1 (1916); *Photinia serrulata* f. *lasiopetala* (Hayata) T. Shimizu, Acta Phytotax. Geobot. 21 (1-2): 18 (1964); *Photinia serrulata* var. *lasiopetala* (Hayata) K. C. Kuan, Fl. Reipubl. Popularis Sin. 36: 222 (1974).

台湾。

花楸叶石楠（新拟）

•**Photinia sorbifolia** W. B. Liao et W. Guo, Ann. Bot. Fenn. 47: 394 (2010).

湖南。

窄叶石楠

Photinia stenophylla Hand.-Mazz., Symb. Sin. 7 (3): 480, pl. 15, f. 3 (1933).

贵州、广西；泰国。

泰顺石楠（新拟）

•**Photinia taishunensis** G. H. Xia, L. H. Lou et S. H. Jin, Nord. J. Bot. 30: 439 (2012).

浙江。

福贡石楠

•**Photinia tsaii** Rehder, J. Arnold Arbor. 19 (3): 274 (1938).

Pourthiaea tsaii (Rehder) Iketani et H. Ohashi, J. Jap. Bot. 66 (6): 354 (1991).

云南。

独山石楠

•**Photinia tushanensis** T. T. Yu, Acta Phytotax. Sin. 8 (3): 229 (1963).

贵州。

毛叶石楠（细毛扇骨木，鸡丁子，吉铃子）

Photinia villosa (Thunb.) DC., Prodr. (DC.) 2: 631 (1825).

Crataegus villosa Thunb., Syst. Veg., ed. 14, 465 (1784); *Pourthiaea villosa* (Thunb.) Decne., Nouv. Arch. Mus. Hist. Nat. ser. 1, 10: 147 (1874); *Photinia variabilis* Hemsl. ex F. B. Forbes et Hemsl., J. Linn. Soc., Bot. 23: 263 (1887), *nom. illeg. superfl.*

山东、陕西、甘肃、安徽、江苏、浙江、江西、湖南、湖北、四川、贵州、云南、福建、广东、广西；日本、朝鲜。

毛叶石楠（原变种）

Photinia villosa var. **villosa**

Pourthiaea variabilis Palib., Trudy Imp. S.-Peterburgsk. Bot. Sada 17: 76 (1899).

山东、安徽、江苏、浙江、湖北；日本、朝鲜。

光萼石楠

•**Photinia villosa** var. **glabricalcyina** L. T. Lu et C. L. Li, Acta Phytotax. Sin. 38 (3): 279 (2000).

江苏、浙江、江西、湖南、贵州、广西。

庐山石楠（庐山石楠，华毛叶石楠，无毛毛叶石楠）

•**Photinia villosa** var. **sinica** Rehder et E. H. Wilson in Sarg., Pl. Wilson. 1 (2): 186 (1912).

Photinia subumbellata var. *villosa* Cardot, Notul. Syst. (Paris) 3: 379 (1918); *Pourthiaea kankaoensis* Hatus., Bull. Exp. For. Kyushu Univ. 3: 99 (1933); *Photinia cardotii* F. P. Metcalf, J. Arnold Arbor. 20 (4): 440 (1939); *Pourthiaea villosa* var. *sinica* (Rehder et E. H. Wilson) Migo, J. Shanghai Sci. Inst. 14: 311 (1944); *Photinia parvifolia* var. *kankaoensis* (Hatus.) T. T. Yu et K. C. Kuan, Fl. Reipubl. Popularis Sin. 36: 259 (1974).
山东、陕西、甘肃、安徽、江苏、浙江、江西、湖南、湖北、四川、贵州、福建、广东、广西。

浙江石楠

●**Photinia zhejiangensis** P. L. Chiu, Acta Phytotax. Sin. 18 (1): 97, f. 2 (1980).
Pourthiaea zhejiangensis (P. L. Chiu) Iketani et H. Ohashi, J. Jap. Bot. 66 (6): 354 (1991).
浙江。

风箱果属 Physocarpus (Cambess.) Raf.

风箱果（阿穆尔风箱果，托盘幌）

Physocarpus amurensis (Maxim.) Maxim., Trudy Imp. S.-Peterburgsk. Bot. Sada 6 (1): 221 (1879).
Spiraea amurensis Maxim., Mém. Acad. Imp. Sci. St.-Pétersbourg Divers Savans 9: 90 (1859); *Opulaster amurensis* (Maxim.) Kuntze, Revis. Gen. Pl. 2: 949 (1891).
黑龙江、河北；韩国、俄罗斯（远东地区）。

绵刺属 Potaninia Maxim.

绵刺（蒙古包大宁，好衣热格，胡楞-好衣热格）

Potaninia mongolica Maxim., Bull. Acad. Imp. Sci. Saint-Pétersbourg 27 (4): 466 (1881).
内蒙古；蒙古国。

委陵菜属 Potentilla L.

星毛委陵菜（无茎委陵菜）

Potentilla acaulis L., Sp. Pl. 1: 500 (1753).
Potentilla subacaulis L., Syst. Nat. 1065 (1758).
黑龙江、内蒙古、河北、山西、陕西、甘肃、青海、新疆；蒙古国、俄罗斯。

皱叶委陵菜（钩叶委陵菜）

Potentilla ancistrifolia Bunge, Enum. Pl. China Bor. 25 (1833).
黑龙江、吉林、辽宁、河北、山西、河南、陕西、甘肃、安徽、湖北、四川；日本、朝鲜、俄罗斯。

皱叶委陵菜（原变种）

Potentilla ancistrifolia var. **ancistrifolia**
Potentilla rugulosa Kitag., Rep. Inst. Sci. Res. Manchoukuo 1: 260 (1937); *Potentilla tranzschelii* Juz., Fl. U. R. S. S. 10: 612 (1941); *Potentilla aemulans* Juz., Fl. U. R. S. S. 10: 614 (1941).
黑龙江、吉林、辽宁、河北、山西、河南、陕西、甘肃、湖北、四川；朝鲜、俄罗斯。

薄叶委陵菜

Potentilla ancistrifolia var. **dickinsii** (Franch. et Sav.) Koidz., Bot. Mag. (Tokyo) 23 (273): 177 (1909).
Potentilla dickinsii Franch. et Sav., Enum. Pl. Jap. 2: 337 (1878).
辽宁、河北、山西、河南、陕西、甘肃、安徽；日本、朝鲜。

白毛皱叶委陵菜

●**Potentilla ancistrifolia** var. **tomentosa** Liou et Y. Y. Li ex C. L. Li, Fl. Reipubl. Popularis Sin. 37: 256 (1985).
河南。

窄裂委陵菜

●**Potentilla angustiloba** T. T. Yu et C. L. Li, Acta Phytotax. Sin. 18 (1): 11, pl. 3, f. 2 (1980).
甘肃、青海、新疆。

银背委陵菜

Potentilla argentea L., Sp. Pl. 1: 497 (1753).
新疆；蒙古国、俄罗斯；亚洲、欧洲。

关节委陵菜

●**Potentilla articulata** Franch., Pl. Delavay. 3: 210 (1890).
四川、云南、西藏。

关节委陵菜（原变种）

●**Potentilla articulata** var. **articulata**
Potentilla fruticosa var. *armerioides* Hook. f., Fl. Brit. Ind. 2 (5): 348 (1878); *Potentilla biflora* var. *armerioides* (Hook. f.) Hand.-Mazz., Acta Horti Gothob. 13 (9): 302 (1939).
四川、云南、西藏。

宽柄关节委陵菜

●**Potentilla articulata** var. **latipetiolata** (C. E. C. Fisch.) T. T. Yu et C. L. Li, Fl. Reipubl. Popularis Sin. 37: 259 (1985).
Potentilla latipetiolata C. E. C. Fisch., Bull. Misc. Inform. Kew 1940 (7): 294 (1940).
云南、西藏。

刚毛委陵菜（刚毛萎陵菜）

Potentilla asperrima Turcz., Bull. Soc. Imp. Naturalistes Moscou 16: 609 (1843).
黑龙江；俄罗斯。

紫花银光委陵菜

Potentilla atrosanguinea Lodd., G. Lodd. et W. Lodd, Bot. Cab. 8: pl. 786 (1824).
Potentilla argyrophylla var. *atrosanguinea* (Lodd., G. Lodd. et W. Lodd) Hook. f., Fl. Brit. Ind. 2 (5): 357 (1878).

西藏；尼泊尔、印度（锡金）、巴基斯坦、阿富汗、克什米尔地区。

紫花银光委陵菜（原变种）

Potentilla atrosanguinea var. **atrosanguinea**
西藏；尼泊尔、印度（锡金）、巴基斯坦、阿富汗、克什米尔地区。

银光委陵菜

Potentilla atrosanguinea var. **argyrophylla** (Wall. ex Lehm.) Y. H. Tong et N. H. Xia, **stat. et comb. nov.**
Potentilla argyrophylla Wall. ex Lehm., Nov. Stirp. Pug. 3: 36 (1831).
西藏；尼泊尔、巴基斯坦。

白萼委陵菜（三出萎陵菜，白叶委陵菜）

Potentilla betonicifolia Poir., Encycl. 5 (1): 601 (1804).
Potentilla nivea var. *angustifolia* Ledeb., Fl. Ross. (Ledeb.) 2: 58 (1844).
黑龙江、吉林、辽宁、内蒙古、河北；蒙古国、俄罗斯。

双花委陵菜

Potentilla biflora D. F. K. Schltdl., Mag. Neuesten Entdeck. Gesammten Naturk. Ges. Naturf. Freunde Berlin 7: 297 (1816).
甘肃、新疆、四川、西藏；蒙古国、尼泊尔、俄罗斯；亚洲、北美洲。

双花委陵菜（原变种）

Potentilla biflora var. **biflora**
Potentilla inglisii Royle, Ill. Bot. Himal. Mts. 207 (1839).
新疆；蒙古国、尼泊尔、俄罗斯；亚洲、北美洲。

五叶双花委陵菜

●**Potentilla biflora** var. **lahulensis** Th. Wolf, Biblioth. Bot. 16 (Heft 71): 72 (1908).
甘肃、四川、西藏。

二裂委陵菜（痔疮草，叉叶委陵菜）

Potentilla bifurca L., Sp. Pl. 1: 497 (1753).
Potentilla bifurca var. *typica* Wolf, Bibl. Bot. 71: 62 (1908), *nom. inval.*
黑龙江、吉林、内蒙古、河北、山西、陕西、宁夏、甘肃、青海、新疆、四川、西藏；蒙古国、朝鲜、俄罗斯；亚洲（西南部）、欧洲（中部和东部）。

二裂委陵菜（原变种）

Potentilla bifurca var. **bifurca**
黑龙江、内蒙古、河北、山西、陕西、宁夏、甘肃、青海、新疆、四川；蒙古国、朝鲜、俄罗斯。

矮生二裂委陵菜

Potentilla bifurca var. **humilior** Ost.-Sack. et Rupr., Sert. Tianschanicum. 45 (1868).
Potentilla moorcroftii Wall. ex Lehm., Nov. Stirp. Pug. 3: 29 (1831); *Potentilla bifurca* var. *moorcroftii* (Wall. ex Lehm.) Th. Wolf, Biblioth. Bot. 16 (Heft 71): 64 (1908).
内蒙古、河北、山西、陕西、宁夏、甘肃、青海、新疆、四川、西藏；蒙古国、俄罗斯。

长叶二裂委陵菜（小叉叶委陵菜，高二裂委陵菜）

Potentilla bifurca var. **major** Ledeb., Fl. Ross. (Ledeb.) 2: 43 (1843).
Potentilla bifurca var. *glabrata* Lehm., Monogr. Potentill. 34 (1856); *Potentilla semiglabra* Juz., Weed Fl. U. S. S. R. 3: 124 (1934); *Potentilla orientalis* Juz., Fl. URSS 10: 82 (1941); *Potentilla bifurca* subsp. *orientalis* (Juz.) Soják, Folia Geobot. Phytotax. 5 (1): 113 (1970).
黑龙江、吉林、内蒙古、河北、山西、陕西、甘肃、新疆；亚洲、欧洲。

蛇莓委陵菜

Potentilla centigrana Maxim., Bull. Acad. Imp. Sci. Saint-Pétersbourg 19 (2): 163 (1873).
黑龙江、吉林、辽宁、内蒙古、陕西、四川、贵州、云南；日本、朝鲜、俄罗斯。

委陵菜（一白草，生血丹，扑地虎）

Potentilla chinensis Ser., Prodr. (DC.) 2: 581 (1825).
黑龙江、吉林、辽宁、内蒙古、河北、山西、山东、河南、陕西、甘肃、安徽、江苏、江西、湖南、湖北、四川、贵州、云南、西藏、台湾、广东、广西；蒙古国、日本、朝鲜、俄罗斯。

委陵菜（原变种）

Potentilla chinensis var. **chinensis**
Potentilla exaltata Bunge, Enum. Pl. Chin. Bor. 24 (1833); *Potentilla chinensis* var. *xerogenes* Hand.-Mazz., Symb. Sin. 7 (3): 512 (1933); *Potentilla chinensis* subsp. *trigonodonta* Hand.-Mazz., Symb. Sin. 7 (3): 512 (1933).
黑龙江、吉林、辽宁、内蒙古、河北、山西、山东、河南、陕西、甘肃、安徽、江苏、江西、湖南、湖北、四川、贵州、云南、西藏、台湾、广东、广西；蒙古国、日本、朝鲜、俄罗斯。

细裂委陵菜（线叶委陵菜）

Potentilla chinensis var. **lineariloba** Franch. et Sav., Enum. Pl. Jap. 2 (2): 339 (1878).
黑龙江、辽宁、河北、山东、河南、江苏；日本、朝鲜。

黄花委陵菜

Potentilla chrysantha Trevir., Index Seminum [Wroclaw / Breslau (Vratislav)] 1818: 5 (1818).
Potentilla chrysantha var. *asiatica* Th. Wolf, Biblioth. Bot. 16 (Heft 71): 462 (1908); *Potentilla asiatica* (Th. Wolf) Juz., Fl. U. R. S. S. 10: 182 (1941).
新疆；蒙古国、俄罗斯；欧洲。

大萼委陵菜（白毛委陵菜，大头委陵菜）

Potentilla conferta Bunge in Ledeb., Fl. Altaic. 2: 240 (1830).
Potentilla pensylvanica var. *conferta* (Bunge) Ledeb., Fl. Ross. (Ledeb.) 2: 40 (1844); *Potentilla strigosa* var. *conferta* (Bunge) Kitag., Rep. Inst. Sci. Res. Manchoukuo 4: 89 (1940).
黑龙江、内蒙古、河北、山西、甘肃、四川、云南、西藏；蒙古国、俄罗斯。

大萼委陵菜（原变种）

Potentilla conferta var. **conferta**
Potentilla approximata Bunge in Ledeb., Fl. Altaic. 2: 241 (1830); *Potentilla sibirica* var. *longipila* Th. Wolf, Biblioth. Bot. 16 (Heft 71): 191 (1908).
黑龙江、内蒙古、河北、山西、甘肃、四川、云南、西藏；蒙古国、俄罗斯。

矮生大萼委陵菜

●**Potentilla conferta** var. **trijuga** T. T. Yu et C. L. Li, Acta Phytotax. Sin. 18 (1): 10, pl. 3, f. 1 (1980).
西藏。

荽叶委陵菜

Potentilla coriandrifolia D. Don, Prodr. Fl. Nepal. 232 (1825).
四川、云南、西藏；缅甸、不丹、尼泊尔、印度（锡金）。

荽叶委陵菜（原变种）

Potentilla coriandrifolia var. **coriandrifolia**
西藏；不丹、尼泊尔、印度（锡金）。

丛生荽叶委陵菜

Potentilla coriandrifolia var. **dumosa** Franch., Pl. Delavay. 3: 214 (1890).
Potentilla stromatodes Melch., Notizbl. Bot. Gart. Berlin-Dahlem 11 (108): 797 (1933); *Potentilla dumosa* (Franch.) Hand.-Mazz., Symb. Sin. 7 (3): 515 (1933); *Potentilla dumosa* var. *stromatodes* (Melch.) H. R. Fletcher, Notes Roy. Bot. Gard. Edinburgh 20 (100): 209 (1949); *Potentilla dumosa* subsp. *salwinensis* Soják, Preslia 41: 352 (1969); *Sibbaldia pulvinata* T. T. Yu et C. L. Li, Acta Phytotax. Sin. 19 (4): 515 (1981); *Potentilla salwinensis* (Soják) Soják, Čas. Nár. Muz. Praze, Rada Přír. 152 (3): 160 (1983); *Potentilla salwinensis* var. *parviflora* Soják, Bot. Jahrb. Syst. 116 (1): 18 (1994); *Potentilla salwinensis* var. *latiuscula* Soják, Bot. Jahrb. Syst. 116 (1): 19 (1994); *Potentilla dumosa* var. *chimiliana* Soják, Bot. Jahrb. Syst. 116 (1): 20 (1994); *Potentilla dumosa* var. *salina* Soják, Bot. Jahrb. Syst. 116 (1): 20 (1994); *Potentilla pulvinata* (T. T. Yu et C. L. Li) Soják, Bot. Jahrb. Syst. 116 (1): 20 (1994).
四川、云南、西藏；缅甸。

圆齿委陵菜

●**Potentilla crenulata** T. T. Yu et C. L. Li, Acta Phytotax. Sin. 18 (1): 12, pl. 4, f. 2 (1980).
云南。

狼牙委陵菜

Potentilla cryptotaeniae Maxim., Bull. Acad. Imp. Sci. Saint-Pétersbourg 18: 162 (1874).
Potentilla cryptotaeniae var. *obovata* Th. Wolf, Biblioth. Bot. 16 (Heft 71): 406 (1908); *Potentilla aegopodiifolia* H. Lév., Repert. Spec. Nov. Regni Veg. 7 (143-145): 198 (1909); *Potentilla cryptotaeniae* var. *obtusata* Th. Wolf, Trudy Bot. Muz. Imp. Akad. Nauk 9: 109 (1912).
黑龙江、吉林、辽宁、陕西、甘肃、四川；日本、朝鲜、俄罗斯（远东地区）。

楔叶委陵菜

Potentilla cuneata Wall. ex Lehm., Nov. Stirp. Pug. 3: 34 (1831).
Potentilla ambigua Cambess., Voy. Inde 4: 51, pl. 62 (1884); *Potentilla dolichopogon* H. Lév., Bull. Acad. Int. Géogr. Bot. 25: 44 (1915).
四川、云南、西藏；不丹、尼泊尔、印度（锡金）、克什米尔地区。

滇西委陵菜

●**Potentilla delavayi** Franch., Pl. Delavay. 3: 215 (1890).
云南。

荒漠委陵菜

Potentilla desertorum Bunge in Ledeb., Fl. Altaic. 2: 257 (1830).
新疆；蒙古国、印度、俄罗斯。

翻白草（鸡腿根，天藕，翻白委陵菜）

Potentilla discolor Bunge, Enum. Pl. China Bor. 25 (1833).
Potentilla formosana Hance, Ann. Sci. Nat., Bot. ser. 5, 5: 212 (1866); *Potentilla discolor* var. *formosana* (Hance) Franch., Pl. Delavay. 212 (1890).
黑龙江、辽宁、内蒙古、河北、山西、山东、河南、陕西、甘肃、安徽、浙江、江西、四川、云南、西藏、福建、台湾、广东；日本、朝鲜。

毛果委陵菜（绵毛果委陵菜，小神砂草）

Potentilla eriocarpa Wall. ex Lehm., Nov. Stirp. Pug. 3: 35 (1831).
陕西、四川、云南、西藏；不丹、尼泊尔、印度、克什米尔地区。

毛果委陵菜（原变种）

Potentilla eriocarpa var. **eriocarpa**
Potentilla davidii Franch., Nouv. Arch. Mus. Hist. Nat. ser. 2, 6: 222 (1885); *Potentilla eriocarpa* var. *cathayana* C. K. Schneid., Bot. Gaz. 64 (1): 73 (1917); *Potentilla eriocarpoides* var. *glabrescens* J. Krause, Repert. Spec. Nov. Regni Veg. Beih. 12: 408 (1922).
陕西、四川、云南、西藏；不丹、尼泊尔、印度、克什米尔地区。

裂叶毛果委陵菜

•**Potentilla eriocarpa** var. **tsarongensis** W. E. Evans, Notes Roy. Bot. Gard. Edinburgh 13 (63-64): 178 (1921).
Potentilla eriocarpoides J. Krause, Repert. Spec. Nov. Regni Veg. Beih. 12: 407 (1922); *Potentilla eriocarpa* var. *dissecta* C. Marquand et Airy Shaw, J. Linn. Soc., Bot. 48 (321): 174 (1929).
四川、云南、西藏。

脱绒委陵菜

Potentilla evestita Th. Wolf, Biblioth. Bot. 16 (Heft 71): 248 (1908).
新疆；蒙古国、俄罗斯；亚洲。

匐枝委陵菜（鸡儿头苗，蔓委陵工菜）

Potentilla flagellaris D. F. K. Schltdl., Mag. Neuesten Entdeck. Gesammten Naturk. Ges. Naturf. Freunde Berlin 7: 291 (1816).
Potentilla reptans var. *angustiloba* Ser., Prodr. (DC.) 2: 574 (1825); *Potentilla nemoralis* Bunge, in Ledeb., Fl. Altaic. 2: 256 (1830).
黑龙江、吉林、辽宁、河北、山西、山东、甘肃；蒙古国、朝鲜、俄罗斯。

莓叶委陵菜（雉子筵，毛猴子）

Potentilla fragarioides L., Sp. Pl. 1: 496 (1753).
Potentilla fragarioides var. *major* Maxim., Prim. Fl. Amur. 95 (1859); *Potentilla fragarioides* var. *typica* Maxim., Mélanges Biol. Bull. Phys.-Math. Acad. Imp. Sci. Saint-Pétersbourg 9: 159 (1873), *nom. inval.*
黑龙江、吉林、辽宁、内蒙古、河北、山西、山东、河南、陕西、甘肃、安徽、江苏、浙江、湖南、四川、云南、福建、广西；蒙古国、日本、朝鲜、俄罗斯。

三叶委陵菜（三张叶）

Potentilla freyniana Bornm., Mitt. Thüring. Bot. Vereins n. s. 20: 12 (1904).
黑龙江、吉林、辽宁、河北、山西、山东、河南、陕西、甘肃、安徽、江苏、浙江、江西、湖南、湖北、四川、贵州、云南、福建；日本、朝鲜、俄罗斯。

三叶委陵菜（原变种）

Potentilla freyniana var. **freyniana**
Potentilla fragarioides var. *ternata* Maxim., Mélanges Biol. Bull. Phys.-Math. Acad. Imp. Sci. Saint-Pétersbourg 9: 159 (1873); *Potentilla longepetiolata* H. Lév., Repert. Spec. Nov. Regni Veg. 7 (143-145): 199 (1909); *Potentilla freyniana* var. *nitens* Pamp., Nuovo Giorn. Bot. Ital., n. s. 17 (2): 293 (1910); *Potentilla morii* Hayata, Icon. Pl. Formosan. 3: 95 (1913); *Potentilla sutchuenica* Cardot, Notul. Syst. (Paris) 3: 239 (1914).
黑龙江、吉林、辽宁、河北、山西、山东、河南、陕西、甘肃、安徽、浙江、江西、湖南、湖北、四川、贵州、云南、福建；日本、朝鲜、俄罗斯。

中华三叶委陵菜（三叶委陵菜，地蜂子）

•**Potentilla freyniana** var. **sinica** Migo, J. Shanghai Sci. Inst. 14: 310 (1944).
Potentilla fragarioides var. *stononifera* f. *trifoliola* Takeda, Bull. Misc. Inform. Kew 1911: 256 (1911).
安徽、江苏、浙江、江西、湖南、湖北。

金露梅（金老梅，金蜡梅，药王茶）

Potentilla fruticosa L., Sp. Pl. 1: 495 (1753).
Dasiphora fruticosa (L.) Rydb., Monogr. N. Amer. Potentilleae 188 (1898); *Pentaphylloides fruticosa* (L.) O. Schwarz, Mitt. Thüring. Bot. Ges. 1: 105 (1949).
黑龙江、吉林、辽宁、内蒙古、河北、山西、陕西、甘肃、新疆、四川、云南、西藏；亚洲、欧洲、北美洲。

金露梅（原变种）

Potentilla fruticosa var. **fruticosa**
Dasiphora riparia Raf., Autik. Bot. 167 (1838); *Potentilla rigida* Wall. ex Lehm., Revis. Potentill. 19, pl. 1 (1856); *Potentilla fruticosa* var. *rigida* (Wall. ex Lehm.) Th. Wolf, Biblioth. Bot. 16: 57 (1908).
黑龙江、吉林、辽宁、内蒙古、河北、山西、陕西、甘肃、新疆、四川、云南、西藏；亚洲、欧洲、北美洲。

伏毛金露梅

Potentilla fruticosa var. **arbuscula** (D. Don) Maxim., Mélanges Biol. Bull. Phys.-Math. Acad. Imp. Sci. Saint-Pétersbourg 9: 158 (1873).
Potentilla arbuscula D. Don, Prodr. Fl. Nepal. 256 (1825); *Potentilla lespedeza* H. Lév., Chin. Rev. 5 (1916).
四川、云南、西藏；不丹、尼泊尔、印度（锡金）。

垫状金露梅

Potentilla fruticosa var. **pumila** Hook. f., Fl. Brit. Ind. 2 (5): 348 (1878).
Potentilla arbuscula var. *pumila* (Hook. f.) Hand.-Mazz., Symb. Sin. 7 (3): 508 (1933).
西藏；不丹、尼泊尔、印度（锡金）。

白毛金露梅

•**Potentilla fruticosa** var. **vilmoriniana** Kom., Repert. Spec. Nov. Regni Veg. 7 (140-142): 146 (1909).
Potentilla fruticosa var. *albicans* Rehder et E. H. Wilson in Sarg., Pl. Wilson. 2 (2): 302 (1915); *Potentilla arbuscula* var. *albicans* (Rehder et E. H. Wilson) Hand.-Mazz., Symb. Sin. 7 (3): 508 (1933); *Potentilla arbuscula* var. *bulleyana* Balf. f. ex H. R. Fletcher, Notes Roy. Bot. Gard. Edinburgh 20 (100): 208 (1949).
新疆、四川、云南、西藏。

耐寒委陵菜

Potentilla gelida C. A. Mey., Verz. Pfl. Casp. Meer. 167 (1831).

Potentilla fragiformis var. *gelida* (C. A. Mey.) Trautv., Enum. Pl. Song. 410 (1864).
新疆；亚洲、欧洲。

耐寒委陵菜（原变种）

Potentilla gelida var. **gelida**
Potentilla gelida var. *genuina* Wolf, Bibl. Bot. 71: 536 (1908).
新疆；亚洲、欧洲。

绢毛耐寒委陵菜

●**Potentilla gelida** var. **sericea** T. T. Yu et C. L. Li, Acta Phytotax. Sin. 18 (1): 13, pl. 4, f. 4 (1980).
新疆。

银露梅（银老梅，白花棍儿茶）

Potentilla glabra Lodd., Bot. Cab. 10: pl. 914 (1824).
Potentilla glabrata Willd. ex D. F. K. Schltdl., Mag. Neuesten Entdeck. Gesammten Naturk. Ges. Naturf. Freunde Berlin 7: 285 (1816).
内蒙古、河北、山西、陕西、甘肃、青海、安徽、湖北、四川、云南；蒙古国、朝鲜、俄罗斯。

银露梅（原变种）

Potentilla glabra var. **glabra**
Potentilla fruticosa var. *dahurica* Ser., Prodr. (DC.) 2: 579 (1825); *Potentilla fruticosa* var. *mongolica* Maxim., Mel. Biol. 9: 158 (1873); *Potentilla fruticosa* var. *tangutica* Th. Wolf, Biblioth. Bot. 16 (Heft 71): 57 (1908); *Potentilla glabra* var. *rhodocalyx* H. R. Fletcher, Notes Roy. Bot. Gard. Edinburgh 20 (100): 211 (1950).
内蒙古、河北、山西、陕西、甘肃、青海、安徽、湖北、四川、云南；蒙古国、朝鲜、俄罗斯。

长瓣银露梅

●**Potentilla glabra** var. **longipetala** T. T. Yu et C. L. Li, Acta Phytotax. Sin. 18 (1): 7, pl. 1, f. 1 (1980).
云南。

白毛银露梅（华西银腊梅，华西银露梅，观音茶）

Potentilla glabra var. **mandshurica** (Maxim.) Hand.-Mazz., Acta Horti Gothob. 13 (9): 297 (1939).
Potentilla fruticosa var. *mandshurica* Maxim., Mélanges Biol. Bull. Phys.-Math. Acad. Imp. Sci. Saint-Pétersbourg 9: 158 (1873); *Potentilla davurica* var. *mandshurica* (Maxim.) Th. Wolf, Biblioth. Bot. 16 (Heft 71): 61 (1908); *Potentilla fruticosa* var. *subalbicans* Hand.-Mazz., Symb. Sin. 7 (3): 308 (1933); *Dasiphora mandshurica* (Maxim.) Juz., Fl. U. R. S. S. 10: 73 (1941); *Potentilla mandschurica* Ingwersen, Gard. Chron. ser. 3, 117: 227 (1945).
内蒙古、河北、山西、陕西、甘肃、青海、湖北、四川、云南；朝鲜。

伏毛银露梅

●**Potentilla glabra** var. **veitchii** (E. H. Wilson) Hand.-Mazz., Acta Horti Gothob. 13 (9): 298 (1939).
Potentilla veitchii E. H. Wilson, Gard. Chron. ser. 3, 50: 102 (1911); *Potentilla fruticosa* var. *veitchii* (E. H. Wilson) Bean, Trees et Shrubs Brit. Isles 2: 223 (1914); *Potentilla davurica* var. *veitchii* (E. H. Wilson) Jesson, Bot. Mag. 141: pl. 8637 (1915); *Dasiphora fruticosa* var. *veitchii* (E. H. Wilson) Nakai, J. Jap. Bot. 15 (10): 601 (1939).
四川、云南。

腺粒委陵菜

●**Potentilla granulosa** T. T. Yu et C. L. Li, Acta Phytotax. Sin. 18 (1): 11, pl. 4, f. 1 (1980).
四川、西藏。

柔毛委陵菜（红地榆）

Potentilla griffithii Hook. f., Fl. Brit. Ind. 2 (5): 351 (1878).
四川、贵州、云南、西藏；不丹、尼泊尔、印度（锡金）。

柔毛委陵菜（原变种）

Potentilla griffithii var. **griffithii**
Potentilla leschenaultiana var. *pumila* Franch., Pl. Delavay. 212 (1890); *Potentilla leschenaultiana* var. *reticulata* Franch., Pl. Delavay. 213 (1890); *Potentilla sikkimensis* Th. Wolf, Biblioth. Bot. 71: 169 (1908), non Prain (1904).
四川、贵州、云南、西藏；不丹、尼泊尔、印度（锡金）。

长柔毛委陵菜（翻白叶，小管仲，小天青）

●**Potentilla griffithii** var. **velutina** Cardot, Notul. Syst. (Paris) 3: 235 (1916).
Potentilla beauvaisii Cardot, Notul. Syst. (Paris) 3: 234 (1916).
四川、云南、西藏。

全白委陵菜

Potentilla hololeuca Boiss. ex Lehm., Del. Sem. Hort. Hamburg. 8 (1849).
新疆；俄罗斯；亚洲。

白背委陵菜

●**Potentilla hypargyrea** Hand.-Mazz., Symb. Sin. 7 (3): 514, pl. 17, f. 1 (1933).
云南、西藏。

白背委陵菜（原变种）

●**Potentilla hypargyrea** var. **hypargyrea**
云南。

假羽白背委陵菜

●**Potentilla hypargyrea** var. **subpinnata** T. T. Yu et C. L. Li, Acta Phytotax. Sin. 18 (1): 11, pl. 3, f. 4 (1980).
西藏。

覆瓦委陵菜

Potentilla imbricata Kar. et Kir., Bull. Soc. Imp. Naturalistes Moscou 14: 416 (1841).
Potentilla bifurca var. *canescens* Bong. et C. A. Mey., Alter. Fl. Alt. Suppl. 32 (1841).

新疆；蒙古国、俄罗斯。

薄毛委陵菜

Potentilla inclinata Vill., Hist. Pl. Dauphine 3: 567 (1788).
Potentilla canescens Bess., Fl. Gali. 1: 380 (1809).
新疆；亚洲、欧洲。

轿子山委陵菜

•**Potentilla jiaozishanensis** Huang C. Wang et Z. R. He, Nord. J. Bot. 31: 408 (2013).
云南。

甘肃委陵菜

•**Potentilla kansuensis** Soják, Bot. Jahrb. Syst. 109 (1): 34 (1987).
甘肃。

蛇含委陵菜（蛇含萎陵菜，蛇含，五爪龙）

Potentilla kleiniana Wight et Arn., Prodr. Fl. Ind. Orient. 1: 300 (1834).
Potentilla anemonifolia Lehm., Index Seminum (Hamburg) 9 (1853); *Potentilla bodinieri* H. Lév., Bull. Soc. Bot. France 55: 56 (1908).
辽宁、山东、河南、陕西、安徽、江苏、江西、湖南、湖北、四川、贵州、西藏、福建、广东、广西；日本、朝鲜、马来西亚、印度尼西亚、不丹、尼泊尔、印度。

条裂委陵菜

•**Potentilla lancinata** Cardot, Notul. Syst. (Paris) 3: 236 (1916).
Potentilla rhytidocarpa Cardot, Notul. Syst. (Paris) 3: 236 (1916); *Potentilla lancinata* var. *minor* H. R. Fletcher, Notes Roy. Bot. Gard. Edinburgh 20: 213 (1950).
四川、云南。

下江委陵菜（浮尸草）

Potentilla limprichtii J. Krause, Repert. Spec. Nov. Regni Veg. Beih. 12: 408 (1922).
江西、湖北、四川、广东；越南。

腺毛委陵菜（粘委陵菜）

Potentilla longifolia D. F. K. Schltdl., Mag. Neuesten Entdeck. Gesammten Naturk. Ges. Naturf. Freunde Berlin 7: 287 (1816).
黑龙江、吉林、辽宁、内蒙古、河北、山西、山东、甘肃、青海、四川、西藏；蒙古国、朝鲜、俄罗斯。

腺毛委陵菜（原变种）

Potentilla longifolia var. **longifolia**
Potentilla viscosa Donn ex Lehm., Monogr. Potentill. 57 (1856); *Potentilla viscosa* var. *macrophylla* Kom., Fl. Mansh. 2: 501 (1904).
黑龙江、吉林、辽宁、内蒙古、河北、山西、山东、甘肃、青海、四川、西藏；蒙古国、朝鲜、俄罗斯。

长毛委陵菜

•**Potentilla longifolia** var. **villosa** F. Z. Li, Acta Phytotax. Sin. 22: 153 (1984).
山东。

大花委陵菜

•**Potentilla macrosepala** Cardot, Notul. Syst. (Paris) 3: 239 (1914).
Potentilla griffithii var. *concolor* Franch., Fl. Brit. Ind. 2 (5): 351 (1978).
云南、西藏。

高山翻白草

•**Potentilla matsumurae** var. **pilosa** Koidz., J. Coll. Sci. Imp. Univ. Tokyo 34 (2): 188 (1913).
台湾。

多茎委陵菜（猫爪子）

Potentilla multicaulis Bunge, Enum. Pl. China Bor. 25 (1833).
Potentilla sericea var. *multicaulis* (Bunge) Lehm., Monogr. Potentill. 34 (1856).
辽宁、内蒙古、河北、山西、河南、陕西、宁夏、甘肃、青海、新疆、四川；蒙古国。

多头委陵菜

•**Potentilla multiceps** T. T. Yu et C. L. Li, Acta Phytotax. Sin. 18 (1): 9, pl. 5, f. 3 (1980).
青海、西藏。

多裂委陵菜（细叶委陵菜，白马肉）

Potentilla multifida L., Sp. Pl. 1: 496 (1753).
黑龙江、吉林、辽宁、内蒙古、河北、山西、陕西、甘肃、青海、新疆、四川、云南、西藏；亚洲、欧洲、北美洲。

多裂委陵菜（原变种）

Potentilla multifida var. **multifida**
Potentilla multifida var. *angustifolia* Lehm., Monogr. Potentill. 64 (1820); *Potentilla hypoleuca* Turcz., Bull. Soc. Nat. Mosc. 26: 619 (1843); *Potentilla multifida* var. *hypoleuca* (Turcz.) Th. Wolf, Biblioth. Bot. 16 (Heft 71): 157 (1908); *Potentilla plurijuga* Hand.-Mazz., Acta Horti Gothob. 13 (9): 308 (1939); *Potentilla multifida* var. *sericea* Baranov et Skvortsov ex Liou, Key Pl. N. E. China 150 (1959).
黑龙江、吉林、辽宁、内蒙古、河北、陕西、甘肃、青海、四川、云南、西藏；亚洲、欧洲、北美洲。

矮生多裂委陵菜

Potentilla multifida var. **minor** Ledeb., Fl. Ross. (Ledeb.) 2: 43 (1844).
Potentilla multifida var. *nubigena* Th. Wolf, Biblioth. Bot. 16 (Heft 71): 155 (1908).
内蒙古、河北、陕西、甘肃、青海、新疆、西藏；亚洲。

掌叶多裂委陵菜（爪细叶委陵菜）

Potentilla multifida var. **ornithopoda** (Tausch) Th. Wolf, Biblioth. Bot. 16 (Heft 71): 156 (1908).

Potentilla ornithopoda Tausch, Hort. Canal. pl. 10 (1823); *Potentilla multifida* var. *subpalmata* Krylov, Fl. Gouv. Tomsk. 376 (1905).
黑龙江、内蒙古、河北、山西、陕西、甘肃、青海、四川、西藏；蒙古国、俄罗斯。

祁连山委陵菜（新拟）

●**Potentilla nanshanica** Soják, Bot. Jahrb. Syst. 109 (1): 28 (1987).
甘肃。

显脉委陵菜

Potentilla nervosa Juz., Fl. U. R. S. S. 10: 610, pl. 10, f. 1 (1941).
新疆；俄罗斯。

日本翻白草

Potentilla niponica Th. Wolf, Biblioth. Bot. 16 (Heft. 71): 182, pl. 2 (1908).
台湾；日本。

雪白委陵菜（白委陵菜，假雪委陵菜）

Potentilla nivea L., Sp. Pl. 1: 499 (1753).
吉林、内蒙古、河北、山西、新疆；蒙古国、日本、朝鲜、俄罗斯；欧洲、北美洲。

雪白委陵菜（原变种）

Potentilla nivea var. **nivea**
Potentilla nivea var. *camtschatica* Cham. et Schltdl., Linnaea 2: 21 (1827); *Potentilla nivea* var. *polyphylla* Yong Zhang et Z. T. Yin, Acta Phytotax. Sin. 32 (5): 483 (1994).
吉林、内蒙古、山西、新疆；日本、朝鲜、俄罗斯；欧洲、北美洲。

多齿雪白委陵菜

Potentilla nivea var. **macrantha** (Ledeb.) Ledeb., Fl. Ross. (Ledeb.) 2: 57 (1844).
Potentilla macrantha Ledeb., Mém. Acad. Imp. Sci. St. Pétersbourg Hist. Acad. 5: 542 (1815); *Potentilla nivea* var. *elongata* Th. Wolf, Biblioth. Bot. 16 (Heft 71): 237 (1908); *Potentilla crebridens* Juz., Bot. Mater. Gerb. Bot. Inst. Komarova Akad. Nauk S. S. S. R. 17: 218, f. 2 (1955).
河北、山西；蒙古国、俄罗斯。

高原委陵菜

Potentilla pamiroalaica Juz., Fl. U. R. S. S. 10: 609, pl. 9, f. 4 (1941).
新疆、西藏；亚洲。

小叶金露梅

Potentilla parvifolia Fisch. ex Lehm., Nov. Stirp. Pug. 3: 6 (1831).
Potentilla fruticosa var. *parvifolia* (Fisch. ex Lehm.) Th. Wolf, Biblioth. Bot. 16 (Heft 71): 58 (1908); *Dasiphora parvifolia* (Fisch. ex Lehm.) Juz., Fl. U. R. S. S. 10: 71, pl. 7, f. 3 (1941).
黑龙江、内蒙古、甘肃、青海、四川、云南、西藏；蒙古国、俄罗斯。

小叶金露梅（原变种）

Potentilla parvifolia var. **parvifolia**
Potentilla fruticosa var. *purdomii* Rehder, J. Arnold Arbor. 3 (4): 209 (1922); *Potentilla fruticosa* var. *grandiflora* C. Marquand, J. Linn. Soc., Bot. 48 (321): 175 (1929); *Potentilla rehderiana* Hand.-Mazz., Acta Horti Gothob. 13 (9): 301 (1939).
黑龙江、内蒙古、甘肃、青海、四川、西藏；蒙古国、俄罗斯。

白毛小叶金露梅

●**Potentilla parvifolia** var. **hypoleuca** Hand.-Mazz., Acta Horti Gothob. 13 (9): 293 (1939).
甘肃、青海、四川、云南。

小瓣委陵菜

●**Potentilla parvipetala** B. C. Ding et S. Y. Wang, Fl. Henan. 2: 247 (1988).
河南。

垂花委陵菜

●**Potentilla pendula** T. T. Yu et C. L. Li, Acta Phytotax. Sin. 18 (1): 10, pl. 3, f. 3 (1980).
重庆。

羽毛委陵菜

●**Potentilla plumosa** T. T. Yu et C. L. Li, Acta Phytotax. Sin. 18 (1): 10, pl. 2, f. 3 (1980).
甘肃、青海、四川、西藏。

华西委陵菜

Potentilla potaninii Th. Wolf, Biblioth. Bot. 16 (Heft 71): 166 (1908).
Potentilla saundersiana var. *potaninii* (Th. Wolf) Hand.-Mazz., Acta Horti Gothob. 13 (9): 314 (1939).
甘肃、青海、四川、云南、西藏；不丹。

华西委陵菜（原变种）

Potentilla potaninii var. **potaninii**
甘肃、青海、四川、云南、西藏；不丹。

裂叶华西委陵菜

●**Potentilla potaninii** var. **compsophylla** (Hand.-Mazz.) T. T. Yu et C. L. Li, Fl. Reipubl. Popularis Sin. 37: 294 (1985).
Potentilla compsophylla Hand.-Mazz., Acta Horti Gothob. 13 (9): 306 (1939).
四川、西藏。

粗齿委陵菜

●**Potentilla pseudosimulatrix** W. B. Liao, S. F. Li et Z. Y. Yu, Bull. Bot. Res., Harbin 10 (4): 21 (1990).

陕西。

直立委陵菜

Potentilla recta L., Sp. Pl. 1: 497 (1753).
新疆；亚洲（中部和西南部）、欧洲。

匍匐委陵菜

Potentilla reptans L., Sp. Pl. 1: 499 (1753).
内蒙古、河北、山西、山东、河南、陕西、甘肃、新疆、江苏、浙江、四川、云南；俄罗斯；亚洲、欧洲、非洲（北部）。

匍匐委陵菜（原变种）

Potentilla reptans var. **reptans**
Tormentilla reptans L., Sp. Pl. 1: 500 (1753).
新疆；俄罗斯；亚洲、欧洲、非洲（北部）。

绢毛匍匐委陵菜（绢毛细蔓委陵菜，金金棒，金棒锤）

•**Potentilla reptans** var. **sericophylla** Franch., Pl. Delavay. 1: 113 (1884).
Potentilla reptans var. *incisa* Franch., Pl. Delavay. 1: 113 (1884); *Fragaria filipendula* Hemsl., J. Linn. Soc., Bot. 23 (154): 239 (1887); *Potentilla hemsleyana* Th. Wolf, Biblioth. Bot. 16 (Heft 71): 667 (1908).
内蒙古、河北、山西、山东、河南、陕西、甘肃、江苏、浙江、四川、云南。

曲枝委陵菜

Potentilla rosulifera H. Lév., Repert. Spec. Nov. Regni Veg. 7 (143-145): 198 (1909).
Potentilla freyniana var. *grandiflora* Th. Wolf, Biblioth. Bot. 16 (Heft 71): 640 (1908); *Potentilla yokusaiana* Makino, Bot. Mag. (Tokyo) 24: 142 (1910); *Potentilla querpaertensis* Cardot, Notul. Syst. (Paris) 3: 231 (1916).
辽宁；日本、朝鲜。

石生委陵菜（白花委陵菜）

Potentilla rupestris L., Sp. Pl. 1: 496 (1753).
Potentilla inquinans Turcz., Bull. Soc. Imp. Naturalistes Moscou 16: 624 (1843); *Potentilla okuboi* Kitag., Rep. Inst. Sci. Res. Manchoukuo 1: 258, f. 1 b (1937).
黑龙江、内蒙古；俄罗斯；欧洲。

钉柱委陵菜

Potentilla saundersiana Royle, Ill. Bot. Himal. Mts. 1: 207, pl. 41, f. 1 (1839).
Potentilla multifida var. *saundersiana* (Royle) Hook. f., Fl. Brit. Ind. 2 (5): 345 (1878).
内蒙古、山西、陕西、宁夏、甘肃、青海、新疆、四川、云南、西藏；不丹、尼泊尔、印度。

钉柱委陵菜（原变种）

Potentilla saundersiana var. **saundersiana**
Potentilla leschenaultiana var. *pumila* Franch., Pl. Delavay. 212 (1890); *Potentilla potaninii* var. *subdigitata* Th. Wolf, Biblioth. Bot. 16 (Heft 71): 167 (1908); *Potentilla thibetica* Cardot, Notul. Syst. (Paris) 3: 233 (1914); *Potentilla griffithii* var. *pumila* (Franch.) Hand.-Mazz., Symb. Sin. 7 (3): 511 (1933).
山西、陕西、宁夏、甘肃、青海、四川、云南、西藏；不丹、尼泊尔、印度。

丛生钉柱委陵菜（雪委陵菜）

•**Potentilla saundersiana** var. **caespitosa** (Lehm.) Th. Wolf, Biblioth. Bot. 16 (Heft 71): 243 (1908).
Potentilla caespitosa Lehm., Del. Sem. Hort. Hamburg. 10 (1849); *Potentilla sinonivea* Hultén, Botaniska Notiser. 2: 138 (1945).
内蒙古、山西、陕西、甘肃、青海、新疆、四川、云南、西藏。

裂萼钉柱委陵菜

•**Potentilla saundersiana** var. **jacquemontii** Franch., Pl. Delavay. 3: 215 (1890).
Potentilla forrestii W. W. Sm., Notes Roy. Bot. Gard. Edinburgh 8 (38): 198 (1914).
云南、西藏。

羽叶钉柱委陵菜

•**Potentilla saundersiana** var. **subpinnata** Hand.-Mazz., Symb. Sin. 7 (3): 513 (1933).
Potentilla forrestii var. *subpinnata* (Hand.-Mazz.) Hand.-Mazz., Acta Horti Gothob. 13 (9): 312 (1939).
四川、云南。

绢毛委陵菜（白毛小委陵菜，毛叶香陵菜）

Potentilla sericea L., Sp. Pl. 1: 495 (1753).
黑龙江、吉林、内蒙古、甘肃、青海、新疆、西藏；蒙古国、印度、克什米尔地区、俄罗斯。

绢毛委陵菜（原变种）

Potentilla sericea var. **sericea**
Potentilla dasyphylla Bunge in Ledeb., Fl. Altaic. 2: 243 (1830); *Potentilla sericea* var. *dasyphylla* (Bunge) Ledeb., Fl. Ross. (Ledeb.) 2: 42 (1844).
黑龙江、吉林、内蒙古、甘肃、青海、新疆、西藏；蒙古国、俄罗斯。

变叶绢毛委陵菜

Potentilla sericea var. **polyschista** (Boiss.) Lehm., Not. Actorum Acad. Caes. Leop-Carol. Nat. Cur. Suppl 23: 34 (1856).
Potentilla polyschista Boiss., Diagn. Pl. Orient., ser. 1, 10: 6 (1849).
青海、新疆、西藏；喜马拉雅西北部至克什米尔地区。

等齿委陵菜

•**Potentilla simulatrix** Th. Wolf, Biblioth. Bot. 16 (Heft 71):

663 (1908).
内蒙古、河北、山西、陕西、甘肃、青海、四川。

西山委陵菜

Potentilla sischanensis Bunge ex Lehm., Nov. Stirp. Pug. 9: 3 (1851).
内蒙古、河北、山西、陕西、宁夏、甘肃、青海、四川；蒙古国。

西山委陵菜（原变种）

Potentilla sischanensis var. **sischanensis**
Potentilla songarica var. *chinensis* Bunge, Enum. Pl. Chin. Bor. 25 (1831).
内蒙古、河北、山西、陕西、宁夏、甘肃、青海；蒙古国。

齿裂西山委陵菜

●**Potentilla sischanensis** var. **peterae** (Hand.-Mazz.) T. T. Yu et C. L. Li, Fl. Reipubl. Popularis Sin. 37: 287 (1985).
Potentilla peterae Hand.-Mazz., Acta Horti Gothob. 13 (9): 317 (1939).
内蒙古、山西、陕西、宁夏、甘肃、四川。

美丽委陵菜（新拟）

●**Potentilla spectabilis** Businský et Soják, Willdenowia 33 (2): 415 (2003).
西藏。

疏忽委陵菜（新拟）

●**Potentilla squalida** Soják, Feddes Repert. 117 (7-8): 493 (2006).
西藏。

尼木委陵菜（新拟）

●**Potentilla stipitata** Soják, Feddes Repert. 117 (7-8): 492 (2006).
西藏。

茸毛委陵菜（灰白委陵菜）

Potentilla strigosa Pall. ex Pursh, Fl. Amer. Sept. (Pursh) 1: 356 (1814).
Potentilla pensylvanica var. *strigosa* (Pall. ex Pursh) Lehm., Monogr. Potentill. 55 (1820); *Potentilla sibirica* Th. Wolf, Biblioth. Bot. 16 (Heft 71): 188 (1908).
黑龙江、内蒙古、新疆；蒙古国、俄罗斯。

混叶委陵菜

●**Potentilla subdigitata** T. T. Yu et C. L. Li, Acta Phytotax. Sin. 18 (1): 12, pl. 5, f. 4 (1980).
新疆。

朝天委陵菜（优委陵菜，仰卧委陵菜，铺地委陵菜）

Potentilla supina L., Sp. Pl. 1: 497 (1753).
黑龙江、吉林、辽宁、内蒙古、河北、山西、山东、河南、陕西、宁夏、甘肃、新疆、安徽、江苏、浙江、江西、湖南、湖北、四川、贵州、云南、西藏、广东；广布于北半球和亚热带地区。

朝天委陵菜（原变种）

Potentilla supina var. **supina**
Potentilla paradoxa Nutt. ex Torr. et A. Gray, Fl. N. Amer. (Torr. et A. Gray) 1 (3): 437 (1840); *Potentilla supina* var. *paradoxa* (Nutt. ex Torr. et A. Gray) Th. Wolf, Biblioth. Bot. 16 (Heft 71): 393 (1908); *Potentilla supina* var. *egibbosa* Th. Wolf, Biblioth. Bot. 16 (Heft 71): 392 (1908); *Potentilla fauriei* H. Lév., Repert. Spec. Nov. Regni Veg. 7 (143-145): 198 (1909); *Potentilla supina* subsp. *paradoxa* (Nutt. ex Torrey et A. G. Ray) Soják, Folia Geobot. Phytotax. 4: 207 (1969).
黑龙江、吉林、辽宁、内蒙古、河北、山西、山东、河南、陕西、宁夏、甘肃、新疆、安徽、江苏、浙江、江西、湖南、湖北、四川、贵州、云南、西藏、广东；广布于北半球和亚热带地区。

三叶朝天委陵菜

Potentilla supina var. **ternata** Peterm., Anal. Pfl.-Schlüss. 125 (1846).
Potentilla amurensis Maxim., Prim. Fl. Amur. 98 (1859); *Potentilla supina* var. *campestris* Cardot, Notul. Syst. (Paris) 3: 237 (1914).
黑龙江、辽宁、河北、山西、河南、陕西、甘肃、新疆、安徽、江苏、浙江、江西、四川、贵州、云南、广东；俄罗斯。

菊叶委陵菜（文菊委陵菜，蒿叶委陵菜）

Potentilla tanacetifolia D. F. K. Schltdl., Mag. Neuesten Entdeck. Gesammten Naturk. Ges. Naturf. Freunde Berlin 7: 286 (1816).
Potentilla filipendula D. F. K. Schltdl., Mag. Neuesten Entdeck. Gesammten Naturk. Ges. Naturf. Freunde Berlin 7: 286 (1816); *Potentilla nudicaulis* D. F. K. Schltdl., Mag. Neuesten Entdeck. Gesammten Naturk. Ges. Naturf. Freunde Berlin 7: 287 (1816); *Potentilla tanacetifolia* f. *erecta* Krylov, Fl. Tomsk 2: 378 (1903); *Potentilla tanacetifolia* f. *decumbens* Krylov, Fl. Tomsk 2: 378 (1903); *Potentilla tanacetifolia* var. *decumbens* (Krylov) Th. Wolf, Biblioth. Bot. 16 (Heft 71): 314 (1908); *Potentilla tanacetifolia* var. *erecta* (Krylov) Th. Wolf, Biblioth. Bot. 16 (Heft 71): 315 (1908); *Potentilla acervata* Soják, Folia Geobot. Phytotax. 5: 99 (1970).
黑龙江、吉林、辽宁、内蒙古、河北、山西、山东、陕西、甘肃；蒙古国、俄罗斯。

轮叶委陵菜

Potentilla verticillaris Stephan ex Willd., Sp. Pl., ed. 4 [Willdenow] 2 (2): 1096 (1799).
Potentilla verticillaris var. *acutipetala* Lehm., Monogr. Potentill. 38 (1856); *Potentilla verticillaris* var. *condensata* Th. Wolf, Biblioth. Bot. 16 (Heft 71): 159 (1908).

黑龙江、吉林、内蒙古、河北；蒙古国、日本、朝鲜、俄罗斯。

密枝委陵菜

Potentilla virgata Lehm., Monogr. Potentill. 75 (1820).
甘肃、青海、新疆；蒙古国。

密枝委陵菜（原变种）

Potentilla virgata var. **virgata**
Potentilla dealbata Bunge in Ledeb., Fl. Altaic. 2: 250 (1830).
新疆；蒙古国。

羽裂密枝委陵菜

•**Potentilla virgata** var. **pinnatifida** (Lehm.) T. T. Yu et C. L. Li, Fl. Reipubl. Popularis Sin. 37: 304 (1985).
Potentilla nivea var. *pinnatifida* Lehm., Nov. Stirp. Pug. 9: 67 (1851); *Potentilla altaica* Bunge in Ledeb., Fl. Altaic. 2: 252 (1830).
甘肃、青海、新疆。

西藏委陵菜

•**Potentilla xizangensis** T. T. Yu et C. L. Li, Acta Phytotax. Sin. 18 (1): 12, pl. 4, f. 3 (1980).
西藏。

张北委陵菜

•**Potentilla zhangbeiensis** Yong Zhang et Z. T. Yin, Acta Phytotax. Sin. 32 (5): 482 (1994).
河北。

扁核木属 Prinsepia Royle

台湾扁核木（假皂荚）

•**Prinsepia scandens** Hayata, Icon. Pl. Formosan. 5: 69, f. 12 A (1915).
台湾。

东北扁核木（辽宁扁核木，扁胡子）

•**Prinsepia sinensis** (Oliv.) Oliv. ex Bean, Bull. Misc. Inform. Kew 1909 (9): 354 (1909).
Plagiospermum sinense Oliv., Hooker's Icon. Pl. 16 (2): pl. 1526 (1886); *Sinoplagiospermum sinense* (Oliv.) Rauschert, Taxon 31 (3): 561 (1982).
黑龙江、吉林、辽宁、内蒙古。

蕤核（蕤生李子，扁核木，单花扁核木）

•**Prinsepia uniflora** Batalin, Trudy Imp. S.-Peterburgsk. Bot. Sada 12 (1): 167 (1892).
Sinoplagiospermum uniflorum (Batalin) Rauschert, Taxon 31 (3): 561 (1982).
内蒙古、山西、河南、陕西、宁夏、甘肃、青海、四川。

蕤核（原变种）

•**Prinsepia uniflora** var. **uniflora**
内蒙古、山西、河南、陕西、甘肃、四川。

齿叶蕤核（长叶扁核木）

•**Prinsepia uniflora** var. **serrata** Rehder, J. Arnold Arbor. 22 (4): 575 (1941).
山西、陕西、宁夏、甘肃、青海、四川。

扁核木（青刺尖，枪刺果，打油果）

Prinsepia utilis Royle, Ill. Bot. Himal. Mts. 206, pl. 38, f. 1 (1835).
四川、贵州、云南、西藏；不丹、尼泊尔、印度、巴基斯坦。

李属 Prunus L.

杏（杏树，杏花，归勒斯）

Prunus armeniaca L., Sp. Pl. 1: 474 (1753).
Armeniaca vulgaris Lam., Encycl. 1 (1): 2 (1783).
辽宁、内蒙古、河北、山西、山东、河南、陕西、宁夏、甘肃、青海、新疆、江苏、四川；日本、朝鲜；亚洲（中部）。

杏（原变种）

Prunus armeniaca var. **armeniaca**
Prunus tiliaefolia Salisb., Prodr. Stirp. Chap. Allerton 356 (1796); *Prunus armeniaca* var. *typica* Maxim., Bull. Acad. Imp. Sci. Saint-Pétersbourg 29 (1): 86 (1883).
河北、山西、山东、陕西、甘肃、新疆、四川；亚洲中部。

野杏（山杏，合格仁-归勒斯）

Prunus armeniaca var. **ansu** Maxim., Bull. Acad. Imp. Sci. Saint-Pétersbourg 29 (1): 87 (1883).
Prunus ansu (Maxim.) Kom., Trudy Imp. S.-Peterburgsk. Bot. Sada 22 (2): 541 (1904); *Armeniaca ansu* (Maxim.) Kostina, Fl. U. R. S. S. 10: 585 (1941); *Armeniaca vulgaris* var. *ansu* (Maxim.) T. T. Yu et L. T. Lu, Fl. Reipubl. Popularis Sin. 38: 25 (1986).
辽宁、内蒙古、河北、山西、山东、河南、陕西、宁夏、甘肃、青海、江苏、四川；日本、朝鲜。

藏杏（毛叶杏）

•**Prunus armeniaca** var. **holosericea** Batalin, Trudy Imp. S.-Peterburgsk. Bot. Sada 14 (1): 167 (1895).
Armeniaca holosericea (Batalin) Kostina, Trudy Prikl. Bot., Ser. 8, Plodovolye Yagodnye Kul't. 4: 28 (1935).
陕西、青海、四川、西藏。

陕梅杏

•**Prunus armeniaca** var. **meixianensis** (J. Y. Zhang et al.) Y. H. Tong et N. H. Xia, Biodivers. Sci. 24 (6): 714 (2016).
Armeniaca vulgaris var. *meixianensis* J. Y. Zhang et al., Bull. Bot. Res., Harbin 9 (3): 66, f. 3 (1989).
陕西。

熊岳大扁杏（熊岳杏）

•**Prunus armeniaca** var. **xiongyueensis** (T. Z. Li et al.) Y. H. Tong et N. H. Xia, Biodivers. Sci. 24 (6): 714 (2016).

Armeniaca vulgaris var. *xiongyueensis* T. Z. Li et al., Bull. Bot. Res., Harbin 9 (3): 65, f. 2 (1989).
辽宁。

志丹杏

●**Prunus armeniaca** var. **zhidanensis** (C. Z. Qiao et Y. P. Zhu) Y. H. Tong et N. H. Xia, Biodivers. Sci. 24 (6): 714 (2016).
Armeniaca zhidanensis C. Z. Qiao et Y. P. Zhu, Acta Phytotax. Sin. 31 (2): 188 (1993); *Armeniaca vulgaris* var. *zhidanensis* (C. Z. Qiao et Y. P. Zhu) L. T. Lu, Acta Phytotax. Sin. 38 (3): 281 (2000).
山西、陕西、宁夏、青海。

欧洲甜樱桃（欧洲樱桃）

Prunus avium (L.) L., Fl. Suec., ed. 2 (Linnaeus) 165 (1755).
Prunus cerasus var. *avium* L., Sp. Pl. 1: 474 (1753); *Cerasus nigra* Mill., Gard. Dict., ed. 8: *Cerasus* no. 2 (1768); *Cerasus avium* (L.) Moench, Methodus (Moench) 672 (1794).
辽宁、河北、山东；亚洲、欧洲。

短梗稠李（短柄稠李）

●**Prunus brachypoda** Batalin, Trudy Imp. S.-Peterburgsk. Bot. Sada 12 (1): 166 (1892).
Padus brachypoda (Batalin) C. K. Schneid., Repert. Spec. Nov. Regni Veg. 1 (5/6): 69 (1905).
河北、河南、陕西、宁夏、甘肃、安徽、浙江、湖南、湖北、四川、贵州、云南。

短梗稠李（原变种）

●**Prunus brachypoda** var. **brachypoda**
Prunus brachypoda var. *pseudossiori* Koehne in Sarg., Pl. Wilson. 1 (1): 65 (1911); *Prunus brachypoda* var. *eglandulosa* W. C. Cheng, Contr. Biol. Lab. Sci. China, Bot. Ser. 10 (2): 154 (1936).
河北、河南、陕西、宁夏、甘肃、安徽、浙江、湖南、四川、贵州、云南。

细齿短梗稠李

●**Prunus brachypoda** var. **microdonta** Koehne in Sarg., Pl. Wilson. 1 (1): 66 (1911).
Padus brachypoda var. *microdonta* (Koehne) T. T. Yu et T. C. Ku, Fl. Reipubl. Popularis Sin. 38: 99 (1986).
湖北。

褐毛稠李

●**Prunus brunnescens** (T. T. Yu et T. C. Ku) J. R. He, Trees Ganzi 499 (1993).
Padus brunnescens T. T. Yu et T. C. Ku, Acta Phytotax. Sin. 23 (3): 211, pl. 1, f. 4 (1985).
四川、云南。

橉木

Prunus buergeriana Miq., Ann. Mus. Bot. Lugduno-Batavi 2: 92 (1865).
Lauro-cerasus buergeriana (Miq.) C. K. Schneid., Ill. Handb. Laubholzk. 1: 646, f. 355 d (1906); *Prunus buergeriana* var. *nudiuscula* Koehne in Sarg., Pl. Wilson. 1 (1): 60 (1911); *Prunus venosa* Koehne in Sarg., Pl. Wilson. 1 (1): 60 (1911); *Prunus undulata* f. *venosa* (Koehne) Koehne, Bot. Jahrb. Syst. 52: 285 (1915); *Prunus adenodonta* Merr., Lingnan Sci. J. 7: 308 (1929); *Padus buergeriana* (Miq.) T. T. Yu et T. C. Ku, Fl. Reipubl. Popularis Sin. 38: 91 (1986).
山西、河南、陕西、甘肃、安徽、江苏、浙江、江西、湖南、湖北、四川、贵州、云南、西藏、福建、台湾、广东、广西；日本、朝鲜、不丹、印度（锡金）。

钟花樱（福建山樱花，山樱花，绯樱）

Prunus campanulata Maxim., Bull. Acad. Imp. Sci. Saint-Pétersbourg 29 (1): 103 (1883).
Prunus cerasoides var. *campanulata* (Maxim.) Koidz., J. Coll. Sci. Imp. Univ. Tokyo 34 (2): 264, f. 2 (1910); *Cerasus campanulata* (Maxim.) A. N. Vassiljeva, Trans. Sukhumi Bot. Gard. Fasc. 10: 119 (1957); *Cerasus campanulata* (Maxim.) T. T. Yu et C. L. Li, Fl. Reipubl. Popularis Sin. 38: 78 (1986), *nom. illeg.*; *Cerasus cerasoides* var. *campanulata* (Maxim.) X. R. Wang et C. B. Shang, J. Nangjing Forest. Univ. 22 (4): 61 (1998).
浙江、湖南、福建、台湾、广东、广西、海南；日本、越南。

钟花樱（原变种）

Prunus campanulata var. **campanulata**
浙江、湖南、福建、台湾、广东、广西、海南；日本、越南。

武夷红樱

●**Prunus campanulata** var. **wuyiensis** (X. R. Wang, X. G. Yi et C. P. Xie) Y. H. Tong et N. H. Xia, Biodivers. Sci. 24 (6): 715 (2016).
Cerasus campanulata var. *wuyiensis* X. R. Wang, X. G. Yi et C. P. Xie, Acta Bot. Yunnan. 29 (6): 616, f. 1 (2007).
福建。

华仁杏

●**Prunus cathayana** (D. L. Fu, B. R. Li et J. Hong Li) Y. H. Tong et N. H. Xia, Biodivers. Sci. 24 (6): 715 (2016).
Armeniaca cathayana D. L. Fu, B. R. Li et J. Hong Li, Bull. Bot. Res., Harbin 30: 1 (2010).
河北。

尖尾樱桃（尖尾樱）

●**Prunus caudata** Franch., Fl. Delavay. 196 (1890).
Cerasus caudata (Franch.) T. T. Yu et C. L. Li, Fl. Reipubl. Popularis Sin. 38: 68 (1986).
四川、云南、西藏。

樱桃李（樱李）

Prunus cerasifera Ehrh., Beitr. Naturk. 4: 17 (1789).

Prunus domestica var. *myrobalana* L., Sp. Pl. 1: 475 (1753); *Prunus cerasifera* subsp. *myrobalana* (L.) C. K. Schneid., Ill. Handb. Laubholzk. 1: 632, f. 348 f-g, f. 349 h-i (1906); *Prunus sogdiana* Vassilcz., Referat. Nauch.-Issl. Rab. Akad. Nauk S. S. S. R., Biol. 5 (1947).
新疆；哈萨克斯坦、乌兹别克斯坦、土库曼斯坦；亚洲、欧洲。

高盆樱桃（箐樱桃，云南欧李）

Prunus cerasoides Buch.-Ham. ex D. Don, Prodr. Fl. Nepal. 239 (1825).
Cerasus puddum Roxb. ex Ser. in DC, Prodr. 2: 537 (1825); *Prunus puddum* (Roxb. ex Ser.) Brandis, Forest Fl. N. W. India 194 (1874); *Maddenia pedicellata* Hook. f., Fl. Brit. Ind. 2 (5): 318 (1878); *Prunus majestica* Koehne in Sarg., Pl. Wilson. 1 (2): 252 (1912); *Prunus cerasoides* var. *rubea* Ingram, Gard. Chron. ser. 3, 122: 162, f. 85 (1947); *Prunus cerasoides* var. *majestica* (Koehne) Ingram, Gard. Chron. ser. 3, 122: 162, f. 85 (1947); *Cerasus cerasoides* (Buch.-Ham. ex D. Don) S. Ya. Sokolov, Trees et Shrubs U. R. S. S. 3: 736 (1954); *Prunus carmesina* H. Hara, J. Jap. Bot. 43 (2): 46 (1968); *Cerasus cerasoides* var. *rubea* (Ingram) T. T. Yu et C. L. Li, Fl. Reipubl. Popularis Sin. 38: 79 (1986).
云南、西藏；越南、老挝、缅甸、泰国、不丹、尼泊尔、印度、克什米尔地区。

欧洲酸樱桃

☆**Prunus cerasus** L., Sp. Pl. 1: 474 (1753).
Cerasus vulgaris Mill., Gard. Dict., ed. 8: *Cerasus* no. 1 (1768); *Cerasus hortensis* Mill., Gard. Dict., ed. 8: *Cerasus* no. 3 (1768); *Prunus vulgaris* (Mill.) Schur, Enum. Pl. Transsilv. 954 (Index) (1866).
中国广泛栽培；原产于亚洲西部、欧洲。

微毛樱桃（微毛野樱桃，西南樱桃）

•**Prunus clarofolia** C. K. Schneid., Repert. Spec. Nov. Regni Veg. 1: 67 (1905).
Prunus tatsienensis var. *pilosiuscula* C. K. Schneid., Repert. Spec. Nov. Regni Veg. 1: 66 (1905); *Prunus litigiosa* C. K. Schneid., Repert. Spec. Nov. Regni Veg. 1: 65 (1905); *Prunus venosa* Koehne in Sarg., Pl. Wilson. 1 (1): 60 (1911); *Prunus sprengeri* Pamp., Nuovo Giorn. Bot. Ital. 18 (1): 122 (1911); *Prunus variabilis* Koehne in Sarg., Pl. Wilson. 1 (2): 201 (1912); *Prunus pilosiuscula* (C. K. Schneid.) Koehne in Sarg., Pl. Wilson. 1 (2): 202 (1912); *Prunus pilosiuscula* var. *barbata* Koehne in Sarg., Pl. Wilson. 1 (2): 203 (1912); *Prunus pilosiuscula* var. *media* Koehne in Sarg., Pl. Wilson. 1 (2): 204 (1912); *Prunus pilosiuscula* var. *subvestita* Koehne in Sarg., Pl. Wilson. 1 (2): 204 (1912); *Prunus rehderiana* Koehne in Sarg., Pl. Wilson. 1 (2): 205 (1912); *Prunus litigiosa* var. *abbreviata* Koehne in Sarg., Pl. Wilson. 1 (2): 205 (1912); *Prunus venusta* Koehne in Sarg., Pl. Wilson. 1 (2): 239 (1912); *Cerasus clarofolia* (C. K. Schneid.) T. T. Yu et C. L. Li, Fl. Reipubl. Popularis Sin. 38: 54, pl. 7, f. 1-4 (1986); *Cerasus variabilis* (Koehne) X. R. Wang et C. B. Shang, Bull. Nanjing Forest. Univ. 23 (6): 62 (1999).
河北、山西、河南、陕西、宁夏、甘肃、安徽、浙江、湖南、湖北、四川、贵州、云南、西藏。

锥腺樱桃（锥腺樱）

•**Prunus conadenia** Koehne in Sarg., Pl. Wilson. 1 (2): 197 (1912).
Prunus macradenia Koehne in Sarg., Pl. Wilson. 1 (2): 199 (1912); *Prunus macradenia* var. *mairei* Koehne, Repert. Spec. Nov. Regni Veg. 11 (286-290): 264 (1912); *Cerasus conadenia* (Koehne) T. T. Yu et C. L. Li, Fl. Reipubl. Popularis Sin. 38: 50, pl. 6, f. 6-9 (1986).
河南、陕西、甘肃、青海、四川、贵州、云南、西藏。

华中樱桃（康拉樱，单齿樱花）

•**Prunus conradinae** Koehne in Sarg., Pl. Wilson. 1 (2): 211 (1912).
Prunus rufoides var. *glabrifolia* C. K. Schneid., Repert. Spec. Nov. Regni Veg. 1 (4): 56 (1905); *Prunus hirtipes* var. *glabra* Pamp., Nuovo Giorn. Bot. Ital. 17 (2): 293 (1910); *Prunus twymaniana* Koehne in Sarg., Pl. Wilson. 1 (2): 211 (1912); *Prunus helenae* Koehne in Sarg., Pl. Wilson. 1 (2): 212 (1912); *Prunus glabra* (Pamp.) Koehne in Sarg., Pl. Wilson. 1 (2): 241 (1912); *Prunus conradinae* var. *trichogyna* Cardot, Notul. Syst. (Paris) 4: 30 (1920); *Cerasus glabra* (Pamp.) T. T. Yu et C. L. Li, Fl. Reipubl. Popularis Sin. 38: 60 (1986); *Cerasus conradinae* (Koehne) T. T. Yu et C. L. Li, Fl. Reipubl. Popularis Sin. 38: 76, pl. 13, f. 1-2 (1986).
河南、陕西、甘肃、浙江、湖南、湖北、四川、贵州、云南、福建、广西。

光萼稠李

Prunus cornuta (Wall. ex Royle) Steud., Nomencl. Bot., ed. 2 (Steudel) 2: 403 (1841).
Cerasus cornuta Wall. ex Royle, Ill. Bot. Himal. Mts. 207, pl. 38, f. 2 (1834); *Padus cornuta* (Wall. ex Royle) Carrière, Rev. Hort. (Paris) 275, f. 64 (1869); *Padus cornuta* var. *glabra* Fritsch ex C. K. Schneid., Ill. Handb. Laubholzk. 1: 639 (1906).
西藏；不丹、尼泊尔、印度（北部、锡金）、阿富汗。

山楂叶樱桃（山楂叶樱）

•**Prunus crataegifolia** Hand.-Mazz., Anz. Akad. Wiss. Wien, Math.-Naturwiss. Kl. 60: 153 (1923).
Cerasus crataegifolia (Hand.-Mazz.) Hand.-Mazz., Vegetationsbilder 17 (Heft 7/8): 8 (1927).
云南、西藏。

襄阳山樱桃（襄阳山樱）

•**Prunus cyclamina** Koehne in Sarg., Pl. Wilson. 1 (2): 207 (1912).
Cerasus cyclamina (Koehne) T. T. Yu et C. L. Li, Fl. Reipubl. Popularis Sin. 38: 58 (1986).

湖南、湖北、四川、广东、广西。

襄阳山樱桃（原变种）

●**Prunus cyclamina** var. **cyclamina**
Prunus malifolia Koehne in Sarg., Pl. Wilson. 2 (1): 207 (1912); *Prunus malifolia* var. *rosthornii* Koehne in Sarg., Pl. Wilson. 1 (2): 243 (1913).
湖南、湖北、四川、广东、广西。

双花襄阳山樱桃（双花山樱桃）

●**Prunus cyclamina** var. **biflora** Koehne in Sarg., Pl. Wilson. 1 (2): 243 (1912).
Cerasus cyclamina var. *biflora* (Koehne) T. T. Yu et C. L. Li, Fl. Reipubl. Popularis Sin. 38: 59 (1986).
湖南、四川。

山桃（山毛桃，野桃，哲日勒格-陶古日）

●**Prunus davidiana** (Carrière) Franch., Nouv. Arch. Mus. Hist. Nat. ser. 2, 5: 255 (1883).
Persica davidiana Carrière, Rev. Hort. 1872: 74, f. 10 (1872); *Prunus persica* var. *davidiana* (Carrière) Maxim., Bull. Acad. Imp. Sci. Saint-Pétersbourg 29 (1): 81 (1883); *Amygdalus davidiana* (Carrière) de Vos ex Henry, Rev. Hort. (Paris) 290, f. 120 (1902); *Amygdalus davidiana* (Carrière) T. T. Yu, Chinese Fruit Tree 29, f. 6 (1979), *nom. illeg.*
黑龙江、内蒙古、河北、山西、山东、河南、陕西、宁夏、甘肃、青海、四川、云南。

山桃（原变种）

●**Prunus davidiana** var. **davidiana**
黑龙江、内蒙古、河北、山西、山东、河南、陕西、宁夏、甘肃、青海、四川、云南。

陕甘山桃

●**Prunus davidiana** var. **potaninii** (Batalin) Rehder, J. Arnold Arbor. 5 (3): 215 (1924).
Prunus persica var. *potaninii* Batalin, Trudy Imp. S.-Peterburgsk. Bot. Sada 12 (1): 164 (1892); *Amygdalus persica* var. *potaninii* (Batalin) Ricker, U. S. D. A. Bur. Pl. Industr. Invent. Seeds 42: 34 (1918); *Persica potaninii* (Batalin) Kovalev et Kostina, Trudy Prikl. Bot. 4: 75 (1935); *Amygdalus potanini* (Batalin) T. T. Yu, Chinese Fruit Tree 32 (1979); *Amygdalus davidiana* var. *potaninii* (Batalin) T. T. Yu et L. T. Lu, Fl. Reipubl. Popularis Sin. 38: 22, pl. 3, f. 4-5 (1986).
山西、陕西、甘肃。

毛叶欧李（显脉欧李，脉欧李）

●**Prunus dictyoneura** Diels, Bot. Jahrb. Syst. 36 (Beibl. 82): 37 (1905).
Prunus humilis var. *villosula* Bunge, Enum. Pl. China Bor. 23 (1833); *Cerasus dictyoneura* (Diels) Holub, Folia Geobot. Phytotax. 11: 82 (1976).
河北、山西、河南、陕西、宁夏、甘肃、江苏。

尾叶樱桃（尾叶樱）

●**Prunus dielsiana** C. K. Schneid., Repert. Spec. Nov. Regni Veg. 1 (5/6): 68 (1905).
Cerasus dielsiana (C. K. Schneid.) T. T. Yu et C. L. Li, Fl. Reipubl. Popularis Sin. 38: 59 (1986).
河南、安徽、江苏、江西、湖南、湖北、四川、重庆、贵州、广东、广西。

尾叶樱桃（原变种）

●**Prunus dielsiana** var. **dielsiana**
Prunus rufoides C. K. Schneid., Repert. Spec. Nov. Regni Veg. 1 (5/6): 55 (1905); *Prunus dielsiana* var. *laxa* Koehne in Sarg., Pl. Wilson. 1 (2): 208 (1912); *Prunus dielsiana* var. *conferta* Koehne in Sarg., Pl. Wilson. 1 (2): 244 (1912).
河南、安徽、江苏、江西、湖南、湖北、四川、广东、广西。

短梗尾叶樱桃

●**Prunus dielsiana** var. **abbreviata** Cardot, Notul. Syst. (Paris) 4 (1): 29 (1920).
Cerasus dielsiana var. *abbreviata* (Cardot) T. T. Yu et C. L. Li, Fl. Reipubl. Popularis Sin. 38: 60 (1986).
重庆、贵州。

盘腺樱桃

●**Prunus discadenia** Koehne in Sarg., Pl. Wilson. 1 (2): 200 (1912).
Cerasus discadenia (Koehne) C. L. Li et S. Y. Jiang, Fl. China 9: 410 (2003).
河南、陕西、宁夏、甘肃、湖北、四川、云南。

迎春樱桃

●**Prunus discoidea** (T. T. Yu et C. L. Li) Z. Wei et Y. B. Chang, Fl. Zhejiang 3: 246 (1993).
Cerasus discoidea T. T. Yu et C. L. Li, Acta Phytotax. Sin. 23 (3): 211, pl. 1, f. 3 (1985).
安徽、浙江、江西。

长腺樱桃

●**Prunus dolichadenia** Cardot, Notul. Syst. (Paris) 4 (1): 29 (1930).
Cerasus claviculata T. T. Yu et C. L. Li, Acta Phytotax. Sin. 23 (3): 210, pl. 1, f. 2 (1985); *Cerasus dolichadenia* (Cardot) X. R. Wang et C. B. Shang, J. Nangjing Forest. Univ. 22: 60 (1998); *Cerasus dolichadenia* (Cardot) C. L. Li et S. Y. Jiang, Fl. China 9: 412 (2003), *nom. illeg.*
山西、陕西、甘肃、四川。

长叶桂樱

●**Prunus dolichophylla** (T. T. Yu et L. T. Lu) Y. H. Tong et N. H. Xia, Biodivers. Sci. 24 (6): 715 (2016).
Lauro-cerasus dolichophylla T. T. Yu et L. T. Lu, Bull. Bot. Res., Harbin 4 (4): 50, f. 2 (1984).
云南。

欧洲李（西洋李，洋李）

☆**Prunus domestica** L., Sp. Pl. 1: 475 (1753).
Prunus communis Huds., Fl. Angl. (ed. 2) 1: 212 (1778); *Prunus oeconomica* Borkh., Theor. Prakt. Handb. Forstbot. 2: 1401 (1803); *Prunus domestica* var. *damascena* Ser., Prodr. 2: 533 (1825); *Prunus sativa* subsp. *domestica* (L.) Rouy et Camus, Fl. France 6: 4 (1900); *Prunus domestica* subsp. *oeconomica* (Borkh.) C. K. Schneid., Ill. Handb. Laubholzk. 1: 631, f. 347 (1906).
广泛栽培于中国；亚洲、欧洲。

扁桃（巴旦杏，八担杏）

Prunus dulcis (Mill.) D. A. Webb, Repert. Spec. Nov. Regni Veg. 64 (1-2): 24 (1967).
Amygdalus dulcis Mill., Gard. Dict., ed. 8: *Amydalus* no. 2 (1768); *Amygdalus communis* L., Sp. Pl. 1: 473 (1753), non *Prunus communis* Huds. (1778); *Amygdalus sativa* Mill., Gard. Dict., ed. 8: *Amydalus* no. 3 (1768), non *Prunus sativa* Rouy et E. G. Camus (1900); *Amygdalus fragilis* Borkh., Vers. Forstbot. Beschr. 201 (1790); *Prunus amygdalus* Batsch, Beytr. Entw. Gewächsreich 1: 30 (1801); *Amygdalus communis* var. *dulcis* (Mill.) DC., Fl. Franc. (DC. et Lamarck), ed. 3, 4: 486 (1805); *Amygdalus communis* var. *amara* DC., Fl. Franc. (DC. et Lamarck), ed. 3, 4: 486 (1805); *Amygdalus communis* var. *fragilis* (Borkh.) Ser., Prodr. (DC.) 2: 531 (1825); *Prunus communis* (L.) Arcang., Comp. Fl. Ital. (Arcangeli) 209 (1882), non Huds. (1778); *Prunus communis* var. *fragilis* Arcang., Comp. Fl. Ital. (Arcangeli) 209 (1882); *Prunus communis* var. *sativa* (Mill.) Focke, Syn. Deut. Schweiz. Fl., ed. 3, 1: 728 (1892); *Prunus amygdalus* var. *amara* (DC.) Focke, Syn. Deut. Schweiz. Fl., ed. 3, 1: 728 (1892); *Prunus amygdalus* var. *fragilis* (Borkh.) Focke, Syn. Deut. Schweiz. Fl., ed. 3, 1: 728 (1892); *Prunus amygdalus* var. *sativa* (Mill.) Focke, Syn. Deut. Schweiz. Fl., ed. 3, 1: 728 (1892); *Prunus amygdalus* var. *dulcis* (Mill.) Koehne, Deut. Dendrol. 315 (1893); *Prunus dulcis* var. *amara* (DC.) H. L. Moore, Baileya 19 (4): 169 (1975).
山东、陕西、甘肃、新疆；亚洲。

新疆桃（吕宛桃，大宛桃）

Prunus ferganensis (Kostina et Rjabov) Y. Y. Yao ex Y. H. Tong et N. H. Xia, Biodivers. Sci. 24 (6): 715 (2016).
Prunus persica subsp. *ferganensis* Kostina et Rjabov, Trudy Prikl. Bot., Ser. 8, Polodovye Jagodnye Kul't. 1: 318 (1932); *Persica ferganensis* (Kostina et Rjabov) Kovalev et Kostina, Trudy Prikl. Bot., Ser. 8, Polodovye Jagodnye Kul't. 4: 75 (1935); *Amygdalus ferganensis* (Kostina et Rjabov) T. T. Yu et L. T. Lu, Fl. Reipubl. Popularis Sin. 38: 20 (1986); *Prunus ferganensis* (Kostina et Rjabov) Y. Y. Yao, Fl. Desert. Reipubl. Popul. Sin. 2: 158 (1987), *nom. inval.*
新疆；吉尔吉斯斯坦、乌兹别克斯坦。

草原樱桃

Prunus fruticosa Pall., Fl. Ross. 1: 19 (1784).
Prunus chamaecerasus Jacq., Collectanea 1: 133 (1786); *Cerasus fruticosa* (Pall.) Woronow, Trudy Prikl. Bot. Selekts. 14 (3): 52 (1925).
新疆；哈萨克斯坦、俄罗斯；亚洲（西南部）、欧洲（南部）。

麦李

Prunus glandulosa Thunb., Syst. Veg., ed. 14, 463 (1784).
Cerasus glandulosa (Thunb.) Loisel, Traité Arbr. Arbust. 5: 33 (1812); *Prunus japonica* var. *paokangensis* C. K. Schneid., Repert. Spec. Nov. Regni Veg. 1: 53 (1905); *Prunus glandulosa* f. *paokangensis* (C. K. Schneid.) Koehne in Sarg., Pl. Wilson. 1 (2): 264 (1913); *Prunus glandulosa* var. *purdomii* Koehne in Sarg., Pl. Wilson. 1 (2): 264 (1913); *Cerasus japonica* var. *glandulosa* (Thunb.) Kom. et Aliss., Key Pl. Far East. Reg. U. S. S. R. 657 (1932); *Cerasus glandulosa* (Thunb.) S. Ya. Sokolov, Trees et Shrubs U. R. S. S. 3: 751 (1954), *nom. illeg.*
山东、河南、陕西、安徽、江苏、浙江、湖南、湖北、四川、贵州、云南、福建、广东、广西；日本。

贡山臭樱（新拟）

●**Prunus gongshanensis** J. Wen, Phytokeys 11: 54 (2012).
Maddenia himalaica var. *glabrifolia* H. Hara, J. Jap. Bot. 51 (1): 8 (1976).
云南。

灰叶稠李

Prunus grayana Maxim., Bull. Acad. Imp. Sci. Saint-Pétersbourg 29 (1): 107 (1883).
Prunus padus var. *japonica* Miq., Ann. Mus. Bot. Lugduno-Batavi 2: 92 (1865); *Padus acrophylla* C. K. Schneid., Repert. Spec. Nov. Regni Veg. 1 (5/6): 70 (1905); *Padus grayana* (Maxim.) C. K. Schneid., Ill. Handb. Laubholzk. 1: 640, f. 351 m-n2 (1906).
河南、安徽、浙江、江西、湖南、湖北、四川、贵州、云南、福建、广西；日本。

全缘叶稠李（全缘光萼稠李）

●**Prunus gyirongensis** Y. H. Tong et N. H. Xia, **nom. nov.**
Padus integrifolia T. T. Yu et T. C. Ku, Acta Phytotax. Sin. 23 (3): 212 (1985), non *Prunus integrifolia* (C. Presl) Walp. (1852), nor *Prunus integrifolia* Sarg. (1905).
西藏。

鹤峰樱桃

●**Prunus hefengensis** (X. R. Wang et C. B. Shang) Y. H. Tong et N. H. Xia, Biodivers. Sci. 24 (6): 715 (2016).
Cerasus hefengensis X. R. Wang et C. B. Shang, Ann. Bot. Fenn. 44: 151 (2007).
湖北。

蒙自樱桃

●**Prunus henryi** (C. K. Schneid.) Koehne in Sarg., Pl. Wilson. 1 (2): 240 (1912).
Prunus yunnanensis var. *henryi* C. K. Schneid., Repert. Spec. Nov. Regni Veg. 1 (5/6): 66 (1905); *Prunus neglecta* Koehne

in Sarg., Pl. Wilson. 1 (2): 241 (1912); *Cerasus henryi* (C. K. Schneid.) T. T. Yu et C. L. Li, Fl. Reipubl. Popularis Sin. 38: 64, pl. 10, f. 3 (1986).
云南。

喜马拉雅臭樱

Prunus himalayana J. Wen, Bot. J. Linn. Soc. 164: 243 (2010).
Maddenia himalaica Hook. f. et Thomson, Hooker's J. Bot. Kew Gard. Misc. 6: 381, pl. 12 (1854), non *Prunus himalaica* Kitam. (1954).
西藏；不丹、尼泊尔、印度（锡金）。

洪平杏

●**Prunus hongpingensis** (T. T. Yu et C. L. Li) Y. H. Tong et N. H. Xia, Biodivers. Sci. 24 (6): 715 (2016).
Armeniaca hongpingensis T. T. Yu et C. L. Li, Acta Phytotax. Sin. 23 (3): 209, pl. 1, f. 1 (1985); *Armeniaca holosericea* var. *xupuensis* T. Z. Li, Bull. Bot. Res., Harbin 9 (4): 67, photo 1 (1989).
湖南、湖北。

欧李（乌拉奈，酸丁）

●**Prunus humilis** Bunge, Enum. Pl. China Bor. 23 (1833).
Prunus japonica var. *salicifolia* B. M. Kom., Trudy Imp. S.-Peterburgsk. Bot. Sada 22 (2): 754 (1904); *Prunus glandulosa* var. *salicifolia* (B. M. Kom.) Koehne in Sarg., Pl. Wilson. 1 (2): 265 (1912); *Cerasus humilis* (Bunge) S. Ya. Sokolov, Trees et Shrubs U. R. S. S. 3: 751 (1954); *Cerasus humilis* (Bunge) A. I. Baranov et Liou, Ill. Fl. Lign. Pl. N. E. China 327 (1955), *nom. inval.*
黑龙江、吉林、辽宁、内蒙古、河北、山西、山东、河南、江苏、四川。

臭樱（假稠李）

●**Prunus hypoleuca** (Koehne) J. Wen, Bot. J. Linn. Soc. 164: 243 (2010).
Maddenia hypoleuca Koehne in Sarg., Pl. Wilson. 1 (1): 56 (1911); *Maddenia fujianensis* Y. T. Chang, Guihaia 5 (1): 25 (1985); *Maddenia incisoserrata* T. T. Yu et T. C. Ku, Acta Phytotax. Sin. 23 (3): 214, pl. 2, f. 3 (1985); *Prunus fujianensis* (Y. T. Chang) J. Wen, Bot. J. Linn. Soc. 164: 243 (2010); *Prunus incisoserrata* (T. T. Yu et T. C. Ku) J. Wen, Bot. J. Linn. Soc. 164: 244 (2010).
山西、河南、陕西、宁夏、甘肃、青海、安徽、江苏、浙江、江西、湖南、湖北、重庆、贵州、福建。

背毛杏

●**Prunus hypotrichodes** Cardot, Notul. Syst. (Paris) 4 (1): 27 (1920).
Armeniaca hypotrichodes (Cardot) C. L. Li et S. Y. Jiang, Acta Phytotax. Sin. 36 (4): 367, pl. 1 (1998).
重庆。

四川臭樱

●**Prunus hypoxantha** (Koehne) J. Wen, Bot. J. Linn. Soc. 164: 243 (2010).
Maddenia hypoxantha Koehne in Sarg., Pl. Wilson. 1 (1): 57 (1911); *Maddenia wilsonii* Koehne in Sarg., Pl. Wilson. 1 (1): 58 (1911), non *Prunus wilsonii* (C. K. Schneid.) Koehne (1911).
青海、四川、云南。

乌荆子李

☆**Prunus insititia** L., Amoen. Acad. 4: 273 (1759).
Prunus domestica var. *insititia* (L.) Fiori et Paol., Fl. Italia 1: 558 (1898); *Prunus domestica* subsp. *insititia* (L.) C. K. Schneid., Ill. Handb. Laubholzk. 1: 630 (1906).
栽培于中国；亚洲、欧洲。

郁李（爵梅，秧李）

Prunus japonica Thunb., Syst. Veg., ed. 14, 463 (1784).
Cerasus japonica (Thunb.) Loisel., Traité Arbr. Arbust. 5: 33 (1812); *Microcerasus japonica* (Thunb.) M. Roem., Fam. Nat. Syn. Monogr. 3: 95 (1847).
黑龙江、吉林、辽宁、河北、山东、河南、浙江；日本、朝鲜。

郁李（原变种）

Prunus japonica var. **japonica**
Prunus kerii Steud., Nomencl. Bot., ed. 2 (Steudel) 2: 403 (1841); *Prunus japonica* var. *kerii* (Steud.) Koehne in Sarg., Pl. Wilson. 1 (2): 267 (1912).
黑龙江、吉林、辽宁、河北、山东、河南、浙江；日本、朝鲜。

长梗郁李（中井郁李）

Prunus japonica var. **nakaii** (H. Lév.) Rehder, J. Arnold Arbor. 3 (1): 29 (1921).
Prunus nakaii H. Lév., Repert. Spec. Nov. Regni Veg. 7: 198 (1909); *Cerasus nakaii* (H. Lév.) A. I. Baranov et Liou, Ill. Fl. Lign. Pl. N. E. China 328, pl. 113, f. 244 (1955), *nom. inval.*; *Cerasus nakaii* var. *porphyrea* Takenouch, Bull. Bot. Res., Harbin 2 (1): 160 (1982); *Cerasus japonica* var. *nakaii* (H. Lév.) T. T. Yu et C. L. Li, Fl. Reipubl. Popularis Sin. 38: 86 (1986).
黑龙江、吉林、辽宁；朝鲜。

浙江郁李

●**Prunus japonica** var. **zhejiangensis** Y. B. Chang, Bull. Bot. Res., Harbin 12 (3): 271, pl. 1 (1992).
Cerasus japonica var. *zhejiangensis* (Y. B. Chang) T. C. Ku ex B. M. Barthol., Fl. China 9: 407 (2003).
浙江。

甘肃桃

●**Prunus kansuensis** Rehder, J. Arnold Arbor. 3: 21 (1921).
Amygdalus kansuensis (Rehder) Skeels, Proc. Biol. Soc. Wash. 38: 87 (1925); *Persica kansuensis* (Rehder) Kovalev et Kostina, Trudy Prikl. Bot., Ser. 8, Polodovye Jagodnye Kul't.

4: 75 (1935).
陕西、甘肃、青海、湖北、四川。

甘肃桃（原变种）

•**Prunus kansuensis** var. **kansuensis**
陕西、甘肃、青海、湖北、四川。

钝核甘肃桃

•**Prunus kansuensis** var. **obtusinucleata** (Y. F. Qu, X. L. Chen et Y. S. Lian) Y. H. Tong et N. H. Xia, Biodivers. Sci. 24 (6): 715 (2016).
Amygdalus kansuensis var. *obtusinucleata* Y. F. Qu, X. L. Chen et Y. S. Lian, Acta Bot. Boreal.-Occid. Sin., 29 (6): 1281 (2009).
甘肃。

疏花稠李

•**Prunus laxiflora** Koehne in Sarg., Pl. Wilson. 1 (1): 70 (1911).
Cerasus laxiflora (Koehne) C. L. Li et S. Y. Jiang, Acta Phytotax. Sin. 36 (4): 368 (1998); *Padus laxiflora* (Koehne) T. C. Ku, Fl. China 9: 422 (2003).
湖北。

李梅杏（酸梅，杏梅，转子红）

•**Prunus limeixing** (J. Y. Zhang et Z. M. Wang) Y. H. Tong et N. H. Xia, Biodivers. Sci. 24 (6): 715 (2016).
Armeniaca limeixing J. Y. Zhang et Z. M. Wang, Acta Phytotax. Sin. 37 (1): 107, f. 2 (1999).
黑龙江、吉林、辽宁、河北、山东、河南、陕西、江苏。

斑叶稠李（山桃稠李，山桃）

Prunus maackii Rupr., Bull. Cl. Phys.-Math. Acad. Imp. Sci. Saint-Pétersbourg 15: 361 (1857).
Lauro-cerasus maackii (Rupr.) C. K. Schneid., Ill. Handb. Laubholzk. 1: 645, f. 352 h-i (1906); *Padus maackii* (Rupr.) Kom., Key Pl. Far East. Reg. U. S. S. R. 2: 657 (1932); *Padus maackii* f. *lanceolata* T. T. Yu et T. C. Ku, Fl. Reipubl. Popularis Sin. 38: 95 (1986); *Cerasus maackii* (Rupr.) Eremin et V. S. Simagin, Byull. Vses. Ord. Lenina Inst. Rast. N. I. Vavilova 166: 47 (1986).
黑龙江、吉林、辽宁；朝鲜、俄罗斯（远东地区）。

圆叶樱桃（麻哈勒布樱桃，马哈利樱桃）

Prunus mahaleb L., Sp. Pl. 1: 474 (1753).
Cerasus mahaleb (L.) Mill., Gard. Dict., ed. 8: *Cerasus* no. 4 (1768); *Padus mahaleb* (L.) Borkh., Arch. Bot. (Leipzig) 1 (2): 38 (1797); *Padellus mahaleb* (L.) Vassilcz., Novosti Sist. Vyssh. Rast. 10: 185 (1973).
辽宁、河北；原产于亚洲西南部、欧洲。

东北杏（辽杏）

Prunus mandshurica (Maxim.) Koehne, Deut. Dendrol. 318 (1893).
Prunus armeniaca var. *mandshurica* Maxim., Bull. Acad. Imp. Sci. Saint-Pétersbourg 29 (1): 87 (1883); *Armeniaca mandshurica* (Maxim.) Skvortsov, Trudy Prikl. Bot. 22: 223, f. 7-9 (1929).
黑龙江、吉林、辽宁；朝鲜（北部）、俄罗斯（东部）。

东北杏（原变种）

Prunus mandshurica var. **mandshurica**
吉林、辽宁；朝鲜（北部）、俄罗斯（东部）。

光叶东北杏

Prunus mandshurica var. **glabra** Nakai, J. Jap. Bot. 15 (11): 679 (1939).
Armeniaca mandshurica var. *glabra* (Nakai) T. T. Yu et L. T. Lu, Fl. Reipubl. Popularis Sin. 38: 31 (1986).
黑龙江、吉林、辽宁；朝鲜。

全缘桂樱（全边稠李）

•**Prunus marginata** Dunn, J. Bot. 45 (539): 402 (1907).
Lauro-cerasus marginata (Dunn) T. T. Yu et L. T. Lu, Bull. Bot. Res., Harbin 4 (4): 52 (1984).
广东。

太平山樱桃

•**Prunus matuurae** Sasaki, Trans. Nat. Hist. Soc. Formosa 21 (114): 150, f. 2 (1931).
台湾。

黑樱桃（深山樱）

Prunus maximowiczii Rupr., Bull. Cl. Phys.-Math. Acad. Imp. Sci. Saint-Pétersbourg 15: 131 (1856).
Cerasus maximowiczii (Rupr.) Kom. in Kom. et Alisova, Key Pl. Far East. Reg. U. S. S. R. 2: 657 (1932); *Padus maximowiczii* (Rupr.) S. Ya. Sokolov, Trees et Shrubs U. S. S. R 3: 760 (1954); *Padellus maximowiczii* (Rupr.) Eremin et Yushev, Byull. Vses. Ord. Lenina Inst. Rast. N. I. Vavilova 166: 42 (1986).
黑龙江、吉林、辽宁、浙江；日本、朝鲜、俄罗斯（远东地区）。

光核桃（西藏桃）

Prunus mira Koehne in Sarg., Pl. Wilson. 1 (2): 272 (1912).
Amygdalus mira (Koehne) Ricker, Bull. Biol. Soc. Wash. 30: 17 (1917); *Persica mira* (Koehne) Kovalev et Kostina, Trudy Prikl. Bot., Ser. 8, Polodovye Jagodnye Kul't. 4: 4 (1935); *Amygdalus mira* (Koehne) T. T. Yu et L. T. Lu, Fl. Reipubl. Popularis Sin. 38: 23, pl. 3, f. 9-11 (1986), *nom. illeg.*
四川、云南、西藏；俄罗斯。

蒙古扁桃（乌兰-布衣勒语）

Prunus mongolica Maxim., Bull. Soc. Imp. Naturalistes Moscou 54: 16 (1879).
Amygdalus mongolica (Maxim.) Ricker, Proc. Biol. Soc. Wash. 30: 17 (1917); *Amygdalus mongolica* (Maxim.) T. T. Yu, Chinese Fruit Tree 39 (1979), *nom. illeg.*
内蒙古、宁夏、甘肃；蒙古国。

偃樱桃（偃樱）

•**Prunus mugus** Hand.-Mazz., Anz. Akad. Wiss. Wien, Math.-Naturwiss. Kl. 60: 152 (1923).

Cerasus mugus (Hand.-Mazz.) T. T. Yu et C. L. Li, Fl. Reipubl. Popularis Sin. 38: 71, pl. 12, f. 3 (1986).
云南。

梅（春梅，干枝梅，酸梅）

Prunus mume (Siebold) Siebold et Zucc., Fl. Jap. 1: 29, pl. 11 (1836).
Armeniaca mume Siebold, Verh. Batav. Genootsch. Kunsten 12 (1): 69 (1830).
原产于四川和云南，长江以南广泛栽培；日本、朝鲜、越南（北部）、老挝（北部）。

梅（原变种）

Prunus mume var. **mume**
Prunus mume var. *typica* Maxim., Bull. Acad. Imp. Sci. Saint-Pétersbourg 29 (1): 84 (1883); *Prunus anomala* Koehne in Sarg., Pl. Wilson. 1 (2): 280 (1912); *Prunus mume* var. *tonsa* Rehder, J. Arnold Arbor. 3 (1): 19 (1921); *Prunus mume* var. *formosana* Kudo et Masam., Annual Rep. Taihoku Bot. Gard. 2: 137 (1932).
中国广泛栽培，尤其长江以南地区；日本、朝鲜。

长梗梅

Prunus mume var. **cernua** Franch., Pl. Delavay. 198 (1890).
Armeniaca mume var. *cernua* (Franch.) T. T. Yu et L. T. Lu, Fl. Reipubl. Popularis Sin. 38: 32 (1986).
云南；越南、老挝。

厚叶梅（野梅）

•**Prunus mume** var. **pallescens** Franch., Pl. Delavay. 197 (1890).
Armeniaca mume var. *pallescens* (Franch.) T. T. Yu et L. T. Lu, Fl. Reipubl. Popularis Sin. 38: 32 (1986).
四川、云南。
注：*Flora of China* 尚收录梅的一变种毛茎梅 *Armeniaca mume* var. *pubicaulina* C. Z. Qiao et H. M. Shen，但作者在发表这个变种时（Bull. Bot. Res., Harbin. 14: 150, 1994）指定了 4 号标本为模式标本，因此这个变种属于不合格发表。

粗梗稠李（尼泊尔稠李）

Prunus napaulensis (Ser.) Steud., Nomencl. Bot., ed. 2 (Steudel) 2: 403 (1841).
Cerasus napaulensis Ser., Prodr. (DC.) 2: 540 (1825); *Padus napaulensis* (Ser.) C. K. Schneid., Repert. Spec. Nov. Regni Veg. 1 (5/6): 68 (1905).
陕西、安徽、江西、湖南、四川、贵州、云南、西藏；缅甸（北部）、不丹、尼泊尔、印度（北部、锡金）。

细齿稠李

•**Prunus obtusata** Koehne in Sarg., Pl. Wilson. 1 (1): 66 (1911).
Padus brachypoda var. *pubigera* C. K. Schneid., Repert. Spec. Nov. Regni Veg. 1 (56): 70 (1905); *Prunus pubigera* (C. K. Schneid.) Koehne in Sarg., Pl. Wilson. 1 (1): 67 (1911); *Prunus pubigera* var. *prattii* Koehne in Sarg., Pl. Wilson. 1 (1): 67 (1911); *Prunus pubigera* var. *potaninii* Koehne in Sarg., Pl. Wilson. 1 (1): 68 (1911); *Prunus pubigera* var. *obovata* Koehne in Sarg., Pl. Wilson. 1 (1): 68 (1911); *Prunus bicolor* Koehne in Sarg., Pl. Wilson. 1 (1): 69 (1911); *Prunus vaniotii* H. Lév., Bull. Acad. Int. Géogr. Bot. 25: 45 (1915); *Prunus pubigera* var. *longifolia* Cardot, Notul. Syst. (Paris) 4 (1): 24 (1920); *Prunus ohwii* Kaneh. et Hatus. ex Kaneh., Formos. Trees, ed. rev. 270, f. 220 (1936); *Prunus vaniotii* var. *potaninii* (Koehne) Rehder, J. Arnold Arbor. 26 (4): 476 (1945); *Prunus vaniotii* var. *obovata* (Koehne) Rehder, J. Arnold Arbor. 26 (4): 476 (1945); *Prunus pubigera* var. *ohwii* (Kaneh. et Hatus. ex Kaneh.) S. S. Ying, Col. Illustr. Fl. Taiwan 1: 480 (1985); *Padus obtusata* (Koehne) T. T. Yu et T. C. Ku, Fl. Reipubl. Popularis Sin. 38: 101 (1986).
山西、河南、陕西、甘肃、安徽、浙江、江西、湖南、湖北、四川、贵州、云南、西藏、台湾。

稠李（臭耳子，臭李子）

Prunus padus L., Sp. Pl. 1: 473 (1753).
Padus avium Mill., Gard. Dict., ed. 8: *Padus* no. 1 (1778); *Cerasus padus* (L.) Delarbre, Fl. Auvergne (Delarbre) 323 (1800).
黑龙江、吉林、辽宁、内蒙古、河北、山西、山东、河南、陕西、甘肃、青海、新疆；蒙古国、日本、朝鲜、俄罗斯。

稠李（原变种）

Prunus padus var. **padus**
Prunus racemosa Lam., Fl. Franc. (Lamarck) 3: 107 (1778); *Padus racemosa* (Lam.) Gilib., Pl. Rar. Comm. Lithuian. 74: 310 (1785); *Padus germanica* Borkh., Arch. Bot. (Leipzig) 1 (2): 38 (1797); *Padus vulgaris* Borkh., Handb. Forst Bot. 2: 1426 (1803).
黑龙江、吉林、辽宁、河北、山西、山东、河南、青海；日本、朝鲜、俄罗斯。

北亚稠李

Prunus padus var. **asiatica** (Kom.) Y. H. Tong et N. H. Xia, Biodivers. Sci. 24 (6): 716 (2016).
Padus asiatica Kom., Fl. U. R. S. S. 10: 578 (1941); *Padus racemosa* var. *asiatica* (Kom.) T. T. Yu et T. C. Ku, Fl. Reipubl. Popularis Sin. 38: 98 (1986); *Padus avium* var. *asiatica* (Kom.) T. C. Ku et B. M. Barthol., Fl. China 9: 423 (2003).
黑龙江、吉林、辽宁、内蒙古、河北、山西、山东、陕西、甘肃、新疆；蒙古国、俄罗斯。

毛叶稠李

•**Prunus padus** var. **pubescens** Regel et Tiling, Nouv. Mém. Soc. Imp. Naturalistes Moscou 11: 79 (1858).
Padus racemosa var. *pubescens* (Regel et Tiling) C. K. Schneid., Ill. Handb. Laubholzk. 1: 640 (1906); *Padus beijingensis* Y. L. Han et C. Y. Yang, Bull. Bot. Res., Harbin 16 (1): 46 (1996); *Padus avium* var. *pubescens* (Regel et Tiling) T. C. Ku et B. M. Barthol., Fl. China 9: 423 (2003).
辽宁、内蒙古、河北、山西、河南。

磐安樱桃（新拟）

●**Prunus pananensis** Z. L. Chen, W. J. Chen et X. F. Jin, PLOS ONE 8 (1): e54030 (4) (2013) [epublished].
浙江。

散毛樱桃（散毛樱）

●**Prunus patentipila** Hand.-Mazz., Symb. Sin. 7 (3): 529 (1933).
Cerasus patentipila (Hand.-Mazz.) T. T. Yu et C. L. Li, Fl. Reipubl. Popularis Sin. 38: 46 (1986).
云南。

长梗扁桃（长柄扁桃，布衣勒斯）

Prunus pedunculata (Pall.) Maxim., Bull. Acad. Imp. Sci. Saint-Pétersbourg 29 (1): 78 (1883).
Amygdalus pedunculata Pall., Nova Acta Acad. Sci. Imp. Petrop. Hist. Acad. 7: 353 (1789); *Amygdalus pilosa* Turcz., Bull. Soc. Imp. Naturalistes Moscou 5: 189 (1832); *Prunus pilosa* (Turcz.) Maxim., Bull. Acad. Imp. Sci. Saint-Pétersbourg 29 (1): 79 (1883).
内蒙古、陕西、宁夏；蒙古国、俄罗斯。

桃（陶古日）

☆**Prunus persica** (L.) Batsch, Beytr. Entw. Gewächsreich 1: 30 (1801).
Amygdalus persica L., Sp. Pl. 1: 472 (1753); *Persica vulgaris* Mill., Gard. Dict., ed. 8: *Persica* no. 1 (1768); *Amygdalus persica* L. [unranked] *aganopersica* Reich., Fl. Germ. Excurs. 647 (1832); *Amygdalus persica* L. [unranked] *scleropersica* Reich., Fl. Germ. Excurs. 647 (1832); *Amygdalus persica* L. [unranked] *aganonucipersica* Schübl. et G. Martens, Fl. Würtemberg ed. 1, 305 (1834); *Amygdalus persica* L. [unranked] *scleronucipersica* Schübl. et G. Martens, Fl. Würtemberg ed. 1, 305 (1834); *Persica vulgaris* var. *compressa* Loudon, Arbor. Frutic. Brit. 2: 680, f. 397 (1838); *Persica platycarpa* Decne., Jard. Fruit. 7: 42 (1872); *Prunus persica* var. *platycarpa* (Decne.) L. H. Bailey, Cycl. Amer. Hort. 4: 1457 (1902); *Prunus persica* var. *compressa* (Loudon) Bean, Trees et Shrubs Brit. Isles 2: 248 (1914); *Prunus persica* (L.) Batsch f. *scleropersica* (Reich.) Voss in Putlitz et Meyer, Landlexikon 6: 345 (1914); *Prunus persica* (L.) Batsch var. *nucipersica* Schneid. f. *scleronucipersica* (Schübl. et G. Martens) Rehder, J. Arnold Arbor. 3: 25 (1921); *Amygdalus persica* var. *aganonucipersica* (Schübl. et G. Martens) T. T. Yu et L. T. Lu, Fl. Reipubl. Popularis Sin. 38: 18 (1986); *Amygdalus persica* var. *scleropersica* (Reich.) T. T. Yu et L. T. Lu, Fl. Reipubl. Popularis Sin. 38: 19 (1986); *Amygdalus persica* var. *scleronucipersica* (Schübl. et G. Martens) T. T. Yu et L. T. Lu, Fl. Reipubl. Popularis Sin. 38: 19 (1986); *Amygdalus persica* var. *compressa* (Loudon) T. T. Yu et L. T. Lu, Fl. Reipubl. Popularis Sin. 38: 19 (1986); *Prunus persica* subsp. *platycarpa* (Decne.) D. Rivera et al., Varied. Trad. Frut. Cuenca Río Segura Cat. Etnobot. 1: 298 (1997).
中国各地广泛栽培；世界各地均有栽培。

宿鳞稠李

●**Prunus perulata** Koehne in Sarg., Pl. Wilson. 1 (1): 61 (1911).
Padus perulata (Koehne) T. T. Yu et T. C. Ku, Fl. Reipubl. Popularis Sin. 38: 92 (1986).
四川、云南。

腺叶桂樱

Prunus phaeosticta (Hance) Maxim., Bull. Acad. Imp. Sci. Saint-Pétersbourg 29 (1): 110 (1883).
Pygeum phaeosticta Hance, J. Bot. 8: 72 (1870); *Prunus punctata* Hook. f. et Thomson, Fl. Brit. Ind. 2 (5): 317 (1878); *Prunus xerocarpa* Hemsl., Ann. Bot. (Oxford) 9 (33): 152 (1895); *Lauro-cerasus phaeosticta* (Hance) C. K. Schneid., Ill. Handb. Laubholzk. 1: 649 (1906); *Prunus phaeosticta* f. *dentigera* Rehder, J. Arnold Arbor. 11 (3): 162 (1930); *Prunus phaeosticta* f. *lasioclada* Rehder, J. Arnold Arbor. 11 (3): 163 (1930); *Prunus edentata* Hand.-Mazz., Sinensia 2 (10): 126 (1932); *Lauro-cerasus phaeosticta* f. *ciliospinosa* Chun ex T. T. Yu et L. T. Lu, Bull. Bot. Res., Harbin 4 (4): 42 (1984); *Lauro-cerasus phaeosticta* f. *lasioclada* (Rehder) T. T. Yu et L. T. Lu, Bull. Bot. Res., Harbin 4 (4): 42 (1984); *Lauro-cerasus phaeosticta* f. *dentigera* (Rehder) T. T. Yu et L. T. Lu, Bull. Bot. Res., Harbin 4 (4): 43 (1984); *Lauro-cerasus phaeosticta* f. *pubipedunculata* T. T. Yu et L. T. Lu, Bull. Bot. Res., Harbin 4 (4): 43 (1984); *Lauro-cerasus phaeosticta* f. *puberula* T. T. Yu et L. T. Lu, Bull. Bot. Res., Harbin 4 (4): 43 (1984).
安徽、浙江、江西、湖南、四川、贵州、云南、西藏、福建、台湾、广东、广西、海南、香港；越南、泰国、缅甸、孟加拉国、印度。

雕核樱桃

●**Prunus pleiocerasus** Koehne in Sarg., Pl. Wilson. 1 (2): 198 (1912).
Prunus tatsienensis var. *stenadenia* Koehne in Sarg., Pl. Wilson. 1 (2): 201 (1912); *Cerasus pleiocerasus* (Koehne) T. T. Yu et C. L. Li, Fl. Reipubl. Popularis Sin. 38: 51 (1986).
四川、云南。

毛柱郁李（毛柱樱）

●**Prunus pogonostyla** Maxim., Bull. Soc. Imp. Naturalistes Moscou 54: 11 (1879).
Cerasus pogonostyla (Maxim.) T. T. Yu et C. L. Li, Fl. Reipubl. Popularis Sin. 38: 81 (1986).
浙江、江西、湖南、福建、台湾、广东。

毛柱郁李（原变种）

●**Prunus pogonostyla** var. **pogonostyla**
Celtis caudata Hance, Ann. Sci. Nat., Bot. ser. 5, 5: 42 (1865), non Planch. (1848); *Prunus caudata* (Hance) Koidz., J. Coll. Sci. Imp. Univ. Tokyo 34: 257 (1913), non Franch. (1890); *Prunus formosana* Matsum., Bot. Mag. (Tokyo) 15 (173): 86 (1901); *Prunus pogonostyla* var. *globosa* Koehne in Sarg., Pl. Wilson. 1 (2): 265 (1912); *Prunus caudata* var. *globosa* (Koehne) F. P. Metcalf, J. Arnold Arbor. 21 (1): 112 (1940).

浙江、江西、福建、台湾。

长尾毛樱桃

●**Prunus pogonostyla** var. **obovata** Koehne in Sarg., Pl. Wilson. 1 (2): 265 (1912).

Prunus caudata var. *obovata* (Koehne) F. P. Metcalf, J. Arnold Arbor. 21 (1): 112 (1940); *Cerasus pogonostyla* var. *obovata* (Koehne) T. T. Yu et C. L. Li, Fl. Reipubl. Popularis Sin. 38: 82 (1986).

湖南、福建、台湾、广东。

多毛樱桃（多毛野樱桃）

●**Prunus polytricha** Koehne in Sarg., Pl. Wilson. 1 (2): 204 (1912).

Cerasus polytricha (Koehne) T. T. Yu et C. L. Li, Fl. Reipubl. Popularis Sin. 38: 56, pl. 7, f. 5 (1986).

河南、陕西、甘肃、湖北、四川、贵州。

樱桃（莺桃，荆桃，楔桃）

☆**Prunus pseudocerasus** Lindl., Trans. Linn. Soc. London 6: 90 (1826).

Cerasus pseudocerasus (Lindl.) hort., Hort. Soc. Lond., Cat. Fr. 28 (1826); *Cerasus pseudocerasus* (Lindl.) Loudon, Hort. Brit. 200 (1830), *nom. illeg.*; *Prunus pauciflora* Bunge, Enum. Pl. Chin. Bor. 23 (1833); *Prunus involucrata* Koehne in Sarg., Pl. Wilson. 1 (2): 206 (1912); *Prunus saltuum* Koehne in Sarg., Pl. Wilson. 1 (2): 213 (1912); *Prunus scopulorum* Koehne in Sarg., Pl. Wilson. 1 (2): 241 (1912); *Prunus ampla* Koehne in Sarg., Pl. Wilson. 1 (2): 243 (1912); *Cerasus scopulorum* (Koehne) T. T. Yu et C. L. Li, Fl. Reipubl. Popularis Sin. 38: 61 (1986).

辽宁、河北、山西、山东、河南、陕西、甘肃、安徽、江苏、浙江、江西、湖南、湖北、四川、重庆、贵州、云南、福建。

细花樱桃（细花樱）

●**Prunus pusilliflora** Cardot, Notul. Syst. (Paris) 4 (1): 27 (1920).

Cerasus pusilliflora (Cardot) T. T. Yu et C. L. Li, Fl. Reipubl. Popularis Sin. 38: 66, pl. 10, f. 4-6 (1986).

云南。

云南桂樱

Prunus pygeoides Koehne, Bot. Jahrb. Syst. 52: 297 (1915).

Pygeum andersonii Hook. f., Fl. Brit. Ind. 2 (5): 320 (1878), non *Prunus andersonii* A. Gray (1868); *Prunus semiarmillata* Koehne, Bot. Jahrb. Syst. 52: 303 (1915); *Lauro-cerasus andersonii* (Hook. f.) T. T. Yu et L. T. Lu, Bull. Bot. Res., Harbin 4 (4): 48 (1984).

云南；印度。

李（山李子，嘉庆子，嘉应子）

●**Prunus salicina** Lindl., Trans. Linn. Soc. London 7: 239 (1830).

黑龙江、吉林、辽宁、河北、山西、山东、河南、陕西、宁夏、甘肃、安徽、江苏、浙江、江西、湖南、湖北、四川、贵州、云南、福建、台湾、广东、广西。

李（原变种）

●**Prunus salicina** var. **salicina**

Prunus triflora Roxb., Fl. Ind. (Roxburgh) 2: 501 (1832); *Prunus thibetica* Franch., Nouv. Arch. Mus. Hist. Nat. ser. 2, 8: 215 (1885); *Prunus botan* André, Rev. Hort. (Paris) 160, pl. s. n. (1895); *Prunus ichangana* C. K. Schneid., Repert. Spec. Nov. Regni Veg. 1 (4): 50 (1905); *Prunus gymnodonta* Koehne in Sarg., Pl. Wilson. 1 (2): 279 (1912); *Prunus triflora* var. *spinifera* Koehne, Repert. Spec. Nov. Regni Veg. 11 (286-290): 266 (1912); *Prunus staminata* Hand.-Mazz., Symb. Sin. 7 (3): 535 (1933).

黑龙江、吉林、辽宁、河北、山西、山东、河南、陕西、宁夏、甘肃、安徽、江苏、浙江、江西、湖南、湖北、四川、贵州、云南、福建、台湾、广东、广西。

毛梗李

●**Prunus salicina** var. **pubipes** (Koehne) L. H. Bailey, Symb. Sin. 7 (3): 535 (1933).

Prunus triflora var. *pubipes* Koehne in Sarg., Pl. Wilson. 1 (2): 280 (1912).

甘肃、四川、云南。

浙闽樱桃

●**Prunus schneideriana** Koehne in Sarg., Pl. Wilson. 1 (2): 242 (1912).

Cerasus schneideriana (Koehne) T. T. Yu et C. L. Li, Fl. Reipubl. Popularis Sin. 38: 60, pl. 8, f. 10-13 (1986).

浙江、福建、广西。

细齿樱桃（云南樱花）

●**Prunus serrula** Franch., Pl. Delavay. 196 (1890).

Prunus puddum var. *tibetica* Batalin, Trudy Imp. S.-Peterburgsk. Bot. Sada 14 (1): 168 (1895); *Prunus cerasoides* var. *tibetica* C. K. Schneid., Repert. Spec. Nov. Regni Veg. 1 (4): 54 (1905); *Prunus serrula* var. *tibetica* (Batalin) Koehne in Sarg., Pl. Wilson. 1 (2): 213 (1912); *Prunus odontocalyx* H. Lév., Bull. Acad. Int. Géogr. Bot. 25: 45 (1915); *Cerasus serrula* (Franch.) T. T. Yu et C. L. Li, Fl. Reipubl. Popularis Sin. 38: 80, pl. 13, f. 3-4 (1986).

青海、四川、贵州、云南、西藏。

山樱桃（野生福岛樱，樱花）

Prunus serrulata Lindl., Trans. Linn. Soc. London 7: 238 (1830).

Cerasus serrulata (Lindl.) Loudon, Hort. Brit. 480 (1830); *Padus serrulata* (Lindl.) S. Ya. Sokolov, Trees of Shrubs U. S. S. R. 3: 762 (1954).

黑龙江、辽宁、河北、山西、山东、河南、陕西、安徽、江苏、浙江、江西、湖南、贵州；日本、朝鲜。

山樱桃（原变种）

Prunus serrulata var. **serrulata**
黑龙江、河北、山东、河南、安徽、江苏、浙江、江西、湖南、贵州；日本、朝鲜。

日本晚樱

☆**Prunus serrulata** var. **lannesiana** (Carrière) Makino, J. Jap. Bot. 5: 13 (1928).
Cerasus lannesiana Carrière, Rev. Hort. 198 (1872); *Prunus lannesiana* (Carrière) E. H. Wilson, Cherries Japan 43 (1916); *Cerasus serrulata* var. *lannesiana* (Carrière) T. T. Yu et C. L. Li, Fl. Reipubl. Popularis Sin. 38: 76 (1986).
广泛栽培于中国；日本。

毛叶山樱花（毛叶福岛樱，毛叶樱花）

●**Prunus serrulata** var. **pubescens** (Makino) E. H. Wilson, Cherries Japan 31 (1916).
Prunus pseudocerasus var. *jamasakura* subvar. *pubescens* Makino, Bot. Mag. (Tokyo) 22: 98 (1908); *Prunus wildeniana* Koehne in Sarg., Pl. Wilson. 1 (2): 249 (1912); *Prunus veitchii* Koehne in Sarg., Pl. Wilson. 1 (2): 257 (1912); *Cerasus serrulata* var. *pubescens* (Makino) T. T. Yu et C. L. Li, Fl. Reipubl. Popularis Sin. 38: 75 (1986).
黑龙江、辽宁、河北、山西、山东、河南、陕西、安徽、浙江、湖北。

泰山野樱花

●**Prunus serrulata** var. **taishanensis** (Yi Zhang et C. D. Shi) Y. H. Tong et N. H. Xia, Biodivers. Sci. 24 (6): 716 (2016).
Cerasus serrulata var. *taishanensis* Yi Zhang et C. D. Shi, Acta Phytotax. Sin. 37 (1): 87 (1999).
山东。

刺毛樱桃（刺毛山樱花）

●**Prunus setulosa** Batalin, Trudy Imp. S.-Peterburgsk. Bot. Sada 12 (1): 165 (1892).
Prunus gracilifolia Koehne in Sarg., Pl. Wilson. 1 (2): 223 (1912); *Cerasus setulosa* (Batalin) T. T. Yu et C. L. Li, Fl. Reipubl. Popularis Sin. 38: 67 (1986).
陕西、宁夏、甘肃、青海、湖北、四川、贵州。

山杏（西伯利亚杏，西伯日-归勒斯）

Prunus sibirica L., Sp. Pl. 1: 474 (1753).
Armeniaca sibirica (L.) Lam., Encycl. 1 (1): 3 (1783); *Prunus armeniaca* var. *sibirica* (L.) K. Koch, Dendrologie 1: 88 (1869).
黑龙江、吉林、辽宁、内蒙古、河北、山西、河南、陕西、宁夏、甘肃；朝鲜、蒙古国、俄罗斯。

山杏（原变种）

Prunus sibirica var. **sibirica**
黑龙江、吉林、辽宁、内蒙古、河北、山西、河南、宁夏、甘肃；蒙古国、俄罗斯。

重瓣山杏

●**Prunus sibirica** var. **multipetala** (G. S. Liu et L. B. Zhang) Y. H. Tong et N. H. Xia, Biodivers. Sci. 24 (6): 716 (2016).
Armeniaca sibirica var. *multipetala* G. S. Liu et L. B. Zhang, Acta Phytotax. Sin. 27 (5): 394 (1989).
河北。

辽海杏

●**Prunus sibirica** var. **pleniflora** (J. Y. Zhang et al.) Y. H. Tong et N. H. Xia, Biodivers. Sci. 24 (6): 716 (2016).
Armeniaca sibirica var. *pleniflora* J. Y. Zhang et al., Bull. Bot. Res., Harbin 9 (3): 65, f. 1 (1989).
辽宁。

毛杏

Prunus sibirica var. **pubescens** (Kostina) Nakai, J. Jap. Bot. 19 (12): 363 (1943).
Armeniaca sibirica var. *pubescens* Kostina, Trudy Prikl. Bot., Ser. 8, Polodovye Yagodnye Kul't. 4: 28 (1941).
内蒙古、河北、山西、陕西、甘肃；朝鲜。

杏李（红李，秋根李）

●**Prunus simonii** Carrière, Rev. Hort. 111 (1872).
Persica simonii (Carrière) Decne., Jard. Fleur. 7: 43 (1875); *Prunus persica* var. *nectarina* Maxim., Bull. Acad. Imp. Sci. Saint-Pétersbourg 29 (1): 83 (1883).
河北。

黑刺李（刺李）

☆**Prunus spinosa** L., Sp. Pl. 1: 475 (1753).
Prunus domestica var. *spinosa* (L.) Kuntze, Taschen Fl. Leipzig 274 (1869).
中国引种栽培；亚洲、欧洲、非洲。

刺叶桂樱（刺叶稠李）

Prunus spinulosa Siebold et Zucc., Abh. Math.-Phys. Cl. Königl. Bayer. Akad. Wiss. 4 (2): 122 (1843).
Prunus sundaica Miq., Fl. Ned. Ind. 1: 365 (1855); *Lauro-cerasus spinulosa* (Siebold et Zucc.) C. K. Schneid., Ill. Handb. Laubholzk. 1: 649, f. 354 o-p (1906); *Prunus spinulosa* var. *pubiflora* Koehne, Bot. Jahrb. Syst. 52: 300 (1915); *Prunus limbata* Cardot, Notul. Syst. (Paris) 4 (1): 21 (1920); *Prunus balfourii* Cardot, Notul. Syst. (Paris) 4 (1): 22 (1920).
安徽、江苏、浙江、江西、湖南、湖北、四川、贵州、云南、福建、广东、广西；日本。

库页稠李

☆**Prunus ssiori** F. Schmidt, Mém. Acad. Imp. Sci. St.-Pétersbourg 12 (2): 124 (1868).
Padus ssiori (F. Schmidt) C. K. Schneid., Ill. Handb. Laubholzk. 1: 641, f. 351 i-l (1906).
中国东北有栽培；日本、俄罗斯。

星毛稠李

●**Prunus stellipila** Koehne in Sarg., Pl. Wilson. 1 (1): 61 (1911).
Padus stellipila (Koehne) T. T. Yu et T. C. Ku, Fl. Reipubl. Popularis Sin. 38: 92, pl. 16, f. 3-5 (1986).
陕西、甘肃、浙江、江西、湖北、四川、贵州。

托叶樱桃（托叶樱）

●**Prunus stipulacea** Maxim., Bull. Acad. Imp. Sci. Saint-Pétersbourg 29 (1): 97 (1883).
Cerasus stipulacea (Maxim.) T. T. Yu et C. L. Li, Fl. Reipubl. Popularis Sin. 38: 68 (1986).
陕西、甘肃、青海、四川。

大叶早樱

☆**Prunus subhirtella** Miq., Ann. Mus. Bot. Lugduno-Batavi 2: 91 (1865).
Cerasus subhirtella (Miq.) S. Ya. Sokolov, Trees et Shrubs U. S. S. R. 3: 734 (1954); *Cerasus subhirtella* (Miq.) A. N. Vassiljeva, Trans. Sukhumi Bot. Gard. 10: 123 (1957), *nom. illeg.*
主要栽培于安徽、浙江、江西、四川、台湾；原产于日本。

大叶早樱（原变种）

☆**Prunus subhirtella** var. **subhirtella**
Cerasus herincquiana Lavallée, Icon. Sel. Arb. 117 (1885); *Prunus herincquiana* (Lavallée) Koehne, Mitt. Deutsch. Dendrol. Ges. 18: 175 (1909); *Prunus microlepis* Koehne in Sarg., Pl. Wilson. 1 (2): 256 (1912); *Prunus herincquiana* var. *biloba* Koehne in Sarg., Pl. Wilson. 1 (2): 254 (1912); *Prunus subhirtella* var. *ascendens* E. H. Wilson, Cherries Japan 10, pl. 3 (1916).
主要栽培于安徽、浙江、江西、四川；原产于日本。

垂枝大叶早樱（垂枝樱花）

☆**Prunus subhirtella** var. **pendula** Y. Tanaka, Useful Pl. Jap. 70, no. 620 (1891).
Prunus taiwaniana Hayata, J. Coll. Sci. Imp. Univ. Tokyo 30 (1): 87 (1911); *Prunus itosakura* var. *taiwaniana* (Hayata) Kudo et Masam., Annual Rep. Taihoku Bot. Gard. 2: 136 (1932); *Cerasus subhirtella* var. *pendula* (Y. Tanaka) T. T. Yu et C. L. Li, Fl. Reipubl. Popularis Sin. 38: 74 (1986).
栽培于台湾；日本。

四川樱桃（四川樱，盘腺樱桃）

●**Prunus szechuanica** Batalin, Trudy Imp. S.-Peterburgsk. Bot. Sada 14 (1): 167 (1895).
Cerasus szechuanica (Batalin) T. T. Yu et C. L. Li, Fl. Reipubl. Popularis Sin. 38: 49, pl. 6, f. 10-11 (1986).
河南、陕西、湖南、湖北、四川。

山白樱

●**Prunus takasagomontana** Sasaki, Trans. Nat. Hist. Soc. Formosa 21 (114): 148, f. 1 (1931).
台湾。

西康扁桃（唐古特扁桃）

●**Prunus tangutica** (Batalin) Koehne in Sarg., Pl. Wilson. 1 (2): 276 (1912).
Amygdalus communis var. *tangutica* Batalin, Trudy Glavn. Bot. Sada 12 (6): 163 (1892); *Amygdalus tangutica* (Batalin) Korsh., Trudy Imp. S.-Peterburgsk. Bot. Sada Ser. 5, 14: 94 (1901); *Prunus dehiscens* (Batalin) Koehne in Sarg., Pl. Wilson. 1 (2): 271 (1912); *Persica tangutica* (Batalin) Kovalev et Kostina, Trudy Prikl. Bot. 4: 75 (1935).
甘肃、四川。

康定樱桃

●**Prunus tatsienensis** Batalin, Trudy Imp. S.-Peterburgsk. Bot. Sada 14 (2): 322 (1895).
Prunus maximowiczii var. *adenophora* Franch., Pl. Delavay. 195 (1890); *Prunus tatsienensis* var. *adenophora* (Franch.) Koehne in Sarg., Pl. Wilson. 1 (2): 238 (1912); *Cerasus tatsienensis* (Batalin) T. T. Yu et C. L. Li, Fl. Reipubl. Popularis Sin. 38: 52, pl. 7, f. 6-7 (1986).
山西、河南、陕西、湖北、四川、云南。

矮扁桃

Prunus tenella Batsch, Beytr. Entw. Gewächsreich. 29 (1801).
Amygdalus nana L., Sp. Pl. 1: 473 (1753); *Prunus nana* (L.) Stokes, Bot. Med. 3: 103 (1812), non Du Roi (1772); *Amygdalus ledebouriana* Schltdl., Abh. Naturf. Ges. Halle 1 (1854).
新疆；俄罗斯；亚洲、欧洲。

天山樱桃

Prunus tianshanica (Pojark.) S. Shi, J. Integr. Plant Biol. 55 (11): 1075 (2013).
Cerasus tianshanica Pojark., Bot. Zhurn. S. S. S. R. 24 (3): 242 (1939); *Cerasus prostrata* var. *concolor* Boiss., Fl. Orient. (Boissier) 2: 648 (1873); *Prunus prostrata* var. *concolor* (Boiss.) Lipsky, Trudy Imp. S.-Peterburgsk. Bot. Sada 23: 105 (1904).
新疆；亚洲（中部）。

毛樱桃（山樱桃，梅桃，山豆子）

●**Prunus tomentosa** Thunb., Syst. Veg. 464 (1784).
Prunus trichocarpa Bunge, Enum. Pl. Chin. Bor. 22 (1833); *Prunus cinerascens* Franch., Nouv. Arch. Mus. Hist. Nat. ser. 2, 8: 216 (1885); *Prunus tomentosa* var. *batalinii* C. K. Schneid., Repert. Spec. Nov. Regni Veg. 1 (4): 52 (1905); *Prunus tomentosa* var. *endotricha* Koehne in Sarg., Pl. Wilson. 1 (2): 225 (1912); *Prunus tomentosa* var. *kashkarovii* Koehne in Sarg., Pl. Wilson. 1 (2): 269 (1912); *Prunus tomentosa* var. *souliei* Koehne in Sarg., Pl. Wilson. 1 (2): 269 (1912); *Prunus tomentosa* var. *breviflora* Koehne in Sarg., Pl. Wilson. 1 (2): 270 (1912); *Prunus tomentosa* var. *trichocarpa* (Bunge) Koehne in Sarg., Pl. Wilson. 1 (2): 270 (1912); *Prunus tomentosa* var. *heteromera* Koehne in Sarg., Pl. Wilson. 1 (2): 270 (1912); *Prunus tomentosa* var. *tsuluensis* Koehne in Sarg., Pl. Wilson. 1 (2): 270 (1912); *Prunus batalinii* (C. K. Schneid.)

Koehne in Sarg., Pl. Wilson. 1 (2): 270 (1912); *Cerasus tomentosa* (Thunb.) Wall. ex T. T. Yu et C. L. Li, Fl. Reipubl. Popularis Sin. 38: 86 (1986); *Cerasus tomentosa* var. *pendula* B. Y. Feng et S. M. Xie, Acta Phytotax. Sin. 35 (3): 268 (1997); *Cerasus tomentosa* (Thunb.) Yas. Endo, Fl. Japan., ed. 2, 2 b: 130 (2001), *nom. illeg.*
黑龙江、吉林、辽宁、内蒙古、河北、山西、山东、河南、陕西、宁夏、甘肃、青海、湖北、四川、贵州、云南、西藏。

阿里山樱桃

●**Prunus transarisanensis** Hayata, Icon. Pl. Formosan. 5: 37 (1915).
台湾。

毛瓣藏樱

Prunus trichantha Koehne in Sarg., Pl. Wilson. 1 (2): 254 (1912).
Prunus imanishii Kitam., Acta Phytotax. Geobot. 15 (5): 131 (1954); *Prunus rufa* var. *trichantha* (Koehne) H. Hara, J. Jap. Bot. 37 (4): 99 (1962); *Cerasus rufa* var. *trichantha* (Koehne) T. T. Yu et C. L. Li, Fl. Reipubl. Popularis Sin. 38: 81 (1986); *Cerasus trichantha* (Koehne) C. L. Li et S. Y. Jiang, Fl. China 9: 413 (2003).
西藏；尼泊尔、印度（锡金）。

川西樱桃（毛孔樱桃）

●**Prunus trichostoma** Koehne in Sarg., Pl. Wilson. 1 (2): 216 (1912).
Prunus droseracea Koehne in Sarg., Pl. Wilson. 1 (2): 215 (1912); *Prunus latidentata* Koehne in Sarg., Pl. Wilson. 1 (2): 217 (1912); *Prunus oxyodonta* Koehne in Sarg., Pl. Wilson. 1 (2): 218 (1912); *Prunus glyptocarya* Koehne in Sarg., Pl. Wilson. 1 (2): 219 (1912); *Prunus lobulata* Koehne in Sarg., Pl. Wilson. 1 (2): 220 (1912); *Prunus zappeyana* Koehne in Sarg., Pl. Wilson. 1 (2): 221 (1912); *Prunus pleuroptera* Koehne in Sarg., Pl. Wilson. 1 (2): 221 (1912); *Prunus zappeyana* var. *subsimplex* Koehne in Sarg., Pl. Wilson. 1 (2): 222 (1912); *Prunus podadenia* Koehne in Sarg., Pl. Wilson. 1 (2): 258 (1912); *Prunus latidentata* var. *trichostoma* (Koehne) C. K. Schneid., Bot. Gaz. 116: 72 (1917); *Cerasus trichostoma* (Koehne) T. T. Yu et C. L. Li, Fl. Reipubl. Popularis Sin. 38: 69, 71, pl. 11, f. 1-2 (1986).
甘肃、青海、湖北、四川、云南、西藏。

榆叶梅（额勒伯特其其格）

Prunus triloba Lindl., Gard. Chron. 1857: 268 (1857).
Amygdalus triloba (Lindl.) Ricker, Proc. Biol. Soc. Wash. 30: 18 (1917); *Prunus triloba* var. *plena* Dippel, Handb. Laubholzk. 3: 608 (1893); *Prunus triloba* var. *truncata* Kom., Trudy Imp. S.-Peterburgsk. Bot. Sada 539 (1903); *Amygdalus ulmifolia* (Franch.) Popov, Trudy Prikl. Bot. 3: 362 (1929); *Cerasus triloba* (Lindl.) A. I. Baranov et Liou, Ill. Fl. Lign. Pl. N. E. China 326 (1955), *nom. inval.*; *Cerasus triloba* var. *plena* (Dippel) A. I. Baranov et Liou, Ill. Fl. Lign. Pl. N. E. China 327 (1955), *nom. inval.*; *Cerasus triloba* var. *truncata* (Kom.) A. I. Baranov et Liou, Ill. Fl. Lign. Pl. N. E. China 327 (1955), *nom. inval.*; *Amygdalus triloba* var. *plena* (Dippel) S. Q. Nie, Bull. Bot. Res., Harbin 2 (1): 160 (1982); *Amygdalus triloba* var. *truncata* (Kom.) S. Q. Nie, Bull. Bot. Res., Harbin 2 (1): 160 (1982).
黑龙江、吉林、辽宁、内蒙古、河北、山西、山东、河南、陕西、甘肃、安徽、江苏、浙江、江西；朝鲜、俄罗斯。

尖叶桂樱

Prunus undulata Buch.-Ham. ex D. Don, Prodr. Fl. Nepal. 239 (1825).
Cerasus undulata (Buch.-Ham. ex D. Don) Ser. in DC., Prodr. 2: 540 (1825); *Cerasus acuminata* Wall., Pl. Asiat. Rar. 2: 78, pl. 181 (1831); *Prunus wallichii* Steud., Nomencl. Bot., ed. 2 (Steudel) 2: 404 (1841); *Prunus acuminata* (Wall.) D. Dietr., Syn. Pl. 3: 42 (1843); *Lauro-cerasus acuminata* (Wall.) M. Roem., Fam. Nat. Syn. Monogr. 3: 92 (1847); *Lauro-cerasus undulata* (Buch.-Ham. ex D. Don) M. Roem., Fam. Nat. Syn. Monogr. 3: 92 (1847); *Cerasus wallichii* (Steud.) M. Roem., Fam. Nat. Syn. Monogr. 3: 81 (1847); *Prunus microbotrys* Koehne in Sarg., Pl. Wilson. 1 (1): 62 (1911); *Prunus acuminata* f. *microbotrys* (Koehne) Koehne, Bot. Jahrb. Syst. 52 (3): 29 (1915); *Prunus acuminata* f. *elongata* Koehne, Bot. Jahrb. Syst. 52 (3): 29 (1915); *Prunus wallichii* var. *crenulata* F. P. Metcalf, J. Arnold Arbor. 21 (1): 112 (1940); *Lauro-cerasus undulata* f. *elongata* (Koehne) T. T. Yu et L. T. Lu, Bull. Bot. Res., Harbin 4 (4): 47 (1984); *Lauro-cerasus undulata* f. *microbotrys* (Koehne) T. T. Yu et L. T. Lu, Bull. Bot. Res., Harbin 4 (4): 47 (1984); *Lauro-cerasus undulata* f. *pubigera* T. T. Yu et L. T. Lu, Bull. Bot. Res., Harbin 4 (4): 47 (1984).
陕西、江西、湖南、四川、贵州、云南、西藏、广东、广西；越南、老挝（北部）、缅甸（北部）、泰国、印度尼西亚、不丹、尼泊尔、印度（东部、锡金）、孟加拉国。

东北李（乌苏里李）

Prunus ussuriensis Kovalev et Kostina, Trudy Prikl. Bot., Ser. 8, Polodovye Jagodnye Kul't. 4: 75 (1935).
Prunus triflora var. *mandshurica* Skvortsov, Plum N. Manch. 16 (1925); *Prunus salicina* var. *mandshurica* (Skvortsov) Skvortsov et A. I. Baranov, Ill. Fl. Lign. Pl. N. E. China 330 (1955), *nom. inval.*
黑龙江、吉林、辽宁；俄罗斯（远东地区、东西伯利亚）。

毡毛稠李

●**Prunus velutina** Batalin, Trudy Imp. S.-Peterburgsk. Bot. Sada 14 (1): 168 (1895).
Padus velutina (Batalin) C. K. Schneid., Repert. Spec. Nov. Regni Veg. 1 (5/6): 69 (1905).
河北、河南、陕西、湖北、四川。

绢毛稠李

●**Prunus wilsonii** (C. K. Schneid.) Koehne in Sarg., Pl. Wilson. 1 (1): 63 (1911).

Padus wilsonii C. K. Schneid., Repert. Spec. Nov. Regni Veg. 1 (5/6): 69 (1905); *Prunus napaulensis* var. *sericea* Batalin, Trudy Imp. S.-Peterburgsk. Bot. Sada 14 (1): 169 (1895); *Padus napaulensis* var. *sericea* (Batalin) C. K. Schneid., Ill. Handb. Laubholzk. 1: 639 (1906); *Prunus wilsonii* var. *leiobotrys* Koehne in Sarg., Pl. Wilson. 1 (1): 63 (1911); *Prunus sericea* (Batalin) Koehne in Sarg., Pl. Wilson. 1 (1): 63 (1911); *Prunus sericea* var. *septentrionalis* Koehne in Sarg., Pl. Wilson. 1 (1): 64 (1911); *Prunus sericea* var. *brevifolia* Koehne in Sarg., Pl. Wilson. 1 (1): 64 (1911); *Prunus sericea* var. *batalinii* Koehne in Sarg., Pl. Wilson. 1 (1): 64 (1911); *Prunus rufomicans* Koehne in Sarg., Pl. Wilson. 1 (1): 65 (1911); *Prunus dunniana* H. Lév., Repert. Spec. Nov. Regni Veg. 10 (257-259): 377 (1912).

陕西、甘肃、安徽、浙江、江西、湖南、湖北、四川、贵州、云南、西藏、福建、广东、广西。

仙居杏（杏梅）

●**Prunus xianjuxing** (J. Y. Zhang et X. Z. Wu) Y. H. Tong et N. H. Xia, Biodivers. Sci. 24 (6): 716 (2016).

Armeniaca xianjuxing J. Y. Zhang et X. Z. Wu, Bull. Bot. Res., Harbin 29 (1): 1 (2009).

辽宁、浙江。

雪落寨樱花（新拟）

●**Prunus xueluoensis** (C. H. Nan et X. R. Wang) Y. H. Tong et N. H. Xia, Biodivers. Sci. 24 (6): 716 (2016).

Cerasus xueluoensis C. H. Nan et X. R. Wang, Ann. Bot. Fenn. 50: 79 (2013).

江西、湖北。

姚氏樱桃（西藏樱桃）

●**Prunus yaoiana** (W. L. Zheng) Y. H. Tong et N. H. Xia, Biodivers. Sci. 24 (6): 716 (2016).

Cerasus yaoiana W. L. Zheng, Acta Phytotax. Sin. 38 (2): 195, pl. 1 (2000).

西藏。

东京樱花（日本樱花，樱花）

Prunus yedoensis Matsum., Bot. Mag. (Tokyo) 15 (174): 100 (1901).

Prunus paracerasus Koehne, Repert. Spec. Nov. Regni Veg. 7 (137-139): 133 (1909); *Prunus yedoensis* var. *nudiflora* Koehne, Repert. Spec. Nov. Regni Veg. 10 (263-265): 507 (1912); *Cerasus yedoensis* (Matsum.) A. N. Vassiljeva, Trans. Sukhumi Bot. Gard. Fasc. 10: 124 (1957).

北京、山东、江苏、江西；日本、朝鲜。

云南樱桃

●**Prunus yunnanensis** Franch., Pl. Delavay. 195 (1890).

Cerasus yunnanensis (Franch.) T. T. Yu et C. L. Li, Fl. Reipubl. Popularis Sin. 38: 64, pl. 10, f. 1-2 (1986).

四川、云南、广西。

云南樱桃（原变种）

●**Prunus yunnanensis** var. **yunnanensis**

Prunus hirtifolia Koehne in Sarg., Pl. Wilson. 1 (2): 209 (1912); *Prunus duclouxii* var. *hirtissima* Koehne, Repert. Spec. Nov. Regni Veg. 11 (286-290): 265 (1912); *Prunus duclouxii* Koehne in Sarg., Pl. Wilson. 1 (2): 242 (1912); *Prunus macgregoriana* Koehne in Sarg., Pl. Wilson. 1 (2): 240 (1912); *Cerasus duclouxii* (Koehne) T. T. Yu et C. L. Li, Fl. Reipubl. Popularis Sin. 38: 63 (1986).

四川、云南、广西。

多花云南樱桃

●**Prunus yunnanensis** var. **polybotrys** Koehne, Repert. Spec. Nov. Regni Veg. 11 (301-303): 525 (1913).

Cerasus yunnanensis var. *polybotrys* (Koehne) T. T. Yu et C. L. Li, Fl. Reipubl. Popularis Sin. 38: 64 (1986).

云南。

政和杏（红梅杏）

●**Prunus zhengheensis** (J. Y. Zhang et M. N. Lu) Y. H. Tong et N. H. Xia, Biodivers. Sci. 24 (6): 716 (2016).

Armeniaca zhengheensis J. Y. Zhang et M. N. Lu, Acta Phytotax. Sin. 37 (1): 105 (1999).

福建。

大叶桂樱（大叶野樱，大驳骨，驳骨木）

Prunus zippeliana Miq., Fl. Ned. Ind. 1: 367 (1855).

Prunus macrophylla Siebold et Zucc., Abh. Math.-Phys. Cl. Königl. Bayer. Akad. Wiss. 4: 122 (1845), non Poir. (1815); *Pygeum oxycarpum* Hance, J. Bot. 8 (92): 242 (1870); *Prunus oxycarpa* (Hance) Maxim., Bull. Acad. Imp. Sci. Saint-Pétersbourg 29 (1): 111 (1883); *Lauro-cerasus macrophylla* C. K. Schneid., Ill. Handb. Laubholzk. 1: 647, f. 355 L (1906); *Prunus macrophylla* var. *crassistyla* Cardot, Observ. Bot. 2: 624 (1920); *Prunus kanehirai* Hayata ex Hisauti, J. Jap. Bot. 12 (1): 54 (1936); *Prunus zippeliana* var. *crassistyla* (Cardot) J. E. Vidal, Fl. Cambodge, Laos et Vietnam 6: 178 (1968); *Lauro-cerasus zippeliana* (Miq.) Browicz, Arbor. Kórnickie 15: 6 (1970); *Lauro-cerasus zippeliana* (Miq.) T. T. Yu et L. T. Lu, Bull. Bot. Res., Harbin 4 (4): 49 (1984), *nom. illeg.*; *Lauro-cerasus zippeliana* var. *crassistyla* (Cardot) T. T. Yu et L. T. Lu, Bull. Bot. Res., Harbin 4 (4): 53 (1984); *Lauro-cerasus zippeliana* f. *angustifolia* T. T. Yu et L. T. Lu, Bull. Bot. Res., Harbin 4 (4): 49 (1984).

陕西、甘肃、浙江、江西、湖南、湖北、四川、贵州、云南、福建、台湾、广东、广西；日本、越南（北部）。

臀果木属 **Pygeum** Gaertn.

云南臀果木

●**Pygeum henryi** Dunn, J. Linn. Soc., Bot. 35 (247): 493

(1903).
云南。

疏花臀果木

•**Pygeum laxiflorum** Merr. ex H. L. Li, J. Arnold Arbor. 26 (1): 64 (1945).
广东、广西。

大果臀果木

•**Pygeum macrocarpum** T. T. Yu et L. T. Lu, Acta Phytotax. Sin. 23 (3): 213 (1985).
Pygeum latifolium var. *macrocarpum* (T. T. Yu et L. T. Lu) C. Y. Wu et H. Chu, Acta Bot. Yunnan. 12 (4): 379 (1990).
云南。

长圆臀果木

•**Pygeum oblongum** T. T. Yu et L. T. Lu, Acta Phytotax. Sin. 23 (3): 213 (1985).
云南。

臀果木（臀形果，木虱罗，木虱槁）

•**Pygeum topengii** Merr., Philipp. J. Sci. 15 (3): 237 (1919).
Pygeum tokangpengii Merr., Lingnan Univ. Sci. Bull. 2: 54 (1930).
湖南、贵州、云南、福建、广东、广西、海南。

西南臀果木

•**Pygeum wilsonii** Koehne, Bot. Jahrb. Syst. 52 (3): 334 (1915).
四川、云南、西藏。

西南臀果木（原变种）

•**Pygeum wilsonii** var. **wilsonii**
四川、云南、西藏。

大叶臀果木

•**Pygeum wilsonii** var. **macrophyllum** L. T. Lu, Acta Bot. Yunnan. 10 (3): 363, f. 1 (1988).
西藏。
注：Kalkman 曾将国产的该属大部分种类如 *Pygeum henryi*、*P. topengii*、*P. wilsonii*、*P. laxiflorum* 等均被并入 *Prunus arborea* var. *montana* (Hook. f.) Kalkman（见 Blumea, 13: 1-115, 1965），笔者认为此变种概念可能过大，故不采用 Kalkman 的处理意见，维持 *Flora of China* 的处理；又该属是否该并入广义李属之内也尚有争议，为了避免名称混乱，这里暂时维持独立的属处理。

火棘属 Pyracantha M. Roemer

窄叶火棘

•**Pyracantha angustifolia** (Franch.) C. K. Schneid., Ill. Handb. Laubholzk. 1: 761 (1906).
Cotoneaster angustifolius Franch., Pl. Delavay. 221 (1890).
浙江、湖北、四川、贵州、云南、西藏。

细圆齿火棘（火棘，红子，火把果）

Pyracantha crenulata (D. Don) M. Roem., Fam. Nat. Syn. Monogr. 3: 220 (1847).
Mespilus crenulatus D. Don, Prodr. Fl. Nepal. 238 (1825); *Crataegus crenulata* (D. Don) Roxb., Fl. Ind. (Roxburgh) 2: 509 (1832); *Crataegus pyracantha* var. *crenulata* (D. Don) Loudon, Arbor. Frutic. Brit. 2: 844 (1838); *Cotoneaster crenulata* (D. Don) K. Koch, Dendrologie 1: 175 (1869).
陕西、甘肃、江苏、江西、湖南、湖北、四川、贵州、云南、西藏、广东、广西；缅甸、不丹、尼泊尔、印度、克什米尔地区。

细圆齿火棘（原变种）

Pyracantha crenulata var. **crenulata**
Pyracantha chinensis M. Roem., Fam. Nat. Syn. Monogr. 3: 220 (1847).
陕西、江苏、江西、湖南、湖北、四川、贵州、云南、西藏、广东、广西；缅甸、不丹、尼泊尔、印度、克什米尔地区。

细叶细圆齿火棘（甘肃细圆齿火棘）

•**Pyracantha crenulata** var. **kansuensis** Rehder, J. Arnold Arbor. 4 (2): 114 (1923).
陕西、甘肃、四川、贵州、云南。

密花火棘

•**Pyracantha densiflora** T. T. Yu, Acta Phytotax. Sin. 8 (3): 220 (1963).
广西。

火棘（火把果，救兵粮，救军粮）

•**Pyracantha fortuneana** (Maxim.) H. L. Li, J. Arnold Arbor. 25 (4): 420 (1944).
Photinia fortuneana Maxim., Bull. Acad. Imp. Sci. Saint-Pétersbourg 19 (2): 179 (1874); *Photinia crenatoserrata* Hance, J. Bot. 18 (213): 261 (1880); *Pyracantha yunnanensis* Chitt., Gard. Chron. ser. 3, 70: 325 (1921); *Pyracantha crenatoserrata* (Hance) Rehder, J. Arnold Arbor. 12 (1): 72 (1931).
河南、陕西、江苏、浙江、湖南、湖北、四川、贵州、云南、西藏、福建、广西。

异型叶火棘

•**Pyracantha heterophylla** T. B. Chao et Zhi X. Chen, Bull. Bot. Res., Harbin 17 (3): 302 (1997).
河南。

澜沧火棘

Pyracantha inermis J. E. Vidal, Notul. Syst. (Paris) 13: 301 (1949).
Pyracantha mekongensis T. T. Yu, Acta Phytotax. Sin. 8 (3): 221 (1963).
云南；老挝。

台湾火棘（台湾火刺木）

●**Pyracantha koidzumii** (Hayata) Rehder, J. Arnold Arbor. 1 (4): 261 (1920).
Cotoneaster koidzumii Hayata, J. Coll. Sci. Imp. Univ. Tokyo 30 (1): 101 (1911); *Cotoneaster taitoensis* Hayata, J. Coll. Sci. Imp. Univ. Tokyo 30 (1): 102 (1911); *Cotoneaster formosanus* Hayata, J. Coll. Sci. Imp. Univ. Tokyo 30 (1): 101 (1911); *Pyracantha formosana* Kaneh., Formos. Trees 213 (1917), *nom. inval.*; *Pyracantha koidzumii* var. *taitoensis* (Hayata) Masam., Annual Rep. Taihoku Bot. Gard. 2: 124 (1932).
台湾。

全缘火棘（救军粮，木瓜刺）

●**Pyracantha loureiroi** (Kostel.) Merr., Trans. Amer. Philos. Soc. n. s. 24 (2): 178 (1935).
Mespilus loureiroi Kostel., Allg. Med.-Pharm. Fl. 4: 1479 (1835); *Sportella atalantioides* Hance, J. Bot. 15 (175): 207 (1877); *Pyracantha gibbsii* A. B. Jacks., Gard. Chron. ser. 3, 60: 309 (1916); *Pyracantha discolor* Rehder, J. Arnold Arbor. 1 (4): 260 (1920); *Pyracantha atalantioides* (Hance) Stapf, Bot. Mag. 151: sub. pl. 9099, f. 1-4 (1926).
陕西、湖南、湖北、四川、贵州、广东、广西。

梨属 Pyrus L.

杏叶梨（野梨）

●**Pyrus armeniacifolia** T. T. Yu, Acta Phytotax. Sin. 8 (3): 231, pl. 27, f. 2 (1963).
新疆。

杜梨（棠梨，土梨，海棠梨）

Pyrus betulifolia Bunge, Enum. Pl. China Bor. 27 (1833).
辽宁、内蒙古、河北、山西、山东、河南、陕西、甘肃、安徽、江苏、浙江、江西、湖北、贵州、西藏；老挝。

白梨（白挂梨，罐梨）

●**Pyrus bretschneideri** Rehder, Proc. Amer. Acad. Arts 50: 231 (1915).
Pyrus serotina Rehder, Proc. Amer. Acad. Arts 50: 231 (1915).
河北、山西、山东、河南、陕西、甘肃、新疆。

豆梨（鹿梨，阳檖，赤梨）

Pyrus calleryana Decne., Jard. Fruit. 1: 329 (1871).
山东、河南、陕西、安徽、江苏、浙江、江西、湖南、湖北、福建、台湾、广东、广西；日本、越南。

豆梨（原变种）

Pyrus calleryana var. **calleryana**
Pyrus aria var. *silvestrii* Pamp., Nuovo Giorn. Bot. Ital., n. s. 17 (2): 290 (1910); *Pyrus kawakamii* Hayata, J. Coll. Sci. Imp. Univ. Tokyo 30 (1): 99 (1911); *Pyrus calleryana* var. *calleryana* f. *tomentella* Rehder, J. Arnold Arbor. 2 (1): 61 (1920); *Pyrus taiwanensis* Iketani et H. Ohashi, J. Jap. Bot. 68 (1): 4, f. 1 (1993).
山东、河南、陕西、安徽、江苏、浙江、江西、湖南、湖北、福建、台湾、广东、广西；日本、越南。

全缘叶豆梨

●**Pyrus calleryana** var. **integrifolia** T. T. Yu, Acta Phytotax. Sin. 8 (3): 232 (1963).
江苏、浙江。

楔叶豆梨

●**Pyrus calleryana** var. **koehnei** (C. K. Schneid.) T. T. Yu, Fl. Reipubl. Popularis Sin. 36: 370 (1974).
Pyrus koehnei C. K. Schneid., Ill. Handb. Laubholzk. 1: 665, f. 363 m, f. 364 f-u (1906).
浙江、福建、广东、广西。

柳叶豆梨

●**Pyrus calleryana** var. **lanceolata** Rehder, J. Arnold Arbor. 7 (1): 28 (1926).
安徽、浙江、福建。

西洋梨（洋梨）

☆**Pyrus communis** var. **sativa** (DC.) DC., Prodr. (DC.) 2: 643 (1825).
Pyrus sativa DC., Fl. Franc. (Lamarck) 4: 430 (1805).
中国栽培于北部、东北部和西南部；越南、不丹、印度（锡金）、俄罗斯；亚洲、欧洲。

河北梨

●**Pyrus hopeiensis** T. T. Yu, Acta Phytotax. Sin. 8 (3): 232 (1963).
Pyrus hopeiensis var. *peninsula* D. K. Zang et W. D. Peng, Bull. Bot. Res., Harbin 17 (1): 50, f. 1 (1997).
河北、山东。

川梨（棠梨刺）

Pyrus pashia Buch.-Ham. ex D. Don, Prodr. Fl. Nepal. 236 (1825).
四川、贵州、云南、西藏；越南、老挝、缅甸、泰国、不丹、尼泊尔、印度、巴基斯坦、克什米尔地区。

川梨（原变种）

Pyrus pashia var. **pashia**
Pyrus variolosa Wall. ex G. Don, Gen. Hist. 2: 622 (1832); *Pyrus nepalensis* hort. ex Decne., Jard. Fruit. 1: 328 (1871).
四川、贵州、云南、西藏；越南、老挝、缅甸、泰国、不丹、尼泊尔、印度、巴基斯坦、克什米尔地区。

大花川梨

●**Pyrus pashia** var. **grandiflora** Cardot, Notul. Syst. (Paris) 3: 346 (1918).
贵州、云南。

无毛川梨（光梨）

Pyrus pashia var. **kumaoni** Stapf, Bot. Mag. 135: pl. 8256

(1909).
云南；印度。

钝叶川梨

•**Pyrus pashia** var. **obtusata** Cardot, Notul. Syst. (Paris) 3: 346 (1918).
四川、云南。

褐梨（棠杜梨，杜梨）

•**Pyrus phaeocarpa** Rehder, Proc. Amer. Acad. Arts 50: 235 (1915).
河北、山西、山东、陕西、甘肃、新疆。

滇梨

•**Pyrus pseudopashia** T. T. Yu, Acta Phytotax. Sin. 8 (3): 232 (1963).
贵州、云南。

沙梨（麻安梨）

Pyrus pyrifolia (Burm. f.) Nakai, Bot. Mag. (Tokyo) 40: 564 (1926).
Ficus pyrifolia Burm. f., Fl. Ind. (N. 50 Burman) 226 (1768).
安徽、江苏、浙江、江西、湖南、湖北、四川、贵州、云南、福建、广东、广西；越南、老挝。

麻梨（麻梨子，黄皮梨）

•**Pyrus serrulata** Rehder, Proc. Amer. Acad. Arts 50: 234 (1915).
浙江、江西、湖南、湖北、四川、贵州、福建、广东、广西。

新疆梨

•**Pyrus sinkiangensis** T. T. Yu, Acta Phytotax. Sin. 8 (3): 233 (1963).
新疆，栽培于陕西、甘肃、青海。

太行山梨

•**Pyrus taihangshanensis** S. Y. Wang et C. L. Chang, J. Henan Agric. Coll. 1980 (2): 10 (1980).
河南太行山。

崂山梨

•**Pyrus trilocularis** D. K. Zang et P. C. Huang, Bull. Bot. Res., Harbin 12 (4): 321 (1992).
山东。

秋子梨（花盖梨，山梨，青梨）

Pyrus ussuriensis Maxim., Bull. Phys.-Math. Acad. Saint-Pétersbourg 15: 132 (1856).
Pyrus sinensis var. *ussuriensis* (Maxim.) Makino, Bot. Mag. (Tokyo) 22: 69 (1908).
黑龙江、吉林、辽宁、内蒙古、河北、山西、山东、陕西、甘肃；朝鲜、俄罗斯；亚洲（东北部）。

秋子梨（原变种）

Pyrus ussuriensis var. **ussuriensis**
Pyrus simonii Carrière, Rev. Hort. 28 (1872); *Pyrus sinense* var. *silvestris* Makino ex Makino, Bot. Mag. (Tokyo) 22: 69 (1908).
黑龙江、吉林、辽宁、内蒙古、河北、山西、山东、陕西、甘肃；朝鲜、俄罗斯；亚洲（东北部）。

卵果秋子梨

☆**Pyrus ussuriensis** var. **ovoidea** Rehder, J. Arnold Arbor. 2: 60 (1920).
中国东北、华北、西北各地区均有栽培。

大梨（酸梨，野梨，棠梨）

•**Pyrus xerophila** T. T. Yu, Acta Phytotax. Sin. 8 (3): 233 (1963).
山西、河南、陕西、甘肃、新疆、西藏。

石斑木属 Rhaphiolepis Lindl.

锈毛石斑木

•**Rhaphiolepis ferruginea** F. P. Metcalf, Lingnan Sci. J. 18 (4): 509, pl. 16 (1939).
福建、广东、广西、海南。

锈毛石斑木（原变种）

•**Rhaphiolepis ferruginea** var. **ferruginea**
福建、广东、广西、海南。

齿叶锈毛石斑木

•**Rhaphiolepis ferruginea** var. **serrata** F. P. Metcalf, Lingnan Sci. J. 18: 511 (1939).
福建、广东、广西。

石斑木（车轮梅，春花，凿角）

Rhaphiolepis indica (L.) Lindl., Edward's Bot. Reg. 6 (1820).
Crataegus indica L., Sp. Pl. 1: 477 (1753).
安徽、浙江、江西、湖南、贵州、云南、福建、台湾、广东、广西、海南；日本、越南、老挝、泰国、柬埔寨。

石斑木（原变种）

Rhaphiolepis indica var. **indica**
Crataegus rubra Lour., Fl. Cochinch., ed. 2, 1: 320 (1790); *Rhaphiolepis rubra* (Lour.) Lindl., Coll. Bot. pl. 3 (1821); *Rhaphiolepis sinensis* M. Roem., Fam. Nat. Syn. Monogr. 3: 114 (1847); *Rhaphiolepis parvibracteolata* Merr., Philipp. J. Sci. 21 (4): 344 (1922); *Rhaphiolepis gracilis* Nakai, J. Arnold Arbor. 5 (2): 64 (1924); *Rhaphiolepis rugosa* Nakai, J. Arnold Arbor. 5 (2): 62 (1924).
安徽、浙江、江西、湖南、贵州、云南、福建、台湾、广东、广西、海南；日本、越南、老挝、泰国、柬埔寨。

恒春石斑木

•**Rhaphiolepis indica** var. **shilanensis** Y. P. Yang et H. Y. Liu, Taiwania 47 (2): 176 (2002).
Rosa forrestii Focke, Notes Roy. Bot. Gard. Edinburgh 5 (23):

67, pl. 62 (1911).
台湾。

毛序石斑木

●**Rhaphiolepis indica** var. **tashiroi** Hayata ex Matsum. et Hayata, J. Coll. Sci. Imp. Univ. Tokyo 22: 129 (1906).
台湾。

全缘石斑木

Rhaphiolepis integerrima Hook. et Arn., Bot. Beechey Voy. 263 (1838).
Rhaphiolepis mertensii Siebold et Zucc., Fl. Jap. 1: 164 (1841); *Rhaphiolepis umbellata* var. *mertensii* (Siebold et Zucc.) Makino, Bot. Mag. (Tokyo) 16 (179): 14 (1902); *Rhaphiolepis integerrima* var. *mertensii* (Siebold et Zucc.) Makino ex Koidz., J. Coll. Sci. Imp. Univ. Tokyo 34 (2): 72 (1913); *Rhaphiolepis umbellata* var. *integerrima* (Hook. et Arn.) Masam., Sci. Rep. Kanazawa Univ. 3: 3 (1995).
台湾；日本。

九龙江石斑木

●**Rhaphiolepis jiulongjiangensis** P. C. Huang et K. M. Li, J. Nanjing Forest. Univ. 13 (4): 86 (1989).
福建。

细叶石斑木

●**Rhaphiolepis lanceolata** Hu, J. Arnold Arbor. 13 (3): 335 (1932).
Rhaphiolepis indica var. *angustifolia* Cardot, Notul. Syst. (Paris) 3: 380 (1918); *Rhaphiolepis hainanensis* F. P. Metcalf, Lingnan Sci. J. 18 (4): 511 (1939).
广东、广西、海南。

大叶石斑木

●**Rhaphiolepis major** Cardot, Notul. Syst. (Paris) 3: 380 (1918).
Rhaphiolepis indica var. *grandifolia* Franch., Bull. Soc. Bot. France 46: 207 (1899).
江苏、浙江、江西、福建。

柳叶石斑木

Rhaphiolepis salicifolia Lindl., Coll. Bot. 1: pl. 3 (1821).
Rhaphiolepis kwangsiensis Hu, J. Arnold Arbor. 13 (3): 335 (1932); *Rhaphiolepis cheniana* F. P. Metcalf, Lingnan Sci. J. 18 (4): 509, pl. 15 (1939).
福建、广东、广西；越南。

五指山石斑木

●**Rhaphiolepis wuzhishanensis** W. B. Liao, R. H. Miao et Q. Fan, Novon 17 (4): 429 (2007).
海南。

鸡麻属 **Rhodotypos** Siebold et Zucc.

鸡麻

Rhodotypos scandens (Thunb.) Makino, Bot. Mag. (Tokyo) 27: 126 (1913).
Corchorus scandens Thunb., Trans. Linn. Soc. London 2: 335 (1794); *Kerria tetrapetala* Siebold, Verh. Batav. Genootsch. Kunsten 12: 69 (1830); *Rhodotypos kerrioides* Siebold et Zucc., Fl. Jap. 1: 187, pl. 99, f. 1 (1841); *Rhodotypos tetrapetala* (Siebold) Makino, Bot. Mag. (Tokyo) 17 (191): 13 (1903).
辽宁、山东、河南、陕西、甘肃、安徽、江苏、浙江、湖北；日本、朝鲜。

蔷薇属 **Rosa** L.

刺蔷薇（大叶蔷薇）

Rosa acicularis Lindl., Ros. Monogr. 44, pl. 8 (1820).
Rosa gmelinii Bunge in Ledeb., Fl. Altaic. 2: 228 (1830); *Rosa acicularis* var. *gmelinii* (Bunge) C. A. Mey., Mém. Acad. Imp. Sci. St.-Pétersbourg 6: 17 (1847); *Rosa granulosa* Keller, Bot. Jahrb. Syst. 44 (1): 46 (1910); *Rosa korsakoviensis* H. Lév., Repert. Spec. Nov. Regni Veg. 10 (257-259): 378 (1912); *Rosa acicularis* var. *glandulosa* Liou, Ill. Fl. Lign. Pl. N. E. China 564 (1955); *Rosa acicularis* var. *setacea* Liou, Ill. Fl. Lign. Pl. N. E. China 316 (1955), *nom. inval.*; *Rosa acicularis* var. *pubescens* Liou, Ill. Fl. Lign. Pl. N. E. China 564 (1955); *Rosa acicularis* var. *glandulifolia* Y. B. Chang, Bull. Bot. Res., Harbin 1 (3): 96 (1981); *Rosa acicularis* var. *albiflora* X. Lin et Y. L. Lin, Bull. Bot. Res., Harbin 12 (4): 377 (1992).
黑龙江、吉林、辽宁、内蒙古、河北、山西、陕西、甘肃、新疆；蒙古国、日本、朝鲜、哈萨克斯坦、俄罗斯；欧洲、北美洲。

白蔷薇

☆**Rosa × alba** L., Sp. Pl. 1: 492 (1753).
中国各地栽培；欧洲南部各国有栽培。

腺齿蔷薇

Rosa albertii Regel, Trudy Imp. S.-Peterburgsk. Bot. Sada 8 (1): 278 (1883).
甘肃、青海、新疆；蒙古国、哈萨克斯坦、俄罗斯。

银粉蔷薇（银茝花蔷薇，红枝蔷薇）

●**Rosa anemoniflora** Fortune ex Lindl., J. Hort. Soc. London 2: 316 (1847).
Rosa triphylla Roxb. ex Lindl., Ros. Monogr. 138 (1820), *nom. inval.*; *Rosa sempervirens* var. *anemoniflora* (Fortune ex Lindl.) Regel, Trudy Imp. S.-Peterburgsk. Bot. Sada 5 (2): 367 (1878); *Rosa triphylla* Roxb. ex Hemsl., J. Linn. Soc., Bot. 23 (155): 247 (1887) *nom. inval.*
福建，华东地区也有栽培。

白玉山蔷薇

●**Rosa baiyushanensis** Q. L. Wang, Bull. Bot. Res., Harbin 4 (4): 207 (1984).
辽宁。

木香花（木香，七里香）

●**Rosa banksiae** Aiton, Hort. Kew. (W. Aiton) ed. 2, 3: 258 (1811).
河南、甘肃、湖北、四川、贵州、云南，广泛栽培于全国各地。

木香花（原变种）

●**Rosa banksiae** var. **banksiae**
Rosa banksiae var. *alboplena* Rehder, Cycl. Amer. Hort. 4: 1552 (1902).
四川、云南，广泛栽培于全国各地。

单瓣木香花（七里香）

●**Rosa banksiae** var. **normalis** Regel, Trudy Imp. S.-Peterburgsk. Bot. Sada 5 (2): 375 (1878).
河南、甘肃、湖北、四川、贵州、云南。

拟木香（假木香蔷薇）

●**Rosa banksiopsis** Baker, Rosa (E. A. Willmott) 2: 503 (1914).
陕西、甘肃、江西、湖北、四川。

弯刺蔷薇（落花蔷薇）

Rosa beggeriana Schrenk, Enum. Pl. Nov. 1: 73 (1841).
甘肃、新疆；蒙古国、阿富汗、哈萨克斯坦。

弯刺蔷薇（原变种）

Rosa beggeriana var. **beggeriana**
甘肃、新疆；蒙古国、阿富汗、哈萨克斯坦。

毛叶弯刺蔷薇

●**Rosa beggeriana** var. **lioui** (T. T. Yu et H. T. Tsai) T. T. Yu et T. C. Ku, Bull. Bot. Res., Harbin 1 (4): 8 (1981).
Rosa lioui T. T. Yu et H. T. Tsai, Bull. Fan Mem. Inst. Biol. Bot. 7: 115 (1936).
新疆。

光叶美蔷薇

●**Rosa bella** var. **nuda** T. T. Yu et H. T. Tsai, Bull. Fan Mem. Inst. Biol. Bot. 7: 114 (1936).
河南、陕西。

小蘖叶蔷薇（单叶蔷薇）

Rosa berberifolia Pall., Nova Acta Acad. Sci. Imp. Petrop. Hist. Acad. 10: 379 (1797).
Hulthemia berberifolia (Pall.) Dumort., Not. Hulthemia 13 (1824).
新疆；哈萨克斯坦、俄罗斯。

硕苞蔷薇（野毛栗，糖钵）

Rosa bracteata J. C. Wendl., Bot. Beob. 50 (1798).
江苏、浙江、江西、湖南、贵州、云南、福建、台湾；日本（南部）。

硕苞蔷薇（原变种）

Rosa bracteata var. **bracteata**
Rosa macartnea Dum. Cours., Bot. Cult. ed. 2, 5: 483 (1811); *Rosa sinica* var. *braamiana* Regel, Trudy Imp. S.-Peterburgsk. Bot. Sada 5 (2): 327 (1878).
江苏、浙江、江西、湖南、贵州、云南、福建、台湾；日本（南部）。

密刺硕苞蔷薇

●**Rosa bracteata** var. **scabriacaulis** Lindl. ex Koidz., J. Coll. Sci. Imp. Univ. Tokyo 24 (2): 227 (1913).
浙江、福建、台湾。

复伞房蔷薇（勃朗蔷薇，万朵刺，倒钩刺）

Rosa brunonii Lindl., Ros. Monogr. 120, pl. 14 (1820).
Rosa moschata var. *nepalensis* Lindl., Edward's Bot. Reg. 10: pl. 829 (1824); *Rosa clavigera* H. Lév., Repert. Spec. Nov. Regni Veg. 13 (369): 338 (1914).
四川、云南、西藏；缅甸、不丹、尼泊尔、印度、巴基斯坦、克什米尔地区。

短角蔷薇（美人脱衣）

●**Rosa calyptopoda** Cardot, Notul. Syst. (Paris) 3: 270 (1914).
四川。

尾叶蔷薇

●**Rosa caudata** Baker, Rosa (E. A. Willmott) 2: 495 (1914).
陕西、湖北、四川。

尾叶蔷薇（原变种）

●**Rosa caudata** var. **caudata**
陕西、湖北、四川。

大花尾叶蔷薇

●**Rosa caudata** var. **maxima** T. T. Yu et T. C. Ku, Bull. Bot. Res., Harbin 1 (4): 8 (1981).
陕西、四川。

百叶蔷薇（洋蔷薇）

☆**Rosa centifolia** L., Sp. Pl. 1: 491 (1753).
Rosa gallica var. *centifolia* (L.) Regel, Trudy Imp. S.-Peterburgsk. Bot. Sada 5: 264, f. 2 (1878).
中国各地有栽培；俄罗斯。

城口蔷薇

●**Rosa chengkouensis** T. T. Yu et T. C. Ku, Bull. Bot. Res., Harbin 1 (4): 9 (1981).
重庆。

月季花

☆**Rosa chinensis** Jacq., Observ. Bot. 3: 7, t. 55 (1768).
原产于湖北、四川、贵州；国内外广泛栽培。

月季花（原变种）

☆**Rosa chinensis** var. **chinensis**
Rosa sinica L., Syst. Veg., ed. 13, 394 (1774); *Rosa nankinensis*

Lour., Fl. Cochinch. 1: 324 (1790).
国内外广泛栽培。

紫月季花

☆**Rosa chinensis** var. **semperflorens** (Curtis) Koehne, Deut. Dendrol. 281 (1893).
Rosa semperflorens Curtis, Bot. Mag. 8: t. 284 (1794).
国内外广泛栽培。

单瓣月季花

☆**Rosa chinensis** var. **spontanea** (Rehder et E. H. Wilson) T. T. Yu et T. C. Ku, Fl. Reipubl. Popularis Sin. 37: 423 (1985).
Rosa chinensis f. *spontanea* Rehder et E. H. Wilson in Sarg., Pl. Wilson. 2 (2): 320 (1915); *Rosa indica* L., Sp. Pl. 1: 492 (1753); *Rosa sinica* L., Syst. Veg., ed. 13, 394 (1774).
栽培于湖北、四川、贵州。

伞房蔷薇

●**Rosa corymbulosa** Rolfe, Bot. Mag. 140: pl. 8566 (1914).
陕西、甘肃、湖北、四川。

小果蔷薇（山木香，倒钩笏，红荆藤）

Rosa cymosa Tratt., Rosac. Monogr. 1: 87 (1823).
陕西、安徽、江苏、浙江、江西、湖南、湖北、四川、贵州、云南、福建、台湾、广东、广西；越南、老挝。

小果蔷薇（原变种）

Rosa cymosa var. **cymosa**
Rosa microcarpa Lindl., Ros. Monogr. 130, pl. 18 (1820), non Retz. (1803); *Rosa amoyensis* Hance, J. Bot. 6 (70): 297 (1868); *Rosa banksiae* var. *microcarpa* Regel, Trudy Imp. S.-Peterburgsk. Bot. Sada 5 (2): 376 (1878); *Rosa sorbiflora* Focke, Gard. Chron. ser. 3, 37: 227, f. 96 (1905); *Rosa bodinieri* H. Lév. et Vaniot, Bull. Soc. Bot. France 55: 56 (1908); *Rosa esquirolii* H. Lév. et Vaniot, Bull. Soc. Bot. France 55: 56 (1908); *Rosa chaffanjonii* H. Lév. et Vaniot, Bull. Soc. Bot. France 55: 56 (1908); *Rosa cavaleriei* H. Lév., Repert. Spec. Nov. Regni Veg. 8 (160-162): 61 (1910); *Rosa fukienensis* F. P. Metcalf, J. Arnold Arbor. 21 (2): 274 (1940).
安徽、江苏、浙江、江西、湖南、四川、贵州、云南、福建、台湾、广东、广西；越南、老挝。

大盘山蔷薇

●**Rosa cymosa** var. **dapanshanensis** F. G. Zhang, Acta Bot. Yunnan. 28 (6): 606 (2006).
浙江。

毛叶山木香

●**Rosa cymosa** var. **puberula** T. T. Yu et T. C. Ku, Bull. Bot. Res., Harbin 1 (4): 17 (1981).
陕西、安徽、江苏、湖北、广东。

岱山蔷薇

●**Rosa daishanensis** T. C. Ku, Bull. Bot. Res., Harbin 10 (1): 11 (1990).
浙江。

西北蔷薇（山刺玫，万朵刺，花制刺）

●**Rosa davidii** Crép., Bull. Soc. Roy. Bot. Belgique 13: 253 (1874).
陕西、宁夏、甘肃、四川、云南。

西北蔷薇（原变种）

●**Rosa davidii** var. **davidii**
陕西、宁夏、甘肃、四川、云南。

长果西北蔷薇

●**Rosa davidii** var. **elongata** Rehder et E. H. Wilson in Sarg., Pl. Wilson. 2 (2): 323 (1915).
Rosa parmentieri H. Lév., Repert. Spec. Nov. Regni Veg. 13 (368-369): 339 (1914).
陕西、四川。

山刺玫

Rosa davurica Pall., Fl. Ross. (Pallas) 1 (2): 61 (1788).
Rosa willdenowii Spreng., Syst. Veg. 2: 547 (1825).
黑龙江、吉林、辽宁、内蒙古、河北、山西；蒙古国、日本、朝鲜、俄罗斯（东西伯利亚）。
注：*Flora of China* 尚收录该种的两变种——光叶山刺玫 *Rosa davurica* var. *glabra* Liou 和多刺山刺玫 *Rosa davurica* var. *setacea* Liou，但刘慎谔在发表这两个变种时（Ill. Fl. Lign. Pl. N. E. China 314, 1955）均缺少必要的拉丁文描述，因此这两个变种均属于不合格发表。

德钦蔷薇

●**Rosa deqenensis** T. C. Ku, Bull. Bot. Res., Harbin 10 (1): 5 (1990).
云南。

得荣蔷薇

●**Rosa derongensis** T. C. Ku, Bull. Bot. Res., Harbin 10 (1): 7, pl. 1, f. 5 (1990).
四川。

重齿蔷薇

●**Rosa duplicata** T. T. Yu et T. C. Ku, Acta Phytotax. Sin. 18 (4): 501 (1980).
西藏。

川东蔷薇

●**Rosa fargesiana** Boulenger, Bull. Jard. Bot. État Bruxelles 14: 182 (1936).
重庆。

腺果蔷薇

Rosa fedtschenkoana Regel, Trudy Imp. S.-Peterburgsk. Bot. Sada 5 (2): 314 (1878).
新疆；哈萨克斯坦。

腺梗蔷薇（白桂花）

•**Rosa filipes** Rehder et E. H. Wilson in Sarg., Pl. Wilson. 2 (2): 311 (1915).
陕西、甘肃、四川、云南、西藏。

异味蔷薇

☆**Rosa foetida** Herrm., Diss. Bot.-Med. Rosa. 18 (1762).
新疆栽培；亚洲。

异味蔷薇（原变种）

☆**Rosa foetida** var. **foetida**
Rosa lutea Mill., Gard. Dict., ed. 8: *Rosa* no. 11 (1768); *Rosa eglanteria* Graebner, Bot. J. (London) 75: 40 (1904).
新疆栽培；亚洲。

重瓣异味蔷薇

☆**Rosa foetida** var. **persiana** (Lem.) Rehder, Mitt. Deutsch. Dendrol. Ges. 24: 222 (1916).
Rosa lutea var. *persiana* Lem., Fl. Serres Jard. Eur. 4: pl. 374 (1848).
新疆栽培；原产于亚洲西南部。

滇边蔷薇（和氏蔷薇）

•**Rosa forrestiana** Boulenger, Bull. Jard. Bot. État Bruxelles 14: 126, f. 16 (1936).
四川、云南。

大花白木香

•**Rosa fortuneana** Lindl., Paxton's Fl. Gard. 2: 71, f. 171 (1851).
福建。

陕西蔷薇

•**Rosa giraldii** Crép., Bull. Soc. Bot. Ital. 232 (1897).
山西、河南、陕西、甘肃、湖北、四川。

陕西蔷薇（原变种）

•**Rosa giraldii** var. **giraldii**
Rosa nanothamnus Boulenger, Bull. Jard. Bot. État Bruxelles 13: 206 (1935).
山西、河南、陕西、甘肃、湖北、四川。

重齿陕西蔷薇

•**Rosa giraldii** var. **bidentata** T. T. Yu et T. C. Ku, Fl. China 9: 366 (1981).
陕西。

毛叶陕西蔷薇

•**Rosa giraldii** var. **venulosa** Rehder et E. H. Wilson in Sarg., Pl. Wilson. 2 (2): 328 (1915).
陕西、湖北、四川。

绣球蔷薇

•**Rosa glomerata** Rehder et E. H. Wilson in Sarg., Pl. Wilson. 2 (2): 309 (1915).
湖北、四川、贵州、云南。

细梗蔷薇

•**Rosa graciliflora** Rehder et E. H. Wilson in Sarg., Pl. Wilson. 2 (2): 330 (1915).
四川、云南、西藏。

新疆蔷薇（新拟）

•**Rosa grubovii** Buzunova, Novosti Sist. Vyssh. Rast. 39: 211 (2007).
新疆。

卵果蔷薇（巴东蔷薇，牛黄树刺，野枯牛刺）

Rosa helenae Rehder et E. H. Wilson in Sarg., Pl. Wilson. 2 (2): 310 (1915).
陕西、甘肃、湖北、四川、贵州、云南；越南、泰国。

软条七蔷薇（亨氏蔷薇，湖北蔷薇）

•**Rosa henryi** Boulenger, Ann. Soc. Sci. Bruxelles, Ser. B 53: 143 (1933).
Rosa moschata var. *densa* Vilm., J. Hort. Soc. London 27: 484, f. 134 (1902); *Rosa gentiliana* var. *australis* Rehder et E. H. Wilson in Sarg., Pl. Wilson. 2 (2): 336 (1915); *Rosa henryi* var. *australis* (Rehder et E. H. Wilson) F. P. Metcalf, J. Arnold Arbor. 21 (1): 110 (1940); *Rosa paucispinosa* H. L. Li, J. Arnold Arbor. 26 (1): 64 (1945); *Rosa henryi* var. *glandulosa* Z. M. Wu et Z. L. Cheng, Bull. Bot. Res., Harbin 11 (4): 55, pl. 2 (1991).
河南、陕西、安徽、江苏、浙江、江西、湖南、湖北、四川、贵州、云南、福建、广东、广西。

赫章蔷薇

•**Rosa hezhangensis** T. L. Xu, Acta Phytotax. Sin. 38 (1): 74 (2000).
贵州。

黄蔷薇（大马茄子，红眼刺）

•**Rosa hugonis** Hemsl., Bot. Mag. 131: pl. 8004 (1905).
Rosa xanthinoides Nakai, Bot. Mag. (Tokyo) 32 (382): 218 (1918); *Rosa xanthina* f. *spontanea* Rehder, J. Arnold Arbor. 5 (3): 209 (1924).
山西、陕西、甘肃、青海、四川。

景泰蔷薇

•**Rosa jinterensis** Y. P. Hsu, Fl. Sinensis Area Tan-Yang 2: 355, add. 2 (1993).
宁夏、甘肃。

腺叶蔷薇

Rosa kokanica (Regel) Regel ex Juz., Fl. U. R. S. S. 10: 476 (1941).
Rosa platyacantha var. *kokanica* Regel, Trudy Imp. S.-Peterburgsk. Bot. Sada 5 (2): 313, f. 2 (1878); *Rosa platyacantha* var.

variabilis Regel, Trudy Imp. S.-Peterburgsk. Bot. Sada 5 (2): 313, f. 2 (1878); *Rosa xanthina* var. *kokanica* (Regel) Boulenger, Bull. Jard. Bot. État Bruxelles 13: 182 (1935).
新疆；蒙古国、阿富汗、哈萨克斯坦；亚洲。

长白蔷薇

Rosa koreana Kom., Trudy Imp. S.-Peterburgsk. Bot. Sada 18 (3): 434 (1901).
黑龙江、吉林、辽宁；朝鲜。

长白蔷薇（原变种）

Rosa koreana var. **koreana**
黑龙江、吉林、辽宁；朝鲜。

腺叶长白蔷薇

•**Rosa koreana** var. **glandulosa** T. T. Yu et T. C. Ku, Bull. Bot. Res., Harbin 1 (4): 6 (1981).
吉林。

昆明蔷薇

•**Rosa kunmingensis** T. C. Ku, Bull. Bot. Res., Harbin 10 (1): 10 (1990).
云南。

广东蔷薇

•**Rosa kwangtungensis** T. T. Yu et H. T. Tsai, Bull. Fan Mem. Inst. Biol. Bot. 7: 114 (1936).
福建、广东、广西。

广东蔷薇（原变种）

•**Rosa kwangtungensis** var. **kwangtungensis**
福建、广东、广西。

毛叶广东蔷薇

•**Rosa kwangtungensis** var. **mollis** F. P. Metcalf, J. Arnold Arbor. 21 (1): 111 (1940).
Rosa multiflora var. *nanningensis* Y. Wan et Z. R. Huang, Guihaia 10 (2): 97, f. 1 (1990).
福建、广东、广西。

重瓣广东蔷薇

•**Rosa kwangtungensis** var. **plena** T. T. Yu et T. C. Ku, Bull. Bot. Res., Harbin 1 (4): 13 (1981).
福建、广东。

贵州刺梨（贵州缫丝花）

•**Rosa kweichowensis** T. T. Yu et T. C. Ku, Bull. Bot. Res., Harbin 1 (4): 17 (1981).
贵州。

金樱子（刺梨子，山石榴，山鸡头子）

Rosa laevigata Michx., Fl. Bor.-Amer. 1: 295 (1803).
Rosa ternata Poir., Encycl. 6 (1): 284 (1804); *Rosa nivea* DC., Cat. Pl. Horti Monsp. 137 (1813); *Rosa cucumerina* Tratt., Rosac. Monogr. 2: 181 (1823); *Rosa amygdalifolia* Ser., Prodr. (DC.) 2: 601 (1825); *Rosa argyi* H. Lév., Bull. Soc. Bot. France 55: 56 (1908); *Rosa laevigata* var. *kaiscianensis* Pamp., Nuovo Giorn. Bot. Ital., n. s. 17 (2): 294 (1910); *Rosa laevigata* var. *leiocarpa* Y. Q. Wang et P. Y. Chen, J. Trop. Subtrop. Bot. 3 (1): 33, f. 3 (1995).
陕西、安徽、江苏、浙江、江西、湖南、湖北、四川、贵州、云南、福建、广东、广西、台湾、海南；越南。

琅琊山蔷薇

•**Rosa langyashanica** D. C. Zhang et J. Z. Shao, Acta Phytotax. Sin. 35 (3): 265 (1997).
安徽。

毛萼蔷薇

•**Rosa lasiosepala** F. P. Metcalf, J. Arnold Arbor. 21 (2): 274 (1940).
广西。

疏花蔷薇

Rosa laxa Retz., Phytogr. Bl. 39 (1803).
新疆；蒙古国、俄罗斯；亚洲。

疏花蔷薇（原变种）

Rosa laxa var. **laxa**
Rosa soongarica Bunge in Ledeb., Fl. Altaic. 2: 226 (1830); *Rosa gebleriana* Schrenk, Bull. Phys.-Math. Acad. Sci. Saint-Pétersbourg 1: 80 (1842).
新疆；蒙古国、俄罗斯；亚洲。

毛叶疏花蔷薇

•**Rosa laxa** var. **mollis** T. T. Yu et T. C. Ku, Bull. Bot. Res., Harbin 1 (4): 9 (1981).
新疆。

丽江蔷薇

•**Rosa lichiangensis** T. T. Yu et T. C. Ku, Bull. Bot. Res., Harbin 1 (4): 14 (1981).
云南。

长尖叶蔷薇（栉棠果）

Rosa longicuspis Bertol., Mém. Reale Accad. Sci. Ist. Bologna 11: 101, pl. 13 (1861).
四川、贵州、云南；印度（北部）。

长尖叶蔷薇（原变种）

Rosa longicuspis var. **longicuspis**
Rosa moschata var. *yunnanensis* Crép., Bull. Soc. Roy. Bot. Belgique 25 (2): 8 (1886); *Rosa willmottiana* H. Lév., Repert. Spec. Nov. Regni Veg. 11 (286-290): 299 (1912); *Rosa charbonneaui* H. Lév., Repert. Spec. Nov. Regni Veg. 13 (368-369): 338 (1914); *Rosa lucens* Rolfe, Bull. Misc. Inform. Kew 1916 (2): 34 (1916); *Rosa yunnanensis* (Crép.) Boulenger, Bull. Jard. Bot. État Bruxelles 9: 235 (1933).
四川、贵州、云南；印度（北部）。

多花长尖叶蔷薇

●**Rosa longicuspis** var. **sinowilsonii** (Hemsl.) T. T. Yü et T. C. Ku, Bull. Bot. Res., Harbin 1 (4): 15 (1981).
Rosa sinowilsonii Hemsl., Bull. Misc. Inform. Kew 1906 (5): 158 (1906).
四川、贵州、云南。

光叶蔷薇（维屈蔷薇）

Rosa luciae Franch. et Roch. ex Crép., Bull. Soc. Bot. Belg. 10: 323 (1871).
浙江、福建、台湾、广东、广西；日本、朝鲜、菲律宾。

光叶蔷薇（原变种）

Rosa luciae var. **luciae**
Rosa wichurana Crép., Bull. Soc. Roy. Bot. Belgique 25 (2): 189 (1886); *Rosa taquetii* H. Lév., Repert. Spec. Nov. Regni Veg. 7 (143-145): 199 (1909); *Rosa lucieae* var. *wichurana* (Crép.) Koidz., J. Coll. Sci. Imp. Univ. Tokyo 34 (2): 234 (1913); *Rosa acicularis* var. *taquetii* (H. Lév.) Nakai, Bot. Mag. (Tokyo) 30 (354): 227 (1916); *Rosa wichurana* f. *simpliciflora* T. C. Ku, Bull. Bot. Res., Harbin 10 (1): 12 (1990).
浙江、福建、台湾、广东、广西；日本、朝鲜、菲律宾。

台湾光叶蔷薇

●**Rosa luciae** var. **rosea** H. L. Li, Lloydia 14: 235 (1952).
台湾。

泸定蔷薇

●**Rosa ludingensis** T. C. Ku, Bull. Bot. Res., Harbin 10 (1): 4, pl. 1, f. 4 (1990).
四川。

大叶蔷薇

Rosa macrophylla Lindl., Ros. Monogr. 35, pl. 6 (1820).
Rosa alpina var. *macrophylla* (Lindl.) Boulenger, Bull. Jard. Bot. État Bruxelles 13: 248 (1935).
云南、西藏；不丹、印度、克什米尔地区。

大叶蔷薇（原变种）

Rosa macrophylla var. **macrophylla**
云南、西藏；不丹、印度、克什米尔地区。

腺叶大叶蔷薇

●**Rosa macrophylla** var. **glandulifera** T. T. Yu et T. C. Ku, Acta Phytotax. Sin. 18 (4): 502 (1980).
西藏。

毛叶蔷薇

●**Rosa mairei** H. Lév., Repert. Spec. Nov. Regni Veg. 11 (286-290): 299 (1912).
四川、贵州、云南、西藏。

伞花蔷薇（牙门太，牙门杠，钩脚藤）

Rosa maximowicziana Regel, Trudy Imp. S.-Peterburgsk. Bot. Sada 5 (2): 378 (1878).
Rosa fauriei H. Lév., Repert. Spec. Nov. Regni Veg. 7 (143-145): 199 (1909).
辽宁、山东；朝鲜、俄罗斯（远东）。

米易蔷薇

●**Rosa miyiensis** T. C. Ku, Bull. Bot. Res., Harbin 10 (1): 9 (1990).
四川。

玉山蔷薇

●**Rosa morrisonensis** Hayata, J. Coll. Sci. Imp. Univ. Tokyo 30 (1): 97 (1911).
Rosa sericea var. *morrisonensis* (Hayata) Masam., Trans. Nat. Hist. Soc. Taiwan 28: 435 (1938).
台湾。

华西蔷薇（穆氏蔷薇，红花蔷薇）

●**Rosa moyesii** Hemsl. et E. H. Wilson, Bull. Misc. Inform. Kew 1906 (5): 159 (1906).
陕西、四川、云南。

华西蔷薇（原变种）

●**Rosa moyesii** var. **moyesii**
陕西、四川、云南。

毛叶华西蔷薇

●**Rosa moyesii** var. **pubescens** T. T. Yu et H. T. Tsai, Bull. Fan Mem. Inst. Biol. Bot. 7: 116 (1936).
四川、西藏。

多苞蔷薇

●**Rosa multibracteata** Hemsl. et E. H. Wilson, Bull. Misc. Inform. Kew 1906 (5): 157 (1906).
Rosa rotundibracteata Cardot, Notul. Syst. (Paris) 3: 270 (1914); *Rosa reducta* Baker, Rosa (E. A. Willmott) 2: 489, pl. 158 (1914); *Rosa orbicularis* Baker, Rosa (E. A. Willmott) 2: 493 (1914); *Rosa latibracteata* Boulenger, Bull. Jard. Bot. État Bruxelles 14: 124, f. 15 (1936).
四川、云南。

野蔷薇（墙蘼，刺花，营实）

Rosa multiflora Thunb., Syst. Veg. 474 (1784).
河北、北京、山东、河南、陕西、甘肃、安徽、江苏、浙江、江西、湖南、贵州、福建、台湾、广东、广西；日本、朝鲜。

野蔷薇（原变种）

Rosa multiflora var. **multiflora**
Rosa blinii H. Lév., Bull. Acad. Int. Géogr. Bot. 25: 46 (1915); *Rosa lebrunei* H. Lév., Bull. Acad. Int. Géogr. Bot. 25: 46 (1915).
山东、河南、江苏；日本、朝鲜。

白玉堂

●**Rosa multiflora** var. **alboplena** T. T. Yu et T. C. Ku, Bull. Bot. Res., Harbin 1 (4): 12 (1981).

河北、北京、山东。

七姊妹（十姊妹）

☆**Rosa multiflora** var. **carnea** Thory, Roses 2: 67 (1821).

Rosa multiflora var. *platyphylla* Thory, Redoute Roses 2: 69 (1821); *Rosa multiflora* var. *carnea* f. *platyphylla* (Thory) Rehder et E. H. Wilson in Sarg., Pl. Wilson. 2 (2): 306 (1915).

全国各地有栽培。

粉团蔷薇（红刺玫）

●**Rosa multiflora** var. **cathayensis** Rehder et E. H. Wilson in Sarg., Pl. Wilson. 2 (2): 304 (1915).

Rosa gentiliana H. Lév. et Vaniot, Bull. Soc. Bot. France 55: 55 (1908); *Rosa damascena* f. *brachyacantha* Focke, Notes Roy. Bot. Gard. Edinburgh 5 (23): 67 (1911); *Rosa adenoclada* H. Lév., Repert. Spec. Nov. Regni Veg. 10 (260-262): 431 (1912); *Rosa multiflora* var. *brachyacantha* (Focke) Rehder et E. H. Wilson in Sarg., Pl. Wilson. 2 (2): 334 (1915); *Rosa macrophylla* var. *hypoleuca* H. Lév., Fl. Kouy-Tcheou 354 (1915); *Rosa cathayensis* (Rehder et E. H. Wilson) L. H. Bailey, Gentes Herb. 29 (1920); *Rosa gentiliana* f. *puberula* Hand.-Mazz., Symb. Sin. 7 (3): 525 (1933); *Rosa calva* var. *cathayensis* (Rehder et E. H. Wilson) Boulenger, Bull. Jard. Bot. État Bruxelles 9 (4): 271 (1933); *Rosa multiflora* var. *gentiliana* (H. Lév. et Vaniot) T. T. Yu et H. T. Tsai, Bull. Fan Mem. Inst. Biol. Bot. 7: 117 (1936); *Rosa kwangsiensis* H. L. Li, J. Arnold Arbor. 26 (1): 63 (1945).

河北、山东、河南、陕西、甘肃、安徽、浙江、江西、湖南、贵州、云南、福建、广东、广西。

台湾野蔷薇

●**Rosa multiflora** var. **formosana** Cardot, Notul. Syst. (Paris) 3: 263 (1916).

Rosa formosana (Cardot) Koidz., Fl. Symb. Orient.-Asiat. 55 (1930); *Rosa calva* var. *formosana* (Cardot) Boulenger, Bull. Jard. Bot. État Bruxelles 9: 271 (1933).

台湾。

桃源蔷薇

●**Rosa multiflora** var. **taoyuanensis** Z. M. Wu, Guihaia 8 (3): 238, f. 2 (1988).

安徽。

西南蔷薇（缪雷蔷薇）

●**Rosa murielae** Rehder et E. H. Wilson in Sarg., Pl. Wilson. 2 (2): 326 (1915).

四川、云南。

香水月季

☆**Rosa odorata** (Andrews) Sweet, Hort. Suburb. Lond. 119 (1818).

Rosa indica var. *odorata* Andrews, Roses 2: pl. 77 (1810).

原产于云南，江苏、浙江、四川等地有栽培；越南、缅甸、泰国。

香水月季（原变种）

☆**Rosa odorata** var. **odorata**

Rosa indica var. *fragrans* Thory, Roses 1: 61, pl. 19 (1817); *Rosa odoratissima* Sweet ex Lindl., Ros. Monogr. 106 (1820); *Rosa thea* Savi, Fl. Ital. 2: pl. 47 (1822); *Rosa oulengensis* H. Lév., Repert. Spec. Nov. Regni Veg. 11 (286-290): 299 (1912); *Rosa gechouitangensis* H. Lév., Repert. Spec. Nov. Regni Veg. 11 (286-290): 299 (1912); *Rosa tongtchouanensis* H. Lév., Repert. Spec. Nov. Regni Veg. 11 (286-290): 300 (1912).

江苏、浙江、四川、云南等地有栽培。

粉红香水月季（紫花香水月季）

●**Rosa odorata** var. **erubescens** (Focke) T. T. Yu et T. C. Ku, Fl. Reipubl. Popularis Sin. 37: 424 (1985).

Rosa gigantea f. *erubescens* Focke, Notes Roy. Bot. Gard. Edinburgh 7 (23): 68 (1911); *Rosa odorata* f. *erubescens* (Focke) Rehder et E. H. Wilson in Sarg., Pl. Wilson. 2 (2): 339 (1915).

云南。

大花香水月季

Rosa odorata var. **gigantea** (Collett ex Crép.) Reher et E. H. Wilson in Sarg., Pl. Wilson. 2 (2): 338 (1915).

Rosa gigantea Collett ex Crép, Bull. Soc. Roy. Bot. Belgique 27: 148 (1888); *Rosa macrocarpa* Watt ex Crép., Bull. Soc. Roy. Bot. Belgique 28: 13 (1889), non Mérat (1812); *Rosa xanthocarpa* Watt ex E. Willm., Rosa (E. A. Willmott) 1: 100 (1911); *Rosa duclouxii* H. Lév. ex Rehder et E. H. Wilson in Sarg., Pl. Wilson. 2 (2): 339 (1915).

云南；越南、缅甸、泰国。

橘黄香水月季

●**Rosa odorata** var. **pseudindica** (Lindl.) Rehder, Mitt. Deutsch. Dendrol. Ges. 1915 (24): 221 (1916).

Rosa pseudoindica Lindl., Ros. Monogr. 132 (1820); *Rosa chinensis* var. *pseudoindica* (Lindl.) E. Willm., Rosa (E. A. Willmott) 1: 85 (1911).

云南。

峨眉蔷薇（刺石榴，山石榴）

●**Rosa omeiensis** Rolfe, Bot. Mag. 138: t. 8471 (1912).

Rosa sericea f. *aculeatoeglandulosa* Focke, Notes Roy. Bot. Gard. Edinburgh 5: 69 (1911); *Rosa sericea* f. *inermieglandulosa* Focke, Notes Roy. Bot. Gard. Edinburgh 5 (23): 69 (1911); *Rosa sorbus* H. Lév., Repert. Spec. Nov. Regni Veg. 13 (368-369): 338 (1914).

云南、西藏。

尖刺蔷薇

Rosa oxyacantha M. Bieb., Fl. Taur.-Caucas. 3: 338 (1819).

Rosa pimpinellifolia var. *subalpina* Bunge ex M. Bieb., Fl. Taur.-Caucas. 3: 338 (1819).
新疆；蒙古国、俄罗斯。

全针蔷薇

•**Rosa persetosa** Rolfe, Bull. Misc. Inform. Kew 1913 (7): 263 (1913).
Rosa elegantula Rolfe, Bull. Misc. Inform. Kew 1916 (8): 188 (1916).
四川。

羽萼蔷薇

•**Rosa pinnatisepala** T. C. Ku, Bull. Bot. Res., Harbin 10 (1): 2 (1990).
四川。

宽刺蔷薇

Rosa platyacantha Schrenk, Bull. Sci. Acad. Imp. Sci. Saint-Pétersbourg. 10: 254 (1842).
新疆；蒙古国、哈萨克斯坦。

中甸刺玫

•**Rosa praelucens** Bijh., J. Arnold Arbor. 10: 97 (1929).
云南。

铁杆蔷薇（勃拉蔷薇）

•**Rosa prattii** Hemsl., J. Linn. Soc., Bot. 29 (202): 307, f. 30 (1892).
甘肃、四川、云南。

太鲁阁蔷薇

•**Rosa pricei** Hayata, Icon. Pl. Formosan. 5: 58 (1915).
Rosa kanzanensis Masam., Trans. Nat. Hist. Soc. Formosa 26: 55 (1936).
台湾。

樱草蔷薇（大马茄子）

•**Rosa primula** Boulenger, Bull. Jard. Bot. État Bruxelles 14: 121 (1936).
河北、山西、河南、陕西、甘肃、四川。

粉蕾木香

•**Rosa pseudobanksiae** T. T. Yu et T. C. Ku, Bull. Bot. Res., Harbin 1 (4): 11 (1981).
云南。

缫丝花（刺蘼，刺梨，文光果）

Rosa roxburghii Tratt., Rosac. Monogr. 2: 233 (1823).
Rosa microphylla var. *glabra* Regel, Tent. Ros. Monogr. 38 (1877), *nom. illeg. superfl.*; *Juzepczukia roxburghii* (Tratt.) Chrshan., Monogr. Stud. Gen. Rosa Eur. U. S. S. R. 18, in obs. 110 (1958).
陕西、甘肃、安徽、浙江、江西、湖南、湖北、四川、贵州、云南、西藏、福建、广西；日本。

悬钩子蔷薇

•**Rosa rubus** H. Lév. et Vaniot, Bull. Soc. Bot. France 55: 55 (1908).
Rosa rubus var. *yunnanensis* H. Lév., Bull. Soc. Bot. France 55: 55 (1908); *Rosa moschata* var. *hupehensis* Pamp., Nuovo Giorn. Bot. Ital., n. s. 17 (2): 295 (1910); *Rosa gentiliana* f. *puberula* Hand.-Mazz., Symb. Sin. 7 (3): 525 (1933); *Rosa ernestii* Stapf ex Bean, Trees et Shrubs Brit. Isles 3: 349 (1933); *Rosa henryi* var. *puberula* (Hand.-Mazz.) F. P. Metcalf, J. Arnold Arbor. 21 (1): 111 (1940).
陕西、甘肃、浙江、江西、湖北、四川、贵州、云南、福建、广东、广西。

玫瑰

Rosa rugosa Thunb., Syst. Veg. 473 (1784).
Rosa ferox Lawrance, Coll. Roses. 42 (1799); *Rosa pubescens* Roxb., Fl. Ind. (Roxburgh) 2: 514 (1832).
吉林、辽宁、山东，广泛栽培于中国其他地区；日本、朝鲜、俄罗斯。

山蔷薇

•**Rosa sambucina** var. **pubescens** Koidz., Bot. Mag. (Tokyo) 31: 130 (1917).
Rosa rubus var. *pubescens* Hayata, Gen. Ind. Pl. Form. 24 (1917), *nom. nud.*
台湾。

大红蔷薇

•**Rosa saturata** Baker, Rosa (E. A. Willmott) 2: 503 (1914).
浙江、湖北、四川。

大红蔷薇（原变种）

•**Rosa saturata** var. **saturata**
浙江、湖北、四川。

腺叶大红蔷薇

•**Rosa saturata** var. **glandulosa** T. T. Yu et T. C. Ku, Bull. Bot. Res., Harbin 1 (4): 9 (1981).
四川。

绢毛蔷薇

Rosa sericea Lindl., Ros. Monogr. 105 (1820).
Rosa wallichii Tratt., Rosac. Monogr. 2: 293 (1823); *Rosa tetrapetala* Royle, Ill. Bot. Himal. Mts. 208, pl. 42 (1835).
四川、贵州、云南、西藏；缅甸、不丹、印度。

钝叶蔷薇

•**Rosa sertata** Rolfe, Bot. Mag. 139: pl. 8473 (1913).
山西、河南、陕西、甘肃、安徽、江苏、浙江、江西、湖北、四川、云南。

钝叶蔷薇（原变种）

•**Rosa sertata** var. **sertata**
Rosa iochanensis H. Lév., Repert. Spec. Nov. Regni Veg. 13

(368-369): 339 (1914); *Rosa hwangshanensis* P. S. Hsu, Observ. Fl. Hwangshan. 127, f. 3 (1965).
山西、河南、陕西、甘肃、安徽、江苏、浙江、江西、湖北、四川、云南。

多对钝叶蔷薇

●**Rosa sertata** var. **multijuga** T. T. Yu et T. C. Ku, Bull. Bot. Res., Harbin 1 (4): 12 (1981).
四川。

刺梗蔷薇（刺毛蔷薇，刺柄蔷薇）

●**Rosa setipoda** Hemsl. et E. H. Wilson, Bull. Misc. Inform. Kew 1906 (5): 158 (1906).
Rosa macrophylla var. *crasseaculeata* Vilm., J. Hort. Soc. London 27: 487, f. 134, 136 (1902); *Rosa hemsleyana* Tackh., Acta Horti Berg. 7: 150 (1922).
湖北、四川。

商城蔷薇

●**Rosa shangchengensis** T. C. Ku, Bull. Bot. Res., Harbin 10 (1): 8 (1990).
河南。

川西蔷薇（西康蔷薇）

●**Rosa sikangensis** T. T. Yu et T. C. Ku, Acta Phytotax. Sin. 18 (4): 501 (1980).
四川、云南、西藏。

双花蔷薇

●**Rosa sinobiflora** T. C. Ku, Fl. China 9: 362 (2003).
Rosa biflora T. C. Ku, Bull. Bot. Res., Harbin 10 (1): 3 (1990), non Aubl. (1775).
云南。

川滇蔷薇（苏利蔷薇）

●**Rosa soulieana** Crép., Compt. Rend. Soc. Bot. Belg. 35: 21 (1896).
安徽、四川、重庆、云南、西藏。

川滇蔷薇（原变种）

●**Rosa soulieana** var. **soulieana**
安徽、四川、云南、西藏。

小叶川滇蔷薇

●**Rosa soulieana** var. **microphylla** T. T. Yu et T. C. Ku, Acta Phytotax. Sin. 18 (4): 502 (1980).
云南、西藏。

大叶川滇蔷薇

●**Rosa soulieana** var. **sungpanensis** Rehder, J. Arnold Arbor. 11 (3): 161 (1930).
四川。

毛叶川滇蔷薇

●**Rosa soulieana** var. **yunnanensis** C. K. Schneid., Bot. Gaz. 64: 77 (1917).
四川、重庆、云南。

密刺蔷薇

Rosa spinosissima L., Sp. Pl. 1: 491 (1753).
新疆；俄罗斯；亚洲、欧洲。

密刺蔷薇（原变种）

Rosa spinosissima var. **spinosissima**
新疆；俄罗斯；亚洲、欧洲。

大花密刺蔷薇

Rosa spinosissima var. **altaica** (Willd.) Rehder, Cycl. Amer. Hort. 4: 1557 (1902).
Rosa altaica Willd., Enum. Pl. (Willdenow) 1: 543 (1809).
新疆；俄罗斯。

无子刺梨

●**Rosa sterilis** S. D. Shi, Guizhou Sci. 3 (1): 8 (1985).
贵州。

无子刺梨（原变种）

●**Rosa sterilis** var. **sterilis**
贵州。

光枝无子刺梨

●**Rosa sterilis** var. **leioclada** M. T. An, Y. Z. Cheng et M. Zhong, Seed 28 (1): 63 (2009).
贵州。

扁刺蔷薇（油瓶子，野刺玫）

●**Rosa sweginzowii** Koehne, Repert. Spec. Nov. Regni Veg. 8 (157-159): 22 (1910).
陕西、甘肃、青海、湖北、四川、云南、西藏。

扁刺蔷薇（原变种）

●**Rosa sweginzowii** var. **sweginzowii**
陕西、甘肃、青海、湖北、四川、云南、西藏。

腺叶扁刺蔷薇

●**Rosa sweginzowii** var. **glandulosa** Cardot, Notul. Syst. (Paris) 3: 269 (1914).
甘肃、四川、云南、西藏。

毛瓣扁刺蔷薇

●**Rosa sweginzowii** var. **stevensii** (Rehder) T. C. Ku, Fl. China 9: 363 (2003).
Rosa stevensii Rehder, J. Arnold Arbor. 11 (3): 162 (1930).
四川。

小金樱

●**Rosa taiwanensis** Nakai, Bot. Mag. (Tokyo) 30: 238 (1916).
台湾。

俅江蔷薇

●**Rosa taronensis** T. T. Yu, Bull. Bot. Res., Harbin 1 (4): 6

(1981).
云南。

西藏蔷薇

●**Rosa tibetica** T. T. Yu et T. C. Ku, Acta Phytotax. Sin. 18 (4): 500 (1980).
西藏。

高山蔷薇

Rosa transmorrisonensis Hayata, Icon. Pl. Formosan. 3: 97 (1913).
台湾；菲律宾。

秦岭蔷薇

●**Rosa tsinglingensis** Pax et K. Hoffm., Repert. Spec. Nov. Regni Veg. Beih. 12: 414 (1922).
陕西、甘肃。

单花合柱蔷薇

●**Rosa uniflorella** Buzunova, Novon 4 (3): 209 (1994).
Rosa uniflora T. T. Yu et T. C. Ku, Bull. Bot. Res., Harbin 1 (4): 12 (1981), non Galushko (1959).
浙江。

单花合柱蔷薇（原亚种）

●**Rosa uniflorella** subsp. **uniflorella**
浙江。

腺瓣蔷薇

●**Rosa uniflorella** subsp. **adenopetala** L. Qian et X. F. Jin, Guihaia 28 (4): 455 (2008).
浙江。

藏边蔷薇

Rosa webbiana Wall. ex Royle, Ill. Bot. Himal. Mts. 208, pl. 42, f. 2 (1835).
西藏；蒙古国、尼泊尔、印度、阿富汗、克什米尔地区。

维西蔷薇

●**Rosa weisiensis** T. T. Yu et T. C. Ku, Bull. Bot. Res., Harbin 1 (4): 16 (1981).
云南。

小叶蔷薇

●**Rosa willmottiae** Hemsl., Bull. Misc. Inform. Kew 1907 (8): 317 (1907).
甘肃、青海、四川、云南、西藏。

小叶蔷薇（原变种）

●**Rosa willmottiae** var. **willmottiae**
甘肃、青海、四川、云南、西藏。

腺毛小叶蔷薇（多腺小叶蔷薇）

●**Rosa willmottiae** var. **glandulifera** T. T. Yu et T. C. Ku, Acta Phytotax. Sin. 18 (4): 503 (1980).
Rosa willmottiae var. *glandulosa* T. T. Yu et T. C. Ku, Bull. Bot. Res., Harbin 1 (4): 8 (1981).
甘肃、四川、云南、西藏。

黄刺玫

●**Rosa xanthina** Lindl., Ros. Monogr. 132 (1820).
Rosa xanthinoides Nakai, Bot. Mag. (Tokyo) 32 (382): 281 (1918).
黑龙江、吉林、辽宁、内蒙古、河北、山西、山东、陕西、甘肃。

中甸蔷薇

●**Rosa zhongdianensis** T. C. Ku, Bull. Bot. Res., Harbin 10 (1): 1 (1990).
云南。

悬钩子属 Rubus L.

尖叶悬钩子

Rubus acuminatus Sm., Cycl. (Rees) 30: *Rubus* no. 43 (1819).
贵州、云南；越南、不丹、尼泊尔、印度。

尖叶悬钩子（原变种）

Rubus acuminatus var. **acuminatus**
Rubus oxyphyllus Wall., Numer. List n. 7110 (1821), *nom. nud.*; *Rubus betulinus* D. Don, Prodr. Fl. Nepal. 233 (1825).
云南；越南、不丹、尼泊尔、印度。

柔毛尖叶悬钩子

●**Rubus acuminatus** var. **puberulus** T. T. Yu et L. T. Lu, Acta Phytotax. Sin. 20 (3): 308 (1982).
贵州。

腺毛莓

●**Rubus adenophorus** Rolfe, Bull. Misc. Inform. Kew 1910 (10): 382 (1910).
Rubus sagatus Focke, Biblioth. Bot. 17 [Heft 72 (2)]: 198, f. 80 (1911).
浙江、江西、湖南、湖北、贵州、福建、广东、广西。

粗叶悬钩子（羽萼悬钩子）

Rubus alceifolius Poir., Encycl. 6 (1): 247 (1804).
Rubus monguillonii H. Lév. et Vaniot, Bull. Acad. Int. Géogr. Bot. 11: 101 (1902); *Rubus hainanensis* Focke, Biblioth. Bot. 17 [Heft 72 (1)]: 83, f. 31 (1910); *Rubus fimbriiferus* Focke, Biblioth. Bot. 17 [Heft 72 (1)]: 80 (1910); *Rubus laciniatostipulatus* Hayata ex Koidz., J. Coll. Sci. Imp. Univ. Tokyo 34 (2): 154 (1913); *Rubus multibracteatus* var. *demangei* H. Lév., Repert. Spec. Nov. Regni Veg. 11 (304-308): 548 (1913); *Rubus fimbriiferus* var. *diversilobatus* Merr. et Chun, Sunyatsenia 5 (1-3): 72 (1940); *Rubus bullatifolius* Merr., Brittonia 4: 86 (1941); *Rubus alceifolius* var. *diversilobatus* (Merr. et Chun) T. T. Yu et L. T. Lu, Fl. Reipubl. Popularis Sin. 37: 160 (1985).

江苏、浙江、江西、湖南、贵州、云南、福建、台湾、广东、广西、海南；日本、菲律宾、越南、老挝、缅甸、泰国、柬埔寨、马来西亚、印度尼西亚。

刺萼悬钩子

Rubus alexeterius Focke, Notes Roy. Bot. Gard. Edinburgh 5 (23): 75, pl. 67 (1911).
四川、云南、西藏；不丹、尼泊尔。

刺萼悬钩子（原变种）

Rubus alexeterius var. **alexeterius**
四川、云南、西藏；不丹、尼泊尔。

腺毛刺萼悬钩子

Rubus alexeterius var. **acaenocalyx** (H. Hara) T. T. Yu et L. T. Lu, Fl. Xizang. 2: 613 (1984).
Rubus acaenocalyx H. Hara, J. Jap. Bot. 47 (4): 109, f. 1 (1972).
四川、云南、西藏；不丹、尼泊尔。

桤叶悬钩子

●**Rubus alnifoliolatus** H. Lév., Bull. Soc. Bot. France 53: 549 (1906).
台湾。

秀丽莓（美丽悬钩子）

●**Rubus amabilis** Focke, Bot. Jahrb. Syst. 36 (Beibl. 82): 53 (1905).
山西、河南、陕西、甘肃、青海、湖北、四川、重庆。

秀丽莓（原变种）

●**Rubus amabilis** var. **amabilis**
山西、河南、陕西、甘肃、青海、湖北、四川。

刺萼秀丽莓

●**Rubus amabilis** var. **aculeatissimus** T. T. Yu et L. T. Lu, Acta Phytotax. Sin. 20 (3): 301 (1982).
四川、重庆。

小果秀丽莓

●**Rubus amabilis** var. **microcarpus** T. T. Yu et L. T. Lu, Acta Phytotax. Sin. 20 (3): 301 (1982).
甘肃、青海。

周毛悬钩子

●**Rubus amphidasys** Focke ex Diels, Bot. Jahrb. Syst. 29 (3-4): 396 (1900).
Rubus chaffanjonii H. Lév. et Vaniot, Bull. Acad. Int. Géogr. Bot. 11: 98 (1902).
安徽、浙江、江西、湖南、湖北、四川、贵州、福建、广东、广西。

狭苞悬钩子

●**Rubus angustibracteatus** T. T. Yu et L. T. Lu, Acta Phytotax. Sin. 20 (4): 453 (1982).
四川。

灰叶悬钩子

●**Rubus arachnoideus** Y. C. Liu et F. Y. Lu, Quart. J. Chin. Forest. 9 (2): 129 (1976).
Rubus nagasawanus var. *arachnoideus* (Y. C. Liu et F. Y. Lu) S. S. Ying, Col. Illustr. Fl. Taiwan 1: 422 (1985).
台湾。

北悬钩子

Rubus arcticus L., Sp. Pl. 1: 494 (1753).
黑龙江、吉林、辽宁、内蒙古；蒙古国、朝鲜、俄罗斯；欧洲（北部）。

西南悬钩子

Rubus assamensis Focke, Abh. Naturwiss. Vereine Bremen 4: 197 (1874).
Rubus sepalanthus Focke ex Diels, Bot. Jahrb. Syst. 29 (3-4): 391 (1900); *Rubus bahanensis* Hand.-Mazz., Anz. Akad. Wiss. Wien, Math.-Naturwiss. Kl. 60: 183 (1923); *Rubus qinglongensis* Q. H. Chen et T. L. Xu, Acta Bot. Yunnan. 15 (4): 362 (1993).
四川、贵州、云南、西藏、广西；缅甸（东北部）、印度（东北部）。

橘红悬钩子

●**Rubus aurantiacus** Focke, Biblioth. Bot. 17 [Heft 72 (2)]: 211 (1911).
四川、贵州、云南、西藏。

橘红悬钩子（原变种）

●**Rubus aurantiacus** var. **aurantiacus**
四川、云南、西藏。

钝叶橘红悬钩子

●**Rubus aurantiacus** var. **obtusifolius** T. T. Yu et L. T. Lu, Acta Phytotax. Sin. 20 (3): 297 (1982).
贵州、云南。

藏南悬钩子

●**Rubus austrotibetanus** T. T. Yu et L. T. Lu, Acta Phytotax. Sin. 18 (4): 496 (1980).
云南、西藏。

竹叶鸡爪茶（老林茶，短柄鸡爪茶）

●**Rubus bambusarum** Focke, Hooker's Icon. Pl. 30 (3): sub. pl. 1952 (1891).
Rubus henryi var. *bambusarum* (Focke) Rehder, J. Arnold Arbor. 2 (3): 179 (1921).
陕西、湖北、四川、贵州。

粉枝莓

Rubus biflorus Buch.-Ham. ex Sm. in Rees, Cycl. 30: Ruus

no. 9 (1819).
陕西、甘肃、四川、贵州、云南、西藏；缅甸、不丹、尼泊尔、印度、克什米尔地区。

粉枝莓（原变种）

Rubus biflorus var. **biflorus**
Rubus biflorus var. *quinqueflorus* Focke in Sarg., Pl. Wilson. 1 (1): 53 (1911); *Rubus biflorus* var. *spinocalycinus* Y. Gu et W. L. Li, Bull. Bot. Res., Harbin 20 (2): 122 (2000).
陕西、甘肃、四川、贵州、云南、西藏；缅甸、不丹、尼泊尔、印度、克什米尔地区。

腺毛粉枝莓

•**Rubus biflorus** var. **adenophorus** Franch., Pl. Delavay. 207 (1890).
Rubus biflorus f. *parceglanduliger* Focke, Notes Roy. Bot. Gard. Edinburgh 5 (23): 75 (1911).
云南、西藏。

柔毛粉枝莓

•**Rubus biflorus** var. **pubescens** T. T. Yu et L. T. Lu, Acta Phytotax. Sin. 20 (3): 300 (1982).
四川。

滇北悬钩子

•**Rubus bonatianus** Focke, Biblioth. Bot. 19 (Heft 83): 43, f. 12 (99) (1914).
四川、云南。

短柄悬钩子

•**Rubus brevipetiolatus** T. T. Yu et L. T. Lu, Acta Phytotax. Sin. 20 (4): 453 (1982).
广西。

寒莓（地莓，大叶寒莓，水漂沙）

Rubus buergeri Miq., Ann. Mus. Bot. Lugduno-Batavi 3: 36 (1867).
Rubus bodinieri H. Lév. et Vaniot, Bull. Acad. Int. Géogr. Bot. 11 (149-150): 97 (1902); *Rubus shimadai* Hayata, Icon. Pl. Formosan. 3: 94 (1913); *Rubus pseudobuergeri* Sasaki, Trans. Nat. Hist. Soc. Taiwan 21: 249 (1931); *Rubus buergeri* var. *pseudobuergeri* (Sasaki) Tang S. Liu et T. Y. Yang, Ann. J. Sci. Taiwan Mus. 12: 7 (1969).
安徽、江苏、浙江、江西、湖南、湖北、四川、贵州、云南、福建、台湾、广东、广西；日本、朝鲜。

欧洲木莓

Rubus caesius L., Sp. Pl. 1: 493 (1753).
Rubus caesius var. *turkestanicus* Regel, Gartenflora 41: 106, f. 25 (1892); *Rubus caesius* subsp. *leucosepalus* Focke, Bibl. Bot. 83: 254 (1914); *Rubus caesius* subsp. *turkestanicus* (Regel) Focke, Bibl. Bot. 83: 254 (1914); *Rubus psilophyllus* Nevski, Trudy Bot. Inst. Akad. Nauk S. S. S. R., Ser. 1, Fl. Sist. Vyssh. Rast. 4: 247 (1917); *Rubus turkestanicus* (Regel) Pavlov, Acta Univ. As. Med. ser. 8 b, Bot. 19: 17 (1935).
新疆；俄罗斯；亚洲（西南部）、欧洲、北美洲。

美叶悬钩子

Rubus calophyllus C. B. Clarke, J. Linn. Soc., Bot. 25: 19 (1889).
西藏；不丹、印度。

猥莓

•**Rubus calycacanthus** H. Lév., Repert. Spec. Nov. Regni Veg. 8 (160-162): 58 (1910).
Rubus labbei H. Lév. et Vaniot, Repert. Spec. Nov. Regni Veg. 8 (191-195): 549 (1910); *Rubus echinoides* F. P. Metcalf, Lingnan Sci. J. 19 (1): 24, f. 2 (1940).
贵州、云南、广西。

齿萼悬钩子

Rubus calycinus Wall. ex D. Don, Prodr. Fl. Nepal. 235 (1825).
Dalibarda calycina (Wall. ex D. Don) Ser. ex DC., Prodr. (DC.) 2: 568 (1825).
四川、云南、西藏；缅甸、印度尼西亚、不丹、尼泊尔、印度。

尾叶悬钩子

•**Rubus caudifolius** Wuzhi, Fl. Hupeh. 2: 188, f. 973 (1979).
浙江、湖南、湖北、贵州、福建、广西。

兴安悬钩子

Rubus chamaemorus L., Sp. Pl. 1: 494 (1753).
黑龙江、吉林、辽宁；日本、朝鲜、俄罗斯；欧洲（中部和北部）、北美洲。

长序莓

•**Rubus chiliadenus** Focke, Hooker's Icon. Pl. 20 (3): sub. pl. 1952, f. 4 (1891).
湖北、四川、贵州。

掌叶覆盆子（大号角公，牛奶母）

Rubus chingii Hu, J. Arnold Arbor. 6 (3): 141 (1925).
安徽、江苏、浙江、江西、福建、广西；日本。

掌叶覆盆子（原变种）

Rubus chingii var. **chingii**
Rubus palmatus Hemsl., J. Linn. Soc., Bot. 23: 234 (1887), non Thunb. (1784); *Rubus officinalis* Koidz., Bot. Mag. (Tokyo) 44 (518): 105 (1930).
安徽、江苏、浙江、江西、福建、广西；日本。

甜茶

•**Rubus chingii** var. **suavissimus** (S. Lee) L. T. Lu, Acta Phytotax. Sin. 38 (3): 280 (2000).
Rubus suavissimus S. Lee, Guihaia 1 (4): 17 (1981).
广西。

毛萼莓（毛萼悬钩子，紫萼悬钩子，紫萼莓）

Rubus chroosepalus Focke, Hooker's Icon. Pl. ser. 3, 10: pl. 1952 (1891).
陕西、江苏、湖南、湖北、四川、贵州、云南、福建、广东、广西；越南。

毛萼莓（原变种）

Rubus chroosepalus var. **chroosepalus**
Rubus mouyousensis H. Lév., Repert. Spec. Nov. Regni Veg. 4 (73-74): 333 (1907); *Rubus petaloideus* H. Lév., Repert. Spec. Nov. Regni Veg. 12 (336-340): 506 (1913); *Rubus chroosepalus* var. *omeiensis* Matsuda, Bot. Mag. (Tokyo) 33: 133 (1919).
陕西、江苏、湖南、湖北、四川、贵州、云南、福建、广东、广西；越南。

蛛丝毛萼莓

●**Rubus chroosepalus** var. **araneosus** Q. H. Chen et T. L. Xu, Acta Bot. Yunnan. 15 (4): 363 (1993).
贵州。

黄穗悬钩子

●**Rubus chrysobotrys** Hand.-Mazz., Anz. Akad. Wiss. Wien, Math.-Naturwiss. Kl. 60: 183 (1923).
云南。

黄穗悬钩子（原变种）

●**Rubus chrysobotrys** var. **chrysobotrys**
云南。

裂叶黄穗悬钩子

●**Rubus chrysobotrys** var. **lobophyllus** Hand.-Mazz., Symb. Sin. 7 (3): 495 (1933).
云南。

网纹悬钩子

●**Rubus cinclidodictyus** Cardot, Notul. Syst. (Paris) 3: 295 (1914).
四川、云南。

大乌泡（大红黄泡，乌泡）

Rubus clinocephalus Focke, Biblioth. Bot. 17 [Heft 72 (1)]: 102, f. 44 (Jan. 1910).
贵州、云南、广东、广西；越南、老挝、泰国、柬埔寨。

大乌泡（原变种）

Rubus clinocephalus var. **clinocephalus**
Rubus multibracteatus H. Lév. et Vaniot, Bull. Soc. Etudes Sci. Angers 11 (149-150): 99 (1902), non Boulay et Ppierrat ex Rouy et E. G. Camus (1900); *Rubus mallodes* Focke, Biblioth. Bot. 17 [Heft 72 (1)]: 104, f. 45 (1910); *Rubus andropogon* H. Lév., Repert. Spec. Nov. Regni Veg. 8 (160-162): 58 (Feb. 1910); *Rubus major* Focke, Notes Roy. Bot. Gard. Edinburgh 5 (23): 72, pl. 63 (1911); *Rubus pluribracteatus* L. T. Lu et Boufford, Fl. China 9: 255 (2003), *nom. illeg. superfl.*
贵州、云南、广东、广西；越南、老挝、泰国、柬埔寨。

裂萼大乌泡

●**Rubus clinocephalus** var. **lobatisepalus** (T. T. Yu et L. T. Lu) Huan C. Wang et H. Sun, Phytotaxa 114 (1): 59 (2013).
Rubus multibracteatus var. *lobatisepalus* T. T. Yu et L. T. Lu, Acta Phytotax. Sin. 20 (4): 458 (1982); *Rubus pluribracteatus* var. *lobatisepalus* (T. T. Yu et L. T. Lu) L. T. Lu et Boufford, Fl. China 9: 256 (2003).
云南。

蛇泡筋（越南悬钩子，鸡足刺，猫枚筋）

Rubus cochinchinensis Tratt., Rosac. Monogr. 3: 97 (1823).
Rubus fruticosus Lour., Fl. Cochinch., ed. 2, 1: 325 (1790), non Linnaeus (1753); *Rubus playfairii* Hemsl., J. Linn. Soc., Bot. 23 (154): 235 (1887).
四川、云南、广东、广西、海南；越南、老挝、泰国、柬埔寨。

华中悬钩子（郭氏悬钩子）

●**Rubus cockburnianus** Hemsl., J. Linn. Soc., Bot. 29 (202): 305 (1892).
Rubus giraldianus Focke ex Diels, Bot. Jahrb. Syst. 29 (3-4): 401 (1900).
山西、河南、四川、云南、西藏。

小柱悬钩子（三叶吊杆泡）

Rubus columellaris Tutcher, Rep. Bot. et For. Dept. Hong Kong 1914: 31 (1915).
江西、湖南、四川、贵州、云南、福建、广东、广西；越南。

小柱悬钩子（原变种）

Rubus columellaris var. **columellaris**
Rubus leucanthus var. *etropicus* Hand.-Mazz., Symb. Sin. 7 (3): 499 (1933); *Rubus columellaris* var. *etropicus* (Hand.-Mazz.) F. P. Metcalf, Lingnan Sci. J. 19 (1): 22 (1940); *Rubus etropicus* (Hand.-Mazz.) Thuan, Fl. Cambodge, Laos et Vietnam 7: 21 (1968).
江西、湖南、四川、贵州、云南、福建、广东、广西；越南。

柔毛小柱悬钩子

●**Rubus columellaris** var. **villosus** T. T. Yu et L. T. Lu, Acta Phytotax. Sin. 20 (3): 304 (1982).
广东。

山莓

Rubus corchorifolius L. f., Suppl. Pl. 263 (1782).
Rubus villosus Thunb., Fl. Jap. 218 (1784); *Rubus althaeoides* Hance, Ann. Sci. Nat., ser. 4, 15: 223 (1861); *Rubus oliveri* Miq., Prolus. Fl. Japan 2: 223 (1866); *Rubus otophorus* Franch., Pl. Delavay. 205 (1890); *Rubus corchorifolius* var.

oliveri (Miq.) Focke in Diels, Bot. Jahrb. Syst. 29 (3-4): 391 (1900); *Rubus corchorifolius* var. *glaber* Matsum., Bot. Mag. (Tokyo) 15 (178): 157 (1901); *Rubus kerrifolius* H. Lév. et Vaniot, Bull. Acad. Int. Geogr. Bot. 11 (149-150): 100 (1902); *Rubus vaniotii* H. Lév. et Vaniot, Repert. Spec. Nov. Regni Veg. 5 (93-98): 280 (1908); *Rubus involucratus* Focke, Biblioth. Bot. 17 [Heft 72 (2)]: 132 (1911); *Rubus shinkoensis* Hayata, J. Coll. Sci. Imp. Univ. Tokyo 30 (1): 95 (1911); *Rubus arisanensis* Hayata, Icon. Pl. Formosan. 3: 87 (1913); *Rubus suishaensis* Hayata, Icon. Pl. Formosan. 7: 6, f. 5 b (1918); *Rubus arisanensis* var. *horishaensis* Hayata, Icon. Pl. Formosan. 7: 15, f. 12 c (1918); *Rubus corchorifolium* f. *roseolus* Z. X. Yu, Bull. Bot. Res., Harbin 11 (1): 53 (1991).
黑龙江、吉林、辽宁、内蒙古、河北、山西、山东、河南、陕西、宁夏、甘肃、安徽、江苏、浙江、江西、湖南、湖北、四川、贵州、云南、西藏、福建、广东、广西、海南；日本、朝鲜、缅甸、越南。

插田泡（插田藨，高丽悬钩子）

Rubus coreanus Miq., Ann. Mus. Bot. Lugduno-Batavi 3: 34 (1867).
河南、陕西、甘肃、新疆、安徽、江苏、浙江、江西、湖南、湖北、四川、贵州、云南、福建；日本、朝鲜。

插田泡（原变种）

Rubus coreanus var. **coreanus**
Rubus pseudosaxatilis H. Lév., Repert. Spec. Nov. Regni Veg. 5 (93-98): 280 (1908); *Rubus pseudosaxatilis* var. *kouytchensis* H. Lév., Repert. Spec. Nov. Regni Veg. 5 (93-98): 280 (1908); *Rubus quelpaertensis* H. Lév., Repert. Spec. Nov. Regni Veg. 5 (93-98): 280 (1908); *Rubus coreanus* var. *nakaianus* H. Lév., Repert. Spec. Nov. Regni Veg. 8 (179-181): 358 (1910); *Rubus coreanus* var. *kouytchensis* (H. Lév.) H. Lév., Fl. Kouy-Tcheou 358 (1915); *Rubus nakaianus* H. Lév. ex Nakai, Bot. Mag. (Tokyo) 30 (354): 226 (1916).
河南、陕西、甘肃、新疆、安徽、江苏、浙江、江西、湖南、湖北、四川、贵州、云南、福建；日本、朝鲜。

毛叶插田泡（白绒复盆子）

●**Rubus coreanus** var. **tomentosus** Cardot, Notul. Syst. (Paris) 3: 310 (1914).
河南、陕西、甘肃、安徽、湖南、湖北、四川、贵州、云南。

厚叶悬钩子

●**Rubus crassifolius** T. T. Yu et L. T. Lu, Acta Phytotax. Sin. 20 (4): 460 (1982).
江西、湖南、广东、广西。

牛叠肚（山楂叶悬钩子，蓬藟，托盘）

Rubus crataegifolius Bunge, Enum. Pl. Chin. Bor. 24 (1833).
Rubus wrightii A. Gray, Bot. Jap. 387 (1856); *Rubus davidianus* Kuntze, Meth. Sp.-Beschr. *Rubus* 58 (1879); *Rubus ouensanensis* H. Lév. et Vaniot, Bull. Soc. Agric. Sarthe 60: 62 (1905); *Rubus ampelophyllus* H. Lév., Repert. Spec. Nov. Regni Veg. 5: 279 (1908); *Rubus crataegifolius* f. *flavescens* Skvortsov, Lingnan Sci. J. 6: 210 (1928).
黑龙江、吉林、辽宁、内蒙古、河北、山西、山东、河南；日本、朝鲜、俄罗斯（东部）。

薄瓣悬钩子（虎婆刺）

Rubus croceacanthus H. Lév., Repert. Spec. Nov. Regni Veg. 11: 33 (1912).
台湾；日本、越南、老挝、缅甸、泰国、柬埔寨、印度。

薄瓣悬钩子（原变种）

Rubus croceacanthus var. **croceacanthus**
Rubus piptopetalus Hayata ex Koidz., J. Coll. Sci. Imp. Univ. Tokyo 34 (2): 141 (1913); *Rubus sphaerocephalus* Hayata, Icon. Pl. Formosan. 3: 94 (1913); *Rubus rosifolius* var. *formosanus* Cardot, Notul. Syst. (Paris) 3: 306 (1914); *Rubus euphlebophyllus* Hayata, Icon. Pl. Formosan. 5: 44 (1915); *Rubus cardotii* Koidz., Fl. Symb. Orient.-Asiat. 62 (1930).
台湾；日本、越南、老挝、缅甸、泰国、柬埔寨、印度。

秃悬钩子

●**Rubus croceacanthus** var. **glaber** Koidz., Fl. Symb. Orient.-Asiat. 65 (1930).
Rubus rubroangustifolius Sasaki, Trans. Nat. Hist. Soc. Formosa 21: 221 (1913); *Rubus asper* var. *glaber* (Koidz.) C. F. Hsieh, J. Taiwan Mus. 42 (2): 106 (1989).
台湾。

三叶悬钩子（三叶藨，线脚刺，小黄泡刺）

●**Rubus delavayi** Franch., Pl. Delavay. 205 (1890).
Rubus duclouxii H. Lév., Repert. Spec. Nov. Regni Veg. 6 (107-112): 111 (1908).
云南。

长叶悬钩子

●**Rubus dolichophyllus** Hand.-Mazz., Sinensia 3 (8): 186 (1933).
Rubus chingianus Hand.-Mazz., Sinensia 2 (10): 124 (1932).
贵州、广西。

长叶悬钩子（原变种）

●**Rubus dolichophyllus** var. **dolichophyllus**
贵州、广西。

毛梗长叶悬钩子

●**Rubus dolichophyllus** var. **pubescens** T. T. Yu et L. T. Lu, Acta Phytotax. Sin. 20 (3): 309 (1982).
贵州。

白藨

●**Rubus doyonensis** Hand.-Mazz., Symb. Sin. 7 (3): 487 (1933).
云南。

闽粤悬钩子

●**Rubus dunnii** F. P. Metcalf, Lingnan Sci. J. 19 (1): 22, f. 1

(1940).
福建、广东。

闽粤悬钩子（原变种）

•**Rubus dunnii** var. **dunnii**
福建、广东。

光叶闽粤悬钩子

•**Rubus dunnii** var. **glabrescens** T. T. Yu et L. T. Lu, Acta Phytotax. Sin. 20 (4): 461 (1982).
福建。

栽秧泡（黄泡）

Rubus ellipticus var. **obcordatus** (Franch.) Focke, Biblioth. Bot. 17 [Heft 72 (2)]: 199 (1911).
Rubus ellipticus f. *obcordatus* Franch., Pl. Delavay. 206 (1890); *Rubus obcordatus* (Franch.) Thuan, Fl. Cambodge, Laos et Vietnam 7: 34 (1968).
四川、贵州、云南、西藏、广西；越南、老挝、泰国、印度。

红果悬钩子

•**Rubus erythrocarpus** T. T. Yu et L. T. Lu, Acta Phytotax. Sin. 20 (3): 299 (1982).
云南。

红果悬钩子（原变种）

•**Rubus erythrocarpus** var. **erythrocarpus**
云南。

腺萼红果悬钩子

•**Rubus erythrocarpus** var. **weixiensis** T. T. Yu et L. T. Lu, Acta Phytotax. Sin. 20 (3): 300 (1982).
云南。

桉叶悬钩子（六月泡）

•**Rubus eucalyptus** Focke, Biblioth. Bot. 17 [Heft 72 (2)]: 169 (1911).
陕西、甘肃、湖北、四川、贵州、云南。

桉叶悬钩子（原变种）

•**Rubus eucalyptus** var. **eucalyptus**
Rubus lasiostylus f. *glandulosa* Focke, Hooker's Icon. Pl. 20: pl. 1951 (1891).
陕西、甘肃、湖北、四川、贵州。

脱毛桉叶悬钩子

•**Rubus eucalyptus** var. **etomentosus** T. T. Yu et L. T. Lu, Acta Phytotax. Sin. 20 (3): 296 (1982).
四川。

无腺桉叶悬钩子

•**Rubus eucalyptus** var. **villosus** (Cardot) Y. F. Deng, Novon 24 (2): 153 (2015).
Rubus trullissatus Focke, Biblioth. Bot. 17 [Heft 72 (2)]: 169 (1911); *Rubus lasiostylus* var. *villosus* Cardot, Notul. Syst. (Paris) 3: 309 (1914); *Rubus eriococcus* Cardot, Notul. Syst. (Paris) 3: 309 (1917); *Rubus eucalyptus* var. *trullisatus* (Focke) T. T. Yu et L. T. Lu, Fl. Reipubl. Popularis Sin. 37: 54 (1985).
陕西、湖北、四川。

云南桉叶悬钩子

•**Rubus eucalyptus** var. **yunnanensis** T. T. Yu et L. T. Lu, Acta Phytotax. Sin. 20 (3): 296 (1982).
云南。

大红泡

•**Rubus eustephanos** Focke, Bot. Jahrb. Syst. 36 (5, Beibl. 82): 54 (1905).
陕西、浙江、湖南、湖北、四川、贵州。

大红泡（原变种）

•**Rubus eustephanos** var. **eustephanos**
陕西、浙江、湖南、湖北、四川、贵州。

腺毛大红泡

•**Rubus eustephanos** var. **glanduliger** T. T. Yu et L. T. Lu, Acta Phytotax. Sin. 20 (3): 303 (1982).
四川、重庆。

荚蒾叶悬钩子

•**Rubus evadens** Focke, Biblioth. Bot. 17 [Heft 72 (1)]: 117 (1910).
Rubus viburnifolius Focke, Biblioth. Bot. 17 [Heft 72 (1)]: 75, f. 27 (1910), non Franchet (1895); *Rubus nanopetalus* Cardot, Notul. Syst. (Paris) 3: 300 (1914); *Rubus viburnifolius* var. *apetalus* Y. Gu et W. L. Li, Bull. Bot. Res., Harbin 20 (2): 122 (2000); *Rubus neoviburnifolius* L. T. Lu et Boufford, Fl. China 9: 252 (2003).
云南。

峨眉悬钩子

•**Rubus faberi** Focke, Biblioth. Bot. 17 [Heft 72 (1)]: 53 (1910).
四川。

梵净山悬钩子

•**Rubus fanjingshanensis** L. T. Lu ex Boufford et al., J. Arnold Arbor. 71 (1): 123 (1990).
贵州。

黔桂悬钩子

Rubus feddei H. Lév. et Vaniot, Repert. Spec. Nov. Regni Veg. 8 (191-195): 549 (1910).
贵州、云南、广西；越南。

攀枝莓（少花乌泡，对嘴泡，老林泡）

•**Rubus flagelliflorus** Focke ex Diels, Bot. Jahrb. Syst. 29 (3-4): 393 (1900).
Rubus maschalanthus Cardot, Notul. Syst. (Paris) 3: 304

(1917).
陕西、湖南、湖北、四川、贵州、福建、台湾。

弓茎悬钩子（弓茎莓，小花莓，山挂牌条）

•**Rubus flosculosus** Focke, Hooker's Icon. Pl. 20 (3): sub. pl. 1952, f. 3 (1891).
山西、河南、陕西、甘肃、浙江、湖北、四川、西藏、福建。

弓茎悬钩子（原变种）

•**Rubus flosculosus** var. **flosculosus**
Rubus eriocalyx Cardot, Notul. Syst. (Paris) 3: 312 (1917).
山西、河南、陕西、甘肃、浙江、湖北、四川、西藏。

脱毛弓茎悬钩子

•**Rubus flosculosus** var. **etomentosus** T. T. Yu et L. T. Lu, Acta Phytotax. Sin. 20 (3): 295 (1982).
四川、福建。

凉山悬钩子

Rubus fockeanus Kurz, J. Asiat. Soc. Bengal 44 (2): 206 (1875).
Rubus radicans Focke, Abh. Naturwiss. Vereine Bremen 5 (2): 407 (1877); *Rubus loropetalus* Franch., Pl. Delavay. 203 (1889); *Rubus nutans* var. *fockeanus* (Kurz) Kuntze, Revis. Gen. Pl. 1: 223 (1891); *Rubus allophyllus* Hemsl., J. Linn. Soc., Bot. 29 (202): 304 (1892).
湖北、四川、云南、西藏；缅甸、不丹、尼泊尔、印度（锡金）。

托叶悬钩子

•**Rubus foliaceistipulatus** T. T. Yu et L. T. Lu, Acta Phytotax. Sin. 20 (3): 307 (1982).
云南。

台湾悬钩子

•**Rubus formosensis** Kuntze, Meth. Sp.-Beschr. *Rubus* 73 (1879).
Rubus formosanus Maxim. ex Focke, Bibl. Bot. 72 (1): 117 (1910); *Rubus nantoensis* Hayata, J. Coll. Sci. Imp. Univ. Tokyo 30 (1): 92 (1911); *Rubus randaiensis* Hayata, J. Coll. Sci. Imp. Univ. Tokyo 39 (1): 93 (1911); *Rubus rugosissimus* Hayata, Icon. Pl. Formosan. 3: 93 (1913); *Rubus rubribracteatus* F. P. Metcalf, Lingnan Sci. J. 11 (1): 10 (1932).
台湾、广东、广西。

贡山蓬蘽

•**Rubus forrestianus** Hand.-Mazz., Symb. Sin. 7 (3): 490 (1933).
云南。

莓叶悬钩子

Rubus fragarioides Bertol., Mém. Reale Accad. Sci. Ist. Bologna 12: 236, pl. 5 (1861).
Rubus arcticus var. *fragarioides* (Bertol.) Focke, Biblioth. Bot. 17 [Heft 72 (1)]: 24 (1910).
四川、云南、西藏；缅甸（北部）、不丹、尼泊尔、印度（东北部、锡金）。

莓叶悬钩子（原变种）

Rubus fragarioides var. **fragarioides**
西藏；缅甸（北部）、不丹、尼泊尔、印度（东北部、锡金）。

腺毛莓叶悬钩子

•**Rubus fragarioides** var. **adenophorus** Franch., Pl. Delavay. 203 (1890).
Rubus franchetianus H. Lév., Bull. Acad. Int. Géogr. Bot. 20 (1): 71 (1909); *Rubus yui* E. Walker, J. Wash. Acad. Sci. 32 (9): 261 (1942).
四川、云南、西藏。

柔毛莓叶悬钩子

•**Rubus fragarioides** var. **pubescens** Franch., Pl. Delavay. 203 (1890).
云南、西藏。

梣叶悬钩子（紫萼悬钩子）

•**Rubus fraxinifoliolus** Hayata, Icon. Pl. Formosan. 5: 46 (1915).
Rubus parvifraxinifolius Hayata, Icon. Pl. Formosan. 5: 52 (1915); *Rubus suzukianus* Y. C. Liu et T. Y. Yang, Quart. J. Taiwan Mus. 20: 376 (1967).
台湾。

兰屿桤叶悬钩子

Rubus fraxinifolius Poir., Encycl. 6: 242 (1806).
Rubus kotoensis Hayata, Icon. Pl. Formosan. 3: 90 (1913); *Rubus fraxinifolius* var. *kotoensis* (Hayata) Koidz., J. Coll. Sci. Imp. Univ. Tokyo 34 (2): 144 (1913); *Rubus alnifoliolatus* var. *kotoensis* (Hayata) H. L. Li, Woody Fl. Taiwan 320 (1963).
台湾；菲律宾、马来西亚、印度尼西亚、太平洋岛屿；非洲。

福建悬钩子

•**Rubus fujianensis** T. T. Yu et L. T. Lu, Acta Phytotax. Sin. 20 (4): 462 (1982).
浙江、福建。

黄毛悬钩子

•**Rubus fuscorubens** Focke in Sarg., Pl. Wilson. 1 (1): 50 (1911).
湖北。

光果悬钩子

•**Rubus glabricarpus** W. C. Cheng, Contr. Biol. Lab. Sci. Soc. China, Bot. Ser. 10 (2): 147, f. 18 (1936).
江苏、浙江、福建。

光果悬钩子（原变种）

•**Rubus glabricarpus** var. **glabricarpus**

Rubus corchorifolius var. *neillioides* Focke, Bibl. Bot. 72 (2): 131 (1911); *Rubus neillioides* (Focke) Migo, J. Shanghai Sci. Inst., Sect. 3, 4: 151 (1939).
江苏、浙江、福建。

无毛光果悬钩子

●**Rubus glabricarpus** var. **glabratus** C. Z. Zheng et Y. Y. Fang, J. Hangzhou Univ., Nat. Sci. Ed. 15 (2): 198 (1988).
Rubus jiangxiensis Z. X. Yu, W. T. Ji et H. Zheng, Acta Bot. Yunnan. 13 (3): 254 (1991).
浙江。

腺萼悬钩子

●**Rubus glandulosocalycinus** Hayata, Icon. Pl. Formosan. 4: 5 (1914).
Rubus hayatanus Koidz., Fl. Symb. Orient.-Asiat. 68 (1930).
台湾。

腺果悬钩子

●**Rubus glandulosocarpus** M. X. Nie, Bull. Bot. Res., Harbin 9 (3): 43 (1989).
江西。

贡山悬钩子

●**Rubus gongshanensis** T. T. Yu et L. T. Lu, Acta Phytotax. Sin. 20 (4): 457 (1982).
云南。

贡山悬钩子（原变种）

●**Rubus gongshanensis** var. **gongshanensis**
云南。

无腺毛贡山悬钩子

●**Rubus gongshanensis** var. **eglandulosus** Y. Gu et W. L. Li, Bull. Bot. Res., Harbin 20 (2): 122 (2000).
云南。

无刺贡山悬钩子

●**Rubus gongshanensis** var. **qiujiangensis** T. T. Yu et L. T. Lu, Acta Phytotax. Sin. 20 (4): 457 (1982).
云南。

大序悬钩子

●**Rubus grandipaniculatus** T. T. Yu et L. T. Lu, Acta Phytotax. Sin. 20 (3): 296 (1982).
陕西、重庆。

中南悬钩子（山莓）

Rubus grayanus Maxim., Bull. Acad. Imp. Sci. Saint-Pétersbourg 17: 152 (1872).
浙江、江西、湖南、福建、广东、广西；日本。

中南悬钩子（原变种）

Rubus grayanus var. **grayanus**
浙江、江西、湖南、福建、广东、广西；日本。

三裂中南悬钩子

●**Rubus grayanus** var. **trilobatus** T. T. Yu et L. T. Lu, Acta Phytotax. Sin. 20 (3): 307 (1982).
浙江、福建。

江西悬钩子

●**Rubus gressittii** F. P. Metcalf, Lingnan Sci. J. 19 (1): 25, f. 3 (1940).
江西、湖南、广东。

柔毛悬钩子

●**Rubus gyamdaensis** L. T. Lu et Boufford, Fl. China 9: 211 (2003).
四川、西藏。

柔毛悬钩子（原变种）

●**Rubus gyamdaensis** var. **gyamdaensis**
Rubus pubifolius T. T. Yu et L. T. Lu, Acta Phytotax. Sin. 18 (4): 498 (1980), non Bailey (1945).
西藏。

川西柔毛悬钩子

●**Rubus gyamdaensis** var. **glabriusculus** (T. T. Yu et L. T. Lu) L. T. Lu et Boufford, Fl. China 9: 212 (2003).
Rubus pubifolius var. *glabriusculus* T. T. Yu et L. T. Lu, Acta Phytotax. Sin. 20 (3): 299 (1982).
四川。

华南悬钩子

●**Rubus hanceanus** Kuntze, Meth. Sp.-Beschr. *Rubus* 72 (1879).
Rubus fordii Hance, J. Bot. 21 (10): 298 (1883); *Rubus hirtiflorus* Cardot, Notul. Syst. (Paris) 3: 290 (1914); *Rubus prandianus* Hand.-Mazz., Akad. Wiss. Wien Sitzungsber., Math.-Naturwiss. Kl. 58: 91 (1921).
湖南、福建、广东、广西。

戟叶悬钩子（红绵藤）

Rubus hastifolius H. Lév. et Vaniot, Bull. Soc. Bot. France 51: 218 (1904).
Rubus rufolanatus H. T. Chang, Acta Sci. Nat. Univ. Sunyatseni 1: 8 (1972).
江西、湖南、贵州、云南、广东；越南、泰国。

半锥莓

●**Rubus hemithyrsus** Hand.-Mazz., Symb. Sin. 7 (3): 488 (1933).
云南。

鸡爪茶（老林茶，亨利莓，尺牛修勒）

●**Rubus henryi** Hemsl. et Kuntze, J. Linn. Soc., Bot. 23 (154): 231 (1887).
湖南、湖北。

鸡爪茶（原变种）

●**Rubus henryi** var. **henryi**

湖南、湖北、四川、贵州。

大叶鸡爪茶

•**Rubus henryi** var. **sozostylus** (Focke) T. T. Yu et L. T. Lu, Fl. Reipubl. Popularis Sin. 37: 185 (1985).
Rubus sozostylus Focke, Hooker's Icon. Pl. 20 (3): pl. 1952, f. 2 (1891); *Rubus fargesii* Franch., J. Bot. (Morot) 8 (17): 294 (1894); *Rubus sozostylus* var. *fargesii* (Franch.) Cardot, Bull. Mens. Soc. Linn. Paris (ser. 2) 23: 277 (1917).
湖南、湖北、四川、贵州。

蓬蘽（泼盘，三月泡，割田藨）

Rubus hirsutus Thunb., Diss. Bot.-Med. de Rubo 7 (1813).
河南、安徽、江苏、浙江、江西、湖北、云南、福建、台湾、广东；日本、朝鲜。

蓬蘽（原变种）

Rubus hirsutus var. **hirsutus**
Rubus thunbergii Siebold et Zucc., Abh. Math.-Phys. Cl. Königl. Bayer. Akad. Wiss. 4: 246 (1844); *Rubus talaikiaensis* H. Lév., Repert. Spec. Nov. Regni Veg. 4 (73-74): 334 (1907); *Rubus argyi* H. Lév., Repert. Spec. Nov. Regni Veg. 4 (73-74): 333 (1907); *Rubus stephanandria* H. Lév., Repert. Spec. Nov. Regni Veg. 8 (179-181): 358 (1910); *Rubus thunbergii* var. *argyi* (H. Lév.) Focke, Biblioth. Bot. 17 [Heft 72 (2)]: 160 (1911); *Rubus thunbergii* var. *talaikiensis* (H. Lév.) Focke, Biblioth. Bot. 17 [Heft 72 (2)]: 160 (1911); *Rubus hirsutus* var. *argyi* (H. Lév.) Nakai, Bot. Mag. (Tokyo) 44 (526): 526 (1930).
河南、安徽、江苏、浙江、江西、湖北、云南、福建、台湾、广东；日本、朝鲜。

短梗蓬蘽

•**Rubus hirsutus** var. **brevipedicellus** Z. M. Wu, Guihaia 8: 237 (1988).
安徽。

裂叶悬钩子

•**Rubus howii** Merr. et Chun, Sunyatsenia 5 (1-3): 71, pl. 8 (1940).
海南。

黄平悬钩子

•**Rubus huangpingensis** T. T. Yu et L. T. Lu, Acta Phytotax. Sin. 20 (4): 461 (1982).
贵州。

葎草叶悬钩子

Rubus humulifolius C. A. Mey., Beitr. Pflanzenk. Russ. Reiches 5: 57 (1848).
黑龙江、吉林、内蒙古；蒙古国、朝鲜、俄罗斯。

湖南悬钩子

•**Rubus hunanensis** Hand.-Mazz., Symb. Sin. 7 (3): 497, pl. 16, f. 4 (1933).
Rubus buergeri var. *viridifolius* Hand.-Mazz., Symb. Sin. 7 (3): 497 (1933).
浙江、江西、湖南、湖北、四川、贵州、福建、台湾、广东、广西。

滇藏悬钩子

•**Rubus hypopitys** Focke, Notes Roy. Bot. Gard. Edinburgh 5 (23): 72, pl. 64 (1911).
云南、西藏。

滇藏悬钩子（原变种）

•**Rubus hypopitys** var. **hypopitys**
Rubus subumbellatus Cardot, Notul. Syst. (Paris) 3: 305 (1917).
云南、西藏。

汉密悬钩子

•**Rubus hypopitys** var. **hanmiensis** T. T. Yu et L. T. Lu, Acta Phytotax. Sin. 20 (4): 458 (1982).
西藏。

宜昌悬钩子（红五泡，黄藨子，黄泡子）

•**Rubus ichangensis** Hemsl. et Kuntze, J. Linn. Soc., Bot. 23 (154): 231 (1887).
Rubus eugenius Focke ex Diels, Bot. Jahrb. Syst. 29 (3-4): 393 (1900); *Rubus papyrus* H. Lév., Repert. Spec. Nov. Regni Veg. 4 (73-74): 332 (1907); *Rubus ichangensis* var. *latifolius* Cardot, Notul. Syst. (Paris) 3: 292 (1914).
陕西、甘肃、安徽、湖南、湖北、四川、贵州、云南、广东、广西。

拟覆盆子

•**Rubus idaeopsis** Focke, Biblioth. Bot. 17 [Heft 72 (2)]: 203 (1911).
河南、陕西、甘肃、江西、四川、贵州、云南、西藏、福建、广西。

覆盆子

Rubus idaeus L., Sp. Pl. 1: 492 (1753).
Rubus idaeus subsp. *vulgatus* Arrh., Ruborum Suec. 12 (1839); *Rubus idaeus* var. *microphyllus* Turcz., Fl. Baical. Dahur. 1: 370 (1843); *Rubus idaeus* var. *aculeatissimus* Regel et Tiling, Nouv. Mém. Soc. Imp. Naturalistes Moscou 11: 87 (1858); *Rubus idaeus* var. *strigosus* (Michx.) Maxim., Bull. Acad. Imp. Sci. Saint-Pétersbourg 17: 161 (1872); *Rubus idaeus* subsp. *melanolasius* (Dieck) Focke, Abh. Naturwiss. Vereine Bremen 13: 473 (1896); *Rubus melanolasius* var. *concolor* Kom., Fl. Mansh. 2: 486 (1903); *Rubus melanolasius* var. *discolor* Kom., Fl. Manshur. 2: 486 (1903); *Rubus matsumuranus* H. Lév. et Vaniot, Bull. Soc. Agric. Sarthe 40: 66 (1905); *Rubus kanayamensis* H. Lév. et Vaniot, Bull. Soc. Bot. France 53: 549 (1906); *Rubus sachalinensis* H. Lév., Repert. Spec. Nov. Regni Veg. 6 (125-130): 332 (1909); *Rubus idaeus* subsp.

sachalinensis (H. Lév.) Focke, Biblioth. Bot. 17 [(Heft 72 (2)): 210 (1911); *Rubus idaeus* var. *matsumuranus* (H. Lév. et Vaniot) Koidz., J. Coll. Sci. Imp. Univ. Tokyo 34 (2): 135 (1913); *Rubus komarovii* Nakai, Chosen Shokubutsu 1: 304 (1914); *Rubus idaeus* var. *concolor* (Kom.) Nakai, Bot. Mag. (Tokyo) 30 (354): 230 (1916); *Rubus idaeus* f. *concolor* (Kom.) Ohwi, Fl. Jap. 644 (1953); *Rubus sachalinensis* var. *concolor* (Kom.) Lauener et D. K. Ferguson, Notes Roy. Bot. Gard. Edinburgh 30 (2): 278 (1970); *Rubus matsumuranus* var. *eglandulatus* Y. B. Chang, Bull. Bot. Res., Harbin 1 (3): 97, f. 1, 2 (1981); *Rubus idaeus* var. *borealisinensis* T. T. Yu et L. T. Lu, Acta Phytotax. Sin. 20 (3): 297 (1982); *Rubus idaeus* var. *glabratus* T. T. Yu et L. T. Lu, Acta Phytotax. Sin. 20 (3): 297 (1982); *Rubus idaeus* subsp. *komarovii* (Nakai) Vorosch., Florist. Issl. V. Razn. Raionakh S. S. S. R.: 176 (1985); *Rubus sachalinensis* var. *eglanduratus* (Y. B. Chang) L. T. Lu, Acta Phytotax. Sin. 38 (3): 280 (2000).
黑龙江、吉林、辽宁、内蒙古、河北、山西、新疆；日本、俄罗斯；欧洲、北美洲。

陷脉悬钩子

●**Rubus impressinervus** F. P. Metcalf, Lingnan Sci. J. 11 (1): 12 (1932).
浙江、江西、湖南、福建、广东。

白叶莓（白叶悬钩子，刺泡）

●**Rubus innominatus** S. Moore, J. Bot. 13 (152): 226 (1875).
河南、陕西、甘肃、安徽、浙江、江西、湖南、湖北、四川、贵州、云南、福建、广东、广西。

白叶莓（原变种）

●**Rubus innominatus** var. **innominatus**
Rubus xanthacanthus H. Lév., Repert. Spec. Nov. Regni Veg. 4 (73-74): 333 (1907); *Rubus kuntzeanus* var. *glandulosus* Cardot, Notul. Syst. (Paris) 3: 311 (1914); *Rubus kuntzeanus* var. *xanthacanthus* (H. Lév.) H. Lév., Fl. Kouy-Tcheou 360 (1915).
河南、陕西、甘肃、安徽、浙江、江西、湖南、湖北、四川、贵州、云南、福建、广东、广西。

蜜腺白叶莓

●**Rubus innominatus** var. **aralioides** (Hance) T. T. Yu et L. T. Lu, Fl. Reipubl. Popularis Sin. 37: 48 (1985).
Rubus aralioides Hance, J. Bot. 22 (2): 41 (1884).
浙江、江西、贵州、福建、广东。

无腺白叶莓

●**Rubus innominatus** var. **kuntzeanus** (Hemsl.) L. H. Bailey, Gentes Herb. 1: 30 (1920).
Rubus kuntzeanus Hemsl., J. Linn. Soc., Bot. 23 (154): 232 (1887); *Rubus adenocalyx* Cardot, Notul. Syst. (Paris) 3: 311 (1917).
陕西、甘肃、安徽、浙江、江西、湖南、湖北、四川、贵州、云南、福建、广东、广西。

宽萼白叶莓

●**Rubus innominatus** var. **macrosepalus** F. P. Metcalf, Lingnan Sci. J. 19 (1): 27 (1940).
安徽、浙江。

五叶白叶莓

●**Rubus innominatus** var. **quinatus** L. H. Bailey, Gentes Herb. 1: 30 (1920).
江西。

红花悬钩子

Rubus inopertus (Focke) Focke, Biblioth. Bot. 17 [Heft 72 (2)]: 182 (1911).
Rubus niveus subsp. *inopertus* Focke ex Diels, Bot. Jahrb. Syst. 29 (3-4): 400 (1900).
陕西、湖南、湖北、四川、贵州、云南、台湾、广西；越南。

红花悬钩子（原变种）

Rubus inopertus var. **inopertus**
Rubus ritozanensis Sasaki, Trans. Nat. Hist. Soc. Formosa 21: 250 (1931); *Rubus fraxinifolius* var. *yushunii* Suzuki et Yamam., Trans. Nat. Hist. Soc. Formosa 22: 409 (1932); *Rubus yushunii* (Suzuki et Yamam.) Suzuki et Yamam., Trans. Nat. Hist. Soc. Formosa 25: 130 (1935); *Rubus ohwianus* Koidz., Acta Phytotax. Geobot. 8: 110 (1939); *Rubus yamamotoanus* H. L. Li, Woody Fl. Taiwan 319 (1963).
陕西、湖南、湖北、四川、贵州、云南、台湾、广西；越南。

刺萼红花悬钩子

●**Rubus inopertus** var. **echinocalyx** Cardot, Notul. Syst. (Paris) 3: 310 (1914).
云南。

灰毛泡（地五泡藤）

●**Rubus irenaeus** Focke ex Diels, Bot. Jahrb. Syst. 29 (3-4): 394 (1900).
江苏、浙江、江西、湖南、湖北、四川、重庆、贵州、云南、福建、广东、广西。

灰毛泡（原变种）

●**Rubus irenaeus** var. **irenaeus**
Rubus jaminii H. Lév. et Vaniot, Bull. Acad. Int. Géogr. Bot. 11: 102, t. 7 (1902).
江苏、浙江、江西、湖南、湖北、四川、贵州、云南、福建、广东、广西。

尖裂灰毛泡

●**Rubus irenaeus** var. **innoxius** (Focke) T. T. Yu et L. T. Lu, Fl. Reipubl. Popularis Sin. 37: 182 (1985).
Rubus innoxius Focke ex Diels, Bot. Jahrb. Syst. 29 (3-4): 395 (1900).
重庆。

紫色悬钩子

Rubus irritans Focke, Biblioth. Bot. 17 [Heft 72 (2)]: 192 (1911).

Rubus purpureus Bunge ex Hook. f., Fl. Brit. Ind. 2 (5): 337 (1878), non Holuby (1873).

甘肃、青海、四川、西藏；不丹、印度、巴基斯坦、阿富汗、克什米尔地区。

蒲桃叶悬钩子

●**Rubus jambosoides** Hance, Ann. Sci. Nat., Bot. ser. 4, 15: 222 (1861).

湖南、福建、广东。

常绿悬钩子

●**Rubus jianensis** L. T. Lu et Boufford, Fl. China 9: 250 (2003).

Rubus sempervirens T. T. Yu et L. T. Lu, Acta Phytotax. Sin. 20 (4): 455 (1982), non Bigelow (1824).

江西。

金佛山悬钩子

●**Rubus jinfoshanensis** T. T. Yu et L. T. Lu, Acta Phytotax. Sin. 20 (4): 463 (1982).

重庆、云南。

桑叶悬钩子

●**Rubus kawakamii** Hayata, J. Coll. Sci. Imp. Univ. Tokyo 30 (1): 91 (1911).

台湾。

牯岭悬钩子

●**Rubus kulinganus** L. H. Bailey, Gentes Herb. 30 (1920).

安徽、浙江、江西。

广西悬钩子

●**Rubus kwangsiensis** H. L. Li, J. Arnold Arbor. 26 (1): 63 (1945).

Rubus peii R. H. Miao, Acta Sci. Nat. Univ. Sunyatseni 32 (4): 58 (1993).

广西。

高粱泡（蓬藥，冬牛，冬菠）

Rubus lambertianus Ser., Prodr. (DC.) 2: 567 (1825).

河南、陕西、甘肃、安徽、江苏、浙江、江西、湖南、湖北、四川、贵州、云南、福建、台湾、广东、广西、海南；日本、泰国。

高粱泡（原变种）

Rubus lambertianus var. **lambertianus**

Rubus pycnanthus Focke, Abh. Naturwiss. Vereine Bremen 4: 196 (1874); *Rubus ochlanthus* Hance, J. Bot. 20 (237): 260 (1882).

河南、安徽、江苏、浙江、江西、湖南、湖北、贵州、云南、福建、台湾、广东、广西、海南；日本。

光滑高粱泡

Rubus lambertianus var. **glaber** Hemsl., J. Linn. Soc., Bot. 23 (154): 233 (1887).

Rubus hakonensis Franch. et Sav., Enum. Pl. Jap. 2 (2): 333 (1878); *Rubus lambertianus* subsp. *hakonensis* (Franch. et Sav.) Focke ex Diels, Bot. Jahrb. Syst. 29 (3-4): 392 (1900); *Rubus ampelinus* Focke ex Diels, Bot. Jahrb. Syst. 29 (3-4): 396 (1900); *Rubus lambertianus* var. *hakonensis* (Franch. et Sav.) Rehder, Man. Cult. Trees 411 (1940).

陕西、甘肃、浙江、江西、湖北、四川、贵州、云南；日本。

腺毛高粱泡

Rubus lambertianus var. **glandulosus** Cardot, Notul. Syst. (Paris) 3: 293 (1914).

Rubus minimiflorus H. Lév., Repert. Spec. Nov. Regni Veg. 4 (73-74): 332 (1907); *Rubus morii* Hayata, J. Coll. Sci. Imp. Univ. Tokyo 30 (1): 90 (1911); *Rubus adenothyrsus* Cardot, Notul. Syst. (Paris) 3: 292 (1914); *Rubus lambertianus* var. *minimiflorus* (H. Lév.) Cardot, Bull. Mens. Soc. Linn. Paris (ser. 2) 23: 281 (1917); *Rubus gelatinosus* Sasaki, Trans. Nat. Hist. Soc. Formosa 21: 250 (1931); *Rubus tiponensis* Hosok., Trans. Nat. Hist. Soc. Formosa 23: 93 (1933); *Rubus lambertianus* var. *mekongensis* Hand.-Mazz., Symb. Sin. 7 (3): 490 (1933); *Rubus lambertianus* var. *morii* (Hayata) S. S. Ying, Col. Illustr. Fl. Taiwan 1: 430 (1985).

湖北、四川、贵州、云南、台湾；日本。

毛叶高粱泡

Rubus lambertianus var. **paykouangensis** (H. Lév.) Hand.-Mazz., Symb. Sin. 7 (3): 489 (1933).

Rubus paykouangensis H. Lév., Repert. Spec. Nov. Regni Veg. 4 (73-74): 333 (1907); *Rubus viscidus* Focke, Biblioth. Bot. 17 [Heft 72 (1)]: 108, f. 48 (1910).

湖南、贵州、云南、广西；泰国。

兰屿悬钩子

●**Rubus lanyuensis** C. E. Chang, Forest J. Taiwan Prov. Pingtung. Inst. Agr. 19: 11 (1977).

Rubus tagallus var. *lanyuensis* (C. E. Chang) S. S. Ying, Col. Illustr. Fl. Taiwan 1: 447 (1985).

台湾。

绵果悬钩子（毛柱悬钩子，毛柱莓，刺泡花）

●**Rubus lasiostylus** Focke, Hooker's Icon. Pl. 20 (3): pl. 1951 (1891).

陕西、湖北、四川、云南。

绵果悬钩子（原变种）

●**Rubus lasiostylus** var. **lasiostylus**

Rubus lasiostylus f. *glabratus* Focke, Hooker's Icon. Pl. 20 (3): sub. pl. 1951 (1891).

陕西、湖北、四川、云南。

五叶绵果悬钩子

•**Rubus lasiostylus** var. **dizygos** Focke in Sarg., Pl. Wilson. 1 (1): 53 (1911).
Rubus pileatus var. *canotomentosus* Focke in Sarg., Pl. Wilson. 1 (1): 52 (1911).
湖北、四川。

腺梗绵果悬钩子

•**Rubus lasiostylus** var. **eglandulosus** Focke, Hooker's Icon. Pl. 20 (3): pl. 1951 (1891).
湖北。

鄂西绵果悬钩子

•**Rubus lasiostylus** var. **hubeiensis** T. T. Yu, Spongberg et L. T. Lu, J. Arnold Arbor. 64 (1): 58 (1983).
湖北。

绒毛绵果悬钩子

•**Rubus lasiostylus** var. **tomentosus** Focke, Hooker's Icon. Pl. 20 (3): pl. 1951 (1891).
湖北。

多毛悬钩子

Rubus lasiotrichos Focke, Biblioth. Bot. 17 [Heft 72 (1)]: 109 (1910).
四川、云南；越南、泰国。

多毛悬钩子（原变种）

Rubus lasiotrichos var. **lasiotrichos**
Rubus rufus var. *hederifolius* Cardot, Notul. Syst. (Paris) 3: 304 (1914); *Rubus hederifolius* (Cardot) Thuan, Fl. Cambodge, Laos et Vietnam 7: 69, pl. 5, f. 1 (1968).
四川、贵州、云南；越南、泰国。

狭萼多毛悬钩子

•**Rubus lasiotrichos** var. **blinii** (H. Lév.) L. T. Lu, Acta Phytotax. Sin. 38 (3): 281 (2000).
Rubus blinii H. Lév., Repert. Spec. Nov. Regni Veg. 7 (146-148): 258 (1909).
贵州。

耳叶悬钩子

•**Rubus latoauriculatus** F. P. Metcalf, Lingnan Sci. J. 19 (1): 27, pl. 2, f. 4 (1940).
广西。

疏松悬钩子

•**Rubus laxus** Focke, Biblioth. Bot. 17 [Heft 72 (1)]: 68 (1910).
云南。

白花悬钩子（白钩簕，南蛇簕）

Rubus leucanthus Hance, Ann. Bot. Syst. 2: 468 (1852).
Rubus glaberrimus Champ. ex Benth., Hooker's J. Bot. Kew Gard. Misc. 4: 80 (1852); *Rubus paradoxus* S. Moore, J. Bot. 16 (185): 132 (1878); *Rubus leucanthus* var. *villosulus* Cardot, Notul. Syst. (Paris) 3: 306 (1914); *Rubus leucanthus* var. *paradoxus* (S. Moore) F. P. Metcalf, Lingnan Sci. J. 19 (1): 30 (1940).
湖南、贵州、云南、福建、广东、广西、海南；越南、老挝、泰国、柬埔寨。

黎川悬钩子

•**Rubus lichuanensis** T. T. Yu et L. T. Lu, Acta Phytotax. Sin. 20 (4): 462 (1982).
江西。

光滑悬钩子

•**Rubus linearifoliolus** Hayata, Icon. Pl. Formosan. 7: 22, f. 16 a (1918).
Rubus rosifolius var. *linearifoliolus* (Hayata) H. L. Li, Woody Fl. Taiwan 315 (1963); *Rubus tsangii* var. *linearifoliolus* (Hayata) T. T. Yu et L. T. Lu, Fl. Reipubl. Popularis Sin. 37: 96 (1985).
浙江、江西、四川、贵州、云南、福建、广东、广西。

光滑悬钩子（原变种）

•**Rubus linearifoliolus** var. **linearifoliolus**
Rubus tsangii Merr., Lingnan Sci. J. 13 (1): 28 (1934); *Rubus kwangtungensis* H. L. Li, J. Arnold Arbor. 25 (4): 421 (1944).
浙江、四川、贵州、云南、福建、广东、广西。

铅山悬钩子

•**Rubus linearifoliolus** var. **yanshanensis** (Z. X. Yu et W. T. Ji) Y. F. Deng, Novon 24 (2): 153 (2015).
Rubus yanshanensis Z. X. Yu et W. T. Ji, Acta Bot. Yunnan. 13 (3): 255 (1991); *Rubus tsangii* var. *yanshanensis* (Z. X. Yu et W. T. Ji) L. T. Lu, Acta Phytotax. Sin. 38 (3): 280 (2000).
江西。

绢毛悬钩子

Rubus lineatus Reinw. ex Blume, Bijdr. Fl. Ned. Ind. 17: 1108 (1826).
云南、西藏；越南（北部）、缅甸、马来西亚、印度尼西亚、不丹、尼泊尔、印度（东北部、锡金）。

绢毛悬钩子（原变种）

Rubus lineatus var. **lineatus**
Rubus pulcherrimus Hook., Icon. Pl. 8: 729 (1848).
云南、西藏；越南（北部）、缅甸、马来西亚、印度尼西亚、不丹、尼泊尔、印度（东北部、锡金）。

狭叶绢毛悬钩子

•**Rubus lineatus** var. **angustifolius** Hook. f., Fl. Brit. Ind. 2 (5): 333 (1878).
云南。

光秃绢毛悬钩子

•**Rubus lineatus** var. **glabrescens** T. T. Yu et L. T. Lu, Acta

Phytotax. Sin. 20 (3): 307 (1982).
云南。

丽水悬钩子

•**Rubus lishuiensis** T. T. Yu et L. T. Lu, Acta Phytotax. Sin. 20 (3): 295 (1982).
浙江。

柳叶悬钩子

•**Rubus liui** Yuen P. Yang et S. Y. Lu, Quart. J. Chin. Forest. 9 (2): 111 (1976).
Rubus ilanensis Y. C. Liu et F. Y. Lu, Quart. J. Chin. Forest. 9 (2): 131 (1976).
台湾。

五裂悬钩子

•**Rubus lobatus** T. T. Yu et L. T. Lu, Acta Phytotax. Sin. 20 (4): 464 (1982).
广东、广西。

角裂悬钩子

•**Rubus lobophyllus** Y. K. Shih ex F. P. Metcalf, Lingnan Sci. J. 19: 29 (1940).
湖南、贵州、云南、广东、广西。

罗浮山悬钩子

•**Rubus lohfauensis** F. P. Metcalf, Lingnan Sci. J. 19 (1): 29, pl. 3, f. 5 (1940).
广东。

光亮悬钩子

Rubus lucens Focke, Abh. Naturwiss. Vereine Bremen 4: 199 (1874).
云南；菲律宾、印度尼西亚、印度。

绿春悬钩子

•**Rubus luchunensis** T. T. Yu et L. T. Lu, Acta Phytotax. Sin. 20 (4): 456 (1982).
云南。

绿春悬钩子（原变种）

•**Rubus luchunensis** var. **luchunensis**
云南。

硬叶绿春悬钩子

•**Rubus luchunensis** var. **coriaceus** T. T. Yu et L. T. Lu, Acta Phytotax. Sin. 20 (4): 456 (1982).
云南。

黄色悬钩子

•**Rubus maershanensis** Huang C. Wang et H. Sun, Phytotaxa 114 (1): 58 (2013).
Rubus lutescens Franch., Pl. Delavay. 206 (1890), non Boulay (1868).
四川、云南、西藏。

细瘦悬钩子

Rubus macilentus Cambess., Voy. Inde 4 (Bot.): 49, pl. 60 (1844).
四川、云南、西藏；不丹、尼泊尔、印度、克什米尔地区。

细瘦悬钩子（原变种）

Rubus macilentus var. **macilentus**
Rubus trichopetalus Hand.-Mazz., Anz. Akad. Wiss. Wien, Math.-Naturwiss. Kl. 57: 267 (1920); *Rubus minensis* Pax. et K. Hoffm., Repert. Spec. Nov. Regni Veg. 12: 406 (1922).
四川、云南、西藏；不丹、尼泊尔、印度、克什米尔地区。

棱枝细瘦悬钩子

•**Rubus macilentus** var. **angulatus** Delavay, Pl. Delavay. 205 (1890).
云南。

棠叶悬钩子（羊尿泡，老林茶，海棠叶莓）

•**Rubus malifolius** Focke, Hooker's Icon. Pl. 20: t. 1947 (1890).
湖南、湖北、四川、贵州、云南、广东、广西。

棠叶悬钩子（原变种）

•**Rubus malifolius** var. **malifolius**
Rubus arbor H. Lév. et Vaniot, Bull. Soc. Bot. France 51: 217, pl. 3 (1901); *Rubus limprichtii* Pax et K. Hoffm., Repert. Spec. Nov. Regni Veg. Beih. 12: 406 (1922).
湖南、湖北、四川、贵州、云南、广东、广西。

长萼棠叶悬钩子

•**Rubus malifolius** var. **longisepalus** T. T. Yu et L. T. Lu, Acta Phytotax. Sin. 20 (4): 463 (1982).
广西。

麻栗坡悬钩子

•**Rubus malipoensis** T. T. Yu et L. T. Lu, Acta Phytotax. Sin. 20 (4): 459 (1982).
云南。

楸叶悬钩子

•**Rubus mallotifolius** C. Y. Wu ex T. T. Yu et L. T. Lu, Acta Phytotax. Sin. 20 (4): 454 (1982).
云南。

勐腊悬钩子

•**Rubus menglaensis** T. T. Yu et L. T. Lu, Acta Phytotax. Sin. 20 (4): 456 (1982).
云南。

喜阴悬钩子（短柈刺泡藤，深山悬钩子，莓子）

Rubus mesogaeus Focke ex Diels, Bot. Jahrb. Syst. 29 (3-4): 399 (1900).
山西、河南、陕西、甘肃、湖北、四川、重庆、贵州、云南、台湾；日本、不丹、尼泊尔、印度（锡金）、俄罗斯。

喜阴悬钩子（原变种）

Rubus mesogaeus var. **mesogaeus**

Rubus idaeus var. *exsuccus* Franch. et Sav., Enum. Pl. Jap. 2 (2): 334 (1878); *Rubus occidentalis* var. *japonicus* Miyabe, Fl. Kuril. Is. 229 (1890); *Rubus kinashii* H. Lév. et Vaniot, Bull. Soc. Agric. Sarthe 40: 66 (1905); *Rubus occidentalis* H. Lév., Bull. Acad. Int. Géogr. Bot. 20: 133 (1909); *Rubus occidentalis* var. *exsuccus* (Franch. et Sav.) Makino, Bot. Mag. (Tokyo) 23 (270): 150 (1909); *Rubus eous* Focke, Biblioth. Bot. 17 [Heft 72 (2)]: 204 (1911); *Rubus mesogaeus* var. *incisus* Cardot, Notul. Syst. (Paris) 3: 315 (1914); *Rubus rarissimus* Hayata, Icon. Pl. Formosan. 6: 16 (1916); *Rubus euleucus* Focke ex Hand.-Mazz., Symb. Sin. 7: 503 (1933).

山西、河南、陕西、甘肃、湖北、四川、重庆、贵州、云南、台湾；日本、不丹、尼泊尔、印度（锡金）、俄罗斯。

脱毛喜阴悬钩子

●**Rubus mesogaeus** var. **glabrescens** T. T. Yu et L. T. Lu, Acta Phytotax. Sin. 20 (3): 300 (1982).

四川。

腺毛喜阴悬钩子

●**Rubus mesogaeus** var. **oxycomus** Focke ex Diels, Bot. Jahrb. Syst. 29 (3-4): 399 (1900).

陕西、甘肃、四川、云南。

墨脱悬钩子

●**Rubus metoensis** T. T. Yu et L. T. Lu, Acta Phytotax. Sin. 18 (4): 498 (1980).

西藏。

刺毛悬钩子

●**Rubus multisetosus** T. T. Yu et L. T. Lu, Fl. Reipubl. Popularis Sin. 37: 201 (1985).

Rubus polytrichus Franch., Pl. Delavay. 204 (1890), non Progel (1882).

云南。

高砂悬钩子（粗毛悬钩子）

Rubus nagasawanus Koidz., Acta Phytotax. Geobot. 8 (2): 108 (1939).

Rubus formosensis Matsum., Meth. Sp.-Beschr. *Rubus* 73 (1901), non Kuntze (1879); *Rubus alceifolius* var. *emigratus* Koidz., J. Coll. Sci. Imp. Univ. Tokyo 34 (2): 161 (1913), non Focke (1904); *Rubus tephrodes* var. *setosissimus* Koidz., Symb. Sin. 7 (3): 492 (1939), non Handel-Mazzetti (1933); *Rubus polyanthus* H. L. Li, Woody Fl. Taiwan 305 (1963); *Rubus arachnoideus* var. *tatongensis* S. C. Liu ex F. Y. Lu, C. H. Ou, Y. T. Chen, Y. S. Chi et K. C. Lu, Trees Taiwan 1: 120 (2000), as "*arachnoides*".

台湾；菲律宾、印度尼西亚。

矮生悬钩子

Rubus naruhashii Y. Sun et Boufford, J. Jap. Bot. 87 (2): 135 (2012).

Rubus clivicola E. Walker, J. Wash. Acad. Sci. 32 (9): 262 (1942), non Sudre (1903).

云南；缅甸（北部）。

锈叶悬钩子

●**Rubus neofuscifolius** Y. F. Deng, Novon 24 (2): 153 (2015).

Rubus fuscifolius T. T. Yu et L. T. Lu, Acta Phytotax. Sin. 20 (4): 459 (1982), non Sudre (1911).

云南。

红泡刺藤

Rubus niveus Thunb., Diss. Bot.-Med. de Rubo 9 (1813).

Rubus lasiocarpus Sm., Cycl. (Rees) 30: *Rubus* no. 6 (1819); *Rubus mysorensis* F. Heyne, Nov. Pl. Sp. 235 (1821); *Rubus pinnatus* D. Don, Prodr. Fl. Nepal. 234 (1825); *Rubus micranthus* D. Don, Prodr. Fl. Nepal. 235 (1825); *Rubus distans* D. Don, Prodr. Fl. Nepal. 256 (1825); *Rubus foliolosus* D. Don, Prodr. Fl. Nepal. 256 (1825); *Rubus lasiocarpus* var. *micranthus* (D. Don) Hook. f., Fl. Brit. Ind. 2 (5): 339 (1878); *Rubus pyi* H. Lév., Repert. Spec. Nov. Regni Veg. 6 (107-112): 111 (1908); *Rubus bonatii* H. Lév., Repert. Spec. Nov. Regni Veg. 7 (152-156): 338 (1909); *Rubus tongchouanensis* H. Lév., Repert. Spec. Nov. Regni Veg. 12 (325-330): 283 (1913); *Rubus mairei* H. Lév., Repert. Spec. Nov. Regni Veg. 12 (325-330): 283 (1913), non H. Lév. (1912); *Rubus boudieri* H. Lév., Repert. Spec. Nov. Regni Veg. 12 (341-345): 534 (1913); *Rubus longistylus* H. Lév., Repert. Spec. Nov. Regni Veg. 12 (341-345): 534 (1913); *Rubus lasiocarpus* var. *ectenothyrsus* Cardot, Notul. Syst. (Paris) 3: 310 (1914); *Rubus incanus* Sasaki ex Y. C. Liu et Yang, Quart. J. Taiwan Mus. 20: 375 (1967); *Rubus niveus* var. *micranthus* (D. Don) H. Hara, Enum. Fl. Pl. Nepal 2: 146 (1979); *Rubus godongensis* Y. Gu et W. L. Li, Bull. Bot. Res., Harbin 20 (2): 123 (2000).

陕西、甘肃、四川、贵州、云南、西藏、台湾、广西；越南、老挝、泰国、马来西亚、印度尼西亚、缅甸、不丹、印度、斯里兰卡、克什米尔地区、阿富汗。

聂拉木悬钩子

●**Rubus nyalamensis** T. T. Yu et L. T. Lu, Acta Phytotax. Sin. 18 (4): 499 (1980).

西藏。

长圆悬钩子

●**Rubus oblongus** T. T. Yu et L. T. Lu, Acta Phytotax. Sin. 20 (4): 462 (1982).

贵州、云南。

宝兴悬钩子

●**Rubus ourosepalus** Cardot, Notul. Syst. (Paris) 3: 290 (1914).

四川。

太平莓（大叶莓）

●**Rubus pacificus** Hance, J. Bot. 12 (141): 259 (1874).

安徽、江苏、浙江、江西、湖南、湖北、福建。

琴叶悬钩子

●**Rubus panduratus** Hand.-Mazz., Symb. Sin. 7 (3): 490, pl. 16, f. 5 (1933).
湖南、贵州、广东、广西。

琴叶悬钩子（原变种）

●**Rubus panduratus** var. **panduratus**
贵州、广东、广西。

脱毛琴叶悬钩子

●**Rubus panduratus** var. **etomentosus** Hand.-Mazz., Sinensia 5 (1-2): 1 (1934).
湖南、贵州、广东、广西。

圆锥悬钩子

Rubus paniculatus Sm., Cycl. (Rees) 30: *Rubus* no. 41 (1819).
云南、西藏；不丹、尼泊尔、印度（北部、锡金）、克什米尔地区。

圆锥悬钩子（原变种）

Rubus paniculatus var. **paniculatus**
Rubus tiliaceus Sm., Cycl. (Rees) 30: 35 (1819); *Rubus paniculatus* f. *tiliaceus* (Sm.) H. Hara, Fl. E. Himalaya, 3rd. Rep.: 52 (1975).
云南、西藏；不丹、尼泊尔、印度（北部、锡金）、克什米尔地区。

脱毛圆锥悬钩子

●**Rubus paniculatus** var. **glabrescens** T. T. Yu et L. T. Lu, Acta Phytotax. Sin. 20 (4): 456 (1982).
云南。

拟针刺悬钩子

Rubus parapungens H. Hara, Bull. Univ. Mus. Univ. Tokyo 2: 58 (1971).
Rubus horridulus Hook. f., Fl. Brit. Ind. 2: 341 (1878), non P. J. Müller (1868); *Rubus pungens* var. *horridulus* H. Hara, J. Jap. Bot. 47 (5): 140 (1972).
云南；缅甸、不丹、印度。

矮空心泡

●**Rubus pararosifolius** F. P. Metcalf, Lingnan Sci. J. 19 (1): 30 (1940).
福建。

乌泡子（乌泡，乌藨子）

●**Rubus parkeri** Hance, J. Bot. 20 (237): 260 (1882).
Rubus parkeri var. *longisetosus* Focke in Sarg., Pl. Wilson. 1 (1): 50 (1911); *Rubus parkeri* var. *brevisetosus* Focke in Sarg., Pl. Wilson. 1 (1): 50 (1911); *Rubus tsangsihsiensis* K. S. Hao, Bot. Jahrb. Syst. 73: 609 (1938).
陕西、江苏、湖北、四川、贵州、云南。

㯕叶悬钩子（楤叶悬钩子）

●**Rubus parviaraliifolius** Hayata, Icon. Pl. Formosan. 5: 48 (1915).
Rubus parviaraliifolius var. *laxiflorus* Y. C. Liu et F. Y. Lu, Quart. J. Chin. Forest. 9 (2): 132 (1976).
台湾。

茅莓（红梅消，薅田藨，小叶悬钩子）

Rubus parvifolius L., Sp. Pl. 2: 1197 (1753).
黑龙江、吉林、辽宁、河北、山西、山东、河南、陕西、宁夏、甘肃、青海、安徽、江苏、浙江、江西、湖南、湖北、四川、贵州、云南、福建、台湾、广东、广西、海南；日本、朝鲜、越南。

茅莓（原变种）

Rubus parvifolius var. **parvifolius**
Rubus triphyllus Thunb., Fl. Jap. 215 (1784); *Rubus pauciflorus* Baker, J. Linn. Soc., Bot. 20 (126): 136 (1883); *Rubus taquetii* H. Lév., Repert. Spec. Nov. Regni Veg. 7: 340 (1909); *Rubus triphyllus* var. *subconcolor* Cardot, Notul. Syst. (Paris) 3: 311 (1914); *Rubus triphyllus* var. *eglandulosus* L. H. Bailey, Gentes Herb. 1: 30 (1920); *Rubus parvifolius* var. *triphyllus* (Thunb.) Nakai, Veg. Mt. Apoi. 11 (1930); *Rubus parvifolius* subvar. *subconfolor* (Cardot) Masam., Annual Rep. Taihoku Bot. Gard. 2: 130 (1932); *Rubus parvifolius* var. *subconcolor* (Cardot) Makino et Nemoto, Fl. Japan. 520 (1936).
黑龙江、吉林、辽宁、河北、山西、山东、河南、陕西、宁夏、甘肃、安徽、江苏、浙江、江西、湖南、湖北、四川、贵州、云南、福建、台湾、广东、广西、海南；日本、朝鲜、越南。

腺花茅莓（倒莓子）

Rubus parvifolius var. **adenochlamys** (Focke) Migo, J. Shanghai Norm. Univ. 3 (4): 169 (1939).
Rubus triphyllus var. *adenochlamys* Focke, Bot. Jahrb. Syst. 36 (Beibl. 82): 55 (1905); *Rubus triphyllus* var. *oukiakiensis* Pamp., Nuovo Giorn. Bot. Ital., n. s. 17 (2): 296 (1910); *Rubus adenochlamys* (Focke) Focke, Biblioth. Bot. 17 [Heft 72 (2)]: 191 (1911); *Rubus adenochlamys* var. *orientalis* F. P. Metcalf, Lingnan Sci. J. 19 (1): 21 (1940).
河北、山西、河南、陕西、甘肃、青海、江苏、浙江、湖南、湖北、四川；日本。

五叶红梅消

●**Rubus parvifolius** var. **toapiensis** (Yamam.) Hosok., Fl. Japan. suppl. 352 (1936).
Rubus triphyllus var. *toapiensis* Yamam., J. Soc. Trop. Agric. 4: 305 (1932).
台湾。

少齿悬钩子

●**Rubus paucidentatus** T. T. Yu et L. T. Lu, Acta Phytotax. Sin.

20 (3): 304 (1982).
广东、广西。

少齿悬钩子（原变种）

•**Rubus paucidentatus** var. **paucidentatus**
广东。

广西少齿悬钩子

•**Rubus paucidentatus** var. **guangxiensis** T. T. Yu et L. T. Lu, Acta Phytotax. Sin. 20 (3): 304 (1982).
广西。

匍匐悬钩子

Rubus pectinarioides H. Hara, J. Jap. Bot. 47 (4): 111 (1972).
云南、西藏；不丹、印度（锡金）。

梳齿悬钩子

•**Rubus pectinaris** Focke, Biblioth. Bot. 17 [Heft 72 (1)]: 21 (1910).
四川。

黄泡

Rubus pectinellus Maxim., Bull. Acad. Imp. Sci. Saint-Pétersbourg 8: 374 (1871).
Rubus pectinellus var. *trilobus* Koidz., J. Coll. Sci. Imp. Univ. Tokyo 34 (2): 108 (1913).
浙江、江西、湖南、湖北、四川、贵州、云南、福建、台湾；日本、菲律宾。

密毛纤细悬钩子

Rubus pedunculosus D. Don, Prodr. Fl. Nepal. 234 (1825).
Rubus gracilis Roxb., Fl. Ind. (Carey et Wallich ed.) 2: 519 (1824), non J. Presl et C. Presl (1822); *Rubus niveus* Wall. ex G. Don, Gen. Hist. 2: 530 (1832), non Thunberg (1813); *Rubus hypargyrus* Edgew., Trans. Linn. Soc. London 20 (1): 45 (1846); *Rubus gracilis* var. *chiliacanthus* Hand.-Mazz., Symb. Sin. 7 (3): 505 (1933); *Rubus gracilis* var. *pluvialis* Hand.-Mazz., Symb. Sin. 7 (3): 504, pl. 15, f. 7-8 (1933); *Rubus pedunculosus* var. *hypargyrus* (Edgew.) Kitam., Fl. Nepal. Himal. 158 (1955); *Rubus hypargyrus* var. *niveus* H. Hara, J. Jap. Bot. 53 (5): 137 (1978).
云南、西藏；不丹、尼泊尔、印度、克什米尔地区。

盾叶莓

Rubus peltatus Maxim., Bull. Acad. Imp. Sci. Saint-Pétersbourg 17: 154 (1871).
安徽、浙江、江西、湖北、四川、贵州；日本。

河口悬钩子

•**Rubus penduliflorus** C. Y. Wu ex T. T. Yu et L. T. Lu, Acta Phytotax. Sin. 20 (4): 430 (1982).
云南。

掌叶悬钩子（黑泡刺）

Rubus pentagonus Wall. ex Focke, Biblioth. Bot. 17 [Heft 72 (2)]: 145 (1911).
四川、贵州、云南、西藏；越南、缅甸（北部）、不丹、尼泊尔、印度（西北部、锡金）。

掌叶悬钩子（原变种）

Rubus pentagonus var. **pentagonus**
Rubus tridactylus Focke, Biblioth. Bot. 17 [Heft 72 (2)]: 146 (1911).
四川、贵州、云南、西藏；越南、缅甸（北部）、不丹、尼泊尔、印度（西北部、锡金）。

无腺掌叶悬钩子

•**Rubus pentagonus** var. **eglandulosus** T. T. Yu et L. T. Lu, Acta Phytotax. Sin. 20 (3): 306 (1982).
西藏。

长萼掌叶悬钩子

•**Rubus pentagonus** var. **longisepalus** T. T. Yu et L. T. Lu, Acta Phytotax. Sin. 20 (3): 305 (1982).
云南。

无刺掌叶悬钩子

•**Rubus pentagonus** var. **modestus** (Focke) T. T. Yu et L. T. Lu, Fl. Reipubl. Popularis Sin. 37: 111 (1985).
Rubus modestus Focke, Abh. Naturwiss. Vereine Bremen 14: 296 (1897); *Rubus modicus* Focke, Abh. Naturwiss. Vereine Bremen 16: 297 (1899).
四川、贵州、云南。

多腺悬钩子（树莓）

Rubus phoenicolasius Maxim., Bull. Acad. Imp. Sci. Saint-Pétersbourg 17 (2): 160 (1872).
山西、山东、河南、陕西、甘肃、青海、湖北、四川；日本、朝鲜；欧洲、北美洲。

菰帽悬钩子

•**Rubus pileatus** Focke, Hooker's Icon. Pl. 20 (3): sub. pl. 1952, f. 3 (1891).
河南、陕西、甘肃、青海、湖北、四川。

陕西悬钩子

•**Rubus piluliferus** Focke, Bot. Jahrb. Syst. 36 (5, Beibl. 82): 55 (1905).
Rubus lachnocarpus Focke, Bot. Jahrb. Syst. 36 (5, Beibl. 82): 56 (1905).
陕西、甘肃、湖北、四川。

羽萼悬钩子（爬地泡，新店悬钩子）

•**Rubus pinnatisepalus** Hemsl., J. Linn. Soc., Bot. 29 (202): 303 (1892).
四川、贵州、云南、台湾。

羽萼悬钩子（原变种）

•**Rubus pinnatisepalus** var. **pinnatisepalus**

Rubus calycacanthus var. *buergerifolius* H. Lév., Repert. Spec. Nov. Regni Veg. 8 (160-162): 58 (1910); *Rubus laciniatostipulatus* Hayata ex Koidz., J. Coll. Sci. Imp. Univ. Tokyo 34 (2): 154 (1913); *Rubus darrisii* H. Lév., Repert. Spec. Nov. Regni Veg. 12 (317-321): 188 (1913); *Rubus acuarius* Focke, Biblioth. Bot. 19 (Heft 83): 33 (1914).
四川、贵州、云南、台湾。

密腺羽萼悬钩子

●**Rubus pinnatisepalus** var. **glandulosus** T. T. Yu et L. T. Lu, Acta Phytotax. Sin. 20 (4): 458 (1982).
四川、云南。

武冈悬钩子

●**Rubus platysepalus** Hand.-Mazz., Symb. Sin. 7 (3): 493, pl. 16, f. 3 (1933).
Rubus platysepalus var. *gracilior* Hand.-Mazz., Symb. Sin. 7 (3): 494 (1933).
湖南、广西。

五叶鸡爪茶（五加皮，普莱肥莓）

●**Rubus playfairianus** Hemsl. ex Focke, Biblioth. Bot. 17 [Heft 72 (1)]: 45 (1910).
Rubus cochinchinensis var. *stenophyllus* Franch., Pl. David. 2: 38 (1888); *Rubus playfairianus* var. *stenophyllus* (Franch.) Cardot, Bull. Mus. Natl. Hist. Nat. 23 (4): 277 (1917).
陕西、湖北、四川、贵州、云南。

毛叶悬钩子

Rubus poliophyllus Kuntze, Meth. Sp.-Beschr. *Rubus* 68, 78 (1879).
云南；印度（锡金）。

毛叶悬钩子（原变种）

Rubus poliophyllus var. **poliophyllus**
Rubus distentus Focke, Biblioth. Bot. 17 [Heft 72 (1)]: 68, f. 25 (1909).
云南；印度（锡金）。

西盟悬钩子

●**Rubus poliophyllus** var. **ximengensis** Y. Y. Qian, Acta Phytotax. Sin. 39 (5): 466 (2001).
云南。

多齿悬钩子

●**Rubus polyodontus** Hand.-Mazz., Symb. Sin. 7 (3): 484 (1933).
云南。

委陵悬钩子

Rubus potentilloides W. E. Evans, Notes Roy. Bot. Gard. Edinburgh 13: 179 (1921).
云南；缅甸（北部）。

早花悬钩子

●**Rubus preptanthus** Focke, Biblioth. Bot. 17 [Heft 72 (1)]: 42 (1910).
四川、云南。

早花悬钩子（原变种）

●**Rubus preptanthus** var. **preptanthus**
四川、云南。

狭叶早花悬钩子

●**Rubus preptanthus** var. **mairei** (H. Lév.) T. T. Yu et L. T. Lu, Fl. Reipubl. Popularis Sin. 37: 194 (1985).
Rubus mairei H. Lév., Feddes Repert. Spec. Nov. Regni Veg. 7: 338 (1909).
四川、云南。

甘肃悬钩子

●**Rubus przewalskii** Prokh., Bot. Mater. Gerb. Glavn. Bot. Sada R. S. F. S. R. 5 (4): 56 (1924).
Rubus sachalinensis var. *przewalskii* (Prokh.) L. T. Lu, Acta Phytotax. Sin. 38 (3): 280 (2000).
甘肃、青海。

假帽莓

●**Rubus pseudopileatus** Cardot, Notul. Syst. (Paris) 3: 308 (1914).
四川。

假帽莓（原变种）

●**Rubus pseudopileatus** var. **pseudopileatus**
四川。

光梗假帽莓

●**Rubus pseudopileatus** var. **glabratus** T. T. Yu et L. T. Lu, Acta Phytotax. Sin. 20 (3): 298 (1982).
四川。

康定假帽莓

●**Rubus pseudopileatus** var. **kangdingensis** T. T. Yu et L. T. Lu, Acta Phytotax. Sin. 20 (3): 299 (1982).
四川。

毛果悬钩子

●**Rubus ptilocarpus** T. T. Yu et L. T. Lu, Acta Phytotax. Sin. 20 (3): 301 (1982).
青海、四川、云南。

毛果悬钩子（原变种）

●**Rubus ptilocarpus** var. **ptilocarpus**
青海、四川、云南。

长萼毛果悬钩子

●**Rubus ptilocarpus** var. **degensis** T. T. Yu et L. T. Lu, Acta Phytotax. Sin. 20 (3): 302 (1982).
四川。

针刺悬钩子（倒札龙，倒毒散，刺悬钩子）

Rubus pungens Cambess., Voy. Inde 4 (Bot.): 48, t. 59 (1844).

吉林、山西、河南、陕西、甘肃、浙江、江西、湖北、四川、贵州、云南、西藏、福建、台湾；日本、朝鲜、缅甸、不丹、尼泊尔、印度、克什米尔地区；亚洲（西南部）。

针刺悬钩子（原变种）

Rubus pungens var. **pungens**

Rubus pungens var. *discolor* Prokh., Bot. Mater. Gerb. Glavn. Bot. Sada R. S. F. S. R. 5 (4): 56 (1924); *Rubus pungens* var. *fargesii* Cardot, Notul. Syst. (Paris) 3: 306 (1914).

陕西、甘肃、四川、云南、西藏、台湾；日本、朝鲜、缅甸、不丹、尼泊尔、印度、克什米尔地区；亚洲（西南部）。

线萼针刺悬钩子

•**Rubus pungens** var. **linearisepalus** T. T. Yu et L. T. Lu, Acta Phytotax. Sin. 20 (3): 302 (1982).

云南。

香莓（九里香，落地角公，九头饭消扭）

Rubus pungens var. **oldhamii** (Miq.) Maxim., Mélanges Biol. Bull. Phys.-Math. Acad. Imp. Sci. Saint-Pétersbourg 8: 386 (1872).

Rubus oldhamii Miq., Ann. Mus. Bot. Lugduno-Batavi 3: 34 (1867); *Rubus pungens* var. *indefensus* Focke, Bot. Jahrb. Syst. 36 (5, Beibl. 82): 53 (1905); *Rubus rosifolius* var. *hirsutus* Hayata, J. Coll. Sci. Imp. Univ. Tokyo 25 (19): 81 (1908); *Rubus parvipungens* Hayata, Icon. Pl. Formosan. 5: 56 (1915); *Rubus hirsutopungens* Hayata, Icon. Pl. Formosan. 5: 58 (1915); *Rubus hayatae* Nemoto ex Makino et Nemoto, Fl. Japan., ed. 2, 514 (1931); *Rubus okamotoanus* Koidz., Acta Phytotax. Geobot. 8: 110 (1939).

吉林、山西、河南、陕西、甘肃、浙江、江西、湖北、四川、贵州、云南、福建、台湾；日本、朝鲜。

三叶针刺悬钩子

•**Rubus pungens** var. **ternatus** Cardot, Notul. Syst. (Paris) 3: 307 (1914).

四川、云南。

柔毛针刺悬钩子

•**Rubus pungens** var. **villosus** Cardot, Notul. Syst. (Paris) 3: 307 (1914).

陕西、湖北、四川。

梨叶悬钩子（太平悬钩子，蛇泡）

Rubus pyrifolius Sm., Pl. Icon. Ined. 3: pl. 61 (1791).

浙江、四川、贵州、云南、福建、台湾、广东、广西、海南；菲律宾、越南、老挝、泰国、柬埔寨、马来西亚、印度尼西亚。

梨叶悬钩子（原变种）

Rubus pyrifolius var. **pyrifolius**

Rubus rotundifolius Reinw. ex Miq., Fl. Ned. Ind. 1: 386 (1855); *Rubus brevipetalus* Elmer, Leafl. Philipp. Bot. 2: 450 (1908); *Rubus philippinensis* Focke ex Elmer, Leafl. Philipp. Bot. 5: 167 (1913); *Rubus floribundopaniculatus* Hayata, Icon. Pl. Formosan. 3: 89 (1913); *Rubus parvipetalus* Odash., J. Soc. Trop. Agric. 7: 81 (1935).

浙江、四川、贵州、云南、福建、台湾、广东、广西；菲律宾、越南、老挝、泰国、柬埔寨、马来西亚、印度尼西亚。

心状梨叶悬钩子

•**Rubus pyrifolius** var. **cordatus** T. T. Yu et L. T. Lu, Acta Phytotax. Sin. 20 (3): 308 (1982).

云南。

柔毛梨叶悬钩子

•**Rubus pyrifolius** var. **permollis** Merr., Lingnan Sci. J. 11 (1): 44 (1932).

广西、海南。

绒毛梨叶悬钩子

•**Rubus pyrifolius** var. **tomentosus** Kuntze ex Franch., Pl. Delavay. 2: 37 (1888).

四川。

五叶悬钩子

•**Rubus quinquefoliolatus** T. T. Yu et L. T. Lu, Acta Phytotax. Sin. 20 (3): 306 (1982).

贵州、云南。

饶平悬钩子

•**Rubus raopingensis** T. T. Yu et L. T. Lu, Acta Phytotax. Sin. 20 (3): 309 (1982).

福建、广东。

饶平悬钩子（原变种）

•**Rubus raopingensis** var. **raopingensis**

广东。

钝齿悬钩子

•**Rubus raopingensis** var. **obtusidentatus** T. T. Yu et L. T. Lu, Acta Phytotax. Sin. 20 (3): 310 (1982).

福建。

锈毛莓（蛇包苏，大叶蛇勒，山烟筒子）

•**Rubus reflexus** Ker Gawl., Bot. Reg. 6: 461 (1820).

浙江、江西、湖南、湖北、贵州、云南、福建、台湾、广东、广西。

锈毛莓（原变种）

•**Rubus reflexus** var. **reflexus**

Rubus esquirolii H. Lév., Repert. Spec. Nov. Regni Veg. 4 (73-74): 333 (1907).

浙江、江西、湖南、贵州、云南、福建、广东、广西。

浅裂锈毛莓

•**Rubus reflexus** var. **hui** (Diels ex Hu) F. P. Metcalf, Lingnan Sci. J. 11: 6 (1932).

Rubus hui Diels ex Hu, Contr. Biol. Lab. Sci. Soc. China, Bot. Ser. 7: 608 (1922); *Rubus gilvus* Focke, Biblioth. Bot. 17 [Heft 72 (1)]: 79 (1910); *Rubus axilliflorens* Cardot, Notul. Syst. (Paris) 3: 302 (1914).
浙江、江西、湖南、贵州、云南、福建、台湾、广东、广西。

深裂悬钩子（深裂锈毛莓）

●**Rubus reflexus** var. **lanceolobus** F. P. Metcalf, Lingnan Sci. J. 11 (1): 7 (1932).
湖南、福建、广东、广西。

大叶锈毛莓

●**Rubus reflexus** var. **macrophyllus** T. T. Yu et L. T. Lu, Acta Phytotax. Sin. 20 (4): 460 (1982).
云南。

长叶锈毛莓

●**Rubus reflexus** var. **orogenes** Hand.-Mazz., Symb. Sin. 7 (3): 496 (1933).
Rubus irenaeus var. *orogenes* (Hand.-Mazz.) F. P. Metcalf, Lingnan Sci. J. 19 (1): 27 (1940).
江西、湖南、湖北、贵州、广西。

曲萼悬钩子

●**Rubus refractus** H. Lév., Repert. Spec. Nov. Regni Veg. 4 (73-74): 332 (1907).
Rubus refractus var. *latifolius* Cardot, Notul. Syst. (Paris) 3: 291 (1914); *Rubus rocheri* H. Lév., Bull. Acad. Int. Géogr. Bot. 24 (295-297): 250 (1914).
贵州、云南。

网脉悬钩子

Rubus reticulatus Wall. ex Hook. f., Fl. Brit. Ind. 2 (5): 331 (1878).
西藏；尼泊尔、印度。

高山悬钩子

Rubus rolfei S. Vidal, Phan. Cuming. Philipp. 171 (1885).
Rubus pentalobus Hayata, J. Coll. Sci. Imp. Univ. Tokyo 25 (19): 80 (1908); *Rubus rolfei* var. *lanatus* Hayata, J. Coll. Agric. Imp. Univ. Tokyo 25 (19): 81 (1908); *Rubus elmeri* Focke, Biblioth. Bot. 17 [Heft 72 (1)]: 112 (1910); *Rubus calycinoides* Hayata ex Koidz., Icon. Pl. Formosan. 3: 88 (1913); *Rubus calycinoides* var. *macrophyllus* H. L. Li, Woody Fl. Taiwan 303 (1963); *Rubus hayata-koidzumii* Naruh., J. Phytogeogr. Taxon. 32 (1): 58 (1984).
台湾；菲律宾。

空心泡（蔷薇莓，三月泡，划船泡）

Rubus rosifolius Sm., Pl. Icon. Ined. 3: pl. 60 (1791).
陕西、安徽、浙江、江西、湖南、湖北、四川、贵州、云南、福建、台湾、广东、广西；日本、菲律宾、越南、老挝、缅甸、泰国、柬埔寨、马来西亚、印度尼西亚、印度、澳大利亚；非洲。

空心泡（原变种）

Rubus rosifolius var. **rosifolius**
Rubus tagallus Cham. et Schltdl., Linnaea 2: 9 (1827); *Rubus taiwanianus* Matsum., Bot. Mag. (Tokyo) 16: 32 (1902); *Rubus minusculus* H. Lév. et Vaniot, Bull. Soc. Agric. Sarthe 40: 63 (1905); *Rubus thunbergii* var. *glabellus* Focke in Sarg., Pl. Wilson. 1 (1): 52 (1911); *Rubus rosifolius* var. *polyphyllarius* Cardot, Notul. Syst. (Paris) 3: 306 (1914); *Rubus glandulosopunctatus* Hayata, Icon. Pl. Formosan. 4: 5 (1914); *Rubus parvirosifolius* Hayata, Icon. Pl. Formosan. 5: 54 (1915); *Rubus hopingensis* Y. C. Liu et F. Y. Lu, Quart. J. Chin. Forest. 9 (2): 130 (1976); *Rubus hirsutus* var. *glabellus* (Focke) Wuzhi, Fl. Hupeh. 2: 200 (1979).
陕西、安徽、浙江、江西、湖南、湖北、贵州、福建、台湾、广东、广西；日本、菲律宾、越南、老挝、缅甸、泰国、柬埔寨、马来西亚、印度尼西亚、印度、澳大利亚；非洲。

重瓣空心泡（荼蘼荼，佛见笑）

Rubus rosifolius var. **coronarius** (Sims) Focke, Biblioth. Bot. 17 (Heft 72): 155 (1911).
Rubus coronarius Sims, Bot. Mag. 43: pl. 1783 (1815); *Rubus rosifolius* f. *coronarius* (Sims) Kuntze, Revis. Gen. Pl. 1: 224 (1891); *Rubus rosifolius* var. *wuyishanensis* Z. X. Yu, Bull. Bot. Res., Harbin 6 (1): 152 (1986).
江西、陕西、云南；印度、印度尼西亚、马来西亚、尼泊尔。

无刺空心泡

●**Rubus rosifolius** var. **inermis** Z. X. Yu, Bull. Bot. Res., Harbin 8 (2): 139 (1988).
江西。

红刺悬钩子

●**Rubus rubrisetulosus** Cardot, Notul. Syst. (Paris) 3: 289 (1914).
四川、云南。

棕红悬钩子

Rubus rufus Focke, Biblioth. Bot. 17 [Heft 72 (1)]: 108, f. 47 (1910).
浙江、江西、湖南、湖北、四川、贵州、云南、广东、广西；越南、泰国。

棕红悬钩子（原变种）

Rubus rufus var. **rufus**
浙江、江西、湖南、湖北、四川、贵州、云南、广东、广西；越南、泰国。

长梗棕红悬钩子

●**Rubus rufus** var. **longipedicellatus** T. T. Yu et L. T. Lu, Acta Phytotax. Sin. 20 (4): 457 (1982).

云南。

掌裂棕红悬钩子

•**Rubus rufus** var. **palmatifidus** Cardot, Notul. Syst. (Paris) 3: 304 (1914).
四川、贵州。

怒江悬钩子

•**Rubus salwinensis** Hand.-Mazz., Symb. Sin. 7 (3): 491, pl. 16, f. 6 (1933).
云南。

石生悬钩子（无山悬钩子）

Rubus saxatilis L., Sp. Pl. 1: 494 (1753).
Cylactis saxatilis (L.) Á. Löve, Taxon 36 (3): 660 (1987).
黑龙江、吉林、辽宁、内蒙古、河北、山西、新疆；蒙古国、俄罗斯；欧洲、北美洲。

川莓（糖泡刺，黄水泡，无刺乌泡）

•**Rubus setchuenensis** Bureau et Franch., J. Bot. (Morot) 5 (3): 46 (1891).
Rubus pacatus Focke ex Diels, Bot. Jahrb. Syst. 29 (3-4): 395 (1900); *Rubus pacatus* var. *alypus* Focke ex Diels, Bot. Jahrb. Syst. 29 (3-4): 395 (1900); *Rubus cavaleriei* H. Lév. et Vaniot, Bull. Soc. Bot. France 51: 218 (1904); *Rubus omeiensis* Rolfe, Bull. Misc. Inform. Kew 1909 (6): 259 (1909); *Rubus singulifolius* Focke, Biblioth. Bot. 17 [Heft 72 (1)]: 77, f. 28 (1910); *Rubus clemens* Focke, Biblioth. Bot. 17 [Heft 72 (1)]: 105, f. 46 (1910); *Rubus lyi* H. Lév., Repert. Spec. Nov. Regni Veg. 12: 536 (1913); *Rubus setchuenensis* var. *omeiensis* (Rolfe) Hand.-Mazz., Symb. Sin. 7 (3): 496 (1933).
湖南、湖北、四川、贵州、云南、广西。

桂滇悬钩子

•**Rubus shihae** F. P. Metcalf, Lingnan Sci. J. 19 (1): 31, pl. 5 (1940).
Rubus liboensis T. L. Xu, Acta Bot. Yunnan. 20 (2): 163 (1998).
贵州、云南、广西。

锡金悬钩子

Rubus sikkimensis Hook. f., Fl. Brit. Ind. 2 (5): 336 (1878).
西藏；不丹、印度（锡金）。

单茎悬钩子（单生莓）

•**Rubus simplex** Focke, Hooker's Icon. Pl. 20: t. 1948 (1890).
陕西、甘肃、江苏、湖北、四川。

少花悬钩子

•**Rubus spananthus** Z. M. Wu et Z. L. Cheng, Bull. Bot. Res., Harbin 11 (4): 53 (1991).
安徽。

刺毛白叶莓

•**Rubus teledapos** Focke ex Diels, Bot. Jahrb. Syst. 29 (3-4): 398 (1900).
Rubus triphyllus var. *internuntius* Hance, J. Bot. 16 (184): 105 (1878); *Rubus innominatus* subsp. *plebejus* Focke in Sarg., Pl. Wilson. 1 (1): 55 (1911); *Rubus spinulosoides* F. P. Metcalf, Lingnan Sci. J. 19 (1): 32 (1940).
山东、湖北、重庆。

直立悬钩子（直立茎）

•**Rubus stans** Focke, Notes Roy. Bot. Gard. Edinburgh 5 (23): 76, pl. 68 (1911).
青海、四川、云南、西藏。

直立悬钩子（原变种）

•**Rubus stans** var. **stans**
Rubus testaceus C. K. Schneid., Bot. Gaz. 64 (1): 73 (1917).
青海、四川、云南、西藏。

多刺直立悬钩子

•**Rubus stans** var. **soulieanus** (Cardot) T. T. Yu et L. T. Lu, Fl. Xizang. 2: 618 (1984).
Rubus soulieanus Cardot, Notul. Syst. (Paris) 3: 307 (1914).
四川、西藏。

华西悬钩子

•**Rubus stimulans** Focke, Notes Roy. Bot. Gard. Edinburgh 5 (23): 74, pl. 65 (1911).
Rubus chinensis Franch., Pl. Delavay. 207 (1890), non Thunb. (1813), non Ser. (1825); *Rubus chinensis* var. *concolor* Cardot, Notul. Syst. (Paris) 3: 314 (1914).
云南、西藏。

巨托悬钩子

•**Rubus stipulosus** T. T. Yu et L. T. Lu, Acta Phytotax. Sin. 20 (4): 460 (1982).
广西。

柱序悬钩子

•**Rubus subcoreanus** T. T. Yu et L. T. Lu, Acta Phytotax. Sin. 20 (3): 302 (1982).
河北、陕西、甘肃。

紫红悬钩子

•**Rubus subinopertus** T. T. Yu et L. T. Lu, Acta Phytotax. Sin. 18 (4): 497 (1980).
四川、云南、西藏。

美饰悬钩子

Rubus subornatus Focke, Notes Roy. Bot. Gard. Edinburgh 5 (23): 77, pl. 69 (1911).
四川、云南、西藏；缅甸。

美饰悬钩子（原变种）

Rubus subornatus var. **subornatus**
Rubus subornatus var. *concolor* Cardot, Notul. Syst. (Paris) 3: 315 (1914); *Rubus subornatus* var. *fockei* H. Lév., Cat. Pl.

Yun-Nan 242 (1917); *Rubus parvifolius* var. *purpureus* Y. Gu et W. L. Li, Bull. Bot. Res., Harbin 20 (2): 122 (2000).
四川、云南、西藏；缅甸。

黑腺美饰悬钩子

•**Rubus subornatus** var. **melanodenus** Focke, Biblioth. Bot. 19 (Heft 83): 47 (1914).
Rubus vicarius Focke, Biblioth. Bot. 17 [Heft 72 (2)]: 211 (1911).
四川、云南、西藏。

密刺悬钩子

•**Rubus subtibetanus** Hand.-Mazz., Anz. Akad. Wiss. Wien, Math.-Naturwiss. Kl. 57: 268 (1920).
陕西、甘肃、四川。

密刺悬钩子（原变种）

•**Rubus subtibetanus** var. **subtibetanus**
陕西、甘肃、四川。

腺毛密刺悬钩子

•**Rubus subtibetanus** var. **glandulosus** T. T. Yu et L. T. Lu, Acta Phytotax. Sin. 20 (3): 300 (1982).
甘肃、四川。

红腺悬钩子（马泡，红刺苔，牛奶莓）

Rubus sumatranus Miq., Fl. Ind. Bat. Suppl. 307 (1860).
Rubus rosifolius subsp. *sumatranus* (Miq.) Focke, Biblioth. Bot. 17 [Heft 72 (2)]: 155 (1911).
安徽、浙江、江西、湖南、湖北、四川、贵州、云南、西藏、福建、台湾、广东、广西、海南；日本、朝鲜、越南、老挝、缅甸、泰国、柬埔寨、马来西亚、印度尼西亚、不丹、尼泊尔、印度（北部、锡金）。

红腺悬钩子（原变种）

Rubus sumatranus var. **sumatranus**
Rubus sorbifolius Maxim., Bull. Acad. Imp. Sci. Saint-Pétersbourg 17 (2): 158 (1871); *Rubus myriadenus* H. Lév. et Vaniot, Bull. Soc. Bot. France 51: 218 (1904); *Rubus myriadenus* var. *grandifoliolatus* H. Lév., Repert. Spec. Nov. Regni Veg. 4 (73-74): 334 (1907); *Rubus asper* subvar *grandifoliolatus* (H. Lév.) Focke, Biblioth. Bot. 17 [Heft 72 (2)]: 158 (1911); *Rubus asper* var. *grandifoliolatus* (H. Lév.) Focke, Biblioth. Bot. 17 [Heft 72 (2)]: 158 (1911); *Rubus asper* var. *pekanius* Focke, Biblioth. Bot. 17 [Heft 72 (2)]: 159 (1911); *Rubus asper* var. *myriadenus* (H. Lév. et Vaniot) Focke, Biblioth. Bot. 17 [Heft 72 (2)]: 158 (1911); *Rubus dolichocephalus* Hayata, Icon. Pl. Formosan. 3: 92 (1913); *Rubus somae* Hayata, Icon. Pl. Formosan. 7: 19, f. 1 (1918); *Rubus takasagoensis* Koidz., Fl. Symb. Orient.-Asiat. 68 (1930); *Rubus indotibetanus* Koidz., Fl. Symb. Orient.-Asiat. 65 (1930).
安徽、浙江、江西、湖南、湖北、四川、贵州、云南、西藏、福建、台湾、广东、广西、海南；日本、朝鲜、越南、老挝、缅甸、泰国、柬埔寨、马来西亚、印度尼西亚、不丹、尼泊尔、印度（北部、锡金）。

遂昌红腺悬钩子

•**Rubus sumatranus** var. **suichangensis** P. L. Chiu ex L. Qian et X. F. Jin, Guihaia 28 (4): 457 (2008).
浙江。

木莓（高脚老虎扭，斯氏悬钩子）

Rubus swinhoei Hance, Ann. Sci. Nat., Bot. ser. 5, 5: 211 (1866).
Rubus hupehensis Oliv., Hooker's Icon. Pl. 19 (1): pl. 1816 (1889); *Rubus adenanthus* Finet et Franch., Bull. Soc. Bot. France 48: 208 (1899); *Rubus adenotrichopodus* Hayata, Icon. Pl. Formosan. 5: 49 (1915); *Rubus swinhoei* var. *hupehensis* (Oliv.) F. P. Metcalf, Lingnan Sci. J. 19 (1): 33 (1940).
陕西、安徽、江苏、浙江、江西、湖南、湖北、四川、贵州、福建、台湾、广东、广西；琉球群岛。

台东刺花悬钩子

•**Rubus taitoensis** Hayata, J. Coll. Sci. Imp. Univ. Tokyo 30 (1): 96 (1911).
Rubus aculeatiflorus var. *taitoensis* (Hayata) Y. C. Liu et T. Y. Yang, Ann. J. Sci. Taiwan Mus. 12: 12 (1969).
台湾。

台东刺花悬钩子（原变种）

•**Rubus taitoensis** var. **taitoensis**
台湾。

刺花悬钩子

•**Rubus taitoensis** var. **aculeatiflorus** (Hayata) H. Ohashi et C. F. Hsieh, Fl. Taiwan ed. 2, 3: 143 (1993).
Rubus aculeatiflorus Hayata, Icon. Pl. Formosan. 5: 39 (1915); *Rubus mingetsensis* Hayata, Icon. Pl. Formosan. 5: 40, f. 11 (1915).
台湾。

独龙悬钩子

•**Rubus taronensis** C. Y. Wu ex T. T. Yu et L. T. Lu, Acta Phytotax. Sin. 20 (3): 308 (1982).
云南。

灰白毛莓（灰绿悬钩子，乌龙摆尾，倒水莲）

•**Rubus tephrodes** Hance, J. Bot. 12 (141): 260 (1874).
安徽、江苏、浙江、江西、湖南、湖北、贵州、福建、台湾、广东、广西。

灰白毛莓（原变种）

•**Rubus tephrodes** var. **tephrodes**
Rubus paniculatus var. *brevifolius* Kuntze ex Franch., Pl. David. 1: 108 (1884).
安徽、江西、湖南、湖北、贵州、福建、台湾、广东、广西。

无腺灰白毛莓

•**Rubus tephrodes** var. **ampliflorus** (H. Lév. et Vaniot) Hand.-

Mazz., Symb. Sin. 7 (3): 492 (1933).
Rubus ampliflorus H. Lév. et Vaniot, Bull. Soc. Bot. France 51: 218 (1904); *Rubus schindleri* Focke, Bot. Jahrb. Syst. 46 (5, Bei (1912); *Rubus megalothyrsus* Cardot, Notul. Syst. (Paris) 3: 293 (1914); *Rubus tephrodes* var. *schindleri* (Focke) Hand.-Mazz., Symb. Sin. 7 (3): 492 (1933); *Rubus tephrodes* var. *eglandulosus* W. C. Cheng, Contr. Biol. Lab. Sci. Soc. China, Bot. Ser. 10: 145 (1936).
江苏、浙江、江西、湖南、贵州、广东、广西。

硬腺灰白毛莓

●**Rubus tephrodes** var. **holadenus** (H. Lév.) L. T. Lu, Acta Phytotax. Sin. 38 (3): 281 (2000).
Rubus holadenus H. Lév., Repert. Spec. Nov. Regni Veg. 12: 536 (1913).
贵州。

长腺灰白毛莓

●**Rubus tephrodes** var. **setosissimus** Hand.-Mazz., Symb. Sin. 7: 492 (1933).
Rubus farinaceus Cardot, Notul. Syst. (Paris) 3: 303 (1914).
江西、湖南、贵州、广东。

西藏悬钩子（藏莓，莓儿刺，红莓子）

●**Rubus thibetanus** Franch., Nouv. Arch. Mus. Hist. Nat. ser. 2, 8: 221 (1885).
Rubus veitchii Rolfe, Bull. Misc. Inform. Kew 1909 (6): 258 (1909).
陕西、甘肃、四川、西藏。

截叶悬钩子

●**Rubus tinifolius** C. Y. Wu ex T. T. Yu et L. T. Lu, Acta Phytotax. Sin. 20 (4): 454 (1982).
云南。

滇西北悬钩子

Rubus treutleri Hook. f., Fl. Brit. Ind. 2 (5): 331 (1878).
Rubus tonglooensis Kuntze, Meth. Sp.-Beschr. *Rubus* 66, 78 (1879); *Rubus arcuatus* Kuntze, Meth. Sp.-Beschr. *Rubus* 65, 78 (1879); *Rubus rosulans* Kuntze, Meth. Sp.-Beschr. *Rubus*. 65, 78 (1879).
云南、西藏；不丹、尼泊尔、印度（锡金）。

三花悬钩子（三花莓，苦悬钩子）

Rubus trianthus Focke, Biblioth. Bot. 17 [Heft 72 (2)]: 140, f. 59 (1911).
Rubus retusipetalus Hayata, J. Coll. Sci. Imp. Univ. Tokyo 30 (1): 94 (1911); *Rubus koehneanus* Focke, Biblioth. Bot. 17 [Heft 72 (2)]: 140, f. 60 (1911); *Rubus conduplicatus* Duthie ex Hayata, J. Coll. Sci. Imp. Univ. Tokyo 30 (1): 89 (1911); *Rubus incisus* var. *conduplicatus* (Duthie ex Hayata) Koidz., J. Coll. Sci. Imp. Univ. Tokyo 34 (2): 122 (1913); *Rubus koehneanus* var. *formosanus* Cardot, Notul. Syst. (Paris) 3: 306 (1914); *Rubus incisus* subsp. *koehneanus* (Focke) Koidz., Annual Rep. Taihoku Bot. Gard. 2: 130 (1932); *Rubus incisus* var. *formosanus* (Cardot) Masam., Annual Rep. Taihoku Bot. Gard. 2: 130 (1932).
安徽、江苏、浙江、江西、湖南、湖北、四川、贵州、云南、福建、台湾；越南。

三色莓

●**Rubus tricolor** Focke, Biblioth. Bot. 17 [Heft 72 (1)]: 40 (1910).
四川、云南。

三对叶悬钩子

●**Rubus trijugus** Focke, Notes Roy. Bot. Gard. Edinburgh 5 (23): 74, pl. 66 (1911).
四川、云南、西藏。

红毛悬钩子

Rubus wallichianus Wight et Arn., Cat. Indian Pl. 61 (1833).
Rubus fasciculatus Duthie, Ann. Roy. Bot. Gard. (Calcutta) 9 (1): 3, pl. 48 (1901); *Rubus pinfaensis* H. Lév. et Vaniot, Bull. Soc. Agric. Sarthe 39: 320 (1904); *Rubus ellipticus* subsp. *fasciculatus* (Duthie) Focke, Biblioth. Bot. 17 [Heft 72 (2)]: 199 (1911); *Rubus erythrolasius* Focke, Biblioth. Bot. 17 [Heft 72 (2)]: 197, f. 79 (1911); *Rubus ellipticus* var. *fasciculatus* (Duthie) Masam., Annual Rep. Taihoku Bot. Gard. 2: 129 (1932).
湖南、湖北、四川、贵州、云南、台湾、广西；越南、不丹、尼泊尔、印度。

大苞悬钩子

●**Rubus wangii** F. P. Metcalf, Lingnan Sci. J. 19 (1): 35, pl. 6 (1940).
广东、广西。

大花悬钩子

Rubus wardii Merr., Brittonia 4 (1): 84 (1941).
Rubus hookeri Focke, Abh. Naturwiss. Vereine Bremen 4: 198 (1874), non K. Koch (1853); *Rubus macrocarpus* King ex C. B. Clarke, J. Linn. Soc., Bot. 15: 141 (1876), non Benth. (1844), non Gardner (1847); *Rubus gigantiflorus* H. Hara, J. Jap. Bot. 40 (11): 327 (1965).
云南、西藏；缅甸、不丹、印度（锡金）。

瓦屋山悬钩子

●**Rubus wawushanensis** T. T. Yu et L. T. Lu, Acta Phytotax. Sin. 20 (3): 298 (1982).
四川。

湖北悬钩子

●**Rubus wilsonii** Duthie, Bull. Misc. Inform. Kew 1912 (1): 36 (1912).
湖北。

务川悬钩子

●**Rubus wuchuanensis** S. Z. He, Acta Phytotax. Sin. 44 (3):

345 (2006).
湖北。

巫山悬钩子

●**Rubus wushanensis** T. T. Yu et L. T. Lu, Acta Phytotax. Sin. 20 (3): 305 (1982).
四川。

锯叶悬钩子

●**Rubus wuzhianus** L. T. Lu et Boufford, Fl. China 9: 277 (2003).
Rubus serrulatus Wuzhi, Fl. Hupeh. 2: 192, f. 980 (1979), non Foerster (1878), non Lindegerg ex Areschoug (1886); *Rubus serratifolius* T. T. Yu et L. T. Lu, Fl. Reipubl. Popularis Sin. 37: 199 (1985), non P. J. Müller et Lefèvre (1859).
湖南、湖北。

黄果悬钩子（黄莓子，地莓子，莓子刺）

●**Rubus xanthocarpus** Bureau et Franch., J. Bot. (Morot) 5 (3): 46 (1891).
Rubus spinipes Hemsl., J. Linn. Soc., Bot. 29 (202): 306 (1892); *Rubus sitiens* Focke, Biblioth. Bot. 17 [Heft 72 (1)]: 117 (1910); *Rubus tibetanus* Focke, Biblioth. Bot. 17 [Heft 72 (1)]: 29 (1910); *Rubus xanthocarpus* var. *tibetanus* (Focke) Cardot, Bull. Mus. Natl. Hist. Nat. 23 (4): 274 (1917).
陕西、甘肃、安徽、四川、云南。

黄脉莓

Rubus xanthoneurus Focke ex Diels, Bot. Jahrb. Syst. 29 (3-4): 392 (1900).
Rubus lambertianus subsp. *xanthoneurus* (Focke) Focke, Bibl. Bot. 72 (1): 70 (1910).
陕西、湖南、湖北、四川、贵州、云南、福建、广东、广西；泰国。

黄脉莓（原变种）

Rubus xanthoneurus var. **xanthoneurus**
Rubus gentilianus H. Lév. et Vaniot, Bull. Acad. Géogr. Bot. 11: 99, t. 3 (1902); *Rubus dielsianus* Focke, Bibl. Bot. 72 (1): 53, f. 17 (1910).
陕西、湖南、湖北、四川、贵州、云南、福建、广东、广西；泰国。

短柄黄脉莓

●**Rubus xanthoneurus** var. **brevipetiolatus** T. T. Yu et L. T. Lu, Acta Phytotax. Sin. 20 (4): 455 (1982).
贵州。

腺毛黄脉莓

●**Rubus xanthoneurus** var. **glandulosus** T. T. Yu et L. T. Lu, Acta Phytotax. Sin. 20 (4): 455 (1982).
贵州、广西。

西畴悬钩子

●**Rubus xichouensis** T. T. Yu et L. T. Lu, Acta Phytotax. Sin. 20 (3): 310 (1982).
云南。

九仙莓

●**Rubus yanyunii** Y. T. Chang et L. Y. Chen, Guihaia 15 (1): 1 (1995).
福建。

奕武悬钩子

●**Rubus yiwuanus** W. P. Fang, Acta Phytotax. Sin. 2 (1): 85, pl. 10 (1952).
四川。

玉里悬钩子

●**Rubus yuliensis** Y. C. Liu et F. Y. Lu, Quart. J. Chin. Forest. 9 (2): 135 (1976).
台湾。

云南悬钩子

●**Rubus yunnanicus** Kuntze, Meth. Sp.-Beschr. *Rubus* 71 (1879), as "*yunanicus*".
云南。

草果山悬钩子

●**Rubus zhaogoshanensis** T. T. Yu et L. T. Lu, Acta Phytotax. Sin. 20 (3): 303 (1982).
云南。

地榆属 Sanguisorba L.

高山地榆

Sanguisorba alpina Bunge in Ledeb., Fl. Altaic. 1: 142 (1829).
Sanguisorba linostemon Hand.-Mazz., Oesterr. Bot. Z. 87: 121 (1938).
宁夏、甘肃、新疆；蒙古国、朝鲜、俄罗斯。

宽蕊地榆

●**Sanguisorba applanata** T. T. Yu et C. L. Li, Acta Phytotax. Sin. 17 (1): 11 (1979).
河北、山东、江苏。

宽蕊地榆（原变种）

●**Sanguisorba applanata** var. **applanata**
河北、山东、江苏。

柔毛宽蕊地榆

●**Sanguisorba applanata** var. **villosa** T. T. Yu et C. L. Li, Acta Phytotax. Sin. 17 (1): 11 (1979).
山东。

疏花地榆

Sanguisorba diandra (Hook. f.) Nordborg, Opera Bot. 11 (2): 60 (1966).
Poterium diandrum Hook. f., Fl. Brit. Ind. 2 (5): 362 (1878);

Sanguisorba dissita T. T. Yu et C. L. Li, Acta Phytotax. Sin. 17 (1): 12 (1979).
西藏；不丹、尼泊尔、印度。

矮地榆（虫莲）

Sanguisorba filiformis (Hook. f.) Hand.-Mazz., Symb. Sin. 7 (3): 524 (1933).
Poterium filiforme Hook. f., Fl. Brit. Ind. 2 (5): 362 (1878).
四川、云南、西藏；不丹、印度（锡金）。

地榆（黄爪香，玉札，山枣子）

Sanguisorba officinalis L., Sp. Pl. 1: 116 (1753).
Poterium officinale (L.) A. Gray, Proc. Amer. Acad. Arts 7: 340 (1868).
黑龙江、吉林、辽宁、内蒙古、河北、山西、山东、河南、陕西、甘肃、青海、新疆、安徽、江苏、浙江、江西、湖南、湖北、四川、贵州、云南、西藏、台湾、广东、广西；亚洲、欧洲。

地榆（原变种）

Sanguisorba officinalis var. **officinalis**
Sanguisorba polygama F. Nyl., Spic. Pl. Feen. 1: 10 (1843), non (Waldst. et Kit.) Ces. (1840), *nom. illeg.*; *Sanguisorba montana* Jord. ex Boreau, Fl. Centre France ed. 3, 2: 212 (1857); *Sanguisorba officinalis* var. *montana* (Jord. ex Boreau) Focke, Syn. 257 (1897); *Sanguisorba officinalis* var. *microcephala* Kitag., Bot. Mag. (Tokyo) 48: 98 (1934); *Sanguisorba officinalis* var. *longa* Kitag., Rep. Inst. Sci. Res. Manchoukuo 4: 25 (1936); *Sanguisorba officinalis* f. *microcephala* (Kitag.) Kitag., Lin. Fl. Manshur. 274 (1939); *Sanguisorba officinalis* var. *polygama* Serg., Fl. Zap. Sibiri 12 (2): 3355 (1964); *Sanguisorba officinalis* var. *cordifolia* Liou et Li, Observ. Fl. Hwangshan. 131 (1965), *nom. inval.*
黑龙江、吉林、辽宁、内蒙古、河北、山西、山东、河南、陕西、甘肃、青海、新疆、安徽、江苏、浙江、江西、湖南、湖北、四川、贵州、云南、西藏、广西；亚洲、欧洲。

粉花地榆

Sanguisorba officinalis var. **carnea** (Fisch. ex Link) Regel ex Maxim., Mélanges Biol. Bull. Phys.-Math. Acad. Imp. Sci. Saint-Pétersbourg 9: 154 (1877).
Sanguisorba carnea Fisch. ex Link, Enum. Hort. Berol. Alt. 1: 144 (1821).
黑龙江、吉林；朝鲜。

腺地榆

Sanguisorba officinalis var. **glandulosa** (Kom.) Vorosch., Fl. Far East U. R. S. S. 265 (1966).
Sanguisorba glandulosa Kom., Bot. Mater. Gerb. Bot. Inst. Komarova Akad. Nauk S. S. S. R. 6: 10 (1926).
黑龙江、陕西、甘肃；蒙古国、俄罗斯。

长蕊地榆（直穗粉花地榆）

●**Sanguisorba officinalis** var. **longifila** (Kitag.) T. T. Yu et C. L. Li, Acta Phytotax. Sin. 17 (1): 10, pl. 1, f. 1 (1979).
Sanguisorba rectispicata var. *longifila* Kitag., Bot. Mag. (Tokyo) 50 (591): 136 (1936); *Sanguisorba longifolia* var. *longifila* (Kitag.) Kitag., Rep. Inst. Sci. Res. Manchoukuo 2: 295 (1938).
黑龙江、内蒙古。

长叶地榆（绵地榆）

Sanguisorba officinalis var. **longifolia** (Bertol.) T. T. Yu et C. L. Li, Acta Phytotax. Sin. 17 (1): 9, pl. 1, f. 1 (1979).
Sanguisorba longifolia Bertol., Mém. Reale Accad. Sci. Ist. Bologna 12: 234 (1861); *Poterium longifolium* (Bertol.) Hook. f., Fl. Brit. Ind. (Hook. f.) 2: 363 (1879); *Sanguisorba formosana* Hayata, Icon. Pl. Formosan. 3: 99, pl. 17 (1913); *Sanguisorba rectispicata* Kitag., Bot. Mag. (Tokyo) 50 (591): 135, f. 6 (1936); *Sanguisorba betononiana* Liou et Li, Observ. Fl. Hwangshan. 131 (1965), *nom. inval.*; *Sanguisorba officinalis* var. *meridionalis* Liou et Li, Observ. Fl. Hwangshan. 132 (1965), *nom. inval.*; *Sanguisorba officinalis* subsp. *longifolia* (Bertol.) K. M. Purohit et Panigrahi, Blumea 30 (1): 57 (1984).
黑龙江、辽宁、河北、山西、山东、河南、甘肃、安徽、江苏、浙江、江西、湖南、湖北、四川、贵州、云南、台湾、广东、广西；蒙古国、朝鲜、印度、俄罗斯。

大白花地榆

Sanguisorba stipulata Raf., Herb. Raf. 47 (1833).
Sanguisorba canadensis var. *latifolia* Hook., Fl. Bor.-Amer. 1: 198 (1832); *Sanguisorba sitchensis* C. A. Mey., Fl. Ochot. Phaenog. 34 (1856); *Poterium sitchense* (C. A. Mey.) S. Watson, Bibliogr. Index N. Amer. Bot. 303 (1878); *Sanguisorba latifolia* (Hook.) Coville, Contr. U. S. Natl. Herb. 3: 339 (1896); *Sanguisorba canadensis* var. *sitchensis* (C. A. Mey.) Koidz., Bot. Mag. (Tokyo) 31 (365): 137 (1917); *Sanguisorba stipulata* var. *latifolia* (Hook.) H. Hara, J. Jap. Bot. 23 (1-2): 31 (1949); *Sanguisorba canadensis* subsp. *latifolia* (Hook.) Calder et R. L. Taylor, Canad. J. Bot. 43 (11): 1395 (1965).
吉林、辽宁；日本、朝鲜、俄罗斯；北美洲。

细叶地榆（垂穗，粉花地榆）

Sanguisorba tenuifolia Fisch. ex Link, Enum. Hort. Berol. Alt. 1: 144 (1821).
Poterium tenuifolium (Fisch. ex Link) Franch. et Sav., Enum. Pl. Jap. 1 (1): 133 (1875).
黑龙江、吉林、辽宁、内蒙古；蒙古国、日本、朝鲜、俄罗斯。

细叶地榆（原变种）

Sanguisorba tenuifolia var. **tenuifolia**
Sanguisorba tenuifolia var. *purpurea* Trautv. et C. A. Mey., Fl. Ochot. Phaenog. 35, n. 117 (1856); *Sanguisorba affinis* C. A. Mey. ex Regel et G. Tiling, Fl. Ajan. 84 (1858).
黑龙江、吉林、辽宁、内蒙古；蒙古国、日本、朝鲜、

俄罗斯。

小白花地榆

Sanguisorba tenuifolia var. **alba** Trautv. et C. A. Mey., Reise Sibir. 1 (3): 35 (1856).
Sanguisorba tenuifolia var. *parviflora* Maxim., Prim. Fl. Amur. 94 (1859); *Sanguisorba parviflora* (Maxim.) Takeda, J. Linn. Soc., Bot. 42 (287): 462 (1914).
黑龙江、吉林、辽宁、内蒙古；蒙古国、日本、朝鲜、俄罗斯。

山莓草属 Sibbaldia L.

伏毛山莓草

Sibbaldia adpressa Bunge in Ledeb., Fl. Altaic. 1: 428 (1829).
Potentilla lindenbergii Lehm., Gart. Blumenz. 7: 339 (1851); *Potentilla bifurca* var. *unijuga* Th. Wolf, Biblioth. Bot. 16 (Heft 71): 65 (1908); *Potentilla adpressa* (Bunge) Cardot, Bull. Mus. Hist. Nat. Paris 22: 408 (1916); *Sibbaldianthe adpressa* (Bunge) Juz., Fl. U. R. S. S. 10: 230, pl. 17, f. 1 (1941); *Sibbaldia minutissima* Kitam., Fauna Fl. Nepal Himalaya 158 (1952).
黑龙江、内蒙古、河北、甘肃、青海、新疆、西藏；蒙古国、尼泊尔、俄罗斯。

楔叶山莓草

Sibbaldia cuneata Hornem. ex Kuntze, Linnaea 20: 59 (1847).
Sibbaldia taiwanensis H. L. Li, Lloydia 14 (4): 236 (1951).
青海、四川、云南、西藏、台湾；不丹、尼泊尔、印度（锡金）、巴基斯坦、阿富汗、俄罗斯。

峨眉山莓草

●**Sibbaldia omeiensis** T. T. Yu et C. L. Li, Acta Phytotax. Sin. 19 (4): 516 (1981).
四川。

五叶山莓草

●**Sibbaldia pentaphylla** J. Krause, Repert. Spec. Nov. Regni Veg. Beih. 12: 410 (1922).
Sibbaldia purpurea var. *pentaphylla* (J. Krause) Dikshit, Bull. Bot. Soc. Bengal 38 (1-2): 39 (1987).
青海、四川、云南、西藏。

短蕊山莓草

Sibbaldia perpusilloides (W. W. Sm.) Hand.-Mazz., Symb. Sin. 7 (3): 520 (1933).
Potentilla perpusilloides W. W. Sm., Rec. Bot. Surv. India 4 (5): 188 (1911); *Potentilla brachystemon* Hand.-Mazz., Anz. Akad. Wiss. Wien, Math.-Naturwiss. Kl. 60: 184 (1923).
云南、西藏；缅甸、不丹、尼泊尔、印度（锡金）。

山莓草（木茎山金梅，五蕊莓）

Sibbaldia procumbens L., Sp. Pl. 1: 284, 307 (1753).
Potentilla procumbens (L.) Clairv., Man. Herbor. Suisse 166 (1811), non Sibth. (1794).
吉林、陕西、甘肃、青海、新疆、四川、云南、西藏；广布于北温带地区。

山莓草（原变种）

Sibbaldia procumbens var. **procumbens**
Potentilla sibbaldii Haller f., Ser. Mus. Helv. 1: 51 (1818); *Potentilla sibbaldia* Griess., Revis. Potentill. 203 (1856); *Sibbaldia macrophylla* Turcz. ex Juz., Fl. U. R. S. S. 10: 614 (1941).
吉林、新疆；广布于北温带地区。

隐瓣山莓草（隐瓣山金梅）

●**Sibbaldia procumbens** var. **aphanopetala** (Hand.-Mazz.) T. T. Yu et C. L. Li, Fl. Reipubl. Popularis Sin. 37: 337 (1985).
Sibbaldia aphanopetala Hand.-Mazz., Acta Horti Gothob. 13 (9): 327 (1939).
陕西、甘肃、青海、四川、云南、西藏。

紫花山莓草

Sibbaldia purpurea Royle, Ill. Bot. Himal. Mts. 1: 208, pl. 40, f. 3 (1835).
Potentilla purpurea (Royle) Hook. f., Fl. Brit. Ind. 2: 347 (1878).
陕西、四川、云南、西藏；不丹、尼泊尔、印度（西北部、锡金）、克什米尔地区。

紫花山莓草（原变种）

Sibbaldia purpurea var. **purpurea**
西藏；不丹、尼泊尔、印度（西北部、锡金）。

大瓣紫花山莓草（紫花五蕊梅，紫花山金梅）

Sibbaldia purpurea var. **macropetala** (Murav.) T. T. Yu et C. L. Li, Fl. Reipubl. Popularis Sin. 37: 340 (1985).
Sibbaldia macropetala Murav., Trudy Bot. Inst. Akad. Nauk S. S. S. R., Ser. 1, Fl. Sist. Vyssh. Rast. 2: 235, f. 6 (1936).
陕西、四川、云南、西藏；不丹、印度（锡金）。

绢毛山莓草

Sibbaldia sericea (Grubov) Soják, Folia Geobot. Phytotax. 4: 79 (1969).
Sibbaldianthe sericea Grubov, Bot. Mater. Gerb. Bot. Inst. Komarova Akad. Nauk S. S. S. R. 17: 16 (1955); *Potentilla adpressa* var. *sericea* Cardot, Notul. Syst. (Paris) 3: 242 (1914).
内蒙古；蒙古国。

黄毛山莓草

Sibbaldia sikkimensis (Prain) Chatterjee, Notes Roy. Bot. Gard. Edinburgh 19 (95): 327 (1938).
Potentilla sikkimensis Prain, J. Asiat. Soc. Bengal, Pt. 2, Nat. Hist. 73 (5): 201 (1904); *Sibbaldia melinotricha* Hand.-Mazz., Symb. Sin. 7 (3): 521, pl. 18 (1933).
云南；缅甸、尼泊尔、印度（锡金）。

纤细山莓草

●**Sibbaldia tenuis** Hand.-Mazz., Acta Horti Gothob. 13 (9): 330

(1939).
甘肃、青海、四川。

四蕊山莓草

Sibbaldia tetrandra Bunge, Verz. Altai Plf. 17 (1835).
Dryadanthe bungeana Ledeb., Fl. Ross. (Ledeb.) 2: 33 (1844); *Potentilla tetrandra* (Bunge) Hook. f., Fl. Brit. Ind. 2 (5): 346 (1878); *Dryadanthe tetrandra* (Bunge) Juz., Fl. U. R. S. S. 10: 229 (1941).
青海、新疆、西藏；蒙古国、尼泊尔、印度（锡金）、巴基斯坦、俄罗斯（东西伯利亚）；亚洲（中部）。

鲜卑花属 **Sibiraea** Maxim.

窄叶鲜卑花

●**Sibiraea angustata** (Rehder) Hand.-Mazz., Symb. Sin. 7 (3): 454 (1933).
Sibiraea laevigata var. *angustata* Rehder in Sarg., Pl. Wilson. 1 (3): 455 (1913).
甘肃、青海、四川、云南、西藏。

鲜卑花

Sibiraea laevigata (L.) Maxim., Trudy Imp. S.-Peterburgsk. Bot. Sada 6 (1): 215 (1879).
Spiraea laevigata L., Mant. Pl. 2: 244 (1771); *Spiraea altaiensis* Laxm., Novi Comment. Acad. Sci. Imp. Petrop. 15: 554, pl. 29, f. 2 (1771); *Spiraea altaica* Pall., Reise Russ. Reich. 2 (2): 739, pl. T (1773); *Sibiraea altaiensis* (Laxm.) C. K. Schneid., Ill. Handb. Laubholzk. 1: 485, f. 297 e-f, 298 i-p (1905); *Sibiraea glaberrima* K. S. Hao, Bull. Chin. Bot. Soc. 2 (1): 30 (1936).
甘肃、青海、西藏；哈萨克斯坦、俄罗斯；欧洲东南部（波斯尼亚、克罗地亚）。

毛叶鲜卑花

●**Sibiraea tomentosa** Diels, Notes Roy. Bot. Gard. Edinburgh 5 (25): 270 (1912).
云南。

珍珠梅属 **Sorbaria** (Ser.) A. Braun

高丛珍珠梅（野生珍珠梅）

●**Sorbaria arborea** C. K. Schneid., Ill. Handb. Laubholzk. 1: 490, f. 297 (1905).
Spiraea arborea (C. K. Schneid.) Bean, Bull. Misc. Inform. Kew 1914 (2): 53 (1914).
陕西、甘肃、新疆、江西、湖北、四川、贵州、云南、西藏。

高丛珍珠梅（原变种）

●**Sorbaria arborea** var. **arborea**
陕西、甘肃、新疆、江西、湖北、四川、贵州、云南、西藏。

光叶高丛珍珠梅

●**Sorbaria arborea** var. **glabrata** Rehder in Sarg., Pl. Wilson. 1 (1): 48 (1911).
Spiraea arborea var. *glabrata* (Rehder) Bean, J. Roy. Hort. Soc. 40: 222, f. 51 (1914).
陕西、甘肃、湖北、四川、云南。

毛叶高丛珍珠梅

●**Sorbaria arborea** var. **subtomentosa** Rehder in Sarg., Pl. Wilson. 1 (1): 47 (1911).
陕西、四川、云南。

华北珍珠梅（吉氏珍珠梅，珍珠梅）

●**Sorbaria kirilowii** (Regel et Tiling) Maxim., Trudy Imp. S.-Peterburgsk. Bot. Sada 6: 225 (1879).
Spiraea kirilowii Regel et Tiling, Fl. Ajan. 81, adnot. (1858); *Sorbaria sorbifolia* var. *kirilowii* (Regel et Tiling) T. Ito, Bot. Mag. (Tokyo) 14 (163): 116 (1900).
内蒙古、河北、山西、山东、河南、陕西、甘肃、青海。

珍珠梅（山高粱条子，高楷子，八本条）

Sorbaria sorbifolia (L.) A. Braun, Fl. Brandenburg 177 (1864).
Spiraea sorbifolia L., Sp. Pl. 1: 490 (1753).
黑龙江、吉林、辽宁、内蒙古；蒙古国、日本、朝鲜。

珍珠梅（原变种）

Sorbaria sorbifolia var. **sorbifolia**
Sorbaria sorbifolia var. *typica* Schneid., Ill. Handb. Laubholzk. 1: 488 (1905).
黑龙江、吉林、辽宁、内蒙古；蒙古国、日本、朝鲜。

星毛珍珠梅（星毛华楸珍珠梅，穗形七度灶）

Sorbaria sorbifolia var. **stellipila** Maxim., Trudy Imp. S.-Peterburgsk. Bot. Sada 6 (1): 223 (1879).
Sorbaria stellipila (Maxim.) C. K. Schneid., Ill. Handb. Laubholzk. 1: 489, f. 297 r, r1 (1905).
黑龙江、吉林；朝鲜。

花楸属 **Sorbus** L.

白毛花楸

●**Sorbus albopilosa** T. T. Yu et L. T. Lu, Acta Phytotax. Sin. 18 (4): 495 (1980).
西藏。

水榆花楸（水榆，黄山榆，花楸）

Sorbus alnifolia (Siebold et Zucc.) C. Koch, Ann. Mus. Bot. Lugduno-Batavi 1: 249 (1864).
Crataegus alnifolia Siebold et Zucc., Abh. Math.-Phys. Cl. Königl. Bayer. Akad. Wiss. 4 (2): 130 (1845); *Aria alnifolia* (Siebold et Zucc.) Decne., Nouv. Arch. Mus. Hist. Nat. Ser. 1, 10: 166 (1874); *Pyrus alnifolia* (Siebold et Zucc.) Franch. et Sav., Enum. Pl. Jap. 2: 350 (1878), non Lindl. (1821);

Micromeles alnifolia (Siebold et Zucc.) Koehne, Gatt. Pomac. 20 (1890).
黑龙江、吉林、辽宁、河北、山西、山东、河南、陕西、甘肃、安徽、江苏、浙江、江西、湖北、四川、福建、台湾；日本、朝鲜。

水榆花楸（原变种）

Sorbus alnifolia var. **alnifolia**
Micromeles tiliifolia Koehne, Gatt. Pomac. 21, t. 2, f. 14 e (1890); *Pyrus miyabei* Sarg., Gard. et Forest 6: 214 (1893).
黑龙江、吉林、辽宁、河北、山西、山东、河南、陕西、甘肃、安徽、江苏、浙江、江西、湖北、四川、福建、台湾；日本、朝鲜。

棱果花楸

●**Sorbus alnifolia** var. **angulata** S. B. Liang, Bull. Bot. Res., Harbin 10 (3): 69, f. 1 (1990).
山东。

裂叶水榆花楸

Sorbus alnifolia var. **lobulata** Rehder in Sarg., Pl. Wilson. 2 (2): 275 (1915).
辽宁、山东；朝鲜。

黄山花楸

●**Sorbus amabilis** W. C. Cheng ex T. T. Yu et K. C. Kuan, Acta Phytotax. Sin. 8: 224 (1963).
Sorbus amabilis var. *wuyishanensis* Z. X. Yu, Bull. Bot. Res., Harbin 3 (1): 153, f. 8 (1983).
安徽、浙江、江西、湖北、福建。

美丽花楸（新拟）

●**Sorbus amoena** McAll., Gen. Sorbus 234 (2005).
云南。

锐齿花楸

●**Sorbus arguta** T. T. Yu, Acta Phytotax. Sin. 8 (3): 223 (1963).
Aria yuarguta H. Ohashi et Iketani, J. Jap. Bot. 68 (6): 361 (1993).
四川、云南。

毛背花楸

Sorbus aronioides Rehder in Sarg., Pl. Wilson. 2 (2): 268 (1915).
Micromeles aronioides (Rehder) Kovanda et Challice, Folia Geobot. Phytotax. 16: 191 (1981); *Aria aronioides* (Rehder) H. Ohashi et Iketani, J. Jap. Bot. 68 (6): 357 (1993).
四川、贵州、云南、广西；缅甸（北部）。

多变花楸

●**Sorbus astateria** (Cardot) Hand.-Mazz., Symb. Sin. 7 (3): 466, in obs. (1933).
Pyrus astateria Cardot, Notul. Syst. (Paris) 3: 348 (1918); *Aria astateria* (Cardot) H. Ohashi et Iketani, J. Jap. Bot. 68 (6): 357 (1993).
云南、西藏。

扁果花楸（新拟）

●**Sorbus bissetii** McAll., Gen. Sorbus 234 (2005).
四川。

中甸花楸（新拟）

●**Sorbus bulleyana** McAll., Gen. Sorbus 232 (2005).
云南。

贡山花楸（新拟）

Sorbus burtonsmithiorum Rushforth, Int. Dendrol. Soc. Year Book 2009: 85 (2010).
云南；缅甸。

美脉花楸（川花楸，豆格盘，山黄果）

●**Sorbus caloneura** (Stapf) Rehder in Sarg., Pl. Wilson. 2 (2): 269 (1915).
Micromeles caloneura Stapf, Bull. Misc. Inform. Kew 1910 (6): 192 (1910); *Pyrus caloneura* (Stapf) Bean, Trees et Shrubs Brit. Isles 2: 279 (1914); *Aria caloneura* (Stapf) H. Ohashi et Iketani, J. Jap. Bot. 68 (6): 357 (1993).
江西、湖南、湖北、四川、贵州、云南、福建、广东、广西。

美脉花楸（原变种）

●**Sorbus caloneura** var. **caloneura**
江西、湖南、湖北、四川、贵州、云南、福建、广东、广西。

广东美脉花楸

●**Sorbus caloneura** var. **kwangtungensis** T. T. Yu, Acta Phytotax. Sin. 8 (3): 223 (1963).
Aria caloneura var. *kwangtungensis* (T. T. Yu) H. Ohashi et Iketani, J. Jap. Bot. 68 (6): 357 (1993).
广东。

深红果花楸（新拟）

●**Sorbus carmesina** McAll., Gen. Sorbus 231 (2005).
云南。

冠萼花楸

Sorbus coronata (Cardot) T. T. Yu et H. T. Tsai, Bull. Fan Mem. Inst. Biol. Bot. 7: 120 (1936).
Pyrus coronata Cardot, Notul. Syst. (Paris) 3: 348 (1918); *Aria coronata* (Cardot) H. Ohashi et Iketani, J. Jap. Bot. 68 (6): 357 (1993).
贵州、云南、西藏；缅甸（北部）。

冠萼花楸（原变种）

Sorbus coronata var. **coronata**
贵州、云南、西藏；缅甸（北部）。

少脉冠萼花楸

●**Sorbus coronata** var. **ambrozyana** (C. K. Schneid.) L. T. Lu,

Acta Phytotax. Sin. 38 (3): 280 (2000).
Sorbus ambrozyana C. K. Schneid., Bot. Gaz. 63 (5): 401 (1917).
云南。

脱毛冠萼花楸

•**Sorbus coronata** var. **glabrescens** T. T. Yu et L. T. Lu, Acta Phytotax. Sin. 18 (4): 494 (1980).
西藏。

疣果花楸

Sorbus corymbifera (Miq.) Khep et Yakovlev, Bot. Zhurn. 66: 1188 (1981).
Vaccinium corymbiferum Miq., Fl. Ned. Ind., Eerste Bijv. 1: 588 (1861); *Pyrus granulosa* Bertol., Mém. Acad. Sc. Bolog. Ser. 2, 4: 312, pl. 3 (1864); *Micromeles granulosa* C. K. Schneid., Ill. Handb. Laubholzk. 1: 700 (1906); *Sorbus granulosa* (Bertol.) Rehder in Sarg., Pl. Wilson. 2 (2): 274 (1915); *Photinia bartletti* Merr., Pap. Michigan Acad. Sci. 19: 155 (1933); *Micromeles corymbifera* (Miq.) Kalkman, Blumea 21 (2): 437 (1973); *Aria corymbifera* (Miq.) H. Ohashi et Iketani, J. Jap. Bot. 68 (6): 357 (1993).
湖南、贵州、云南、广东、广西、海南；越南、老挝、缅甸、泰国、柬埔寨、印度尼西亚、印度。

丽江花楸（新拟）

•**Sorbus coxii** McAll., Gen. Sorbus 232 (2005).
云南。

北京花楸（黄果臭山槐，白果臭山槐，白果花楸）

•**Sorbus discolor** (Maxim.) Maxim., Bull. Acad. Imp. Sci. Saint-Pétersbourg 19 (2): 173 (1873).
Pyrus discolor Maxim., Mém. Acad. Imp. Sci. St.-Pétersbourg Divers Savans 9: 103 (1859); *Sorbus pekinensis* Koehne, Gartenflora 50: 106 (1901); *Pyrus pekinensis* (Koehne) Cardot, Bull. Mus. Natl. Hist. Nat. 24 (1): 79 (1918).
内蒙古、河北、山西、山东、河南、陕西、甘肃、安徽。

长叶花楸

•**Sorbus dolichofoliolatus** X. F. Gao et Meng Li, Phytotaxa 227 (2): 191 (2015).
云南。

棕脉花楸

•**Sorbus dunnii** Rehder in Sarg., Pl. Wilson. 2 (2): 273 (1915).
Aria dunnii (Rehder) H. Ohashi et Iketani, J. Jap. Bot. 68 (6): 358 (1993).
安徽、浙江、贵州、云南、福建、广西。

康定花楸（新拟）

•**Sorbus eburnea** McAll., Gen. Sorbus 233 (2005).
四川。

薄皮花楸（新拟）

•**Sorbus eleonorae** Aldasoro, Aedo et C. Navarro, Syst. Bot. Monogr. 69: 51 (2004).
湖南、广东、广西。
注：原白里引证了一份河南的 Guangdong Team 52 号标本，经查对存于 IBSC 的复份标本，采集地实为广东封开，可能作者误以为是“开封”，因此本种不分布于河南。

椭果花楸（新拟）

•**Sorbus ellipsoidalis** McAll., Gen. Sorbus 232 (2005).
云南。

附生花楸

Sorbus epidendron Hand.-Mazz., Akad. Wiss. Wien Sitzungsber., Math.-Naturwiss. Kl. 60: 135 (1923).
Sorbus detergibilis Merr., Brittonia 4: 76 (1941); *Aria epidendron* (Hand.-Mazz.) H. Ohashi et Iketani, J. Jap. Bot. 68 (6): 358 (1993); *Aria detergibilis* (Merr.) H. Ohashi et Iketani, J. Jap. Bot. 68 (6): 358 (1993).
贵州、云南；越南、缅甸。

麻叶花楸（川西花楸）

•**Sorbus esserteauiana** Koehne in Sarg., Pl. Wilson. 1 (3): 459 (1913).
Sorbus conradinae Koehne in Sarg., Pl. Wilson. 1 (3): 460 (1913).
四川。

锈色花楸

Sorbus ferruginea (Wenz.) Rehder in Sarg., Pl. Wilson. 2 (2): 277 (1915).
Sorbus sikkimensis var. *ferruginea* Wenz., Linnaea 38: 60 (1874); *Pyrus ferruginea* (Wenz.) Hook. f., Fl. Brit. Ind. 2 (5): 379 (1878); *Aria ferruginea* (Wenz.) H. Ohashi et Iketani, J. Jap. Bot. 68 (6): 358 (1993).
云南；不丹、印度（锡金）。

纤细花楸

Sorbus filipes Hand.-Mazz., Symb. Sin. 7 (3): 472, pl. 14, f. 1-2 (1933).
云南、西藏；缅甸。

石灰花楸（石灰树，白绵子树，毛栒子）

•**Sorbus folgneri** (C. K. Schneid.) Rehder in Sarg., Pl. Wilson. 2 (2): 271 (1915).
Micromeles folgneri C. K. Schneid., Bull. Herb. Boissier, ser. 2, 6 (4): 318 (1906); *Pyrus folgneri* (C. K. Schneid.) C. K. Schneid. ex Bean, Bull. Misc. Inform. Kew 1910 (6): 175 (1910); *Aria folgneri* (C. K. Schneid.) H. Ohashi et Iketani, J. Jap. Bot. 68 (6): 358 (1993).
河南、陕西、甘肃、安徽、浙江、江西、湖南、湖北、四川、贵州、云南、福建、广东、广西

石灰花楸（原变种）

•**Sorbus folgneri** var. **folgneri**
Sorbus nubium Hand.-Mazz., Anz. Akad. Wiss. Wien, Math.-

Naturwiss. Kl. 58: 147 (1921).
河南、陕西、甘肃、安徽、江西、湖南、湖北、四川、贵州、云南、福建、广东、广西。

齿叶石灰树

●**Sorbus folgneri** var. **duplicatodentata** T. T. Yu et L. T. Lu, Acta Phytotax. Sin. 13 (1): 103 (1975).
Sorbus chengii C. J. Qi, J. Nanjing Technol. Coll. Forest Prod. 1981 (3): 124 (1981); *Aria chengii* (C. J. Qi) H. Ohashi et Iketani, J. Jap. Bot. 68 (6): 357 (1993).
浙江、湖南。

尼泊尔花楸

Sorbus foliolosa (Wall.) Spach, Hist. Nat. Veg. (Spach) 2: 96 (1834).
Pyrus foliolosa Wall., Pl. Asiat. Rar. 2: 81 (1831); *Pyrus wallichii* Hook. f., Fl. Brit. Ind. 2 (5): 376 (1878); *Pyrus foliolosa* var. *ambigua* Cardot, Notul. Syst. (Paris) 3: 352 (1918); *Sorbus wallichii* (Hook. f.) T. T. Yu, Fl. Reipubl. Popularis Sin. 36: 329 (1974).
云南、西藏；缅甸、不丹、尼泊尔、印度。

灌状花楸（新拟）

●**Sorbus frutescens** McAll., Gen. Sorbus 233 (2005).
甘肃。

秃净花楸（新拟）

●**Sorbus glabriuscula** McAll., Gen. Sorbus 232 (2005).
云南。

圆果花楸

Sorbus globosa T. T. Yu et H. T. Tsai, Bull. Fan Mem. Inst. Biol. Bot. 7: 121 (1936).
Aria globosa (T. T. Yu et H. T. Tsai) H. Ohashi et Iketani, J. Jap. Bot. 68 (6): 358 (1993).
贵州、云南、广西；缅甸。

球穗花楸（球花花楸）

●**Sorbus glomerulata** Koehne in Sarg., Pl. Wilson. 1 (3): 470 (1913).
Pyrus glomerulata (Koehne) Bean, Trees et Shrubs Brit. Isles 3: 322 (1933).
湖北、四川、云南。

贡嘎花楸（新拟）

●**Sorbus gonggashanica** McAll., Gen. Sorbus 234 (2005).
四川。

云南花楸

Sorbus griffithii (Decne.) Rehder in Sarg., Pl. Wilson. 2: 277 (1915).
Micromeles griffithii Decne., Nouv. Arch. Mus. Hist. Nat. Ser. 1, 10: 170 (1874); *Pyrus griffithii* (Decne.) Hook. f., Fl. Brit. Ind. 2: 17 (1878).
云南；不丹、印度（锡金）。

开云花楸（新拟）

●**Sorbus guanii** Rushforth, Int. Dendrol. Soc. Year Book 2009: 88 (2010).
云南。

灌县花楸

●**Sorbus guanxianensis** T. C. Ku, Bull. Bot. Res., Harbin 10 (3): 22, f. 2 (1990).
四川。

钝齿花楸

●**Sorbus helenae** Koehne in Sarg., Pl. Wilson. 1 (3): 462 (1913).
四川。

钝齿花楸（原变种）

●**Sorbus helenae** var. **helenae**
Sorbus helenae f. *rufidula* Koehne in Sarg., Pl. Wilson. 1 (3): 463 (1913); *Sorbus helenae* f. *subglabra* Koehne in Sarg., Pl. Wilson. 1 (3): 463 (1913).
四川。

尖齿花楸（锐齿钝齿花楸）

●**Sorbus helenae** var. **argutiserrata** T. T. Yu, Acta Phytotax. Sin. 8 (3): 224 (1963).
四川。

江南花楸

●**Sorbus hemsleyi** (C. K. Schneid.) Rehder in Sarg., Pl. Wilson. 2 (2): 276 (1915).
Micromeles hemsleyi C. K. Schneid., Ill. Handb. Laubholzk. 1: 704, f. 388 a, f. 389 c-c1 (1906); *Sorbus xanthoneura* Rehder in Sarg., Pl. Wilson. 2 (2): 272 (1915); *Sorbus henryi* Rehder in Sarg., Pl. Wilson. 2 (2): 274 (1915); *Pyrus xanthoneura* (Rehder) Cardot, Notul. Syst. (Paris) 3: 349 (1918); *Aria xanthoneura* (Rehder) H. Ohashi et Iketani, J. Jap. Bot. 68 (6): 360 (1993); *Aria hemsleyi* (C. K. Schneid.) H. Ohashi et Iketani, J. Jap. Bot. 68 (6): 359 (1993).
陕西、甘肃、安徽、浙江、江西、湖南、湖北、四川、贵州、云南、福建、广东、广西。

藏南花楸（新拟）

●**Sorbus heseltinei** Rushforth, Int. Dendrol. Soc. Year Book 2009: 83 (2010).
西藏。

临沧花楸（新拟）

●**Sorbus hudsonii** Rushforth, Int. Dendrol. Soc. Year Book 2009: 89 (2010).
云南。

尖叶花楸（新拟）

●**Sorbus hugh-mcallisteri** Mikoláš, Thaiszia 18 (2): 66 (2009).

Sorbus apiculata McAll., Gen. Sorbus 234 (2005), non (Kovanda) Mikoláš (2004).
云南。

湖北花楸（雪压花）

●**Sorbus hupehensis** C. K. Schneid., Bull. Herb. Boissier, ser. 2, 6 (4): 316 (1906).
Pyrus hupehensis (C. K. Schneid.) Bean, Trees et Shrubs Brit. Isles 3: 323 (1933), non Pampinini (1910).
山东、陕西、甘肃、青海、安徽、江西、湖北、四川、贵州、云南。

湖北花楸（原变种）

●**Sorbus hupehensis** var. **hupehensis**
Sorbus aperta Koehne in Sarg., Pl. Wilson. 1 (3): 465 (1913); *Sorbus hupehensis* var. *syncarpa* Koehne in Sarg., Pl. Wilson. 1 (3): 467 (1913); *Sorbus laxiflora* Koehne in Sarg., Pl. Wilson. 1 (3): 466 (1913); *Sorbus hupehensis* var. *obtusa* C. K. Schneid., Bot. Gaz. 63 (5): 403 (1917); *Sorbus hupehensis* var. *laxiflora* (Koehne) C. K. Schneid., Bot. Gaz. 63 (5): 404 (1917); *Pyrus mesogea* Cardot, Bull. Mus. Natl. Hist. Nat. 24 (1): 81 (1918).
山东、陕西、甘肃、青海、安徽、江西、湖北、四川、贵州、云南。

少叶花楸

●**Sorbus hupehensis** var. **paucijuga** (D. K. Zang et P. C. Huang) L. T. Lu, Acta Phytotax. Sin. 38 (3): 279 (2000).
Sorbus discolor var. *paucijuga* D. K. Zang et P. C. Huang, Bull. Bot. Res., Harbin 12 (4): 322, pl. 2 (1992).
山东。

卷边花楸

Sorbus insignis (Hook. f.) Hedl., Bih. Kongl. Svenska Vetensk.-Akad. Handl. 35 (1): 32 (1901).
Pyrus insignis Hook. f., Fl. Brit. Ind. 2 (5): 377 (1878); *Pyrus harrowiana* I. B. Balfour et W. W. Sm., Notes Roy. Bot. Gard. Edinburgh 10: 61 (1917); *Sorbus harrowiana* (I. B. Balfour et W. W. Sm.) Rehder, J. Arnold Arbor. 1 (4): 263 (1920).
云南、西藏；缅甸、尼泊尔、印度（东北部、锡金）。

毛序花楸（凯旋花）

●**Sorbus keissleri** (C. K. Schneid.) Rehder in Sarg., Pl. Wilson. 2 (2): 269 (1915).
Micromeles keissleri C. K. Schneid., Ill. Handb. Laubholzk. 1: 701, f. 388 c, f. 389 d-d1 (1906); *Micromeles decaisneana* var. *keissleri* (C. K. Schneid.) C. K. Schneid., Repert. Spec. Nov. Regni Veg. 3 (36-37): 151 (1906); *Pyrus keissleri* (C. K. Schneid.) H. Lév., Fl. Kouy-Tcheou 351 (1915); *Aria keissleri* (C. K. Schneid.) H. Ohashi et Iketani, J. Jap. Bot. 68 (6): 359 (1993).
江西、湖南、湖北、四川、贵州、云南、西藏、广西。

俅江花楸

●**Sorbus kiukiangensis** T. T. Yu, Acta Phytotax. Sin. 8 (3): 225, pl. 27, f. 1 (1963).
云南、西藏。

俅江花楸（原变种）

●**Sorbus kiukiangensis** var. **kiukiangensis**
云南、西藏。

无毛俅江花楸

●**Sorbus kiukiangensis** var. **glabrescens** T. T. Yu, Acta Phytotax. Sin. 8 (3): 225 (1963).
云南。

陕甘花楸（昆氏花楸）

●**Sorbus koehneana** C. K. Schneid., Bull. Herb. Boissier, ser. 2, 6 (4): 316 (1906).
Sorbus multijuga var. *microdonta* Koehne in Sarg., Pl. Wilson. 1 (3): 473 (1913); *Sorbus valbrayi* H. Lév., Monde Pl. 18: 28 (1916); *Pyrus koehneana* (C. K. Schneid.) Cardot, Bull. Mus. Natl. Hist. Nat. 24 (1): 82 (1918).
山西、河南、陕西、甘肃、青海、湖北、四川、云南。

工布花楸（新拟）

●**Sorbus kongboensis** McAll., Gen. Sorbus 235 (2005).
西藏。

兰坪花楸

●**Sorbus lanpingensis** L. T. Lu, Bull. Bot. Res., Harbin 9 (2): 51 (1989).
云南。

大花花楸

Sorbus macrantha Merr., Brittonia 4: 78 (1941).
云南、西藏；缅甸。

墨脱花楸

●**Sorbus megacarpa** (Li H. Zhou et C. Y. Wu) Xin Chen et Y. F. Deng, Phytotaxa 73: 67 (2012).
Pleiosorbus megacarpus Li. H. Zhou et C. Y. Wu, Acta Bot. Yunnan. 22 (4): 384 (2000); *Sorbus medogensis* L. T. Lu et T. C. Ku, Acta Phytotax. Sin. 40 (5): 475 (2002), *nom. illeg.*
西藏。

大果花楸（沙糖果）

●**Sorbus megalocarpa** Rehder in Sarg., Pl. Wilson. 2 (2): 266 (1915).
Pyrus megalocarpa (Rehder) Bean, Trees et Shrubs Brit. Isles 3: 325 (1933); *Aria megalocarpa* (Rehder) H. Ohashi et Iketani, J. Jap. Bot. 68 (6): 359 (1993).
湖南、湖北、四川、贵州、云南、广西。

大果花楸（原变种）

●**Sorbus megalocarpa** var. **megalocarpa**
湖南、湖北、四川、贵州、云南、广西。

楔叶大果花楸（圆果大果花楸）

●**Sorbus megalocarpa** var. **cuneata** Rehder in Sarg., Pl. Wilson.

2 (2): 267 (1915).
Aria megalocarpa var. *cuneata* (Rehder) H. Ohashi et Iketani, J. Jap. Bot. 68 (6): 359 (1993).
四川、贵州。

泡吹叶花楸

•**Sorbus meliosmifolia** Rehder in Sarg., Pl. Wilson. 2 (2): 270 (1915).
Pyrus meliosmifolia (Rehder) Bean, Trees et Shrubs Brit. Isles 3: 326 (1933); *Micromeles meliosmifolia* (Rehder) Kovanda et Challice, Folia Geobot. Phytotax. 16: 191 (1981); *Aria meliosmifolia* (Rehder) H. Ohashi et Iketani, J. Jap. Bot. 68 (6): 359 (1993).
四川、云南、广西。

小叶花楸

Sorbus microphylla (Wall. ex Hook. f.) Wenz., Linnaea 38: 76 (1874).
Pyrus microphylla Wall. ex Hook. f., Fl. Brit. Ind. 2: 376 (1878).
云南、西藏；缅甸、不丹、尼泊尔、印度、巴基斯坦、阿富汗。

维西花楸

•**Sorbus monbeigii** (Cardot) T. T. Yu, Fl. Reipubl. Popularis Sin. 36: 337 (1974).
Pyrus monbeigii Cardot, Notul. Syst. (Paris) 3: 352 (1918).
云南。

木里花楸（新拟）

•**Sorbus muliensis** McAll., Gen. Sorbus 231 (2005).
西藏。

多对花楸

•**Sorbus multijuga** Koehne in Sarg., Pl. Wilson. 1 (3): 472 (1913).
Sorbus multijuga var. *microdenta* Koehne in Sarg., Pl. Wilson. 1: 473 (1913).
四川、云南。

雷公花楸（新拟）

•**Sorbus needhamii** Rushforth, Curtis's Bot. Mag. 27 (4): 378 (2010).
贵州。

宾川花楸

•**Sorbus obsoletidentata** (Cardot) T. T. Yu, Fl. Reipubl. Popularis Sin. 36: 328, pl. 45, f. 1-3 (1974).
Pyrus obsoletidentata Cardot, Notul. Syst. (Paris) 3: 353 (1918).
云南。

褐毛花楸

•**Sorbus ochracea** (Hand.-Mazz.) J. E. Vidal, Adansonia n. s. 5: 577 (1965).
Eriobotrya ochracea Hand.-Mazz., Symb. Sin. 7 (3): 476 (1933); *Sorbus rubiginosa* T. T. Yu, Acta Phytotax. Sin. 8 (3): 223 (1963); *Aria ochracea* (Hand.-Mazz.) H. Ohashi et Iketani, J. Jap. Bot. 68 (6): 359 (1993).
云南、西藏。

少齿花楸

Sorbus oligodonta (Cardot) Hand.-Mazz., Vegetationsbilder 22 (8): 8, in obs. (1932).
Pyrus oligodonta Cardot, Notul. Syst. (Paris) 3: 351 (1918); *Pyrus glabrescens* Cardot, Notul. Syst. (Paris) 3: 350 (1918); *Sorbus glabrescens* (Cardot) Hand.-Mazz., Symb. Sin. 7 (3): 469 (1933).
四川、云南、西藏；缅甸。

榄绿花楸（新拟）

•**Sorbus olivacea** McAll., Gen. Sorbus 232 (2005).
四川。

卵果花楸（新拟）

•**Sorbus ovalis** McAll., Gen. Sorbus 236 (2005).
四川。

灰叶花楸

•**Sorbus pallescens** Rehder in Sarg., Pl. Wilson. 2 (2): 266 (1915).
Sorbus ochrocarpa Rehder, Stand. Cycl. Hort. 6: 3198 (1917); *Aria pallescens* (Rehder) H. Ohashi et Iketani, J. Jap. Bot. 68 (6): 360 (1993).
四川、云南、西藏。

小花楸（新拟）

•**Sorbus parva** McAll., Gen. Sorbus 234 (2005).
四川。

小果花楸（新拟）

•**Sorbus parvifructa** McAll., Gen. Sorbus 231 (2005).
西藏。

花楸树（百华花楸，红果臭山槐，绒花树）

•**Sorbus pohuashanensis** (Hance) Hedl., Bih. Kongl. Svenska Vetensk.-Akad. Handl. 35: 33 (1901).
Pyrus pohuashanensis Hance, J. Bot. 13 (149): 132 (1875); *Sorbus amurensis* Koehne, Repert. Spec. Nov. Regni Veg. 10 (266-270): 513 (1912); *Sorbus manshuriensis* Kitag., J. Jap. Bot. 22 (10-12): 175 (1948); *Sorbus taishanensis* F. Z. Li et X. D. Chen, Bull. Bot. Res., Harbin 4 (2): 159 (1984); *Sorbus pohuashanensis* var. *amurensis* (Koehne) Y. L. Chou et S. L. Tung, Lign. Fl. Heilongjiang 335 (1986); *Sorbus pohuashanensis* var. *manshuriensis* (Kitag.) Y. C. Zhu, Pl. Medic. Chinae Bor.-Orient. 558 (1989).
黑龙江、吉林、辽宁、内蒙古、河北、山西、山东、陕西、甘肃。

侏儒花楸

Sorbus poteriifolia Hand.-Mazz., Anz. Akad. Wiss. Wien, Math.-Naturwiss. Kl. 62: 223 (1925).
Pyrus foliolosa var. *subglabra* Cardot, Notul. Syst. (Paris) 3: 352 (1918); *Pyrus reducta* W. W. Sm., Notes Roy. Bot. Gard. Edinburgh 17: 256 (1930).
云南、西藏；缅甸。

西康花楸（蒲氏花楸）

Sorbus prattii Koehne in Sarg., Pl. Wilson. 1 (3): 468 (1913).
四川、云南、西藏；不丹、印度（锡金）。

西康花楸（原变种）

Sorbus prattii var. **prattii**
Sorbus munda f. *tatsienensis* Koehne in Sarg., Pl. Wilson. 1 (3): 469 (1913); *Sorbus munda* f. *subarachnoidea* Koehne in Sarg., Pl. Wilson. 1 (3): 469 (1913); *Sorbus unguiculata* Koehne in Sarg., Pl. Wilson. 1 (3): 474 (1913); *Sorbus pogonopetala* Koehne in Sarg., Pl. Wilson. 1 (3): 473 (1913); *Sorbus munda* Koehne in Sarg., Pl. Wilson. 1 (3): 469 (1913); *Sorbus prattii* var. *tatsienensis* (Koehne) C. K. Schneid., Bot. Gaz. 63 (5): 404 (1917).
四川、云南、西藏；不丹、印度（锡金）。

多对西康花楸

•**Sorbus prattii** var. **aestivalis** (Koehne) T. T. Yu, Fl. Reipubl. Popularis Sin. 36: 340 (1974).
Sorbus aestivalis Koehne in Sarg., Pl. Wilson. 1 (3): 469 (1913).
四川、云南、西藏。

拟湖北花楸（新拟）

•**Sorbus pseudohupehensis** McAll., Gen. Sorbus 231 (2005).
云南。

苍山花楸（新拟）

•**Sorbus pseudovilmorinii** McAll., Gen. Sorbus 235 (2005).
云南。

蕨叶花楸

Sorbus pteridophylla Hand.-Mazz., Symb. Sin. 7 (3): 470 (1933).
云南、西藏；缅甸。

蕨叶花楸（原变种）

•**Sorbus pteridophylla** var. **pteridophylla**
云南、西藏。

灰毛蕨叶花楸

Sorbus pteridophylla var. **tephroclada** Hand.-Mazz., Symb. Sin. 7 (3): 471 (1933).
云南；缅甸。

台湾花楸

•**Sorbus randaiensis** (Hayata) Koidz., J. Coll. Sci. Imp. Univ. Tokyo 34 (2): 52 (1913).
Pyrus aucuparia var. *randaiensis* Hayata, J. Coll. Sci. Imp. Univ. Tokyo 30 (1): 98 (1911); *Pyrus aucuparia* var. *trilocularis* Hayata, J. Coll. Sci. Imp. Univ. Tokyo 30 (1): 99 (1911); *Sorbus rufoferruginea* var. *trilocularis* (Hayata) Koidz., J. Coll. Sci. Imp. Univ. Tokyo 34 (2): 50 (1913); *Sorbus trilocularis* (Hayata) Masam., Annual Rep. Taihoku Bot. Gard. 2: 125 (1932).
台湾。

铺地花楸

•**Sorbus reducta** Diels, Notes Roy. Bot. Gard. Edinburgh 5 (25): 272 (1912).
四川、云南。

铺地花楸（原变种）

•**Sorbus reducta** var. **reducta**
四川、云南。

毛萼铺地花楸

•**Sorbus reducta** var. **pubescens** L. T. Lu, Bull. Bot. Res., Harbin 9 (2): 52, photo 3 (1989).
云南。

西南花楸（芮德花楸）

Sorbus rehderiana Koehne in Sarg., Pl. Wilson. 1 (3): 464 (1913).
Pyrus rehderiana (Koehne) Cardot, Bull. Mus. Natl. Hist. Nat. 24 (1): 81 (1918).
青海、四川、云南、西藏；缅甸（北部）。

西南花楸（原变种）

Sorbus rehderiana var. **rehderiana**
Pyrus hypoglauca Cardot, Notul. Syst. (Paris) 3: 349 (1918); *Sorbus hypoglauca* (Cardot) Hand.-Mazz., Symb. Sin. 7 (3): 468 (1933).
青海、四川、云南、西藏；缅甸（北部）。

锈毛西南花楸

•**Sorbus rehderiana** var. **cupreonitens** Hand.-Mazz., Akad. Wiss. Wien Sitzungsber., Math.-Naturwiss. Kl. 62: 223 (1925).
云南、西藏。

巨齿西南花楸

•**Sorbus rehderiana** var. **grosseserrata** Koehne in Sarg., Pl. Wilson. 1 (3): 465 (1913).
四川。

鼠李叶花楸

Sorbus rhamnoides (Decne.) Rehder in Sarg., Pl. Wilson. 2 (2): 278 (1913).
Micromeles rhamnoides Decne., Nouv. Arch. Mus. Hist. Nat. ser. 1, 10: 169 (1874); *Pyrus rhamnoides* (Decne.) Hook. f., Fl. Brit. Ind. 2 (5): 377 (1878); *Sorbus paniculata* T. T. Yu et H. T. Tsai, Bull. Fan Mem. Inst. Biol. Bot. 7: 122 (1936); *Aria*

rhamnoides (Decne.) H. Ohashi et Iketani, J. Jap. Bot. 68 (6): 360 (1993).
贵州、云南；尼泊尔、印度。

菱叶花楸

•**Sorbus rhombifolia** C. J. Qi et K. W. Liu, Acta Bot. Yunnan. 10 (2): 254 (1988).
湖南。

变红花楸（新拟）

•**Sorbus rubescens** McAll., Gen. Sorbus 235 (2005).
云南。

红毛花楸

Sorbus rufopilosa C. K. Schneid., Bull. Herb. Boissier, ser. 2, 6 (4): 317 (1906).
四川、贵州、云南、西藏；缅甸、不丹、尼泊尔、印度。

红毛花楸（原变种）

Sorbus rufopilosa var. **rufopilosa**
四川、贵州、云南、西藏；缅甸、不丹、尼泊尔、印度。

狭叶花楸

Sorbus rufopilosa var. **stenophylla** Koehne, Repert. Spec. Nov. Regni Veg. 10: 517 (1912).
云南、西藏；缅甸。

长籽花楸（新拟）

•**Sorbus rushforthii** McAll., Gen. Sorbus 232 (2005).
西藏。

海螺沟花楸（新拟）

•**Sorbus rutilans** McAll., Gen. Sorbus 235 (2005).
四川。

怒江花楸

•**Sorbus salwinensis** T. T. Yu et L. T. Lu, Acta Phytotax. Sin. 13 (1): 102 (1975).
云南。

晚绣花楸（晚绣球，佘坚花楸，山麻柳）

•**Sorbus sargentiana** Koehne in Sarg., Pl. Wilson. 1 (3): 461 (1913).
Pyrus sargentiana (Koehne) Bean, Trees et Shrubs Brit. Isles 3: 327 (1933).
四川、云南。

梯叶花楸（瓦山花楸）

•**Sorbus scalaris** Koehne in Sarg., Pl. Wilson. 1 (3): 462 (1913).
Sorbus foliolosa var. *pluripinnata* C. K. Schneid., Bull. Herb. Boissier, ser. 2, 6 (4): 315 (1906); *Sorbus pluripinnata* (C. K. Schneid.) Koehne in Sarg., Pl. Wilson. 1 (3): 481 (1913); *Pyrus scalaris* (Koehne) Bean, Trees et Shrubs Brit. Isles 3: 328 (1922).
四川、云南。

四川花楸

•**Sorbus setschwanensis** (C. K. Schneid.) Koehne in Sarg., Pl. Wilson. 1 (3): 475 (1913).
Sorbus vilmorinii var. *setschwanensis* C. K. Schneid., Bull. Herb. Boissier, ser. 2, 6 (4): 318 (1906).
四川、贵州。

褐背花楸（新拟）

•**Sorbus spongbergii** Rushforth, Int. Dendrol. Soc. Year Book 2009: 96 (2010).
四川、云南。

尾叶花楸

•**Sorbus subochracea** T. T. Yu et L. T. Lu, Acta Phytotax. Sin. 18 (4): 494 (1980).
Aria subochracea (T. T. Yu et L. T. Lu) H. Ohashi et Iketani, J. Jap. Bot. 68 (6): 360 (1993).
西藏。

太白花楸

•**Sorbus tapashana** C. K. Schneid., Bull. Herb. Boissier, ser. 2, 6 (4): 313 (1906).
Sorbus giraldiana C. K. Schneid., Ill. Handb. Laubholzk. 1: 672, f. 369 a (1906); *Sorbus tianschanica* var. *tomentosa* Chen Y. Yang et Y. L. Han, Fl. Xinjiang 2 (2): 381 (1998); *Pyrus acucuparia* auct. non L.: Pritz., Bot. Jahrb. 29: 387 (1900), p. p.
陕西、甘肃、青海、新疆。

细枝花楸（新拟）

•**Sorbus tenuis** McAll., Gen. Sorbus 233 (2005).
四川、云南。

康藏花楸

Sorbus thibetica (Cardot) Hand.-Mazz., Symb. Sin. 7 (3): 467 (1933).
Pyrus thibetica Cardot, Notul. Syst. (Paris) 3: 349 (1918); *Sorbus atrosanguinea* T. T. Yu et H. T. Tsai, Bull. Fan Mem. Inst. Biol. Bot. 7: 119 (1936); *Sorbus wardii* Merr., Brittonia 4 (1): 75 (1941); *Aria thibetica* (Cardot) H. Ohashi et Iketani, J. Jap. Bot. 68 (6): 360 (1993).
云南、西藏；缅甸、不丹。

滇缅花楸

Sorbus thomsonii (King ex Hook. f.) Rehder in Sarg., Pl. Wilson. 2 (2): 277 (1915).
Pyrus thomsonii King ex Hook. f., Fl. Brit. Ind. 2 (5): 379 (1878); *Aria thomsonii* (King ex Hook. f.) H. Ohashi et Iketani, J. Jap. Bot. 68 (6): 360 (1993).
四川、云南、西藏；缅甸、不丹、尼泊尔（东部）、印度。

天山花楸

Sorbus tianschanica Rupr., Mém. Acad. Imp. Sci. St.-Pétersbourg 14: 46 (1869).
Pyrus tianschanica (Rupr.) Franch., Ann. Sci. Nat., Bot. ser. 6,

16: 287 (1883).
甘肃、青海、新疆；巴基斯坦（西部）、阿富汗、俄罗斯；亚洲（西南部）。

天山花楸（原变种）

Sorbus tianschanica var. **tianschanica**
甘肃、青海、新疆；巴基斯坦（西部）、阿富汗、俄罗斯；亚洲（西南部）。

全缘天山花楸

●**Sorbus tianschanica** var. **integrifoliolata** T. T. Yu, Acta Phytotax. Sin. 8 (3): 224 (1963).
新疆。

天堂花楸

●**Sorbus tiantangensis** X. M. Liu et C. L. Wang, Bull. Bot. Res., Harbin 29: 131 (2009).
安徽。

秦岭花楸

●**Sorbus tsinlingensis** C. L. Tang, Fl. Tsinling. 1 (2): 608 (1974).
Aria tsinlingensis (C. L. Tang) H. Ohashi et Iketani, J. Jap. Bot. 68 (6): 360 (1993).
陕西、甘肃。

美叶花楸

Sorbus ursina (Wenz.) Hedl., Bih. Kongl. Svenska Vetensk.-Akad. Handl. 35 (1): 80 (1901).
Sorbus foliolosa var. *ursina* Wenz., Linnaea 38: 75 (1874).
四川、云南、西藏；缅甸、不丹、尼泊尔、印度。

美叶花楸（原变种）

Sorbus ursina var. **ursina**
四川、云南、西藏；缅甸、不丹、尼泊尔、印度。

西藏美叶花楸

Sorbus ursina var. **wenzigiana** C. K. Schneid., Bull. Herb. Boissier, ser. 2, 4: 316 (1906).
Sorbus wenzigiana (C. K. Schneid.) Koehne in Sarg., Pl. Wilson. 1: 482 (1913).
西藏；尼泊尔、印度。

白叶花楸

Sorbus vestita (Wall. ex G. Don) S. Schauer, Übers. Arbeiten Veränd. Schles. Ges. Vaterl. Cult. 1847: 292 (1848).
Pyrus vestita Wall. ex G. Don, Gen. Hist. 2: 647 (1832); *Crataegus cuspidata* Spach, Hist. Nat. Veg. (Spach) 2: 106 (1834); *Pyrus crenata* Lindl., Sketch Veg. Swan R. Pl. 1655 (1836), non D. Don (1825); *Sorbus vestita* (Wall. ex G. Don) Lodd., Cat. Pl. (Loddiges) ed. 16, 66 (1836), *nom. inval.*; *Aria vestita* (Wall. ex G. Don) M. Roem., Fam. Nat. Syn. Monogr. 3 (Rosifl.): 125 (1847); *Sorbus crenata* S. Schauer, Übers. Arbeiten Veränd. Schles. Ges. Vaterl. Cult. 1847: 292 (1848); *Pyrus crenata* Hort. ex K. Koch, Dendrologie 1: 192 (1869), non D. Don (1825); *Pyrus vestita* Wall. ex Hook. f., Fl. Brit. Ind. 2: 375 (1878), non Wall. ex G. Don (1832); *Sorbus cuspidata* (Spach) Hedl., Bih. Kongl. Svenska Vetensk.-Akad. Handl. 35: 89 (1901).
西藏；缅甸、？不丹、尼泊尔、印度。

川滇花楸

●**Sorbus vilmorinii** C. K. Schneid., Bull. Herb. Boissier, ser. 2, 6 (4): 317 (1906).
四川、云南、西藏。

华西花楸（威氏花楸）

●**Sorbus wilsoniana** C. K. Schneid., Bull. Herb. Boissier, ser. 2, 6 (4): 312 (1906).
Sorbus expansa Koehne in Sarg., Pl. Wilson. 1 (3): 457 (1913); *Pyrus wilsoniana* (C. K. Schneid.) Cardot, Bull. Mus. Hist. Nat. Paris 24: 80 (1918).
湖南、湖北、四川、贵州、云南、广西。

永德花楸（新拟）

●**Sorbus yondeensis** Rushforth, Int. Dendrol. Soc. Year Book 2009: 90 (2010).
云南。

神农架花楸

●**Sorbus yuana** Spongberg, J. Arnold Arbor. 67 (2): 257, f. 1 (1986).
Aria yuana (Spongberg) H. Ohashi et Iketani, J. Jap. Bot. 68 (6): 361 (1993).
湖北、四川。

枥叶花楸

●**Sorbus yunnanensis** L. T. Lu, Acta Phytotax. Sin. 38 (3): 279 (2000).
Sorbus carpinifolia T. T. Yu et L. T. Lu, Acta Phytotax. Sin. 23 (3): 215 (1985), non Hedlund (1901); *Aria carpinifolia* H. Ohashi et Iketani, J. Jap. Bot. 68 (6): 357 (1993).
云南。

长果花楸

●**Sorbus zahlbruckneri** C. K. Schneid., Bull. Herb. Boissier, ser. 2, 6 (4): 318 (1906).
Sorbus hunanica C. J. Qi, J. Nanjing Technol. Coll. Forest Prod. 1981 (3): 125 (1981); *Aria zahlbruckneri* (C. K. Schneid.) H. Ohashi et Iketani, J. Jap. Bot. 68 (6): 361 (1993); *Aria hunanica* (C. J. Qi) H. Ohashi et Iketani, J. Jap. Bot. 68 (6): 359 (1993).
湖南、湖北、四川、贵州、广西。

察隅花楸

●**Sorbus zayuensis** T. T. Yu et L. T. Lu, Acta Phytotax. Sin. 18 (4): 494 (1980).
西藏。

马蹄黄属 Spenceria Trimen

马蹄黄

Spenceria ramalana Trimen, J. Bot. 17: 97 (1879).
四川、云南、西藏；不丹。

马蹄黄（原变种）

●**Spenceria ramalana** var. **ramalana**
四川、云南、西藏。

小花马蹄黄

Spenceria ramalana var. **parviflora** (Stapf) Kitam., Acta Phytotax. Geobot. 15: 172 (1953).
Spenceria parviflora Stapf, Bot. Mag. 149: t. 9007 (1923).
西藏；不丹。

绣线菊属 Spiraea L.

蕨叶绣线菊（新拟）

●**Spiraea adiantoides** Businský, Novon 21 (3): 302 (2011).
云南。

高山绣线菊

Spiraea alpina Pall., Fl. Ross. (Pallas) 1: 35, pl. 20 (1784).
山西、河南、陕西、甘肃、青海、新疆、四川、西藏；蒙古国、印度（锡金）、俄罗斯。

异常绣线菊

●**Spiraea anomala** Batalin, Trudy Imp. S.-Peterburgsk. Bot. Sada 13: 92 (1893).
湖北。

耧斗菜叶绣线菊（楼斗叶绣线菊）

Spiraea aquilegiifolia Pall., Reise Russ. Reich. 3: 734, pl. 8, f. 3 (1776).
Spiraea thalictroides Pall., Fl. Ross. (Pallas) 1 (1): 134 (1784); *Spiraea hypericifolia* var. *thalictroides* (Pall.) Ledeb., Fl. Ross. (Ledeb.) 2: 13 (1843).
内蒙古、河北、山西、河南、陕西、甘肃、青海；蒙古国、俄罗斯。

拱枝绣线菊

Spiraea arcuata Hook. f., Fl. Brit. Ind. 2 (5): 325 (1878).
Spiraea canescens var. *glabra* Hook. f. et Thomson, Fl. Brit. Ind. 2 (5): 325 (1878), *nom. inval.*; *Spiraea mollifolia* var. *glabrata* T. T. Yu et L. T. Lu, Acta Phytotax. Sin. 18 (4): 492 (1980).
云南、西藏；缅甸、不丹、尼泊尔、印度。

藏南绣线菊（美丽绣线菊）

Spiraea bella Sims, Bot. Mag. 50: pl. 2426 (1823).
四川、云南、西藏；不丹、尼泊尔、印度。

藏南绣线菊（原变种）

Spiraea bella var. **bella**
四川、云南、西藏；不丹、尼泊尔、印度。

毛果藏南绣线菊

●**Spiraea bella** var. **pubicarpa** T. T. Yu et L. T. Lu, Acta Phytotax. Sin. 18 (4): 490 (1980).
西藏。

绣球绣线菊（珍珠绣球，补氏绣线菊，绣球）

Spiraea blumei G. Don, Gen. Hist. Dichlam. Pl. 2: 518 (1832).
Spiraea obtusa Nakai, Bot. Mag. (Tokyo) 31 (369): 97 (1917).
辽宁、内蒙古、河北、山西、山东、河南、陕西、甘肃、安徽、江苏、浙江、江西、湖南、湖北、四川、福建、广东、广西；日本、朝鲜。

绣球绣线菊（原变种）

Spiraea blumei var. **blumei**
辽宁、内蒙古、河北、山西、山东、河南、陕西、甘肃、安徽、江苏、浙江、江西、湖南、湖北、四川、福建、广东、广西；日本、朝鲜。

宽瓣绣球绣线菊

●**Spiraea blumei** var. **latipetala** Hemsl., J. Linn. Soc., Bot. 23 (154): 224 (1887).
安徽、浙江、广东。

小叶绣球绣线菊

●**Spiraea blumei** var. **microphylla** Rehder, J. Arnold Arbor. 9 (2-3): 55 (1928).
河南、陕西、甘肃。

毛果绣球绣线菊

●**Spiraea blumei** var. **pubicarpa** W. C. Cheng, Contr. Biol. Lab. Sci. Soc. China, Bot. Ser. 10: 130 (1936).
河南、陕西、浙江。

石灰岩绣线菊

●**Spiraea calcicola** W. W. Sm., Notes Roy. Bot. Gard. Edinburgh 8 (37): 131 (1913).
云南。

楔叶绣线菊（铁刷子，刺扬）

Spiraea canescens D. Don, Prodr. Fl. Nepal. 227 (1825).
甘肃、四川、云南、西藏；不丹、尼泊尔、印度。

楔叶绣线菊（原变种）

Spiraea canescens var. **canescens**
Spiraea cuneifolia Wall., Numer. List n. 699 (1829); *Spiraea rotundifolia* Lindl., Bot. Reg. 25 (misc.): 59 (1839); *Spiraea canescens* var. *oblanceolata* Rehder in Sarg., Pl. Wilson. 1 (3): 450 (1913).
四川、云南、西藏；不丹、尼泊尔、印度。

粉背楔叶绣线菊

●**Spiraea canescens** var. **glaucophylla** Franch., Pl. Delavay. 200 (1890).

Spiraea canescens var. *myrtifolia* Zabel, Strauch. Spiraen 56 (1893); *Spiraea canescens* var. *sulphurea* Batalin, Trudy Imp. S.-Peterburgsk. Bot. Sada 14 (2): 321 (1895).

甘肃、四川、云南、西藏。

麻叶绣线菊（麻叶绣球，粤绣线菊，麻毬）

Spiraea cantoniensis Lour., Fl. Cochinch., ed. 2, 1: 322 (1790).

至少原产于江西，广泛栽培于中国其他地区；日本。

麻叶绣线菊（原变种）

Spiraea cantoniensis var. **cantoniensis**

Spiraea reevesiana Lindl., Edward's Bot. Reg. 30: pl. 10 (1844).

中国广泛栽培；日本。

江西绣线菊

Spiraea cantoniensis var. **jiangxiensis** (Z. X. Yu) L. T. Lu, Acta Phytotax. Sin. 38 (3): 276 (2000).

Spiraea jiangxiensis Z. X. Yu, Bull. Bot. Res., Harbin 3 (1): 151, f. 2 (1983).

江西。

毛萼麻叶绣线菊

●**Spiraea cantoniensis** var. **pilosa** T. T. Yu, Acta Phytotax. Sin. 8 (3): 216 (1963).

湖南、广东。

独山绣线菊

●**Spiraea cavaleriei** H. Lév., Repert. Spec. Nov. Regni Veg. 9: 321 (1911).

贵州。

石蚕叶绣线菊（乌苏里绣线菊）

Spiraea chamaedryfolia L., Sp. Pl. 1: 489 (1753).

Spiraea ulmifolia Scop., Fl. Carniol., ed. 2, 1: 349, pl. 22 (1772); *Spiraea chamaedryfolia* var. *ulmifolia* (Scop.) Maxim., Trudy Imp. S.-Peterburgsk. Bot. Sada 6: 186 (1879); *Spiraea ussuriensis* Pojark., Fl. U. R. S. S. 9: 489, pl. 17, f. 10 (1939).

黑龙江、吉林、辽宁、河北、山西、河南、新疆；蒙古国、日本、朝鲜、俄罗斯；欧洲。

阿拉善绣线菊

●**Spiraea chanicioraea** Y. Z. Zhao et T. J. Wang, Bull. Bot. Res., Harbin 20 (4): 362, f. 2 (2000).

宁夏。

中华绣线菊（铁黑汉条，华绣线菊）

●**Spiraea chinensis** Maxim., Trudy Imp. S.-Peterburgsk. Bot. Sada 6 (1): 193 (1879).

内蒙古、河北、山西、山东、河南、陕西、甘肃、安徽、江苏、浙江、江西、湖南、湖北、四川、贵州、云南、福建、广东、广西。

中华绣线菊（原变种）

●**Spiraea chinensis** var. **chinensis**

内蒙古、河北、山西、河南、陕西、甘肃、安徽、江苏、浙江、江西、湖南、湖北、四川、贵州、云南、福建、广东、广西。

直果绣线菊

●**Spiraea chinensis** var. **erecticarpa** Y. Q. Zhu et X. W. Li, Bull. Bot. Res., Harbin 15 (4): 137, pl. 1 (1995).

山东。

大花中华绣线菊（岩刷子）

●**Spiraea chinensis** var. **grandiflora** T. T. Yu, Acta Phytotax. Sin. 9 (3): 216 (1963).

湖北。

粉叶绣线菊

●**Spiraea compsophylla** Hand.-Mazz., Symb. Sin. 7 (3): 450, pl. 13, f. 1 (1933).

云南。

窄叶绣线菊

Spiraea dahurica (Rupr.) Maxim., Trudy Imp. S.-Peterburgsk. Bot. Sada 6 (1): 190 (1879).

Spiraea alpina var. *dahurica* Rupr., Bull. Cl. Phys.-Math. Acad. Imp. Sci. Saint-Pétersbourg 15: 362 (1857).

黑龙江、辽宁、内蒙古、河北；蒙古国、俄罗斯。

稻城绣线菊

●**Spiraea daochengensis** L. T. Lu, Bull. Bot. Res., Harbin 9 (2): 49 (1989).

四川。

毛花绣线菊（绒毛绣线菊，石崩子，筷棒）

●**Spiraea dasyantha** Bunge, Mém. Acad. Imp. Sci. St.-Pétersbourg Divers Savans 2: 97 (1833).

Spiraea nervosa Franch. et Sav., Enum. Pl. Jap. 2 (2): 331 (1878).

辽宁、内蒙古、河北、山西、甘肃、江苏、浙江、江西、湖北。

美丽绣线菊（丽绣线菊）

Spiraea elegans Pojark., Fl. U. R. S. S. 9: 490, pl. 17, f. 7 (1939).

黑龙江、吉林、内蒙古、河北；蒙古国、俄罗斯。

曲萼绣线菊

Spiraea flexuosa Fisch. ex Cambess., Ann. Sci. Nat. Bot. 1: 365, pl. 26 (1824).

Spiraea chamaedryfolia var. *flexuosa* (Fisch. ex Cambess.) Maxim., Trudy Imp. S.-Peterburgsk. Bot. Sada 6 (1): 186 (1879).

黑龙江、吉林、辽宁、内蒙古、山西、陕西、新疆；蒙古国、朝鲜、俄罗斯。

曲萼绣线菊（原变种）

Spiraea flexuosa var. **flexuosa**
黑龙江、吉林、辽宁、内蒙古、山西、陕西、新疆；蒙古国、朝鲜、俄罗斯。

柔毛曲萼绣线菊

●**Spiraea flexuosa** var. **pubescens** Liou, Ill. Fl. Lign. Pl. N. E. China 563, pl. 102, f. 200 (1955).
辽宁、内蒙古、山西。

台湾绣线菊

●**Spiraea formosana** Hayata, J. Coll. Sci. Imp. Univ. Tokyo 30 (1): 88 (1911).
台湾。

华北绣线菊（弗氏绣线菊）

●**Spiraea fritschiana** C. K. Schneid., Bull. Herb. Boissier, ser. 2, 5: 347 (1905).
黑龙江、辽宁、河北、山西、山东、河南、陕西、甘肃、安徽、江苏、浙江、江西、湖北、四川。

华北绣线菊（原变种）

●**Spiraea fritschiana** var. **fritschiana**
Spiraea fritschiana var. *villosa* Y. Q. Zhu et D. K. Zang, Bull. Bot. Res., Harbin 18 (1): 9 (1998).
河北、山西、山东、河南、陕西、甘肃、江苏、浙江、湖北、四川。

大叶华北绣线菊（叫驴腿）

●**Spiraea fritschiana** var. **angulata** (Fritsch ex C. K. Schneid.) Rehder in Sarg., Pl. Wilson. 1 (3): 453 (1913).
Spiraea angulata Fritsch ex C. K. Schneid., Bull. Herb. Boissier, ser. 2, 5: 347 (1905); *Spiraea fritschiana* var. *latifolia* Liou, Ill. Fl. Lign. Pl. N. E. China 563, pl. 98, f. 185 (1955).
黑龙江、辽宁、河北、山西、山东、河南、陕西、甘肃、安徽、江西、湖北。

小叶华北绣线菊

●**Spiraea fritschiana** var. **parvifolia** Liou, Ill. Fl. Lign. Pl. N. E. China 563, pl. 98, f. 186 (1955).
辽宁、河北、山东。

海拉尔绣线菊

●**Spiraea hailarensis** Liou, Ill. Fl. Lign. Pl. N. E. China 563, pl. 99, f. 190 (1955).
Spiraea arenaria Y. Z. Zhao et T. J. Wang, Bull. Bot. Res., Harbin 20 (4): 361 (2000).
黑龙江、内蒙古、甘肃。

假绣线菊

●**Spiraea hayatana** H. L. Li, Lloydia 14: 237 (1951).
Spiraea formosana var. *brevistyla* Hayata, J. Coll. Sci. Imp. Univ. Tokyo 30 (1): 89 (1911); *Spiraea japonica* var. *formosana* subvar. *brevistyla* (Hayata) Masam., Annual Rep. Taihoku Bot. Gard. 2: 123 (1932); *Spiraea japonica* var. *brevistyla* (Hayata) Masam., Annual Rep. Taihoku Bot. Gard. 2: 123 (1932).
台湾。

翠蓝绣线菊（翠蓝茶，亨利绣线菊）

●**Spiraea henryi** Hemsl., J. Linn. Soc., Bot. 23 (154): 225, pl. 6 (1887).
河南、陕西、甘肃、湖北、四川、贵州、云南。

翠蓝绣线菊（原变种）

●**Spiraea henryi** var. **henryi**
河南、陕西、甘肃、湖北、四川、贵州、云南。

峨眉翠蓝茶

●**Spiraea henryi** var. **omeiensis** T. T. Yu, Acta Phytotax. Sin. 8 (3): 216 (1963).
Spiraea henryi var. *glabrata* T. T. Yu et L. T. Lu, Acta Phytotax. Sin. 13 (1): 100 (1975).
四川。

兴山绣线菊

●**Spiraea hingshanensis** T. T. Yu et L. T. Lu, Acta Phytotax. Sin. 13 (1): 99 (1975).
湖北。

疏毛绣线菊

●**Spiraea hirsuta** (Hemsl.) C. K. Schneid., Bull. Herb. Boissier, ser. 2, 5: 342 (1905).
Spiraea blumei var. *hirsuta* Hemsl., J. Linn. Soc., Bot. 23 (154): 224 (1887).
河北、山西、山东、河南、陕西、甘肃、浙江、江西、湖南、湖北、四川、福建。

疏毛绣线菊（原变种）

●**Spiraea hirsuta** var. **hirsuta**
河北、山西、山东、河南、陕西、甘肃、浙江、江西、湖南、湖北、四川、福建。

圆叶疏毛绣线菊

●**Spiraea hirsuta** var. **rotundifolia** (Hemsl.) Rehder in Sarg., Pl. Wilson. 1 (3): 445 (1913).
Spiraea blumei var. *rotundifolia* Hemsl., J. Linn. Soc., Bot. 23 (154): 224 (1887); *Spiraea maximowicziana* C. K. Schneid., Ill. Handb. Laubholzk. 1: 461 (1905); *Spiraea blumei* var. *maximowicziana* (C. K. Schneid.) Dunn, J. Linn. Soc., Bot. 38: 359 (1908).
河南、陕西、湖北、四川。

金丝桃叶绣线菊

Spiraea hypericifolia L., Sp. Pl. 1: 489 (1753).

黑龙江、内蒙古、山西、河南、陕西、甘肃、新疆；蒙古国、俄罗斯；亚洲、欧洲（东南部）。

粉花绣线菊（日本绣线菊，蚂蟥梢，火烧尖）

Spiraea japonica L. f., Suppl. Pl. 262 (1782).
山东、河南、陕西、甘肃、安徽、江苏、浙江、江西、湖南、湖北、四川、贵州、云南、西藏、福建、广东、广西；日本、朝鲜。

粉花绣线菊（原变种）

☆**Spiraea japonica** var. **japonica**
Spiraea callosa Thunb., Fl. Jap. 209 (1784).
中国栽培；日本、朝鲜。

渐尖绣线菊（狭叶绣线菊，渐尖叶粉花绣线菊）

●**Spiraea japonica** var. **acuminata** Franch., Nouv. Arch. Mus. Hist. Nat. ser. 2, 8: 218 (1886).
Spiraea esquirolii H. Lév., Repert. Spec. Nov. Regni Veg. 9 (214-216): 322 (1911); *Spiraea bodinieri* var. *concolor* H. Lév., Repert. Spec. Nov. Regni Veg. 9 (214-216): 322 (1911); *Spiraea bodinieri* H. Lév., Repert. Spec. Nov. Regni Veg. 9 (214-216): 322 (1911).
河南、陕西、甘肃、安徽、江苏、浙江、江西、湖南、湖北、四川、贵州、云南、西藏、福建、广东、广西。

急尖绣线菊（急尖叶粉花绣线菊）

●**Spiraea japonica** var. **acuta** T. T. Yu, Acta Phytotax. Sin. 8 (3): 215 (1963).
四川、贵州、云南。

光叶绣线菊（光叶粉花绣线菊，大绣线菊，绣线菊）

●**Spiraea japonica** var. **fortunei** (Planch.) Rehder, Cycl. Amer. Hort. 4: 1703 (1902).
Spiraea fortunei Planch., Fl. Serres Jard. Eur. 9: 35, pl. 871 (1853).
山东、河南、陕西、甘肃、安徽、江苏、浙江、江西、湖南、湖北、四川、贵州、云南、福建、广东、广西。

无毛绣线菊（红绣线菊，无毛粉花绣线菊）

●**Spiraea japonica** var. **glabra** (Regel) Koidz., Bot. Mag. (Tokyo) 23 (272): 167 (1909).
Spiraea callosa var. *glabra* Regel, Index Seminum [St. Petersburg] 1869 (Suppl.): 27 (1870).
安徽、浙江、江西、湖北、四川、云南。

锐裂绣线菊（裂叶粉花绣线菊）

●**Spiraea japonica** var. **incisa** T. T. Yu, Acta Phytotax. Sin. 8 (3): 216 (1963).
河南、四川、云南。

椭圆绣线菊（卵叶绣线菊，椭圆叶粉花绣线菊）

●**Spiraea japonica** var. **ovalifolia** Franch., Nouv. Arch. Mus. Hist. Nat. ser. 2, 8: 218 (1886).
四川、云南。

羽叶绣线菊（羽叶粉花绣线菊）

●**Spiraea japonica** var. **pinnatifida** T. T. Yu et L. T. Lu, Acta Phytotax. Sin. 18 (4): 490 (1980).
西藏。

广西绣线菊（珍珠梅）

●**Spiraea kwangsiensis** T. T. Yu, Acta Phytotax. Sin. 8 (3): 216, pl. 26, f. 1 (1963).
广西。

贵州绣线菊

●**Spiraea kweichowensis** T. T. Yu et L. T. Lu, Acta Phytotax. Sin. 13 (1): 100 (1975).
贵州。

华西绣线菊

●**Spiraea laeta** Rehder in Sarg., Pl. Wilson. 1 (3): 442 (1913).
河南、甘肃、湖北、四川、贵州、云南。

华西绣线菊（原变种）

●**Spiraea laeta** var. **laeta**
河南、甘肃、湖北、四川、贵州、云南。

毛叶华西绣线菊

●**Spiraea laeta** var. **subpubescens** Rehder in Sarg., Pl. Wilson. 1 (3): 444 (1913).
甘肃、湖北。

细叶华西绣线菊

●**Spiraea laeta** var. **tenuis** Rehder in Sarg., Pl. Wilson. 1 (3): 443 (1913).
四川。

绵毛绣线菊（新拟）

●**Spiraea lanatissima** Businský, Phyton (Horn) 55 (1): 88 (2015).
四川。

丽江绣线菊

●**Spiraea lichiangensis** W. W. Sm., Notes Roy. Bot. Gard. Edinburgh 10 (46): 66 (1917).
云南。

裂叶绣线菊

●**Spiraea lobulata** T. T. Yu et L. T. Lu, Acta Phytotax. Sin. 18 (4): 490 (1980).
西藏。

长芽绣线菊

●**Spiraea longigemmis** Maxim., Trudy Imp. S.-Peterburgsk. Bot. Sada 6 (1): 203 (1879).
山西、陕西、甘肃、浙江、湖北、四川、云南、西藏。

毛枝绣线菊

●**Spiraea martini** H. Lév., Repert. Spec. Nov. Regni Veg. 9

(214-216): 321 (1911).
四川、贵州、云南、广西。

毛枝绣线菊（原变种）

●**Spiraea martini** var. **martini**
Spiraea fulvescens Rehder in Sarg., Pl. Wilson. 1 (3): 439 (1913).
四川、贵州、云南、广西。

长梗毛枝绣线菊

●**Spiraea martini** var. **pubescens** T. T. Yu, Acta Phytotax. Sin. 8 (3): 217 (1963).
云南。

绒毛毛枝绣线菊（绒毛叶毛枝绣线菊）

●**Spiraea martini** var. **tomentosa** T. T. Yu, Acta Phytotax. Sin. 8 (3): 204 (1963).
云南。

欧亚绣线菊（石棒绣线菊，石棒子）

Spiraea media Schmidt, Oesterr. Allg. Baumz. 1: 53, pl. 54 (1792).
黑龙江、吉林、辽宁、内蒙古、河北、河南、新疆；蒙古国、日本、朝鲜、俄罗斯；亚洲、欧洲。

无毛长蕊绣线菊

●**Spiraea miyabei** var. **glabrata** Rehder in Sarg., Pl. Wilson. 1 (3): 454 (1913).
陕西、安徽、湖北。

毛叶长蕊绣线菊

●**Spiraea miyabei** var. **pilosula** Rehder in Sarg., Pl. Wilson. 1 (3): 455 (1913).
湖北、四川、云南。

细叶长蕊绣线菊

●**Spiraea miyabei** var. **tenuifolia** Rehder in Sarg., Pl. Wilson. 1 (3): 455 (1913).
四川。

毛叶绣线菊（丝毛叶绣线菊）

●**Spiraea mollifolia** Rehder in Sarg., Pl. Wilson. 1 (3): 441 (1913).
陕西、甘肃、四川、贵州、云南、西藏。

毛叶绣线菊（原变种）

●**Spiraea mollifolia** var. **mollifolia**
陕西、甘肃、四川、贵州、云南、西藏。

秃净绣线菊（新拟）

●**Spiraea mollifolia** var. **denudata** Businský, Phyton (Horn) 55 (1): 86 (2015).
陕西、湖北、四川、西藏。

蒙古绣线菊

●**Spiraea lasiocarpa** Kar. et Kir., Bull. Soc. Imp. Naturalistes Moscou 15: 536 (1042).
内蒙古、河北、山西、河南、陕西、宁夏、甘肃、青海、新疆、四川、西藏。

蒙古绣线菊（原变种）

●**Spiraea lasiocarpa** var. **lasiocarpa**
Spiraea crenifolia var. *mongolica* Maxim., Trudy Imp. S.-Peterburgsk. Bot. Sada 6 (1): 181 (1879); *Spiraea mongolica* Maxim., Bull. Acad. Imp. Sci. Saint-Pétersbourg 27 (4): 467 (1881); *Spiraea gemmata* Zabel, Strauch. Spiraen 23 (1893); *Spiraea mongolica* var. *tomentulosa* T. T. Yu, Acta Phytotax. Sin. 8 (3): 216 (1963); *Spiraea tomentulosa* (T. T. Yu) Y. Z. Zhao, Acta Sci. Nat. Univ. Intramongol. 18 (2): 289 (1987); *Spiraea mongolica* var. *pubescens* Y. Z. Zhao et T. J. Wang, Bull. Bot. Res., Harbin 20 (3): 259 (2000).
内蒙古、河北、山西、河南、陕西、宁夏、甘肃、青海、新疆、四川、西藏。

柔毛蒙古绣线菊（新拟）

●**Spiraea lasiocarpa** var. **villosa** Businský, Novon 21 (3): 308 (2011).
四川。

新高山绣线菊（玉山绣线菊）

●**Spiraea morrisonicola** Hayata, J. Coll. Sci. Imp. Univ. Tokyo 30 (1): 89 (1911).
Spiraea japonica var. *morrisonicola* (Hayata) Kitam., Acta Phytotax. Geobot. 14 (5): 158 (1952).
台湾。

木里绣线菊

●**Spiraea muliensis** T. T. Yu et L. T. Lu, Acta Phytotax. Sin. 13 (1): 101 (1975).
四川。

细枝绣线菊

●**Spiraea myrtilloides** Rehder in Sarg., Pl. Wilson. 1 (3): 440 (1913).
河南、陕西、甘肃、青海、江西、湖北、四川、云南、西藏。

细枝绣线菊（原变种）

●**Spiraea myrtilloides** var. **myrtilloides**
Spiraea virgata Franch., Pl. Delavay. 199 (1890), non Raf. (1838); *Spiraea microphylla* H. Lév., Bull. Acad. Int. Géogr. Bot. 25: 44 (1915).
河南、陕西、甘肃、青海、江西、湖北、四川、云南、西藏。

毛果细枝绣线菊

●**Spiraea myrtilloides** var. **pubicarpa** T. T. Yu et L. T. Lu, Acta Phytotax. Sin. 13 (1): 101 (1975).
甘肃。

宁夏绣线菊

●**Spiraea ningshiaensis** T. T. Yu et L. T. Lu, Acta Phytotax. Sin. 13 (1): 100 (1975).
宁夏。

金州绣线菊

●**Spiraea nishimurae** Kitag., Bot. Mag. (Tokyo) 48 (573): 610 (1934).
吉林、辽宁、山西、山东。

广椭绣线菊

●**Spiraea ovalis** Rehder in Sarg., Pl. Wilson. 1 (3): 446 (1913).
河南、陕西、甘肃、湖北、四川、西藏。

乳突绣线菊

●**Spiraea papillosa** Rehder in Sarg., Pl. Wilson. 1 (3): 443 (1913).
四川、云南。

乳突绣线菊（原变种）

●**Spiraea papillosa** var. **papillosa**
四川。

云南乳突绣线菊

●**Spiraea papillosa** var. **yunnanensis** T. T. Yu, Acta Phytotax. Sin. 8 (3): 216 (1963).
四川、云南。

平卧绣线菊

●**Spiraea pjassetzkii** Buzunova, Novosti Sist. Vyssh. Rast. 36: 284 (2004).
Spiraea prostrata Maxim., Trudy Imp. S.-Peterburgsk. Bot. Sada 6 (1): 184 (1879), non Schur (1866).
陕西、甘肃、湖北。

李叶绣线菊

☆**Spiraea prunifolia** Siebold et Zucc., Fl. Jap. 1: 131 (1840).
河南、陕西、安徽、江苏、浙江、江西、湖南、湖北、福建、台湾；日本、朝鲜。

李叶绣线菊（原变种）

☆**Spiraea prunifolia** var. **prunifolia**
Spiraea prunifolia var. *plena* C. K. Schneid., Ill. Handb. Laubholzk. 1: 451 (1905).
中国栽培；日本、朝鲜。

光笑靥花

●**Spiraea prunifolia** var. **hupehensis** (Rehder) Rehder, J. Arnold Arbor. 1 (4): 258 (1920).
Spiraea hypericifolia var. *hupehensis* Rehder in Sarg., Pl. Wilson. 1 (3): 439 (1913).
陕西、湖北。

全缘李叶绣线菊（新拟）

●**Spiraea prunifolia** var. **integrifolia** Dunn, J. Linn. Soc., Bot. 38: 359 (1908).
福建。

多毛李叶绣线菊

●**Spiraea prunifolia** var. **pseudoprunifolia** (Hayata ex Nakai) H. L. Li, Lloydia 14: 236 (1951).
Spiraea pseudoprunifolia Hayata ex Nakai, Bot. Mag. (Tokyo) 29: 75 (1915).
台湾。

单瓣李叶绣线菊

●**Spiraea prunifolia** var. **simpliciflora** (Nakai) Nakai, Bot. Mag. (Tokyo) 29: 74 (1915).
Spiraea prunifolia f. *simpliciflora* Nakai, J. Coll. Sci. Imp. Univ. Tokyo 26: 172 (1908); *Spiraea simpliciflora* (Nakai) Nakai, J. Jap. Bot. 12 (12): 878 (1936).
河南、安徽、江苏、浙江、江西、湖南、湖北、福建。

土庄绣线菊（蚂蚱腿，土庄花，石蒡子）

Spiraea pubescens Turcz., Bull. Soc. Imp. Naturalistes Moscou 5: 190 (1832).
黑龙江、吉林、辽宁、内蒙古、河北、山西、山东、河南、陕西、甘肃、安徽、湖北、四川；蒙古国、朝鲜、俄罗斯。

土庄绣线菊（原变种）

Spiraea pubescens var. **pubescens**
Spiraea laucheana Koehne, Mitt. Deutsch. Dendrol. Ges. 1899 (8): 56 (1899); *Spiraea ouensanensis* H. Lév., Repert. Spec. Nov. Regni Veg. 7 (143-145): 197 (1909).
黑龙江、吉林、辽宁、内蒙古、河北、山西、山东、河南、陕西、甘肃、安徽、湖北、四川；蒙古国、朝鲜、俄罗斯。

毛果土庄绣线菊

●**Spiraea pubescens** var. **lasiocarpa** Nakai, Bot. Mag. (Tokyo) 42 (502): 465 (1928).
河南、陕西、甘肃、安徽、四川。

紫花绣线菊

●**Spiraea purpurea** Hand.-Mazz., Symb. Sin. 7 (3): 453 (1933).
四川、云南、西藏。

南川绣线菊（罗氏绣线菊）

●**Spiraea rosthornii** E. Pritz. ex Diels, Bot. Jahrb. Syst. 29: 383 (1900).
Spiraea prattii C. K. Schneid., Ill. Handb. Laubholzk. 1: 472 (1905).
河北、河南、陕西、甘肃、青海、安徽、四川、云南。

绣线菊（柳叶绣线菊，珍珠梅，空心柳）

Spiraea salicifolia L., Sp. Pl. 1: 489 (1753).
黑龙江、吉林、辽宁、内蒙古、河北、山西；蒙古国、日本、朝鲜、俄罗斯；欧洲、北美洲。

绣线菊（原变种）

Spiraea salicifolia var. **salicifolia**

黑龙江、吉林、辽宁、内蒙古、河北、山西；蒙古国、日本、朝鲜、俄罗斯；欧洲、北美洲。

巨齿绣线菊

•**Spiraea salicifolia** var. **grosseserrata** Liou, Ill. Fl. Lign. Pl. N. E. China 564, pl. 98, f. 184 (1955).
黑龙江、吉林。

贫齿绣线菊

•**Spiraea salicifolia** var. **oligodonta** T. T. Yu, Acta Phytotax. Sin. 8 (3): 215 (1963).
黑龙江、内蒙古。

茂汶绣线菊（佘坚绣线菊）

•**Spiraea sargentiana** Rehder in Sarg., Pl. Wilson. 1 (3): 447 (1913).
Spiraea aemulans Rehder in Sarg., Pl. Wilson. 1 (3): 448 (1913); *Spiraea canescens* var. *sulfurea* auct. non Batalin: Diels, Bot. Jahrb. 29: 383 (1900).
河南、湖北、四川、云南。

川滇绣线菊

•**Spiraea schneideriana** Rehder in Sarg., Pl. Wilson. 1 (3): 449 (1913).
陕西、甘肃、湖北、四川、云南、西藏、福建。

川滇绣线菊（原变种）

•**Spiraea schneideriana** var. **schneideriana**
湖北、四川、云南、西藏、福建。

无毛川滇绣线菊

•**Spiraea schneideriana** var. **amphidoxa** Rehder in Sarg., Pl. Wilson. 1 (3): 450 (1913).
陕西、甘肃、四川、云南、西藏。

滇中绣线菊

•**Spiraea schochiana** Rehder, J. Arnold Arbor. 1 (4): 259 (1920).
云南。

绢毛绣线菊

Spiraea sericea Turcz., Bull. Soc. Imp. Naturalistes Moscou 16: 591 (1843).
Spiraea confusa var. *sericea* (Turcz.) Regel, Mém. Acad. Imp. Sci. St.-Pétersbourg 4 (4): 53 (1861); *Spiraea media* var. *sericea* (Turcz.) Maxim., Trudy Imp. S.-Peterburgsk. Bot. Sada 6 (1): 189 (1879).
黑龙江、吉林、辽宁、内蒙古、山西、河南、陕西、甘肃、四川、云南；蒙古国、日本、俄罗斯。

干地绣线菊

•**Spiraea siccanea** (W. W. Sm.) Rehder, J. Arnold Arbor. 14 (3): 205 (1933).
Spiraea yunnanensis var. *siccanea* W. W. Sm., Notes Roy. Bot. Gard. Edinburgh 10 (46): 67 (1917).
云南。

浅裂绣线菊

•**Spiraea sublobata** Hand.-Mazz., Symb. Sin. 7 (3): 451, pl. 13, f. 2-3 (1933).
四川、云南。

太鲁阁绣线菊（大罗口绣线菊）

•**Spiraea tarokoensis** Hayata, Icon. Pl. Formosan. 9: 38 (1920).
台湾。

伏毛绣线菊

•**Spiraea teniana** Rehder, J. Arnold Arbor. 1 (4): 259 (1920).
云南。

伏毛绣线菊（原变种）

•**Spiraea teniana** var. **teniana**
云南。

长毛绣线菊

•**Spiraea teniana** var. **mairei** (H. Lév.) L. T. Lu, Acta Phytotax. Sin. 38 (3): 276 (2000).
Spiraea mairei H. Lév., Bull. Acad. Int. Géogr. Bot. 25: 43 (1915).
云南。

圆枝绣线菊

•**Spiraea teretiuscula** C. K. Schneid., Bot. Gaz. 63 (5): 399 (1917).
四川。

藏东绣线菊（新拟）

•**Spiraea thibetica** Bureau et Franch., J. Bot. (Morot) 5 (2): 25 (1891).
西藏。
注：本种是 *Flora of China* 未解决的名称之一，暂志于此，中文名为新拟。

珍珠绣线菊（雪柳，喷雪花，珍珠花）

☆**Spiraea thunbergii** Siebold ex Blume, Bijdr. Fl. Ned. Ind. 17: 1115 (1826).
原产于中国，作为观赏植物栽培于辽宁、山东、陕西、江苏、浙江、福建和其他省区；日本。

外喜马拉雅绣线菊（新拟）

•**Spiraea × transhimalaica** Businský, Phyton (Horn) 55 (1): 112 (2015).
西藏。

毛果绣线菊（石蚌树）

Spiraea trichocarpa Nakai, J. Coll. Sci. Imp. Univ. Tokyo 26 (1): 173 (1909).
吉林、辽宁、内蒙古；朝鲜。

三裂绣线菊（团叶绣球，三裂叶绣线菊，石棒子）

Spiraea trilobata L., Mant. Pl. 2: 244 (1771).
黑龙江、辽宁、内蒙古、河北、山西、山东、河南、陕西、甘肃、新疆、安徽、江苏；朝鲜、俄罗斯。

三裂绣线菊（原变种）

Spiraea trilobata var. **trilobata**
Spiraea triloba L., Syst. Veg., ed. 13, 394 (1774).
黑龙江、辽宁、内蒙古、河北、山西、山东、河南、陕西、甘肃、新疆、安徽、江苏；朝鲜、俄罗斯。

毛叶三裂绣线菊

●**Spiraea trilobata** var. **pubescens** T. T. Yu, Acta Phytotax. Sin. 8 (3): 216 (1963).
内蒙古、河北、山西。

乌拉绣线菊（蒙古绣线菊）

●**Spiraea uratensis** Franch., Nouv. Arch. Mus. Hist. Nat. ser. 2, 5: 259 (1883).
内蒙古、山西、河南、陕西、甘肃。

乌拉绣线菊（原变种）

●**Spiraea uratensis** var. **uratensis**
内蒙古、山西、河南、陕西、甘肃。

密花乌拉尔绣线菊

●**Spiraea uratensis** var. **floribunda** Y. P. Hsu, Fl. Sinensis Area Tan-Yang 2: 284, Add. 2 (1993).
甘肃。

菱叶绣线菊（范氏绣线菊）

●**Spiraea vanhouttei** (Briot) Carrière, Rev. Hort. 48: 260 (1876).
Spiraea aquilegiifolia var. *vanhouttei* Briot, Rev. Hort. (Paris) 37: 269 (1866).
山东、陕西、江苏、江西、四川、广东、广西。

鄂西绣线菊（魏忌绣线菊）

●**Spiraea veitchii** Hemsl., Gard. Chron. ser. 3, 33: 258 (1903).
Spiraea atemnophylla H. Lév., Bull. Acad. Int. Géogr. Bot. 25: 44 (1915).
河南、陕西、甘肃、湖北、四川、贵州、云南。

绒毛绣线菊

●**Spiraea velutina** Franch., Pl. Delavay. 201 (1890).
云南、西藏。

绒毛绣线菊（原变种）

●**Spiraea velutina** var. **velutina**
云南、西藏。

脱毛绣线菊

●**Spiraea velutina** var. **glabrescens** T. T. Yu et L. T. Lu, Acta Phytotax. Sin. 18 (4): 491 (1980).
西藏。

陕西绣线菊（威氏绣线菊）

●**Spiraea wilsonii** Duthie, Hort. Veitch. 379 (1906).
河南、陕西、甘肃、湖北、四川、贵州、云南。

西藏绣线菊

●**Spiraea xizangensis** L. T. Lu, Acta Phytotax. Sin. 38 (3): 276 (2000).
Spiraea tibetica T. T. Yu et L. T. Lu, Acta Phytotax. Sin. 18 (4): 491 (1980), non *S. thibetica* Bureau et Franch. (1891).
西藏。

云南绣线菊

●**Spiraea yunnanensis** Franch., Pl. Delavay. 200 (1890).
Spiraea tortuosa Rehder in Sarg., Pl. Wilson. 1 (3): 445 (1913); *Spiraea sinobrahuica* W. W. Sm., Notes Roy. Bot. Gard. Edinburgh 10 (46): 67 (1917); *Spiraea sinobrahuica* var. *aridicola* W. W. Sm., Notes Roy. Bot. Gard. Edinburgh 10 (46): 68 (1917); *Spiraea yunnanensis* f. *tortuosa* (Rehder) Rehder, J. Arnold Arbor. 14: 205 (1933).
四川、云南。

小米空木属 **Stephanandra** Siebold et Zucc.

野珠兰（中国小米空木，华空木）

●**Stephanandra chinensis** Hance, J. Bot. 20 (235): 210 (1882).
Stephanandra flexuosa var. *chinensis* (Hance) Pamp., Nuovo Giorn. Bot. Ital., n. s. 17 (2): 297 (1910).
河南、安徽、浙江、江西、湖南、湖北、四川、福建、广东。

小米空木（小野珠兰，稀米菜，檬子树青阳）

Stephanandra incisa (Thunb.) Zabel, Gart.-Zeitung (Berlin) 4: 510 (1885).
Spiraea incisa Thunb., Syst. Veg. 472 (1784); *Stephanandra flexuosa* Siebold et Zucc., Abh. Königl. Akad. Wiss. Berlin. 3: 740, pl. 4, f. 2 (1843).
辽宁、山东、台湾；日本、朝鲜。

红果树属 **Stranvaesia** Lindl.

毛萼红果树

●**Stranvaesia amphidoxa** C. K. Schneid., Bull. Herb. Boissier, ser. 2, 6 (4): 319 (1906).
浙江、江西、湖南、湖北、四川、贵州、云南、广西。

毛萼红果树（原变种）

●**Stranvaesia amphidoxa** var. **amphidoxa**
Pyrus faddai H. Lév., Repert. Spec. Nov. Regni Veg. 12: 189 (1913); *Photinia amphidoxa* var. *stylosa* Cardot, Notul. Syst. (Paris) 3: 377 (1918); *Photinia amphidoxa* var. *kwangsiensis* F. P. Metcalf, J. Arnold Arbor. 20 (4): 442 (1939).
浙江、江西、湖南、湖北、四川、贵州、云南、广西。

湖南红果树（无毛毛萼红果树）

•**Stranvaesia amphidoxa** var. **amphileia** (Hand.-Mazz.) T. T. Yu, Fl. Reipubl. Popularis Sin. 36: 214 (1974).
Photinia amphidoxa var. *amphileia* Hand.-Mazz., Symb. Sin. 7 (3): 481 (1933).
湖南、贵州、广西。

红果树（斯脱兰威木）

Stranvaesia davidiana Decne., Nouv. Arch. Mus. Hist. Nat. ser. 1, 10: 179 (1874).
Photinia davidiana (Decne.) Cardot, Bull. Mus. Natl. Hist. Nat. 25: 399 (1919).
陕西、甘肃、浙江、江西、湖南、湖北、四川、贵州、云南、福建、台湾、广东、广西；越南（北部）、马来西亚。

红果树（原变种）

Stranvaesia davidiana var. **davidiana**
Stranvaesia henryi Diels, Bot. Jahrb. Syst. 36 (5, Beibl. 82): 52 (1905); *Photinia niitakayamensis* Hayata, J. Coll. Sci. Imp. Univ. Tokyo 30 (1): 103 (1911); *Pyrus cavaleriei* H. Lév., Repert. Spec. Nov. Regni Veg. 11: 67 (1912); *Photinia undulata* var. *formosana* Cardot, Notul. Syst. (Paris) 3: 372 (1918); *Stranvaesia niitakayamensis* (Hayata) Hayata, Icon. Pl. Formosan. 8: 33 (1919); *Stranvaesia salicifolia* Hutch., Bot. Mag. 146: pl. 8862 (1920); *Stranvaesia davidiana* var. *salicifolia* (Hutch.) Rehder, J. Arnold Arbor. 7 (1): 29 (1926).
陕西、甘肃、江西、湖北、四川、贵州、云南、台湾、广西；越南（北部）、马来西亚。

波叶红果树

Stranvaesia davidiana var. **undulata** (Decne.) Rehder et E. H. Wilson in Sarg., Pl. Wilson. 1 (2): 192 (1912).
Stranvaesia undulata Decne., Nouv. Arch. Mus. Hist. Nat. ser. 1, 10: 179 (1874); *Eriobotrya undulata* (Decne.) Franch., Pl. Delavay. 226 (1890); *Photinia undulata* (Decne.) Cardot, Bull. Mus. Natl. Hist. Nat. 25, 399 (1919); *Stranvaesia davidiana* var. *suoxiyuensis* C. J. Qi et C. L. Peng, J. Wuhan Bot. Res. 7 (3): 239 (1989).
陕西、浙江、江西、湖南、湖北、四川、贵州、云南、福建、广东、广西。

印缅红果树

Stranvaesia nussia (Buch.-Ham. ex D. Don) Decne., Nouv. Arch. Mus. Hist. Nat. ser. 1, 10: 178 (1874).
Pyrus nussia Buch.-Ham. ex D. Don, Prodr. Fl. Nepal. 237 (1825); *Crataegus glauca* Wall. ex G. Don, Gen. Hist. 2: 598 (1832); *Stranvaesia glaucescens* Lindl., Edward's Bot. Reg. 23: pl. 1956 (1837); *Eriobotrya ambigua* Merr., Publ. Bur. Sci. Gov. Lab. 35: 19 (1905).
云南、西藏；菲律宾、老挝、缅甸、泰国、尼泊尔、印度。

滇南红果树

Stranvaesia oblanceolata (Rehder et E. H. Wilson) Stapf, Bot. Mag. 149: sub. pl. 9008 (1924).
Stranvaesia nussia var. *oblanceolata* Rehder et E. H. Wilson in Sarg., Pl. Wilson. 1 (2): 193 (1912).
云南；老挝、缅甸、泰国。

绒毛红果树

•**Stranvaesia tomentosa** T. T. Yu et T. C. Ku, Acta Phytotax. Sin. 13 (1): 102 (1975).
四川、重庆。

太行花属 **Taihangia** T. T. Yu et C. L. Li

太行花

•**Taihangia rupestris** T. T. Yu et C. L. Li, Acta Phytotax. Sin. 18 (4): 471, f. 1, 1-5 (1980).
河北、河南。

太行花（原变种）

•**Taihangia rupestris** var. **rupestris**
河南。

缘毛太行花

•**Taihangia rupestris** var. **ciliata** T. T. Yu et C. L. Li, Acta Phytotax. Sin. 18 (4): 472, f. 1, 6 (1980).
河北。

林石草属 **Waldsteinia** Willd.

林石草

Waldsteinia ternata (Stephan) Fritsch, Oesterr. Bot. Z. 39: 449 (1889).
Dalibarda ternata Stephan, Zap. Obshch. Isp. Prir. Imp. Moskovsk. Univ. 1: 129, pl. 10 (1806); *Waldsteinia sibirica* Tratt., Rosac. Monogr. 3: 108 (1823); *Comanopsis sibirica* (Tratt.) Ser., Prodr. 2: 555 (1825).
吉林；日本、俄罗斯；欧洲。

101. 胡颓子科 ELAEAGNACEAE [2 属: 73 种]

胡颓子属 **Elaeagnus** L.

狭叶木半夏（窄叶木半夏）

•**Elaeagnus angustata** (Rehder) C. Y. Chang, Bull. Bot. Lab. N. E. Forest. Inst. Harbin 6: 121 (1980).
Elaeagnus multiflora f. *angustata* Rehder in Sarg., Pl. Wilson. 2 (2): 413 (1915).
四川、云南。

狭叶木半夏（原变种）

•**Elaeagnus angustata** var. **angustata**
四川。

嵩明木半夏

•**Elaeagnus angustata** var. **songmingensis** W. K. Hu et H. F.

Chow ex C. Y. Chang, Bull. Bot. Lab. N. E. Forest. Inst. Harbin 6: 121 (1980).
云南。

沙枣（七里香，桂香柳，银柳）

Elaeagnus angustifolia L., Sp. Pl. 1: 121 (1753).
辽宁、内蒙古、河北、山西、河南、陕西、宁夏、甘肃、青海、新疆；蒙古国、印度、巴基斯坦、阿富汗、塔吉克斯坦、哈萨克斯坦、乌兹别克斯坦、土库曼斯坦、俄罗斯；亚洲（西南部）、欧洲；归化于北美洲。

沙枣（原变种）

Elaeagnus angustifolia var. **angustifolia**
Elaeagnus hortensis M. Bieb., Fl. Taur.-Caucas. 1: 112 (1808), *nom. illeg. superfl.*; *Elaeagnus moorcroftii* Wall. ex Schltdl., Linnaea 30: 344 (1860); *Elaeagnus hortensis* subsp. *moorcroftii* (Wall. ex Schltdl.) Servett., Bull. Herb. Boissier II, 8: 383 (1908).
辽宁、内蒙古、河北、山西、河南、陕西、甘肃、新疆；蒙古国、印度、巴基斯坦、阿富汗、塔吉克斯坦、哈萨克斯坦、乌兹别克斯坦、土库曼斯坦、俄罗斯；亚洲（西南部）、欧洲。

东方沙枣（大沙枣）

Elaeagnus angustifolia var. **orientalis** (L.) Kuntze, Trudy Imp. S.-Peterburgsk. Bot. Sada 10 (1): 235 (1887).
Elaeagnus orientalis L., Syst. Nat., ed. 12, 2: 127 (1767).
宁夏、甘肃、新疆；巴基斯坦、阿富汗、伊朗、土耳其、俄罗斯。

佘山羊奶子（佘山胡颓子）

●**Elaeagnus argyi** H. Lév., Repert. Spec. Nov. Regni Veg. 12 (312-316): 101 (1913).
Elaeagnus chekiangensis Matsuda, Bot. Mag. (Tokyo) 30 (349): 40 (1916); *Elaeagnus schnabeliana* Hand.-Mazz., Anz. Akad. Wiss. Wien, Math.-Naturwiss. Kl. 58: 181 (1921).
安徽、江苏、浙江、江西、湖南、湖北。

竹生羊奶子

●**Elaeagnus bambusetorum** Hand.-Mazz., Symb. Sin. 7 (3): 591 (1933).
云南。

长叶胡颓子（马鹊树，牛奶子）

●**Elaeagnus bockii** Diels, Bot. Jahrb. Syst. 29 (3-4): 482 (1900).
陕西、甘肃、湖北、四川、贵州。

长叶胡颓子（原变种）

●**Elaeagnus bockii** var. **bockii**
陕西、甘肃、湖北、四川、贵州。

木里胡颓子

●**Elaeagnus bockii** var. **muliensis** C. Y. Chang, Fl. Sichuan. 1: 463 (1981).
四川。

石山胡颓子

●**Elaeagnus calcarea** Z. R. Xu, Guihaia 5 (4): 348 (1985).
贵州。

樟叶胡颓子

●**Elaeagnus cinnamomifolia** W. K. Hu et H. F. Chow ex C. Y. Chang, Bull. Bot. Lab. N. E. Forest. Inst. Harbin 6: 114, pl. 9 (1980).
广西。

密花胡颓子

Elaeagnus conferta Roxb., Fl. Ind. (Carey et Wallich ed.) 1: 460 (1820).
云南、广西；越南、老挝、缅甸、马来西亚、印度尼西亚、不丹、尼泊尔、印度、孟加拉国。

密花胡颓子（原变种）

Elaeagnus conferta var. **conferta**
云南、广西；越南、老挝、缅甸、马来西亚、印度尼西亚、不丹、尼泊尔、印度、孟加拉国。

勐海胡颓子

●**Elaeagnus conferta** var. **menghaiensis** W. K. Hu et H. F. Chow, Bull. Bot. Lab. N. E. Forest. Inst. Harbin 6: 107 (1980).
云南。

毛木半夏

●**Elaeagnus courtoisii** Belval, Bull. Soc. Bot. France 80: 97 (1933).
安徽、浙江、江西、湖北。

四川胡颓子

●**Elaeagnus davidii** Franch., Pl. Delavay. 2: 115 (1888).
四川。

长柄胡颓子

●**Elaeagnus delavayi** Lecomte, Notul. Syst. (Paris) 3: 156 (1915).
云南。

巴东胡颓子（铜色叶颖子，半圈子）

●**Elaeagnus difficilis** Servettaz, Bull. Herb. Boissier, sér. 2, 8 (6): 386 (1908).
江西、湖南、湖北、四川、重庆、贵州、广东、广西。

巴东胡颓子（原变种）

●**Elaeagnus difficilis** var. **difficilis**
Elaeagnus cuprea Rehder in Sarg., Pl. Wilson. 2 (2): 414 (1915).
江西、湖南、湖北、四川、贵州、广东、广西。

短柱胡颓子

●**Elaeagnus difficilis** var. **brevistyla** W. K. Hu et H. F. Chow,

Fl. Sichuan. 1: 464 (1981).
重庆。

台湾胡颓子

●**Elaeagnus formosana** Nakai, Bot. Mag. (Tokyo) 30 (350): 74 (1916).
Elaeagnus kotoensis Hayata, Icon. Pl. Formosan. 9: 90, f. 31-III (1920); *Elaeagnus nokoensis* Hayata, Icon. Pl. Formosan. 9: 92, f. 32-VII (1920).
台湾。

蓬莱胡颓子

●**Elaeagnus formosensis** Hatusima, J. Jap. Bot. 27: 211 (1952).
Elaeagnus ohashii T. C. Huang, Taiwania 47 (3): 229 (2002).
台湾。

膝柱胡颓子

●**Elaeagnus geniculata** D. Fang, Acta Phytotax. Sin. 38 (3): 291, pl. 1, f. 3-4 (2000).
广西。

蔓胡颓子（抱君子，藤胡颓子）

Elaeagnus glabra Thunb., Syst. Veg., ed. 14, 164 (1784).
Elaeagnus tenuiflora Benth., Hooker's J. Bot. Kew Gard. Misc. 5: 197 (1853); *Elaeagnus glabra* subsp. *oxyphylla* Servettaz, Bull. Herb. Boissier, ser. 2, 8 (6): 386 (1908); *Elaeagnus paucilepidota* Hayata, Icon. Pl. Formosan. 9: 92, f. 32-VI (1920); *Elaeagnus longidrupa* Hayata, Icon. Pl. Formosan. 9: 90, f. 32-I (1920); *Elaeagnus buisanensis* Hayata, Icon. Pl. Formosan. 9: 87, f. 31-I (1920); *Elaeagnus erosifolia* Hayata, Icon. Pl. Formosan. 9: 88, f. 31-IV (1920).
安徽、江苏、浙江、江西、湖南、湖北、四川、贵州、福建、台湾、广东、广西；日本、朝鲜。

角花胡颓子

Elaeagnus gonyanthes Benth., Hooker's J. Bot. Kew Gard. Misc. 5: 196 (1853).
湖南、云南、广东、广西；中南半岛。

慈恩胡颓子

●**Elaeagnus gradifolia** Hayata, Icon. Pl. Formosan. 9: 90 (1920).
台湾。

钟花胡颓子

Elaeagnus griffithii Servettaz, Bull. Herb. Boissier, sér. 2, 8 (6): 385 (1908).
云南、广西；孟加拉国。

钟花胡颓子（原变种）

Elaeagnus griffithii var. **griffithii**
云南；孟加拉国。

那坡胡颓子

●**Elaeagnus griffithii** var. **multiflora** C. Y. Chang, J. Sichuan Univ., Nat. Sci. Ed. 4: 93 (1984).
广西。

少花胡颓子

●**Elaeagnus griffithii** var. **pauciflora** C. Y. Chang, Acta Phytotax. Sin. 23 (5): 379 (1985).
云南、广西。

多毛羊奶子

●**Elaeagnus grijsii** Hance, Ann. Sci. Nat., Bot. sér. 4, 15: 227 (1861).
福建。

贵州羊奶子

●**Elaeagnus guizhouensis** C. Y. Chang, Bull. Bot. Lab. N. E. Forest. Inst. Harbin 6: 117, pl. 12, f. 3 (1980).
贵州。

宜昌胡颓子

●**Elaeagnus henryi** Warb. ex Diels, Bot. Jahrb. Syst. 29 (3-4): 483 (1900).
Elaeagnus fargesii Lecomte, Notul. Syst. (Paris) 3: 156 (1915).
湖南、湖北、贵州、云南、广东。

异叶胡颓子

●**Elaeagnus heterophylla** D. Fang et D. R. Liang, Acta Phytotax. Sin. 38 (3): 292 (2000).
广西。

湖南胡颓子

●**Elaeagnus hunanensis** C. J. Qi et Q. Z. Lin, J. Centr. S. Forest. Univ. 20 (2): 89 (2000).
湖南。

江西羊奶子

●**Elaeagnus jiangxiensis** C. Y. Chang, Bull. Bot. Lab. N. E. Forest. Inst. Harbin 6: 118, pl. 12, f. 1-2 (1980).
江西。

景东羊奶子

●**Elaeagnus jingdonensis** C. Y. Chang, Bull. Bot. Lab. N. E. Forest. Inst. Harbin 1980 (6): 115 (1980).
云南。

披针叶胡颓子

●**Elaeagnus lanceolata** Warb., Bot. Jahrb. Syst. 29 (3-4): 483 (1900).
Elaeagnus lanceolata subsp. *stricta* Servettaz, Bull. Herb. Boissier, ser. 2, 8 (6): 388 (1908); *Elaeagnus lanceolata* subsp. *grandifolia* Servettaz, Bull. Herb. Boissier, ser. 2, 8 (6): 388 (1908); *Elaeagnus lanceolata* subsp. *rubescens* Lecomte, Bull. Mus. Natl. Hist. Nat. 21 (5): 164 (1915).
陕西、甘肃、湖北、四川、贵州、云南、广西。

兰坪胡颓子

●**Elaeagnus lanpingensis** C. Y. Chang, Bull. Bot. Res., Harbin

N. E. Forest. Inst. Harbin 1980 (6): 109, pl. 4 (1980).
云南。

荔波胡颓子

•**Elaeagnus lipoensis** Z. R. Xu, Acta Sci. Nat. Univ. Sunyatseni 1987 (2): 46 (1987).
贵州。

柳州胡颓子

•**Elaeagnus liuzhouensis** C. Y. Chang, Bull. Bot. Lab. N. E. Forest. Inst. Harbin 6: 110, pl. 5 (1980).
广西。

长裂胡颓子

•**Elaeagnus longiloba** C. Y. Chang, Bull. Bot. Lab. N. E. Forest. Inst. Harbin (6): 113, pl. 8 (1980).
贵州。

鸡柏紫藤（灯吊子，吊中仔藤，炮杖花）

•**Elaeagnus loureirii** Champ., Hooker's J. Bot. Kew Gard. Misc. 5: 196 (1853).
江西、云南、广东、广西。

罗香胡颓子

•**Elaeagnus luoxiangensis** C. Y. Chang, Bull. Bot. Lab. N. E. Forest. Inst. Harbin 6: 108, pl. 3 (1980).
广西。

潞西胡颓子

•**Elaeagnus luxiensis** C. Y. Chang, Bull. Bot. Lab. N. E. Forest. Inst. Harbin 6: 105, pl. 1 (1980).
云南。

大花胡颓子

•**Elaeagnus macrantha** Rehder in Sarg., Pl. Wilson. 2 (2): 416 (1915).
云南。

大叶胡颓子（圆叶胡颓子）

Elaeagnus macrophylla Thunb., Fl. Jap. 67 (1784).
山东、江苏、浙江、台湾；日本、朝鲜。

银果牛奶子（银果胡颓子）

•**Elaeagnus magna** (Servett.) Rehder in Sarg., Pl. Wilson. 2 (2): 411 (1915).
Elaeagnus umbellata subsp. *magna* Servett., Bull. Herb. Boissier, ser. 2, 8: 383 (1908).
陕西、江西、湖南、湖北、四川、重庆、贵州、广东、广西。

银果牛奶子（原变种）

•**Elaeagnus magna** var. **magna**
江西、湖南、湖北、四川、贵州、广东、广西。

南川牛奶子

•**Elaeagnus magna** var. **nanchuanensis** (C. Y. Chang) M. Sun et Q. Lin, J. Syst. Evol. 48 (5): 387 (2010).
Elaeagnus nanchuanensis C. Y. Chang, Fl. Sichuan. 1: 464, pl. 105, f. 1-3 (1981).
四川、重庆、贵州。

巫山牛奶子

•**Elaeagnus magna** var. **wushanensis** (C. Y. Chang) M. Sun et Q. Lin, J. Syst. Evol. 48 (5): 387 (2010).
Elaeagnus wushanensis C. Y. Chang, Fl. Sichuan. 1: 465, pl. 105, f. 4-6 (1981).
陕西、湖北、四川、重庆。

小花羊奶子

•**Elaeagnus micrantha** C. Y. Chang, Bull. Bot. Lab. N. E. Forest. Inst. Harbin (6): 116, pl. 11 (1980).
云南。

翅果油树（毛折子，贼绿柴，仄棱蛋）

•**Elaeagnus mollis** Diels, Bot. Jahrb. Syst. 36 (Beibl. 82): 78 (1905).
山西、陕西。

木半夏

Elaeagnus multiflora Thunb. in Murray, Syst. Veg., ed. 14, 163 (1784).
河北、山西、山东、河南、安徽、江苏、浙江、江西、湖北、四川、贵州、福建、广东；日本、朝鲜。

木半夏（原变种）

Elaeagnus multiflora var. **multiflora**
Elaeagnus longipes A. Gray, Mem. Amer. Acad. Arts n. s. 6 (2): 405 (1858); *Elaeagnus edulis* Siebold ex Carrière, Rev. Hort. (Paris) 300 (1869); *Elaeagnus sativa* Hort. ex Dippel, Ill. Handb. Laubholzk. 3: 207 (1893); *Elaeagnus multiflora* var. *edulis* (Siebold ex Carrière) C. K. Schneid., Ill. Handb. Laubholzk. 2: 412 (1909).
河北、山西、山东、安徽、浙江、江西、四川、贵州、福建；日本。

倒果木半夏

•**Elaeagnus multiflora** var. **obovoidea** C. Y. Chang, Bull. Bot. Lab. N. E. Forest. Inst. Harbin 6: 119 (1980).
河南、安徽、江苏、浙江、江西、湖北。

长萼木半夏

Elaeagnus multiflora var. **siphonantha** (Nakai) C. Y. Chang, Bull. Bot. Lab. N. E. Forest. Inst. Harbin (6): 120 (1980).
Elaeagnus siphonantha Nakai, Anz. Akad. Wiss. Wien, Mand.-Naturwiss. Kl. 61: 85 (1925); *Elaeagnus umbellata* var. *siphonantha* (Nakai) Hand.-Mazz., Symb. Sin. 7 (3): 590 (1933).
广东；日本、朝鲜。

细枝木半夏

•**Elaeagnus multiflora** var. **tenuipes** C. Y. Chang, Fl. Sichuan.

1: 466 (1981).
四川。

弄化胡颓子

•**Elaeagnus obovatifolia** D. Fang, Acta Phytotax. Sin. 38 (3): 289, pl. 1, f. 1-2 (2000).
广西。

钝叶胡颓子

•**Elaeagnus obtusa** C. Y. Chang, J. Sichuan Univ., Nat. Sci. Ed. 4: 92 (1984).
湖南。

福建胡颓子

•**Elaeagnus oldhamii** Maxim., Mélanges Biol. Bull. Phys.-Math. Acad. Imp. Sci. Saint-Pétersbourg 7: 558 (1870).
Elaeagnus oldhamii var. *nakai* Hayata, Icon. Pl. Formosan. 2: 127 (1912).
福建、台湾、广东。

卵叶胡颓子

•**Elaeagnus ovata** Servettaz, Bull. Herb. Boissier, sér. 2, 8: 384 (1908).
上海。

尖果沙枣

Elaeagnus oxycarpa Schltdl., Linnaea 30: 344 (1860).
Elaeagnus angustifolia var. *spinosa* Kuntze, Trudy Imp. S.-Peterburgsk. Bot. Sada 10 (1): 235 (1887).
甘肃、新疆；俄罗斯。

白花胡颓子

•**Elaeagnus pallidiflora** C. Y. Chang, Bull. Bot. Lab. N. E. Forest. Inst. Harbin (6): 107, pl. 2 (1980).
云南。

毛柱胡颓子

•**Elaeagnus pilostyla** C. Y. Chang, Fl. Sichuan. 1: 463, pl. 106, f. 3-5 (1981).
重庆、云南。

平南胡颓子

•**Elaeagnus pingnanensis** C. Y. Chang, J. Sichuan Univ., Nat. Sci. Ed. 4: 91 (1984).
广西。

卷柱胡颓子

•**Elaeagnus retrostyla** C. Y. Chang, Bull. Bot. Lab. N. E. Forest. Inst. Harbin (6): 112, pl. 7 (1980).
贵州。

之形柱胡颓子

•**Elaeagnus s-stylata** Z. R. Xu, Acta Sci. Nat. Univ. Sunyatseni 1987 (2): 45 (1987).
贵州。

攀缘胡颓子

•**Elaeagnus sarmentosa** Rehder in Sarg., Pl. Wilson. 2 (2): 417 (1915).
云南、广西。

小胡颓子

Elaeagnus schlechtendalii Servettaz, Bull. Herb. Boissier, sér. 2, 8: 389 (1908).
广西；印度东北部（阿萨姆邦）。

星毛羊奶子（星毛胡颓子）

•**Elaeagnus stellipila** Rehder in Sarg., Pl. Wilson. 2 (2): 415 (1915).
江西、湖南、湖北、四川、贵州、云南。

大理胡颓子

•**Elaeagnus taliensis** C. Y. Chang, Acta Phytotax. Sin. 23 (5): 376, pl. 1 (1985).
云南。

太鲁阁胡颓子

•**Elaeagnus tarokoensis** S. Y. Lu et Yuen P. Yang, Fl. Taiwan ed. 2, 3: 785 (1993).
台湾。

阿里胡颓子（薄叶胡颓子）

•**Elaeagnus thunbergii** Servettaz, Bull. Herb. Boissier, sér. 2, 8: 384 (1908).
Elaeagnus morrisonensis Hayata, J. Coll. Sci. Imp. Univ. Tokyo 30 (1): 259 (1911); *Elaeagnus daibuensis* Hayata, Icon. Pl. Formosan. 9: 88, f. 31-V (1920); *Elaeagnus oiwakensis* Hayata, Icon. Pl. Formosan. 9: 92, f. 32-IV (1920); *Elaeagnus wilsonii* H. L. Li, Lloydia 15 (3): 158 (1952).
台湾。

越南胡颓子

Elaeagnus tonkinensis Servettaz, Bull. Herb. Boissier, sér. 2, 8: 391 (1908).
云南；越南。

菲律宾胡颓子

Elaeagnus triflora Roxb., Fl. Ind. (Carey et Wallich ed.) 1: 439 (1820).
Elaeagnus philippinensis Perr., Mém. Soc. Linn. Paris 3: 114 (1825), as "*pilippensis*".
台湾；菲律宾、马来西亚、印度尼西亚、新几内亚、澳大利亚。

管花胡颓子

•**Elaeagnus tubiflora** C. Y. Chang, Bull. Bot. Lab. N. E. Forest. Inst. Harbin (6): 111, pl. 6 (1980).
云南。

香港胡颓子

•**Elaeagnus tutcheri** Dunn, J. Bot. 45 (539): 404 (1907).

香港。

绿叶胡颓子（白绿叶）

•**Elaeagnus viridis** Servettaz, Bull. Herb. Boissier, sér. 2, 8: 388 (1908).
Elaeagnus viridis var. *delavayi* Lecomte, Bull. Mus. Natl. Hist. Nat. 21 (5): 166 (1915).
山西、湖北。

文山胡颓子

•**Elaeagnus wenshanensis** C. Y. Chang, Fl. Sichuan. 1: 463, pl. 105, f. 4-6 (1981).
四川、重庆、云南。

西畴胡颓子

•**Elaeagnus xichouensis** C. Y. Chang, Acta Phytotax. Sin. 23 (5): 377, pl. 2 (1985).
云南。

兴文胡颓子

•**Elaeagnus xingwenensis** C. Y. Chang, Fl. Sichuan. 1: 464 (1981).
四川。

西藏胡颓子

•**Elaeagnus xizangensis** C. Y. Chang, Bull. Bot. Res., Harbin 6 (2): 74, f. 1-7 (1986).
西藏。

云南胡颓子（云南羊奶子）

•**Elaeagnus yunnanensis** Servettaz, Bull. Herb. Boissier, sér. 2, 8: 385 (1908).
云南。

沙棘属 Hippophae L.

棱果沙棘

•**Hippophae goniocarpa** Y. S. Lian, X. L. Chen et K. Sun ex Swenson et Bartish, Syst. Bot. 27: 52 (2002).
青海、四川。

江孜沙棘

•**Hippophae gyantsensis** (Rousi) Y. S. Lian, Acta Phytotax. Sin. 26: 235 (1988).
Hippophae rhamnoides subsp. *gyantsensis* Rousi, Ann. Bot. Fenn. 8: 214 (1971).
西藏。

理塘沙棘

•**Hippophae litangensis** Y. S. Lian et X. L. Chen ex Swenson et Bartish, Syst. Bot. 27: 52 (2002).
四川。

肋果沙棘（黑刺）

•**Hippophae neurocarpa** S. W. Liu et T. N. He, Acta Phytotax. Sin. 16 (2): 107 (1978).
Hippophae rhamnoides subsp. *neurocarpa* (S. W. Liu et T. N. He) Hyrönen, Nord. J. Bot. 16 (1): 59 (1996).
青海、四川、西藏。

肋果沙棘（原亚种）

•**Hippophae neurocarpa** subsp. **neurocarpa**
青海、四川、西藏。

密毛肋果沙棘

•**Hippophae neurocarpa** subsp. **stellatopilosa** Y. S. Lian et al. ex Swenson et Bartish, Syst. Bot. 27: 52 (2002).
四川、西藏。

蒙古沙棘

Hippophae rhamnoides subsp. **mongolica** Rousi, Ann. Bot. Fenn. 8: 210 (1971).
新疆；蒙古国、俄罗斯。

中国沙棘（醋柳，黄酸刺，酸刺柳）

•**Hippophae rhamnoides** subsp. **sinensis** Rousi, Ann. Bot. Fenn. 8: 212, f. 22 (1971).
Hippophae rhamnoides var. *procera* Rehder, Stand. Cycl. Hort. 3: 1495 (1915); *Hippophae salicifolia* subsp. *sinensis* (Rousi) Hyvönen, Nord. J. Bot. 16 (1): 60 (1996).
内蒙古、河北、山西、陕西、甘肃、青海、四川。

中亚沙棘

Hippophae rhamnoides subsp. **turkestanica** Rousi, Ann. Bot. Fenn. 8: 208 (1971).
新疆、西藏；蒙古国、印度、巴基斯坦、阿富汗、塔吉克斯坦、吉尔吉斯斯坦、哈萨克斯坦、乌兹别克斯坦、土库曼斯坦、克什米尔地区、俄罗斯；亚洲（中部）。

卧龙沙棘

Hippophae rhamnoides subsp. **wolongensis** Y. S. Lian, K. Sun et X. L. Chen, Novon 13 (2): 200, f. 1 (2003).
四川。

云南沙棘

Hippophae rhamnoides subsp. **yunnanensis** Rousi, Ann. Bot. Fenn. 8: 213 (1971).
Hippophae salicifolia subsp. *yunnanensis* (Rousi) Hyvönen, Nord. J. Bot. 16 (1): 60 (1996).
四川、云南、西藏。

柳叶沙棘

Hippophae salicifolia D. Don, Prodr. Fl. Nepal. 68 (1825).
Hippophae rhamnoides subsp. *salicifolia* (D. Don) Servettaz, Beih. Bot. Centralbl. 25 (2): 18 (1909); *Elaeagnus salicifolia* (D. Don) A. Nelson, Amer. J. Bot. 22: 682 (1935), non D. Don ex Loudon (1842).
西藏；不丹、尼泊尔、印度。

西藏沙棘

Hippophae thibetana Schltdl., Linnaea 32: 296 (1864).

Hippophae rhamnoides subsp. *thibetana* (Schltdl.) Servettaz, Bull. Herb. Boissier, ser. 2, 8 (6): 387 (1908).
甘肃、青海、西藏；不丹、尼泊尔、印度。

102. 鼠李科 RHAMNACEAE [14 属: 150 种]

麦珠子属 Alphitonia Reissek ex Endl.

麦珠子（山木棉，蒙蒙木，山油麻）

Alphitonia incana (Roxburgh) Teijsm. et Binn. ex Kurz, J. Bot. 11: 208 (1873).
Rhamnus incana Roxburgh, Fl. Ind. (Carey et Wallich ed.) 2: 350 (1824), as "*incanus*"; *Colubrina excelsa* Fenzl, Enum. Pl. 20 (1837); *Ceanothus excelsus* (Fenzl) Steud. Nomencl. Bot. [Steudel], ed. 2, 313 (1840); *Alphitonia excelsa* (Fenzl) Reissek ex Endl., Gen. Pl. (Jussieu) 1098 (1840); *Alphitonia philippinensis* Braid, Bull. Misc. Inform. Kew 1925 (4): 183 (1925).
海南；菲律宾、马来西亚、印度尼西亚。

勾儿茶属 Berchemia Neck. ex DC.

越南勾儿茶（柏子藤）

Berchemia annamensis Pit. in Lecomte, Fl. Indo-Chine 1: 925 (1912).
广东、广西；越南。

腋毛勾儿茶

●**Berchemia barbigera** C. Y. Wu ex Y. L. Chen, Bull. Bot. Lab. N. E. Forest. Inst. 5: 15 (1979).
安徽、浙江。

短果勾儿茶

●**Berchemia brachycarpa** C. Y. Wu ex Y. L. Chen et P. K. Chou, Bull. Bot. Lab. N. E. Forest. Inst. 5: 17 (1979).
云南。

扁果勾儿茶

●**Berchemia compressicarpa** D. Fang et C. Z. Gao, Guihaia 3: 315 (1983).
广西。

腋花勾儿茶（小叶勾儿茶）

Berchemia edgeworthii M. A. Lawson, Fl. Brit. Ind. 1 (3): 638 (1875).
Berchemia nana W. W. Sm., Notes Roy. Bot. Gard. Edinburgh 10: 9 (1917); *Berchemia axilliflora* W. C. Cheng, Contr. Biol. Lab. Sci. Soc. China, Bot. Ser. 10: 77, f. 10 (1935).
四川、云南、西藏；不丹、尼泊尔。

奋起湖勾儿茶（新拟）（奋起湖黄膳藤）

Berchemia fenchifuensis C. M. Wang et S. Y. Lu, Bull. Exp. Forest Natl. Taiwan Univ. 12 (1): 9 (1990).
台湾。

黄背勾儿茶

●**Berchemia flavescens** (Wall.) Brongn., Mém. Fam. Rhamnées 50 (1826).
Ziziphus flavescens Wall., Fl. Ind. (Carey et Wallich ed.) 2: 367 (1824); *Berchemia hypochrysa* C. K. Schneid. in Sarg., Pl. Wilson. 2 (1): 214 (1914).
陕西、湖北、四川、云南、西藏。

多花勾儿茶

Berchemia floribunda (Wall.) Brongn., Mém. Fam. Rhamnées 50 (1826).
Ziziphus floribunda Wall., Fl. Ind. (Carey et Wallich ed.) 2: 368 (1824).
山西、河南、陕西、安徽、江苏、浙江、江西、湖南、湖北、四川、贵州、云南、西藏、福建、台湾、广东、广西；日本、尼泊尔、不丹、印度、越南、泰国。

多花勾儿茶（原变种）

Berchemia floribunda var. **floribunda**
Berchemia racemosa Siebold et Zucc., Abh. Math.-Phys. Cl. Königl. Bayer. Akad. Wiss. 4 (2): 147 (1845); *Berchemia racemosa* var. *magna* Makino, Bot. Mag. (Tokyo) 6: 170 (1892); *Berchemia giraldiana* C. K. Schneid., Ill. Handb. Laubholzk. 2: 263, f. 182 m-n, f. 183 k (1909); *Berchemia floribunda* var. *megalophylla* C. K. Schneid. in Sarg., Pl. Wilson. 2 (1): 213 (1914).
山西、河南、陕西、安徽、江苏、浙江、江西、湖南、湖北、四川、贵州、云南、西藏、福建、广东、广西；日本、尼泊尔、不丹、印度、越南。

矩叶勾儿茶

●**Berchemia floribunda** var. **oblongifolia** Y. L. Chen et P. K. Chou, Bull. Bot. Lab. N. E. Forest. Inst. 5: 19 (1979).
浙江、江西、福建。

台湾勾儿茶

Berchemia formosana C. K. Schneid. in Sarg., Pl. Wilson. 2: 220 (1914).
Berchemia ohwii Kaneh. et Hatus. ex Kaneh., Fl. Taiwan 376 (1936); *Berchemia racemosa* var. *formosana* (C. K. Schneid.) Kitam., Acta Phytotax. Geobot. 25 (2-3): 41 (1972).
台湾；琉球群岛。

大果勾儿茶（景东蛇藤）

●**Berchemia hirtella** H. T. Tsai et K. M. Feng, Acta Phytotax. Sin. 1 (2): 190, t. 13 (1951).
贵州、云南。

大果勾儿茶（原变种）

●**Berchemia hirtella** var. **hirtella**
云南。

大老鼠耳

•**Berchemia hirtella** var. **glabrescens** C. Y. Wu ex Y. L. Chen, Bull. Bot. Lab. N. E. Forest. Inst. 5: 13 (1979).
贵州、云南。

毛背勾儿茶

•**Berchemia hispida** (H. T. Tsai et K. M. Feng) Y. L. Chen et P. K. Chou, Bull. Bot. Lab. N. E. Forest. Inst. 5: 14 (1979).
Berchemia hypochrysa var. *hispida* H. T. Tsai et K. M. Feng, Acta Phytotax. Sin. 1 (2): 191, t. 14 (1951).
四川、贵州、云南。

毛背勾儿茶（原变种）

•**Berchemia hispida** var. **hispida**
四川、云南。

光轴勾儿茶

•**Berchemia hispida** var. **glabrata** Y. L. Chen et P. K. Chou, Bull. Bot. Lab. N. E. Forest. Inst. 5: 15 (1979).
四川、贵州、云南。

大叶勾儿茶（胡氏勾儿茶）

•**Berchemia huana** Rehder, J. Arnold Arbor. 8 (3): 166 (1927).
安徽、江苏、浙江、江西、湖南、湖北、福建。

大叶勾儿茶（原变种）

•**Berchemia huana** var. **huana**
安徽、江苏、浙江、江西、湖南、湖北、福建。

脱毛大叶勾儿茶

•**Berchemia huana** var. **glabrescens** W. C. Cheng ex Y. L. Chen, Bull. Bot. Lab. N. E. Forest. Inst. 5: 13 (1980).
安徽、浙江。

牯岭勾儿茶（熊柳，青藤，勾儿茶）

•**Berchemia kulingensis** C. K. Schneid. in Sarg., Pl. Wilson. 2 (1): 216 (1914).
安徽、江苏、浙江、江西、湖南、湖北、四川、贵州、福建、广西。

铁包金（老鼠耳，米拉藤，小叶黄鳝藤）

Berchemia lineata (L.) DC., Prodr. (DC.) 2: 23 (1825).
Rhamnus lineata L., Cent. Pl. 2: 11 (1756).
福建、台湾、广东、广西、海南；日本、越南、？印度。

细梗勾儿茶

•**Berchemia longipedicellata** Y. L. Chen et P. K. Chou, Acta Phytotax. Sin. 18 (2): 249 (1980).
西藏。

长梗勾儿茶

•**Berchemia longipes** Y. L. Chen et P. K. Chou, Bull. Bot. Lab. N. E. Forest. Inst. 5: 12 (1979).
云南。

墨脱勾儿茶

•**Berchemia medogensis** Y. L. Chen et Y. F. Du, Acta Phytotax. Sin. 39 (1): 73 (2001).
西藏。

峨眉勾儿茶

•**Berchemia omeiensis** W. P. Fang ex Y. L. Chen et P. K. Chou, Novon 21 (1): 71 (2011).
Berchemia omeiensis W. P. Fang ex Y. L. Chen et P. K. Chou, Bull. Bot. Lab. N. E. Forest. Inst. 5: 16 (1979), *nom. inval.*
湖北、四川、贵州。

多叶勾儿茶（小通花）

Berchemia polyphylla Wall. ex Lawson, Fl. Brit. Ind. 1 (3): 638 (1875).
陕西、甘肃、湖南、湖北、四川、贵州、云南、福建、广东、广西；越南、缅甸、印度。

多叶勾儿茶（原变种）

Berchemia polyphylla var. **polyphylla**
Berchemia yunnanensis var. *trichoclada* Rehder et E. H. Wilson in Sarg., Pl. Wilson. 2 (1): 217 (1914); *Berchemia trichoclada* (Rehder et E. H. Wilson) Hand.-Mazz., Anz. Akad. Wiss. Wien, Math.-Naturwiss. Kl. 58: 149 (1921).
陕西、甘肃、四川、贵州、云南、广西；缅甸、印度。

毛叶勾儿茶

•**Berchemia polyphylla** var. **trichophylla** Hand.-Mazz., Symb. Sin. 7 (3): 672 (1933).
贵州、云南。

勾儿茶（牛鼻足秧）

•**Berchemia sinica** C. K. Schneid. in Sarg., Pl. Wilson. 2 (1): 215 (1914).
Berchemia polyphylla var. *leioclada* Hand.-Mazz., Symb. Sin. 7 (3): 672 (1933); *Berchemia yunnanensis* auct. non Franch.: C. K. Schneid. in Sarg., Pl. Wilson. 2: 216 (1914).
山西、河南、陕西、甘肃、湖北、四川、贵州、云南。

云南勾儿茶

•**Berchemia yunnanensis** Franch., Bull. Soc. Bot. France 33: 456 (1886).
Berchemia pycnantha C. K. Schneid. in Sarg., Pl. Wilson. 2 (1): 215 (1914); *Microrhamnus mairei* H. Lév., Bull. Acad. Int. Géogr. Bot. 25: 26 (1915).
陕西、甘肃、四川、贵州、云南、西藏。

小勾儿茶属 **Berchemiella** Nakai

小勾儿茶

•**Berchemiella wilsonii** (C. K. Schneid.) Nakai, Bot. Mag. (Tokyo) 37 (435): 31 (1923).
Chaydaia wilsonii C. K. Schneid. in Sarg., Pl. Wilson. 2 (1): 221 (1914); *Berchemia wilsonii* (C. K. Schneid.) Koidz., Bot.

Mag. (Tokyo) 39 (457): 21 (1925).
安徽、浙江、湖北。

小勾儿茶（原变种）

●**Berchemiella wilsonii** var. **wilsonii**
湖北。

毛柄小勾儿茶

●**Berchemiella wilsonii** var. **pubipetiolata** H. Qian, Bull. Bot. Res., Harbin 8 (4): 124, pl. 2, f. 3 (1988).
安徽、浙江。

滇小勾儿茶

●**Berchemiella yunnanensis** Y. L. Chen et P. K. Chou, Bull. Bot. Lab. N. E. Forest. Inst. 5: 20 (1979).
云南。

蛇藤属 Colubrina Rich. ex Brongn.

蛇藤（亚洲滨枣）

Colubrina asiatica (L.) Brongn., Mém. Fam. Rhamnées 62 (1826).
Ceanothus asiaticus L., Sp. Pl. 1: 196 (1753).
台湾、广东、广西、海南；菲律宾、缅甸、马来西亚、印度尼西亚、印度、斯里兰卡、澳大利亚、太平洋岛屿；非洲。

毛蛇藤

Colubrina pubescens Kurz, J. Asiat. Soc. Bengal 2: 301 (1872).
云南；越南、老挝、柬埔寨、印度。

冻绿属 Frangula Mill.

欧冻绿（欧鼠李，药炭鼠李，药绿柴）

Frangula alnus Mill., Gard. Dict., ed. 8: *Frangula* no. 1 (1768).
Rhamnus frangula L., Sp. Pl. 1: 193 (1753); *Rhamnus sanguinea* Pers., Syn. Pl. 1: 239 (1805).
新疆；俄罗斯；亚洲（西南部）、欧洲、非洲。

长叶冻绿

Frangula crenata (Siebold et Zucc.) Miq., Ann. Mus. Bot. Lugduno-Batavi 3: 32 (1867).
Rhamnus crenata Siebold et Zucc., Abh. Math.-Phys. Cl. Königl. Bayer. Akad. Wiss. 4 (2): 146 (1843).
河南、陕西、安徽、江苏、浙江、江西、湖南、湖北、四川、贵州、云南、福建、台湾、广东、广西；日本、朝鲜、越南、老挝、柬埔寨、泰国。

长叶冻绿（原变种）

Frangula crenata var. **crenata**
Rhamnus oreigenes Hance, J. Bot. 7 (76): 114 (1869); *Rhamnus cambodiana* Pierre ex Pit. in Lecomte, Fl. Gén. Indo-Chine 1: 926 (1912); *Rhamnus pseudofrangula* H. Lév., Repert. Spec. Nov. Regni Veg. 10 (263-265): 473 (1912); *Rhamnus acuminatifolia* Hayata, Icon. Pl. Formosan. 3: 62 (1913); *Celastrus esquirolianus* H. Lév., Fl. Kouy-Tcheou 69 (1914); *Celastrus kouytchensis* H. Lév., Fl. Kouy-Tcheou 69 (1914); *Frangula crenata* var. *acuminatifolia* (Hayata) Hatus., J. Jap. Bot. 12 (12): 876 (1936); *Rhamnus crenata* var. *cambodiana* (Pierre ex Pit.) Tardieu, Notul. Syst. (Paris) 12 (3-4): 169 (1946); *Rhamnus crenata* var. *oreigenes* (Hance) Tardieu, Notul. Syst. (Paris) 12 (3-4): 169 (1946).
河南、陕西、安徽、江苏、江西、湖南、湖北、四川、贵州、云南、福建、台湾、广东、广西；日本、朝鲜、越南、老挝、柬埔寨、泰国。

两色冻绿

●**Frangula crenata** var. **discolor** (Rehder) H. Yu, H. G. Ye et N. H. Xia, J. Trop. Subtrop. Bot. 16 (4): 368 (2008).
Rhamnus crenata var. *discolor* Rehder, J. Arnold Arbor. 14 (4): 347 (1933).
浙江。

毛叶冻绿（毛叶鼠李，黄柴）

●**Frangula henryi** (C. K. Schneid.) Grubov, Trudy Bot. Inst. Akad. Nauk S. S. S. R., Ser. 1, Fl. Sist. Vyssh. Rast. 8: 266 (1949).
Rhamnus henryi C. K. Schneid. in Sarg., Pl. Wilson. 2 (1): 244 (1914); *Rhamnella laui* Chun, List Pl. Guangxi 2: 241 (1971), *nom. nud.*
四川、云南、西藏、广西。

长柄冻绿（长柄鼠李）

Frangula longipes (Merr. et Chun) Grubov, Trudy Bot. Inst. Akad. Nauk S. S. S. R., Ser. 1, Fl. Sist. Vyssh. Rast. 8: 266 (1949).
Rhamnus longipes Merr. et Chun, Sunyatsenia 2 (3-4): 272, f. 31 (1935).
云南、福建、广东、广西、海南；越南。

杜鹃叶冻绿（杜鹃叶鼠李）

●**Frangula rhododendriphylla** (Y. L. Chen et P. K. Chou) H. Yu, H. G. Ye et N. H. Xia, J. Trop. Subtrop. Bot. 16 (4): 368 (2008).
Rhamnus rhododendriphylla Y. L. Chen et P. K. Chou, Bull. Bot. Lab. N. E. Forest. Inst. 5: 75 (1979).
广东、广西。

咀签属 Gouania Jacq.

毛咀签

Gouania javanica Miq., Fl. Ned. Ind. 1 (1): 649 (1855).
Terminalia kouytchensis H. Lév., Cat. Pl. Yun-Nan 35 (1915).
贵州、云南、福建、广东、广西、海南；菲律宾、越南、老挝、泰国、柬埔寨。

咀签（下果藤）

Gouania leptostachya DC., Prodr. 2: 40 (1825).

云南、广西；菲律宾、越南、老挝、缅甸、马来西亚、新加坡、印度尼西亚、印度、不丹、泰国。

咀签（原变种）

Gouania leptostachya var. **leptostachya**
云南、广西；菲律宾、越南、老挝、缅甸、马来西亚、新加坡、印度尼西亚、印度、不丹、泰国。

大果咀签

Gouania leptostachya var. **macrocarpa** Pit. in Lecomte, Fl. Indo-Chine 1: 934 (1912).
云南；越南、泰国。

越南咀签

Gouania leptostachya var. **tonkiensis** Pit. in Lecomte, Fl. Indo-Chine 1: 934 (1912).
云南；越南、老挝。

枳椇属 **Hovenia** Thunb.

枳椇（拐枣，鸡爪子枸，万字果）

Hovenia acerba Lindl., Edward's Bot. Reg. 6: pl. 501 (1820).
河南、陕西、甘肃、安徽、江苏、浙江、江西、湖南、湖北、四川、贵州、云南、西藏、福建、广东、广西；缅甸、不丹、尼泊尔、印度。

枳椇（原变种）

Hovenia acerba var. **acerba**
Hovenia inaequalis DC., Prodr. (DC.) 2: 40 (1825); *Ziziphus esquirolii* H. Lév., Repert. Spec. Nov. Regni Veg. 10 (243-247): 148 (1911); *Hovenia parviflora* Nakai et Y. Kimura, Bot. Mag. (Tokyo) 53: 478 (1939).
河南、陕西、甘肃、安徽、江苏、浙江、江西、湖南、湖北、四川、贵州、云南、西藏、福建、广东、广西；缅甸、不丹、尼泊尔、印度。

俅江枳椇（拐枣）

●**Hovenia acerba** var. **kiukiangensis** (Hu et W. C. Cheng) C. Y. Wu ex Y. L. Chen, Bull. Bot. Lab. N. E. Forest. Inst. 5: 87 (1979).
Hovenia kiukiangensis Hu et W. C. Cheng, Bull. Fan Mem. Inst. Biol., n. s., 1: 195 (1948).
云南、西藏。

北枳椇

Hovenia dulcis Thunb., Nov. Gen. Pl. 8 (1781).
Hovenia dulcis var. *glabra* Makino, Bot. Mag. (Tokyo) 28 (329): 155 (1914); *Hovenia dulcis* var. *latifolia* Nakai ex Y. Kimura, Fl. Jap. 476 (1939).
河北、山西、山东、河南、陕西、甘肃、安徽、江苏、江西、湖北、四川；日本、朝鲜。

毛果枳椇

Hovenia trichocarpa Chun et Tsiang, Sunyatsenia 4: 16 (1939).
安徽、浙江、江西、湖南、湖北、贵州、福建、广东、广西；日本。

毛果枳椇（原变种）

●**Hovenia trichocarpa** var. **trichocarpa**
Hovenia fulvotomentosa Hu et F. H. Chen, Acta Phytotax. Sin. 1: 227 (1951); *Hovenia trichocarpa* var. *fulvotomentosa* (Hu et F. H. Chen) Y. L. Chen et P. K. Chou, Bull. Bot. Lab. N. E. Forest. Inst. 5: 88 (1979).
江西、湖南、湖北、贵州、广东。

光叶毛果枳椇

Hovenia trichocarpa var. **robusta** (Nakai et Y. Kimura) Y. L. Chou et P. K. Chou, Fl. Reipubl. Popularis Sin. 48 (1): 93 (1982).
Hovenia robusta Nakai et Y. Kimura, Bot. Mag. (Tokyo) 53: 479 (1939); *Hovenia merrilliana* W. C. Cheng, Sci. Technol. China 2: 35 (1949), *nom. nud.*; *Hovenia trichocarpa* auct. non Chun et Tsiang: P. S. Hsu, Observ. Fl. Hwangshan. 146 (1965).
安徽、浙江、江西、湖南、贵州、福建、广东、广西；日本。

马甲子属 **Paliurus** Mill.

铜钱树（鸟不宿，钱串树，金钱树）

●**Paliurus hemsleyanus** Rehder, J. Arnold Arbor. 12 (1): 74 (1931).
Paliurus orientalis auct. non (Franch.) Hemsl.: C. K. Schneid., Bull. Misc. Inform. Kew 1894 (95): 387 (1894).
河南、陕西、甘肃、安徽、江苏、浙江、江西、湖南、湖北、四川、重庆、贵州、云南、广东、广西。

硬毛马甲子（长梗铜钱树，钩交刺）

●**Paliurus hirsutus** Hemsl., Bull. Misc. Inform. Kew 1894 (95): 388 (1894).
Paliurus hirsutus var. *trichocarpus* C. Z. Gao, Guihaia 3: 315 (1983).
安徽、江苏、浙江、湖南、湖北、福建、广东、广西。

短柄铜钱树

●**Paliurus orientalis** (Franch.) Hemsl., Bull. Misc. Inform. Kew 1894: 387 (1894).
Paliurus australis var. *orientalis* Franch., Pl. Delavay. 132 (1889); *Paliurus sinicus* C. K. Schneid. in Sarg., Pl. Wilson. 2 (1): 211 (1914).
四川、云南。

马甲子（白棘，铁篱笆，铜钱树）

Paliurus ramosissimus (Lour.) Poir., Encycl. Suppl. 4 (1): 262 (1816).
Aubletia ramosissima Lour., Fl. Cochinch., ed. 2, 1: 283 (1790); *Paliurus aubletia* Roem. et Schult., Syst. Veg., ed. 15, 5: 343 (1819); *Ziziphus ramosissima* (Lour.) Spreng., Syst.

Veg., ed. 16, 1: 771 (1825).
安徽、江苏、浙江、江西、湖南、湖北、四川、贵州、云南、福建、台湾、广东、广西；日本、朝鲜。

滨枣

Paliurus spina-christi Mill., Gard. Dict., ed. 8: *Paliurus* (1768).
Rhamnus paliurus L., Sp. Pl. 1: 194 (1753); *Paliurus australis* Gaertn., Fruct. Sem. Pl. 1: 23 (1788), *nom. illeg. superfl.*
山东；亚洲（西南部）、欧洲。

猫乳属 Rhamnella Miq.

尾叶猫乳

•**Rhamnella caudata** Merr., Sunyatsenia 2: 11 (1934).
广东。

川滇猫乳

•**Rhamnella forrestii** W. W. Sm., Notes Roy. Bot. Gard. Edinburgh 10: 62 (1917).
四川、云南、西藏。

猫乳（长叶绿柴，山黄，鼠矢枣）

Rhamnella franguloides (Maxim.) Weberbauer in Engler et Prantl, Nat. Pflanzenfam. Nachtr. 3 (5): 406 (1895).
Microrhamnus franguloides Maxim., Mém. Acad. Imp. Sci. St.-Pétersbourg 10: 4, t. 1, f. 13-15 (1866); *Rhamnella japonica* Miq., Ann. Mus. Bot. Lugduno-Batavi 3: 30 (1867); *Berchemia congesta* S. Moore, J. Bot. 13 (152): 226 (1875); *Microrhamnus taquetii* H. Lév., Repert. Spec. Nov. Regni Veg. 8 (173-175): 284 (1910); *Rhamnella obovalis* C. K. Schneid. in Sarg., Pl. Wilson. 2 (1): 223 (1914).
河北、山西、山东、河南、陕西、安徽、江苏、浙江、江西、湖南、湖北；日本、朝鲜。

西藏猫乳

Rhamnella gilgitica Mansf. et Melch, Notizbl. Bot. Gart. Berlin-Dahlem 15: 112 (1940).
四川、云南、西藏；克什米尔地区。

毛背猫乳

•**Rhamnella julianae** C. K. Schneid. in Sarg., Pl. Wilson. 2 (1): 223 (1914).
湖北、四川、云南。

多脉猫乳（香叶树）

•**Rhamnella martinii** (H. Lév.) C. K. Schneid. in Sarg., Pl. Wilson. 2 (1): 225 (1914).
Rhamnus martinii H. Lév., Repert. Spec. Nov. Regni Veg. 10 (263-265): 473 (1912); *Microrhamnus cavaleriei* H. Lév., Repert. Spec. Nov. Regni Veg. 12 (341-345): 535 (1913); *Rhamnella mairei* C. K. Schneid. in Sarg., Pl. Wilson. 2 (1): 225 (1914); *Rhamnus yunnanensis* Heppeler, Notizbl. Bot. Gart. Berlin-Dahlem 10 (94): 343 (1928).
湖北、四川、贵州、云南、西藏、广东。

苞叶木

Rhamnella rubrinervis (H. Lév.) Rehder, J. Arnold Arbor. 15 (1): 12 (1934).
Embelia rubrinervis H. Lév., Repert. Spec. Nov. Regni Veg. 10 (257-259): 374 (1912); *Chaydaia crenulata* Hand.-Mazz., Anz. Akad. Wiss. Wien, Math.-Naturwiss. Kl. 58: 149 (1921); *Rhamnella hainaensis* Merr., Philipp. J. Sci. 21 (4): 349 (1922); *Berchemiella crenulata* (Hand.-Mazz.) Hu, J. Arnold Arbor. 6 (3): 142 (1925); *Rhamnella longifolia* H. T. Tsai et K. M. Feng, Acta Phytotax. Sin. 1 (2): 191, t. 15 (1951); *Rhamnella crenulata* (Hand.-Mazz.) T. Yamaz., J. Jap. Bot. 48 (1): 32 (1973); *Chaydaia rubrinervis* (H. Lév.) C. Y. Wu ex Y. L. Chen, Bull. Bot. Lab. N. E. Forest. Inst. 5: 21 (1979).
贵州、云南、广东、广西；越南。

卵叶猫乳（小叶猫乳）

•**Rhamnella wilsonii** C. K. Schneid. in Sarg., Pl. Wilson. 2 (1): 222 (1914).
四川、西藏。

鼠李属 Rhamnus L.

锐齿鼠李（牛牵子，照家茶，火茶）

•**Rhamnus arguta** Maxim., Mém. Acad. Imp. Sci. St.-Pétersbourg 10: 11 (1866).
黑龙江、辽宁、河北、山西、山东、陕西。

锐齿鼠李（原变种）

•**Rhamnus arguta** var. **arguta**
Rhamnus arguta var. *rotundifolia* F. T. Wang et Q. T. Li, Ill. Fl. Lign. Pl. N. E. China 566 (1955); *Rhamnus arguta* var. *cuneafolia* F. T. Wang et Q. T. Li, Ill. Fl. Lign. Pl. N. E. China 566 (1955); *Rhamnus arguta* var. *betulifolia* Liou et Q. T. Li, Ill. Fl. Lign. Pl. N. E. China 566 (1955).
黑龙江、辽宁、河北、山西、山东、陕西。

毛背锐齿鼠李

•**Rhamnus arguta** var. **velutina** Hand.-Mazz., Oesterr. Bot. Z. 82: 251 (1933).
河北、山西。

铁马鞭

•**Rhamnus aurea** Heppeler, Notizbl. Bot. Gart. Berlin-Dahlem 10 (94): 343 (1928).
云南。

山绿柴

•**Rhamnus brachypoda** C. Y. Wu ex Y. L. Chen, Bull. Bot. Lab. N. E. Forest. Inst. 5: 85 (1979).
浙江、江西、湖南、贵州、福建、广东、广西。

卵叶鼠李（小叶鼠李，麻李）

•**Rhamnus bungeana** J. J. Vassil., Bot. Mater. Gerb. Bot. Inst.

Komarova Akad. Nauk S. S. S. R. 8: 123 (1940).
吉林、河北、山西、山东、河南、湖北。

石生鼠李

•**Rhamnus calcicola** Q. H. Chen, Acta Bot. Yunnan. 7 (4): 413, pl. 1 (1985), as "*calcicolus*".
贵州。

药鼠李

Rhamnus cathartica L., Sp. Pl. 1: 193 (1753).
辽宁、新疆；俄罗斯；欧洲；美国有栽培。

清水鼠李

•**Rhamnus chingshuiensis** T. Shimizu, J. Fac. Text. Sci. et Technol., Shinshu Univ. No. 36, Biol. No. 12: 46 (1963).
台湾。

清水鼠李（原变种）

•**Rhamnus chingshuiensis** var. **chingshuiensis**
台湾。

塔山鼠李

•**Rhamnus chingshuiensis** var. **tashanensis** Y. C. Liu et C. M. Wang, Bull. Exp. Forest Natl. Taiwan Univ. 12 (1): 17 (1990).
台湾。

革叶鼠李

•**Rhamnus coriophylla** Hand.-Mazz., Sinensia 3 (8): 192 (1933).
贵州、云南、广东、广西。

革叶鼠李（原变种）

•**Rhamnus coriophylla** var. **coriophylla**
云南、广东、广西。

锐齿革叶鼠李

•**Rhamnus coriophylla** var. **acutidens** Y. L. Chen et P. K. Chou, Bull. Bot. Lab. N. E. Forest. Inst. 5: 79 (1979).
贵州。

大连鼠李

•**Rhamnus dalianensis** S. Y. Li et Z. H. Ning, Bull. Bot. Res., Harbin 8 (2): 95 (1988).
辽宁。

大理鼠李

•**Rhamnus daliensis** G. S. Fan et L. L. Deng, Sida 17 (4): 680 (1997).
云南。

鼠李

•**Rhamnus davurica** Pall., Reise Russ. Reich. 3: 721 (1776).
黑龙江、吉林、辽宁、河北、山西。

金刚鼠李

Rhamnus diamantiaca Nakai, Bot. Mag. (Tokyo) 31. 98 (1917).
Rhamnus virgata var. *sylvestris* Maxim., Mém. Acad. Imp. Sci. St.-Pétersbourg 10: 13, f. 30-32 (1866).
黑龙江、吉林、辽宁；日本、朝鲜、俄罗斯。

刺鼠李（叫李子）

•**Rhamnus dumetorum** C. K. Schneid. in Sarg., Pl. Wilson. 2 (1): 237 (1914).
陕西、甘肃、安徽、浙江、江西、湖北、四川、贵州、云南、西藏。

刺鼠李（原变种）

•**Rhamnus dumetorum** var. **dumetorum**
陕西、甘肃、安徽、浙江、江西、湖北、四川、贵州、云南、西藏。

圆齿刺鼠李

•**Rhamnus dumetorum** var. **crenoserrata** Rehder et E. H. Wilson in Sarg., Pl. Wilson. 2 (1): 238 (1914).
四川、云南、西藏。

贵州鼠李

•**Rhamnus esquirolii** H. Lév., Repert. Spec. Nov. Regni Veg. 10: 473 (1912).
湖北、四川、贵州、云南、广西。

贵州鼠李（原变种）

•**Rhamnus esquirolii** var. **esquirolii**
Celastrus lyi H. Lév., Repert. Spec. Nov. Regni Veg. 13: 264 (1914); *Sageretia bodinieri* H. Lév., Fl. Kouy-Tcheou 343 (1915).
湖北、四川、贵州、云南、广西。

木子花

•**Rhamnus esquirolii** var. **glabrata** Y. L. Chen et P. K. Chou, Bull. Bot. Lab. N. E. Forest. Inst. 5: 78 (1979).
Rhamnus esquirolii auct. non H. Lév.: T. Y. Chou, Acta Phytotax. Sin. 1: 378 (1951).
四川、贵州。

淡黄鼠李

•**Rhamnus flavescens** Y. L. Chen et P. K. Chou, Acta Phytotax. Sin. 18 (2): 249 (1980).
四川、西藏。

台湾鼠李（桶钩藤）

•**Rhamnus formosana** Matsum., Bot. Mag. (Tokyo) 12 (133): 23 (1898).
台湾。

黄鼠李

•**Rhamnus fulvotincta** F. P. Metcalf, Lingnan Sci. J. 17 (4): 615, t. 28 (1938), as "*fulvo-tincta*".
贵州、广东、广西。

川滇鼠李

•**Rhamnus gilgiana** Heppeler, Notizbl. Bot. Gart. Berlin-Dahlem 10 (94): 343 (1928).
四川、云南。

圆叶鼠李

Rhamnus globosa Bunge, Enum. Pl. Chin. Bor. 14 (1833).
Rhamnus chlorophora Decne., Compt. Rend. Hebd. Séances Acad. Sci. 44: 1140 (1857); *Rhamnus meyeri* C. K. Schneid. in Sarg., Pl. Wilson. 2 (1): 249 (1914); *Rhamnus globosa* var. *ziziphifolia* T. Tang, Bull. Fan Mem. Inst. Biol. Bot. 2 (7): 101, 105 (1931); *Rhamnus globosa* var. *meyeri* (C. K. Schneid.) S. Y. Li et Z. H. Ning, Bull. Bot. Res., Harbin 8 (2): 99 (1988).
黑龙江、吉林、辽宁；日本、朝鲜、俄罗斯。

大花鼠李

•**Rhamnus grandiflora** C. Y. Wu ex Y. L. Chen, Bull. Bot. Lab. N. E. Forest. Inst. 5: 82 (1979).
四川、贵州。

海南鼠李

•**Rhamnus hainanensis** Merr. et Chun, Sunyatsenia 2 (3-4): 273, f. 32 (1935).
海南。

亮叶鼠李

•**Rhamnus hemsleyana** C. K. Schneid., Notizbl. Königl. Bot. Gart. Berlin 5 (43): 78 (1908).
陕西、四川、贵州、云南。

亮叶鼠李（原变种）

•**Rhamnus hemsleyana** var. **hemsleyana**
Maesa blinii H. Lév., Repert. Spec. Nov. Regni Veg. 10: 376 (1912); *Rhamnus blinii* (H. Lév.) Rehder, J. Arnold Arbor. 15 (1): 15 (1934).
陕西、四川、贵州、云南。

高山亮叶鼠李

•**Rhamnus hemsleyana** var. **yunnanensis** C. Y. Wu ex Y. L. Chen et P. K. Chou, Bull. Bot. Lab. N. E. Forest. Inst. 5: 77 (1979).
Rhamnus hemsleyana var. *paucinervata* G. S. Fan et L. L. Deng, Sida 16 (3): 477 (1999).
四川、云南。

异叶鼠李（崖枣树）

•**Rhamnus heterophylla** Oliv., Hooker's Icon. Pl. 18 (3): pl. 1759 (1888).
Rhamnus heterophylla var. *oblongifolius* Pritz., Hooker's Icon. Pl. 29: 459 (1900); *Rhamnus cavaleriei* H. Lév., Repert. Spec. Nov. Regni Veg. 9 (214-216): 326 (1911).
陕西、甘肃、湖北、四川、贵州、云南。

湖北鼠李

•**Rhamnus hupehensis** C. K. Schneid. in Sarg., Pl. Wilson. 2 (1): 236 (1914).
湖北。

桃叶鼠李（冻绿树）

•**Rhamnus iteinophylla** C. K. Schneid., Notizbl. Königl. Bot. Gart. Berlin 5 (43): 76 (1908).
湖北、四川、云南。

变叶鼠李

•**Rhamnus kanagusukii** Makino, Bot. Mag. (Tokyo) 26: 221 (1912).
台湾。

朝鲜鼠李

Rhamnus koraiensis C. K. Schneid., Notizbl. Königl. Bot. Gart. Berlin 5 (43): 77 (1908).
吉林、辽宁、山东；韩国。

广西鼠李

•**Rhamnus kwangsiensis** Y. L. Chen et P. K. Chou, Novon 21 (1): 71 (2011).
Rhamnus kwangsiensis Y. L. Chen et P. K. Chou, Bull. Bot. Lab. N. E. Forest. Inst. 5: 77 (1979), *nom. inval.*
广西。

钩齿鼠李

•**Rhamnus lamprophylla** C. K. Schneid., Notizbl. Königl. Bot. Gart. Berlin 5 (43): 78 (1908).
Rhamnus hamatidens H. Lév., Repert. Spec. Nov. Regni Veg. 10 (263-265): 473 (1912).
江西、湖南、湖北、四川、贵州、云南、福建、广西。

崂山鼠李

•**Rhamnus laoshanensis** D. K. Zang, Bull. Bot. Res., Harbin 19 (4): 371 (1999).
山东。

纤花鼠李

•**Rhamnus leptacantha** C. K. Schneid. in Sarg., Pl. Wilson. 2 (1): 236 (1914).
湖北、四川。

薄叶鼠李（郊李子，白色木，白赤木）

•**Rhamnus leptophylla** C. K. Schneid., Notizbl. Königl. Bot. Gart. Berlin 5 (43): 77 (1908).
Rhamnus inconspicua Grubov, Bot. Mater. Gerb. Bot. Inst. Komarova Akad. Nauk S. S. S. R. 12: 129 (1950).
山东、河南、陕西、安徽、浙江、江西、湖南、湖北、四川、贵州、云南、福建、广东、广西。

琉球鼠李

Rhamnus liukiuensis (E. H. Wilson) Koidz., Acta Phytotax. Geobot. 4 (2): 118 (1935).
Rhamnus dahurica var. *liukiuensis* E. H. Wilson, J. Arnold Arbor. 1: 181 (1920).

台湾；日本。

黑桦树

Rhamnus maximowicziana J. J. Vassil., Bot. Mater. Gerb. Bot. Inst. Komarova Akad. Nauk S. S. S. R. 8: 126 (1940).
内蒙古、河北、山西、陕西、宁夏、甘肃、四川；蒙古国。

黑桦树（原变种）

Rhamnus maximowicziana var. **maximowicziana**
Rhamnus virgata var. *aprica* Maxim., Mém. Acad. Imp. Sci. St.-Pétersbourg 10: 14 (1866); *Rhamnus virgata* var. *mongolica* Maxim., Fl. Mong. 137 (1889).
内蒙古、河北、山西、陕西、宁夏、甘肃、四川；蒙古国。

矩叶黑桦树

●**Rhamnus maximowicziana** var. **oblongifolia** Y. L. Chen et P. K. Chou, Bull. Bot. Lab. N. E. Forest. Inst. 5: 79 (1979).
内蒙古。

闽南山鼠李

●**Rhamnus minnanensis** K. M. Li, J. Nanjing Forest. Univ. 13 (4): 86 (1989).
福建。

矮小鼠李

Rhamnus minuta Grubov, Bot. Mater. Gerb. Bot. Inst. Komarova Akad. Nauk S. S. S. R. 12: 131 (1950).
新疆；俄罗斯。

蒙古鼠李（新拟）

●**Rhamnus mongolica** Y. Z. Zhao et L. Q. Zhao, Novon 16: 158 (2006).
内蒙古。

尼泊尔鼠李（纤序鼠序，染布叶）

Rhamnus napalensis (Wall.) Lawson, Fl. Brit. Ind. 1 (3): 640 (1875).
Ceanothus napalensis Wall., Fl. Ind. (Carey et Wallich ed.) 2: 375 (1824); *Celastrus tristis* H. Lév., Repert. Spec. Nov. Regni Veg. 13 (363-367): 263 (1914); *Rhamnus paniculiflorus* C. K. Schneid. in Sarg., Pl. Wilson. 2 (1): 233 (1914).
浙江、江西、湖南、湖北、贵州、云南、西藏、福建、广东、广西；缅甸、尼泊尔、印度、孟加拉国。

黑背鼠李

●**Rhamnus nigricans** Hand.-Mazz., Sitzungsber. Kaiserl. Akad. Wiss., Math.-Naturwiss. Cl., Abt. 1, 62: 234 (1880).
云南。

宁蒗鼠李（毡毛鼠李）

●**Rhamnus ninglangensis** Y. L. Chen, Fl. China 12: 147 (2007).
Rhamnus velutina J. Anthony, Notes Roy. Bot. Gard. Edinburgh 15: 244 (1927), as "*velutinus*", non Boissier (1838).
四川、云南。

小叶鼠李

Rhamnus parvifolia Bunge, Enum. Pl. Chin. Bor. 14 (1831).
Rhamnus polymorphus Turcz., Bull. Soc. Imp. Naturalistes Moscou 15: 713 (1842); *Rhamnus owiakensis* Hayata, Pl. Formos. 6: 14 (1916); *Rhamnus globosa* var. *ziziphifolia* T. Tang, Bull. Fan Mem. Inst. Biol. Bot. 2 (7): 101 (1931); *Rhamnus pianensis* Kaneh., Formos. Trees, ed. rev. 425 (1936); *Rhamnus tumetica* Grubov, Bot. Mater. Gerb. Bot. Inst. Komarova Akad. Nauk S. S. S. R. 12: 129 (1950); *Rhamnus parvifolia* var. *tumetica* (Grubov) N. W. Ma, Fl. Intramongol. 4: 74 (1979).
黑龙江、吉林、辽宁、内蒙古、河北、山西、山东、河南、陕西、台湾；蒙古国、朝鲜、俄罗斯（东西伯利亚）。

毕禄山鼠李

●**Rhamnus pilushanensis** C. M. Wang et S. Y. Lu, Bull. Exp. Forest Natl. Taiwan Univ. 12 (1): 20, f. 14 (1990).
台湾。

蔓生鼠李

Rhamnus procumbens Edgew., Trans. Linn. Soc. London 20 (1): 43 (1846).
西藏；喜马拉雅（西部）。

平卧鼠李（旱鼠李）

Rhamnus prostrata R. N. Parker, Bull. Misc. Inform. Kew 1921: 217 (1921).
Rhamnus persicus auct. non Boiss.: Laws, Fl. Brit. Ind. 1: 638 (1875), p. p.
西藏；印度、巴基斯坦、阿富汗、克什米尔地区。

小冻绿树

●**Rhamnus rosthornii** E. Pritz. ex Diels, Bot. Jahrb. Syst. 29 (3-4): 459 (1900).
Rhamnus leveilleana Fedde, Repert. Spec. Nov. Regni Veg. 10 (248-250): 272 (1911).
陕西、甘肃、湖北、四川、贵州、云南、广西。

皱叶鼠李

●**Rhamnus rugulosa** Hemsl. ex Forbes et Hemsl., J. Linn. Soc., Bot. 23: 129 (1886).
山西、河南、陕西、甘肃、安徽、浙江、湖南、湖北、四川、云南、广东。

皱叶鼠李（原变种）

●**Rhamnus rugulosa** var. **rugulosa**
Rhamnus obovatilimbus Merr. et F. P. etMetcalf, Lingnan Sci. J. 16 (2): 168, 171, f. 8 (1937).
山西、河南、陕西、甘肃、安徽、湖南、湖北、四川、云南、广东。

浙江鼠李

●**Rhamnus rugulosa** var. **chekiangensis** (W. C. Cheng) Y. L. Chen et P. K. Chou, Bull. Bot. Lab. N. E. Forest. Inst. 5: 82

(1979).
Rhamnus chekiangensis W. C. Cheng, Contr. Biol. Lab. Sci. Soc. China, Bot. Ser. 9: 200, f. 20 (1934).
浙江。

脱毛皱叶鼠李

•**Rhamnus rugulosa** var. **glabrata** Y. L. Chen et P. K. Chou, Bull. Bot. Lab. N. E. Forest. Inst. 5: 82 (1979).
湖北、四川。

多脉鼠李

•**Rhamnus sargentiana** C. K. Schneid. in Sarg., Pl. Wilson. 2 (1): 235 (1914).
Rhamnus blinii var. *sargentiana* (C. K. Schneid.) Rehder, J. Arnold Arbor. 15 (1): 16 (1934).
甘肃、湖北、四川、云南、西藏。

岩生鼠李

•**Rhamnus saxicola** Y. H. Tong et N. H. Xia, **nom. nov.**
Rhamnus saxatilis X. H. Song, J. Nanjing Inst. Forest. 1984 (4): 50 (1984), as "*saxitilis*", non Jacquin (1762).
贵州。

长梗鼠李

Rhamnus schneideri H. Lév. et Vaniot, Repert. Spec. Nov. Regni Veg. 6 (119-124): 265 (1909).
黑龙江、吉林、辽宁、河北、山西、山东；朝鲜。

长梗鼠李（原变种）

•**Rhamnus schneideri** var. **schneideri**
Rhamnus globosa var. *glabra* Nakai, Bot. Mag. (Tokyo) 28 (335): 309 (1914); *Rhamnus glabra* (Nakai) Nakai, Bot. Mag. (Tokyo) 31 (399): 99 (1917).
黑龙江、吉林、辽宁、河北、山西。

东北鼠李

Rhamnus schneideri var. **manshurica** (Nakai) Nakai, Fl. Sylv. Kor. 9: 23, t. 66 (1920).
Rhamnus glabra var. *manshurica* Nakai, Bot. Mag. (Tokyo) 31 (369): 99 (1917).
吉林、辽宁、河北、山西、山东；朝鲜。

百里香叶鼠李

•**Rhamnus serpyllifolia** H. Lév., Repert. Spec. Nov. Regni Veg. 12 (325-330): 282 (1913).
云南。

新疆鼠李（土茶叶）

Rhamnus songorica Gontsch., Trudy Bot. Inst. Akad. Nauk S. S. S. R., Ser. 1, Fl. Sist. Vyssh. Rast. 2: 243 (1936).
新疆；亚洲（西南部）。

紫背鼠李

Rhamnus subapetala Merr., J. Arnold Arbor. 23 (2): 179 (1942).
云南、广西；越南。

甘青鼠李（粗叶鼠李，冻绿）

•**Rhamnus tangutica** J. J. Vassil., Bot. Mater. Gerb. Bot. Inst. Komarova Akad. Nauk S. S. S. R. 8: 127 (1940).
Rhamnus virgata var. *parvifolia* Maxim., Fl. Tangut. 203 (1889); *Rhamnus leptophylla* var. *scabrella* Rehder, J. Arnold Arbor. 9 (2-3): 93 (1928); *Rhamnus potaninii* J. J. Vassil., Bot. Mater. Gerb. Bot. Inst. Komarova Akad. Nauk S. S. S. R. 8: 127 (1940).
河南、陕西、甘肃、青海、四川、西藏。

鄂西鼠李

•**Rhamnus tzekweiensis** Y. L. Chen et P. K. Chou, Bull. Bot. Lab. N. E. Forest. Inst. 5: 81 (1979).
湖北。

乌苏里鼠李（老鸹眼）

Rhamnus ussuriensis J. J. Vassil., Bot. Mater. Gerb. Bot. Inst. Komarova Akad. Nauk S. S. S. R. 8: 115 (1940).
Rhamnus cathartica var. *intermedia* Maxim., Mém. Acad. Imp. Sci. St.-Pétersbourg 10: 9 (1866); *Rhamnus cathartica* var. *dahurica* Maxim., Mém. Acad. Imp. Sci. St.-Pétersbourg 10: 9 (1866); *Rhamnus dahurica* var. *nipponica* Madino., Fl. Sylv. Kor. 9: 31, t. 12-13 (1920).
黑龙江、吉林、辽宁、内蒙古、河北、山东；日本、朝鲜、俄罗斯。

冻绿

Rhamnus utilis Decne., Compt. Rend. Hebd. Séances Acad. Sci. 44: 1141 (1857).
河北、山西、河南、陕西、甘肃、安徽、江苏、浙江、江西、湖南、湖北、四川、贵州、福建、广东、广西；朝鲜、日本。

冻绿（原变种）

Rhamnus utilis var. **utilis**
Rhamnus utilis f. *glabra* Rehder, J. Arnold Arbor. 14 (4): 349 (1933); *Rhamnus utilis* var. *multinervis* Y. Q. Zhu et D. K. Zang, Bull. Bot. Res., Harbin 18 (1): (1998).
河北、山西、河南、陕西、甘肃、安徽、江苏、浙江、江西、湖南、湖北、四川、贵州、福建、广东、广西；朝鲜、日本。

毛冻绿（黑刺）

•**Rhamnus utilis** var. **hypochrysa** (C. K. Schneid.) Rehder, J. Arnold Arbor. 14 (4): 348 (1933).
Rhamnus hypochrysus C. K. Schneid., Notizbl. Königl. Bot. Gart. Berlin 5 (43): 76 (1908); *Rhamnus crenatus* Siebold et Zucc., Pritz. Bot. Jahrb. 29: 460 (1900).
山西、河南、甘肃、湖北、四川、贵州、广西。

高山冻绿

•**Rhamnus utilis** var. **szechuanensis** Y. L. Chen et P. K. Chou,

Bull. Bot. Lab. N. E. Forest. Inst. 5: 80 (1979).
甘肃、四川。

帚枝鼠李（小叶冻绿）

Rhamnus virgata Roxb., Fl. Ind. (Carey et Wallich ed.) 2: 35 (1824).
四川、贵州、云南、西藏；泰国、不丹、尼泊尔、印度。

帚枝鼠李（原变种）

Rhamnus virgata var. **virgata**
Rhamnus leptophylla var. *milensis* C. K. Schneid. in Sarg., Pl. Wilson. 2 (1): 250 (1914).
四川、贵州、云南、西藏；泰国、不丹、尼泊尔、印度。

糙毛帚枝鼠李

Rhamnus virgata var. **hirsuta** (Wight et Arn.) Y. L. Chen et P. K. Chou, Bull. Bot. Lab. N. E. Forest. Inst. 5: 80 (1979).
Rhamnus hirsuta Wight et Arn., Prodr. Fl. Ind. Orient. 1: 165 (1834); *Rhamnus davurica* var. *hirsuta* (Wight et Arn.) Lawson, Fl. Brit. Ind. 1 (3): 639 (1875).
四川、云南、西藏；印度。

山鼠李（庐山鼠李，冻绿，郊李子）

●**Rhamnus wilsonii** C. K. Schneid. in Sarg., Pl. Wilson. 2 (1): 240 (1914).
安徽、浙江、江西、湖南、贵州、福建、广东、广西。

山鼠李（原变种）

●**Rhamnus wilsonii** var. **wilsonii**
安徽、浙江、江西、湖南、贵州、福建、广东、广西。

披针叶鼠李

●**Rhamnus wilsonii** var. **lancifolius** S. C. Li et X. M. Liu, J. Anhui Agric. Coll. 14: 10 (1987).
安徽。

毛山鼠李

●**Rhamnus wilsonii** var. **pilosa** Rehder, J. Arnold Arbor. 8 (3): 167 (1927).
安徽、浙江、江西、福建。

武鸣鼠李

●**Rhamnus wumingensis** Y. L. Chen et P. K. Chou, Bull. Bot. Lab. N. E. Forest. Inst. 5: 84 (1979).
广西。

西藏鼠李

●**Rhamnus xizangensis** Y. L. Chen et P. K. Chou, Acta Phytotax. Sin. 18 (2): 248 (1980).
云南、西藏。

雀梅藤属 Sageretia Brongn.

窄叶雀梅藤

Sageretia brandrethiana Aitch., J. Linn. Soc., Bot. 8: 62 (1865).
云南；印度、阿富汗；亚洲（西南部）。

茶叶雀梅藤

●**Sageretia camelliifolia** Y. L. Chen et P. K. Chou, Bull. Bot. Lab. N. E. Forest. Inst. 5: 73 (1979).
广西。

贡山雀梅藤

●**Sageretia gongshanensis** G. S. Fan et L. L. Deng, Sida 17 (4): 677 (1997).
云南。

纤细雀梅藤（铁藤，筛子簸箕果）

●**Sageretia gracilis** J. R. Drumm. et Sprague, Bull. Misc. Inform. Kew 1908 (1): 15 (1908).
Sageretia compacta J. R. Drumm. et Sprague, Bull. Misc. Inform. Kew 1908 (1): 15 (1908); *Sageretia apiculata* C. K. Schneid. in Sarg., Pl. Wilson. 2 (1): 231 (1914).
云南、西藏、广西。

钩枝雀梅藤

Sageretia hamosa (Wall.) Brongn., Mém. Fam. Rhamnées 53 (1826).
Zizyphus hamosa Wall., Fl. Ind. (Carey et Wallich ed.) 2: 369 (1824).
浙江、江西、湖南、湖北、四川、贵州、云南、西藏、福建、广东、广西；尼泊尔、印度、斯里兰卡、越南、菲律宾、印度尼西亚。

钩枝雀梅藤（原变种）

Sageretia hamosa var. **hamosa**
Rhamnus affinis Blume, Bijdr. Fl. Ned. Ind. 17: 1140 (1826-1827); *Rhamnus costata* Miq., Fl. Ned. Ind. 1: 645 (1855), *nom. illeg. superfl.*
浙江、江西、湖南、湖北、四川、贵州、西藏、福建、广东、广西；尼泊尔、印度、斯里兰卡、越南、菲律宾、印度尼西亚。

毛枝雀梅藤

●**Sageretia hamosa** var. **trichoclada** C. Y. Wu ex Y. L. Chen et P. K. Chou, Bull. Bot. Lab. N. E. Forest. Inst. 5: 75 (1979).
云南。

凹叶雀梅藤

●**Sageretia horrida** Pax et K. Hoffm., Repert. Spec. Nov. Regni Veg. Beih. 12: 436 (1922).
四川、云南、西藏。

疏花雀梅藤

●**Sageretia laxiflora** Hand.-Mazz., Sinensia 3 (8): 191 (1933).
江西、贵州、云南、广西。

丽江雀梅藤

●**Sageretia lijiangensis** G. S. Fan et S. K. Chen, Acta Bot. Yunnan. 19 (1): 38 (1997).
云南。

亮叶雀梅藤（钩状雀梅藤）

Sageretia lucida Merr., Lingnan Sci. J. 7: 314 (1929).
Sageretia henryi auct. non J. R. Drumm. et Sprague: Merr. et Chun, Sunyatsenia 5: 117, excl. syn. (1940).
浙江、江西、云南、福建、广东、广西、海南；越南、印度尼西亚、尼泊尔、印度、斯里兰卡。

刺藤子

●**Sageretia melliana** Hand.-Mazz., Pl. Melliana Sin. 2: 168 (1934).
安徽、浙江、江西、湖南、湖北、贵州、云南、福建、广东、广西。

峨眉雀梅藤

●**Sageretia omeiensis** C. K. Schneid. in Sarg., Pl. Wilson. 2 (1): 230 (1914).
四川、重庆。

少脉雀梅藤（对节木，对结刺，对结子）

●**Sageretia paucicostata** Maxim., Trudy Imp. S.-Peterburgsk. Bot. Sada 11 (1): 101 (1890).
Sageretia tibetica Pax et K. Hoffm., Repert. Spec. Nov. Regni Veg. Beih. 12: 436 (1922).
河北、山西、河南、陕西、甘肃、四川、云南、西藏。

南丹雀梅藤

●**Sageretia pedicellata** C. Z. Gao, Guihaia 3 (4): 313 (1983).
广西。

李叶雀梅藤

●**Sageretia prunifolia** C. Y. Wu ex G. S. Fan et X. W. Li, J. Zhejiang Forest. Coll. 13 (2): 154 (1996).
云南。

对节刺

●**Sageretia pycnophylla** C. K. Schneid. in Sarg., Pl. Wilson. 2 (1): 226 (1914).
Sageretia perpusilla C. K. Schneid. in Sarg., Pl. Wilson. 2 (1): 226 (1914).
陕西、甘肃、四川。

峦大雀梅藤

●**Sageretia randaiensis** Hayata, Icon. Pl. Formosan. 5: 29 (1915).
台湾。

皱叶雀梅藤（锈毛雀梅藤，九把伞）

●**Sageretia rugosa** Hance, J. Bot. 16 (181): 9 (1878).
Sageretia ferruginea Oliv., Hooker's Icon. Pl. 18 (1): t. 1710 (1887); *Quercus dunniana* H. Lév., Repert. Spec. Nov. Regni Veg. 12 (330-332): 363 (1913).
湖南、湖北、四川、贵州、云南、广东、广西。

尾叶雀梅藤

●**Sageretia subcaudata** C. K. Schneid. in Sarg., Pl. Wilson. 2 (1): 228 (1914).
河南、陕西、江西、湖南、湖北、四川、贵州、云南、西藏、广东。

雀梅藤

Sageretia thea (Osbeck) M. C. Johnst., J. Arnold Arbor. 49: 378 (1968).
Rhamnus thea Osbeck, Dagb. Ostind. Resa 232 (1757).
甘肃、安徽、江苏、浙江、江西、湖南、湖北、四川、云南、福建、台湾、广东、广西；日本、朝鲜、越南、印度。

雀梅藤（原变种）

Sageretia thea var. **thea**
Rhamnus theezans L., Mant. Pl. 207 (1771); *Ampelopsis chinensis* Raf., Sylva Tellur. 33 (1838); *Berchemia chanetii* H. Lév., Repert. Spec. Nov. Regni Veg. 10 (260-262): 433 (1912); *Sageretia chanetii* (H. Lév.) C. K. Schneid. in Sarg., Pl. Wilson. 2: 228 (1914); *Sageretia taiwaniana* Hosok. ex Masam., Trans. Nat. Hist. Soc. Taiwan 28: 286 (1936); *Sageretia hayatae* Kaneh., Formos. Trees ed. rev. 428 (1936).
安徽、江苏、浙江、江西、湖南、湖北、四川、云南、福建、台湾、广东、广西；日本、朝鲜、越南、印度。

心叶雀梅藤

●**Sageretia thea** var. **cordiformis** Y. L. Chen et P. K. Chou, Bull. Bot. Lab. N. E. Forest. Inst. 5: 74 (1979).
云南。

毛叶雀梅藤

Sageretia thea var. **tomentosa** (C. K. Schneid.) Y. L. Chen et P. K. Chou, Bull. Bot. Lab. N. E. Forest. Inst. 5: 75 (1979).
Sageretia theezans var. *tomentosa* C. K. Schneid. in Sarg., Pl. Wilson. 2 (1): 228 (1914).
甘肃、安徽、江苏、浙江、江西、四川、云南、福建、台湾、广东、广西；朝鲜。

脱毛雀梅藤

●**Sageretia yilinii** G. S. Fan et S. K. Chen, Acta Bot. Yunnan. 19 (1): 38 (1997).
云南。

云龙雀梅藤

●**Sageretia yunlongensis** G. S. Fan et L. L. Deng, Sida 16 (3): 477 (1995).
云南、西藏。

对刺藤属 Scutia (Comm. ex DC.) Brongn.

对刺藤（双刺藤，钩刺藤）

Scutia myrtina (Burm. f.) Kurz, Asiat. Soc. Bengal Pt. Nat. Hist. 44: 168 (1875).
Rhamnus myrtina Burm. f., Fl. Ind. 60 (1768), as "*myrtinus*"; *Rhamnus circumscissa* L. f., Suppl. Pl. 152 (1781); *Ceanothus circumscissus* (L. f.) Gaertn., Fruct. Sem. Pl. 2: 110 (1790); *Scutia indica* Brongn., Ann. Sci. Nat. (Paris) 10: 363 (1827), *nom. illeg. superfl.*; *Scutia commersonii* Brongn., Ann. Sci. Nat. (Paris) 10: 363 (1827); *Blepetalo culeatum* Raf., Sylva Tellur. 30 (1838), *nom. illeg. superfl.*; *Scutia obcordata* Boivin ex Tul., Ann. Sci. Nat., Bot., sér. 4, 8: 116 (1857); *Scutia capensis* f. *obcordata* (Boivin ex Tul.) Radlk., Abh. Naturwiss. Vereine Bremen 8: 389 (1883); *Scutia circumcissa* (L. f.) W. Theob., Burmah 2: 570 (1883); *Scutia eberhardtii* Tardieu, Notul. Syst. (Paris) 12 (3-4): 165 (1946).
云南、广西；越南、泰国、印度、马达加斯加；非洲。

翼核果属 Ventilago Gaertn.

毛果翼核果（河边茶，副萼翼核果）

Ventilago calyculata Tul., Ann. Sci. Nat., Bot. Ser. 4 8: 124 (1857).
贵州、云南、广西；越南、泰国、不丹、尼泊尔、印度。

毛果翼核果（原变种）

Ventilago calyculata var. **calyculata**
Ventilago maderaspatana auct. non Gaertn.: Roxb., Pl. Coromandel 1: 55, t. 76 (1795).
贵州、云南、广西；越南、泰国、不丹、尼泊尔、印度。

毛枝翼核果

●**Ventilago calyculata** var. **trichoclada** Y. L. Chen et P. K. Chou, Bull. Bot. Lab. N. E. Forest. Inst. 5: 90 (1979).
广西。

台湾翼核果（翼核木）

●**Ventilago elegans** Hemsl., Ann. Bot. (Oxford) 9 (33): 151, t. 7 (1895).
台湾。

海南翼核果

●**Ventilago inaequilateralis** Merr. et Chun, Sunyatsenia 2 (1): 38 (1934).
贵州、云南、广西、海南。

翼核果（血风根，青筋藤，穿破石）

Ventilago leiocarpa Benth., J. Linn. Soc., Bot. 5: 77 (1861).
湖南、贵州、云南、福建、台湾、广东、广西、香港；越南、泰国、缅甸、印度。

翼核果（原变种）

Ventilago leiocarpa var. **leiocarpa**
Smythea nitida Merr., J. Arnold Arbor. 6 (3): 136 (1925).
湖南、云南、福建、台湾、广东、广西、香港；越南、泰国、缅甸、印度。

毛叶翼核果

●**Ventilago leiocarpa** var. **pubescens** Y. L. Chen et P. K. Chou, Bull. Bot. Lab. N. E. Forest. Inst. Harbin 5: 89 (1979).
贵州、云南、广西。

印度翼核果

Ventilago madaraspatana Gaertn., Fruct. Sem. Pl. 1: 223, t. 49, f. 2 (1788).
Ventilago bracteata F. Heyne ex Wall., Numer. List n. 4269 (1828), *nom. inval.*
云南；缅甸、印度尼西亚、印度、斯里兰卡。

矩叶翼核果

Ventilago oblongifolia Blume, Bijdr. Fl. Ned. Ind. 17: 1144 (1826).
云南、广西；菲律宾、泰国、马来西亚、印度尼西亚。

政德翼核果

●**Ventilago zhengdei** G. S. Fan, J. Nanjing Forest. Univ. 28 (1): 107 (2004).
云南。

枣属 Ziziphus Mill.

毛果枣（老鹰枣）

Ziziphus attopensis Pierre, Fl. Forest. Cochinch. 4: pl. 316 A (1895).
Ziziphus trichocarpa H. T. Chang, Acta Sci. Nat. Univ. Sunyatseni 1959 (2): 41 (1959).
云南、广西；老挝、泰国。

褐果枣

●**Ziziphus fungii** Merr., Lingnan Sci. J. 13 (1): 61 (1934).
云南、海南。

印度枣（滇枣）

Ziziphus incurva Roxb., Fl. Ind. (Carey et Wallich ed.) 2: 364 (1824).
Ziziphus yunnanensis C. K. Schneid. in Sarg., Pl. Wilson. 2 (1): 212 (1914). *Ziziphus pubinervis* auct. non Rehder: Merr. et Chun, Sunyatsenia 4: 232 (1940).
贵州、云南、西藏、广西；缅甸、泰国、不丹、尼泊尔、印度。

枣

☆**Ziziphus jujuba** Mill., Gard. Dict., ed. 8: *Ziziphus* no. 1 (1768), *nom. cons.*
Rhamnus zizyphus L., Sp. Pl. 1: 194 (1753); *Ziziphus zizyphus*

(L.) H. Karst., Deut. Fl. 870 (1882).
吉林、辽宁、内蒙古、河北、山西、山东、河南、陕西、宁夏、甘肃、新疆、安徽、江苏、浙江，江西、湖南、湖北、四川、贵州、云南、福建、广东、广西；全世界除大洋洲外几乎都有栽培。

枣（原变种）

☆**Ziziphus jujuba** var. **jujuba**
Ziziphus sativa Gaertn., Fruct. Sem. Pl. 1: 202 (1788); *Ziziphus vulgaris* Lam., Encycl. 3 (1): 316 (1789); *Ziziphus sinensis* Lam., Encycl. 3 (1): 317 (1789).
栽培于吉林、辽宁、河北、山西、山东、河南、陕西、甘肃、新疆、安徽、江苏、浙江、江西、湖南、湖北、四川、贵州、云南、福建、广东、广西；全世界除大洋洲外几乎都有栽培。

无刺枣

☆**Ziziphus jujuba** var. **inermis** (Bunge) Rehder, J. Arnold Arbor. 3: 220 (1922).
Ziziphus vulgaris var. *inermis* Bunge, Enum. Pl. China Bor. 14 (1833); *Ziziphus sativa* var. *inermis* (Bunge) C. K. Schneid., Ill. Handb. Laubholzk. 2: 261 (1909).
吉林、辽宁、河北、山西、山东、河南、陕西、甘肃、新疆、安徽、江苏、浙江、江西、湖南、湖北、四川、贵州、云南、福建、广东、广西等省栽培。

酸枣（棘，酸枣树，角针）

●**Ziziphus jujuba** var. **spinosa** (Bunge) Hu ex H. F. Chow, Fam. Trees Hopei. 307 (1934).
Ziziphus vulgaris var. *spinosa* Bunge, Enum. Pl. Chin. Bor. 14 (1833); *Ziziphus sativa* var. *spinosa* (Bunge) C. K. Schneid., Ill. Handb. Laubholzk. 2: 261 (1909); *Ziziphus spinosa* (Bunge) Hu ex F. H. Chen, Ill. Manual Chin. Trees et Shrubs 750 (1937).
辽宁、内蒙古、河北、山西、河南、陕西、宁夏、甘肃、新疆、安徽、江苏。

球枣

Ziziphus laui Merr., Lingnan Sci. J. 14: 32 (1935).
海南；越南。

大果枣（鸡旦果）

●**Ziziphus mairei** Dode, Bull. Soc. Bot. France 55: 649 (1908).
云南。

滇刺枣（酸枣，缅枣）

Ziziphus mauritiana Lam., Encycl. 3 (1): 319 (1789).
Rhamnus jujuba L., Sp. Pl. 1: 194 (1753); *Ziziphus jujuba* (L.) Lam., Encycl. 3 (1): 318 (1789), non Mill. (1768); *Paliurus mairei* H. Lév., Repert. Spec. Nov. Regni Veg. 12 (341-345): 535 (1913); *Ziziphus mairei* (H. Lév.) Browicz et Lauener, Notes Roy. Bot. Gard. Edinburgh 27 (3): 281 (1967), non Dode (1908).
原产于四川、云南、广东、广西，栽培于福建、台湾；越南、缅甸、泰国、马来西亚、印度尼西亚、不丹、尼泊尔、印度、斯里兰卡、阿富汗、澳大利亚；非洲。

山枣

●**Ziziphus montana** W. W. Sm., Notes Roy. Bot. Gard. Edinburgh 10: 78 (1917).
四川、云南、西藏。

小果枣

Ziziphus oenopolia (L.) Mill., Gard. Dict., ed. 8: *Ziziphus* no. 3 (1768).
Rhamnus oenoplia L., Sp. Pl., ed. 2, 1: 279 (1762).
云南、广西；菲律宾、缅甸、泰国、马来西亚、印度尼西亚、印度、斯里兰卡、澳大利亚；亚洲（西南部）。

皱枣（弯腰果，弯腰树）

Ziziphus rugosa Lam., Encycl. 3 (1): 319 (1789).
云南、广西、海南；越南、老挝、缅甸、泰国、印度、斯里兰卡。

蜀枣

●**Ziziphus xiangchengensis** Y. L. Chen et P. K. Chou, Bull. Bot. Lab. N. E. Forest. Inst. 5: 88 (1979).
四川。

103. 榆科 ULMACEAE [3 属: 28 种]

刺榆属 **Hemiptelea** Planch.

刺榆（枢，钉枝榆，刺榆针子）

Hemiptelea davidii (Hance) Planch., Compt. Rend. Hebd. Séances Acad. Sci. 74: 131 (1872).
Planera davidii Hance, J. Bot. 6 (71): 333 (1868); *Hemiptelea davidiana* Priemer, Bot. Jahrb. Syst. 17 (5): 455 (1893); *Zelkova davidii* (Hance) Hemsl., J. Linn. Soc., Bot. 26: 449 (1894); *Zelkova davidiana* (Priemer) Bean, Trees et Shrubs Brit. Isles 2: 694 (1914).
吉林、辽宁、内蒙古、河北、山西、山东、河南、陕西、甘肃、安徽、江苏、浙江、江西、湖南、湖北、广西；朝鲜，栽培于欧洲、北美洲。

榆属 **Ulmus** L.

美国榆

☆**Ulmus americana** L., Sp. Pl. 1: 226 (1753).
栽培于北京、山东、江苏；北美洲。

毛枝榆

Ulmus androssowii var. **subhirsuta** (C. K. Schneid.) P. H. Huang, Bull. Bot. Res., Harbin 11 (3): 43 (1991).

Ulmus wilsoniana var. *subhirsuta* C. K. Schneid. in Sarg., Pl. Wilson. 3 (2): 257 (1916); *Ulmus virgata* Wall. ex Planch., Ann. Sci. Nat., Bot. ser. 3, 10: 272 (1848); *Ulmus pumila* var. *pilosa* Rehder, J. Arnold Arbor. 1 (2): 141 (1919); *Ulmus androssowii* var. *virgata* (Wall. ex Planch.) Grudz., Novosti Sist. Vyssh. Rast. 8: 132 (1971); *Ulmus chumlia* Melville et Heybroek, Bull. Misc. Inform. Kew 26: 14, f. 4 (1971).
四川、云南、西藏；尼泊尔、印度。

兴山榆

●**Ulmus bergmanniana** C. K. Schneid., Ill. Handb. Laubholzk. 2: 902, f. 565 a-b, f. 566 a-b (1912).
山西、河南、陕西、甘肃、安徽、浙江、江西、湖南、湖北、四川、云南、西藏。

兴山榆（原变种）

●**Ulmus bergmanniana** var. **bergmanniana**
山西、河南、陕西、甘肃、安徽、浙江、江西、湖南、湖北、四川、云南。

蜀榆（西蜀榆）

●**Ulmus bergmanniana** var. **lasiophylla** C. K. Schneid. in Sarg., Pl. Wilson. 3 (2): 241 (1916).
Ulmus lasiophylla (C. K. Schneid.) W. C. Cheng, Nanjing Forest. Inst. 1 (1): 75 (1958).
陕西、甘肃、四川、云南、西藏。

多脉榆（锈毛榆）

●**Ulmus castaneifolia** Hemsl., J. Linn. Soc., Bot. 26 (177): 446, pl. 10 (1894).
Ulmus ferruginea W. C. Cheng, Nanjing Forest. Inst. 1 (1): 77 (1958); *Ulmus multinervis* W. C. Cheng, Nanjing Forest. Inst. 1 (1): 73 (1958).
安徽、浙江、江西、湖南、湖北、四川、贵州、云南、福建、广东、广西。

杭州榆

●**Ulmus changii** W. C. Cheng, Contr. Biol. Lab. Chin. Assoc. Advancem. Sci., Sect. Bot. 10: 94, f. 13 (1936).
安徽、江苏、浙江、江西、湖南、湖北、四川、贵州、云南、福建、广西。

琅琊榆

●**Ulmus chenmoui** W. C. Cheng, Nanjing Forest. Inst. 1 (1): 68 (1958).
安徽、江苏。

黑榆（山毛榆，热河榆，东北黑榆）

Ulmus davidiana Planch., Prodr. (DC.) 17: 158 (1873).
黑龙江、吉林、辽宁、内蒙古、河北、山西、山东、河南、陕西、宁夏、甘肃、青海、安徽、浙江、湖北；蒙古国、日本、朝鲜、俄罗斯。

黑榆（原变种）

●**Ulmus davidiana** var. **davidiana**
Ulmus davidiana var. *pubescens* Skvortsov, Manch. Monit. 52 (1929); *Ulmus davidiana* var. *mandshurica* Skvortsov, Manch. Monit. 52 (1929).
辽宁、河北、山西、河南、陕西。

春榆（日本榆，白皮榆，光叶春榆）

Ulmus davidiana var. **japonica** (Rehder) Nakai, Fl. Sylv. Kor. 19: 26, pl. 9 (1932).
Ulmus campestris var. *japonica* Rehder, Cycl. Amer. Hort. 4: 1882 (1902); *Ulmus japonica* (Rehder) Sarg., Trees et Shrubs 2 (1): 1 (1907); *Ulmus wilsoniana* C. K. Schneid., Ill. Handb. Laubholzk. 2: 904, f. 565 e, 566 c-d (1912); *Ulmus wilsoniana* var. *psilophylla* C. K. Schneid. in Sarg., Pl. Wilson. 3 (2): 239 (1916); *Ulmus japonica* var. *levigata* C. K. Schneid. in Sarg., Pl. Wilson. 3 (2): 260 (1916); *Ulmus propinqua* Koidz., Bot. Mag. (Tokyo) 44: 95 (1930); *Ulmus davidiana* f. *suberosa* Nakai, Fl. Sylv. Kor. 19: 29, pl. 10 (1932); *Ulmus davidiana* var. *levigata* (C. K. Schneid.) Nakai, Fl. Sylv. Kor. 19: 30 (1932).
黑龙江、吉林、辽宁、内蒙古、河北、山西、山东、河南、陕西、宁夏、甘肃、青海、安徽、浙江、湖北；蒙古国、日本、朝鲜、俄罗斯。

长序榆（野榔皮，野榆，牛皮筋）

●**Ulmus elongata** L. K. Fu et C. S. Ding, Acta Phytotax. Sin. 17 (1): 46 (1979).
安徽、浙江、江西、福建。

醉翁榆（毛榆）

●**Ulmus gaussenii** W. C. Cheng, Trav. Lab. Forest. Toulouse 3 (3): 110 (1939).
安徽、江苏。

旱榆（灰榆，崖榆，粉榆）

●**Ulmus glaucescens** Franch., Nouv. Arch. Mus. Hist. Nat. ser. 2, 7: 76, pl. 6, f. A (1884).
辽宁、内蒙古、河北、山西、山东、河南、陕西、宁夏、甘肃、青海。

旱榆（原变种）

●**Ulmus glaucescens** var. **glaucescens**
辽宁、内蒙古、河北、山西、山东、河南、陕西、宁夏、甘肃、青海。

毛果旱榆

●**Ulmus glaucescens** var. **lasiocarpa** Rehder, J. Arnold Arbor. 11 (3): 157 (1930).
内蒙古、河北、山西、河南、陕西、宁夏、青海。

哈尔滨榆

●**Ulmus harbinensis** S. Q. Nie et K. Q. Huang, Bull. Bot. Res., Harbin 7 (1): 161 (1987).
黑龙江。

昆明榆

●**Ulmus kunmingensis** W. C. Cheng, Novon 22 (4): 409 (2013).

Ulmus kunmingensis W. C. Cheng, Sci. Silvae Sin. 8 (1): 12 (1963), *nom. inval.*; *Ulmus changii* var. *kunmingensis* (W. C. Cheng) W. C. Cheng et L. K. Fu, Acta Phytotax. Sin. 17 (1): 49 (1979), *nom. inval.*; *Ulmus kunmingensis* var. *qingchengshanensis* T. P. Yi, Acta Phytotax. Sin. 21 (3): 318, pl. 1 (1983), *nom. inval.*
四川、贵州、云南、广西。

裂叶榆（青榆，大青榆，麻榆）

Ulmus laciniata (Trautv.) Mayr, Fremdländ Wald-Parkbäume 523, pl. 243 (1906).
Ulmus montana var. *laciniata* Trautv., Mém. Acad. Imp. Sci. St.-Pétersbourg Divers Savans 9: 246 (1859); *Ulmus major* var. *heterophylla* Maxim. et Rupr., Bull. Phys.-Math. Acad. Sci. Saint-Pétersbourg 15: 376 (1856).
黑龙江、吉林、辽宁、内蒙古、河北、山西、河南、陕西；日本、朝鲜、俄罗斯。

脱皮榆（沙包榆）

●**Ulmus lamellosa** C. Wang et S. L. Chang, Acta Phytotax. Sin. 17 (1): 47 (1979).
内蒙古、河北、山西、河南。

常绿榆

Ulmus lanceifolia Roxb., Hort. Bengal. 86 (1814).
Ulmus tonkinensis Gagnep., Fl. Indo-Chine 5: 674, f. 80 (1-2) (1927).
云南、广西、海南；越南、老挝、缅甸、泰国、不丹、印度。

大果榆（芜荑，姑榆，山松榆）

Ulmus macrocarpa Hance, J. Bot. 6 (71): 332 (1868).
黑龙江、吉林、辽宁、内蒙古、河北、山西、山东、河南、陕西、甘肃、青海、安徽、江苏、湖北；蒙古国、朝鲜、俄罗斯。

大果榆（原变种）

Ulmus macrocarpa var. **macrocarpa**
Ulmus macrocarpa var. *mandshurica* Skvortsov, Mansh. Monit. 52 (1929); *Ulmus macrocarpa* var. *suberosa* Skvortsov, Mansh. Monit. 52 (1929); *Ulmus macrophylla* Nakai, Fl. Sylv. Kor. 19: 15, pl. 1 (1932); *Ulmus macrocarpa* var. *mongolica* Liou et Q. T. Li, Ill. Fl. Lign. Pl. N. E. China 561 (1955); *Ulmus macrocarpa* var. *nana* Liou et Q. T. Li, Ill. Fl. Lign. Pl. N. E. China 561 (1955); *Ulmus taihangshanensis* S. Y. Wang, Fl. Henan. 1: 262 (1981).
黑龙江、吉林、辽宁、内蒙古、河北、山西、山东、河南、陕西、甘肃、青海、安徽、江苏、湖北；蒙古国、朝鲜、俄罗斯。

光秃大果榆（光果黄榆）

●**Ulmus macrocarpa** var. **glabra** S. Q. Nie et K. Q. Huang, Bull. Bot. Res., Harbin 7 (1): 153 (1987).
黑龙江。

绵竹榆

●**Ulmus mianzhuensis** T. P. Yi et L. Yang, Bull. Bot. Res., Harbin 26 (6): 641 (2006).
四川。

小果榆

●**Ulmus microcarpa** L. K. Fu, Acta Phytotax. Sin. 17 (1): 48 (1979).
西藏。

榔榆（小叶榆，秋榆，掉皮榆）

Ulmus parvifolia Jacq., Pl. Rar. Hort. Schoenbr. 3: 6, pl. 262 (1798).
Ulmus chinensis Pers., Syn. Pl. 1: 291 (1805); *Planera parvifolia* (Jacq.) Sweet, Hort. Brit. (Sweet), ed. 2: 464 (1830); *Ulmus japonica* Siebold, Verh. Batav. Genootsch. Kunsten 12: 28 (1830), *nom. nud.*; *Ulmus campestris* var. *chinensis* Loudon, Arbor. Frutic. Brit. 3: 1377, f. 1231 (1838); *Microptelea parvifolia* (Jacq.) Spach, Ann. Sci. Nat., Bot. sér. 2, 15: 358 (1841); *Ulmus sieboldii* Daveau, Bull. Soc. Dendrol. France 1914: 26, f. 1 d-d', f. B-B' (1914); *Ulmus shirasawana* Daveau, Bull. Soc. Dendrol. France 1914: 27, f. 1, b-c' (1914); *Ulmus coreana* Nakai, Fl. Sylv. Kor. 19: 31, pl. 11 (1932).
河北、山西、山东、河南、陕西、安徽、江苏、浙江、江西、湖南、湖北、四川、贵州、福建、台湾、广东、广西；日本、韩国、越南、印度。

李叶榆

●**Ulmus prunifolia** W. C. Cheng et L. K. Fu, Acta Phytotax. Sin. 17 (1): 48, pl. 2, f. 1-4 (1979).
湖北、重庆。

假春榆

●**Ulmus pseudopropinqua** F. T. Wang et Q. T. Li, Ill. Fl. Lign. Pl. N. E. China 561 (1955).
黑龙江。

榆树（榆，白榆，家榆）

Ulmus pumila L., Sp. Pl. 1: 326 (1753).
Ulmus campestris var. *pumila* (L.) Maxim., Bull. Acad. Imp. Sci. Saint-Pétersbourg 18: 290 (1873).
黑龙江、吉林、辽宁、内蒙古、河北、山西、山东、河南、陕西、宁夏、甘肃、青海、新疆、四川、西藏；蒙古国、朝鲜、俄罗斯（东部）；亚洲（中部）。

榆树（原变种）

Ulmus pumila var. **pumila**
Ulmus pumila var. *microphylla* Pers., Syn. Pl. 1: 291 (1805); *Ulmus manshurica* Nakai, Fl. Sylv. Kor. 19: 22, pl. 6-7 (1932).
黑龙江、吉林、辽宁、内蒙古、河北、山西、山东、河南、陕西、宁夏、甘肃、青海、新疆、四川、西藏；蒙古国、朝鲜、俄罗斯（东部）；亚洲（中部）。

细枝榆

●**Ulmus pumila** var. **gracia** S. Y. Wang, J. Henan Agric. Coll. 1980 (2): 7 (1980).
河南。

锡盟沙地榆

●**Ulmus pumila** var. **sabulosa** J. H. Guo, Y. S. Li et J. H. Li, Bull. Bot. Res., Harbin 8 (1): 107 (1988).
内蒙古。

红果榆（明陵榆）

●**Ulmus szechuanica** W. P. Fang, Fang Commem. 22 (1947).
Ulmus erythrocarpa W. C. Cheng, Nanjing Forest. Inst. 1 (1): 70 (1958).
安徽、江苏、浙江、江西、四川。

阿里山榆（台湾榆）

●**Ulmus uyematsui** Hayata, Icon. Pl. Formosan. 3: 174, pl. 32 (1913).
台湾。

榉属 **Zelkova** Spach

大叶榉树（血榉，鸡油树，黄栀榆）

●**Zelkova schneideriana** Hand.-Mazz., Symb. Sin. 7 (1): 104 (1929).
河南、陕西、甘肃、安徽、江苏、浙江、江西、湖南、湖北、四川、贵州、云南、西藏、福建、广东、广西。

榉树（光叶榉，鸡油树，光光榆）

Zelkova serrata (Thunb.) Makino, Bot. Mag. (Tokyo) 17: 13 (1903).
Corchorus serratus Thunb., Trans. Linn. Soc. London 2: 335 (1794); *Ulmus keaki* Siebold, Verh. Batav. Genootsch. Kunsten 12: 28 (1830); *Planera acuminata* Lindl., Gard. Chron. 428 (1862); *Planera japonica* Miq., Ann. Mus. Bot. Lugduno-Batavi 3: 66 (1867); *Zelkova acuminata* Planch., Compt. Rend. Hebd. Séances Acad. Sci. 74: 1496 (1872); *Zelkova keaki* Maxim., Bull. Acad. Imp. Sci. Saint-Pétersbourg 18: 288 (1873); *Abelicea hirta* C. K. Schneid., Ill. Handb. Laubholzk. 1: 226, f. 143-144 (1904); *Zelkova hirta* C. K. Schneid., Ill. Handb. Laubholzk. 1: 806 (1906); *Zelkova formosana* Hayata, Icon. Pl. Formosan. 9: 104 (1920); *Zelkova tarokoensis* Hayata, Icon. Pl. Formosan. 9: 102 (1920); *Zelkova serrata* var. *tarokoensis* (Hayata) H. L. Li, J. Wash. Acad. Sci. 42: 40 (1952).
辽宁、山东、河南、陕西、甘肃、安徽、江苏、浙江、江西、湖南、湖北、福建、台湾、广东；日本、朝鲜、俄罗斯。

大果榉（小叶榉树，圆齿鸡油树，抱树）

●**Zelkova sinica** C. K. Schneid. in Sarg., Pl. Wilson. 3 (2): 286 (1916).
河北、山西、河南、陕西、甘肃、湖北、四川、贵州。

大果榉（原变种）

●**Zelkova sinica** var. **sinica**
河北、山西、河南、陕西、甘肃、湖北、四川。

黔南榉（新拟）

●**Zelkova sinica** var. **australis** Hand.-Mazz., Sinensia 2 (11): 133 (1932), as "*Zelkowa*".
贵州。

104. 大麻科 CANNABACEAE [7 属: 26 种]

糙叶树属 **Aphananthe** Planch.

糙叶树（糙皮树，牛筋树，沙朴）

Aphananthe aspera (Thunb.) Planch., Prodr. (DC.) 17: 208 (1873).
Prunus aspera Thunb., Fl. Jap. 201 (1784); *Homoioceltis aspera* (Thunb.) Blume, Mus. Bot. 2: 64 (1852).
山西、山东、陕西、安徽、江苏、浙江、江西、湖南、湖北、四川、贵州、云南、福建、台湾、广东、广西；日本、朝鲜、越南。

糙叶树（原变种）

Aphananthe aspera var. **aspera**
山西、山东、陕西、安徽、江苏、浙江、江西、湖南、湖北、四川、贵州、云南、福建、台湾、广东、广西；日本、朝鲜、越南。

柔毛糙叶树

●**Aphananthe aspera** var. **pubescens** C. J. Chen, Acta Phytotax. Sin. 17 (1): 49 (1979).
浙江、江西、云南、台湾、广西。

滇糙叶树

Aphananthe cuspidata (Blume) Planch., Prodr. (DC.) 17: 209 (1873).
Cyclostemon cuspidatum Blume, Bijdr. Fl. Ned. Ind. 599 (1825); *Galumpita cuspidata* (Blume) Blume, Mus. Bot. 2: 73 (1852); *Gironniera nitida* Benth., Fl. Hongk. 325 (1861); *Gironniera reticulate* Thwaites, Enum. Pl. Zeyl. 1: 268 (1864); *Gironniera cuspidata* (Blume) Kurz, Forest Fl. Burma 2: 470 (1877); *Gironniera lucida* Kurz, Forest Fl. Burma 2: 470 (1877); *Aphananthe lissophylla* Gagnep., Bull. Soc. Bot. France 72: 804 (1925); *Gironniera yunnanensis* Hu, Bull. Fan Mem. Inst. Biol. Bot. 10: 150 (1940); *Aphananthe yunnanensis* (Hu) Grudz., Novit. Syst. Pl. Vasc. Acad. Sci. U. R. S. S. 1964, 66 (1964).
云南、广东、海南；越南、缅甸、泰国、马来西亚、印度尼西亚、不丹、印度、斯里兰卡。

大麻属 Cannabis L.

大麻（山丝苗，线麻，胡麻）

Cannabis sativa L., Sp. Pl. 2: 1027 (1753).

Cannabis indica Lam., Encycl. 1 (2): 695 (1785); *Cannabis sativa* var. *indica* (Lam.) E. Small et Cronq., Taxon 25 (4): 426 (1976).

中国遍布，原产或归化于新疆；不丹、印度；亚洲（中部）。

朴属 Celtis L.

紫弹树（沙楠子树，异叶紫弹，毛果朴）

Celtis biondii Pamp., Nuovo Giorn. Bot. Ital., n. s. 17 (2): 252, f. 3 (1910).

Celtis bungeana var. *heterophylla* H. Lév., Repert. Spec. Nov. Regni Veg. 10 (263-265): 476 (1912); *Celtis cavaleriei* H. Lév., Repert. Spec. Nov. Regni Veg. 10 (260-262): 440 (1912); *Celtis leveillei* Nakai, Bot. Mag. (Tokyo) 23: 266, f. 2 (1914); *Celtis biondii* var. *heterophylla* (H. Lév.) C. K. Schneid. in Sarg., Pl. Wilson. 3 (2): 282 (1916); *Celtis biondii* var. *cavaleriei* (H. Lév.) C. K. Schneid. in Sarg., Pl. Wilson. 3 (2): 273 (1916); *Celtis leveillei* var. *holophylla* Nakai, J. Arnold Arbor. 5 (2): 74 (1924); *Celtis leveillei* var. *heterophylla* (H. Lév.) Nakai, J. Arnold Arbor. 5 (2): 74 (1924); *Celtis leveillei* var. *hirtifolia* Hand.-Mazz., Sinensia 2 (1): 1 (1931); *Celtis rockii* Rehder, J. Arnold Arbor. 14 (3): 199 (1933); *Celtis leveillei* var. *cuspidatophylla* F. P. Metcalf, Sunyatsenia 3 (2-3): 114, pl. 10 (1936); *Celtis emuyaca* F. P. Metcalf, Sunyatsenia 3 (2-3): 112, t. 8 (1936); *Celtis chuanchowensis* F. P. Metcalf, Sunyatsenia 3 (2-3): 113, pl. 9 (1936); *Celtis emuyaca* var. *cuspidatophylla* (F. P. Metcalf) C. Pei, Bot. Bull. Acad. Sin. 1: 293 (1947); *Celtis trichocarpa* W. C. Cheng et E. W. Ma, Bull. Bot. Lab. N. E. Forest. Inst. 7: 121 (1980); *Celtis biondii* var. *holophylla* (Nakai) E. W. Ma, Bull. Bot. Lab. N. E. Forest. Inst. 7: 125 (1980); *Celtis guangxiensis* Chun ex Z. M. Wu, Z. K. Li et Z. J. Feng, J. S. China Agric. Coll. 15 (4): 77, f. 1 (1994).

河南、陕西、甘肃、安徽、江苏、浙江、江西、湖北、四川、贵州、云南、福建、台湾、广东、广西；日本、朝鲜。

黑弹树（小叶朴，黑弹朴）

Celtis bungeana Blume, Mus. Bot. 2: 71 (1852).

Celtis chinensis Bunge, Enum. Pl. China Bor. 61 (1833), non Persoon (1805); *Celtis davidiana* Carrière, Rev. Hort. 300 (1868); *Celtis mairei* H. Lév., Repert. Spec. Nov. Regni Veg. 13 (363-367): 264 (1914); *Celtis amphibola* C. K. Schneid. in Sarg., Pl. Wilson. 3 (2): 279 (1916); *Celtis yangquanensis* E. W. Ma, Bull. Bot. Lab. N. E. Forest. Inst. 7: 123 (1980); *Celtis bungeana* var. *lanceolata* E. W. Ma, Bull. Bot. Lab. N. E. Forest. Inst. 7: 125 (1980); *Celtis bungeana* var. *deqinensis* X. W. Li et G. S. Fan, Acta Bot. Yunnan. 20 (2): 160, f. 2 (1998); *Celtis gongshanensis* X. W. Li et G. S. Fan, Acta Bot. Yunnan. 20 (2): 160 (1998).

辽宁、内蒙古、河北、山西、山东、河南、陕西、宁夏、甘肃、青海、安徽、江苏、浙江、江西、湖北、四川、云南、西藏；朝鲜。

小果朴（樱果朴）

●**Celtis cerasifera** C. K. Schneid. in Sarg., Pl. Wilson. 3 (2): 271 (1916).

Celtis taiyuanensis E. W. Ma, Bull. Bot. Lab. N. E. Forest. Inst. 7: 124 (1980).

山西、陕西、浙江、湖南、湖北、四川、贵州、云南、西藏、广西。

天目朴树

●**Celtis chekiangensis** W. C. Cheng, Contr. Biol. Lab. Sci. Soc. China, Bot. Ser. 9: 245, f. 24 (1934).

安徽、浙江。

珊瑚朴

●**Celtis julianae** C. K. Schneid. in Sarg., Pl. Wilson. 3 (2): 265 (1916).

Celtis julianae var. *calvescens* C. K. Schneid. in Sarg., Pl. Wilson. 3 (2): 266 (1916).

河南、陕西、安徽、浙江、江西、湖南、湖北、四川、贵州、云南、福建、广东。

大叶朴

Celtis koraiensis Nakai, Bot. Mag. (Tokyo) 23: 191 (1909).

Celtis aurantiaca Nakai, Chosen Sanrin Kaiho 59: 23, pl. 4, f. 1 (1) (1930); *Celtis koraiensis* var. *aurantiaca* (Nakai) Kitag., Neolin. Fl. Manshur. 220 (1979).

辽宁、河北、山西、山东、河南、陕西、甘肃、安徽、江苏；朝鲜。

菲律宾朴树

Celtis philippensis Blanco, Fl. Filip. 197 (1837).

云南、台湾、广东、海南；菲律宾、越南、缅甸、泰国、马来西亚、印度尼西亚、印度、斯里兰卡、澳大利亚、太平洋岛屿；非洲。

菲律宾朴树（原变种）

Celtis philippensis var. **philippensis**

云南、台湾、广东、海南；越南、缅甸、泰国、马来西亚、印度尼西亚、印度、斯里兰卡、澳大利亚、太平洋岛屿；非洲。

铁灵花

Celtis philippensis var. **wightii** (Planch.) Soepadmo, Fl. Males., Ser. 1, Spermat. 8 (2): 62 (1977).

Celtis wightii Planch., Ann. Sci. Nat., Bot. Ser. 3, 10: 307 (1848); *Solenostigma consimile* Blume, Mus. Bot. 2: 68 (1856); *Celtis collinsae* Craib, Kew Bull. 1918: 370 (1918); *Celtis wightii* var. *consimilis* (Blume) Gagnep., Fl. Indo-Chine 5: 684 (1928); *Celtis philippensis* var. *consimilis* (Blume) J.-F. Leroy,

Bull. Inst. Franc. Afrique Noire 10: 212 (1948).
广东、海南；越南、泰国、马来西亚、印度尼西亚、印度、澳大利亚、太平洋岛屿；非洲。

毛叶朴

•**Celtis pubescens** S. Y. Wang et C. L. Chang, J. Henan Agric. Coll. 1980 (2): 7 (1980).
河南。

朴树（黄果朴，紫荆朴，小叶朴）

Celtis sinensis Pers., Syn. Pl. (Persoon) 1: 292 (1805).
Celtis nervosa Hemsl., J. Linn. Soc., Bot. 26 (177): 450 (1894); *Celtis bodinieri* H. Lév., Repert. Spec. Nov. Regni Veg. 13 (363-367): 265 (1914); *Celtis labilis* C. K. Schneid. in Sarg., Pl. Wilson. 3 (2): 267 (1916); *Celtis cercidifolia* C. K. Schneid. in Sarg., Pl. Wilson. 3 (2): 276 (1916); *Celtis hunanensis* Hand.-Mazz., Sitz. Kais. Akad. Wiss. Math.-Natur. Classe, Abteil. 59: 53, pl. 1, f. 1 (1922); *Celtis tetrandra* subsp. *sinensis* (Pers.) Y. C. Tang, Acta Phytotax. Sin. 17 (1): 51 (1979); *Celtis bungeana* var. *pubipedicella* G. H. Wang, Bull. Bot. Res., Harbin 15 (4): 428 (1995).
山东、河南、安徽、江苏、浙江、江西、湖南、湖北、四川、贵州、福建、台湾、广东、广西；日本。

四蕊朴（石朴，昆明朴，西藏朴）

Celtis tetrandra Roxb., Fl. Ind. (Roxburgh) 2: 63 (1832).
Celtis formosana Hayata, J. Coll. Sci. Imp. Univ. Tokyo 30 (1): 272 (1911); *Celtis yunnanensis* C. K. Schneid. in Sarg., Pl. Wilson. 3 (2): 279 (1916); *Celtis salvatiana* C. K. Schneid. in Sarg., Pl. Wilson. 3 (2): 283 (1916); *Celtis kunmingensis* W. C. Cheng et T. Hong, Sci. Silvae Sin. 8 (1): 12 (1963); *Celtis fengqingensis* Hu ex E. W. Ma, Bull. Bot. Lab. N. E. Forest. Inst. 1980 (7): 122 (1980); *Celtis xizangensis* E. W. Ma, Acta Phytotax. Sin. 18 (1): 14 (1980).
四川、云南、西藏、台湾、广西、海南；尼泊尔、不丹、孟加拉国、印度、缅甸、泰国、越南、印度尼西亚。

假玉桂（相思树，香粉木，樟叶朴）

Celtis timorensis Span., Linnaea 15: 343 (1841).
Celtis cinnamomea Lindl. ex Planch., Ann. Sci. Nat., Ser. 3, Bot. 10: 303 (1848).
四川、贵州、云南、西藏、福建、广东、广西、海南；菲律宾、越南、缅甸、泰国、马来西亚、印度尼西亚、尼泊尔、印度、孟加拉国、斯里兰卡。

西川朴

•**Celtis vandervoetiana** C. K. Schneid. in Sarg., Pl. Wilson. 3 (2). 267 (1916).
Celtis pruniputaminea E. W. Ma, Bull. Bot. Lab. N. E. Forest. Inst. 1980 (7): 123 (1980).
浙江、江西、湖南、湖北、四川、贵州、云南、福建、广东、广西。

白颜树属 Gironniera Gaudich.

白颜树

Gironniera subaequalis Planch., Ann. Sci. Nat., Bot. sér. 3, 10: 339 (1848).
Gironniera chinensis Benth., Fl. Hongk. 325 (1861); *Gironniera nervosa* var. *subaequalis* (Planch.) Kurz, Forest Fl. Burma 2: 470 (1877).
云南、广东、广西、海南；越南、老挝、柬埔寨、缅甸、泰国、马来西亚。

葎草属 Humulus L.

啤酒花

Humulus lupulus L., Sp. Pl. 2: 1028 (1753).
甘肃、新疆、四川；亚洲（北部和东北部）、欧洲、非洲（北部）、北美洲（东部）。

葎草（勒草，葛勒子秧，拉拉藤）

Humulus scandens (Lour.) Merr., Trans. Amer. Philos. Soc. n. s. 24 (2): 138 (1935).
Antidesma scandens Lour., Fl. Cochinch., ed. 2, 1: 157 (1790); *Humulus japonicus* Siebold et Zucc., Fl. Jap. 2: 89 (1846); *Humulopsis scandens* (Lour.) Grudz., Bot. Zhurn. 73 (4): 592 (1988).
黑龙江、吉林、辽宁、河北、山西、山东、河南、陕西、安徽、江苏、浙江、江西、湖南、湖北、四川、重庆、贵州、云南、西藏、福建、台湾、广东、广西、海南；日本、朝鲜、越南，归化于欧洲和北美洲东部。

滇葎草

•**Humulus yunnanensis** Hu, Bull. Fan Mem. Inst. Biol. Bot. 7: 211 (1936).
云南。

青檀属 Pteroceltis Maxim.

青檀（檀，檀树，翼朴）

•**Pteroceltis tatarinowii** Maxim., Bull. Acad. Imp. Sci. Saint-Pétersbourg 18: 293 (1873).
Ulmus cavaleriei H. Lév., Repert. Spec. Nov. Regni Veg. 2 (286-290): 296 (1912); *Pteroceltis tatarinowii* var. *pubescens* Hand.-Mazz., Sinensia 2 (11): 133 (1932).
辽宁、河北、山西、山东、河南、陕西、甘肃、青海、安徽、江苏、浙江、江西、湖南、湖北、四川、贵州、福建、广东、广西。

山黄麻属 Trema Lour.

狭叶山黄麻（小麻筋木，细尖叶谷木树）

Trema angustifolia (Planch.) Blume, Mus. Bot. 2: 58 (1852).
Sponia angustifolia Planch., Ann. Sci. Nat., Bot. Ser. 3, 10:

326 (1848); *Celtis angustifolia* Lindl., Numer. List n. 3691 (1828), *nom. nud.*; *Sponia sampsonii* Hance, Ann. Sci. Nat., Bot. ser. 5, 5: 242 (1866); *Trema lanceolata* Merr., Lingnan Sci. J. 7: 302 (1929); *Trema sampsonii* (Hance) Merr. et Chun, Sunyatsenia 5 (1-3): 40 (1940).
云南、广东、广西、海南；越南、泰国、马来西亚、印度尼西亚、印度。

光叶山黄麻（野山麻，果连丹，尖尾叶谷木树）

Trema cannabina Lour., Fl. Cochinch., ed. 2, 2: 562 (1790).
安徽、江苏、浙江、江西、湖南、湖北、四川、贵州、云南、福建、台湾、广东、广西、海南；日本、菲律宾、越南、缅甸、泰国、柬埔寨、马来西亚、印度尼西亚、尼泊尔、印度、澳大利亚、太平洋岛屿。

光叶山黄麻（原变种）

Trema cannabina var. **cannabina**
Celtis amboinensis Willd., Sp. Pl., ed. 4 [Willdenow] 4 (2): 997 (1805); *Celtis virgata* Roxb. ex Wall., Numer. List n. 3694 (1828); *Sponia amboinensis* (Willd.) Decne., Nouv. Ann. Mus. Hist. Nat. 3: 498 (1834); *Sponia virgata* Planch., Ann. Sci. Nat., Bot. Ser. 3, 10: 316 (1848); *Trema virgata* (Roxb. ex Wall.) Blume, Mus. Bot. 2: 59 (1852); *Trema amboinensis* (Willd.) Blume, Mus. Bot. 2: 61 (1852); *Trema timorensis* Blume, Mus. Bot. 2: 60 (1852).
浙江、江西、湖南、四川、贵州、福建、台湾、广东、广西、海南；日本、菲律宾、越南、缅甸、泰国、柬埔寨、马来西亚、印度尼西亚、尼泊尔、印度、澳大利亚、太平洋岛屿。

山油麻（山油桐，野丝棉，山野麻）

●**Trema cannabina** var. **dielsiana** (Hand.-Mazz.) C. J. Chen, Acta Phytotax. Sin. 17 (1): 50 (1979).
Trema dielsiana Hand.-Mazz., Symb. Sin. 7 (1): 106 (1929); *Trema calcicola* S. X. Ren, Acta Sci. Nat. Univ. Sunyatseni 33 (4): 86 (1994).
安徽、江苏、浙江、江西、湖南、湖北、四川、贵州、云南、福建、广东、广西。

羽脉山黄麻（麻椰树）

●**Trema levigata** Hand.-Mazz., Symb. Sin. 7 (1): 107 (1929).
湖北、四川、贵州、云南、广西。

银毛叶山黄麻

●**Trema nitida** C. J. Chen, Acta Phytotax. Sin. 17 (1): 49, pl. 3 (1979).
四川、贵州、云南、广西。

异色山黄麻

Trema orientalis (L.) Blume, Mus. Bot. 2: 62 (1852).
Celtis orientalis L., Sp. Pl. 2: 1044 (1753); *Celtis rigida* Blume, Bijdr. Fl. Ned. Ind. 486 (1825); *Celtis discolor* Brongn., Voy. Monde, Phan. 215, pl. 47 B (1829); *Sponia wightii* Planch., Ann. Sci. Nat., Bot. 10: 322 (1848); *Sponia argentea* Planch., Ann. Sci. Nat., Bot. 10: 323 (1848); *Sponia orientalis* (L.) Decne., Nouv. Ann. Mus. Hist. Nat. 3: 498 (1934); *Trema polygama* Z. M. Wu et J. Y. Lin, J. S. China Agric. Coll. 15 (4): 77 (1994).
四川、贵州、云南、西藏、福建、台湾、广东、广西、海南；日本、越南、缅甸、泰国、马来西亚、印度尼西亚、尼泊尔、印度、斯里兰卡、澳大利亚、太平洋岛屿。

山黄麻（麻桐树，麻络木，山麻）

Trema tomentosa (Roxb.) H. Hara, Bull. Univ. Mus. Univ. Tokyo 2: 19 (1971).
Celtis tomentosa Roxb., Fl. Ind. (Roxburgh) 2: 66 (1832); *Sponia tomentosa* (Roxb.) Planch., Ann. Sci. Nat., Bot. 10: 326 (1848); *Sponia velutina* Planch., Ann. Sci. Nat., Bot. 10: 327 (1848); *Trema velutina* (Planch.) Blume, Mus. Bot. 2: 62 (1852); *Trema dunniana* H. Lév., Repert. Spec. Nov. Regni Veg. 10 (243-247): 146 (1911).
四川、贵州、云南、西藏、福建、台湾、广东、广西、海南；日本、越南、老挝、缅甸、柬埔寨、马来西亚、印度尼西亚、不丹、尼泊尔、印度、孟加拉国、巴基斯坦、马达加斯加、澳大利亚、太平洋岛屿；非洲。

105. 桑科 MORACEAE [9 属: 146 种]

见血封喉属 Antiaris Lesch.

见血封喉（箭毒木，加布，剪刀树）

Antiaris toxicaria Lesch., Ann. Mus. Natl. Hist. Nat. 16: 478 (1810).
云南、广东、广西、海南；越南、缅甸、泰国、马来西亚、印度尼西亚、印度、斯里兰卡。

波罗蜜属 Artocarpus J. R. Forst. et G. Forst.

面包树（面包果树）

☆**Artocarpus altilis** (Parkinson) Fosberg, J. Wash. Acad. Sci. 31 (3): 95 (1941).
Sitodium altile Parkinson, J. Voy. South Seas 45 (1773); *Artocarpus communis* J. R. Forst. et G. Forst., Char. Gen. Pl. 51 (1775); *Radermachia incisa* Thunb., Kongl. Vetensk. Akad. Handl. 37: 253 (1776); *Artocarpus incisus* (Thunb.) L. f., Suppl. Pl. 411 (1781); *Artocarpus altilis* (Parkinson) Fosberg, J. Wash. Acad. Sci. 31 (3): 95 (1941).
台湾、海南有栽培；菲律宾、印度、太平洋岛屿及热带地区广泛栽培。

野树波罗（榅桲木波罗蜜，山波罗）

Artocarpus chama Buch.-Ham., Mem. Wern. Nat. Hist. Soc. 5: 331 (1826).
Artocarpus chaplasha Roxb., Fl. Ind. (Roxburgh) 3: 525

(1832); *Artocarpus melinoxylus* Gagnep., Bull. Soc. Bot. France 73: 88 (1926).
云南；老挝、缅甸、泰国、马来西亚、不丹、印度、孟加拉国。

贡山波罗蜜

●**Artocarpus gongshanensis** S. K. Wu ex C. Y. Wu et S. S. Chang, Acta Bot. Yunnan. 11 (1): 29, pl. 4, f. 2 (1989).
云南。

波罗蜜（木波罗，树波罗，牛肚子果）

☆**Artocarpus heterophyllus** Lam., Encycl. 3: 209 (1789).
云南、广东、广西、海南有栽培；原产于印度，热带广泛栽培。

白桂木（胭脂木，将军树）

●**Artocarpus hypargyreus** Hance, Fl. Hongk. 325 (1861).
江西、湖南、云南、福建、广东、海南。

野波罗蜜（滇波罗蜜）

Artocarpus lakoocha Wall. ex Roxb., Fl. Ind. (Roxburgh) 3: 524 (1834).
Artocarpus lacucha Roxb. ex Buch.-Ham., Mem. Wern. Nat. Hist. Soc. 5 (2): 333 (1826), *nom. inval.*; *Artocarpus yunnanensis* Hu, Bull. Fan Mem. Inst. Biol. Bot. 8: 32 (1937); *Artocarpus ficifolia* W. T. Wang, Acta Phytotax. Sin. 6 (3): 274, pl. 55, f. 23 (1957).
云南；越南、老挝、缅甸、印度尼西亚、尼泊尔、印度。

南川木波罗

●**Artocarpus nanchuanensis** S. S. Chang, S. H. Tan et Z. Y. Liu, Acta Bot. Yunnan. 11 (1): 29 (1989).
重庆。

牛李

●**Artocarpus nigrifolius** C. Y. Wu, Acta Bot. Yunnan. 11 (1): 28 (1989).
云南。

披针叶桂木

Artocarpus nitidus subsp. **griffithii** (King ex Hook. f.) F. M. Jarrett, J. Arnold Arbor. 41: 128 (1960).
Artocarpus gomezianus subsp. *griffithii* King ex Hook. f., Fl. Brit. Ind. 5 (15): 544 (1888); *Artocarpus eberharditii* Gagnep., Bull. Soc. Bot. France 73: 87 (1926); *Artocarpus griffithii* (King ex Hook. f.) Merr., Pap. Michigan Acad. Sci. 24: 64 (1939).
云南；越南、老挝、泰国、柬埔寨、马来西亚、印度尼西亚。

桂木（红桂木）

Artocarpus nitidus subsp. **lingnanensis** (Merr.) F. M. Jarrett, J. Arnold Arbor. 41: 124 (1960).
Artocarpus lingnanensis Merr., Lingnan Sci. J. 7: 302 (1929); *Artocarpus parvus* Gagnep., Bull. Soc. Bot. France 73: 89 (1926).
湖南、云南、广东、广西、海南；栽培于越南北部、泰国、柬埔寨。

短绢毛波罗蜜（糖包果，猴欢喜，马蛋果）

Artocarpus petelotii Gagnep., Bull. Soc. Bot. France 73: 89 (1926).
Artocarpus brevisericea C. Y. Wu et W. T. Wang, Acta Phytotax. Sin. 6 (3): 273, pl. 55, f. 22 (1957).
云南；越南（北部）。

猴子瘿袋

●**Artocarpus pithecogallus** C. Y. Wu, Acta Bot. Yunnan. 11 (1): 26 (1989).
云南。

二色波罗蜜（奶浆果，木皮）

Artocarpus styracifolius Pierre, Bull. Soc. Bot. France 25: 492 (1905).
Artocarpus bicolor Merr. et Chun, Sunyatsenia 1 (1): 52 (1930).
湖南、云南、广东、广西、海南；越南、老挝。

胭脂（胭脂树，鸡脖子果，鸡嗉果）

Artocarpus tonkinensis A. Chev. ex Gagnep., Bull. Soc. Bot. France 73: 90 (1926).
贵州、云南、福建、广东、广西、海南；越南、柬埔寨。

黄果波罗蜜（兰屿面包树）

Artocarpus xanthocarpus Merr., Publ. Bur. Sci. Gov. Lab. 17: 10 (1904).
Artocarpus lanceolatus auct. non Trec: J. C. Liao, Fl. Taiwan 2: 120 (1976).
台湾；菲律宾、印度尼西亚（加里曼丹岛）。

构属 Broussonetia L'Hér. ex Vent.

藤构（蔓构）

●**Broussonetia kaempferi** var. **australis** T. Suzuki, Trans. Nat. Hist. Soc. Taiwan 24: 433 (1934).
Broussonetia sieboldii Blume, Mus. Bot. 2: 86 (1866); *Broussonetia kaempteri* auct. non Siebold: Merr. et Chun, Sunyatsenia 1: 273 (1934).
安徽、浙江、江西、湖南、湖北、四川、贵州、云南、福建、台湾、广东、广西。

楮

Broussonetia kazinoki Siebold et Zucc., Verh. Batav. Genootsch. Kunsten 12: 28 (1830).
Broussonetia monoica Hance, J. Bot. 20 (238): 294 (1882); *Broussonetia kazinoki* var. *ruyangensis* P. H. Ling et X. W. Wei, Bull. Bot. Res., Harbin 2 (1): 155, f. 1 (1982).
河南、安徽、江苏、浙江、江西、湖南、湖北、四川、贵

州、云南、福建、台湾、广东、广西、海南，华中、华南、西南各省（自治区、直辖市）；日本、朝鲜。

落叶花桑

Broussonetia kurzii (Hook. f.) Corner, Gard. Bull. Singapore 19 (2): 234 (1962).

Allaeanthus kurzii Hook. f., Fl. Brit. Ind. 5 (15): 490 (1888).

云南；越南、老挝、缅甸、泰国、不丹、印度（东北部、锡金）。

构树（楮桃，楮，谷桑）

Broussonetia papyrifera (L.) L'Hér. ex Vent., Tabl. Regn. Vég. 3: 547 (1799).

Morus papyrifera L., Sp. Pl. 2: 986 (1753); *Papyrius papyrifera* (L.) Kuntze, Revis. Gen. Pl. 629 (1891); *Smithiodendron artocarpioideum* Hu, Sunyatsenia 3 (2-3): 107, t. 6 (1936).

中国南北各地；日本、朝鲜、越南、老挝、缅甸、泰国、柬埔寨、马来西亚、印度（锡金）、太平洋岛屿。

水蛇麻属 Fatoua Gaudich.

细齿水蛇麻

Fatoua pilosa Gaudich., Voy. Uranie, Bot. 509 (1830).

台湾；菲律宾、印度尼西亚、新几内亚、巴布亚新几内亚、澳大利亚、新喀里多尼亚。

水蛇麻（小蛇麻）

Fatoua villosa (Thunb.) Nakai, Bot. Mag. (Tokyo) 41 (488): 516 (1927).

Urtica villosa Thunb., Syst. Veg. 851 (1784); *Urtica japonica* Thunb., Fl. Jap. 70 (1784), non L. f. (1782); *Fatoua japonica* Blume, Mus. Bot. 2: pl. 38 (1856).

河北、河南、安徽、江苏、浙江、江西、湖北、云南、福建、台湾、广东、广西、海南；日本、朝鲜、菲律宾、马来西亚、印度尼西亚、新几内亚、巴布亚新几内亚、澳大利亚。

榕属 Ficus L.

石榕树（牛奶子）

Ficus abelii Miq., Ann. Mus. Bot. Lugduno-Batavi 3: 281 (1867).

Ficus subpyriformis Miq., Ann. Mus. Bot. Lugduno-Batavi 3: 229 (1867); *Ficus pyriformis* var. *subpyriformis* (Miq.) King, Ann. Bot. Gard. (Calcutta) 1: 158 (1888); *Ficus pyriformis* var. *abelii* (Miq.) King, Ann. Roy. Bot. Gard. (Calcutta) 1: 157 (1888); *Ficus schinzii* H. Lév. et Vaniot, Repert. Spec. Nov. Regni Veg. 8 (191-195): 550 (1910).

江西、湖南、四川、贵州、云南、福建、广东、广西、海南；越南、缅甸、尼泊尔、印度、孟加拉国。

高山榕（鸡榕，大叶榕，大青树）

Ficus altissima Blume, Bijdr. Fl. Ned. Ind. 444 (1825).

Ficus laufera Roxb., Fl. Ind. (Roxburgh) 3: 545 (1832).

云南、广东、广西、海南；菲律宾、越南、缅甸、泰国、马来西亚、印度尼西亚、不丹、尼泊尔、印度。

菲律宾榕

Ficus ampelos Burm. f., Fl. Ind. (N. 50 Burman) 226 (1768).

Ficus tashiroi Maxim., Bull. Acad. Imp. Sci. Saint-Pétersbourg 32: 621 (1888); *Ficus kingiana* Hemsl., Icon. Pl. 16 (1): pl. 2535 (1899).

台湾；日本、菲律宾、印度尼西亚。

环纹榕

Ficus annulata Blume, Bijdr. Fl. Ned. Ind. 448 (1825).

Ficus flavescens Blume, Bijdr. Fl. Ned. Ind. 449 (1825); *Urostigma flavescens* (Blume) Miq., Pl. Jungh. 48 (1851); *Urostigma annulatum* (Blume) Miq., Syst. Verz. (Zollinger) 90 (1854).

云南；菲律宾、越南、缅甸、泰国、马来西亚、印度尼西亚。

橙黄榕

Ficus aurantiaca Griff., Not. Pl. Asiat. 4: 394 (1854).

Ficus kallicarpa Miq., Ann. Mus. Bot. Lugduno-Batavi 3: 268 (1867); *Ficus megacarpa* Merr., Publ. Bur. Sci. Gov. Lab. 17: 14 (1904); *Ficus terasoensis* Hayata, Icon. Pl. Formosan. 8: 116 (1919); *Ficus aurantiaca* var. *parvifolia* Corner, Gard. Bull. Singapore 18 (1): 23 (1960); *Ficus lanyuensis* S. S. Ying, Col. Illustr. Pl. Taiwan 1: 435 (1987).

台湾；菲律宾、越南、缅甸、泰国、印度尼西亚。

大果榕

Ficus auriculata Lour., Fl. Cochinch., ed. 2, 2: 666 (1790).

Ficus macrocarpa H. Lév. et Vaniot, Mém. Real Acad. Ci. Barcelona 6: 152 (1907).

四川、贵州、云南、广西、海南；越南、缅甸、泰国、不丹、尼泊尔、印度、巴基斯坦。

北碚榕

•**Ficus beipeiensis** S. S. Chang, Acta Phytotax. Sin. 22 (1): 69, pl. 11 (1984).

重庆。

黄果榕（黄母猪母乳）

Ficus benguetensis Merr., Publ. Bur. Sci. Gov. Lab. 29: 10 (1905).

Ficus miyagii Koidz., Bot. Mag. (Tokyo) 27: 184 (1913); *Ficus urdanetensis* Elmer, Leafl. Philipp. Bot. 7: 2413 (1914); *Ficus ochobiensis* Hayata, Icon. Pl. Formosan. 7: 36 (1918); *Ficus kotoensis* Hayata, Icon. Pl. Formosan. 8: 126 (1919); *Ficus harlandii* var. *kotoensis* (Hayata) Sata, J. Soc. Trop. Agric. 6: 21 (1934); *Ficus fistulosa* f. *benguetensis* (Merr.) F. Y. Liu et J. C. Liao, Bull. Exp. Forest Natl. Taiwan Univ. 114: 68 (1974).

台湾；日本、菲律宾。

垂叶榕（细叶榕，小叶榕，垂榕）

Ficus benjamina L., Mant. Pl. 1: 129 (1767).

Urostigma benjaminum (L.) Miq., London J. Bot. 4: 583 (1847).

贵州、云南、广东、广西、海南；菲律宾、越南、老挝、缅甸、泰国、柬埔寨、马来西亚、不丹、尼泊尔、印度、新几内亚、巴布亚新几内亚、澳大利亚、所罗门群岛。

垂叶榕（原变种）

Ficus benjamina var. **benjamina**

Ficus retusa var. *nitida* (Thunb.) Miq., Ann. Mus. Bot. Lugduno-Batavi 3: 288 (1867); *Ficus cuspidatocaudata* Hayata, Icon. Pl. Formosan. 8: 119, f. 43 (1919).

贵州、云南、台湾、广东、广西、海南；菲律宾、越南、老挝、缅甸、泰国、柬埔寨、马来西亚、不丹、尼泊尔、印度、新几内亚、巴布亚新几内亚、澳大利亚、所罗门群岛。

毛垂叶榕

Ficus benjamina var. **nuda** (Miq.) Barrett, Amer. Midl. Naturalist. 45: 127 (1951).

Urostigma nudum Miq., London J. Bot. 6: 584 (1847); *Ficus comosa* Roxb., Pl. Coromandel 2: pl. 125 (1798); *Urostigma benjaminum* var. *nudum* (Miq.) Miq., London J. Bot. 1: 583 (1851); *Ficus nuda* (Miq.) Miq., Ann. Mus. Bot. Lugduno-Batavi 3: 288 (1867); *Ficus benjamina* var. *comosa* (Roxb.) Kurz, Fl. Brit. Burm. 2: 446 (1877).

云南；菲律宾、越南、缅甸、泰国、不丹、尼泊尔、印度、新几内亚。

硬皮榕

Ficus callosa Willd., Mém. Acad. Roy. Sci. Hist. (Berlin) 102, pl. 4 (1798).

Ficus scleroptera Miq., Pl. Jungh. 63 (1851); *Ficus basidentula* Miq., Ann. Mus. Bot. Lugduno-Batavi 3: 295 (1859); *Ficus porteana* Regel, Gartenflora 280 (1862); *Ficus cinerascens* Thwaites, Enum. Pl. Zeyl. (Thwaites) 266 (1864); *Ficus malunuensis* Warb., Perk. Frag. Fl. Philipp. 196 (1905); *Ficus cordatifolia* Elmer, Leafl. Philipp. Bot. 4: 1250 (1911).

云南、广东；菲律宾、越南、缅甸、泰国、马来西亚、印度尼西亚、印度、斯里兰卡。

龙州榕

Ficus cardiophylla Merr., Univ. Calif. Publ. Bot. 13: 129 (1926).

Ficus bonii Gagnep., Fl. Indo-Chine 5: 767 (1927).

广西；越南。

无花果（阿驵）

☆**Ficus carica** L., Sp. Pl. 2: 1059 (1753).

中国南北各地均有栽培；原产于地中海沿岸，分布于土耳其至阿富汗。

大叶赤榕

Ficus caulocarpa (Miq.) Miq., Ann. Mus. Bot. Lugduno-Batavi 3: 235 (1867).

Urostigma caulocarpum Miq., London J. Bot. 6: 568 (1847); *Urostigma stipulosum* Miq., J. Bot. 6: 568 (1847); *Ficus stipulosa* (Miq.) Miq., Ann. Mus. Bot. Lugduno-Batavi 3: 287 (1867); *Ficus infectoria* var. *caulocarpa* (Miq.) King, Ann. Roy. Bot. Gard. (Calcutta) 1 (2): 64, pl. 79 (1887).

台湾；日本、菲律宾、缅甸、泰国、马来西亚、印度尼西亚、斯里兰卡、新几内亚。

沙坝榕

Ficus chapaensis Gagnep., Notul. Syst. (Paris) 4: 88 (1927).

四川、云南；越南、缅甸。

纸叶榕

Ficus chartacea (Kurz) King, Ann. Roy. Bot. Gard. (Calcutta) 1: 159, pl. 203 (1888).

Ficus lamponga var. *chartacea* Kurz, Forest Fl. Burma 2: 451 (1877).

云南；越南、缅甸、泰国、马来西亚、印度尼西亚。

纸叶榕（原变种）

Ficus chartacea var. **chartacea**

云南；越南、缅甸、泰国、马来西亚、印度尼西亚。

无柄纸叶榕

Ficus chartacea var. **torulosa** King, Ann. Roy. Bot. Gard. (Calcutta) 1: 159 (1888).

云南；越南、泰国、马来西亚。

雅榕（小叶榕，万年青）

Ficus concinna (Miq.) Miq., Ann. Mus. Bot. Lugduno-Batavi 3: 286 (1867).

Urostigma concinnum Miq., J. Bot. 6: 570 (1847); *Urostigma parvifolium* Miq., J. Bot. 6: 570 (1847); *Ficus subpedunculata* Miq., Ann. Mus. Bot. Lugduno-Batavi 3: 217 (1867); *Ficus parvifolia* (Miq.) Miq., Ann. Mus. Bot. Lugduno-Batavi 3: 286 (1867); *Ficus affinis* Wall. ex Kurz, Forest Fl. Burma 2: 444 (1873); *Ficus glabella* var. *affinis* (Wall. ex Kurz) King, Ann. Roy. Bot. Gard. (Calcutta) 1: 50 (1887); *Ficus glabella* var. *concinna* (Miq.) King, Ann. Roy. Bot. Gard. (Calcutta) 1: 50 (1887); *Ficus fecundissima* H. Lév. et Vaniot, Repert. Spec. Nov. Regni Veg. 9 (196-198): 19 (1910); *Ficus pseudoreligiosa* H. Lév., Fl. Kouy-Tcheou 432 (1915); *Ficus concinna* var. *subsessilis* Corner, Gard. Bull. Singapore 17 (3): 376 (1959); *Ficus lacor* auct. non Buch.-Ham.: Rehder, J. Arnold Arbor. 10: 124 (1929).

浙江、江西、贵州、云南、西藏、福建、广东、广西；菲律宾、越南、老挝、缅甸、泰国、马来西亚、不丹、印度、

版纳榕（新拟）

Ficus cornelisiana Chantaras. et Y. Q. Peng, Blumea 59: 6 (2014).

云南（西双版纳植物园引种）。

糙毛榕（对叶榕）

Ficus cumingii Miq., London J. Bot. 7: 235 (1848).

Ficus kusanoi Hayata, J. Coll. Sci. Imp. Univ. Tokyo 30 (1): 275 (1911); *Ficus terminalifolia* Elmer, Leafl. Philipp. Bot. 4: 1318 (1911); *Ficus somae* Hayata, Icon. Pl. Formosan. 8: 121 (1919); *Ficus cumingii* var. *terminalifolia* (Elmer) Sata, Monogr. Ficus Form. et Philipp. 52, 285, f. 40-4, 41 (1944).

台湾；菲律宾、加里曼丹、印度尼西亚、新几内亚、巴布亚新几内亚。

钝叶榕

Ficus curtipes Corner, Gard. Bull. Singapore 17 (3): 397 (1960).

Ficus obtusifolia Roxb., Fl. Ind. (Roxburgh) 3: 546 (1832), non Kunth (1817); *Urostigma obtusifolium* Miq., London J. Bot. 4: 569 (1847).

贵州、云南；越南、缅甸、泰国、马来西亚、印度尼西亚、不丹、尼泊尔、印度、孟加拉国。

歪叶榕（不对称榕）

Ficus cyrtophylla (Wall. ex Miq.) Miq., Ann. Mus. Bot. Lugduno-Batavi 3: 282 (1867).

Covellia cyrtophylla Wall. ex Miq., London J. Bot. 7: 460 (1848); *Ficus asymmetrica* H. Lév. et Vaniot, Mém. Real Acad. Ci. Barcelona 6: 147 (1907).

贵州、云南、西藏、广西；越南、缅甸、泰国、不丹、印度（东北部、锡金）。

大明山榕（牛乳子树）

•**Ficus daimingshanensis** S. S. Chang, Guihaia 3 (4): 297, pl. 2 (1983).

湖南、广西。

定安榕

•**Ficus dinganensis** S. S. Chang, Guihaia 3 (4): 300 (1983).

海南。

枕果榕

Ficus drupacea Thunb., Ficus 6: 11 (1786).

云南、广东、海南；菲律宾、越南、老挝、缅甸、泰国、马来西亚、印度尼西亚、不丹、尼泊尔、印度、孟加拉国、斯里兰卡、新几内亚、澳大利亚。

枕果榕（原变种）

Ficus drupacea var. **drupacea**

广东、海南；菲律宾、越南、老挝、缅甸、泰国、马来西亚、印度尼西亚、尼泊尔、印度、孟加拉国、斯里兰卡、新几内亚、澳大利亚。

毛枕果榕

Ficus drupacea var. **pubescens** (Roem. et Schult.) Corner, Gard. Bull. Singapore 17 (3): 381 (1960).

Ficus mysorensis var. *pubescens* Roem. et Schult., Syst. Veg. 1: 508 (1817); *Ficus citrifolia* Willd., Sp. Pl., ed. 4 [Willdenow] 4: 1137 (1806), non Mill. (1768); *Ficus mysorensis* Roth ex Roem. et Schult., Syst. Veg. 1: 508 (1817); *Ficus gonia* Buch.-Ham., Trans. Linn. Soc. London 15: 137 (1826); *Urostigma mysorense* (Roth ex Roem. et Schult.) Miq., Hooker's J. Bot. Kew Gard. Misc. 6: 574 (1847); *Urostigma dasycarpum* Miq., London J. Bot. 6: 574 (1847).

云南；越南、老挝、缅甸、不丹、尼泊尔、印度、孟加拉国、斯里兰卡。

印度榕（橡皮树，印度胶树，印度橡皮树）

Ficus elastica Roxb. ex Hornem., Suppl. Hort. Bot. Hafn. 7 (1819).

Ficus taeda Kunth et Bouch., Index Seminum [Berlin] 14 (1846); *Ficus cordata* Kunth et Bouch., Index Seminum [Berlin] 14 (1846); *Urostigma elasticum* (Roxb. ex Hornem.) Miq., London J. Bot. 6: 578 (1847); *Urostigma odoratum* Miq., Pl. Jungh. 49 (1851); *Urostigma karet* Miq., Fl. Ned. Ind. 1 (2): 334 (1854); *Urostigma circumscissum* Miq., Pl. Jungh. 292 (1854); *Ficus skytinodermis* Summerh., J. Arnold Arbor. 14 (1): 62 (1933).

云南；缅甸、马来西亚、印度尼西亚、不丹、尼泊尔、印度。

矮小天仙果（假枇杷果，天师果，狭叶鹿饭）

Ficus erecta Thunb., Ficus 9: 15 (1786).

Ficus tenax Blume, Bijdr. Fl. Ned. Ind. 440 (1825); *Ficus sieboldii* Miq., Ann. Mus. Bot. Lugduno-Batavi 2: 199 (1866); *Ficus erecta* var. *sieboldii* (Miq.) King, Ann. Roy. Bot. Gard. (Calcutta) 1 (2): 142, t. 1 78 B (1888); *Ficus koshunensis* Hayata, J. Coll. Sci. Imp. Univ. Tokyo 30 (1): 274 (1911); *Ficus maruyamensis* Hayata, J. Coll. Sci. Imp. Univ. Tokyo 30 (1): 276 (1911); *Ficus beecheyana* f. *tenuifolia* Sata, J. Soc. Trop. Agric. 6: 22 (1934); *Ficus beecheyana* var. *koshunensis* (Hayata) Sata, J. Soc. Trop. Agric. 6: 22 (1934); *Ficus beecheyana* f. *tenuifolia* Sata, J. Soc. Trop. Agric. 6: 22 (1934); *Ficus erecta* f. *sieboldii* (Miq.) Corner, Gard. Bull. Singapore 17 (3): 427 (1959); *Ficus erecta* var. *beecheyana* f. *koshunensis* (Hayata) Corner, Gard. Bull. Singapore 17 (3): 427 (1959).

安徽、江苏、浙江、江西、湖南、湖北、贵州、云南、福建、台湾、广东、广西；日本、朝鲜、越南。

黄毛榕（猫卵子）

Ficus esquiroliana H. Lév., Bull. Acad. Int. Géogr. Bot. 24: 252 (1914).

Ficus neoesquirolii H. Lév., Fl. Kouy-Tcheou 431 (1915); *Ficus xiphias* C. E. C. Fisch., Bull. Misc. Inform. Kew 1936 (4): 282 (1936).

四川、贵州、云南、西藏、台湾、广东、广西、海南；越南、老挝、缅甸、泰国、印度尼西亚。

线尾榕

Ficus filicauda Hand.-Mazz., Anz. Akad. Wiss. Wien, Math.-

Naturwiss. Kl. 60: 180, pl. 2, f. 7 (1924).
云南、西藏；缅甸（东北部）、印度（东北部）。

线尾榕（原变种）

Ficus filicauda var. **filicauda**
云南、西藏；缅甸（东北部）、印度（东北部）。

长柄线尾榕

Ficus filicauda var. **longipes** S. S. Chang, Fl. Xizang. 1: 517, f. 167 (1983).
西藏。

水同木

Ficus fistulosa Reinw. ex Blume, Bijdr. Fl. Ned. Ind. 470 (1825).
Ficus harlandii Benth., Fl. Hongk. 330 (1861).
云南、福建、广东、广西、海南、香港；菲律宾、越南、缅甸、泰国、加里曼丹、马来西亚、印度尼西亚、印度、孟加拉国。

金毛榕

Ficus fulva Reinw. ex Blume, Bijdr. Fl. Ned. Ind. 478 (1825).
Ficus chrysocarpa Reinw. ex Blume, Bijdr. Fl. Ned. Ind. 475 (1825); *Ficus fulva* var. *chrysocarpa* (Reinw. ex Blume) Koord., Exkurs.-Fl. Java. 2: 117 (1912).
云南、广东、广西、海南；越南、缅甸、泰国、文莱、马来西亚、印度尼西亚、印度。

扶绥榕

●**Ficus fusuiensis** S. S. Chang, Guihaia 3 (4): 298, f. 3 (1983).
广西。

冠毛榕

Ficus gasparriniana Miq., London J. Bot. 7: 436 (1848).
江西、湖南、湖北、四川、贵州、云南、福建、广东、广西；越南、老挝、缅甸、泰国、不丹、印度。

冠毛榕（原变种）

Ficus gasparriniana var. **gasparriniana**
Ficus comata Hand.-Mazz., Sitzungsber. Kaiserl. Akad. Wiss., Math.-Naturwiss. Cl., Abt. 1, 58: 227 (1876); *Ficus leekensis* Drake, J. Bot. (Morot) 10 (13): 213 (1896); *Ficus cyanus* var. *viridescens* H. Lév. et Vaniot, Mém. Real Acad. Ci. Barcelona 6: 147 (1907); *Ficus viridescens* H. Lév. et Vaniot, Mém. Real Acad. Ci. Barcelona 6: 149 (1907); *Ficus cyanus* H. Lév. et Vaniot, Mém. Real Acad. Ci. Barcelona 6: 149 (1907); *Ficus cuneata* var. *congesta* H. Lév. et Vaniot, Mém. Real Acad. Ci. Barcelona 6: 149 (1907); *Ficus stapfii* H. Lév., Repert. Spec. Nov. Regni Veg. 9 (214-216): 325 (1911); *Ficus congesta* H. Lév. et Vaniot, Fl. Kouy-Tchéou 428 (1913), non Roxb. (1832); *Ficus silhetensis* var. *annamica* Gagnep., Fl. Indo-Chine 5: 788 (1928); *Ficus lomata* Hand.-Mazz., Symb. Sin. 7: 97 (1929); *Ficus gasparriniana* var. *viridescens* (H. Lév. et Vaniot) Corner, Gard. Bull. Singapore 17 (3): 428 (1959); *Ficus silhetensis* Miq., Ann. Mus. Bot. Lugduno-Batavi 3: 223 (1967).
江西、湖南、湖北、贵州、云南、福建、广东、广西；越南、老挝、缅甸、泰国、印度。

长叶冠毛榕

●**Ficus gasparriniana** var. **esquirolii** (H. Lév. et Vaniot) Corner, Gard. Bull. Singapore 17 (3): 428 (1959).
Ficus esquirolii H. Lév. et Vaniot, Mém. Real Acad. Ci. Barcelona 6: 150 (1907); *Ficus cehengensis* S. S. Chang, Guihaia 4 (2): 113, f. 8 (1984); *Ficus cehengensis* var. *multiformis* S. S. Chang, Guihaia 4 (2): 115 (1984).
江西、湖南、四川、贵州、云南、广东、广西。

菱叶冠毛榕

●**Ficus gasparriniana** var. **laceratifolia** (H. Lév. et Vaniot) Corner, Gard. Bull. Singapore 17 (3): 428 (1960).
Ficus laceratifolia H. Lév. et Vaniot, Mém. Real Acad. Ci. Barcelona 6: 151 (1907); *Ficus bhotanica* King, Ann. Roy. Bot. Gard. (Calcutta) 1: 75, t. 205 b (1888).
湖北、四川、贵州、云南、福建、广西。

曲枝榕

Ficus geniculata Kurz, Forest Fl. Burma 2: 447 (1877).
Ficus tenii H. Lév., Repert. Spec. Nov. Regni Veg. 6: 112 (1908).
四川、云南、海南；越南、老挝、缅甸、泰国、柬埔寨、尼泊尔、印度。

大叶水榕（万年青，池树）

Ficus glaberrima Blume, Bijdr. Fl. Ned. Ind. 451 (1825).
Urostigma glaberrimum (Blume) Miq., Fl. Ned. Ind. 1 (2): 340 (1859); *Ficus feddei* H. Lév. et Vaniot, Repert. Spec. Nov. Regni Veg. 9 (196-198): 19 (1910); *Ficus suberosa* H. Lév. et Vaniot, Repert. Spec. Nov. Regni Veg. 8 (191-195): 549 (1910); *Ficus glaberrima* var. *pubescens* S. S. Chang, Guihaia 4 (2): 118, f. 11 (1984).
贵州、云南、西藏、广东、广西、海南；越南、缅甸、泰国、印度尼西亚、不丹、尼泊尔、印度。

广西榕

●**Ficus guangxiensis** S. S. Chang, Guihaia 4 (2): 115, f. 9 (1984).
广西。

贵州榕

●**Ficus guizhouensis** S. S. Chang, Acta Phytotax. Sin. 20 (1): 96, pl. 2 (1982).
贵州、云南、广西。

藤榕

Ficus hederacea Roxb., Fl. Ind. (Roxburgh) 3: 538 (1832).
Ficus scandens Roxb., Fl. Ind. (Roxburgh) 3: 536 (1832); *Ficus cantoniensis* Bodinier ex H. Lév., Mém. Real Acad. Ci.

Barcelona 6: 148 (1907).
贵州、云南、广东、广西、海南；老挝、缅甸、泰国、不丹、尼泊尔、印度（北部、锡金）。

尖叶榕（山枇杷）

Ficus henryi Warb., Bot. Jahrb. Syst. 29 (2): 299 (1900).
Ficus acanthocarpa H. Lév. et Vaniot, Repert. Spec. Nov. Regni Veg. 4 (57-58): 65 (1907).
甘肃、湖南、湖北、四川、贵州、云南、西藏、广西；越南。

异叶榕（异叶天仙果）

Ficus heteromorpha Hemsl., Icon. Pl. 26: pl. 2533 et 2534 (1897).
Ficus cavaleriei H. Lév. et Vaniot, Repert. Spec. Nov. Regni Veg. 4 (57-58): 83 (1907); *Ficus pinfaensis* H. Lév. et Vaniot, Mém. Real Acad. Ci. Barcelona 6: 152 (1907); *Ficus cuneata* H. Lév. et Vaniot, Mém. Real Acad. Ci. Barcelona 6: 149 (1907); *Ficus kouytchense* H. Lév. et Vaniot, Repert. Spec. Nov. Regni Veg. 4 (57-58): 65 (1907); *Ficus mairei* H. Lév., Repert. Spec. Nov. Regni Veg. 12 (341-345): 535 (1913); *Ficus xichouensis* S. S. Chang, Acta Phytotax. Sin. 22 (1): 71, pl. 15 (1984).
山西、河南、陕西、甘肃、安徽、江苏、浙江、江西、湖南、湖北、四川、贵州、云南、福建、广东、广西；缅甸。

山榕（羊乳子，奇叶榕）

Ficus heterophylla L. f., Suppl. Pl. 442 (1781).
Ficus scabrella Roxb., Fl. Ind. (Roxburgh) 3: 531 (1832); *Ficus heterophylla* var. *scabrella* (Roxb.) King, Ann. Roy. Bot. Gard. (Calcutta) 1: 75 (1888).
云南、广东、海南；越南、老挝、缅甸、泰国、柬埔寨、马来西亚、印度尼西亚、印度、斯里兰卡。

尾叶榕（尖尾长叶榕）

Ficus heteropleura Blume, Bijdr. Fl. Ned. Ind. 466 (1825).
Ficus urophylla Wall. ex Miq., London J. Bot. 7: 429 (1848); *Ficus caudatifolia* Warb., Fragm. Florist. Geobot. 3: 194 (1905); *Ficus rostrata* var. *urophylla* (Wall. ex Miq.) Koord., Bijdr. Booms. Java. 11 (1906); *Ficus caudatilongifolia* Sata, J. Soc. Trop. Agric. 6: 26 (1934); *Ficus rostrata* auct. non Lam.: Merr. et Chun, Sunyatsenia 5: 4 (1946).
台湾、海南；菲律宾、越南、缅甸、泰国、柬埔寨、马来西亚、印度尼西亚、不丹、印度、孟加拉国。

粗叶榕（丫枫小树，大青叶，佛掌榕）

Ficus hirta Vahl, Enum. Pl. (Vahl) 2: 201 (1806).
Ficus hirsuta Roxb., Fl. Ind. (Roxburgh) 3: 528 (1832); *Ficus triloba* Buch.-Ham. ex Wall., Numer. List n. 4491 (1845), *nom. nud.*; *Ficus roxburghii* Miq., Ann. Mus. Bot. Lugduno-Batavi 6: 77 (1848); *Ficus hibiscifolia* Champ. ex Benth., Hooker's J. Bot. Kew Gard. Misc. 6, 77 (1854); *Ficus hirta* var. *roxburghii* (Miq.) King, Ann. Roy. Bot. Gard. (Calcutta) 1: 150 (1888); *Ficus porteri* H. Lév. et Vaniot, Repert. Spec. Nov. Regni Veg. 8 (191-195): 550 (1910); *Ficus laus-esquirolii* H. Lév., Fl. Kouy-Tcheou 425, 431 (1915); *Ficus katsumadai* Hayata, Icon. Pl. Formosan. 8: 127 (1919); *Ficus palmatiloba* Merr., Philipp. J. Sci. 21 (4): 340 (1922); *Ficus tridactylites* Gagnep., Notul. Syst. (Paris) 4: 98 (1927); *Ficus quangtriensis* Gagnep., Not. Syst. 4: 94 (1927); *Ficus hirta* var. *imberbis* Gagnep., Fl. Indo-Chine 5: 804 (1928); *Ficus hirta* var. *palmatiloba* Merr., Sunyatsenia 1 (4): 225 (1934); *Ficus hirta* var. *hibiscifolia* (Champ. ex Benth.) Chun, Sunyatsenia 1 (4): 225 (1934); *Ficus simplicissima* var. *hirta* (Vahl) Migo, J. Shanghai Sci. Inst. 14: 331 (1944); *Ficus hirta* var. *brevipila* Corner, Gard. Bull. Singapore 17 (3): 430 (1959).
江西、湖南、贵州、云南、福建、广东、广西、海南；越南、老挝、缅甸、泰国、马来西亚、印度尼西亚、不丹、尼泊尔、印度。

对叶榕（牛奶子）

Ficus hispida L. f., Suppl. Pl. 442 (1781).
Covellia hispida (L. f.) Miq., J. Bot. (Hooker) 7: 462 (1848); *Ficus letaquii* H. Lév. et Vaniot, Repert. Spec. Nov. Regni Veg. 8 (191-195): 550 (1910); *Ficus sambucixylon* H. Lév., Repert. Spec. Nov. Regni Veg. 9 (222-226): 444 (1911); *Ficus heterostyla* Merr., J. Arnold Arbor. 23: 158 (1942); *Ficus hispida* var. *badiostrigosa* Corner, Gard. Bull. Singapore 18 (1): 53 (1960); *Ficus hispida* var. *rubra* Corner, Gard. Bull. Singapore 18 (1): 54 (1960); *Ficus compressa* S. S. Chang, Guihaia 3 (4): 295, f. 1 (1983).
贵州、云南、广东、广西、海南；越南、老挝、缅甸、泰国、柬埔寨、马来西亚、印度尼西亚、不丹、尼泊尔、印度、斯里兰卡、新几内亚、澳大利亚。

大青树（缅树，红优昙，圆叶榕）

Ficus hookeriana Corner, Gard. Bull. Singapore 17 (3): 378 (1960).
Ficus hookeri Miq., Ann. Mus. Bot. Lugduno-Batavi 3: 215 (1867), non Sweet (1826).
贵州、云南、广西；不丹、尼泊尔、印度。

糙叶榕

Ficus irisana Elmer, Leafl. Philipp. Bot. 1: 45 (1906).
Ficus fachikoogi Koidz., Bot. Mag. (Tokyo) 27: 185 (1913); *Ficus hayatae* Sata, J. Soc. Trop. Agric. 6: 28 (1934).
台湾；日本、菲律宾、印度尼西亚。

壶托榕（瘦柄榕）

Ficus ischnopoda Miq., Ann. Mus. Bot. Lugduno-Batavi 3: 229 (1867).
Ficus pyriformis var. *ischnopoda* (Miq.) King, Ann. Roy. Bot. Gard. (Calcutta) 1: 158, pl. 200 (1888); *Ficus pyriformis* var. *angustifolia* Ridl., Pl. Mal. Pen. 3: 349 (1924); *Ficus petelotii* Merr., Univ. Calif. Publ. Bot. 13: 129 (1926); *Ficus delavayi* Gagnep., Notul. Syst. (Paris) 4: 89 (1927).
贵州、云南；越南、缅甸、泰国、马来西亚、不丹、印度、孟加拉国。

滇顷榕

Ficus kurzii King, Ann. Roy. Bot. Gard. (Calcutta) 1: 47, pl. 57 (1887).

云南；越南、缅甸、泰国、马来西亚、印度尼西亚。

光叶榕（平滑榕）

Ficus laevis Blume, Bijdr. Fl. Ned. Ind. 437 (1825).

Ficus jaminii H. Lév. et Vaniot, Repert. Spec. Nov. Regni Veg. 8 (191-195): 550 (1910).

贵州、云南、广西；越南、缅甸、泰国、马来西亚、印度尼西亚、印度、斯里兰卡。

青藤公（尖尾榕）

Ficus langkokensis Drake, J. Bot. (Morot) 10 (13): 215 (1896).

Ficus harmandii Gagnep., Notul. Syst. (Paris) 4 (3): 90 (1927).

湖南、四川、云南、福建、广东、广西、海南；越南、老挝、印度。

瘤枝榕

Ficus maclellandii King, Ann. Roy. Bot. Gard. (Calcutta) 1: 52, t. 64 (1888).

Urostigma rhododendrifolia Miq., London J. Bot. 6: 579 (1847), non Gasp. (1844); *Ficus rhododendrifolia* Miq., Ann. Mus. Bot. Lugduno-Batavi 3: 286 (1867), non Kunth et Bouch. (1847); *Ficus maclellandii* var. *rhododendrifolia* Corner, Gard. Bull. Singapore 17: 392 (1959).

云南；越南、缅甸、泰国、马来西亚、不丹、印度、孟加拉国。

榕树

Ficus microcarpa L. f., Suppl. Pl. 442 (1782).

Ficus rubra Roth, Nov. Pl. Sp. 391 (1821); *Ficus littoralis* Blume, Bijdr. Fl. Ned. Ind. 455 (1825); *Ficus condoravia* Buch.-Ham., Trans. Linn. Soc. London 15: 131 (1827); *Urostigma microcarpum* (L. f.) Miq., London J. Bot. 6: 583 (1847); *Urostigma amblyphyllum* Miq., London J. Bot. 6: 569 (1847); *Ficus amblyphylla* (Miq.) Miq., Ann. Mus. Bot. Lugduno-Batavi 3: 286 (1867); *Ficus cairnsii* Warb., Repert. Spec. Nov. Regni Veg. 1 (5/6): 73 (1905); *Ficus retusiformis* H. Lév., Repert. Spec. Nov. Regni Veg. 8 (191-195): 549 (1910); *Ficus retusa* var. *crassifolia* W. C. Shieh, Quart. J. Taiwan Mus. 16 (3-4): 190, f. 5 a-d (1963); *Ficus microcarpa* var. *crassifolia* (W. C. Shieh) J. C. Liao, Forest. Ser. 62: 7 (1974); *Ficus microcarpa* var. *fuyuensis* J. C. Liao, Quart. J. Exp. Forest. 3 (4): 84, f. 3 (1989); *Ficus microcarpa* var. *oluangpiensis* J. C. Liao, Quart. J. Exp. Forest. 3 (4): 85, f. 4 (1989); *Ficus microcarpa* var. *pusillifolia* J. C. Liao, Quart. J. Exp. Forest. 3 (4): 85, f. 5 (1989).

浙江、福建、台湾、广西、海南、香港；日本、菲律宾、越南、缅甸、泰国、马来西亚、不丹、尼泊尔、印度、斯里兰卡、新几内亚、巴布亚新几内亚、澳大利亚。

那坡榕

•**Ficus napoensis** S. S. Chang, Guihaia 3 (4): 305, f. 7 (1983).

广西。

森林榕

Ficus neriifolia Sm., Cycl. (Rees) 14: *Ficus* no. 21 (1810).

Ficus nemoralis Wall. ex Miq., London J. Bot. 7: 453 (1848); *Ficus gemella* Wall. ex Miq., London J. Bot. 7: 454 (1848); *Ficus fieldingii* Miq., London J. Bot. 7: 439 (1848); *Ficus trilepis* Miq., Ann. Mus. Bot. Lugduno-Batavi 3: 228 (1867); *Ficus nemoralis* var. *trilepis* (Miq.) King, Ann. Roy. Bot. Gard. (Calcutta) 1 (2): 162 (1888); *Ficus nemoralis* var. *gemella* (Wall. ex Miq.) King, Ann. Roy. Bot. Gard. (Calcutta) 1 (2): 162, pl. 206 (1888); *Ficus nemoralis* var. *fieldingii* (Miq.) King, Ann. Roy. Bot. Gard. (Calcutta) 1 (2): 163 (1888); *Ficus wardii* C. E. C. Fisch., Bull. Misc. Inform. Kew 4: 281 (1936); *Ficus neriifolia* var. *nemoralis* (Wall. ex Miq.) Corner, Gard. Bull. Singapore 17 (3): 426 (1960); *Ficus neriifolia* var. *fieldingii* (Miq.) Corner, Gard. Bull. Singapore 17 (3): 426 (1960); *Ficus neriifolia* var. *trilepis* (Miq.) Corner, Gard. Bull. Singapore 17 (3): 426 (1960).

云南、西藏；缅甸、不丹、尼泊尔、印度（东北部、锡金）。

九丁榕（大叶九重树）

Ficus nervosa B. Heyne ex Roth, Nov. Pl. Sp. 388 (1821).

Ficus magnoliifolia Blume, Bijdr. Fl. Ned. Ind. 448 (1826); *Urostigma nervosum* (B. Heyne ex Roth) Miq., London J. Bot. 6: 585 (1847); *Urostigma modestum* Miq., London J. Bot. 6: 586 (1847); *Ficus modesta* (Miq.) Miq., Ann. Mus. Bot. Lugduno-Batavi 3: 286 (1867); *Ficus blinii* H. Lév. et Vaniot, Repert. Spec. Nov. Regni Veg. 8 (191-195): 550 (1910); *Ficus apoensis* Elmer, Leafl. Philipp. Bot. 4: 1249 (1911); *Ficus nervosa* var. *longifolia* Sata, Monogr. Ficus Form. et Philipp. 1: 83 (1944).

四川、贵州、云南、福建、台湾、广东、广西、海南；越南、缅甸、泰国、不丹、尼泊尔、印度、斯里兰卡。

苹果榕（地瓜，橡胶树，木瓜果）

Ficus oligodon Miq., Ann. Mus. Bot. Lugduno-Batavi 3: 234 (1867).

Ficus regia Miq., Ann. Mus. Bot. Lugduno-Batavi 3: 234 (1867); *Ficus pomifera* Wall. ex King, Ann. Roy. Bot. Gard. (Calcutta) 1: 171, pl. 215 (1888); *Ficus hainanensis* Merr. et Chun, Sunyatsenia 2 (3-4): 215, t. 40 (1935).

贵州、云南、西藏、广西、海南；越南、缅甸、泰国、马来西亚、不丹、尼泊尔、印度。

直脉榕（假钝叶榕）

Ficus orthoneura H. Lév. et Vaniot, Repert. Spec. Nov. Regni Veg. 4 (57-58): 66 (1907).

Ficus hypoleucogramma H. Lév. et Vaniot, Repert. Spec. Nov. Regni Veg. 4 (57-58): 65 (1907); *Ficus caesia* Hand.-Mazz., Anz. Akad. Wiss. Wien, Math.-Naturwiss. Kl. 59: 54 (1922); *Ficus fedorovii* W. T. Wang, Acta Phytotax. Sin. 6 (3): 268, t. 55, f. 21 (1957); *Ficus imenensis* S. S. Chang, Guihaia 4 (2): 118, f. 13 (1984).

贵州、云南、广西；越南、缅甸、泰国。

卵叶榕

●**Ficus ovatifolia** S. S. Chang, Acta Phytotax. Sin. 22 (1): 68, pl. 10 (1984).
云南。

琴叶榕

Ficus pandurata Hance, Ann. Sci. Nat., Bot. ser. 4, 18: 229 (1862).
Ficus pandurata var. *angustifolia* W. C. Cheng, Contr. Soc. Lob. Sci. Bot. 9: 256 (1934); *Ficus pandurata* var. *linearis* Migo, J. Shanghai Sci. Inst. 14: 330 (1944); *Ficus pandurata* var. *holophylla* Migo, J. Shanghai Sci. Inst. 14: 329 (1944); *Ficus formosana* var. *angustissima* W. C. Ko, Acta Phytotax. Sin. 8 (4): 352 (1963).
河南、安徽、浙江、江西、湖南、湖北、四川、贵州、云南、福建、广东、广西、海南；越南、泰国。

蔓榕

Ficus pedunculosa Miq., London J. Bot. 7: 442, f. 7 A (1848).
Ficus ataktophylla Miq., Ann. Mus. Bot. Lugduno-Batavi 3: 227 (1867); *Ficus luzonensis* Merr., Publ. Bur. Sci. Gov. Lab. 6: 8 (1904); *Ficus mearnsii* Merr., Philipp. J. Sci. 3 (6): 402 (1908); *Ficus garanbiensis* Hayata, Icon. Pl. Formosan. 8: 118 (1919); *Ficus pedunculosa* var. *mearnsii* (Merr.) Corner, Gard. Bull. Singapore 17 (3): 427 (1959); *Ficus pedunculosa* var. *glabrifolia* S. S. Chang, Bull. Taiwan Prov. Ping. Inst. Agr. 6: 55 (1965).
台湾；菲律宾、印度尼西亚、新几内亚、巴布亚新几内亚。

翅托榕

●**Ficus periptera** D. Fang et D. H. Qin, Acta Phytotax. Sin. 39 (6): 549, t. 1 (3) (2001).
广西。

翅托榕（原变种）

●**Ficus periptera** var. **periptera**
广西。

毛翅托榕

●**Ficus periptera** var. **hirsutula** D. Fang et D. H. Qin, Acta Phytotax. Sin. 39 (6): 550 (2001).
广西。

豆果榕（龙树）

Ficus pisocarpa Blume, Bijdr. Fl. Ned. Ind. 454 (1825).
Urostigma pisocarpum (Blume) Miq., Fl. Ned. Ind. 1 (2): 344 (1855); *Ficus microstoma* Wall. ex King, Ann. Roy. Bot. Gard. (Calcutta) 1: 38, f. 48 (1888).
贵州、云南、广西；泰国、文莱、马来西亚、印度尼西亚。

多脉榕

●**Ficus polynervis** S. S. Chang, Guihaia 3 (4): 302, f. 5 (1983).
云南。

钩毛榕

Ficus praetermissa Corner, Gard. Bull. Singapore 17: 474 (1960).
云南；越南、老挝、缅甸、泰国、印度。

平枝榕（匍匐榕）

Ficus prostrata (Wall. ex Miq.) Miq., Ann. Mus. Bot. Lugduno-Batavi 3: 297 (1867).
Covellia prostrata Wall. ex Miq., London J. Bot. 7: 465 (1848).
云南；越南、印度（东北部、锡金）、孟加拉国。

褐叶榕（毛榕）

Ficus pubigera (Wall. ex Miq.) Kurz, Fl. Burma 2: 450 (1877).
Pogonotrophe pubigera Wall. ex Miq., London J. Bot. 7: 76 (1848).
贵州、云南、西藏、广东、广西；越南、老挝、缅甸、泰国、马来西亚、不丹、尼泊尔、印度。

褐叶榕（原变种）

Ficus pubigera var. **pubigera**
Ficus howii Merr. et Chun, Sunyatsenia 5 (1-3): 43 (1940).
云南、广东、广西；越南、缅甸、泰国、马来西亚、尼泊尔、印度。

鳞果褐叶榕

Ficus pubigera var. **anserina** Corner, Gard. Bull. Singapore 18 (1): 5 (1960).
云南；老挝。

大果褐叶榕

Ficus pubigera var. **maliformis** (King) Corner, Gard. Bull. Singapore 18 (1): 6 (1960).
Ficus foveolata var. *maliformis* King, Ann. Roy. Bot. Gard. (Calcutta) 1: 134, pl. 168 (1888).
贵州、云南、西藏、广西；缅甸、不丹、印度。

网果褐叶榕

●**Ficus pubigera** var. **reticulata** S. S. Chang, Acta Phytotax. Sin. 22 (1): 72, pl. 16 (1984).
云南。

球果山榕

Ficus pubilimba Merr., J. Arnold Arbor. 23: 159 (1942).
福建、广东、海南；越南、缅甸、泰国、马来西亚、斯里兰卡。

绿岛榕

Ficus pubinervis Blume, Bijdr. Fl. Ned. Ind. 452 (1825).
Urostigma hasseltii Miq., Pl. Jungh. 46 (1851); *Ficus cuneatonervosa* Yamam., Icon. Pl. Formosan. Suppl. 1: 1 (1925).
台湾；菲律宾、印度尼西亚、印度。

薜荔（凉粉子，木莲，凉粉果）

Ficus pumila L., Sp. Pl. 2: 1060 (1753).

河南、陕西、安徽、江苏、浙江、江西、湖南、湖北、四川、贵州、云南、福建、台湾、广东、广西；日本、越南。

薜荔（原变种）

Ficus pumila var. **pumila**

Ficus stipulata Thunb., Ficus 8 (1786); *Ficus hanceana* Maxim., Bull. Acad. Imp. Sci. Saint-Pétersbourg 11: 341 (1883).

河南、陕西、安徽、江苏、浙江、江西、湖南、湖北、四川、贵州、云南、福建、台湾、广东、广西；日本、越南。

爱玉子

Ficus pumila var. **awkeotsang** (Makino) Corner, Gard. Bull. Singapore 18 (1): 6 (1960).

Ficus awkeotsang Makino, Bot. Mag. (Tokyo) 18: 151, f. 1-3 (1904); *Ficus nagayamai* Yamam., Icon. Pl. Formosan. Suppl. 3: 12, f (1927).

浙江、福建、台湾。

小果薜荔

●**Ficus pumila** var. **microcarpa** G. Y. Li et Z. H. Chen, J. Zhejiang Forest. Coll. 27 (6): 909 (2010).

浙江。

船梨榕（梨状奶子，梨果榕，梨状手乳子）

Ficus pyriformis Hook. et Arn., Bot. Beechey Voy. 216 (1837).

Ficus millettii Miq., London J. Bot. 7: 438 (1848); *Ficus rectinorria* Merr., Philipp. J. Sci. 13 (3): 135 (1918); *Ficus pyriformis* var. *brevifolia* Gagnep., Fl. Indo-Chine 5: 798 (1928); *Ficus pyriformis* var. *hirtinervis* S. S. Chang, Guihaia 4 (2): 117, f. 10 (1984).

福建、广东、广西；越南、缅甸、马来西亚。

聚果榕（马郎果）

Ficus racemosa L., Sp. Pl. 2: 1060 (1753).

贵州、云南、广西；越南、缅甸、泰国、印度尼西亚、尼泊尔、印度、巴基斯坦、斯里兰卡、新几内亚、澳大利亚。

聚果榕（原变种）

Ficus racemosa var. **racemosa**

Ficus glomerata Roxb., Pl. Coromandel 2: 123 (1798); *Covellia glomerata* (Roxb.) Miq., London J. Bot. 7: 465 (1847).

贵州、云南、广西；越南、缅甸、泰国、印度尼西亚、尼泊尔、印度、巴基斯坦、斯里兰卡、新几内亚、澳大利亚。

柔毛聚果榕

Ficus racemosa var. **miquelli** (King) Corner, Gard. Bull. Singapore 21 (1): 34 (1965).

Ficus glomerata var. *miquelli* King, Ann. Roy. Bot. Gard. (Calcutta) 1: 173 (1887); *Ficus chittagonga* Miq., Ann. Mus. Bot. Lugduno-Batavi 3: 288 (1847); *Ficus glomerata* var. *chittagonga* (Miq.) King, Ann. Roy. Bot. Gard. (Calcutta) 1: 173, pl. 219 (1887).

云南；越南、缅甸、印度。

菩提树（思维树）

Ficus religiosa L., Sp. Pl. 2: 1059 (1753).

Urostigma religiosum (L.) Gasp., Ficus 82, pl. 7 (1844).

云南、广东、广西；日本、越南、泰国、马来西亚、不丹、尼泊尔、印度、巴基斯坦，世界广泛栽培。

红茎榕（落叶榕）

Ficus ruficaulis Merr., Publ. Bur. Sci. Gov. Lab. 17: 13 (1904).

Ficus antaoensis Hayata, Icon. Pl. Formosan. 8: 122 (1919); *Ficus hiiranensis* Hayata, Icon. Pl. Formosan. 8: 123 (1919); *Ficus ruficaulis* var. *antaoensis* (Hayata) Hatus. et J. C. Liao, Quart. J. Chin. Forest. 22 (1): 135 (1989).

台湾；菲律宾、马来西亚。

心叶榕

Ficus rumphii Blume, Bijdr. Fl. Ned. Ind. 437 (1825).

Ficus cordifolia Roxb., Fl. Ind. (Roxburgh) 3: 548 (1832); *Urostigma cordifolium* (Roxb.) Miq., London J. Bot. 4: 564 (1847); *Urostigma rumphii* (Blume) Miq., Syst. Verz. 90 (1854).

云南；越南、缅甸、泰国、马来西亚、印度尼西亚、不丹、尼泊尔、印度。

乳源榕

●**Ficus ruyuanensis** S. S. Chang, Acta Phytotax. Sin. 20 (1): 97, pl. 3 (1982).

Ficus daimiaoshanensis S. S. Chang, Guihaia 4 (2): 121, f. 14 (1984).

贵州、广东、广西。

羊乳榕

Ficus sagittata Vahl, Symb. Bot. 1: 83 (1790).

Ficus compressicaulis Blume, Bijdr. Fl. Ned. Ind. 439 (1825); *Ficus ramentacea* Roxb., Fl. Ind. (Roxburgh) 3: 547 (1832); *Ficus lanoensis* Merr. ex Sata, Contr. Hort. Inst. Taihoku Imp. Univ. 32: 341 (1944).

云南、广东、广西、海南；菲律宾、越南、缅甸、泰国、印度尼西亚、不丹、印度、太平洋岛屿。

匍茎榕

Ficus sarmentosa Buch.-Ham. ex Sm., Cycl. (Rees) 14: *Ficus* no. 45 (1810).

河南、陕西、甘肃、安徽、江苏、浙江、江西、湖南、湖北、四川、贵州、云南、西藏、福建、台湾、广东、广西、海南；日本、朝鲜、越南、缅甸、不丹、尼泊尔、印度、巴基斯坦、克什米尔地区。

匍茎榕（原变种）

Ficus sarmentosa var. **sarmentosa**

Pogonotrophe reticulata Miq., London J. Bot. 7: 76 (1848); *Pogonotrophe foveolata* Wall. ex Miq., London J. Bot. 7: 77 (1848); *Ficus reticulata* (Miq.) Miq., Ficus 6: 12 (1867), non Thunb. (1786); *Ficus foveolata* (Wall. ex Miq.) Wall. ex Miq., Ann. Mus. Bot. Lugduno-Batavi 3: 294 (1867).
西藏；缅甸、不丹、尼泊尔、印度（锡金）。

大果爬藤榕（象奶果，冰粉藤）

•**Ficus sarmentosa** var. **duclouxii** (H. Lév. et Vaniot) Corner, Gard. Bull. Singapore 18 (1): 6 (1960).
Ficus duclouxii H. Lév. et Vaniot, Mém. Real Acad. Ci. Barcelona 6: 149 (1907).
四川、云南。

珍珠莲（凉粉树，冰粉树，岩石榴）

•**Ficus sarmentosa** var. **henryi** (King ex Oliv.) Corner, Gard. Bull. Singapore 18 (1): 6 (1960).
Ficus foveolata var. *henryi* King ex Oliv., Icon. Pl. 19: pl. 1824 (1889); *Ficus arisanensis* Hayata, Icon. Pl. Formosan. 8: 114 (1919); *Ficus foveolata* var. *arisanensis* (Hayata) Kudo, Fl. Taiwan 46 (1936); *Ficus oxyphylla* var. *henryi* (King ex Oliv.) Yamazaki, J. Phytogeogr. Taxon. 31 (1): 10 (1983).
陕西、甘肃、浙江、江西、湖南、湖北、四川、贵州、云南、福建、台湾、广东、广西。

爬藤榕（纽榕）

•**Ficus sarmentosa** var. **impressa** (Champ. ex Benth.) Corner, Gard. Bull. Singapore 18 (1): 6 (1960).
Ficus impressa Champ. ex Benth., Hooker's J. Bot. Kew Gard. Misc. 6: 76 (1854); *Ficus foveolata* var. *impressa* (Champ. ex Benth.) King, Ann. Roy. Bot. Gard. (Calcutta) 1 (2): 134, pl. 1671 (1888); *Ficus bodinieri* H. Lév. et Vaniot, Mém. Real Acad. Ci. Barcelona 6: 147 (1907); *Ficus martinii* H. Lév. et Vaniot, Mém. Real Acad. Ci. Barcelona 6: 152 (1907), non Miq. (1867); *Ficus baileyi* Hutch. in L. H. Bailey, Gent. Herb. 1: 19, fig. 4, B. C (1920); *Ficus leucodermis* var. *saxicola* Hand.-Mazz., Anz. Akad. Wiss. Wien, Math.-Naturwiss. Kl. 58: 227 (1921).
河南、陕西、甘肃、安徽、江苏、浙江、江西、湖南、湖北、四川、贵州、云南、福建、广东、海南。

尾尖爬藤榕（泪滴珍珠莲，薄叶爬藤榕）

Ficus sarmentosa var. **lacrymans** (H. Lév.) Corner, Gard. Bull. Singapore 18 (1): 6 (1960).
Ficus lacrymans H. Lév., Fl. Kouy-Tcheou 431 (1915); *Ficus botryoides* H. Lév. et Vaniot, Mém. Real Acad. Ci. Barcelona 6: 148 (1907); *Ficus kwangtungensis* Merr., J. Arnold Arbor. 8 (1): 3 (1927).
江西、湖南、湖北、四川、贵州、云南、福建、广东、广西；越南。

长柄爬藤榕

Ficus sarmentosa var. **luducca** (Roxb.) Corner, Gard. Bull. Singapore 18: 7 (1960).
Ficus luducca Roxb., Fl. Ind. (Roxburgh) 3: 534 (1832); *Ficus sordida* Hand.-Mazz., Sitzungsber. Kaiserl. Akad. Wiss., Math.-Naturwiss. Cl., Abt. 1, 59: 55 (1877); *Ficus longepedata* H. Lév. et Vaniot, Mém. Real Acad. Ci. Barcelona 6: 152 (1907); *Ficus trichopoda* H. Lév., Repert. Spec. Nov. Regni Veg. 12 (341-345): 538 (1913).
陕西、湖北、贵州、云南、西藏、广东、广西；尼泊尔、印度、巴基斯坦、克什米尔地区。

白背爬藤榕（天仙灵，岩石榴）

Ficus sarmentosa var. **nipponica** (Franch. et Sav.) Corner, Gard. Bull. Singapore 18 (1): 7 (1960).
Ficus nipponica Franch. et Sav., Enum. Pl. Jap. 1 (2): 436 (1875); *Ficus oxyphylla* Miq., Syst. Verz. (Zollinger) 93 (1854); *Ficus wrightii* Benth., Fl. Hongk. 329 (1861); *Ficus foveolata* var. *nipponica* (Franch. et Sav.) King, Ann. Roy. Bot. Gard. (Calcutta) 1 (2): 134, f. 167 E (1888); *Ficus chaffanjonii* H. Lév. et Vaniot, Mém. Real Acad. Ci. Artes Barcelona 6: 148 (1907); *Ficus rufipes* H. Lév. et Vanit, Mém. Real Acad. Ci. Barcelona 6: 154 (1907); *Ficus fortunati* H. Lév. et Vaniot, Repert. Spec. Nov. Regni Veg. 4 (57-58): 66 (1907); *Ficus seguinii* H. Lév., Repert. Spec. Nov. Regni Veg. 12: 536 (1913); *Ficus sarmentosa* subsp. *nipponica* (Franch. et Sav.) Ohashi, Fl. E. Himalaya 1: 54 (1966).
浙江、江西、湖北、四川、贵州、云南、西藏、福建、台湾、广东、广西；日本、朝鲜。

少脉爬藤榕

Ficus sarmentosa var. **thunbergii** (Maxim.) Corner, Gard. Bull. Singapore 18 (1): 7 (1960).
Ficus thunbergii Maxim., Bull. Acad. Imp. Sci. Saint-Pétersbourg 27: 552 (1882); *Ficus foveolata* var. *thunbergii* (Maxim.) King, Ann. Roy. Bot. Gard. (Calcutta) 1 (2): 134 (1888).
浙江；日本、朝鲜。

鸡嗉子榕（鸡嗉子果，鸡嗉子，山枇杷果）

Ficus semicordata Buch.-Ham. ex Sm., Cycl. (Rees) 14: *Ficus* no. 71 (1810).
Ficus cunia Buch.-Ham., Fl. Ind. (Roxburgh) 3: 561 (1832); *Covellia cunia* (Buch.-Ham.) Miq., London J. Bot. 7: 465 (1848).
贵州、云南、西藏、广西；越南、缅甸、泰国、马来西亚、不丹、尼泊尔、印度（中部、锡金）。

棱果榕

Ficus septica Burm. f., Fl. Ind. (N. 50 Burman) 226 (1768).
Ficus leucantatoma Poir., Encycl. 2: 654 (1811); *Ficus haulii* Blanco, Fl. Filip., ed. 684 (1837); *Ficus oldhamii* Hance, Ann. Sci. Nat., Bot. ser. 5, 5: 242 (1866); *Ficus kaukauensis* Hayata, Icon. Pl. Formosan. 7: 35 (1918).
台湾；印度尼西亚、新几内亚、澳大利亚（东北部）、太平洋岛屿、琉球群岛。

极简榕（粗叶榕）

Ficus simplicissima Lour., Fl. Cochinch., ed. 2, 2: 667 (1790).

海南；越南、柬埔寨。

缘毛榕

●**Ficus sinociliata** Z. K. Zhou et M. G. Gilbert, Fl. China 5: 57 (2003).
Ficus ciliata S. S. Chang, Acta Phytotax. Sin. 22 (1): 68, pl. 9 (1984), non Warb. (1898).
广东。

肉托榕（紫果榕）

Ficus squamosa Roxb., Fl. Ind. (Roxburgh) 3: 531 (1832).
Ficus pyrrhocarpa Kurz, Fl. Brit. Burm. 2: 457 (1832); *Ficus saemocarpa* Miq., Ann. Mus. Bot. Lugduno-Batavi 3: 232 (1867).
云南；缅甸、泰国（北部）、不丹、尼泊尔、印度。

竹叶榕（竹叶牛奶子，竹叶牛奶树）

Ficus stenophylla Hemsl., Hooker's Icon. Pl. 26 (2): pl. 2536 (1897).
Ficus macropodocarpa H. Lév. et Vaniot, Repert. Spec. Nov. Regni Veg. 4 (57-58): 66 (1907); *Ficus nerium* H. Lév. et Vaniot, Repert. Spec. Nov. Regni Veg. 4 (57-58): 66 (1907); *Ficus stenophylla* var. *macropodocarpa* (H. Lév. et Vaniot) Corner, Gard. Bull. Singapore 17 (3): 429 (1959).
浙江、江西、湖南、湖北、贵州、云南、福建、台湾、广东、广西、海南；越南、老挝、泰国。

劲直榕

Ficus stricta (Miq.) Miq., Ann. Mus. Bot. Lugduno-Batavi 3: 288 (1867).
Urostigma strictum Miq., Pl. Jungh. 1: 50 (1851).
云南；越南、马来西亚、印度尼西亚、印度。

棒果榕

Ficus subincisa Buch.-Ham. ex Sm., Cycl. (Rees) 14: *Ficus* no. 91 (1810).
Ficus trachycarpa var. *paucidentata* Miq., London J. Bot. 7: 430 (1848); *Ficus clavata* Wall. ex Miq., London J. Bot. 7: 431 (1848); *Ficus caudata* Wall. ex Miq., London J. Bot. 7: 431 (1848); *Ficus subincisa* var. *paucidentata* (Miq.) Corner, Gard. Bull. Singapore 21 (1): 36 (1965).
云南、西藏、广西；越南、老挝、缅甸、泰国、不丹、尼泊尔、印度、克什米尔地区。

笔管榕

Ficus subpisocarpa Gagnep., Notul. Syst. (Paris) 4: 95 (1927).
Ficus geniculata var. *abnormalis* Kurz, Forest Fl. Burma 2: 473 (1877).
浙江、云南、福建、台湾、广东、广西、海南；日本、缅甸、泰国、马来西亚。

假斜叶榕（石榕，锡金榕）

Ficus subulata Blume, Bijdr. Fl. Ned. Ind. 461 (1825).
Ficus sikkimensis Miq., Ann. Mus. Bot. Lugduno-Batavi 3: 225 (1867); *Ficus subulata* f. *inaequifolia* Sata, Monogr. Ficus Form. et Philipp. 231 (1944).
贵州、云南、西藏、广东、广西、海南；泰国、马来西亚、印度尼西亚、不丹、尼泊尔、印度（锡金）、新几内亚。

滨榕

●**Ficus tannoensis** Hayata, Icon. Pl. Formosan. 7: 36 (1918).
Ficus tannoensis f. *angustifolia* Hayata, Icon. Pl. Formosan. 8: 114, f. 37-1 (1919); *Ficus tannoensis* f. *rhombifolia* Hayata, Icon. Pl. Formosan. 8: 114, f. 37-2 (1919).
台湾。

地果（地石榴，地瓜，地胆柴）

Ficus tikoua Bureau, J. Bot. (Morot) 2: 213, pl. 7 (1888).
Ficus nigrescens King, Ann. Roy. Bot. Gard. (Calcutta) 1: 78 (1888); *Ficus bonatii* H. Lév., Repert. Spec. Nov. Regni Veg. 6 (107-112): 112 (1908).
陕西、甘肃、湖南、湖北、四川、贵州、云南、西藏、广西；越南、老挝、印度。

梁料榕

Ficus tinctoria G. Forst., Fl. Ins. Austr. 76 (1786).
贵州、云南、西藏、福建、台湾、广西、海南；菲律宾、越南、缅甸、泰国、马来西亚、印度尼西亚、不丹、尼泊尔、印度、新几内亚、斯里兰卡、澳大利亚。

梁料榕（原亚种）

Ficus tinctoria subsp. **tinctoria**
台湾、海南；菲律宾、印度尼西亚、新几内亚、澳大利亚。

斜叶榕（凸尖榕）

Ficus tinctoria subsp. **gibbosa** (Blume) Corner, Gard. Bull. Singapore 17 (3): 476 (1959).
Ficus gibbosa Blume, Bijdr. Fl. Ned. Ind. 466 (1825); *Ficus reticulata* Thunb., Ficus 6: 12 (1786); *Ficus parasitica* J. Koenig ex Willd., Mém. Acad. Roy. Sci. Hist. (Berlin) 1798: 102 (1801); *Ficus cuspidifera* Miq., London J. Bot. 7: 434 (1848); *Ficus gibbosa* var. *rigida* Miq., Ann. Mus. Bot. Lugduno-Batavi 3: 276 (1867); *Ficus gibbosa* var. *cuspidifera* (Miq.) King, Ann. Roy. Bot. Gard. (Calcutta) 1: 6, pl. 2 a (1887); *Ficus gibbosa* var. *parasitica* (J. Koenig ex Willd.) King, Ann. Roy. Bot. Gard. (Calcutta) 1: 6, pl. 2 b-A (1887); *Ficus rhomboidalis* H. Lév. et Vaniot, Mém. Real Acad. Ci. Barcelona 6: 153 (1907); *Ficus pseudobotryoides* H. Lév. et Vaniot, Repert. Spec. Nov. Regni Veg. 4 (57-58): 67 (1907); *Ficus michelii* H. Lév., Repert. Spec. Nov. Regni Veg. 8 (160-162): 61 (1910); *Ficus tinctoria* subsp. *parasitica* (J. Koenig ex Willd.) Corner, Gard. Bull. Singapore 17 (3): 476 (1959).
贵州、云南、西藏、福建、台湾、广西、海南；越南、缅甸、泰国、马来西亚、印度尼西亚、不丹、尼泊尔、印度、斯里兰卡。

匍匐斜叶榕

Ficus tinctoria subsp. **swinhoei** (King) Corner, Gard. Bull.

Singapore 17 (3): 476 (1959).
Ficus swinhoei King, Ann. Roy. Bot. Gard. (Calcutta) 1 (2): 81, pl. 101c (1888); *Ficus fenicis* Merr., Philipp. J. Sci. 18 (1): 66 (1921).
台湾；菲律宾。

钝叶毛果榕

Ficus trichocarpa var. **obtusa** (Hassk.) Corner, Gard. Bull. Singapore 18 (1): 19 (1960).
Ficus obtusa Hassk., Cat. Horto Bot. Bogor. 75 (1844); *Ficus obtusa* var. *genuina* Koord. et Vala, Bijdr. Boomsoort. Java. 11: 224 (1906); *Ficus ahernii* Merr., Philipp. J. Sci. 18 (1): 61 (1921).
台湾；菲律宾、印度尼西亚。

楔叶榕（半稔子）

Ficus trivia Corner, Gard. Bull. Singapore 17 (3): 427 (1959).
贵州、云南、广东、广西；越南（北部）。

楔叶榕（原变种）

Ficus trivia var. **trivia**
Ficus cuneata var. *congesta* H. Lév. et Vaniot, Mém. Real Acad. Ci. Barcelona 6: 149 (1907); *Ficus trivia* var. *tenuipetiola* S. S. Chang, Guihaia 4 (2): 118 (1984).
贵州、云南、广东、广西；越南（北部）。

光叶楔叶榕

●**Ficus trivia** var. **laevigata** S. S. Chang, Guihaia 4 (2): 118, f. 12 (1984).
贵州、广西。

岩木瓜（阿巴果，糙叶榕）

●**Ficus tsiangii** Merr. ex Corner, Gard. Bull. Singapore 18 (1): 25 (1960).
湖南、湖北、四川、贵州、云南、广西。

平塘榕（保亭榕）

Ficus tuphapensis Drake, J. Bot. (Morot) 10 (13): 211, f. 94 (1896).
Ficus potingensis Merr. et Chun, Sunyatsenia 5 (1-3): 42 (1940); *Ficus pingtangensis* S. S. Chang, Guihaia 3 (4): 303, t. 6 (1983).
贵州、云南、广西、海南；越南（北部）。

波缘榕

●**Ficus undulata** S. S. Chang, Acta Phytotax. Sin. 22 (1): 71, pl. 14 (1984).
广东。

越橘榕

●**Ficus vaccinioides** Hemsl. ex King, Ann. Roy. Bot. Gard. (Calcutta) 1 (2): 126, f. 159 A (1888).
台湾。

杂色榕

Ficus variegata Blume, Bijdr. Fl. Ned. Ind. 459 (1825).
Ficus chlorocarpa Benth., Fl. Hongk. 330 (1861), non Miq. (1848); *Ficus variegata* var. *chlorocarpa* Benth. ex King, Ann. Roy. Bot. Gard. (Calcutta) 1: 170 (1888); Blume, Philipp. Bot. 2: 549 (1904); *Ficus garciae* Elmer, Leafl. Philipp. Bot. 2: 550 (1908); *Ficus konishii* Hayata, J. Coll. Sci. Imp. Univ. Tokyo 30 (1): 273 (1911); *Ficus glochidiifolia* Hayata, Icon. Pl. Formosan. 8: 126 (1919); *Ficus variegata* f. *rotundata* Sata, Monogr. Ficus Form. et Philipp. 367 (1944); *Ficus variegata* var. *garciae* (Elmer) Corner, Gard. Bull. Singapore 18 (1): 33 (1960).
云南、福建、台湾、广东、广西、海南；日本、菲律宾、越南、缅甸、泰国、马来西亚、印度尼西亚、印度、澳大利亚、太平洋岛屿。

变叶榕（击常木，赌赖，常绿天仙果）

Ficus variolosa Lindl. ex Benth., London J. Bot. 1: 492 (1842).
Ficus langbianensis Gagnep., Notul. Syst. (Paris) 4: 91 (1927).
浙江、江西、湖南、贵州、云南、福建、广东、广西、海南；越南、老挝、马来西亚。

白肉榕（突脉榕）

Ficus vasculosa Wall. ex Miq., London J. Bot. 7: 454 (1848).
Ficus championii Benth., Hooker's J. Bot. Kew Gard. Misc. 6: 76 (1854).
贵州、云南、广东、广西、海南；越南、缅甸、泰国、马来西亚。

黄葛树

Ficus virens Aiton, Hort. Kew. (W. Aiton) 3 (1789).
Ficus glabella Blume, Bijdr. Fl. Ned. Ind. 452 (1825); *Urostigma wightianum* Miq., London J. Bot. 6: 566 (1847); *Urostigma fraseri* Miq., London J. Bot. 6: 561 (1847); *Urostigma infectorium* Miq., Syst. Verz. (Zollinger) 1: 90 (1854); *Ficus saxophila* var. *sublanceolata* Miq., Ann. Mus. Bot. Lugduno-Batavi 3: 260 (1867); *Ficus infectoria* (Miq.) Miq., Ann. Mus. Bot. Lugduno-Batavi 3: 264 (1867); *Ficus caulobotrya* var. *fraseri* (Miq.) Miq., Ann. Mus. Bot. Lugduno-Batavi 3: 287 (1867); *Ficus virens* var. *sublanceolata* (Miq.) Corner, Gard. Bull. Singapore 17 (3): 377 (1959).
陕西、浙江、云南、福建、台湾、广东、广西、海南；菲律宾、越南、缅甸、泰国、马来西亚、印度尼西亚、不丹、印度、斯里兰卡、新几内亚、澳大利亚。

岛榕

Ficus virgata Reinw. ex Blume, Bijdr. Fl. Ned. Ind. 454 (1825).
Ficus philippinensis Miq., London J. Bot. 7: 435 (1848); *Ficus decaisneana* Miq., Fl. Ned. Ind. 1 (2): 312 (1859); *Ficus trematocarpa* Miq., Ann. Mus. Bot. Lugduno-Batavi 3: 224 (1867); *Ficus firmula* Miq., Ann. Mus. Bot. Lugduno-Batavi 3: 224 (1867); *Ficus pinkiana* F. Muell., S. Sci. Rec. 2: 273 (1882); *Ficus esmeralda* F. M. Bailey, Queensland Agric. J. 1: 452 (1897); *Ficus magnifica* Elmer, Leafl. Philipp. Bot. 1: 51

(1906); *Ficus inaequifolia* Elmer, Leafl. Philipp. Bot. 1: 242 (1907); *Ficus setibracteata* Elmer, Leafl. Philipp. Bot. 7: 2411 (1914); *Ficus philippinensis* f. *setibracteata* (Elmer) Sata, Contr. Hort. Inst. Taihoku Imp. Univ. 1: 229 (1944); *Ficus philippinensis* f. *magnifica* (Elmer) Sata, Monogr. Ficus Form. et Philipp. 231 (1944); *Ficus virgata* var. *philippinensis* (Miq.) Corner, Gard. Bull. Singapore 17 (3): 477 (1959).
台湾；菲律宾、印度尼西亚、新几内亚、澳大利亚（东北部）、太平洋岛屿、琉球群岛。

云南榕

●**Ficus yunnanensis** S. S. Chang, Acta Phytotax. Sin. 22 (1): 69, pl. 12 (1984).
云南。

柘属 **Maclura** Nutt.

景东柘

Maclura amboinensis Blume, Mus. Bot. 2: 84 (1856).
Cudrania grandifolia Merr., Philipp. J. Sci. 18 (1): 52 (1921); *Cudrania amboinensis* (Blume) Miq., Mus. Bot. 2: 290 (1959); *Cudrania jingdongensis* S. S. Chang, Acta Phytotax. Sin. 22 (1): 64, pl. 1 (1984).
云南、西藏；泰国、马来西亚、印度尼西亚、新几内亚。

构棘（葨芝）

Maclura cochinchinensis (Lour.) Corner, Gard. Bull. Singapore 19 (2): 239 (1962).
Vanieria cochinchinensis Lour., Fl. Cochinch., ed. 2, 2: 564 (1790); *Trophis spinosa* Roxb. ex Willd., Sp. Pl., ed. 4 [Willdenow] 4: 734 (1806); *Maclura gerontogea* Siebold et Zucc., Abh. Math.-Phys. Cl. Königl. Bayer. Akad. Wiss. 3: 96 (1846); *Cudrania javanensis* Trécul, Ann. Sci. Nat., Bot. Ser. 3, 8: 123 (1847); *Cudrania obovata* Trécul, Ann. Sci. Nat., Bot. Ser. 3, 8: 126 (1847); *Cudrania rectispina* Hance, J. Bot. 14 (168): 365 (1876); *Vanieria cochinchinensis* var. *gerontogea* (Siebold et Zucc.) Nakai, Bot. Mag. (Tokyo) 41: 516 (1927); *Cudrania cochinchinensis* var. *gerontogea* (Siebold et Zucc.) Kudo et Masam., Annual Rep. Taihoku Bot. Gard. 2: 27 (1932); *Cudrania cochinchinensis* (Lour.) Kudo et Masam., Annual Rep. Taihoku Bot. Gard. 2: 27 (1932); *Cudrania integra* F. T. Wang et T. Tang, Acta Phytotax. Sin. 1 (1): 127 (1951); *Maclura cochinchinensis* var. *gerontogea* (Siebold et Zucc.) Ohashi, Fl. E. Himalaya 1: 55 (1966).
安徽、贵州、福建、广东、广西、海南；日本、菲律宾、越南、缅甸、泰国、马来西亚、不丹、尼泊尔、印度、斯里兰卡、中南半岛、澳大利亚、太平洋岛屿。

柘藤

Maclura fruticosa (Roxb.) Corner, Gard. Bull. Singapore 19 (2): 239 (1962).
Batis fruticosa Roxb., Fl. Ind. (Roxburgh) 3: 763 (1832); *Cudrania fruticosa* (Roxb.) Wight ex Kurz, Forest Fl. Burma 2: 434 (1877); *Vanieria fruticosa* (Roxb.) Chun, J. Arnold Arbor. 8 (1): 21 (1927).
云南；越南、缅甸、泰国、印度、孟加拉国。

橙桑（桑橙，柘果）

Maclura pomifera (Raf.) C. K. Schneid., Ill. Handb. Laubholzk. 1: 806 (1906).
Toxylon pomiferum Raf., Amer. Monthly Mag. et Crit. Rev. 118 (1817); *Maclura aurantiaca* Nutt., Gen. N. Amer. Pl. (Nuttall) 2: 233 (1818).
河北；北美洲。

毛柘藤

Maclura pubescens (Trécul) Z. K. Zhou et M. G. Gilbert, Fl. China 5: 36 (2003).
Cudrania pubescens Trécul, Ann. Sci. Nat., Bot. Ser. 3, 8: 125 (1847); *Vanieria pubescens* (Trécul) Chun, J. Arnold Arbor. 8 (1): 21 (1927); *Maclura cochinchinensis* var. *pubescens* (Trécul) Corner, Gard. Bull. Singapore 19 (2): 239 (1962); *Cudrania jinghongensis* S. S. Chang, Acta Phytotax. Sin. 22 (1): 64, pl. 2 (1984).
贵州、云南、广东、广西；缅甸、马来西亚、印度尼西亚。

柘（如柘，灰桑，黄桑）

Maclura tricuspidata Carrière, Rev. Hort. 390 pl. 37 (1864).
Cudrania triloba Hance, J. Bot. 6: 49 (1868); *Cudrania tricuspidata* (Carrière) Bureau ex Lavalle, Énum. Arbres 243 (1877); *Morus integrifolia* H. Lév. et Vaniot, Bull. Acad. Int. Géogr. Bot. 17: 210 (1907); *Vanieria tricuspidata* (Carrière) Hu, J. Arnold Arbor. 5 (4): 228 (1924); *Vanieria triloba* (Hance) Satake, J. Fac. Sci. Univ. Tokyo, Sect. 3, Bot. 3: 497 (1931).
河北、山西、山东、河南、陕西、甘肃、安徽、江苏、浙江、江西、湖南、湖北、四川、贵州、云南、福建、广东、广西；日本（栽培）、朝鲜。

牛筋藤属 **Malaisia** Blanco

牛筋藤（包饭果藤）

Malaisia scandens (Lour.) Planch., Ann. Sci. Nat., Bot. ser. 4, 3: 293 (1855).
Caturus scandens Lour., Fl. Cochinch., ed. 2, 2: 612 (1790); *Trophis scandens* (Lour.) Hook. et Arn., Bot. Beechey Voy. 214 (1837); *Malaisia tortuosa* Blanco, Fl. Filip. 789 (1837).
云南、台湾、广东、广西、海南；菲律宾、越南、缅甸、泰国、马来西亚、印度尼西亚、澳大利亚。

桑属 **Morus** L.

桑（家桑，桑树）

☆**Morus alba** L., Sp. Pl. 2: 986 (1753).
由中国东北至西南各省（自治区，直辖市），西北直至新疆均有栽培；广布于世界各地。

桑（原变种）

☆**Morus alba** var. **alba**

Morus atropurpurea Roxb., Fl. Ind. (Roxburgh) 3: 595 (1832); *Morus alba* var. *bungeana* Bureau, Prodr. (DC.) 17: 241 (1873); *Morus alba* var. *atropurpurea* (Roxb.) Bureau, Prodr. (DC.) 17: 238 (1873); *Morus alba* var. *emarginata* Y. B. Wu, Acta Bot. Yunnan. 16 (2): 120 (1994).

由中国东北至西南各省（自治区、直辖市）、西北直至新疆均有栽培；广布于世界各地。

鲁桑（白桑，湖桑，女桑）

●**Morus alba** var. **multicaulis** (Perr.) Loudon, Arbor. Frutic. Brit. 3: 1348, f. 1223 (1838).

Morus multicaulis Perr., Mém. Soc. Linn. Paris 3: 129 (1825); *Morus latifolia* Poir., Encycl. (Lamarck) 4: 381 (1797); *Morus chinensis* Lodd. ex Loudon, Arbor. Frutic. Brit. 3: 1350 (1838); *Morus alba* var. *latifolia* (Poir.) Bureau, Prodr. (DC.) 17: 244 (1873).

陕西、江苏、浙江、四川。

鸡桑（小叶桑，檿桑，山桑）

Morus australis Poir., Encycl. 4: 380 (1797).

Morus acidosa Griff., Not. Pl. Asiat. 4: 388 (1854); *Morus cavaleriei* H. Lév., Repert. Spec. Nov. Regni Veg. 10 (243-247): 146 (1911); *Morus longistylus* Diels, Notes Roy. Bot. Gard. Edinburgh 5 (25): 293 (1912); *Morus inusitata* H. Lév., Repert. Spec. Nov. Regni Veg. 13 (363-367): 265 (1914); *Morus bombycis* Koidz., Bot. Mag. (Tokyo) 29: 313 (1915); *Morus nigriformis* (Bureau) Koidz., Bot. Mag. (Tokyo) 31: 35 (1917); *Morus formosensis* Hotta, Acta Phytotax. Geobot. 13: 145 (1943); *Morus australis* var. *inusitata* (H. Lév.) C. Y. Wu, Acta Bot. Yunnan. 11 (1): 25 (1989); *Morus australis* var. *incisa* C. Y. Wu, Acta Bot. Yunnan. 11 (1): 26 (1989); *Morus hastifolia* F. T. Wang et T. Tang ex Z. Y. Cao, Acta Phytotax. Sin. 29 (3): 266 (1991); *Morus australis* var. *oblongifolia* Z. Y. Cao, Acta Bot. Yunnan. 17 (2): 154 (1995); *Morus australis* var. *linearipartita* Z. Y. Cao, Acta Bot. Yunnan. 17 (2): 158 (1995); *Morus australis* var. *hastifolia* (F. T. Wang et Tang ex Z. Y. Cao) Z. Y. Cao, Acta Bot. Yunnan. 17 (2): 158 (1995).

辽宁、河北、山东、河南、陕西、甘肃、安徽、江苏、浙江、江西、湖南、湖北、福建、台湾、广东；日本、朝鲜、缅甸、不丹、尼泊尔、印度、斯里兰卡。

华桑（葫芦桑，花桑）

Morus cathayana Hemsl., J. Linn. Soc., Bot. 26 (177): 456 (1894).

河北、山东、河南、陕西、安徽、江苏、浙江、湖南、湖北、四川、云南、福建、广东；日本、韩国。

华桑（原变种）

Morus cathayana var. **cathayana**

Morus rubra var. *japonica* Makino, Bot. Mag. (Tokyo) 19: 134 (1905); *Morus tiliifolia* Makino, Bot. Mag. (Tokyo) 23: 88 (1909); *Morus cathayana* var. *japonica* (Makino) Koidz., Bot. Mag. (Tokyo) 31: 39 (1917); *Morus chinlingensis* C. L. Min, Acta Bot. Boreal.-Occid. Sin. 6 (4): 277 (1986).

河北、山东、河南、陕西、安徽、江苏、浙江、湖南、湖北、四川、福建、广东；日本、韩国。

贡山桑

●**Morus cathayana** var. **gongshanensis** (Z. Y. Cao) Z. Y. Cao, Acta Bot. Yunnan. 17 (2): 154 (1995).

Morus gongshanensis Z. Y. Cao, Acta Phytotax. Sin. 29 (3): 264 (1991).

云南。

荔波桑

●**Morus liboensis** S. S. Chang, Acta Phytotax. Sin. 22 (1): 66, pl. 6 (1984).

贵州。

奶桑

Morus macroura Miq., Pl. Jungh. 1: 42 (1851).

Morus alba var. *laevigata* Wall. ex Bureau, Prodr. (DC.) 17: 245 (1873); *Morus laevigata* Wall. ex Brandis, Forest Fl. N. W. India 409 (1874); *Morus wittiorum* var. *mawu* Koidz., Fl. Symb. Orient.-Asiat. 90 (1930); *Morus wallichiana* Koidz., Fl. Symb. Orient.-Asiat. 88 (1930); *Morus macronra* var. *mawu* (Koidz.) C. Y. Wu et Z. Y. Cao, Acta Bot. Yunnan. 17 (2): 153 (1995).

云南、西藏；越南、缅甸、泰国、马来西亚、印度尼西亚、不丹、印度。

蒙桑（岩桑）

Morus mongolica (Bureau) C. K. Schneid. in Sarg., Pl. Wilson. 3 (2): 296 (1916).

Morus alba var. *mongolica* Bureau, Prodr. (DC.) 17: 241 (1873).

黑龙江、吉林、辽宁、内蒙古、河北、山西、山东、河南、陕西、青海、新疆、安徽、江苏、湖南、湖北、四川、贵州、云南、西藏、广西；蒙古国、日本、朝鲜。

蒙桑（原变种）

Morus mongolica var. **mongolica**

Morus mongolica var. *diabolica* Koidz., Bot. Mag. (Tokyo) 31: 36 (1917); *Morus mongolica* var. *vestita* Rehder, J. Arnold Arbor. 1 (2): 142 (1919); *Morus barkamensis* S. S. Chang, Acta Phytotax. Sin. 22 (1): 67, pl. 8 (1984); *Morus deqinensis* S. S. Chang, Acta Phytotax. Sin. 22 (1): 65, pl. 4 (1984); *Morus mongolica* var. *hopeiensis* S. S. Chang et Y. P. Wu, Acta Bot. Yunnan. 11 (1): 24 (1989); *Morus mongolica* var. *longicaudata* Z. Y. Cao, Acta Phytotax. Sin. 29 (3): 264, pl. 2 (1991); *Morus mongolica* var. *rotundifolia* Y. B. Wu, Acta Bot. Yunnan. 16 (2): 120 (1994); *Morus mongolica* var. *barkamensis* (S. S. Chang) C. Y. Wu et Z. Y. Cao, Acta Bot. Yunnan. 17 (2): 154 (1995); *Morus mongolica* var. *yunnanensis* (Koidz.) C. Y. Wu et Z. Y. Cao, Acta Bot. Yunnan. 17 (2): 154 (1995).

黑龙江、吉林、辽宁、内蒙古、河北、山西、山东、河南、陕西、青海、新疆、安徽、江苏、湖南、湖北、四川、贵州、云南、西藏、广西；蒙古国、日本、朝鲜。

毛蒙桑

●**Morus mongolica** var. **pubescens** S. C. Li et X. M. Liu in S.

C. Li et al., Dendrol. Zhongtiaoshan. 366 (1995).
河北、山西。

黑桑

Morus nigra L., Sp. Pl. 2: 986 (1753).
河北、山东、新疆；原产于伊朗、亚洲（西部），其他地区也有栽培。

川桑

●**Morus notabilis** C. K. Schneid. in Sarg., Pl. Wilson. 3 (2): 293 (1916).
Morus yunnanensis Koidz., Fl. Symb. Orient.-Asiat. 89 (1930).
四川、云南。

吉隆桑

Morus serrata Roxb., Fl. Ind. (Roxburgh) 3: 596 (1832).
Morus pabularia Decne., Jacq. Voy. Bot. 4: 149, pl. 151 (1844); *Morus alba* var. *serrata* (Roxb.) Bureau, Prodr. (DC.) 17: 242 (1873); *Morus gyirongensis* S. S. Chang, Acta Phytotax. Sin. 20 (1): 95, pl. 1 (1982).
西藏；尼泊尔、印度。

裂叶桑

●**Morus trilobata** (S. S. Chang) Z. Y. Cao, Acta Phytotax. Sin. 29 (3): 265 (1991).
Morus australis var. *trilobata* S. S. Chang, Acta Phytotax. Sin. 22 (1): 66, pl. 5 (1984).
贵州。

长穗桑（黔鄂桑）

●**Morus wittiorum** Hand.-Mazz., Anz. Akad. Wiss. Wien, Math.-Naturwiss. Kl. 58: 88 (1921).
Morus jinpingensis S. S. Chang, Acta Phytotax. Sin. 22 (1): 66, pl. 7 (1984).
湖南、湖北、贵州、广东、广西。

鹊肾树属 **Streblus** Lour.

鹊肾树（鸡子）

Streblus asper Lour., Fl. Cochinch., ed. 2, 1: 615 (1790).
Diplothorax tonkinensis Gagnep., Bull. Soc. Bot. France 75: 98 (1928).
湖南、云南、广东、广西；菲律宾、越南、泰国、马来西亚、印度尼西亚、不丹、尼泊尔、印度、斯里兰卡。

刺桑（赤回）

Streblus ilicifolius (Vidal) Corner, Gard. Bull. Singapore 19 (2): 227 (1962).
Taxotrophis ilicifolius Vidal, Revis. Pl. Vasc. Filip. 249 (1886); *Pseudotrophis laxiflora* Warb., Bot. Jahrb. Syst. 13 (3-4): 295 (1891); *Taxotrophis triapiculata* Gamble, Bull. Misc. Inform. Kew 1913 (5): 188 (1913); *Taxotrophis obtusa* Elmer, Leafl. Philipp. Bot. 5: 1813 (1913); *Taxotrophis aquifolioides* W. C. Ko, Acta Phytotax. Sin. 8: 353 (1963).
云南、广西、海南；菲律宾、越南、缅甸、泰国、马来西亚、印度尼西亚、印度、孟加拉国。

假鹊肾树

Streblus indicus (Bureau) Corner, Gard. Bull. Singapore 19 (2): 226 (1962).
Pseudostreblus indicus Bureau, Prodr. (DC.) 17: 220 (1873).
云南、广东、广西、海南；泰国、印度（东北部）。

双果桑

Streblus macrophyllus Blume, Mus. Bot. 2: 80 (1856).
Paratrophis caudata Merr., Philipp. J. Sci. 1 Suppl. 183 (1906); *Taxotrophis balansae* Hutch., Bull. Misc. Inform. Kew 1918 (4): 151 (1918); *Dimerocarpus brenieri* Gagnep., Bull. Mus. Natl. Hist. Nat. 27: 441 (1921); *Dimerocarpus balansae* (Hutch.) C. Y. Wu et H. L. Li, Index Fl. Yunnan. 1: 699 (1984).
云南、广西；菲律宾、越南、缅甸、马来西亚、印度尼西亚、印度、孟加拉国。

叶被木（酒饼树）

Streblus taxoides (Roth) Kurz, Forest Fl. Burma 2: 465 (1877).
Trophis taxoides Roth, Nov. Pl. Sp. 368 (1821); *Phyllochlamys taxoides* (Roth) Koord., Exkurs.-Fl. Java. 2: 89 (1912).
海南；菲律宾、越南、泰国、马来西亚、印度尼西亚、印度、斯里兰卡。

米扬（霜降胶木，条隆胶树，米扬噎）

Streblus tonkinensis (Dubard et Eberh.) Corner, Gard. Bull. Singapore 19 (2): 228 (1962).
Bleekrodea tonkinensis Dubard et Eberh., Compt. Rend. Hebd. Séances Acad. Sci. 145: 631 (1907); *Teonongia tonkinensis* (Dubard et Eberh.) Stapf, Icon. Pl. 30, pl. 2947 (1911).
云南、广西、海南；越南（北部）。

尾叶刺桑

Streblus zeylanicus (Thwaites) Kurz, Forest Fl. Burma 2: 464 (1877).
Epicarpurus zeylanicus Thwaites, Hooker's J. Bot. Kew Gard. Misc. 4: 1, pl. 11 (1851); *Taxotrophis zeylanica* (Thwaites) Thwaites, Enum. Pl. Zeyl. (Thwaites) 264 (1864); *Diplocos zeylanica* (Thwaites) Bureau, Prodr. (DC.) 17: 215 (1873); *Taxotrophis ilicifolius* S. Vidal, Revis. Pl. Vasc. Filip. 249 (1886); *Taxotrophis caudata* Hutch., Bull. Misc. Inform. Kew 1918 (4): 149 (1918).
云南、海南；越南、缅甸、印度、斯里兰卡。

106. 荨麻科 URTICACEAE [26 属: 492 种]

古苎麻属 **Archiboehmeria** C. J. Chen

舌柱麻（细水麻叶，两广紫麻，震叶紫麻）

Archiboehmeria atrata (Gagnep.) C. J. Chen, Acta Phytotax.

Sin. 18 (4): 479, f. 1, 1-8 (1980).
Debregeasia atrata Gagnep., Bull. Soc. Bot. France 75: 556 (1928); *Oreocnide tremula* Hand.-Mazz., Beih. Bot. Centralbl. 48 (2): 297, pl. 1, f. 1 (1931).
湖南、广东、广西、海南；越南（北部）。

苎麻属 **Boehmeria** Jacq.

异叶苎麻

●**Boehmeria allophylla** W. T. Wang, Acta Bot. Yunnan. 3 (4): 412 (1981).
广西。

阴地苎麻

●**Boehmeria bicuspis** C. J. Chen, Acta Phytotax. Sin. 17 (1): 109, f. 3, 1-2 (1979).
Boehmeria clidemioides var. *umbrosa* Hand.-Mazz., Symb. Sin. 7 (1): 152 (1929); *Boehmeria umbrosa* (Hand.-Mazz.) W. T. Wang, Acta Bot. Yunnan. 3 (3): 324 (1981); *Boehmeria pseudotricuspis* W. T. Wang, Acta Bot. Yunnan. 3 (3): 324, pl. 2, f. 3 (1981).
四川、贵州、云南、西藏、广西。

白面苎麻

Boehmeria clidemioides Miq., Pl. Jungh. 34 (1851).
陕西、甘肃、安徽、浙江、江西、湖南、湖北、四川、贵州、云南、西藏、福建、广东、广西；越南、老挝、缅甸、马来西亚、印度尼西亚、不丹、尼泊尔、印度。

白面苎麻（原变种）

Boehmeria clidemioides var. **clidemioides**
Boehmeria sidifolia Wedd., Ann. Sci. Nat., Bot. ser. 4, 1: 203 (1854); *Boehmeria clidemioides* var. *platyphylloides* Yahara, Acta Phytotax. Geobot. 32 (1-4): 11 (1981).
云南、西藏、广西；越南、老挝、缅甸、马来西亚、印度尼西亚、不丹、尼泊尔、印度。

序叶苎麻（合麻仁，水苎麻，水苏麻）

Boehmeria clidemioides var. **diffusa** (Wedd.) Hand.-Mazz., Symb. Sin. 7 (1): 152 (1929).
Boehmeria diffusa Wedd., Arch. Mus. Hist. Nat. 9 (1-2): 356 (1856); *Boehmeria diffusa* var. *strigosa* Wedd., Arch. Mus. Hist. Nat. 9 (1-2): 357 (1856).
陕西、甘肃、安徽、浙江、江西、湖南、湖北、四川、贵州、云南、福建、广东、广西；越南、老挝、缅甸、不丹、尼泊尔、印度。

锥序苎麻

Boehmeria conica C. J. Chen et al., Fl. China 5: 173 (2003).
云南、西藏；印度。

密花苎麻

Boehmeria densiflora Hook. et Arn., Bot. Beechey Voy. 271 (1838).
Boehmeria platyphylla var. *loochooensis* Wedd., Prodr. Fl. Nov. Holland. 16 (1): 213 (1869); *Boehmeria hwaliensis* Y. C. Liu et F. Y. Lu, Quart. J. Chin. Forest. 11 (3): 100 (1978); *Boehmeria penduliflora* var. *loochooensis* (Wedd.) W. T. Wang, Fl. Reipubl. Popularis Sin. 23 (2): 355 (1995).
台湾、广东；日本、菲律宾。

密球苎麻（土麻仁，野紫苏）

●**Boehmeria densiglomerata** W. T. Wang, Acta Bot. Yunnan. 3 (4): 408 (1981).
江西、湖南、湖北、四川、贵州、云南、福建、广东、广西。

长序苎麻

●**Boehmeria dolichostachya** W. T. Wang, Acta Bot. Yunnan. 3 (4): 405, pl. 2, f. 4 (1981).
贵州、广东、广西。

长序苎麻（原变种）

●**Boehmeria dolichostachya** var. **dolichostachya**
Boehmeria holosericea var. *strigosa* W. T. Wang, Acta Bot. Yunnan. 3 (4): 404 (1981); *Boehmeria strigosifolia* W. T. Wang, Guihaia 3 (2): 77, f. s. n. (1983).
贵州、广东、广西。

柔毛苎麻

●**Boehmeria dolichostachya** var. **mollis** (W. T. Wang) W. T. Wang et C. J. Chen, Fl. China 5: 171 (2003).
Boehmeria strigosifolia var. *mollis* W. T. Wang, Guihaia 3 (2): 78 (1983).
贵州、广东、广西。

海岛苎麻

Boehmeria formosana Hayata, J. Coll. Sci. Imp. Univ. Tokyo 30 (1): 281 (1911).
安徽、浙江、江西、湖南、贵州、福建、台湾、广东、广西；日本。

海岛苎麻（原变种）

Boehmeria formosana var. **formosana**
安徽、浙江、江西、湖南、贵州、福建、台湾、广东、广西；日本。

福州苎麻

●**Boehmeria formosana** var. **stricta** (C. H. Wright) C. J. Chen, Fl. China 5: 171 (2003).
Boehmeria platyphylla var. *stricta* C. H. Wright, J. Linn. Soc., Bot. 26 (178): 487 (1899); *Boehmeria formosana* var. *fuzhouensis* W. T. Wang, Acta Bot. Yunnan. 3 (4): 403 (1981).
浙江、福建、台湾、广东。

腋球苎麻

Boehmeria glomerulifera Miq., Syst. Verz. 2: 101, 104 (1854).

Boehmeria depauperata Wedd., Ann. Sci. Nat., Bot. Ser. 4, 1: 202 (1854); *Boehmeria malabarica* Wedd., Arch. Mus. Hist. Nat. 8: 355 (1856); *Boehmeria glomerulifera* var. *leioclada* W. T. Wang, Acta Bot. Yunnan. 3 (3): 318 (1981); *Boehmeria leiophylla* W. T. Wang, Acta Bot. Yunnan. 3 (3): 318, pl. 1, f. 3-4 (1981); *Boehmeria oblongifolia* W. T. Wang, Acta Bot. Yunnan. 3 (3): 319 (1981); *Boehmeria malabarica* var. *leioclada* (W. T. Wang) W. T. Wang, Fl. Reipubl. Popularis Sin. 23 (2): 326 (1995).
云南、西藏、广西；越南、老挝、缅甸、泰国、印度尼西亚、不丹、印度、斯里兰卡。

细序苎麻

Boehmeria hamiltoniana Wedd., Ann. Sci. Nat., Bot. ser. 4, 1: 199 (1854).
Boehmeria platyphylla var. *hamiltoniana* (Wedd.) Wedd., Prodr. Fl. Nov. Holland. 16 (1): 213 (1869).
云南；缅甸、泰国、印度尼西亚、不丹、尼泊尔、印度。

盈江苎麻

●**Boehmeria ingjiangensis** W. T. Wang, Acta Bot. Yunnan. 3 (4): 414 (1981).
云南。

野线麻

Boehmeria japonica (L. f.) Miq., Ann. Mus. Bot. Lugduno-Batavi 3: 131 (1867).
Urtica japonica L. f., Suppl. Pl. 481 (1782); *Boehmeria longispica* Steud., Flora 33: 260 (1850); *Boehmeria grandifolia* Wedd., Ann. Sci. Nat., Bot. ser. 4, 1: 199 (1854); *Boehmeria holosericea* Blume, Mus. Bot. 2: 221 (1856); *Boehmeria longsipica* var. *appendiculata* Blume, Mus. Bot. 2: 221 (1857); *Boehmeria platyphylla* var. *macrophylla* Wedd., Prodr. Fl. Nov. Holland. 16 (1): 213 (1869); *Boehmeria spicata* var. *duploserrata* C. H. Wright, J. Linn. Soc., Bot. 26 (178): 488 (1899); *Boehmeria taiwaniana* Nakai et Satake, J. Fac. Sci. Univ. Tokyo, Sect. 3, Bot. 4 (6): 526, f. 45, 46 (1936); *Boehmeria pilushanensis* Y. C. Liu et F. Y. Lu, Quart. J. Chin. Forest. 11 (3): 102 (1978); *Boehmeria japonica* var. *longispica* (Steud.) Yahara, J. Jap. Bot. 59 (10): 320 (1984); *Boehmeria japonica* var. *appendiculata* (Blume) Yahara, J. Jap. Bot. 59 (5): 134 (1984).
山东、河南、陕西、安徽、江苏、浙江、江西、湖南、湖北、四川、贵州、云南、福建、台湾、广东、广西；日本。

北越苎麻

Boehmeria lanceolata Ridl., J. Straits Branch Roy. Asiat. Soc. 57: 94 (1910).
Boehmeria tonkinensis Gagnep., Notul. Syst. (Paris) 4 (4-5): 127 (1928).
云南、海南；越南、马来西亚。

纤穗苎麻（新拟）

Boehmeria leptostachya Friis et Wilmot-Dear, Edinburgh J. Bot. 67 (3): 441 (2010).
云南；泰国、印度尼西亚。

藏南苎麻（新拟）

Boehmeria listeri Friis et Wilmot-Dear, Edinburgh J. Bot. 67 (3): 432 (2010).
西藏；缅甸、孟加拉国、印度。

琼海苎麻

●**Boehmeria lohuiensis** S. S. Chien, Acta Phytotax. Sin. 8: 355 (1963).
海南。

水苎麻

Boehmeria macrophylla Hornem., Hort. Bot. Hafn. 2: 890 (1815).
浙江、贵州、云南、西藏、广东、广西；越南、老挝、缅甸、泰国、印度尼西亚、不丹、尼泊尔、印度、斯里兰卡。

水苎麻（原变种）

Boehmeria macrophylla var. **macrophylla**
Boehmeria platyphylla Buch.-Ham. ex D. Don, Prodr. Fl. Nepal. 60 (1825); *Splitgerbera macrostachya* Wight, Icon. Pl. Ind. Orient. (Wight) 6: 10, t. 1977 (1853); *Boehmeria erythropoda* Miq., Syst. Verz. (Zollinger) 101, 104 (1854); *Boehmeria platyphylla* var. *macrostachya* (Wight) Wedd., Arch. Mus. Hist. Nat. 367 (1856); *Boehmeria macrophylla* var. *dongtouensis* W. T. Wang, Bull. Bot. Res., Harbin 16 (3): 248, f. 2 (1996).
浙江、贵州、云南、西藏、广东、广西；越南、老挝、缅甸、泰国、印度尼西亚、不丹、尼泊尔、印度、斯里兰卡。

灰绿水苎麻

Boehmeria macrophylla var. **canescens** (Wedd.) D. G. Long, Notes Roy. Bot. Gard. Edinburgh 40 (1): 129 (1982).
Boehmeria canescens Wedd., Ann. Sci. Nat., Bot. ser. 4, 1: 28 (1854); *Boehmeria platyphylla* var. *canescens* (Wedd.) Wedd., Prodr. (DC.) 16 (1): 213 (1869).
云南、广西；不丹、尼泊尔、印度。

圆叶苎麻

Boehmeria macrophylla var. **rotundifolia** (D. Don) W. T. Wang, Fl. Reipubl. Popularis Sin. 23 (2): 337 (1995).
Boehmeria rotundifolia D. Don, Prodr. Fl. Nepal. 60 (1825); *Boehmeria platyphylla* var. *rotundifolia* (D. Don) Wedd., Prodr. (DC.) 16 (1): 212 (1869).
云南、西藏；尼泊尔、印度。

糙叶苎麻

Boehmeria macrophylla var. **scabrella** (Roxb.) D. G. Long, Notes Roy. Bot. Gard. Edinburgh 40 (1): 129 (1982).
Urtica scabrella Roxb., Fl. Ind. (Roxburgh) 3: 581 (1832); *Boehmeria platyphylla* var. *scabrella* (Roxb.) Wedd., Prodr. (DC.) 16 (1): 211 (1869).

贵州、云南、西藏、广东、广西；越南、老挝、泰国、印度尼西亚、不丹、尼泊尔、印度、斯里兰卡。

苎麻

Boehmeria nivea (L.) Gaudich., Voy. Uranie, Bot. 499 (1830).
Urtica nivea L., Sp. Pl. 2: 985 (1753).
陕西、安徽、浙江、江西、湖南、湖北、四川、贵州、云南、福建、台湾、广东、广西、海南，河南、陕西、甘肃、江西、湖南、湖北、四川常见栽培；日本、朝鲜、越南、老挝、泰国、柬埔寨、印度尼西亚、不丹、尼泊尔、印度。

苎麻（原变种）

Boehmeria nivea var. **nivea**
浙江、江西、湖北、四川、贵州、云南、福建、台湾、广东、广西，河南、陕西、甘肃有栽培；日本、越南、老挝、柬埔寨、印度尼西亚、不丹、尼泊尔、印度。

青叶苎麻

Boehmeria nivea var. **tenacissima** (Gaudich.) Miq., Fl. Ned. Ind. 1 (2): 253 (1858).
Boehmeria tenacissima Gaudich., Voy. Uranie, Bot. 500 (1830); *Boehmeria nivea* var. *candicans* Wedd., Prodr. (DC.) 16 (1): 207 (1869); *Boehmeria nivea* var. *concolor* Makino, Bot. Mag. (Tokyo) 23: 251 (1909); *Boehmeria frutescens* var. *concolor* (Makino) Nakai, Bot. Mag. (Tokyo) 41: 514 (1927); *Boehmeria nivea* var. *viridula* Yamam., J. Soc. Trop. Agric. 4: 50 (1932); *Boehmeria niponoinivea* Koidz., Acta Phytotax. Geobot. 10 (3): 223 (1941); *Boehmeria thailandica* Yahara, Acta Phytotax. Geobot. 32 (1-4): 4 (1981); *Boehmeria nivea* var. *nipononivea* (Koidz.) W. T. Wang, Acta Bot. Yunnan. 3 (3): 320 (1981).
安徽、浙江、江西、湖南、湖北、四川、贵州、云南、福建、台湾、广东、广西、海南；日本、朝鲜、越南、老挝、泰国、印度尼西亚。

长叶苎麻

Boehmeria penduliflora Wedd. ex D. G. Long, Notes Roy. Bot. Gard. Edinburgh 40 (1): 130 (1982).
Boehmeria densiflora var. *intermedia* Acharya et K. Yonekura, Acta Phytotax. Geobot. 53 (2): 8 (2002).
四川、贵州、云南、西藏、广西；越南、老挝、缅甸、泰国、不丹、尼泊尔、印度。

疏毛苎麻

Boehmeria pilosiuscula (Blume) Hassk., Cat. Horto Bot. Bogor. 79 (1844).
Urtica pilosiuscula Blume, Bijdr. Fl. Ned. Ind. 491 (1826); *Boehmeria platyphylla* var. *pilosiuscula* (Blume) Hand.-Mazz., Symb. Sin. 7 (1): 151 (1929).
云南、台湾、海南；泰国、印度尼西亚。

八角麻（悬铃叶苎麻，野苎麻，方麻）

Boehmeria platanifolia (Maxim.) C. H. Wright, J. Linn. Soc., Bot. 26: 486 (1899).
Boehmeria japonica var. *platanifolia* Maxim., Mélanges Biol. Bull. Phys.-Math. Acad. Imp. Sci. Saint-Pétersbourg 9: 643 (1876), as "*platanifolium*"; *Boehmeria platyphylla* var. *tricuspis* Hance, J. Bot. 12 (141): 261 (1874); *Boehmeria platanifolia* Franch. et Sav., Enum. Pl. Jap. 1 (2): 440 (1875), *nom. nud.*; *Boehmeria longispica* var. *platanifolia* (Maxim.) Franch. et Sav., Enum. Pl. Jap. 2: 497 (1878); *Boehmeria tricuspis* (Hance) Makino, Bot. Mag. (Tokyo) 26 (312): 387 (1912); *Boehmeria maximowiczii* Nakai et Satake, J. Fac. Sci. Univ. Tokyo, Sect. 3, Bot. 4 (6): 522, f. 40 (1936).
河北、山西、山东、河南、陕西、甘肃、安徽、江苏、浙江、江西、湖南、湖北、四川、贵州、福建、广东、广西；日本、朝鲜。

歧序苎麻

Boehmeria polystachya Wedd., Ann. Sci. Nat., Bot. ser. 4, 1: 200 (1854).
Boehmeria tibetica C. J. Chen, Acta Phytotax. Sin. 17 (1): 109, f. 3, 3-5 (1979).
西藏；不丹、尼泊尔、印度（北部、锡金）。

八棱麻（八楞马，大接骨，大糯叶）

Boehmeria siamensis Craib, Bull. Misc. Inform. Kew 1916 (10): 269 (1916).
Boehmeria spirei Gagnep., Notul. Syst. (Paris) 14 (1): 35 (1950); *Boehmeria chiangmaiensis* Yahara, Acta Phytotax. Geobot. 32 (1-4): 18 (1981).
贵州、云南、广西；越南、老挝、缅甸、泰国。

赤麻（线麻）

Boehmeria silvestrii (Pamp.) W. T. Wang, Acta Phytotax. Sin. 20 (2): 204 (1982).
Boehmeria platanifolia var. *silvestrii* Pamp., Nuovo Giorn. Bot. Ital., n. s. 22 (2): 278 (1915).
吉林、辽宁、河北、山东、河南、陕西、甘肃、湖北、四川；日本、朝鲜。

小赤麻

Boehmeria spicata (Thunb.) Thunb., Trans. Linn. Soc. London 2: 330 (1794).
Urtica spicata Thunb., Syst. Veg. 850 (1784); *Boehmeria gracilis* C. H. Wright, J. Linn. Soc., Bot. 26 (178): 485 (1899); *Boehmeria paraspicata* Nakai, Rep. Veg. Mt. Apoi. 19 (1930); *Boehmeria tricuspis* var. *unicuspis* Makino ex Ohwi, Fl. Jap. 441 (1956).
吉林、辽宁、内蒙古、河北、山西、山东、河南、陕西、甘肃、安徽、江苏、浙江、江西、湖南、湖北、四川、贵州、福建；日本、朝鲜。

密毛苎麻

Boehmeria tomentosa Wedd., Ann. Sci. Nat., Bot. ser. 4, 1: 200 (1854).
Boehmeria platyphylla var. *tomentosa* (Wedd.) Wedd., Monogr.

Urtica. 367 (1856).
四川、云南；不丹、尼泊尔、印度（东北部、锡金）。

帚序苎麻

Boehmeria zollingeriana Wedd., Ann. Sci. Nat., Bot. ser. 4, 1: 201 (1854).
贵州、云南、台湾、广西；越南、老挝、缅甸、泰国、印度尼西亚、印度。

帚序苎麻（原变种）

Boehmeria zollingeriana var. **zollingeriana**
Boehmeria heteroidea Blume, Mus. Bot. 2: 216 (1857); *Boehmeria heteroidea* var. *latifolia* Gagnep., Fl. Indo-Chine 5: 844 (1929).
云南；越南、老挝、缅甸、泰国、印度尼西亚、印度。

黔桂苎麻

Boehmeria zollingeriana var. **blinii** (H. Lév.) C. J. Chen, Fl. China 5: 168 (2003).
Boehmeria blinii H. Lév., Repert. Spec. Nov. Regni Veg. 11: 551 (1913).
贵州、广西；越南、泰国。

柄果苎麻

Boehmeria zollingeriana var. **podocarpa** (W. T. Wang) W. T. Wang et C. J. Chen, Fl. China 5: 168 (2003).
Boehmeria blinii var. *podocarpa* W. T. Wang, Acta Bot. Yunnan. 3 (3): 323, pl. 2, f. 1-2 (1981); *Pilea wattersii* Hance, J. Bot. 23: 327 (1885).
台湾。

微柱麻属　**Chamabainia** Wight

微柱麻

Chamabainia cuspidata Wight, Icon. Pl. Ind. Orient. (Wight) 6: 11, pl. 1981, f. 3 (1) (1853).
Boehmeria squamigera Wedd., Ann. Sci. Nat., Bot. Ser. 4, 1: 203 (1854); *Chamabainia squamigera* (Wedd.) Wedd., Prodr. Fl. Nov. Holland. 16 (1): 218 (1869); *Chamabainia morii* Hayata, J. Coll. Sci. Imp. Univ. Tokyo 30 (1): 282 (1911); *Chamabainia cuspidata* var. *denticulosa* W. T. Wang et C. J. Chen, Acta Bot. Yunnan. 3 (1): 16, pl. 3, f. 2 (1981); *Chamabainia cuspidata* var. *morii* (Hayata) W. T. Wang, Acta Bot. Yunnan. 3 (1): 15, f. 2 (1981).
江西、湖南、湖北、四川、贵州、云南、西藏、福建、台湾、广西；越南、缅甸、印度尼西亚、不丹、尼泊尔、印度、斯里兰卡。

瘤冠麻属　**Cypholophus** Wedd.

瘤冠麻

Cypholophus moluccanus (Blume) Miq., Ann. Mus. Bot. Lugduno-Batavi 4: 303 (1869).
Urtica moluccana Blume, Bijdr. Fl. Ned. Ind. 492 (1826).
台湾；菲律宾、印度尼西亚。

水麻属　**Debregeasia** Gaudich.

椭圆叶水麻

Debregeasia elliptica C. J. Chen, Acta Phytotax. Sin. 21 (4): 477, pl. 1, f. 5-6 (1983).
云南、广西；越南。

长叶水麻（麻叶树，水珠麻）

Debregeasia longifolia (Burm. f.) Wedd., Prodr. (DC.) 16 (1): 235 (24) (1869).
Urtica longifolia Burm. f., Fl. Ind. (N. 50 Burman) 197 (1768); *Urtica angustata* Blume, Bijdr. Fl. Ned. Ind. 499 (1825); *Urtica dichotoma* Blume, Bijdr. Fl. Ned. Ind. 499 (1826); *Debregeasia velutina* Gaudich., Voy. Bonite, Bot. t. 90 (1844); *Conocephalus niveus* Wight, Icon. Pl. Ind. Orient. (Wight) 6: t. 1959 (1853); *Morocarpus longifolius* (Burm. f.) Blume, Mus. Bot. 2: 156 (1856); *Morocarpus dichotoma* Blume, Mus. Bot. 2: 157 (1856); *Morocarpus velutinus* Blume, Mus. Bot. 2: 156 (1856); *Debregeasia dichotoma* (Blume) Wedd., Monogr. Urtica. 462 (1857); *Debregeasia libera* S. S. Chien et C. J. Chen, Acta Phytotax. Sin. 21 (4): 476 (1983).
陕西、甘肃、湖北、四川、贵州、云南、西藏、广东、广西；菲律宾、越南、老挝、缅甸、柬埔寨、马来西亚、不丹、尼泊尔、印度、孟加拉国、斯里兰卡。

水麻（柳莓，比满）

Debregeasia orientalis C. J. Chen, Novon 1 (2): 56 (1991).
陕西、甘肃、湖南、湖北、四川、贵州、云南、西藏、台湾、广西；日本、不丹、尼泊尔、印度。

柳叶水麻

Debregeasia saeneb (Forssk.) Hepper et Wood, Kew Bull. 38 (1): 86 (1983).
Rhus saeneb Forssk., Fl. Aegypt.-Arab. 206 (1775); *Boehmeria salicifolia* D. Don, Prodr. Fl. Nepal. 60 (1825); *Urtica bicolor* Wall. ex Roxb., Fl. Ind. (Roxburgh) 3: 589 (1832); *Debregeasia bicolor* (Wall. ex Roxb.) Wedd., Prodr. Fl. Nov. Holland. 16 (1): 235 (25) (1869); *Debregeasia salicifolia* (D. Don) Rendle, Fl. Trop. Afr. 6 (2): 295 (1917).
新疆、西藏；尼泊尔、阿富汗、伊朗、也门、克什米尔地区、非洲。

鳞片水麻（大血吉，野苎麻，山苎麻）

Debregeasia squamata King ex Hook. f., Fl. Brit. Ind. 5 (15): 591 (1888).
Debregeasia spiculifera Merr., Philipp. J. Sci. 21 (4): 341 (1922).
贵州、云南、福建、广东、广西、海南；越南、泰国、马来西亚、印度尼西亚。

长序水麻

Debregeasia wallichiana (Wedd.) Wedd., Arch. Mus. Hist.

Nat. 464 (1857).
Missiessya wallichiana Wedd., Ann. Sci. Nat., Bot. ser. 4, 1: 195 (1854); *Morocarpus wallichianus* (Wedd.) Blume, Mus. Bot. 2: 157 (1856); *Debregeasia leucophylla* Wedd., Prodr. Fl. Nov. Holland. 16 (1): 235 (25) (1869); *Debregeasia ceylanica* Hook. f., Fl. Brit. Ind. 5 (15): 592 (1888).
云南；缅甸（北部）、泰国、柬埔寨、不丹、尼泊尔、印度、孟加拉国（东部）、斯里兰卡。

火麻树属 **Dendrocnide** Miq.

圆基火麻树（圆基叶树火麻）

Dendrocnide basirotunda (C. Y. Wu) Chew, Gard. Bull. Singapore 25 (1): 34, f. 12 (1969).
Laportea basirotunda C. Y. Wu, Acta Phytotax. Sin. 6 (3): 276 (1957).
云南；缅甸、泰国。

红头咬人狗

•**Dendrocnide kotoensis** (Hayata ex Yamam.) B. L. Shih et Yuen P. Yang, Bot. Bull. Acad. Sin. (Taipei) 36 (3): 162 (1995).
Laportea kotoensis Hayata ex Yamam., Icon. Pl. Formosan. Suppl. 1: 2 (1925).
台湾。

咬人狗（恒春咬人狗）

Dendrocnide meyeniana (Walp.) Chew, Gard. Bull. Singapore 21 (2): 206 (1965).
Urtica meyeniana Walp., Nov. Actorum Acad. Caes. Leop.-Carol. Nat. Cur. 19 (Suppl. 1): 422 (1843); *Laportea gaudichaudiana* Wedd., Arch. Mus. Hist. Nat. 9: 137 (1856); *Laportea pterostigma* Wedd., Prodr. (DC.) 16 (1): 87 (1869); *Laportea mindanaensis* Warb., Fragm. Florist. Geobot. 168 (1904); *Laportea batanensis* C. B. Rob., Philipp. J. Sci. 5 (6): 481 (1911); *Laportea subglabra* Hayata, J. Coll. Sci. Imp. Univ. Tokyo 30 (1): 278 (1911); *Laportea pterostigma* f. *subglabra* (Hayata) H. L. Li, Woody Fl. Taiwan 135 (1963); *Dendrocnide meyeniana* f. *subglabra* (Hayata) Chew, Gard. Bull. Singapore 25 (1): 22 (1969); *Laportea pterostigma* var. *subglabra* (Hayata) T. S. Liu et W. D. Huang, Fl. Taiwan ed. 2, 2: 194 (1976).
台湾；菲律宾。

全缘火麻树（圆齿艾麻，老虎俐，全缘叶树火麻）

Dendrocnide sinuata (Blume) Chew, Gard. Bull. Singapore 21 (2): 206 (1965).
Urtica sinuata Blume, Bijdr. Fl. Ned. Ind. 505 (1825); *Urtica ardens* Blume, Bijdr. Fl. Ned. Ind. 504 (1825), non Link (1822); *Urtica crenulata* Roxb., Fl. Ind. (Roxburgh) 3: 591 (1832); *Urtica himalayensis* Kunth et Bouché, Index Seminum (Berlin) 11 (1846); *Laportea sinuata* (Blume) Miq., Ann. Mus. Bot. Lugduno-Batavi 4: 301 (1869); *Urtica zayuensis* C. J. Chen, Bull. Bot. Res., Harbin 3 (2): 123 (1983); *Urtica mairei* var. *oblongifolia* C. J. Chen, Bull. Bot. Res., Harbin 3 (2): 122 (1983).
云南、西藏、广东、广西、海南；缅甸、泰国、马来西亚、印度、斯里兰卡。

海南火麻树（海南艾麻，狗狂叶）

Dendrocnide stimulans (L. f.) Chew, Gard. Bull. Singapore 21 (2): 206 (1965).
Urtica stimulans L. f., Suppl. Pl. 418 (1782); *Laportea stimulans* (L. f.) Miq., Syst. Verz. (Zollinger) 103 (1854); *Laportea annamica* Gagnep., Bull. Soc. Bot. France 75: 2 (1928); *Laportea hainanensis* Merr. et F. P. Metcalf, Lingnan Sci. J. 16 (2): 189, f. 4 (1937).
台湾、广东、海南；菲律宾、越南、老挝、泰国、马来西亚、印度尼西亚。

火麻树（树火麻，麻风树，电树）

Dendrocnide urentissima (Gagnep.) Chew, Gard. Bull. Singapore 21 (2): 207 (1965).
Laportea urentissima Gagnep., Bull. Soc. Bot. France 75: 3 (1928); *Laportea chingiana* Hand.-Mazz., Sinensia 2 (1): 1 (1931); *Dendrocnide chingiana* (Hand.-Mazz.) Chew, Gard. Bull. Singapore 21 (2): 202 (1965).
云南、广西；越南。

单蕊麻属 **Droguetia** Gaudich.

单蕊麻

Droguetia iners subsp. **urticoides** (Wight) Friis et Wilmot-Dear, Nord. J. Bot. 7: 126 (1987).
Forsskaolea urticoides Wight, Icon. Pl. Ind. Orient. (Wight) 6: 11, pl. 1982 (1853); *Droguetia urticoides* (Wight) Wedd., Ann. Sci. Nat., Bot. ser. 4, 1: 211 (1854); *Boehmeria parvifolia* Wedd., Arch. Mus. Hist. Nat. 9: 359 (1856).
云南、台湾；印度尼西亚（爪哇）、印度（东北部）。

楼梯草属 **Elatostema** J. R. Forst. et G. Forst.

辐脉楼梯草

•**Elatostema actinodromum** W. T. Wang, J. Syst. Evol. 50 (6): 575 (2012).
云南。

辐毛楼梯草

•**Elatostema actinotrichum** W. T. Wang, Guihaia 30 (1): 10 (2010).
广西。

渐尖楼梯草

Elatostema acuminatum (Poir.) Brongn., Voy. Monde, Phan. 211 (1834).
Procris acuminata Poir., Encycl. 5 (1): 629 (1804).
云南、广东、海南；越南、缅甸、泰国、马来西亚、印度尼西亚、不丹、尼泊尔、印度（锡金）。

渐尖楼梯草（原变种）

Elatostema acuminatum var. **acuminatum**
云南、广东、海南；越南、缅甸、泰国、马来西亚、印度尼西亚、不丹、尼泊尔、印度（锡金）。

短齿渐尖楼梯草

●**Elatostema acuminatum** var. **striolatum** W. T. Wang, Acta Bot. Yunnan. Suppl. 5: 1 (1992).
云南。

台湾楼梯草

●**Elatostema acuteserratum** B. L. Shih et Yuen P. Yang, Bot. Bull. Acad. Sin. (Taipei) 36 (4): 260 (1995).
台湾。

尖被楼梯草

●**Elatostema acutitepalum** W. T. Wang, Bull. Bot. Res., Harbin 9 (2): 74, pl. 2, f. 7-8 (1989).
云南。

腺点楼梯草

●**Elatostema adenophorum** W. T. Wang, Guihaia 31 (2): 144 (2011), as "*adennophorum*".
云南。

腺点楼梯草（原变种）

●**Elatostema adenophorum** var. **adenophorum**
云南。

无苞腺点楼梯草

●**Elatostema adenophorum** var. **gymnocephalum** W. T. Wang, J. Syst. Evol. 51 (2): 227 (2013).
云南。

白托叶楼梯草

●**Elatostema albistipulum** W. T. Wang, Guihaia 32 (4): 429 (2012).
云南。

拟疏毛楼梯草

●**Elatostema albopilosoides** Q. Lin et L. D. Duan, Bot. J. Linn. Soc. 158: 674, figs. 1 et 2 (2008).
贵州。

疏毛楼梯草

●**Elatostema albopilosum** W. T. Wang, Bull. Bot. Lab. N. E. Forest. Inst. 7: 88 (1980).
四川、云南、广西。

展毛楼梯草

●**Elatostema albovillosum** W. T. Wang, Guihaia 30 (1): 5 (2010).
广西。

翅苞楼梯草

●**Elatostema aliferum** W. T. Wang, Bull. Bot. Lab. N. E. Forest. Inst. 7: 57, pl. 2, f. 7 (1980).
云南、西藏。

桤叶楼梯草

●**Elatostema alnifolium** W. T. Wang, Bull. Bot. Lab. N. E. Forest. Inst. 7: 86, pl. 6 (1980).
云南。

雄穗楼梯草

●**Elatostema androstachyum** W. T. Wang, A. K. Monro et Y. G. Wei, Phytotaxa 147 (1): 5 (2013).
广西。

棱茎楼梯草

●**Elatostema angulaticaule** W. T. Wang et Y. G. Wei, Guihaia 29 (6): 716 (2009).
广西。

棱茎楼梯草（原变种）

●**Elatostema angulaticaule** var. **angulaticaule**
广西。

毛棱茎楼梯草

●**Elatostema angulaticaule** var. **lasiocladum** W. T. Wang et Y. G. Wei, Guihaia 29 (6): 717 (2009).
广西。

翅棱楼梯草

●**Elatostema angulosum** W. T. Wang, Bull. Bot. Lab. N. E. Forest. Inst. 7: 27 (1980).
四川。

狭苞楼梯草

●**Elatostema angustibracteum** W. T. Wang, Guihaia 32 (4): 429 (2012).
云南。

狭被楼梯草

●**Elatostema angustitepalum** W. T. Wang, Acta Phytotax. Sin. 28 (4): 315, pl. 3, f. 6-7 (1990).
西藏。

厚苞楼梯草

●**Elatostema apicicrassum** W. T. Wang, Guihaia 30 (6): 718 (2010).
云南。

曲梗楼梯草

●**Elatostema arcuatipes** W. T. Wang, Elatostema China 157 (2014).
贵州。

星序楼梯草

●**Elatostema asterocephalum** W. T. Wang, Bull. Bot. Lab. N. E. Forest. Inst. 7: 40 (1980).
广西。

深紫楼梯草

Elatostema atropurpureum Gagnep., Fl. Indo-Chine 5: 919 (1930).
云南；越南。

黑纹楼梯草

•**Elatostema atrostriatum** W. T. Wang et Y. G. Wei, Bangladesh J. Plant Toxon. 20 (1): 1 (2013).
广西。

深绿楼梯草

Elatostema atroviride W. T. Wang, Bull. Bot. Lab. N. E. Forest. Inst. 7: 83 (1980).
贵州、广西；越南（北部）。

深绿楼梯草（原变种）

Elatostema atroviride var. **atroviride**
Elatostema papilionaceum W. T. Wang, Bull. Bot. Lab. N. E. Forest. Inst. 7: 69 (1980); *Elatostema atroviride* var. *lobulatum* W. T. Wang, Bull. Bot. Res., Harbin 2 (1): 20 (1982); *Elatostema leiocephalum* W. T. Wang, Bull. Bot. Res., Harbin 2 (1): 14, pl. 2, f. 2-4 (1982).
贵州、广西；越南（北部）。

疏瘤深绿楼梯草

•**Elatostema atroviride** var. **laxituberculatum** W. T. Wang, Elatostema China 262 (2014).
广西。

拟渐狭楼梯草

•**Elatostema attenuatoides** W. T. Wang, Bull. Bot. Res., Harbin 26 (1): 17, f. 1: 5-9 (2006).
云南。

渐狭楼梯草

•**Elatostema attenuatum** W. T. Wang, Bull. Bot. Lab. N. E. Forest. Inst. 7: 44, pl. 3 (1980).
云南。

耳状楼梯草

•**Elatostema auriculatum** W. T. Wang, Bull. Bot. Lab. N. E. Forest. Inst. 7: 74 (1980).
云南、西藏。

耳状楼梯草（原变种）

•**Elatostema auriculatum** var. **auriculatum**
云南、西藏。

毛茎耳状楼梯草

•**Elatostema auriculatum** var. **strigosum** W. T. Wang, Fl. Xizang. 1: 552 (1983).
西藏。

滇南楼梯草

•**Elatostema austroyunnanense** W. T. Wang, Elatostema China 330 (2014).
云南。

百色楼梯草

•**Elatostema baiseense** W. T. Wang, Acta Phytotax. Sin. 31 (2): 175, pl. 1, f. 3-4 (1993).
广西。

华南楼梯草

Elatostema balansae Gagnep., Bull. Soc. Bot. France 76: 80 (1929).
Elatostema platyphyllum var. *balansae* (Gagnep.) Yahara, J. Fac. Sci. Univ. Tokyo, Sect. 3, Bot. 13 (4): 494, f. 3-4 (1984).
湖南、四川、贵州、云南、西藏、广东、广西；越南（北部）、泰国、马来西亚。

华南楼梯草（原变种）

Elatostema balansae var. **balansae**
湖南、四川、贵州、云南、西藏、广东、广西；越南（北部）、泰国、马来西亚。

硬毛华南楼梯草

•**Elatostema balansae** var. **hispidum** W. T. Wang, Bull. Bot. Res., Harbin 26 (1): 21 (2006).
云南。

巴马楼梯草

•**Elatostema bamaense** W. T. Wang et Y. G. Wei, Ann. Bot. Fenn. 48: 93 (2011).
广西。

背崩楼梯草

•**Elatostema beibengense** W. T. Wang, Acta Phytotax. Sin. 28 (4): 308, pl. 1, f. 3 (1990).
西藏。

二形苞楼梯草

•**Elatostema biformibracteolatum** W. T. Wang, Elatostema China 162 (2014).
贵州。

叉序楼梯草

Elatostema biglomeratum W. T. Wang, Bull. Bot. Res., Harbin 9 (2): 67, pl. 1, f. 1-2 (1989).
云南；不丹。

对序楼梯草

•**Elatostema binatum** W. T. Wang et Y. G. Wei, Guihaia 27 (6): 813, f. 2: A-D (2007).
广西。

二脉楼梯草

•**Elatostema binerve** W. T. Wang, Bull. Bot. Res., Harbin 26 (1): 23, f. 4: 1-4 (2006).
云南。

双对生楼梯草

●**Elatostema bioppositum** L. D. Duan et Y. Lin, Bangladesh J. Plant Taxon. 20 (2): 179 (2013).
广西。

苎麻楼梯草

●**Elatostema boehmerioides** W. T. Wang, Acta Phytotax. Sin. 28 (4): 311, pl. 1, f. 4-5 (1990).
西藏。

波密楼梯草

●**Elatostema bomiense** W. T. Wang et Zeng Y. Wu, Ann. Bot. Fenn. 50: 75 (2013).
西藏。

短齿楼梯草（倒老嫩）

Elatostema brachyodontum (Hand.-Mazz.) W. T. Wang, Bull. Bot. Lab. N. E. Forest. Inst. 7: 90 (1980).
Elatostema ficoides var. *brachyodontum* Hand.-Mazz., Symb. Sin. 7 (1): 147 (1929).
湖南、湖北、四川、贵州、云南、广西；越南（北部）。

显苞楼梯草

●**Elatostema bracteosum** W. T. Wang, Bull. Bot. Lab. N. E. Forest. Inst. 7: 59 (1980).
贵州。

短尖楼梯草

●**Elatostema breviacuminatum** W. T. Wang, Bull. Bot. Lab. N. E. Forest. Inst. 7: 71 (1980).
云南。

短尾楼梯草（老山草）

●**Elatostema brevicaudatum** (W. T. Wang) W. T. Wang, Elatostema China 226 (2014).
Elatostema herbaceifolium var. *brevicaudatum* W. T. Wang, Bull. Bot. Res., Harbin 2 (1): 13 (1982); *Elatostema cyrtandrifolium* var. *brevicaudatum* (W. T. Wang) W. T. Wang, Fl. Reipubl. Popularis Sin. 23 (2): 267 (1995).
广西。

短梗楼梯草

●**Elatostema brevipedunculatum** W. T. Wang, Bull. Bot. Lab. N. E. Forest. Inst. 7: 22, pl. 1, f. 1 (1980).
云南。

褐脉楼梯草

●**Elatostema brunneinerve** W. T. Wang, Bull. Bot. Res., Harbin 3 (3): 64, f. 5-6 (1983).
云南、广西。

褐脉楼梯草（原变种）

●**Elatostema brunneinerve** var. **brunneinerve**
广西。

乳突褐脉楼梯草

●**Elatostema brunneinerve** var. **papillosum** W. T. Wang, Bull. Bot. Res., Harbin 26 (1): 18, f. 2: 1-5 (2006).
云南。

褐苞楼梯草

●**Elatostema brunneobracteolatum** W. T. Wang, Elatostema China 210 (2014).
云南。

褐纹楼梯草

●**Elatostema brunneostriolatum** W. T. Wang, Elatostema China 258 (2014).
云南。

瀑布楼梯草

●**Elatostema cataractum** L. D. Duan et Q. Lin, Ann. Bot. Fenn. 47 (3): 229, f. 1 (2010).
贵州。

长渐尖楼梯草

●**Elatostema caudatoacuminatum** W. T. Wang, J. Syst. Evol. 51 (2): 226 (2013).
云南。

尾苞楼梯草

●**Elatostema caudiculatum** W. T. Wang, Guihaia 32 (4): 433 (2012).
云南。

毛翅楼梯草

●**Elatostema celingense** W. T. Wang, Y. G. Wei et A. K. Monro, Phytotaxa 29: 4, fig. 2-3 (2011).
广西。

启无楼梯草

●**Elatostema chiwuanum** W. T. Wang, J. Syst. Evol. 51 (2): 227 (2013).
云南。

茨开楼梯草

●**Elatostema cikaiense** W. T. Wang, Pl. Diversity Resources 33: 151 (2011).
云南。

折苞楼梯草

●**Elatostema conduplicatum** W. T. Wang, Guihaia 30 (1): 3 (2010).
广西。

革叶楼梯草

●**Elatostema coriaceifolium** W. T. Wang, Acta Phytotax. Sin. 31 (2): 170, pl. 1, f. 1-2 (1993).
贵州、云南、广西。

革叶楼梯草（原变种）

•**Elatostema coriaceifolium** var. **coriaceifolium**

贵州、广西。

长尖革叶楼梯草

•**Elatostema coriaceifolium** var. **acuminatissimum** W. T. Wang, Elatostema China 110 (2014).

云南。

肋翅楼梯草

•**Elatostema costatoalatum** W. T. Wang et Zeng Y. Wu, Elatostema China 356 (2014).

云南。

粗肋楼梯草

•**Elatostema crassicostatum** W. T. Wang, Elatostema China 339 (2014).

云南。

粗尖楼梯草

•**Elatostema crassimucronatum** W. T. Wang, Elatostema China 85 (2014).

贵州。

厚叶楼梯草

•**Elatostema crassiusculum** W. T. Wang, Bull. Bot. Lab. N. E. Forest. Inst. 7: 43 (1980).

云南。

浅齿楼梯草

•**Elatostema crenatum** W. T. Wang, Bull. Bot. Lab. N. E. Forest. Inst. 7: 58 (1980).

云南。

弯毛楼梯草

•**Elatostema crispulum** W. T. Wang, Acta Bot. Yunnan. 7 (3): 295, pl. 2, f. 3-4 (1985).

云南。

兜船楼梯草

•**Elatostema cucullatonaviculare** W. T. Wang, Pl. Diversity Resources 34 (2): 138 (2012).

云南。

刀状楼梯草

•**Elatostema cultratum** W. T. Wang, Guihaia 30 (1): 7 (2010).

贵州。

稀齿楼梯草

Elatostema cuneatum Wight, Icon. Pl. Ind. Orient. (Wight) 6: 35, pl. 2091, f. 3 (1853).

Elatostema approximatum Wedd., Prodr. (DC.) 16 (1): 190 (1869); *Elatostema densiflorum* Franch. et Sav., Enum. Pl. Jap. 1: 439 (1875); *Elatostema nipponicum* Makino, J. Jap. Bot. 2: 19 (1921).

云南；日本、朝鲜、老挝、印度尼西亚、印度。

楔苞楼梯草

•**Elatostema cuneiforme** W. T. Wang, Acta Phytotax. Sin. 17 (1): 107, f. 2, 1-4 (1979).

西藏。

楔苞楼梯草（原变种）

•**Elatostema cuneiforme** var. **cuneiforme**

西藏。

细梗楔苞楼梯草

•**Elatostema cuneiforme** var. **gracilipes** W. T. Wang, Acta Phytotax. Sin. 28 (4): 319 (1990).

西藏。

骤尖楼梯草

Elatostema cuspidatum Wight, Icon. Pl. Ind. Orient. (Wight) 6: 11, pl. 1983, 2091, f. 1 (1853).

Elatostema sessile var. *cuspidatum* (Wight) Wedd., Prodr. (DC.) 16 (1): 173 (1869); *Elatostema bodinieri* H. Lév., Repert. Spec. Nov. Regni Veg. 11 (304-308): 551 (1913).

江西、湖南、湖北、四川、贵州、云南、西藏、福建、广西；缅甸、尼泊尔、印度。

骤尖楼梯草（原变种）

Elatostema cuspidatum var. **cuspidatum**

江西、湖南、湖北、四川、贵州、云南、西藏、福建、广西；缅甸、尼泊尔、印度。

长角骤尖楼梯草

•**Elatostema cuspidatum** var. **dolichoceras** W. T. Wang, Acta Bot. Yunnan. 10 (3): 346 (1988).

云南。

无角骤尖楼梯草

•**Elatostema cuspidatum** var. **ecorniculatum** W. T. Wang, Elatostema China 246 (2014).

云南。

拟锐齿楼梯草

•**Elatostema cyrtandrifolioides** W. T. Wang, Elatostema China 222 (2014).

云南。

锐齿楼梯草

Elatostema cyrtandrifolium (Zoll. et Moritzi) Miq., Pl. Jungh. 1: 21 (1851).

Procris cyrtandrifolia Zoll. et Moritzi, Syst. Verz. (Moritzi et al.) 74 (1846); *Elatostema sessile* var. *cyrtandrifolia* (Zoll. et Moritzi) Wedd., Prodr. Fl. Nov. Holland. 16 (1): 173 (1869).

甘肃、江西、湖南、湖北、四川、贵州、云南、福建、台湾、广东、广西、海南；缅甸、马来西亚、印度尼西亚、不丹、印度。

锐齿楼梯草（原变种）

Elatostema cyrtandrifolium var. **cyrtandrifolium**

Elatostema sessile var. *pubescens* Hook. f., Fl. Brit. Ind. 5 (15): 564 (1888); *Elatostema herbaceifolium* Hayata, Icon. Pl. Formosan. 6: 57 (1916).

甘肃、江西、湖南、湖北、四川、贵州、云南、福建、台湾、广东、广西、海南；缅甸、马来西亚、印度尼西亚、不丹、印度。

大围山楼梯草

●**Elatostema cyrtandrifolium** var. **daweishanicum** W. T. Wang, Bull. Bot. Res., Harbin 23 (3): 258, f. 1: 3-8 (2003).

云南。

硬毛锐齿楼梯草

●**Elatostema cyrtandrifolium** var. **hirsutum** W. T. Wang et Zeng Y. Wu, Nord. J. Bot. 29 (2): 229 (2011).

云南。

指序楼梯草

●**Elatostema dactylocephalum** W. T. Wang, Pl. Diversity Resources 33: 148 (2011).

云南。

大新楼梯草

●**Elatostema daxinense** W. T. Wang et Zeng Y. Wu, Ann. Bot. Fenn. 50: 77 (2013).

广西。

密毛楼梯草

●**Elatostema densistriolatum** W. T. Wang et Zeng Y. Wu, Nord. J. Bot. 29 (2): 227 (2011).

云南。

双头楼梯草

●**Elatostema didymocephalum** W. T. Wang, Acta Phytotax. Sin. 28 (4): 316, pl. 3, f. 5 (1990).

西藏。

拟盘托楼梯草

●**Elatostema dissectoides** W. T. Wang, Acta Bot. Yunnan. Suppl. 5: 1 (1992).

云南、西藏。

盘托楼梯草（螃蟹苦）

Elatostema dissectum Wedd., Arch. Mus. Hist. Nat. 9 (1-2): 314 (1856).

云南、广东、广西；老挝、泰国、不丹、印度。

盘托楼梯草（原变种）

Elatostema dissectum var. **dissectum**

Elatostema paragungshanense W. T. Wang, Acta Bot. Yunnan. Suppl. 5: 4 (1992).

云南、广东、广西；老挝、泰国、不丹、印度。

硬毛盘托楼梯草

●**Elatostema dissectum** var. **hispidum** W. T. Wang, Elatostema China 272 (2014).

云南。

独龙楼梯草

●**Elatostema dulongense** W. T. Wang, Bull. Bot. Res., Harbin 9 (2): 72, pl. 2, f. 3-5 (1989).

云南。

都匀楼梯草

●**Elatostema duyunense** W. T. Wang et Y. G. Wei, Guihaia 28 (1): 1, f. 1 (2008).

贵州。

食用楼梯草

Elatostema edule C. B. Rob., Philipp. J. Sci., C 5: 531 (1911).

台湾、海南；菲律宾。

食用楼梯草（原变种）

Elatostema edule var. **edule**

台湾；菲律宾。

南海楼梯草

●**Elatostema edule** var. **ecostatum** W. T. Wang, Elatostema China 215 (2014).

海南。

绒序楼梯草

●**Elatostema eriocephalum** W. T. Wang, Acta Phytotax. Sin. 28 (4): 317, pl. 3, f. 1-2 (1990).

西藏。

凤山楼梯草

●**Elatostema fengshanense** W. T. Wang et Y. G. Wei, Guihaia 29 (6): 714 (2009).

广西。

凤山楼梯草（原变种）

●**Elatostema fengshanense** var. **fengshanense**

广西。

短角凤山楼梯草

●**Elatostema fengshanense** var. **brachyceras** W. T. Wang, Elatostema China 114 (2014).

广西。

锈茎楼梯草

●**Elatostema ferrugineum** W. T. Wang, Bull. Bot. Res., Harbin 9 (2): 73, pl. 2, f. 1-2 (1989).

云南。

梨序楼梯草

Elatostema ficoides Wedd., Arch. Mus. Hist. Nat. 9: 306, pl. 10 (1856).
湖南、四川、贵州、云南、广西；尼泊尔、印度。

梨序楼梯草（原变种）

Elatostema ficoides var. **ficoides**
湖南、四川、贵州、云南、广西；尼泊尔、印度。

毛茎梨序楼梯草

●**Elatostema ficoides** var. **puberulum** W. T. Wang, Keys Vasc. Pl. Wuling Mts. 578 (1995).
湖南。

丝梗楼梯草

●**Elatostema filipes** W. T. Wang, Bull. Bot. Lab. N. E. Forest. Inst. 7: 49, pl. 1, f. 9 (1980).
四川、广西。

丝梗楼梯草（原变种）

●**Elatostema filipes** var. **filipes**
四川、广西。

多花丝梗楼梯草

●**Elatostema filipes** var. **floribundum** W. T. Wang, Bull. Bot. Res., Harbin 2 (1): 7 (1982).
广西。

之曲楼梯草

●**Elatostema flexuosum** W. T. Wang, Guihaia 32 (4): 431 (2012).
云南。

福贡楼梯草

●**Elatostema fugongense** W. T. Wang, Pl. Diversity Resources 34 (2): 144 (2012).
云南。

黄褐楼梯草

●**Elatostema fulvobracteolatum** W. T. Wang, J. Syst. Evol. 51 (2): 227 (2013).
云南。

富宁楼梯草

●**Elatostema funingense** W. T. Wang, Guihaia 30 (1): 8 (2010).
云南。

叉苞楼梯草

●**Elatostema furcatibracteum** W. T. Wang, Elatostema China 76 (2014).
西藏。

叉枝楼梯草

●**Elatostema furcatiramosum** W. T. Wang, Elatostema China 257 (2014).
云南。

光苞楼梯草

●**Elatostema glabribracteum** W. T. Wang, Guihaia 32 (4): 428 (2012).
云南。

算盘楼梯草

●**Elatostema glochidioides** W. T. Wang, Acta Phytotax. Sin. 31 (2): 172, pl. 2, f. 5-7 (1993).
贵州、广西。

角托楼梯草

●**Elatostema goniocephalum** W. T. Wang, Bull. Bot. Lab. N. E. Forest. Inst. 7: 77, pl. 3, f. 2 (1980).
四川。

粗齿楼梯草

Elatostema grandidentatum W. T. Wang, Acta Phytotax. Sin. 17 (1): 107, pl. 2, f. 11-12 (1979).
西藏；不丹。

桂林楼梯草

●**Elatostema gueilinense** W. T. Wang, Bull. Bot. Lab. N. E. Forest. Inst. 7: 50, pl. 2, f. 1-2 (1980).
云南、广西。

贡山楼梯草

●**Elatostema gungshanense** W. T. Wang, Acta Bot. Yunnan. 10 (3): 344, pl. 1, f. 4-6 (1988).
云南、西藏。

圆序楼梯草

●**Elatostema gyrocephalum** W. T. Wang et Y. G. Wei, Guihaia 27 (6): 812, f. 1: A-D (2007).
广西。

圆序楼梯草（原变种）

●**Elatostema gyrocephalum** var. **gyrocephalum**
广西。

毛茎圆序楼梯草

●**Elatostema gyrocephalum** var. **pubicaule** W. T. Wang et Y. G. Wei, Guihaia 29 (2): 144 (2009).
广西。

河池楼梯草

●**Elatostema hechiense** W. T. Wang et Y. G. Wei, Guihaia 27 (6): 815, f. 2: E-H (2007).
广西。

河口楼梯草

●**Elatostema hekouense** W. T. Wang, Acta Bot. Yunnan. 7 (3): 296, pl. 2, f. 1-2 (1985).

云南。

异茎楼梯草

●**Elatostema heterocladum** W. T. Wang, A. K. Monro et Y. G. Wei, Phytotaxa 147 (1): 7 (2013).
广西。

异晶楼梯草

●**Elatostema heterogrammicum** W. T. Wang, Pl. Diversity Resources 34 (2): 142 (2012).
云南。

贺州楼梯草

●**Elatostema hezhouense** W. T. Wang, Y. G. Wei et A. K. Monro, Phytotaxa 29: 7, fig. 4-5 (2011).
广西。

糙梗楼梯草

●**Elatostema hirtellipedunculatum** B. L. Shih et Yuen P. Yang, Bot. Bull. Acad. Sin. 36 (3): 160, f. 3 (1995).
台湾。

硬毛楼梯草

●**Elatostema hirtellum** (W. T. Wang) W. T. Wang, Acta Phytotax. Sin. 28 (4): 307 (1990).
Elatostema subtrichotomum var. *hirtellum* W. T. Wang, Bull. Bot. Res., Harbin 2 (1): 4 (1982).
广西。

疏晶楼梯草

Elatostema hookerianum Wedd., Arch. Mus. Hist. Nat. 9 (1-2): 309, pl. 9, f. 9 (1856).
Elatostema subfalcatum W. T. Wang, Bull. Bot. Lab. N. E. Forest. Inst. 7: 41 (1980).
云南、西藏、广西；越南、不丹、印度。

黄连山楼梯草

●**Elatostema huanglianshanicum** W. T. Wang, Guihaia. 31: 143 (2011).
云南。

环江楼梯草

●**Elatostema huanjiangense** W. T. Wang et Y. G. Wei, Guihaia 27 (6): 815, f. 3 (2007).
广西。

杂交楼梯草（新拟）

●**Elatostema × hybrida** Yu H. Tseng et J. M. Hu, Phytotaxa 161 (1): 52 (2014).
台湾。

水蓑衣楼梯草

●**Elatostema hygrophilifolium** W. T. Wang, J. Syst. Evol. 51 (2): 225 (2013).
云南。

白背楼梯草

●**Elatostema hypoglaucum** B. L. Shih et Yuen P. Yang, Bot. Bull. Acad. Sin. 36 (3): 162, f. 4 (1995).
台湾。

宜昌楼梯草（六月寒，水水草）

●**Elatostema ichangense** H. Schroet., Repert. Spec. Nov. Regni Veg. 47: 220 (1939).
湖南、湖北、四川、贵州、广西。

刀叶楼梯草

Elatostema imbricans Dunn, Bull. Misc. Inform. Kew 1920 (6): 209 (1920).
西藏；不丹。

全缘楼梯草

Elatostema integrifolium (D. Don) Wedd., Prodr. (DC.) 16 (1): 179 (1869).
Procris integrifolia D. Don, Prodr. Fl. Nepal. 61 (1825); *Elatostema sesquifolium* var. *integrifolium* (D. Don) Wedd., Monogr. Urtica. 308 (1856).
云南、海南；缅甸、泰国、马来西亚、印度尼西亚、不丹、尼泊尔、印度。

全缘楼梯草（原变种）

Elatostema integrifolium var. **integrifolium**
Procris sesquifolia Reinw. ex Blume, Bijdr. Fl. Ned. Ind. 511 (1825); *Elatostema sesquifolium* (Reinw. ex Blume) Hassk., Cat. Horto Bot. Bogor. 79 (1844); *Elatostema viridicaule* W. T. Wang, Bull. Bot. Res., Harbin 3 (3): 62, f. 7 (1983).
云南、海南；缅甸、泰国、印度尼西亚、不丹、尼泊尔、印度。

朴叶楼梯草

Elatostema integrifolium var. **tomentosum** (Hook. f.) W. T. Wang, Fl. Reipubl. Popularis Sin. 23 (2): 227, pl. 47, f. 1 (1995).
Elatostema lineolatum var. *tomentosum* Hook. f., Fl. Brit. Ind. 5 (15): 565 (1888).
云南；泰国、马来西亚、印度。

楼梯草（半边伞，养血草，冷草）

Elatostema involucratum Franch. et Sav., Enum. Pl. Jap. 1 (2): 439 (1875).
Elatostema umbellatum var. *majus* Maxim., Mélanges Biol. Bull. Phys.-Math. Acad. Imp. Sci. Saint-Pétersbourg 9: 637 (1876); *Elatostema bijiangense* W. T. Wang, Bull. Bot. Res., Harbin 2 (1): 9, pl. 2, f. 1 (1982); *Elatostema bijiangense* var. *weixiense* W. T. Wang, Pl. Diversity Resources 34 (2): 137 (2012).
河南、陕西、甘肃、安徽、江苏、浙江、江西、湖南、湖北、四川、贵州、云南、福建、广东、广西；日本、朝鲜。

尖山楼梯草

•**Elatostema jianshanicum** W. T. Wang, Bull. Bot. Res., Harbin 23 (3): 260, f. 2: 1-5 (2003).

云南。

靖西楼梯草

•**Elatostema jingxiense** W. T. Wang et Y. G. Wei, Bangladesh J. Plant Toxon. 20 (1): 3 (2013).

广西。

金平楼梯草

•**Elatostema jinpingense** W. T. Wang, Bull. Bot. Lab. N. E. Forest. Inst. 7: 80 (1980).

云南。

光茎楼梯草

•**Elatostema laevicaule** W. T. Wang, A. K. Monro et Y. G. Wei, Phytotaxa 147 (1): 2 (2013).

广西。

光叶楼梯草

Elatostema laevissimum W. T. Wang, Bull. Bot. Lab. N. E. Forest. Inst. 7: 29 (1980).

Elatostema laevissimum var. *puberulum* W. T. Wang, Bull. Bot. Lab. N. E. Forest. Inst. 7: 31 (1980).

云南、西藏、广西、海南；越南。

毛序楼梯草

•**Elatostema lasiocephalum** W. T. Wang, Bull. Bot. Res., Harbin 2 (1): 7, pl. 1, f. 6-7 (1982).

广西。

宽托叶楼梯草

•**Elatostema latistipulum** W. T. Wang et Zeng Y. Wu, Nord. J. Bot. 29 (2): 230 (2011).

西藏。

宽被楼梯草

•**Elatostema latitepalum** W. T. Wang, Guihaia 30 (6): 721 (2010).

云南。

疏伞楼梯草

Elatostema laxicymosum W. T. Wang, Acta Phytotax. Sin. 17 (1): 106, pl. 2, f. 5-10 (1979).

西藏；印度。

绢毛楼梯草

•**Elatostema laxisericeum** W. T. Wang, Bull. Bot. Lab. N. E. Forest. Inst. 7: 76 (1980).

云南。

白序楼梯草

•**Elatostema leucocephalum** W. T. Wang, Bull. Bot. Lab. N. E. Forest. Inst. 7: 78, pl. 3, f. 3-4 (1980).

四川。

荔波楼梯草

•**Elatostema liboense** W. T. Wang, Acta Phytotax. Sin. 31 (2): 174, pl. 2, f. 1-4 (1993).

贵州。

李恒楼梯草

•**Elatostema lihengianum** W. T. Wang, Acta Bot. Yunnan. Suppl. 5: 2 (1992).

云南、西藏。

条角楼梯草

•**Elatostema linearicorniculatum** W. T. Wang, Elatostema China 360 (2014).

云南。

狭叶楼梯草

Elatostema lineolatum Wight, Icon. Pl. Ind. Orient. (Wight) 6: 11, pl. 1984 (1853).

Elatostema lineolatum var. *majus* Wedd., Arch. Mus. Hist. Nat. 9: 312 (1856).

云南、西藏、福建、台湾、广东、广西；缅甸、泰国、不丹、尼泊尔、印度、斯里兰卡。

木姜楼梯草

•**Elatostema litseifolium** W. T. Wang, Acta Phytotax. Sin. 28 (4): 313, pl. 2, f. 6-7 (1990).

西藏。

长苞楼梯草

•**Elatostema longibracteatum** W. T. Wang, Bull. Bot. Res., Harbin 2 (1): 6, pl. 1, f. 4-5 (1982).

云南。

长缘毛楼梯草

•**Elatostema longiciliatum** W. T. Wang, Elatostema China 312 (2014).

广西。

长骤尖楼梯草

•**Elatostema longicuspe** W. T. Wang et Y. G. Wei, Nord. J. Bot. 31: 313 (2013).

贵州。

长梗楼梯草

•**Elatostema longipes** W. T. Wang, Bull. Bot. Lab. N. E. Forest. Inst. 7: 80, pl. 5 (1980).

四川。

显脉楼梯草

Elatostema longistipulum Hand.-Mazz., Anz. Akad. Wiss. Wien, Math.-Naturwiss. Kl. 57: 242 (1920).

贵州、云南、广西；越南。

长被楼梯草

●**Elatostema longitepalum** W. T. Wang, Guihaia 32 (4): 433 (2012).
云南。

绿春楼梯草

●**Elatostema luchunense** W. T. Wang, Acta Phytotax. Sin. 35 (5): 459, f. 1: 3-8 (1997).
云南。

黑翅楼梯草

●**Elatostema lui** W. T. Wang, Y. G. Wei et A. K. Monro, Phytotaxa 29: 10, fig. 6-7 (2011).
广西。

龙州楼梯草

●**Elatostema lungzhouense** W. T. Wang, Bull. Bot. Lab. N. E. Forest. Inst. 7: 68, pl. 3, f. 1 (1980).
广西。

罗氏楼梯草

●**Elatostema luoi** W. T. Wang, Pl. Diversity Resources 34 (2): 140 (2012).
湖南。

绿水河楼梯草

●**Elatostema lushuiheense** W. T. Wang, Guihaia 32 (4): 431 (2012).
云南。

绿水河楼梯草（原变种）

●**Elatostema lushuiheense** var. **lushuiheense**
云南。

宽苞绿水河楼梯草

●**Elatostema lushuiheense** var. **latibracteum** W. T. Wang, Elatostema China 261 (2014).
云南。

潞西楼梯草

●**Elatostema luxiense** W. T. Wang, Bull. Bot. Res., Harbin 2 (1): 18, pl. 2, f. 7-9 (1982).
云南。

马边楼梯草

●**Elatostema mabienense** W. T. Wang, Bull. Bot. Lab. N. E. Forest. Inst. 7: 63, pl. 2, f. 11 (1980).
四川、云南。

马边楼梯草（原变种）

●**Elatostema mabienense** var. **mabienense**
四川。

六苞楼梯草

●**Elatostema mabienense** var. **sexbracteatum** W. T. Wang, Bull. Bot. Res., Harbin 9 (2): 69, pl. 1, f. 5 (1989).
云南。

多序楼梯草

Elatostema macintyrei Dunn, Bull. Misc. Inform. Kew 1920 (6): 210 (1920).
四川、贵州、云南、西藏、广东、广西；越南、泰国、不丹、印度。

大耳楼梯草（新拟）

●**Elatostema magniauriculatum** L. D. Duan et Yun Lin, Bangladesh J. Plant Taxon. 22 (1): 43 (2015), as "*magni-auriculatum*".
广西。

马关楼梯草

●**Elatostema maguanense** W. T. Wang, Bull. Bot. Res., Harbin 26 (1): 21, f. 4: 5-10 (2006).
云南。

软毛楼梯草

●**Elatostema malacotrichum** W. T. Wang et Y. G. Wei, Guihaia 29 (6): 712 (2009).
广西。

麻栗坡楼梯草

●**Elatostema malipoense** W. T. Wang et Zeng Y. Wu, Phytokeys 7: 60 (2011).
云南。

曼耗楼梯草

●**Elatostema manhaoense** W. T. Wang, Bull. Bot. Res., Harbin 16 (3): 247, f. 1 (1996).
云南。

马山楼梯草

●**Elatostema mashanense** W. T. Wang et Y. G. Wei, Guihaia 29 (2): 144 (2009).
广西。

墨脱楼梯草

Elatostema medogense W. T. Wang, Bull. Bot. Res., Harbin 2 (1): 10 (1982).
Elatostema medogense var. *oblongum* W. T. Wang, Bull. Bot. Res., Harbin 2 (1): 11 (1982); *Elatostema shuzhii* W. T. Wang, Acta Phytotax. Sin. 28 (4): 313, pl. 2, f. 4-5 (1990).
西藏；印度。

巨序楼梯草

Elatostema megacephalum W. T. Wang, Bull. Bot. Lab. N. E. Forest. Inst. 7: 73 (1980).
Elatostema mollifolium W. T. Wang, Bull. Bot. Res., Harbin 2

(1): 15 (1982).
云南；泰国、马来西亚。

黑果楼梯草

•**Elatostema melanocarpum** W. T. Wang, J. Syst. Evol. 51 (2): 226 (2013).
云南。

黑序楼梯草

•**Elatostema melanocephalum** W. T. Wang, Elatostema China 339 (2014).
云南。

黑角楼梯草

•**Elatostema melanoceras** W. T. Wang, Elatostema China 318 (2014).
广西。

黑叶楼梯草

•**Elatostema melanophyllum** W. T. Wang, Bull. Bot. Res., Harbin 26 (1): 23, f. 2: 6-9 (2006).
云南。

勐海楼梯草

•**Elatostema menghaiense** W. T. Wang, J. Syst. Evol. 51 (2): 226 (2013).
Elatostema rupestre auct. non (Buch.-Ham. ex D. Don) Wedd.: W. T. Wang, Bull. Bot. Lab. N. E. Forest. Inst. 7: 74 (1980), p. p. quoad *C. W. Wang 74224*.
云南。

勐仑楼梯草

•**Elatostema menglunense** W. T. Wang et G. D. Tao, Bull. Bot. Res., Harbin 16 (1): 1 (1996).
云南。

小果楼梯草

•**Elatostema microcarpum** W. T. Wang et Y. G. Wei, Guihaia 27 (6): 811, f. 1: E-H (2007).
广西。

微序楼梯草

Elatostema microcephalanthum Hayata, Icon. Pl. Formosan. 6: 59 (1916).
台湾；日本（南部）。

微齿楼梯草

•**Elatostema microdontum** W. T. Wang, Bull. Bot. Lab. N. E. Forest. Inst. 7: 24 (1980).
云南。

微毛楼梯草

•**Elatostema microtrichum** W. T. Wang, Acta Bot. Yunnan. 7 (3): 299, pl. 3, f. 5 (1985).
云南。

微鳞楼梯草

•**Elatostema minutifurfuraceum** W. T. Wang, Acta Bot. Yunnan. 7 (3): 293, pl. 1, f. 1-2 (1985).
云南。

异叶楼梯草

Elatostema monandrum (D. Don) H. Hara, Fl. E. Himalaya 3: 21 (1975).
Procris monandra D. Don, Prodr. Fl. Nepal. 61 (1825); *Elatostema surculosum* Wight, Icon. Pl. Ind. Orient. (Wight) t. 2091, f. 4 (1853); *Elatostema diversifolium* Wedd., Prodr. (DC.) 16 (1): 189 (1869); *Elatostema surculosum* var. *pinnatifidum* Hook. f., Fl. Brit. Ind. 5 (15): 573 (1888); *Elatostema surculosum* var. *elegans* Hook. f., Fl. Brit. Ind. 5 (15): 573 (1888); *Elatostema surculosum* var. *ciliatum* Hook. f., Fl. Brit. Ind. 5 (15): 573 (1888); *Pellionia mairei* H. Lév., Monde Pl. Rev. Mens. Bot. 18: 28 (1916); *Elatostema monandrum* f. *ciliatum* (Hook. f.) H. Hara, Fl. E. Himalaya 3: 21 (1975); *Elatostema monandrum* f. *pinnatifidum* (Hook. f.) H. Hara, Fl. E. Himalaya 3: 21 (1975); *Elatostema muscicola* W. T. Wang, Bull. Bot. Lab. N. E. Forest. Inst. 7: 38 (1980); *Elatostema monandrum* var. *pinnatifidum* (Hook. f.) Murti, Kew Bull. 52 (1): 194 (1997); *Elatostema monandrum* var. *ciliatum* (Hook. f.) Murti, Kew Bull. 52 (1): 193 (1997).
陕西、四川、贵州、云南、西藏；缅甸、泰国、不丹、尼泊尔、印度、斯里兰卡。

多沟楼梯草

•**Elatostema multicanaliculatum** B. L. Shih et Yuen P. Yang, Bot. Bull. Acad. Sin. (Taipei) 36 (4): 268 (1995).
台湾。

多茎楼梯草

•**Elatostema multicaule** W. T. Wang, Y. G. Wei et A. K. Monro, Phytotaxa 29: 14, fig. 8-9 (2011).
云南、广西。

瘤茎楼梯草

•**Elatostema myrtillus** (H. Lév.) Hand.-Mazz., Symb. Sin. 7 (1): 146 (1929).
Pellionia myrtillus H. Lév., Repert. Spec. Nov. Regni Veg. 11 (304-308): 552 (1913).
湖南、湖北、四川、贵州、云南、广西。

南川楼梯草

•**Elatostema nanchuanense** W. T. Wang, Bull. Bot. Lab. N. E. Forest. Inst. 7: 84, pl. 3, f. 7 (1980).
湖南、湖北、重庆、贵州、云南、广西。

南川楼梯草（原变种）

•**Elatostema nanchuanense** var. **nanchuanense**
Elatostema calciferum W. T. Wang, Keys Vasc. Pl. Wuling Mts.

577 (1995); *Elatostema nanchuanense* var. *calciferum* (W. T. Wang) W. T. Wang, Guihaia 30 (6): 725 (2011).
湖南、湖北、重庆、云南。

短角南川楼梯草

●**Elatostema nanchuanense** var. **brachyceras** W. T. Wang, Guihaia 30 (1): 12 (2010).
广西。

黑苞南川楼梯草

●**Elatostema nanchuanense** var. **nigribracteolatum** W. T. Wang, Guihaia 30 (1): 12 (2010).
云南。

硬角南川楼梯草

●**Elatostema nanchuanense** var. **schleroceras** W. T. Wang, Guihaia 30 (6): 726 (2010).
贵州、广西。

那坡楼梯草

●**Elatostema napoense** W. T. Wang, Guihaia 2 (3): 121, pl. 1, f. 8-9 (1982).
广西。

托叶楼梯草

Elatostema nasutum Hook. f., Fl. Brit. Ind. 5 (15): 571 (1888).
江西、湖南、湖北、四川、贵州、云南、西藏、广东、广西、海南；泰国、不丹、尼泊尔、印度。

托叶楼梯草（原变种）

Elatostema nasutum var. **nasutum**

Elatostema stipulosum Hand.-Mazz., Symb. Sin. 7 (1): 149 (1929); *Elatostema hainanense* W. T. Wang, Bull. Bot. Lab. N. E. Forest. Inst. 7: 48, f. 1: 8 (1980).
江西、湖南、湖北、四川、贵州、云南、西藏、广东、广西、海南；不丹、尼泊尔。

盘托托叶楼梯草

●**Elatostema nasutum** var. **discophorum** W. T. Wang, Bull. Bot. Res., Harbin 26 (1): 19, f. 3 (2006).
云南。

无角托叶楼梯草

●**Elatostema nasutum** var. **ecorniculatum** W. T. Wang, Guihaia 30 (6): 718 (2010).
西藏。

短毛楼梯草

●**Elatostema nasutum** var. **puberulum** (W. T. Wang) W. T. Wang, Bull. Bot. Res., Harbin 12 (3): 207 (1992).
Elatostema stipulosum var. *puberulum* W. T. Wang, Bull. Bot. Lab. N. E. Forest. Inst. 7: 48 (1980).
江西、湖南、贵州、云南、广东、广西。

柳叶楼梯草

Elatostema neriifolium W. T. Wang et Zeng Y. Wu, Pl. Diversity Resources 34 (2): 153 (2012).
云南；越南。

毛脉楼梯草

●**Elatostema nianbaense** W. T. Wang, Y. G. Wei et A. K. Monro, Phytotaxa 29: 17, f. 10-11 (2011), as "*nianbense*".
广西。

黑苞楼梯草

●**Elatostema nigribracteatum** W. T. Wang et Y. G. Wei, Guihaia 29 (2): 144 (2009).
广西。

长圆楼梯草

Elatostema oblongifolium S. H. Fu ex W. T. Wang, Bull. Bot. Lab. N. E. Forest. Inst. 7 (2): 26 (1980).
湖南、湖北、四川、重庆、贵州、云南、福建、广西；印度尼西亚。

长圆楼梯草（原变种）

Elatostema oblongifolium var. **oblongifolium**

Pellionia bodinieri H. Lév., Repert. Spec. Nov. Regni Veg. 11 (304-308): 551 (1913), non *Elatostema bodinieri* H. Lév. (1913); *Elatostema schizocephalum* W. T. Wang, Bull. Bot. Lab. N. E. Forest. Inst. 7: 82 (1980).
湖南、湖北、四川、重庆、贵州、云南、福建、广西；印度尼西亚。

托叶长圆楼梯草

●**Elatostema oblongifolium** var. **magnistipulum** W. T. Wang, Elatostema China 50 (2014).
云南。

隐脉楼梯草

●**Elatostema obscurinerve** W. T. Wang, Bull. Bot. Lab. N. E. Forest. Inst. 7: 63, pl. 2, f. 12 (1980).
贵州、广西。

隐脉楼梯草（原变种）

●**Elatostema obscurinerve** var. **obscurinerve**
广西。

毛叶隐脉楼梯草

●**Elatostema obscurinerve** var. **pubifolium** W. T. Wang, Elatostema China 181 (2014).
贵州。

钝齿楼梯草

●**Elatostema obtusidentatum** W. T. Wang, Bull. Bot. Lab. N. E. Forest. Inst. 7: 28 (1980).
广西。

钝叶楼梯草

Elatostema obtusum Wedd., Ann. Sci. Nat., Bot. Ser, 4. 1: 190 (1854).

陕西、甘肃、浙江、江西、湖南、湖北、四川、贵州、云南、西藏、福建、台湾、广东、广西；菲律宾、泰国、不丹、尼泊尔、印度。

钝叶楼梯草（原变种）

Elatostema obtusum var. **obtusum**

陕西、甘肃、湖南、湖北、四川、云南、西藏；泰国、不丹、尼泊尔、印度。

三齿钝叶楼梯草

Elatostema obtusum var. **trilobulatum** (Hayata) W. T. Wang, Bull. Bot. Lab. N. E. Forest. Inst. 4 (7): 66 (1980).

Pellionia trilobulata Hayata, J. Coll. Sci. Imp. Univ. Tokyo 30 (1): 280 (1911); *Elatostema trilobulatum* (Hayata) T. Yamaz., J. Jap. Bot. 47 (6): 180, f. 1 (1972); *Elatostema obtusum* var. *glabrescens* W. T. Wang, Bull. Bot. Lab. N. E. Forest. Inst. 7: 65 (1980).

浙江、江西、湖南、湖北、贵州、福建、台湾、广东、广西；菲律宾。

齿翅楼梯草

•**Elatostema odontopterum** W. T. Wang, J. Syst. Evol. 51 (2): 225 (2013).

云南。

少脉楼梯草

•**Elatostema oligophlebium** W. T. Wang, Y. G. Wei et L. F. Fu, Ann. Bot. Fenn. 49: 399 (2012).

广西。

峨眉楼梯草

•**Elatostema omeiense** W. T. Wang, Bull. Bot. Lab. N. E. Forest. Inst. 7: 79, pl. 3, f. 5 (1980).

四川。

对生楼梯草

•**Elatostema oppositum** Q. Lin et Y. M. Shui, Novon 21 (2): 212 (2011).

云南。

紫麻楼梯草

•**Elatostema oreocnidioides** W. T. Wang, Bull. Bot. Res., Harbin 2 (1): 5, pl. 1, f. 3 (1982).

云南。

鸟喙楼梯草

•**Elatostema ornithorrhynchum** W. T. Wang, Elatostema China 114 (2014).

广西。

尖牙楼梯草

•**Elatostema oxyodontum** W. T. Wang, Guihaia 30 (6): 724 (2010).

云南。

粗角楼梯草

•**Elatostema pachyceras** W. T. Wang, Bull. Bot. Lab. N. E. Forest. Inst. 7: 70 (1980).

Elatostema longipetiolatum W. T. Wang, Bull. Bot. Res., Harbin 2 (1): 17 (1982); *Elatostema pachyceras* var. *majus* W. T. Wang, Bull. Bot. Res., Harbin 2 (1): 15 (1982).

云南。

绿白脉楼梯草

•**Elatostema pallidinerve** W. T. Wang, Elatostema China 166 (2014).

云南。

微晶楼梯草

Elatostema papillosum Wedd., Arch. Mus. Hist. Nat. 9: 327 (1856).

西藏；不丹、印度。

拟渐尖楼梯

Elatostema paracuminatum W. T. Wang, Acta Bot. Yunnan. Suppl. 5: 3 (1992).

云南；老挝。

拟小叶楼梯草

•**Elatostema parvioides** W. T. Wang, Guihaia 32 (4): 427 (2012).

云南。

小叶楼梯草

Elatostema parvum (Blume) Miq., Syst. Verz. (Zollinger) 102 (1854).

Procris parva Blume, Bijdr. Fl. Ned. Ind. 512 (1825).

四川、贵州、云南、西藏、台湾、广东、广西；菲律宾、缅甸、印度尼西亚、不丹、尼泊尔、印度。

小叶楼梯草（原变种）

Elatostema parvum var. **parvum**

Elatostema stracheyanum Wedd., Ann. Sci. Nat., Bot. ser. 4, 1: 188 (1854); *Elatostema reptans* Hook. f., Fl. Brit. Ind. 5: 567 (1888); *Elatostema minutum* Hayata, J. Coll. Sci. Imp. Univ. Tokyo 25 (9): 198, t. 36 (1908); *Elatostema merrillii* C. B. Rob., Philipp. J. Sci. 6: 305 (1911); *Pellionia esquirolii* H. Lév., Repert. Spec. Nov. Regni Veg. 11 (304-308): 551 (1913); *Elatostema backeri* H. Schroet., Repert. Spec. Nov. Regni Veg. Beih. 83 (1): 27 (1936); *Elatostema backeri* var. *villosulum* W. T. Wang, Acta Phytotax. Sin. 28 (4): 312 (1990).

四川、贵州、云南、台湾、广东、广西；菲律宾、缅甸、印度尼西亚、不丹、尼泊尔、印度。

骤尖小叶楼梯草

●**Elatostema parvum** var. **brevicuspis** W. T. Wang, Acta Phytotax. Sin. 28 (4): 312 (1990).
西藏。

少叶楼梯草

●**Elatostema paucifolium** W. T. Wang, Pl. Diversity Resources 33 (2): 147, f. 2 (2011).
云南。

赤车楼梯草

●**Elatostema pellionioides** W. T. Wang, Elatostema China 83 (2014).
云南。

坚纸楼梯草

●**Elatostema pergameneum** W. T. Wang, Bull. Bot. Lab. N. E. Forest. Inst. 7: 67 (1980).
广西。

樟叶楼梯草

Elatostema petelotii Gagnep., Bull. Soc. Bot. France 76: 81 (1929).
云南、广西；越南。

显柄楼梯草

●**Elatostema petiolare** W. T. Wang, Elatostema China 307 (2014).
广西。

隆脉楼梯草

●**Elatostema phanerophlebium** W. T. Wang et Y. G. Wei, Guihaia 29 (6): 712 (2009).
广西。

片马楼梯草

●**Elatostema pianmaense** W. T. Wang, Pl. Diversity Resources 33: 150 (2011).
云南。

屏边楼梯草

●**Elatostema pingbianense** W. T. Wang, Elatostema China 195 (2014).
云南。

屏边楼梯草（原变种）

●**Elatostema pingbianense** var. **pingbianense**
云南。

宽苞屏边楼梯草

●**Elatostema pingbianense** var. **triangulare** W. T. Wang, Elatostema China 360 (2014).
云南。

平脉楼梯草

●**Elatostema planinerve** W. T. Wang et Y. G. Wei, Nord. J. Bot. 31: 312 (2013).
贵州。

宽角楼梯草

●**Elatostema platyceras** W. T. Wang, Acta Bot. Yunnan. 10 (3): 346, pl. 1, f. 1-3 (1988).
云南。

宽叶楼梯草

Elatostema platyphyllum Wedd., Arch. Mus. Hist. Nat. 9 (1-2): 301 (1856).
Elatostema edule C. B. Rob., Philipp. J. Sci. 5: 531 (1911); *Elatostema platyphyllum* var. *polycephalum* Hara., Fl. E. Himalaya, 3rd. Rep.: 22 (1975); *Elatostema ebracteatum* W. T. Wang, Acta Phytotax. Sin. 28 (4): 316, pl. 3, f. 3-4 (1990); *Elatostema platyphylloides* B. L. Shih et Yuen P. Yang, Bot. Bull. Acad. Sin. (Taipei) 36 (3): 158 (1995).
四川、云南、西藏、台湾、海南；日本、菲律宾、不丹、尼泊尔、印度。

丰脉楼梯草

●**Elatostema pleiophlebium** W. T. Wang et Zeng Y. Wu, Phytokeys 7: 58 (2011).
云南。

多歧楼梯草

●**Elatostema polystachyoides** W. T. Wang, Bull. Bot. Lab. N. E. Forest. Inst. 7: 23, pl. 1 (1980).
云南。

渤生楼梯草

Elatostema procridioides Wedd., Prodr. (DC.) 16 (1): 180 (1869).
Elatostema treutleri Hook. f., Fl. Brit. Ind. 5: 571 (1888); *Elatostema beshengii* W. T. Wang, Acta Phytotax. Sin. 28 (4): 319, pl. 2, f. 1-3 (1990).
西藏；印度。

樱叶楼梯草

●**Elatostema prunifolium** W. T. Wang, Bull. Bot. Lab. N. E. Forest. Inst. 7: 27 (1980).
Elatostema quinquecostatum W. T. Wang, Bull. Bot. Res., Harbin 2 (1): 24, pl. 3, f. 4-6 (1982).
四川、贵州、云南。

隆林楼梯草

●**Elatostema pseudobrachyodontum** W. T. Wang, Bull. Bot. Res., Harbin 2 (1): 21, pl. 2, f. 5-6 (1982).
广西。

假骤尖楼梯草

●**Elatostema pseudocuspidatum** W. T. Wang, Acta Bot.

Yunnan. 10 (3): 345, pl. 2, f. 1-2 (1988).
云南。

滇桂楼梯草

●**Elatostema pseudodissectum** W. T. Wang, Bull. Bot. Lab. N. E. Forest. Inst. 7: 55 (1980).
贵州、云南、广西。

多脉楼梯草

●**Elatostema pseudoficoides** W. T. Wang, Bull. Bot. Lab. N. E. Forest. Inst. 7: 85, pl. 3, f. 6 (1980).
Elatostema pseudoficoides var. *pubicaule* W. T. Wang, Acta Bot. Yunnan. 10 (3): 348 (1988).
湖南、湖北、四川、云南。

拟长梗楼梯草

●**Elatostema pseudolongipes** W. T. Wang et Y. G. Wei, Elatostema China 279 (2014).
广西。

拟南川楼梯草

●**Elatostema pseudonanchuanense** W. T. Wang, Elatostema China 91 (2014).
西藏。

拟托叶楼梯草

●**Elatostema pseudonasutum** W. T. Wang, Guihaia 30 (6): 723 (2010).
云南。

拟长圆楼梯草

●**Elatostema pseudo-oblongifolium** W. T. Wang, J. Syst. Evol. 50 (6): 575 (2012).
云南、广西。

拟长圆楼梯草（原变种）

●**Elatostema pseudo-oblongifolium** var. **pseudo-oblongifolium**
广西。

金厂楼梯草

●**Elatostema pseudo-oblongifolium** var. **jinchangense** W. T. Wang, Elatostema China 326 (2014).
云南。

毛柱拟长圆楼梯草

●**Elatostema pseudo-oblongifolium** var. **penicillatum** W. T. Wang, Elatostema China 362 (2014).
云南。

拟宽叶楼梯草

●**Elatostema pseudoplatyphyllum** W. T. Wang, Pl. Diversity Resources 33: 154 (2011).
云南。

毛梗楼梯草

●**Elatostema pubipes** W. T. Wang, Bull. Bot. Lab. N. E. Forest. Inst. 7: 75 (1980).
云南。

紫线楼梯草

●**Elatostema purpureolineolatum** W. T. Wang, J. Syst. Evol. 51 (2): 228 (2013).
云南。

密齿楼梯草

●**Elatostema pycnodontum** W. T. Wang, Bull. Bot. Lab. N. E. Forest. Inst. 7: 36, pl. 1, f. 7 (1980).
湖南、湖北、贵州、云南。

四苞楼梯草

●**Elatostema quadribracteatum** W. T. Wang, Elatostema China 168 (2014).
广西。

五被楼梯草

●**Elatostema quinquetepalum** W. T. Wang, J. Syst. Evol. 51 (2): 225 (2013).
云南。

多枝楼梯草

●**Elatostema ramosum** W. T. Wang, Bull. Bot. Lab. N. E. Forest. Inst. 7: 33, pl. 2 (1980).
Elatostema ramosum var. *villosum* W. T. Wang, Bull. Bot. Lab. N. E. Forest. Inst. 7: 34 (1980).
贵州、云南、广西。

直尾楼梯草

●**Elatostema recticaudatum** W. T. Wang, Acta Phytotax. Sin. 28 (4): 309, pl. 1, f. 1-2 (1990).
西藏。

曲枝楼梯草

●**Elatostema recurviramum** W. T. Wang et Y. G. Wei, Novon 21 (2): 282 (2011).
广西。

曲毛楼梯草（铁螃蟹）

●**Elatostema retrohirtum** Dunn, Bull. Misc. Inform. Kew, Addit. Ser. 10: 249 (1912).
四川、云南、广东、广西。

拟反糙毛楼梯草

●**Elatostema retrostrigulosoides** W. T. Wang, Elatostema China 238 (2014).
云南。

反糙毛楼梯草

●**Elatostema retrostrigulosum** W. T. Wang, Y. G. Wei et A. K.

Monro, Phytotaxa 29: 20, f. 12-13 (2011), as "*retrorstrigulosum*".
贵州、云南、广西。

菱叶楼梯草

Elatostema rhombiforme W. T. Wang, Bull. Bot. Lab. N. E. Forest. Inst. 7: 50 (1980).
Elatostema caveanum Grierson et D. G. Long, Notes Roy. Bot. Gard. Edinburgh 40 (1): 130 (1982).
云南；不丹、印度（锡金）。

溪涧楼梯草

●**Elatostema rivulare** B. L. Shih et Yuen P. Yang, Bot. Bull. Acad. Sin. (Taipei) 36 (4): 270 (1995).
台湾。

融安楼梯草

●**Elatostema ronganense** W. T. Wang, Elatostema China 129 (2014).
广西。

粗梗楼梯草

●**Elatostema robustipes** W. T. Wang, F. Wen et Y. G. Wei, Ann. Bot. Fenn. 49: 188 (2012).
广西。

石生楼梯草

Elatostema rupestre (Buch.-Ham.) Wedd., Arch. Mus. Hist. Nat. 9: 304 (1856).
Procris rupestris Buch.-Ham., Prodr. Fl. Nepal. 60 (1825).
云南；尼泊尔、印度（东北部）。

迭叶楼梯草

Elatostema salvinioides W. T. Wang, Bull. Bot. Lab. N. E. Forest. Inst. 7: 45, photo 4 (1980).
Elatostema salvinioides var. *angustius* W. T. Wang, Bull. Bot. Lab. N. E. Forest. Inst. 7: 46 (1980); *Elatostema salvinioides* var. *robustum* W. T. Wang, Bull. Bot. Res., Harbin 9 (2): 69 (1989).
云南；老挝、缅甸、泰国。

花葶楼梯草

●**Elatostema scaposum** Q. Lin et L. D. Duan, Nord. J. Bot. 29: 420, figs. 1 et 2 (2011).
贵州。

裂托楼梯草

●**Elatostema schizodiscum** W. T. Wang et Y. G. Wei, Bangladesh J. Plant Toxon. 20 (1): 5 (2013).
贵州。

七肋楼梯草

●**Elatostema septemcostatum** (W. T. Wang et Zeng Y. Wu) W. T. Wang et Zeng Y. Wu, Elatostema China 209 (2014).
Elatostema daxinense var. *septemcostatum* W. T. Wang et Zeng Y. Wu, Ann. Bot. Fenn. 50: 77 (2013).
云南。

七花楼梯草

●**Elatostema septemflorum** W. T. Wang, Bull. Bot. Res., Harbin 26 (1): 16, f. 1: 1-4 (2006).
云南。

刚毛楼梯草

●**Elatostema setulosum** W. T. Wang, Guihaia 2 (3): 120, pl. 1, f. 7 (1982).
广西。

六肋楼梯草

●**Elatostema sexcostatum** W. T. Wang, C. X. He et L. F. Fu, Ann. Bot. Fenn. 49: 397 (2012).
广西。

上林楼梯草

●**Elatostema shanglinense** W. T. Wang, Guihaia 2 (3): 118, pl. 1, f. 5-6 (1982).
广西。

玉民楼梯草

●**Elatostema shuii** W. T. Wang, Bull. Bot. Res., Harbin 23 (3): 259, f. 2: 6-8 (2003).
云南。

思茅楼梯草

●**Elatostema simaoense** W. T. Wang, J. Syst. Evol. 51 (2): 227 (2013).
云南。

对叶楼梯草

●**Elatostema sinense** H. Schroet., Repert. Spec. Nov. Regni Veg. Beih. 83 (2): 152 (1936).
陕西、安徽、江西、湖南、湖北、四川、云南、福建、广东、广西。

对叶楼梯草（原变种）

●**Elatostema sinense** var. **sinense**
Elatostema sinense var. *trilobatum* W. T. Wang, Bull. Bot. Res., Harbin 9 (2): 69 (1989).
陕西、安徽、江西、湖南、湖北、四川、云南、福建、广东、广西。

角苞楼梯草

●**Elatostema sinense** var. **longecornutum** (H. Schroet.) W. T. Wang, Bull. Bot. Lab. N. E. Forest. Inst. 7: 37 (1980).
Elatostema longecornutum H. Schroet., Repert. Spec. Nov. Regni Veg. Beih. 83 (2): 153 (1936).
四川、云南。

新宁楼梯草

•**Elatostema sinense** var. **xinningense** (W. T. Wang) L. D. Duan et Qi Lin, Acta Phytotax. Sin. 41 (5): 495 (2003).
Elatostema xinningense W. T. Wang, Guihaia 5 (4): 323, f. 1 (1985).
湖南。

紫花楼梯草

•**Elatostema sinopurpureum** W. T. Wang in Fu et al., Paper Collection of W. T. Wang 2: 1174, fig. 3: 40 (2012).
Elatostema purpureum Q. Lin et L. D. Duan, Bot. J. Linn. Soc. 158: 676, figs. 4 et 5 (2008), non C. B. Robinson (1911).
贵州。

庐山楼梯草（接骨草，白龙骨，冷坑青）

•**Elatostema stewardii** Merr., Philipp. J. Sci. 27 (2): 161 (1925).
河南、陕西、甘肃、安徽、浙江、江西、湖南、湖北、四川、福建。

显柱楼梯草

•**Elatostema stigmatosum** W. T. Wang, Acta Bot. Yunnan. 7 (3): 297, pl. 3, f. 1-4 (1985).
云南。

微粗毛楼梯草

•**Elatostema strigillosum** B. L. Shih et Yuen P. Yang, Bot. Bull. Acad. Sin. (Taipei) 36 (4): 272 (1995).
台湾。

伏毛楼梯草

•**Elatostema strigulosum** W. T. Wang, Bull. Bot. Lab. N. E. Forest. Inst. 7: 52, pl. 2, f. 4-5 (1980).
Elatostema strigulosum var. *semitriplinerve* W. T. Wang, Bull. Bot. Lab. N. E. Forest. Inst. 7: 53 (1980).
四川、贵州、云南。

近革叶楼梯草

•**Elatostema subcoriaceum** B. L. Shih et Yuen P. Yang, Bot. Bull. Acad. Sin. (Taipei) 36 (4): 272 (1995).
台湾。

拟骤尖楼梯草

•**Elatostema subcuspidatum** W. T. Wang, Bull. Bot. Res., Harbin 4 (3): 115 (1984).
重庆。

条叶楼梯草（接骨草）

Elatostema sublineare W. T. Wang, Bull. Bot. Lab. N. E. Forest. Inst. 7: 61, pl. 2, f. 10 (1980).
湖南、湖北、四川、贵州、广西；越南（北部）。

近羽脉楼梯草

•**Elatostema subpenninerve** W. T. Wang, Bull. Bot. Lab. N. E. Forest. Inst. 7: 87 (1980).
四川。

歧序楼梯草

•**Elatostema subtrichotomum** W. T. Wang, Bull. Bot. Lab. N. E. Forest. Inst., Harbin 7: 25 (1980).
湖南、云南、广东。

素功楼梯草

•**Elatostema sukungianum** W. T. Wang, Acta Phytotax. Sin. 35 (5): 457, f. 1: 1-2 (1997).
云南。

薄苞楼梯草

•**Elatostema tenuibracteatum** W. T. Wang, J. Syst. Evol. 50 (6): 574 (2012).
云南。

拟细尾楼梯草

•**Elatostema tenuicaudatoides** W. T. Wang, Acta Phytotax. Sin. 28 (4): 311, pl. 1, f. 6 (1990).
云南、西藏。

拟细尾楼梯草（原变种）

•**Elatostema tenuicaudatoides** var. **tenuicaudatoides**
西藏。

钦朗当楼梯草

•**Elatostema tenuicaudatoides** var. **orientale** W. T. Wang, Acta Bot. Yunnan. Suppl. 5: 5 (1992).
云南。

细尾楼梯草

Elatostema tenuicaudatum W. T. Wang, Bull. Bot. Lab. N. E. Forest. Inst. 7: 31, pl. 1, f. 5-6 (1980).
贵州、云南、西藏、广西；越南。

细尾楼梯草（原变种）

Elatostema tenuicaudatum var. **tenuicaudatum**
贵州、云南、西藏、广西；越南。

毛枝细尾楼梯草

•**Elatostema tenuicaudatum** var. **lasiocladum** W. T. Wang, Bull. Bot. Res., Harbin 9 (2): 67 (1989).
云南。

细角楼梯草

•**Elatostema tenuicornutum** W. T. Wang, Bull. Bot. Lab. N. E. Forest. Inst. 7: 60, pl. 2, f. 8-9 (1980).
四川、云南。

薄叶楼梯草

•**Elatostema tenuifolium** W. T. Wang, Bull. Bot. Res., Harbin 2 (1): 22, pl. 3, f. 2-3 (1982).

贵州、云南、广西。

细脉楼梯草

•**Elatostema tenuinerve** W. T. Wang et Y. G. Wei, Harvard Pap. Bot. 14 (2): 183 (2009).
广西。

薄托楼梯草

•**Elatostema tenuireceptaculum** W. T. Wang, Guihaia 11 (1): 1, f. 1, 2 (1991).
广西。

四被楼梯草

•**Elatostema tetratepalum** W. T. Wang, Bull. Bot. Res., Harbin 2 (1): 25 (1982).
西藏。

天峨楼梯草

•**Elatostema tianeense** W. T. Wang et Y. G. Wei, Guihaia 29 (2): 146 (2009).
广西。

田林楼梯草

•**Elatostema tianlinense** W. T. Wang, Guihaia 11 (1): 2 (1991).
广西。

三茎楼梯草

•**Elatostema tricaule** W. T. Wang, Pl. Diversity Resources 33: 145 (2011).
云南。

疣果楼梯草

•**Elatostema trichocarpum** Hand.-Mazz., Symb. Sin. 7 (1): 148 (1929).
湖南、湖北、四川、贵州、云南。

三歧楼梯草

•**Elatostema trichotomum** W. T. Wang, Bull. Bot. Res., Harbin 23 (3): 257, f. 1: 1-2 (2003).
云南。

三肋楼梯草

•**Elatostema tricostatum** W. T. Wang, J. Syst. Evol. 50 (6): 574 (2012).
云南。

三被楼梯草

•**Elatostema tritepalum** W. T. Wang, Elatostema China 222 (2014).
云南。

柔毛楼梯草

•**Elatostema villosum** B. L. Shih et Yuen P. Yang, Bot. Bull. Acad. Sin. (Taipei) 36 (4): 277 (1995).
台湾。

绿苞楼梯草

•**Elatostema viridibracteolatum** W. T. Wang, Elatostema China 201 (2014).
广西。

绿脉楼梯草

•**Elatostema viridinerve** W. T. Wang, Elatostema China 237 (2014).
云南。

文采楼梯草

•**Elatostema wangii** Q. Lin et L. D. Duan, Fl. China 5: 154 (2003).
云南。

毅刚楼梯草

•**Elatostema weii** W. T. Wang, Elatostema China 325 (2014).
广西。

文县楼梯草

•**Elatostema wenxienense** W. T. Wang et Z. X. Peng, Bull. Bot. Res., Harbin 2 (1): 27 (1982).
甘肃。

武冈楼梯草

•**Elatostema wugangense** W. T. Wang, J. Syst. Evol. 50 (6): 574 (2012).
湖南。

变黄楼梯草

•**Elatostema xanthophyllum** W. T. Wang, Bull. Bot. Res., Harbin 2 (1): 19, pl. 3, f. 1 (1982).
广西。

黄毛楼梯草

•**Elatostema xanthotrichum** W. T. Wang et Y. G. Wei, Ann. Bot. Fenn. 48: 94 (2011).
广西。

西畴楼梯草

•**Elatostema xichouense** W. T. Wang, Bull. Bot. Lab. N. E. Forest. Inst. 7: 39 (1980).
云南。

桠杈楼梯草

•**Elatostema yachaense** W. T. Wang, Y. G. Wei et A. K. Monro, Phytotaxa 29: 23, f. 14-15 (2011), as "*yachense*".
云南、广西。

漾濞楼梯草

•**Elatostema yangbiense** W. T. Wang, Acta Bot. Yunnan. 7 (3): 294, pl. 1, f. 1-2 (1985).
四川、云南。

瑶山楼梯草

●**Elatostema yaoshanense** W. T. Wang, Bull. Bot. Lab. N. E. Forest. Inst. 7: 51, pl. 2, f. 3 (1980).
广西。

永田楼梯草

●**Elatostema yongtianianum** W. T. Wang, J. Syst. Evol. 51 (2): 226 (2013).
贵州。

酉阳楼梯草

●**Elatostema youyangense** W. T. Wang, Bull. Bot. Res., Harbin 4 (3): 113 (1984).
重庆。

俞氏楼梯草

●**Elatostema yui** W. T. Wang, Bull. Bot. Res., Harbin 9 (2): 70, pl. 1, f. 3-4 (1989).
云南。

永顺楼梯草

●**Elatostema yungshunense** W. T. Wang, Guihaia 5 (4): 325, f. 2 (1985).
湖南。

镇沅楼梯草

●**Elatostema zhenyuanense** W. T. Wang et Zeng Y. Wu, Elatostema China 357 (2014).
云南。

蝎子草属 **Girardinia** Gaudich.

大蝎子草（大荨麻，虎掌荨麻，掌叶蝎子草）

Girardinia diversifolia (Link) Friis, Kew Bull. 36: 145 (1981).
Urtica diversifolia Link, Enum. Hort. Berol. Alt. 2: 385 (1822).
吉林、辽宁、内蒙古、河北、河南、陕西、甘肃、浙江、江西、湖南、湖北、四川、重庆、贵州、云南、西藏、台湾；朝鲜、马来西亚、印度尼西亚、不丹、尼泊尔、印度、斯里兰卡；非洲（包括马达加斯加）。

大蝎子草（原亚种）

Girardinia diversifolia subsp. **diversifolia**
Urtica palmata Forssk., Fl. Aegypt.-Arab. 159 (1775), non *Girardinia palmata* Blume (1855); *Urtica heterophylla* Vahl, Symb. Bot. 1: 76 (1790), *nom. illeg. superfl.*; *Girardinia heterophylla* Decne., Voy. Inde 4 (Bot.): 151 (1844); *Girardinia leschenaultiana* Decne., Voy. Inde 4 (Bot.): 152 (1844); *Urtica condensata* Hochst. ex Steud., Flora 33: 260 (1850); *Girardinia condensata* (Hochst. ex Steud.) Wedd., Ann. Sci. Nat., Bot. ser. 4, 1: 181 (1854); *Girardinia palmata* Blume, Mus. Bot. 2: 158 (1855); *Girardinia vitifolia* Franch., Nouv. Arch. Mus. Hist. Nat. ser. 2, 10: 80 (1887); *Urtica buraei* H. Lév. et Vaniot, Bull. Soc. Bot. France 51: 144 (1904); *Girardinia formosana* Hayata ex Yamam., Icon. Pl. Formosan. Suppl. 1: 3 (1925); *Urtica lobotifolia* S. S. Ying, Quart. J. Chin. Forest. 6 (4): 169, t. 3 (1972); *Girardinia longispica* subsp. *conferta* C. J. Chen, Acta Bot. Yunnan. 4 (4): 333 (1982); *Girardinia cuspidata* subsp. *grammata* C. J. Chen, Acta Bot. Yunnan. 4 (4): 334 (1982); *Girardinia palmata* subsp. *ciliata* C. J. Chen, Acta Bot. Yunnan. 4 (4): 332 (1982); *Girardinia suborbiculata* subsp. *grammata* (C. J. Chen) C. J. Chen, Acta Phytotax. Sin. 30 (5): 477 (1992); *Girardinia diversifolia* subsp. *ciliata* (C. J. Chen) H. W. Li, Fl. Yunnan. 7: 193 (1997).
陕西、甘肃、浙江、江西、湖北、四川、贵州、云南、西藏、台湾；马来西亚、印度尼西亚、不丹、尼泊尔、印度、斯里兰卡；非洲（包括马达加斯加）。

蝎子草

Girardinia diversifolia subsp. **suborbiculata** (C. J. Chen) C. J. Chen et Friis, Fl. China 5: 91 (2003).
Girardinia suborbiculata C. J. Chen, Acta Phytotax. Sin. 30 (5): 476 (1992).
吉林、辽宁、内蒙古、河北、河南、陕西；朝鲜。

红火麻

●**Girardinia diversifolia** subsp. **triloba** (C. J. Chen) C. J. Chen et Friis, Fl. China 5: 91 (2003).
Girardinia cuspidata subsp. *triloba* C. J. Chen, Acta Bot. Yunnan. 4 (4): 334 (1982); *Girardinia suborbiculata* subsp. *triloba* (C. J. Chen) C. J. Chen, Acta Phytotax. Sin. 30 (5): 477 (1992).
陕西、甘肃、湖南、湖北、四川、重庆、贵州、云南。

糯米团属 **Gonostegia** Turcz.

糯米团（糯米草，小粘药，红头带）

Gonostegia hirta (Blume) Miq., Ann. Mus. Bot. Lugduno-Batavi 4: 303 (1868).
Urtica hirta Blume, Bijdr. Fl. Ned. Ind. 495 (1825); *Pouzolzia hirta* (Blume) Blume ex Hassk., Cat. Horto Bot. Bogor. 80 (1844); *Memorialis hirta* (Blume) Wedd., Prodr. Fl. Nov. Holland. 16 (1): 235 (6) (1869); *Driessenia sinensis* H. Lév., Repert. Spec. Nov. Regni Veg. 11: 494 (1913).
河南、陕西、安徽、江苏、浙江、江西、四川、云南、西藏、福建、广东、广西、海南；澳大利亚；亚洲。

艾麻属 **Laportea** Gaudich.

火焰桑叶麻

Laportea aestuans (L.) Chew, Gard. Bull. Singapore 21 (2): 200 (1965).
Urtica aestuans L., Sp. Pl., ed. 2, 2: 1396 (1763); *Fleurya glandulosa* Wedd., Ann. Soc. Nat. Ser. Ifl. 18: 205 (1852); *Fleurya aestuans* (L.) Miq., Fl. Bras. 4 (1): 196 (1853).
台湾；印度尼西亚、印度；非洲、北美洲、南美洲。

珠芽艾麻

Laportea bulbifera (Siebold et Zucc.) Wedd., Arch. Mus. Hist.

Nat. 9: 139 (1856).
Urtica bulbifera Siebold et Zucc., Abh. Bayer. Akad. Wiss., Math.-Naturwiss. Abt. 4 (3): 214 (1846); *Laportea terminalis* Wight, Icon. Pl. Ind. Orient. (Wight) 6: 9, pl. 1972 (1853); *Laportea oleracea* Wedd., Monogr. Urtica. 141 (1856); *Laportea sinensis* C. H. Wright, J. Linn. Soc., Bot. 26 (178): 474 (1899); *Laportea dielsii* Pamp., Nuovo Giorn. Bot. Ital., n. s. 17 (2): 255 (1910); *Boehmeria bodinieri* H. Lév., Repert. Spec. Nov. Regni Veg. 11 (304-308): 550 (1913); *Laportea bulbifera* subsp. *latiuscula* C. J. Chen, Acta Bot. Yunnan. 4 (4): 329 (1982); *Laportea elevata* C. J. Chen, Acta Bot. Yunnan. 4 (4): 330, pl. 1, f. 1-5 (1982); *Laportea bulbifera* subsp. *dielsii* (Pamp.) C. J. Chen, Fl. Reipubl. Popularis Sin. 23 (2): 34 (1995).
黑龙江、吉林、辽宁、河北、山西、山东、河南、陕西、甘肃、安徽、四川；日本、朝鲜、越南、缅甸、泰国、印度尼西亚、不丹、印度、斯里兰卡、俄罗斯。

艾麻（蝎子草，红火麻，红线麻）

Laportea cuspidata (Wedd.) Friis, Kew Bull. 36 (1): 156 (1981).
Girardinia cuspidata Wedd., Prodr. (DC.) 16 (1): 103 (1869); *Sceptrocnide macrostachya* Maxim., Bull. Acad. Imp. Sci. Saint-Pétersbourg 22 (2): 240, f. 9 (1877); *Laportea grossedentata* C. H. Wright, J. Linn. Soc., Bot. 26 (178): 474 (1899); *Laportea giraldiana* E. Pritz., Bot. Jahrb. Syst. 29 (2): 301 (1900); *Laportea forrestii* Diels, Notes Roy. Bot. Gard. Edinburgh 5 (25): 292 (1912); *Laportea macrostachya* (Maxim.) Ohwi, J. Jap. Bot. 12 (5): 331 (1936).
河北、山西、河南、陕西、甘肃、安徽、江西、湖南、湖北、四川、贵州、云南、西藏、广西；日本、缅甸。

福建红小麻

●**Laportea fujianensis** C. J. Chen, Acta Bot. Yunnan. 4 (4): 332, pl. 1, f. 6-10 (1982).
福建。

红小麻（红小麻草，桑叶麻）

Laportea interrupta (L.) Chew, Gard. Bull. Singapore 21 (2): 200 (1965).
Urtica interrupta L., Sp. Pl. 2: 985 (1753); *Fleurya interrupta* (L.) Gaudich., Voy. Uranie, Bot. 497 (1830).
云南、台湾；日本、菲律宾、越南、缅甸、泰国、马来西亚、印度尼西亚、印度、斯里兰卡；非洲。

拉格艾麻

●**Laportea lageensis** W. T. Wang, Pl. Sci. J. 32 (1): 24 (2014).
西藏。

假楼梯草属 Lecanthus Wedd.

假楼梯草（长梗盘花麻，头花荨麻，水苋菜）

Lecanthus peduncularis (Wall. ex Royle) Wedd., Prodr. (DC.) 16 (1): 164 (1869).
Procris peduncularis Wall. ex Royle, Ill. Bot. Himal. Mts. t. 83, f. 2 (1839).
江西、湖南、四川、贵州、云南、西藏、福建、台湾、广东、广西；菲律宾、越南、印度尼西亚、不丹、尼泊尔、印度、巴基斯坦、斯里兰卡；非洲。

假楼梯草（原变种）

Lecanthus peduncularis var. **peduncularis**
Procris obtusa Royle, Ill. Bot. Himal. Mts. t. 83, f. 3 (1839); *Elatostema ovatum* Wight, Icon. Pl. Ind. Orient. (Wight) 5: 11, t. 1985 (1853); *Lecanthus wightii* Wedd., Ann. Sci. Nat., Bot. ser. 4, 1: 187 (1854); *Lecanthus obtusus* (Royle) Hand.-Mazz., Symb. Sin. 7 (1): 143 (1929).
江西、湖南、四川、云南、西藏、福建、台湾、广东、广西；菲律宾、越南、印度尼西亚、不丹、尼泊尔、印度、巴基斯坦、斯里兰卡；非洲。

翅果假楼梯草

●**Lecanthus peduncularis** var. **peterocarpa** W. T. Wang, Elatostema China 386 (2014).
贵州。

角被假楼梯草

●**Lecanthus petelotii** var. **corniculata** C. J. Chen, Fl. Xizang. 1: 547, pl. 175, f. 4-9 (1983).
云南、西藏。

云南假楼梯草

●**Lecanthus petelotii** var. **yunnanensis** C. J. Chen, Acta Phytotax. Sin. 21 (3): 349 (1983).
云南。

冷水花假楼梯草

●**Lecanthus pileoides** S. S. Chien et C. J. Chen, Acta Phtotax. Sin. 21 (3): 348 (1983).
贵州、云南。

四脉麻属 Leucosyke Zoll. et Moritzi

四脉麻

Leucosyke quadrinervia C. B. Rob., Philipp. J. Sci. 6 (1): 29 (1911).
台湾；菲律宾。

水丝麻属 Maoutia Wedd.

水丝麻

Maoutia puya (Hook.) Wedd., Ann. Sci. Nat., Bot. ser. 4, 1: 194 (1854).
Boehmeria puya Hook., J. Bot. (Hooker) 3: 310 (1851); *Boehmeria nivea* var. *crassifolia* C. H. Wright, J. Linn. Soc., Bot. 26 (178): 486 (1899); *Boehmeria esquirolii* H. Lév. et Blin, Repert. Spec. Nov. Regni Veg. 10: 372 (1912).

四川、贵州、云南、西藏、广西；越南、不丹、尼泊尔、印度。

兰屿水丝麻

Maoutia setosa Wedd., Ann. Sci. Nat., Bot. ser. 4, 1: 194 (1854).
台湾；日本、菲律宾。

花点草属 Nanocnide Blume

花点草（高墩草）

Nanocnide japonica Blume, Mus. Bot. 2: 155, pl. 17 (1856).
Nanocnide dichotoma S. S. Chien, Contr. Biol. Lab. Sci. Soc. China, Bot. Ser. 9: 142 (1934).
陕西、甘肃、安徽、江苏、浙江、江西、湖南、湖北、四川、贵州、云南、福建、台湾；日本、朝鲜。

毛花点草（灯笼草，蛇药草，小九龙盘）

Nanocnide lobata Wedd., Prodr. (DC.) 16 (1): 69 (1869).
Nanocnide pilosa Migo, Trans. Nat. Hist. Soc. Taiwan 24: 386 (1934).
安徽、江苏、浙江、江西、湖南、湖北、四川、贵州、云南、福建、台湾、广东、广西；越南。

紫麻属 Oreocnide Miq.

膜叶紫麻

Oreocnide boniana (Gagnep.) Hand.-Mazz., Sinensia 2: 3 (1931).
Villebrunea boniana Gagnep., Notul. Syst. (Paris) 4 (4-5): 129 (1928).
云南；越南。

紫麻

Oreocnide frutescens (Thunb.) Miq., Ann. Mus. Bot. Lugduno-Batavi 3: 131 (1867).
Urtica frutescens Thunb., Syst. Veg. 851 (1784); *Boehmeria frutescens* (Thunb.) Thunb., Trans. Linn. Soc. London 2: 330 (1794); *Villebrunea frutescens* (Thunb.) Blume, Mus. Bot. 2: 168 (1856).
陕西、甘肃、安徽、浙江、江西、湖南、湖北、四川、云南、西藏、福建、广东、广西；日本、越南、老挝、缅甸、泰国、柬埔寨、马来西亚、不丹、印度。

紫麻（原亚种）

Oreocnide frutescens subsp. **frutescens**
Boehmeria fruticosa Gaudich., Voy. Uranie, Bot. 500 (1830); *Morocarpus microcephalus* Benth., Hooker's J. Bot. Kew Gard. Misc. 6: 78 (1854); *Villebrunea microcephala* (Benth.) Nakai, Bot. Mag. (Tokyo) 55: 559 (1914); *Villebrunea frutescens* var. *hirsuta* Pamp., Nuovo Giorn. Bot. Ital., n. s. 22 (2): 278 (1915); *Villebrunea fruticosa* (Gaudich.) Nakai, Bot. Mag. (Tokyo) 41: 514 (1927); *Oreocnide fruticosa* (Gaudich.) Hand.-Mazz., Symb. Sin. 7 (1): 154 (1929).
陕西、甘肃、安徽、浙江、江西、湖南、湖北、四川、云南、福建、广东、广西；日本、越南、老挝、缅甸、泰国、柬埔寨、马来西亚。

细梗紫麻

●**Oreocnide frutescens** subsp. **insignis** C. J. Chen, Acta Phytotax. Sin. 21 (4): 475 (1983).
广东、广西。

滇藏紫麻

Oreocnide frutescens subsp. **occidentalis** C. J. Chen, Acta Phytotax. Sin. 21 (4): 475 (1983).
云南、西藏；不丹、印度。

全缘叶紫麻

Oreocnide integrifolia (Gaudich.) Miq., Ann. Mus. Bot. Lugduno-Batavi 4: 306 (1869).
Villebrunea integrifolia Gaudich., Voy. Bonite, Bot. t. 91 (1844); *Villebrunea sylvatica* var. *integrifolia* Wedd., Prodr. Fl. Nov. Holland. 16 (1): 235, f. 21 (1869); *Oreocnide integrifolia* subsp. *subglabra* C. J. Chen, Acta Phytotax. Sin. 21 (4): 473 (1983).
云南、西藏、广西、海南；越南、老挝、缅甸、泰国、印度尼西亚、不丹、印度。

广西紫麻

●**Oreocnide kwangsiensis** Hand.-Mazz., Sinensia 2 (1): 2 (1931).
贵州、广西。

倒卵叶紫麻

Oreocnide obovata (C. H. Wright) Merr., Sunyatsenia 3: 250 (1937).
Debregeasia obovata C. H. Wright, J. Linn. Soc., Bot. 26: 492 (1899); *Villebrunea petelotii* Gagnep., Notul. Syst. (Paris) 4 (4-5): 130 (1928); *Oreocnide tonkinensis* var. *discolor* Gagnep., Fl. Indo-Chine 5: 880 (1929); *Oreocnide obovata* var. *mucronata* C. J. Chen, Acta Phytotax. Sin. 21 (4): 474, pl. 1, f. 4 (1983).
湖南、云南、广东、广西；越南。

长梗紫麻

Oreocnide pedunculata (Shirai) Masam., Prelim. Rep. Veg. Yakus. 69 (1929).
Villebrunea pedunculata Shirai, Bot. Mag. (Tokyo) 9: 160, pl. 4, f. 1-6 (1895).
台湾；日本。

红紫麻

Oreocnide rubescens (Blume) Miq., Syst. Verz. (Zollinger) 101 (1854).
Urtica rubescens Blume, Bijdr. Fl. Ned. Ind. 506 (1825); *Urtica sylvatica* Blume, Bijdr. Fl. Ned. Ind. 506 (1825);

Villebrunea rubescens (Blume) Blume, Mus. Bot. 2: 167 (1856); *Villebrunea sylvatica* (Blume) Blume, Mus. Bot. 2: 167 (1856); *Villebrunea integrifolia* var. *sylvatica* (Blume) Hook. f., Fl. Brit. Ind. 5 (15): 590 (1888).
云南、广西、海南；越南、缅甸、泰国、马来西亚、印度尼西亚、印度、斯里兰卡。

细齿紫麻

Oreocnide serrulata C. J. Chen, Acta Phytotax. Sin. 21 (4): 474, pl. 1, f. 1-3 (1983).
云南、广西；越南。

宽叶紫麻

Oreocnide tonkinensis (Gagnep.) Merr. et Chun, Sunyatsenia 5 (4): 44 (1940).
Villebrunea tonkinensis Gagnep., Notul. Syst. (Paris) 4 (4-5): 131 (1928); *Oreocnide villosa* F. P. Metcalf, Sunyatsenia 4 (1-2): 26, t. 10 (1939).
云南、广西；越南。

三脉紫麻

Oreocnide trinervis (Wedd.) Miq., Fl. Ned. Ind. 1 (1): 196 (1855).
Villebrunea trinervis Wedd., Ann. Sci. Nat., Bot. Ser. 4, 1: 195 (1854).
台湾；菲律宾、印度尼西亚。

墙草属 **Parietaria** L.

墙草

Parietaria micrantha Ledeb., Icon. Pl. 1: 7 (1829).
Parietaria debilis var. *micrantha* (Ledeb.) Wedd., Prodr. (DC.) 16 (1): 235 (45) (1869); *Parietaria coreana* Nakai, Bot. Mag. (Tokyo) 33: 46 (1909); *Parietaria lusitanica* var. *micrantha* (Ledeb.) Chrtek, Folia Geobot. Phytotax. 8: 426 (1973).
陕西、甘肃、青海、新疆、安徽、湖南、湖北、四川、贵州、云南、西藏；蒙古国、日本、朝鲜、不丹、尼泊尔、印度、俄罗斯、澳大利亚；亚洲（西南部）、非洲、南美洲。

台湾墙草（新拟）

●**Parietaria taiwania** C. L. Yeh et C. S. Leou, Nord. J. Bot. 30 (6): 680 (2012).
台湾。

赤车属 **Pellionia** Gaudich.

尖齿赤车

Pellionia acutidentata W. T. Wang, Bull. Bot. Lab. N. E. Forest. Inst. 6: 53, pl. 1, f. 2-3 (1980).
云南；越南（北部）。

短角赤车

Pellionia brachyceras W. T. Wang, Bull. Bot. Res., Harbin 3 (3): 60, f. 2-3 (1983).
广西。

短叶赤车（小叶赤车）

Pellionia brevifolia Benth., Fl. Hongk. 330 (1861).
Elatostema brevifolium (Benth.) Hallier f., Ann. Jard. Bot. Buitenzorg 8: 316 (1896); *Pellionia minima* Makino, Bot. Mag. (Tokyo) 23 (268): 85 (1909); *Elatostema radicans* var. *minimum* (Makino) H. Schroet., Repert. Spec. Nov. Regni Veg. Beih. 83 (2): 88 (1936).
安徽、浙江、江西、湖南、湖北、福建、广东、广西；日本。

翅茎赤车

●**Pellionia caulialata** S. Y. Liou, Guihaia 3 (4): 317 (1983).
广西。

东兰赤车

●**Pellionia donglanensis** W. T. Wang, Guihaia 30 (1): 1 (2010).
广西。

华南赤车（荷莱）

●**Pellionia grijsii** Hance, J. Bot. 6: 49 (1868).
Pellionia funingensis W. T. Wang, Bull. Bot. Res., Harbin 2 (1): 2 (1982).
江西、湖南、云南、福建、广东、广西、海南。

异被赤车

Pellionia heteroloba Wedd., Arch. Mus. Hist. Nat. 9 (1-2): 283, pl. 9, f. 15 (1856).
Pellionia griffithiana Wedd., Prodr. (DC.) 16 (1): 165 (1869); *Elatostema griffithianum* (Wedd.) Hallier f., Ann. Jard. Bot. Buitenzorg 13: 316 (1896); *Pellionia keitaoensis* Yamam., Icon. Pl. Formosan. Suppl. 1: 15, t. 1 (1925); *Elatostema henryanum* Hand.-Mazz., Symb. Sin. 7 (1): 144 (1929); *Pellionia heteroloba* var. *minor* W. T. Wang, Bull. Bot. Lab. N. E. Forest. Inst. 6: 60 (1980); *Pellionia menglianensis* Y. Y. Qian, Acta Phytotax. Sin. 37 (5): 523 (1999).
四川、贵州、云南、福建、台湾、广东、广西；越南（北部）、老挝、缅甸、不丹、印度。

全缘赤车

Pellionia heyneana Wedd., Arch. Mus. Hist. Nat. 9: 287, pl. 5 (1855).
Elatostema heyneanum (Wedd.) Hallier f., Ann. Jard. Bot. Buitenzorg 13: 316 (1896).
云南、广西；泰国、柬埔寨、印度尼西亚、印度、斯里兰卡。

羽脉赤车

●**Pellionia incisoserrata** (H. Schroet.) W. T. Wang, Bull. Bot. Lab. N. E. Forest. Inst. 6: 63 (1980).
Elatostema incisoserratum H. Schroet., Repert. Spec. Nov. Regni Veg. Beih. 83 (2): 90 (1936).
广东、广西。

长柄赤车

Pellionia latifolia (Blume) Boerl., Handl. Fl. Ned. Ind. 3: 375 (1900).

Procris latifolia Blume, Bijdr. Fl. Ned. Ind. 509 (1826); *Pilea javanica* Wedd., Ann. Sci. Nat., Bot. Ser. 4, 1: 187 (1854); *Pellionia javanica* (Wedd.) Wedd., Arch. Mus. Hist. Nat. 8: 288 (1855); *Pellionia helferiana* Wedd., Prodr. (DC.) 16 (1): 170 (1869); *Pellionia acaulis* Hook. f., Fl. Brit. Ind. 5: 562 (1888); *Elatostema javanicum* (Wedd.) Haller f., Ann. Jard. Bot. Buitenzorg 13: 316 (1896); *Pellionia javanica* var. *acaulis* Ridl., J. Straits Branch Roy. Asiat. Soc. 59: 187 (1911); *Polychroa tsoongii* Merr., Philipp. J. Sci. 21 (5): 493 (1922); *Pellionia tsoongii* (Merr.) Merr., Lingnan Sci. J. 6 (4): 325 (1928); *Pellionia pierrei* Gagnep., Bull. Soc. Bot. France 75: 923 (1929); *Pellionia balansae* Gagnep., Bull. Soc. Bot. France 75: 919 (1929); *Elatostema latifolium* var. *acaule* (Ridl.) H. Schroet., Repert. Spec. Nov. Regni Veg. Beih. 83 (2): 20 (1936); *Elatostema latifolium* Blume ex H. Schroet., Repert. Spec. Nov. Regni Veg. Beih. 83 (2): 17 (1936); *Elatostema tsoongii* (Merr.) H. Schroet., Repert. Spec. Nov. Regni Veg. Beih. 83 (2): 21 (1936); *Pellionia tsoongii* subsp. *subglabra* H. W. Li, Fl. Yunnan. 7: 242 (1997), *syn. nov.*

云南、广西、海南；越南、老挝、缅甸、泰国、柬埔寨、马来西亚、印度尼西亚。

光果赤车

●**Pellionia leiocarpa** W. T. Wang, Guihaia 2 (3): 115, pl. 1, f. 1-4 (1982).

云南、广西。

长梗赤车

Pellionia longipedunculata W. T. Wang, Bull. Bot. Res., Harbin 2 (1): 1, pl. 1, f. 1-2 (1982).

Pellionia subundulata var. *angustifolia* W. T. Wang, Bull. Bot. Lab. N. E. Forest. Inst. 6: 58 (1980).

广西；越南。

龙州赤车

●**Pellionia longzhouensis** W. T. Wang, Guihaia 30 (1): 3 (2010).

广西。

大叶赤车

●**Pellionia macrophylla** W. T. Wang, Acta Bot. Yunnan. 5 (3): 271, pl. 1 (1983).

云南、广西。

柔毛赤车

●**Pellionia mollissima** W. T. Wang, Guihaia 34 (1): 1 (2014).

广西。

滇南赤车

Pellionia paucidentata (H. Schroet.) S. S. Chien, Acta Phytotax. Sin. 8: 354 (1963).

Elatostema paucidentatum H. Schroet., Repert. Spec. Nov. Regni Veg. Beih. 83 (2): 80 (1936); *Elatostema henryanum* var. *oligodontum* Hand.-Mazz., Symb. Sin. 7 (1): 144 (1929); *Pellionia paucidentata* var. *hainanica* S. S. Chien et S. H. Wu, Acta Phytotax. Sin. 8 (4): 354 (1963); *Pellionia subundulata* W. T. Wang, Bull. Bot. Lab. N. E. Forest. Inst. 6: 57, f. 1: 6 (1980); *Pellionia longgangensis* W. T. Wang, Bull. Bot. Res., Harbin 8 (4): 77, f. 1 (1988).

贵州、云南、广西、海南；越南。

赤车（赤车使者，岩下青，坑兰）

Pellionia radicans (Siebold et Zucc.) Wedd., Prodr. (DC.) 16 (1): 167 (1869).

Procris radicans Siebold et Zucc., Fl. Jap. 218 (1846); *Elatostema radicans* (Siebold et Zucc.) Wedd., Arch. Mus. Hist. Nat. 9: 332 (1856); *Pellionia arisanensis* Hayata, Icon. Pl. Formosan. 6: 53, f. 6 (1916); *Pellionia chikushiensis* Yamam., Icon. Pl. Formosan. Suppl. 1: 13, f. 5 (1925); *Pellionia arisanensis* var. *caudatifolia* Yamam., Suppl. Icon. Pl. Formosan. 1: 12 (1925); *Pellionia arisanensis* var. *pygmaea* Yamam., Suppl. Icon. Pl. Formosan. 1: 13 (1925); *Pellionia radicans* f. *grandis* Gagnep., Fl. Indo-Chine 5: 898 (1929); *Elatostema radicans* var. *grande* (Gagnep.) H. Schroet., Repert. Spec. Nov. Regni Veg. Beih. 83 (2): 89 (1936); *Pellionia radicans* var. *grandis* (Gagnep.) W. T. Wang, Bull. Bot. Lab. N. E. Forest. Inst. 6: 56 (1980).

安徽、浙江、江西、湖南、湖北、四川、贵州、云南、福建、台湾、广东、广西、海南；日本、朝鲜、越南。

吐烟花

Pellionia repens (Lour.) Merr., Lingnan Sci. J. 6 (4): 326 (1928).

Polychroa repens Lour., Fl. Cochinch., ed. 2, 2: 559 (1790); *Procris gibbosa* Wall., Numer. List n. 7273 (1828); *Elatostema gibbosum* Kurz, J. Asiat. Soc. Bengal 42 (2): 104 (1873); *Pellionia daveauanana* N. E. Br., Gard. Chron. n. s. 14: 262 (1880); *Pellionia pulchra* N. E. Br., Gard. Chron. n. s. 18: 712 (1882); *Pellionia daveauana* var. *viridis* N. E. Br., Gard. Chron. n. s. 18: 712 (1882); *Elatostema pulchrum* Haller f., Ann. Jard. Bot. Buitenzorg 13: 316 (1896); *Elatostema repens* (Lour.) Hallier f., Ann. Jard. Bot. Buitenzorg 13: 316 (1896); *Pellionia annamica* Gagnep., Bull. Soc. Bot. France 1928, 75, 918 (1929); *Elatostema daveauanum* (N. E. Br.) H. Schroet., Repert. Spec. Nov. Regni Veg. Beih. 83 (2): 26 (1936); *Elatostema repens* var. *viridis* (N. E. Br.) H. Schroet., Repert. Spec. Nov. Regni Veg. Beih. 83 (2): 26 (1936); *Elatostema repens* var. *pulchrum* (N. E. Br.) H. Schroet., Repert. Spec. Nov. Regni Veg. Beih. 83 (2): 26 (1936).

云南、海南；菲律宾、越南、老挝、缅甸、泰国、柬埔寨、马来西亚、印度尼西亚、不丹、印度。

曲毛赤车

●**Pellionia retrohispida** W. T. Wang, Bull. Bot. Lab. N. E. Forest. Inst. 6: 54, pl. 1, f. 4-5 (1980).

Elatostema hirticaule W. T. Wang, Bull. Bot. Lab. N. E. Forest. Inst. 6: 54, f. 2: 6 (1980); *Elatostema hunanense* W. T. Wang, Bull. Bot. Lab. N. E. Forest. Inst. 6: 54 (1980).
浙江、江西、湖南、湖北、四川、贵州、福建。

弄岗赤车（新拟）

•**Pellionia ronganensis** W. T. Wang et Y. G. Wei, Nord. J. Bot. 28: 54 (2010).
广西。

蔓赤车（岩苋菜）

Pellionia scabra Benth., Fl. Hongk. 330 (1861).
Elatostema scabrum (Benth.) Hallier f., Ann. Jard. Bot. Buitenzorg 13: 316 (1896); *Polychroa scabra* (Benth.) Hu, J. Arnold Arbor. 5 (4): 228 (1924); *Pellionia scabra* subvar. *pedunculata* Yamam., Icon. Pl. Formosan. 1: 17 (1925); *Pellionia cephaloidea* W. T. Wang, Bull. Bot. Lab. N. E. Forest. Inst. 6: 64, f. 1: 7-9 (1980); *Elatostema pellioniifolium* W. T. Wang, Bull. Bot. Res., Harbin 2 (1): 12 (1982).
安徽、浙江、江西、湖南、四川、贵州、云南、福建、台湾、广东、广西、海南；日本、越南。

细尖赤车（新拟）

•**Pellionia tenuicuspis** W. T. Wang, Y. G. Wei et F. Wen, Ann. Bot. Fenn. 49: 190 (2012).
广东。

硬毛赤车

Pellionia veronicoides Gagnep., Bull. Soc. Bot. France 75: 927 (1928).
Pellionia crispulihirtella W. T. Wang, Bull. Bot. Res., Harbin 3 (3): 57, f. 4 (1983).
云南；越南。

绿赤车

•**Pellionia viridis** C. H. Wright, J. Linn. Soc., Bot. 26: 481 (1899).
Elatostema viride (C. H. Wright) Hand.-Mazz., Symb. Sin. 7 (1): 143 (1929).
湖北、四川、云南。

绿赤车（原变种）

•**Pellionia viridis** var. **viridis**
湖北、四川、云南。

斜基绿赤车

•**Pellionia viridis** var. **basiinaequalis** W. T. Wang, Bull. Bot. Lab. N. E. Forest. Inst. 6: 62 (1980).
四川。

云南赤车

•**Pellionia yunnanense** (H. Schroet.) W. T. Wang, Bull. Bot. Lab. N. E. Forest. Inst. 6: 61 (1980).
Elatostema yunnanense H. Schroet., Repert. Spec. Nov. Regni Veg. Beih. 83 (2): 79, t. 24 (1936).
云南。

冷水花属 Pilea Lindl.

大托叶冷水花（镜面草）

•**Pilea amplistipulata** C. J. Chen, Bull. Bot. Res., Harbin 2 (3): 46 (1982).
云南。

圆瓣冷水花

Pilea angulata (Blume) Blume, Mus. Bot. 2 (4): 55 (1856).
Urtica angulata Blume, Bijdr. Fl. Ned. Ind. 494 (1826).
陕西、江苏、浙江、江西、湖南、湖北、四川、贵州、云南、西藏、福建、台湾、广东、广西；日本、越南、印度尼西亚、印度、斯里兰卡。

圆瓣冷水花（原亚种）

Pilea angulata subsp. **angulata**
Urtica stipulosa Miq., Pl. Jungh. 28 (1851); *Pilea stipulosa* (Miq.) Miq., Syst. Verz. (Zollinger) 102 (1854).
陕西、四川、贵州、云南、西藏、广东、广西；越南、印度尼西亚、印度、斯里兰卡。

华中冷水花

•**Pilea angulata** subsp. **latiuscula** C. J. Chen, Bull. Bot. Res., Harbin 2 (3): 83, pl. 6, f. 9-11 (1982).
江苏、江西、湖南、湖北、四川、贵州、云南。

长柄冷水花（长柄冷水麻）

Pilea angulata subsp. **petiolaris** (Siebold et Zucc.) C. J. Chen, Bull. Bot. Res., Harbin 2 (3): 82 (1982).
Urtica petiolaris Siebold et Zucc., Abh. Bayer. Akad. Wiss., Math.-Naturwiss. Abt. 4 (3): 215 (1846); *Pilea petiolaris* (Siebold et Zucc.) Blume, Mus. Bot. 2 (4): 52, f. 18 (1856); *Pilea nokozanensis* Yamam., Icon. Pl. Formosan. Suppl. 1: 11 (1925); *Pilea nokozanensis* var. *minor* Yamam. et Suzuki ex Yamam., J. Soc. Trop. Agric. 3: 241 (1931).
浙江、湖南、湖北、四川、贵州、云南、福建、台湾、广东、广西；日本。

异叶冷水花

Pilea anisophylla Wedd., Arch. Mus. Hist. Nat. 8: 193 (1856).
Pilea anisophylla var. *robusta* Hook. f., Fl. Brit. Ind. 5 (15): 552 (1888); *Pilea secunda* S. S. Chien, Bull. Chin. Bot. Soc. 1: 4 (1935).
云南、西藏；缅甸、不丹、尼泊尔、印度（北部、锡金）。

顶叶冷水花

Pilea approximata C. B. Clarke, J. Linn. Soc., Bot. 15: 123 (1876).
云南、西藏；不丹、尼泊尔、印度（锡金）。

顶叶冷水花（原变种）

Pilea approximata var. **approximata**

云南、西藏；不丹、尼泊尔、印度（锡金）。

锐裂齿冷水花

Pilea approximata var. **incisoserrata** C. J. Chen, Bull. Bot. Res., Harbin 2 (3): 100 (1982), as "*inciso-serrata*".

西藏；不丹。

湿生冷水花

Pilea aquarum Dunn, J. Linn. Soc., Bot. 38 (267): 366 (1908).

江西、湖南、四川、贵州、云南、福建、台湾、广东、广西、海南；日本、越南。

湿生冷水花（原亚种）

●**Pilea aquarum** subsp. **aquarum**

Pilea velutinipes Hand.-Mazz., Symb. Sin. 7 (1): 136, pl. 1, f. 3 (1929).

江西、湖南、四川、福建、广东。

锐齿湿生冷水花

●**Pilea aquarum** subsp. **acutidentata** C. J. Chen, Bull. Bot. Res., Harbin 2 (3): 60 (1982).

广东、广西。

短角湿生冷水花（短角冷水麻）

Pilea aquarum subsp. **brevicornuta** (Hayata) C. J. Chen, Bull. Bot. Res., Harbin 2 (3): 59 (1982).

Pilea brevicornuta Hayata, Icon. Pl. Formosan. 6: 43, f. 5 (1916); *Pilea brevicornuta* f. *laxiflora* Yamam., Icon. Pl. Formosan. Suppl. 1: 4 (1925); *Pilea brevicornuta* f. *magnifolia* Yamam., Icon. Pl. Formosan. Suppl. 1: 5 (1925); *Pilea minor* Yamam., Icon. Pl. Formosan. Suppl. 1: 8, f. 3 (1925).

湖南、贵州、云南、福建、台湾、广东、广西、海南；日本、越南。

耳基冷水花

●**Pilea auricularis** C. J. Chen, Bull. Bot. Res., Harbin 2 (3): 70, pl. 5, f. 3-4 (1982).

云南、西藏。

竹叶冷水花

●**Pilea bambusifolia** C. J. Chen, Bull. Bot. Res., Harbin 2 (3): 95, pl. 7, f. 4-6 (1982).

贵州。

基心叶冷水花

●**Pilea basicordata** W. T. Wang ex C. J. Chen, Bull. Bot. Res., Harbin 2 (3): 44, pl. 2, f. 1-4 (1982).

广西。

五萼冷水花

Pilea boniana Gagnep., Bull. Soc. Bot. France 75: 7 (1928).

Pilea baviensis Gagnep., Bull. Soc. Bot. France 75: 6 (1928); *Pilea morseana* Hand.-Mazz., Symb. Sin. 7 (1): 140 (1929); *Pilea pentasepala* Hand.-Mazz., Symb. Sin. 7 (1): 128 (1929).

贵州、云南、广西；越南。

多苞冷水花

Pilea bracteosa Wedd., Arch. Mus. Hist. Nat. 9 (1-2): 245 (1856).

Pilea obliqua Hook. f., Fl. Brit. Ind. 5 (15): 558 (1888); *Pilea bracteosa* var. *striolata* Hand.-Mazz., Symb. Sin. 7 (1): 137 (1929).

云南、西藏；不丹、尼泊尔、印度（北部、锡金）。

花叶冷水花（金边山羊血）

Pilea cadierei Gagnep. et Guillaumin, Bull. Mus. Hist. Nat. (Paris) ser. 2, 10 (6): 629 (1938).

贵州、云南；越南。

沧源冷水花

●**Pilea cangyuanensis** H. W. Li, Fl. Yunnan. 7: 215 (1997).

云南。

石油菜

Pilea cavaleriei H. Lév., Repert. Spec. Nov. Regni Veg. 11: 65 (1912).

Pilea peploides var. *cavaleriei* (H. Lév.) H. Lév., Fl. Kouy-Tcheou 435 (1915).

浙江、江西、湖南、湖北、四川、贵州、福建、广东、广西；不丹。

石油菜（原亚种）

Pilea cavaleriei subsp. **cavaleriei**

Pilea cavaleriei subsp. *valida* C. J. Chen, Bull. Bot. Res., Harbin 2 (3): 98 (1982).

浙江、江西、湖南、湖北、四川、贵州、福建、广东、广西；不丹。

圆齿石油菜

●**Pilea cavaleriei** subsp. **crenata** C. J. Chen, Bull. Bot. Res., Harbin 2 (3): 99 (1982).

贵州、广西。

岩洞冷水花（新拟）

●**Pilea cavernicola** A. K. Monoro, C. J. Chen et Y. G. Wei, Phytokeys 19: 53 (2012).

广西。

纸质冷水花

Pilea chartacea C. J. Chen, Bull. Bot. Res., Harbin 2 (3): 63 (1982).

广东、香港；越南。

弯叶冷水花

Pilea cordifolia Hook. f., Fl. Brit. Ind. 5 (15): 558 (1888).

云南、西藏；尼泊尔、印度（东北部、锡金）。

心托冷水花

•**Pilea cordistipulata** C. J. Chen, Bull. Bot. Res., Harbin 2 (3): 60, pl. 4, f. 1-2 (1982).
贵州、云南、广东、广西。

光疣冷水花

Pilea dolichocarpa C. J. Chen, Bull. Bot. Res., Harbin 2 (3): 49, pl. 2, f. 5-8 (1982).
云南、广西；越南。

石林冷水花

Pilea elegantissima C. J. Chen, Bull. Bot. Res., Harbin 2 (3): 90, pl. 6, f. 1-5 (1982).
四川、云南；泰国。

椭圆叶冷水花

•**Pilea elliptilimba** C. J. Chen, Bull. Bot. Res., Harbin 2 (3): 62, pl. 5, f. 1-2 (1982).
贵州、广西。

奋起湖冷水花（奋起湖冷水麻）

•**Pilea funkikensis** Hayata, Icon. Pl. Formosan. 6: 45 (1916).
台湾。

陇南冷水花

•**Pilea gansuensis** C. J. Chen et Z. X. Peng, Bull. Bot. Res., Harbin 2 (3): 118, pl. 10, f. 1-3 (1982).
甘肃、四川。

点乳冷水花（小齿冷水花）

Pilea glaberrima (Blume) Blume, Mus. Bot. 2 (4): 54 (1856).
Urtica glaberrima Blume, Bijdr. Fl. Ned. Ind. 493 (1825); *Pilea smilacifolia* Wedd., Ann. Sci. Nat., Bot. ser. 4, 1: 186 (1854); *Pilea goglado* Blume, Mus. Bot. 2 (4): 53 (1856).
贵州、云南、广东、广西；缅甸、印度尼西亚、不丹、尼泊尔、印度。

疣果冷水花

Pilea gracillis Hand.-Mazz., Symb. Sin. 7 (1): 136 (1929).
湖南、湖北、四川、重庆、贵州、云南、福建、广西、海南；越南。

疣果冷水花（原亚种）

Pilea gracilis subsp. **gracilis**

Pilea verrucosa Hand.-Mazz., Symb. Sin. 7 (1): 134 (1929), non Killip (1925); *Pilea symmeria* var. *subcoriacea* Hand.-Mazz., Symb. Sin. 7 (1): 134 (1929); *Pilea purpurella* C. J. Chen, Bull. Bot. Rcs., Harbin 2 (3): 57, pl. 4, f. 6 (1982); *Pilea* [illegible] C. J. Chen, Bull. Bot. Res., Harbin 2 (3): 87 (1982).
湖南、湖北、四川、重庆、贵州、云南、福建、广西、海南；越南。

闽北冷水花

•**Pilea gracilis** subsp. **fujianensis** (C. J. Chen) Y. H. Tong et N. H. Xia, Biodivers. Sci. 24 (6): 717 (2016).
Pilea verrucosa subsp. *fujianensis* C. J. Chen, Bull. Bot. Res., Harbin 2 (3): 55 (1982).
福建。

离基脉冷水花

•**Pilea gracilis** subsp. **subtriplinervia** (C. J. Chen) Y. H. Tong et N. H. Xia, Biodivers. Sci. 24 (6): 717 (2016).
Pilea verrucosa subsp. *subtriplinervia* C. J. Chen, Bull. Bot. Res., Harbin 2 (3): 56 (1982).
海南。

贵州冷水花（新拟）

•**Pilea guizhouensis** A. K. Monoro, C. J. Chen et Y. G. Wei, Phytokeys 19: 62 (2012).
贵州。

六棱茎冷水花

Pilea hexagona C. J. Chen, Bull. Bot. Res., Harbin 2 (3): 46, pl. 3, f. 1-6 (1982).
云南；越南。

翠茎冷水花

Pilea hilliana Hand.-Mazz., Symb. Sin. 7 (1): 129 (1929).
四川、贵州、云南、西藏、广西；越南（北部）。

翠茎冷水花（原变种）

Pilea hilliana var. **hilliana**

四川、贵州、云南、西藏、广西；越南（北部）。

角萼翠茎冷水花

•**Pilea hilliana** var. **corniculata** H. W. Li, Fl. Yunnan. 7: 201 (1997).
云南。

须弥冷水花

Pilea hookeriana Wedd., Arch. Mus. Hist. Nat. 9 (1-2): 226 (1856).
云南；不丹、尼泊尔、印度。

泡果冷水花

•**Pilea howelliana** Hand.-Mazz., Symb. Sin. 7 (1): 132 (1929).
云南。

泡果冷水花（原变种）

•**Pilea howelliana** var. **howelliana**

云南。

细齿泡果冷水花

•**Pilea howelliana** var. **denticulata** C. J. Chen, Bull. Bot. Rcs., Harbin 2 (3): 77 (1982).
云南。

盾基冷水花

Pilea insolens Wedd., Prodr. (DC.) 16 (1): 118 (1869).
Pilea anisophylla var. *khasiana* Hook. f., Fl. Brit. Ind. 5 (15): 552 (1888); *Pilea khasiana* (Hook. f.) C. J. Chen, Bull. Bot. Res., Harbin 2 (3): 111 (1982).
西藏；不丹、尼泊尔、印度（北部）。

山冷水花（山美豆，苔水花，华东冷水花）

Pilea japonica (Maxim.) Hand.-Mazz., Symb. Sin. 7 (1): 141 (1929).
Achudemia japonica Maxim., Mélanges Biol. Bull. Phys.-Math. Acad. Imp. Sci. Saint-Pétersbourg 9: 627 (1876); *Achudemia insignis* Migo, J. Shanghai Sci. Inst. 3: 91, pl. 4 (1935).
吉林、辽宁、河北、河南、陕西、甘肃、安徽、浙江、江西、湖南、湖北、四川、贵州、云南、福建、台湾、广东、广西；日本、朝鲜、俄罗斯。

拉格冷水花

●**Pilea lageensis** W. T. Wang, Pl. Sci. J. 32 (1): 26 (2014).
西藏。

条叶冷水花

Pilea linearifolia C. J. Chen, Acta Phytotax. Sin. 17 (1): 105, f. 1 (1979).
西藏；尼泊尔。

隆脉冷水花（急尖冷水花，鼠舌草，肥猪草）

●**Pilea lomatogramma** Hand.-Mazz., Symb. Sin. 7 (1): 135 (1929).
湖北、四川、云南、福建。

长茎冷水花

Pilea longicaulis Hand.-Mazz., Symb. Sin. 7 (1): 127 (1929).
四川、贵州、广西；越南、老挝。

长茎冷水花（原变种）

Pilea longicaulis var. **longicaulis**
广西；越南。

啮蚀冷水花

●**Pilea longicaulis** var. **erosa** C. J. Chen, Bull. Bot. Res., Harbin 2 (3): 52, pl. 3, f. 11-12 (1982).
广西。

黄花冷水花

Pilea longicaulis var. **flaviflora** C. J. Chen, Bull. Bot. Res., Harbin 2 (3): 52 (1982).
四川、贵州；老挝。

鱼眼果冷水花

Pilea longipedunculata S. S. Chien et C. J. Chen, Bull. Bot. Res., Harbin 2 (3): 77 (1982).
贵州、云南、广西；越南（北部）、泰国（北部）。

大果冷水花

●**Pilea macrocarpa** C. J. Chen, Bull. Bot. Res., Harbin 2 (3): 74 (1982).
西藏。

大叶冷水花

Pilea martini (H. Lév.) Hand.-Mazz., Symb. Sin. 7: 131 (1929).
Boehmeria martini H. Lév., Repert. Spec. Nov. Regni Veg. 11: 551 (1913).
陕西、甘肃、江西、湖南、湖北、四川、贵州、云南、西藏、广西；不丹、尼泊尔、印度（锡金）。

细尾冷水花

●**Pilea matsudae** Yamam., Icon. Pl. Formosan. Suppl. 1: 7 (1925).
台湾。

中间型冷水花

●**Pilea media** C. J. Chen, Bull. Bot. Res., Harbin 2 (3): 89 (1982).
贵州、云南、广西。

墨脱冷水花

Pilea medogensis C. J. Chen, Bull. Bot. Res., Harbin 2 (3): 109 (1982).
西藏；印度（北部）。

长序冷水花（三脉冷水花，大冷水麻）

Pilea melastomoides (Poir.) Wedd., Ann. Sci. Nat., Bot. ser. 4, 1: 186 (1854).
Urtica melastomoides Poir., Encycl. Suppl. 4 (1): 223 (1816); *Urtica trinervia* Roxb., Fl. Ind. (Roxburgh) 3: 582 (1832); *Pilea trinervia* (Roxb.) Wight, Icon. Pl. Ind. Orient. (Wight) 6: 9, pl. 1973 (1853); *Pilea ovatinucula* Hayata, Icon. Pl. Formosan. 6: 48 (1916); *Pilea cuneatifolia* Yamam., Icon. Pl. Formosan. Suppl. 1: 5 (1925).
贵州、云南、西藏、台湾、广西、海南；越南、缅甸、印度尼西亚、印度、斯里兰卡。

勐海冷水花

●**Pilea menghaiensis** C. J. Chen, Bull. Bot. Res., Harbin 2 (3): 67 (1982).
云南。

广西冷水花

●**Pilea microcardia** Hand.-Mazz., Sinensia 2 (1): 2 (1931).
广西。

小叶冷水花（透明草，小叶冷水麻）

Pilea microphylla (L.) Liebm., Kongel. Danske Vidensk. Selsk. Naturvidensk. Math. Afh., ser. 5, 5 (2): 302 (1851).

Parietaria microphylla L., Syst. Nat., ed. 10, 2: 1308 (1759).
浙江、江西、福建、台湾、广东、广西、海南；亚洲、非洲、南美洲。

念珠冷水花（项链冷水花）

●**Pilea monilifera** Hand.-Mazz., Symb. Sin. 7 (1): 124, pl. 3, f. 2 (1929).
江西、湖南、湖北、四川、贵州、云南、广西。

串珠毛冷水花

●**Pilea multicellularis** C. J. Chen, Bull. Bot. Res., Harbin 2 (3): 108 (1982).
云南。

长穗冷水花

Pilea myriantha (Dunn) C. J. Chen, Bull. Bot. Res., Harbin 2 (3): 43, pl. 1, f. 12-14 (1982).
Smithiella myriantha Dunn, Bull. Misc. Inform. Kew 1920 (6): 211, f. s. n. (1920); *Aboriella myriantha* (Dunn) Bennet, Indian Forester 107 (7): 437 (1981); *Dunniella myriantha* (Dunn) Rauschert, Taxon 31 (3): 563 (1982).
西藏；印度（东北部）。

冷水花（长柄冷水麻）

Pilea notata C. H. Wright, J. Linn. Soc., Bot. 26: 470 (1899).
Pilea fasciata Franch., Nouv. Arch. Mus. Hist. Nat. ser. 2, 10: 81 (1888), non Wedd. (1869); *Boehmeria vaniotii* H. Lév., Repert. Spec. Nov. Regni Veg. 11 (304-308): 551 (1913); *Pilea pseudopetiolaris* Hatus., J. Jap. Bot. 34 (10): 303 (1959); *Pilea elliptifolia* B. L. Shih et Yuen P. Yang, Taiwania 40 (3): 262 (1995).
河南、陕西、甘肃、安徽、浙江、江西、湖南、湖北、四川、贵州、福建、台湾、广东、广西；日本。

雅致冷水花

Pilea oxyodon Wedd., Arch. Mus. Hist. Nat. 9 (1-2): 221 (1856).
Pilea bracteosa var. *oxyodon* (Wedd.) H. Hara, Fl. E. Himalaya 3: 24 (1975).
西藏；尼泊尔、印度。

滇东南冷水花

Pilea paniculigera C. J. Chen, Bull. Bot. Res., Harbin 2 (3): 92, pl. 7, f. 1-3 (1982).
云南；越南。

攀枝花冷水花

●**Pilea panzhihuaensis** C. J. Chen, A. K. Monro et L. Chen, Novon 17 (1): 24 (2007).
Podophyllum cavaleriei H. Lév., Bull. Acad. Geogr. Bot. 24: 142 (1914), non *Pilea cavaleriei* H. Lév. (1912).
贵州。

少花冷水花

●**Pilea pauciflora** C. J. Chen, Bull. Bot. Res., Harbin 2 (3): 104, pl. 10, f. 4-6 (1982).
甘肃、四川。

赤车冷水花

●**Pilea pellionioides** C. J. Chen, Bull. Bot. Res., Harbin 2 (3): 112, pl. 9, f. 1-5 (1982).
云南。

盾叶冷水花

●**Pilea peltata** Hance, Ann. Sci. Nat., Bot. ser. 5: 242 (1866).
湖南、广东、广西。

盾叶冷水花（原变种）

●**Pilea peltata** var. **peltata**
湖南、广东、广西。

卵叶盾叶冷水花

●**Pilea peltata** var. **ovatifolia** C. J. Chen, Bull. Bot. Res., Harbin 2 (3): 95 (1982).
广东。

钝齿冷水花

Pilea penninervis C. J. Chen, Bull. Bot. Res., Harbin 2 (3): 113, pl. 9, f. 6-8 (1982).
云南、广西；越南。

镜面草（翠屏草）

●**Pilea peperomioides** Diels, Notes Roy. Bot. Gard. Edinburgh 5 (25): 292 (1912).
四川、云南。

苦水花

Pilea peploides (Gaudich.) Hook. et Arn., Bot. Beechey Voy. 96 (1832).
Dubrueilia peploides Gaudich., Voy. Uranie, Bot. 495 (1830); *Pilea peploides* var. *major* Wedd., Prodr. (DC.) 16 (1): 109 (1869).
辽宁、内蒙古、河北、河南、安徽、江西、湖南、湖北、贵州、福建、台湾、广东、广西；日本、朝鲜、越南、缅甸、泰国、印度尼西亚、不丹、印度、俄罗斯。

石筋草（蛇踝节，石稔草，全缘冷水花）

Pilea plataniflora C. H. Wright, J. Linn. Soc., Bot. 26: 477 (1899).
陕西、甘肃、湖北、四川、云南、台湾、广西、海南；越南（北部）、泰国。

石筋草（原变种）

Pilea plataniflora var. **plataniflora**
Pilea blinii H. Lév., Repert. Spec. Nov. Regni Veg. 11 (274-278): 65 (1912); *Pilea minutepilosa* Hayata, Icon. Pl. Formosan. 6: 47 (1916); *Pilea kankaoensis* Hayata, Icon. Pl. Formosan. 6: 46, pl. 9 (1916); *Pilea taitoensis* Hayata, Icon. Pl. Formosan. 6: 51 (1916); *Pilea dielsiana* Hand.-Mazz., Anz.

Akad. Wiss. Wien, Math.-Naturwiss. Kl. 57: 243 (1920); *Pilea petelotii* Gagnep., Bull. Soc. Bot. France 75: 8 (1928); *Pilea langsonensis* Gagnep., Bull. Soc. Bot. France 75: 7 (1928).
陕西、甘肃、湖北、四川、云南、台湾、广西、海南；越南（北部）、泰国。

台东石筋草

●**Pilea plataniflora** var. **taitoensis** (Hayata) S. S. Ying, Col. Fl. Taiwan. 3: 430, photo. 539 (1988).
Pilea taitoensis Hayata, Icon. Pl. Formosan. 6: 51 (1916).
台湾。

假冷水花

Pilea pseudonotata C. J. Chen, Bull. Bot. Res., Harbin 2 (3): 50, pl. 3, f. 7-10 (1982).
贵州、云南、西藏；越南。

透茎冷水花

Pilea pumila (L.) A. Gray, Manual 437 (1848).
Urtica pumila L., Sp. Pl. 2: 984 (1753).
黑龙江、吉林、辽宁、内蒙古、河北、山西、山东、河南、陕西、宁夏、甘肃、安徽、江苏、浙江、江西、湖南、湖北、四川、重庆、贵州、云南、西藏、福建、台湾、广东、广西；蒙古国、日本、朝鲜、俄罗斯；北美洲。

透茎冷水花（原变种）

Pilea pumila var. **pumila**
Pilea mongolica Wedd., Prodr. (DC.) 16 (1): 135 (1869); *Pilea viridissima* Makino, Bot. Mag. (Tokyo) 23 (268): 87 (1909).
黑龙江、吉林、辽宁、内蒙古、河北、山西、山东、河南、陕西、宁夏、甘肃、安徽、江苏、浙江、江西、湖南、湖北、四川、重庆、贵州、云南、西藏、福建、台湾、广东、广西；蒙古国、日本、朝鲜、俄罗斯；北美洲。

荫地冷水花

Pilea pumila var. **hamaoi** (Makino) C. J. Chen, Bull. Bot. Res., Harbin 2 (3): 103 (1982).
Pilea hamaoi Makino, Bot. Mag. (Tokyo) 10: 364 (1896).
黑龙江、吉林、河北；日本、朝鲜。

钝尖冷水花

●**Pilea pumila** var. **obtusifolia** C. J. Chen, Bull. Bot. Res., Harbin 2 (3): 104 (1982).
陕西、甘肃、湖北、四川、贵州。

总状冷水花

Pilea racemiformis C. J. Chen, Bull. Bot. Res., Harbin 2 (3): 93 (1982).
广西；越南。

亚高山冷水花

Pilea racemosa (Royle) Tuyama, Fl. E. Himalaya 1: 61 (1966).
Procris racemosa Royle, Ill. Bot. Himal. Mts. pl. 83, f. 1 (analytic) (1836); *Pilea wightii* var. *roylei* Hook. f., Fl. Brit. Ind. 5 (15): 555 (1888); *Pilea subalpina* Hand.-Mazz., Symb. Sin. 7 (1): 142, pl. 3, f. 4 (1929).
四川、云南、西藏；不丹、尼泊尔、印度（北部、锡金）。

序托冷水花（地水麻）

●**Pilea receptacularis** C. J. Chen, Bull. Bot. Res., Harbin 2 (3): 119, pl. 10, f. 7-10 (1982).
陕西、湖北、四川。

短喙冷水花

●**Pilea rostellata** C. J. Chen, Bull. Bot. Res., Harbin 2 (3): 106 (1982).
云南。

圆果冷水花（圆果冷水麻，微齿冷水麻）

●**Pilea rotundinucula** Hayata, Icon. Pl. Formosan. 6: 49 (1916).
Pilea distachys Yamam., Icon. Pl. Formosan. Suppl. 1: 5 (1925); *Pilea funkikensis* var. *rotundinucula* (Hayata) S. S. Ying, Col. Fl. Taiwan. 3: 431 (1988).
台湾。

红花冷水花

●**Pilea rubriflora** C. H. Wright, J. Linn. Soc., Bot. 26: 478 (1899).
湖北、四川。

怒江冷水花（九节风）

Pilea salwinensis (Hand.-Mazz.) C. J. Chen, Bull. Bot. Res., Harbin 2 (3): 107 (1982).
Pilea symmeria var. *salwinensis* Hand.-Mazz., Symb. Sin. 7 (1): 134 (1929).
云南；缅甸。

细齿冷水花

Pilea scripta (Buch.-Ham. ex D. Don) Wedd., Ann. Sci. Nat., Bot. ser. 4, 1: 187 (1854).
Urtica scripta Buch.-Ham. ex D. Don, Prodr. Fl. Nepal. 59 (1825).
云南、西藏；缅甸、不丹、尼泊尔、印度（北部、锡金）、克什米尔地区。

镰叶冷水花

Pilea semisessilis Hand.-Mazz., Symb. Sin. 7 (1): 137 (1929).
江西、湖南、四川、云南、西藏、广西；泰国。

师宗冷水花（新拟）

●**Pilea shizongensis** A. K. Monoro, C. J. Chen et Y. G. Wei, Phytokeys 19: 58 (2012).
云南。

厚叶冷水花

●**Pilea sinocrassifolia** C. J. Chen, Bull. Bot. Res., Harbin 2 (3): 99 (1982).

Pilea crassifolia Hance, J. Bot. 20 (238): 294 (1882).
湖南、贵州、云南、福建、广东。

粗齿冷水花

Pilea sinofasciata C. J. Chen, Bull. Bot. Res., Harbin 2 (3): 86 (1982).
甘肃、安徽、浙江、江西、湖南、湖北、四川、贵州、广东、广西；泰国、印度。

细叶冷水花

●**Pilea somae** Hayata, Icon. Pl. Formosan. 6: 50 (1916).
Pilea funkikensis var. *somai* (Hayata) S. S. Ying, Col. Fl. Taiwan. 3: 432 (1988).
台湾。

刺果冷水花

Pilea spinulosa C. J. Chen, Bull. Bot. Res., Harbin 2 (3): 48 (1982).
广东、广西、海南；越南。

鳞片冷水花

Pilea squamosa C. J. Chen, Bull. Bot. Res., Harbin 2 (3): 72, pl. 5, f. 5-7 (1982).
Pilea squamosa var. *sparsa* C. J. Chen, Bull. Bot. Res., Harbin 2 (3): 73 (1982).
云南、西藏；不丹、尼泊尔、印度。

翅茎冷水花（小赤麻，水赤麻，亚革质冷水花）

●**Pilea subcoriacea** (Hand.-Mazz.) C. J. Chen, Bull. Bot. Res., Harbin 2 (3): 62 (1982).
Pilea symmeria var. *subcoriacea* Hand.-Mazz., Symb. Sin. 7: 134 (1929); *Pilea symmeria* var. *pterocaulis* S. S. Chien, Bull. Chin. Bot. Soc. 1: 5 (1935); *Pilea pterocaulis* (S. S. Chien) C. J. Chen, Iconogr. Cormophyt. Sin. Suppl. 1: 172, 179 (1982), *nom. inval.*
湖南、四川、云南、广东、广西。

小齿冷水花

●**Pilea subedentata** S. S. Chien et C. J. Chen, Bull. Bot. Res., Harbin 2 (3): 79 (1982).
海南。

玻璃草

Pilea swinglei Merr., Philipp. J. Sci. 13 (3): 136 (1918).
Pilea henryana C. H. Wright, Gentes Herb. 20 (1920); *Pilea crateraforma* F. P. Metcalf, Lingnan Sci. J. 15 (4): 633, pl. 27 (1936); *Pilea peploides* var. *minutissima* P. S. Hsu, Acta Phytotax. Sin. 11 (2): 190 (1966).
安徽、浙江、江西、湖南、湖北、贵州、福建、广东、广西，缅甸。

喙萼冷水花

Pilea symmeria Wedd., Arch. Mus. Hist. Nat. 9 (1-2): 246 (1856).
西藏；不丹、尼泊尔、印度。

羽脉冷水花

Pilea ternifolia Wedd., Arch. Mus. Hist. Nat. 9 (1-2): 202 (1856).
西藏；不丹、尼泊尔、印度。

海南冷水花

Pilea tsiangiana F. P. Metcalf, Lingnan Sci. J. 15 (4): 633, pl. 26 (1936).
广西、海南；越南。

荫生冷水花

Pilea umbrosa Blume, Mus. Bot. 2 (4): 56 (1856).
云南、西藏；不丹、尼泊尔、印度、克什米尔地区。

荫生冷水花（原变种）

Pilea umbrosa var. **umbrosa**
Pilea producta Blume, Mus. Bot. 2 (4): 56 (1856).
云南、西藏；不丹、尼泊尔、印度、克什米尔地区。

少毛冷水花（少毛荫生冷水花）

Pilea umbrosa var. **obesa** Wedd., Arch. Mus. Hist. Nat. 9 (1-2): 243 (1856).
云南、西藏；尼泊尔。

鹰嘴冷水花

Pilea unciformis C. J. Chen, Bull. Bot. Res., Harbin 2 (3): 96, pl. 7, f. 7-8 (1982).
云南；越南（北部）。

毛茎冷水花

●**Pilea villicaulis** Hand.-Mazz., Symb. Sin. 7 (1): 125 (1929).
Pilea villicaulis var. *subglabra* C. J. Chen, Bull. Bot. Res., Harbin 2 (3): 57 (1982).
云南。

生根冷水花

Pilea wightii Wedd., Ann. Sci. Nat., Bot. ser. 4, 1: 186 (1854).
广东、广西；印度、斯里兰卡。

落尾木属 Pipturus Wedd.

落尾木（落尾麻）

Pipturus arborescens (Link) C. B. Rob., Philipp. J. Sci. 6 (1): 13 (1911).
Urtica arborescens Link, Enum. Hort. Berol. Alt. 2: 386 (1822); *Pipturus asper* Wedd., Ann. Sci. Nat., Bot. ser. 4, 1: 197 (1854); *Pipturus fauriei* Yamam., J. Soc. Trop. Agric. 4: 51 (1932).
台湾；日本、菲律宾。

锥头麻属 **Poikilospermum** Zipp. ex Miq.

毛叶锥头麻

Poikilospermum lanceolatum (Trécul) Merr., Contr. Arnold Arbor. 8: 50 (1934).

Conocephalus lanceolatus Trécul, Ann. Sci. Nat., Bot. Ser. 3, 8: 88 (1847).

云南、西藏；缅甸、印度。

大序锥头麻

Poikilospermum naucleiflorum (Lindl.) Chew, Gard. Bull. Singapore 20: 76 (1963).

Conocephalus naucleiflorus Lindl., Bot. Reg. 14: pl. 1203 (1829).

西藏；缅甸、泰国、印度。

锥头麻（香甜锥头麻）

Poikilospermum suaveolens (Blume) Merr., Contr. Arnold Arbor. 8: 47 (1934).

Conocephalus suaveolens Blume, Bijdr. Fl. Ned. Ind. 484 (1825); *Conocephalus sinensis* C. H. Wright, J. Linn. Soc., Bot. 26 (178): 471 (1899); *Poikilospermum sinense* (C. H. Wright) Merr., Contr. Arnold Arbor. 8: 51 (1934).

云南；菲律宾、越南、老挝、柬埔寨、马来西亚、印度尼西亚、印度。

雾水葛属 **Pouzolzia** Gaudich.

美叶雾水葛

Pouzolzia calophylla W. T. Wang et C. J. Chen, Acta Phytotax. Sin. 17 (1): 108 (1979).

Pouzolzia ovalis var. *fulgens* Wedd., Arch. Mus. Hist. Nat. 8: 411 (1856); *Pouzolzia sanguinea* var. *fulgens* (Wedd.) H. Hara, Fl. E. Himalaya 3: 27 (1975); *Pouzolzia argenteonitida* W. T. Wang, Acta Phytotax. Sin. 17 (1): 108 (1979).

云南、西藏；缅甸、不丹、尼泊尔、印度。

雪毡雾水葛

●**Pouzolzia niveotomentosa** W. T. Wang, Acta Bot. Yunnan. 3 (1): 13, f. 1 (1981).

Pouzolzia spinosobracteata W. T. Wang, Acta Bot. Yunnan. 3 (1): 11 (1981).

四川、云南。

红雾水葛（红水麻，青白麻叶，大粘叶）

Pouzolzia sanguinea (Blume) Merr., J. Straits Branch Roy. Asiat. Soc. 84 (Spec. No.): 233 (1921).

Urtica sanguinea Blume, Bijdr. Fl. Ned. Ind. 501 (1826).

四川、贵州、云南、西藏、台湾、广西、海南；越南、老挝、缅甸、泰国、马来西亚、印度尼西亚、不丹、尼泊尔、印度。

红雾水葛（原变种）

Pouzolzia sanguinea var. **sanguinea**

Pouzolzia ovalis Miq., Pl. Jungh. 1: 24 (1851); *Boehmeria nepalensis* Wedd., Arch. Mus. Hist. Nat. 9 (1-2): 383 (1856); *Pouzolzia viminea* (Wall.) Wedd., Prodr. (DC.) 16 (1): 228 (1869); *Pouzolzia sanguinea* var. *nepalensis* (Wedd.) H. Hara, Fl. E. Himalaya 3: 28 (1975).

四川、贵州、云南、西藏、台湾、广西、海南；越南、老挝、缅甸、泰国、马来西亚、印度尼西亚、不丹、尼泊尔、印度。

雅致雾水葛

●**Pouzolzia sanguinea** var. **elegans** (Wedd.) Friis, Wilmot-Dear et C. J. Chen, Fl. China 5: 176 (2003).

Pouzolzia elegans Wedd., Prodr. (DC.) 16 (1): 230 (1869); *Pouzolzia elegantula* W. W. Sm. et Jeffrey, Notes Roy. Bot. Gard. Edinburgh 9 (42): 119 (1916); *Boehmeria delavayi* Gagnep., Notul. Syst. (Paris) 4 (4-5): 126 (1928); *Boehmeria elegantula* (W. W. Sm. et Jeffrey) Hand.-Mazz., Symb. Sin. 7 (5): 1371 (1936); *Pouzolzia elegans* var. *formosana* H. L. Li, Woody Fl. Taiwan 138, f. 47 (1963); *Pouzolzia elegans* var. *delavayi* (Gagnep.) W. T. Wang, Bull. Bot. Res., Harbin 12 (3): 210 (1992).

四川、贵州、云南、西藏、台湾。

台湾雾水葛

●**Pouzolzia taiwaniana** C. I. Peng et S. W. Chung, Bot. Stud. (Taipei) 53 (3): 387 (2012).

台湾。

雾水葛

Pouzolzia zeylanica (L.) Benn. et R. Br., Pl. Jav. Rar. 67 (1838).

Parietaria zeylanica L., Sp. Pl. 2: 1052 (1753).

甘肃、安徽、浙江、江西、湖北、湖南、四川、云南、福建、台湾、广东、广西；日本、菲律宾、越南、缅甸、泰国、马来西亚、印度尼西亚、尼泊尔、印度、巴基斯坦、斯里兰卡、克什米尔地区、马尔代夫、也门、澳大利亚、波利尼西亚、巴布亚新几内亚，非洲和新大陆也引进栽培。

雾水葛（原变种）

Pouzolzia zeylanica var. **zeylanica**

Urtica alienata L., Syst. Veg. 709 (1758); *Parietaria indica* L., Mant. Pl. 128 (1767); *Pouzolzia indica* (L.) Gaudich., Voy. Uranie, Bot. 503 (1830); *Pouzolzia indica* var. *alienata* (L.) Wedd., Prodr. Fl. Nov. Holland. 16 (1): 221 (1869).

甘肃、安徽、浙江、江西、湖南、湖北、四川、云南、福建、广东、广西；日本、菲律宾、越南、缅甸、泰国、马来西亚、印度尼西亚、尼泊尔、印度、巴基斯坦、斯里兰卡、克什米尔地区、马尔代夫、也门、澳大利亚、波利尼西亚、巴布亚新几内亚，非洲和新大陆也引进栽培。

狭叶雾水葛

Pouzolzia zeylanica var. **angustifolia** (Wight) C. J. Chen, Fl. China 5: 177 (2003).

Pouzolzia angustifolia Wight, Icon. Pl. Ind. Orient. (Wight) 6: 43, pl. 2100, f. 39 (1853); *Pouzolzia indica* var. *angustifolia* (Wight) Wedd., Prodr. Fl. Nov. Holland. 16 (1): 221 (1869).

广东、广西；马来西亚、印度尼西亚。

多枝雾水葛

Pouzolzia zeylanica var. **microphylla** (Wedd.) Masam., Annual Rep. Taihoku Bot. Gard. 2: 37 (1932).

Pouzolzia indica subvar. *microphylla* Wedd., Prodr. (DC.) 16 (1): 221 (1869); *Parietaria cochinchinensis* Lour., Fl. Cochinch., ed. 2, 2: 654 (1790); *Pouzolzia zeylanica* var. *microphylla* (Wedd.) W. T. Wang, Fl. Reipubl. Popularis Sin. 23 (2): 365, pl. 81, f. 5 (1995), *nom. illeg.*

江西、云南、福建、台湾、广东、广西；亚洲。

藤麻属 Procris Comm. ex Juss.

藤麻

Procris crenata C. B. Rob., Philipp. J. Sci., C 5: 507 (1911).

Elatostema wightianum Wedd., Ann. Sci. Nat., Bot., ser. 4, 1: 188 (1854), *nom. inval.*; *Procris wightiana* Wall. ex Wedd., Arch. Mus. Hist. Nat. 9: 336 (1856), *nom. illeg. superfl.*; *Pellionia procropioides* Gagnep., Bull. Soc. Bot. France 75: 924 (1928); *Elatostema gagnepainianum* H. Schroet., Repert. Spec. Nov. Regni Veg. Beih. 83 (1): 91 (1936).

四川、贵州、云南、西藏、福建、台湾、广东、广西、海南；菲律宾、越南、老挝、泰国、马来西亚、印度尼西亚、不丹、尼泊尔、印度、斯里兰卡；非洲。

肉被麻属 Sarcochlamys Gaudich.

肉被麻（球隔麻）

Sarcochlamys pulcherrima Gaudich., Voy. Bonite, Bot. t. 89 (1844).

Sphaerotylos medogensis C. J. Chen, Acta Phytotax. Sin. 23 (6): 453, pl. 1 (1985).

云南、西藏；缅甸、泰国、印度尼西亚、不丹、印度。

荨麻属 Urtica L.

狭叶荨麻（螫麻子，哈拉海）

Urtica angustifolia Fisch. ex Hornem., Suppl. Hort. Bot. Hafn. 107 (1819).

Urtica foliosa Blume, Mus. Bot. 2 (9): 142 (1856).

黑龙江、吉林、辽宁、内蒙古、河北、山东、陕西；蒙古国、日本、朝鲜、俄罗斯。

小果荨麻（无刺茎荨麻）

●**Urtica atrichocaulis** (Hand.-Mazz.) C. J. Chen, Bull. Bot. Res., Harbin 3 (2): 109 (1983).

Urtica dioica var. *atrichocaulis* Hand.-Mazz., Symb. Sin. 7 (1): 110 (1929).

四川、贵州、云南。

麻叶荨麻（焮麻，火麻，哈拉海）

Urtica cannabina L., Sp. Pl. 2: 984 (1753).

Urtica cannabina f. *angustiloba* Y. C. Chu, Fl. Pl. Herb. Chin. Bor.-Or. 2: 107 (Addenda) (1959).

黑龙江、吉林、辽宁、内蒙古、河北、山西、陕西、宁夏、甘肃、青海、新疆、四川；蒙古国、俄罗斯；欧洲。

异株荨麻

Urtica dioica L., Sp. Pl. 2: 984 (1753).

甘肃、青海、新疆、四川、西藏；不丹、印度、阿富汗；欧洲、非洲、北美洲。

异株荨麻（原亚种）

Urtica dioica subsp. **dioica**

Urtica dioica var. *vulgaris* Wedd., Prodr. (DC.) 16 (1): 50 (1869); *Urtica tibetica* W. T. Wang, Fl. Xizang. 1: 526, t. 169: 4-6 (1983).

青海、新疆、西藏；不丹、印度、阿富汗；欧洲、非洲、北美洲。

尾尖异株荨麻

Urtica dioica subsp. **afghanica** Chrtek, Fl. Iranica. 105: 3 (1974).

Urtica dioica var. *xingjiangensis* C. J. Chen, Bull. Bot. Res., Harbin 3 (2): 118 (1983).

新疆、西藏；阿富汗。

甘肃异株荨麻

●**Urtica dioica** subsp. **gansuensis** C. J. Chen, Bull. Bot. Res., Harbin 3 (2): 119 (1983).

甘肃、四川。

荨麻（裂叶荨麻，白蛇麻，火麻）

Urtica fissa E. Pritz., Bot. Jahrb. Syst. 29 (2): 301 (1900).

Urtica pinfaensis H. Lév. et Blin., Repert. Spec. Nov. Regni Veg. 10: 371 (1912).

河南、陕西、甘肃、安徽、浙江、湖南、湖北、四川、贵州、云南、福建、广西；越南。

贺兰山荨麻

●**Urtica helanshanica** W. Z. Di et W. B. Liao, Pl. Vasc. Helanshanicae: 327 (1987).

甘肃。

高原荨麻

Urtica hyperborea Jacq. ex Wedd., Arch. Mus. Hist. Nat. 9 (1-2): 68 (1856).

Urtica kunlunshanica C. Y. Yang, Claves Pl. Xinjiang. 2: 84 (1982).

甘肃、青海、新疆、四川、云南、西藏；印度（锡金）。

宽叶荨麻

Urtica laetevirens Maxim., Bull. Acad. Imp. Sci. Saint-Pétersbourg 22 (2): 236 (1876).
黑龙江、吉林、辽宁、内蒙古、河北、山西、山东、河南、陕西、甘肃、青海、安徽、湖南、湖北、四川、云南、西藏；日本、朝鲜、俄罗斯。

宽叶荨麻（原亚种）

Urtica laetevirens subsp. **laetevirens**
Urtica pachyrrhachis Hand.-Mazz., Symb. Sin. 7 (1): 113, pl. 2, f. 3-4 (1929); *Urtica dentata* Hand.-Mazz., Symb. Sin. 7 (1): 112, pl. 2, f. 7-8 (1929); *Urtica silvatica* Hand.-Mazz., Symb. Sin. 7 (1): 113, pl. 1, f. 1-2 (1929); *Urtica laetevirens* subsp. *dentata* (Hand.-Mazz.) C. J. Chen, Bull. Bot. Res., Harbin 3 (2): 116 (1983).
辽宁、内蒙古、河北、山西、山东、河南、陕西、甘肃、青海、安徽、湖南、湖北、四川、云南、西藏；日本、朝鲜、俄罗斯。

乌苏里荨麻（哈拉海）

Urtica laetevirens subsp. **cyanescens** (Kom.) C. J. Chen, Bull. Bot. Res., Harbin 3 (2): 115 (1983).
Urtica cyanescens Kom., Fl. U. R. S. S. 5: 714 (1936).
黑龙江、吉林、辽宁；朝鲜、俄罗斯。

滇藏荨麻

Urtica mairei H. Lév., Repert. Spec. Nov. Regni Veg. 12: 183 (1913).
四川、云南、西藏；缅甸、不丹、印度。

麻栗坡荨麻

●**Urtica malipoensis** W. T. Wang, Bull. Bot. Res., Harbin 34 (4): 433 (2014).
云南。

膜叶荨麻

Urtica membranifolia C. J. Chen, Fl. Xizang. 1: 529, t. 169: 9-11 (1983).
西藏；印度（锡金）。

圆果荨麻

Urtica parviflora Roxb., Fl. Ind. (Roxburgh) 3: 581 (1832).
云南、西藏、广西；不丹、尼泊尔、印度、克什米尔地区。

台湾荨麻

●**Urtica taiwaniana** S. S. Ying, Quart. J. Chin. Forest. 8 (3): 107 (1975).
台湾。

咬人荨麻（咬人猫）

Urtica thunbergiana Siebold et Zucc., Abh. Bayer. Akad. Wiss., Math.-Naturwiss. Kl. 4 (3): 214 (1846).
Urtica macrorrhiza Hand.-Mazz., Symb. Sin. 7 (1): 115 (1929).
云南、台湾；日本。

三角叶荨麻

●**Urtica triangularis** Hand.-Mazz., Symb. Sin. 7 (1): 110 (1929).
甘肃、青海、四川、云南、西藏。

三角叶荨麻（原亚种）

●**Urtica triangularis** subsp. **triangularis**
青海、四川、云南、西藏。

羽裂荨麻

●**Urtica triangularis** subsp. **pinnatifida** (Hand.-Mazz.) C. J. Chen, Fl. Xizang. 1: 526 (1983).
Urtica triangularis f. *pinnatifida* Hand.-Mazz., Symb. Sin. 7 (1): 111, pl. 2, f. 6 (1929).
甘肃、青海、云南、西藏。

毛果荨麻

●**Urtica triangularis** subsp. **trichocarpa** C. J. Chen, Bull. Bot. Res., Harbin 3 (2): 111 (1983).
甘肃、青海、四川。

欧荨麻

Urtica urens L., Sp. Pl. 2: 984 (1753).
辽宁、青海、新疆、西藏；俄罗斯；亚洲、欧洲、非洲。

征镒麻属 **Zhengyia** T. Deng, D. G. Zhang et H. Sun

征镒麻

●**Zhengyia shennongensis** T. Deng, D. G. Zhang et H. Sun, Taxon 62 (1): 94, f. 5-6 (2013).
湖北。

107. 壳斗科 FAGACEAE [6 属: 314 种]

栗属 **Castanea** Mill.

日本栗

Castanea crenata Siebold et Zucc., Abh. Math.-Phys. Cl. Königl. Bayer. Akad. Wiss. 4: 224 (1846).
Castanea stricta Siebold et Zucc., Abh. Math.-Phys. Cl. Königl. Bayer. Akad. Wiss. 4: 225 (1846); *Castanea japonica* Blume, Mus. Bot. 1 (18): 284 (1851).
辽宁、山东、江西、台湾；日本、朝鲜。

锥栗（尖栗，箭栗，旋栗）

●**Castanea henryi** (Skan) Rehder et E. H. Wilson in Sarg., Pl.

Wilson. 3 (2): 196 (1916).

Castanopsis henryi Skan, J. Linn. Soc., Bot. 26: 523 (1899); *Castanea sativa* var. *acuminatissima* Seemen, Bot. Jahrb. Syst. 29 (2): 287 (1900); *Castanea vilmoriniana* Dode, Bull. Soc. Dendrol. France 8: 156, f. s. n. (1908).

河南、陕西、安徽、江苏、浙江、江西、湖南、湖北、四川、贵州、云南、福建、广东、广西。

栗（板栗）

Castanea mollissima Blume, Mus. Bot. 1 (18): 286 (1850).

Castanea bungeana Blume, Mus. Bot. 1 (18): 284 (1850); *Castanea vulgaris* Hance, J. Bot. 10: 69 (1872); *Castanea vulgaris* var. *yunnanensis* Franch., J. Bot. (Morot) 13 (6): 196 (1899); *Castanea fargesii* Dode, Bull. Soc. Dendrol. France 8: 158, f. s. n. (1908); *Castanea duclouxii* Dode, Bull. Soc. Dendrol. France 8: 150 (1908); *Castanea hupehensis* Dode, Bull. Soc. Dendrol. France 8: 151 (1908); *Castanea sativa* var. *mollissima* (Blume) Pamp., Nuovo Giorn. Bot. Ital., n. s. 17 (2): 250 (1910); *Castanea sativa* var. *formosana* Hayata, J. Coll. Sci. Imp. Univ. Tokyo 30 (1): 304 (1911); *Castanea formosana* (Hayata) Hayata, Icon. Pl. Formosan. 6 (Suppl.): 71 (1917); *Castanea mollissima* var. *pendula* X. Y. Zhou et Z. D. Zhou, J. Jiangxi Agric. Univ. 1982 (1): 7 (1982).

辽宁、内蒙古、河北、山西、山东、河南、陕西、甘肃、青海、安徽、江苏、浙江、江西、湖南、湖北、四川、贵州、云南、西藏、福建、台湾、广东、广西；朝鲜。

茅栗（野栗子，毛栗，毛板栗）

●**Castanea seguinii** Dode, Bull. Soc. Dendrol. France 8: 152, f. s. n. (1908).

Castanea vulgaris var. *japonica* Hance, J. Bot. 12 (141): 262 (1874); *Castanea sativa* var. *japonica* Seemen, Bot. Jahrb. Syst. 29 (2): 287 (1900); *Castanea davidii* Dode, Bull. Soc. Dendrol. France 8: 153, f. s. n. (1908); *Castanea sativa* var. *bungeana* (Blume) Pamp., Nuovo Giorn. Bot. Ital., n. s. 17 (2): 250 (1910).

山西、河南、陕西、安徽、江苏、浙江、江西、湖南、湖北、四川、贵州、云南、福建、广东、广西。

锥栗属 Castanopsis (D. Don) Spach

南宁锥（南宁栲）

●**Castanopsis amabilis** W. C. Cheng et C. S. Chao, Sci. Silvae Sin. 8 (1): 5 (1963).

Castanopsis amabilis var. *brevispinosa* W. C. Cheng et C. S. Chao, Sci. Silvae Sin. 8 (2): 187 (1963).

广西。

银叶锥（银叶栲，满骨）

Castanopsis argyrophylla King ex Hook. f., Fl. Brit. Ind. 5 (15): 622 (1888).

云南；越南、老挝、缅甸、泰国、印度。

榄壳锥

Castanopsis boisii Hickel et A. Camus, Bull. Soc. Bot. France 68 (7-9): 396 (1921).

Castanopsis megaphyllya Hu, Bull. Fan Mem. Inst. Biol. Bot. ser. 10: 85 (1940); *Castanopsis hamata* M. S. Duan, Sci. Silvae Sin. 8 (2): 188 (1963).

云南、广东、广西、海南；越南。

枹丝锥（枹丝栗，黄栗，山枇杷）

Castanopsis calathiformis (Skan) Rehder et E. H. Wilson in Sarg., Pl. Wilson. 3 (2): 204 (1916).

Quercus calathiformis Skan, J. Linn. Soc., Bot. 26 (178): 508 (1899); *Synaedrys calathiformis* (Skan) Koidz., Bot. Mag. (Tokyo) 30 (353): 188 (1916); *Pasania calathiformis* (Skan) Hickel et A. Camus, Ann. Sci. Nat., Bot. ser. 10, 3 (5-6): 408 (1921); *Lithocarpus calathiformis* (Skan) A. Camus, Riviera Sci. 18 (4): 40 (1931).

云南、西藏；越南（北部）、老挝、缅甸、泰国（北部）。

米槠（米锥，白栲，石槠）

●**Castanopsis carlesii** (Hemsl.) Hayata, Icon. Pl. Formosan. 6 (Suppl.): 72 (1917).

Quercus carlesii Hemsl., Hooker's Icon. Pl. 26 (4): pl. 2591 (1899); *Synaedrys carlesii* (Hemsl.) Koidz., Bot. Mag. (Tokyo) 30 (353): 186 (1916); *Shiia carlesii* (Hemsl.) Kudo, J. Soc. Trop. Agric. 3: 17 (1931); *Castanopsis cuspidata* var. *carlesii* (Hemsl.) T. Yamaz., J. Jap. Bot. 62 (11): 333 (1987).

安徽、江苏、浙江、江西、湖南、湖北、四川、贵州、云南、福建、台湾、广东、广西、海南。

米槠（原变种）

●**Castanopsis carlesii** var. **carlesii**

Quercus longicaudata Hayata, Icon. Pl. Formosan. 3: 182, f. 29 (1913); *Pasania longicaudata* (Hayata) Hayata, Icon. Pl. Formosan. 3: 182 (1913), *nom inval.*; *Lithocarpus longicaudata* (Hayata) Hayata, Gen. Ind. Fl. Formosa 72 (1917); *Lithocarpus stipitatus* Hayata ex Koidz., Bot. Mag. (Tokyo) 34: 2 (1925); *Castanopsis carlesii* var. *sessilis* Nakai, J. Jap. Bot. 15 (5): 261 (1939); *Castanopsis stipitata* (Hayata ex Koidz.) Nakai, J. Jap. Bot. 15 (5): 266 (1939); *Castanopsis longicaudata* (Hayata) Nakai, J. Jap. Bot. 15 (5): 265 (1939); *Castanopsis cuspidata* var. *longicaudata* (Hayata) S. S. Ying, Col. Illustr. Pl. Taiwan 3: 222 (1988).

安徽、江苏、浙江、江西、湖南、湖北、四川、贵州、云南、福建、台湾、广东、广西、海南。

短刺米槠（西南米槠，小叶栲）

●**Castanopsis carlesii** var. **spinulosa** W. C. Cheng et C. S. Chao, Sci. Silvae Sin. 8 (1): 6 (1963).

湖南、四川、贵州、云南、广西。

瓦山栲（刺栗子，瓦山栲，黄山栲）

Castanopsis ceratacantha Rehder et E. H. Wilson in Sarg., Pl.

Wilson. 3 (2): 199 (1916).
Castanopsis chuniana W. P. Fang, Icon. Pl. Omeiensium 2 (1): pl. 116 (1945).
湖北、四川、贵州、云南；越南、老挝、泰国（东北部）。

毛叶杯锥（毛叶杯栲）

Castanopsis cerebrina (Hickel et A. Camus) Barnett, Trans. et Proc. Bot. Soc. Edinburgh 34: 183 (1944).
Pasania cerebrina Hickel et A. Camus, Ann. Sci. Nat., Bot. ser. 10, 3: 408 (1921); *Lithocarpus cerebrinus* (Hickel et A. Camus) A. Camus, Rev. Int. Bot. Appl. Agric. Trop. 15: 25 (1935).
云南；越南、泰国。

锥（栲栗，米锥，小板栗）

Castanopsis chinensis (Spreng.) Hance, J. Linn. Soc., Bot. 10: 201 (1869).
Castanea chinensis Spreng., Syst. Veg. 3: 856 (1826).
湖南、贵州、云南、广东、广西、海南；越南。

锥（原变种）

Castanopsis chinensis var. **chinensis**
Quercus argyi H. Lév., Mém. Real Acad. Ci. Artes Barcelona ser. 3, 12: 548 (1916); *Castanopsis remotiserrata* Hu, Bull. Fan Mem. Inst. Biol. Bot., n. s. 1 (3): 228 (1949).
湖南、贵州、云南、广东、广西；越南。

海南华锥

●**Castanopsis chinensis** var. **hainanica** X. M. Chen et B. P. Yu, J. S. China Agric. Coll. 12 (2): 93 (1991).
海南。

窄叶锥

Castanopsis choboensis Hickel et A. Camus, Notul. Syst. (Paris) 4 (4-5): 122 (1928).
贵州、云南、广西；越南（东北部）。

厚皮栲（锥树，厚皮丝栗）

●**Castanopsis chunii** W. C. Cheng, Sci. Silvae Sin. 8 (1): 5 (1963).
江西、湖南、贵州、广东、广西。

棱刺锥（弯刺栲）

Castanopsis clarkei King ex Hook. f., Fl. Brit. Ind. 5 (15): 623 (1888).
云南、西藏；缅甸、印度。

华南栲

●**Castanopsis concinna** (Champ. ex Benth.) A. DC., J. Bot. 1 (6): 182 (1863).
Castanea concinna Champ. ex Benth., Hooker's J. Bot. Kew Gard. Misc. 6: 115 (1854); *Castanopsis oblongifolia* W. C. Cheng et C. S. Chao, Sci. Silvae Sin. 8 (2): 186 (1963).
广东、广西。

厚叶锥

Castanopsis crassifolia Hickel et A. Camus, Notul. Syst. (Paris) 4 (4-5): 122 (1928).
广西；越南（东北部）、泰国（北部）。

大明山锥（卷叶米锥）

●**Castanopsis damingshanensis** S. L. Mo, Guihaia 10 (1): 3 (1990).
广西。

高山栲（刺栗，毛栗，白栗）

●**Castanopsis delavayi** Franch., J. Bot. (Morot) 13 (6): 194 (1899).
Synaedrys delavayi (Franch.) Koidz., Bot. Mag. (Tokyo) 30 (353): 191 (1916); *Castanopsis tsaii* Hu, Bull. Fan Mem. Inst. Biol., n. s. 1 (3): 227 (1949).
四川、贵州、云南、广东。

密刺锥（密刺栲）

●**Castanopsis densispinosa** Y. C. Hsu et H. W. Jen, Acta Phytotax. Sin. 13 (4): 16 (1975).
云南。

短刺锥（锥栗，红椆栗）

Castanopsis echinocarpa A. DC., Ann. Mus. Bot. Lugduno-Batavi 1: 119 (1863).
云南、西藏；越南、缅甸、泰国、不丹、尼泊尔、印度、孟加拉国。

甜槠（茅丝栗，丝栗，甜锥）

●**Castanopsis eyrei** (Champ. ex Benth.) Tutcher, J. Linn. Soc., Bot. 37 (258): 68 (1905).
Quercus eyrei Champ. ex Benth., Hooker's J. Bot. Kew Gard. Misc. 6: 114 (1854); *Pasania eyrei* (Champ. ex Benth.) Oerst., Skr. Vidensk.-Selsk. Christiana, Math.-Naturvidensk. Kl. 5 (9): 379 (1873); *Castanopsis caudata* Franch., Nouv. Arch. Mus. Hist. Nat. ser. 2, 7: 87 (1884); *Quercus cavaleriei* H. Lév. et Vaniot, Bull. Soc. Bot. France 52: 142 (1905); *Castanopsis brachyacantha* Hayata, Icon. Pl. Formosan. 3: 188 (1913); *Quercus cepifera* H. Lév., Repert. Spec. Nov. Regni Veg. 12 (330-332): 364 (1913); *Quercus castanopsis* H. Lév., Repert. Spec. Nov. Regni Veg. 12 (330-332): 363 (1913); *Quercus trinervis* H. Lév., Repert. Spec. Nov. Regni Veg. 12 (330-332): 364 (1913); *Castanopsis asymetrica* H. Lév., Fl. Kouy-Tcheou 125 (1914); *Synaedrys brachyacantha* (Hayata) Koidz., Bot. Mag. (Tokyo) 30 (353): 186 (1916); *Lithocarpus eyrei* (Champ. ex Benth.) Rehder, J. Arnold Arbor. 1 (2): 123 (1919); *Lithocarpus brachyacanth* (Hayata) Koidz., Bot. Mag. (Tokyo) 39: 2 (1925); *Castanopsis incana* A. Camus, Bull. Mus. Hist. Nat. (Paris) ser. 2, 1 (2): 165 (1929); *Castanopsis neocavaleriei* A. Camus, Bull. Bi-Mens. Soc. Linn. 8: 87 (1929); *Castanopsis chingii* A. Camus, Bull. Mus. Hist. Nat. (Paris) ser. 2, 1 (2): 165 (1929); *Shiia brachyacantha* (Hayata) Kudo et Masam., Bot. Mag. (Tokyo) 44: 405 (1930);

Castanopsis eyrei var. *brachyacantha* (Hayata) C. F. Shen, Morph. Fagaceae Taiwan 11 (1984).

青海、安徽、江苏、浙江、江西、湖南、湖北、四川、贵州、西藏、福建、台湾、广东、广西。

罗浮栲（罗浮锥，酒枹，白橡）

Castanopsis fabri Hance, J. Bot. 22: 230 (1884).

Castanopsis stellatospina Hayata, J. Coll. Sci. Imp. Univ. Tokyo 30 (1): 302 (1911); *Castanopsis kusanoi* Hayata, J. Coll. Sci. Imp. Univ. Tokyo 30 (1): 302 (1911); *Castanopsis brevispina* Hayata, J. Coll. Sci. Imp. Univ. Tokyo 30 (1): 300 (1911); *Castanopsis traninhensis* Hickel et A. Camus, Bull. Soc. Bot. France 68 (7-9): 397 (1921); *Castanopsis semiserrata* Hickel et A. Camus, Bull. Soc. Bot. France 68 (7-9): 397 (1921); *Castanopsis quangtriensis* Hickel et A. Camus, Bull. Mus. Natl. Hist. Nat. 32 (6): 398 (1926); *Castanopsis hickelii* A. Camus, Bull. Soc. Bot. France 75: 698 (1928); *Castanopsis tenuispinula* Hickel et A. Camus, Notul. Syst. (Paris) 4 (4-5): 124 (1928); *Castanopsis ninbienensis* Hickel et A. Camus, Notul. Syst. (Paris) 4 (4-5): 124 (1928); *Castanopsis ceratacantha* var. *semiserrata* (Hickel et A. Camus) A. Camus, Chataigniers 393 (1929); *Castanopsis brevistella* Hayata et Kaneh. ex A. Camus, Chataigniers 481 (1929); *Castanopsis matsudai* Hayata ex A. Camus, Chataigniers 482, photo 15 (1929); *Castanopsis sinsuiensis* Kaneh., Formos. Trees, ed. rev. 94 (1936).

安徽、浙江、江西、湖南、贵州、云南、福建、台湾、广东、广西；越南、老挝。

丝栗栲（红栲，红叶栲，红背槠）

●**Castanopsis fargesii** Franch., J. Bot. (Morot) 13 (6): 195 (1899).

Castanopsis taiwaniana Hayata, J. Coll. Sci. Imp. Univ. Tokyo 25 (19): 205, f. 3 (1908); *Quercus pinfaensis* H. Lév. et Vaniot, Repert. Spec. Nov. Regni Veg. 12 (330-332): 364 (1913); *Quercus cryptoneuron* H. Lév., Repert. Spec. Nov. Regni Veg. 12 (330-332): 364 (1913); *Castanopsis cryptoneuron* (H. Lév.) Rehder, J. Arnold Arbor. 10 (2): 119 (1929); *Castanopsis argyracantha* A. Camus, Notul. Syst. (Paris) 6 (4): 178 (1938); *Pasania ischnostachya* Hu, Acta Phytotax. Sin. 1 (1): 110 (1951).

安徽、江苏、浙江、江西、湖南、湖北、四川、贵州、云南、福建、台湾、广东、广西。

思茅栲（思茅锥，刺锥栗）

Castanopsis ferox (Roxb.) Spach, Hist. Nat. Veg. (Spach) 11: 185 (1842).

Quercus ferox Roxb., Fl. Ind. (Roxburgh) 3: 639 (1832); *Castanopsis tribuloides* var. *ferox* (Roxb.) King ex Hook. f., Fl. Brit. Ind. 5 (15): 623 (1888).

云南、西藏；越南、老挝、缅甸、泰国（北部）、印度（东北部、锡金）、孟加拉国。

黧蒴锥（裂壳锥，大吉槠栗，大叶栎）

Castanopsis fissa (Champ. ex Benth.) Rehder et E. H. Wilson in Sarg., Pl. Wilson. 3 (2): 203 (1916).

Quercus fissa Champ. ex Benth., Hooker's J. Bot. Kew Gard. Misc. 6: 114 (1854); *Pasania fissa* (Champ. ex Benth.) Oerst., Vidensk. Meddel. Dansk Naturhist. Foren. Kjobenhavn 76 (1866); *Quercus tunkinensis* Drake, J. Bot. (Morot) 4 (8): 153, pl. 4, f. 8 (1890); *Synaedrys fissa* (Champ. ex Benth.) Koidz., Bot. Mag. (Tokyo) 30 (353): 187 (1916); *Shiia fissa* (Champ. ex Benth.) Kudo, J. Soc. Trop. Agric. 3: 17 (1931); *Lithocarpus fissus* (Champ. ex Benth.) A. Camus, Rev. Int. Bot. Appl. Agric. Trop. 15: 24 (1935); *Castanopsis tunkinensis* (Drake) Barnett, Trans. et Proc. Bot. Soc. Edinburgh 34: 183 (1944); *Castanopsis fissoides* Chun et C. C. Huang ex Luong, Bot. Zhurn. S. S. S. R. 50: 1000 (1965).

江西、湖南、贵州、云南、福建、广东、广西、海南；越南（北部）、泰国（北部）。

小果锥（小果栲）

Castanopsis fleuryi Hickel et A. Camus, Bull. Soc. Bot. France 68 (7-9): 395 (1921).

Castanopsis microcarpa Hu, Bull. Fan Mem. Inst. Biol., n. s. 1 (3): 222 (1949).

云南；越南、老挝。

南领栲（南岭栲，毛栲，毛槠）

●**Castanopsis fordii** Hance, J. Bot. 22 (8): 230 (1884).

浙江、江西、湖南、福建、广东、广西。

光叶锥（新拟）

●**Castanopsis glabrifolia** J. Q. Li et Li Chen, Novon 21: 317 (2011).

Castanopsis chinensis var. *hainanica* X. M. Chen et B. P. Yu, J. South China Agri. Univ. 12: 93 (1991).

海南。

圆芽锥（大刺麻栗，小枹丝栗）

●**Castanopsis globigemmata** Chun et C. C. Huang, Guihaia 16 (4): 300 (1990).

云南。

海南栲（坡锥，刺锥）

●**Castanopsis hainanensis** Merr., Philipp. J. Sci. 21 (4): 340 (1922).

海南。

先骕锥（新拟）（小果海南锥）

●**Castanopsis hsiensiui** J. Q. Li et Li Chen, Novon 21: 320 (2011).

Castanopsis hainanensis var. *lotiralis* X. M. Chen et B. P. Yu, J. South China Agr. Univ. 12 (2): 92 (1991).

海南。

湖北锥（川鄂丝栗，湖北栲，锥栗果）

●**Castanopsis hupehensis** C. S. Chao, Sci. Silvae Sin. 8 (2): 187 (1963).

湖南、湖北、四川、贵州。

刺栲（红椽，锥栗，刺锥栗）

Castanopsis hystrix Hook. f. et Thomson ex A. DC., J. Bot. 1: 182 (1863).

Castanea bodinieri H. Lév. et Vaniot, Bull. Soc. Bot. France 52: 142 (1905); *Quercus brunnea* H. Lév., Repert. Spec. Nov. Regni Veg. 12 (330-332): 364 (1913); *Castanopsis bodinieri* (H. Lév. et Vaniot) Koidz., Bot. Mag. (Tokyo) 30: 100 (1916); *Castanopsis brunnea* (H. Lév.) A. Camus, Chataigniers 482 (1929); *Castanopsis tapuensis* Hu, Bull. Fan Mem. Inst. Biol., n. s. 1: 219 (1949); *Castanopsis lohfauensis* Hu, Bull. Fan Mem. Inst. Biol., n. s. 1: 224 (1949).

湖南、贵州、云南、西藏、福建、广东、广西、海南；越南、老挝、缅甸、柬埔寨、不丹、尼泊尔、印度（东北部、锡金）。

印度栲（坡锥，黄椆，山针椆）

Castanopsis indica (Roxb. ex Lindl.) A. DC., J. Bot. 1: 182 (1863).

Castanea indica Roxb. ex Lindl., Pl. Asiat. Rar. 2: 5 (1830); *Quercus indica* (Roxb. ex Lindl.) Drake, J. Bot. (Morot) 4 (8): 153 (1890); *Castanopsis subacuminata* Hayata, Icon. Pl. Formosan. 3: 189 (1913); *Castanopsis sinensis* A. Chev., Bull. Écon. Indochine. 20: 875 (1918); *Castanopsis macrostachya* Hu, Acta Phytotax. Sin. 1 (1): 105 (1951).

云南、西藏、台湾、广东、广西、海南；越南、老挝、缅甸、泰国、不丹、尼泊尔、印度（东北部、锡金）、孟加拉国。

尖峰岭锥

•**Castanopsis jianfenglingensis** Duanmu, Sci. Silvae Sin. 8 (2): 187 (1963).

海南。

金平锥（新拟）

•**Castanopsis jinpingensis** J. Q. Li et Li Chen, Ann. Bot. Fenn. 47: 303 (2010).

云南。

秀丽锥（乌椆，浆衣椆，赛拜）

Castanopsis jucunda Hance, J. Bot. 22 (8): 230 (1884).

Castanopsis tribuloides var. *formosana* Skan, J. Linn. Soc., Bot. 26 (178): 524 (1899); *Castanopsis formosana* (Skan) Hayata, Icon. Pl. Formosan. 3: 189 (1913).

安徽、江苏、浙江、江西、湖南、湖北、贵州、云南、福建、台湾、广东、广西、海南；越南。

青钩栲（川上氏槠，赤栲，蓑衣椽）

Castanopsis kawakamii Hayata, J. Coll. Sci. Imp. Univ. Tokyo 30 (1): 300 (1911).

Castanopsis oerstedii Hickel et A. Camus, Bull. Mus. Natl. Hist. Nat. 29 (7): 535 (1923); *Castanopsis greenii* Chun, J. Arnold Arbor. 9 (4): 150 (1928); *Castanopsis borneensis* King, Beih. Bot. Centralbl. 48: 294 (1931).

江西、福建、台湾、广东、广西；越南。

贵州锥

•**Castanopsis kweichowensis** Hu, Bull. Fan Mem. Inst. Biol., n. s. 1 (3): 221 (1948).

贵州、广西。

鹿角锥（鹿角栲，臭栲，箐板栗）

Castanopsis lamontii Hance, J. Bot. 13 (156): 368 (1875).

Castanopsis pachyrachis Hickel et A. Camus, Notul. Syst. (Paris) 4 (4-5): 123 (1928); *Castanopsis goniacantha* A. Camus, Notul. Syst. (Paris) 5 (1): 72 (1935); *Castanopsis robustispina* Hu, Bull. Fan Mem. Inst. Biol., n. s. 1: 226 (1949); *Castanopsis lamontii* var. *shanghangensis* Q. F. Zheng, Acta Phytotax. Sin. 17 (3): 119, pl. 9, f. 3 (1979).

江西、湖南、贵州、云南、福建、广东、广西；越南。

乐东锥

•**Castanopsis ledongensis** C. C. Huang et Y. T. Chang, Guihaia 10 (1): 5 (1990).

海南。

长刺锥

Castanopsis longispina (King ex Hook. f.) C. C. Huang et Y. T. Chang, Guihaia 12 (1): 1 (1992).

Castanopsis tribuloides var. *longispina* King ex Hook. f., Fl. Brit. Ind. 5 (15): 623 (1888); *Castanopsis ferox* var. *longispina* (King ex Hook. f.) A. Camus, Chataigniers 390 (1929).

西藏；缅甸、印度、孟加拉国。

麻栗坡锥（新拟）

•**Castanopsis malipoensis** C. C. Huang ex J. Q. Li et Li Chen, Ann. Bot. Fenn. 47: 301 (2010).

云南。

大叶锥（大叶栲）

•**Castanopsis megaphylla** Hu, Bull. Fan Mem. Inst. Biol. Bot. 10: 85 (1940).

云南。

湄公锥（马格龙，湄公栲，澜沧栲）

Castanopsis mekongensis A. Camus, Bull. Soc. Bot. France 85: 625 (1938).

Castanopsis fohaiensis Hu, Bull. Fan Mem. Inst. Biol. Bot. 10: 91 (1940); *Castanopsis wangii* Hu et W. C. Cheng, Bull. Fan Mem. Inst. Biol. Bot. 10: 92 (1940); *Castanopsis lantsangensis* Hu, Bull. Fan Mem. Inst. Biol., n. s. 1: 229 (1949).

云南；老挝。

黑叶锥（岩槠）

•**Castanopsis nigrescens** Chun et C. C. Huang, Guihaia 10 (1): 4 (1996).

江西、湖南、福建、广东、广西。

矩叶锥

●**Castanopsis oblonga** Y. C. Hsu et H. W. Jen, Acta Phytotax. Sin. 13 (4): 19 (1975).
云南。

油锥（假牛锥）

●**Castanopsis oleifera** G. A. Fu, Bangladesh J. Plant Taxon. 18 (1): 78 (2011).
Castanopsis oleifera G. A. Fu, Guihaia 21: 97 (2001), *nom. inval.*
海南。

毛果栲（锥栗，扁栗，猪栗）

●**Castanopsis orthacantha** Franch., J. Bot. (Morot) 13 (6): 194 (1899).
Castanopsis concolor Rehder et E. H. Wilson in Sarg., Pl. Wilson. 3 (2): 203 (1916); *Castanopsis tenuinervis* A. Camus, Chataigniers 412 (1929); *Castanopsis yanshanensis* Hu, Acta Phytotax. Sin. 1 (2): 139 (1951); *Castanopsis mianningensis* Hu, Acta Phytotax. Sin. 1 (2): 140 (1951).
四川、贵州、云南。

屏边锥

Castanopsis ouonbiensis Hickel et A. Camus, Bull. Soc. Bot. France 68 (7-9): 398 (1921).
云南；越南。

扁刺栲（石栗，猴栗，丝栗）

●**Castanopsis platyacantha** Rehder et E. H. Wilson in Sarg., Pl. Wilson. 3 (2): 200 (1916).
四川、贵州、云南。

琼北锥（大叶科锥）

●**Castanopsis qiongbeiensis** G. A. Fu, Bangladesh J. Plant Taxon. 18 (1): 78 (2011).
Castanopsis qiongbeiensisa G. A. Fu, Guihaia 21: 96 (2001), *nom. inval.*
海南。

疏齿锥（黑锥栗，细齿栲）

●**Castanopsis remotidenticulata** Hu, Acta Phytotax. Sin. 1 (1): 104 (1951).
云南。

龙陵锥（龙陵栲）

Castanopsis rockii A. Camus, Bull. Mens. Soc. Linn. Lyon 8: 88 (1929).
Castanopsis lunglingensis Hu, Bull. Fan Mem. Inst. Biol., n. s. 1 (3): 221 (1949).
云南；越南、泰国。

变色锥

Castanopsis rufescens (Hook. f. et Thomson ex Hook. f.) C. C. Huang et Y. T., Guihaia 10 (1): 6 (1990).
Quercus rufescens Hook. f. et Thomson ex Hook. f., Fl. Brit. Ind. 5 (15): 620 (1888); *Castanopsis hystrix* subsp. *rufescens* (Hook. f. et Thomson ex Hook. f.) A. Camus, Chataigniers 293 (1929).
云南、西藏；不丹、印度。

红壳锥（红毛栲，干叶子刺栗）

●**Castanopsis rufotomentosa** Hu, Bull. Fan Mem. Inst. Biol., n. s. 1: 233 (1948).
云南。

苦槠（结节锥栗，槠栗，苦槠锥）

●**Castanopsis sclerophylla** (Lindl.) Schottky, Bot. Jahrb. Syst. 47 (5): 638, in obs. (1912).
Quercus sclerophylla Lindl. et Paxton, Fl. Gard., Revis. 1: 59, f. 37, 1850-1851 (1850); *Quercus cuspidata* var. *sinensis* A. DC., Prodr. (DC.) 16 (2): 103 (1864); *Synaedrys sclerophylla* (Lindl.) Koidz., Bot. Mag. (Tokyo) 30 (353): 187 (1916); *Lithocarpus chinensis* (Abel) A. Camus, Chênes 3: 1149 (1954).
安徽、江苏、浙江、江西、湖南、湖北、四川、贵州、福建、广西。

假罗浮锥

●**Castanopsis semifabri** X. M. Chen et B. P. Yu, J. South China Agr. Univ. 12 (2): 90 (1991).
湖南、广东、广西。

钻刺锥

●**Castanopsis subuliformis** Chun et C. C. Huang, Guihaia 10 (1): 7 (1990).
广东、广西。

薄叶锥（薄叶栲）

Castanopsis tcheponensis Hickel et A. Camus, Notul. Syst. (Paris) 4 (4-5): 123 (1928).
云南；越南、老挝、缅甸。

棕毛锥（假板栗，野板栗，棕毛栲）

Castanopsis tessellata Hickel et A. Camus, Bull. Soc. Bot. France 68 (7-9): 399 (1921).
云南；越南。

钩锥（槠栗，大叶钩栗，大叶锥栗）

●**Castanopsis tibetana** Hance, J. Bot. 13 (156): 367 (1875).
Quercus franchetiana H. Lév. ex A. Camus, Fl. Kouy-Tcheou 128 (1914); *Castanopsis chengfengensis* Hu, Bull. Fan Mem. Inst. Biol., n. s. 1 (3): 220 (1949).
安徽、浙江、江西、湖南、湖北、贵州、云南、福建、广东、广西。

公孙锥（细刺栲，斧柄锥）

Castanopsis tonkinensis Seemen, Bot. Jahrb. Syst. 23 (5,

Beibl. 57): 55 (1897).
云南、广东、广西、海南；越南（东北部）。

蒺藜锥（蒺藜栲）

Castanopsis tribuloides (Sm.) A. DC., J. Bot. 1 (6): 182 (1863).
Quercus tribuloides Sm., Cycl. (Rees) 29: *Quercus* no. 13 (1814); *Castanea tribuloides* (Sm.) Lindl., Pl. Asiat. Rar. 6: 102 (1830).
云南、西藏；缅甸、不丹、尼泊尔、印度。

软刺锥（毛果锥）

●**Castanopsis trichocarpa** G. A. Fu, Bangladesh J. Plant Taxon. 18 (1): 78 (2011).
Castanopsis hairocarpa G. A. Fu, Guihaia 21: 96 (2001), *nom. inval.*
海南。

淋漓锥（鳞苞锥，槵，鸟来柯）

●**Castanopsis uraiana** (Hayata) Kaneh. et Sasaki, Trans. Nat. Hist. Soc. Taiwan 29: 155 (1939).
Quercus uraiana Hayata, J. Coll. Sci. Imp. Univ. Tokyo 30 (1): 299 (1911); *Quercus randaiensis* Hayata, J. Coll. Sci. Imp. Univ. Tokyo 30 (1): 295 (1911); *Pasania uraiana* (Hayata) Schottky, Bot. Jahrb. Syst. 47 (5): 675 (1912); *Synaedrys uraiana* (Hayata) Koidz., Bot. Mag. (Tokyo) 30 (353): 198 (1916); *Lithocarpus uraiana* (Hayata) Hayata, Icon. Pl. Formosan. 72 (1917); *Shiia uraiana* (Hayata) Kaneh. et Hatus. ex Kaneh., Formos. Trees, ed. rev. 116 (1936); *Quercus paohangii* Chun et Tsiang, J. Arnold Arbor. 28 (3): 325 (1947); *Limlia uraiana* (Hayata) Masam. et Tomiya, Acta Bot. Taiwan. 1: 1 (1948).
江西、湖南、福建、台湾、广东、广西。

腾冲栲

Castanopsis wattii (King ex Hook. f.) A. Camus, Chataigniers 421 (1929).
Castanopsis tribuloides var. *wattii* King ex Hook. f., Fl. Brit. Ind. 5 (15): 623 (1888).
云南、西藏；印度。

文昌锥（杠锥，油锥）

●**Castanopsis wenchangensis** G. A. Fu et C. C. Huang, Acta Phytotax. Sin. 27 (2): 151 (1989).
海南。

五指山锥（山白锥）

●**Castanopsis wuzhishanensis** G. A. Fu, Bangladesh J. Plant Taxon. 18 (1): 79 (2011).
Castanopsis wuzhishanensis G. A. Fu, Guihaia 21: 96 (2001), *nom. inval.*
海南。

西畴锥（西畴栲）

●**Castanopsis xichouensis** C. C. Huang et Y. T. Chang, Guihaia 10 (1): 2 (1990).
Castanopsis sichourensis C. C. Huang et Y. T. Chang, Iconogr. Cormophyt. Sin. Suppl. 1: 112 (1982), *nom. inval.*
云南。

水青冈属 Fagus L.

米心水青冈（米心树，米心稠，恩氏山毛榉）

●**Fagus engleriana** Seemen, Bot. Jahrb. Syst. 29 (2): 285, f. 1 A-D (1900).
Fagus sylvatica var. *chinensis* Franch., J. Bot. (Morot) 13 (7): 201 (1899).
河南、陕西、安徽、浙江、湖南、湖北、四川、贵州、云南、广西。

台湾水青冈

●**Fagus hayatae** Palib. ex Hayata, J. Coll. Sci. Imp. Univ. Tokyo 30 (1): 286 (1911).
Fagus pashanica C. C. Yang, Acta Phytotax. Sin. 16 (4): 100 (1978); *Fagus hayatae* var. *zhejiangensis* M. C. Liu et M. H. Wu ex Y. T. Chang et C. C. Huang, Acta Phytotax. Sin. 26 (2): 115 (1988).
陕西、浙江、湖南、湖北、四川、台湾。

亮叶水青冈

●**Fagus lucida** Rehder et E. H. Wilson in Sarg., Pl. Wilson. 3 (2): 191 (1916).
Fagus chienii W. C. Cheng, Contr. Biol. Lab. Sci. Soc. China, Bot. Ser. 10: 70 (1935); *Fagus lucida* var. *opienica* Y. T. Chang, Acta Phytotax. Sin. 11 (2): 123 (1966); *Fagus nayonica* Y. T. Chang, Acta Phytotax. Sin. 11: 123 (1966).
安徽、浙江、江西、湖南、湖北、四川、贵州、福建、广东、广西。

三棱栎属 Formanodendron Nixon et Crepet

三棱栎

Formanodendron doichangensis (A. Camus) Nixon et Crepet, Kew Bull. 17 (3): 387, f. 3 (1964).
Quercus doichangensis A. Camus, Bull. Soc. Bot. France 80 (5-6): 355 (1933); *Trigonobalanus doichangensis* (A. Camus) Forman, Kew Bull. 17 (3): 387, f. 3 (1964).
云南；泰国。

柯属 Lithocarpus Blume

愉柯（悦柯）

●**Lithocarpus amoenus** Chun et C. C. Huang, Guihaia 8 (1): 12 (1988).
湖南、贵州、福建、广东。

杏叶柯（杏叶石栎）

Lithocarpus amygdalifolius (Skan) Hayata, Icon. Pl. Formosan. 72 (1917).

Quercus amygdalifolia Skan, J. Linn. Soc., Bot. 26 (178): 506 (1899); *Pasania amygdalifolia* (Skan) Schottky, Bot. Jahrb. Syst. 47 (5): 660 (1912); *Synaedrys amygdalifolius* (Skan) Koidz., Bot. Mag. (Tokyo) 30 (353): 188 (1916); *Lithocarpus amygdalifolius* var. *praecipitiorum* Chun, Acta Phytotax. Sin. 10 (3): 208 (1965).

福建、台湾、广东、广西、海南；越南。

向阳柯（向阳石栎）

●**Lithocarpus apricus** C. C. Huang et Y. T. Chang, Guihaia 8 (1): 40 (1988).

云南。

小箱柯（小箱石栎）

Lithocarpus arcaulus (Buch.-Ham. ex Spreng.) C. C. Huang et Y. T. Chang, Acta Phytotax. Sin. 16 (4): 72 (1978).

Quercus arcaula Buch.-Ham. ex Spreng., Syst. Veg. 3: 857 (1826).

云南、西藏；尼泊尔。

槟榔柯（米哥）

Lithocarpus areca (Hickel et A. Camus) A. Camus, Riviera Sci. 18 (4): 39 (1931).

Pasania areca Hickel et A. Camus, Ann. Sci. Nat., Bot. ser. 10, 3 (5-6): 404, f. 4: 11-12 (1921); *Pasania longinux* Hu, Acta Phytotax. Sin. 1 (1): 111 (1951).

云南、广西；越南（北部）。

尖叶柯（尖叶石栎）

●**Lithocarpus attenuatus** (Skan) Rehder, J. Arnold Arbor. 1 (2): 123 (1919).

Quercus attenuata Skan, J. Linn. Soc., Bot. 26 (178): 506 (1899); *Pasania attenuata* (Skan) Schottky, Bot. Jahrb. Syst. 47 (5): 675 (1912); *Synaedrys attenuata* (Skan) Koidz., Bot. Mag. (Tokyo) 30: 194 (1916).

广东、广西。

茸果柯（茸果石栎）

Lithocarpus bacgiangensis (Hickel et A. Camus) A. Camus, Riviera Sci. 18 (4): 39 (1931).

Pasania bacgiangensis Hickel et A. Camus, Ann. Sci. Nat., Bot. ser. 10, 3 (5-6): 396, f. 4: 1-2 (1921); *Pasania tomentosinux* Hu, Acta Phytotax. Sin. 1 (1): 114 (1951).

云南、广西、海南；越南。

猴面柯（猴面石栎）

Lithocarpus balansae (Drake) A. Camus, Riviera Sci. 18 (4): 39 (1931).

Quercus balansae Drake, J. Bot. (Morot) 4 (8): 152, pl. 4, f. 6-7 (1890); *Castanopsis balansae* (Drake) Schottky, Bot. Jahrb. Syst. 47 (5): 625 (1912); *Synaedrys balansae* (Drake) Koidz., Bot. Mag. (Tokyo) 30: 188 (1916); *Pasania balansae* (Drake) Hickel et A. Camus, Ann. Sci. Nat., Bot. ser. 10, 3: 405 (1921); *Lithocarpus lutchuensis* Koidz., Bot. Mag. (Tokyo) 39: 3 (1925); *Lithocarpus luchunensis* Y. C. Hsu et H. W. Jen, Acta Phytotax. Sin. 14 (2): 82 (1976).

云南；越南、老挝。

帽柯

Lithocarpus bonnetii (Hickel et A. Camus) A. Camus, Riviera Sci. 18 (4): 39 (1931).

Pasania bonnetii Hickel et A. Camus, Ann. Sci. Nat., Bot. ser. 10, 3 (5-6): 402, f. 4: 6-10 (1921).

云南、海南；越南。

短穗柯

●**Lithocarpus brachystachyus** Chun, J. Arnold Arbor. 28 (2): 230 (1947).

广东、海南。

岭南柯（绵槠，槠栎，笠柴）

●**Lithocarpus brevicaudatus** (Skan) Hayata, Icon. Pl. Formosan. 6 (Suppl.): 72 (1917).

Quercus brevicaudata Skan, J. Linn. Soc., Bot. 26 (178): 508 (1899); *Quercus impressivena* Hayata, J. Coll. Sci. Imp. Univ. Tokyo 30 (1): 291 (1911); *Pasania impressivena* (Hayata) Schottky, Bot. Jahrb. Syst. 47 (5): 67 (1912); *Pasania brevicaudata* (Skan) Schottky, Bot. Jahrb. Syst. 47 (5): 66 (1912); *Synaedrys brevicaudata* (Skan) Koidz., Bot. Mag. (Tokyo) 30: 194 (1916); *Lithocarpus impressivenus* (Hayata) Hayata, Icon. Pl. Formosan. 72 (1917); *Lithocarpus brevicaudatus* var. *pinnativenus* Yamam., J. Soc. Trop. Agric. 4: 49 (1932); *Synaedrys brevicaudata* var. *pinnativena* (Yamam.) Suzuki ex Masam., Short Fl. Formosa. 43 (1936).

安徽、浙江、江西、湖南、湖北、四川、贵州、福建、台湾、广东、广西、海南。

美苞柯（美苞石栎）

●**Lithocarpus calolepis** Y. C. Hsu et H. W. Jen, Acta Phytotax. Sin. 14 (2): 83 (1976).

云南。

美叶柯（红叶橡，黄稠，黄背栎）

●**Lithocarpus calophyllus** Chun ex C. C. Huang et Y. T. Chang, Guihaia 8 (1): 27 (1988).

江西、湖南、贵州、福建、广东、广西。

红心柯

●**Lithocarpus carolineae** (Skan) Rehder, J. Arnold Arbor. 1 (2): 123 (1919).

Quercus carolinae Skan, J. Linn. Soc., Bot. 35 (247): 518 (1903); *Pasania carolinae* (Skan) Schottky, Bot. Jahrb. Syst. 47 (5): 673 (1912); *Synaedrys carolinae* (Skan) Koidz., Bot. Mag. (Tokyo) 30 (353): 194 (1916).

云南。

尾叶柯

●**Lithocarpus caudatilimbus** (Merr.) A. Camus, Notul. Syst. (Paris) 6 (4): 185, f. 4 (1938).

Quercus caudatilimba Merr., Sunyatsenia 2 (3-4): 212, pl. 39 (1935); *Pasania caudatilimba* (Merr.) Chun, Sunyatsenia 4 (3-4): 221 (1940).

广东、海南。

粤北柯

●**Lithocarpus chifui** Chun et Tsiang, J. Arnold Arbor. 28 (3): 320 (1947).

贵州、广东。

琼中柯

●**Lithocarpus chiungchungensis** Chun et P. C. Tam, Acta Phytotax. Sin. 10 (3): 207 (1965).

海南。

金毛柯（黄椆）

●**Lithocarpus chrysocomus** Chun et Tsiang, J. Arnold Arbor. 28 (3): 321 (1947).

Lithocarpus chrysocomus var. *zhangpingensis* Q. F. Zheng, Acta Phytotax. Sin. 17 (3): 119, pl. 9, f. 4 (1979).

湖南、广东、广西。

炉灰柯

●**Lithocarpus cinereus** Chun et C. C. Huang, Guihaia 8 (1): 11 (1988).

云南、广西。

包槲柯

●**Lithocarpus cleistocarpus** (Seemen) Rehder et E. H. Wilson in Sarg., Pl. Wilson. 3 (2): 205 (1916).

Quercus cleistocarpa Seemen, Bot. Jahrb. Syst. 23 (5, Beibl. 57): 52 (1897); *Pasania cleistocarpa* (Seemen) Schottky, Bot. Jahrb. Syst. 47 (5): 660 (1912); *Synaedrys cleistocarpa* (Seemen) Koidz., Bot. Mag. (Tokyo) 30 (353): 188 (1916).

陕西、安徽、浙江、江西、湖南、湖北、四川、贵州、云南、福建。

包槲柯（原变种）

●**Lithocarpus cleistocarpus** var. **cleistocarpus**

Quercus fragifera Franch., J. Bot. (Morot) 13 (5): 157 (1899); *Quercus wilsonii* Seemen, Repert. Spec. Nov. Regni Veg. 3 (3-4): 53 (1906); *Lithocarpus kiangsiensis* Hu et F. H. Chen, Acta Phytotax. Sin. 1, 223 (1951).

陕西、安徽、浙江、江西、湖南、湖北、四川、贵州、福建。

峨眉包槲柯（峨眉石栎）

●**Lithocarpus cleistocarpus** var. **omeiensis** W. P. Fang, Icon. Pl. Omeiensium 2 (1): pl. 117 a (1945).

Lithocarpus cleistocarpus var. *fangianus* A. Camus, Chênes 3: 653 (1953).

四川、贵州、云南。

格林柯（格林石栎）

Lithocarpus collettii (King ex Hook. f.) A. Camus, Chênes Atlas 3: 117, pl. 519, f. 20-21 (1948).

Quercus spicata var. *collettii* King ex Hook. f., Fl. Brit. Ind. 5 (15): 610 (1888); *Lithocarpus gracilipes* C. C. Huang et Y. T. Chang, Fl. Xizang. 1: 491, t. 154: 6-7 (1983); *Lithocarpus himalaicus* C. C. Huang et Y. T. Chang, Guihaia 8 (1): 13 (1988); *Lithocarpus gelinicus* C. C. Huang et Y. T. Chang, Guihaia 8 (1): 31 (1988).

西藏；缅甸、泰国、印度。

窄叶柯（长叶栎，窄叶石栎）

●**Lithocarpus confinis** C. C. Huang ex Y. C. Hsu et H. W. Jen, Acta Phytotax. Sin. 14 (2): 84 (1976).

贵州、云南。

烟斗柯（烟斗石栎）

Lithocarpus corneus (Lour.) Rehder, Stand. Cycl. Hort. 3569 (1917).

Quercus cornea Lour., Fl. Cochinch., ed. 2, 2: 700 (1793); *Pasania cornea* (Lour.) Oerst., Vidensk. Meddel. Dansk Naturhist. Foren. Kjobenhavn 83 (1866); *Synaedrys cornea* (Lour.) Koidz., Bot. Mag. (Tokyo) 30 (353): 188 (1916).

湖南、贵州、云南、福建、台湾、广东、广西、海南；越南。

烟斗柯（原变种）

Lithocarpus corneus var. **corneus**

Quercus kodaihoensis Hayata, Icon. Pl. Formosan. 4: 21, pl. 4 (1914); *Lithocarpus kodaihoensis* (Hayata) Hayata, Icon. Pl. Formosan. 72 (1917); *Lithocarpus tsangii* A. Camus, Humbert, Not. Syst. 6: 182 (1938); *Lithocarpus ellipticus* var. *glabratus* F. P. Metcalf, Fl. Fukien 64 (1942); *Pasania kodaihoensis* (Hayata) H. L. Li, Bull. Torrey Bot. Club 80: 321 (1953).

湖南、贵州、云南、福建、台湾、广东、广西；越南。

窄叶烟斗柯（窄叶烟斗石栎）

●**Lithocarpus corneus** var. **angustifolius** C. C. Huang et Y. T. Chang, Guihaia 8 (1): 15 (1988).

云南、广西。

多果烟斗柯

●**Lithocarpus corneus** var. **fructuosus** C. C. Huang et Y. T. Chang, Guihaia 8 (1): 15 (1988).

广西。

海南烟斗柯

●**Lithocarpus corneus** var. **hainanensis** (Merr.) C. C. Huang et Y. T. Chang, Guihaia 8 (1): 14 (1988).

Quercus hainanensis Merr., Philipp. J. Sci. 23 (3): 239 (1923).

广东、海南。

皱叶烟斗柯（皱叶烟斗石栎）

•**Lithocarpus corneus** var. **rhytidophyllus** C. C. Huang et Y. T. Chang, Guihaia 8 (1): 15 (1988).
云南。

环鳞烟斗柯

Lithocarpus corneus var. **zonatus** C. C. Huang et Y. T. Chang, Guihaia 8 (1): 14 (1988).
Quercus hemisphaerica Drake, J. Bot. (Morot) 4 (8): 151, pl. 3, f. 4 (1890), non W. Bartram ex Willd. (1805); *Synaedrys hemisphaerica* Koidz., Bot. Mag. (Tokyo) 30 (353): 189 (1916); *Pasania hemisphaerica* (Koidz.) Hickel et A. Camus, Ann. Sci. Nat., Bot. ser. 10, 3 (5-6): 406 (1921), *nom. illeg.*; *Lithocarpus hemisphaericus* (Koidz.) Barnett, Trans. et Proc. Bot. Soc. Edinburgh 34 (1): 178 (1944).
广东、广西；越南。

白穗柯（木都，白穗石栎）

Lithocarpus craibianus Barnett, Bull. Misc. Inform. Kew 1938 (3): 103 (1938).
Lithocarpus leucostachya auct. non. A. Camus: Hu, Bull. Fan Mem. Inst. Biol. Bot. 10: 94 (1940).
四川、云南；老挝、泰国（北部）。

硬叶柯

Lithocarpus crassifolius A. Camus, Bull. Soc. Bot. France 86 (3-4): 155 (1939).
Lithocarpus pachyphylloides Y. C. Hsu, B. S. Sun et H. J. Qian, Acta Bot. Yunnan. 5 (4): 337 (1983).
云南；越南、老挝。

闭壳柯

Lithocarpus cryptocarpus A. Camus, Bull. Soc. Bot. France 81 (9-10): 816 (1934).
云南；越南。

风兜柯

•**Lithocarpus cucullatus** C. C. Huang et Y. T. Chang, Guihaia 8 (1): 23 (1988).
湖南、广东。

鱼篮柯（老鼠兀，铜针树，鱼篮石栎）

Lithocarpus cyrtocarpus (Drake) A. Camus, Riviera Sci. 18 (4): 40 (1931).
Quercus cyrtocarpa Drake, J. Bot. (Morot) 4 (8): 150, pl. 3, f. 3 (1890); *Pasania cyrtocarpa* (Drake) Schottky, Bot. Jahrb. Syst. 47 (5): 675 (1912); *Synaedrys cyrtocarpa* (Drake) Koidz., Bot. Mag. (Tokyo) 30 (353): 194 (1916); *Lithocarpus uncinatus* A. Camus, Notul. Syst. (Paris) 6 (4): 184 (1938); *Lithocarpus anisobalanos* Chun et F. C. How, Acta Phytotax. Sin. 5 (1): 16, pl. 7 (1956).
广东、广西；越南（东北部）。

大苗山柯

•**Lithocarpus damiaoshanicus** C. C. Huang et Y. T. Chang, Guihaia 10 (1): 8 (1990).
广西。

白皮柯（白柯，砚山石栎，白栎）

Lithocarpus dealbatus (Hook. f. et Thomson ex Miq.) Rehder, J. Arnold Arbor. 1 (2): 124 (1919).
Quercus dealbata Hook. f. et Thomson ex Miq., Ann. Mus. Bot. Lugduno-Batavi 1: 107 (1863); *Pasania dealbata* (Hook. f. et Thomson ex Miq.) Oerst., Vidensk. Meddel. Dansk Naturhist. Foren. Kjobenhavn 84 (1866); *Quercus thalassica* var. *vestita* Franch., J. Bot. (Morot) 13 (5): 154 (1899); *Pasania viridis* Schottky, Bot. Jahrb. Syst. 47 (5): 668 (1912); *Synaedrys dealbata* (Hook. f. et Thomson ex Miq.) Koidz., Bot. Mag. (Tokyo) 30 (353): 194 (1916); *Lithocarpus viridis* (Schottky) Rehder et E. H. Wilson in Sarg., Pl. Wilson. 3 (2): 210 (1916); *Lithocarpus tapintzensis* A. Camus, Bull. Soc. Bot. France 90 (10-12): 199 (1943); *Pasania yenshanensis* Hu, Acta Phytotax. Sin. 1 (1): 116 (1951).
四川、贵州、云南、西藏；越南、老挝（北部）、缅甸（东北部）、泰国（北部）、不丹、印度（东北部）。

柳叶柯

•**Lithocarpus dodonaeifolius** (Hayata) Hayata, Icon. Pl. Formosan. 72 (1917).
Quercus dodonaeifolia Hayata, Icon. Pl. Formosan. 3: 181, f. 27 (1913); *Pasania dodonaeifolia* Hayata, Icon. Pl. Formosan. 3: 181, f. 27 (1913); *Synaedrys formosana* (Skan) Koidz., Bot. Mag. (Tokyo) 30 (353): 195 (1916); *Synaedrys formosana* f. *dodonaeifolia* (Hayata) Kudo, J. Soc. Trop. Agric. 3: 387 (1931).
台湾。

防城柯

Lithocarpus ducampii (Hickel et A. Camus) A. Camus, Gen. Ind. Fl. Formosa 72 (1917).
Pasania ducampii Hickel et A. Camus, Bull. Mus. Natl. Hist. Nat. 29: 602 (1923).
广西；越南。

壶壳柯（壶斗石栎）

Lithocarpus echinophorus (Hickel et A. Camus) A. Camus, Riviera Sci. 18: 40, 1931 (1932).
Pasania echinophora Hickel et A. Camus, Bull. Mus. Natl. Hist. Nat. 34: 364 (1928).
云南；越南、老挝、缅甸。

壶壳柯（原变种）

Lithocarpus echinophorus var. **echinophorus**
云南；越南、老挝、缅甸。

金平柯（金平石栎）

Lithocarpus echinophorus var. **bidoupensis** A. Camus, Notul.

Syst. (Paris) 13 (4): 267 (1948).
云南；越南。

沙坝柯

Lithocarpus echinophorus var. **chapensis** A. Camus, Notul. Syst. (Paris) 13 (4): 266 (1948).
云南；越南。

刺壳柯（闹头，黄麻栗，刺斗石栎）

Lithocarpus echinotholus (Hu) Chun et C. C. Huang ex Y. C. Hsu et H. W. Jen, Acta Phytotax. Sin. 14 (2): 74, pl. 5 (4) (1976).
Pasania echinothola Hu, Bull. Fan Mem. Inst. Biol. Bot. 10: 96 (1940); *Pasania echinocupula* Hu, Bull. Fan Mem. Inst. Biol. Bot. 10: 96 (1940); *Lithocarpus echinocupula* Hu ex A. Camus, Chênes Atlas 3: 88, in adnot. (1949); *Lithocarpus hamatus* A. Camus, Bull. Mus. Hist. Nat. (Paris) ser. 2, 23 (4): 435 (1951); *Parthenocissus cuspidifera* var. *pubifolia* C. L. Li, Chin. J. Appl. Environ. Biol. 2 (1): 44 (1996).
云南；越南（北部）。

胡颓子叶柯

Lithocarpus elaeagnifolius (Seemen) Chun, J. Arnold Arbor. 9 (4): 151 (1928).
Quercus elaeagnifolia Seemen, Bot. Jahrb. Syst. 23 (5, Beibl. 57): 51 (1897); *Pasania elaeagnifolia* (Seemen) Schottky, Bot. Jahrb. Syst. 47 (5): 671 (1912); *Synaedrys elaeagnifolia* (Seemen) Koidz., Bot. Mag. (Tokyo) 30 (353): 195 (1916).
海南；越南。

厚斗柯（厚斗石栎）

•**Lithocarpus elizabethae** (Tutcher) Rehder, J. Arnold Arbor. 1 (2): 125 (1919).
Quercus elizabethae Tutcher, J. Bot. 49 (584): 273 (1911); *Pasania elizabethae* (Tutcher) Schottky, Bot. Jahrb. 47: 685 (1912); *Synaedrys elizabethae* (Tutcher) Kudo, J. Soc. Trop. Agric. 3: 387 (1931).
贵州、云南、福建、广东、广西。

万宁柯

•**Lithocarpus elmerrillii** Chun, J. Arnold Arbor. 28 (2): 232 (1947).
海南。

枇杷叶柯

•**Lithocarpus eriobotryoides** C. C. Huang et Y. T. Chang, Guihaia 8 (1): 25 (1988).
湖南、湖北、四川、贵州。

易武柯

Lithocarpus farinulentus (Hance) A. Camus, Riviera Sci. 18 (4): 40 (1932).
Quercus farinulenta Hance, J. Bot. 13 (156): 365 (1875); *Pasania farinulenta* (Hance) Hickel et A. Camus, Ann. Sci. Nat., Bot. ser. 10, 3: 392 (1921); *Lithocarpus iwuensis* C. C. Huang et Y. T. Chang, Iconogr. Cormophyt. Sin. 1: 80 (1982), *nom. inval.*
云南；越南、泰国、柬埔寨。

泥椎柯（灰栎，铁青冈，华南石栎）

Lithocarpus fenestratus (Roxb.) Rehder, J. Arnold Arbor. 1 (2): 126 (1919).
Quercus fenestrata Roxb., Fl. Ind. (Roxburgh) 3: 633 (1832); *Pasania fenestrata* (Roxb.) Oerst., Vidensk. Meddel. Dansk Naturhist. Foren. Kjobenhavn 84 (1866); *Synaedrys fenestrata* (Roxb.) Koidz., Bot. Mag. (Tokyo) 30 (353): 195 (1916); *Lithocarpus fenestratus* var. *brachycarpus* A. Camus, Bull. Soc. Bot. France 90 (10-12): 201 (1943).
云南、西藏、广东、广西、海南；越南、老挝、缅甸、泰国、不丹、印度。

红柯（琼崖柯，赤杯，红铁椆）

•**Lithocarpus fenzelianus** A. Camus, Bull. Mus. Hist. Nat. (Paris) ser. 2, 4 (7): 912 (1932).
Quercus fenzeliana (A. Camus) Merr., Lingnan Sci. J. 13 (1): 56 (1934).
海南。

卷毛柯

•**Lithocarpus floccosus** C. C. Huang et Y. T. Chang, Guihaia 8 (1): 20 (1988).
江西、福建、广东。

勐海柯（勐海石栎）

•**Lithocarpus fohaiensis** (Hu) A. Camus, Bull. Soc. Bot. France 94 (7-8): 271 (1947).
Pasania fohaiensis Hu, Bull. Fan Mem. Inst. Biol. Bot. 10: 97 (1940); *Pasania cheliensis* Hu, Bull. Fan Mem. Inst. Biol. Bot. 10: 99 (1940); *Lithocarpus cheliensis* (Hu) A. Camus, Bull. Soc. Bot. France 94 (7-8): 270 (1947).
云南。

密脉柯（黔粤，黔粤石栎，密腺石栎）

Lithocarpus fordianus (Hemsl.) Chun, J. Arnold Arbor. 8 (1): 21 (1927).
Quercus fordiana Hemsl., J. Linn. Soc., Bot. 25: 478 (1903); *Synaedrys fordiana* (Hemsl.) Koidz., Bot. Mag. (Tokyo) 30 (353): 195 (1916).
贵州、云南；越南。

台湾柯（红栲槙，柳叶柯）

•**Lithocarpus formosanus** (Skan) Hayata, Icon. Pl. Formosan. 6 (Suppl.): 72 (1917).
Quercus formosana Skan, J. Linn. Soc., Bot. 26 (178): 513 (1899); *Pasania formosana* (Skan) Schottky, Bot. Jahrb. Syst. 47 (5): 670 (1912).
台湾。

高黎贡柯

●**Lithocarpus gaoligongensis** C. C. Huang et Y. T. Chang, Guihaia 8 (1): 39 (1988).

云南。

望楼柯

Lithocarpus garrettianus (Craib) A. Camus, Riviera Sci. 18 (4): 40 (1931).

Quercus garrettiana Craib, Bull. Misc. Inform. Kew 1911 (10): 471 (1911); *Pasania garrettiana* (Craib) Hickel et A. Camus, Ann. Sci. Nat., Bot. ser. 10, 3 (5-6): 403 (1921).

云南；越南、老挝、缅甸、泰国。

柯（石栎，椆，珠子栎）

Lithocarpus glaber (Thunb.) Nakai, Cat. Hort. Bot. Univ. Tokyo 8 (1916).

Quercus glabra Thunb., Syst. Veg. 858 (1784); *Quercus thalassica* Hance, Hooker's J. Bot. Kew Gard. Misc. 1: 176 (1849); *Quercus sieboldiana* Blume, Mus. Bot. 1 (19): 290 (1850); *Pasania thalassica* (Hance) Oerst., Vidensk. Meddel. Naturhist. Foren. Kjobenhavn 83 (1866); *Pasania glabra* (Thunb.) Oerst., Vidensk. Meddel. Naturhist. Foren. Kjobenhavn 83 (1866); *Quercus thalassica* var. *obtusiglans* Dunn, J. Linn. Soc., Bot. 38 (267): 366 (1908); *Synaedrys glabra* (Thunb.) Koidz., Bot. Mag. (Tokyo) 30: 195 (1916); *Lithocarpus thalassicus* (Hance) Rehder, Stand. Cycl. Hort. 6: 3569 (1917); *Kuromatea glabra* (Thunb.) Kudo, Trans. Nat. Hist. Soc. Taiwan 20: 163 (1930); *Pasania sieboldiana* (Blume) Nakai, J. Jap. Bot. 15 (5): 274 (1939).

河南、安徽、江苏、浙江、江西、湖南、湖北、贵州、福建、台湾、广东、广西；日本。

粉绿柯

●**Lithocarpus glaucus** Chun et C. C. Huang ex H. G. Ye, Nord. J. Bot. 24 (3): 257 (2004).

广东。

耳叶柯（粗穗石栎，粗穗柯）

Lithocarpus grandifolius (D. Don) S. N. Biswas, Bull. Bot. Surv. India 10, 258 (1969).

Quercus grandifolia D. Don, Descr. Pinus. 2: 27, pl. 8 (1824); *Quercus spicata* Sm., Cycl. (Rees) 29: *Quercus* no. 12 (1819), non Bonpl. (1806); *Quercus squamata* Roxb., Fl. Ind. (Roxburgh) 3: 638 (1832); *Quercus spicata* var. *brevipetiolata* A. DC., Prodr. 16 (2): 86 (1864); *Lithocarpus spicatus* var. *brevipetiolatus* (A. DC.) Rehder et E. H. Wilson in Sarg., Pl. Wilson. 3 (2): 208 (1916); *Lithocarpus spicatus* Rehder et E. H. Wilson in Sarg., Pl. Wilson. 3 (2): 207 (1916); *Pasania spicata* var. *brevipetiolata* (A. DC.) Hu, Bull. Fan Mem. Inst. Biol. Bot. 10: 101 (1940).

云南；老挝、缅甸、泰国、不丹、尼泊尔、印度（东北部、锡金）。

假鱼篮柯

Lithocarpus gymnocarpus A. Camus, Bull. Soc. Bot. France 81 (9-10): 818 (1934).

云南、广东、广西；越南（东北部）。

庵耳柯

●**Lithocarpus haipinii** Chun, J. Arnold Arbor. 28 (2): 233 (1947).

Lithocarpus neotsangii A. Camus, Bull. Soc. Bot. France 90: 85 (1943).

湖南、贵州、广东、广西。

硬斗柯（赤皮杠，酒枹，棒椆）

●**Lithocarpus hancei** (Benth.) Rehder, J. Arnold Arbor. 1 (2): 127 (1919).

Quercus hancei Benth., Fl. Hongk. 322 (1861); *Cyclobalanus hancei* (Benth.) Oerst., Skr. Vidensk.-Selsk. Christiana, Math.-Naturvidensk. Kl. 5 (9): 375 (1873); *Quercus ternaticupula* Hayata, J. Coll. Sci. Imp. Univ. Tokyo 30 (1): 298 (1911); *Pasania ternaticupula* (Hayata) Schott, Bot. Jahrb. Syst. 47 (5): 675 (1912); *Pasania hancei* (Benth.) Schottky, Bot. Jahrb. Syst. 47 (5): 669 (1912); *Quercus subreticulata* Hayata, Icon. Pl. Formosan. 3: 184, f. 31 (1913); *Quercus arisanensis* Hayata, Icon. Pl. Formosan. 3: 178, f. 25 (1913); *Synaedrys hancei* (Benth.) Koidz., Bot. Mag. (Tokyo) 30 (353): 191 (1916); *Lithocarpus spicatus* var. *mupinensis* Rehder et E. H. Wilson in Sarg., Pl. Wilson. 3 (2): 207 (1916); *Lithocarpus arisanensis* (Hayata) Hayata, Icon. Pl. Formosan. 72 (1917); *Lithocarpus subreticulatus* (Hayata) Hayata, Icon. Pl. Formosan. 72 (1917); *Lithocarpus ternaticupulus* (Hayata) Hayata, Icon. Pl. Formosan. 72 (1917); *Lithocarpus matsudai* Hayata, Icon. Pl. Formosan. 9: 108, f. 35 (1920); *Cyclobalanopsis ternaticupula* f. *arisanensis* (Hayata) Kudo, J. Soc. Trop. Agric. 3: 390 (1931); *Synaedrys matsudai* (Hayata) Kudo, J. Soc. Trop. Agric. 3: 388 (1931); *Lithocarpus ternaticupulus* var. *arisanensis* (Hayata) Kaneh., Formos. Trees, ed. rev. 116 (1936); *Cyclobalanus ternaticupula* (Hayata) Nakai, J. Jap. Bot. 15 (5): 268 (1939); *Synaedrys kuarunensis* Tomiya, Trans. Nat. Hist. Soc. Taiwan 34: 346 (1944); *Pasania confertifolia* Hu, Acta Phytotax. Sin. 1 (1): 110 (1951); *Pasania rhododendrophylla* Hu, Acta Phytotax. Sin. 1 (1): 114 (1951); *Pasania nitidinux* Hu, Acta Phytotax. Sin. 1 (1): 115 (1951); *Lithocarpus omeiensis* A. Camus, Chênes 3: 1024 (1954); *Lithocarpus mupinensis* (Rehder et E. H. Wilson) A. Camus, Chênes 3: 1025, sub. nota. (1954); *Lithocarpus ternaticupulus* var. *subreticulata* (Hayata) J. C. Liao, Mém. Coll. Agric. Natl. Taiwan Univ. 10 (2): 30 (1969); *Lithocarpus ternaticupulus* f. *matsudai* (Hayata) J. C. Liao, Mém. Coll. Agric. Natl. Taiwan Univ. 10 (2): 29 (1969); *Pasania ternaticupula* var. *arisanensis* (Hayata) J. C. Liao, Mém. Coll. Agric. Natl. Taiwan Univ. 12 (2): 113 (1971); *Pasania ternaticupula* var. *matsudai* (Hayata) J. C. Liao, Mém. Coll. Agric. Natl. Taiwan Univ. 12 (2): 113 (1971); *Pasania ternaticupula* var. *subreticulata* (Hayata) J. C. Liao, Mém.

Coll. Agric. Natl. Taiwan Univ. 12 (2): 113 (1971); *Lithocarpus jingdongensis* Y. C. Hsu et H. J. Qian, Acta Bot. Yunnan. 5 (4): 333 (1983); *Lithocarpus nitidinux* (Hu) Chun ex C. C. Huang et Y. T. Chang, Guihaia 8 (1): 27 (1988); *Pasania brevicaudata* var. *arisanensis* (Hayata) S. S. Ying, Col. Illustr. Pl. Taiwan 3: 248 (1988); *Pasania hancei* var. *ternaticupula* (Hayata) J. C. Liao, Taxon. Revis. Fam. Fagaceae Taiwan. 133 (1991); *Pasania hancei* var. *arisanensis* (Hayata) J. C. Liao, Taxon. Revis. Fam. Fagaceae Taiwan. 130 (1991).
浙江、江西、湖南、湖北、四川、贵州、云南、福建、台湾、广东、广西、海南。

瘤果柯（大叶橼，大脚板，大叶石栎）

●**Lithocarpus handelianus** A. Camus, Bull. Mus. Hist. Nat. (Paris) ser. 2, 6 (1): 93 (1934).
海南。

港柯

●**Lithocarpus harlandii** (Hance ex Walp.) Rehder, J. Arnold Arbor. 1 (2): 127 (1919).
Quercus harlandii Hance ex Walp., Ann. Bot. Syst. 3: 382 (1852); *Pasania harlandii* (Hance ex Walp.) Oerst., Vidensk. Meddel. Dansk Naturhist. Foren. Kjobenhavn 83 (1866); *Quercus harlandii* var. *integrifolia* Dunn, J. Linn. Soc., Bot. 38 (267): 366 (1908); *Synaedrys harlandii* (Hance ex Walp.) Koidz., Bot. Mag. (Tokyo) 30 (353): 191 (1916); *Lithocarpus cuneiformis* A. Camus, Bull. Soc. Bot. France 94 (7-8): 271 (1947); *Pasania kawakamii* var. *chiaratuangensis* J. C. Liao, Forest. Ser. 4: 42 (1971); *Pasania chiaratuangensis* (J. C. Liao) J. C. Liao, Mém. Coll. Agric. Nation. Taiwan Univ. 12 (2): 113 (1971); *Lithocarpus kawakamii* var. *chiaratuangensis* J. C. Liao, Forest. Ser. 4: 42 (1971).
浙江、江西、湖南、福建、台湾、广东、广西、海南。

绵柯（椆木，椆壳栗，棉槠石栎）

●**Lithocarpus henryi** (Seemen) Rehder et E. H. Wilson in Sarg., Pl. Wilson. 3 (2): 209 (1916).
Quercus henryi Seemen, Bot. Jahrb. Syst. 23 (5, Beibl. 57): 50 (1897); *Pasania henryi* (Seemen) Schottky, Bot. Jahrb. Syst. 47 (5): 665 (1912).
陕西、安徽、江苏、江西、湖南、湖北、四川、贵州。

梨果柯（山林春木）

●**Lithocarpus howii** Chun, J. Arnold Arbor. 28 (2): 235 (1947).
广东、海南。

灰背叶柯（粉背石栎）

●**Lithocarpus hypoglaucus** (Hu) C. C. Huang ex Y. C. Hsu et H. W. Jen, Acta Phytotax. Sin. 14 (2): 76 (1976).
Pasania hypoglauca Hu, Bull. Fan Mem. Inst. Biol. Bot. 10: 101 (1940); *Pasania yungjenensis* Hu, Bull. Fan Mem. Inst. Biol. Bot. 10: 103 (1940); *Lithocarpus houanglipinensis* A. Camus, Bull. Mus. Hist. Nat. (Paris) ser. 2, 14 (5): 359 (1942); *Lithocarpus wangianus* A. Camus, Bull. Soc. Bot. France 94 (7-8): 270 (1947).
四川、云南。

广南柯（港柯）

●**Lithocarpus irwinii** (Hance) Rehder, J. Arnold Arbor. 1 (2): 127 (1919).
Quercus irwinii Hance, Ann. Sci. Nat., Bot. ser. 4, 18: 229 (1862); *Pasania irwinii* (Hance) Oerst., Vidensk. Meddel. Dansk Naturhist. Foren. Kjobenhavn 83 (1866); *Synaedrys irwinii* (Hance) Koidz., Bot. Mag. (Tokyo) 30 (353): 195 (1916).
福建、广东、广西。

鼠刺叶柯

●**Lithocarpus iteaphyllus** (Hance) Rehder, J. Arnold Arbor. 1 (2): 127 (1919).
Quercus iteaphylla Hance, J. Bot. 22 (8): 229 (1884); *Pasania iteaphylla* (Hance) Schottky, Bot. Jahrb. Syst. 47 (5): 669 (1912); *Synaedrys iteaphylla* (Hance) Koidz., Bot. Mag. (Tokyo) 30 (353): 196 (1916).
浙江、江西、湖南、广东、广西。

挺叶柯（咸鱼柯）

●**Lithocarpus ithyphyllus** Chun ex H. T. Chang, Acta Sci. Nat. Univ. Sunyatseni 1: 32 (1960).
Lithocarpus iteaphylloides Chun, J. Arnold Arbor. 28 (2): 236 (1947).
广东。

盈江柯

Lithocarpus jenkinsii (Benth.) C. C. Huang et Y. T. Chang, Guihaia 8 (1): 36 (1988).
Quercus jenkinsii Benth., Hooker's Icon. Pl. 14: pl. 1312 (1880); *Lithocarpus parkinsonii* A. Camus, Bull. Soc. Bot. France 83: 344 (1936).
云南；缅甸（东北部）、印度（东北部）。

齿叶柯（大叶石栎，大叶栲栗）

●**Lithocarpus kawakamii** (Hayata) Hayata, Icon. Pl. Formosan. 74 (1917).
Quercus kawakamii Hayata, J. Coll. Sci. Imp. Univ. Tokyo 25 (19): 201 (1908); *Pasania kawakamii* (Hayata) Schottky, Bot. Jahrb. Syst. 47 (5): 666 (1912); *Synaedrys kawakamii* (Hayata) Koidz., Bot. Mag. (Tokyo) 30 (353): 196 (1916).
台湾。

油叶柯（油叶杜仔）

●**Lithocarpus konishii** (Hayata) Hayata, Icon. Pl. Formosan. 72 (1917).
Quercus konishii Hayata, J. Coll. Sci. Imp. Univ. Tokyo 25 (19): 201, pl. 37 (1908); *Pasania konishii* (Hayata) Schottky, Bot. Jahrb. Syst. 47 (5): 673 (1912); *Quercus cornea* var. *konishii* (Hayata) Hayata, Icon. Pl. Formosan. 3: 179 (1913);

Synaedrys konishii (Hayata) Koidz., Bot. Mag. (Tokyo) 30 (353): 196 (1916).
台湾、海南。

屏边柯（屏边石栎）

●**Lithocarpus laetus** Chun et C. C. Huang ex Y. C. Hsu et H. W. Jen, Acta Phytotax. Sin. 14 (2): 83 (1976).
云南。

老挝柯（老挝石砾）

Lithocarpus laoticus (Hickel et A. Camus) A. Camus, Riviera Sci. 18 (4): 41 (1931).
Pasania laotica Hickel et A. Camus, Ann. Sci. Nat., Bot. ser. 10, 3 (5-6): 402 (1921).
云南；越南、老挝。

鬼石柯（鬼石栎，鬼栎）

●**Lithocarpus lepidocarpus** (Hayata) Hayata, Icon. Pl. Formosan. 72 (1917).
Quercus lepidocarpa Hayata, J. Coll. Sci. Imp. Univ. Tokyo 30 (1): 291 (1911); *Pasania lepidocarpa* (Hayata) Schottky, Bot. Jahrb. Syst. 47 (5): 660 (1912); *Quercus castanopsifolia* Hayata, Icon. Pl. Formosan. 3: 179, f. 26 (1913); *Synaedrys lepidocarpa* (Hayata) Koidz., Bot. Mag. (Tokyo) 30 (353): 189 (1916); *Lithocarpus castanopsifolius* (Hayata) Hayata, Icon. Pl. Formosan. 72 (1917).
台湾。

白枝柯（白穗石栎）

●**Lithocarpus leucodermis** Chun et C. C. Huang, Guihaia 8 (1): 18 (1988).
云南。

滑壳柯

●**Lithocarpus levis** Chun et C. C. Huang, Guihaia 8 (1): 2 (1988).
贵州。

谊柯

Lithocarpus listeri (King) Grierson et D. G. Long, Notes Roy. Bot. Gard. Edinburgh 40 (1): 134 (1982).
Quercus listeri King, Ann. Roy. Bot. Gard. (Calcutta) 2: 89, pl. 82 (1889).
西藏；缅甸、不丹、尼泊尔、印度。

木姜叶柯

Lithocarpus litseifolius (Hance) Chun, J. Arnold Arbor. 9 (4): 152 (1928).
Quercus litseifolia Hance, J. Bot. 22 (8): 228 (1884); *Pasania litseifolia* (Hance) Schottky, Bot. Jahrb. Syst. 47 (5): 671 (1912); *Synaedrys litseifolia* (Hance) Koidz., Bot. Mag. (Tokyo) 30: 196 (1916).
浙江、江西、湖南、湖北、四川、贵州、云南、福建、广东、广西、海南；越南、老挝、缅甸。

木姜叶柯（原变种）

Lithocarpus litseifolius var. **litseifolius**
Quercus synbalanos Hance, J. Bot. 22 (8): 228 (1884); *Pasania synbalanos* (Hance) Schottky, Bot. Jahrb. Syst. 47 (5): 675 (1912); *Pasania mucronata* Hickel et A. Camus, Ann. Sci. Nat., Bot. ser. 10, 3 (5-6): 393, f. 3, 9-10 (1921); *Lithocarpus synbalanos* (Hance) Chun, J. Arnold Arbor. 9 (4): 152 (1928); *Lithocarpus mucronatus* (Hickel et A. Camus) A. Camus, Bull. Soc. Bot. France 92: 254 (1945); *Pasania wenshanensis* Hu, Acta Phytotax. Sin. 1 (1): 113 (1951); *Pasania lysistachya* Hu, Acta Phytotax. Sin. 1 (1): 117 (1951).
浙江、江西、湖南、湖北、四川、贵州、云南、福建、广东、广西、海南；越南、老挝、缅甸。

毛枝木姜柯

●**Lithocarpus litseifolius** var. **pubescens** C. C. Huang et Y. T. Chang, Guihaia 8 (1): 11 (1988).
广西。

龙眼柯

●**Lithocarpus longanoides** C. C. Huang et Y. T. Chang, Guihaia 8 (1): 26 (1988).
云南、广东、广西。

柄果柯（山棢，姜棢，旦仔棢）

Lithocarpus longipedicellatus (Hickel et A. Camus) A. Camus, Riviera Sci. 18 (4): 41 (1931).
Pasania longipedicellata Hickel et A. Camus, Bull. Mus. Natl. Hist. Nat. 34: 365 (1928); *Lithocarpus podocarpus* Chun, J. Arnold Arbor. 28 (2): 237 (1947).
云南、广西、海南；越南。

龙州柯（龙州锥）

●**Lithocarpus longzhounicus** (C. C. Huang et Y. T. Chang) J. Q. Li et Li Chen, Nord. J. Bot. 27: 90 (2009).
Castanopsis longzhouica C. C. Huang et Y. T. Chang, Guihaia 5 (3): 186 (1985).
广西。

香菌柯

Lithocarpus lycoperdon (Skan) A. Camus, Riviera Sci. 18: 41 (1932).
Quercus lycoperdon Skan, J. Linn. Soc., Bot. 26 (178): 518 (1899); *Pasania lycoperdon* (Skan) Schottky, Bot. Jahrb. Syst. 47 (5): 674 (1912); *Synaedrys lycoperdon* (Skan) Koidz., Bot. Mag. (Tokyo) 30 (353): 197 (1916); *Pasania elata* Hickel et A. Camus, Ann. Sci. Nat., Bot. ser. 10, 3 (5-6): 400 (1921); *Pasania krempfii* Hickel et A. Camus, Ann. Sci. Nat., Bot. ser. 10, 3 (5-6): 399 (1921); *Lithocarpus krempfii* (Hickel et A. Camus) A. Camus, Riviera Sci. 18 (4): 41 (1931); *Lithocarpus elatus* (Hickel et A. Camus) A. Camus, Riviera Sci. 18 (4): 40 (1931); *Lithocarpus lepidophyllus* C. C. Huang et Y. T. Chang, Iconogr. Cormophyt. Sin. Suppl. 1: 84 (1982), *nom. inval.*

云南、广西；越南（北部）、老挝。

粉叶柯

●**Lithocarpus macilentus** Chun et C. C. Huang, Guihaia 8 (1): 30 (1988).
广东、广西、香港。

黑家柯（黑家栗，白毛石栎）

Lithocarpus magneinii (Hickel et A. Camus) A. Camus, Riviera Sci. 18 (4): 41 (1931).
Pasania magneinii Hickel et A. Camus, Ann. Sci. Nat., Bot. ser. 10, 3: 405 (1921).
云南；越南、老挝。

光叶柯（光叶石栎）

●**Lithocarpus mairei** (Schottky) Rehder, J. Arnold Arbor. 1 (2): 128 (1919).
Pasania mairei Schottky, Bot. Jahrb. Syst. 47 (5): 665 (1912); *Synaedrys mairei* (Schottky) Koidz., Bot. Mag. (Tokyo) 30 (353): 197 (1916).
云南。

大叶柯（大叶椆，大叶石栎）

Lithocarpus megalophyllus Rehder et E. H. Wilson in Sarg., Pl. Wilson. 3 (2): 208 (1916).
Quercus mairei H. Lév., Repert. Spec. Nov. Regni Veg. 12 (330-332): 364 (1913), non *Pasania mairei* Schottky (1912), non *Lithocarpus mairei* (Schottky) Rehder (1919); *Lithocarpus pleiocarpus* A. Camus, Notul. Syst. (Paris) 5 (1): 74 (1935).
湖北、四川、贵州、云南、广西；越南（东北部）。

澜沧柯

Lithocarpus mekongensis (A. Camus) C. C. Huang et Y. T. Chang, Guihaia 12 (1): 2 (1992).
Lithocarpus microspermus subsp. *mekongensis* A. Camus, Chênes 3: 939 (1954).
云南；越南、老挝。

黑柯

●**Lithocarpus melanochromus** Chun et Tsiang ex C. C. Huang et Y. T. Chang, Guihaia 8 (1): 29 (1988).
广东、广西。

缅宁柯

●**Lithocarpus mianningensis** Hu, Acta Phytotax. Sin. 1 (1): 106 (1951).
云南。

小果柯（小果石栎）

Lithocarpus microspermus A. Camus, Bull. Soc. Bot. France 81 (9-10): 818 (1934).
Pasania microsperma (A. Camus) Hu, Bull. Fan Mem. Inst. Biol. Bot. 10: 94 (1940).
云南；越南、老挝。

水仙柯（石榴树）

●**Lithocarpus naiadarum** (Hance) Chun, J. Arnold Arbor. 9 (4): 152 (1928).
Quercus naiadarum Hance, J. Bot. 22 (8): 227 (1884); *Quercus neriifolia* Seemen, Bot. Jahrb. Syst. 23 (5, Beibl. 57): 51 (1897); *Pasania naiadarum* (Hance) Schottky, Bot. Jahrb. Syst. 47 (5): 671 (1912); *Synaedrys naiadarum* (Hance) Koidz., Bot. Mag. (Tokyo) 30 (353): 197 (1916).
海南。

南投柯

●**Lithocarpus nantoensis** (Hayata) Hayata, Icon. Pl. Formosan. 72 (1917).
Quercus nantoensis Hayata, J. Coll. Sci. Imp. Univ. Tokyo 30 (1): 293 (1911); *Pasania nantoensis* (Hayata) Schottky, Bot. Jahrb. Syst. 47 (5): 675 (1912); *Synaedrys nantoensis* (Hayata) Koidz., Bot. Mag. (Tokyo) 30 (353): 199 (1916).
台湾。

峨眉柯

●**Lithocarpus oblanceolatus** C. C. Huang et Y. T. Chang, Guihaia 8 (1): 24 (1988).
四川。

卵叶柯

●**Lithocarpus obovatilimbus** Chun, J. Arnold Arbor. 28 (2): 236 (1947).
海南。

墨脱柯（墨脱石栎）

Lithocarpus obscurus C. C. Huang et Y. T. Chang, Acta Phytotax. Sin. 16 (4): 71 (1978).
云南、西藏；印度。

榄叶柯

Lithocarpus oleifolius A. Camus, Bull. Soc. Bot. France 94 (7-8): 271 (1947).
江西、湖南、贵州、福建、广东、广西；越南。

厚鳞柯（捻碇果，辗垫栗，厚鳞石栎）

Lithocarpus pachylepis A. Camus, Bull. Soc. Bot. France 82: 437 (1935).
Quercus wangii Hu et W. C. Cheng, Acta Phytotax. Sin. 1 (2): 143 (1951).
云南、广西；越南（北部）。

厚叶柯（厚叶石栎）

Lithocarpus pachyphyllus (Kurz) Rehder, J. Arnold Arbor. 1 (2): 129 (1919).
Quercus pachyphylla Kurz, J. Asiat. Soc. Bengal, Pt. 2, Nat. Hist. 44 (2): 197 (1875); *Pasania pachyphylla* (Kurz) Schottky, Bot. Jahrb. Syst. 47 (5): 671 (1912); *Synaedrys pachyphylla*

(Kurz) Koidz., Bot. Mag. (Tokyo) 30 (353): 197 (1916).
云南、西藏；缅甸、不丹、尼泊尔、印度。

厚叶柯（原变种）

Lithocarpus pachyphyllus var. **pachyphyllus**

Lithocarpus woon-youngii Hu, Acta Phytotax. Sin. 1 (1): 108 (1951).
云南、西藏；缅甸、不丹、尼泊尔、印度。

顺宁厚叶柯

Lithocarpus pachyphyllus var. **fruticosus** (Wall. ex King) A. Camus, Chênes 3: 624 (1954).
Quercus pachyphylla var. *fruticosa* Wall. ex King, Ann. Roy. Bot. Gard. (Calcutta) 2: 45 (1889); *Lithocarpus variolosus* subsp. *shunningensis* A. Camus, Chênes 3: 650 (1954); *Lithocarpus hypoviridis* Y. C. Hsu et al., Acta Bot. Yunnan. 5 (4): 335 (1983); *Lithocarpus dulongensis* H. Li et Y. C. Hsu, Acta Bot. Yunnan. Suppl. 5: 22 (1992).
云南；缅甸。

大叶苦柯（大叶板，苦锥树，大叶苦锥）

●**Lithocarpus paihengii** Chun et Tsiang, J. Arnold Arbor. 28 (3): 322 (1947).
江西、湖南、福建、广东、广西。

滇南柯（柄斗石栎）

Lithocarpus pakhaensis A. Camus, Chênes 3: 670 (1954).
云南；越南（北部）。

圆锥柯

●**Lithocarpus paniculatus** Hand.-Mazz., Sitzungsber. Kaiserl. Akad. Wiss., Math.-Naturwiss. Cl., Abt. 1, 59: 51 (1877).
Pasania paniculata (Hand.-Mazz.) Chun, Sunyatsenia 2 (1): 67 (1934); *Lithocarpus glaber* var. *szechuanicus* W. P. Fang, Icon. Pl. Omeiensium 2 (1): pl. 120 (1945); *Pasania fangii* Hu et W. C. Cheng, Acta Phytotax. Sin. 1 (1): 118 (1951); *Lithocarpus fangii* (Hu et W. C. Cheng) C. C. Huang et Y. T. Chang, Guihaia 8 (1): 32 (1988).
江西、湖南、湖北、四川、重庆、贵州、云南、广东、广西。

石柯（椆柯）

Lithocarpus pasania C. C. Huang et Y. T. Chang, Guihaia 8 (1): 35 (1988).
Pasania lithocarpaea Oerst., Vidensk. Meddel. Dansk Naturhist. Foren. Kjobenhavn 84 (1866).
西藏；印度（东北部）。

星毛柯（星毛石栎）

Lithocarpus petelotii A. Camus, Notul. Syst. (Paris) 5 (1): 75 (1935).
湖南、贵州、云南、广西；越南。

桂南柯

Lithocarpus phansipanensis A. Camus, Bull. Soc. Bot. France 90 (10-12): 199 (1943).
广西；越南（北部）。

三柄果柯

●**Lithocarpus propinquus** C. C. Huang et Y. T. Chang, Guihaia 8 (1): 19 (1988).
云南。

单果柯（单果石栎）

Lithocarpus pseudoreinwardtii A. Camus, Chênes Expl, pl. 72, Atlas pl. 397, f. 9-12 (1948).
Lithocarpus gagnepainianus A. Camus, Chênes Expl, pl. 116, Atlas pl. 517, f. 1-10 (1948).
云南；越南、老挝。

毛果柯（毛茸石栎）

Lithocarpus pseudovestitus A. Camus, Bull. Soc. Bot. France 86 (3-4): 155 (1939).
云南、广东、广西、海南；越南。

假西藏石柯（假西藏石栎）

●**Lithocarpus pseudoxizangensis** Z. K. Zhou et H. Sun, Acta Bot. Yunnan. 18 (2): 216, f. 1, 1-5 (1996).
西藏。

钦州柯

●**Lithocarpus qinzhouicus** C. C. Huang et Y. T. Chang, Guihaia 8 (1): 17 (1988).
贵州、广西。

栎叶柯（椆仔）

●**Lithocarpus quercifolius** C. C. Huang et Y. T. Chang, Guihaia 8 (1): 16 (1988).
江西、广东。

毛枝柯

Lithocarpus rhabdostachyus subsp. **dakhaensis** A. Camus, Bull. Soc. Bot. France 92 (4-6): 84 (1945).
云南、广西；越南。

南川柯

●**Lithocarpus rosthornii** (Schottky) Barnett, Trans. et Proc. Bot. Soc. Edinburgh 34: 179 (1944).
Pasania rosthornii Schottky, Bot. Jahrb. Syst. 47 (5): 674 (1912); *Synaedrys rosthornii* (Schottky) Koidz., Bot. Mag. (Tokyo) 30 (353): 197 (1916); *Lithocarpus dictyoneuron* Chun, J. Arnold Arbor. 28 (2): 231 (1947).
湖南、四川、贵州、广东、广西。

浸水营柯

●**Lithocarpus shinsuiensis** Hayata et Kaneh., Icon. Pl. Formosan. 10: 30, f. 17 (1921).
Synaedrys shinsuiensis (Hayata et Kaneh.) Kudo, J. Soc. Trop. Agric. 3: 389 (1931); *Lithocarpus ternaticupulus* var. *shinsuiensis* (Hayata et Kaneh.) Kaneh., Formos. Trees, ed. rev.

116 (1936); *Pasania shinshuiensis* (Hayata et Kaneh.) Kaneh., J. Jap. Bot. 15: 273 (1939).
台湾。

犁耙柯（坡曾，杯果，杯楣）

Lithocarpus silvicolarum (Hance) Chun, J. Arnold Arbor. 9 (4): 152 (1928).
Quercus silvicolarum Hance, J. Bot. 22 (8): 229 (1884); *Pasania silvicolarum* (Hance) Schottky, Bot. Jahrb. Syst. 47 (5): 676 (1912); *Quercus nariakii* Hayata, Icon. Pl. Formosan. 3: 183, f. 30 (1913); *Synaedrys silvicolarum* (Hance) Koidz., Bot. Mag. (Tokyo) 30: 193 (1916); *Synaedrys nariakii* (Hayata) Kudo, J. Soc. Trop. Agric. 3: 388 (1931); *Lithocarpus nariakii* (Hayata) Sakaki ex Kudo, J. Soc. Trop. Agric. 3: 388, in syn. (1931); *Lithocarpus licentii* A. Camus, Bull. Mus. Hist. Nat. (Paris) ser. 2, 14: 359 (1942).
云南、广东、广西、海南；越南（东北部）。

滑皮柯

●**Lithocarpus skanianus** (Dunn) Rehder, J. Arnold Arbor. 1 (2): 131 (1919).
Quercus skaniana Dunn, J. Linn. Soc., Bot. 38 (267): 366 (1908); *Pasania skaniana* (Dunn) Schottky, Bot. Jahrb. Syst. 47 (5): 675 (1912).
江西、湖南、云南、福建、广东、广西、海南。

球壳柯（各黎，球果石栎）

Lithocarpus sphaerocarpus (Hickel et A. Camus) A. Camus, Riviera Sci. 18 (4): 42 (1931).
Pasania sphaerocarpa Hickel et A. Camus, Bull. Mus. Natl. Hist. Nat. 29 (8): 603 (1923).
云南、广西；越南。

平头柯（平头石栎）

●**Lithocarpus tabularis** Y. C. Hsu et H. W. Jen, Acta Phytotax. Sin. 14 (2): 83 (1976).
云南。

菱果柯

●**Lithocarpus taitoensis** (Hayata) Hayata, Icon. Pl. Formosan. 6 (Suppl.): 72 (1917).
Quercus taitoensis Hayata, J. Coll. Sci. Imp. Univ. Tokyo 30 (1): 297 (1911); *Quercus rhombocarpa* Hayata, Icon. Pl. Formosan. 3: 186, f. 34 (1913); *Synaedrys taitoensis* (Hayata) Koidz., Bot. Mag. (Tokyo) 30 (353): 198 (1916); *Lithocarpus rhombocarpus* (Hayata) Hayata, Icon. Pl. Formosan. 72 (1917); *Lithocarpus nakaii* Hayata, Icon. Pl. Formosan. 9: 106, f. 34 (1920); *Lithocarpus suishaensis* Kaneh. et Yamam., Icon. Pl. Formosan. 3: 11, f. 4 (1927); *Lithocarpus brunneus* Rehder, J. Arnold Arbor. 11 (3): 156 (1930); *Synaedrys nakaii* (Hayata) Kudo, J. Soc. Trop. Agric. 3: 388 (1931); *Synaedrys rhombocarpa* (Hayata) Kudo, J. Soc. Trop. Agric. 3: 388 (1931); *Synaedrys rhombocarpa* f. *suishaensis* (Kaneh. et Yamam.) Kudo, J. Soc. Trop. Agric. 3: 389 (1931); *Pasania suishaensis* (Kaneh. et Yamam.) Nakai, J. Jap. Bot. 15: 275 (1932); *Pasania nakaii* (Hayata) Nakai, J. Jap. Bot. 15: 272 (1932); *Pasania brunnea* (Rehder) Chun, Sunyatsenia 1 (4): 221 (1934); *Lithocarpus tremulus* Chun, J. Arnold Arbor. 28 (2): 238 (1947); *Pasania taitoensis* (Hayata) J. C. Liao, Taxon. Revis. Fam. Fagaceae Taiwan.: 159 (1991).
安徽、江苏、浙江、江西、湖南、湖北、四川、贵州、云南、福建、台湾、广东、广西。

石屏柯

●**Lithocarpus talangensis** C. C. Huang et Y. T. Chang, Guihaia 8 (1): 21 (1998).
Lithocarpus dealbatus var. *yunnanensis* A. Camus, Chênes 3: 927 (1954); *Lithocarpus shipingensis* C. C. Huang et Y. T. Chang, Iconogr. Cormophyt. Sin. Suppl. 1: 85 (1982), *nom. inval.*
云南。

薄叶柯

Lithocarpus tenuilimbus H. T. Chang, Acta Sci. Nat. Univ. Sunyatseni 1: 31 (1960).
云南、广东、广西；越南。

灰壳柯

Lithocarpus tephrocarpus (Drake) A. Camus, Riviera Sci. 18 (4): 42 (1931).
Quercus tephrocarpa Drake, J. Bot. (Morot) 4 (8): 151, pl. 4, f. 5 (1890); *Synaedrys tephrocarpa* (Drake) Koidz., Bot. Mag. (Tokyo) 30: 189 (1916); *Pasania tephrocarpa* (Drake) Hickel et A. Camus, Ann. Sci. Nat., Bot. 400 (1921).
云南；越南（东北部）。

潞西柯（白粉毛柯）

Lithocarpus thomsonii (Miq.) Rehder, J. Arnold Arbor. 1 (2): 132 (1919).
Quercus thomsonii Miq., Ann. Mus. Bot. Lugduno-Batavi 1: 109 (1864); *Quercus turbinata* Roxb., Fl. Ind. (Roxburgh) 3: 636 (1832), non Blume (1825); *Synaedrys thomsonii* (Miq.) Koidz., Bot. Mag. (Tokyo) 30 (353): 193 (1916); *Pasania thomsonii* (Miq.) Hickel et A. Camus, Ann. Sci. Nat., Bot. ser. 10, 3: 390 (1921); *Lithocarpus mannii* C. C. Huang et Y. T. Chang, Iconogr. Cormophyt. Sin. Suppl. 1: 90 (1982), *nom. inval.*
云南、西藏；越南、缅甸、泰国、印度。

糙果柯

Lithocarpus trachycarpus (Hickel et A. Camus) A. Camus, Riviera Sci. 18 (4): 42 (1931).
Pasania trachycarpa Hickel et A. Camus, Bull. Mus. Natl. Hist. Nat. 29 (8): 604 (1923); *Lithocarpus trachycarpus* var. *jakhuangensis* Hu ex A. Camus, Notul. Syst. (Paris) 13: 625 (1948); *Pasania yui* Hu, Acta Phytotax. Sin. 1 (1): 112 (1951).
云南；越南、老挝、泰国（北部）。

棱果柯

Lithocarpus triqueter (Hickel et A. Camus) A. Camus, Riviera Sci. 18 (4): 42 (1931).

Pasania triquetra Hickel et A. Camus, Ann. Sci. Nat., Bot. ser. 10, 3 (5-6): 400, f. 5: 10 (1921).

云南；越南（北部）。

截果柯（截果石栎）

Lithocarpus truncatus (King ex Hook. f.) Rehder et E. H. Wilson in Sarg., Pl. Wilson. 3 (2): 207 (1916).

Quercus truncata King ex Hook. f., Fl. Brit. Ind. 5 (15): 618 (1888); *Pasania truncata* (King ex Hook. f.) Schottky, Bot. Jahrb. Syst. 47: 633 (1912).

云南、西藏；越南、缅甸、泰国、印度。

截果柯（原变种）

Lithocarpus truncatus var. **truncatus**

Quercus cathayana Seemen, Repert. Spec. Nov. Regni Veg. 3 (3-4): 53 (1906); *Lithocarpus cathayanus* (Seemen) Rehder, J. Arnold Arbor. 1 (2): 123 (1919); *Lithocarpus grandicupulus* Y. C. Hsu et al., Acta Bot. Yunnan. 5 (4): 335, pl. 2, f. 1-2 (1983).

云南、西藏；越南、缅甸、泰国、印度。

小截果柯（滇南柯）

Lithocarpus truncatus var. **baviensis** (Drake) A. Camus, Chênes Atlas 3: 63 (1948).

Quercus baviensis Drake, J. Bot. (Morot) 4 (8): 150, pl. 3, f. 2 (1890); *Pasania baviensis* (Drake) Schottky, Bot. Jahrb. Syst. 47 (5): 662 (1912); *Synaedrys baviensis* (Drake) Koidz., Bot. Mag. (Tokyo) 30: 188 (1916); *Lithocarpus baviensis* (Drake) A. Camus, Riviera Sci. 18: 39 (1931).

云南；越南。

壶嘴柯

Lithocarpus tubulosus (Hickel et A. Camus) A. Camus, Riviera Sci. 18 (4): 42 (1931).

Pasania tubulosa Hickel et A. Camus, Ann. Sci. Nat., Bot. ser. 10, 3 (5-6): 405, f. 5, 2-4 (1921); *Cyclopasania tubulosa* (Hickel et A. Camus) Nakai, J. Jap. Bot. 16: 195 (1939).

云南；越南（东北部）、老挝、泰国（北部）。

紫玉盘柯

●**Lithocarpus uvariifolius** (Hance) Rehder, J. Arnold Arbor. 1 (2): 132 (1919).

Quercus uvariifolia Hance, J. Bot. 22 (8): 227 (1884); *Pasania uvariifolia* (Hance) Schottky, Bot. Jahrb. Syst. 47 (5): 673 (1912); *Synaedrys uvariifolia* (Hance) Koidz., Bot. Mag. (Tokyo) 30 (353): 198 (1916).

福建、广东、广西。

紫玉盘柯（原变种）

●**Lithocarpus uvariifolius** var. **uvariifolius**

福建、广东、广西。

卵叶玉盘柯

●**Lithocarpus uvariifolius** var. **ellipticus** (F. P. Metcalf) C. C. Huang et Y. T. Chang, Guihaia 8 (1): 16 (1988).

Lithocarpus ellipticus F. P. Metcalf, Lingnan Sci. J. 20 (2-4): 218 (1942); *Lithocarpus kwangtungensis* H. T. Chang, Acta Sci. Nat. Univ. Sunyatseni 1960 (1): 29 (1960).

福建、广东。

多变柯（麻子壳柯，多变石栎）

Lithocarpus variolosus (Franch.) Chun, J. Arnold Arbor. 9 (4): 153 (1928).

Quercus variolosa Franch., J. Bot. (Morot) 13 (5): 156 (1899); *Pasania variolosa* (Franch.) Schottky, Bot. Jahrb. Syst. 47 (5): 660 (1912); *Synaedrys variolosa* (Franch.) Koidz., Bot. Mag. (Tokyo) 30 (353): 198 (1916); *Lithocarpus leucostachyus* A. Camus, Bull. Soc. Bot. France 81: 817 (1934); *Lithocarpus hui* A. Camus, Bull. Soc. Bot. France 85: 653 (1938); *Pasania hui* (A. Camus) Hu, Bull. Fan Mem. Inst. Biol. Bot. 10: 95 (1940); *Pasania leucostachya* Hu, Bull. Fan Mem. Inst. Biol. Bot. 10: 94 (1940); *Lithocarpus chienchuanensis* Hu, Acta Phytotax. Sin. 1 (1): 105 (1951).

四川、云南；越南。

西藏柯（西藏椆）

●**Lithocarpus xizangensis** C. C. Huang et Y. T. Chang, Acta Phytotax. Sin. 16 (4): 70 (1978).

西藏。

木果柯（木壳柯，木壳石栎）

Lithocarpus xylocarpus (Kurz) Markgr., Bot. Jahrb. Syst. 59 (1): 66 (1925).

Quercus xylocarpa Kurz, J. Asiat. Soc. Bengal, Pt. 2, Nat. Hist. 44 (2): 196, pl. 14, f. 5-8 (1875); *Synaedrys xylocarpa* (Kurz) Koidz., Bot. Mag. (Tokyo) 30: 190 (1916); *Pasania xylocarpa* (Kurz) Hickel et A. Camus, Fl. Indo-Chine 5: 995, f. 113 (1929); *Lithocarpus shunningensis* Hu, Acta Phytotax. Sin. 1 (1): 107 (1951).

云南、西藏；越南、老挝（北部）、缅甸（东北部）、印度（东北部）。

阳春柯

●**Lithocarpus yangchunensis** H. G. Ye et F. G. Wang, Ann. Bot. Fenn. 42: 485 (2005).

广东。

永福柯

●**Lithocarpus yongfuensis** Q. F. Zheng, Acta Phytotax. Sin. 23 (2): 149 (1985).

福建。

栎属 Quercus L.

岩栎

●**Quercus acrodonta** Seemen, Bot. Jahrb. Syst. 23 (5, Beibl. 57): 48 (1897).

Quercus ilex var. *acrodonta* (Seemen) Skan, J. Linn. Soc., Bot. 26 (178): 516 (1899); *Quercus parvifolia* Hand.-Mazz., Sitzungsber. Kaiserl. Akad. Wiss., Math.-Naturwiss. Cl., Abt. 1, 62: 129 (1925); *Quercus handeliana* A. Camus, Bull. Soc. Bot. France 80: 355 (1933).
河南、陕西、甘肃、湖南、湖北、四川、贵州、云南。

麻栎

Quercus acutissima Carruth., J. Linn. Soc., Bot. 6: 33 (1862).
Quercus acutissima var. *septentrionalis* Liou, Contr. Inst. Bot. Natl. Acad. Peiping 4 (1): 12 (1936); *Quercus lunglingensis* Hu, Acta Phytotax. Sin. 1 (2): 141 (1951); *Quercus acutissima* var. *depressinucata* H. W. Jen et R. Q. Gao, Bull. Bot. Res., Harbin 4 (4): 195, f. 1 (1984).
辽宁、河北、山东、河南、陕西、安徽、江苏、江西、湖南、湖北、贵州、福建、广东、广西、海南；日本、朝鲜、越南、缅甸、泰国、柬埔寨、不丹、尼泊尔、印度。

白枝青冈（白枝椆）

•**Quercus albicaulis** Chun et W. C. Ko, Acta Phytotax. Sin. 7: 33 (1958).
Cyclobalanopsis albicaulis (Chun et W. C. Ko) Y. C. Hsu et H. W. Jen, J. Beijing Forest. Univ. 15 (4): 45 (1993).
海南。

槲栎（细皮青冈）

Quercus aliena Blume, Mus. Bot. 1 (19): 298 (1850).
辽宁、河北、山西、山东、河南、陕西、甘肃、安徽、江苏、浙江、江西、湖南、湖北、四川、贵州、云南、广东、广西；日本、朝鲜。

槲栎（原变种）

Quercus aliena var. **aliena**
Quercus hirsutula Blume, Mus. Bot. 1 (19): 298 (1850).
辽宁、河北、山东、河南、陕西、安徽、江苏、浙江、江西、湖南、湖北、四川、贵州、云南、广东、广西；日本、朝鲜。

锐齿槲栎（孛孛栎）

Quercus aliena var. **acutiserrata** Maxim. ex Wenz., Jahrb. Königl. Bot. Gart. Berlin 4: 219 (1886).
Quercus aliena var. *acutidentata* Maxim. ex Franch. et Sav., Enum. Pl. Jap. 1: 445 (1875), *nom. nud.*; *Quercus aliena* var. *acutidentata* Maxim. ex Wenz., Jahrb. Königl. Bot. Gart. Berlin 4: 219 (1886); *Quercus acutidentata* Koidz., Bot. Mag. (Tokyo) 40: 339 (1926); *Quercus acutidentata* var. *latifolia* Liou, Contr. Inst. Bot. Natl. Acad. Peiping 4 (1): 20 (1936); *Quercus meridionalis* var. *chungnanensis* Liou, Contr. Inst. Bot. Natl. Acad. Peiping 4 (1): 20 (1936); *Quercus meridionalis* Liou, Contr. Inst. Bot. Natl. Acad. Peiping 4 (1): 21 (1936); *Quercus tsinglingensis* Liou ex S. Z. Qu et W. H. Zhang, Acta Bot. Boreal.-Occid. Sin. 6 (1): 54 (1986).
辽宁、河北、山西、山东、河南、陕西、甘肃、安徽、江苏、浙江、江西、湖南、湖北、四川、贵州、云南、广东、广西；日本、朝鲜。

北京槲栎

•**Quercus aliena** var. **pekingensis** Schottky, Bot. Jahrb. Syst. 47 (5): 636 (1912).
Quercus aliena var. *alticupuliformis* H. W. Jen et L. M. Wang, Bull. Bot. Res., Harbin 4 (4): 197, f. 3 (1984); *Quercus aliena* var. *jeholensis* Liou et S. X. Li, Fl. Reipubl. Popularis Sin. 22: 233 (1998).
辽宁、河北、山西、山东、河南、陕西。

陕西槲栎

•**Quercus aliena** var. **shaanxiensis** W. H. Zhang, J. Northw. Coll. Forest. 6 (2): 88 (1991).
Quercus aliena var. *shaanxiensis* W. H. Zhang, Bull. Bot. Res., Harbin 21 (2): 179 (2001), *isonym*.
陕西。

太白槲栎

•**Quercus aliena** var. **taibaiensis** W. H. Zhang, Bull. Bot. Res., Harbin 21 (2): 178 (2001).
陕西。

环青冈

Quercus annulata Sm., Cycl. (Rees) 29: *Quercus* no. 22 (1819).
Quercus phullata Buch.-Ham. ex D. Don, Prodr. Fl. Nepal. 57 (1825); *Cyclobalanopsis annulata* (Sm.) Oerst., Vidensk. Meddel. Dansk Naturhist. Foren. Kjobenhavn 78 (1867); *Quercus glauca* subsp. *annulata* (Sm.) A. Camus, Chênes 1: 287 (1936).
四川、云南、西藏；尼泊尔。

川滇高山栎（巴郎栎）

Quercus aquifolioides Rehder et E. H. Wilson in Sarg., Pl. Wilson. 3 (2): 222 (1916).
四川、贵州、云南、西藏；不丹。

倒卵叶青冈

Quercus arbutifolia B. Hickel et A. Camus, Bull. Mus. Natl. Hist. Nat. 29: 598 (1923).
Quercus obovatifolia C. C. Huang, Acta Phytotax. Sin. 16 (4): 75, f. 2 (1978); *Cyclobalanopsis obovatifolia* (C. C. Huang) Q. F. Zheng, Acta Phytotax. Sin. 17 (3): 118 (1979); *Cyclobalanopsis meihuashanensis* Q. F. Zheng, Acta Phytotax. Sin. 17 (3): 119 (1979); *Quercus meihuashanensis* (Q. F. Zheng) C. C. Huang, Guihaia 12 (4): 303 (1992).
湖南、福建、广东；越南。

贵州青冈

•**Quercus argyrotricha** A. Camus, Bull. Mus. Hist. Nat. (Paris) ser. 2, 3 (7): 689 (1931).
Cyclobalanopsis argyrotricha (A. Camus) Chun et Y. T. Chang

ex Y. C. Hsu et H. W. Je, J. Beijing Forest. Univ. 15 (4): 45 (1993).
贵州。

窄叶青冈（扫把椆）

Quercus augustinii Skan, J. Linn. Soc., Bot. 26 (178): 507 (1899).
Cyclobalanopsis augustinii (Skan) Schottky, Bot. Jahrb. Syst. 47 (5): 656 (1912); *Quercus augustinii* var. *rockiana* A. Camus, Bull. Soc. Bot. France 80 (5-6): 354 (1933); *Quercus augustinii* var. *angustifolia* A. Camus, Bull. Soc. Bot. France 80 (5-6): 354 (1933); *Quercus augustinii* var. *genuina* A. Camus, Chênes 1: 231 (1938); *Pasania chiwui* Hu, Acta Phytotax. Sin. 1 (1): 109 (1951).
贵州、云南、广西；越南。

越南青冈

Quercus austrocochinchinensis Hickel et A. Camus, Ann. Sci. Nat., Bot. ser. 10, 3 (5-6): 386 (1921).
Cyclobalanopsis austrocochinchinensis (Hickel et A. Camus) Hjelmq., Dansk Bot. Ark. 23 (4): 503 (1968).
云南；越南、泰国。

滇南青冈

●**Quercus austroglauca** (Y. T. Chang) Y. T. Chang, Guihaia 12 (4): 301 (1992).
Cyclobalanopsis austroglauca Y. T. Chang, Acta Bot. Yunnan. 1 (1): 147 (1979).
云南。

橿子栎

●**Quercus baronii** Skan, J. Linn. Soc., Bot. 26 (178): 507 (1899).
Quercus baronii f. *capillata* Kozlova, Publ. Mus. Hoangh. Paih. Tientsin. 16: 87 (1933); *Quercus kozloviana* Liou, Contr. Inst. Bot. Natl. Acad. Peiping 4: 14 (1936); *Quercus baronii* var. *capillata* (Kozlova) Liou, Contr. Inst. Bot. Natl. Acad. Peiping 4: 14 (1936); *Quercus pseudoserrata* Liou, Contr. Inst. Bot. Natl. Acad. Peiping 4: 16 (1936); *Quercus baronii* var. *pendula* S. Y. Wang et C. L. Chang, J. Henan Agric. Coll. 1980 (2): 7 (1980).
山西、河南、陕西、甘肃、湖南、湖北、四川。

坝王栎

●**Quercus bawanglingensis** C. C. Huang, Ze X. Li et F. W. Xing, Guihaia 10 (1): 10 (1990).
海南。

槟榔青冈（槟榔椆）

●**Quercus bella** Chun et Tsiang, J. Arnold Arbor. 28 (3): 326 (1947).
Cyclobalanopsis bella (Chun et Tsiang) Chun ex Y. C. Hsu et H. W. Jen, J. Beijing Forest. Univ. 15 (4): 45 (1993).
广东、广西、海南。

栎子青冈（栎子椆）

Quercus blakei Skan, Hooker's Icon. Pl. 27 (3): pl. 2662 (1900).
Cyclobalanopsis blakei (Skan) Schottky, Bot. Jahrb. Syst. 47 (5): 649 (1912); *Quercus blakei* var. *parvifolia* Merr., Lingnan Sci. J. 5: 60 (1927).
贵州、广东、广西、海南；越南、老挝。

岭南青冈（岭南椆）

●**Quercus championii** Benth., Hooker's J. Bot. Kew Gard. Misc. 6: 113 (1854).
Cyclobalanopsis championii (Benth.) Oerst., Vidensk. Meddel. Dansk Naturhist. Foren. Kjobenhavn 79 (1867).
云南、福建、台湾、广东、广西、海南。

昌化岭青冈

●**Quercus changhualingensis** (G. A. Fu et X. J. Hong) N. H. Xia et Y. H. Tong, Biodivers. Sci. 24 (6): 717 (2016).
Cyclobalanopsis changhualingensis G. A. Fu et X. J. Hong, Guihaia 27 (1): 29 (2007), as "*changhuaglingensis*".
海南。

扁果青冈

Quercus chapensis Hickel et A. Camus, Bull. Mus. Natl. Hist. Nat. 29 (8): 598 (1923).
Cyclobalanopsis shiangpyngensis Hu, Acta Phytotax. Sin. 1 (2): 153 (1951); *Cyclobalanopsis koumeii* Hu, Acta Phytotax. Sin. 1 (2): 151 (1951); *Cyclobalanopsis chapensis* (Hickel et A. Camus) Y. C. Hsu et H. W. Jen, Acta Phytotax. Sin. 14 (2): 78 (1976).
云南；越南。

小叶栎

●**Quercus chenii** Nakai, J. Arnold Arbor. 5 (2): 74 (1924).
Quercus acutissima subsp. *chenii* (Nakai) A. Camus, Chênes 1: 580 (1936); *Quercus acutissima* var. *breviopetiolata* G. Hoo, Acta Sci. Nat. Univ. Amoiensis 3: 96 (1952); *Quercus acutissima* var. *chenii* (Nakai) Menitsky, Novosti Sist. Vyssh. Rast. 10: 119 (1973); *Quercus chenii* var. *linanensis* M. C. Liu et X. L. Shen, Bull. Bot. Res., Harbin 12 (3): 275 (1992).
山东、河南、安徽、江苏、浙江、江西、湖南、湖北、四川、福建。

黑果青冈

Quercus chevalieri Hickel et A. Camus, Ann. Sci. Nat., Bot. ser. 10, 3 (5-6): 380, f. 1: 1-3 (1921).
Cyclobalanopsis nigrinux Hu, Acta Phytotax. Sin. 1 (2): 153 (1951); *Cyclobalanopsis chevalieri* (Hickel et A. Camus) Y. C. Hsu et H. W. Jen, J. Beijing Forest. Univ. 15 (4): 45 (1993).
云南、广东、广西；越南。

靖西青冈

●**Quercus chingsiensis** Y. T. Chang, Acta Phytotax. Sin. 11: 258 (1966).

Cyclobalanopsis chingsiensis (Y. T. Chang) Y. T. Chang et Q. Chen, Acta Phytotax. Sin. 34 (3): 339 (1996).
贵州、广西。

福建青冈

•**Quercus chungii** F. P. Metcalf, Lingnan Sci. J. 10 (4): 481 (1931).
Cyclobalanopsis chungii (F. P. Metcalf) Y. C. Hsu et H. W. Jen, Fl. Fujian. 1: 405 (1982).
江西、湖南、福建、广东、广西。

铁橡栎

•**Quercus cocciferoides** Hand.-Mazz., Sitzungsber. Kaiserl. Akad. Wiss., Math.-Naturwiss. Cl., Abt. 1, 62: 128 (1925).
Quercus taliensis A. Camus, Bull. Mus. Hist. Nat. (Paris) ser. 2, 4 (1): 122 (1932); *Quercus cocciferoides* var. *taliensis* (A. Camus) Y. C. Hsu et H. W. Jen, Acta Phytotax. Sin. 14 (2): 81 (1976).
陕西、四川、云南。

大明山青冈

•**Quercus daimingshanensis** (S. Lee) C. C. Huang, Guihaia 12 (4): 302 (1992).
Cyclobalanopsis daimingshanensis S. Lee, Acta Bot. Yunnan. 1 (1): 147, pl. 1, f. 3 (1979).
广西。

黄毛青冈（黄椆）

•**Quercus delavayi** Franch., J. Bot. (Morot) 13 (5): 158 (1899).
Cyclobalanopsis delavayi (Franch.) Schottky, Bot. Jahrb. Syst. 47 (5): 624 (1912).
湖北、四川、贵州、云南、广西。

上思青冈

•**Quercus delicatula** Chun et Tsiang, J. Arnold Arbor. 28 (3): 324 (1947).
Cyclobalanopsis delicatula (Chun et Tsiang) Y. C. Hsu et H. W. Jen, Acta Bot. Yunnan. 1 (1): 148 (1979).
湖南、广东、广西。

柞栎（柞栎，波罗栎，波罗叶）

Quercus dentata Thunb., Fl. Jap. 177 (1784).
Quercus obovata Bunge, Acad. Sci. Savants Etrangeres 2: 136 (1833).
黑龙江、吉林、辽宁、河北、山西、山东、河南、陕西、甘肃、安徽、江苏、浙江、江西、湖南、湖北、四川、贵州、云南；日本、朝鲜。

鼎湖青冈（鼎湖椆）

•**Quercus dinghuensis** C. C. Huang, Acta Phytotax. Sin. 16 (4): 74, f. 1 (1978).
Cyclobalanopsis dinghuensis (C. C. Huang) Y. C. Hsu et H. W. Jen, J. Beijing Forest. Univ. 15 (4): 44 (1993).
广东。

碟斗青冈（碟头椆）

•**Quercus disciformis** Chun et Tsiang, J. Arnold Arbor. 28 (3): 324 (1947).
Quercus shingjenensis Y. T. Chang, Acta Phytotax. Sin. 11: 25 (1966); *Cyclobalanopsis disciformis* (Chun et Tsiang) Y. C. Hsu et H. W. Jen, Acta Bot. Yunnan. 1 (1): 148 (1979).
湖南、贵州、广东、广西、海南。

匙叶栎

•**Quercus dolicholepis** A. Camus, Chênes 3: 1215 (1954).
Quercus spathulata Seemen, Bot. Jahrb. Syst. 23 (5, Beibl. 57): 49 (1897), non Watelet (1866); *Quercus spathulata* var. *elliptica* Y. C. Hsu et H. W. Jen, Acta Phytotax. Sin. 14 (2): 85, pl. 17, f. 4 (1976); *Quercus dolicholepis* var. *elliptica* (Y. C. Hsu et H. W. Jen) Y. C. Hsu et H. W. Jen, Icon. Arbor. Yunnan 2: 622 (1990).
山西、河南、陕西、甘肃、湖南、湖北、四川、贵州、云南。

华南青冈

Quercus edithiae Skan, Hooker's Icon. Pl. 27 (3): pl. 2661 (1901).
Cyclobalanopsis edithiae (Skan) Schottky, Bot. Jahrb. Syst. 47 (5): 650 (1912); *Quercus tephrosia* Chun et W. C. Ko, Acta Phytotax. Sin. 7: 41 (1958).
广东、广西、海南、香港；越南。

突脉青冈

•**Quercus elevaticostata** (Q. F. Zheng) C. C. Huang, Guihaia 12 (4): 302 (1992).
Cyclobalanopsis elevaticostata Q. F. Zheng, Acta Phytotax. Sin. 17 (3): 118 (1979).
福建。

巴东栎

Quercus engleriana Seemen, Bot. Jahrb. Syst. 23 (5, Beibl. 57): 47 (1897).
Quercus obscura Seemen, Bot. Jahrb. Syst. 23 (5, Beibl. 57): 49 (1897); *Quercus sutchuenensis* Franch., J. Bot. (Morot) 13 (5): 150 (1899); *Myrica cavaleriei* H. Lév., Repert. Spec. Nov. Regni Veg. 12 (341-345): 537 (1913); *Quercus dolichostyla* A. Camus, Encycl. Econ. Sylv. 6: 28 (1934); *Quercus lyoniifolia* W. C. Cheng, Science 32: 8 (1950); *Quercus kongshanensis* Y. C. Hsu et H. W. Jen, Acta Phytotax. Sin. 14 (2): 85 (1976); *Quercus lanceolata* S. Z. Qu et W. H. Zhang, Bull. Bot. Res., Harbin 4 (4): 203 (1984); *Quercus shangxiensis* Z. K. Zhou, Acta Bot. Yunnan. 20 (1): 44 (1998).
河南、陕西、浙江、江西、湖南、湖北、四川、贵州、云南、西藏、福建、广东、广西；印度。

白栎（小白栎）

Quercus fabri Hance, J. Linn. Soc., Bot. 10: 202 (1869).
河南、陕西、安徽、江苏、浙江、江西、湖南、湖北、四川、贵州、云南、福建、广东、广西；朝鲜。

房山栎

•**Quercus fangshanensis** Liou, Contr. Inst. Bot. Natl. Acad. Peiping 4: 7 (1936).
河北、山西、河南。

凤城栎

•**Quercus fenchengensis** H. W. Jen et L. M. Wang, Bull. Bot. Res., Harbin 4 (4): 196 (1984).
辽宁、陕西。

饭甑青冈（饭甑椆）

Quercus fleuryi Hickel et A. Camus, Bull. Mus. Natl. Hist. Nat. 29 (8): 600 (1923).
Cyclobalanopsis austroyunnanensis Hu, Acta Phytotax. Sin. 1 (2): 149 (1951); *Quercus tsoi* Chun ex Menitsky, Nov. Sst. Pl. Vas. Tom. 13: 58 (1976); *Cyclobalanopsis fleuryi* (Hickel et A. Camus) Chun ex Q. F. Zheng, Fl. Fujian. 1: 404 (1982); *Cyclobalanopsis nengpulaensis* H. Li et Y. C. Hsu, Acta Bot. Yunnan. Suppl. 5: 23 (1992).
江西、湖南、贵州、云南、福建、广东、广西、海南；越南、老挝。

锥连栎

Quercus franchetii Skan, J. Linn. Soc., Bot. 26 (178): 513 (1899).
四川、云南；泰国。

毛曼青冈

Quercus gambleana A. Camus, Bull. Soc. Bot. France 80 (5-6): 354 (1933).
Cyclobalanopsis gambleana (A. Camus) Y. C. Hsu et H. W. Jen, Acta Phytotax. Sin. 14 (2): 78 (1976); *Quercus nanchuanica* C. C. Huang, Guihaia 12 (4): 305 (1992); *Cyclobalanopsis dulongensis* H. Li et Y. C. Hsu, Acta Bot. Yunnan. Suppl. 5: 24 (1992); *Cyclobalanopsis nanchuanica* (C. C. Huang) Y. T. Chang, Acta Phytotax. Sin. 34 (3): 340 (1996).
湖北、四川、贵州、云南、西藏；印度。

赤皮青冈（赤皮椆）

Quercus gilva Blume, Mus. Bot. 1 (20): 306 (1850).
Cyclobalanopsis gilva (Blume) Oerst., Vidensk. Meddel. Dansk Naturhist. Foren. Kjobenhavn 78 (1867); *Quercus hunanensis* Hand.-Mazz., Symb. Sin. 7 (1): 52, pl. 2, f. 3 (1929); *Cyclobalanopsis hunanensis* (Hand.-Mazz.) W. C. Cheng et T. Hong, Sci. Silvae Sin. 8 (1): 11 (1963).
浙江、湖南、贵州、福建、台湾、广东；日本。

青冈（青冈栎，铁椆）

Quercus glauca Thunb. in Murray, Syst. Veg., ed. 14, 858 (1784).
Cyclobalanopsis glauca (Thunb.) Oerst., Vidensk. Meddel. Dansk Naturhist. Foren. Kjobenhavn 78 (1867); *Quercus vaniotii* H. Lév., Repert. Spec. Nov. Regni Veg. 12 (330-332): 364 (1913); *Quercus sasakii* Kaneh., Icon. Pl. Formosan. 6: 64 (1916); *Quercus longipes* Hu, Acta Phytotax. Sin. 1 (2): 147 (1951); *Quercus repandifolia* J. C. Liao, Formosan Sci. 23 (3-4): 13 (1968); *Quercus glauca* var. *kuyuensis* J. C. Liao, Mém. Coll. Agric. Natl. Taiwan Univ. 11 (2): 37 (1970); *Cyclobalanopsis repandifolia* (J. C. Liao) J. C. Liao, Mém. Coll. Agric. Nation. Taiwan Univ. 12 (2): 113 (1971); *Cyclobalanopsis glauca* var. *kuyuensis* (J. C. Liao) J. C. Liao, Fl. Taiwan 1: 68 (1976).
河南、陕西、甘肃、安徽、江苏、浙江、江西、湖南、湖北、四川、贵州、云南、西藏、福建、台湾、广东、广西；日本、朝鲜、越南、不丹、尼泊尔、印度（北部、锡金）、阿富汗、克什米尔地区。

滇青冈（滇椆）

•**Quercus glaucoides** (Schottky) Koidz., Bot. Mag. (Tokyo) 30 (353): 200 (1916).
Cyclobalanopsis glaucoides Schottky, Bot. Jahrb. Syst. 47 (5): 657 (1912); *Quercus schottkyana* Rehder et E. H. Wilson in Sarg., Pl. Wilson. 3 (2): 237 (1916).
四川、贵州、云南。

大叶栎

Quercus griffithii Hook. f. et Thomson ex Miq., Ann. Mus. Bot. Lugduno-Batavi 1: 104 (1863).
Quercus aliena var. *griffithii* (Hook. f. et Thomson ex Miq.) Schottky, Bot. Jahrb. Syst. 47 (5): 635 (1912).
四川、贵州、云南、西藏；缅甸、泰国、不丹、印度、斯里兰卡。

帽斗栎

Quercus guyavifolia H. Lév., Repert. Spec. Nov. Regni Veg. 12 (330-332): 363 (1913).
Quercus pileata Hu et W. C. Cheng, Acta Phytotax. Sin. 1 (2): 145 (1951).
四川、云南、西藏。

尖峰青冈（海南青冈）

•**Quercus hainanica** C. C. Huang et Y. T. Chang, Guihaia 12 (4): 302 (1992).
Cyclobalanopsis litoralis Chun et P. C. Tam ex Y. C. Hsu et H. W. Jen, Acta Bot. Yunnan. 1 (1): 147 (1979), non *Quercus litoralis* Blume (1851); *Quercus obconicus* Y. C. Hsu ex Z. K. Zhou, Acta Bot. Yunnan. 20 (1): 43 (1998), *nom. illeg.*
海南。

毛枝青冈

Quercus helferiana A. DC., Prodr. (DC.) 16 (2): 101 (1864).
Cyclobalanopsis hefleriana (A. DC.) Oerst., Vidensk. Meddel. Dansk Naturhist. Foren. Kjobenhavn 79 (1867); *Quercus prainiana* H. Lév., Repert. Spec. Nov. Regni Veg. 12 (330-332): 363 (1913).

贵州、云南、广东、广西；越南、老挝、缅甸、泰国、印度。

河北栎

•**Quercus hopeiensis** Liou, Contr. Inst. Bot. Natl. Acad. Peiping 4: 8 (1936).
河北、山东、河南、陕西、甘肃。

雷公青冈（雷公椆，胡氏栎）

•**Quercus hui** Chun, J. Arnold Arbor. 9 (2-3): 126 (1928).
Cyclobalanopsis hui (Chun) Chun ex Y. C. Hsu et H. W. Jen, J. Beijing Forest. Univ. 15 (4): 45 (1993).
湖南、广东、广西。

绒毛青冈（绒毛栎）

•**Quercus hypophaea** Hayata, Icon. Pl. Formosan. 3: 182, f. 28 (1913).
Lithocarpus hypophaeus (Hayata) Hayata, Icon. Pl. Formosan. 72 (1916); *Cyclobalanopsis hypophaea* (Hayata) Kudo, J. Soc. Trop. Agric. 3: 389 (1931); *Pasania hypophaea* (Hayata) H. L. Li, Bull. Torrey Bot. Club 80: 321 (1953).
台湾。

大叶青冈（大叶椆）

Quercus jenseniana Hand.-Mazz., Sitzungsber. Kaiserl. Akad. Wiss., Math.-Naturwiss. Cl., Abt. 1, 59: 52 (1922).
Lithocarpus dunnii F. P. Metcalf, Lingnan Sci. J. 10 (4): 483 (1931); *Cyclobalanopsis pinbianensis* Y. C. Hsu et H. W. Jen, Acta Phytotax. Sin. 14 (2): 84 (1976); *Cyclobalanopsis jenseniana* (Hand.-Mazz.) W. C. Cheng et T. Hong ex Q. F. Zheng, Fl. Fujian. 1: 406 (1982); *Quercus pinbianense* (Y. C. Hsu et H. W. Jen) C. C. Huang et Y. T. Chang, Iconogr. Cormophyt. Sin. 1: 116 (1982), *nom. inval.*
浙江、江西、湖南、湖北、贵州、云南、福建、广东、广西；泰国。

金平青冈

•**Quercus jinpinensis** (Y. C. Hsu et H. W. Jen) C. C. Huang, Guihaia 12 (4): 303 (1992).
Cyclobalanopsis jinpinensis Y. C. Hsu et H. W. Jen, Acta Phytotax. Sin. 14 (2): 85 (1976).
云南。

毛叶青冈（平脉椆）

Quercus kerrii Craib, Bull. Misc. Inform. Kew 1911 (10): 471 (1911).
Cyclobalanopsis kerrii (Craib) Hu, Bull. Fan Mem. Inst. Biol. Bot. 10: 106 (1940); *Quercus dispar* Chun et Tsiang, J. Arnold Arbor. 28 (3): 323 (1947).
贵州、云南、广西、海南；越南、泰国。

澜沧栎（薄叶高山栎）

Quercus kingiana Craib, Bull. Misc. Inform. Kew 1911 (10): 472 (1911).
云南；缅甸、泰国。

俅江青冈

•**Quercus kiukiangensis** (Y. T. Chang ex Y. C. Hsu et H. W. Jen) Y. T. Chang., Guihaia 12 (4): 303 (1992).
Cyclobalanopsis kiukiangensis Y. T. Chang ex Y. C. Hsu et H. W. Jen, Acta Phytotax. Sin. 14 (2): 85 (1976); *Cyclobalanopsis xizangensis* Y. C. Hsu et H. W. Jen, Acta Bot. Yunnan. 1 (1): 148 (1979); *Quercus xizangensis* (Y. C. Hsu et H. W. Jen) C. C. Huang et Y. T. Chang, Guihaia 12 (4): 306 (1992); *Quercus kiukiangensis* var. *xizangensis* (Y. C. Hsu et H. W. Jen) Z. K. Zhou et H. Sun, Acta Bot. Yunnan. 18 (2): 219, f. 2, 1 (1996); *Cyclobalanopsis kiukiangensis* var. *xizangensis* (Y. C. Hsu et H. W. Jen) Z. K. Zhou et H. Sun., Seed Pl. Big Bend Gorge Yalu Tsangpo SE Tibet, E Himalayas 162 (2002), *nom. inval.*
云南、西藏。

广西青冈

•**Quercus kouangsiensis** A. Camus, Bull. Soc. Bot. France 84: 176 (1937).
Quercus nemoralis Chun, J. Arnold Arbor. 28 (2): 241 (1947); *Cyclobalanopsis kouangsiensis* (A. Camus) Y. C. Hsu et H. W. Jen, Acta Phytotax. Sin. 14 (2): 78 (1976).
湖南、云南、广东、广西。

薄片青冈（薄片椆）

Quercus lamellosa Sm., Cycl. (Rees) 29: *Quercus* no. 23 (1814).
Cyclobalanopsis lamellosa (Sm.) Oerst., Vidensk. Meddel. Dansk Naturhist. Foren. Kjobenhavn 79 (1867); *Cyclobalanopsis fengii* Hu et W. C. Cheng, Acta Phytotax. Sin. 1 (2): 150 (1951); *Cyclobalanopsis nigrinervis* Hu, Acta Phytotax. Sin. 1 (2): 148 (1951); *Quercus lamelloides* C. C. Huang, Guihaia 12 (4): 304 (1992); *Cyclobalanopsis lamelloides* (C. C. Huang) Y. T. Chang, Acta Phytotax. Sin. 34 (3): 340 (1996); *Quercus lamellosa* var. *nigrinervis* (Hu) Z. K. Zhou et H. Sun, Acta Bot. Yunnan. 18 (2): 220 (1996); *Cyclobalanopsis lamellosa* var. *nigrinervis* (Hu) Z. K. Zhou et H. Sun, Seed Pl. Big Bend Gorge Yalu Tsangpo SE Tibet, E Himalayas 162 (2002), *nom. inval.*
云南、西藏、广西；缅甸、泰国、不丹、尼泊尔、印度（东北部、锡金）。

通麦栎

Quercus lanata Sm., Cycl. (Rees) 29: *Quercus* no. 27 (1819).
Quercus tungmaiensis Y. T. Chang, Acta Phytotax. Sin. 11, 254 (1966).
云南、西藏、广西；越南、缅甸、泰国、不丹、尼泊尔、印度。

木姜叶青冈

•**Quercus litseoides** Dunn, J. Bot. 47 (10): 377 (1909).
Cyclobalanopsis litseoides (Dunn) Schottky, Bot. Jahrb. Syst. 47 (5): 658 (1912).

广东、广西。

滇西青冈

Quercus lobbii (Hook. f. et Thomson ex Wenz.) A. Camus, Bull. Mus. Hist. Nat. Paris, Ser. 2, 3: 337 (1931).

Quercus lineata var. *lobbii* Hook. f. et Thomson ex Wenz., Jahrb. Königl. Bot. Gart. Berlin 4: 232 (1886); *Cyclobalanopsis lineata* var. *lobbii* (Hook. f. et Thomson ex Wenz.) Schottky, Bot. Jahrb. Syst. 47 (5): 654, in obs. (1912); *Cyclobalanopsis lobbii* (Hook. f. et Thomson ex Wenz.) Y. C. Hsu et H. W. Jen, Acta Bot. Yunnan. 1 (1): 148 (1979).

云南；印度（东北部）。

西藏栎

Quercus lodicosa O. E. Warb. et E. F. Warb., J. Roy. Hort. Soc. 58: 182 (1933).

西藏；缅甸。

长果青冈（锥果稠，锥果栎）

●**Quercus longinux** Hayata, J. Coll. Sci. Imp. Univ. Tokyo 30 (1): 292 (1911).

Quercus taichuensis Hayata, J. Coll. Sci. Imp. Univ. Tokyo 30 (1): 296 (1911); *Quercus pseudomyrsinifolia* Hayata, J. Coll. Sci. Imp. Univ. Tokyo 30 (1): 295 (1911); *Cyclobalanopsis longinux* (Hayata) Schottky, Bot. Jahrb. Syst. 47: 657 (1912); *Cyclobalanopsis longinux* var. *pseudomyrsinifolia* (Hayata) J. C. Liao, Fl. Taiwan 2: 71 (1971); *Cyclobalanopsis longinux* var. *lativiolaciifolia* J. C. Liao, Exp. For. Taiwan Univ. Techn. Bull. 138: 4 (1982); *Cyclobalanopsis longinux* var. *kuoi* J. C. Liao, Exp. For. Taiwan Univ. Techn. Bull. 138: 4 (1982).

台湾。

长穗高山栎

●**Quercus longispica** (Hand.-Mazz.) A. Camus, Chênes 1: 398 (1936).

Quercus semecarpifolia var. *longispica* Hand.-Mazz., Symb. Sin. 7: 39 (1929).

四川、云南。

乐东栎

●**Quercus lotungensis** Chun et W. C. Ko, Acta Phytotax. Sin. 7: 38 (1958).

海南。

龙迈青冈

●**Quercus lungmaiensis** (Hu) C. C. Huang et Y. T. Chang, Guihaia 12 (4): 303 (1992).

Cyclobalanopsis lungmaiensis Hu, Acta Phytotax. Sin. 1 (2): 154 (1951); *Cyclobalanopsis longifolia* Y. C. Hsu et Q. Z. Dong, Acta Bot. Yunnan. 5 (4): 339 (1983); *Cyclobalanopsis longiplolia* Y. C. Hsu et Q. Z. Dong, Acta Bot. Yunnan. 5 (4): 339, t. 3, f. 2 (1983); *Quercus fulviseriaca* (Y. C. Hsu et D. M. Wang) Z. K. Zhou, World Checklist Bibliogr. Fagales 247 (1998); *Quercus yongchunana* Z. K. Zhou, Acta Bot. Yunnan. 20 (1): 44 (1998).

云南。

麻栗坡栎（大叶高山栎）

●**Quercus malipoensis** Hu et W. C. Cheng, Acta Phytotax. Sin. 1 (2): 142 (1951).

云南。

蒙古栎

Quercus mongolica Fisch. ex Ledeb., Fl. Ross. (Ledeb.) 3 (2): 589 (1850).

Quercus grosseserrata Blume, Mus. Bot. 1 (20): 306 (1850); *Quercus crispula* Blume, Mus. Bot. 1 (19): 298 (1850); *Quercus crispula* var. *grosseserrata* (Blume) Miq., Ann. Mus. Bot. Lugduno-Batavi 1: 104 (1863); *Quercus sessiliflora* var. *mongolica* (Fisch. ex Ledeb.) Franch., Pl. Delavay. 1: 273 (1884); *Quercus wutaishanica* Mayr, Fremdländ. Wald-Parkbäume 504 (1906); *Quercus liaotungensis* Koidz., Bot. Mag. (Tokyo) 26: 166 (1912); *Quercus crispula* var. *manschurica* Koidz., Bot. Mag. (Tokyo) 26: 164 (1912); *Quercus mongolica* var. *liaotungensis* (Koidz.) Nakai, Bot. Mag. (Tokyo) 29: 58 (1915); *Quercus mongolica* var. *manschurica* (Koidz.) Nakai, Bot. Mag. (Tokyo) 29: 58 (1915); *Quercus mongolica* var. *grosseserrata* (Blume) Rehder et E. H. Wilson in Sarg., Pl. Wilson. 3 (2): 231 (1916); *Quercus kirinensis* Nakai, J. Jap. Bot. 15 (9): 524 (1939); *Quercus mongolica* subsp. *crispula* (Blume) Menitsky, Novosti Sist. Vyssh. Rast. 10: 114 (1973); *Quercus mongolica* var. *kirinensis* (Nakai) Kitag., Neolin. Fl. Manshur. 219 (1979); *Quercus mongolica* var. *macrocarpa* H. W. Jen et L. M. Wang, Bull. Bot. Res., Harbin 4 (4): 198, f. 4 (1984).

黑龙江、吉林、辽宁、内蒙古、河北、山西、山东、河南、陕西、宁夏、甘肃、青海、四川；日本、朝鲜、俄罗斯。

矮高山栎（矮山栎）

●**Quercus monimotricha** (Hand.-Mazz.) Hand.-Mazz., Symb. Sin. 7 (1): 41 (1929).

Quercus spinosa var. *monimotricha* Hand.-Mazz., Sitzungsber. Kaiserl. Akad. Wiss., Math.-Naturwiss. Cl., Abt. 1, 62: 129 (1925).

四川、云南。

长叶枹栎

●**Quercus monnula** Y. C. Hsu et H. W. Jen, Acta Bot. Yunnan. 1 (1): 148 (1979).

四川。

台湾青冈（台湾椆）

●**Quercus morii** Hayata, J. Coll. Sci. Imp. Univ. Tokyo 30 (1): 293 (1911).

Cyclobalanopsis morii (Hayata) Schottky, Bot. Jahrb. Syst. 47 (5): 658 (1912).

台湾。

墨脱青冈

•**Quercus motuoensis** C. C. Huang, Guihaia 12 (4): 306 (1992).
Cyclobalanopsis motuoensis (C. C. Huang) Y. C. Hsu et H. W. Jen, J. Beijing Forest. Univ. 15 (4): 46 (1993).
西藏。

多脉青冈（多脉青冈栎，粉背青冈）

•**Quercus multinervis** (W. C. Cheng et T. Hong) J. Q. Li, J. Wuhan Bot. Res. 16 (3): 247 (1998).
Cyclobalanopsis multinervis W. C. Cheng et T. Hong, Sci. Silvae Sin. 8 (1): 10 (1963); *Quercus glauca* var. *hypargyrea* Seemen, Bot. Jahrb. Syst. 29 (2): 293 (1900); *Quercus hypargyrea* (Seemen) C. C. Huang et Y. T. Chang, Guihaia 12 (4): 302 (1992); *Cyclobalanopsis hypargyrea* (Seemen) Y. C. Hsu et H. W. Jen, J. Beijing Forest. Univ. 15 (4): 46 (1993); *Cyclobalanopsis hypargyrea* (Seemen) W. H. Zhang, Bull. Bot. Res., Harbin 21 (2): 178 (2001), *isonym*, as "*hypargyrae*".
陕西、安徽、江西、湖南、湖北、四川、福建、广西。

小叶青冈

Quercus myrsinifolia Blume, Mus. Bot. 1 (20): 305 (1850).
Cyclobalanopsis myrsinifolia (Blume) Oerst., Vid. Selsk. 9 (6): 387 (1871).
河南、陕西、安徽、江苏、浙江、江西、湖南、四川、贵州、云南、福建、台湾、广东、广西；日本、朝鲜、越南、老挝、泰国。

竹叶青冈

Quercus neglecta (Schottky) Koidz., Bot. Mag. (Tokyo) 30 (353): 201 (1916).
Cyclobalanopsis neglecta Schottky, Bot. Jahrb. Syst. 47 (5): 650 (1912); *Quercus bambusifolia* Hance, Bot. Voy. Herald 415, pl. 91 (1857), *nom. inval.*; *Cyclobalanopsis bambusifolia* (Hance) Y. C. Hsu et H. W. Jen, J. Beijing Forest. Univ. 15 (4): 44 (1993), *nom. inval.*
广东、广西、海南；越南。

宁冈青冈

•**Quercus ningangensis** (W. C. Cheng et Y. C. Hsu) C. C. Huang, Guihaia 12 (4): 303 (1992).
Cyclobalanopsis ningangensis W. C. Cheng et Y. C. Hsu, Acta Bot. Yunnan. 1 (1): 146 (1979).
江西、湖南、广西。

曼青冈（曼椆）

Quercus oxyodon Miq., Ann. Mus. Bot. Lugduno-Batavi 1: 114 (1863).
Cyclobalanopsis oxyodon (Miq.) Oerst., Vidensk. Meddel. Dansk Naturhist. Foren. Kjobenhavn 79 (1867); *Quercus lineata* var. *oxyodon* (Miq.) Wenz., Jahrb. Königl. Bot. Gart. Berlin 4: 232 (1886); *Quercus lineata* var. *grandifolia* Skan, J. Linn. Soc., Bot. 26 (178): 517 (1899); *Quercus fargesii* Franch., J. Bot. (Morot) 13 (5): 158 (1899); *Cyclobalanopsis breviradiata* W. C. Cheng ex Y. C. Hsu et H. W. Jen, Acta Bot. Yunnan. 1 (1): 146 (1979); *Quercus breviradiata* (W. C. Cheng ex Y. C. Hsu et H. W. Jen) C. C. Huang, Guihaia 12 (4): 301 (1992); *Cyclobalanopsis fargesii* (Franch.) W. H. Zhang, Bull. Bot. Res., Harbin 21 (2): 178 (2001).
陕西、浙江、江西、湖南、湖北、四川、贵州、云南、西藏、广东、广西；缅甸、不丹、尼泊尔、印度。

尖叶栎（铁橿树）

•**Quercus oxyphylla** (E. H. Wilson) Hand.-Mazz., Symb. Sin. 7 (1): 46, in nota (1929).
Quercus spathulata var. *oxyphylla* E. H. Wilson, J. Arnold Arbor. 8 (2): 100 (1927).
陕西、甘肃、安徽、浙江、湖南、湖北、四川、贵州、福建、广西。

毛果青冈

•**Quercus pachyloma** Seemen, Bot. Jahrb. Syst. 23 (5, Beibl. 57): 54 (1897).
Cyclobalanopsis pachyloma (Seemen) Schottky, Bot. Jahrb. Syst. 47 (5): 650 (1912); *Quercus tomentosicupula* Hayata, Icon. Pl. Formosan. 3: 185, f. 33 (1913); *Quercus gracilenta* Chun, J. Arnold Arbor. 28 (2): 240 (1947); *Quercus conduplicans* Chun, J. Arnold Arbor. 28 (2): 239 (1947); *Cyclobalanopsis pachyloma* var. *tomentosicupula* (Hayata) J. C. Liao, Fl. Taiwan 2: 74 (1976); *Cyclobalanopsis pachyloma* var. *mubianensis* Y. C. Hsu et H. W. Jen, Acta Phytotax. Sin. 14 (2): 84, pl. 15, f. 2 (1976); *Quercus pachyloma* var. *mubianensis* (Y. C. Hsu et H. W. Jen) C. C. Huang, Guihaia 12 (4): 303 (1992).
江西、湖南、贵州、云南、福建、台湾、广东、广西。

沼生栎

☆**Quercus palustris** Münchh., Hausvater 5: 253 (1770).
栽培于辽宁、北京、山东；原产于北美洲。

黄背栎

•**Quercus pannosa** Hand.-Mazz., Symb. Sin. 7 (1): 35 (1929).
Quercus ilex var. *rufescens* Franch., J. Bot. (Morot) 13: 151 (1899); *Quercus semecarpifolia* var. *rufescens* (Franch.) Schottky, Bot. Jahrb. Syst. 47: 642 (1912); *Quercus aquifolioides* var. *rufescens* (Franch.) Rehder et E. H. Wilson in Sarg., Pl. Wilson. 3 (2): 223 (1916).
四川、云南、西藏。

托盘青冈（托盘椆）

•**Quercus patelliformis** Chun, J. Arnold Arbor. 28 (2): 241 (1941).
Cyclobalanopsis patelliformis (Chun) Y. C. Hsu et H. W. Jen, J. Beijing Forest. Univ. 15 (4): 45 (1993).
江西、广东、广西、海南。

五环青冈（五环椆）

•**Quercus pentacycla** Y. T. Chang, Acta Phytotax. Sin. 11: 256

(1966).
Cyclobalanopsis pentacycla (Y. T. Chang) Y. T. Chang ex Y. C. Hsu et H. W. Jen, Acta Phytotax. Sin. 14 (2): 79 (1976).
云南。

亮叶青冈

●**Quercus phanera** Chun, J. Arnold Arbor. 28 (2): 242 (1947).
Quercus basellata Chun et W. C. Ko, Acta Phytotax. Sin. 7: 35 (1958); *Quercus insularis* Chun et P. C. Tam, Acta Phytotax. Sin. 10 (3): 208 (1965), non Borzí (1911); *Cyclobalanopsis phanera* (Chun) Y. C. Hsu et H. W. Jen, Acta Bot. Yunnan. 1 (1): 148 (1979).
广西、海南。

乌冈栎

Quercus phillyreoides A. Gray, Mém. Acad. Arts. Sic. 6: 406 (1859).
Quercus ilex var. *phillyreoides* (A. Gray) Franch., J. Bot. (Morot) 13: 152 (1899); *Maesa singuliflora* H. Lév., Repert. Spec. Nov. Regni Veg. 10 (260-262): 440 (1912); *Quercus fokienensis* Nakai, J. Arnold Arbor. 5 (2): 75 (1924); *Quercus singuliflora* A. Camus, Encycl. Econ. Sylv. 7: 6 (1935); *Quercus lichuanensis* W. C. Cheng, Science 32: 8 (1950); *Quercus fooningensis* Hu et W. C. Cheng, Acta Phytotax. Sin. 1 (2): 143 (1951); *Quercus myricifolia* Hu et W. C. Cheng, Acta Phytotax. Sin. 1 (2): 144 (1951); *Quercus phillyreoides* subsp. *fokienensis* (Nakai) Menitsky, Novosti Sist. Vyssh. Rast. 10: 123 (1973).
河南、陕西、安徽、浙江、江西、湖南、湖北、四川、贵州、云南、福建、广东、广西；日本、朝鲜。

黄背青冈

Quercus poilanei Hickel et A. Camus, Ann. Sci. Nat., Bot. ser. 10, 3 (5-6): 384 (1921).
Cyclobalanopsis poilanei (Hickel et A. Camus) Hjelmq., Dansk Bot. Ark. 23 (4): 508 (1968).
广西；越南、泰国。

毛脉高山栎（光叶高山栎）

Quercus rehderiana Hand.-Mazz., Sitzungsber. Math.-Phys. Cl. Königl. Bayer. Akad. Wiss. München 62: 12 (1925).
Quercus semecarpifolia var. *glabra* Franch., J. Bot. (Morot) 13 (5): 151 (1899); *Quercus pseudosemecarpifolia* A. Camus, Chênes Atlas 1: 31 (1934).
四川、贵州、云南、西藏；泰国。

大果青冈（大果椆）

Quercus rex Hemsl., Hooker's Icon. Pl. 27 (3): pl. 2663 (1901).
Cyclobalanopsis rex (Hemsl.) Schottky, Bot. Jahrb. Syst. 47 (5): 651 (1912).
云南；越南、老挝、缅甸、印度。

夏栎

☆**Quercus robur** L., Sp. Pl. 2: 996 (1753).
栽培于北京、山东、新疆；原产于欧洲。

薄叶青冈

Quercus saravanensis A. Camus, Chênes Atlas 1: 19 (1934).
Quercus kontumensis A. Camus, Chênes 1: 331 (1936); *Cyclobalanopsis saravanensis* (A. Camus) Hjelmq., Dansk Bot. Ark. 23 (4): 503 (1968); *Cyclobalanopsis kontumensis* (A. Camus) Y. C. Hsu et H. W. Jen, Acta Phytotax. Sin. 14 (2): 78 (1976).
云南；越南、老挝。

高山栎

Quercus semecarpifolia Sm., Cycl. (Rees) 29: *Quercus* no. 20 (1814).
Quercus obtusifolia D. Don, Prodr. Fl. Nepal. 56 (1825).
西藏；泰国、尼泊尔、印度、巴基斯坦、阿富汗。

无齿青冈

Quercus semiserrata Roxb., Hort. Bengal. 3: 641 (1832).
Cyclobalanopsis semiserrata (Roxb.) Oerst., Vidensk. Meddel. Dansk Naturhist. Foren. Kjobenhavn 79 (1867); *Cyclobalanopsis semiserratoides* Y. C. Hsu et H. W. Jen, Acta Phytotax. Sin. 14 (2): 84 (1976); *Quercus semiserratoides* (Y. C. Hsu et H. W. Jen) C. C. Huang et Y. T. Chang, Guihaia 12 (4): 303 (1992).
云南、西藏；缅甸、泰国、印度、孟加拉国。

灰背栎

●**Quercus senescens** Hand.-Mazz., Symb. Sin. 7 (1): 37 (1929).
四川、贵州、云南、西藏。

灰背栎（原变种）

●**Quercus senescens** var. **senescens**
四川、贵州、云南、西藏。

木里栎

●**Quercus senescens** var. **muliensis** (Hu) Y. C. Hsu et H. W. Jen, Icon. Arbor. Yunnan 2: 615 (1990).
Quercus muliensis Hu, Acta Phytotax. Sin. 1 (2): 146 (1951).
四川、云南。

枹栎（枹树）

Quercus serrata Thunb., Fl. Jap. 176 (1784).
Quercus glandulifera Blume, Mus. Bot. 1 (19): 295 (1850); *Quercus urticifolia* var. *brevipetiolata* A. DC., Prodr. (DC.) 16 (2): 16 (1864); *Quercus glandulifera* var. *brevipetiolata* (A. DC.) Nakai, J. Arnold Arbor. 5 (2): 76 (1924); *Quercus serrata* var. *brevipetiolata* (A. DC.) Nakai, Bot. Mag. (Tokyo) 40 (472): 165 (1926); *Quercus glandulifera* var. *tomentosa* B. C. Ding et T. B. Chao, Fl. Henan. 1: 248 (1981); *Quercus ningqiangensis* S. Z. Qu et W. H. Zhang, Acta Bot. Boreal.-Occid. Sin. 6 (1): 52 (1986); *Quercus glandulifera* var. *stellatopilosa* W. H. Zhang, J. Northw. Coll. Forest. 6 (2): 88 (1991); *Quercus serrata* var. *tomentosa* (B. C. Ding et T. B.

Chao) Y. C. Hsu et H. W. Jen, J. Beijing Forest. Univ. 15 (4): 44 (1993); *Quercus glandulifera* var. *stellatopilosa* W. H. Zhang, Bull. Bot. Res., Harbin 21 (2): 179 (2001), *isonym*; *Quercus serrata* var. *stellatopilosa* (W. H. Zhang) X. L. Hou, The 7th Youth Symposium on Systematics and Evolution Botany 31 (2002).
辽宁、山西、山东、河南、陕西、甘肃、安徽、江苏、浙江、江西、湖南、湖北、四川、贵州、云南、福建、台湾、广东、广西；日本、朝鲜。

云山青冈（云山椆）

Quercus sessilifolia Blume, Mus. Bot. 1 (20): 305 (1850).
Quercus nubium Hand.-Mazz., Sitzungsber. Kaiserl. Akad. Wiss., Math.-Naturwiss. Cl., Abt. 1, 59: 137 (1877); *Cyclobalanopsis sessilifolia* (Blume) Schottky, Bot. Jahrb. Syst. 47 (5): 652 (1912); *Quercus paucidentata* Franch. ex Nakai, Bot. Mag. (Tokyo) 40: 583 (1926); *Cyclobalanopsis paucidentata* (Franch. ex Nakai) Kudo et Masam., J. Soc. Trop. Agric. 2: 184 (1930); *Quercus chingii* F. P. Metcalf, Lingnan Sci. J. 10 (4): 482 (1931); *Cyclobalanopsis nubium* (Hand.-Mazz.) Chun ex Q. F. Zheng, Fl. Fujian. 1: 410 (1982).
安徽、江苏、浙江、江西、湖南、湖北、四川、贵州、福建、台湾、广东、广西；日本。

富宁栎（芒齿山栎）

Quercus setulosa Hickel et A. Camus, Bull. Mus. Natl. Hist. Nat. 29 (8): 598 (1923).
Quercus sinii Chun, J. Arnold Arbor. 28 (2): 243 (1947).
贵州、云南、广东、广西；越南、老挝、泰国。

细叶青冈（小叶青冈栎）

•**Quercus shennongii** C. C. Huang et S. H. Fu, Wuhan Bot. Res. 2 (2): 242 (1984).
Quercus glauca f. *gracilis* Rehder et E. H. Wilson in Sarg., Pl. Wilson. 3 (2): 228 (1916); *Cyclobalanopsis gracilis* (Rehder et E. H. Wilson) W. C. Cheng et T. Hong, Sci. Silvae Sin. 8 (1): 11 (1963); *Quercus gracilis* (Rehder et E. H. Wilson) Wuzhi, Fl. Hupeh. 1: 116, f. 133 (1976), non Korthals (1844), non Large (1865); *Cyclobalanopsis pseudoglauca* Y. K. Li et X. M. Wang, Acta Bot. Yunnan. 7 (4): 417 (1985); *Quercus ciliaris* C. C. Huang et Y. T. Chang, Guihaia 12 (4): 302 (1992); *Cyclobalanopsis shennongii* (C. C. Huang et S. H. Fu) Y. C. Hsu et H. W. Jen, J. Beijing Forest. Univ. 15 (4): 45 (1993); *Cyclobalanopsis glauca* var. *gracilis* (Rehder et E. H. Wilson) Y. T. Chang, Fl. Tsinling. 1 (2): 73 (1994); *Quercus liboensis* Z. K. Zhou, Acta Bot. Yunnan. 20 (1): 43 (1998).
陕西、甘肃、安徽、江苏、浙江、江西、湖南、湖北、四川、贵州、福建、广东、广西。

西畴青冈

•**Quercus sichourensis** (Hu) C. C. Huang et Y. T. Chang, Guihaia 12 (4): 304 (1992).
Cyclobalanopsis sichourensis Hu, Acta Phytotax. Sin. 1 (2): 152 (1951).
贵州、云南。

刺叶高山栎（铁橡树）

Quercus spinosa David ex Franch., Nouv. Arch. Mus. Hist. Nat. ser. 2, 7: 84 (1884).
Quercus bullata Seemen, Bot. Jahrb. Syst. 23 (5, Beibl. 57): 48 (1897); *Quercus ilex* var. *spinosa* (David ex Franch.) Franch., J. Bot. (Morot) 13 (5): 152 (1899); *Quercus semecarpifolia* var. *spinosa* (David ex Franch.) Schottky, Bot. Jahrb. Syst. 47 (5): 642 (1912); *Quercus gilliana* Rehder et E. H. Wilson in Sarg., Pl. Wilson. 3 (2): 223 (1916); *Quercus spinosa* var. *miyabei* Hayata, Icon. Pl. Formosan. 7: 37 (1918); *Quercus tatakaensis* Tomiya, Trans. Nat. Hist. Soc. Formosa 34 (252): 346, f. 1 (1944); *Quercus taiyunensis* Ling, Prim. Fl. Costaric. 2: 4 (1947).
浙江、福建、台湾；缅甸。

台湾窄叶青冈

•**Quercus stenophylloides** Hayata, Icon. Pl. Formosan. 4: 21 (1914).
Cyclobalanopsis stenophylloides (Hayata) Kudo et Masam., Trans. Nat. Hist. Soc. Taiwan 20: 162 (1930); *Quercus stenophylla* var. *stenophylloides* (Hayata) A. Camus, Chênes 1: 272 (1936); *Cyclobalanopsis stenophylla* var. *stenophylloides* (Hayata) J. C. Liao, Forest Sin. 62: 48 (1974); *Quercus salicina* var. *stenophylloides* (Hayata) S. S. Ying, Quart. J. Chin. Forest. 21 (2): 112 (1988).
台湾。

褐叶青冈

•**Quercus stewardiana** A. Camus, Chênes 1: 273 (1936).
Cyclobalanopsis stewardiana (A. Camus) Y. C. Hsu et H. W. Jen, Acta Bot. Yunnan. 1 (1): 148 (1979); *Cyclobalanopsis stewardiana* var. *longicaudata* Y. C. Hsu, P. I. Mao et W. Z. Li, Acta Bot. Yunnan. 5 (4): 338, pl. 3, f. 1 (1983).
安徽、浙江、江西、湖南、湖北、四川、贵州、云南、广东、广西。

黄山栎

•**Quercus stewardii** Rehder, J. Arnold Arbor. 6 (4): 207 (1925).
安徽、浙江、江西、湖北。

鹿茸青冈

•**Quercus subhinoidea** Chun et W. C. Ko, Acta Phytotax. Sin. 7: 39 (1958).
Cyclobalanopsis subhinoidea (Chun et W. C. Ko) Y. C. Hsu et H. W. Jen, Acta Phytotax. Sin. 34 (3): 339 (1996).
海南。

太鲁阁栎

•**Quercus tarokoensis** Hayata, Icon. Pl. Formosan. 7: 38, pl. 11 (1918).
台湾。

薄斗青冈

●**Quercus tenuicupula** (Y. C. Hsu et H. W. Jen) C. C. Huang, Guihaia 12 (4): 304 (1992).
Cyclobalanopsis tenuicupula Y. C. Hsu et H. W. Jen, Acta Bot. Yunnan. 1 (1): 147 (1979).
云南。

厚缘青冈

Quercus thorelii Hickel et A. Camus, Bull. Mus. Natl. Hist. Nat. 29 (8): 599 (1923).
Cyclobalanopsis thorelii (Hickel et A. Camus) Hu, Bull. Fan Mem. Inst. Biol. Bot. 10: 106 (1940); *Quercus hsiensuii* Chun et W. C. Ko, Acta Phytotax. Sin. 7 (1): 37, pl. 12, f. 2 (1958).
云南、广西；越南、老挝。

吊罗山青冈（吊罗椆）

●**Quercus tiaoloshanica** Chun et W. C. Ko, Acta Phytotax. Sin. 7: 42 (1958).
Cyclobalanopsis tiaoloshanica (Chun et W. C. Ko) Y. C. Hsu et H. W. Jen, Acta Bot. Yunnan. 1 (1): 148 (1979).
海南。

毛脉青冈

●**Quercus tomentosinervis** (Y. C. Hsu et H. W. Jen) C. C. Huang, Guihaia 12 (4): 304 (1992).
Cyclobalanopsis tomentosinervis Y. C. Hsu et H. W. Jen, Acta Phytotax. Sin. 14 (2): 84 (1976).
贵州、云南。

炭栎

●**Quercus utilis** Hu et W. C. Cheng, Acta Phytotax. Sin. 1 (2): 146 (1951).
贵州、云南、广西。

栓皮栎

Quercus variabilis Blume, Mus. Bot. 1 (19): 297 (1850).
Quercus chinensis Bunge, Enum. Pl. Chin. Bor. 61 (1833), non Abel (1818); *Quercus bungeana* F. B. Forbes, J. Bot. 22: 83 (1884); *Quercus variabilis* var. *megaphylla* T. B. Chao, Fl. Henan. 1: 246 (1981); *Quercus variabilis* var. *pyramidalis* T. B. Chao et al., Acta Phytotax. Sin. 19 (1): 117, f. 1 (1981).
辽宁、河北、山西、山东、河南、陕西、甘肃、安徽、江苏、浙江、江西、湖南、湖北、四川、贵州、云南、福建、台湾、广东、广西；日本、朝鲜。

思茅青冈（黄毛青冈）

Quercus xanthotricha A. Camus, Chênes 1: 293 (1938).
Quercus djiringensis A. Camus, Chênes 1: 274 (1938); *Quercus fuhsingensis* Y. T. Chang, Acta Phytotax. Sin. 11: 257 (1966); *Cyclobalanopsis fuhsingensis* (Y. T. Chang) Y. T. Chang ex Y. C. Hsu et H. W. Jen, Acta Phytotax. Sin. 14 (2): 79 (1976), *Cyclobalanopsis xanthotricha* (A. Camus) Y. C. Hsu et H. W. Jen, J. Beijing Forest. Univ. 15 (4): 45 (1993).
云南；越南、老挝。

盈江青冈

●**Quercus yingjiangensis** (Y. C. Hsu et Q. Z. Dong) Govaerts, World Checkl. Bibliogr. Fagales 322 (1998).
Cyclobalanopsis yingjiangensis Y. C. Hsu et Q. Z. Dong, Acta Bot. Yunnan. 5 (4): 341 (1983).
云南。

燕千青冈

●**Quercus yanqianii** (G. A. Fu) N. H. Xia et Y. H. Tong, Biodivers. Sci. 24 (6): 717 (2016).
Cyclobalanopsis yanqianii G. A. Fu, Bull. Bot. Res., Harbin, 27 (1): 1 (2007), as "*yin-qianii*".
海南。

易武栎

●**Quercus yiwuensis** C. C. Huang, Acta Phytotax. Sin. 14 (2): 85, pl. 17, f. 3 (1976).
云南。

永安青冈

●**Quercus yonganensis** L. Lin et C. C. Huang, Guihaia 11 (1): 10 (1991).
Cyclobalanopsis yonganensis (L. Lin et C. C. Huang) Y. C. Hsu et H. W. Jen, J. Beijing Forest. Univ. 15 (4): 45 (1993).
福建。

云南波罗栎（锐齿波罗栎）

●**Quercus yunnanensis** Franch., J. Bot. (Morot) 13 (5): 146 (1899).
Quercus griffithii var. *urticifolia* Franch., J. Bot. (Morot) 13 (5): 148 (1899); *Quercus dentata* var. *oxyloba* Franch., J. Bot. (Morot) 13 (5): 146 (1899); *Quercus aliena* var. *urticifolia* (Franch.) Skan, J. Linn. Soc., Bot. 26 (178): 506 (1899); *Quercus malacotricha* A. Camus, Bull. Mus. Hist. Nat. (Paris) ser. 2, 5 (1): 88 (1933); *Quercus dentatoides* Liou, Contr. Inst. Bot. Natl. Acad. Peiping 4: 5 (1936); *Quercus yui* Liou, Contr. Inst. Bot. Natl. Acad. Peiping 4: 4 (1936); *Quercus dentata* subsp. *yunnanensis* (Franch.) Menitsky, Novosti Sist. Vyssh. Rast. 10: 117 (1973).
湖北、四川、贵州、云南、广东、广西。

108. 杨梅科 MYRICACEAE [1 属: 4 种]

杨梅属 **Morella** Lour.

青杨梅

●**Morella adenophora** (Hance) J. Herb., Novon 15 (2): 293 (2005).
Myrica adenophora Hance, J. Bot. 21: 357 (1883); *Myrica adenophora* var. *kusanoisapida* Hayata, J. Coll. Sci. Imp. Univ.

Tokyo 30 (1): 285 (1911).
台湾、广东、广西、海南。

毛杨梅

Morella esculenta (Buch.-Ham. ex D. Don) I. M. Turner, Gard. Bull. Singapore 53: 324 (2001).
Myrica esculenta Buch.-Ham. ex D. Don, Prodr. Fl. Nepal. 56 (1825); *Myrica sapida* Wall., Tent. Fl. Napal. 59, pl. 45 (1826).
四川、贵州、云南、广东、广西；越南、缅甸、泰国、不丹、印度。

云南杨梅

•**Morella nana** (A. Chev.) J. Herb., Novon 15 (2): 294 (2005).
Myrica nana A. Chev., Mém. Soc. Sci. Nat. Cherbourg 32: 202 (1901); *Myrica nana* var. *luxurians* A. Chev., Mém. Soc. Sci. Nat. Cherbourg 32: 204 (1901).
贵州、云南。

杨梅（山杨梅，朱红，珠蓉）

Morella rubra Lour., Fl. Cochinch., ed. 2, 2: 548 (1790).
Myrica rubra (Lour.) Siebold et Zucc., Abh. Bayer. Akad. Wiss., Math.-Naturwiss. Kl. 4 (3): 230 (1846); *Myrica rubra* var. *acuminata* Nakai, Fl. Sylv. Kor. 20: 64 (1933).
江苏、浙江、江西、湖南、四川、贵州、云南、福建、台湾、广东、广西、海南；日本、朝鲜、菲律宾。

109. 胡桃科 JUGLANDACEAE [8 属: 22 种]

喙核桃属 Annamocarya A. Chev.

喙核桃

Annamocarya sinensis (Dode) J.-F. Leroy, Rev. Int. Bot. Appl. Agric. Trop. 333-334: 428 (1950).
Carya sinensis Dode, Bull. Soc. Dendrol. France 24: 59 (1912); *Carya tsiangiana* Chun ex Lee, For. Bot. China 238 (1935), *nom. nud.*; *Rhamphocarya integrifoliolata* Kuang, Iconogr. Fl. Sin. 1 (1): 1, pl. 1 (1941); *Juglans indochinensis* A. Chev., Rev. Int. Bot. Appl. Agric. Trop. 21: 502 (1941); *Annamocarya indochinensis* (A. Chev.) A. Chev., Rev. Int. Bot. Appl. Agric. Trop. 21 (241-242): 508 (1941); *Carya integrifoliolata* (Kuang) Hjelmq., Bot. Not. Suppl. 2 (1): 171 (1948); *Juglandicarya integrifoliolata* (Kuang) Hu, Palaeobotanist 1: 264 (1952); *Carya tsiangii* Chun ex Kuang et A. M. Lu, Fl. Reipubl. Popularis Sin. 21: 36 (1979).
贵州、云南、广西；越南。

山核桃属 Carya Nutt.

山核桃（小核桃，山蟹，核桃）

•**Carya cathayensis** Sarg., Pl. Wilson. 3 (1): 187 (1916).
Hicoria cathayensis (Sarg.) Chun, Chin. Econ. Trees 62: pl. 20 (1921).
安徽、浙江、江西、贵州。

山核桃（原变种）

•**Carya cathayensis** var. **cathayensis**
安徽、浙江、江西、贵州。

大别山山核桃

•**Carya cathayensis** var. **dabeishansis** Y. Z. Hsu et N. C. Tao, Chin. Bull. Bot. 3 (5): 35 (1985).
安徽。

湖南山核桃

•**Carya hunanensis** W. C. Cheng et R. H. Chang ex R. H. Zhang et A. M. Lu, Acta Phytotax. Sin. 17 (2): 42 (1979).
湖南、贵州、广西。

美国山核桃

☆**Carya illinoinensis** (Wangenh.) K. Koch, Dendrologie 1: 593 (1869).
Juglans illinoinensis Wangenh., Beytr. Teut. Forstwiss. 54, f. 43 (1787); *Juglans pecan* Marshall, Arbust. Amer. 69 (1785), *nom. inval.*; *Juglans oliviformis* Michx., Fl. Bor.-Amer. 2: 192 (1803).
栽培于河北、河南、江苏、江西、湖南、福建；北美洲。

贵州山核桃

•**Carya kweichowensis** Kuang et A. M. Lu, Acta Phytotax. Sin. 17 (2): 43, pl. 2 (1979).
贵州。

越南山核桃（安南山核桃，老鼠核桃）

Carya tonkinensis Lecomte, Bull. Mus. Natl. Hist. Nat. 27: 438 (1921).
云南、广西；越南（北部）、印度。

注：本属尚有一种 *Carya dabieshanensis* M. C. Liu, J. Zhejiang Forest. Coll. 1 (1): 41 (1984)，但由于作者在发表本种时指定了两份模式标本，故为不合格发表，在没有看见模式标本之前，暂不作处理，仅注于此。

青钱柳属 Cyclocarya Iljinsk.

青钱柳（青钱李，山麻柳，山化树）

•**Cyclocarya paliurus** (Batalin) Iljinsk., Trudy Bot. Inst. Akad. Nauk S. S. S. R., Ser. 1, Fl. Syst. Vyssh. Rast. 10: 115, t. 49-58 (1953).
Pterocarya paliurus Batalin, Trudy Imp. S.-Peterburgsk. Bot. Sada 13 (1): 101 (1893); *Pterocarya micropaliurus* Tsoong, Contr. Inst. Bot. Natl. Acad. Peiping 4: 134, pl. 12 (1936); *Cyclocarya paliurus* var. *micropaliurus* (Tsoong) P. S. Hsu, X. Z. Feng et L. G. Xu, Guihaia 8 (4): 322 (1998).
安徽、江苏、浙江、江西、湖南、湖北、四川、贵州、云南、福建、台湾、广东、广西、海南。

黄杞属 **Engelhardia** Lesch. ex Blume

白皮黄杞（少叶黄杞）

●**Engelhardia fenzelii** Merr.

Lingdan Sci. J. 7: 300 (1929).

Engelhardia roxburghiana auct. non Wall.: FOC 4: 278, 1999, p. p., quoad syn. *E. fenzelii* Merr.

浙江、江西、湖南、福建、广东、广西、香港。

海南黄杞

●**Engelhardia hainanensis** P. Y. Chen, Acta Phytotax. Sin. 19 (2): 251 (1981).

海南。

黄杞

Engelhardia roxburghiana Wall., Pl. Asiat. Rar. 2: 85 (1831).

Engelhardia chrysolepis Hance, Ann. Sci. Nat., Bot. sér. 4, 15: 227 (1861); *Engelhardia spicata* var. *formosana* Hayata, J. Coll. Sci. Imp. Univ. Tokyo 25 (19): 199 (1908); *Engelhardia formosana* (Hayata) Hayata, Icon. Pl. Formosan. 6: 61 (1916); *Engelhardia roxburghiana* f. *brevialata* W. E. Manning, Bull. Torrey Bot. Club 93: 51 (1966); *Engelhardia unijuga* Chun ex P. Y. Chen, Acta Phytotax. Sin. 19 (2): 250 (1981); *Alfaroa roxburghiana* (Wall.) Iljinsk., Bot. Žhurn. (Moscow et Leningrad) 75 (6): 796 (1990); *Alfaropsis roxburghiana* (Wall.) Iljinsk., Bot. Žhurn. (Moscow et Leningrad) 78 (10): 81 (1993).

浙江、江西、湖南、湖北、四川、贵州、云南、福建、台湾、广东、广西、海南；越南、老挝、柬埔寨、泰国、印度尼西亚、缅甸、巴基斯坦。

齿叶黄杞

Engelhardia serrata var. **cambodica** W. E. Manning, Bull. Torrey Bot. Club 93: 45 (1966).

四川、云南；越南、老挝、缅甸、泰国、柬埔寨、印度尼西亚、印度。

云南黄杞

Engelhardia spicata Lesch. ex Blume, Bijdr. Fl. Ned. Ind. 10: 528 (1825).

贵州、云南、西藏、广东、广西、海南；越南、老挝、菲律宾、泰国、马来西亚、印度尼西亚、缅甸、尼泊尔、不丹、印度、巴基斯坦。

云南黄杞（原变种）

Engelhardia spicata var. **spicata**

云南、西藏、广西；尼泊尔、不丹、印度、巴基斯坦、越南、老挝、菲律宾、泰国、马来西亚、印度尼西亚。

爪哇黄杞（槭叶黄杞）

Engelhardia spicata var. **aceriflora** (Reinw.) Koord. et Valeton, Bijdr. Booms. Java. 5: 167 (1900).

Pterilema aceriflorum Reinw., Sylloge Plant. Nov. Soc. Rotisb. 2: 13 (1828); *Engelhardia aceriflora* (Reinw.) Blume, Fl. Javae 2: Juglandeae 11, pl. 2, 5 b (1829).

云南；菲律宾、越南、缅甸、泰国、印度尼西亚、尼泊尔、印度。

毛叶黄杞

Engelhardia spicata var. **integra** (Kurz) W. E. Manning ex Steenis, Fl. Males., Ser. 1, Spermat. 6 (6): 953 (1972).

Engelhardia villosa var. *integra* Kurz, Forest Fl. Burma 2: 491 (1877); *Engelhardia colebrookeana* Lindl. ex Wall., Pl. Asiat. Rar. 3: 4, pl. 208 (1832); *Engelhardia pterococca* var. *colebrookeana* (Lindl. ex Wall.) Kuntze, Revis. Gen. Pl. 2: 637 (1891); *Engelhardia spicata* var. *colebrookeana* (Lindl. ex Wall.) Koord. et Valeton, Bijdr. Booms. Java. 5: 169 (1900); *Engelhardia esquirolii* H. Lév., Repert. Spec. Nov. Regni Veg. 12 (336-340): 507 (1913).

贵州、云南、西藏、广东、广西、海南；菲律宾、越南、缅甸、泰国、尼泊尔、印度。

胡桃属 **Juglans** L.

胡桃楸（核桃楸）

Juglans mandshurica Maxim., Bull. Phys.-Math. Acad. Sci. Saint-Pétersbourg 15: 127 (1856).

Juglans stenocarpa Maxim., Prim. Fl. Amur. 78 (1859); *Juglans cathayensis* Dode, Bull. Soc. Dendrol. France 11: 47 (1909); *Juglans collapsa* Dode, Bull. Soc. Dendrol. France 11: 49 (1909); *Juglans draconis* Dode, Bull. Soc. Dendrol. France 11: 49 (1909); *Juglans formosana* Hayata, J. Coll. Sci. Imp. Univ. Tokyo 30 (1): 283 (1911); *Juglans cathayensis* var. *formosana* (Hayata) A. M. Lu et R. H. Chang, Fl. Reipubl. Popularis Sin. 21: 35 (1979).

黑龙江、吉林、辽宁、山西、河南、陕西、甘肃、安徽、江苏、浙江、江西、湖南、湖北、四川、贵州、云南、福建、台湾、广西；朝鲜。

胡桃（核桃）

Juglans regia L., Sp. Pl. 2: 997 (1753).

Juglans regia var. *sinensis* C. DC., Ann. Sci. Nat., Bot. ser. 4, 18: 33 (1862); *Juglans regia* var. *kamaonia* C. DC., Ann. Sci. Nat., Bot. ser. 4, 18: 33 (1862), as "*kamonia*"; *Juglans sinensis* (C. DC.) Dode, Bull. Soc. Dendrol. France 2: 92 (1906); *Juglans orientis* Dode, Bull. Soc. Dendrol. France 2: 91 (1906); *Juglans kamaonia* (C. DC.) Dode, Bull. Soc. Dendrol. France 2: 86 (1906); *Juglans fallax* Dode, Bull. Soc. Dendrol. France 2: 89 (1906); *Juglans duclouxiana* Dode, Bull. Soc. Dendrol. France 2: 81 (1906).

内蒙古、河北、山西、山东、河南、陕西、宁夏、甘肃、青海、新疆、安徽、江苏、江西、湖南、湖北、四川、贵州、福建、台湾、广东、广西、海南；亚洲（西南部）、欧洲。

泡核桃（漾濞核桃，茶核桃，铁核桃）

Juglans sigillata Dode, Bull. Soc. Dendrol. France 2: 94

(1906).
四川、贵州、云南、西藏；不丹、印度（锡金）。

化香树属 **Platycarya** Siebold et Zucc.

龙州化香

●**Platycarya longzhouensis** S. Ye Liang et G. J. Liang, Guihaia 19 (2): 119 (1999).
广西。

化香树（花木香，还香树，皮杆条）

Platycarya strobilacea Siebold et Zucc., Abh. Math.-Phys. Cl. Königl. Bayer. Akad. Wiss. 3 (3): 741, t. 5, f. 1, k1-k8 (1843).
Fortunaea chinensis Lindl., J. Hort. Soc. London 1: 150 (1846); *Platycarya strobilacea* var. *kawakamii* Hayata, J. Coll. Sci. Imp. Univ. Tokyo 30 (1): 284 (1911); *Platycarya sinensis* Mottet, Arb. Arbust. Orn. 409 (1925); *Platycarya longipes* Y. C. Wu, Bot. Jahrb. Syst. 71: 171 (1940); *Platycarya kwangtungensis* Chun ex Kuang et A. M. Lu, Fl. Reipubl. Popularis Sin. 21: 9 (1979); *Platycarya simplicifolia* var. *ternata* G. R. Long, Acta Phytotax. Sin. 28 (4): 329 (1990); *Platycarya simplicifolia* G. R. Long, Acta Phytotax. Sin. 28 (4): 328 (1990).
山东、河南、陕西、甘肃、安徽、江苏、浙江、江西、湖南、湖北、四川、贵州、云南、福建、广东、广西；日本、朝鲜、越南。

枫杨属 **Pterocarya** Kunth

湖北枫杨（山柳树）

●**Pterocarya hupehensis** Skan, J. Linn. Soc., Bot. 26 (178): 493 (1899).
Pterocarya sprengeri Pamp., Nuovo Giorn. Bot. Ital., n. s. 22 (2): 274 (1915).
陕西、湖北、四川、贵州。

甘肃枫杨

●**Pterocarya macroptera** Batalin, Trudy Imp. S.-Peterburgsk. Bot. Sada 13 (1): 100 (1893).
陕西、甘肃、浙江、湖北、四川、云南、西藏。

甘肃枫杨（原变种）

●**Pterocarya macroptera** var. **macroptera**
陕西、甘肃、四川。

云南枫杨

●**Pterocarya macroptera** var. **delavayi** (Franch.) W. E. Manning, Bull. Torrey Bot. Club 102: 165 (1975).
Pterocarya delavayi Franch., J. Bot. (Morot) 12 (21): 317 (1898); *Pterocarya forrestii* W. W. Sm. ex Hand.-Mazz., Symb. Sin. 7: 55 (1929).
湖北、四川、云南、西藏。

华西枫杨

●**Pterocarya macroptera** var. **insignis** (Rehder et E. H. Wilson) W. E. Manning, Bull. Torrey Bot. Club 102: 165 (1975).
Pterocarya insignis Rehder et E. H. Wilson in Sarg., Pl. Wilson. 3 (1): 183 (1916).
陕西、浙江、湖北、四川、云南。

水胡桃

Pterocarya rhoifolia Siebold et Zucc., Fl. Jap. 141 (1845).
Pterocarya sorbifolia Siebold et Zucc., Fl. Jap. 141 (1845).
山东；日本。

枫杨（麻柳，蜈蚣柳）

Pterocarya stenoptera C. DC., Ann. Sci. Nat., Bot. ser. 4, 18: 34 (1862).
Pterocarya laevigata Lavallée, Arbor. Segrez. 217 (1877); *Pterocarya chinensis* Lavallée, Arbor. Segrez. 217 (1877), *nom. inval.*; *Pterocarya japonica* Lavallée, Arbor. Segrez. 217 (1877); *Pterocarya stenoptera* var. *kouitchensis* Franch., J. Bot. (Morot) 12 (21): 318 (1898); *Pterocarya stenoptera* var. *sinensis* Graebn., Mitt. Deutsch. Dendrol. Ges. 20: 215 (1911); *Pterocarya stenoptera* var. *brevialata* Pamp., Nuovo Giorn. Bot. Ital., n. s. 22 (2): 274 (1915); *Acer mairei* H. Lév., Cat. Pl. Yun-Nan 135 (1916); *Pterocarya esquirollii* H. Lév., Cat. Pl. Yun-Nan 135 (1916); *Pterocarya stenoptera* var. *zhijiangensis* Z. E. Chao et C. J. Zheng, Acta Phytotax. Sin. 20: 119 (1982).
辽宁、河北、山西、山东、河南、陕西、甘肃、安徽、江苏、浙江、江西、湖南、湖北、四川、贵州、云南、福建、台湾、广东、广西、海南；日本、朝鲜。

越南枫杨

Pterocarya tonkinensis (Franch.) Dode, Bull. Soc. Dendrol. France 70: 67 (1929).
Pterocarya stenoptera var. *tonkinensis* Franch., J. Bot. (Morot) 12 (21): 318 (1898).
云南；越南、老挝。

马尾树属 **Rhoiptelea** Diels et Hand.-Mazz.

马尾树（马尾丝，马尾花，漆榆）

Rhoiptelea chiliantha Diels et Hand.-Mazz., Repert. Spec. Nov. Regni Veg. 30 (791-798): 77, pl. 127, 128 (1932).
贵州、云南、广西；越南。

110. 木麻黄科 CASUARINACEAE [1 属: 3 种]

木麻黄属 **Casuarina** L.

细枝木麻黄（银线木麻黄）

☆**Casuarina cunninghamiana** Miq., Rev. Crit. Casuar. 56 (1848).
栽培于浙江、福建、台湾、广东、广西、海南；澳大利亚。

木麻黄（马尾树，短枝木麻黄，驳骨树）

Casuarina equisetifolia L., Amoen. Acad. 4: 143 (1759).
浙江、云南、福建、台湾、广东、广西；菲律宾、越南、缅甸、泰国、马来西亚、印度尼西亚、巴布亚新几内亚、澳大利亚、太平洋岛屿。

粗枝木麻黄（蓝枝木麻黄，坚木麻黄，银木麻黄）

☆**Casuarina glauca** Sieber ex Spreng., Syst. Veg. 3: 803 (1826).
栽培于浙江、福建、台湾、广东、海南；澳大利亚。

111. 桦木科 BETULACEAE [6 属: 101 种]

桤木属 Alnus Mill.

桤木

●**Alnus cremastogyne** Burkill, J. Linn. Soc., Bot. 26 (178): 499 (1899).
陕西、甘肃、浙江、四川、贵州。

川滇桤木（滇桤木）

●**Alnus ferdinandi-coburgii** C. K. Schneid., Bot. Gaz. 64 (2): 147, pl. 15, f. K: 1-5 (1917).
四川、贵州、云南。

台湾桤木

●**Alnus formosana** (Burkill) Makino, Bot. Mag. (Tokyo) 26 (312): 390 (1912).
Alnus maritima var. *formosana* Burkill, J. Linn. Soc., Bot. 26 (178): 500 (1899); *Alnus japonica* var. *formosana* Callier, Repert. Spec. Nov. Regni Veg. 10 (243-247): 228 (1911); *Alnus henryi* C. K. Schneid. in Sarg., Pl. Wilson. 2 (3): 495 (1916).
台湾。

辽东桤木

Alnus hirsuta (Spach) Rupr., Bull. Cl. Phys.-Math. Acad. Imp. Sci. Saint-Pétersbourg, Ser. 3 (15): 376 (1857).
Alnus incana var. *hirsuta* Spach, Ann. Sci. Nat., Bot. ser. 2, 15: 207 (1841); *Alnus incana* var. *sibirica* Spach, Ann. Sci. Nat., Bot. ser. 2, 15: 207 (1841); *Alnus sibirica* Fisch. ex Turcz., Bull. Soc. Imp. Naturalistes Moscou 27: 406 (1854), *nom. inval.*; *Alnus incana* var. *glauca* Regel, Nouv. Mém. Soc. Imp. Naturalistes Moscou 13 (2): 154 (1861); *Alnus tinctoria* Sarg., Gard. et Forest 10: 472, f. 59 (1897); *Alnus sibirica* var. *paucinervis* C. K. Schneid., Ill. Handb. Laubholzk. 891, f. 557 h (1912); *Alnus sibirica* var. *oxyloba* C. K. Schneid., Ill. Handb. Laubholzk. 891, f. 557 g (1912); *Alnus sibirica* var. *hirsuta* (Spach) Koidz., Bot. Mag. (Tokyo) 27 (319): 144 (1913); *Alnus hirsuta* var. *sibirica* (Spach) C. K. Schneid. in Sarg., Pl. Wilson. 2 (3): 498 (1916).
黑龙江、吉林、辽宁、内蒙古、山东；日本、朝鲜、俄罗斯。

日本桤木（赤杨，水柯子）

Alnus japonica (Thunb.) Steud., Nomencl. Bot., ed. 2 (Steudel) 1: 55 (1840).
Betula japonica Thunb., Nova Acta Regiae Soc. Sci. Upsal. 6: 45, pl. 4 (1799).
吉林、辽宁、山东、河南、安徽、江苏；日本、朝鲜、俄罗斯。

日本桤木（原变种）

Alnus japonica var. **japonica**
Alnus maritima var. *arguta* Regel, Bull. Soc. Imp. Naturalistes Moscou 38 (2): 428 (1865); *Alnus maritima* var. *japonica* Regel, Prodr. (DC.) 16 (2): 186 (1868); *Alnus japonica* var. *latifolia* Callier, Repert. Spec. Nov. Regni Veg. 10 (243-247): 228 (1911); *Alnus borealis* Koidz., Bot. Mag. (Tokyo) 27: 145 (1913); *Alnus reginosa* Nakai, Bot. Mag. (Tokyo) 29: 46 (1915); *Alnus japonica* var. *borealis* (Koidz.) S. L. Tung, Bull. Bot. Res., Harbin 12: 125 (1981).
吉林、辽宁、山东、河南、安徽、江苏；日本、朝鲜、俄罗斯。

毛枝日本桤木

●**Alnus japonica** var. **villosa** L. Zhao et D. Chen, Fl. Liaoning. 1: 1361, 247 (1988).
辽宁。

毛桤木

●**Alnus lanata** Duthie ex Bean, Bull. Misc. Inform. Kew 1913 (5): 164 (1913).
四川。

东北桤木（东北赤杨）

Alnus mandshurica (Callier ex C. K. Schneid.) Hand.-Mazz., Oesterr. Bot. Z. 81: 306 (1932).
Alnus fruticosa var. *mandshurica* Callier ex C. K. Schneid, Ill. Handb. Laubholzk. 1: 121 (1904); *Duschekia mandshurica* (Callier ex C. K. Schneid.) Pouzar, Preslia 36 (4): 339 (1964).
黑龙江、吉林、辽宁、内蒙古；韩国、俄罗斯（远东地区）。

尼泊尔桤木（旱冬瓜）

Alnus nepalensis D. Don, Prodr. Fl. Nepal. 58 (1825).
Alnus boshia Buch.-Ham. ex D. Don, Prodr. Fl. Nepal. 58 (1825); *Clethropsis nepalensis* (D. Don) Spach, Ann. Sci. Nat., Bot. ser. 2, 15: 202 (1841); *Alnus mairei* H. Lév., Bull. Acad. Int. Géogr. Bot. 24: 283 (1914).
四川、贵州、云南、西藏、广西；越南（北部）、缅甸、泰国、不丹、尼泊尔、印度、孟加拉国。

江南桤木

Alnus trabeculosa Hand.-Mazz., Anz. Akad. Wiss. Wien, Math. Naturwiss. Kl. 59: 51 (1922).
Alnus jackii Hu, J. Arnold Arbor. 6 (3): 140 (1925); *Alnus*

nagurae Inokuma, J. Jap. Forest. Soc. 19 (6): 379 (1937); *Alnus trabeculosa* var. *hunanensis* S. B. Wan, Acta Bot. Yunnan. 5 (2): 185 (1983).
河南、安徽、江苏、浙江、江西、湖南、湖北、贵州、福建、广东；日本。

桦木属 Betula L.

红桦（纸皮桦，红皮桦）

●**Betula albosinensis** Burkill, J. Linn. Soc., Bot. 26 (178): 497 (1899).
Betula bhojpattra var. *sinensis* Franch., J. Bot. (Morot) 13 (7): 207 (1899); *Betula utilis* var. *sinensis* (Franch.) H. J. P. Winkl., Pflanzenr. (Engler) VI 61 (Heft 19): 62 (1904).
河北、山西、河南、陕西、宁夏、甘肃、青海、湖北、四川。

西桦（西南桦木）

Betula alnoides Buch.-Ham. ex D. Don, Prodr. Fl. Nepal. 58 (1825).
Betula acuminata Wall., Pl. Asiat. Rar. 2: 7, pl. 109 (1831); *Betulaster acuminata* (Wall.) Spach, Ann. Sci. Nat., Bot. ser. 2, 15: 199 (1841); *Betula alnoides* var. *acuminata* (Wall.) H. J. P. Winkl., Pflanzenr. (Engler) VI 61 (Heft 19): 89 (1904).
云南、福建、广东、广西、海南；越南、缅甸、泰国、不丹、尼泊尔、印度。

工布桦（新拟）

Betula ashburneri McAllister et Rushforth, Curtis's Bot. Mag. 28 (2): 116 (2011).
云南、四川、西藏；不丹。

华南桦

●**Betula austrosinensis** Chun ex P. C. Li, Acta Phytotax. Sin. 17 (1): 89 (1979).
江西、湖南、湖北、四川、贵州、云南、福建、广东、广西。

岩桦

●**Betula calcicola** (W. W. Sm.) P. C. Li, Fl. Reipubl. Popularis Sin. 21 (2): 137 (1979).
Betula delavayi var. *calcicola* W. W. Sm., Notes Roy. Bot. Gard. Edinburgh 8 (40): 333 (1915); *Betula forrestii* var. *calcicola* (W. W. Sm.) Hand.-Mazz., Symb. Sin. 7 (1): 20 (1929).
四川、云南。

坚桦

Betula chinensis Maxim., Bull. Soc. Imp. Naturalistes Moscou 54 (1): 47 (1879).
Betula exalata S. Moore, J. Linn. Soc., Bot. 17 (102): 386, pl. 16, f. 8-10 (1879); *Betula chinensis* var. *angusticarpa* H. J. P. Winkl., Pflanzenr. (Engler) VI 61 (Heft 19): 67 (1904); *Betula chinensis* var. *nana* Liou, Ill. Fl. Lign. Pl. N. E. China 201, pl. 73, f. 104 (1955), *nom. inval.*; *Betula liaotungensis* Baran., Ill. Fl. Lign. Pl. N. E. China 559 (1955); *Betula jiaodongensis* S. B. Liang, Bull. Bot. Res., Harbin 4 (2): 155 (1984); *Betula ceratoptera* G. H. Liu et Ma, Bull. Bot. Res., Harbin 9 (4): 55 (1989).
辽宁、内蒙古、河北、山西、山东、河南、陕西、甘肃；朝鲜。

硕桦（风桦）

Betula costata Trautv., Prim. Fl. Amur. 9: 253 (1859).
Betula ermanii var. *costata* (Trautv.) Regel, Nouv. Mém. Soc. Imp. Naturalistes Moscou 13 (2): 123 (1861); *Betula ulmifolia* var. *costata* (Trautv.) Regel, Bull. Soc. Imp. Naturalistes Moscou 38 (2): 414 (1865).
黑龙江、吉林、辽宁、内蒙古、河北；朝鲜、俄罗斯。

硕桦（原变种）

Betula costata var. **costata**
黑龙江、吉林、辽宁、内蒙古、河北；朝鲜、俄罗斯。

柔毛硕桦

●**Betula costata** var. **pubescens** Liou, Bull. Bot. Res., Harbin 1 (1-2): 129 (1981).
河北。

长穗桦

Betula cylindrostachya Lindl., Pl. Asiat. Rar. 2: 7 (1831).
Betulaster cylindrostachya (Lindl.) Spach, Ann. Sci. Nat., Bot. ser. 2, 15: 198 (1841); *Betula acuminata* var. *cylindrostachya* (Lindl.) Regel, Nouv. Mém. Soc. Imp. Naturalistes Moscou 13 (2): 129 (1861); *Betula alnoides* var. *cylindrostachya* (Lindl.) H. J. P. Winkl., Pflanzenr. (Engler) VI 61 (Heft 19): 91 (1904).
四川、云南、西藏；不丹、印度。

黑桦（棘皮桦）

Betula dahurica Pall., Fl. Ross. (Pallas) 1: 60 (1784).
Betula maximowiczii Rupr., Bull. Cl. Phys.-Math. Acad. Imp. Sci. Saint-Pétersbourg 15: 435 (1856); *Betula maackii* Rupr., Bull. Cl. Phys.-Math. Acad. Imp. Sci. Saint-Pétersbourg 15: 380 (1857); *Betula dahurica* var. *tiliifolia* Liou, Ill. Fl. Lign. Pl. N. E. China 560, pl. 67, f. 95, pl. 68, f. II, III, 9 (1955); *Betula dahurica* var. *ovalifolia* Liou, Ill. Fl. Lign. Pl. N. E. China 560, pl. 68, f. II, III, 11, pl. 69, f. 97 (1955); *Betula dahurica* var. *oblongifolia* Liou, Ill. Fl. Lign. Pl. N. E. China 560, pl. 67, f. 96, pl. 68, f. II, III, 10 (1955).
黑龙江、吉林、辽宁、内蒙古、河北、山西、陕西；蒙古国、日本、朝鲜、俄罗斯。

高山桦

●**Betula delavayi** Franch., J. Bot. (Morot) 13 (7): 205 (1899).
Betula chinensis var. *delavayi* (Franch.) C. K. Schneid., Ill.

Handb. Laubholzk. 2: 884 (1912).
? 甘肃、? 青海、湖北、四川、云南、西藏。

高山桦（原变种）

•**Betula delavayi** var. **delavayi**

Betula delavayi var. *forrestii* W. W. Sm., Notes Roy. Bot. Gard. Edinburgh 8 (40): 332 (1915); *Betula forrestii* (W. W. Sm.) Hand.-Mazz., Symb. Sin. 7 (1): 20 (1929).
? 甘肃、四川、云南、西藏。

细穗高山桦

•**Betula delavayi** var. **microstachya** P. C. Li, Acta Phytotax. Sin. 17 (1): 90 (1979).
Betula bomiensis P. C. Li, Fl. Xizang. 1: 484, f. 149 (1983).
? 青海、湖北、四川、? 西藏。

多脉高山桦

•**Betula delavayi** var. **polyneura** Hu ex P. C. Li, Acta Phytotax. Sin. 17 (1): 90 (1979).
云南。

岳桦

Betula ermanii Cham., Linnaea 6: 537, pl. 6, f. D, a-e (1831).
黑龙江、吉林、辽宁、内蒙古；日本、朝鲜、俄罗斯。

注：*Flora of China* 还收录有变种帽儿山岳桦 *Betula ermanii* var. *macrostrobila* Liou (Ill. Fl. Lign. Pl. N. E. China 200, 1955)，但由于发表时缺少必要的拉丁文描述，该变种为不合格发表。

岳桦（原变种）

Betula ermanii var. **ermanii**

Betula ermanii var. *lanata* Regel, Nouv. Mém. Soc. Imp. Naturalistes Moscou 13 (2): 122, pl. 6, f. 37-38 (1861); *Betula ulmifolia* var. *glandulosa* H. J. P. Winkl., Pflanzenr. (Engler) VI 61 (Heft 19): 64 (1904).
黑龙江、吉林、辽宁、内蒙古；日本、朝鲜、俄罗斯。

英吉里岳桦

•**Betula ermanii** var. **yingkiliensis** Liou et Z. Wang, Ill. Fl. Lign. Pl. N. E. China 559, pl. 71, f.102, pl. 72 II (1955).
黑龙江、内蒙古。

狭翅桦

•**Betula fargesii** Franch., J. Bot. (Morot) 13 (7): 205 (1899).
Betula chinensis var. *fargesii* (Franch.) P. C. Li, Fl. Reipubl. Popularis Sin. 21 (2): 135 (1971).
湖北、四川。

柴桦

Betula fruticosa Pall., Reise Russ. Reich. 3 (2): 758, pl. K. k, f. 1-3 (1776).
黑龙江、吉林、内蒙古；蒙古国、朝鲜、俄罗斯。

柴桦（原变种）

Betula fruticosa var. **fruticosa**
黑龙江、内蒙古；蒙古国、朝鲜、俄罗斯。

长穗柴桦

•**Betula fruticosa** var. **macrostachys** S. L. Tung, Bull. Bot. Res., Harbin 1 (1-2): 132 (1981).
吉林。

福建桦（新拟）

•**Betula fujianensis** J. Zeng, J. H. Li et Z. D. Chen, Bot. J. Linn. Soc. 156: 524 (2008).
福建。

砂生桦（圆叶桦）

Betula gmelinii Bunge, Mém. Acad. Imp. Sci. St.-Pétersbourg Divers Savans 2: 607 (1835).
Betula fruticosa var. *gmelinii* (Bunge) Regel, Nouv. Mém. Soc. Imp. Naturalistes Moscou 13 (2): 92 (1861).
黑龙江、辽宁、内蒙古；蒙古国、俄罗斯。

贡山桦

•**Betula gynoterminalis** Y. C. Hsu et C. J. Wang, Acta Bot. Yunnan. 5 (4): 381 (1983).
云南。

盐桦

•**Betula halophila** Ching, Acta Phytotax. Sin. 17 (1): 88 (1979).
新疆。

海南桦（新拟）

•**Betula hainanensis** J. Zeng et al., Ann. Bot. Fenn. 51: 399 (2014).
海南。

豫白桦

•**Betula honanensis** S. Y. Wang et C. L. Chang, J. Henan Agric. Coll. 1980 (2): 6 (1980).
河南。

甸生桦

Betula humilis Schrank, Baier. Fl. 1: 420 (1789).
Betula sibirica Watson, Dendrol. Brit. 2: t154 A (1825); *Betula humilis* var. *vulgaris* Perf., Bot. Zhurn. S. S. S. R. 20: 639, f. 2 (1936).
新疆；蒙古国、哈萨克斯坦、俄罗斯；欧洲。

香桦

•**Betula insignis** Franch., J. Bot. (Morot) 13 (7): 206 (1899).
Betula kweichowensis Hu, Sinensia 3 (3): 88 (1932).
湖北、四川、贵州。

金平桦

•**Betula jinpingensis** P. C. Li, Acta Phytotax. Sin. 17 (1): 89

(1979).
云南。

九龙桦

•**Betula jiulungensis** Hu ex P. C. Li, Acta Phytotax. Sin. 17 (1): 90 (1979).

四川。

亮叶桦（光皮桦）

•**Betula luminifera** H. J. P. Winkl., Pflanzenr. (Engler) VI 61 (Heft 19): 91, f. 23 a-c (1904).

Betulà acuminata var. *pyrifolia* Franch., J. Bot. (Morot) 13 (7): 207 (1899); *Betula alnoides* var. *pyrifolia* (Franch.) Burkill, J. Linn. Soc., Bot. 26 (178): 497 (1899); *Betula cylindrostachya* var. *resinosa* Diels, Bot. Jahrb. Syst. 29 (2): 282 (1900); *Betula baeumkeri* H. J. P. Winkl., Pflanzenr. (Engler) VI 61 (Heft 19): 91, f. 22 d-f (1904); *Betula hupehensis* C. K. Schneid., Ill. Handb. Laubholzk. 2: 882, f. 552 b, 553 c-d (1912); *Betula luminifera* var. *baeumkeri* (H. J. P. Winkl.) P. C. Kuo, Fl. Tsinling. 1 (2): 56 (1974).

河南、陕西、甘肃、安徽、江苏、浙江、江西、湖南、湖北、四川、贵州、云南、福建、广东、广西。

小叶桦

Betula microphylla Bunge, Mém. Acad. Imp. Sci. St.-Pétersbourg Divers Savans 2: 606 (1835).

新疆；蒙古国、哈萨克斯坦。

小叶桦（原变种）

Betula microphylla var. **microphylla**

Betula fruticosa var. *cuneifolia* Regel, Nouv. Mém. Soc. Imp. Naturalistes Moscou 13 (2): 93, pl. 7, f (1861).

新疆；蒙古国、哈萨克斯坦。

艾比湖小叶桦

•**Betula microphylla** var. **ebinurica** Chang Y. Yang et Wen H. Li, Bull. Bot. Res., Harbin 26: 653 (2006).

新疆。

哈纳斯小叶桦

•**Betula microphylla** var. **harasiica** Chang Y. Yang, Bull. Bot. Res., Harbin 26: 651 (2006).

新疆。

宽苞小叶桦

•**Betula microphylla** var. **latibracteata** Chang Y. Yang, Bull. Bot. Res., Harbin 26: 649 (2006).

新疆。

沼泽小叶桦

•**Betula microphylla** var. **paludosa** Chang Y. Yang et J. Wang, Bull. Bot. Res., Harbin 26: 652 (2006).

新疆。

土曼特小叶桦

•**Betula microphylla** var. **tumantica** Chang Y. Yang et J. Wang, Bull. Bot. Res., Harbin 26: 653 (2006).

新疆。

扇叶桦（小叶桦）

Betula middendorffii Trautv. et C. A. Mey., Reise Sibir. 1 (2), Bot. Abt. 2: 84, pl. 21 (1856).

黑龙江、内蒙古；俄罗斯。

油桦

Betula ovalifolia Rupr., Bull. Cl. Phys.-Math. Acad. Imp. Sci. Saint-Pétersbourg 15: 378 (1857).

Betula reticulata Rupr., Bull. Cl. Phys.-Math. Acad. Imp. Sci. Saint-Pétersbourg 15: 378 (1857); *Betula fruticosa* var. *ruprechtiana* Trautv., Prim. Fl. Amur. 254 (1859); *Betula humilis* var. *reticulata* (Rupr.) Regel, Nouv. Mem. Soc. Imp. Naturalistes Moscou 13: 109 (1961); *Betula humilis* var. *ruprechtii* Regel, Nouv. Mem. Soc. Imp. Naturalistes Moscou 13: 109 (1961); *Betula humilis* var. *ovalifolia* (Rupr.) Regel, Nouv. Mem. Soc. Imp. Naturalistes Moscou 13: 109 (1961).

黑龙江、吉林、内蒙古；日本、朝鲜、俄罗斯。

垂枝桦

Betula pendula Roth, Tent. Fl. Germ. 1: 405 (1788).

Betula verrucosa Ehrh., Beitr. Naturk. 6: 98 (1791).

新疆；蒙古国、哈萨克斯坦、俄罗斯；欧洲。

白桦（粉桦，桦皮树）

Betula platyphylla Sukaczev, Trudy Bot. Muz. Imp. Akad. Nauk 8: 220, pl. 3 (1911).

Betula verrucosa var. *platyphylla* (Sukaczev) Lindl. ex Jansen, Acta Horti Gothob. 25 (5): 124, f. 12-14 (1962).

黑龙江、吉林、辽宁、内蒙古、河北、山西、河南、陕西、宁夏、甘肃、青海、江苏、四川、云南、西藏；蒙古国、日本、朝鲜、俄罗斯。

白桦（原变种）

Betula platyphylla var. **platyphylla**

Betula alba subsp. *latifolia* Regel, Bull. Soc. Nat. Imp. Moscou 38 (3): 399 (1865); *Betula alba* subsp. *tauschii* Regel, Bull. Soc. Imp. Naturalistes Moscou 38 (2): 399, pl. 7, f. 11-14 (1865); *Betula alba* subsp. *mandshurica* Regel, Bull. Soc. Imp. Naturalistes Moscou 38 (2): 399, pl. 7, f. 15 (1865); *Betula japonica* var. *mandshurica* (Regel) H. J. P. Winkl., Pflanzenr. (Engler) 4 (61 Heft 19): 78 (1904); *Betula latifolia* Kom., Trudy Imp. S.-Peterburgsk. Bot. Sada 22 (1): 38 (1904), non Tausch (1838), non Andrz. (1862); *Betula mandshurica* (Regel) Nakai, Bot. Mag. (Tokyo) 29 (340): 42 (1915); *Betula japonica* var. *szechuanica* C. K. Schneid. in Sarg., Pl. Wilson. 3 (3): 454 (1917); *Betula japonica* var. *rockii* Rehder, J. Arnold Arbor.

9 (1): 25 (1928); *Betula platyphylla* var. *japonica* H. Hara, J. Jap. Bot. 13 (5): 385 (1937); *Betula platyphylla* var. *mandshurica* (Regel) H. Hara, J. Jap. Bot. 13 (5): 385 (1937); *Betula platyphylla* var. *szechuanica* (C. K. Schneid.) Rehder, J. Arnold Arbor. 20 (4): 411 (1939); *Betula szechuanica* (C. K. Schneid.) Jansen, Acta Horti Gothob. 25 (5): 113, f. 4-8 (1962).
黑龙江、吉林、辽宁、内蒙古、河北、山西、河南、陕西、宁夏、甘肃、青海、江苏、四川、云南、西藏；蒙古国、日本、朝鲜、俄罗斯。

铁皮桦

●**Betula platyphylla** var. **brunnea** J. X. Huang, Bull. Bot. Res., Harbin 6 (2): 125 (1986).
河北。

栓皮白桦

●**Betula platyphylla** var. **phellodendroides** S. L. Tung, Bull. Bot. Res., Harbin 1 (1-2): 136 (1981).
黑龙江。

矮桦

●**Betula potaninii** Batalin, Trudy Imp. S.-Peterburgsk. Bot. Sada 13 (1): 101 (1893).
Betula wilsonii Bean, Bull. Misc. Inform. Kew 1914: 264 (1914).
陕西、甘肃、四川。

菱苞桦

●**Betula rhombibracteata** P. C. Li, Acta Phytotax. Sin. 17 (1): 88 (1979).
云南。

圆叶桦

Betula rotundifolia Spach, Ann. Sci. Nat., Bot. ser. 2, 15: 194 (1841).
Betula glandulosa var. *rotundifolia* (Spach) Regel, Prodr. (DC.) 16 (2): 172 (1868).
新疆；蒙古国、哈萨克斯坦、俄罗斯。

赛黑桦（辽东桦）

Betula schmidtii Regel, Bull. Soc. Imp. Naturalistes Moscou 38 (2): 412, pl. 6, f. 14-20 (1865).
吉林、辽宁；日本、朝鲜、俄罗斯。

川桦（新拟）

●**Betula skvortsovii** McAll. et Ashburner, Gen. Betula 161 (2013).
四川。

肃南桦

●**Betula sunanensis** Y. J. Zhang, Bull. Bot. Res., Harbin 13 (1): 68 (1993).
甘肃。

天山桦

Betula tianschanica Rupr., Mém. Acad. Imp. Sci. St.-Pétersbourg 4: 72 (1867).
Betula alba var. *microphyl* Regel, Bull. Soc. Imp. Naturalistes Moscou 51: 223 (1868); *Betula jarmolenkoana* Golosk., Vestn. Akad. Nauk Kazakhsk. S. S. R. 2 (131): 92 (1956).
新疆；塔吉克斯坦、吉尔吉斯斯坦。

峨眉矮桦

●**Betula trichogemma** (Hu ex P. C. Li) T. Hong, Silva Sin. 2: 2133 (1985).
Betula potaninii var. *trichogemma* Hu ex P. C. Li, Acta Phytotax. Sin. 17 (1): 91 (1979).
四川。

糙皮桦

Betula utilis D. Don, Prodr. Fl. Nepal. 58 (1825).
Betula bhojpattra Lindl. ex Wall., Pl. Asiat. Rar. 2: 7 (1831); *Betula bhojpattra* var. *latifolia* Regel, Bull. Soc. Imp. Naturalistes Moscou 38 (2): 416 (1865); *Betula utilis* var. *prattii* Burkill, J. Linn. Soc., Bot. 26 (178): 499 (1899); *Betula albosinensis* var. *septantrionalis* C. K. Schneid. in Sarg., Pl. Wilson. 2 (3): 548 (1916).
陕西、宁夏、甘肃、青海、湖北、四川、云南、西藏；不丹、尼泊尔、印度、阿富汗。

武夷桦

●**Betula wuyiensis** J. B. Xiao, J. Nanjing Forest. Univ., Nat. Sci. Ed. 30 (2): 125 (2006).
福建。

枣叶桦

●**Betula zyzyphifolia** C. Wang et S. L. Tung, Bull. Bot. Res., Harbin 1 (1-2): 134, pl. 8 (1981).
内蒙古。

鹅耳枥属 Carpinus L.

粤北鹅耳枥（滇粤鹅耳枥）

●**Carpinus chuniana** Hu, J. Arnold Arbor. 13 (3): 334 (1932).
湖北、贵州、广东。

千金榆

Carpinus cordata Blume, Mus. Bot. 1 (20): 309 (1850).
吉林、辽宁、河北、山西、山东、陕西、宁夏、甘肃、安徽、江苏、浙江、江西、湖南、湖北、四川、贵州；日本、朝鲜、俄罗斯。

千金榆（原变种）

Carpinus cordata var. **cordata**
Carpinus erosa Blume, Mus. Bot. 1 (20): 308 (1850); *Ostrya mandshurica* Budisch. ex Trautv., Trudy Imp. S.-Peterburgsk. Bot. Sada 9: 166 (1884).

辽宁、河北、山西、山东、陕西、甘肃；日本、朝鲜、俄罗斯。

直穗千金榆

●**Carpinus cordata** var. **brevistachya** S. L. Tung, Bull. Bot. Res., Harbin 1 (1-2): 138, pl. 11, f. 9-12 (1981), as "*brevistachyus*".
吉林。

华千金榆

●**Carpinus cordata** var. **chinensis** Franch., J. Bot. (Morot) 13 (7): 202 (1899).
Carpinus chinensis (Franch.) C. Pei, Bot. Bull. Acad. Sinica 2: 223 (1948).
陕西、甘肃、安徽、江苏、浙江、江西、湖南、湖北、四川、贵州。

毛叶千金榆

●**Carpinus cordata** var. **mollis** (Rehder) W. C. Cheng ex Chun, Ill. Manual Chin. Trees et Shrubs 163 (1937).
Carpinus mollis Rehder, J. Arnold Arbor. 11 (3): 154 (1930).
陕西、宁夏、甘肃。

大庸鹅耳枥

●**Carpinus dayongina** K. W. Liu et Q. Z. Lin, Bull. Bot. Res., Harbin 6 (2): 143 (1986).
湖南。

川黔千金榆

●**Carpinus fangiana** Hu, J. Arnold Arbor. 10 (3): 154 (1929).
四川、贵州、云南、广西。

川陕鹅耳枥（干筋树）

●**Carpinus fargesiana** H. J. P. Winkl., Bot. Jahrb. Syst. 50 (Suppl.): 507 (1914).
河南、陕西、甘肃、湖北、四川。

川陕鹅耳枥（原变种）

●**Carpinus fargesiana** var. **fargesiana**
Carpinus daginensis Hu, Acta Phytotax. Sin. 9 (3): 293 (1964).
河南、陕西、甘肃、湖北、四川。

狭叶鹅耳枥

●**Carpinus fargesiana** var. **hwai** (Hu et W. C. Cheng) P. C. Li, Fl. Reipubl. Popularis Sin. 21 (2): 82 (1979).
Carpinus hwai Hu et W. C. Cheng, Bull. Fan Mem. Inst. Biol. Bot., n. s. 1: 148 (1948).
湖北、四川。

厚叶鹅耳枥

●**Carpinus firmifolia** (H. J. P. Winkl.) Hu, Bull. Fan Mem. Inst. Biol. Peiping, n. s. 1: 144 (1948).
Carpinus turczaninowii var. *firmifolia* H. J. P. Winkl., Bot. Jahrb. Syst. 50 (Suppl.): 505 (1914); *Carpinus pubescens* var. *bigiehensis* Hu, Acta Phytotax. Sin. 9 (3): 290 (1964); *Carpinus pubescens* var. *firmifolia* (H. J. P. Winkl.) Hu ex P. C. Li, Fl. Reipubl. Popularis Sin. 21 (2): 80 (1979).
贵州。

密腺鹅耳枥

●**Carpinus glandulosopunctata** (C. J. Qi) C. J. Qi, Bull. Bot. Res., Harbin 20 (1): 3 (2000).
Carpinus polyneura var. *glandulosopunctata* C. J. Qi, Acta Phytotax. Sin. 22 (6): 494, pl. 2 (1984), as "*glanduloso-punctata*".
湖南。

太鲁阁鹅耳枥

●**Carpinus hebestroma** Yamam., Icon. Pl. Formosan. Suppl. 5: 14, f. 4 (1932).
台湾。

川鄂鹅耳枥

●**Carpinus henryana** (H. J. P. Winkl.) H. J. P. Winkl., Bot. Jahrb. 50 (Suppl.): 507, f. 7 (1914).
Carpinus tschonoskii var. *henryana* H. J. P. Winkl., Pflanzenr. (Engler) VI 61 (Heft 19): 36 (1904); *Carpinus hupeana* var. *henryana* (H. J. P. Winkl.) P. C. Li, Fl. Reipubl. Popularis Sin. 21 (2): 83 (1979).
河南、陕西、甘肃、湖北、四川、贵州、云南。

湖北鹅耳枥

●**Carpinus hupeana** Hu, Sunyatsenia 1 (2-3): 118 (1933).
Carpinus huana W. C. Cheng, Contr. Biol. Lab. Sci. Soc. China, Bot. Ser. 9: 68 (1933); *Carpinus longipes* Hu, Acta Phytotax. Sin. 9 (3): 291 (1964); *Carpinus funiushanensis* P. C. Kuo, Fl. Tsinling. 1 (2): 67, f. 59 (1974).
河南、陕西、安徽、浙江、江西、湖南、湖北。

香港鹅耳枥

●**Carpinus insularis** N. H. Xia, K. S. Pang et Y. H. Tong, J. Trop. Subtrop. Bot. 22 (2): 121 (2014).
香港。

阿里山鹅耳枥

●**Carpinus kawakamii** Hayata, Icon. Pl. Formosan. 3: 175 (1913).
Carpinus hogoensis Hayata, Icon. Pl. Formosan. 6: 62 (1916); *Carpinus sekii* Yamam., Icon. Pl. Formosan. Suppl. 5: 12, f. 3 (1932).
福建、台湾。

贵州鹅耳枥

●**Carpinus kweichowensis** Hu, Sinensia 2 (5): 79, f. 1 (1931).
Carpinus austroyunnanensis Hu, Bull. Fan Mem. Inst. Biol. Bot., n. s. 1: 213 (1948).
贵州、云南。

短尾鹅耳枥

Carpinus londoniana H. J. P. Winkl., Pflanzenr. (Engler) VI 61 (Heft 19): 32 (1904).

安徽、浙江、江西、湖南、四川、贵州、云南、福建、广东、广西、海南；越南、老挝、缅甸（东南部）、泰国（北部）。

短尾鹅耳枥（原变种）

Carpinus londoniana var. **londoniana**

Carpinus poilanei A. Camus, Bull. Soc. Bot. France 76: 968 (1929).

安徽、浙江、江西、湖南、四川、贵州、云南、福建、广东、广西；越南、老挝、缅甸（东南部）、泰国（北部）。

海南鹅耳枥

●**Carpinus londoniana** var. **lanceolata** (Hand.-Mazz.) P. C. Li, Fl. Reipubl. Popularis Sin. 21 (2): 68 (1979).

Carpinus lanceolata Hand.-Mazz., Oesterr. Bot. Z. 80: 22 (1931).

海南。

宽叶鹅耳枥

●**Carpinus londoniana** var. **latifolia** P. C. Li, Acta Phytotax. Sin. 17 (1): 87 (1979).

浙江。

剑苞鹅耳枥

●**Carpinus londoniana** var. **xiphobracteata** P. C. Li, Acta Phytotax. Sin. 17 (1): 87 (1979).

浙江。

蒙山鹅耳枥

●**Carpinus mengshanensis** S. B. Liang et F. Z. Zhao, Bull. Bot. Res., Harbin 11 (2): 33 (1991).

山东。

田阳鹅耳枥（田阳鹅耳枥）

●**Carpinus microphylla** Z. C. Chen ex Y. S. Wang et J. P. Huang, Guihaia 5 (1): 15 (1985).

广西。

细齿鹅耳枥（细齿千金榆）

●**Carpinus minutiserrata** Hayata, Icon. Pl. Formosan. 3: 177, pl. 33 A (1913).

台湾。

软毛鹅耳枥

●**Carpinus mollicoma** Hu, Bull. Fan Mem. Inst. Biol. Bot., n. s. 1: 216 (1948).

四川、云南、西藏。

云南鹅耳枥

●**Carpinus monbeigiana** Hand.-Mazz., Anz. Akad. Wiss. Wien, Math.-Naturwiss. Kl. 61: 162 (1924).

Carpinus likiangensis Hu, Acta Phytotax. Sin. 9 (3): 287 (1964); *Carpinus monbeigiana* var. *weisiensis* Hu, Acta Phytotax. Sin. 9 (3): 285 (1964).

云南、西藏。

宝华鹅耳枥

●**Carpinus oblongifolia** (Hu) Hu et W. C. Cheng, Bull. Fan Mem. Inst. Biol. Bot., n. s. 1: 146 (1948).

Carpinus turczaninowii var. *oblongifolia* Hu, Sunyatsenia 1 (2-3): 115 (1933).

江苏。

峨眉鹅耳枥

●**Carpinus omeiensis** Hu et D. Fang, Acta Phytotax. Sin. 9 (3): 296 (1964).

四川、贵州。

多脉鹅耳枥

●**Carpinus polyneura** Franch., J. Bot. (Morot) 13 (7): 202 (1899).

Carpinus turczaninowii var. *polyneura* (Franch.) H. J. P. Winkl., Pflanzenr. (Engler) VI 61 (Heft 19): 38 (1904); *Carpinus handelii* Rehder, J. Arnold Arbor. 1 (1): 59 (1919).

陕西、浙江、江西、湖南、湖北、四川、贵州、福建、广东。

云贵鹅耳枥

Carpinus pubescens Burkill, J. Linn. Soc., Bot. 26 (178): 502 (1899).

Carpinus seemeniana Diels, Bot. Jahrb. Syst. 29 (2): 279 (1900); *Carpinus pinfaensis* Hu, Bull. Soc. Bot. France 52: 142 (1905); *Carpinus tungtzeensis* Hu, Sinensia 2 (5): 85, f. 3 (1931); *Carpinus kweitingensis* Hu, Sunyatsenia 1 (2-3): 119 (1931); *Carpinus austrosinensis* Hu, Sinensia 2 (5): 87, f. 4 (1931); *Carpinus tsiangiana* Hu, Sinensia 2 (5): 90, f. 5 (1931); *Carpinus wangii* Hu et W. C. Cheng, Bull. Fan Mem. Inst. Biol. Bot., n. s. 1: 147 (1948); *Carpinus pingpienensis* Hu, Bull. Fan Mem. Inst. Biol. Bot., n. s. 1: 188 (1948); *Carpinus lancilimba* Hu, Bull. Fan Mem. Inst. Biol. Bot., n. s. 1: 142 (1948); *Carpinus pilosinucula* Hu, Bull. Fan Mem. Inst. Biol. Bot., n. s. 1: 142 (1948); *Carpinus marlipoensis* Hu, Bull. Fan Mem. Inst. Biol. Bot., n. s. 1: 215 (1948); *Carpinus tsoongiana* Hu, Bull. Fan Mem. Inst. Biol. Bot., n. s. 1: 186 (1948); *Carpinus kweiyangensis* Hu, Bull. Fan Mem. Inst. Biol. Bot., n. s. 1: 187 (1948); *Carpinus parva* Hu, Acta Phytotax. Sin. 9 (3): 292 (1964).

陕西、四川、贵州、云南；越南（北部）。

紫脉鹅耳枥

●**Carpinus purpurinervis** Hu, Acta Phytotax. Sin. 9 (3): 293 (1964).

贵州、广西。

普陀鹅耳枥

●**Carpinus putoensis** W. C. Cheng, Contr. Biol. Lab. Sci. Soc. China, Bot. Ser. 8, 72 (1932).

浙江。

兰邯千金榆

●**Carpinus rankanensis** Hayata, Icon. Pl. Formosan. 6: 63, pl. 8, f. 10 (1916).
台湾。

兰邯千金榆（原变种）

●**Carpinus rankanensis** var. **rankanensis**
台湾。

细叶兰邯千金榆

●**Carpinus rankanensis** var. **matsudae** Yamam., Icon. Pl. Formosan. Suppl. 5: 15, f. 5 (1932).
台湾。

岩生鹅耳枥（岩鹅耳枥）

●**Carpinus rupestris** A. Camus, Bull. Soc. Bot. France 76: 966 (1929).
贵州、云南、广西。

陕西鹅耳枥（陕鹅耳枥）

●**Carpinus shensiensis** Hu, Bull. Fan Mem. Inst. Biol. Bot., n. s. 1: 145 (1948).
陕西、甘肃。

陕西鹅耳枥（原变种）

●**Carpinus shensiensis** var. **shensiensis**
陕西、甘肃。

少脉鹅耳枥

●**Carpinus shensiensis** var. **paucineura** S. Z. Qu et K. Y. Wang, Bull. Bot. Res., Harbin 8 (4): 111, f. 1 (1988).
陕西。

小叶鹅耳枥

●**Carpinus stipulata** H. J. P. Winkl., Pflanzenr. (Engler) VI 61 (Heft 19): 35, f. 11 (1904).
Carpinus turczaninowii var. *stipulata* (H. J. P. Winkl.) H. J. P. Winkl., Bot. Jahrb. Syst. 50 (Suppl.): 505 (1914); *Carpinus simplicidentata* Hu, Bull. Fan Mem. Inst. Biol. Bot., n. s. 1: 143 (1948); *Carpinus hupeana* var. *simplicidentata* (Hu) P. C. Li, Fl. Reipubl. Popularis Sin. 21 (2): 83 (1979).
陕西、甘肃、湖北。

松潘鹅耳枥

●**Carpinus sungpanensis** W. Y. Hsia, Contr. Inst. Bot. Natl. Acad. Peiping 2: 180 (1934).
Carpinus polyneura var. *sungpanensis* (W. Y. Hsia) P. C. Li, Fl. Reipubl. Popularis Sin. 21 (2): 86 (1979).
四川。

天台鹅耳枥

●**Carpinus tientaiensis** W. C. Cheng, Contr. Biol. Lab. Sci. Soc. China, Bot. Ser. 8: 135 (1932).
Carpinus laxiflora var. *tientaiensis* (W. C. Cheng) Hu, Sunyatsenia 1 (2-3): 112 (1933).
浙江。

宽苞鹅耳枥（大扫把栗）

●**Carpinus tsaiana** Hu, Bull. Fan Mem. Inst. Biol. Bot., n. s. 1: 141 (1948).
Carpinus sichourensis Hu, Bull. Fan Mem. Inst. Biol. Bot., n. s. 1: 214 (1948).
贵州、云南。

昌化鹅耳枥（昌化枥）

Carpinus tschonoskii Maxim., Bull. Acad. Imp. Sci. Saint-Pétersbourg 27 (4): 534 (1882).
Carpinus paohsingensis Hu, Contr. Inst. Bot. Natl. Acad. Peiping 2: 179, pl. 13 (1934); *Carpinus obovatifolia* Hu, Acta Phytotax. Sin. 9 (3): 289 (1964); *Carpinus falcatibracteata* Hu, Acta Phytotax. Sin. 9 (3): 297 (1964); *Carpinus tschonoskii* var. *falcatibracteata* (Hu) P. C. Li, Fl. Reipubl. Popularis Sin. 21 (2): 85 (1979); *Carpinus mianningensis* T. P. Yi, Bull. Bot. Res., Harbin 12 (4): 335 (1992).
河南、安徽、江苏、浙江、江西、湖南、湖北、四川、贵州、云南、广西；日本、朝鲜。

遵义鹅耳枥

●**Carpinus tsunyihensis** Hu, Acta Phytotax. Sin. 9 (3): 296 (1964).
Carpinus polyneura var. *tsunyihensis* (Hu) P. C. Li, Fl. Reipubl. Popularis Sin. 21 (2): 88 (1979).
贵州。

鹅耳枥（穗子榆）

Carpinus turczaninowii Hance, J. Linn. Soc., Bot. 10: 203 (1869).
Carpinus chowii Hu, J. Arnold Arbor. 13 (3): 333 (1932); *Carpinus turczaninowii* var. *chungnanensis* P. C. Kuo, Fl. Tsinling. 1 (2): 66, pl. 56 (1974).
辽宁、北京、山东、河南、陕西、甘肃、江苏；日本、朝鲜。

雷公鹅耳枥

Carpinus viminea Lindl., Pl. Asiat. Rar. 2: 4, pl. 106 (1831).
安徽、江苏、浙江、江西、湖南、湖北、四川、贵州、云南、西藏、福建、广东、广西；越南、缅甸、泰国、不丹、尼泊尔、印度、克什米尔地区。

雷公鹅耳枥（原变种）

Carpinus viminea var. **viminea**
Carpinus laxiflora var. *macrostachya* Oliv. ex Hu, Hooker's Icon. Pl. 20 (4): pl. 1989 (1891); *Carpinus laxiflora* var. *davidii* Franch., J. Bot. (Morot) 13 (7): 203 (1899); *Carpinus fargesii* Franch., J. Bot. (Morot) 13 (7): 202 (1899); *Carpinus*

tehchingensis Hu, Acta Phytotax. Sin. 9 (3): 283 (1964); *Carpinus fargesii* var. *latifolia* S. Y. Wang et C. L. Chang, J. Henan Agric. Coll. 1980 (2): 6 (1980).
安徽、江苏、浙江、江西、湖南、湖北、四川、贵州、云南、西藏、福建、广东、广西；越南、缅甸、泰国、不丹、尼泊尔、印度、克什米尔地区。

贡山鹅耳枥

•**Carpinus viminea** var. **chiukiangensis** Hu, Acta Phytotax. Sin. 9 (3): 282 (1964).
云南、西藏。

榛属 Corylus L.

华榛（山白果）

•**Corylus chinensis** Franch., J. Bot. (Morot) 13 (7): 197 (1899).
Corylus colurna var. *chinensis* (Franch.) Burkill, J. Linn. Soc., Bot. 26 (178): 503 (1899); *Corylus papyracea* Hickel, Bull. Soc. Dendrol. France 94 (1928); *Corylus chinensis* var. *macrocarpa* Hu, Bull. Fan Mem. Inst. Biol. Bot. 8: 32 (1938).
陕西、甘肃、湖北、四川、贵州、云南、西藏。

披针叶榛

•**Corylus fargesii** C. K. Schneid., Ill. Handb. Laubholzk. 2: 896, f. 561 e (1912).
Corylus rostrata var. *fargesii* Franch., J. Bot. (Morot) 13 (7): 199 (1899); *Corylus mandshurica* var. *fargesii* (Franchee) Burkill, J. Linn. Soc., Bot. 26 (178): 505 (1899).
河南、陕西、宁夏、甘肃、江西、湖北、四川、贵州。

刺榛

Corylus ferox Wall., Pl. Asiat. Rar. 1: 77, pl. 87 (1830).
陕西、宁夏、甘肃、湖北、四川、贵州、云南、西藏；缅甸、不丹、尼泊尔、印度。

刺榛（原变种）

Corylus ferox var. **ferox**
四川、贵州、云南；？缅甸、不丹、尼泊尔、印度。

藏刺榛

•**Corylus ferox** var. **thibetica** (Batalin) Franch., J. Bot. (Morot) 13 (7): 200 (1899).
Corylus thibetica Batalin, Trudy Imp. S.-Peterburgsk. Bot. Sada 13 (1): 102 (1893).
陕西、宁夏、甘肃、湖北、四川、贵州、云南、西藏。

榛（榛子）

Corylus heterophylla Fisch. ex Trautv., Pl. Imag. Descr. 10 (1844).
黑龙江、吉林、辽宁、内蒙古、河北、山西、山东、河南、陕西、宁夏、甘肃、安徽、江苏、浙江、江西、湖南、湖北、四川、贵州；日本、朝鲜、俄罗斯。

榛（原变种）

Corylus heterophylla var. **heterophylla**
Corylus avellana var. *davurica* Ledeb., Fl. Ross. (Ledeb.) 3: 588 (1850); *Corylus heterophylla* var. *thunbergii* Blume, Mus. Bot. 1: 130 (1850).
黑龙江、吉林、辽宁、内蒙古、河北、山西、河南、宁夏、甘肃；日本、？朝鲜、俄罗斯。

川榛

•**Corylus heterophylla** var. **sutchuenensis** Franch., J. Bot. (Morot) 13 (7): 199 (1899).
Corylus heterophylla var. *cristagallii* Burkill, J. Linn. Soc., Bot. 26 (178): 504 (1899); *Corylus kweichowensis* Hu, Bull. Fan Mem. Inst. Biol. Bot., n. s. 1: 149 (1948); *Corylus kweichowensis* var. *brevipes* W. J. Liang, Bull. Bot. Res., Harbin 8 (4): 117 (1988).
山东、河南、陕西、甘肃、安徽、江苏、浙江、江西、湖南、湖北、四川、贵州。

毛榛（毛榛子，火榛子）

Corylus mandshurica Maxim., Bull. Acad. Imp. Sci. Saint-Pétersbourg 15: 137 (1856).
Corylus rostrata var. *mandshurica* (Maxim.) Regel, Bull. Cl. Phys.-Math. Acad. Imp. Sci. Saint-Pétersbourg 27: 538 (1857); *Corylus sieboldiana* var. *mandshurica* (Maxim.) C. K. Schneid. in Sarg., Pl. Wilson. 2 (3): 454 (1916).
黑龙江、吉林、辽宁、内蒙古、河北、河南、陕西、甘肃、湖北、四川；日本、朝鲜、俄罗斯。

维西榛

•**Corylus wangii** Hu, Bull. Fan Mem. Inst. Biol. Bot. 8: 31 (1938).
云南。

武陵榛

•**Corylus wulingensis** Qi-xian Liu et C. M. Zhang, Bull. Bot. Res., Harbin 10 (1): 35, f. s. n. (1990).
湖南。

滇榛

•**Corylus yunnanensis** (Franch.) A. Camus, Bull. Mus. Hist. Nat. (Paris) ser. 2, 1: 448 (1928).
Corylus heterophylla var. *yunnanensis* Franch., J. Bot. (Morot) 13 (7): 198 (1899).
湖北、四川、贵州、云南。

铁木属 Ostrya Scop.

铁木（苗榆）

Ostrya japonica Sarg., Gard. et Forest 6: 383, f. 58 (1893).
Ostrya liana Hu, J. Arnold Arbor. 11 (1): 49 (1930).

河北、河南、陕西、甘肃、湖北、四川；日本、朝鲜。

多脉铁木

●**Ostrya multinervis** Rehder, J. Arnold Arbor. 19 (1): 71, pl. 217 (1938).
江苏、浙江、湖南、四川、贵州。

天目铁木（小叶穗子榆）

●**Ostrya rehderiana** Chun, J. Arnold Arbor. 8 (1): 19 (1927).
浙江。

毛果铁木

●**Ostrya trichocarpa** D. Fang et Y. S. Wang, Guihaia 3 (3): 189, pl. 1 (1983).
广西。

云南铁木

●**Ostrya yunnanensis** Hu ex P. C. Li, Acta Phytotax. Sin. 17 (1): 87 (1979).
云南。

虎榛子属 Ostryopsis Decne.

虎榛子（棱榆）

●**Ostryopsis davidiana** Decne., Bull. Soc. Bot. France 20: 155 (1873).
Corylus davidiana (Decne.) Baill., Hist. Pl. (Baillon) 6: 224 (1877).
辽宁、内蒙古、河北、山西、陕西、宁夏、甘肃、四川。

中间型虎榛子（新拟）

●**Ostryopsis intermidia** B. Tian et J. Q. Liu, Bot. Stud. (Taipei) 51: 261 (2010).
云南。

滇虎榛（大叶虎榛子）

●**Ostryopsis nobilis** I. B. Balfour et W. W. Sm., Notes Roy. Bot. Gard. Edinburgh 8: 194 (1914).
Ostryopsis davidiana var. *cinerascens* Franch., Bull. Soc. Bot. France 32: 27 (1885).
四川、云南。

112. 马桑科 CORIARIACEAE [1 属: 3 种]

马桑属 Coriaria L.

台湾马桑

Coriaria intermedia Matsum., Bot. Mag. (Tokyo) 12 (139): 62 (1898).
Coriaria summicola Hayata, Icon. Pl. Formosan. 5: 33, t (1915); *Coriaria japonica* subsp. *intermedia* (Matsum.) T. C. Huang., Taiwania 37 (2): 134 (1992).
台湾；菲律宾。

马桑（千年红，野马桑，马桑柴）

Coriaria nepalensis Wall., Pl. Asiat. Rar. 3: 67, pl. 289 (1832).
Coriaria sinica Maxim., Mém. Acad. Imp. Sci. St.-Pétersbourg 29 (3): 9 (1881); *Morus calva* H. Lév., Repert. Spec. Nov. Regni Veg. 13 (363-367): 265 (1914); *Coriaria kweichowensis* Hu, Bull. Fan Mem. Inst. Biol. Bot. 7: 213 (1936).
河南、陕西、甘肃、江苏、湖南、湖北、四川、贵州、云南、西藏、广西、香港；缅甸、不丹、尼泊尔、印度、巴基斯坦、克什米尔地区。

草马桑

Coriaria terminalis Hemsl., Hooker's Icon. Pl. 23 (1): pl. 2220 (1892).
Coriaria terminalis var. *xanthocarpa* Rehder et E. H. Wilson in Sarg., Pl. Wilson. 2 (1): 171 (1914).
四川、云南、西藏；不丹、尼泊尔、印度。

113. 葫芦科 CUCURBITACEAE [34 属: 160 种]

盒子草属 Actinostemma Griff.

盒子草

Actinostemma tenerum Griff., Pl. Cantor. 25, pl. 3 (1837).
辽宁、河北、山东、河南、安徽、江苏、浙江、江西、湖南、四川、云南、西藏、福建、台湾、广西；日本、朝鲜、印度；亚洲（西南部）。

盒子草（原变种）

Actinostemma tenerum var. **tenerum**
Mitrosicyos racemosus Maxim., Mém. Acad. Imp. Sci. St.-Pétersbourg Divers Savans 9: 112 (1859); *Mitrosicyos lobatus* Maxim., Mém. Acad. Imp. Sci. St.-Pétersbourg Divers Savans 9: 112, t. 7 (1859); *Pomasterion japonicum* Miq., Ann. Mus. Bot. Lugduno-Batavi 2: 80 (1865); *Actinostemma japonicum* (Miq.) Miq., Ann. Mus. Bot. Lugduno-Batavi 3: 188 (1867); *Actinostemma lobatum* var. *japonicum* Maxim., Enum. Pl. Jap. 1 (1): 175 (1873); *Actinostemma lobatum* (Maxim.) Maxim. ex Franch. et Sav., Enum. Pl. Jap. 1 (1): 175 (1873); *Actinostemma lobatum* var. *genuinum* Cogn., Monogr. Phan. 3: 922 (1881); *Actinostemma racemosum* Maxim. ex Cogn., Monogr. Phan. 3: 922 (1881); *Actinostemma lobatum* var. *palmatatum* Makino, Bot. Mag. (Tokyo) 20 (229): 26 (1906); *Actinostemma lobatum* f. *longiloba* Kom., Trudy Imp. S.-Peterburgsk. Bot. Sada 25 (2): 548 (1907); *Actinostemma lobatum* f. *subintegra* Kom., Trudy Imp. S.-Peterburgsk. Bot. Sada 25 (2): 548 (1907); *Actinostemma palmatum* (Makino) Makino, Bot. Mag. (Tokyo) 28 (329): 158 (1914); *Actinostemma parvifolium* Cogn., Pflanzenr. (Engler) 66 (IV. 275. 1): 35 (1916).

辽宁、河北、山东、河南、安徽、江苏、浙江、江西、湖南、四川、云南、西藏、福建、台湾、广西；日本、朝鲜、印度；亚洲（西南部）。

云南盒子草

●**Actinostemma tenerum** var. **yunnanensis** A. M. Lu et Zhi Y. Zhang, Bull. Bot. Res., Harbin 4 (2): 127 (1984).
云南。

冬瓜属 Benincasa Savi

冬瓜

☆**Benincasa hispida** (Thunb.) Cogn., Monogr. Phan. 3: 513 (1881).
Cucurbita hispida Thunb., Nova Acta Regiae Soc. Sci. Upsal. 4: 38 (1783); *Lagenaria vulgaris* var. *hispida* (Thunb.) Nakai, Cat. Sem. Hort. Univ. Tokyo 38 (1932); *Lagenaria leucantha* var. *hispida* (Thunb.) Nakai, J. Jap. Bot. 18 (1): 24 (1942); *Lagenaria siceraria* var. *hispida* (Thunb.) H. Hara, Bot. Mag. (Tokyo) 61: 5 (1948); *Benincasa pruriens* f. *hispida* (Thunb.) W. J. de Wilde et Duyfjes, Fl. Thailand 9: 421 (2008).
中国常见栽培；澳大利亚；亚洲（西南部）、非洲。

冬瓜（原变种）

☆**Benincasa hispida** var. **hispida**
Benincasa cerifera Savi, Bibliot. Ital. (Milan) 9: 158, f. a-g (1828); *Cucurbita pruriens* Seem., J. Bot. 2: 50 (1864); *Benincasa pruriens* (Seem.) W. J. de Wilde et Duyfjes, Reinwardtia 12 (4): 268 (2008).
中国常见栽培；全世界尤其热带亚洲广泛栽培。

节瓜

☆**Benincasa hispida** var. **chieh-qua** F. C. How, Acta Phytotax. Sin. 3 (1): 76 (1954).
栽培于广东、广西。

三裂瓜属 Biswarea Cogn.

三裂瓜

Biswarea tonglensis (C. B. Clarke) Cogn., Bull. Soc. Roy. Bot. Belgique 21 (2): 16 (1882).
Warea tonglensis C. B. Clarke, J. Linn. Soc., Bot. 15: 129, f. 1-12 (1876).
云南；缅甸、印度。

假贝母属 Bolbostemma Franquet

刺儿瓜

●**Bolbostemma biglandulosum** (Hemsl.) Franquet, Bull. Mus. Hist. Nat. (Paris) ser. 2, 2 (3): 328 (1930).
Actinostemma biglandulosum Hemsl., Hooker's Icon. Pl. 27 (2): pl. 2645 (1901).
贵州、云南。

刺儿瓜（原变种）

●**Bolbostemma biglandulosum** var. **biglandulosum**
Hemsleya esquirolii H. Lév., Fl. Kouy-Tcheou 122 (1914).
贵州、云南。

波裂叶刺儿瓜

●**Bolbostemma biglandulosum** var. **sinuatolobulatum** C. Y. Wu, Acta Phytotax. Sin. 6 (2): 238 (1957), as "*sinuato-lobulatum*".
云南。

假贝母

●**Bolbostemma paniculatum** (Maxim.) Franquet, Bull. Mus. Hist. Nat. (Paris) ser. 2, 2 (3): 327 (1930).
Mitrosicyos paniculatus Maxim., Mém. Acad. Imp. Sci. St.-Pétersbourg Divers Savans 9: 113 (1859); *Actinostemma paniculatum* (Maxim.) Maxim. ex Cogn., Monogr. Phan. 3: 920 (1881); *Actinostemma multilobum* Harms, Bot. Jahrb. Syst. 29 (5): 602, pl. 29 (1901); *Schizopepon fargesii* Gagnep., Bull. Mus. Natl. Hist. Nat. 24 (5): 377, pl. 34 (1918).
河北、山西、山东、河南、陕西、甘肃、湖南、四川。

西瓜属 Citrullus Schrad. ex Eckl. et Zeyh.

西瓜（寒瓜）

☆**Citrullus lanatus** (Thunb.) Matsum. et Nakai, Cat. Sem. Spor. Hort. Bot. Univ. Imp. Tokyo. 30: n. 854 (1916).
Momordica lanata Thunb., Prodr. Pl. Cap. 13 (1794); *Cucurbita citrullus* L., Sp. Pl. 1: 1010 (1753); *Cucumis citrullus* (L.) Ser., Prodr. 3: 301 (1828); *Citrullus vulgaris* Schrad. ex Kckl. et Zeyh., Enum. Pl. Afric. Austral. 2: 279 (1836); *Citrullus edulis* Spach, Hist. Nat. Veg. (Spach) 6: 214 (1838); *Colocynthis citrullus* (L.) Kuntze, Revis. Gen. Pl. 1: 256 (1891); *Citrullus lanata* (Thunb.) Mansf., Kulturpflanze, Beih. 2: 421 (1959).
中国广泛栽培；非洲。

红瓜属 Coccinia Wight et Arn.

红瓜

Coccinia grandis (L.) Voigt, Hort. Suburb. Calcutt. 59 (1845).
Bryonia grandis L., Mant. Pl. 1: 126 (1767); *Coccinia indica* Wight et Arn., Prodr. Fl. Ind. Orient. 1: 347 (1834); *Cephalandra indica* Naud., Ann. Sci. Nat., Bot. Ser. 5, 5: 16 (1866); *Coccinia cordifolia* auct. non (L.) Cogn.: Cogn, in DC., Mon. Phan. 3: 529 (1881), p. p.
云南、广东、广西；热带亚洲、非洲。

甜瓜属 Cucumis L.

小马泡

●**Cucumis bisexualis** A. M. Lu et G. C. Wang ex A. M. Lu et Zhi Y. Zhang, Bull. Bot. Res., Harbin 4 (2): 126 (1984).

山东、河南、安徽、江苏。

野黄瓜（酸黄瓜，鸟苦瓜，老鼠瓜）

Cucumis hystrix Chakrav., J. Bombay Nat. Hist. Soc. 50: 896 (1952).
Cucumis muriculatus Chakrav., J. Bombay Nat. Hist. Soc. 50: 896 (1952).
云南；缅甸、印度。

甜瓜（香瓜，哈密瓜，白兰瓜）

☆**Cucumis melo** L., Sp. Pl. 2: 1011 (1753).
山东、新疆、安徽、江苏，其余地方也广泛栽培；原产于旧大陆，现广泛栽培于全世界的热带和温带地区。

甜瓜（原变种）

☆**Cucumis melo** var. **melo**
Cucumis dudaim L., Sp. Pl. 2: 1011 (1753).
山东、新疆、安徽、江苏，其余地方也广泛栽培；原产于旧大陆，现广泛栽培于全世界的热带和温带地区。

马泡瓜

☆**Cucumis melo** var. **agrestis** Naudin, Ann. Sci. Nat., Bot. ser. 4, 11: 73 (1859).
Cucumis acidus Jacq., Observ. Bot. (Jacquin) 4: 14 (1764); *Bryonia callosa* Rottler, Neue Schrift. Ges. Naturf. Freunde Berlin. 4: 210 (1803); *Cucumis callosus* (Rottler) Cogn. et Harms, Pflanzenr. (Engler) Cucurb.-Cucum. 129 (1914); *Cucumis melo* subsp. *agrestis* (Naudin) Pangalo, Turquie Agricole 534 (1933).
中国南北各地有少许栽培；朝鲜。

菜瓜（越瓜，稍瓜，白瓜）

☆**Cucumis melo** var. **conomon** (Thunb.) Makino, Bot. Mag. (Tokyo) 16: 16 (1902).
Cucumis conomon Thunb., Fl. Jap. 362 (1784); *Cucumis melo* f. *albus* Makino, Bot. Mag. (Tokyo) 20: 81 (1906).
华中、华南，中国普遍栽培；亚洲东部及东南部广泛栽培，原产于旧大陆，新大陆热带地区引进。

黄瓜

☆**Cucumis sativus** L., Sp. Pl. 2: 1012 (1753).
中国各地普遍栽培；广泛栽培于温带和热带地区。

黄瓜（原变种）

☆**Cucumis sativus** var. **sativus**
中国各地普遍栽培；广泛栽培于温带和热带地区。

西南野黄瓜

Cucumis sativus var. **hardwickii** (Royle) Alef., Landw. Fl. 196 (1866).
Cucumis hardwickii Royle, Ill. Bot. Himal. Mts. 1: 220, t. 47, f. 3 a (1835).
贵州、云南、广西；缅甸、泰国、尼泊尔、印度。

南瓜属 Cucurbita L.

笋瓜（北瓜，搅丝瓜，饭瓜）

☆**Cucurbita maxima** Duchesne ex Lam., Encycl. 2 (1): 151 (1786).
普遍栽培于中国；原产于南美洲，栽培于热带和温带地区。

南瓜（倭瓜，番瓜，饭瓜）

☆**Cucurbita moschata** (Duchesne ex Lam.) Duchesne ex Poir., Dict. Sci. Nat. 11: 234 (1818).
Cucurbita pepo var. *moschata* Duchesne ex Lam., Encycl. 2 (1): 152 (1786).
普遍栽培于中国；原产于中美洲，世界广泛栽培。

西葫芦

☆**Cucurbita pepo** L., Sp. Pl. 2: 1010 (1753).
普遍栽培于中国南北各地；欧洲。

辣子瓜属 Cyclanthera Schrad.

小雀瓜

Cyclanthera pedata (L.) Schrad., Index Seminum [Goettingen] 1831: 2 (1831).
Momordica pedata L., Sp. Pl. 2: 1009 (1753).
云南、西藏；北美洲、南美洲。

毒瓜属 Diplocyclos (Endl.) T. Post et Kuntze

毒瓜（花瓜）

Diplocyclos palmatus (L.) C. Jeffrey, Kew Bull. 15 (3): 352 (1962).
Bryonia palmata L., Sp. Pl. 2: 1012 (1753); *Bryonia affinis* Endl., Prodr. Fl. Nov. Holland. 68 (1833); *Bryonopsis laciniosa* var. *erythrocarpa* Naudin, Ill. Hort. 12: t. 431 (1865); *Bryonopsis affinis* (Endl.) Cogn., Monogr. Phan. 3: 479 (1881); *Ilocania pedata* Merr., Philipp. J. Sci. 13 (1): 65 (1918); *Bryonopsis laciniosa* var. *walkeri* Chakrav., Rec. Bot. Surv. India 17 (1): 138 (1959).
台湾、广东、广西；越南、马来西亚、印度、澳大利亚；非洲。

喷瓜属 Ecballium A. Rich.

喷瓜

Ecballium elaterium (L.) A. Rich., Dict. Class. Hist. Nat. 6: 19 (1824).
Momordica elaterium L., Sp. Pl. 2: 1010 (1753).
陕西、新疆、江苏；亚洲（西南部）、欧洲。

三棱瓜属 Edgaria C. B. Clarke

三棱瓜

Edgaria darjeelingensis C. B. Clarke, J. Linn. Soc., Bot. 15:

114, f. 1-9 (1876).
西藏；不丹、尼泊尔、印度（北部）。

锥形果属 **Gomphogyne** Griff.

锥形果

Gomphogyne cissiformis Griff., Pl. Cantor. 26, in adnot. pl. 4 (1837).
云南；尼泊尔、不丹、印度。

锥形果（原变种）

Gomphogyne cissiformis var. **cissiformis**

Gomphogyne bonii Gagnep., Bull. Mus. Natl. Hist. Nat. 24 (5): 372 (1918); *Gomphogyne alleizettii* Gagnep., Fl. Indo-Chine 2: 1086 (1921).
云南；尼泊尔、不丹、印度。

毛锥形果

Gomphogyne cissiformis var. **villosa** Cogn., Monogr. Phan. 3: 925 (1881).
Gomphogyne cissiformis f. *villosa* (Cogn.) M. Mizush., J. Jap. Bot. 41 (9): 259 (1966).
云南；尼泊尔、印度（锡金）。

金瓜属 **Gymnopetalum** Arn.

金瓜

Gymnopetalum chinense (Lour.) Merr., Philipp. J. Sci. 15 (3): 256 (1919).
Euonymus chinensis Lour., Fl. Cochinch., ed. 2, 1: 156 (1790); *Bryonia cochinchinensis* Lour., Fl. Cochinch., ed. 2, 2: 595 (1790); *Trichosanthes scabra* Lour., Fl. Cochinch., ed. 2, 2: 589 (1790); *Tripodanthera cochinchinensis* (Lour.) M. Roem., Fam. Nat. Syn. Monogr. 2: 48 (1846); *Gymnopetalum quinquelobum* Miq., Fl. Ned. Ind. 1: 681 (1855); *Gymnopetalum cochinchinense* (Lour.) Kurz, J. Asiat. Soc. Bengal, Pt. 2, Nat. Hist. 40: 57 (1871); *Gymnopetalum heterophyllum* Kurz, J. Bot. 13 (155): 326 (1875); *Gymnopetalum quinquelobatum* Miq., J. Arnold Arbor. 19: 70 (1938).
云南、广西、海南；越南、马来西亚、印度。

凤瓜

Gymnopetalum integrifolium (Roxb.) Kurz, J. Asiat. Soc. Bengal, Pt. 2, Nat. Hist. 40: 58 (1871).
Cucumis integrifolius Roxb., Fl. Ind. (Roxburgh) 3: 724 (1832); *Gymnopetalum leucostictum* Miq., Fl. Ind. Bot. 1 (1): 680 (1855); *Trichosanthes integrifolia* (Roxb.) Kurz, J. Asiat. Soc. Bengal, Pt. 2, Nat. Hist. 46: 99 (1877); *Gymnopetalum penicaudii* Gagnep., Bull. Mus. Natl. Hist. Nat. 24 (5): 374 (1918); *Gymnopetalum monoicum* Gagnep., Bull. Mus. Natl. Hist. Nat. 24 (5): 373 (1918); *Gymnopetalum monoicum* var. *incisa* Gagnep., Fl. Indo-Chine 2: 1049 (1921).
贵州、云南、广东、广西；越南、马来西亚、印度尼西亚、印度。

绞股蓝属 **Gynostemma** Blume

聚果绞股蓝

●**Gynostemma aggregatum** C. Y. Wu et S. K. Chen, Acta Phytotax. Sin. 21 (4): 365, pl. 5 (1983).
云南。

缅甸绞股蓝

Gynostemma burmanicum King ex Chakrav., Indian J. Agric. Sci. 16 (1): 85 (1946).
云南；缅甸、泰国。

缅甸绞股蓝（原变种）

Gynostemma burmanicum var. **burmanicum**
云南；缅甸、泰国。

大果绞股蓝

●**Gynostemma burmanicum** var. **molle** C. Y. Wu ex C. Y. Wu et S. K. Chen, Acta Phytotax. Sin. 21 (4): 360 (1983).
云南。

心籽绞股蓝

●**Gynostemma cardiospermum** Cogn. ex Oliv., Hooker's Icon. Pl. 23 (1): pl. 2225 (1892).
Trirostellum cardiospermum (Cogn. ex Oliv.) Z. P. Wang et Q. Z. Xie, Acta Phytotax. Sin. 19 (4): 483 (1981).
陕西、湖北、四川。

翅茎绞股蓝

●**Gynostemma caulopterum** S. Z. He, Acta Phytotax. Sin. 34 (2): 207 (1996).
贵州。

扁果绞股蓝

●**Gynostemma compressum** X. X. Chen et D. R. Liang, Guihaia 11 (1): 13 (1991).
广西。

广西绞股蓝

●**Gynostemma guangxiense** X. X. Chen et D. H. Qin, Acta Bot. Yunnan. 10 (4): 495 (1988).
广西。

疏花绞股蓝

●**Gynostemma laxiflorum** C. Y. Wu et S. K. Chen, Acta Phytotax. Sin. 21 (4): 366, pl. 6 (1983).
安徽。

长梗绞股蓝

●**Gynostemma longipes** C. Y. Wu ex C. Y. Wu et S. K. Chen, Acta Phytotax. Sin. 21 (4): 362, pl. 3 (1983).

陕西、四川、贵州、云南、广西。

小籽绞股蓝

●**Gynostemma microspermum** C. Y. Wu et S. K. Chen, Acta Phytotax. Sin. 21 (4): 364, pl. 4 (1983).
云南。

白脉绞股蓝

●**Gynostemma pallidinerve** Z. Zhang, Acta Phytotax. Sin. 29 (4): 370, pl. 1 (1991).
安徽。

五柱绞股蓝

●**Gynostemma pentagynum** Z. P. Wang, Acta Bot. Yunnan. 11 (2): 165, f. 1 (1989).
湖南。

绞股蓝

Gynostemma pentaphyllum (Thunb.) Makino, Bot. Mag. (Tokyo) 16: 179 (1902).
Vitis pentaphyllum Thunb. in Murray, Syst. Veg., ed. 14, 244 (1784).
山东、河南、陕西、安徽、江苏、浙江、江西、湖南、湖北、四川、贵州、云南、福建、台湾、广东、广西、海南；日本、朝鲜、越南、老挝、缅甸、不丹、泰国、马来西亚、印度尼西亚、尼泊尔、印度、孟加拉国、斯里兰卡、新几内亚。

绞股蓝（原变种）

Gynostemma pentaphyllum var. **pentaphyllum**
Gynostemma pedatum Blume, Bijdr. Fl. Ned. Ind. 1: 23 (1825); *Enkylia trigyna* Griff., Pl. Cantor. 27 (1837); *Enkylia digyna* Griff., Pl. Cantor. 27 (1837); *Pestalozzia pedata* (Blume) Zoll. et Moritzi, Syst. Verz. (Moritzi et al.) 31 (1846); *Alsomitra cissoides* M. Roem., Fam. Nat. Syn. Monogr. 2: 118 (1846); *Zanonia pedata* (Blume) Miq., Fl. Ned. Ind. 1: 683 (1856); *Vitis martini* H. Lév. et Vaniot, Bull. Soc. Agric. Sci. Arts Sarthe, 41 (1905); *Gynostemma pedatum* var. *hupehense* Pamp., Nuovo Giorn. Bot. Ital., n. s. 17 (4): 730 (1910); *Vitis mairei* H. Lév., Repert. Spec. Nov. Regni Veg. 11 (286-290): 299 (1912), non H. Lév. (1909); *Vitis quelpaertensis* H. Lév., Repert. Spec. Nov. Regni Veg. 10 (254-256): 351 (1912); *Gynostemma siamicum* Craib, Bull. Misc. Inform. Kew 1918: 362 (1918); *Gymphogyne alleizettii* Gagnep., Fl. Indo-Chine 2: 1086 (1921); *Gynostemma pedatum* var. *pubescens* Gagnep., Fl. Indo-Chine 2: 1082 (1921); *Gynostemma pedatum* var. *trifoliatum* Hayata, Icon. Pl. Formosan. 10: 5, f. 3 (1921); *Gynostemma pubescens* (Gagnep.) C. Y. Wu, Acta Phytotax. Sin. 21 (4): 362 (1991); *Gynostemma pallidinerve* Z. Zhang, Acta Phytotax. Sin. 29 (4): 370, pl. 1 (1991); *Gynostemma zhejiangense* X. J. Xue, Bull. Bot. Res., Harbin 15 (4): 447, f. A (1995).
山东、河南、陕西、安徽、江苏、浙江、江西、湖南、湖北、四川、贵州、云南、福建、台湾、广东、广西、海南；日本、朝鲜、越南、老挝、缅甸、马来西亚、印度尼西亚、尼泊尔、印度、孟加拉国、斯里兰卡、新几内亚。

毛果绞股蓝

Gynostemma pentaphyllum var. **dasycarpum** C. Y. Wu ex C. Y. Wu et S. K. Chen, Acta Phytotax. Sin. 21 (4): 362 (1983).
云南；缅甸、泰国、印度尼西亚。

单叶绞股蓝

Gynostemma simplicifolium Blume, Bijdr. Fl. Ned. Ind. 23 (1825).
云南、海南；菲律宾、缅甸、马来西亚、印度尼西亚。

喙果绞股蓝

●**Gynostemma yixingense** (Z. P. Wang et Q. Z. Xie) C. Y. Wu et S. K. Chen, Acta Phytotax. Sin. 21 (4): 364 (1983).
Trirostellum yixingense Z. P. Wang et Q. Z. Xie, Acta Phytotax. Sin. 19 (4): 483 (1981).
安徽、江苏、浙江。

喙果绞股蓝（原变种）

●**Gynostemma yixingense** var. **yixingense**
安徽、江苏、浙江。

毛果喙果藤

●**Gynostemma yixingense** var. **trichocarpum** J. N. Ding, Bull. Bot. Res., Harbin 10 (3): 71, f. s. n. (1990).
安徽。

雪胆属 Hemsleya Cogn. ex F. B. Forbes et Hemsl.

曲莲（小蛇莲）

●**Hemsleya amabilis** Diels, Notes Roy. Bot. Gard. Edinburgh 5 (25): 206 (1912).
云南、广西。

肉花雪胆

●**Hemsleya carnosiflora** C. Y. Wu et C. L. Chen, Acta Phytotax. Sin. 23 (2): 133 (1985).
云南。

征镒雪胆

●**Hemsleya chengyihana** D. Z. Li, Syst. Evol. Hemsleya 91 (1993).
云南。

雪胆

●**Hemsleya chinensis** Cogn. ex F. B. Forbes et Hemsl., J. Linn. Soc., Bot. 23 (157): 490 (1888).
湖北、四川、贵州、云南。

雪胆（原变种）

●**Hemsleya chinensis** var. **chinensis**

Hemsleya szechuenensis Kuang et A. M. Lu, Iconogr. Cormophyt. Sin. 4: 345, f. 6130 (1975), *nom. inval.*
湖北、四川、贵州、云南。

长毛雪胆

●**Hemsleya chinensis** var. **longevillosa** (C. Y. Wu et Z. L. Chen) D. Z. Li, Syst. Evol. Hemsleya 95 (1993).
Hemsleya longevillosa C. Y. Wu et Z. L. Chen, Acta Phytotax. Sin. 23: 140 (1985).
云南。

宁南雪胆

●**Hemsleya chinensis** var. **ningnanensis** L. D. Shen et W. J. Chang, Acta Phytotax. Sin. 21 (2): 185 (1983).
Hemsleya ningnanensis L. D. Shen et W. J. Chang, Acta Acad. Medic. Sichuan 11 (1): 19, f. 6 (1980); *Hemsleya villosipetala* C. Y. Wu et C. L. Chen, Acta Phytotax. Sin. 23 (2): 138 (1985).
四川、云南。

毛雪胆

●**Hemsleya chinensis** var. **polytricha** Kuang et A. M. Lu, Acta Phytotax. Sin. 20 (1): 90 (1982).
湖北。

滇南雪胆

●**Hemsleya cissiformis** C. Y. Wu ex C. Y. Wu et C. L. Chen, Acta Phytotax. Sin. 23 (2): 125 (1985).
云南。

短柄雪胆

●**Hemsleya delavayi** (Gagnep.) C. Jeffrey ex C. Y. Wu et C. L. Chen, Acta Phytotax. Sin. 23 (2): 134 (1985).
Gomphogyne delavayi Gagnep., Bull. Mus. Natl. Hist. Nat. 24 (5): 373 (1918).
四川、云南。

短柄雪胆（原变种）

●**Hemsleya delavayi** var. **delavayi**

Hemsleya brevipetiolata Hand.-Mazz., Symb. Sin. 7 (4): 1059 (1936).
四川、云南。

雅砻雪胆

●**Hemsleya delavayi** var. **yalungensis** (Hand.-Mazz.) C. Y. Wu et C. L. Chen, Acta Phytotax. Sin. 23 (2): 134 (1985).
Hemsleya brevipetiolata var. *yalungensis* Hand.-Mazz., Symb. Sin. 7: 1059 (1936).
四川。

翼蛇莲

Hemsleya dipterygia Kuang et A. M. Lu, Acta Phytotax. Sin. 20 (1): 88, pl. 1, f. 9-14 (1982).
贵州、云南、广西；越南（北部）。

长果雪胆

●**Hemsleya dolichocarpa** W. J. Chang, Acta Phytotax. Sin. 21 (2): 190 (1983).
四川。

独龙江雪胆

●**Hemsleya dulongjiangensis** C. Y. Wu ex C. Y. Wu et C. L. Chen, Acta Phytotax. Sin. 23 (2): 134 (1985).
云南。

椭圆果雪胆

●**Hemsleya ellipsoidea** L. D. Shen et W. J. Chang, Acta Phytotax. Sin. 21 (2): 185 (1983).
四川。

峨眉雪胆

●**Hemsleya emeiensis** L. D. Shen et W. J. Chang, Acta Phytotax. Sin. 21 (2): 191, pl. 4, f. 6-10 (1983).
四川。

十一叶雪胆

●**Hemsleya endecaphylla** C. Y. Wu ex C. Y. Wu et C. L. Chen, Acta Phytotax. Sin. 23 (2): 142 (1985).
云南。

巨花雪胆

●**Hemsleya gigantha** W. J. Chang, Acta Phytotax. Sin. 21 (2): 186 (1983).
四川。

马铜铃

Hemsleya graciliflora (Harms) Cogn., Pflanzenr. (Engler) 66 (IV. 275. 1): 24, pl. 1, f. 1-5 (1916).
Alsomitra graciliflora Harms, Bot. Jahrb. Syst. 29 (5): 60 (1901); *Gymphogyne bonii* Gagnep., Bull. Mus. Natl. Hist. Nat. 24 (5): 372 (1918); *Hemsleya szechuenensis* Kuang et A. M. Lu, Iconogr. Cormophyt. Sin. 4: 345, f. 6103 (1975); *Hemsleya longgangensis* X. X. Chen et D. R. Liang, Acta Bot. Yunnan. 14 (1): 27, f. 1 (1992); *Hemsleya graciliflora* var. *tianmuensis* X. J. Xue et H. Yao, Acta Phytotax. Sin. 33 (2): 208 (1995).
浙江、江西、湖北、四川、广东、广西；越南。

大花雪胆

●**Hemsleya grandiflora** C. Y. Wu ex C. Y. Wu et C. L. Chen, Acta Phytotax. Sin. 23 (2): 130 (1985).
云南。

昆明雪胆

●**Hemsleya kunmingensis** H. T. Li et D. Z. Li, Ann. Bot. Fenn. 44 (6): 486 (2007).
云南。

丽江雪胆

●**Hemsleya lijiangensis** A. M. Lu ex C. Y. Wu et C. L. Chen, Acta Phytotax. Sin. 23 (2): 129 (1985).
云南。

大果雪胆

●**Hemsleya macrocarpa** C. Y. Wu ex C. Y. Wu et C. L. Chen, Acta Phytotax. Sin. 23 (2): 135 (1985).
云南。

罗锅底

●**Hemsleya macrosperma** C. Y. Wu ex C. Y. Wu et C. L. Chen, Acta Phytotax. Sin. 23 (2): 140 (1985).
四川、云南。

罗锅底（原变种）

●**Hemsleya macrosperma** var. **macrosperma**
四川、云南。

长果罗锅底

●**Hemsleya macrosperma** var. **oblongicarpa** C. Y. Wu et C. L. Chen, Acta Phytotax. Sin. 23 (2): 140 (1985).
四川、云南。

大序雪胆

●**Hemsleya megathyrsa** C. Y. Wu ex C. Y. Wu et C. L. Chen, Acta Phytotax. Sin. 23 (2): 131 (1985).
云南。

大序雪胆（原变种）

●**Hemsleya megathyrsa** var. **megathyrsa**
云南。

大花大序雪胆

●**Hemsleya megathyrsa** var. **major** C. Y. Wu et C. L. Chen, Acta Phytotax. Sin. 23 (2): 133 (1985).
云南。

帽果雪胆

●**Hemsleya mitrata** C. Y. Wu et C. L. Chen, Acta Phytotax. Sin. 23 (2): 128 (1985).
云南。

藤三七雪胆

●**Hemsleya panacis-scandens** C. Y. Wu et C. L. Chen, Acta Phytotax. Sin. 23 (2): 135 (1985).
云南。

藤三七雪胆（原变种）

●**Hemsleya panacis-scandens** var. **panacis-scandens**
云南。

屏边藤三七雪胆

●**Hemsleya panacis-scandens** var. **pingbianensis** C. Y. Wu et C. L. Chen, Acta Phytotax. Sin. 23 (2): 137, pl. 3, f. 9 (1985).
云南。

盘龙七

●**Hemsleya panlongqi** A. M. Lu et W. J. Chang, Acta Phytotax. Sin. 21 (2): 183 (1983).
四川。

彭县雪胆

●**Hemsleya pengxianensis** W. J. Chang, Acta Phytotax. Sin. 17 (4): 97 (1979).
四川、重庆。

彭县雪胆（原变种）

●**Hemsleya pengxianensis** var. **pengxianensis**
四川、重庆。

古蔺雪胆

●**Hemsleya pengxianensis** var. **gulinensis** L. D. Shen et W. J. Chang, Acta Phytotax. Sin. 21 (2): 188, pl. 3, f. 6-8 (1983).
四川。

金佛山雪胆

●**Hemsleya pengxianensis** var. **jinfushanensis** L. D. Shen et W. J. Chang, Acta Phytotax. Sin. 21 (2): 190, pl. 3, f. 11-12 (1983).
四川。

筠连雪胆

●**Hemsleya pengxianensis** var. **junlianensis** L. D. Shen et W. J. Chang, Acta Phytotax. Sin. 21 (2): 188 (1983).
四川。

多果雪胆

●**Hemsleya pengxianensis** var. **polycarpa** L. D. Shen et W. J. Chang, Acta Phytotax. Sin. 21 (2): 188, pl. 3, f. 9-10 (1983).
四川。

蛇莲

●**Hemsleya sphaerocarpa** Kuang et A. M. Lu, Acta Phytotax. Sin. 20 (1): 87, pl. 1, f. 1-8 (1982).
湖南、贵州、云南、广西。

陀罗果雪胆

●**Hemsleya turbinata** C. Y. Wu ex C. Y. Wu et C. L. Chen, Acta Phytotax. Sin. 23 (2): 140 (1985).
云南。

母猪雪胆

●**Hemsleya villosipetala** C. Y. Wu et C. L. Chen, Acta Phytotax. Sin. 23 (2): 138 (1985).
四川、贵州、云南。

文山雪胆

●**Hemsleya wenshanensis** A. M. Lu ex C. Y. Wu et C. L. Chen, Acta Phytotax. Sin. 23 (2): 130 (1985).

云南。

浙江雪胆

●**Hemsleya zhejiangensis** C. Z. Zheng, Acta Phytotax. Sin. 23 (1): 67 (1985).
浙江。

波棱瓜属 Herpetospermum Wall.

冠盖波棱瓜（新拟）

Herpetospermum operculatum K. Pradheep et al., Blumea 59: 1 (2014).
云南、西藏；缅甸、印度。

波棱瓜

Herpetospermum pedunculosum (Ser.) C. B. Clarke, J. Linn. Soc., Bot. 15: 115 (1876).
Bryonia pedunculosa Ser., Prodr. (DC.) 3: 306 (1828); *Herpetospermum caudigerum* Wall., Numer. List n. 6761 (1832); *Herpetospermum grandiflorum* Cogn., Bull. Soc. Roy. Bot. Belgique 42 (2): 231 (1906).
云南、西藏；尼泊尔、印度。

油渣果属 Hodgsonia Hook. f. et Thoms.

油渣果

Hodgsonia heteroclita (Roxb.) Hook. f. et Thomson, Proc. Linn. Soc. London 2: 257 (1853).
Trichosanthes heteroclita Roxb., Fl. Ind. (Roxburgh) 3: 705 (1832); *Hodgsonia heteroclita* subsp. *indochinensis* W. J. de Wilde et Duyfjes, Reinwardtia 12 (4): 269 (2008).
云南、西藏、广西；越南、老挝、柬埔寨、泰国、马来西亚、缅甸、不丹、印度。

藏瓜属 Indofevillea Chatterjee

藏瓜

Indofevillea khasiana Chatterjee, Kew Bull. 1947: 121 (1948).
西藏；印度。

葫芦属 Lagenaria Ser.

葫芦（瓠）

☆**Lagenaria siceraria** (Molina) Standl., Publ. Field Columbian Mus., Bot. Ser. 3: 435 (1930).
Cucurbita siceraria Molina, Sag. Stor. Nat. Chili 133 (1782).
中国各地有栽培。

葫芦（原变种）

☆**Lagenaria siceraria** var. **siceraria**
Cucurbita leucantha Duchesne ex Lam., Encycl. 2 (1): 150 (1786), *nom. superfl. illeg.*; *Lagenaria vulgaris* Ser., Mém. Soc. Phys. Genéve 3 (1): 25, t. 2 (1825); *Lagenaria leucantha* Rusby, Mém. Torrey Bot. Club 6: 43 (1896); *Cucumis mairei* H. Lév., Cat. Pl. Yun-Nan 64 (1916); *Lagenaria vulgaris* subsp. *asiatica* Kobjakova, Trudy Prikl. Bot. 23 (3): 487, f. 15 a (1930).
中国各地有栽培；亦广泛栽培于世界热带和温带地区。

瓠瓜

☆**Lagenaria siceraria** var. **depressa** (Ser.) H. Hara, Bot. Mag. (Tokyo) 61: 5 (1948).
Lagenaria vulgaris var. *depressa* Ser., Prodr. (DC.) 3: 299 (1828); *Lagenaria leucantha* var. *depressa* (Ser.) Makino, Ill. Fl. Nippon. 89 (1940); *Lagenaria leucantha* var. *makinoi* Nakai, J. Jap. Bot. 18 (1): 25 (1942).
中国各地有栽培。

瓠子（扁蒲）

☆**Lagenaria siceraria** var. **hispida** (Thunb.) H. Hara, Bot. Mag. (Tokyo) 61: 5 (1948).
Cucurbita hispida Thunb., Nov. Act. Nat. Soc. Sci. Upsal. 4: 33, 38 (1783); *Lagenaria vulgaris* var. *hispida* (Thunb.) Nakai, Cat. Sem. Hort. Univ. Tokyo 38 (1932); *Lagenaria leucantha* var. *clavata* Makino, Ill. Fl. Nippon. 89, f. 265 (1940); *Lagenaria leucantha* var. *hispida* (Thunb.) Nakai, J. Jap. Bot. 18 (1): 24 (1942).
中国各地有栽培。

小葫芦

☆**Lagenaria siceraria** var. **microcarpa** (Naudin) H. Hara, Bot. Mag. (Tokyo) 61: 5 (1948).
Lagenaria microcarpa Naudin, Rev. Hort. (Paris) 65 (1855); *Lagenaria vulgaris* var. *microcarpa* (Naudin) Hort. ex Matsum. et Nakai, Cat. Sem. Spor. [1915 et 1916 Lect.] 30 (1916); *Lagenaria leucantha* var. *microcarpa* (Naudin) Nakai, J. Jap. Bot. 18 (1): 23 (1942).
中国各地有栽培。

丝瓜属 Luffa Mill.

广东丝瓜（棱角丝瓜）

☆**Luffa acutangula** (L.) Roxb., Fl. Ind. (Roxburgh) 3: 713 (1832).
Cucumis acutangulus L., Sp. Pl. 2: 1011 (1753); *Luffa subangulata* Miq., Fl. Ned. Ind. 1 (1): 667 (1855); *Luffa acutangula* var. *subangulata* (Miq.) Cogn., Monogr. Phan. 3: 461 (1881).
中国南部多栽培；世界其他热带地区有栽培。

丝瓜（水瓜）

☆**Luffa aegyptiaca** Mill., Gard. Dict., ed. 8: *Luffa* no. 1 (1768).
Momordica luffa L., Sp. Pl. 2: 1009 (1753); *Momordica cylindrica* L., Sp. Pl. 2: 1009 (1753); *Luffa cylindrica* (L.) M. Roem., Fam. Nat. Syn. Monogr. 2: 63 (1846).
中国多栽培；世界热带和温带地区有栽培。

美洲马瓞儿属 **Melothria** L.

美洲马瓞儿

△**Melothria pendula** L., Sp. Pl. 1: 35 (1753).
归化于台湾；原产于美洲。

苦瓜属 **Momordica** L.

苦瓜（凉瓜，癞葡萄）

☆**Momordica charantia** L., Sp. Pl. 2: 1009 (1753).
Momordica indica L., Herb. Amboin. (Linn.) 24 (1754); *Momordica sinensis* Spreng., Bull. Reale Soc. Tosc. Ortic. 18: 14 (1893); *Momordica chinensis* Spreng., Bull. Reale Soc. Tosc. Ortic. 18: 14 (1893); *Sicyos fauriei* H. Lév., Repert. Spec. Nov. Regni Veg. 10 (243-247): 150 (1911); *Cucumis argyi* H. Lév., Mém. Real Acad. Ci. Barcelona 12, No. 22: 8 (1916).
普遍栽培于中国；泛热带，栽培于温带和热带地区。

木鳖子（番木鳖，糯饭果，老鼠拉冬瓜）

Momordica cochinchinensis (Lour.) Spreng., Syst. Veg. 3: 14 (1826).
Muricia cochinchinensis Lour., Fl. Cochinch., ed. 2, 2: 596 (1790); *Momordica mixta* Roxb., Fl. Ind. (Roxburgh) 3: 709 (1832); *Momordica macrophylla* Gage, Rec. Bot. Surv. India 3 (1): 61 (1904); *Momordica meloniflora* Hand.-Mazz., Anz. Akad. Wiss. Wien, Math.-Naturwiss. Kl. 58: 94 (1921).
安徽、江苏、浙江、江西、湖南、四川、贵州、云南、西藏、福建、台湾、广东、广西；缅甸、马来西亚、印度、孟加拉国。

云南木鳖

Momordica dioica Roxb. ex Willd., Sp. Pl., ed. 4 [Willdenow] 4 (1): 605 (1805).
云南；缅甸、马来西亚、印度、孟加拉国。

凹萼木鳖

Momordica subangulata Blume, Bijdr. Fl. Ned. Ind. 15: 928 (1826).
Momordica eberhardtii Gagnep., Bull. Mus. Natl. Hist. Nat. 24 (5): 375 (1918); *Momordica laotica* Gagnep., Bull. Mus. Natl. Hist. Nat. 24 (5): 376 (1918).
贵州、云南、广东、广西；越南、老挝、缅甸、泰国、马来西亚、印度尼西亚、印度、孟加拉国。

红钮子属 **Mukia** Arn.

爪哇帽儿瓜（山冬瓜）

Mukia javanica (Miq.) C. Jeffrey, Hooker's Icon. Pl. 37 (3): 3, t. 3661 (1969).
Karivia javanica Miq., Fl. Ned. Ind. 1 (1): 661 (1856); *Melothria javanica* (Miq.) Cogn., Monogr. Phan. 3: 625 (1881); *Melothria assamica* Chakrav., J. Bombay Nat. Hist. Soc. 50: 899 (1952); *Melothria assamica* var. *scabra* Chakrav., J. Bombay Nat. Hist. Soc. 50: 899 (1952).
云南、台湾、广东、广西；菲律宾、越南、泰国、印度尼西亚、印度。

帽儿瓜（毛花马瓞儿）

Mukia maderaspatana (L.) M. J. Roem., Fam. Nat. Syn. Monogr. 2: 47 (1846).
Cucumis maderaspatanus L., Sp. Pl. 2: 1012 (1753); *Bryonia scabrella* L. f., Suppl. Pl. 424 (1781); *Bryonia althaeoides* Ser., Prodr. (DC.) 3: 306 (1828); *Mukia scabrella* (L. f.) Arn., Hooker's J. Bot. Kew Gard. Misc. 3: 276 (1841); *Mukia althaeoides* (Ser.) M. Roem., Fam. Nat. Syn. Monogr. 2: 47 (1846); *Melothria maderaspatana* (L.) Cogn., Monogr. Phan. 3: 623 (1881); *Melothria altaeoides* (Ser.) Nakai, J. Jap. Bot. 14 (2): 127 (1938).
贵州、云南、台湾、广东、广西；澳大利亚；亚洲（西南部）、非洲。

棒锤瓜属 **Neoalsomitra** Hutch.

藏棒锤瓜

Neoalsomitra clavigera (Wall.) Hutch., Ann. Bot. (Oxford) ser. 2, 6: 101 (1942).
Zanonia clavigera Wall., Pl. Asiat. Rar. 2: 28 (1831); *Alsomitra clavigera* Roem., Syn. Fam. 118 (1846).
西藏；缅甸、马来西亚、印度、孟加拉国。

厚叶棒锤瓜

Neoalsomitra sarcophylla (Wall.) Hutch., Ann. Bot. (Oxford) ser. 2, 6: 100 (1942).
Zanonia sarcophylla Wall., Pl. Asiat. Rar. 2: 28, t. 133 (1831).
广西；菲律宾、越南、老挝、柬埔寨、缅甸、泰国、马来西亚、印度尼西亚。

裂瓜属 **Schizopepon** Maxim.

新裂瓜

Schizopepon bicirrhosa (C. B. Clarke) C. Jeffrey, Kew Bull. 34 (4): 802 (1980).
Melothria bicirrhosa C. B. Clarke, Fl. Brit. Ind. 2 (6): 627 (1879); *Schizopepon wardii* Chakrav., J. Bombay Nat. Hist. Soc. 50: 900, t. 3 A (1952).
西藏；缅甸、印度。

喙裂瓜（波密裂瓜）

●**Schizopepon bomiensis** A. M. Lu et Zhi Y. Zhang, Acta Phytotax. Sin. 18 (3): 385 (1980).
西藏。

裂瓜

Schizopepon bryoniifolius Maxim., Mém. Acad. Imp. Sci. St.-Pétersbourg Divers Savans 111, t. 6 (1859).

Schizopepon bryoniifolius var. *japonicus* Cogn., Monogr. Phan. 3: 917 (1881); *Schizopepon bryoniifolius* var. *paniculatus* Kom., Trudy Imp. S.-Peterburgsk. Bot. Sada 25 (2): 550 (1907).
黑龙江、吉林、辽宁、河北；日本、朝鲜、俄罗斯。

湖北裂瓜

●**Schizopepon dioicus** Cogn. ex Oliv., Hooker's Icon. Pl. 23 (1): pl. 2224 (1892).
陕西、湖南、湖北、四川、贵州。

湖北裂瓜（原变种）

●**Schizopepon dioicus** var. **dioicus**
陕西、湖南、湖北、四川。

毛蕊裂瓜

●**Schizopepon dioicus** var. **trichogynus** Hand.-Mazz., Oesterr. Bot. Z. 85: 219 (1936).
湖北、贵州。

四川裂瓜

●**Schizopepon dioicus** var. **wilsonii** (Gagnep.) A. M. Lu et Zhi Y. Zhang, Acta Phytotax. Sin. 23 (2): 113 (1985).
Schizopepon wilsonii Gagnep., Bull. Mus. Natl. Hist. Nat. 24 (5): 378 (1918).
四川、贵州。

长柄裂瓜

●**Schizopepon longipes** Gagnep., Bull. Mus. Natl. Hist. Nat. 24 (5): 378 (1918).
四川。

大花裂瓜

●**Schizopepon macranthus** Hand.-Mazz., Symb. Sin. 7 (4): 1064, pl. 39, f. 12-13 (1936).
四川、云南。

峨眉裂瓜

●**Schizopepon monoicus** A. M. Lu et Zhi Y. Zhang, Acta Phytotax. Sin. 23 (2): 112, t 1: 1-4 (1985).
四川。

西藏裂瓜

●**Schizopepon xizangensis** A. M. Lu et Zhi Y. Zhang, Acta Phytotax. Sin. 23 (2): 116, t 2: 8-10 (1985).
西藏。

佛手瓜属 Sechium P. Browne

佛手瓜（洋丝瓜）

☆**Sechium edule** (Jacq.) Sw., Fl. Ind. Occid. 2: 1150 (1800).
Sicyos edulis Jacq., Enum. Syst. Pl. 32 (1760).
普遍栽培于中国南方地区；原产于墨西哥，通常栽培于世界温暖地区。

白兼果属 Sinobaijiania C. Jeffrey et W. J. de Wilde

白兼果

●**Sinobaijiania decipiens** C. Jeffrey et W. J. de Wilde, Bot. Zhurn. (St. Petersburg) 91 (5): 769 (2006).
云南、西藏、广东、海南。

台湾白兼果

●**Sinobaijiania taiwaniana** (Hayata) C. Jeffrey et W. J. de Wilde, Bot. Zhurn. (St. Petersburg) 91 (5): 770 (2006).
Thladiantha taiwaniana Hayata, J. Coll. Sci. Imp. Univ. Tokyo 30 (1): 119 (1911); *Siraitia taiwaniana* (Hayata) C. Jeffrey ex A. M. Lu et Zhi Y. Zhang, Guihaia 4 (1): 31 (1984); *Baijiania taiwaniana* (Hayata) A. M. Lu et J. Q. Li, Acta Phytotax. Sin. 31 (1): 52 (1993).
台湾。

云南白兼果（云南罗汉果）

●**Sinobaijiania yunnanensis** (A. M. Lu et Zhi Y. Zhang) C. Jeffrey et W. J. de Wilde, Bot. Zhurn. (St. Petersburg) 91 (5): 769 (2006).
Siraitia boreensis var. *yunnanensis* A. M. Lu et Zhi Y. Zhang, Guihaia 4: 31 (1984); *Siraitia boreensis* var. *lobophylla* A. M. Lu et Zhi Y. Zhang, Guihaia 4: 31 (1984); *Baijiania yunnanensis* (A. M. Lu et Zhi Y. Zhang) A. M. Lu et J. Q. Li, Acta Phytotax. Sin. 31 (1): 51 (1993).
云南。

罗汉果属 Siraitia Merr.

罗汉果（光果木鳖）

●**Siraitia grosvenorii** (Swingle) C. Jeffrey ex A. M. Lu et Zhi Y. Zhang, Guihaia 4 (1): 29, pl. 1: 1-7 (1984).
Momordica grosvenorii Swingle, J. Arnold Arbor. 22 (2): 198, pl. 1-2 (1941); *Thladiantha grosvenorii* (Swingle) C. Jeffrey, Kew Bull. 33 (3): 393 (1979).
江西、湖南、贵州、广东、广西。

翅子罗汉果（凡力，红汞藤）

Siraitia siamensis (Craib) C. Jeffrey ex S. Q. Zhong et D. Fang, Guihaia 4 (1): 23, f. 1 (1984).
Thladiantha siamensis Craib, Bull. Misc. Inform. Kew 1914 (1): 7 (1914); *Momordica tonkinensis* Gagnep., Bull. Mus. Natl. Hist. Nat. 24 (5): 376 (1918); *Siraitia africana* (C. Jeffrey) A. M. Lu et Zhong Y. Zhang, Cathaya 1: 27 (1989).
云南、广西；越南、泰国、马来西亚、印度尼西亚。

锡金罗汉果

Siraitia sikkimensis (Chakrab.) C. Jeffrey ex A. M. Lu et J. Q. Li, Acta Phytotax. Sin. 31 (1): 54 (1993).
Neoluffa sikkimensis Chakrav., J. Bombay Nat. Hist. Soc. 50: 895 (1952).
云南；印度（锡金）。

茅瓜属 Solena Lour.

茅瓜

Solena heterophylla Lour., Fl. Cochinch. 2: 514 (1790).
江西、四川、贵州、云南、西藏、福建、台湾、广东、广西；越南、泰国、马来西亚、印度尼西亚、缅甸、不丹、尼泊尔、印度、巴基斯坦、阿富汗。

茅瓜（原亚种）

Solena heterophylla subsp. **heterophylla**
Bryonia hastata Lour., Fl. Cochinch. 2: 594 (1790); *Melothria delavayi* Cogn., Pflanzenr. 66 (IV. 275. 1): 12 (1916); *Solena delavayi* (Cogn.) C. Y. Wu, Fl. Xizang. 4: 553 (1984).
江西、四川、贵州、云南、西藏、福建、台湾、广东、广西；越南、泰国、马来西亚、印度尼西亚、缅甸、尼泊尔、印度、阿富汗。

西藏茅瓜

Solena heterophylla subsp. **napaulensis** (Ser.) W. J. De Wilde et Duyfjes, Blumea 29: 75 (2004).
Bryonia napaulensis Ser. in DC., Prodr. 3: 307 (1828).
云南、西藏；尼泊尔、缅甸、印度。

赤瓟属 Thladiantha Bunge

头花赤瓟

●**Thladiantha capitata** Cogn., Pflanzenr. (Engler) 66 (IV. 275. 1): 51 (1916).
四川。

灰赤瓟

●**Thladiantha cinerascens** C. Y. Wu ex A. M. Lu et Zhi Y. Zhang, Bull. Bot. Res., Harbin 1 (1-2): 90, fig. 3: 7-11 (1981).
云南。

大苞赤瓟

Thladiantha cordifolia (Blume) Cogn., Monogr. Phan. 3: 424 (1881).
Luffa cordifolia Blume, Bijdr. Fl. Ned. Ind. 15: 929 (1826); *Momordica calcarata* Wall., Numer. List n. 6740 (1832), *nom. nud.*; *Trichosanthes javanica* Miq., Fl. Ned. Ind. 1 (1): 678 (1855); *Gymnopetalum piperifolium* Miq., Fl. Ned. Ind. 1 (1): 680 (1855); *Thladiantha calcarata* C. B. Clarke, J. Linn. Soc., Bot. 15: 126 (1876); *Thladiantha calcarata* var. *tonkinensis* Cogn., Pflanzenr. (Engler) 66 (IV. 275. 1): 50 (1916); *Thladiantha tonkinensis* Gagnep., Bull. Mus. Natl. Hist. Nat. 24 (4): 292 (1918); *Thladiantha cordifolia* var. *tonkinensis* (Cogn.) A. M. Lu et Zhi Y. Zhang, Bull. Bot. Res., Harbin 1 (1-2): 70 (1981).
云南、西藏、广东、广西；越南、老挝、泰国、印度尼西亚、缅甸、尼泊尔、印度。

川赤瓟

●**Thladiantha davidii** Franch., Nouv. Arch. Mus. Hist. Nat. ser. 2, 8: 243 (1886).
Thladiantha legendrei Gagnep., Bull. Mus. Natl. Hist. Nat. 24 (4): 289 (1918).
四川、贵州。

齿叶赤瓟（猫儿瓜，龙须尖）

●**Thladiantha dentata** Cogn., Pflanzenr. (Engler) 66 (IV. 275. 1): 44 (1916).
Thladiantha oliveri auct. non Cogn. ex Mottet: Cogn., Pflanzenr. 66 (IV. 275. 1): 45 (1916), p. p. quoad *Henry n. 5377a, 7014,* excl. *Henry n. 5867.*
湖南、湖北、四川、贵州。

山西赤瓟

●**Thladiantha dimorphantha** Hand.-Mazz., Oesterr. Bot. Z. 83 (3): 235 (1934).
山西、陕西。

赤瓟

Thladiantha dubia Bunge, Enum. Pl. Chin. Bor. 29 (1833).
黑龙江、吉林、辽宁、河北、山西、山东、陕西、宁夏、甘肃；日本、朝鲜；欧洲。

球果赤瓟

●**Thladiantha globicarpa** A. M. Lu et Zhi Y. Zhang, Bull. Bot. Res., Harbin 1 (1-2): 70, pl 1: 1-9 (1981).
湖南、贵州、云南、广东、广西。

大萼赤瓟

●**Thladiantha grandisepala** A. M. Lu et Zhi Y. Zhang, Bull. Bot. Res., Harbin 1 (1-2): 67, pl. 1: 10-12 (1981).
云南。

皱果赤瓟

●**Thladiantha henryi** Hemsl., J. Linn. Soc., Bot. 23 (155): 316 (1887).
陕西、湖南、湖北、四川。

皱果赤瓟（原变种）

●**Thladiantha henryi** var. **henryi**
Thladiantha dictyocarpa Hand.-Mazz., Symb. Sin. 7 (4): 1060 (1936).
陕西、湖南、湖北、四川。

喙赤瓟

●**Thladiantha henryi** var. **verrucosa** (Cogn.) A. M. Lu et Zhi Y. Zhang, Bull. Bot. Res., Harbin 1 (1-2): 74 (1981).
Thladiantha verrucosa Cogn. ex Oliv., Hooker's Icon. Pl. 23: sub. t. 2223 (1892).
湖南、四川。

异叶赤瓟

Thladiantha hookeri C. B. Clarke, Fl. Brit. Ind. 2 (6): 631 (1879).

Hemsleya tonkinensis Cogn., Bull. Herb. Boissier. 1: 613 (1893); *Hemsleya trifoliolata* Cogn., Repert. Spec. Nov. Regni Veg. 6 (119-124): 304 (1909); *Hemsleya yunnanensis* Cogn., Pflanzenr. (Engler) 66 (IV. 275. 1): 27 (1916); *Thladiantha heptadactyla* Cogn., Pflanzenr. (Engler) 66 (IV. 275. 1): 52 (1916); *Thladiantha pentadactyla* Cogn., Pflanzenr. (Engler) 66 (IV. 275. 1): 52 (1916); *Thladiantha digitata* H. Lév., Cat. Pl. Yun-Nan 65 (1916); *Thladiantha hookeri* var. *palmatifolia* Chakrav., Notes Roy. Bot. Gard. Edinburgh 10 (48): 122 (1918); *Thladiantha hookeri* var. *palmatifolia* f. *trifoliata* (Cogn.) Chakrav., Notes Roy. Bot. Gard. Edinburgh 10 (48): 122 (1918); *Thladiantha hookeri* var. *palmatifolia* f. *quinquefoliata* Chakrav., Notes Roy. Bot. Gard. Edinburgh 10 (48): 122 (1918); *Thladiantha trifoliolata* (Cogn.) Merr., Sunyatsenia 3 (4): 261 (1937); *Thladiantha hookeri* var. *pentadactyla* (Cogn.) A. M. Lu et Zhi Y. Zhang, Bull. Bot. Res., Harbin 1 (1-2): 80 (1981); *Thladiantha hookeri* var. *heptadactyla* (Cogn.) A. M. Lu et Zhi Y. Zhang, Bull. Bot. Res., Harbin 1 (1-2): 81 (1981).

云南；越南、老挝、泰国、缅甸、不丹、印度。

丽江赤瓟

•**Thladiantha lijiangensis** A. M. Lu et Zhi Y. Zhang, Bull. Bot. Res., Harbin 1 (1-2): 88, fig. 2: 1-7 (1981).

四川、云南。

丽江赤瓟（原变种）

•**Thladiantha lijiangensis** var. **lijiangensis**

Thladiantha henryi var. *subtomentosa* Hand.-Mazz., Symb. Sin. 7 (4): 1061 (1936).

云南。

木里赤瓟

•**Thladiantha lijiangensis** var. **latisepala** A. M. Lu et Zhi Y. Zhang, Bull. Bot. Res., Harbin 1 (1-2): 90 (1981).

四川。

长萼赤瓟

•**Thladiantha longisepala** C. Y. Wu ex Lu et Zhi Y. Zhang, Bull. Bot. Res., Harbin 1 (1-2): 86, fig. 2: 8-9 (1981).

云南。

斑赤瓟（野黄瓜）

•**Thladiantha maculata** Cogn., Pflanzenr. (Engler) 66 (IV. 275. 1): 49 (1916).

河南、湖北。

墨脱赤瓟

•**Thladiantha medogensis** A. M. Lu et J. Q. Li, Acta Bot. Yunnan. 14 (2): 133, f. 1 (1992).

西藏。

山地赤瓟

•**Thladiantha montana** Cogn., Pflanzenr. (Engler) 66 (IV. 275. 1): 48 (1916).

云南。

南赤瓟（野丝瓜，丝瓜南）

Thladiantha nudiflora Hemsl. ex Forbes et Hemsl., J. Linn. Soc., Bot. 23: 316 t. 7 (1887).

河南、陕西、甘肃、安徽、江苏、浙江、江西、湖南、湖北、四川、贵州、福建、台湾、广东、广西；菲律宾。

南赤瓟（原变种）

Thladiantha nudiflora var. **nudiflora**

Thladiantha formosana Hayata, J. Coll. Agric. Imp. Univ. Tokyo 25 (19): 100, t. 11 (1908); *Cucumis courtoisii* H. Lév., Mém. Real Acad. Ci. Artes Barcelona, Ser. 3, 12: 548 (1916); *Thladiantha harmsii* Cogn., Pflanzenr. (Engler) 66 (IV. 275. 1): 45 (1916); *Thladiantha indochinensis* Merr., J. Arnold Arbor. 21 (3): 386 (1940).

河南、陕西、甘肃、安徽、江苏、浙江、江西、湖南、湖北、四川、贵州、福建、台湾、广东、广西；菲律宾。

西固赤瓟

•**Thladiantha nudiflora** var. **bracteata** A. M. Lu et Zhi Y. Zhang, Bull. Bot. Res., Harbin 1 (1-2): 84 (1981).

甘肃。

绵赤瓟

•**Thladiantha nudiflora** var. **macrocarpa** Z. Zhang, Bull. Bot. Res., Harbin 9 (4): 45 (1989).

安徽。

大果赤瓟

•**Thladiantha nudiflora** var. **membranacea** Z. Zhang, Bull. Bot. Res., Harbin 9 (4): 45 (1989).

安徽、江苏、浙江、江西、四川。

掌叶赤瓟

•**Thladiantha palmatipartita** A. M. Lu et C. Jeffrey, Novon 10 (4): 398, f. 1 (2000).

云南。

台湾赤瓟

•**Thladiantha punctata** Hayata, J. Coll. Sci. Imp. Univ. Tokyo 30 (1): 119 (1911).

Thladiantha longifolia Cogn. ex Oliv., Iconogr. Cormophyt. Sin. 4: 351, fig. 6116 (1975).

安徽、浙江、江西、福建、台湾。

云南赤瓟

•**Thladiantha pustulata** (H. Lév.) C. Jeffrey ex A. M. Lu et Zhi Y. Zhang, Fl. Reipubl. Popularis Sin. 73 (1): 141 (1986).

Melothria pustulata H. Lév., Cat. Pl. Yun-Nan 65 (1916).

四川、重庆、贵州、云南。

云南赤瓟（原变种）

•**Thladiantha pustulata** var. **pustulata**

Melothria mairei H. Lév., Cat. Pl. Yun-Nan 65 (1916); *Thladiantha yunnanensis* Gagnep., Bull. Mus. Natl. Hist. Nat. 24 (4): 288 (1918).
贵州、云南。

金佛山赤瓟

●**Thladiantha pustulata** var. **jingfushanensis** A. M. Lu et J. Q. Li, Acta Bot. Yunnan. 14 (2): 134 (1992).
四川、重庆。

短柄赤瓟

●**Thladiantha sessilifolia** Hand.-Mazz., Symb. Sin. 7 (4): 1061 (1936).
四川、云南。

短柄赤瓟（原变种）

●**Thladiantha sessilifolia** var. **sessilifolia**
四川。

沧源赤瓟

●**Thladiantha sessilifolia** var. **longipes** A. M. Lu et Zhi Y. Zhang, Bull. Bot. Res., Harbin 1 (1-2): 77 (1981).
云南。

刚毛赤瓟（西藏赤瓟）

●**Thladiantha setispina** A. M. Lu et Zhi Y. Zhang, Bull. Bot. Res., Harbin 1 (1-2): 87, fig. 3: 1-6 (1981).
四川、西藏。

茸毛赤瓟

●**Thladiantha tomentosa** (A. M. Lu et Zhi Y. Zhang) W. Jiang et H. Wang, Nord. J. Bot. 28 (6): 699 (2010).
Thladiantha cordifolia var. *tomentosa* A. M. Lu et Zhi Y. Zhang, Bull. Bot. Res., Harbin 1 (1-2): 70 (1981).
云南、广西。

长毛赤瓟

●**Thladiantha villosula** Cogn., Pflanzenr. (Engler) 66 (IV. 275. 1): 44 (1916).
河南、陕西、甘肃、湖北、四川、贵州、云南。

长毛赤瓟（原变种）

●**Thladiantha villosula** var. **villosula**
河南、陕西、甘肃、湖北、四川、贵州。

黑子赤瓟

●**Thladiantha villosula** var. **nigrita** A. M. Lu et Zhi Y. Zhang, Bull. Bot. Res., Harbin 1 (1-2): 78 (1981).
四川、云南。

栝楼属 Trichosanthes L.

蛇瓜（蛇豆，豆角黄瓜）

☆**Trichosanthes anguina** L., Sp. Pl. 2: 1008 (1753).
Trichosanthes cucumerina var. *anguina* (L.) Haines, Bot. Bihar Orissa 388 (1922).
栽培于中国；栽培遍及热带地区。

短序栝楼

Trichosanthes baviensis Gagnep., Bull. Mus. Natl. Hist. Nat. 24 (5): 379 (1918).
Trichosanthes ovigera auct. non Blume: C. Jeffrey, Cucurb. East. Asia. 49 (1980), p. p. quoad specim. *Balansa 4016*.
贵州、云南、广西；越南。

心叶栝楼

Trichosanthes cordata Roxb., Fl. Ind. (Roxburgh) 3: 703 (1832).
Involucraria cordata (Roxb.) M. Roem., Fam. Nat. Syn. Monogr. 2: 97 (1846); *Trichosanthes macrosiphon* Kurz, J. Asiat. Soc. Bengal, Pt. 2, Nat. Hist. 41 (4): 308 (1872); *Trichosanthes palmata* Roxb. auct. non: Wall., Numer. List n. 6688 F, p. p. et C (1832).
西藏；老挝、缅甸、马来西亚、新加坡、印度。

瓜叶栝楼

Trichosanthes cucumerina L., Sp. Pl. 2: 1008 (1753).
Trichosanthes pachyrrhachis Kundu, J. Bot. 77 (10): 9 (1939); *Trichosanthes brevibracteata* Kundu, J. Bombay Nat. Hist. Soc. 43: 373, t. 2 (1942).
云南、广西；缅甸、马来西亚、尼泊尔、印度、孟加拉国、巴基斯坦、斯里兰卡、澳大利亚；亚洲（西南部）。

王瓜

Trichosanthes cucumeroides (Ser.) Maxim., Enum. Pl. Jap. 1 (1): 172 (1873).
Bryonia cucumeroides Ser., Prodr. (DC.) 3: 308 (1828).
浙江、江西、四川、西藏、台湾、广东、广西；日本、印度。

王瓜（原变种）

Trichosanthes cucumeroides var. **cucumeroides**
Trichosanthes chinensis Ser., Prodr. (DC.) 3: 315 (1828); *Trichosanthes cavalerei* H. Lév., Fl. Kouy-Tcheou 123 (1914); *Trichosanthes formosana* Hayata, Icon. Pl. Formosan. 10: 7 (1921); *Trichosanthes cucumeroides* var. *formosana* (Hayata) Kitam., J. Jap. Bot. 19 (1, 2): 38 (1943).
浙江、江西、四川、台湾、广东、广西；日本、印度。

波叶栝楼

Trichosanthes cucumeroides var. **dicoelosperma** (C. B. Clarke) S. K. Chen, Bull. Bot. Res., Harbin 5 (2): 118 (1985).
Trichosanthes dicoelosperma C. B. Clarke, Fl. Brit. Ind. 2 (6): 609 (1879); *Trichosanthes ascendens* C. Y. Cheng et C. H. Yueh, Acta Phytotax. Sin. 18 (3): 340 (1980).
西藏、广西；印度。

海南栝楼（老鸦瓜，白瓜）

●**Trichosanthes cucumeroides** var. **hainanensis** (Hayata) S. K. Chen, Bull. Bot. Res., Harbin 5 (2): 117 (1985).

Trichosanthes hainanensis Hayata, Icon. Pl. Formosan. 10: 8 (1921).

广东、广西。

狭果师古草

Trichosanthes cucumeroides var. **stenocarpa** Honda, Bot. Mag. (Tokyo) 54: 223 (1941).

Trichosanthes matsudai Hayata, Icon. Pl. Formosan. 10: 10 (1921).

台湾；日本。

大方油栝楼

●**Trichosanthes dafangensis** N. G. Ye et S. J. Li, Acta Phytotax. Sin. 26 (6): 465 (1988).

贵州。

糙点栝楼

●**Trichosanthes dunniana** H. Lév., Repert. Spec. Nov. Regni Veg. 10 (243-247): 148 (1911).

Trichosanthes prazeri Kundu, J. Bombay Nat. Hist. Soc. 43: 378 (1942); *Trichosanthes rubriflos* f. *macrosperma* C. Y. Cheng et C. H. Yueh, Acta Phytotax. Sin. 12 (4): 443 (1974); *Trichosanthes tridentata* C. Y. Cheng et C. H. Yueh, Acta Phytotax. Sin. 18 (3): 349 (1980).

四川、贵州、云南、广西。

裂苞栝楼（长方子栝楼）

●**Trichosanthes fissibracteata** C. Y. Wu ex C. Y. Cheng et C. H. Yueh, Acta Phytotax. Sin. 12 (4): 438 pl. 68, f. 1, pl. 88, f. 20 (1974).

云南、广西。

芋叶栝楼（全叶栝楼）

●**Trichosanthes homophylla** Hayata, Icon. Pl. Formosan. 10: 8, f. 4-5 (1921).

Trichosanthes mushaensis Hayata, Icon. Pl. Formosan. 10: 11, f. 6 (1921).

台湾。

湘桂栝楼

●**Trichosanthes hylonoma** Hand.-Mazz., Symb. Sin. 7: 1066 (1936).

Trichosanthes leishanensis C. Y. Cheng et C. H. Yueh, Acta Phytotax. Sin. 18 (3): 342 (1980); *Trichosanthes parviflora* C. Y. Wu ex S. K. Chen, Bull. Bot. Res., Harbin 5 (2): 117, f. 3 (1985).

湖南、贵州、广西。

井冈栝楼

●**Trichosanthes jinggangshanica** C. H. Yueh, Acta Phytotax. Sin. 18 (3): 342 (1980).

江西。

长果栝楼

Trichosanthes kerrii Craib, Bull. Misc. Inform. Kew 1914 (1): 7 (1914).

Trichosanthes tomentosa Chakrav., J. Bombay Nat. Hist. Soc. 50: 894, f. 45 (1952); *Trichosanthes villosa* auct. non Blume: Keraudren, Fl. Cambodge, Laos et Vietnam 15: 77 (1975), p. p.

云南、广西；泰国、印度。

栝楼（瓜蒌，瓜楼，药瓜）

Trichosanthes kirilowii Maxim., Prim. Fl. Amur. 482 (1859).

Trichosanthes obtusiloba C. Y. Wu ex C. Y. Cheng et C. H. Yueh, Acta Phytotax. Sin. 12 (4): 431 (1974).

辽宁、陕西、甘肃、四川、贵州、云南；日本、朝鲜、越南、老挝。

长萼栝楼

●**Trichosanthes laceribractea** Hayata, J. Coll. Sci. Imp. Univ. Tokyo 30 (1): 117 (1911).

Trichosanthes shikokiana Makino, Bot. Mag. (Tokyo) 6: 54 (1892), *nom. nud.*; *Trichosanthes koshunensis* Hayata, Icon. Pl. Formosan. 10: 10 (1921); *Trichosanthes schizostroma* Hayata, Icon. Pl. Formosan. 10: 13 (1921); *Trichosanthes punctata* Hayata, Icon. Pl. Formosan. 10: 13 (1921); *Trichosanthes hupehensis* C. Y. Cheng et C. H. Yueh, Acta Phytotax. Sin. 12 (4): 439 (1974); *Trichosanthes sinopunctata* C. Y. Cheng et C. H. Yueh, Acta Phytotax. Sin. 12 (4): 437 (1974).

山东、江西、湖北、四川、台湾、广西。

马干铃栝楼（马干铃）

Trichosanthes lepiniana (Naudin) Cogn., Monogr. Phan. 3: 377 (1881).

Involucraria lepiniana Naudin in C. Huber, Cat. Printemps 11 (1868).

云南、西藏；印度。

绵阳栝楼

●**Trichosanthes mianyangensis** C. H. Yueh et R. G. Liao, Bull. Bot. Res., Harbin 12 (1): 115 (1992).

湖北、四川。

那坡栝楼（新拟）

●**Trichosanthes napoensis** D. X. Nong et L. Q. Huang, Phytotaxa 207 (3): 297 (2015).

广西。

卵叶栝楼

Trichosanthes ovata Cogn., Monogr. Phan. 3: 365 (1881).

云南；印度。

趾叶栝楼

Trichosanthes pedata Merr. et Chun, Sunyatsenia 2 (1): 20, f. 3 (1934).

Trichosanthes pedata var. *yunnanensis* C. Y. Cheng et C. H. Yueh, Acta Phytotax. Sin. 12 (4): 445, pl. 87, 4 b, pl. 88, 28 (1974).
江西、湖南、云南、广东、广西、海南；越南。

全缘栝楼

Trichosanthes pilosa Lour., Fl. Cochinch. 2: 588 (1790).
Trichosanthes ovigera Blume, Bijdr. Fl. Ned. Ind. 15: 934 (1826); *Trichosanthes himalensis* C. B. Clarke, Fl. Brit. Ind. 2 (6): 608 (1879); *Trichosanthes chingiana* Hand.-Mazz., Sinensia 7: 621 (1936); *Trichosanthes rostrata* Kitam., Acta Phytotax. Geobot. 5 (3): 210 (1936); *Trichosanthes ovigera* var. *sikkimensis* Kundu, J. Bombay Nat. Hist. Soc. 43: 382 (1943); *Trichosanthes okamotoi* Kitam., J. Jap. Bot. 19: 40 (1943); *Trichosanthes himalensis* var. *indivisa* Chakrav., Rec. Bot. Surv. India 17 (1): 51 (1959).
贵州、云南、广东、广西；日本、越南、泰国、印度尼西亚、尼泊尔、印度。

五角栝楼

Trichosanthes quinquangulata A. Gray, U. S. Expl. Exped., Phan. 15: 645 (1854).
Trichosanthes tricuspidata auct. non Lour.: Keraudren, Fl. Cambodge, Laos et Vietnam 15: 81 (1975), p. p.
云南、台湾；菲律宾、越南、缅甸、泰国、马来西亚、印度尼西亚、新几内亚。

木基栝楼

●**Trichosanthes quinquefolia** C. Y. Wu ex C. Y. Cheng et C. H. Yueh, Acta Phytotax. Sin. 18 (3): 351 (1980).
云南。

两广栝楼

●**Trichosanthes reticulinervis** C. Y. Wu ex S. K. Chen, Bull. Bot. Res., Harbin 5 (2): 114, f. 1 (1985).
广东、广西。

中华栝楼（双边栝楼）

●**Trichosanthes rosthornii** Harms, Bot. Jahrb. Syst. 29 (5): 603 (1901).
安徽、江西、四川、贵州、云南、广东、广西。

中华栝楼（原变种）

●**Trichosanthes rosthornii** var. **rosthornii**
Trichosanthes uniflora K. S. Hao, Bot. Jahrb. Syst. 68 (5): 640 (1938); *Trichosanthes crenulata* C. Y. Cheng et C. H. Yueh, Acta Phytotax. Sin. 18 (3): 343 (1980); *Trichosanthes stylopodifera* C. Y. Cheng et C. H. Yueh, Acta Phytotax. Sin. 18 (3): 341 (1980); *Trichosanthes guizhouensis* C. Y. Cheng et C. H. Yueh, Acta Phytotax. Sin. 18 (3): 344 (1980).
四川、贵州、云南。

黄山栝楼

●**Trichosanthes rosthornii** var. **huangshanensis** S. K. Chen, Bull. Bot. Res., Harbin 5 (2): 116 (1985).
安徽。

多卷须栝楼

●**Trichosanthes rosthornii** var. **multicirrata** (C. Y. Cheng et C. H. Yueh) S. K. Chen, Fl. Reipubl. Popularis Sin. 73 (1): 244 (1986).
Trichosanthes multicirrata C. Y. Cheng et C. H. Yueh, Acta Phytotax. Sin. 12 (4): 430 (1974); *Trichosanthes damiaoshanensis* C. Y. Cheng et C. H. Yueh, Acta Phytotax. Sin. 18 (3): 346 (1980).
四川、贵州、广东、广西。

糙籽栝楼

●**Trichosanthes rosthornii** var. **scabrella** (C. H. Yueh et D. F. Gao) S. K. Chen, Fl. Reipubl. Popularis Sin. 73 (1): 244 (1986).
Trichosanthes scabrella C. H. Yueh et D. F. Gao, Acta Phytotax. Sin. 18 (3): 345 (1980).
四川。

红花栝楼

Trichosanthes rubriflos Thorel ex Cayla, Bull. Mus. Natl. Hist. Nat. 14 (3): 170 (1908).
Trichosanthes multiloba var. *majuscula* C. B. Clarke, Fl. Brit. Ind. 2 (6): 608 (1879); *Trichosanthes majuscula* (C. B. Clarke) Kundu, J. Bot. 77 (1): 12 (1939); *Trichosanthes puber* subsp. *rubriflos* (Thorel ex Cayla) Duyfjes et Pruesapan, Taxon 35: 326 (1986).
贵州、云南、西藏、广东、广西；缅甸、印度、越南、老挝、柬埔寨、泰国。

皱籽栝楼

●**Trichosanthes rugatisemina** C. Y. Cheng et C. H. Yueh, Acta Phytotax. Sin. 12 (4): 440 (1974).
云南。

丝毛栝楼

●**Trichosanthes sericeifolia** C. Y. Cheng et C. H. Yueh, Acta Phytotax. Sin. 18 (3): 346 (1980).
贵州、云南、广西。

菝葜叶栝楼

●**Trichosanthes smilacifolia** C. Y. Wu ex C. H. Yueh et C. Y. Cheng, Acta Phytotax. Sin. 18 (3): 347 (1980).
云南、西藏。

粉花栝楼

●**Trichosanthes subrosea** C. Y. Cheng et C. H. Yueh, Acta Phytotax. Sin. 18 (3): 349 (1980).
云南、广西。

方籽栝楼

●**Trichosanthes tetragonosperma** C. Y. Cheng et C. H. Yueh,

Acta Phytotax. Sin. 12 (4): 425 (1974).
云南。

杏籽栝楼

•**Trichosanthes trichocarpa** C. Y. Wu ex C. Y. Cheng et C. H. Yueh, Acta Phytotax. Sin. 18 (3): 340 (1980).
云南。

三尖栝楼

Trichosanthes tricuspidata Lour., Fl. Cochinch. 2: 589 (1790).
Modecca bracteata Lam., Encycl. 4 (1): 210 (1797); *Trichosanthes bracteata* (Lam.) Voigt, Hort. Suburb. Calcutt. 58 (1845).
贵州；尼泊尔、越南、泰国、马来西亚、印度尼西亚。

大子栝楼（大子栝楼）

Trichosanthes truncata C. B. Clarke, Fl. Brit. Ind. 2 (6): 608 (1879).
Trichosanthes ovata Cogn., Monogr. Phan. 3: 365 (1881); *Trichosanthes crispisepala* C. Y. Wu ex S. K. Chen, Bull. Bot. Res., Harbin 5 (2): 115, f. w (1985).
云南、广东、广西；越南、泰国、不丹、印度、孟加拉国。

薄叶栝楼

Trichosanthes wallichiana (Ser.) Wight, Madras J. Lit. Sci. 12: 52 (1840).
Involucraria wallichiana Ser., Mém. Soc. Phys. Genéve 3 (1): 31, pl. 5 (1825); *Trichosanthes grandibracteata* Kurz, J. Asiat. Soc. Bengal, Pt. 2, Nat. Hist. 98 (1877); *Trichosanthes palmata* var. *scotantus* C. B. Clarke, Fl. Brit. Ind. 2 (6): 607 (1879); *Trichosanthes multiloba* auct. non Miq.: C. B. Clarke, Fl. Brit. Ind. 2: 608 (1879).
云南、西藏；不丹、尼泊尔、印度。

翅子瓜属 Zanonia L.

翅子瓜

Zanonia indica L., Sp. Pl. 2: 1457 (1763).
云南、广西；菲律宾、越南、老挝、柬埔寨、缅甸、泰国、马来西亚、印度尼西亚、不丹、印度、斯里兰卡。

翅子瓜（原变种）

Zanonia indica var. **indica**

Juppia borneensis Merr., J. Straits Branch Roy. Asiat. Soc. 85: 170 (1922); *Alsomitra simplicifolia* Merr., Philipp. J. Sci. 20 (4): 470 (1922).
广西；菲律宾、越南、老挝、柬埔寨、缅甸、泰国、马来西亚、印度尼西亚、印度、斯里兰卡。

滇南翅子瓜

Zanonia indica var. **pubescens** Cogn., Monogr. Phan. 3: 927 (1881).
云南；印度。

马㼎儿属 Zehneria Endl.

钮子瓜

Zehneria bodinieri (H. Lév.) W. J. de Wilde et Duyfjes, Thai Forest Bull., Bot. 32: 17 (2004).
Melothria bodinieri H. Lév., Fl. Kouy-Tcheou 112 (1914); *Melothria perpusilla* var. *subtruncata* Cogn., Monogr. Phan. 3: 608 (1881); *Pilogyne bodinieri* (H. Lév.) W. J. de Wilde et Duyfjes, Reinwardtia 12 (5): 410 (2009).
江西、四川、贵州、云南、福建、广东、广西、海南；缅甸、印度、斯里兰卡、越南、老挝、泰国、印度尼西亚。

马㼎儿（野梢瓜）

Zehneria japonica (Thunb.) H. Y. Liu, Bull. Natl. Mus. Nat. Sci., Taichung 1: 40 (1989).
Bryonia japonica Thunb. in Murray, Syst. Veg., ed. 14, 870 (1784); *Melothria indica* Lour., Fl. Cochinch., ed. 2, 1: 35 (1790); *Bryonia leucocarpa* Blume, Bijdr. Fl. Ned. Ind. 15: 924 (1826); *Melothria odorata* (Hook. f. et Thomson ex Benth.) Hook. f. et Thomson, Fl. Brit. Ind. 2: 626 (1879); *Melothria leucocarpa* (Blume) Cogn., Monogr. Phan. 3: 601 (1881); *Melothria japonica* (Thunb.) Maxim. ex Cogn., Monogr. Phan. 3: 599 (1881); *Melothria formosana* Hayata, J. Coll. Sci. Imp. Univ. Tokyo 30 (1): 120 (1911); *Melothria argyi* H. Lév., Mém. Acad. Ci. Art. Barcelona 12, No. 22: 8 (1916); *Melothria leucocarpa* var. *rubella* Gagnep., Fl. Indo-Chine 2: 1063 (1921); *Zehneria indica* (Lour.) Keraudren, Fl. Cambodge, Laos et Vietnam 15: 52 (1975).
安徽、江苏、浙江、江西、湖南、湖北、四川、贵州、云南、福建、广东、广西；日本、朝鲜、菲律宾、越南、印度尼西亚、印度。

云南马㼎儿

Zehneria marginata (Blume) Keraudren, Fl. Cambodge, Laos et Vietnam 15: 55 (1975).
Bryonia marginata Blume, Bijdr. Fl. Ned. Ind. 15: 924 (1826); *Melothria marginata* (Blume) Cogn., Monogr. Phan. 3: 593 (1881); *Scopella marginata* (Blume) W. J. de Wilde et Duyfjes, Blumea 51 (1): 35 (2006); *Scopellaria marginata* (Blume) W. J. de Wilde et Duyfjes, Blumea 51 (2): 297 (2006).
云南；菲律宾、越南、老挝、柬埔寨、泰国、印度尼西亚、缅甸。

台湾马㼎儿

Zehneria mucronata (Blume) Miq., Fl. Ind. Bot. 1 (1): 656 (1855).
Bryonia mucronata Blume, Bijdr. Fl. Ned. Ind. 15: 923 (1826); *Zehneria kelungensis* Hayata, Icon. Pl. Formosan. 10: 13 (1921); *Melothria kelungensis* (Hayata) Hayata ex Makino et Nemoto, Fl. Japan., ed. 2, 1161 (1931); *Melothria liukiuensis*

Nakai, J. Jap. Bot. 14 (2): 129 (1938); *Zehneria liukiuensis* (Nakai) C. Jeffrey ex E. Walker, J. Jap. Bot. 46 (3): 72 (1971); *Zehneria perpusilla* auct. non (Blume) Cogn.: Kitam., Acta Phytotax. Geobot. 5: 211 (1936).
云南、台湾、广东；热带亚洲。

锤果马瓞儿

Zehneria wallichii (C. B. Clarke) C. Jeffrey, Kew Bull. 34 (4): 802 (1980).
Melothria wallichii C. B. Clarke, Fl. Brit. Ind. 2 (6): 626 (1879).
云南；缅甸、泰国、印度。

114. 四数木科 TETRAMELACEAE [1 属: 1 种]

四数木属 Tetrameles R. Br.

四数木（裸花四数木，埋泵姻）

Tetrameles nudiflora R. Br., Pl. Jav. Rar. 79 (1838).
Anictoclea grahamiana Nimmo, Cat. Pl. Bombay 252 (1839); *Tetrameles grahamiana* (Nimmo) Wight, Icon. Pl. Ind. Orient. (Wight) pl. 1956 (1840); *Tetrameles rufinervis* Miq., Fl. Ned. Ind. 1 (1): 726 (1859); *Tetrameles grahamiana* var. *ceylanica* A. DC., Prodr. 15 (1): 412 (1864).
云南；越南、老挝、缅甸、泰国、柬埔寨、马来西亚、印度尼西亚、不丹、尼泊尔、印度、孟加拉国、斯里兰卡、新几内亚、澳大利亚。

115. 秋海棠科 BEGONIACEAE [1 属: 195 种]

秋海棠属 Begonia L.

无翅秋海棠（四棱秋海棠，酸味秋海棠）

Begonia acetosella Craib, Bull. Misc. Inform. Kew 1912: 153 (1912).
云南、西藏；越南、老挝、缅甸、泰国。

无翅秋海棠（原变种）

Begonia acetosella var. **acetosella**
Begonia tetragona Irmsch., Mitt. Inst. Allg. Bot. Hamburg 10: 515 (1939).
云南、西藏；越南、老挝、缅甸、泰国。

粗毛无翅秋海棠（毛叶酸味秋海棠）

Begonia acetosella var. **hirtifolia** Irmsch., Mitt. Inst. Allg. Bot. Hamburg 10: 515 (1939).
云南；缅甸。

尖被秋海棠

●**Begonia acutitepala** K. Y. Guan et D. K. Tian, Acta Bot. Yunnan. 22 (2): 129 (2000).
云南。

美丽秋海棠（裂叶秋海棠，虎爪龙）

●**Begonia algaia** L. B. Sm. et Wassh., Phytologia 52 (7): 441 (1983).
Begonia calophylla Irmsch., Mitt. Inst. Allg. Bot. Hamburg 6: 351 (1927), non Gilg ex Engl. (1921).
江西。

点叶秋海棠（蜂窝秋海棠，屏边秋海棠）

Begonia alveolata T. T. Yu, Bull. Fan Mem. Inst. Biol., n. s. 1 (2): 121 (1948).
Begonia pingbienensis C. Y. Wu, Acta Phytotax. Sin. 33 (3): 258, pl. 7 (1995).
云南；越南。

蛛网脉秋海棠（簇毛伞叶秋海棠）

●**Begonia arachnoidea** C. I. Peng, Yan Liu et S. M. Ku, Bot. Stud. (Taipei) 49: 405, figs. 1, 2 (2008).
Begonia umbraculifolia var. *flocculosa* Y. M. Shui et W. H. Chen, Acta Bot. Yunnan. 27 (4): 372 (2005).
广西。

树生秋海棠

●**Begonia arboreta** Y. M. Shui, Acta Bot. Yunnan. 24 (3): 307 (2002).
云南。

糙叶秋海棠

●**Begonia asperifolia** Irmsch., Mitt. Inst. Allg. Bot. Hamburg 6: 359 (1927).
云南、西藏。

糙叶秋海棠（原变种）

●**Begonia asperifolia** var. **asperifolia**
云南、西藏。

俅江秋海棠（绒毛糙叶秋海棠）

●**Begonia asperifolia** var. **tomentosa** T. T. Yu, Bull. Fan Mem. Inst. Biol. Bot., n. s. 1 (2): 118 (1948).
云南。

窄檐糙叶秋海棠

●**Begonia asperifolia** var. **unialata** T. C. Ku, Fl. China 13: 163 (2007).
云南。

星果草叶秋海棠

●**Begonia asteropyrifolia** Y. M. Shui et W. H. Chen, Acta Bot. Yunnan. 27 (4): 356, f. 1 (2005).
广西。

歪叶秋海棠

●**Begonia augustinei** Hemsl., Gard. Chron. ser. 3, 2: 286 (1900).
Begonia menglianensis Y. Y. Qian, Acta Phytotax. Sin. 39 (5): 461 (2001).
云南。

橙花侧膜秋海棠

●**Begonia aurantiflora** C. I. Peng et al., Bot. Stud. (Taipei) 49: 83, f. 1, 2 (2008).
广西。

耳托秋海棠

●**Begonia auritistipula** Y. M. Shui et W. H. Chen, Acta Bot. Yunnan. 27 (4): 357, fig. 2 (2005).
广西。

桂南秋海棠

●**Begonia austroguangxiensis** Y. M. Shui et W. H. Chen, Acta Bot. Yunnan. 27 (4): 359, fig. 3 (2005).
广西。

南台湾秋海棠

●**Begonia austrotaiwanensis** Y. K. Chen et C. I. Peng, J. Arnold Arbor. 71 (4): 567 (1990).
台湾。

巴马秋海棠

●**Begonia bamaensis** Yan Liu et C. I. Peng, Bot. Stud. (Taipei) 48: 465 (2007).
广西。

金平秋海棠

Begonia baviensis Gagnep., Bull. Mus. Natl. Hist. Nat. 25: 195 (1919).
云南、广西；越南。

双花秋海棠

●**Begonia biflora** T. C. Ku, Acta Phytotax. Sin. 35 (1): 43, pl. 25 (1997).
云南。

九九峰秋海棠

●**Begonia bouffordii** C. I. Peng, Bot. Bull. Acad. Sin. 46: 255 (2005).
台湾。

短葶秋海棠

●**Begonia × breviscapa** C. I. Peng, Yan Liu et S. M. Ku, Bot. Stud. (Taipei) 51: 108 (2010).
广西。

短刺秋海棠

●**Begonia brevisetulosa** C. Y. Wu, Acta Phytotax. Sin. 33 (3): 265, pl. 12 (1995).
四川。

花叶秋海棠（中华秋海棠，山海棠，公鸡酸苔）

Begonia cathayana Hemsl., Bot. Mag. 134: pl. 8202 (1908).
云南、广西；越南。

昌感秋海棠（盾叶秋海棠，莲叶秋海棠）

Begonia cavaleriei H. Lév., Repert. Spec. Nov. Regni Veg. 7 (131): 20 (1909).
Begonia cavaleriei var. *pinfaensis* H. Lév., Repert. Spec. Nov. Regni Veg. 7 (131): 20 (1909); *Begonia esquirolii* H. Lév., Bull. Acad. Int. Géogr. Bot. 22: 228 (1912); *Begonia nymphaeifolia* T. T. Yu, Bull. Fan Mem. Inst. Biol. Bot., n. s. 1 (2): 127 (1948).
贵州、云南、广西；越南。

册亨秋海棠

●**Begonia cehengensis** T. C. Ku, Acta Phytotax. Sin. 33 (3): 254, pl. 3 (1995).
贵州。

角果秋海棠

Begonia ceratocarpa S. H. Huang et Y. M. Shui, Acta Bot. Yunnan. 21 (1): 13 (1999).
云南；越南。

凤山秋海棠

●**Begonia chingii** Irmsch., Mitt. Inst. Allg. Bot. Hamburg 10: 519 (1939).
广西。

赤水秋海棠

●**Begonia chishuiensis** T. C. Ku, Acta Phytotax. Sin. 33 (3): 267 (1995).
贵州。

溪头秋海棠

●**Begonia chitoensis** T. S. Liu et M. J. Lai, Fl. Taiwan 3: 793, pl. 820: 1-9 (1977).
台湾。

崇左秋海棠

●**Begonia chongzuoensis** Yan Liu, S. M. Ku et C. I. Peng, Bot. Stud. (Taipei) 53: 283 (2012).
广西。

钟氏秋海棠

●**Begonia × chungii** C. I. Peng et S. M. Ku, Bot. Stud. (Taipei) 50 (2): 241 (2009).
台湾。

出云山秋海棠

●**Begonia chuyunshanensis** C. I. Peng et Y. K. Chen, Bot. Bull. Acad. Sin. 46: 258 (2005).

台湾。

周裂秋海棠（石酸苔，酸汤杆，大麻酸汤杆）

●**Begonia circumlobata** Hance, J. Bot. 21 (7): 203 (1883).
湖南、湖北、贵州、福建、广东、广西。

卷毛秋海棠（皱波秋海棠，富宁秋海棠）

●**Begonia cirrosa** L. B. Sm. et Wassh., Phytologia 52 (7): 442 (1983).
Begonia crispula T. T. Yu, Notes Roy. Bot. Gard. Edinburgh 21 (1): 38 (1951), non Brade (1950); *Begonia fooningensis* C. Y. Wu et al., Index Fl. Yunnan. 1: 349 (1984).
云南、广西。

腾冲秋海棠

●**Begonia clavicaulis** Irmsch., Mitt. Inst. Allg. Bot. Hamburg 10: 501 (1939).
云南。

假侧膜秋海棠

●**Begonia coelocentroides** Y. M. Shui et Z. D. Wei, Acta Phytotax. Sin. 45: 86 (2007).
云南。

阳春秋海棠

●**Begonia coptidifolia** H. G. Ye et al., Bot. Bull. Acad. Sin. 45: 259 (2004).
广东。

黄连山秋海棠

●**Begonia coptidimontana** C. Y. Wu, Acta Phytotax. Sin. 33 (3): 251, pl. 1 (1995).
云南。

橙花秋海棠

●**Begonia crocea** C. I. Peng, Bot. Stud. (Taipei) 47: 89 (2006).
云南。

水晶秋海棠

●**Begonia crystallina** Y. M. Shui et W. H. Chen, Acta Bot. Yunnan. 27: 360 (2005).
云南。

瓜叶秋海棠

●**Begonia cucurbitifolia** C. Y. Wu, Acta Phytotax. Sin. 33 (3): 268, pl. 14 (1995).
云南。

弯果秋海棠

●**Begonia curvicarpa** S. M. Ku et al., Bot. Bull. Acad. Sin. 45 (4): 353, figs. 1-3 (2004).
广西。

柱果秋海棠

●**Begonia cylindrica** D. R. Liang et X. X. Chen, Bull. Bot. Res., Harbin 13 (3): 217 (1993).
广西。

大围山秋海棠

●**Begonia daweishanensis** S. H. Huang et Y. M. Shui, Acta Bot. Yunnan. 16 (4): 337 (1994).
云南。

大新秋海棠（张氏秋海棠）

●**Begonia daxinensis** T. C. Ku, Acta Phytotax. Sin. 35 (1): 45, pl. 26 (1997).
Begonia zhangii D. Fang et D. H. Qin, Acta Phytotax. Sin. 42 (2): 170, f. 1 (2004).
广西。

德保秋海棠（疏毛越南秋海棠）

●**Begonia debaoensis** C. I. Peng et al., Bot. Stud. (Taipei) 47 (2): 207, figs. 1-4 (2006).
Begonia bonii var. *remotisetulosa* Y. M. Shui et W. H. Chen, Acta Bot. Yunnan. 27 (4): 360 (2005).
广西。

钩翅秋海棠

Begonia demissa Craib, Bull. Misc. Inform. Kew 1930: 409 (1930).
云南；泰国。

齿苞秋海棠

●**Begonia dentatobracteata** C. Y. Wu, Acta Phytotax. Sin. 33 (3): 254, fig. 4 (1995).
云南。

南川秋海棠

●**Begonia dielsiana** E. Pritz., Bot. Jahrb. Syst. 29 (3-4): 479 (1900).
湖北、四川。

变形红孩儿

●**Begonia difformis** (Irmsch.) W. C. Leong, C. I. Peng et K. F. Chung, Phytotaxa 227 (1): 86 (2015).
Begonia laciniata subsp. *difformis* Irmsch., Mitt. Inst. Allg. Bot. Hamburg 10: 531, pl. 8 (1939); *Begonia palmata* var. *difformis* (Irmsch.) Golding et Kareg., Phytologia 54: 495 (1984).
云南。

槭叶秋海棠

●**Begonia digyna** Irmsch., Mitt. Inst. Allg. Bot. Hamburg 6: 352 (1927).
浙江、江西、福建。

细茎秋海棠

●**Begonia discrepans** Irmsch., Bot. Jahrb. Syst. 76: 100 (1953).
Begonia tenuicaulis Irmsch., Mitt. Inst. Allg. Bot. Hamburg 10: 543 (1939), non A. DC. (1859).

云南。

景洪秋海棠

Begonia discreta Craib, Bull. Misc. Inform. Kew 1930: 410 (1930).
云南；泰国。

厚叶秋海棠

●**Begonia dryadis** Irmsch., Notes Roy. Bot. Gard. Edinburgh 21 (1): 41 (1951).
云南。

川边秋海棠

●**Begonia duclouxii** Gagnep., Bull. Mus. Natl. Hist. Nat. 25: 198 (1919).
云南。

食用秋海棠（葡萄叶秋海棠，南兰）

Begonia edulis H. Lév., Repert. Spec. Nov. Regni Veg. 7 (131-133): 20 (1909).
云南、广东、广西；越南。

峨眉秋海棠

●**Begonia emeiensis** C. M. Hu ex C. Y. Wu et T. C. Ku, Acta Phytotax. Sin. 33 (3): 273, f. 19 (1995).
四川。

方氏秋海棠

Begonia fangii Y. M. Shui et C. I. Peng, Bot. Bull. Acad. Sin. 46 (1): 83, figs. 1-6 (2005).
广西；越南。

兰屿秋海棠

Begonia fenicis Merr., Philipp. J. Sci. 3 (1): 421 (1908).
Begonia kotoensis Hayata, J. Coll. Sci. Imp. Univ. Tokyo 30 (1): 124 (1911).
台湾；琉球群岛、菲律宾（巴丹半岛）。

黑峰秋海棠

●**Begonia ferox** C. I. Peng et Yan Liu, Bot. Stud. (Taipei) 54: 50 (2013).
广西。

丝形秋海棠

●**Begonia filiformis** Irmsch., Mitt. Inst. Allg. Bot. Hamburg 10: 521 (1939).
广西。

须苞秋海棠

●**Begonia fimbribracteata** Y. M. Shui et W. H. Chen, Acta Bot. Yunnan. 27 (4): 362, fig. 5 (2005).
广西。

紫背天葵（天葵，散血子）

●**Begonia fimbristipula** Hance, J. Bot. 21 (7): 202 (1883).
Begonia cyclophylla Hook. f., Bot. Mag. 113: t. 6926 (1887).
浙江、江西、湖南、云南、福建、广东、广西、海南、香港。

黄花秋海棠

Begonia flaviflora H. Hara, J. Jap. Bot. 45 (3): 91 (1970).
云南、西藏；缅甸、不丹、印度。

黄花秋海棠（原变种）

Begonia flaviflora var. **flaviflora**

Begonia laciniata var. *flava* C. B. Clarke, Fl. Brit. Ind. 2: 645 (1879); *Begonia laciniata* subsp. *flava* (C. B. Clarke) Irmsch., Mitt. Inst. Allg. Bot. Hamburg 10: 529, fig. 4, 5 (1939).
西藏；印度。

浅裂黄花秋海棠

Begonia flaviflora var. **gamblei** (Irmsch.) Golding et Kareg., Phytologia 54 (7): 496 (1984).
Begonia laciniata subsp. *gamblei* Irmsch., Mitt. Inst. Allg. Bot. Hamburg 10: 528, pl. 3 (1939); *Begonia palmata* var. *gamblei* (Irmsch.) Hara, Fl. E. Himalaya 1: 215 (1966).
西藏；不丹、印度。

乳黄秋海棠

Begonia flaviflora var. **vivida** Golding et Kareg., Phytologia 54 (7): 496 (1984).
Begonia laciniata subsp. *flaviflora* Irmsch., Mitt. Inst. Allg. Hamburg 10: 531, pl. 9 (1939).
云南；缅甸。

西江秋海棠

●**Begonia fordii** Irmsch., Mitt. Inst. Allg. Bot. Hamburg 10: 501 (1939).
广东。

水鸭脚（白斑水鸭脚，太鲁阁秋海棠，台湾秋海棠）

●**Begonia formosana** (Hayata) Masam., J. Geobot. 9 (3-4): frontis pl. 41 (1961).
Begonia laciniata var. *formosana* Hayata, J. Coll. Sci. Imp. Univ. Tokyo 30 (1): 124 (1911); *Begonia formosana* f. *albomaculata* T. S. Liu et M. J. Lai, Fl. Taiwan 3: 795 (1979); *Begonia tarokoensis* M. J. Lai, Landscape Archit. (Taiwan) 1990 (4): 125 (1990).
台湾。

陇川秋海棠

●**Begonia forrestii** Irmsch., Mitt. Inst. Allg. Bot. Hamburg 10: 548 (1939).
云南。

昭通秋海棠

●**Begonia gagnepainiana** Irmsch., Mitt. Inst. Allg. Bot. Hamburg 10: 538 (1939).
云南。

巨苞秋海棠

●**Begonia gigabracteata** H. Z. Li et H. Ma, Bot. J. Linn. Soc. 157: 83 (2008).
广西。

金秀秋海棠（心叶秋海棠）

●**Begonia glechomifolia** C. M. Hu ex C. Y. Wu et T. C. Ku, Acta Phytotax. Sin. 33 (3): 255 (1995).
广西。

秋海棠

●**Begonia grandis** Dryand., Trans. Linn. Soc. London 1: 163 (1791).
河北、山西、山东、河南、陕西、甘肃、安徽、浙江、江西、湖南、湖北、四川、贵州、云南、福建、广西。

秋海棠（原亚种）

●**Begonia grandis** subsp. **grandis**

Begonia evansiana Andrews, Bot. Repos. 10: pl. 627 (1811); *Begonia discolor* R. Br., Hort. Kew. (W. Aiton) ed. 2, 5: 184 (1813); *Begonia erubescens* H. Lév., Repert. Spec. Nov. Regni Veg. 7 (131-133): 21 (1909); *Begonia grandis* subsp. *evansiana* (Andrews) Irmsch., Mitt. Inst. Allg. Bot. Hamburg 10: 492 (1939).
河北、山西、山东、河南、陕西、安徽、浙江、江西、湖南、四川、贵州、福建、广西。

全柱秋海棠

●**Begonia grandis** subsp. **holostyla** Irmsch., Mitt. Inst. Allg. Bot. Hamburg 10: 498, pl. 14, 15 (1939).
四川、云南。

刺毛中华秋海棠

●**Begonia grandis** var. **puberula** Irmsch., Mitt. Inst. Allg. Bot. Hamburg 10: 496 (1939).
湖北、四川。

单翅秋海棠

●**Begonia grandis** var. **unialata** Irmsch., Mitt. Inst. Allg. Bot. Hamburg 10: 493, pl. 12 (1939).
甘肃、四川、云南。

柔毛中华秋海棠

●**Begonia grandis** var. **villosa** T. C. Ku, Fl. Reipubl. Popularis Sin. 52 (1): 166 (1999).
四川。

广西秋海棠

●**Begonia guangxiensis** C. Y. Wu, Acta Phytotax. Sin. 35 (1): 45, pl. 27 (1997).
广西。

管氏秋海棠

●**Begonia guaniana** H. Ma et H. Z. Li, Ann. Bot. Fenn. 43: 466 (2006).
云南。

圭山秋海棠（红叶秋海棠）

●**Begonia guishanensis** S. H. Huang et Y. M. Shui, Acta Bot. Yunnan. 16 (4): 336 (1994).
Begonia rhodophylla C. Y. Wu, Acta Phytotax. Sin. 33 (3): 260, pl. 8 (1995).
云南。

桂西秋海棠

●**Begonia guixiensis** Yan Liu, S. M. Ku et C. I. Peng, Bot. Stud. (Taipei) 55: 54 (2014).
广西。

古林箐秋海棠（短茎秋海棠）

●**Begonia gulinqingensis** S. H. Huang et Y. M. Shui, Acta Bot. Yunnan. 16 (4): 334, f. 2 (1994).
Begonia brevicaulis T. C. Ku, Acta Phytotax. Sin. 35 (1): 53, pl. 31 (1997); *Begonia sinobrevicaulis* T. C. Ku, Acta Bot. Yunnan. 17 (2): 193 (1999).
云南。

贡山秋海棠

●**Begonia gungshanensis** C. Y. Wu, Acta Phytotax. Sin. 33 (3): 270, pl. 16 (1995).
云南。

海南秋海棠

●**Begonia hainanensis** Chun et F. Chun, Sunyatsenia 4: 20 (1939).
海南。

香花秋海棠

Begonia handelii Irmsch., Anz. Akad. Wiss. Wien, Math.-Naturwiss. Kl. 58: 24 (1921).
云南、广东、广西、海南；越南、老挝、缅甸、泰国。

香花秋海棠（原变种）

Begonia handelii var. **handelii**

云南、广东、广西、海南；越南、缅甸。

铺地秋海棠（匍匐秋海棠，信宜秋海棠）

Begonia handelii var. **prostrata** (Irmsch.) Tebbitt, Edinburgh J. Bot. 60: 6 (2003).
Begonia prostrata Irmsch., Mitt. Inst. Allg. Bot. Hamburg 10: 516 (1939); *Begonia chuniana* C. Y. Wu, Acta Phytotax. Sin. 33 (3): 267, pl. 13 (1995); *Begonia xinyiensis* T. C. Ku, Acta Phytotax. Sin. 33 (3): 263, pl. 11 (1995).
云南、广东、广西；越南、老挝、泰国。

红毛香花秋海棠

●**Begonia handelii** var. **rubropilosa** (S. H. Huang et Y. M. Shui) C. I. Peng, Fl. China 13: 178 (2007).

Begonia balansana var. *rubropilosa* S. H. Huang et Y. M. Shui, Acta Bot. Yunnan. 21 (1): 12 (1999).
云南。

墨脱秋海棠

Begonia hatacoa Buch.-Ham. ex D. Don, Prodr. Fl. Nepal. 233 (1825).
Begonia rubrovenia Hook., Bot. Mag. 79: pl. 4689 (1853).
西藏；不丹、尼泊尔、印度（北部）。

河口秋海棠

●**Begonia hekouensis** S. H. Huang, Acta Bot. Yunnan. 21 (1): 21 (1999).
Begonia gesnerioides S. H. Huang et Y. M. Shui, Acta Bot. Yunnan. 16 (4): 341, fig. 9 (1994), non L. B. Sm. et B. G. Schub. (1941).
云南。

掌叶秋海棠

Begonia hemsleyana Hook. f., Bot. Mag. 125: pl. 7685 (1899).
云南、广西；越南。

掌叶秋海棠（原变种）

Begonia hemsleyana var. **hemsleyana**
云南、广西；越南。

广西掌叶秋海棠

●**Begonia hemsleyana** var. **kwangsiensis** Irmsch., Mitt. Inst. Allg. Bot. Hamburg 10: 538 (1939).
广西。

独牛（柔毛秋海棠）

●**Begonia henryi** Hemsl., J. Linn. Soc., Bot. 23 (155): 322 (1887).
Begonia mairei H. Lév., Bull. Acad. Int. Géogr. Bot. 22: 228 (1912); *Begonia delavayi* Gagnep., Bull. Mus. Natl. Hist. Nat. 25: 197 (1919).
湖北、四川、贵州、云南、广西。

合欢山秋海棠

●**Begonia hohuanensis** S. S. Ying, Coloured Ill. Fl. Taiwan 5: 599 (1995), as "*hohuanense*".
台湾。

香港秋海棠

●**Begonia hongkongensis** F. W. Xing, Ann. Bot. Fenn. 42: 151 (2005).
香港。

侯氏秋海棠

●**Begonia howii** Merr. et Chun, Sunyatsenia 5 (1-3): 138, pl. 20 (1940).
海南。

黄氏秋海棠

●**Begonia huangii** Y. M. Shui et W. H. Chen, Acta Bot. Yunnan. 27 (4): 365, fig. 7 (2005).
云南。

膜果秋海棠

●**Begonia hymenocarpa** C. Y. Wu, Acta Phytotax. Sin. 33 (3): 256, pl. 5 (1995).
广西。

鸡爪秋海棠

●**Begonia imitans** Irmsch., Mitt. Inst. Allg. Bot. Hamburg 10: 511 (1939).
四川。

靖西秋海棠（马山秋海棠）

●**Begonia jingxiensis** D. Fang et Y. G. Wei, Acta Phytotax. Sin. 42 (2): 172, fig. 2 (2004).
Begonia mashanica D. Fang et D. H. Qin, Acta Phytotax. Sin. 42 (2): 174, fig. 3 (2004).
广西。

缙云秋海棠

●**Begonia jinyunensis** C. I. Peng, B. Ding et Q. Wang, Bot. Stud. (Taipei) 55: 65 (2014).
重庆。

重齿秋海棠（盾叶秋海棠）

Begonia josephii A. DC., Ann. Sci. Nat., Bot. ser. 4, 11: 126 (1859).
西藏；不丹、尼泊尔、印度（东北部）。

心叶秋海棠（丽江秋海棠）

Begonia labordei H. Lév., Bull. Soc. Agric. Sarthe 59: 323 (1904).
Begonia harrowiana Diels, Notes Roy. Bot. Gard. Edinburgh 5 (25): 166 (1912); *Begonia polyantha* H. Lév., Cat. Pl. Yun-Nan 17 (1915).
四川、贵州、云南；缅甸。

撕裂秋海棠（蒙自秋海棠）

●**Begonia lacerata** Irmsch., Mitt. Inst. Allg. Bot. Hamburg 10: 536 (1939).
云南。

圆翅秋海棠（薄叶秋海棠，毛酸筒，酸汤竿）

Begonia laminariae Irmsch., Notes Roy. Bot. Gard. Edinburgh 21 (1): 40 (1951).
贵州、云南；越南。

澜沧秋海棠

●**Begonia lancangensis** S. H. Huang, Acta Bot. Yunnan. 21 (1): 13, pl. 1, fig. 7-9 (1999).
云南。

灯果秋海棠

Begonia lanternaria Irmsch., Mitt. Inst. Allg. Bot. Hamburg 10: 555 (1939).

广西；越南（北部）。

癞叶秋海棠（团扇叶秋海棠，老虎耳，石上海棠）

●**Begonia leprosa** Hance, J. Bot. 21 (7): 202 (1883).

Begonia bretschneideriana Hemsl., Hooker's Icon. Pl. 27: t. 2635 (1901).

广东、广西。

蕺叶秋海棠（七星花）

●**Begonia limprichtii** Irmsch., Repert. Spec. Nov. Regni Veg. 12: 440 (1922).

Begonia houttuynioides T. T. Yu, Icon. Pl. Omeiensium 2: t. 152 (1946).

四川、云南。

黎平秋海棠（指裂叶秋海棠）

●**Begonia lipingensis** Irmsch., Mitt. Inst. Allg. Bot. Hamburg 6: 353 (1927).

湖南、贵州、广西。

石生秋海棠

●**Begonia lithophila** C. Y. Wu, Acta Phytotax. Sin. 33 (3): 257, fig. 6 (1995).

云南。

刘演秋海棠（巨叶秋海棠）

●**Begonia liuyanii** C. I. Peng et al., Bot. Bull. Acad. Sin. 46 (3): 245, figs. 1-5 (2005).

Begonia gigaphylla Y. M. Shui et W. H. Chen, Acta Bot. Yunnan. 27 (4): 362, fig. 6 (2005).

广西。

隆安秋海棠

●**Begonia longanensis** C. Y. Wu, Acta Phytotax. Sin. 35 (1): 54, pl. 32 (1997).

广西。

弄岗秋海棠

●**Begonia longgangensis** C. I. Peng et Yan Liu, Bot. Stud. (Taipei) 54: 45 (2013).

广西。

长翅秋海棠

●**Begonia longialata** K. Y. Guan et D. K. Tian, Acta Bot. Yunnan. 22 (2): 132 (2000).

云南。

长果秋海棠

Begonia longicarpa K. Y. Guan et D. K. Tian, Acta Bot. Yunnan. 22 (2): 131 (2000).

云南；越南。

粗喙秋海棠（圆果秋海棠）

Begonia longifolia Blume, Catalogus 102 (1823).

Begonia brachyptera Hayata, List Pl. Formosa 45 (1910); *Begonia aptera* Hayata, J. Coll. Sci. Imp. Univ. Tokyo 30 (1): 122 (1911), non Blume (1827), non Roxb. (1832), non Decaisne (1834); *Begonia hayatae* Gagnep., Bull. Mus. Natl. Hist. Nat. 25: 282 (1919); *Begonia crassirostris* Irmsch., Mitt. Inst. Allg. Bot. Hamburg 10: 513 (1939).

江西、湖南、贵州、云南、福建、台湾、广东、广西、海南；越南、老挝、缅甸、泰国、马来西亚、印度尼西亚、不丹、印度。

长柱秋海棠

●**Begonia longistyla** Y. M. Shui et W. H. Chen, Acta Bot. Yunnan. 27 (4): 367, fig. 8 (2005).

云南。

鹿谷秋海棠

●**Begonia lukuana** Y. C. Liu et C. H. Ou, Bull. Exp. Forest Natl. Chung Hsing Univ. 4: 6 (1982).

Begonia taiwaniana var. *lukuana* (Y. C. Liu et C. H. Ou) S. S. Ying, Col. Illustr. Pl. Taiwan 4: 204 (1992).

台湾。

罗城秋海棠

●**Begonia luochengensis** S. M. Ku et al., Bot. Bull. Acad. Sin. 45 (4): 357, figs. 3-5 (2004).

广西。

鹿寨秋海棠

●**Begonia luzhaiensis** T. C. Ku, Acta Phytotax. Sin. 37 (3): 287, pl. 1, f. 1-2 (1999).

广西。

大裂秋海棠

Begonia macrotoma Irmsch., Notes Roy. Bot. Gard. Edinburgh 21 (1): 41 (1951).

云南；越南、尼泊尔、印度。

麻栗坡秋海棠

●**Begonia malipoensis** S. H. Huang et Y. M. Shui, Acta Bot. Yunnan. 16 (4): 333 (1994).

云南。

蛮耗秋海棠

●**Begonia manhaoensis** S. H. Huang et Y. M. Shui, Acta Bot. Yunnan. 21 (1): 21 (1999).

云南。

铁甲秋海棠（铁十字秋海棠）

Begonia masoniana Irmsch. ex Ziesenh., Begonian 38: 52 (1971).

广西；越南。

大叶秋海棠*

•**Begonia megalophyllaria** C. Y. Wu, Acta Phytotax. Sin. 33 (3): 272, pl. 18 (1995).
云南。

蒙自秋海棠（肾托秋海棠）

•**Begonia mengtzeana** Irmsch., Mitt. Inst. Allg. Bot. Hamburg 10: 536 (1939).
云南。

截裂秋海棠（奇异秋海棠）

•**Begonia miranda** Irmsch., Notes Roy. Bot. Gard. Edinburgh 21 (1): 36 (1951).
云南。

云南秋海棠（白花秋海棠）

Begonia modestiflora Kurz, Flora 54: 296 (1871).
Begonia yunnanensis H. Lév., Repert. Spec. Nov. Regni Veg. 7 (131-133): 20 (1909); *Begonia yunnanensis* var. *hypoleuca* H. Lév., Cat. Pl. Yun-Nan 17 (1916).
云南；缅甸、泰国、尼泊尔、印度。

桑叶秋海棠（二棱秋海棠）

•**Begonia morifolia** T. T. Yu, Bull. Fan Mem. Inst. Biol. Peiping, n. s. 1: 119 (1948).
Begonia anceps Irmsch., Notes Roy. Bot. Gard. Edinburgh 21 (1): 35 (1951).
云南。

龙州秋海棠

•**Begonia morsei** Irmsch., Mitt. Inst. Allg. Bot. Hamburg 10: 556 (1939).
广西。

龙州秋海棠（原变种）

•**Begonia morsei** var. **morsei**
广西。

密毛龙州秋海棠

•**Begonia morsei** var. **myriotricha** Y. M. Shui et W. H. Chen, Acta Bot. Yunnan. 27 (4): 368 (2005).
广西。

木里秋海棠

•**Begonia muliensis** T. T. Yu, Bull. Fan Mem. Inst. Biol. Peiping, n. s. 1: 119 (1948).
四川、云南。

南投秋海棠

•**Begonia nantoensis** M. J. Lai et N. J. Chung, Quart. J. Exp. Forest. 6 (1): 60 (1992).
台湾。

宁明秋海棠

•**Begonia ningmingensis** D. Fang et al., Bot. Stud. (Taipei) 47 (1): 97, figs. 1-4 (2006).
广西。

宁明秋海棠（原变种）

•**Begonia ningmingensis** var. **ningmingensis**
广西。

丽叶秋海棠

•**Begonia ningmingensis** var. **bella** D. Fang et al., Bot. Stud. (Taipei) 47 (1): 101, figs. 4-6 (2006).
广西。

斜叶秋海棠

•**Begonia obliquifolia** S. H. Huang et Y. M. Shui, Acta Bot. Yunnan. 21 (1): 21, fig. 8 (1999).
云南。

不显秋海棠（侧膜秋海棠）

•**Begonia obsolescens** Irmsch., Notes Roy. Bot. Gard. Edinburgh 21 (1): 37 (1951).
Begonia fengii T. C. Ku, Acta Phytotax. Sin. 33 (3): 269, f. 15 (1995).
云南、广西。

山地秋海棠

Begonia oreodoxa Chun et F. Chun ex G. Y. Wu et T. C. Ku, Acta Phytotax. Sin. 33 (3): 274 (1995).
云南；越南。

鸟叶秋海棠

•**Begonia ornithophylla** Irmsch., Mitt. Inst. Allg. Bot. Hamburg 10: 556 (1939).
广西。

卵叶秋海棠

Begonia ovatifolia A. DC., Ann. Sci. Nat., Bot., sér. 4, 11: 132 (1859).
西藏；印度（锡金）。

裂叶秋海棠

Begonia palmata D. Don, Prodr. Fl. Nepal. 223 (1825).
江西、湖南、四川、贵州、云南、西藏、福建、台湾、广东、广西、海南、香港；越南、老挝、泰国、缅甸、不丹、尼泊尔、印度、孟加拉国。

裂叶秋海棠（原变种）

Begonia palmata var. **palmata**
Begonia laciniata Roxb., Fl. Ind. (Roxburgh) 3: 649 (1832); *Begonia laciniata* var. *nepalensis* A. DC., Prodr. (DC.) 15 (1): 348 (1864); *Begonia laciniata* var. *tuberculosa* C. B. Clarke, Fl. Brit. Ind. 2: 643 (1879).

云南、？西藏；越南、老挝、泰国、缅甸、不丹、尼泊尔、印度、孟加拉国。

红孩儿（贵州秋海棠，峦大秋海棠）

●**Begonia palmata** var. **bowringiana** (Champ. ex Benth.) Golding et Kareg., Phytologia 54: 494 (1984).

Begonia bowringiana Champ. ex Benth., Hooker's J. Bot. Kew Gard. Misc. 4: 120 (1852); *Doratometra bowringiana* (Champ. ex Benth.) Seem., Bot. Voy. Herald 379 (1857); *Begonia laciniata* var. *bowringiana* (Champ. ex Benth.) A. DC., Prodr. [A. P. de Candolle] 15 (1): 348 (1864); *Begonia edulis* var. *henryi* H. Lév., Repert. Spec. Nov. Regni Veg. 7 (131-133): 20 (1909); *Begonia ferruginea* Hayata, J. Coll. Sci. Imp. Univ. Tokyo 30 (1): 123 (1911); *Begonia kouytcheouensis* Guillaumin, Bull. Mus. Natl. Hist. Nat. 31: 477 (1925); *Begonia randaiensis* Sasaki, List Pl. Formosa (Sasaki) 301 (1928); *Begonia laciniata* subsp. *bowringiana* (Champ. ex Benth.) Irmsch., Mitt. Inst. Allg. Bot. Hamburg 10: 533, pl. 11 (1939); *Begonia laciniata* subsp. *principalis* Irmsch., Mitt. Inst. Allg. Bot. Hamburg 10: 530, pl. 7 (1939).

江西、湖南、四川、贵州、福建、台湾、广西、海南、香港。

刺毛红孩儿

●**Begonia palmata** var. **crassisetulosa** (Irmsch.) Golding et Kareg., Phytologia 54: 495 (1984).

Begonia laciniata subsp. *crassisetulosa* Irmsch., Mitt. Inst. Allg. Bot. Hamburg 10: 532, pl. 10 (1939).

云南。

光叶红孩儿

●**Begonia palmata** var. **laevifolia** (Irmsch.) Golding et Kareg., Phytologia 54: 495 (1984).

Begonia laciniata subsp. *laevifolia* Irmsch., Notes Roy. Bot. Gard. Edinburgh 21 (1): 43 (1951).

云南。

小叶秋海棠（小秋海棠）

●**Begonia parvula** H. Lév. et Vaniot, Repert. Spec. Nov. Regni Veg. 2: 113 (1906).

贵州、云南。

少裂秋海棠

●**Begonia paucilobata** C. Y. Wu, Acta Phytotax. Sin. 33 (3): 275, fig. 20 (1995).

云南。

少裂秋海棠（原变种）

●**Begonia paucilobata** var. **paucilobata**

云南。

马关秋海棠

●**Begonia paucilobata** var. **maguanensis** (S. H. Huang et Y. M. Shui) T. C. Ku, Fl. Reipubl. Popularis Sin. 52 (1): 261 (1999).

Begonia maguanensis S. H. Huang et Y. M. Shui, Acta Bot. Yunnan. 16 (4): 338 (1994).

云南。

掌裂秋海棠

●**Begonia pedatifida** H. Lév., Repert. Spec. Nov. Regni Veg. 7 (131-133): 21 (1909).

Begonia pedatifida var. *kewensis* H. Lév., Repert. Spec. Nov. Regni Veg. 7 (131-133): 22 (1909).

湖南、湖北、四川、贵州。

小花秋海棠

●**Begonia peii** C. Y. Wu, Acta Phytotax. Sin. 33 (3): 252, fig. 2 (1995).

云南。

盾叶秋海棠

●**Begonia peltatifolia** H. L. Li, J. Arnold Arbor. 25 (2): 209 (1944).

海南。

赤车叶秋海棠

●**Begonia pellionioides** Y. M. Shui et W. H. Chen, Pl. Diversity Resouces 37 (5): 564 (2015).

云南。

彭氏秋海棠

●**Begonia pengii** S. M. Ku et Yan Liu, Bot. Stud. (Taipei) 49: 167 (2008).

广西。

樟木秋海棠

Begonia picta Sm., Exot. Bot. 2: 81 (1805).

Begonia erosa Wall., Numer. List n. 3688 (1831); *Begonia echinata* Royle, Ill. Bot. Himal. Mts. 313, pl. 80, f. 1 (1839).

西藏；缅甸、尼泊尔、印度。

一口血秋海棠

Begonia picturata Yan Liu, S. M. Ku et C. I. Peng, Bot. Bull. Acad. Sin. 46 (4): 367, figs. 1-4 (2005).

广西；越南。

坪林秋海棠

●**Begonia pinglinensis** C. I. Peng, Bot. Bull. Acad. Sin. 46: 261 (2005).

台湾。

扁果秋海棠

●**Begonia platycarpa** Y. M. Shui et W. H. Chen, Acta Bot. Yunnan. 27 (4): 368, fig. 9 (2005).

云南。

多毛秋海棠

●**Begonia polytricha** C. Y. Wu, Acta Phytotax. Sin. 33 (3): 275, fig. 21 (1995).

云南。

罗甸秋海棠（单花秋海棠，宜山秋海棠）

●**Begonia porteri** H. Lév. et Vaniot, Repert. Spec. Nov. Regni Veg. 9 (196-198): 20 (1910).
Begonia bellii H. Lév., Fl. Kouy-Tcheou 45 (1914); *Begonia yishanensis* T. C. Ku, Acta Phytotax. Sin. 37 (3): 285, f. 1, 3-4 (1999).
贵州、广西。

假大新秋海棠

●**Begonia pseudodaxinensis** S. M. Ku et al., Bot. Stud. (Taipei) 47 (2): 211, figs. 3-6 (2006).
广西。

假厚叶秋海棠

●**Begonia pseudodryadis** C. Y. Wu, Acta Phytotax. Sin. 33 (3): 276, fig. 22 (1995).
云南。

假癞叶秋海棠

●**Begonia pseudoleprosa** C. I. Peng et al., Bot. Stud. (Taipei) 47 (2): 214, figs. 4, 7-8 (2006).
广西。

光滑秋海棠（光叶秋海棠）

●**Begonia psilophylla** Irmsch., Notes Roy. Bot. Gard. Edinburgh 21 (1): 39 (1951).
云南。

美叶秋海棠（新拟）

●**Begonia pulchrifolia** D. K. Tian et C. H. Li, Phytotaxa 207 (3): 224 (2015).
四川。

肿柄秋海棠

●**Begonia pulvinifera** C. I. Peng et Yan Liu, Bot. Stud. (Taipei) 47 (3): 319, figs. 1-3, 6 A-D (2006).
广西。

紫叶秋海棠（朱药秋海棠）

●**Begonia purpureofolia** S. H. Huang et Y. M. Shui, Acta Bot. Yunnan. 16: 340 (1994).
云南。

岩生秋海棠

●**Begonia ravenii** C. I. Peng et Y. K. Chen, Bot. Bull. Acad. Sin. 29 (3): 217 (1988).
台湾。

倒鳞秋海棠

●**Begonia reflexisquamosa** C. Y. Wu, Acta Phytotax. Sin. 33 (3): 277, fig. 23 (1995).
云南。

匍茎秋海棠

●**Begonia repenticaulis** Irmsch., Mitt. Inst. Allg. Bot. Hamburg 10: 547, pl. 16 (1939).
云南。

突脉秋海棠

●**Begonia retinervia** D. Fang et al., C. I. Peng, Bot. Stud. (Taipei) 47: 106, figs. 7, 8 (2006).
广西。

大王秋海棠（毛叶秋海棠，长纤秋海棠，紫叶秋海棠）

Begonia rex Putz., Fl. Serres Jard. Eur. 2: 141, pls. 1255 et 1258 (1857).
Begonia longiciliata C. Y. Wu, Acta Phytotax. Sin. 33 (3): 271, f. 17 (1995).
贵州、云南、广西；越南、印度（东北部）。

喙果秋海棠

●**Begonia rhynchocarpa** Y. M. Shui et W. H. Chen, Acta Bot. Yunnan. 27: 370 (2005).
云南。

滇缅秋海棠

Begonia rockii Irmsch., Mitt. Inst. Allg. Bot. Hamburg 10: 544 (1939).
云南；缅甸。

榕江秋海棠

●**Begonia rongjiangensis** T. C. Ku, Acta Phytotax. Sin. 33 (3): 279 (1995).
贵州。

圆叶秋海棠

●**Begonia rotundilimba** S. H. Huang et Y. M. Shui, Acta Bot. Yunnan. 16 (4): 335 (1994).
云南。

玉柄秋海棠

●**Begonia rubinea** H. Z. Li et H. Ma, Bot. Bull. Acad. Sin. 46 (4): 377, figs. 1-4 (2005).
贵州。

藨状秋海棠（匍地秋海棠，匍状秋海棠）

●**Begonia ruboides** C. M. Hu ex C. Y. Wu et T. C. Ku, Acta Phytotax. Sin. 33 (3): 260, fig. 9 (1995).
云南。

红斑秋海棠

●**Begonia rubropunctata** S. H. Huang et Y. M. Shui, Acta Bot. Yunnan. 16 (4): 339 (1994).
云南。

成凤秋海棠

●**Begonia scitifolia** Irmsch., Mitt. Inst. Allg. Bot. Hamburg 10:

541 (1939).
云南。

半侧膜秋海棠

●**Begonia semiparietalis** Yan Liu et al., Bot. Stud. (Taipei) 47 (2): 218, figs. 4, 9-10 (2006).
广西。

刚毛秋海棠

●**Begonia setifolia** Irmsch., Mitt. Inst. Allg. Bot. Hamburg 10: 549 (1939).
Begonia tsaii Irmsch., Notes Roy. Bot. Gard. Edinburgh 21 (1): 42 (1951).
云南。

刺盾叶秋海棠

●**Begonia setulosopeltata** C. Y. Wu, Acta Phytotax. Sin. 35 (1): 48, fig. 28 (1997).
广西。

锡金秋海棠

Begonia sikkimensis A. DC., Ann. Sci. Nat., Bot. ser. 4, 11: 134 (1859).
西藏；尼泊尔、印度。

厚壁秋海棠（勐养秋海棠）

●**Begonia silletensis** subsp. **mengyangensis** Tebbitt et K. Y. Guan, Novon 12: 134 (2002).
云南。

多花秋海棠

●**Begonia sinofloribunda** Dorr, Harvard Pap. Bot. 4: 265 (1999).
Begonia floribunda T. C. Ku, Acta Phytotax. Sin. 35 (1): 48, pl. 29 (1997), non Carrière (1875).
广西。

中越秋海棠

Begonia sinovietnamica C. Y. Wu, Acta Phytotax. Sin. 35 (1): 50, fig. 30 (1997).
广西；越南。

长柄秋海棠

●**Begonia smithiana** T. T. Yu, Notes Roy. Bot. Gard. Edinburgh 21 (1): 44 (1951).
湖南、湖北、四川、贵州。

近革叶秋海棠

●**Begonia subcoriacea** C. I. Peng et al., Bot. Stud. (Taipei) 49: 405, figs. 8, 9 (2008).
广西。

粉叶秋海棠

Begonia subhowii S. H. Huang, Acta Bot. Yunnan. 21 (1): 20, figs. 7, 1-4 (1999).
云南；越南。

保亭秋海棠（长柄秋海棠）

●**Begonia sublongipes** Y. M. Shui, Acta Bot. Yunnan. 26 (5): 484, f. 1 (2004).
海南。

都安秋海棠

●**Begonia suboblata** D. Fang et D. H. Qin, Acta Phytotax. Sin. 42 (2): 177, fig. 4 (2004).
广西。

抱茎叶秋海棠

Begonia subperfoliata Parish ex Kurz, J. Asiat. Soc. Bengal, Pt. 2, Nat. Hist. 42 (2): 81 (1873).
云南；缅甸。

光叶秋海棠

●**Begonia summoglabra** T. T. Yu, Bull. Fan Mem. Inst. Biol. Peiping, n. s. 1: 117 (1948).
云南。

台北秋海棠

●**Begonia taipeiensis** C. I. Peng, Bot. Bull. Acad. Sin. 41: 151 (2000).
台湾。

台湾秋海棠（细叶秋海棠，白斑细叶秋海棠）

●**Begonia taiwaniana** Hayata, J. Coll. Sci. Imp. Univ. Tokyo 30 (1): 125 (1911).
Begonia taiwaniana var. *albomaculata* S. S. Ying, Col. Illustr. Pl. Taiwan 3: 623 (1988).
台湾。

大理秋海棠

●**Begonia taliensis** Gagnep., Bull. Mus. Natl. Hist. Nat. 25: 279 (1919).
云南。

藤枝秋海棠

●**Begonia tengchiana** C. I. Peng et Y. K. Chen, Bot. Bull. Acad. Sin. 46: 265 (2005).
台湾。

陀螺果秋海棠

Begonia tessaricarpa C. B. Clarke, Fl. Brit. Ind. 2: 636 (1879).
西藏；印度。

四裂秋海棠（新拟）

●**Begonia tetralobata** Y. M. Shui, Ann. Bot. Fenn. 44 (1): 76 (2007).
云南。

截叶秋海棠

●**Begonia truncatiloba** Irmsch., Mitt. Inst. Allg. Bot. Hamburg 10: 534 (1939).
云南。

观光秋海棠

●**Begonia tsoongii** C. Y. Wu, Acta Phytotax. Sin. 33 (3): 280, fig. 24 (1995).
广西。

伞叶秋海棠（龙虎山秋海棠）

●**Begonia umbraculifolia** Y. Wan et B. N. Chang, Acta Phytotax. Sin. 25 (4): 322, f. 1 (1987).
广西。

变异秋海棠（多变秋海棠，百变秋海棠）

●**Begonia variifolia** Y. M. Shui et W. H. Chen, Acta Bot. Yunnan. 27 (4): 372, f. 11 (2005).
广西。

变色秋海棠（花叶酸筒）

●**Begonia versicolor** Irmsch., Mitt. Inst. Allg. Bot. Hamburg 10: 546 (1939).
云南。

长毛秋海棠（毛叶秋海棠）

Begonia villifolia Irmsch., Notes Roy. Bot. Gard. Edinburgh 21 (1): 43 (1951).
云南；越南、缅甸。

少瓣秋海棠（富宁秋海棠，爬山猴）

●**Begonia wangii** T. T. Yu, Bull. Fan Mem. Inst. Biol. Peiping, n. s. 1: 126 (1948).
云南、广西。

文山秋海棠

●**Begonia wenshanensis** C. M. Hu ex C. Y. Wu et T. C. Ku, Acta Phytotax. Sin. 33 (3): 262, f. 10 (1995).
云南。

一点血（一点血秋海棠）

●**Begonia wilsonii** Gagnep., Bull. Mus. Natl. Hist. Nat. 25: 281 (1919).
四川、重庆。

雾台秋海棠

●**Begonia wutaiana** C. I. Peng et Y. K. Chen, Bot. Bull. Acad. Sin. 46: 268 (2005).
台湾。

五指山秋海棠

●**Begonia wuzhishanensis** C. I. Peng, X. H. Jin et S. M. Ku, Bot. Stud. (Taipei) 55: 26 (2014).
Begonia intermedia D. K. Tian et Y. H. Yan, Phytotaxa 166 (2): 116 (2014), *syn. nov.*
海南。

黄瓣秋海棠

Begonia xanthina Hook. f., Bot. Mag. 78: t. 4683 (1852).
云南；印度。

兴义秋海棠

●**Begonia xingyiensis** T. C. Ku, Acta Phytotax. Sin. 33 (3): 263 (1995).
贵州。

盈江秋海棠

●**Begonia yingjiangensis** S. H. Huang, Acta Bot. Yunnan. 21 (1): 18, pl. 6, figs. 1-6 (1999).
云南。

吴氏秋海棠

●**Begonia zhengyiana** Y. M. Shui, Acta Phytotax. Sin. 40 (4): 374, f. 1 (2002).
云南。

116. 卫矛科 CELASTRACEAE [14 属: 262 种]

巧茶属 Catha Forssk. ex Scop.

巧茶（阿拉伯茶）

☆**Catha edulis** (Vahl) Endl., Ench. Bot. 575 (1841).
Celastrus edulis Vahl, Symb. Bot. (Vahl) 1: 21 (1790).
栽培于云南、广西、海南；非洲（东部）。

南蛇藤属 Celastrus L.

过山枫

●**Celastrus aculeatus** Merr., Lingnan Sci. J. 13: 37 (1934).
浙江、江西、云南、福建、广东、广西。

苦皮藤（棱枝南蛇藤）

●**Celastrus angulatus** Maxim., Bull. Acad. Imp. Sci. Saint-Pétersbourg 3 (27): 455 (1881).
Celastrus latifolius Hemsl., J. Linn. Soc., Bot. 23 (153): 123 (1886).
河北、山东、河南、陕西、甘肃、安徽、江苏、江西、湖南、湖北、四川、贵州、云南、广东、广西。

小南蛇藤

●**Celastrus cuneatus** (Rehder et E. H. Wilson) C. Y. Cheng et T. C. Kao, Fl. Reipubl. Popularis Sin. 45 (3): 117 (1999).
Celastrus articulatus var. *cuneatus* Rehder et E. H. Wilson in Sarg., Pl. Wilson. 2 (2): 350 (1915); *Celastrus orbiculatus* var. *cuneatus* (Rehder et E. H. Wilson) Wuzhi, Fl. Hupeh. 2: 444 (1979).

湖北、四川。

刺苞南蛇藤（刺叶南蛇藤，刺南蛇藤）

Celastrus flagellaris Rupr., Bull. Cl. Phys.-Math. Acad. Imp. Sci. Saint-Pétersbourg 15: 357 (1857).

Celastrus ciliidens Miq., Ann. Mus. Bot. Lugduno-Batavi 2: 85 (1865).

黑龙江、吉林、辽宁、河北；日本、朝鲜、俄罗斯（远东地区）。

洱源南蛇藤

•**Celastrus franchetianus** Loes., Bot. Jahrb. Syst. 30 (5): 470 (1902), as "*franchetiana*".

Celastrus racemulosus Franch., Bull. Soc. Bot. France 33: 455 (1886), as "*racemulosa*", non Hassk. (1858).

云南。

大芽南蛇藤（哥兰叶，霜红藤）

•**Celastrus gemmatus** Loes., Bot. Jahrb. Syst. 30: 468 (1902).

Embelia esquirolli H. Lév., Repert. Spec. Nov. Regni Veg. 10 (257-259): 374 (1912); *Celastrus lokcbongensis* Mabumune, Trans. Nat. Hist. Soc. Formosa 25: 15 (1935).

山西、河南、陕西、甘肃、安徽、江苏、浙江、江西、湖南、湖北、四川、贵州、云南、福建、台湾、广东、广西。

灰叶南蛇藤（过山枫藤，麻麻藤，藤木）

•**Celastrus glaucophyllus** Rehder et E. H. Wilson in Sarg., Pl. Wilson. 2: 347 (1915).

Celastrus glaucophyllus var. *angustus* Q. H. Chen, Bull. Bot. Res., Harbin 14 (4): 150 (1994).

陕西、湖南、湖北、四川、贵州、云南。

青江藤

Celastrus hindsii Benth., Hooker's J. Bot. Kew Gard. Misc. 3: 334 (1851).

Celastrus cantonensis Hance, J. Bot. 23 (275): 323 (1885); *Celastrus hindsii* var. *henryi* Loesener, Bot. Jahrb. Syst. 29 (3-4): 444 (1900); *Celastrus xizangensis* Y. R. Li, Acta Bot. Yunnan. 3 (3): 356 (1981).

江西、湖南、湖北、四川、贵州、云南、西藏、福建、台湾、广东、广西、海南；越南、缅甸、马来西亚、印度（东北部）。

硬毛南蛇藤

•**Celastrus hirsutus** H. F. Comber, Notes Roy. Bot. Gard. Edinburgh 18: 233 (1934).

Ilex serrata subsp. *cathayensis* T. R. Duolley, Holly Soc. J. 6 (4): 5 (1988); *Ilex leiboensis* Z. M. Tan, Res., Harbin Bull. Bot. Res., Harbin 8 (1): 117, f. 1 (1988).

四川、云南。

小果南蛇藤（多花南蛇藤）

•**Celastrus homaliifolius** P. S. Hsu, Observ. Fl. Hwangshan. 141 (1965).

四川、云南。

滇边南蛇藤（尖药南蛇藤）

Celastrus hookeri Prain, J. Asiat. Soc. Bengal, Pt. 2, Nat. Hist. 73: 179 (1904).

云南、西藏；缅甸、不丹、尼泊尔、印度、巴基斯坦。

薄叶南蛇藤

•**Celastrus hypoleucoides** P. L. Chiu, J. Hangzhou Univ., Nat. Sci. Ed. 8 (1): 114 (1981).

安徽、浙江、江西、湖南、湖北、云南、广东、广西。

粉背南蛇藤

•**Celastrus hypoleucus** (Oliv.) Warb. ex Loes., Bot. Jahrb. Syst. 29 (3-4): 445 (1900).

Erythrospermum hypoleucum Oliv., Hooker's Icon. Pl. 19: t. 1899 (1889); *Celastrus hypoglaucus* Hemsl., Ann. Bot. (Oxford) 9 (33): 150 (1895).

河南、陕西、甘肃、安徽、浙江、湖南、湖北、贵州、云南。

圆叶南蛇藤

•**Celastrus kusanoi** Hayata, J. Coll. Sci. Imp. Univ. Tokyo 30 (1): 60 (1911).

台湾、海南。

拟独子藤

Celastrus monospermoides Loes., Nova Guinea 8: 280 (1910).

Celastrus apoensis Elmer, Leafl. Philipp. Bot. 7: 2579 (1915); *Celastrus malayensis* Ridl., J. Straits Branch Roy. Asiat. Soc. 75: 18 (1917).

云南；菲律宾、马来西亚、印度尼西亚、巴布亚新几内亚。

独子藤（单子南蛇藤，红藤，大样红藤）

Celastrus monospermus Roxb., Fl. Ind. (Carey et Wallich ed.) 2: 394 (1824), as "*monosperma*".

Catha monosperma (Roxb.) Benth., London J. Bot. 1: 483 (1842); *Catha benthamii* Gardner et Champ., Hooker's J. Bot. Kew Gard. Misc. 1: 310 (1849); *Celastrus championi* Benth., Hooker's J. Bot. Kew Gard. Misc. 3: 334 (1851); *Celastrus benthamii* (Gardner et Champ.) Rehder et E. H. Wilson in Sarg., Pl. Wilson. 2: 358 (1915); *Monocelastrus monospermus* (Roxb.) F. T. Wang et T. Tang, Acta Phytotax. Sin. 1 (1): 137 (1951).

贵州、云南、福建、广东、广西、海南；越南、缅甸、不丹、印度、巴基斯坦。

窄叶南蛇藤

•**Celastrus oblanceifolius** C. H. Wang et P. C. Tsoong, Chin. J. Bot. 1 (1): 65 (1936).

Celastrus aculeatus var. *oblanceifolius* (C. H. Wang et P. C. Tsoong) P. S. Hsu, Observ. Fl. Hwangshan. 140 (1965).

安徽、浙江、江西、湖南、福建、广东、广西。

倒卵叶南蛇藤

●**Celastrus obovatifolius** X. Y. Mu et Z. X. Zhang, Nord. J. Bot. 30 (1): 55 (2012).

河南、湖北、四川、重庆、贵州、云南。

南蛇藤

Celastrus orbiculatus Thunb., Syst. Veg., ed. 14, 237 (1784).

Celastrus articulatus Thunb., Fl. Jap. 97 (1784); *Celastrus tatarinowii* Rupr., Bull. Cl. Phys.-Math. Acad. Imp. Sci. Saint-Pétersbourg 15: 357 (1857); *Celastrus articulatus* var. *pubescens* Makino, Bot. Mag. (Tokyo) 7: 102 (1893); *Celastrus oblongifolius* Hayata, Icon. Pl. Formosan. 3: 58 (1913); *Celastrus jeholensis* Nakai in Nakai et Kitag., Rep. Exped. Manchoukuo Sect. IV, Pt. 1, Pl. Nov. Jehol 6 (1934).

黑龙江、吉林、辽宁、内蒙古、山西、山东、河南、陕西、甘肃、安徽、江苏、浙江、江西、湖北、四川；韩国、日本。

灯油藤（滇南蛇藤，打油果，红果藤）

Celastrus paniculatus Willd., Sp. Pl., ed. 4 [Willdenow] 1: 1125 (1797).

Celastrus nutans Roxb., Hort. Bengal. 18 (1814); *Celastrus multiflorus* Roxb., Hort. Bengal. 18 (1814); *Celastrus rothianus* Schult., Syst. Veg., ed. 15 bis [Roemer et Schultes] 5: 423 (1819); *Celastrus dependens* Wall., Fl. Ind. (Carey et Wallich ed.) 1: 389 (1824); *Scutia paniculata* G. Don, Gen. Syst. Nat. 2: 34 (1832); *Diosma serrata* Blanco, Fl. Filip. 168 (1837); *Celastrus pubescens* Turcz., Bull. Soc. Nat. Mosc. 31: 448 (1858); *Celastrus polybotrys* Turcz., Bull. Soc. Nat. Mosc. 31: 449 (1858); *Celastrus paniculatus* var. *andamanicus* Kurz ex Prain, Ico. Cit. 73: 196 (1904), as "*andamanica*"; *Celastrus paniculatus* var. *pubscens* Kurz ex Prain, J. Asiat. Soc. Bengal 73: 196 (1904); *Celastrus laoticus* Pit. in Lecomte, Fl. Indo-Chine 1: 891 (1912); *Euonymus euphlebiphyllus* Hayata, Icon. Pl. Formosan. 5: 15 (1915); *Celastrus euphlebiphyllus* (Hayata) Makino et Nemoto, Fl. Japan., ed. 2: 597 (1931); *Celastrus paniculatus* subsp. *serratus* (Blanco) Ding Hou, Ann. Missouri Bot. Gard. 42 (3): 231 (1955); *Celastrus paniculatus* subsp. *multiflorus* (Roxb.) Ding Hou, Ann. Missouri Bot. Gard. 42: 231 (1955).

贵州、云南、台湾、广东、广西、海南；越南、老挝、缅甸、泰国、柬埔寨、马来西亚、印度尼西亚、不丹、尼泊尔、印度、斯里兰卡、澳大利亚、太平洋岛屿（新喀里多尼亚岛）。

东南南蛇藤（光果南蛇藤）

Celastrus punctatus Thunb., Fl. Jap. 97 (1784).

Celastrus orbiculatus var. *punctatus* (Thunb.) Rehder, Cycl. Amer. Hort. 1: 269 (1900); *Celastrus articulatus* var. *punctatus* (Thunb.) Makino, Bot. Mag. (Tokyo) 21: 138 (1907); *Celastrus leiocarpus* Hayata, Icon. Pl. Formosan. 5: 22 (1915); *Celastrus longeracemosus* Hayata, Icon. Pl. Formosan. 5: 23, pl. 3 (1915); *Celastrus gracillimus* Hayata, Icon. Pl. Formosan. 5: 24 (1915); *Celastrus geminiflorus* Hayata, Icon. Pl. Formosan. 5: 25, f. 9 (1915); *Celastrus punctatus* var. *microphyllus* H. L. Li et Ding Hou, Taiwania 1: 172 (1950).

安徽、浙江、福建、台湾；日本。

短梗南蛇藤（丛花南蛇藤，黄绳儿）

●**Celastrus rosthornianus** Loes., Bot. Jahrb. Syst. 29 (3-4): 445, pl. 5, f. F-H (1900).

山西、河南、陕西、甘肃、安徽、浙江、江西、湖南、湖北、四川、贵州、云南、福建、广东、广西。

短梗南蛇藤（原变种）

●**Celastrus rosthornianus** var. **rosthornianus**

Celastrus cavaleriei H. Lév., Repert. Spec. Nov. Regni Veg. 13 (363-367): 262 (1914); *Celastrus reticulatus* Chen H. Wang, Contr. Bot. Surv. N. W. China 1: 68 (1939).

河南、陕西、甘肃、安徽、浙江、江西、湖南、湖北、四川、贵州、云南、福建、广东、广西。

宽叶短梗南蛇藤

●**Celastrus rosthornianus** var. **loeseneri** (Rehder et E. H. Wilson) C. Y. Wu, Fl. Tsinling. 1 (3): 213 (1981).

Celastrus loeseneri Rehder et E. H. Wilson in Sarg., Pl. Wilson. 2 (2): 350 (1915).

山西、河南、甘肃、湖北、四川、贵州、广西。

皱叶南蛇藤

●**Celastrus rugosus** Rehder et E. H. Wilson in Sarg., Pl. Wilson. 2: 349 (1915).

Celastrus glaucophyllus var. *rugosus* (Rehder et E. H. Wilson) C. Y. Wu, Fl. Tsinling. 1 (3): 212 (1981).

陕西、湖北、四川、贵州、云南、西藏、广西。

显柱南蛇藤

Celastrus stylosus Wall., Fl. Ind. (Carey et Wallich ed.) 2: 401 (1824).

安徽、江苏、浙江、江西、湖南、湖北、四川、重庆、贵州、云南、广东、广西；泰国、缅甸、不丹、尼泊尔、印度。

显柱南蛇藤（原变种）

Celastrus stylosus var. **stylosus**

Gymnosporia neglecta Wall. ex Lawson, Fl. Brit. Ind. 1: 619 (1875); *Celastrus hypoleucus* f. *puberulus* Loes., Bot. Jahrb. Syst. 29 (3-4): 445 (1900); *Celastrus crassifolius* Chen H. Wang, Contr. Bot. Surv. N. W. China 1: 62 (1939); *Celastrus stylosus* subsp. *glaber* Ding Hou, Ann. Missouri Bot. Gard. 42 (3): 273 (1955); *Celastrus stylosus* var. *angustifolius* C. Y. Cheng et T. C. Kao, Iconogr. Cormophyt. Sin. Suppl. 2: 259 (1983), *nom. inval.*

安徽、江西、湖南、湖北、四川、重庆、贵州、云南、广东、广西；泰国、缅甸、不丹、尼泊尔、印度。

毛脉显柱南蛇藤

●**Celastrus stylosus** var. **puberulus** (P. S. Hsu.) C. Y. Cheng et T. C. Kao, Fl. Reipubl. Popularis Sin. 45 (3): 121 (1999).

Celastrus glaucophyllus var. *puberulus* P. S. Hsu., Observ. Fl. Hwangshan. 141 (1965).

安徽、江苏、浙江、江西、湖南、广东。

皱果南蛇藤

Celastrus tonkinensis Pit. in Lecomte, Fl. Gen. Indo-Chine 1: 891 (1912).

云南、广西；越南（北部）。

长序南蛇藤

●**Celastrus vaniotii** (H. Lév.) Rehder, J. Arnold Arbor. 14: 249 (1933).

Saurauia vanioti H. Lév., Fl. Kouy-Tcheou 415 (1915); *Celastrus spiciformis* Rehder et E. H. Wilson in Sarg., Pl. Wilson. 2 (2): 348 (1915); *Celastrus spiciformis* var. *laevis* Rehder et E. H. Wilson in Sarg., Pl. Wilson. 2 (2): 349 (1915).

湖南、湖北、四川、贵州、云南、广西。

绿独子藤

●**Celastrus virens** (F. T. Wang et T. Tang) C. Y. Cheng et T. C. Kao, Fl. Reipubl. Popularis Sin. 45 (3): 127 (1999).

Monocelastrus virens F. T. Wang et T. Tang, Acta Phytotax. Sin. 1 (2): 135 (1951).

云南。

攸乐山南蛇藤（新拟）

●**Celastrus yuloensis** X. Y. Mu, Ann. Bot. Fenn. 49: 267 (2012).

云南。

卫矛属 Euonymus L.

刺果卫矛

Euonymus acanthocarpus Franch., Pl. Delavay. 2: 129 (1889).

Euonymus acanthocarpus var. *sutchuenensis* Franch. ex Diels, Bot. Jahrb. Syst. 29 (3-4): 439 (1900); *Euonymus theifolius* var. *scandens* Loes., Bot. Jahrb. Syst. 30: 455 (1902); *Echinocarpus erythrocarpus* H. Lév., Repert. Spec. Nov. Regni Veg. 10 (263-265): 474 (1912); *Euonymus longipes* Lace, Bull. Misc. Inform. Kew 1915: 396 (1915); *Euonymus erythrocarpus* H. Lév., Fl. Kouy-Tcheou 72 (1915); *Euonymus tengyuehensis* W. W. Sm., Notes Roy. Bot. Gard. Edinburgh 10: 36 (1917); *Euonymus laxus* Chen H. Wang, Contr. Bot. Surv. N. W. China 1: 12 (1939); *Euonymus acanthocarpus* var. *scandens* (Loes.) Blakelock, Kew Bull. 6: 274 (1951); *Euonymus acanthocarpus* var. *longipes* (Lace) Blakelock, Kew Bull. 6: 273 (1951); *Euonymus acanthocarpus* var. *laxus* (Chen H. Wang) C. Y. Cheng, Fl. Reipubl. Popularis Sin. 45 (3): 23 (1999).

河南、陕西、安徽、浙江、江西、湖南、湖北、四川、贵州、云南、西藏、福建、广东、广西；缅甸。

三脉卫矛

Euonymus acanthoxanthus Pit. in Lecomte, Fl. Gen. Indo-Chine 1: 870 (1912).

Echinocarpus esquirolii H. Lév., Repert. Spec. Nov. Regni Veg. 10 (263-265): 474 (1912); *Echinocarpus cavaleriei* H. Lév., Repert. Spec. Nov. Regni Veg. 10 (263-265): 474 (1912); *Euonymus blinii* H. Lév., Repert. Spec. Nov. Regni Veg. 13 (363-367): 259 (1914); *Euonymus subtrinervis* Rehder, J. Arnold Arbor. 14: 247 (1933).

贵州、云南；越南（北部）。

星刺卫矛

●**Euonymus actinocarpus** Loes., Bot. Jahrb. Syst. 30: 459 (1902).

Euonymus hemsleyanus Loes., Bot. Jahrb. Syst. 30 (5): 460 (1902); *Euonymus contractus* Sprague, Bull. Misc. Inform. Kew 1908: 31 (1908); *Euonymus angustatus* Sprague, Bull. Misc. Inform. Kew 1908: 35 (1908).

陕西、甘肃、湖南、湖北、四川、贵州、云南、广东、广西。

小千金

●**Euonymus aculeatus** Hemsl., Bull. Misc. Inform. Kew 1893: 209 (1893).

Echinocarpus hederaerhiza H. Lév., Repert. Spec. Nov. Regni Veg. 10 (263-265): 474 (1912); *Euonymus acanthocarpa* Franch., Fl. Kouy-Tcheou 72 (1914); *Euonymus xanthocarpus* C. Y. Cheng, Thaiszia 11: 50 (2001).

河南、湖南、湖北、四川、贵州、云南、广东、广西。

微刺卫矛

●**Euonymus aculeolus** C. Y. Cheng ex J. S. Ma, Harvard Pap. Bot. 10: 94 (1997).

云南。

凹脉卫矛

Euonymus balansae Sprague, Bull. Misc. Inform. Kew 1908: 180 (1908).

Euonymus theifolius var. *mengtzeanus* Loes., Bot. Jahrb. Syst. 30: 455 (1902), as "*E. theifolia* var. *mengtzeana*"; *Euonymus mengtzeanus* (Loes.) Sprague, Bull. Misc. Inform. Kew 1908: 35 (1908); *Euonymus rhodacanthus* Pit. in Lecomte, Fl. Indo-Chine 1: 870, f. 108 (1912); *Euonymus hystrix* W. W. Sm., Notes Roy. Bot. Gard. Edinburgh 13: 160 (1921).

云南；越南。

南川卫矛

Euonymus bockii Loes. ex Diels, Bot. Jahrb. Syst. 29 (3-4): 439, pl. 4, f. H-K (1900).

Euonymus subsessilis var. *latifolius* Loes. in Sarg., Pl. Wilson. 1 (3): 489 (1913); *Euonymus orgyalis* W. W. Sm., Notes Roy. Bot. Gard. Edinburgh 13 (63-64): 161 (1921); *Euonymus vagans* subsp. *macrophyllus* Kanjilal, Fl. Assam 1 (2): 264 (1933); *Euonymus petelotii* Merr., J. Arnold Arbor. 19: 41

(1938); *Euonymus bockii* var. *orgyalis* (W. W. Sm.) C. Y. Cheng, Fl. Reipubl. Popularis Sin. 45 (3): 13 (1999); *Euonymus amplexicaulis* C. Y. Wu, Thaiszia 11: 103 (2001).
四川、重庆、贵州、云南、广西；越南、印度。

凸脉卫矛

Euonymus bullatus Wall., Numer. List n. 4299 (1829).
云南；缅甸、泰国、印度、孟加拉国。

肉花卫矛

Euonymus carnosus Hemsl., J. Linn. Soc., Bot. 23 (153): 118 (1886).
Euonymus tanakae Maxim., Bull. Acad. Imp. Sci. Saint-Pétersbourg 31: 22 (1887); *Euonymus mairei* H. Lév., Repert. Spec. Nov. Regni Veg. 13 (363-367): 260 (1914); *Euonymus batakensis* Hayata, Icon. Pl. Formosan. 9: 11, f. 7 (1920); *Euonymus morrisonensis* Kaneh. et Sasaki, Formos. Trees, ed. rev. 388 (1936); *Euonymus grandiflorus* var. *angustifolius* Chen H. Wang, Chin. J. Bot. 1: 49 (1936); *Euonymus platycline* Ohwi, Acta Phytotax. Geobot. 5: 186 (1936); *Genitia tanakae* (Maxim.) Nakai, Acta Phytotax. Geobot. 13: 22 (1943); *Genitia carnosus* (Hemsl.) H. L. Li et Ding Hou, Taiwania 1: 189 (1950); *Euonymus grandiflorus* f. *longipendunculatus* C. Y. Chang, Bull. Bot. Res., Harbin 5 (1): 83 (1985); *Euonymus huangii* H. Y. Liu et Yuen P. Yang, Taiwania 45 (2): 129 (2000).
河南、安徽、江苏、浙江、江西、湖南、湖北、福建、台湾、广东；日本。

百齿卫矛

●**Euonymus centidens** H. Lév., Repert. Spec. Nov. Regni Veg. 13 (363-367): 262 (1914).
Euonymus streptopterus Merr., Sunyatsenia 1 (4): 198 (1938); *Euonymus euscaphioides* var. *serrulatus* F. H. Chen et M. C. Wang, Acta Phytotax. Sin. 3 (2): 236 (1954); *Euonymus euscaphioides* F. H. Chen et M. C. Wang, Acta Phytotax. Sin. 3: 235 (1954).
河南、安徽、江苏、浙江、江西、湖南、湖北、四川、贵州、云南、福建、广东、广西。

静容卫矛

●**Euonymus chengiae** J. S. Ma, Harvard Pap. Bot. 10: 95 (1997).
广东、海南。

静容卫矛（原变种）

●**Euonymus chengiae** var. **chengiae**
广东、海南。

阳西静容卫矛

●**Euonymus chengiae** var. **yangxiensis** Y. S. Ye et L. F. Wu, J. Trop. Subtrop. Botany 20 (5): 526 (2012).
广东。

陈谋卫矛

●**Euonymus chenmoui** W. C. Cheng, Contr. Biol. Lab. Sci. Soc. China, Bot. Ser. 10: 75 (1935).
安徽、浙江、江西。

缙云卫矛（绿花卫矛）

●**Euonymus chloranthoides** Yang, J. W. China Border Res. Soc. Ser. B, 15: 90 (1945).
四川。

隐刺卫矛（天全卫矛，宝兴卫矛）

●**Euonymus chuii** Hand.-Mazz., Oesterr. Bot. Z. 90: 121 (1941).
甘肃、湖南、湖北、四川、云南。

岩坡卫矛（细翅卫矛）

Euonymus clivicola W. W. Sm., Notes Roy. Bot. Gard. Edinburgh 10: 31 (1917).
Euonymus rongchuensis C. Marquand et Airy Shaw, J. Linn. Soc., Bot. 48 (321): 168 (1929); *Euonymus clivicola* var. *rongchuensis* (C. Marquand et Airy Shaw) Blakeley, Kew Bull. 6: 279 (1951).
陕西、青海、湖北、四川、云南、西藏；缅甸、不丹、尼泊尔。

角翅卫矛

Euonymus cornutus Hemsl., Bull. Misc. Inform. Kew 1893 (80): 209 (1893).
Euonymus cornutoides Loes., Notes Roy. Gard. Edinburgh 8: 2 (1913); *Euonymus elegantissimus* Loes. et Rehder in Sarg., Pl. Wilson. 1: 496 (1913), as "*elegantissima*"; *Euonymus quinquecornutus* Comber, Notes Roy. Bot. Gard. Edinburgh 18: 243 (1934); *Euonymus cornutus* var. *typicus* Blakelock, Kew Bull. 3: 241 (1948); *Euonymus cornutus* var. *quinquecornutus* (Comber) Blakelock, Kew Bull. 3: 241 (1948); *Euonymus frigidus* var. *cornutoides* (Loes.) C. Y. Cheng, Fl. Reipubl. Popularis Sin. 45 (3): 81 (1999).
河南、陕西、甘肃、湖南、湖北、四川、云南、西藏；缅甸、印度。

裂果卫矛

●**Euonymus dielsianus** Loes. et Diels, Bot. Jahrb. Syst. 29 (3-4): 440, t. 4, 1 (1900).
Euonymus dielsianus var. *fertilis* Loes., Bot. Jahrb. Syst. 29 (3-4): 441 (1900); *Euonymus dielsianus* var. *latifolius* Loes., Bot. Jahrb. Syst. 30: 455 (1902); *Euonymus leclerei* H. Lév., Repert. Spec. Nov. Regni Veg. 13 (363-367): 260 (1914); *Euonymus cavaleriei* H. Lév., Repert. Spec. Nov. Regni Veg. 13 (363-367): 259 (1914); *Euonymus dielsianus* var. *euryanthus* Hand.-Mazz., Symb. Sin. 7 (3): 661 (1933); *Euonymus fertilis* (Loes.) C. Y. Cheng ex C. Y. Chang, Bull. Bot. Res., Harbin 5 (1): 81 (1985); *Euonymus fertilis* var. *euryanthus* (Hand.-Mazz.) C. Y. Chang, Fl. Sichuan. 4: 261 (1988).

河南、浙江、江西、湖南、湖北、四川、贵州、云南、广东、广西。

双歧卫矛

●**Euonymus distichus** H. Lév., Repert. Spec. Nov. Regni Veg. 13: 261 (1914).
湖南、四川、贵州、广东。

长梗卫矛

●**Euonymus dolichopus** Merr. ex J. S. Ma, Harvard Pap. Bot. 10: 95 (1997).
广西。

鸭椿卫矛

●**Euonymus euscaphis** Hand.-Mazz., Anz. Akad. Wiss. Wien, Math.-Naturwiss. Kl. 58: 148 (1921).
Euonymus euscaphis var. *gracilis* Hand.-Mazz., Symb. Sin. 7 (2): 661, t. 9, 10 (1933); *Euonymus tsoi* subsp. *brevipes* P. S. Hsu, Acta Phytotax. Sin. 11 (2): 195, pl. 25 (1966).
安徽、浙江、江西、湖南、福建、广东。

榕叶卫矛

●**Euonymus ficoides** C. Y. Cheng ex J. S. Ma, Harvard Pap. Bot. 10: 94, fig. 6 (1997).
云南。

遂叶卫矛（流苏卫矛）

Euonymus fimbriatus Wall., Fl. Ind. (Carey et Wallich ed.) 2: 408 (1824).
Euonymus micranthus D. Don, Prodr. Fl. Nepal. 191 (1825), as "*micrantha*"; *Euonymus lacerus* Ham. ex D. Don, Prodr. Fl. Nepal. 191 (1825), as "*lacera*"; *Euonymus fimbriatus* var. *serratus* Blakelock, Kew Bull. 1951: 279 (1951).
西藏；尼泊尔、印度、巴基斯坦、阿富汗、克什米尔地区。

扶芳藤（胶东卫矛，胶州卫矛，常春卫矛）

Euonymus fortunei (Turcz.) Hand.-Mazz., Symb. Sin. 7 (3): 660 (1933).
Elaeodendron fortunei Turcz., Bull. Soc. Nat. Mosc. 36 (1): 603 (1863), *nom. cons.*; *Euonymus hederaceus* Champ. ex Benth., Hooker's J. Bot. Kew Gard. Misc. 3: 333 (1851); *Euonymus japonicus* var. *radicans* Miq., Ann. Mus. Bot. Lugduno-Batavi 2: 86 (1865); *Euonymus kiautschovicus* Loes., Bot. Jahrb. Syst. 30: 453 (1902); *Euonymus patens* Rehder, Trees et Shrubs 1: 127, pl. 64 (1903); *Euonymus japonicus* var. *chinensis* Pamp., Nuovo Giorn. Bot. Ital., n. s. 17 (3): 419 (1910); *Euonymus japonicus* var. *acutus* Rehder in Sarg., Pl. Wilson. 1 (3): 485 (1913); *Euonymus kiautschovicus* var. *patens* (Rehder) Loes. in Sarg., Pl. Wilson. 1 (3): 486 (1913); *Euonymus radicans* var. *alticolus* Hand.-Mazz., Symb. Sin. 7 (3): 660 (1933); *Euonymus fortunei* var. *patens* (Rehder) Hand.-Mazz., Symb. Sin. 7 (3): 660 (1933); *Euonymus fortunei* var. *acuminatus* F. H. Chen et M. C. Wang, Acta Phytotax. Sin. 3 (2): 238 (1954); *Euonymus wensiensis* J. W. Ren et D. S. Yao, Bull. Bot. Res., Harbin 16 (4): 420 (1996).
辽宁、河北、山西、山东、河南、陕西、甘肃、青海、新疆、安徽、江苏、浙江、江西、湖南、湖北、四川、贵州、云南、福建、台湾、广东、广西、海南；日本、朝鲜、菲律宾、老挝、印度尼西亚、缅甸、印度、巴基斯坦，也栽培于欧洲、非洲、大洋洲、北美洲、南美洲。

冷地卫矛（紫花卫矛）

Euonymus frigidus Wall., Fl. Ind. (Carey et Wallich ed.) 2: 409 (1824).
Euonymus amygdalifolius Franch., Bull. Soc. Bot. France 33: 453 (1886), as "*amygdalifolia*"; *Euonymus crinitus* Pamp., Nuovo Giorn. Bot. Ital., n. s. 17 (3): 417 (1910); *Euonymus porphyrea* Loes., Notes Roy. Bot. Gard. Edinburgh 8: 2 (1913); *Euonymus roseoperulatus* Loes., Notes Roy. Bot. Gard. Edinburgh 8: 1, pl. 1-2 (1913), as "*roseoperulata*"; *Euonymus taliensis* Loes., Notes Roy. Bot. Gard. Edinburgh 8: 3 (1913); *Euonymus dasydictyon* Loes. et Rehder in Sarg., Wilson. 1 (3): 496 (1913); *Euonymus wardii* W. W. Sm., Notes Roy. Bot. Gard. Edinburgh 10: 37 (1917); *Euonymus pygmaeus* W. W. Sm., Notes Roy. Bot. Gard. Edinburgh 10: 35 (1917); *Euonymus frigidus* var. *elongatus* Cowan et A. M. Cowan, Trees N. Bengal. 35 (1929); *Euonymus burmanicus* Merr., Brittonia 4: 105 (1941); *Euonymus assamicus* Blakelock, Kew Bull. 1948: 242 (1948); *Euonymus frigidus* var. *wardii* (W. W. Sm.) Blakelock, Kew Bull. 1948: 239 (1948); *Euonymus porphyreus* var. *ellipticus* Blakelock, Kew Bull. 1951: 280 (1951); *Euonymus frigidus* f. *elongatus* (Cowan et A. M. Cowan) H. Hara, Fl. E. Himalaya, 2nd Rep. 189 (1971); *Euonymus austrotibetanus* Y. R. Li, Acta Bot. Yunnan. 3 (3): 355 (1981), as "*austro-tibetanus*"; *Euonymus porphyreus* var. *angustifolius* L. C. Wang et X. G. Sun, Bull. Bot. Res., Harbin 10 (4): 45 (1990); *Euonymus fugongensis* Y. R. Li, Vasc. Pl. Hengduan Mount. 1: 1102 (1993), *nom. inval.*; *Euonymus gongshanensis* Y. R. Li, Vasc. Pl. Hengduan Mount. 1: 1104 (1993), *nom. inval.*
山西、河南、宁夏、甘肃、青海、湖北、四川、贵州、云南、西藏；缅甸、不丹、尼泊尔、印度。

流苏卫矛

●**Euonymus gibber** Hance, J. Bot. 20 (231): 77 (1882).
Euonymus miyakei Hayata, J. Coll. Sci. Imp. Univ. Tokyo 22: 83, t. 7 (1906); *Euonymus xylocarpus* C. Y. Cheng et Z. M. Gu, Acta Phytotax. Sin. 31 (2): 178 (1993).
云南、台湾、广东、海南。

纤齿卫矛

●**Euonymus giraldii** Loes. ex Diels, Bot. Jahrb. Syst. 29 (3-4): 442, pl. 5, f. C (1900).
Euonymus giraldii var. *ciliatus* Loes. ex Diels, Bot. Jahrb. Syst. 29: 443 (1900); *Euonymus giraldii* var. *genuinus* Loes. ex Diels, Bot. Jahrb. Syst. 29: 443 (1900); *Euonymus giraldii* var. *angustialatus* Loes. in Sarg., Pl. Wilson. 1 (3):

495 (1913); *Euonymus kansuensis* Nakai, Bot. Mag. (Tokyo) 49: 418 (1935); *Euonymus perbellus* C. Y. Chang, Bull. Bot. Res., Harbin 5 (1): 87, photo 2 (1985); *Euonymus pashanensis* S. Z. Qu et Y. H. He, Res., Bull. Bot. Res., Harbin 8 (4): 95 (1988).
河北、山西、河南、陕西、宁夏、甘肃、青海、安徽、湖北、四川、云南。

帽果卫矛

Euonymus glaber Roxb., Fl. Ind. (Carey et Wallich ed.) 2: 403 (1824).
Euonymus serrulatus Wall., Numer. List n. 4296 (1826), *nom. nud.*; *Euonymus mitratus* Pierre, Fl. Forest. Cochinch. sub, t. 308 (1894); *Euonymus ligustrina* Craib, Kew Bull. 1926: 348 (1926); *Euonymus carinata* Craib, Kew Bull. 1926: 347 (1926).
云南、广西；越南、缅甸、泰国、柬埔寨、马来西亚、印度、孟加拉国。

纤细卫矛

●**Euonymus gracillimus** Hemsl., J. Linn. Soc., Bot. 23 (153): 119 (1886).
广东、广西、海南。

海南卫矛

●**Euonymus hainanensis** Chun et F. C. How, Acta Phytotax. Sin. 7 (1): 47, f. 16-1 (1958).
海南。

西南卫矛

Euonymus hamiltonianus Wall., Fl. Ind. (Carey et Wallich cd.) 2: 403 (1824).
Euonymus lanceifolius Loes., Bot. Jahrb. Syst. 30: 462 (1902); *Euonymus yedoensis* Koehne, Gartenflora 53: 31 (1904); *Euonymus yedoensis* var. *koehneanus* Loes. in Sarg., Pl. Wilson. 1 (3): 491 (1913); *Euonymus darrisii* H. Lév., Repert. Spec. Nov. Regni Veg. 13 (363-367): 261 (1914); *Euonymus rugosus* H. Lév., Repert. Spec. Nov. Regni Veg. 13 (363-367): 261 (1914); *Euonymus bodinieri* H. Lév., Repert. Spec. Nov. Regni Veg. 13 (363-367): 261 (1914); *Euonymus hamiltonianus* var. *lanceifolius* (Loes.) Blakelock, Kew Bull. 6: 246 (1951); *Euonymus hamiltonianus* f. *lanceifolius* (Loes.) C. Y. Cheng ex Q. H. Chen, Fl. Guizhou. 2: 402 (1986); *Euonymus hamiltonianus* var. *pubinervius* S. Z. Qu et Y. H. He, Bull. Bot. Res., Harbin 8 (4): 92, pl. 1, f. 1-3 (1988).
山西、河南、陕西、甘肃、安徽、江苏、浙江、江西、湖南、湖北、四川、贵州、云南、西藏、福建、广东、广西；俄罗斯、日本、朝鲜、阿富汗、巴基斯坦、不丹、克什米尔地区、印度、缅甸、泰国。

秀英卫矛

●**Euonymus hui** J. S. Ma, Harvard Pap. Bot. 10: 96 (1997).
四川。

湖广卫矛

●**Euonymus hukuangensis** C. Y. Cheng ex J. S. Ma, Harvard Pap. Bot. 10: 94 (1997).
湖南、福建、广东、广西。

湖北卫矛

●**Euonymus hupehensis** (Loes.) Loes., Bot. Jahrb. Syst. 30 (5): 454 (1902).
Euonymus chinensis var. *hupehensis* Loes., Bot. Jahrb. Syst. 29: 436 (1900); *Euonymus hupehensis* var. *longipedunculatus* Loes., Bot. Jahrb. Syst. 30 (5): 454 (1902); *Euonymus hupehensis* var. *brevipedunculatus* Loes., Bot. Jahrb. Syst. 30 (5): 454 (1902); *Euonymus hupehensis* var. *maculatus* Loes., Bot. Jahrb. Syst. 30 (5): 454 (1902).
湖南、湖北、四川、贵州、云南、广东、广西。

冬青卫矛（正木，大叶黄杨）

☆**Euonymus japonicus** Thunb., Nova Acta Regiae Soc. Sci. Upsal. 3: 208 (1780).
Euonymus sinensis Carrière, Rev. Hort. (Paris) 1883: 37 (1883); *Masakia japonica* (Thunb.) Nakai, J. Jap. Bot. 24: 11 (1949).
浙江、江西，全国各城市均有栽培，作绿篱；日本、朝鲜。

金阳卫矛

●**Euonymus jinyangensis** C. Y. Chang, Bull. Bot. Res., Harbin 5 (1): 85 (1985).
四川、云南、西藏。

克钦卫矛

Euonymus kachinensis Prain, J. Asiat. Soc. Bengal 73: 193 (1904).
云南；缅甸、印度（阿萨姆）。

耿马卫矛

●**Euonymus kengmaensis** C. Y. Cheng ex J. S. Ma, Harvard Pap. Bot. 10: 93 (1997).
云南。

贵州卫矛

●**Euonymus kweichowensis** Chen H. Wang, Chin. J. Bot. 1 (1): 51 (1936).
Euonymus integrifolius Blakelock, Kew Bull. 1948: 242 (1948).
贵州。

稀序卫矛

Euonymus laxicymosus C. Y. Cheng ex J. S. Ma, Harvard Pap. Bot. 10: 96 (1997).
云南、广东、广西；越南。

疏花卫矛

Euonymus laxiflorus Champ. et Benth., Hooker's J. Bot. Kew Gard. Misc. 3: 333 (1851).

Euonymus forbesianus Loes., Engl. Bot. Syst. 30: 457 (1902); *Euonymus crosnieri* H. Lév. et Vaniot, Bull. Soc. Bot. France 51: 146 (1904); *Euonymus incerfus* Pit. in Lecomte, Fl. Indo-Chine 1: 874 (1912); *Euonymus rubescens* Pit. in Lecomte, Fl. Indo-Chine 1: 875 (1912); *Euonymus pellucidifolius* Hayata, Icon. Pl. Formosan. 3: 57, pl. 10 (1913); *Euonymus vaniotii* H. Lév., Repert. Spec. Nov. Regni Veg. 13 (363-367): 259 (1914); *Euonymus rostratus* W. W. Sm., Notes Roy. Bot. Gard. Edinburgh 10 (46): 36 (1917).

江苏、浙江、江西、湖南、湖北、四川、贵州、云南、西藏、福建、台湾、广东、广西、海南；越南、缅甸、柬埔寨、印度。

丽江卫矛

●**Euonymus lichiangensis** W. W. Sm., Notes Roy. Bot. Gard. Edinburgh 10 (46): 33 (1917).

云南。

光亮卫矛

Euonymus lucidus D. Don, Prodr. Fl. Nepal. 191 (1825).

Euonymus pendulus Wall., Fl. Ind. (Roxburgh) 2: 406 (1832), *nom. inval.*; *Euonymus pendulus* Wall. ex M. A. Lawson, Fl. Brit. Ind. 1 (3): 612 (1875).

西藏；缅甸、不丹、尼泊尔、印度、巴基斯坦。

庐山卫矛（短刺刺果卫矛）

●**Euonymus lushanensis** F. H. Chen et M. C. Wang, Acta Phytotax. Sin. 3: 239 (1954).

Euonymus acanthocarpus var. *lushanensis* (F. H. Chen et M. C. Wang) C. Y. Cheng, Fl. Reipubl. Popularis Sin. 45 (3): 23 (1999); *Euonymus furfuraceus* Q. H. Chen, Acta Bot. Yunnan. 21 (2): 167 (1999).

安徽、浙江、江西、湖南、湖北、贵州。

白杜（明开夜合，丝绵木）

Euonymus maackii Rupr., Bull. Cl. Phys.-Math. Acad. Imp. Sci. Saint-Pétersbourg 15: 358 (1857).

Euonymus micranthus Bunge, Enum. Pl. Chin. Bor. 14 (1833), non D. Don (1825); *Euonymus bungeanus* Maxim., Prim. Fl. Amur. 9: 470 (1859); *Euonymus europaea* var. *maackii* (Rupr.) Regel, Tent. Fl.-Ussur. 45 (1862); *Euonymus forbesii* Hance, J. Bot. 18: 259 (1880); *Euonymus hamiltonianus* var. *semipersistens* Rehder ex L. H. Bailey, Cycl. Ann. Hort. 2: 559 (1900); *Euonymus hamiltoniana* var. *maackii* (Rupr.) Kom., Trudy Imp. S.-Peterburgsk. Bot. Sada 22: 710 (1904); *Euonymus oukiakensis* Pamp., Nuovo Giorn. Ital. n. s. 17 (3): 419 (1910); *Euonymus quelpaertensis* Nakai, Bot. Mag. (Tokyo) 28: 307 (1914); *Euonymus semipersistens* (Rehder) Sprague ex Bean, Trees et Shrubs Brit. Isles 1: 543 (1914); *Euonymus mongolicus* Nakai, Rep. Inst. Sci. Res. Manchoukuo 1: 7, pl. 2 (1934); *Euonymus bungeanus* var. *latifolius* Chen H. Wang, Chin. J. Bot. 1: 45 (1936); *Euonymus bungeanus* var. *mongolicus* (Nakai) Kitag., Lin. Fl. Manshur. 308 (1939); *Euonymus bungeanus* f. *pendulus* Rehder, J. Arnold Arbor. 22: 578 (1941); *Euonymus maackii* f. *lanceolatus* Rehder, J. Arnold Arbor. 22: 578 (1941); *Euonymus bungeanus* var. *ovatus* F. H. Chen et M. C. Wang, Acta Phytotax. Sin. 3 (2): 237 (1954); *Euonymus maackii* f. *salicifolius* T. Chen, Bull. Bot. Res., Harbin 6 (2): 159 (1986); *Euonymus maackii* var. *trichophyllus* Y. B. Chang, Bull. Bot. Res., Harbin 1 (3): 95, pl. 1, 1 (1981).

黑龙江、吉林、辽宁、内蒙古、山西、山东、河南、陕西、新疆、江苏、浙江、江西、湖北、云南，栽培于宁夏、青海、四川；朝鲜、日本、俄罗斯（远东地区），欧洲和北美洲也有栽培。

黄心卫矛（黄瓢子，黄心子）

Euonymus macropterus Rupr., Bull. Cl. Phys.-Math. Acad. Imp. Sci. Saint-Pétersbourg 15: 359 (1857).

Euonymus usuriensis Maxim., Bull. Cl. Phys.-Math. Acad. Imp. Sci. Saint-Pétersbourg 27: 449 (1881); *Kalonymus macropterus* (Rupr.) Prokh., Fl. U. S. S. R. 14: 573 (1949); *Turibana macroptera* (Rupr.) Nakai, Acta Phytotax. Geobot. 24: 13 (1949).

黑龙江、吉林、辽宁、河北；日本、朝鲜、俄罗斯（远东地区）。

小果卫矛

●**Euonymus microcarpus** (Oliv. ex Loes.) Sprague, Bull. Misc. Inform. Kew 1908: 35 (1908).

Euonymus chinensis var. *microcarpus* Oliv. ex Loes., Bot. Jahrb. Syst. 30: 456 (1902); *Euonymus aureovirens* Hand.-Mazz., Oesterr. Z. 85: 216 (1936).

陕西、安徽、浙江、江西、湖南、湖北、四川、贵州、云南、福建、广东、广西。

大果卫矛

●**Euonymus myrianthus** Hemsl., Bull. Misc. Inform. Kew 1893: 210 (1893).

Euonymus rosthornii Loes., Bot. Jahrb. Syst. 29 (3-4): 437, pl. 4 B-F (1900); *Euonymus rosthornii* var. *tenuifolius* Loes., Bot. Jahrb. Syst. 29 (3-4): 438 (1900); *Euonymus rosthornii* var. *crassifolius* Loes., Bot. Jahrb. Syst. 29 (3-4): 438 (1900); *Euonymus sargentianus* Loes. et Rehder in Sarg., Pl. Wilson. 1 (3): 487 (1913); *Euonymus myrianthus* var. *tenuifolius* (Loes.) Blak., Kew Bull. 6: 252 (1951); *Euonymus myrianthus* var. *crassifolius* (Loes.) Blak., Kew Bull. 6: 252 (1951); *Euonymus lipoensis* Z. R. Xu, Acta Sci. Nat. Univ. Sunyatseni 1987 (2): 44 (1987); *Euonymus myrianthus* var. *tenuis* C. Y. Cheng ex T. L. Wu et Q. H. Chen, Bull. Bot. Res., Harbin 14 (4): 350, pl. 2 (1994).

陕西、安徽、浙江、江西、湖南、湖北、四川、贵州、云南、福建、广东、广西。

小卫矛（山地卫矛）

●**Euonymus nanoides** Loes. et Rehder in Sarg., Pl. Wilson. 1 (3): 492 (1913).

Euonymus oresbius W. W. Sm., Notes Roy. Bot. Gard. Edinburgh 10 (46): 34 (1917); *Euonymus pachycladus* Hand.-

Mazz., Anz. Akad. Wiss. Wien, Math.-Naturwiss. Kl. 58: 147 (1921); *Euonymus nanoides* var. *oresbius* (W. W. Sm.) Y. R. Li, Vasc. Pl. Hengduan Mount. 1: 1098 (1993).
内蒙古、河北、山西、河南、陕西、甘肃、四川、云南、西藏。

矮卫矛

Euonymus nanus M. Bieb., Fl. Taur.-Caucas. 3: 160 (1819).
Euonymus rosmarinifolius Vis., Atti Reale Ist. Veneto Sci. Lett. Arti III, 4: 141 (1858), as "*rosmarinifolia*"; *Euonymus caucasicus* Lodd. ex Lod., Arbor. Frutic. Brit. 4: 2545 (1858); *Euonymus koopmannii* Lauche, Garten Zeit (Berlin) 2: 112 (1883); *Euonymus nanus* var. *turkestanicus* Dieck, Nachtr. Haupt Ver. Baum. Zoschen 10 (1887); *Euonymus nanus* var. *koopmannii* (Lauche) Beissn., Handb. Laubholzben. 294 (1903).
内蒙古、山西、陕西、宁夏、甘肃、青海；蒙古国、俄罗斯；欧洲（中部、东部和南部）。

中华卫矛

Euonymus nitidus Benth., London J. Bot. 1: 483 (1842).
Euonymus chinensis Lindl., Trans. Linn. Soc. London 6: 74 (1826), non Lour. (1790); *Euonymus punctatus* Wall., Numer. List n. 4286: 150 (1829), as "*punctata*", *nom. inval.*; *Euonymus lindleyi* K. Koch, Hort. Dendrol. 212, No. 18 (1853); *Euonymus chinensis* var. *nitidus* (Benth.) Loes., Bot. Jahrb. Syst. 30: 456 (1902); *Euonymus uniflorus* H. Lév. et Vaniot, Bull. Soc. Agric. Sci. Arts Sarthe 31: 320 (1904); *Euonymus chibai* Makino, Bot. Mag. (Tokyo) 27: 69 (1913); *Euonymus oblongifolius* Loes. et Rehder in Sarg., Pl. Wilson. 1 (3): 486 (1913); *Euonymus esquirolii* H. Lév., Repert. Spec. Nov. Regni Veg. 13 (363-367): 261 (1914); *Euonymus nantoensis* Loes. ex Hand.-Mazz., Beih. Bot. Centralbl. 52: 168 (1934); *Euonymus merrilli* var. *longipetiolatus* Chen H. Wang, Contr. Bot. Surv. N. W. China 1: 35 (1939); *Euonymus merrilli* Chen H. Wang, Contr. Bot. Surv. N. W. China 1: 34 (1939); *Euonymus merrillianus* Chen H. Wang, Contr. Bot. Surv. N. W. China 1: 12 (1939).
安徽、浙江、江西、湖南、湖北、四川、贵州、云南、福建、广东、广西、海南；日本、越南（北部）、柬埔寨、孟加拉国。

垂丝卫矛

Euonymus oxyphyllus Miq., Ann. Mus. Bot. Lugduno-Batavi 2: 86 (1865).
Euonymus latifolius A. Gray, Mém. Arn. Acad. N. S. 6: 384 (1857), non (L.) Mill. (1771); *Euonymus laxiflorus* Blume ex Miq., Ann. Mus. Bot. Lugduno-Batavi 2: 86 (1865), non Champ. ex Benth. (1851); *Euonymus nipponicus* Maxim., Bull. Acad. Imp. Sci. Saint-Pétersbourg 27: 447 (1881); *Euonymus flavescens* Loes. et Diels, Bot. Jahrb. 29: 437 (1900); *Euonymus robustus* Nakai, Bot. Mag. (Tokyo) 28: 307 (1914); *Euonymus yesoensis* Koidz., Fl. Symb. Orient.-Asiat. 13 (1930); *Euonymus oxyphyllus* var. *kuenbuergia* Honda, Bot. Mag. (Tokyo) 47: 297 (1933); *Euonymus oxyphyllus* var. *nipponicus* Blakelock, Kew Bull. 1951: 279 (1951); *Euonymus oxyphyllus* var. *yesoensis* (Koidz.) Blakelock, Kew Bull. 1951: 279 (1951).
辽宁、山东、河南、安徽、浙江、江西、湖南、湖北、福建、台湾；日本、朝鲜。

淡绿叶卫矛

•**Euonymus pallidifolius** Hayata, Icon. Pl. Formosan. 3: 57 (1913).
台湾。

碧江卫矛

•**Euonymus parasimilis** C. Y. Cheng ex J. S. Ma, Harvard Pap. Bot. 10: 96 (1997).
云南。

西畴卫矛

•**Euonymus percoriaceus** C. Y. Wu ex J. S. Ma, Harvard Pap. Bot. 10: 97 (1997).
云南。

栓翅卫矛

•**Euonymus phellomanus** Loes. ex Diels, Bot. Jahrb. Syst. 29 (3-4): 444 (1900).
山西、河南、陕西、宁夏、甘肃、青海、湖北、四川。

海桐卫矛

Euonymus pittosporoides C. Y. Cheng ex J. S. Ma, Harvard Pap. Bot. 3 (2): 232 (1998).
四川、贵州、云南、广东、广西；越南。

保亭卫矛

•**Euonymus potingensis** Chun et F. C. How ex J. S. Ma, Harvard Pap. Bot. 10: 94 (1997).
海南。

显脉卫矛

•**Euonymus prismatomeridoides** C. Y. Wu ex J. S. Ma, Bot. Zhurn. 3 (2): 232, fig. 4 (1998).
云南。

假游藤卫矛

Euonymus pseudovagans Pit. in Lecomte, Fl. Gen. Indo-Chine 1: 871 (1912).
贵州、云南、广西；越南（北部）。

短翅卫矛

•**Euonymus rehderianus** Loes. in Sarg., Pl. Wilson. 1 (3): 488 (1913).
Euonymus bicolor H. Lév., Repert. Spec. Nov. Regni Veg. 8: 260 (1914); *Euonymus proteus* H. Lév., Repert. Spec. Nov. Regni Veg. 8: 260 (1914).

四川、贵州、云南、广西。

库页卫矛

Euonymus sachalinensis (F. Schmidt) Maxim., Bull. Acad. Imp. Sci. Saint-Pétersbourg 28: 446 (1881).

Euonymus latifolia var. *sachalinensis* F. Schmidt, Reis. Amur-Land. Bot. 121 (1868); *Euonymus planipes* Koehne, Mitt. Deutsch. Dendrol. Ges. 62 (1906); *Euonymus tricarpus* Koidz., Icon. Pl. Koisikav. 3: 77, t. 184 (1916); *Kalonymus sachalinensis* (F. Schmidt) Prokh., Fl. U. R. S. S. 14: 571 (1949); *Euonymus erosidens* Prokh., Fl. U. R. S. S. 14: 570 (1949); *Kalonymus maximowiczianus* Prokh., Fl. U. R. S. S. 14: 744 (1949); *Euonymus maximowiczianus* (Prokh.) Vorosch., Seed List State Bot. Gard. Acad. Sci. U. R. S. S. 9: 64 (1954); *Euonymus miniatus* Tolm., Bot. Mater. Gerb. Bot. Inst. Komarova Akad. Nauk S. S. S. R. 18: 159 (1957).

黑龙江、吉林、辽宁；日本、朝鲜、俄罗斯（远东地区）。

柳叶卫矛

Euonymus salicifolius Loes., Bot. Jahrb. 30: 458 (1902).

Euonymus georgei Comber, Notes Roy. Bot. Gard. Edinburgh 18: 242 (1934); *Euonymus lawsonii* var. *salicifolius* (Loes.) Blakelock, Kew Bull. 1951: 242 (1951); *Euonymus lawsonii* f. *salicifolius* (Loes.) C. Y. Cheng, Fl. Reipubl. Popularis Sin. 45 (3): 42 (1999).

云南；越南。

石枣子（云木，细梗卫矛）

●**Euonymus sanguineus** Loes. ex Diels, Bot. Jahrb. Syst. 29 (3-4): 441, pl. 5, f. A-B (1900).

山西、河南、陕西、宁夏、甘肃、青海、湖南、湖北、四川、贵州、云南、西藏。

石枣子（原变种）

●**Euonymus sanguineus** var. **sanguineus**

Euonymus sanguineus var. *camptoneurus* Loes. ex Diels, Bot. Jahrb. Syst. 29 (3-4): 442 (1900), as "*camptoneura*"; *Euonymus sanguineus* var. *orthoneurus* Loes. ex Diels, Bot. Jahrb. Syst. 29 (3-4): 442 (1900), as "*orthoneura*"; *Euonymus sanguineus* var. *laxus* Loes., Bot. Jahrb. Syst. 30: 465 (1902); *Euonymus sanguineus* var. *pachyphyllus* Pamp., Nuovo Giorn. Bot. Ital., n. s. 17 (3): 420 (1910); *Euonymus sanguineus* var. *brevipedunculus* Loes. in Sarg., Pl. Wilson. 1: 495 (1913); *Euonymus monbeigii* W. W. Sm., Notes Roy. Bot. Gard. Edinburgh 10 (46): 34 (1917); *Euonymus sanguineus* var. *lanceolatus* S. Z. Qu et Y. H. He, Bull. Bot. Res., Harbin 8 (4): 95, pl. 1, f. 4-7 (1988).

山西、河南、陕西、宁夏、甘肃、青海、湖南、湖北、四川、贵州、云南、西藏。

腥臭卫矛

●**Euonymus sanguineus** var. **paedidus** L. M. Wang, Acta Bot. Boreal.-Occid. Sin. 33 (4): 840 (2013).

山西。

陕西卫矛

●**Euonymus schensianus** Maxim., Bull. Acad. Imp. Sci. Saint-Pétersbourg 27: 444 (1881).

Euonymus haoi Loes. et Chen H. Wang, Chin. J. Bot. 1, No. 1, 50 (1936).

河南、陕西、宁夏、甘肃、湖北、四川、贵州。

印度卫矛

Euonymus serratifolius Bedd., Man. Bot. 64 (1870).

云南、广西；印度。

疏刺卫矛（刺果卫矛）

●**Euonymus spraguei** Hayata, J. Coll. Sci. Imp. Univ. Tokyo 30 (1): 59 (1911).

Euonymus kuraruensis Hayata, Icon. Pl. Formosan. 9: 12, f. 8 (1920).

台湾。

近心叶卫矛

●**Euonymus subcordatus** J. S. Ma, Harvard Pap. Bot. 10: 95 (1997).

广西。

四川卫矛

●**Euonymus szechuanensis** Chen H. Wang, Contr. Bot. Surv. N. W. China 1: 49 (1939).

陕西、四川、云南。

菱叶卫矛

Euonymus tashiroi Maxim., Bull. Acad. Imp. Sci. Saint-Pétersbourg 31: 23 (1887).

Euonymus acutorhombifolius Hayata, Icon. Pl. Formosan. 3: 56 (1913); *Euonymus matsudai* Hayata, Icon. Pl. Formosan. 9: 15, f. 9 (1920); *Glyptopetalum acutorhombifolium* (Hayata) H. L. Li et Ding Hou, Taiwania 1: 186 (1950).

台湾；琉球群岛。

柔齿卫矛

●**Euonymus tenuiserratus** C. Y. Cheng ex J. S. Ma, Harvard Pap. Bot. 3 (2): 232 (1998).

云南。

韩氏卫矛

●**Euonymus ternifolius** Hand.-Mazz., Symb. Sin. Pt. 7: 659 (1933).

四川。

茶色卫矛

Euonymus theacolus C. Y. Cheng, Bull. Bot. Res., Harbin 14 (4): 349, t. 1 (1994).

Euonymus omeishanensis C. Y. Cheng, Iconogr. Cormophyt. Sin. Suppl. 2: 221 (1983), *nom. inval.*

四川、贵州、云南、广西；缅甸、泰国、印度（阿萨姆）、孟加拉国。

茶叶卫矛

Euonymus theifolius Wall. ex M. A. Lawson in J. D. Hooker, Fl. Brit. Ind. 1: 612 (1875).

Euonymus paravagans Z. M. Gu et C. Y. Cheng, Bull. Bot. Res., Harbin 11 (3): 19 (1991).

四川、贵州、云南、西藏；缅甸、泰国、不丹、尼泊尔、印度、孟加拉国。

染用卫矛（阿于好，有色卫矛，脉瓣卫矛）

Euonymus tingens Wall., Fl. Ind. (Carey et Wallich ed.) 2: 406 (1824).

四川、贵州、云南、西藏、广西；缅甸、不丹、尼泊尔、印度。

北部湾卫矛

Euonymus tonkinensis (Loes.) Loes., Bot. Jahrb. 30: 453 (1902).

Euonymus chinensis var. *tonkinensis* Loes., Not. Bot. Gart. Mus. Ben. 3: 77 (1900); *Euonymus cochinchinensis* var. *tonkinensis* (Loes.) Pit., Fl. Indo-Chine 1: 874 (1911).

广东、广西、海南；越南（北部）。

狭叶卫矛

●**Euonymus tsoi** Merr., Sunyatsenia 1 (4): 198 (1934).

Euonymus longifolius Champ. ex Benth., Hooker's J. Bot. Kew Gard. Misc. 3: 332 (1851), non Medik. (1782); *Euonymus kwangtungensis* C. Y. Cheng, Iconogr. Cormophyt. Sin. Suppl. 2: 226 (1983), *nom. inval.*; *Euonymus nitidus* f. *tsoi* (Merr.) C. Y. Cheng, Fl. Reipubl. Popularis Sin. 45 (3): 56 (1999).

广东、广西。

拟游藤卫矛

●**Euonymus vaganoides** C. Y. Cheng ex J. S. Ma, Harvard Pap. Bot. 10: 93 (1997).

湖南、云南、广西。

游藤卫矛（石宝茶藤）

Euonymus vagans Wall., Fl. Ind. (Carey et Wallich ed.) 2: 412 (1824).

Euonymus pseudosootepensis Y. R. Li et S. K. Wu, Acta Bot. Yunnan. 3 (3): 354 (1981), as "*pseudo-sootepensis*"; *Euonymus jinggangshanensis* M. X. Nie, Bull. Bot. Res., Harbin 10 (4): 25 (1990); *Euonymus jinfoshanensis* Z. M. Gu, Acta Phytotax. Sin. 31 (2): 176 (1993).

山西、河南、江西、湖北、四川、贵州、云南、西藏、广东、广西；缅甸、不丹、尼泊尔、印度、孟加拉国。

曲脉卫矛

●**Euonymus venosus** Hemsl., Bull. Misc. Inform. Kew 1893 (80): 210 (1893).

河南、陕西、湖南、湖北、四川、云南。

瘤果卫矛

●**Euonymus verrucocarpus** C. Y. Cheng ex J. S. Ma, Harvard Pap. Bot. 3 (2): 231 (1998).

云南。

疣点卫矛

●**Euonymus verrucosoides** Loes., Bot. Jahrb. Syst. 30: 462 (1902).

Euonymus alatus var. *apertus* Loes. in Sarg., Pl. Wilson. 1: 494 (1913); *Euonymus verrucosoides* var. *viridiflora* Loes. et Rehder in Sarg., Pl. Wilson. 1 (3): 493 (1913); *Euonymus verrucosoides* var. *apterus* (Loes.) C. Y. Wu et Y. R. Li, Fl. Xizang. 3: 121 (1986).

山西、河南、陕西、甘肃、青海、湖北、四川、贵州、云南、西藏。

瘤枝卫矛（少花卫矛）

Euonymus verrucosus Scop., Fl. Carniol., ed. 2, 1: 166 (1771).

Euonymus europaeus var. *leprosus* L. f., Suppl. Pl. 154 (1781); *Euonymus pannonicus* Scop. ex C. F. Ludwig, Neu Wilde Baumz. 19 (1783); *Euonymus pauciflorus* Maxim., Prim. Fl. Amur. 74 (1859); *Euonymus verrucosus* var. *chinensis* Maxim., Merrucosus Amur. 74 Wilde Baumz. (1859); *Euonymus verrucosus* var. *pauciflorus* (Maxim.) Regel, Mém. Acad. Imp. Sci. Saint-Pétersbourg, Sér. 7, 4 (4): 41 (1861); *Euonymus verrucosusa* f. *laerifolius* Beck., Ann. K. K. Nautrkist. Hoffmus. 2: 87 (1887); *Euonymus voitii* Mill., Beitr. Naurdenkmapfl. 10: 225 (1925); *Euonymus pauciflorus* var. *chinensis* (Maxim.) Rehder, J. Arnold Arbor. 7: 204 (1926); *Euonymus verrucosus* var. *genuinus* Syr., Byull. Moskovsk. Obshch. Isp. Prir. Otd. Biol. 40: 48 (1931); *Euonymus verrucosus* var. *angustifolius* Syr., Byull. Moskovsk. Obshch. Isp. Prir. Otd. Biol. 40: 48 (1931); *Euonymus pauciflorus* var. *japonicus* Koidez. ex Ohwi, Acta Phytotax. Geobot. 5: 155 (1936); *Euonymus oligospermus* Ohwi, Acta Phytotax. Geobot. 5: 185 (1936); *Euonymus verrucosus* f. *transsilvanicus* Kárpáti, Borbasia 1: 100 (1939); *Euonymus integerrimus* Prokh., Bot. Mat. Garb. Bot. Inst. Komarova Akad. Nauk S. S. S. R. 14: 240 (1951).

黑龙江、吉林、辽宁、陕西、宁夏、甘肃、青海；日本、朝鲜、俄罗斯（包括欧洲部分）；亚洲（中北部）。

荚蒾卫矛

Euonymus viburnoides Prain, J. Asiat. Soc. Bengal 73: 194 (1901).

Euonymus saxicolus Loes. et Rehder in Sarg., Pl. Wilson. 1: 491 (1913); *Euonymus forrestii* Comber, Symb. Sin. 7: 663 (1933); *Euonymus crenatus* Chen H. Wang, Contr. Bot. Surv. N. W. China 1 (1): 31 (1939); *Euonymus chenkangensis* C. W. Wang, Bull. Fan Mem. Inst. Biol. Bot. 10: 283 (1941); *Euonymus leishanensis* Q. H. Chen, Acta Bot. Yunnan. 21 (2):

168 (1999).
四川、贵州、云南、广西；缅甸、不丹、印度。

长刺卫矛

●**Euonymus wilsonii** Sprague, Bull. Misc. Inform. Kew 1908 (4): 180 (1908).
陕西、湖北、四川、贵州、云南、广西。

征镒卫矛

●**Euonymus wui** J. S. Ma, Harvard Pap. Bot. 10: 97 (1997).
云南、广西。

云南卫矛

●**Euonymus yunnanensis** Franch., Bull. Soc. Bot. France 33: 454 (1886).
Euonymus linearifolius Franch., Bull. Soc. Bot. France 33: 455 (1886); *Euonymus mariei* H. Lév., Feddes Repert. Spec. Nov. Regni Veg. 13: 260 (1914); *Euonymus decorus* W. W. Sm., Notes Roy. Bot. Gard. Edinburgh 10 (46): 32 (1917); *Euonymus pinchuanensis* Loes., Nat. Pflanzenfam. 20 B: 121 (1942); *Euonymus pulvinatus* Chun et F. C. How, Acta Phytotax. Sin. 7 (1): 50, pl. 16, f. 2 (1958); *Euonymus stenophyllus* J. W. Ren, Acta Bot. Boreal.-Occid. Sin. 23 (9): 1635 (2003).
甘肃、四川、贵州、云南、西藏。

沟瓣属 **Glyptopetalum** Thwaites

冬青沟瓣（尖齿卫矛）

●**Glyptopetalum aquifolium** (Loes. et Rehder) C. Y. Cheng et Q. S. Ma, Fl. Reipubl. Popularis Sin. 45 (3): 93 (1999).
Euonymus aquifolius Loes. et Rehder in Sarg., Pl. Wilson. 1: 484 (1913).
四川。

大陆沟瓣

●**Glyptopetalum continentale** (Chun et F. C. How) C. Y. Cheng et Q. S. Ma, Fl. Reipubl. Popularis Sin. 45 (3): 92 (1999).
Euonymus longipedicellatus var. *continentalis* Chun et F. C. How, Acta Phytotax. Sin. 7 (1): 50 (1958).
贵州、广西。

罗甸沟瓣

●**Glyptopetalum feddei** (H. Lév.) Ding Hou, Blumea 12: 59, F. 1, a-i (1963).
Euonymus feddei H. Lév., Repert. Spec. Nov. Regni Veg. 13: 260 (1914).
贵州、广西。

海南沟瓣

●**Glyptopetalum fengii** (Chun et F. C. How) Ding Hou, Fl. Males. 1 (6): 256 (1963).
Euonymus fengii Chun et F. C. How, Acta Phytotax. Sin. 7 (1): 44, pl. 15, f. 1 (1958).
海南。

白树沟瓣

●**Glyptopetalum geloniifolium** (Chun et F. C. How) C. Y. Cheng, Fl. Reipubl. Popularis Sin. 45 (3): 94 (1999).
Euonymus geloniifolius Chun et F. C. How, Acta Phytotax. Sin. 7: 45, pl. 15, f. 2 (1958); *Euonymus geloniifolius* var. *robusta* Chun et F. C. How, Acta Phytotax. Sin. 7: 47 (1958); *Glyptopetalum geloniifolium* (Chun et F. C. How) C. Y. Cheng, Iconogr. Cormophyt. Sin. Suppl. 2: 241, f. 8818 (1983), *nom. inval.*; *Glyptopetalum geloniifolium* var. *robustum* (Chun et F. C. How) C. Y. Cheng, Fl. Reipubl. Popularis Sin. 45 (3): 94 (1999).
广西、海南。

刺叶沟瓣（构骨海葵）

●**Glyptopetalum ilicifolium** (Franch.) C. Y. Cheng et Q. S. Ma, Fl. Reipubl. Popularis Sin. 45 (3): 92 (1999).
Euonymus ilicifolius Franch., Bull. Bot. Soc. France 33: 453 (1886); *Pragmotessara ilicifolia* Pierre, Fl. Forest. Cochinch. sub. t. 309 (1894).
四川、贵州、云南。

披针叶沟瓣

●**Glyptopetalum lancilimbum** C. Y. Wu ex G. S. Fan et Y. J. Xu, J. S. W. Forest. Coll. 26 (6): 5 (2006).
云南。

细梗沟瓣

Glyptopetalum longepedunculatum Tardieu, Suppl. Fl. Indo-Chine 1: 783 (1949).
Glyptopetalum rhytidophyllum var. *gracilipes* C. Y. Cheng, Iconogr. Cormophyt. Sin. Suppl. 2: 242 (1983), *nom. inval.*
广西；越南。

大果沟瓣

●**Glyptopetalum reticulinerve** X. J. Xu et G. S. Fan, Bull. Bot. Res., Harbin 27 (2): 129, f. 1 (2007).
云南。

皱叶沟瓣

Glyptopetalum rhytidophyllum (Chun et F. C. How) C. Y. Cheng, Fl. Reipubl. Popularis Sin. 45 (3): 89 (1999).
Euonymus rhytidophyllus Chun et F. C. How, Acta Phytotax. Sin. 7 (1): 51, pl. 17, f. 1 (1958); *Glyptopetalum rhytidophyllum* (Chun et F. C. How) C. Y. Cheng, Iconogr. Cormophyt. Sin. Suppl. 2: 241 (1983), *nom. inval.*
广西；越南。

硬果沟瓣

Glyptopetalum sclerocarpum (Kurz) M. A. Lawson in Hook. f., Fl. Brit. Ind. 1: 613 (1875).
Euonymus sclerocarpus Kurz, J. Asiat. Soc. Bengal, Pt. 2, Nat. Hist 41: 299 (1872); *Euonymus longipedicellatus* Merr. et

Chun, Sunyatsenia 2: 36 (1934); *Glyptopetalum longipedicellatum* (Merr. et Chun) C. Y. Cheng, Fl. Reipubl. Popularis Sin. 45 (3): 90 (1999).
云南、海南；印度。

轮叶沟瓣（新拟）

Glyptopetalum verticillatum Q. R. Liu et S. Y. Meng, Phytotaxa 234 (2): 186 (2015).
云南。

裸实属 Gymnosporia (Wight et Arn.) Benth. et Hook. f.

美登木

Gymnosporia acuminata Hook. f., Fl. Brit. Ind. 1 (3): 619 (1875).
Maytenus hookeri Loes., Nat. Pflanzenfam., ed. 2, 20 (b): 140 (1942); *Maytenus hookeri* var. *longiradiata* S. J. Pei et Y. H. Li, Acta Bot. Yunnan. 3 (2): 247, f. 10 (1981).
云南；不丹、印度（大吉岭）。

滇南美登木

●**Gymnosporia austroyunnanensis** (S. J. Pei et Y. H. Li) M. P. Simmons, Syst. Bot. 36: 929 (2011).
Maytenus austroyunnanensis S. J. Pei et Y. H. Li, Acta Bot. Yunnan. 3 (2): 245 (1981); *Maytenus shuangjiangensis* S. J. Pei et Y. H. Li, Acta Bot. Yunnan. 3 (2): 241, pl. 3 (1981); *Maytenus diversicymosa* S. J. Pei et Y. H. Li, Acta Bot. Yunnan. 3 (2): 241 (1981); *Maytenus pachycarpa* S. J. Pei et Y. H. Li, Acta Bot. Yunnan. 3 (2): 246 (1981).
云南。

小檗裸实

●**Gymnosporia berberoides** W. W. Sm., Notes Roy. Bot. Gard. Edinburgh 10: 38 (1917).
Maytenus berberoides (W. W. Sm.) S. J. Pei et Y. H. Li, Res. Bull. Trop. Plants 13: 11 (1979).
四川、云南。

密花美登木

●**Gymnosporia confertiflora** (J. Y. Luo et X. X. Chen) M. P. Simmons, Syst. Bot. 36: 929 (2011).
Maytenus confertiflora J. Y. Luo et X. X. Chen, Acta Phytotax. Sin. 19 (2): 233 (1981).
广西。

变叶裸实

Gymnosporia diversifolia Maxim., Bull. Acad. Imp. Sci. Saint-Pétersbourg, sér. 3 27: 459 (1881).
Celastrus diversifolius (Maxim.) Hemsl., J. Linn. Soc., Bot. 23 (153): 123 (1886); *Maytenus diversifolius* (Maxim.) Ding Hou, Fl. Males., Ser. 1, Spermatoph. 6 (2): 242 (1962); *Maytenus garanbiensis* C. E. Chang, Forest J. (Ping Tung) 19: 17, f. 6 (1977).
福建、台湾、广东、广西、海南；日本、菲律宾、越南、泰国、马来西亚。

东方裸实（新拟）

●**Gymnosporia dongfangensis** (F. W. Xing et X. S. Qin) M. P. Simmons, Syst. Bot. 36: 929 (2011).
Maytenus dongfangensis F. W. Xing et X. S. Qin, Bot. J. Linn. Soc. 158: 534 (2008).
海南。

台湾裸实

Gymnosporia emarginata (Willd.) Thwaites, Enum. Pl. Zeyl. 409 (1864).
Celastrus emarginatus Willd., Sp. Pl., ed. 4 [Willdenow] 1 (2): 1128 (1798); *Catha emarginata* (Willd.) G. Don, Gen. Hist. 2: 9 (1832); *Maytenus emarginata* (Willd.) Ding Hou, Fl. Males., Ser. 1, 4: 241 (1963); *Maytenus trilocularis* (Hayata) C. Y. Cheng, Iconogr. Cormophyt. Sin. Suppl. 2: 265, fig. 8843 (1983).
台湾；斯里兰卡、澳大利亚。

贵州裸实（贵州美登木）

●**Gymnosporia esquirolii** H. Lév., Chin. Rev. 18 (1916).
Maytenus esquirolii (H. Lév.) C. Y. Cheng, Fl. Reipubl. Popularis Sin. 45 (3): 136 (1999); *Maytenus mengziensis* H. Shao, Bull. Bot. Res., Harbin 20 (2): 126, f. 2 (2000).
贵州、云南。

广西美登木

●**Gymnosporia guangxiensis** (C. Y. Cheng et W. L. Sha) M. P. Simmons, Syst. Bot. 36: 929 (2011).
Maytenus guangxiensis C. Y. Cheng et W. L. Sha, Acta Phytotax. Sin. 19 (2): 232 (1981).
广西。

海南裸实（海南美登木）

●**Gymnosporia hainanensis** Merr. et Chun, Sunyatsenia 2 (3-4): 267, t. 55 (1935).
Maytenus hainanensis (Merr. et Chun) C. Y. Cheng, Fl. Reipubl. Popularis Sin. 45 (3): 146 (1999).
海南。

金阳美登木

●**Gymnosporia jinyangensis** (C. Y. Cheng) Q. R. Liu et Funston, Fl. China 11: 476 (2008).
Maytenus jinyangensis C. Y. Cheng, J. Sichuan Univ., Nat. Sci. Ed. 1985 (2): 88 (1985); *Maytenus sinomontana* C. Y. Cheng, Iconogr. Cormophyt. Sin. Suppl. 2: 263 (1983), as "*sinomontanus*", *nom. inval.*
四川、云南。

圆叶裸实

●**Gymnosporia orbiculata** (C. Y. Wu ex S. J. Pei et Y. H. Li) Q. R. Liu et Funston, Fl. China 11: 475 (2008).
Maytenus orbiculata C. Y. Wu ex S. J. Pei et Y. H. Li, Acta Bot.

Yunnan. 3: 239 (1981); *Maytenus berberoides* var. *acutissima* S. J. Pei et Y. H. Li, Res. Bull. Trop. Plants 13: 11, f. 1 (1979).
云南。

被子裸实

Gymnosporia royleana Wall. ex M. A. Lawson in Hook. f., Fl. Brit. ind. 1: 620 (1875).
Celastrus royleana Wall., Numer. List n. 4817 (1830), *nom. inval.*; *Maytenus royleanus* (Wall. ex M. A. Lawson) Cufod., Svenk Biol. 43: 3131 (1962); *Maytenus arillata* C. Y. Cheng, Iconogr. Cormophyt. Sin. Suppl. 2: 263 (1983), as "*arillatus*", *nom. inval.*; *Maytenus yimenensis* H. Shao, Bull. Bot. Res., Harbin 20 (2): 126 (2000).
新疆、云南、西藏；印度、巴基斯坦、阿富汗、克什米尔地区。

淡红美登木

Gymnosporia rufa (Wall.) M. A. Lawson in Hook. f., Fl. Brit. ind. 1: 670 (1875).
Celastrus rufa Wall., Fl. Ind. (Carey et Wallich ed.) 1: 397 (1824); *Maytenus rufus* (Wall.) Cufod., Svenk Biol. 43: 3131 (1962).
西藏；缅甸、不丹、尼泊尔、印度。

细梗裸实

●**Gymnosporia thysiflora** (S. J. Pei et Y. H. Li) W. B. Yu et D. Z. Li, Nord. J. Bot. 31: 746 (2013).
Maytenus thyrsiflora S. J. Pei et Y. H. Li., Res. Bull. Trop. Plants 13: 13 (1979); *Maytenus graciliramula* S. J. Pei et Y. H. Li., Res. Bull. Trop. Plants 13: 13 (1979), *nom. inval.*; *Maytenus pseudoracemosa* S. J. Pei et Y. H. Li., Res. Bull. Trop. Plants 13: 12 (1979); *Maytenus graciliramula* S. J. Pei et Y. H. Li, Acta Bot. Yunnan. 3 (2): 242, f. 5 (1981); *Maytenus oligantha* C. Y. Cheng et W. L. Sha, Acta Phytotax. Sin. 19 (2): 234 (1981); *Maytenus longlinensis* C. Y. Cheng et W. L. Sha, Acta Phytotax. Sin. 19 (2): 234 (1981); *Maytenus guangnanensis* H. Shao, Bull. Bot. Res., Harbin 20 (2): 125, f. 1 (2000); *Gymnosporia graciliramula* (S. J. Pei et Y. H. Li) Q. R. Liu et Funston, Fl. China 11: 476 (2008), *nom. inval.*
云南、广西。

吊罗美登木

●**Gymnosporia tiaoloshanensis** Chun et F. C. How, Acta Phytotax. Sin. 7 (1): 52, pl. 17, 2 (1958).
Maytenus tiaoloshanensis (Chun et F. C. How) C. Y. Cheng, Fl. Reipubl. Popularis Sin. 45 (3): 141 (1999).
海南。

刺茶裸实

●**Gymnosporia variabilis** (Hemsl.) Loes., Bot. Jahrb. Syst. 29 (3-4): 446 (1900).
Celastrus variabilis Hemsl., J. Linn. Soc., Bot. 23 (153): 124 (1886); *Maytenus variabilis* (Hemsl.) C. Y. Cheng, Fl. Reipubl. Popularis Sin. 45 (3): 136, pl. 31, f. 4-5 (1986); *Maytenus arborea* H. Shao, Bull. Bot. Res., Harbin 20 (2): 127, f. 4 (2000).
湖北、四川、贵州、云南。

注：*Flora of China* 尚收录有一种胀果美登木 *Maytenus inflata* S. J. Pei et Y. H. Li, Acta Bot. Yunnan. 3 (2): 244 (1981)，根据 Mckenna 等（2011）的研究认为本种可能不是 *Gymnosporia* 的成员，为了避免命名上的混乱，这里遵照 Mckenna 等的意见也暂不做组合，留待本种的归属问题解决之后再行处理。

翅子藤属 **Loeseneriella** A. C. Sm.

程香仔树

●**Loeseneriella concinna** A. C. Sm., J. Arnold Arbor. 26: 170 (1945).
广东、广西。

灰枝翅子藤

●**Loeseneriella griseoramula** S. Y. Bao, Fl. Reipubl. Popularis Sin. 46: 290 (1981).
广西。

皮孔翅子藤

●**Loeseneriella lenticellata** C. Y. Wu, Fl. Reipubl. Popularis Sin. 46: 290 (1981).
云南、广西。

翅子藤

●**Loeseneriella merrilliana** A. C. Sm., J. Arnold Arbor. 26: 172 (1945).
云南、广西、海南。

云南翅子藤

●**Loeseneriella yunnanensis** (Hu) A. C. Sm., J. Arnold Arbor. 26: 174 (1945).
Hippocratea yunnanensis Hu, Bull. Fan Mem. Inst. Biol. Bot. 10: 152 (1940).
云南、广西。

假卫矛属 **Microtropis** Wall. ex Meisn.

双花假卫矛

●**Microtropis biflora** Merr. et F. L. Freeman, Proc. Amer. Acad. Arts 73: 288 (1940).
广东。

贵州假卫矛

●**Microtropis chaffanjonii** (H. Lév.) Y. F. Deng, Ann. Bot. Fenn. 44 (5): 397 (2007).
Myrsine chaffanjonii H. Lév., Fl. Kouy-Tcheou 287 (1914-15).
贵州。

大围山假卫矛

●**Microtropis daweishanensis** Q. W. Lin et Z. X. Zhang, Ann. Bot. Fenn. 47: 143 (2010).
Microtropis petelotii auct. non Merr et F. L. Freeman: Y. M.

Shui, Bot. Bull. Acad. Sin. 43: 309 (2002), p. p.
云南。

德化假卫矛

●**Microtropis dehuaensis** Z. S. Huang et Y. Y. Lin, Guihaia 28 (4): 458 (2008).
福建。

异色假卫矛

Microtropis discolor (Wall.) Arn., Ann. Nat. Hist. 3: 152 (1839).
Cassine discolor Wall., Fl. Ind. (Carey et Wallich ed.) 2: 378 (1824); *Microtropis sessiliflora* Merr. et F. L. Freeman, Proc. Amer. Acad. Arts 73: 284 (1940).
云南；越南、缅甸、泰国（半岛）、马来西亚（半岛）、不丹、印度。

越南假卫矛

Microtropis fallax Pit. in Lecomte, Fl. Gen. Indo-Chine 1: 881 (1912).
云南；越南（北部）。

福建假卫矛

●**Microtropis fokienensis** Dunn, J. Linn. Soc., Bot. 38: 375 (1908).
Cassine illiciifolia Hayata, Icon. Pl. Formosan. 3: 60, pl. 11 (1913); *Cassine matsudae* Hayata, Icon. Pl. Formosan. 9: 18, f. 11 (1920); *Microtropis illiciifolia* (Hayata) Koidz., Bot. Mag. (Tokyo) 40: 334 (1926); *Microtropis matsudae* (Hayata) Koidz., Bot. Mag. (Tokyo) 40: 335 (1926); *Otherodendron matsudae* (Hayata) Hayata ex Loes., Nat. Pflanzenfam., ed. 2, 20 b: 130 (1942).
安徽、浙江、江西、湖南、福建、台湾。

密花假卫矛

●**Microtropis gracilipes** Merr. et F. P. Metcalf, Lingnan Sci. J. 16 (1): 88, f. 6 (1937).
Microtropis gracilipes var. *parvifolia* Merr. et F. P. Metcalf, Lingnan Sci. J. 16 (1): 88 (1937); *Microtropis confertiflora* Merr. et F. L. Freeman, Proc. Amer. Acad. Arts 73: 302 (1940).
湖南、贵州、福建、广东、广西。

滇东假卫矛

●**Microtropis henryi** Merr. et F. L. Freeman, Proc. Amer. Acad. Arts 73: 289 (1940).
云南。

六蕊假卫矛

●**Microtropis hexandra** Merr. et F. L. Freeman, Proc. Amer. Acad. Arts 73: 289 (1940).
云南。

日本假卫矛

Microtropis japonica (Franch. et Sav.) Hallier f., Meded. Rijks-Herb. 1: 33 (1911).
Elaeodendron japonicum Franch. et Sav., Enum. Pl. Jap. 2: 315 (1879); *Cassine japonica* (Franch. et Sav.) Kuntze, Rev. Gén. Bot. Pl. 1: 14 (1891); *Otherodendron japonicum* (Franch. et Sav.) Makino, Bot. Mag. (Tokyo) 23: 62, f. 1-25 (1909); *Cassine kotoensis* Hayata, Icon. Pl. Formosan. 3: 61 (1913); *Microtropis kotoensis* (Hayata) Koidz., Bot. Mag. (Tokyo) 40: 334 (1926).
台湾；日本。

长果假卫矛

●**Microtropis longicarpa** Q. W. Lin et Z. X. Zhang, Ann. Bot. Fenn. 47: 142 (2010).
Microtropis petelotii auct. non Merr et F. L. Freeman: Y. M. Shui, Bot. Bull. Acad. Sin. 43: 309 (2002), p. p.; *Microtropis triflora* auct. non Merr. et F. L. Freeman: Y. M. Shui, Seed Pl. Honghe S. Yunnan: 248 (2003).
云南。

大果假卫矛

●**Microtropis macrocarpa** C. Y. Cheng et T. C. Kao, Acta Phytotax. Sin. 26 (4): 311 (1988).
Microtropis macrophylla auct. non Merr. et F. L. Freeman: C. Y. Cheng et T. C. Kao, Fl. Reip. Pop. Sin. 45 (30: 156, fig. 36: 3 (1999); G. S. Fan, Fl. Yunnan. 16: 258 (2006); Z. X. Zhang et A. M. Funston, Fl. China 11: 482 (2008).
云南。

麻栗坡假卫矛

●**Microtropis malipoensis** Y. M. Shui et W. H. Chen, Acta Bot. Yunnan. 24 (6): 707 (2002).
云南。

斜脉假卫矛

●**Microtropis obliquinervia** Merr. et F. L. Freeman, Proc. Amer. Acad. Arts 73: 286 (1940).
Microtropis cathayensis Merr. et F. L. Freeman, Proc. Amer. Acad. Arts 73: 285 (1940); *Microtropis conferhiflora* Merr. et F. L. Freeman, Proc. Amer. Acad. Arts 73: 302 (1940).
湖南、贵州、云南、广东、广西。

隐脉假卫矛

●**Microtropis obscurinervia** Merr. et F. L. Freeman, Proc. Amer. Acad. Arts 73: 283 (1940).
海南。

逢春假卫矛

●**Microtropis oligantha** Merr. et F. L. Freeman, Proc. Amer. Acad. Arts 73: 288 (1940).
云南。

木樨假卫矛

Microtropis osmanthoides (Hand.-Mazz.) Hand.-Mazz., Sinensia 3 (8): 189 (1933).
Chingithamnus osmanthoides Hand.-Mazz., Sinensia 2 (10):

128, f. s. n. 1932 (1932).
贵州、广西；越南。

淡色假卫矛

Microtropis pallens Pierre, Fl. Forest. Cochinch. 20: pl. 305 b (1895).
云南；越南、老挝。

少脉假卫矛

●**Microtropis paucinervia** Merr. et Chun ex Merr. et F. L. Freeman, Proc. Amer. Acad. Arts 73: 285 (1940).
广东、广西、海南。

广序假卫矛（沙巴假卫矛）

Microtropis petelotii Merr. et F. L. Freeman, Proc. Amer. Acad. Arts 73: 291 (1940).
云南、广西；越南。

塔蕾假卫矛

●**Microtropis pyramidalis** C. Y. Cheng et T. C. Kao, Acta Phytotax. Sin. 26 (4): 313 (1988).
云南、广西。

网脉假卫矛

●**Microtropis reticulata** Dunn, J. Bot. 47: 375 (1909).
广东、海南。

复序假卫矛

●**Microtropis semipaniculata** C. Y. Cheng et T. C. Kao, Acta Phytotax. Sin. 26 (4): 310 (1988).
广西。

深圳假卫矛（新拟）

●**Microtropis shenzhenensis** Lin Chen et F. W. Xing, Nord. J. Bot. 27 (6): 469 (2009).
广东。

圆果假卫矛

●**Microtropis sphaerocarpa** C. Y. Cheng et T. C. Kao, Acta Phytotax. Sin. 26 (4): 314 (1988).
云南。

灵香假卫矛（膜叶假卫矛）

●**Microtropis submembranacea** Merr. et F. L. Freeman, Proc. Amer. Acad. Arts 73: 291 (1940).
Cassine micrantha Hayata, Icon. Pl. Formosan. 3: 61 (1913), non (Tul.) Loes. (1893); *Microtropis micrantha* (Hayata) Koidz., Bot. Mag. (Tokyo) 40: 335 (1926); *Microtropis caudata* C. Y. Cheng et T. C. Kao, Acta Phytotax. Sin. 26 (4): 313 (1988).
云南、福建、广东、广西、海南。

方枝假卫矛

●**Microtropis tetragona** Merr. et F. L. Freeman, Proc. Amer. Acad. Arts 73: 290 (1940).
云南、西藏、广西、海南。

大序假卫矛（大明假卫矛）

●**Microtropis thyrsiflora** C. Y. Cheng et T. C. Kao, Acta Phytotax. Sin. 26 (4): 310 (1988).
广西。

三花假卫矛

●**Microtropis triflora** Merr. et F. L. Freeman, Proc. Amer. Acad. Arts 73: 288 (1940).
Microtropis fokienensis var. *longipedunculata* W. C. Cheng, Contr. Biol. Lab. Sci. Soc. China, Bot. Ser. 9: 199 (1934); *Microtropis triflora* var. *szechuanensis* C. Y. Cheng et T. C. Kao, Acta Phytotax. Sin. 26 (4): 314, pl. 3, f. 3-4 (1988).
湖北、四川、贵州、云南。

吴氏假卫矛

●**Microtropis wui** Y. M. Shui et W. H. Chen, Bot. Bull. Acad. Sin. 43 (4): 306 (2002).
云南。

西藏假卫矛（新拟）

●**Microtropis xizangensis** Q. W. Lin et Z. X. Zhang, Novon 18 (4): 498 (2008).
西藏。

云南假卫矛

●**Microtropis yunnanensis** (Hu) C. Y. Cheng et T. C. Kao, Fl. Reipubl. Popularis Sin. 45 (3): 165 (1999).
Microtropis illicifolia var. *yunnanensis* Hu, Bull. Fan. Mem. Inst. Biol. 7: 214 (1936).
贵州、云南、广西。

永瓣藤属 Monimopetalum Rehder

永瓣藤

●**Monimopetalum chinense** Rehder, J. Arnold Arbor. 7 (4): 234 (1926).
安徽、江西、湖北。

梅花草属 Parnassia L.

南川梅花草

●**Parnassia amoena** Diels, Bot. Jahrb. Syst. 29 (3-4): 370, f. 3 A-D (1900).
四川。

窄瓣梅花草

●**Parnassia angustipetala** T. C. Ku, Bull. Bot. Res., Harbin 7 (1): 23, pl. 1, f. 1-6 (1987).
四川。

双叶梅花草（二叶梅花草）

Parnassia bifolia Nekr., Fl. Aziat. Ross. 11: 39, pl. 4 B (1917).
新疆；俄罗斯。

短柱梅花草

●**Parnassia brevistyla** (Brieger) Hand.-Mazz., Symb. Sin. 7 (2): 434 (1931).

Parnassia delavayi var. *brevistyla* Brieger, Repert. Spec. Nov. Regni Veg. Beih. 12: 400 (1922); *Parnassia appendiculata* Batalin ex Nekr., Bull. Soc. Bot. France 74: 652 (1927), *nom. inval.*; *Parnassia souliei* Franch. ex Nekr., Bull. Soc. Bot. France 74: 652 (1927), *nom. inval.*

陕西、甘肃、四川、云南、西藏。

高山梅花草

●**Parnassia cacuminum** Hand.-Mazz., Symb. Sin. 7 (2): 433 (1931).

Parnassia caciminum f. *yushuensis* T. C. Ku, Bull. Bot. Res., Harbin 7 (1): 37 (1987).

青海、四川。

城口梅花草

●**Parnassia chengkouensis** T. C. Ku, Bull. Bot. Res., Harbin 7 (1): 49 (1987).

四川。

中国梅花草

Parnassia chinensis Franch., Bull. Soc. Bot. France 44: 252 (1897).

四川、云南、西藏；缅甸、不丹、尼泊尔、印度（锡金）。

中国梅花草（原变种）

Parnassia chinensis var. **chinensis**

云南、西藏；缅甸、不丹、尼泊尔、印度（锡金）。

四川梅花草

●**Parnassia chinensis** var. **sechuanensis** Z. P. Jien, Acta Phytotax. Sin. 8 (3): 255, pl. 34, f. 9-15 (1963).

四川。

指裂梅花草

Parnassia cooperi W. E. Evans, Notes Roy. Bot. Gard. Edinburgh 13 (63-64): 172 (1921).

西藏；不丹、印度（锡金）。

心叶梅花草

Parnassia cordata (Drude) Z. P. Jien ex T. C. Ku, Bull. Bot. Res., Harbin 7 (1): 37 (1987).

Parnassia nubicola var. *cordata* Drude, Linnaea 39: 316 (1875).

云南；印度。

鸡心梅花草

●**Parnassia crassifolia** Franch., Bull. Soc. Bot. France 44: 253 (1897).

四川、云南。

大卫梅花草

●**Parnassia davidii** Franch., Nouv. Arch. Mus. Hist. Nat. ser. 2, 8: 237 (1885).

四川。

大卫梅花草（原变种）

●**Parnassia davidii** var. **davidii**

四川。

喜砂梅花草

●**Parnassia davidii** var. **arenicola** Z. P. Jien, Acta Phytotax. Sin. 8 (3): 255, pl. 33, f. 1, 9 (1963).

四川。

德格梅花草

●**Parnassia degeensis** T. C. Ku, Bull. Bot. Res., Harbin 7 (1): 30 (1987).

四川。

突隔梅花草（芒药苍耳七）

Parnassia nana Griff., Itin. Pl. Khasyah Mts. (Posth. Papers, ii.), 58, No. 903 (1848).

Parnassia wightiana var. *microblephara* Franch., Bull. Soc. Bot. France 32: 8 (1885); *Parnassia delavayi* Franch., J. Bot. (Morot) 10 (16): 267 (1896); *Parnassia wightiana* var. *brachyloba* Franch., Bull. Soc. Bot. France 44: 259 (1897); *Parnassia wightiana* var. *flavida* Franch., Bull. Soc. Bot. France 44: 259 (1897); *Parnassia mairei* H. Lév., Repert. Spec. Nov. Regni Veg. 12 (325-330): 282 (1913).

陕西、甘肃、湖北、四川、云南；不丹。

德钦梅花草

●**Parnassia deqenensis** T. C. Ku, Bull. Bot. Res., Harbin 7 (1): 41 (1987).

云南、西藏。

宽叶梅花草

●**Parnassia dilatata** Hand.-Mazz., Sinensia 2 (11): 135 (1932).

贵州。

无斑梅花草

●**Parnassia epunctulata** J. T. Pan, Acta Phytotax. Sin. 23 (3): 220 (1985).

云南。

龙场梅花草

●**Parnassia esquirolii** H. Lév., Repert. Spec. Nov. Regni Veg. 13 (363-367): 258 (1914).

贵州。

长爪梅花草

Parnassia farreri W. E. Evans, Notes Roy. Bot. Gard. Edinburgh 13 (63-64): 174 (1921).

云南；缅甸。

藏北梅花草

●**Parnassia filchneri** Ulbr., Repert. Spec. Nov. Regni Veg. 2 (18): 65 (1906).
青海。

白耳菜

Parnassia foliosa Hook. f. et Thomson, J. Linn. Soc., Bot. 2: 79 (1858).
Parnassia nummularia Maxim., Linnaea 39: 313 (1875).
安徽、浙江、江西、福建；日本、印度。

甘肃梅花草

●**Parnassia gansuensis** T. C. Ku, Bull. Bot. Res., Harbin 7 (1): 52 (1987).
甘肃。

桂林梅花草

●**Parnassia guilinensis** G. Z. Li et S. C. Tang, Guihaia 19 (4): 341 (1999).
广西。

矮小梅花草

●**Parnassia humilis** T. C. Ku, Bull. Bot. Res., Harbin 7 (1): 27 (1987).
西藏。

康定梅花草

●**Parnassia kangdingensis** T. C. Ku, Bull. Bot. Res., Harbin 7 (1): 35, pl. 2, f. 7-12 (1987).
四川。

宝兴梅花草

●**Parnassia labiata** Z. P. Jien, Acta Phytotax. Sin. 8: 253 (1963).
四川。

披针瓣梅花草

●**Parnassia lanceolata** T. C. Ku, Bull. Bot. Res., Harbin 7 (1): 34, pl. 2, f. 1-6 (1987).
四川、云南。

披针瓣梅花草（原变种）

●**Parnassia lanceolata** var. **lanceolata**
四川。

长圆瓣梅花草

●**Parnassia lanceolata** var. **oblongipetala** T. C. Ku, Acta Phytotax. Sin. 29 (1): 82 (1991).
云南。

新疆梅花草

Parnassia laxmannii Pall. ex Schult., Syst. Veg. 6: 696 (1820).
Parnassia subacaulis Kar. et Kir., Bull. Soc. Imp. Naturalistes Moscou 15: 164 (1842).
新疆；蒙古国、哈萨克斯坦、俄罗斯。

细裂梅花草

●**Parnassia leptophylla** Hand.-Mazz., Oesterr. Bot. Z. 90: 120 (1941).
四川。

丽江梅花草

●**Parnassia lijiangensis** T. C. Ku, Bull. Bot. Res., Harbin 7 (1): 43 (1987).
云南。

长瓣梅花草

●**Parnassia longipetala** Hand.-Mazz., Sitzungsber. Kaiserl. Akad. Wiss., Math.-Naturwiss. Cl., Abt. 1, 60: 182, pl. 8, f. 9 (1924).
云南、西藏。

长瓣梅花草（原变种）

●**Parnassia longipetala** var. **longipetala**
云南、西藏。

白花长瓣梅花草

●**Parnassia longipetala** var. **alba** H. Chuang, Acta Bot. Yunnan. 23 (2): 160 (2001).
云南。

短瓣梅花草

●**Parnassia longipetala** var. **brevipetala** Z. P. Jien ex T. C. Ku, Bull. Bot. Res., Harbin 7 (1): 23 (1987).
云南。

斑纹长瓣梅花草

●**Parnassia longipetala** var. **striata** H. Chuang, Acta Bot. Yunnan. 23 (2): 160 (2001).
云南、西藏。

似长瓣梅花草

●**Parnassia longipetaloides** J. T. Pan, Acta Phytotax. Sin. 23 (3): 222 (1985).
云南。

龙胜梅花草

●**Parnassia longshengensis** T. C. Ku, Bull. Bot. Res., Harbin 7 (1): 54 (1987).
广西。

黄花梅花草（黄瓣梅花草）

●**Parnassia lutea** Batalin, Trudy Imp. S.-Peterburgsk. Bot. Sada 14 (2): 320 (1895).
青海。

大叶梅花草

●**Parnassia monochorifolia** Franch., Bull. Soc. Bot. France 44: 260 (1897).
云南。

凹瓣梅花草

Parnassia mysorensis F. Heyne ex Wight et Arn., Prodr. Fl. Ind. Orient. 1: 35 (1834).
四川、贵州、云南、西藏；印度。

凹瓣梅花草（原变种）

Parnassia mysorensis var. **mysorensis**
四川、贵州、云南、西藏；印度。

锐尖凹瓣梅花草

●**Parnassia mysorensis** var. **aucta** Diels, Notes Roy. Bot. Gard. Edinburgh 5 (25): 281 (1912).
云南。

棒状梅花草

●**Parnassia noemiae** Franch., J. Bot. (Morot) 10 (17): 281 (1896).
四川。

云梅花草

Parnassia nubicola Wall. ex Royle, Ill. Bot. Himal. Mts. 1: 227, pl. 50, f. 3 (1835).
云南、西藏；不丹、尼泊尔、印度、巴基斯坦、阿富汗、克什米尔地区。

云梅花草（原变种）

Parnassia nubicola var. **nubicola**
云南、西藏；不丹、尼泊尔、印度、巴基斯坦、阿富汗、克什米尔地区。

矮云梅花草

●**Parnassia nubicola** var. **nana** T. C. Ku, Acta Phytotax. Sin. 29 (1): 82 (1991).
云南、西藏。

倒卵叶梅花草

●**Parnassia obovata** Hand.-Mazz., Sinensia 2 (11): 134 (1932).
贵州。

金顶梅花草

●**Parnassia omeiensis** T. C. Ku, Bull. Bot. Res., Harbin 7 (1): 47 (1987).
四川。

细叉梅花草（四川苍耳七）

●**Parnassia oreophila** Hance, J. Bot. 16 (184): 106 (1878).
Parnassia setchuenensis Franch., Bull. Soc. Bot. France 44: 254 (1897).
河北、山西、陕西、宁夏、甘肃、青海、四川。

梅花草

Parnassia palustris L., Sp. Pl. 1: 273 (1753).
黑龙江、吉林、辽宁、内蒙古、河北、山西、新疆；日本、朝鲜、俄罗斯、蒙古国、哈萨克斯坦；欧洲、北美洲。

梅花草（原变种）

Parnassia palustris var. **palustris**
Parnassia mucronata Siebold et Zucc., Abh. Math.-Phys. Cl. Königl. Bayer. Akad. Wiss. 4 (2): 169 (1845); *Parnassia palustris* f. *nana* T. C. Ku, Bull. Bot. Res., Harbin 7 (1): 56 (1987).
黑龙江、吉林、辽宁、内蒙古、河北、山西、新疆；日本、朝鲜、俄罗斯、蒙古国、哈萨克斯坦；欧洲、北美洲。

多枝梅花草

Parnassia palustris var. **multiseta** Ledeb., Fl. Ross. 1: 263 (1842).
Parnassia multiseta (Ledeb.) Fernald, Rhodora 28 (335): 211 (1926).
黑龙江、吉林、辽宁、内蒙古、河北、山西、宁夏；日本、朝鲜、俄罗斯。

厚叶梅花草

●**Parnassia perciliata** Diels, Bot. Jahrb. Syst. 29 (3-4): 369, f. 3 G-K (1900).
四川。

贵阳梅花草

●**Parnassia petitmenginii** H. Lév., Repert. Spec. Nov. Regni Veg. 8 (173-175): 285 (1910).
贵州。

类三脉梅花草

Parnassia pusilla Wall. ex Arn., Companion Bot. Mag. 2: 315 (1837).
Parnassia affinis Hook. f. et Thomson, J. Proc. Linn. Soc., Bot. 2: 81 (1857).
西藏；不丹、尼泊尔、印度。

青海梅花草

●**Parnassia qinghaiensis** J. T. Pan, Novon 6 (2): 188 (1996).
青海。

叙永梅花草

●**Parnassia rhombipetala** B. L. Chai, J. Sichuan Univ., Nat. Sci. Ed. 28 (3): 375 (1991).
四川。

白花梅花草

●**Parnassia scaposa** Mattf., Notizbl. Bot. Gart. Berlin-Dahlem 11 (104): 306 (1931).
Parnassia aphylla T. C. Ku, Bull. Bot. Res., Harbin 7 (1): 31 (1987).
青海、四川、西藏。

思茅梅花草

●**Parnassia simaoensis** Y. Y. Qian, Bull. Bot. Res., Harbin 17

(3): 305 (1997).
云南。

近凹瓣梅花草

●**Parnassia submysorensis** J. T. Pan, Acta Phytotax. Sin. 23 (3): 221 (1985).
云南。

倒卵瓣梅花草

●**Parnassia subscaposa** C. Y. Wu ex T. C. Ku, Bull. Bot. Res., Harbin 7 (1): 40, pl. 2, f. 13-18 (1987).
云南。

青铜钱

Parnassia tenella Hook. f. et Thomson, J. Linn. Soc., Bot. 2: 80 (1858).
四川、云南、西藏；尼泊尔、印度（锡金）。

西藏梅花草

●**Parnassia tibetana** Z. P. Jien ex T. C. Ku, Bull. Bot. Res., Harbin 7 (1): 38 (1987).
西藏。

三脉梅花草

●**Parnassia trinervis** Drude, Linnaea 39: 322 (1875).
甘肃、青海、四川、西藏。

娇媚梅花草

●**Parnassia venusta** Z. P. Jien, Acta Phytotax. Sin. 8: 257 (1963).
云南。

绿花梅花草（绿花苍耳七）

●**Parnassia viridiflora** Batalin, Trudy Imp. S.-Peterburgsk. Bot. Sada 12 (1): 168 (1892).
Parnassia laxmannii var. *viridiflora* (Batalin) Diels, Bot. Jahrb. Syst. 29 (3-4): 368 (1900); *Parnassia rumicifolia* Brieger ex Limpr., Repert. Spec. Nov. Regni Veg. Beih. 22: 401 (1922); *Parnassia trinervis* var. *viridiflora* (Batalin) Hand.-Mazz., Symb. Sin. 7 (2): 432 (1931).
陕西、青海、四川、云南。

鸡肫草（苍耳七，荞麦叶，鸡腒草）

Parnassia wightiana Wall. ex Wight et Arn., Prodr. Fl. Ind. Orient. 1: 35 (1834).
Parnassia ornata Wall. ex Arn., Companion Bot. Mag. 2: 315 (1837); *Parnassia wightiana* var. *ornata* (Wall. ex Arn.) Drude, Linnaea 39: 315 (1875).
陕西、湖南、湖北、四川、贵州、云南、西藏、广东、广西；泰国、不丹、尼泊尔、印度。

兴安梅花草

●**Parnassia xinganensis** C. Z. Gao et G. Z. Li, Guihaia 3 (1): 19 (1983).
广西。

盐源梅花草

●**Parnassia yanyuanensis** T. C. Ku, Bull. Bot. Res., Harbin 7 (1): 26, pl. 1, f. 13-18 (1987).
四川。

彝良梅花草

●**Parnassia yiliangensis** T. C. Ku, Bull. Bot. Res., Harbin 7 (1): 48 (1987).
云南。

俞氏梅花草

●**Parnassia yui** Z. P. Jien, Acta Phytotax. Sin. 8: 256 (1963).
云南。

玉龙山梅花草

●**Parnassia yulongshanensis** T. C. Ku, Bull. Bot. Res., Harbin 7 (1): 25, pl. 1, f. 7-12 (1987).
云南。

云南梅花草

●**Parnassia yunnanensis** Franch., J. Bot. (Morot) 10 (16): 266 (1896).
四川、云南。

云南梅花草（原变种）

●**Parnassia yunnanensis** var. **yunnanensis**
云南。

长柄云南梅花草

●**Parnassia yunnanensis** var. **longistipitata** Z. P. Jien, Acta Phytotax. Sin. 8 (3): 255, pl. 34, f. 1-8 (1963).
四川。

斜翼属 Plagiopteron Griff.

斜翼（华斜翼，扣丝，山钩藤）

Plagiopteron suaveolens Griff., Calcutta J. Nat. Hist. 4: 244, pl. 13 (1844).
Plagiopteron fragrans Griff., Calcutta J. Nat. Hist. 4: 244 (1844); *Plagiopteron chinensis* X. X. Chen, Acta Bot. Yunnan. 2: 331, pl. 1 (1980).
广西；缅甸、泰国。

盾柱属 Pleurostylia Wight et Arn.

盾柱

Pleurostylia opposita (Wall.) Alston, Handb. Fl. Ceylon Suppl. 48 (1931).
Celastrus opposita Wall., Fl. Ind. (Carey et Wallich ed.) 2: 898 (1824); *Pleurostylia wightii* Wight et Arn., Prodr. Fl. Ind. Orient. 157 (1834); *Pleurostylia heynei* Wight et Arn., Prodr. Fl. Ind. Orient. 157 (1834); *Pleurostylia cochinchinensis*

Pierre, Fl. Forest. Cochinch. 3: pl. 305 A (1894).
海南；菲律宾、越南、泰国、马来西亚、印度尼西亚、印度、斯里兰卡、新几内亚、澳大利亚（昆兰士）、太平洋岛屿（新喀里多尼亚岛）。

扁蒴藤属 **Pristimera** Miers

二籽扁蒴藤

Pristimera arborea (Roxb.) A. C. Sm., J. Arnold Arbor. 26: 176 (1945).
Hippocratea arborea Roxb., Hort. Bengal. 5 (1814).
云南、广西；缅甸、不丹、印度。

风车果

Pristimera cambodiana (Pierre) A. C. Sm., J. Arnold Arbor. 26: 177 (1945).
Hippocratea cambodiana Pierre, Fl. Forest. Cochinch. 3: pl. 302 B (1893).
云南、广西；越南、缅甸、泰国、柬埔寨。

扁蒴藤

Pristimera indica (Willd.) A. C. Sm., Amer. J. Bot. 28: 440 (1941).
Hippocratea indica Willd., Sp. Pl., ed. 4 [Willdenow] 1 (1): 193 (1797); *Reissantia indica* (Willd.) N. Hallé, Mém. Inst. Franç. Afrique Noire 64: 85 (1962).
广东、海南；菲律宾、越南、缅甸、泰国、马来西亚、印度尼西亚、印度、斯里兰卡。

毛扁蒴藤

●**Pristimera setulosa** A. C. Sm., J. Arnold Arbor. 26: 175 (1945).
云南、广西。

五层龙属 **Salacia** L.

阔叶五层龙

●**Salacia amplifolia** Merr., Acta Phytotax. Sin. 7 (1): 55, pl. 18, f. 1 et 2 (1958).
海南。

橙果五层龙

●**Salacia aurantiaca** C. Y. Wu ex S. Y. Bao, Fl. Reipubl. Popularis Sin. 46: 7, 290 (Addenda), pl. 1, f. 11-12 (1981).
云南。

五层龙

Salacia chinensis L., Mant. Pl. 2: 293 (1771).
Tontelea prinoides Willd., Neue Schriften Ges. Naturf. Freunde Berlin 4: 184 (1803); *Salacia prinoides* (Willd.) DC., Prodromus 1: 571 (1824).
广东、广西；菲律宾、越南、老挝、缅甸、泰国、柬埔寨、马来西亚、印度尼西亚、印度、斯里兰卡。

柳叶五层龙

Salacia cochinchinensis Lour., Fl. Cochinch. 526 (1790).
云南；越南、柬埔寨。

密花五层龙

●**Salacia confertiflora** Merr., Lingnan Sci. J. 14 (1): 27 (1935).
海南。

粉叶五层龙

●**Salacia glaucifolia** C. Y. Wu ex S. Y. Bao, Fl. Reipubl. Popularis Sin. 46: 290, pl. 2, f. 11-12 (1981).
云南。

海南五层龙

●**Salacia hainanensis** Chun et F. C. How, Acta Phytotax. Sin. 7 (1): 56, pl. 19, f. 1 (1958).
海南。

河口五层龙

●**Salacia obovatilimba** S. Y. Bao, Fl. Reipubl. Popularis Sin. 46: 290 (1981).
云南。

多籽五层龙

●**Salacia polysperma** Hu, Bull. Fan Mem. Inst. Biol. Bot. 10: 153 (1940).
Salacia polysperma subsp. *verrucoso-rugosa* H. W. Li, Acta Bot. Yunnan. 13 (3): 267, pl. 1 (1991).
云南、广西。

无柄五层龙（野黄果，野柑子，棱子藤）

●**Salacia sessiliflora** Hand.-Mazz., Anz. Akad. Wiss. Wien, Math.-Naturwiss. Kl. 59: 56 (1922).
湖南、贵州、云南、广东、广西。

雷公藤属 **Tripterygium** Hook. f.

雷公藤

Tripterygium wilfordii Hook. f., Gen. Pl. 1: 368 (1862).
Tripterygium bullockii Hance, J. Bot. 18 (213): 259 (1880); *Tripterygium wilfordii* var. *bullockii* (Hance) Matsuda, Bot. Mag. (Tokyo) 25: 286 (1910); *Aspidopterys hypoglaucum* H. Lév., Repert. Spec. Nov. Regni Veg. 9: 458 (1911); *Tripterygium wilfordii* var. *execum* Sprague et Takeda, Kew Bull. 1912: 222 (1912); *Tripterygium regelii* Sprague et Takeda, Bull. Misc. Inform. Kew 1912: 223 (1912); *Tripterygium forrestii* A. C. Sm., Notes Roy. Bot. Gard. Edinburgh 8: 4, t. 2 (1913); *Tripterygium hypoglaucum* (H. Lév.) Hutch., Bull. Misc. Inform. Kew 101 (1917); *Tripterygium forrestii* var. *execum* (Sprague et Takeda) Chen H. Wang, Contr. Inst. Bot. Natl. Acad. Peiping 4 (7): 347 (1936).
吉林、辽宁、安徽、江苏、浙江、江西、湖南、湖北、四川、贵州、云南、西藏、福建、台湾、广东、广西；日本、朝鲜、缅甸（东北部）。

117. 牛栓藤科 CONNARACEAE [6 属: 9 种]

栗豆藤属 Agelaea Sol. ex Planch.

栗豆藤

Agelaea trinervis (Llanos) Merr., Sp. Blancoan. 164 (1918).

Castanola trinervis Llanos, Mem. Real Acad. Ci. Exact. Madrid ser. 3, 2 (3): 503 (1859); *Agelaea wallichii* Hook. f., Fl. Brit. Ind. 2 (4): 47 (1876); *Agelaea cambodiana* Pierre, Fl. Forest. Cochinch. 5: pl. 376 A (1898); *Castanola glabrifolia* G. Schellenb., Bull. Misc. Inform. Kew 1927 (9): 374 (1927); *Castanola obliqua* G. Schellenb., Pflanzenr. (Engler) 103 (IV. 127): 172 (1938).

海南；菲律宾、越南、老挝、泰国、柬埔寨、马来西亚、印度尼西亚。

螫毛果属 Cnestis Juss.

螫毛果

Cnestis palala (Lour.) Merr., J. Straits Branch Roy. Asiat. Soc. 85: 201 (1922).

Thysanus palala Lour., Fl. Cochinch., ed. 2, 1: 284 (1790); *Cnestis ramiflora* Griff., Not. Pl. Asiat. 4: 432 (1854).

海南；越南、老挝、缅甸、泰国、马来西亚、印度尼西亚。

牛栓藤属 Connarus L.

牛栓藤

Connarus paniculatus Roxb., Fl. Ind. (Roxburgh) 3: 139 (1832).

Connarus tonkinensis Lecomte, Bull. Soc. Bot. France 55: 83 (1908); *Connarus hainanensis* Merr., Lingnan Sci. J. 13 (1): 58 (1934).

海南；越南、老挝、泰国、柬埔寨、马来西亚、印度。

云南牛栓藤

Connarus yunnanensis G. Schellenb., Pflanzenr. (Engler) 103 (IV. 127): 228 (1938).

云南、广西；缅甸。

单叶豆属 Ellipanthus Hook. f.

单叶豆（知荆，鬼荔枝）

●**Ellipanthus glabrifolius** Merr., Philipp. J. Sci. 23 (3): 246 (1923).

海南。

红叶藤属 Rourea Aubl.

长尾红叶藤

Rourea caudata Planch., Linnaea 23: 419 (1850).

Santaloides caudatum Kuntze, Revis. Gen. Pl. 1: 155 (1891).

云南、广东、广西；印度。

小叶红叶藤（红叶藤，荔枝藤，牛见愁）

Rourea microphylla (Hook. et Arn.) Planch., Linnaea 23: 421 (1850).

Connarus microphyllus Hook. et Arn., Bot. Beechey Voy. 179 (1833); *Santaloides microphyllum* (Hook. et Arn.) G. Schellenb., Pflanzenr. (Engler) 103: 130 (1938); *Rourea minor* subsp. *microphylla* (Hook. et Arn.) Vidal, Fl. Cambodge, Laos et Vietnam 2: 28 (1962).

云南、福建、广东、广西；越南、印度尼西亚、印度、斯里兰卡。

红叶藤

Rourea minor (Gaertn.) Leenh., Fl. Males., Ser. 1, Spermat. 5 (4): 514 (1957).

Aegiceras minus Gaertn., Fruct. Sem. Pl. 1: 216, pl. 46 (1788); *Connarus santaloides* Vahl, Symb. Bot. 3: 87 (1794); *Connarus roxburghii* Hook. et Arn., Bot. Beechey Voy. 179 (1833); *Rourea santaloides* (Vahl) Wight et Arn., Prodr. Fl. Ind. Orient. 1: 144 (1834); *Rourea millettii* Planch., Linnaea 23: 420 (1850); *Santaloides roxburghii* (Hook. et Arn.) Kuntze, Revis. Gen. Pl. 1: 155 (1891); *Santalodes hermannianum* Kuntze, Revis. Gen. Pl. 1: 155 (1891); *Santaloides minor* (Gaertn.) G. Schellenb., Bot. Jahrb. Syst. 59 (2, Beibl. 131): 28 (1924).

云南、台湾、广东；越南、老挝、泰国、柬埔寨、印度、斯里兰卡、澳大利亚（北部）。

朱果藤属 Roureopsis Planch.

朱果藤

Roureopsis emarginata (Jack) Merr., J. Arnold Arbor. 33 (3): 220 (1952).

Cnestis emarginata Jack, Malayan Misc. 2 (7): 42 (1822); *Roureopsis pubinervis* Planch., Linnaea 23: 424 (1850); *Roureopsis javanica* Planch., Linnaea 23: 424 (1850); *Roureopsis rubricarpa* C. Y. Wu, Acta Phytotax. Sin. 6 (3): 287, pl. 49, f. 14 (1957); *Rourea emarginata* (Jack) Jongkind, Agric. Univ. Wageningen Pap. 89 (6): 367 (1989).

云南、广西；老挝、缅甸、泰国、马来西亚、印度尼西亚。

118. 酢浆草科 OXALIDACEAE [3 属: 18 种]

阳桃属 Averrhoa L.

三敛

☆**Averrhoa bilimbi** L., Sp. Pl. 1: 428 (1753).

栽培于台湾、广东、广西；原产于亚洲东南部热带地区。

阳桃（五敛子，五棱果，五稔）

☆**Averrhoa carambola** L., Sp. Pl. 1: 428 (1753).

栽培于四川、贵州、云南、福建、台湾、广东、广西、海南，偶尔逸生；原产于亚洲东南部热带地区。

感应草属 Biophytum DC.

分枝感应草（大还魂草）

Biophytum fruticosum Blume, Bijdr. Fl. Ned. Ind. 242 (1825).

Biophytum thorelianum var. *sinensis* Guillaumin, Notul. Syst. (Paris) 1 (1): 24 (1909); *Biophytum esquirolii* H. Lév., Repert. Spec. Nov. Regni Veg. 12 (317-321): 181 (1913).

四川、重庆、贵州、云南、广东、广西、海南；菲律宾、越南、缅甸、泰国、柬埔寨、马来西亚、印度尼西亚、印度、新几内亚。

感应草（羞礼草，荷草）

Biophytum sensitivum (L.) DC., Prodr. (DC.) 1: 690 (1824).

Oxalis sensitiva L., Sp. Pl. 437 (1753); *Oxalis cunningiana* Turcz., Bull. Soc. Imp. Naturalistes Moscou 31 (1): 426 (1858); *Biophytum cumingianum* (Turcz.) Edgew., Fl. Brit. Ind. 1 (2): 437 (1874); *Oxalis metziana* Miq. ex Edgew. et Hook. f., Fl. Brit. Ind. 1 (2): 438 (1875).

贵州、云南、台湾、广西、海南；菲律宾、越南、泰国、马来西亚、印度尼西亚、尼泊尔、印度、斯里兰卡；热带非洲。

无柄感应草（小感应草，罗伞草，降落伞）

Biophytum umbraculum Welw., Apont. 55: 590 (1859).

Biophytum petersianum Klotzsch, Naturw. Reise Mossambique 1: 81 (1861); *Oxalis apodiscias* Turcz., Bull. Soc. Imp. Naturalistes Moscou 36 (1): 595 (1863); *Oxalis petersiana* (Klotzsch) C. Muller in Walpers, Ann. Bot. Syst. (Walpers) 7: 502 (1868); *Oxalis gracilenta* Kurz, J. Asiat. Soc. Bengal 39 (2): 68 (1870); *Biophytum apodiscias* (Turcz.) Edgew. et Hook. f., Fl. Brit. Ind. 1 (2): 437 (1874); *Oxalis sessilis* Buch.-Ham. ex Baill., Bull. Soc. Linn. Paris 1: 598 (1886); *Biophytum sessile* (Buch.-Ham. ex Baill.) R. Knuth, Pflanzenr. (Engler) Oxalidac. 4 (130): 406 (1930).

云南；菲律宾、越南、缅甸、泰国、马来西亚、印度尼西亚、印度、新几内亚、马达加斯加；热带非洲。

酢浆草属 Oxalis L.

白花酢浆草

Oxalis acetosella L., Sp. Pl. 1: 433 (1753).

黑龙江、吉林、辽宁、宁夏、新疆、台湾；蒙古国、日本、朝鲜、尼泊尔、巴基斯坦、俄罗斯；欧洲。

白化酢浆草（原亚种）

Oxalis acctosella subsp. **acetosella**

黑龙江、吉林、辽宁、宁夏、新疆；蒙古国、日本、朝鲜、尼泊尔、巴基斯坦、俄罗斯；欧洲。

三角酢浆草（大山酢浆草，截叶酢浆草）

Oxalis acetosella subsp. **japonica** (Franch. et Sav.) H. Hara, J. Fac. Sci. Univ. Tokyo, Sect. 3, Bot. 6: 82 (1952).

Oxalis japonica Franch. et Sav., Enum. Pl. Jap. 2 (2): 309 (1878).

黑龙江、吉林、辽宁；日本、朝鲜、俄罗斯。

大霸尖山酢浆草

●**Oxalis acetosella** subsp. **taimonii** (Yamam.) S. F. Huang et T. C. Huang, Taiwania 35 (1): 10 (1990), as "*taemoni*".

Oxalis taimonii Yamam., J. Soc. Trop. Agric. 4: 51 (1932); *Oxalis martiana* var. *taimonii* (Yamam.) S. S. Ying, Alp. Pl. Taiwan in Color 2: 296 (1978).

台湾。

硬枝酢浆草

△**Oxalis barrelieri** L., Sp. Pl., ed. 2, 1: 624 (1762).

Oxalis barrelieri subsp. *paraguayensis* R. Knuth, Pflanzenr. IV. 130: 65 (1930).

归化于海南；加罗林群岛、马利亚纳群岛、萨摩亚群岛、西印度群岛；中南美洲。

大花酢浆草

☆**Oxalis bowiei** Lindl., Edward's Bot. Reg. 19: pl. 1585 (1833).

栽培于北京、陕西、新疆、江苏；原产于南非。

珠芽酢浆草

●**Oxalis bulbillifera** X. S. Shen et Hao Sun, Acta Bot. Yunnan. 25 (1): 39 (2003).

安徽。

酢浆草（酸味草，鸠酸，酸醋酱）

Oxalis corniculata L., Sp. Pl. 1: 435 (1753).

Oxalis repens Thunb., Oxalis 16 (1781); *Oxalis minima* Steud., Nomencl. Bot. (Steudel) 1: 579 (1821); *Oxalis corniculata* var. *repens* (Thunb.) Zucc., Denkschr. Königl. Akad. Wiss. München ser. 2, 1: 230 (1831); *Oxalis procumbens* Steud. ex Rich., Tent. Fl. Abyss. 1: 123 (1847); *Acetosella corniculata* (L.) Kuntze, Revis. Gen. Pl. 1: 90 (1891); *Xanthoxalis corniculata* (L.) Small., Fl. S. E. U. S. 667 (1903); *Oxalis repens* f. *speciosa* Masam., J. Soc. Trop. Agric. 2: 32 (1930); *Oxalis corniculata* subsp. *repens* (Thunb.) Masam., Mem. Fac. Sci. Taihoku Imp. Univ. 11: 257 (1934); *Oxalis corniculata* var. *taiwanensis* Masam., Trans. Nat. Hist. Soc. Formosa 28: 431 (1938); *Oxalis taiwanensis* (Masam.) Masam., Trans. Nat. Hist. Soc. Formosa 30: 339 (1940); *Xanthoxalis repens* (Thunb.) Moldenke, Cartanea 9 (1-3): 42 (1944).

辽宁、内蒙古、河北、山西、山东、河南、陕西、甘肃、青海、安徽、江苏、浙江、江西、湖南、湖北、四川、重庆、贵州、云南、西藏、福建、台湾、广东、广西、海南；日本、朝鲜、缅甸、泰国、马来西亚、不丹、尼泊尔、印度、巴基斯坦、俄罗斯，几乎世界性的。

红花酢浆草（大酸味草，铜锤草，紫花酢浆草）

△**Oxalis corymbosa** DC., Prodr. (DC.) 1: 696 (1824).

Oxalis martiana Zucc., Anz. Akad. Wiss. Wien, Math.-Naturwiss. Kl. 9: 144 (1824); *Oxalis debilis* var. *corymbosa* (DC.) Lourteig, Ann. Missouri Bot. Gard. 67 (4): 840 (1980).

归化于河北、山西、山东、河南、甘肃、新疆、安徽、江苏、浙江、江西、湖南、湖北、四川、贵州、云南、福建、台湾、广东、广西、海南；原产于热带南美洲，作为装饰物栽培并归化于世界很多温带地区。

山酢浆草

Oxalis griffithii Edgew. et Hook. f., Fl. Brit. Ind. 1 (2): 436 (1874).

Acetosella griffithii (Edgew. et Hook. f.) Kuntze, Revis. Gen. Pl. 1: 91 (1891); *Oxalis hupehensis* R. Knuth, Notizbl. Bot. Gart. Berlin-Dahlem 7 (67): 308 (1919); *Oxalis acetosella* subsp. *griffithii* (Edgew. et Hook. f.) Hara, J. Jap. Bot. 30 (1): 22 (1955); *Oxalis acetosella* subsp. *formosana* Terao, Acta Phytotax. Geobot. 30 (1-3): 61 (1979); *Oxalis acetosella* var. *formosana* (Terao) S. F. Huang et T. C. Huang, Taiwania 35 (1): 10 (1990); *Oxalis leucolepis* var. *griffithii* (Edgew. et Hook. f.) R. C. Srivastava, Novon 8 (2): 203 (1998).

山东、河南、陕西、甘肃、安徽、江苏、江西、湖南、湖北、四川、贵州、福建、台湾、广东、广西；日本、韩国、菲律宾、缅甸、不丹、尼泊尔、印度、克什米尔地区。

宽叶酢浆草

△**Oxalis latifolia** Kunth, Nov. Gen. Sp. (4 ed.) 5: 237, t. 467 (1821).

归化于云南、福建、台湾、广东、广西；原产于热带美洲。

白鳞酢浆草

Oxalis leucolepis Diels, Notes Roy. Bot. Gard. Edinburgh 5 (25): 223 (1912).

Oxalis acetosella subsp. *leucolepis* (Diels) C. C. Huang et L. R. Xu, Fl. Reipubl. Popularis Sin. 43 (1): 9 (1998).

云南、西藏；缅甸、不丹、尼泊尔、印度（锡金）。

三角叶酢浆草

Oxalis obtriangulata Maxim., Mélanges Biol. Bull. Phys.-ath. Acad. Imp. Sci. Saint-Pétersbourg 6: 260 (1867).

Acetosella obtriangulata (Maxim.) Kuntze, Revis. Gen. Pl. 1: 91 (1891).

吉林、辽宁；日本（北部）、朝鲜、俄罗斯。

黄花酢浆草

☆**Oxalis pes-caprae** L., Sp. Pl. 1: 434 (1753).

Oxalis cernua Thunb., Oxalis 14, pl. 2 (1781).

北京、陕西、新疆、福建等地有栽培；原产于南非。

直酢浆草

Oxalis stricta L., Sp. Pl. 1: 433 (1753).

Oxalis chinensis Haw. ex G. Don, Hort. Brit. (Loudon) Suppl. 1: 595 (1832), *nom. nud.*; *Oxalis fontana* Bunge, Enum. Pl. China Bor. 13 (1833); *Oxalis europaea* Jord., Arch. Fl. France Allemagne: 309 (1854); *Oxalis diffusa* Boreau, Fl. Centre France ed. 3 [Boreau] 2: 136, in obs. (1857); *Acetosella fontana* (Bunge) Kuntze, Revis. Gen. Pl. 1: 91 (1891); *Acetosella chinensis* (Haw.) Kuntze, Revis. Gen. Pl. 1: 92 (1891); *Oxalis cymosa* Small, Bull. Torrey Bot. Club 23 (7) 267 (1896); *Xanthoxalis cymosa* (Small) Small, Fl. S. E. U. S. 668 (1903); *Xanthoxalis stricta* (L.) Small., Fl. S. E. U. S. 667 (1903); *Oxalis shinanoensis* T. Ito, Encycl. Jap. 2: 818 (1909); *Oxalis repens* var. *stricta* (L.) Hatus., Bull. Kyushu Univ. Forests 4: 95 (1933); *Xanthoxalis europaea* (Jord.) Moldenke, Boissera 7: 5 (1943); *Oxalis corniculata* var. *stricta* (L.) C. C. Huang et L. R. Xu, Fl. Reipubl. Popularis Sin. 43 (1): 13 (1998).

吉林、辽宁、河北、山西、河南、浙江、江西、湖北、广西；日本、韩国、俄罗斯（东南部）；北美洲（东部），欧洲引进。

武陵酢浆草

●**Oxalis wulingensis** T. Deng, D. G. Zhang et Z. L. Nie, Syst. Bot. 38 (1): 156 (2013).

湖南、湖北。

119. 杜英科 ELAEOCARPACEAE [2 属: 56 种]

杜英属 **Elaeocarpus** L.

圆果杜英

Elaeocarpus angustifolius Blume, Bijdr. Fl. Ned. Ind. 120 (1825).

Elaeocarpus ganitrus Roxb. ex G. Don, Gen. Hist. 1: 559 (1831); *Elaeocarpus subglobosus* Merr., Lingnan Sci. J. 5 (1-2): 123 (1928).

云南、广西、海南；缅甸、泰国、柬埔寨、马来西亚、印度尼西亚、尼泊尔、印度、澳大利亚、太平洋岛屿。

腺叶杜英

Elaeocarpus argenteus Merr., Publ. Bur. Sci. Gov. Lab. 29: 26 (1905).

台湾；菲律宾。

金毛杜英

Elaeocarpus auricomus C. Y. Wu ex H. T. Chang, Acta Phytotax. Sin. 17 (1): 53 (1979).

云南、海南；越南（北部）。

滇南杜英

●**Elaeocarpus austroyunnanensis** Hu, Bull. Fan Mem. Inst. Biol. Bot. 10: 135 (1940), as "*austro-yunnanensis*".

Elaeocarpus floribundoides H. T. Chang, Acta Phytotax. Sin. 17 (1): 56 (1979).

云南。

少花杜英（华南杜英）

Elaeocarpus bachmaensis Gagnep., Notul. Syst. (Paris) 11 (1): 1 (1943).
Elaeocarpus austrosinicus H. T. Chang, Acta Phytotax. Sin. 17 (1): 54 (1979), as "*austro-sinicus*".
云南、广西；越南。

大叶杜英

Elaeocarpus balansae DC., Bull. Herb. Boissier, ser. 2, 3: 366 (1903).
云南；越南、缅甸、柬埔寨、马来西亚、印度。

滇藏杜英

Elaeocarpus braceanus Watt ex C. B. Clarke, J. Linn. Soc., Bot. 25 (165-169): 8 (1889).
Elaeocarpus shunningensis Hu, Bull. Fan Mem. Inst. Biol. Bot. 10: 140 (1940).
云南、西藏；缅甸、泰国、印度。

短穗杜英

•**Elaeocarpus brachystachyus** H. T. Chang, Acta Phytotax. Sin. 17 (1): 54 (1979).
云南。

短穗杜英（原变种）

•**Elaeocarpus brachystachyus** var. **brachystachyus**
云南。

贡山杜英

•**Elaeocarpus brachystachyus** var. **fengii** C. Chen et Y. Tang, Bull. Bot. Res., Harbin 8 (3): 96 (1988).
云南。

华杜英

Elaeocarpus chinensis (Gardner et Champ.) Hook. f. ex Benth., Fl. Hongk. 43 (1861).
Friesia chinensis Gardner et Champ., Hooker's J. Bot. Kew Gard. Misc. 1: 243 (1849).
浙江、江西、贵州、福建、广东、广西；越南。

缘瓣杜英

Elaeocarpus decanclrus Merr., J. Arnold Arbor. 32: 193 (1951).
云南；老挝。

杜英

Elaeocarpus decipiens Hemsl., J. Linn. Soc., Bot. 23 (153): 94 (1886).
浙江、江西、湖南、贵州、云南、福建、台湾、广东、广西；日本、越南。

杜英（原变种）

Elaeocarpus decipiens var. **decipiens**
浙江、江西、湖南、贵州、云南、福建、台湾、广东、广西；日本、越南。

兰屿杜英

•**Elaeocarpus decipiens** var. **changii** Y. Tang, Novon 16: 60 (2006).
Elaeocarpus lanyuensis C. E. Chang, Quart. J. Chin. Forest. 21: 113 (1988), *nom. inval.*; *Elaeocarpus sylvestris* var. *lanyuensis* (C. E. Chang) C. E. Chang, Fl. Taiwan ed. 2, 3: 720 (1993), *nom. inval.*
台湾。

滇西杜英

•**Elaeocarpus dianxiensis** Y. Tang et H. Li, Ann. Bot. Fenn. 48 (2): 171 (2011).
云南。

显脉杜英（拟杜英）

Elaeocarpus dubius Aug. DC., Bull. Herb. Boissier, ser. 2, 3: 366 (1903).
Elaeocarpus griffiihii auct. non Mast.: Dunn et Tutch., Rep. Bot. Dept. Hong Kong 30 (1915); *Elaeocarpus chinensis* auct. non (Gardner et Champ.) Hook. f. ex Benth.: Merr., Lingnan Sci. J. 13: 62 (1934).
贵州、云南、广东、广西、海南；越南。

冬桃（褐毛杜英）

•**Elaeocarpus duclouxii** Gagnep., Notul. Syst. (Paris) 1: 133 (1910).
江西、湖南、湖北、四川、贵州、云南、广东、广西。

冬桃（原变种）

•**Elaeocarpus duclouxii** var. **duclouxii**
Elaeocarpus fengjieensis P. C. Tuan, Acta Sci. Nat. Univ. Szechuan. 1982 (4): 83 (1982).
江西、湖南、湖北、四川、贵州、云南、广东、广西。

富宁杜英

•**Elaeocarpus duclouxii** var. **funingensis** Y. C. Hsu et Y. Tang, Bull. Bot. Res., Harbin 8 (3): 96 (1988).
云南。

高黎贡杜英

•**Elaeocarpus gaoligongshanensis** Y. Tang et Z. L. Dao, Ann. Bot. Fenn. 48 (2): 169 (2011).
云南。

秃瓣杜英

•**Elaeocarpus glabripetalus** Merr., Philipp. J. Sci. 21: 501 (1922).
安徽、浙江、江西、湖南、湖北、贵州、云南、福建、广东、广西。

秃瓣杜英（原变种）

•**Elaeocarpus glabripetalus** var. **glabripetalus**

Elaeocarpus subsessilis Hand.-Mazz., Symb. Sin. 7 (3): 614, pl. 21, f. 5 (1933); *Elaeocarpus glabripetalus* var. *teres* H. T. Chang, Acta Phytotax. Sin. 17 (1): 55 (1979).
安徽、浙江、江西、湖南、贵州、云南、福建、广东、广西。

棱枝杜英

•**Elaeocarpus glabripetalus** var. **alatus** (Kunth) H. T. Chang, Acta Phytotax. Sin. 17 (1): 55 (1979).
Elaeocarpus alatus Kunth, Repert. Spec. Nov. Regni Veg. 50 (1236-1242): 81 (1941); *Elaeocarpus kwangsiensis* H. T. Chang, Acta Phytotax. Sin. 17 (1): 53 (1979).
湖北、贵州、云南、广西。

大果秃瓣杜英

•**Elaeocarpus glabripetalus** var. **grandifructus** Y. Tang, Acta Phytotax. Sin. 30 (5): 397 (1992).
广西。

秃蕊杜英

Elaeocarpus gymnogynus H. T. Chang, Acta Phytotax. Sin. 17 (1): 52 (1979).
广东、广西；越南。

水石榕（海南胆八树，水柳树）

Elaeocarpus hainanensis Oliv., Hooker's Icon. Pl. 25 (3): t. 2462 (1896).
云南、广东、广西、海南；越南、缅甸、泰国。

水石榕（原变种）

Elaeocarpus hainanensis var. **hainanensis**
云南、广东、广西、海南；越南、缅甸、泰国。

短叶水石榕

•**Elaeocarpus hainanensis** var. **brachyphyllus** Merr., Lingnan Sci. J. 5 (1-2): 123 (1927).
Elaeocarpus brachyphyllus (Merr.) Kunth, Feddes Repert. Spec. Nov. Regni Veg. 50: 82 (1941).
海南。

肿柄杜英

Elaeocarpus harmandii Pierre, Fl. Forest. Cochinch. 145 (1889).
云南；越南。

球果杜英

•**Elaeocarpus hayatae** Kaneh. et Sasaki, Trans. Nat. Hist. Soc. Taiwan 24: 398, f. 2 (1934).
Elaeocarpus syweseris var. *hayatae* (Kaneh. et Sasaki) Y. C. Liu, Lign. Pl. Taiwan 376 (1972); *Elaeocarpus sphaericus* var. *hayatae* (Kaneh. et Sasaki) C. E. Chang, Fl. Taiwan 3: 686 (1977).
台湾。

锈毛杜英

•**Elaeocarpus howii** Merr. et Chun, Sunyatsenia 5 (1-3): 124, t. 18 (1940).
云南、广东、海南。

日本杜英（薯豆）

Elaeocarpus japonicus Siebold et Zucc., Abh. Math.-Phys. Cl. Königl. Bayer. Akad. Wiss. 4 (2): 165 (1845).
安徽、江苏、浙江、江西、湖南、湖北、四川、贵州、云南、福建、台湾、广东、广西、海南；日本、越南。

日本杜英（原变种）

Elaeocarpus japonicus var. **japonicus**
Elaeocarpus yunnanensis E. Brandis ex Tutcher, Repet Rep. Bot. Dept. Hong Kong 30 (1915); *Elaeocarpus yentangensis* Hu, J. Arnold Arbor. 5 (4): 229 (1924); *Elaeocarpus japonicus* var. *euplebius* Merr., Lingnan Sci. J. 5 (1-2): 123 (1927).
安徽、江苏、浙江、江西、湖南、湖北、四川、贵州、云南、福建、台湾、广东、广西、海南；日本、越南。

澜沧杜英

•**Elaeocarpus japonicus** var. **lantsangensis** (Hu) H. T. Chang, Acta Phytotax. Sin. 17 (1): 54 (1979).
Elaeocarpus lantsangensis Hu, Bull. Fan Mem. Inst. Biol. Bot. 10: 137 (1940).
湖南、贵州、云南、福建。

云南杜英（月泉叶杜英）

•**Elaeocarpus japonicus** var. **yunnanensis** C. Chen et Y. Tang, Bull. Bot. Res., Harbin 8 (3): 96 (1988).
云南。

多沟杜英

Elaeocarpus lacunosus Wall. ex Kurz, Forest Fl. Burma 1: 168 (1877).
Elaeocarpus borealiyunnanensis H. T. Chang, Acta Phytotax. Sin. 17 (1): 57 (1979), as "*boreali-yunnanensis*".
云南；越南、老挝、缅甸、泰国、柬埔寨、马来西亚、印度尼西亚、印度。

披针叶杜英

Elaeocarpus lanceifolius Roxb., Fl. Ind. (Roxburgh) 2: 598 (1832).
Elaeocarpus serrulatus Benth., Hooker's J. Bot. Kew Gard. Misc. 3: 263 (1851).
云南；尼泊尔、不丹、印度、老挝、越南、柬埔寨、泰国、马来西亚。

老挝杜英

Elaeocarpus laoticus Gagnep., Notul. Syst. (Paris) 11 (1): 7 (1943).
云南；老挝。

小花杜英

●**Elaeocarpus limitaneioides** Y. Tang, Acta Phytotax. Sin. 30 (5): 400 (1992).
广东。

灰毛杜英（毛叶杜英）

Elaeocarpus limitaneus Hand.-Mazz., Sinensia 3 (8): 193 (1933).
Elaeocarpus maclurei Merr., Lingnan Sci. J. 13 (1): 63 (1934).
云南、福建、广东、广西、海南；越南。

龙陵杜英

●**Elaeocarpus longlingensis** Y. C. Hsu et Y. Tang, Bull. Bot. Res., Harbin 8 (3): 95 (1988).
云南。

繁花杜英

Elaeocarpus multiflorus (Turcz.) Fern.-Vill. in Blanco, Fl. Filip. ed. 3, Nov. App. 31 (1880).
Monocera multiflora Turcz., Bull. Soc. Imp. Nat. Moscou 19: 495 (1846); *Elaeocarpus arthropus* Ohwi, J. Jap. Bot. 26 (8): 230 (1951).
台湾；日本、菲律宾、印度尼西亚。

绢毛杜英

Elaeocarpus nitentifolius Merr. et Chun, Sunyatsenia 2 (3-4): 279, f. 34 (1935).
云南、福建、广东、广西、海南；越南。

长圆叶杜英

●**Elaeocarpus oblongilimbus** H. T. Chang, Acta Phytotax. Sin. 17 (1): 58 (1979).
云南。

长柄杜英

Elaeocarpus petiolatus (Jack) Wall. ex Stued., Nomencl. Bot., ed. 2, 1: 545 (1840).
Monocera petiolata Jack, Malayan Misc. 1 (5): 43 (1820).
云南、广东、广西、海南；越南、老挝、缅甸、泰国、柬埔寨、马来西亚、印度尼西亚、印度。

滇越杜英（大果山杜英）

Elaeocarpus poilanei Gagnep., Notul. Syst. (Paris) 11 (1): 10 (1943).
Elaeocarpus sylvestris var. *viridescens* Chun et F. C. How, Acta Phytotax. Sin. 7 (1): 12 (1958).
云南、广东、广西、海南；越南。

假樱叶杜英（樱叶杜英）

●**Elaeocarpus prunifolioides** Hu, Bull. Fan Mem. Inst. Biol. Bot. 10: 138 (1940).
Elaeocarpus prunifolioides var. *rectinervis* H. T. Chang, Acta Phytotax. Sin. 17 (1): 57 (1979).
云南。

毛果杜英

Elaeocarpus rugosus Roxb., Fl. Ind. (Roxburgh) 2: 569 (1832).
Elaeocarpus apiculatus Mast., Fl. Brit. Ind. 1: 407 (1874); *Elaeocarpus apiculatus* var. *annamensis* Gagnep., Fl. Indo-Chine Suppl. 1: 479 (1945).
云南、海南；缅甸、泰国、马来西亚、印度。

锡兰榄（锡兰橄榄）

☆**Elaeocarpus serratus** L., Sp. Pl. 1: 515 (1753).
栽培于云南、台湾、广东、海南；原产于印度、斯里兰卡。

大果杜英

Elaeocarpus sikkimensis Masters, Fl. Brit. Ind. 1: 402 (1874).
Elaeocarpus fleuryi T. H. Chang, Fl. Rupublic. Pop. Sin. 49 (1): 26 (1989).
云南；不丹、印度。

阔叶杜英（阔叶圆果杜英）

●**Elaeocarpus sphaerocarpus** H. T. Chang, Acta Phytotax. Sin. 17 (1): 56 (1979).
云南。

屏边杜英

●**Elaeocarpus subpetiolatus** H. T. Chang, Acta Phytotax. Sin. 17 (1): 57 (1979).
云南。

山杜英

●**Elaeocarpus sylvestris** (Lour.) Poir. in Lamarck, Encycl. Suppl. 2: 704 (1811).
Adenodus sylvestris Lour., Fl. Cochinch., ed. 2, 1: 294 (1790); *Elaeocarpus henryi* Hance, J. Bot. 23 (275): 322 (1885); *Elaeocarpus omeiensis* Rehder et E. H. Wilson in Sarg., Pl. Wilson. 2 (2): 360 (1915); *Elaeocarpus kwangtungensis* Hu, J. Arnold Arbor. 5 (4): 229 (1924).
浙江、江西、湖南、四川、贵州、云南、福建、广东、广西、海南。

滇印杜英

Elaeocarpus varunua Buch.-Ham., Fl. Brit. Ind. 1: 407 (1874).
Elaeocarpus decurvatus Diels, Notizbl. Bot. Gart. Berlin-Dahlem 11 (103): 214 (1931).
云南、西藏、广东、广西；？越南、？马来西亚、尼泊尔、印度。

猴欢喜属 Sloanea L.

樟叶猴欢喜

●**Sloanea changii** Coode, Kew Bull. 38 (3): 402 (1983).
Sloanea laurifolia H. T. Chang, Acta Phytotax. Sin. 17 (1): 59

(1979).
云南、广西。

百色猴欢喜（白色猴欢喜）

•**Sloanea chingiana** Hu, J. Arnold Arbor. 11 (1): 49 (1930).
广西。

心叶猴欢喜

•**Sloanea cordifolia** K. M. Feng ex H. T. Chang, Acta Phytotax. Sin. 17 (1): 58 (1979).
云南。

膜叶猴欢喜（毛果猴欢喜）

Sloanea dasycarpa (Benth.) Hemsl., Icon. Pl. 27 (2): t. 2628, in nota (1900).
Echinocarpus dasycarpus Benth., J. Proc. Linn. Soc., Bot. 5 (Suppl. 2): 73 (1861); *Sloanea formosana* H. L. Li, Woody Fl. Taiwan 538 (1963).
云南、西藏、福建、台湾、海南；越南、缅甸、不丹、印度。

海南猴欢喜

•**Sloanea hainanensis** Merr. et Chun, Sunyatsenia 5 (1-3): 123, t. 17 (1940).
海南。

仿栗

Sloanea hemsleyana (T. Ito) Rehder et E. H. Wilson in Sarg., Pl. Wilson. 2 (2): 361 (1916).
Echinocarpus hemsleyanus T. Ito, J. Coll. Agric. Imp. Univ. Tokyo 12: 349 (1899); *Sloanea hanceana* Hemsl., Hooker's Icon. Pl. 27 (2): t. 2628, in nota (1900); *Castanopsis cavaleriei* H. Lév. et Vaniot, Repert. Spec. Nov. Regni Veg. 12: 506 (1913); *Sloanea chengfengensis* Hu, Sinensia 3 (3): 85 (1932); *Sloanea hemeleyana* var. *yunnanica* Coode, Kew Bull. 38 (3): 397 (1983).
湖南、湖北、四川、贵州、云南、广西；越南。

全叶猴欢喜（全缘叶猴欢喜）

Sloanea integrifolia Chun et F. C. How, Acta Phytotax. Sin. 7 (1): 12, pl. 6, f. 1 (1958).
Sloanea chingiana var. *integrifolia* (Chun et F. C. How) H. T. Chang, Acta Phytotax. Sin. 17 (1): 59 (1979).
广东、广西、海南；越南。

薄果猴欢喜（北碚猴欢喜）

•**Sloanea leptocarpa** Diels, Notizbl. Bot. Gart. Berlin-Dahlem 11 (103): 214 (1931).
Sloanea austrosinica Hu ex Tang, Bull. Fan Mem. Inst. Biol. Bot. 3 (17): 308, t. 12, f. 47 (1932); *Sloanea elegans* Chun, Hooker's Icon. Pl. 32 (3): t. 3159 (1932); *Sloanea tsiangiana* Hu, Bull. Fan Mem. Inst. Biol. Bot. 5: 310 (1934); *Sloanea tsinyunensis* S. S. Chien, Contr. Biol. Lab. Sci. Soc. China, Bot. Ser. 3 (13): 89 (1939); *Sloanea emeiensis* W. P. Fang et P. C. Tuan, Acta Sci. Nat. Univ. Szechuan. 1982 (4): 84 (1982).
湖南、四川、贵州、云南、福建、广东、广西。

滇越猴欢喜

Sloanea mollis Gagnep., Notul. Syst. (Paris) 1: 195 (1910).
Sloanea mollis var. *chinghsiensis* Chun et F. C. How, Acta Phytotax. Sin. 7 (1): 14, pl. 4, f. 2 (1958).
云南、广西；越南。

斜脉猴欢喜

Sloanea sigun (Blume) K. Schumann, Nat. Pflanzenfam. Nachtr. 3 (6): 5 (1890).
Echinocarpus sigun Blume, Bijdr. Fl. Ned. Ind. 56 (1825).
云南；缅甸、泰国、柬埔寨、马来西亚、印度尼西亚、印度。

猴欢喜

Sloanea sinensis (Hance) Hemsl., Hooker's Icon. Pl. 27 (2): t. 2628, in nota (1900).
Echinocarpus sinensis Hance, Ann. Bot. 9: 147 (1895); *Sloanea hongkongensis* Hemsl., Hooker's Icon. Pl. 27: t. 2628 (1900); *Sloanea chinensis* Hu, Contr. Biol. Lab. Sci. Soc. China, Bot. Ser. 1: 4 (1925); *Sloanea kweichowensis* Hu, Sinensia 3 (3): 84 (1932); *Sloanea oligophlebia* Merr. et Chun ex Gagnep., Suppl. Fl. Indo-Chine 1: 473 (1945); *Sloanea parvifolia* Chun et F. C. How, Acta Phytotax. Sin. 7 (1): 14, pl. 5, f. 1 (1958).
浙江、江西、湖南、贵州、福建、广东、广西、海南；越南、老挝、缅甸、泰国、柬埔寨。

苹婆猴欢喜（贡山猴欢喜）

Sloanea sterculiacea (Benth.) Rehder et E. H. Wilson in Sarg., Pl. Wilson. 2 (2): 362 (1915).
Echinocarpus sterculiaceus Benth., J. Proc. Linn. Soc., Bot. 5 (Suppl. 2): 72 (1861); *Sloanea forrestii* W. W. Sm., Notes Roy. Bot. Gard. Edinburgh 13 (63-64): 182 (1921); *Sloanea rotundifolia* H. T. Chang, Acta Phytotax. Sin. 17 (1): 59 (1979).
云南、西藏；缅甸、不丹、尼泊尔、印度。

绒毛猴欢喜

Sloanea tomentosa (Benth.) Rehder et E. H. Wilson in Sarg., Pl. Wilson. 2 (2): 362 (1915).
Echinocarpus tomentosus Benth., J. Proc. Linn. Soc., Bot. 5 (Suppl. 2): 73 (1861).
云南；缅甸、泰国、不丹、尼泊尔、印度（东部）和（东北部）。

西畴猴欢喜

•**Sloanea xichouensis** K. M. Feng, Bull. Bot. Res., Harbin 8 (3): 97 (1988).
云南。

120. 小盘木科(攀打科) PANDACEAE[1 属: 1 种]

小盘木属 Microdesmis Hook. f.

小盘木

Microdesmis caseariifolia Planch. ex Hook. f., Hooker's Icon. Pl. 8: pl. 758 (1848).
Tetragyne acuminate Miq., Fl. Ned. Ind., Eerste Bijv. 3: 464 (1861); *Microdesmis caseariifolia* f. *sinensis* Pax et K. Hoffm., Pflanzenr. 47 (IV 147, 3): 106 (1911); *Microdesmis philippinensis* Elmer, Leafl. Philipp. Bot. 4: 10 (1911).
云南、广东、广西、海南；孟加拉国、缅甸、越南、老挝、柬埔寨、泰国、马来西亚、印度尼西亚。

121. 红树科 RHIZOPHORACEAE [6 属: 13 种]

木榄属 Bruguiera Savigny

柱果木榄

Bruguiera cylindrica (L.) Blume, Enum. Pl. Javae 1: 93 (1827).
Rhizophora cylindrica L., Sp. Pl. 1: 443 (1753); *Rhizophora caryophylloides* Burm. f., Fl. Ind. 109 (1768); *Bruguiera caryophylloides* (Burm. f.) Blume, Enum. Pl. Javae 1: 83 (1827).
海南；菲律宾、越南、缅甸、泰国、马来西亚、印度尼西亚、印度、斯里兰卡、新几内亚、澳大利亚、太平洋岛屿。

木榄（包罗剪定，鸡爪浪，大头榄）

Bruguiera gymnorrhiza (L.) Savigny, Encycl. 4: 696 (1798).
Rhizophora gymnorhiza L., Sp. Pl. 1: 443 (1753); *Rhizophora conjugata* L., Fl. Brit. Ind. 2: 436 (1878); *Bruguiera conjugata* (L.) Merr., Philipp. J. Sci. Bot. 9: 118 (1914).
福建、台湾、广东、广西、海南；日本、菲律宾、越南、缅甸、泰国、柬埔寨、马来西亚、印度尼西亚、印度、斯里兰卡、澳大利亚；非洲。

海莲（剪定树，小叶格槲梢，罗古）

Bruguiera sexangula (Lour.) Poir., Encycl. Suppl. 4 (1): 262 (1816).
Rhizophora sexangula Lour., Fl. Cochinch. 1: 297 (1790); *Bruguiera eriopetala* Wight et Arn., Ann. Nat. Hist. 1: 368 (1838); *Bruguiera sexangula* var. *rhynchopetala* W. C. Ko, Acta Phytotax. Sin. 16 (2): 110 (1978).
海南；菲律宾、越南、缅甸、泰国、马来西亚、印度尼西亚、印度、斯里兰卡、澳大利亚。

竹节树属 Carallia Roxb.

竹节树（鹅肾木，竹球，山竹公）

Carallia brachiata (Lour.) Merr., Philipp. J. Sci. 15 (3): 249 (1920).
Diatoma brachiata Lour., Fl. Cochinch. 1: 296 (1790); *Petalotoma brachiata* (Lour.) DC., Prodr. (DC.) 3: 295 (1828); *Carallia integerrima* DC., Prodr. (DC.) 3: 33 (1828); *Carallia sinensis* Arn., Ann. Nat. Hist. 1: 371 (1838).
云南、福建、广东、广西、海南；菲律宾、越南、老挝、缅甸、泰国、柬埔寨、马来西亚、印度尼西亚、不丹、尼泊尔、印度、斯里兰卡、澳大利亚；非洲。

锯叶竹节树

Carallia diphopetala Hand.-Mazz., Sinensia 2 (1): 5 (1931).
云南、广东、广西；越南。

大叶竹节树

•**Carallia garciniaefolia** F. C. How et C. N. Ho, Acta Phytotax. Sin. 2 (2): 142, t. 19 (1953).
云南、广西。

旁杞木

•**Carallia pectinifolia** W. C. Ko, Acta Phytotax. Sin. 16 (4): 130 (1978).
Carallia longipes Chun ex W. C. Ko, Acta Phytotax. Sin. 16 (2): 109 (1978), non Ding Hou (1960).
云南、广东、广西。

角果木属 Ceriops Arn.

角果木（剪子树，海枷子，海淀子）

Ceriops tagal (Perr.) C. B. Rob., Philipp. J. Sci. 3: 306 (1908).
Rhizophora tagal Perr., Mém. Soc. Linn. Paris 3: 138 (1824); *Rhizophora timoriensis* DC., Prodr. (DC.) 3: 32 (1828); *Ceriops candolleana* Arn., Ann. Mag. Nat. Hist. 1: 364 (1838); *Ceriops candolleana* var. *sassakii* Hayata, Icon. Pl. Formosan. 3: 115 (1913); *Ceriops tagal* var. *australis* C. T. White, J. Bot. 64: 220 (1926); *Ceriops timoriensis* (DC.) Domin, Biblioth. Bot. 89: 444 (1928).
台湾、广东、海南；菲律宾、越南、缅甸、泰国、柬埔寨、马来西亚、印度尼西亚、印度、斯里兰卡、澳大利亚；非洲。

秋茄树属 Kandelia (DC.) Wight et Arn.

秋茄树（牛笔树，茄行树，红良）

Kandelia obovata Sheue et al., Taxon 52: 291 (2003).
福建、台湾、广东、广西、海南；日本。

山红树属 **Pellacalyx** Korth.

山红树

●**Pellacalyx yunnanensis** Hu, Bull. Fan Mem. Inst. Biol. Bot. 10: 130 (1940).
云南。

红树属 **Rhizophora** L.

红树（鸡笼答，五足驴）

Rhizophora apiculata Blume, Enum. Pl. Javae 1: 91 (1827).
Rhizophora candelaria DC., Prodr. (DC.) 3: 32 (1828).
广西、海南；菲律宾、越南、缅甸、泰国、柬埔寨、马来西亚、印度尼西亚、印度、斯里兰卡、新几内亚、太平洋岛屿；北美洲。

红茄冬

Rhizophora mucronata Lam., Encycl. 6: 189 (1804).
Rhizophora longissima Blanco, Fl. Filip. 398 (1837).
台湾；菲律宾、越南、缅甸、泰国、马来西亚、斯里兰卡、巴基斯坦、新几内亚、澳大利亚（北部）、太平洋岛屿、印度洋群岛、琉球群岛、马达加斯加；非洲东部。

红海兰（鸡爪榄，厚皮）

Rhizophora stylosa Griff., Not. Pl. Asiat. 4: 665 (1854).
Rhizophora mucranata var. *stylosa* (Griff.) Schimp., Bot. Mitt. Trop. 3: 92 (1891).
广东、广西、海南；菲律宾、越南、柬埔寨、马来西亚、印度尼西亚、新几内亚、澳大利亚、太平洋岛屿、琉球群岛。

122. 古柯科 ERYTHROXYLACEAE [1 属: 2 种]

古柯属 **Erythroxylum** P. Browne

古柯（古加，高柯）

☆**Erythroxylum novogranatense** (D. Morris) Hier., Bot. Jahrb. Syst. 20 (Beibl. 49): 35 (1895).
Erythroxylum coca var. *novogranatense* D. Morris, Bull. Misc. Inform. Kew 1889: 5, f. 2 (1889).
栽培于云南、台湾、广东、海南；原产于南美洲。

东方古柯（猫脷木，木豇豆）

Erythroxylum sinense C. Y. Wu, Bot. Jahrb. Syst. 71 (2): 189 (1940).
Sethia kunthiana Wall., Numer. List n. 6849 (1832), *nom. nud.*; *Erythroxylum kunthianum* Kurz, J. Asiat. Soc. Bengal 41 (2): 294 (1872), non A. St.-Hilaire (1829).
浙江、江西、湖南、贵州、云南、福建、广东、广西、海南；越南、缅甸（北部）、印度（东北部）。

123. 大花草科 RAFFLESIACEAE [1 属: 1 种]

寄生花属 **Sapria** Griff.

寄生花

Sapria himalayana Griff., Proc. Linn. Soc. London 1: 216 (1844).
Richthofenia siamensis Hosseus, Bot. Jahrb. 41 (2): 55 (1907).
云南、西藏；越南、缅甸、泰国、印度。

124. 大戟科 EUPHORBIACEAE [59 属: 262 种]

铁苋菜属 **Acalypha** L.

尾叶铁苋菜

●**Acalypha acmophylla** Hemsl., J. Linn. Soc., Bot. 26: 436 (1894).
Acalypha szechuanensis Hutch. in Sarg., Pl. Wilson. 2 (3): 524 (1916).
山西、甘肃、湖北、四川、贵州、云南、广西。

屏东铁苋菜

●**Acalypha akoensis** Hayata, J. Coll. Sci. Imp. Univ. Tokyo 30 (1): 266 (1911).
Acalypha grandis var. *akoensis* (Hayata) Hurus., J. Fac. Sci. Univ. Tokyo, Sect. 3, Bot. 6 (6): 300 (1954).
台湾。

台湾铁苋菜（台湾铁苋）

Acalypha angatensis Blanco, Fl. Filip. 750 (1837).
Acalypha formosana Hayata, J. Coll. Sci. Imp. Univ. Tokyo 30 (1): 267 (1911); *Acalypha grandis* var. *formosana* Hurus., J. Fac. Sci. Univ. Tokyo, Sect. 3, Bot. 6 (6): 300 (1954).
台湾；菲律宾。

南美铁苋

△**Acalypha aristata** Kunth, Nov. Gen. Sp. (4 ed.) 2: 93 (1817).
归化于台湾；原产于中南美洲。

铁苋菜（海蚌含珠，蚌壳草）

Acalypha australis L., Sp. Pl. 2: 1004 (1753).
Urtica gemina Lour., Fl. Cochinch., ed. 2, 682 (1790); *Acalypha pauciflora* Hornem., Hort. Bot. Hafn. 2: 909 (1815); *Acalypha chinensis* Roxb., Fl. Ind. (Roxburgh) 3: 880 (1826); *Acalypha gemina* var. *genuina* Müll. Arg., Linnaea 34: 41 (1865); *Acalypha australis* var. *lanceolata* Hayata, J. Coll. Sci. Imp. Univ. Tokyo 20 (3): 51 (1904); *Acalypha minima* H. Keng, Taiwania 6: 32 (1955); *Acalypha indica* var. *minima* (H. Keng) S. F. Huang et T. C. Huang, Taiwania 36: 83 (1991).

除内蒙古、新疆外，中国广布；日本、韩国、菲律宾、越南、老挝、俄罗斯，原产于印度东部、澳大利亚。

尖尾铁苋菜（尖尾铁苋，兰屿铁苋）

Acalypha caturus Blume, Bijdr. Fl. Ned. Ind. 629 (1825).

Acalypha longeacuminata Hayata, Icon. Pl. Formosan. 9: 100 (1920); *Acalypha kotoensis* Hayata, Icon. Pl. Formosan. 9: 99 (1920); *Acalypha grandis* var. *longeacuminata* (Hayata) Hurus., J. Fac. Sci. Univ. Tokyo, Sect. 3, Bot. 6 (6): 300 (1954); *Acalypha grandis* var. *kotoensis* (Hayata) Hurus., J. Fac. Sci. Univ. Tokyo, Sect. 3, Bot. 6 (6): 300 (1954).

台湾；菲律宾、印度尼西亚。

陈氏铁苋菜（新拟）

●**Acalypha chuniana** H. G. Ye et al., Ann. Bot. Fenn. 43: 148 (2006).

海南。

海南铁苋菜

●**Acalypha hainanensis** Merr. et Chun, Sunyatsenia 5 (1-3): 91 (1940).

海南。

红穗铁苋菜（狗尾红）

☆**Acalypha hispida** Burm. f., Fl. Ind. (N. 50 Burman) 203, pl. 61, f. 1 (1768).

栽培于云南、福建、台湾、广东、广西、海南；广泛栽培，可能起源于俾斯麦群岛。

热带铁苋菜

Acalypha indica L., Sp. Pl. 1003 (1753).

台湾、海南；日本、菲律宾、越南、泰国、柬埔寨、马来西亚、印度尼西亚、印度、斯里兰卡；非洲；归化于热带美洲。

卵叶铁苋菜

Acalypha kerrii Craib, Bull. Misc. Inform. Kew 1911 (10): 465 (1911).

Acalypha siamensis Oliv. ex Gage, Rec. Bot. Surv. India 9 (2): 238 (1922); *Acalypha heterostachya* Gagnep., Bull. Soc. Bot. France 70: 874 (1923); *Acalypha evrardii* Gagnep., Bull. Soc. Bot. France 70: 871 (1923); *Acalypha gagnepainii* Merr., J. Arnold Arbor. 19 (1): 39 (1938).

云南、广西；越南（北部）、缅甸、泰国。

麻叶铁苋菜

Acalypha lanceolata Willd., Sp. Pl., ed. 4 [Willdenow] 4 (1805).

Urtica pilosa Lour., Sp. Pl. 4: 524 (1790), non *Acalypha pilosa* Cav. (1800); *Acalypha boehmerioides* Miq., Fl. Ned. Ind., Eerste Bijv. 1: 459 (1860); *Acalypha wightiana* Müll. Arg., Linnaea 34: 43 (1865); *Acalypha fallax* Müll. Arg., Linnaea 34: 43 (1865).

广东；菲律宾、缅甸、泰国、马来西亚、印度尼西亚、印度、斯里兰卡、澳大利亚、太平洋岛屿。

毛叶铁苋菜

Acalypha mairei (H. Lév.) C. K. Schneid. in Sarg., Pl. Wilson. 3 (2): 301 (1916).

Morus mairei H. Lév., Repert. Spec. Nov. Regni Veg. 13 (363-367): 265 (1914).

四川、云南、广西；泰国（北部）。

恒春铁苋菜

●**Acalypha matsudai** Hayata, Icon. Pl. Formosan. 9: 100 (1920).

台湾。

丽江铁苋菜

Acalypha schneideriana Pax et Hoffm., Pflanzenr. (Engler) 85 (IV. 147. XVI): 138 (1924).

四川、云南；？泰国。

花莲铁苋菜（花莲铁苋，红头铁苋）

●**Acalypha suirenbiensis** Yamam., J. Soc. Trop. Agric. 5: 178 (1933).

Acalypha hontauyuensis H. Keng, J. Wash. Acad. Sci. 41 (6): 204 (1951).

台湾。

裂苞铁苋菜（短穗铁苋菜）

Acalypha supera Forssk., Fl. Aegypt.-Arab. 162 (1775).

Acalypha brachystachya Hornem., Hort. Bot. Hafn. 2: 909 (1807); *Acalypha conferta* Roxb., Fl. Ind. (Roxburgh) 3: 677 (1832); *Nanocnide closii* H. Lév. et Vaniot, Bull. Soc. Bot. France 51: 144 (1904).

河北、河南、陕西、甘肃、安徽、江苏、江西、湖南、湖北、贵州、广东、广西；越南、马来西亚、印度尼西亚、不丹、尼泊尔、印度、斯里兰卡；热带非洲。

红桑

☆**Acalypha wilkesiana** Müll. Arg., Prodr. (DC.) 15 (2): 817 (1866).

Acalypha wilkesiana var. *marginata* hort., Belgique Hort. 157 (1876); *Acalypha godseffiana* Mast., Gard. Chron. 1: 241 (1898).

中国南部有栽培；广泛栽培，原产于美拉尼西亚。

印禅铁苋菜

●**Acalypha wui** H. S. Kiu, J. Trop. Subtrop. Bot. 3 (4): 17, f. 1 (1995).

广东、广西。

山麻杆属 Alchornea Sw.

同序山麻杆

Alchornea androgyna Croizat, J. Arnold Arbor. 23 (1): 47 (1942).
海南；越南（北部）。

山麻杆（荷包麻）

●**Alchornea davidii** Franch., Pl. Delavay. 1: 264, pl. 6 (1884).
Acalypha silvestrii Pamp., Nuovo Giorn. Bot. Ital., n. s. 17 (3): 409, f. 11 (1910).
山西、河南、江苏、浙江、江西、湖南、湖北、四川、贵州、云南、福建、广东、广西。

湖南山麻杆

●**Alchornea hunanensis** H. S. Kiu, Acta Phytotax. Sin. 26 (6): 458, pl. 1 (1988).
湖南、广西。

厚柱山麻杆（台湾山麻杆）

●**Alchornea kelungensis** Hayata, Icon. Pl. Formosan. 9: 102 (1920).
Alchornea trewioides var. *formosae* Pax et Hoffm., Pflanzenr. (Engler) 63 (IV. 147. VII): 248 (1914); *Alchornea formosae* Müll. Arg. ex Pax et Hoffm., Pflanzenr. (Engler) 63 (IV. 147. VII): 248 (1914), *nom. inval.*; *Alchornea liukiuensis* var. *formosae* (Pax et Hoffm.) Hurus., J. Fac. Sci. Univ. Tokyo, Sect. 3, Bot. 6 (6): 303 (1954).
台湾。

毛果山麻杆

Alchornea mollis Benth. ex Müll. Arg., Linnaea 34: 168 (1865).
Stipellaria mollis Benth., Hooker's J. Bot. Kew Gard. Misc. 6: 3 (1854), non Klotzsch (1848).
四川、云南；尼泊尔、不丹、印度。

羽脉山麻杆（三稔蒟）

Alchornea rugosa (Lour.) Müll. Arg., Linnaea 34: 170 (1865).
Cladoles rugosa Lour., Fl. Cochinch. 574 (1790).
云南、广东、广西、海南；菲律宾、缅甸、泰国、马来西亚、印度尼西亚、印度（尼科巴岛）、新几内亚、澳大利亚（北部）。

羽脉山麻杆（原变种）

Alchornea rugosa var. **rugosa**

Croton apetalum Blume, Cat. Gew. Buitenzorg (Blume) 104 (1823); *Conceveiba javanensis* Blume, Bijdr. Fl. Ned. Ind. 614 (1826); *Adelia glandulosa* Blanco, Fl. Filip. 814 (1837); *Aparisthmium javanense* (Blume) Hassk., Cat. Hort. Bot. Bogor. 235 (1844); *Tragia innocua* Blanco, Fl. Filip. (ed. 2) 479 (1845), non Walter (1788); *Aparisthmium javanicum* Baill., Étude Euphorb. 468 (1858); *Alchornea javanensis* Müll. Arg., Linnaea 34: 170 (1865); *Alchornea hainanensis* Pax et K. Hoffm., Pflanzenr. (Engler) 63 (IV. 147. VII): 242 (1914); *Alchornea hainanensis* var. *glabrescens* Pax et K. Hoffm., Pflanzenr. (Engler) 63 (IV. 147. VII): 242 (1914); *Alchornea rugosa* var. *macrocarpa* Airy Shaw, Kew Bull. 26: 211 (1972).
云南、广东、广西、海南；菲律宾、缅甸、泰国、马来西亚、印度尼西亚、印度（尼科巴岛）、新几内亚、澳大利亚（北部）。

海南山麻杆

●**Alchornea rugosa** var. **pubescens** (Pax et K. Hoffm.) H. S. Kiu, Fl. Reipubl. Popularis Sin. 44 (2): 69 (1996).
Alchornea hainanensis var. *pubescens* Pax et K. Hoffm., Pflanzenr. (Engler) 63 (IV. 147. VII): 243 (1914).
广西、海南。

椴叶山麻杆（野生麻）

Alchornea tiliifolia (Benth.) Müll. Arg., Linnaea 34: 168 (1865).
Stipellaria tiliifolia Benth., Hooker's J. Bot. Kew Gard. Misc. 6: 4 (1854).
贵州、云南、广西；越南、缅甸、泰国、马来西亚（半岛）、不丹、印度、孟加拉国。

红背山麻杆（红背叶）

Alchornea trewioides (Benth.) Müll. Arg., Linnaea 34: 168 (1865).
Stipellaria trewioides Benth., Hooker's J. Bot. Kew Gard. Misc. 6: 3 (1854).
江西、湖南、四川、云南、福建、广东、广西、海南；越南（北部）、老挝、泰国、柬埔寨、琉球群岛。

红背山麻杆（原变种）

Alchornea trewioides var. **trewioides**

Alchornea liukiuensis Hayata, J. Coll. Sci. Imp. Univ. Tokyo 30 (1): 268 (1911); *Alchornea coudercii* Gagnep., Bull. Soc. Bot. France 71: 138 (1924).
江西、湖南、福建、广东、广西、海南；越南（北部）、老挝、泰国、柬埔寨、琉球群岛。

绿背山麻杆

●**Alchornea trewioides** var. **sinica** H. S. Kiu, Acta Phytotax. Sin. 26 (6): 460 (1988).
四川、云南、广西。

石栗属 Aleurites J. R. Forst. et G. Forst.

石栗

Aleurites moluccanus (L.) Willd., Sp. Pl., ed. 4 [Willdenow] 4: 590 (1805), as "*maluccana*".
Jatropha moluccana L., Sp. Pl. 1006 (1753); *Aleurites trilobus* J. R. Forst. et G. Forst., Char. Gen. Pl., ed. 2, 112, pl. 56 (1775), as "*triloba*"; *Juglans comirium* Lour., Fl. Cochinch. 1: 573

(1790); *Camirium cordifolium* Gaertn., Fruct. Sem. Pl. 2: 194, t. 195 (1791); *Aleurites commutatus* Geiseler, Croton. Monogr. 82 (1807), as "*commutata*"; *Aleurites ambinux* Pers., Syn. Pl. 2: 579 (1807); *Camirium oleosum* Reinw. ex Blume, Cat. Gew. Buitenzorg (Blume) 104 (1823); *Aleurites lobatus* Blanco, Fl. Filip. 756 (1837), as "*lobata*"; *Aleurites lanceolatus* Blanco, Fl. Filip. 757 (1837), as "*lanceolata*"; *Aleurites cordifolius* (Gaertn.) Steud., Nomencl. Bot., ed. 2, 1: 49 (1840), as "*cordifolia*"; *Camirium moluccanum* (L.) Kuntze, Revis. Gen. Pl. 2 (1891); *Aleurites javanicus* Gand., Bull. Soc. Bot. France 60: 27 (1913).

云南、福建、台湾、广东、广西、海南；菲律宾、越南、泰国、柬埔寨、印度尼西亚、印度、斯里兰卡、太平洋岛屿（新西兰、波利尼西亚），热带广泛种植。

浆果乌桕属 **Balakata** Esser

浆果乌桕

Balakata baccata (Roxb.) Esser, Blumea 44: 155 (1999).

Sapium baccatum Roxb., Fl. Ind. (Roxburgh) 3: 694 (1832); *Excoecaria affinis* Griff., Not. Pl. Asiat. 4: 486 (1851); *Stillingia baccata* (Roxb.) Baill., Étude Euphorb. 513 (1858); *Excoecaria baccata* (Roxb.) Müll. Arg., Prodr. (DC.) 15 (2): 1211 (1866); *Carumbium baccatum* (Roxb.) Kurz, Forest Fl. Burma 2: 412 (1877).

云南；越南、老挝、缅甸、泰国、柬埔寨、马来西亚、印度尼西亚、印度、孟加拉国。

斑籽木属 **Baliospermum** Blume

狭叶斑籽木

●**Baliospermum angustifolium** Y. T. Chang, Acta Phytotax. Sin. 27 (2): 148 (1989).

西藏。

西藏斑籽木

●**Baliospermum bilobatum** T. L. Chin, Acta Phytotax. Sin. 18 (2): 252 (1980).

西藏。

云南斑籽木

Baliospermum calycinum Müll. Arg., Flora 47: 470 (1864).

Baliospermum micranthum Müll. Arg., Linnaea 34: 215 (1865); *Baliospermum corymbiferum* Hook. f., Fl. Brit. Ind. 5: 463 (1888); *Baliospermum siamense* Craib, Bull. Misc. Inform. Kew 1911: 467 (1911); *Baliospermum effusum* Pax et Hoffm., Pflanzenr. (Engler) 52 (IV. 147. IV): 27 (1912); *Baliospermum suffruticosum* Pax et K. Hoffm., Pflanzenr. (Engler) 63 (IV. 147. VII): 414 (1914); *Baliospermum meeboldii* Pax et K. Hoffm., Pflanzenr. (Engler) 63 (IV. 147. VII): 414 (1914); *Baliospermum densiflorum* D. G. Long, Notes Roy. Bot. Gard. Edinburgh 44: 171 (1986); *Baliospermum calycinum* var. *siamense* (Craib) Chakrab. et N. P. Balakr., Bull. Bot. Surv. India 32 (1-4): 22 (1990); *Baliospermum calycinum* var. *micranthum* (Müll. Arg.) Chakrab. et N. P. Balakr., Bull. Bot. Surv. India 32 (1-4): 16 (1990); *Baliospermum calycinum* var. *effusum* (Pax et K. Hoffm.) Chakrab. et N. P. Balakr., Bull. Bot. Surv. India 32 (1-4): 16 (1990); *Baliospermum calycinum* var. *densiflorum* (D. G. Long) Chakrab. et N. P. Balakr., Bull. Bot. Surv. India 32 (1-4): 15 (1990); *Baliospermum calycinum* var. *corymbiferum* (Hook. f.) Chakrab. et N. P. Balakr., Bull. Bot. Surv. India 32 (1-4): 13 (1990).

云南；缅甸、泰国、不丹、尼泊尔、印度、孟加拉国。

斑籽木

Baliospermum solanifolium (Burm.) Suresh, Regnum Veg. 119: 106 (1988).

Croton solanifolium Burm, Fl. Malab. 6 (1769); *Jatropha montana* Willd., Sp. Pl., ed. 4 [Willdenow] 4: 563 (1805); *Baliospermum axillare* Blume, Bijdr. Fl. Ned. Ind. 604 (1826); *Croton polyandrus* Roxb., Fl. Ind. (Roxburgh) 3: 682 (1832); *Ricinus montanus* (Willd.) Wall., Numer. List n. 7727 (1847); *Baliospermum polyandrum* (Roxb.) Wight, Icon. Pl. Ind. Orient. 5, t. 1885 (1852); *Baliospermum moritzianum* Baill., Étude Euphorb. 395 (1858); *Baliospermum indicum* Decne., Voy. Inde 4: 154 (1858); *Baliospermum angulare* Decne. ex Baill., Étude Euphorb. 395 (1858); *Baliospermum montanum* (Willd.) Müll. Arg., Prodr. (DC.) 15 (2): 1125 (1866); *Baliospermum pendulinum* Pax, Pflanzenr. (Engler) 52 (IV. 147. IV): 28 (1912); *Croton roxburghii* Balakr., Bull. Bot. Surv. India 3: 39 (1962); *Baliospermum razianum* Kesh. Murthy et Yogan., Curr. Sci. 56: 486 (1987).

云南；越南、老挝、缅甸、泰国、柬埔寨、马来西亚、印度尼西亚、不丹、尼泊尔、印度、孟加拉国、斯里兰卡。

心叶斑籽木

Baliospermum yui Y. T. Chang, Acta Bot. Yunnan. 11 (4): 413 (1989).

云南；缅甸。

留萼木属 **Blachia** Baill.

大果留萼木

Blachia andamanica (Kurz) Hook. f., Fl. Brit. Ind. 5: 403 (1887).

Codiaeum andamanicum Kurz, J. Asiat. Soc. Bengal, Pt. 2, Nat. Hist. 42: 246 (1873); *Blachia longzhouensis* X. X. Chen, Acta Phytotax. Sin. 26 (1): 76 (1988).

广东、广西、海南；菲律宾、缅甸、马来西亚、印度尼西亚、印度、孟加拉国。

崖州留萼木

Blachia jatrophifolia Pax et Hoffm., Pflanzenr. (Engler) 47 (IV. 147. III): 39, f. 1 (1911).

Blachia yaihsienensis F. W. Xing et Z. X. Li, Bull. Bot. Res., Harbin 11 (4): 57 (1991).

海南；越南、老挝。

留萼木

Blachia pentzii (Müll. Arg.) Benth., J. Linn. Soc., Bot. 17 (100): 226 (1878).

Codiaeum pentzii Müll. Arg., Prodr. (DC.) 15 (2. 2): 1118 (1866).

广东、海南；越南。

海南留萼木

Blachia siamensis Gagnep., Bull. Soc. Bot. France 71: 620 (1924).

Blachia jatrophifolia var. *siamensis* Craib, Bull. Misc. Inform. Kew 1924: 98 (1924); *Blachia chunii* Y. T. Chang et P. T. Li, Guihaia 8 (1): 53 (1988), *nom. inval.*; *Blachia chunii* Y. T. Chang et P. T. Li, Taxon 54 (3): 805 (2005).

广东、海南；泰国。

肥牛树属 Cephalomappa Baill.

肥牛树（肥牛木）

Cephalomappa sinensis (Chun et F. C. How) Kosterm., Reinwardtia 5: 413 (1961).

Muricococcum sinense Chun et F. C. How, Acta Phytotax. Sin. 5 (1): 15, pl. 6 (1956).

云南、广西；越南。

刺果树属 Chaetocarpus Thwaites

刺果树

Chaetocarpus castanocarpus (Roxb.) Thwaites, Enum. Pl. Zeyl. (Thwaites) 275 (1861).

Adelia castanocarpa Roxb., Fl. Ind. (Roxburgh) 3: 848 (1832), as "*castanicarpa*"; *Chaetocarpus pungens* Thwaites, Hooker's J. Bot. Kew Gard. Misc. 6: 301 (1854), *nom. illeg. superfl.*; *Regnaldia cluytioides* Baill., Recueil Observ. Bot. 1: 188 (1860).

云南；越南、老挝、缅甸、泰国、柬埔寨、马来西亚、印度尼西亚、印度、斯里兰卡。

沙戟属 Chrozophora Neck. ex A. Juss.

沙戟

Chrozophora sabulosa Kar. et Kir., Bull. Soc. Imp. Naturalistes Moscou 15: 446 (1842).

新疆；哈萨克斯坦。

白大凤属 Cladogynos Zipp. ex Span.

白大凤

Cladogynos orientalis Zipp. ex Span., Linnaea 15: 349 (1841).

广西；菲律宾、越南、老挝、泰国、柬埔寨、马来西亚、印度尼西亚。

白桐树属 Claoxylon A. Juss.

台湾白桐树（假铁苋）

Claoxylon brachyandrum Pax et Hoffm., Pflanzenr. (Engler) 63 (IV. 147. VII): 115 (1914).

Claoxylon kotoense Hayata, Icon. Pl. Formosan. 9: 101 (1920).

台湾；菲律宾（沙巴）、马来西亚。

海南白桐树

Claoxylon hainanense Pax et K. Hoffm., Pflanzenr. (Engler) 63 (IV. 147. VII): 128 (1914).

Mercurialis indica Lour., Fl. Cochinch., ed. 2, 628 (1790), non *Claoxylon indicum* (Reinw. ex Blume) Hassk. (1844).

广东、广西、海南；越南（北部）。

白桐树（咸鱼头，丢了棒）

Claoxylon indicum (Reinw. ex Blume) Hassk., Cat. Horto Bot. Bogor. 235 (1844).

Erytrochilus indicus Reinw. ex Blume, Bijdr. Fl. Ned. Ind. 615 (1825); *Claoxylon parviflorum* Hook. et Arn., Bot. Beechey Voy. 212 (1837).

云南、广东、广西、海南；越南、泰国、马来西亚、印度尼西亚、印度、新几内亚。

膜叶白桐树

Claoxylon khasianum Hook. f., Fl. Brit. Ind. 5 (14): 411 (1887).

云南、广西；越南（北部）、缅甸、印度（东北部）。

长叶白桐树

Claoxylon longifolium (Blume) Endl. et Hassk., Cat. Horto Bot. Bogor. 235 (1844).

Erytrochilus longifolius Blume, Bijdr. Fl. Ned. Ind. 616 (1825).

云南；越南、老挝、泰国、柬埔寨、马来西亚、印度尼西亚、印度、新几内亚。

短序白桐树

Claoxylon subsessiliflorum Croizat, J. Arnold Arbor. 23: 506 (1942).

云南；越南（北部）。

蝴蝶果属 Cleidiocarpon Airy Shaw

蝴蝶果（山板栗，唛别）

Cleidiocarpon cavaleriei (H. Lév.) Airy Shaw, Kew Bull. 19: 314 (1965).

Baccaurea cavaleriei H. Lév., Fl. Kouy-Tcheou 159 (1914); *Sinopimelodendron kwangsiense* Tsiang, Acta Bot. Sin. 15 (1): 131, t. 1 (1973).

贵州、云南、广西；越南（北部）。

棒柄花属 Cleidion Blume

灰岩棒柄花

Cleidion bracteosum Gagnep., Bull. Soc. Bot. France 71: 569 (1924).
贵州、云南、广西；越南（北部）。

棒柄花（三台花）

Cleidion brevipetiolatum Pax et K. Hoffm., Pflanzenr. (Engler) 63 (IV. 147. VII): 292 (1914).
贵州、云南、广东、广西、海南；越南（北部）、老挝、泰国（北部）。

长棒柄花

Cleidion spiciflorum (Burm. f.) Merr., Interpr. Herb. Amboin. 322 (1917).
Acalypha spiciflora Burm. f., Fl. Ind. 203 (1786); *Cleidion javanicum* Blume, J. Linn. Soc., Bot. 37: 67 (1905).
云南、西藏；缅甸、马来西亚、不丹、尼泊尔、印度、澳大利亚、太平洋岛屿。

粗毛藤属 Cnesmone Blume

海南粗毛藤（痒藤）

•**Cnesmone hainanensis** (Merr. et Chun) Croizat, J. Arnold Arbor. 22 (3): 430 (1941).
Cenesmon hainanense Merr. et Chun, Sunyatsenia 5 (1-3): 94, pl. 10 (1940).
广东、广西、海南。

粗毛藤（刺痒藤）

•**Cnesmone mairei** (H. Lév.) Croizat, J. Arnold Arbor. 22 (3): 429 (1941).
Alchornea mairei H. Lév., Cat. Pl. Yun-Nan 94 (1916); *Tragia involucrata* var. *intermedia* Müll. Arg., Symb. Sin. 7: 218 (1931); *Tragia mairei* (H. Lév.) Rehder, J. Arnold Arbor. 18 (3): 214 (1937).
云南。

灰岩粗毛藤（麻风藤，异萼粗毛藤）

Cnesmone tonkinensis (Gagnep.) Croizat, J. Arnold Arbor. 22 (3): 429 (1941).
Cenesmon tonkinense Gagnep., Bull. Soc. Bot. France 71: 869 (1924); *Tragia involucrata* L., Lingnan Sci. J. 5: 111 (1927); *Tragia anisosepala* Merr. et Chun, Sunyatsenia 2 (3-4): 261, pl. 52 (1935); *Cnesmone anisosepala* (Merr. et Chun) Croizat, J. Arnold Arbor. 22 (3): 429 (1941).
广东、广西、海南；越南（北部）、泰国。

变叶木属 Codiaeum Rumph. ex A. Juss.

变叶木

Codiaeum variegatum (L.) Rumph. ex A. Juss., Euphorb. Gen. 80, 111 (1824).
Croton variegatus L., Sp. Pl. 2: 1199 (1753), as "*variegatum*"; *Croton pictus* Lodd., Bot. Cab. 9: pl. 870 (1824); *Codiaeum variegatum* (L.) Blume, Bijdr. Fl. Ned. Ind. 606 (1825), *nom. illeg.*; *Codiaeum variegatum* var. *pictum* (Lodd.) Müll. Arg., Prodr. 15 (2): 1119 (1866).
栽培于云南、福建、广东、广西、海南；原产于马来西亚、印度尼西亚，现广泛栽培。

巴豆属 Croton L.

银叶巴豆

Croton cascarilloides Raeusch., Nomencl. Bot. (Raeusch.) ed. 3, 3: 280 (1797).
Croton punctatus Lour., Fl. Cochinch., ed. 2, 581 (1790), non Jacquin (1787); *Croton cumingii* Müll. Arg., Linnaea 34: 101 (1865); *Croton pierrei* Gagnep., Bull. Soc. Bot. France 68: 558 (1921); *Croton cascarilloides* f. *pilosus* Y. T. Chang, Guihaia 3 (3): 171 (1983).
云南、福建、台湾、广东、广西、海南；日本、菲律宾、越南、老挝、缅甸、泰国、马来西亚、印度尼西亚。

卵叶巴豆

Croton caudatus Geiseler, Croton. Monogr. 73 (1807).
Croton caudatus var. *malaccanus* Hook. f., Fl. Brit. Ind. 5: 389 (1887); *Croton caudatus* var. *harmandii* Gagnep., Fl. Indo-Chine 277 (1925).
云南；菲律宾、越南、老挝、柬埔寨、泰国、文莱、马来西亚、新加坡、印度尼西亚、缅甸、不丹、尼泊尔、印度、孟加拉国、巴基斯坦、斯里兰卡、澳大利亚（北部）。

光果巴豆

•**Croton chunianus** Croizat, J. Arnold Arbor. 21 (4): 497 (1940).
海南。

荨麻叶巴豆

•**Croton cnidophyllus** Radcl.-Sm. et Govaerts, Kew Bull. 52: 186 (1997).
Croton urticifolius Y. T. Chang et Q. T. Chen, Guihaia 3 (3): 172 (1983), non Lamarck (1786); *Croton urticifolius* var. *dui* Y. T. Chang, Guihaia 3 (3): 172 (1983); *Croton cnidophyllus* var. *dui* (Y. T. Chang) Radcl.-Sm. et Govaerts, Kew Bull. 52: 186 (1997); *Croton guizhouensis* H. S. Kiu, J. Trop. Subtrop. Bot. 6 (2): 103 (1998).
贵州、云南、广西。

鸡骨香

Croton crassifolius Geiseler, Croton. Monogr. 19 (1807).
Tridesmis hispida Lour., Fl. Cochinch. 576 (1790), non *Croton hispidus* Kunth (1817); *Tridesmis tomentosa* Lour., Fl. Cochinch. 576 (1790), non Link. (1822); *Croton kroneanus* Miq., J. Bot. Néerl. 1: 97 (1861); *Croton tomentosus* (Lour.)

Müll. Arg., Linnaea 34: 107 (1865).
福建、广东、广西、海南；越南、老挝、缅甸、泰国。

大麻叶巴豆

•**Croton damayeshu** Y. T. Chang, Acta Phytotax. Sin. 24 (2): 143 (1986).
云南。

鼎湖巴豆

•**Croton dinghuensis** H. S. Kiu, Novon 22: 377 (2013).
Croton dinghuensis H. S. Kiu, J. Trop. Subtrop. Bot. 6 (2): 101, f. 1 (1998), *nom. inval.*
广东。

石山巴豆

•**Croton euryphyllus** W. W. Sm., Notes Roy. Bot. Gard. Edinburgh 13 (63-64): 159 (1921).
Croton cavaleriei Gagnep., Bull. Soc. Bot. France 68: 550 (1921); *Croton caudatiformis* Hand.-Mazz., Anz. Akad. Wiss. Wien, Math.-Naturwiss. Kl. 62: 225 (1925).
四川、贵州、云南、广西。

香港巴豆

•**Croton hancei** Benth., Fl. Hongk. 308 (1861).
Croton hancei var. *tsoi* H. S. Kiu, Guihaia 23 (2): 98 (2003); *Croton longifolium* auct. non Wall.: Seem., Bot. Voy. Herald. 410 (1857), quoad *specim. Hongk.*
广东、广西、香港。

硬毛巴豆

△**Croton hirtus** L'Hér., Stirp. Nov. Min. Cogn. 17 (1785).
归化于海南；原产于中南美洲，现热带地区广泛归化。

宽昭巴豆

•**Croton howii** Merr. et Chun ex Y. T. Chang, Acta Phytotax. Sin. 27 (2): 147 (1989).
海南。

长果巴豆

Croton joufra Roxb., Fl. Ind. (Roxburgh) 3: 685 (1832).
Croton caryocarpus Croizat, J. Arnold Arbor. 23 (1): 4 (1942).
云南；越南、缅甸、不丹、印度、孟加拉国。

越南巴豆

Croton kongensis Gagnep., Bull. Soc. Bot. France 68: 555 (1921).
Croton tonkinensis Gagnep., Bull. Soc. Bot. France 68: 560 (1921).
云南、海南；越南、老挝、缅甸、泰国。

毛果巴豆

•**Croton lachynocarpus** Benth., Hooker's J. Bot. Kew Gard. Misc. 6: 5 (1854).
Croton kwangsiensis Croizat, J. Arnold Arbor. 23 (1): 42 (1942); *Mallotus yifengensis* Hu et F. H. Chen, Acta Phytotax. Sin. 1, 226 (1951); *Croton lachynocarpus* var. *kwangsiensis* (Croizat) H. S. Kiu, Guihaia 22 (1): 2 (2002).
江西、湖南、贵州、广东、广西。

光叶巴豆

Croton laevigatus Vahl, Symb. Bot. 2: 97 (1791).
海南；印度、斯里兰卡、中南半岛各国。

疏齿巴豆

Croton laniflorus Geiseler, Croton. Monogr. 44 (1807).
Croton lanatus Lour., Fl. Cochinch. 2: 581 (1790), non Lamarck (1786); *Croton lasianthus* Pers., Syn. Pl. 2: 586 (1807); *Croton limitincola* Croizat, J. Arnold Arbor. 23: 45 (1942).
海南；越南（北部）。

海南巴豆

•**Croton lauii** Merr. et F. P. Metcalf, Lingnan Sci. J. 16 (3): 389, f. 1 (1937).
Croton hainanensis Merr. et F. P. Metcalf, Lingnan Sci. J. 16 (3): 391, f. 2 (1937).
海南。

榄绿巴豆

•**Croton lauioides** Radcl.-Sm. et Govaerts, Kew Bull. 52: 187 (1997).
Croton olivaceus Y. T. Chang et P. T. Li, Guihaia 8 (1): 54 (1988), non Müll. Arg. (1866); *Croton sanyaensis* Z. L. Xu, J. Pl. Resourc. Environ. 13 (1): 64 (2004).
广东、海南。

曼哥龙巴豆

•**Croton mangelong** Y. T. Chang, Guihaia 3 (3): 172 (1983).
云南。

厚叶巴豆

•**Croton merrillianus** Croizat, J. Arnold Arbor. 21 (4): 498 (1940).
广西、海南。

淡紫毛巴豆

•**Croton purpurascens** Y. T. Chang, Acta Phytotax. Sin. 24 (2): 144 (1986).
Croton yangchunensis H. G. Ye et N. H. Xia, Ann. Bot. Fenn. 43: 49 (2006).
广东。

巴豆

Croton tiglium L., Sp. Pl. 2: 1004 (1753).
Croton birmanicus Müll. Arg., Linnaea 34: 112 (1865); *Alchornea vaniotii* H. Lév., Cat. Pl. Yun-Nan 95 (1916); *Croton tiglium* var. *xiaopadou* Y. T. Chang et S. Z. Huang, Wuyi Sci. J. 2: 23 (1982), *nom. inval.*; *Croton himalaicus* D. G. Long, Notes Roy. Bot. Gard. Edinburgh 44: 170 (1986);

Croton xiaopadou (Y. T. Chang et S. Z. Huang) H. S. Kiu, J. Trop. Subtrop. Bot. 6 (2): 103 (1998), *nom. inval.*
江苏、江西、贵州、福建、广东、广西、海南；日本、菲律宾、越南、缅甸、泰国、柬埔寨、马来西亚、印度尼西亚、不丹、尼泊尔、印度、孟加拉国、斯里兰卡。

延辉巴豆

•**Croton yanhuii** Y. T. Chang, Acta Phytotax. Sin. 24 (2): 146 (1986).
云南。

云南巴豆

•**Croton yunnanensis** W. W. Sm., Notes Roy. Bot. Gard. Edinburgh 13 (63-64): 159 (1921).
Croton duclouxii Gagnep., Bull. Soc. Bot. France 68: 553 (1921); *Croton yunnanensis* var. *megadentus* W. T. Wang, Acta Bot. Yunnan. 10: 39 (1988).
四川、云南。

黄蓉花属 **Dalechampia** L.

黄蓉花

Dalechampia bidentata Blume, Bijdr. Fl. Ned. Ind. 632 (1825).
Dalechampia bidentata var. *yunnanensis* Pax et K. Hoffm., Pflanzenr. (Engler) 68 (IV. 147. XII): 32 (1919).
云南；老挝、缅甸、泰国、印度尼西亚。

东京桐属 **Deutzianthus** Gagnep.

东京桐

Deutzianthus tonkinensis Gagnep., Bull. Soc. Bot. France 71: 139 (1924).
云南、广西；越南（北部）。

异萼木属 **Dimorphocalyx** Thwaites

异萼木

Dimorphocalyx poilanei Gagnep., Bull. Soc. Bot. France 71: 622 (1924).
海南；越南。

丹麻杆属 **Discocleidion** (Müll. Arg.) Pax et K. Hoffm.

毛丹麻杆（艾桐，老虎麻）

•**Discocleidion rufescens** (Franch.) Pax et K. Hoffm., Pflanzenr. (Engler) 63 (IV. 147. VII): 45, f. 6 (1914).
Alchornea rufescens Franch., Pl. Delavay. 1: 265 (1884); *Acalypha giraldii* Pax, Bot. Jahrb. Syst. 29 (3-4): 429 (1900); *Mallotus cavaleriei* H. Lév., Repert. Spec. Nov. Regni Veg. 11 (286-290): 296 (1912).
山西、陕西、甘肃、安徽、湖南、湖北、四川、贵州、广东、广西。

丹麻杆

Discocleidion ulmifolium (Müll. Arg.) Pax et K. Hoffm., Pflanzenr. (Engler) 63 (IV. 147. VII): 46 (1914).
Cleidion ulmifolium Müll. Arg., Flora 47: 481 (1864); *Discocleidion glabrum* Merr., J. Arnold Arbor. 8 (1): 8 (1927).
浙江、江西、福建、广东；琉球群岛。

黄桐属 **Endospermum** Benth.

黄桐（黄虫树）

Endospermum chinense Benth., Fl. Hongk. 304 (1861).
云南、福建、广东、广西、海南；越南、缅甸、泰国、印度。

风轮桐属 **Epiprinus** Griff.

风轮桐

Epiprinus siletianus (Baill.) Croizat, J. Arnold Arbor. 23 (1): 53 (1942).
Symphyllia siletiana Baill., Étude Euphorb. 474, p. 11, f. 6-7 (1858); *Symphyllia siletiana* var. *trichantha* Müll. Arg., Prodr. (DC.) 15 (2): 764 (1866); *Adenochlaena siletensis* (Baill.) Benth., J. Linn. Soc., Bot. 17: 228 (1880); *Homonoia symphylliaefolia* Kurz, Lingnan Sci. J. 19: 188 (1940); *Epiprinus hainanensis* Croizat, J. Arnold Arbor. 21 (4): 504 (1940).
云南、海南；越南、老挝、缅甸、泰国、印度（阿萨姆）。

轴花木属 **Erismanthus** Wall. ex Müll. Arg.

轴花木

Erismanthus sinensis Oliv., Icon. Pl. 15: t. 1578 (1887).
Erismanthus indochinensis Gagnep., Bull. Soc. Bot. France 71: 622 (1924).
海南；越南、老挝、泰国、柬埔寨。

大戟属 **Euphorbia** L.

阿拉套大戟

Euphorbia alatavica Boiss., Cent. Euphorb. 33 (1860).
新疆；塔吉克斯坦、吉尔吉斯斯坦、哈萨克斯坦。

北高山大戟（高山大戟）

Euphorbia alpina C. A. Mey. ex Ledeb., Icon. Pl. 2: 26 (1830).
新疆；蒙古国、哈萨克斯坦、俄罗斯。

青藏大戟

•**Euphorbia altotibetica** Paulsen, S. Tibet Bot. 6 (3): 56 (1922).
Euphorbia przewalskii Prokh., Izv. Akad. Nauk S. S. S. R., Ser. 6 10. 1370 in obs., 1383 in clavi (1926).

宁夏、甘肃、青海、西藏。

火殃勒（金刚纂）

☆**Euphorbia antiquorum** L., Sp. Pl. 1: 450 (1753).

Euphorbia trigona Haw., Syn. Pl. Succ. 127 (1812), non Mill. (1768).

栽培于安徽、江苏、浙江、江西、湖南、湖北、四川、贵州、云南、福建、广东、广西、海南；越南、缅甸、泰国、马来西亚、印度尼西亚、印度、孟加拉国、巴基斯坦、斯里兰卡，野生来源不明。

海滨大戟（滨大戟，线叶大戟，林氏大戟）

Euphorbia atoto Forst. f., Fl. Ins. Austr. 36 (1786).

Euphorbia articulata Dennst., Schlüssel Hortus Malab. 20 (1818); *Euphorbia pallens* Dillwyn, Rev. Hortus Malab. 54 (1839); *Euphorbia halophila* Miq., Anal. Bot. Ind. 3: 16 (1852); *Euphorbia atoto* var. *minor* Boiss., Prodr. (DC.) 15 (2): 13 (1862); *Chamaesyce atoto* (Forst. f.) Croizat, Fl. Hawaii. 190 (1936); *Euphorbia lingiana* C. Shih ex Chun, Acta Phytotax. Sin. 8 (3): 276 (1963).

台湾、广东、海南；日本、菲律宾、越南、老挝、缅甸、泰国、柬埔寨、马来西亚、印度尼西亚、印度、斯里兰卡、澳大利亚、太平洋岛屿。

细齿大戟（华南大戟）

Euphorbia bifida Hook. et Arn., Bot. Beechey Voy. 213 (1837).

Euphorbia serrulata Reinw. ex Blume, Bijdr. Fl. Ned. Ind. 635 (1826), non Thuillier (1799); *Euphorbia vachellii* Hook. et Arn., Bot. Beechey Voy. 213 (1837); *Euphorbia reinwardtiana* Steud., Nomencl. Bot. Editio secunda 1: 614 (1840); *Euphorbia harmandii* Gagnep., Bull. Soc. Bot. France 68: 299 (1921); *Euphorbia coudercii* Gagnep., Bull. Soc. Bot. France 68: 299 (1921); *Chamaesyce vachellii* (Hook. et Arn.) Hurus., J. Fac. Sci. Univ. Tokyo, Sect. 3, Bot. 6 (6): 283, f. 34 (1954); *Chamaesyce harmandii* (Gagnep.) Soják, Čas. Nár. Mus., Odd. Přír. 140: 169 (1972); *Chamaesyce bifida* (Hook. et Arn.) Kuros., Acta Phytotax. Geobot. 51: 212 (2001).

江苏、江西、贵州、福建、广东、广西、海南；菲律宾、越南、缅甸、泰国、马来西亚、印度尼西亚、印度、斯里兰卡、澳大利亚、太平洋岛屿、琉球群岛。

睫毛大戟

Euphorbia blepharophylla C. A. Mey., Icon. Pl. 4: 24 (1833).

新疆；哈萨克斯坦、俄罗斯（东西伯利亚）。

布赫塔尔大戟

Euphorbia buchtormensis C. A. Mey. ex Ledeb., Icon. Pl. 2: 26 (1830).

Euphorbia subamplexicaulis Kar. et Kir., Bull. Soc. Imp. Naturalistes Moscou 14: 744 (1841); *Tithymalus subamplexicaulis* (Kar. et Kir.) Klotzsch et Garcke, Abh. Königl. Akad. Wiss. Berlin 1859: 69 (1860).

新疆；塔吉克斯坦、吉尔吉斯斯坦、哈萨克斯坦、俄罗斯（西西伯利亚）。

紫锦木

☆**Euphorbia cotinifolia** Miq., Strip. Surinam. Select. 96 (1851).

栽培于福建、台湾、海南，也广泛栽培于中国中部和北部；原产于中南美洲。

猩猩草（草一品红）

△**Euphorbia cyathophora** Murray, Commentat. Soc. Regiae Sci. Gott. 7: 81 (1786).

Euphorbia heterophylla var. *cyathophora* (Murray) Griseb., Fl. Brit. W. I. 54 (1859); *Euphorbia heterophylla* f. *cyathophora* (Murray) Voss, Vilm. Blumengaertn. ed. 3, 1: 898 (1895).

归化于河北、山东、河南、安徽、江苏、浙江、江西、湖南、湖北、四川、贵州、云南、福建、台湾、广东、广西、海南，有时逸生；原产于美洲，归化于旧大陆。

齿裂大戟（紫斑大戟）

△**Euphorbia dentata** Michx., Fl. Bor.-Amer. 2: 211 (1803).

Poinsettia dentata (Michx.) Klotzsch et Garcke, Monatsber. Königl. Preuss. Akad. Wiss. Berlin 1859: 253 (1859); *Euphorbia purpureomaculata* T. J. Feng et J. X. Huang, Bull. Bot. Res., Harbin 13 (1): 65 (1993).

归化于北京；北美洲。

长叶大戟

Euphorbia donii Oudejans, Phytologia 67 (1): 45 (1989).

Euphorbia longifolia D. Don, Prodr. Fl. Nepal. 62 (1825), non Larmack (1788); *Tithymalus longifolius* (D. Don) Hurus. et Y. Tanaka, Fl. E. Himalaya 182, in notes (1966).

西藏；不丹、尼泊尔、印度（北部）。

蒿状大戟

Euphorbia dracunculoides Lam., Encycl. 2: 428 (1788).

Tithymalus dracunculoides (Lam.) Klotzsch et Garcke, Abh. Königl. Akad. Wiss. Berlin 1859: 84 (1860); *Euphorbia lanceolata* Liou, Contr. Inst. Bot. Natl. Acad. Peiping 1 (1): 5 (1931).

云南；尼泊尔、印度、巴基斯坦；亚洲、欧洲（南部）、非洲（北部）。

乳浆大戟（猫眼草，烂疤眼，华北大戟）

Euphorbia esula L., Sp. Pl. 1: 461 (1753).

Euphorbia cyparissias L., Sp. Pl. 1: 461 (1753); *Tithymalus esula* (L.) Hill, Hort. Kew. 172/4 (1768); *Euphorbia subcordata* C. A. Mey. ex Ledeb., Icon. Pl. 2: 25 (1830); *Euphorbia lunulata* Bunge, Enum. Pl. Chin. Bor. 59 (1833); *Euphorbia eriophylla* Kar. et Kir., Bull. Soc. Imp. Naturalistes Moscou 14: 744 (1841); *Euphorbia esula* var. *latifolia* Ledeb., Fl. Ross. (Ledeb.) 3: 576 (1849); *Euphorbia discolor* Ledeb., Fl. Ross. (Ledeb.) 3: 577 (1851); *Euphorbia distincta* Stschegl., Bull. Soc. Imp. Naturalistes Moscou 17 (1): 195 (1854), non

Schur (1853); *Tithymalus subcordatus* Klotzsch et Garcke, Abh. Königl. Akad. Wiss. Berlin 1859: 88 (1860); *Euphorbia esula* var. *cyparioides* Boiss., Prodr. (DC.) 15 (2): 161 (1862); *Euphorbia maackii* Meinsh., Nachr. Wilni-Geb. 204 (1871); *Euphorbia kaleniczenkii* Czern. ex Trautv., Trudy Imp. S.-Peterburgsk. Bot. Sada 9: 159 (1884); *Euphorbia mandshurica* Maxim., Bull. Acad. Imp. Sci. Saint-Pétersbourg 29 (1): 203 (1883); *Euphorbia takouensis* H. Lév. et Vaniot, Repert. Spec. Nov. Regni Veg. 5: 281 (1908); *Euphorbia octoradiata* H. Lév. et Vaniot, Repert. Spec. Nov. Regni Veg. 5: 281 (1908); *Euphorbia nakaiana* H. Lév., Repert. Spec. Nov. Regni Veg. 12: 183 (1913); *Euphorbia tarokoensis* Hayata, Icon. Pl. Formosan. 7: 34, t. 9 (1918); *Euphorbia jaxartica* Prokh., Obz. Moloch. Sr. Azii. 192 (1933); *Euphorbia glomerulans* Prokh., Obz. Moloch. Sr. Azii. 183 (1933); *Galarhoeus croizatii* Hurus., J. Fac. Sci. Univ. Tokyo, Sect. 3, Bot. 6: 249 (1954); *Euphorbia croizatii* (Hurus.) Kitag, J. Jap. Bot. 31: 304 (1956), non Leandri (1946); *Tithymalus lunulatus* (Bunge) Soják, Čas. Nár. Mus., Odd. Přír. 140: 173 (1972); *Tithymalus mandshuricus* (Maxim.) Soják, Čas. Nár. Mus., Odd. Přír. 140: 173 (1972); *Euphorbia minxianensis* W. T. Wang, Acta Bot. Yunnan. 10 (1): 43 (1988); *Euphorbia leoncroizatii* Oudejans, Phytologia 67: 46 (1989).

中国广布，除贵州、云南、西藏、海南；蒙古国、日本、朝鲜、阿富汗、塔吉克斯坦、吉尔吉斯斯坦、哈萨克斯坦、乌兹别克斯坦、土库曼斯坦、伊朗；欧洲；归化于北美洲。

狼毒（狼毒大戟）

Euphorbia fischeriana Steud., Nomencl. Bot., ed. 2, 1: 611 (1840).

Euphorbia verticillata Fisch., Mém. Soc. Imp. Naturalistes Moscou 3: 81 (1812), non Desf. (1804), nec Vell (1829); *Euphorbia pallasii* Turcz., Bull. Soc. Imp. Naturalistes Moscou 27 (1): 358 (1854); *Euphorbia pallasii* var. *pilosa* Regel, Tent. Fl. Ross. 128 (1861); *Euphorbia fischeriana* var. *pilosa* (Regel) Kitag., Lin. Fl. Manshur. 303 (1939); *Euphorbia komaroviana* Prokh., Fl. U. R. S. S. 14: 343, pl. 18, f. 2 (1949); *Euphorbia fischeriana* var. *komaroviana* (Prokh.) G. L. Chu, Fl. Pl. Herb. Chin. Bor.-Or. 6: 40, t. 15, f. 5 (1977); *Euphorbia pallasii* var. *komaroviana* (Prokh.) Y. C. Zhu, Pl. Medic. Chinae Bor.-Orient. 682 (1989).

黑龙江、吉林、辽宁、内蒙古、山东；蒙古国、朝鲜、日本、俄罗斯（东西伯利亚、远东地区）。

北疆大戟

Euphorbia franchetii B. Fedtsch., Consp. Fl. Turkest. 6: 310, f. 9 (1916).

Euphorbia turkestanica Franch., Ann. Sci. Nat., Bot. ser. 5, 18: 240 (1884), non Regel (1882); *Euphorbia inderiensis* auct. non Less. et Kar. Kir., Fl. Desert. China 2: 336, f. 119: 5-8 (1987).

新疆；阿富汗、塔吉克斯坦、吉尔吉斯斯坦、哈萨克斯坦、乌兹别克斯坦、土库曼斯坦、俄罗斯。

鹅銮鼻大戟

●**Euphorbia garanbiensis** Hayata, Icon. Pl. Formosan. 9: 103 (1920).

Chamaesyce garanbiensis (Hayata) H. Hara, J. Jap. Bot. 14: 355 (1938).

台湾。

土库曼大戟

Euphorbia granulata Forssk., Fl. Aegypt.-Arab. 94 (1775).

Euphorbia turcomanica Boiss., Cent. Euphorb. 13 (1860).

新疆；印度、巴基斯坦、阿富汗、塔吉克斯坦、吉尔吉斯斯坦、哈萨克斯坦、乌兹别克斯坦、土库曼斯坦、伊朗、伊拉克；非洲。

圆苞大戟（雪山大戟，兰叶大戟，红毛大戟）

Euphorbia griffithii Hook. f., Fl. Brit. Ind. 5 (14): 259 (1887).

Euphorbia bulleyana Diels, Notes Roy. Bot. Gard. Edinburgh 5 (25): 219 (1912); *Euphorbia rubriflora* H. Lév., Repert. Spec. Nov. Regni Veg. 12 (325-330): 287 (1913); *Euphorbia cyanophylla* H. Lév., Repert. Spec. Nov. Regni Veg. 12 (325-330): 287 (1913); *Euphorbia erythrocoma* H. Lév., Repert. Spec. Nov. Regni Veg. 12 (325-330): 287 (1913); *Euphorbia porphyrastra* Hand.-Mazz., Anz. Akad. Wiss. Wien, Math.-Naturwiss. Kl. 62: 226, pl. 5, f. 2 (1925); *Euphorbia sericocarpa* Hand.-Mazz., Symb. Sin. 7 (2): 227 (1931).

四川、云南、西藏；缅甸、不丹、尼泊尔、印度（北部）、克什米尔地区。

海南大戟

●**Euphorbia hainanensis** Croizat, J. Arnold Arbor. 21 (4): 505 (1940).

海南。

黑水大戟

●**Euphorbia heishuiensis** W. T. Wang, Acta Bot. Yunnan. 10 (1): 42 (1988).

甘肃、四川。

泽漆（五朵云，五灯草，五风草）

Euphorbia helioscopia L., Sp. Pl. 1: 459 (1753).

辽宁、河北、河南、陕西、宁夏、甘肃、青海、安徽、江苏、江西、湖南、湖北、贵州、福建、广东、广西、海南；广泛蔓延到亚洲、欧洲、非洲（北部）、北美洲。

白苞猩猩草

△**Euphorbia heterophylla** L., Sp. Pl. 1: 453 (1753).

Euphorbia geniculata Ortega, Nov. Pl. Descr. Dec. 2: 18 (1797); *Poinsettia heterophylla* (L.) Klotzsch et Garcke, Monatsber. Königl. Preuss. Akad. Wiss. Berlin 1859: 253 (1859); *Euphorbia taiwaniana* S. S. Ying, Col. Illustr. Pl. Taiwan 2: 685 (1987); *Euphorbia epilobiifolia* W. T. Wang, Acta Bot. Yunnan. 10 (1): 46, f. 4, 1-3 (1988).

归化于河北、山东、河南、安徽、江苏、浙江、江西、湖南、湖北、四川、贵州、云南、福建、台湾、广东、广西、海南；原产于美洲。

小叶地锦（小叶大戟）

Euphorbia heyneana Spreng., Syst. Veg. 3: 791 (1826).

Euphorbia microphylla B. Heyne ex Roth, Nov. Pl. Sp. 229 (1821), non Lamarck (1788); *Chamaesyce heyneana* (Spreng.) Soják, Čas. Nár. Mus., Odd. Přír. 140: 169 (1972).

福建；越南、缅甸、泰国、马来西亚、印度、孟加拉国、巴基斯坦、印度洋岛屿（毛里求斯、塞舌尔）。

飞扬草（乳籽草，飞相草）

Euphorbia hirta L., Sp. Pl. 1: 454 (1753).

Euphorbia pilulifera L., Sp. Pl. 1: 454 (1753); *Chamaesyce hirta* (L.) Millsp., Publ. Field Columbian Mus., Bot. Ser. 2 (7): 303 (1909); *Euphorbia hirta* var. *typica* L. C. Wheeler, Rhodora 43: 170 (1941).

江西、湖南、四川、贵州、云南、福建、台湾、广东、广西、海南；全球热带、亚热带和温带地区。

硬毛地锦

Euphorbia hispida Boiss., Cent. Euphorb. 8 (1860).

云南；印度、孟加拉国、巴基斯坦、阿富汗、伊朗、科威特。

新竹地锦

●**Euphorbia hsinchuensis** (Lin et Chaw) C. Y. Wu et J. S. Ma, Coll. Bot. (Barcelona) 21: 106 (1992).

Chamaesyce hsinchuensis Lin et Chaw, Bot. Bull. Acad. Sin. 32: 238, f. 13 et 14 (1991).

台湾。

地锦（地锦草，铺地锦，田代氏大戟）

Euphorbia humifusa Willd. ex Schltdl., Enum. Hort. Berol. Alt. Suppl. 27 (1814).

Euphorbia pseudochamaesyce Fisch. et C. A. Mey., Index Seminum (St. Petersburg) 9: 73 (1843); *Euphorbia sanguinea* Hort. Berol. ex Klotzsch et Garcke, Abh. Akad. Berlin 39 (1860); *Euphorbia parvifolia* E. Mey. ex Boiss., Prodr. (DC.) 15 (2): 34 (1862); *Euphorbia inaequalis* N. E. Br., Fl. Trop. Afr. 6 (1): 512 (1911); *Euphorbia granulata* var. *dentate* N. E. Br., Fl. Trop. Afr. 6 (1): 503 (1911); *Euphorbia tashiroi* Hayata, Icon. Pl. Formosan. 9: 104 (1920); *Chamaesyce humifusa* (Willd.) Prokh., Izv. Akad. Nauk S. S. R., Ser. 6 195 (1927); *Chamaesyce tashiroi* (Hayata) H. Hara, J. Jap. Bot. 14 (5): 356 (1938).

中国广布，除海南；分布于温带地区亚洲、欧洲、非洲。

矮大戟

Euphorbia humilis C. A. Mey., Fl. Altaic. 5: 185 (1830).

新疆；伊朗、塔吉克斯坦、吉尔吉斯斯坦、哈萨克斯坦、乌兹别克斯坦、土库曼斯坦、俄罗斯（东西伯利亚）。

湖北大戟（西南大戟）

Euphorbia hylonoma Hand.-Mazz., Symb. Sin. 7 (2): 230 (1931).

Euphorbia pilosa auct. non L.: Hook. f., Fl. Brit. Ind. 5: 260 (1887).

黑龙江、吉林、辽宁、河北、山西、山东、河南、陕西、甘肃、安徽、江苏、浙江、江西、湖南、湖北、四川、贵州、云南、广东、广西；蒙古国、俄罗斯（远东）。

通奶草

△**Euphorbia hypericifolia** L., Sp. Pl. 1: 454 (1753).

Euphorbia indica Lam., Encycl. 2: 423 (1786); *Euphorbia indica* var. *angustifolia* Boiss., Prodr. (DC.) 15 (2): 22 (1862); *Chamaesyce indica* (Lam.) Croizat, Lilloa 8: 406 (1942).

归化于北京、江西、湖南、四川、贵州、云南、台湾、广东、广西、海南；原产于新大陆，归化于旧大陆。

紫斑大戟

△**Euphorbia hyssopifolia** L., Syst. Nat. 1048 (1759).

Chamaesyce hyssopifolia (L.) Small, Bull. New York Bot. Gard. 3: 429 (1905).

归化于台湾、海南；原产于新大陆，归化于旧大陆。

英德尔大戟

Euphorbia inderiensis Less. ex Kar. et Kir., Bull. Soc. Imp. Naturalistes Moscou 15 (2): 448 (1842).

Euphorbia pygmea Fisch. et C. A. Mey. ex Boiss., Prodr. (DC.) 15 (2): 99 (1862).

新疆；阿富汗、哈萨克斯坦、吉尔吉斯斯坦、塔吉克斯坦、土库曼斯坦。

大狼毒（岩大戟，台湾大戟，霞山大戟）

Euphorbia jolkinii Boiss., Prodr. (DC.) 15 (2): 121 (1862).

Euphorbia japonica Siebold ex Boiss., Prodr. (DC.) 15 (2): 1266 (1866), non Zoll. ex Boiss. (1862); *Euphorbia formosana* Hayata, J. Coll. Sci. Imp. Univ. Tokyo 30 (1): 262 (1911); *Euphorbia regina* H. Lév., Bull. Acad. Int. Géogr. Bot. 24: 145 (1914); *Euphorbia nematocypha* Hand.-Mazz., Anz. Akad. Wiss. Wien, Math.-Naturwiss. Kl. 63: 2, 9 (1926); *Euphorbia nematocypha* var. *induta* Hand.-Mazz., Symb. Sin. 7 (2): 230 (1931); *Euphorbia calonesiaca* Croizat, J. Arnold Arbor. 19 (1): 97 (1938); *Euphorbia shouanensis* H. Keng, J. Wash. Acad. Sci. 41 (6): 205 (1951); *Euphorbia orientalis* auct. non L.: Hayata, J. Coll. Sci. Imp. Univ. Tokyo 20: 70 (1904).

四川、云南、台湾；日本、朝鲜。

甘肃大戟（阴山大戟）

●**Euphorbia kansuensis** Prokh., Izv. Akad. Nauk S. S. S. R., Ser. 6 20: 1 (1926).

Euphorbia yinshanica S. Q. Zhou et G. H. Liu, Acta Phytotax. Sin. 27 (1): 77 (1989); *Euphorbia ebracteolata* auct. non

Hayata.: Fl. Jiangsu. 2: 414, f. 1411 (1982); *Euphorbia fischeriana* auct. non Steud.: Fl. Henan. 2: 488, f. 1403 (1986).
内蒙古、河北、山西、河南、陕西、宁夏、甘肃、青海、江苏、湖北、四川。

甘遂

●**Euphorbia kansui** Liou ex S. B. Ho, Fl. Tsinling. 1 (3): 162, 450, f. 138 (1981).
辽宁、山西、河南、陕西、甘肃。

沙生大戟（青海大戟，狭叶青海大戟，狭叶沙地大戟）

Euphorbia kozlovii Prokh., Izv. Akad. Nauk S. S. S. R., Ser. 6 20: 1370, in obs. 1383 in clavi (1926).
Euphorbia kozlovii var. *angustifolia* S. Q. Zhou, Fl. Intramongol. 4: 48, 207 (1979).
内蒙古、山西、陕西、宁夏、甘肃、青海；蒙古国。

续随子（千金子）

Euphorbia lathyris L., Sp. Pl. 1: 457 (1753).
吉林、辽宁、内蒙古、河北、山西、山东、河南、陕西、甘肃、青海、安徽、江苏、江西、湖南、湖北、贵州、福建、广东、广西、海南；亚洲、欧洲、非洲（北部）、美洲。

宽叶大戟

Euphorbia latifolia C. A. Mey. ex Ledeb., Icon. Pl. 2: 25 (1830).
新疆；蒙古国、塔吉克斯坦、吉尔吉斯斯坦、哈萨克斯坦、俄罗斯。

刘氏大戟

●**Euphorbia lioui** C. Y. Wu et J. S. Ma, Acta Bot. Yunnan. 14 (4): 371 (1992).
内蒙古。

林大戟

Euphorbia lucorum Rupr., Prim. Fl. Amur. 239 (1859).
黑龙江、吉林、辽宁、内蒙古；朝鲜、俄罗斯（远东地区）。

粗根大戟

Euphorbia macrorrhiza C. A. Mey. ex Ledeb., Icon. Pl. 2: 26 (1830).
新疆；哈萨克斯坦、俄罗斯（西西伯利亚）。

斑地锦

△**Euphorbia maculata** L., Sp. Pl. 1: 455 (1753).
Euphorbia supina Raf., Amer. Monthly Mag. et Crit. Rev. 2 (2): 119 (1817); *Chamaesyce maculata* (L.) Small, Fl. S. E. U. S., ed. 2, 1333 (1903); *Chamaesyce supina* (Raf.) Moldenke, Annot. Class. List Moldenke Coll. 135 (1939).
归化于河北、河南、江苏、浙江、江西、湖北、台湾；原产于北美洲，归化于亚洲、欧洲。

小叶大戟

Euphorbia makinoi Hayata, J. Coll. Sci. Imp. Univ. Tokyo 30 (1): 262 (1911).
Chamaesyce makinoi (Hayata) H. Hara, J. Jap. Bot. 16: 356 (1938).
江苏、浙江、福建、台湾、香港；菲律宾、琉球群岛。

猫儿山大戟

●**Euphorbia maoershanensis** F. N. Wei et J. S. Ma, Phytotaxa 87 (3): 45 (2013).
广西。

银边翠（高山积雪）

△**Euphorbia marginata** Pursh, Fl. Amer. Sept. (Pursh) 2: 607 (1814).
逸生归化于山东、宁夏、安徽、江苏、浙江、江西、湖南、湖北、四川、贵州、云南、福建、台湾、广东、广西、海南，也栽培于中国北部地区；原产于北美洲，归化于旧世界。

甘青大戟（疣果大戟）

Euphorbia micractina Boiss., Prodr. (DC.) 15 (2): 127 (1862).
Euphorbia altaica Forb et Hemsl., J. Linn. Soc., Bot. 26: 411 (1891); *Euphorbia tangutica* Prokh., Izv. Akad. Nauk S. S. S. R., Ser. 6 20: 1 (1926); *Euphorbia lucorum* var. *parvifolia* H. L. Yang, Fl. Ningxia. 1: 428, 475, f. 417 (1986); *Euphorbia villifera* W. T. Wang, Acta Bot. Yunnan. 10 (1): 42 (1988); *Euphorbia micractina* var. *tangutica* (Prokh.) W. T. Wang, Acta Bot. Yunnan. 10 (1): 41 (1988); *Euphorbia wangii* Oudejans, Phytologia 67 (1): 49 (1989); *Euphorbia lancasteriana* Radcl.-Sm., Kew Bull. 54 (1): 227, f. 1 (1999).
山西、河南、陕西、宁夏、甘肃、青海、新疆、四川、西藏；朝鲜、巴基斯坦、克什米尔地区、俄罗斯（远东地区）。

铁海棠（麒麟刺，虎刺）

☆**Euphorbia milii** Des Moul., Bull. Hist. Nat. Soc. Linn. Bordeaux 1 (1): 27, pl. 1 (1826).
Euphorbia splendens Bojer ex Hook., Bot. Mag. 56: pl. 2902 (1829).
栽培于山西、山东、河南、陕西、安徽、江苏、浙江、江西、湖南、湖北、四川、贵州、云南、福建、台湾、广东、广西、海南；原产于马达加斯加，广泛栽培于其他地方。

单伞大戟

Euphorbia monocyathium Prokh., Izv. Glavn. Bot. Sada S. S. S. R. 29: 552 (1930).
新疆；塔吉克斯坦、吉尔吉斯斯坦、哈萨克斯坦。

金刚纂（霸王鞭，五棱金刚）

☆**Euphorbia neriifolia** L., Sp. Pl. 451 (1753).
Euphorbia antiqorum auct. non L.: Iconogr. Cormophyt. Sin. 2: 617, fig. 2964 (1972).

栽培于云南、广东、广西、海南；原产于印度，栽培于热带亚洲。

大地锦

Euphorbia nutans Lagasca, Gen. Sp. Pl. 17 (1816).
Euphorbia preslii Guss., Fl. Sic. Prodr. 1: 539 (1827).
辽宁、北京、安徽、江苏；北美洲。

长根大戟

Euphorbia pachyrrhiza Kar. et Kir., Bull. Soc. Imp. Naturalistes Moscou 14: 745 (1841).
新疆；塔吉克斯坦、吉尔吉斯斯坦、哈萨克斯坦。

大戟（京大戟，湖北大戟）

Euphorbia pekinensis Rupr., Prim. Fl. Amur. 239, in nota sub. *E. lucorum* (1859).
Euphorbia lasiocaula Boiss., Prodr. (DC.) 15 (2): 1266 (1866); *Euphorbia sampsonii* Hance, Ann. Sci. Nat., Bot. ser. 5, 5: 240 (1886); *Euphorbia cavaleriei* H. Lév. et Vaniot, Bull. Herb. Boissier, ser. 2, 6: 762 (1906); *Euphorbia labbei* H. Lév., Repert. Spec. Nov. Regni Veg. 12 (341-345): 537 (1913); *Euphorbia sinensis* Jesson et Turrill, Bull. Misc. Inform. Kew 1914 (9): 329 (1914); *Euphorbia lanceolata* Liou, Contrib. Lab. Bot. Nat. Acad. Peiping 1 (1): 5 (1931), non Spreng. (1807), non Phil. (1895); *Euphorbia virgata* var. *kitagawae* Hurus., J. Jap. Bot. 16: 451 (1940); *Euphorbia barbellata* Hurus., J. Jap. Bot. 16 (10): 571, f. 16-19 (1941); *Euphorbia imaii* Hurus., J. Jap. Bot. 16 (10): 576 (1941); *Tithymalus pekinensis* subsp. *barbellatus* (Hurus.) Hurus., J. Fac. Sci. Univ. Tokyo, Sect. 3, Bot. 6 (6): 257 (1954); *Tithymalus pekinensis* (Rupr.) Hara, Enum. Spermatoph. Jap. 3: 55 (1954); *Tithymalus pekinensis* subsp. *lanceolatus* (Liou) Hurus., J. Fac. Sci. Univ. Tokyo, Sect. 3, Bot. 6 (6): 256 (1954); *Euphorbia pekinensis* var. *attenuata* Hurus., J. Fac. Sci. Univ. Tokyo, Sect. 3, Bot. 6 (6): 641 (1954); *Euphorbia lasiocaula* var. *pseudolucorum* Hurus., J. Fac. Sci. Univ. Tokyo, Sect. 3, Bot. 6 (6): 267 (1954); *Tithymalus tchen-ngoi* Soják, Čas. Nár. Muz. Praze, Rada Přír. 140 (3-4): 177 (1972); *Euphorbia kitagawae* (Hurus.) Kitag., Neolin. Fl. Manshur. 427 (1979); *Euphorbia tchen-ngoi* (Soják) Radcl.-Sm., Kew Bull. 36 (2): 216 (1981); *Euphorbia hurusawae* Oudejans, Phytologia 67 (1): 46 (1989); *Euphorbia hurusawae* var. *imaii* (Hurus.) Oudejans, Phytologia 67 (1): 46 (1989); *Euphorbia jessonii* Oudejans, World Cat. Euphorb. Geogr. Distrib. 5 (1990); *Euphorbia pekinensis* var. *pseudolucorum* (Hurus.) Oudejans, Coll. Bot. (Barcelona) 21: 187 (1992); *Euphorbia pekinensis* var. *lasiocaula* (Boiss.) Oudejans, Coll. Bot. (Barcelona) 21: 186 (1992).
中国广布，除新疆、云南、西藏、台湾；日本、朝鲜。

南欧大戟

△**Euphorbia peplus** L., Sp. Pl. 1: 456 (1753).
Tithymalus peplus (L.) Gaertn., Fruct. Sem. Pl. 2: 115 (1791); *Esula peplus* (L.) Haw., Syn. Pl. Succ. 158 (1812).
归化于云南、福建、台湾、广东、广西、香港；原产于地中海沿岸，归化于亚洲、美洲和澳大利亚。

土瓜狼毒

Euphorbia prolifera Buch.-Ham. ex D. Don, Prodr. Fl. Nepal. 62 (1825).
Euphorbia nepalensis Boiss., Prodr. (DC.) 15 (2): 157 (1862); *Euphorbia pinus* H. Lév., Repert. Spec. Nov. Regni Veg. 11 (286-290): 296 (1912).
四川、贵州、云南；缅甸、泰国、尼泊尔、印度、巴基斯坦。

匍匐大戟（铺地草）

△**Euphorbia prostrata** Aiton, Hort. Kew. (W. Aiton) 2: 139 (1789).
Chamaesyce prostrata (Aiton) Small, Fl. S. E. U. S., ed. 2, 713 (1903).
归化于江苏、湖北、云南、福建、台湾、广东、海南；原产于热带、亚热带美洲，归化于旧世界。

一品红（猩猩木，老来娇）

☆**Euphorbia pulcherrima** Willd. ex Klotzsch, Allg. Gartenzeitung 2: 27 (1834).
Poinsettia pulcherrima (Willd. ex Klotzsch) Graham, Edinburgh New Philos. J. 20: 412 (1836).
栽培于山东、安徽、江苏、浙江、江西、湖南、湖北、四川、贵州、云南、福建、台湾、广东、广西、海南，偶尔野外归化；中美洲。

小萝卜大戟（圆根大戟）

Euphorbia rapulum Kar. et Kir., Bull. Soc. Imp. Naturalistes Moscou 15: 448 (1842).
新疆；塔吉克斯坦、吉尔吉斯斯坦、哈萨克斯坦、乌兹别克斯坦、土库曼斯坦。

霸王鞭

Euphorbia royleana Boiss., Prodr. (DC.) 15 (2): 83 (1862).
Euphorbia pentagona Royle, Ill. Bot. Himal. Mts. 329, pl. 82, f. 1 (1836), non Haworth (1828).
四川、云南、台湾、广西；缅甸、不丹、尼泊尔、印度（北部和东北部）、巴基斯坦。

苏甘大戟

Euphorbia schuganica B. Fedtsch., Consp. Fl. Turkest. 6: 307 (1916).
新疆；亚洲（中部）、非洲。

西格尔大戟

Euphorbia seguieriana Neck., Hist. et Commentat. Acad. Elect. Sci. Theod.-Palat. 2: 493 (1770).
新疆；亚洲（中部）。

匍根大戟

△**Euphorbia serpens** Kunth, Nov. Gen. Sp. [H. B. K.] (4 ed.) 2: 52 (1817).

Euphorbia orbiculata Miq., Fl. Ned. Ind. 1 (2): 421 (1859), non Kunth (1817); *Euphorbia parvifolia* E. Mey. ex Boiss., Prodr. (DC.) 15 (2): 34 (1862); *Euphorbia sanguinea* Hochst. et Steud. ex Boiss., J. Linn. Soc., Bot. 26: 417 (1894); *Chamaesyce serpens* (Kunth) Small, Fl. S. E. U. S. 709 (1903); *Euphorbia inaequalis* N. E. Br., Fl. Trop. Afr. 6 (1): 512 (1911); *Euphorbia granulata* var. *dentata* N. E. Br., Flora of Tropical Africa 6 (1): 503 (1911); *Euphorbia orbiculata* var. *jawaharii* Rajagopal et Panigrahi, Taxon 17 (5): 547 (1968).
归化于台湾；泛热带杂草，原产于新大陆。

百步回阳

Euphorbia sessiliflora Roxb., Fl. Ind. (Roxburgh) 2: 471 (1832).
云南；印度。

钩腺大戟（马蹄大戟，长角大戟，黄土大戟）

Euphorbia sieboldiana C. Morren et Decne., Bull. Acad. Roy. Sci. Bruxelles 3: 174 (1836).
Euphorbia hippocrepica Hemsl., J. Linn. Soc., Bot. 26 (177): 414 (1894); *Euphorbia erythraea* Hemsl., J. Linn. Soc., Bot. 26 (177): 412 (1894); *Euphorbia henryi* Hemsl., J. Linn. Soc., Bot. 26 (177): 413 (1894); *Euphorbia bodinieri* H. Lév. et Vaniot, Bull. Herb. Boissier, ser. 2, 7: 761 (1906); *Euphorbia esquirolii* H. Lév. et Vaniot, Bull. Herb. Boissier, ser. 2, 7: 762 (1906); *Euphorbia glaucopoda* Diels, Notes Roy. Bot. Gard. Edinburgh 5 (25): 219 (1912); *Euphorbia savaryi* Kiss, Botanikai Kozlemenyek. 19: 91 (1921); *Euphorbia szechuanica* Pax et K. Hoffm., Repert. Spec. Nov. Regni Veg. Beih. 12: 433 (1922); *Euphorbia luticola* Hand.-Mazz., Symb. Sin. 7 (2): 233 (1931); *Euphorbia kangdingensis* var. *puberula* W. T. Wang, Acta Bot. Yunnan. 10 (1): 45 (1988); *Euphorbia kangdingensis* W. T. Wang, Acta Bot. Yunnan. 10 (1): 43 (1988).
中国广布，除内蒙古、青海、新疆、西藏、福建、台湾、海南；日本、朝鲜、俄罗斯（远东）。

黄苞大戟（刮金板，粉背刮金板，中尼大戟）

Euphorbia sikkimensis Boiss., Prodr. (DC.) 15 (2): 113 (1862).
Euphorbia chrysocoma H. Lév. et Vaniot, Bull. Herb. Boissier, ser. 2, t: 762 (1906); *Euphorbia chrysocoma* var. *glaucophylla* H. Lév. et Vaniot, Bull. Herb. Boissier, ser. 2, 6: 762 (1906); *Tithymalus sikkimensis* (Boiss.) Hurus. et Yas. Tanaka, Fl. E. Himalaya 1: 184 (1966); *Euphorbia pseudosikkimensis* auct. non (Hurus. et Yas. Tanaka) Rascl.-Sm.: Chin., Fl. Xizang. 3: 84 (1986).
湖北、四川、贵州、云南、西藏、广西；缅甸、不丹、尼泊尔、印度（锡金）。

准格尔大戟

Euphorbia soongarica Boiss., Cent. Euphorb. 32 (1860).
Tithymalus lamprocarpus Prokh., Observ. Moloch. Sr. Azii. 105 (1933); *Euphorbia lamprocarpa* (Prokh.) Prokh., Fl. U. R. S. S. 14: 362 (1949); *Euphorbia soongarica* subsp. *lamprocarpa* (Prokh.) Soják, Čas. Nár. Mus., Odd. Přír. 140 (3-4): 176 (1972).
甘肃、新疆；蒙古国、塔吉克斯坦、吉尔吉斯斯坦、哈萨克斯坦、乌兹别克斯坦、土库曼斯坦、俄罗斯（东西伯利亚）；欧洲（东部）。

对叶大戟

Euphorbia sororia Schrenk, Bull. Acad. Imp. Sci. Saint-Pétersbourg 3: 308 (1845).
新疆；塔吉克斯坦、吉尔吉斯斯坦、哈萨克斯坦；亚洲（西南部）。

心叶大戟

Euphorbia sparrmannii Boiss., Cent. Euphorb. 5 (1860).
Chamaesyce sparrmanii (Boiss.) Hurus., J. Fac. Sci. Univ. Tokyo, Sect. 3, Bot. 6 (6): 277 (1954).
台湾；菲律宾、马来西亚、印度尼西亚、太平洋岛屿、琉球群岛。

高山大戟（藏西大戟，柴胡状大戟，喜马拉雅大戟）

Euphorbia stracheyi Boiss., Prodr. (DC.) 15 (2): 114 (1862).
Tithymalus himalayensis Klotzsch et Garcke, Bot. Ergebn. Reise Waldemar 115, pl. 20 (1862); *Euphorbia himalayensis* (Klotzsch et Garcke) Boiss., Fl. Brit. Ind. 5: 258 (1887); *Euphorbia megistopoda* Diels, Notes Roy. Bot. Gard. Edinburgh 5 (25): 218 (1912); *Euphorbia bupleuroides* Diels, Notes Roy. Bot. Gard. Edinburgh 5 (25): 218 (1912); *Euphorbia mairei* H. Lév., Repert. Spec. Nov. Regni Veg. 12 (325-330): 286 (1913); *Euphorbia riae* Pax et K. Hoffm., Repert. Spec. Nov. Regni Veg. Beih. 12: 433 (1922); *Euphorbia shetoensis* Pax et K. Hoffm., Repert. Spec. Nov. Regni Veg. Beih. 12: 443 (1922); *Euphorbia mairei* var. *luteociliata* W. T. Wang, Acta Bot. Yunnan. 10 (1): 40 (1988).
甘肃、青海、四川、云南、西藏；不丹、尼泊尔、印度。

台西地锦（台西大戟）

●**Euphorbia taihsiensis** (Chaw et Koutnik) Oudejans, World Cat. Sp. Euphorb. et Geogr. Distrib. 5 (1990).
Chamaesyce taihsiensis Chaw et Koutnik, Bot. Bull. Acad. Sin. 31 (2): 163 (1990).
台湾。

天山大戟

Euphorbia thomsoniana Boiss., Prodr. (DC.) 15 (2): 113 (1862).
Tithymalus tianshanicus Prokh., Izv. Glavn. Bot. Sada S. S. S. R. 29: 115 (1930); *Euphorbia tianshanica* (Prokh.) Popov, Byull. Moskovsk. Obshch. Isp. Prir. Otd. Biol. n. s. 47: 87 (1938).
新疆；印度、巴基斯坦、阿富汗、塔吉克斯坦、吉尔吉斯

斯坦、哈萨克斯坦、土库曼斯坦、克什米尔地区。

千根草（细叶地锦草，小飞扬）

Euphorbia thymifolia L., Sp. Pl. 1: 454 (1753).

Chamaesyce thymifolia (L.) Millsp., Publ. Field Mus. Nat. Hist., Bot. Ser. 2 (11): 412 (1916); *Euphorbia bracteolaris* auct. non Boiss.: Index Fl. Yunnan. 1: 438 (1984).

江苏、浙江、江西、湖南、云南、福建、台湾、广东、广西、海南；广布于世界热带和亚热带（除澳大利亚）。

西藏大戟

Euphorbia tibetica Boiss., Prodr. (DC.) 15 (2): 114 (1862).

新疆、西藏；印度、巴基斯坦、塔吉克斯坦、吉尔吉斯斯坦、哈萨克斯坦。

绿玉树（绿珊瑚，青珊瑚，光棍树）

☆**Euphorbia tirucalli** L., Sp. Pl. 452 (1753).

栽培于安徽、江苏、浙江、江西、湖南、湖北、四川、贵州、云南、福建、台湾、广东、广西、海南；原产于非洲（安哥拉），热带亚洲广泛栽培。

铜川大戟

●**Euphorbia tongchuanensis** C. Y. Wu et J. S. Ma, Coll. Bot. (Barcelona) 21: 116 (1992).

陕西。

土大戟（矮生大戟）

Euphorbia turczaninowii Kar. et Kir., Byull. Moskovsk. Obshch. Isp. Prir. Otd. Biol. 15: 447 (1842).

新疆；蒙古国、阿富汗、伊朗、塔吉克斯坦、吉尔吉斯斯坦、哈萨克斯坦、乌兹别克斯坦、土库曼斯坦。

中亚大戟

Euphorbia turkestanica Regel, Descr. Pl. Nouv. Fedtsch. 78 (1882).

新疆；塔吉克斯坦、吉尔吉斯斯坦、哈萨克斯坦、乌兹别克斯坦、土库曼斯坦。

大果大戟（长虫山大戟，云南大戟）

Euphorbia wallichii Hook. f., Fl. Brit. Ind. 5 (14): 258 (1887).

Euphorbia luteoviridis D. G. Long, Notes Roy. Bot. Gard. Edinburgh 44 (1): 163 (1986), as "*luteo-viridis*"; *Euphorbia yunnanensis* Radcl.-Sm., Kew Bull. 45 (3): 569 (1990); *Euphorbia duclouxii* Radcl.-Sm., Kew Bull. 51 (1): 102 (1996).

青海、四川、云南、西藏；不丹、尼泊尔、印度（锡金）、阿富汗、克什米尔地区。

盐津大戟

●**Euphorbia yanjinensis** W. T. Wang, Acta Bot. Yunnan. 10 (1): 45, f. 3 (1988).

云南。

海漆属 Excoecaria L.

云南土沉香

Excoecaria acerifolia Didr., Vidensk. Meddel. Naturhist. Foren. Kjobenhavn 129 (1857).

甘肃、湖南、湖北、四川、贵州、云南；尼泊尔、印度。

云南土沉香（原变种）

Excoecaria acerifolia var. **acerifolia**

Stillingia himalayensis Klotzsch, Bot. Ergebn. Reise Waldemar 116 (1862); *Excoecaria himalayensis* (Klotzsch) Müll. Arg., Linnaea 32: 122 (1863); *Excoecaria acerifolia* var. *genuina* Müll. Arg., Prodr. (DC.) 15: 1222 (1866); *Excoecaria acerifolia* var. *himalayensis* (Klotzsch.) Pax et K. Hoffm., Pflanzenr. (Engler) 52 (4. 147. 5): 168 (1912).

湖南、湖北、四川、贵州、云南；尼泊尔、印度。

狭叶海漆

Excoecaria acerifolia var. **cuspidata** (Müll. Arg.) Müll. Arg., Prodr. (DC.) 15: 1222 (1866).

Excoecaria himalayensis var. *cuspidata* Müll. Arg., Linnaea 32: 122 (1863); *Excoecaria acerifolia* var. *lanceolata* Pax et K. Hoffm., Pflanzenr. (Engler) 52 (4. 147. 5): 168 (1912); *Excoecaria cuspidata* (Müll. Arg.) Chakrab. et M. G. Gangop., J. Econ. Taxon. Bot. 14 (1): 182 (1990).

甘肃、四川、云南；印度。

海漆

Excoecaria agallocha L., Syst. Nat. 1288 (1759).

Commia cochinchinensis Lour., Fl. Cochinch., ed. 2, 606 (1790).

台湾、广东、广西；菲律宾、越南、泰国、柬埔寨、马来西亚、印度尼西亚、印度、斯里兰卡、巴布亚新几内亚、澳大利亚、太平洋岛屿、琉球群岛。

红背桂花

☆**Excoecaria cochinchinensis** Lour., Fl. Cochinch., ed. 2, 2: 612 (1790).

栽培于云南、福建、台湾、广东、广西、海南；越南、老挝、缅甸、泰国、马来西亚，起源于越南，广泛栽培。

红背桂花（原变种）

☆**Excoecaria cochinchinensis** var. **cochinchinensis**

Antidesma bicolor Hassk., Cat. Horto Bot. Bogor. 81 (1844); *Excoecaria bicolor* (Hassk.) Zoll. ex Hassk., Retzia 1: 158 (1855); *Excoecaria bicolor* var. *purpurascens* Pax et Hoffm., Pflanzenr. (Engler) 52 (IV. 147. V): 159 (1912).

栽培于云南、福建、台湾、广东、广西、海南；越南、老挝、缅甸、泰国、马来西亚，原产于越南，广泛栽培。

绿背桂（新拟）（绿背桂花）

Excoecaria cochinchinensis var. **formosana** (Hayata) Hurus.,

J. Fac. Sci. Univ. Tokyo, Sect. 3, Bot. 6 (6): 313 (1954).
Excoecaria crenulata var. *formosana* Hayata, J. Coll. Sci. Imp. Univ. Tokyo 30 (1): 271 (1911); *Excoecaria bicolor* var. *viridis* Pax et Hoffm., Pflanzenr. (Engler) 52 (IV. 147. V): 159 (1912); *Excoecaria orientalis* Pax et Hoffm., Pflanzenr. (Engler) Euphorb.-Hippom. 160 (1912); *Excoecaria formosana* (Hayata) Pax et K. Hoffm., Pflanzenr. (Engler) Euphorb.-Mercurial. 423 (1914); *Excoecaria cochinchinensis* var. *viridis* (Pax et Hoffm.) Merr., Philipp. J. Sci. 15 (3): 244 (1919); *Excoecaria bicolor* var. *orientalis* Gagnep., Fl. Indo-Chine 5: 406, f. 47 (1926).
台湾、广东、广西、海南；越南、老挝、缅甸、泰国、马来西亚。

兰屿土沉香

●**Excoecaria kawakamii** Hayata, Icon. Pl. Formosan. 3: 173 (1913).
台湾。

鸡尾木

●**Excoecaria venenata** S. K. Lee et F. N. Wei, Guihaia 2 (3): 129 (1982).
广西。

异序乌桕属 **Falconeria** Royle

异序乌桕

Falconeria insignis Royle, Ill. Bot. Himal. Mts. 354, pl. 84 a, pl. 98, f. 2 (1839).
Falconeria wallichiana Royle, Ill. Bot. Himal. Mts. 354 (1839); *Excoecaria insignis* (Royle) Müll. Arg., Prodr. (DC.) 15 (2): 1212 (1866); *Carumbium insigne* (Royle) Kurz, Forest Fl. Burma 2: 412 (1877); *Sapium insigne* (Royle) Benth. et Hook. f., Gen. Pl. 3 (1): 335 (1880), *nom. inval.*; *Sapium insigne* (Royle) Trimen, Syst. Cat. Fl. Pl. Ceylon 83 (1885).
四川、云南、海南；越南、老挝、缅甸、泰国、柬埔寨、马来西亚、不丹、尼泊尔、印度、孟加拉国、斯里兰卡。

裸花树属 **Gymnanthes** Sw.

裸花树

Gymnanthes remota (Steenis) Esser, Blumea 44: 172 (1999).
Sebastiania remota Steenis, Bull. Bot. Gard. Buitenz. Ser. 3, 17: 410 (1948); *Excoecaria yunnanensis* Y. H. Li et J. C. Xu, Acta Phytotax. Sin. 34 (3): 336 (1996).
云南；印度尼西亚（苏门达腊北部）。

粗毛野桐属 **Hancea** Seem.

粗毛野桐

Hancea hookeriana Seem., Bot. Voy. Herald 409 (1857).
Mallotus hookerianus (Seem.) Müll. Arg., Linnaea 34: 193 (1865); *Cordemoya hookeriana* (Seem.) S. E. C. Sierra, Kulju et Welzen, Blumea 51 (3): 534 (2006).
广东、广西、海南；越南。

橡胶树属 **Hevea** Aubl.

橡胶树

☆**Hevea brasiliensis** (Willd. ex A. Juss.) Müll. Arg., Linnaea 34: 204 (1865).
Siphonia brasiliensis Willd. ex A. Juss., Euphorb. Gen. t. 12 (1824).
栽培于云南、福建、台湾、广东、广西、海南；广泛栽培于热带地区。

澳杨属 **Homalanthus** A. Juss.

圆叶澳杨

Homalanthus fastuosus (Linden) Fern.-Vill., Nov. App. 196 (1880).
Mappa fastuosa Linden, Ann. Hort. Belge Étrangère 15: 100 (1865); *Carumbium fastuosum* (Linden) Müll. Arg., Prodr. 15 (2. 2): 1144 (1866); *Homalanthus alpinus* Elmer, Leafl. Philipp. Bot. 1: 307 (1908); *Homalanthus bicolor* Merr., Philipp. J. Sci., C 4: 282 (1909); *Homalanthus milvus* Airy Shaw, Kew Bull. 36: 611 (1981).
台湾、？海南；菲律宾。

水柳属 **Homonoia** Lour.

水柳

Homonoia riparia Lour., Fl. Cochinch. 2: 637 (1790).
四川、贵州、云南、台湾、广西、海南；菲律宾、越南、老挝、柬埔寨、缅甸、泰国、马来西亚、印度尼西亚、印度。

响盒子属 **Hura** L.

响盒子（洋红）

☆**Hura crepitans** L., Sp. Pl. 2: 1008 (1753).
栽培于海南、香港；原产于热带美洲，广泛生长于其他地方。

麻风树属 **Jatropha** L.

麻风树

☆**Jatropha curcas** L., Sp. Pl. 2: 1006 (1753).
Manihot curcas (L.) Crantz, Inst. Rei Herb. 1: 167 (1766).
栽培于四川、云南、福建、台湾、广东、广西、海南；原产于热带美洲，现广泛栽培。

琴叶珊瑚

☆**Jatropha integerrima** Jacq., Enum. Syst. Pl. 32 (1760).
栽培于上海、云南、福建、广东、广西；原产于热带美洲。

珊瑚花

☆**Jatropha multifida** L., Sp. Pl. 2: 1006 (1753).

栽培于云南、广东、广西、海南；原产于热带和亚热带美洲。

佛肚树

☆**Jatropha podagrica** Hook., Curtis's Bot. Mag. 74: t. 4376 (1848).

栽培于云南、福建、广东、广西、海南；原产于中美洲，现广泛栽培。

白茶树属 Koilodepas Hassk.

白茶树

Koilodepas hainanense (Merr.) Croizat, J. Arnold Arbor. 23: 51 (1942).

Calpigyne hainanensis Merr., J. Arnold Arbor. 6 (3): 135 (1925).

海南；越南（北部）。

轮叶戟属 Lasiococca Hook. f.

轮叶戟（假轮叶水柳，肋巴木）

Lasiococca comberi var. **pseudoverticillata** (Merr.) H. S. Kiu, Acta Phytotax. Sin. 20 (1): 108, pl. 1 (1982).

Mallotus pseudoverticillatus Merr., Lingnan Sci. J. 14 (1): 23, f. 7 (1935); *Homonoia pseudoverticillatus* (Merr.) Merr., Lingnan Sci. J. 19 (2): 187 (1940); *Lasiococca comberi* auct. non Haines: Airy Shaw, Kew Bull. 16: 358 (1963).

云南、海南；越南（北部）。

血桐属 Macaranga Thouars

轮苞血桐

Macaranga andamanica Kurz, Forest Fl. Burma 2: 389 (1887).

Macaranga brandisii King ex Hook. f., Fl. Brit. Ind. 5 (14): 453 (1887); *Morinda esquirolii* H. Lév., Fl. Kouy-Tcheou 368 (1914-15); *Macaranga kampotensis* Gagnep., Bull. Soc. Bot. France 69: 702 (1923); *Macaranga bracteata* Merr., Lingnan Sci. J. 6: 281 (1930); *Macaranga esquirolii* (H. Lév.) Rehder, J. Arnold Arbor. 18: 214 (1937); *Macaranga rosuliflora* Croizat, J. Arnold Arbor. 23: 51 (1942); *Macaranga trigonostemonoides* Croizat, J. Arnold Arbor. 23: 51 (1942).

贵州、云南、广东、广西、海南；越南（北部）、泰国、马来西亚、缅甸、安达曼群岛。

中平树（牢麻）

Macaranga denticulata (Blume) Müll.Arg., Prodr. (DC.) 15 (2): 1000 (1866).

Mappa denticulata Blume, Bijdr. Fl. Ned. Ind. 625 (1826); *Rottlera glauca* Hassk., Flora 25 (2 Beibl.): 41 (1842); *Mappa wallichii* Baill., Étude Euphorb. 430 (1858), *nom. nud.*; *Mappa gummiflua* Miq., Fl. Ned. Ind., Eerste Bijv. 458 (1861); *Mappa chatiniana* Baill., Adansonia 1: 349 (1861); *Mappa truncata* Müll. Arg., Linnaea 34: 198 (1865); *Macaranga denticulata* var. *zollingeri* Müll. Arg., Prodr. (DC.) 15 (2): 1000 (1866); *Macaranga gummiflua* (Miq.) Müll. Arg., Prodr. (DC.) 15 (2): 1000 (1866); *Macaranga chatiniana* (Baill.) Müll. Arg., Prodr. (DC.) 15 (2): 996 (1866); *Macaranga perakensis* Hook. f., Fl. Brit. Ind. 5: 447 (1887); *Macaranga henricorum* Hemsl., J. Linn. Soc., Bot. 26 (177): 442 (1894).

贵州、云南、西藏、广西、海南；越南、老挝、缅甸、泰国、马来西亚、印度尼西亚、不丹、尼泊尔、印度。

草鞋木（鞋底叶树，大戟解毒树）

Macaranga henryi (Pax et K. Hoffm.) Rehder, Sunyatsenia 3 (2-3): 240 (1936).

Mallotus henryi Pax et K. Hoffm., Pflanzenr. (Engler) 63 (IV. 147. VII): 177 (1914).

贵州、云南、广西；越南（北部）。

印度血桐

Macaranga indica Wight, Icon. Pl. Ind. Orient. 5: 23 (1852).

Macaranga adenantha Gagnep., Bull. Soc. Bot. France 69: 701 (1923).

云南、广西；越南、老挝、缅甸、泰国。

尾叶血桐

Macaranga kurzii (Kuntze) Pax et K. Hoffm., Pflanzenr. (Engler) Euphorb.-Mercurial. 63 (IV. 147. VII): 360 (1914).

Macaranga membranacea Kurz, J. Asiat. Soc. Bengal, Pt. 2, Nat. Hist. 42: 246 (1873), non Müll. Arg. (1866); *Tanarius kurzii* Kuntze, Revis. Gen. Pl. 2: 620 (1891); *Macaranga andersonii* Craib, Bull. Misc. Inform. Kew 1911 (10): 466 (1911).

贵州、云南、西藏、广西、海南；越南、老挝、缅甸、泰国、马来西亚、印度尼西亚、不丹、尼泊尔、印度。

刺果血桐

Macaranga lowii King ex Hook. f., Fl. Brit. Ind. 5 (14): 453 (1887).

Mallotus auriculatus Merr., Philipp. J. Sci., C 7: 396 (1913); *Mallotus affinis* Merr., Philipp. J. Sci., C 13: 82 (1918); *Macaranga poilanei* Gagnep., Bull. Soc. Bot. France 69: 703 (1923); *Mallotus tsiangii* Merr. et Chun, Sunyatsenia 1: 63 (1930); *Macaranga auriculata* (Merr.) Airy Shaw, Kew Bull. 19: 325 (1965); *Macaranga lowii* var. *kostermansii* Airy Shaw, Kew Bull. 23: 107 (1969).

福建、广东、广西、海南；菲律宾、越南、泰国、马来西亚、印度尼西亚。

泡腺血桐

Macaranga pustulata King ex Hook. f., Fl. Brit. Ind. 5 (14): 445 (1887).

Macaranga gmelinifolia King ex Hook. f., Fl. Brit. Ind. 5 (14): 445 (1887); *Tanarius gmelinifolius* (King ex Hook. f.) Kuntze,

Revis. Gen. Pl. 2: 620 (1891); *Tanarius pustulatus* (King ex Hook. f.) Kuntze, Revis. Gen. Pl. 2: 619 (1891); *Macaranga denticulata* var. *pustulata* (King ex Hook. f.) Chakrab. et M. Gangop., J. Econ. Taxon. Bot. 13: 597 (1989).
云南、西藏；不丹、尼泊尔、印度。

鼎湖血桐

Macaranga sampsonii Hance, J. Bot. 9: 134 (1871).
Mallotus populifolius Hemsl., J. Linn. Soc., Bot. 26: 441 (1891), non (Miq.) Müll. Arg. (1866); *Macaranga hemsleyana* Pax et K. Hoffm., Pflanzenr. (Engler) Euphorb.-Mercurial. 63 (IV. 147. VII): 322 (1914); *Macaranga balansae* Gagnep., Bull. Soc. Bot. France 69: 701 (1923).
云南、广东、广西、海南；越南。

台湾血桐

Macaranga sinensis Baill. ex Müll. Arg., Prodr. (DC.) 15 (2): 1000 (1866).
Macaranga dipterocarpifolia Merr., Philipp. J. Sci. 1 (Suppl. 3): 205 (1906).
台湾；菲律宾、印度尼西亚。

血桐

Macaranga tanarius var. **tomentosa** (Blume) Müll. Arg., Prodr. (DC.) 15 (2): 997 (1866).
Mappa tomentosa Blume, Bijdr. 624 (1826); *Croton lacciferus* Blanco, Fl. Filip. 731 (1837), non L. (1753); *Rottlera tomentosa* (Blume) Hassk., Cat. Hort. Bog. Alt. 238 (1844); *Macaranga tanarius* var. *brevibracteata* Müll. Arg., Prodr. (DC.) 15 (2): 998 (1866); *Macaranga molliuscula* Kurz, J. Asiat. Soc. Bengal, Pt. 2, Nat. Hist. 42 (4): 245 (1874).
福建、广东、广西、海南；菲律宾、越南、泰国、马来西亚、印度尼西亚。

野桐属 Mallotus Lour.

锈毛野桐

•**Mallotus anomalus** Merr. et Chun, Sunyatsenia 5 (1-3): 99 (1940).
海南。

白背叶

Mallotus apelta (Lour.) Müll. Arg., Linnaea 34: 189 (1865).
Ricinus apelta Lour., Fl. Cochinch., ed. 2, 589 (1790).
江西、湖南、云南、福建、广东、广西、海南；越南。

白背叶（原变种）

Mallotus apelta var. **apelta**
Croton chinensis Geiseler, Croton. Monogr. 24 (1807); *Rottlera chinensis* A. Juss., Euphorb. Gen. 33 (1824); *Rottlera cantoniensis* Spreng., Syst. Veg. 3: 878 (1826); *Mallotus apelta* var. *chinensis* (Geiseler) Pax et K. Hoffm., Pflanzenr. (Engler) 63 (IV. 147. VII): 171 (1914).
江西、湖南、云南、福建、广东、广西、海南；越南。

广西白背叶

•**Mallotus apelta** var. **kwangsiensis** F. P. Metcalf, J. Arnold Arbor. 22 (2): 204 (1941).
云南、广东、广西。

毛桐

Mallotus barbatus (Wall. ex Baill.) Müll. Arg., Linnaea 34: 184 (1865).
Rottlera barbata Wall. ex Baill., Étude Euphorb. 423 (1858); *Rottlera barbata* Wall., Numer. List n. 7822 (1828), *nom. nud.*
湖南、湖北、四川、贵州、云南、广东、广西；越南、缅甸、泰国、马来西亚、印度。

毛桐（原变种）

Mallotus barbatus var. **barbatus**
Mallotus barbatus var. *wui* H. S. Kiu, Guihaia 23: 99 (2003).
贵州、云南、广东、广西；越南、缅甸、泰国、马来西亚、印度。

石山毛桐

•**Mallotus barbatus** var. **croizatianus** (F. P. Metcalf) S. M. Hwang, Acta Phytotax. Sin. 23 (4): 295 (1985).
Mallotus croizatianus F. P. Metcalf, J. Arnold Arbor. 22 (2): 204 (1941); *Mallotus esquirolii* H. Lév., Repert. Spec. Nov. Regni Veg. 9 (222-226): 461 (1911), non H. Lév. (1911); *Mallotus leveilleanus* Fedde, Repert. Spec. Nov. Regni Veg. 10 (239-242): 144 (1912).
贵州、广西。

长梗毛桐（湖北野桐）

Mallotus barbatus var. **pedicellaris** Croizat, J. Arnold Arbor. 19 (2): 135 (1938).
Mallotus barbatus var. *hubeiensis* S. M. Hwang, Acta Phytotax. Sin. 23 (4): 296 (1985).
湖南、湖北、四川、贵州、云南、广东、广西；泰国。

短柄野桐

Mallotus decipiens Müll. Arg., Linnaea 34: 194 (1865).
Coelodiscus eriocarpoides Kurz, Forest Fl. Burma 2: 392 (1877).
云南；缅甸、泰国。

南平野桐

•**Mallotus dunnii** F. P. Metcalf, J. Arnold Arbor. 22 (2): 205 (1941).
Mallotus roxburghianus var. *glabrus* Dunn, J. Linn. Soc., Bot. 38 (267): 365 (1908).
湖南、福建、广东、广西。

长叶野桐（粗齿野桐）

Mallotus esquirolii H. Lév., Repert. Spec. Nov. Regni Veg. 9 (214-216): 327 (1911).
Mallotus grossedentatus Merr. et Chun, Sunyatsenia 5 (1-3):

98, t. 12 (1940).
贵州、云南、广西、海南；越南（北部）。

粉叶野桐

Mallotus garrettii Airy Shaw, Kew Bull. 21: 387 (1968).
云南；老挝、泰国（北部）。

野梧桐

Mallotus japonicus (L. f.) Müll. Arg., Linnaea 34: 189 (1865).
Croton japonicus L. f., Suppl. Pl. 422 (1782), as "*iaponicum*".
浙江、台湾，栽培于江苏；朝鲜、日本。

孟连野桐

Mallotus kongkandae Welzen et Phattar., Blumea 46: 67 (2001).
Mallotus philippinensis var. *mengliangensis* C. Y. Wu ex S. M. Hwang, Acta Phytotax. Sin. 23 (4): 294 (1985); *Mallotus pallidus* auct. non (Airy Shaw) Airy Shaw: H. S. Kiu, J. S. W. Forest. Coll. 13: 74 (1993).
云南；泰国。

罗定野桐（罗定白桐）

●**Mallotus lotingensis** F. P. Metcalf, J. Arnold Arbor. 22 (2): 206 (1941).
Mallotus barbatus var. *congestus* F. P. Metcalf, Lingnan Sci. J. 10 (4): 487 (1931).
广东、广西。

罗城野桐

Mallotus luchenensis F. P. Metcalf, J. Arnold Arbor. 22: 206 (1941).
贵州、广西；越南。

褐毛野桐

Mallotus metcalfianus Croizat, J. Arnold Arbor. 21 (4): 501 (1940).
云南、广西；越南。

小果野桐

Mallotus microcarpus Pax et Hoffm., Pflanzenr. (Engler) 63 (IV. 147. VII): 172 (1914).
江西、湖南、贵州、广东、广西；越南（北部）。

贵州野桐（崖豆藤野桐）

●**Mallotus millietii** H. Lév., Fl. Kouy-Tcheou 165 (1914).
湖南、湖北、贵州、云南、广西。

贵州野桐（原变种）

●**Mallotus millietii** var. **millietii**
Phytolacca esquirolii H. Lév., Fl. Kouy-Tcheou 313 (1914); *Mallotus kweichowensis* Lauener et W. T. Wang, Notes Roy. Bot. Gard. Edinburgh 38 (3): 487, f. 1 (1980).
贵州、云南、广西。

光叶贵州野桐

●**Mallotus millietii** var. **atrichus** Croizat, J. Arnold Arbor. 19 (2): 147 (1938).
湖南、湖北、贵州、云南、广西。

尼泊尔野桐

Mallotus nepalensis Müll. Arg., Linnaea 34: 188 (1865).
Mallotus oreophilus var. *floccosus* Müll. Arg., Linnaea 34: 188 (1865); *Mallotus tenuifolius* var. *floccosus* (Müll. Arg.) Croizat, J. Arnold Arbor. 19 (2): 138 (1938); *Mallotus japonicus* var. *floccosus* (Müll. Arg.) S. M. Hwang, Acta Phytotax. Sin. 23 (4): 299 (1985).
云南、西藏；缅甸、不丹、尼泊尔、印度（东北部）。

山地野桐（止血木）

Mallotus oreophilus Müll. Arg., Linnaea 34: 188 (1865).
Mallotus japonicus var. *oreophilus* (Müll. Arg.) S. M. Hwang, Fl. Reipubl. Popularis Sin. 44 (2): 44 (1996).
四川、云南、西藏；不丹、印度。

山地野桐（原变种）

Mallotus oreophilus var. **oreophilus**
Mallotus oreophilus var. *ochraceoalbidus* Müll. Arg., Linnaea 34: 188 (1865); *Mallotus nepalensis* var. *ochraceoalbidus* (Müll. Arg.) Pax et K. Hoffm., Pflanzenr. (Engler) 63 (IV. 147. VII): 166 (1914); *Mallotus japonicus* var. *ochraceoalbidus* (Müll. Arg.) S. M. Hwang, Acta Phytotax. Sin. 23 (4): 298 (1985).
四川、云南、西藏；不丹、印度。

肾叶野桐

●**Mallotus oreophilus** var. **latifolius** (Boufford et T. S. Ying) H. S. Kiu, Fl. China 11: 236 (2008).
Mallotus oreophilus subsp. *latifolius* Boufford et T. S. Ying, J. Arnold Arbor. 71 (4): 575 (1900).
四川、云南。

樟叶野桐

Mallotus pallidus (Airy Shaw) Airy Shaw, Kew Bull. 32: 78 (1977).
Mallotus philippensis var. *pallidus* Airy Shaw, Kew Bull. 26: 300 (1972).
云南、海南；泰国。

白楸（力树，黄背桐，白叶子）

Mallotus paniculatus (Lam.) Müll. Arg., Linnaea 34 (1865).
Croton paniculatus Lam., Encycl. 2: 207 (1786); *Mallotus cochinchinensis* Lour., Fl. Cochinch., ed. 2, 635 (1790); *Echinus trisulcus* Lour., Fl. Cochinch., ed. 2, 633 (1790); *Rottlera alba* Roxb. ex Jack, Malayan Misc. 1: 26 (1820); *Rottlera paniculata* A. Juss., Euphorb. Gen. 33 (1824); *Mallotus albus* (Roxb. ex Jack) Müll. Arg., Linnaea 34: 188

(1865); *Mallotus chinensis* Lour. ex Müll. Arg., Prodr. 15 (2): 965 (1866); *Mallotus formosanus* Hayata, J. Coll. Sci. Imp. Univ. Tokyo 30 (1): 269 (1911); *Mallotus paniculatus* var. *formosanus* (Hayata) Hurus., J. Fac. Sci. Univ. Tokyo, Sect. 3, Bot. 6 (6): 307 (1954).
贵州、云南、福建、台湾、广东、广西、海南；菲律宾、越南、老挝、缅甸、泰国、柬埔寨、马来西亚、印度尼西亚、印度、孟加拉国、巴布亚新几内亚、澳大利亚（东北部）。

山苦茶（鹧鸪茶）

Mallotus peltatus (Geiseler) Müll. Arg., Linnaea 34: 186 (1865).
Aleurites peltata Geiseler, Croton. Monogr. 81 (1807); *Rottlera oblongifolia* Miq., Fl. Ned. Ind. 1 (2): 396 (1859); *Hancea muricata* Benth., Fl. Hongk. 306 (1861); *Mallotus oblongifolius* (Miq.) Müll. Arg., Linnaea 34: 192 (1865); *Mallotus furetianus* Müll. Arg., Linnaea 34: 190 (1865); *Mallotus maclurei* Merr., Philipp. J. Sci. 21 (4): 347 (1922).
广东、海南；菲律宾、越南、缅甸、泰国、马来西亚、印度尼西亚、印度、新几内亚。

粗糠柴

Mallotus philippensis (Lamarck) Müll. Arg., Linnaea 34: 196 (1865).
Croton philippensis Lamarck, Encycl. 2: 206 (1786).
安徽、江苏、浙江、江西、湖南、湖北、四川、贵州、云南、西藏、福建、台湾、广东、广西、海南；菲律宾、越南、老挝、缅甸、泰国、马来西亚、不丹、尼泊尔、印度、孟加拉国、巴基斯坦、斯里兰卡、新几内亚、澳大利亚（北部）。

粗糠柴（原变种）

Mallotus philippensis var. **philippensis**
Rottlera tinctoria Roxb., Pl. Coromandel 2: 36, pl. 168 (1798); *Rottlera aurantiaca* Hook. et Arn., Bot. Beechey Voy. 270 (1838); *Euonymus hypoleucus* H. Lév., Repert. Spec. Nov. Regni Veg. 13 (363-367): 260 (1914).
安徽、江苏、浙江、江西、湖南、湖北、四川、贵州、云南、西藏、福建、台湾、广东、广西、海南；菲律宾、越南、老挝、缅甸、泰国、马来西亚、不丹、尼泊尔、印度、孟加拉国、巴基斯坦、斯里兰卡、新几内亚、澳大利亚（北部）。

网脉粗糠柴

●**Mallotus philippensis** var. **reticulatus** (Dunn) F. P. Metcalf, J. Arnold Arbor. 22 (2): 207 (1941).
Mallotus reticulatus Dunn, J. Linn. Soc., Bot. 38 (267): 365 (1908).
江西、福建、广东、广西。

石岩枫（倒挂茶，倒挂金钩，杠香藤）

Mallotus repandus (Willd.) Müll. Arg., Linnaea 34: 197 (1865).
Croton repandus Willd., Neue Schriften Ges. Naturf. Freunde Berlin 4: 206 (1803).
山西、河南、甘肃、安徽、浙江、江西、湖南、湖北、四川、贵州、云南、福建、台湾、广东、广西、海南；菲律宾、越南、老挝、缅甸、泰国、柬埔寨、马来西亚、印度尼西亚、不丹、尼泊尔、印度、孟加拉国、斯里兰卡、新几内亚、澳大利亚（北部）、太平洋岛屿。

石岩枫（原变种）

Mallotus repandus var. **repandus**
Trewia nudifolia Hance, J. Bot. 16 (181): 14 (1878).
云南、福建、台湾、广东、广西、海南；菲律宾、越南、老挝、缅甸、泰国、柬埔寨、马来西亚、印度尼西亚、不丹、尼泊尔、印度、孟加拉国、斯里兰卡、新几内亚、澳大利亚（北部）、太平洋岛屿。

杠香藤（腺叶石岩枫）

●**Mallotus repandus** var. **chrysocarpus** (Pamp.) S. M. Hwang, Acta Phytotax. Sin. 23 (4): 297 (1985).
Mallotus chrysocarpus Pamp., Nuovo Giorn. Bot. Ital., n. s. 17 (3): 413, f. 12 (1910); *Mallotus contubernalis* var. *chrysocarpus* (Pamp.) Hand.-Mazz., Symb. Sin. 7 (2): 214 (1931); *Mallotus illudens* Croizat, J. Arnold Arbor. 19 (2): 146 (1938).
山西、河南、甘肃、安徽、湖南、湖北、四川、贵州。

卵叶石岩枫

●**Mallotus repandus** var. **scabrifolius** (A. Juss.) Müll. Arg., Prodr. (DC.) 15 (2): 982 (1866).
Rottlera scabrifolia A. Juss., Euphorb. Gen. 111 (1824); *Rottlera cordifolia* Benth., Fl. Hongk. 307 (1861).
浙江、江西、湖南、云南、福建、广东、广西。

圆叶野桐

Mallotus roxburghianus Müll. Arg., Linnaea 34: 186 (1865).
云南；印度（东北部）。

桃源野桐

●**Mallotus taoyuanensis** C. L. Peng et L. H. Yan, J. Trop. Subtrop. Bot. 13 (1): 74 (2005).
湖南。

野桐（巴巴树）

●**Mallotus tenuifolius** Pax, Bot. Jahrb. Syst. 29 (3-4): 429 (1900).
Mallotus apelta var. *tenuifolius* (Pax) Pax et K. Hoffm., Pflanzenr. (Engler) 63 (IV. 147. VII): 171 (1914).
河南、陕西、甘肃、安徽、江苏、浙江、江西、湖南、湖北、四川、贵州、福建、广东、广西。

野桐（原变种）

•**Mallotus tenuifolius** var. **tenuifolius**

河南、甘肃、安徽、江西、湖南、湖北、四川、贵州、福建。

乐昌野桐

•**Mallotus tenuifolius** var. **castanopsis** (F. P. Metcalf) H. S. Kiu, Fl. China 11: 235 (2008).

Mallotus castanopsis F. P. Metcalf, Lingnan Sci. J. 10 (4): 48 (1931); *Mallotus paxii* var. *castanopsis* (F. P. Metcalf) S. M. Hwang, Acta Phytotax. Sin. 23 (4): 298 (1985).

江西、湖南、广东、广西。

红叶野桐

•**Mallotus tenuifolius** var. **paxii** (Pamp.) H. S. Kiu, Fl. China 11: 235 (2008).

Mallotus paxii Pamp., Nuovo Giorn. Bot. Ital., n. s. 17 (3): 414 (1910); *Mallotus stewardii* Merr. ex F. P. Metcalf, Lingnan Sci. J. 10 (4): 488 (1931).

河南、陕西、安徽、江苏、浙江、江西、湖南、湖北、四川、贵州、福建、广东、广西。

黄背野桐

•**Mallotus tenuifolius** var. **subjaponicus** Croizat, J. Arnold Arbor. 19 (2): 138 (1938).

Mallotus nepalensis var. *kwangtungensis* Croizat, J. Arnold Arbor. 19 (2): 136 (1938); *Mallotus subjaponicus* (Croizat) Croizat, J. Arnold Arbor. 21: 502 (1940).

安徽、江苏、浙江、江西、湖南、湖北、贵州、福建、广东、广西。

四果野桐

Mallotus tetracoccus (Roxb.) Kurz, Forest Fl. Burma 2: 382 (1877).

Rottlera tetracocca Roxb., Fl. Ind. (Roxburgh) 3: 826 (1832); *Rottlera ferruginea* Roxb., Fl. Ind. (Roxburgh) 3: 828 (1832); *Mallotus ferrugineus* (Roxb.) Müll. Arg., Linnaea 34: 188 (1865).

云南、西藏；缅甸、不丹、尼泊尔、印度、斯里兰卡。

灰叶野桐

Mallotus thorelii Gagnep., Notul. Syst. (Paris) 4: 53 (1923).

云南；越南（北部）、老挝、泰国、柬埔寨。

椴叶野桐

Mallotus tiliifolius (Blume) Müll.Arg., Linnaea 34 (1865).

Rottlera tiliifolia Blume, Bijdr. Fl. Ned. Ind. 607 (1825); *Croton tiliifolius* var. *aromaticus* Lam., Encycl. 2: 206 (1786); *Mallotus playfairii* Hemsl., J. Linn. Soc., Bot. 26 (177): 441 (1894).

台湾、海南；菲律宾、泰国、马来西亚、印度尼西亚、澳大利亚（北部）、太平洋岛屿（斐济）。

木薯属 **Manihot** Mill.

木薯

☆**Manihot esculenta** Crantz, Inst. Rei Herb. 1: 167 (1766).

Jatropha manihot L., Sp. Pl. 2: 1007 (1753); *Janipha manihot* (L.) Kunth, Nov. Gen. Sp. (4 ed.) 2: 108 (1817).

栽培于贵州、云南、福建、台湾、广东、广西、海南；原产于巴西，热带地区广泛栽培。

木薯胶

☆**Manihot glaziovii** Müll. Arg., Fl. Bras. 11 (2): 446 (1874).

Manihot carthaginensis subsp. *glaziovii* (Müll. Arg.) Allem, Novon 11 (2): 160 (2001).

栽培于广东、广西、海南；原产于巴西，热带地区广泛栽培。

蓝子木属 **Margaritaria** L. f.

蓝子木

Margaritaria indica (Dalzell) Airy Shaw, Kew Bull. 20: 387 (1966).

Prosorus indicus Dalzell, Hooker's J. Bot. Kew Gard. Misc. 4: 346 (1852); *Cicca sinica* Baill., Étude Euphorb. 618, t. 24 (1858); *Phyllanthus indicus* (Dalzell) Müll. Arg., Linnaea 32: 52 (1863); *Phyllanthus sinicus* (Baill.) Müll. Arg., Linnaea 32: 50 (1863); *Calococcus sundaicus* Kurz ex Teijsm. et Binn., Natuurk. Tijdschr. Ned.-Indië 27: 48 (1864); *Glochidion longipedicellatum* Yamam., J. Soc. Trop. Agric. 5: 178 (1933).

台湾、广西；菲律宾、越南、泰国、马来西亚、印度尼西亚、缅甸、印度、斯里兰卡、澳大利亚。

大柱藤属 **Megistostigma** Hook. f.

缅甸大柱藤

Megistostigma burmanicum (Kurz) Airy Shaw, Kew Bull. 23: 119 (1969).

Tragia burmanica Kurz, J. Asiat. Soc. Bengal, Pt. 2, Nat. Hist. 42 (2): 244 (1873).

云南；缅甸、泰国、马来西亚。

云南大柱藤

•**Megistostigma yunnanense** Croizat, J. Arnold Arbor. 22 (3): 426 (1941).

云南。

墨鳞属 **Melanolepis** Rchb. f. ex Zoll.

墨鳞

Melanolepis multiglandulosa (Reinw. ex Blume) Rchb. f. et Zoll., Acta Soc. Regiae Sci. Indo-Neerl. 1: 22 (1856).

Croton multiglandulosus Reinw. ex Blume, Catalogus 105

(1823); *Rottlera multiglandulosa* (Reinw. ex Blume) Blume, Bijdr. Fl. Ned. Ind. 609 (1825); *Mallotus moluccanus* Pax et Hoffm., Pflanzenr. 63 (IV. 147. VII): 142, f, 20 (1914); *Mallotus multiglandulosus* (Reinw. ex Blume) Hurus., J. Fac. Sci. Univ. Tokyo, Sect. 3, Bot. 6 (6): 308 (1954).
台湾；菲律宾、泰国、印度尼西亚、新几内亚、太平洋岛屿、琉球群岛。

山靛属 **Mercurialis** L.

山靛

Mercurialis leiocarpa Siebold et Zucc., Abh. Math.-Phys. Cl. Königl. Bayer. Akad. Wiss. 4 (2): 145 (1845).
Mercurialis transmorrisonensis Hayata, Icon. Pl. Formosan. 5: 199, f. 75 (1915); *Mercurialis leiocarpa* var. *transmorrisonensis* (Hayata) H. Keng, J. Wash. Acad. Sci. 41 (6): 204 (1951); *Mercurialis leiocarpa* var. *trichocarpa* W. T. Wang, Acta Bot. Yunnan. 10: 39 (1988).
安徽、浙江、江西、湖南、湖北、四川、贵州、云南、台湾、广东、广西；日本、朝鲜、泰国（北部）、不丹、尼泊尔、印度（东北部）。

小果木属 **Micrococca** Benth.

小果木

Micrococca mercurialis (L.) Benth. in Hook. f., Niger Fl. 503 (1849).
Tragia mercurialis L., Sp. Pl. 2: 980 (1753); *Claoxylon mercurialis* (L.) Thwaites, Enum. Pl. Zeyl. 271 (1861); *Microstachys mercurialis* (L.) Dalz. et Gibs., Bombay Fl. 227 (1861).
海南；亚洲（南部和东南部）、非洲、大洋洲。

地杨桃属 **Microstachys** A. Juss.

地杨桃

Microstachys chamaelea (L.) Müll. Arg., Linnaea 32: 95 (1863).
Tragia chamaelea L., Sp. Pl. 2: 981 (1753); *Elachocroton asperococcum* F. Muell., Hooker's J. Bot. Kew Gard. Misc. 9: 17 (1857); *Sebastiania chamaelea* (L.) Müll. Arg., Prodr. (DC.) 15: 1175 (1866); *Sebastiania chamaelea* var. *asperococca* (F. Muell.) Pax, Pflanzenr. (Engler) 52 (IV. 147. V): 117 (1912).
广东、广西、海南；菲律宾、越南、柬埔寨、缅甸、泰国、马来西亚、文莱、印度尼西亚、印度、斯里兰卡、所罗门群岛、澳大利亚（北部）；非洲。

白木乌桕属 **Neoshirakia** Esser

斑子乌桕

Neoshirakia atrobadiomaculata (F. P. Metcalf) Esser et P. T. Li, Fl. China 11: 287 (2008).
Sapium atrobadiomaculatum F. P. Metcalf, Lingnan Sci. J. 10: 490 (1931).
江西、湖南、福建、广东。

白木乌桕

Neoshirakia japonica (Siebold et Zucc.) Esser, Blumea 43: 129 (1998).
Stillingia japonica Siebold et Zucc., Akad. Wiss. München 4: 145 (1846); *Triadica japonica* (Siebold et Zucc.) Baill., Étude Euphorb. 512 (1858); *Excoecaria japonica* (Siebold et Zucc.) Müll. Arg., Linnaea 32: 123 (1863); *Sapium japonicum* (Siebold et Zucc.) Pax et K. Hoffm., Pflanzenr. (Engler) 52 (IV. 147. V): 252 (1912); *Shirakia japonica* (Siebold et Zucc.) Hurus., J. Fac. Sci. Univ. Tokyo, Sect. 3, Bot. 6: 318 (1954).
山东、安徽、江苏、浙江、江西、湖南、湖北、四川、贵州、福建、广东、广西；日本、韩国。

叶轮木属 **Ostodes** Blume

云南叶轮木（绒毛叶轮木）

Ostodes katharinae Pax et Hoffm., Pflanzenr. (Engler) 47 (IV. 147. III): 19 (1911).
Ostodes kuangii Y. T. Chang, Acta Phytotax. Sin. 20 (2): 224 (1982).
云南、西藏；泰国（北部）。

叶轮木

Ostodes paniculata Blume, Bijdr. Fl. Ned. Ind. 620 (1825).
Ostodes kerrii Craib, Bull. Misc. Inform. Kew 1911: 464 (1911); *Ostodes thyrsanthus* Pax, Pflanzenr. (Engler) 47 (IV. 147. III): 18 (1911).
云南、海南；越南、缅甸、柬埔寨、马来西亚（半岛）、印度尼西亚、不丹、尼泊尔、印度。

粗柱藤属 **Pachystylidium** Pax et K. Hoffm.

粗柱藤

Pachystylidium hirsutum (Blume) Pax et K. Hoffm., Pflanzenr. (Engler) 68 (IV. 147. IX-XI): 108 (1919).
Tragia hirsuta Blume, Bijdr. Fl. Ned. Ind. 630 (1826); *Tragia delpyana* Gagnep., Bull. Soc. Bot. France 71: 1027 (1924).
云南；菲律宾、越南、老挝、泰国、柬埔寨、印度尼西亚、印度。

红雀珊瑚属 **Pedilanthus** Neck. ex Poit.

红雀珊瑚（拖鞋花，洋珊瑚，扭曲草）

☆**Pedilanthus tithymaloides** (L.) Poit., Ann. Mus. Natl. Hist. Nat. 19: 390 (1812).
Euphorbia tithymaloides L., Sp. Pl. 1: 453 (1753).
栽培于云南、广东、广西、海南；原产于中美洲，栽培于全热带地区。

三籽桐属 Reutealis Airy Shaw

三籽桐

☆**Reutealis trisperma** (Blanco) Airy Shaw, Kew Bull. 20: 395 (1966).
Aleurites trisperma Blanco, Fl. Filip. 755 (1837); *Camirium trispermum* (Blanco) Kuntze, Revis. Gen. Pl. 2: 595 (1891).
栽培于广东、广西；原产于菲律宾，印度尼西亚栽培。

蓖麻属 Ricinus L.

蓖麻

☆**Ricinus communis** L., Sp. Pl. 2: 1007 (1753).
全国栽培；世界广泛栽培。

齿叶乌桕属 Shirakiopsis Esser

齿叶乌桕

☆**Shirakiopsis indica** (Willd.) Esser, Blumea 44: 185 (1999).
Sapium indicum Willd., Sp. Pl., ed. 4 [Willdenow] 4: 572 (1805); *Sapium bingyricum* Roxb. ex Baill., Étude Euphorb. pl. 6 (1858); *Stillingia diversifolia* Miq., Fl. Ned. Ind., Eerste Bijv. 461 (1861); *Excoecaria indica* (Willd.) Müll. Arg., Linnaea 32: 123 (1863); *Shirakia indica* (Willd.) Hurus., J. Fac. Sci. Univ. Tokyo, Sect. 3, Bot. 6: 317 (1954).
栽培于广东；原产于越南、缅甸、泰国、文莱、马来西亚、新加坡、印度尼西亚、印度、孟加拉国、斯里兰卡、巴布亚新几内亚、太平洋岛屿（俾斯麦群岛、加罗林群岛）。

地构叶属 Speranskia Baill.

广东地构叶（透骨草，云南地构叶）

●**Speranskia cantonensis** (Hance) Pax et K. Hoffm., Pflanzenr. (Engler) 57 (IV. 147. VI): 15 (1912).
Argyrothamnia cantonensis Hance, J. Bot. 16 (181): 14 (1878); *Argythamnia cantonensis* Hance, J. Bot. 16 (181): 14 (1878); *Speranskia henryi* Oliv., Icon. Pl. 16: pl. 1673 (1887); *Mercurialis acanthocarpa* H. Lév., Repert. Spec. Nov. Regni Veg. 3 (27-28): 21 (1906); *Speranskia yunnanensis* S. M. Hwang, Bull. Bot. Res., Harbin 9 (4): 38 (1989).
河北、山西、陕西、江西、湖南、湖北、四川、贵州、云南、广东、广西。

地构叶（珍珠透骨草，瘤果地构叶）

●**Speranskia tuberculata** (Bunge) Baill., Étude Euphorb. 389 (1858).
Croton tuberculatus Bunge, Enum. Pl. China Bor. 60 (1833); *Argyrothamnia tuberculata* (Bunge) Müll. Arg., Linnaea 34: 144 (1865); *Argythamnia tuberculata* (Bunge) Müll. Arg., Linnaea 34: 144 (1865); *Speranskia pekinensis* Pax et Hoffm., Pflanzenr. (Engler) 52 (IV. 147. IV): 15, f. 3 E (1912); *Speranskia tuberculata* var. *pekinensis* (Pax et K. Hoffm.) Hurus., J. Fac. Sci. Univ. Tokyo, Sect. 3, Bot. 6: 310 (1954).
吉林、辽宁、内蒙古、河北、山西、山东、河南、陕西、宁夏、甘肃、安徽、四川。

宿萼木属 Strophioblachia Boerl.

宿萼木

Strophioblachia fimbricalyx Boerl., Handl. Fl. Ned. Ind. 3 (1): 236, 284 (1900).
云南、广西、海南；菲律宾、越南、印度尼西亚。

宿萼木（原变种）

Strophioblachia fimbricalyx var. **fimbricalyx**
Strophioblachia glandulosa var. *tonkinensis* Gagnep., Fl. Indo-Chine 5: 410 (1926).
云南、广西、海南；菲律宾、越南、印度尼西亚。

广西宿萼木

●**Strophioblachia fimbricalyx** var. **efimbriata** Airy Shaw, Kew Bull. 25: 544 (1971).
广西。

心叶宿萼木

Strophioblachia glandulosa var. **cordifolia** Airy Shaw, Kew Bull. 25: 545 (1971).
Strophioblachia fimbricalyx var. *cordifolia* (Airy Shaw) H. S. Kiu, Guihaia 19 (3): 195 (1999).
云南；泰国。

白叶桐属 Sumbaviopsis J. J. Sm.

白叶桐

Sumbaviopsis albicans (Blume) J. J. Sm., Meded. Dept. Landb. Ned.-Indie 10: 357 (1910).
Adsina albicans Blume, Bijdr. Fl. Ned. Ind. 611 (1825); *Croton albicans* (Blume) Reichb. et Zoll., Verh. Natuurk. Ver. Nederl. Ind. 1: 21 (1856); *Sumbavia macrophylla* Müll. Arg., Flora 47: 482 (1864); *Coelodiscus speciosus* Müll. Arg., Linnaea 34: 154 (1865); *Mallotus speciosus* Pax et Hoffm., Pflanzenr. (Engler) 63 (IV. 147. VII): 205 (1914); *Doryxylon albicans* (Blume) N. P. Balakr., Bull. Bot. Surv. India 9: 58 (1968).
云南；越南、老挝、缅甸、泰国、马来西亚、印度尼西亚、印度。

白树属 Suregada Roxb. ex Rottler

台湾白树（白树仔）

Suregada aequorea (Hance) Seem., J. Bot. 4: 403 (1866).
Gelonium aequoreum Hance, J. Bot. 4: 173 (1866); *Owataria formosana* Matsum., Bot. Mag. (Tokyo) 14: 1 (1900).
台湾；菲律宾。

滑桃树属 Trevia L.

滑桃树

Trevia nudiflora L., Sp. Pl. 2: 1193 (1753).

Rottlera indica Willd., Gött. J. Naturwiss. 1: 8 (1797); *Trevia integerrima* Stokes, Bot. Mat. Med. 4: 570 (1812); *Trevia macrophylla* Roth, Nov. Pl. Sp. 373 (1821); *Pseudotrewia macrophylla* Miq., Fl. Ned. Ind. 1 (2): 414 (1849); *Rottlera operiana* Blume ex Baill., Étude Euphorb. 423 (1858); *Trevia macrostachya* Klotzsch, Bot. Ergebn. Reise Waldemar 117 (1862); *Rottlera hoperiana* Blume ex Müll. Arg., Prodr. 15 (2): 953 (1866); *Trevia polycarpa* Benth. in Benth. et Hook. f., Gen. Pl. 3: 318 (1880); *Mallotus cardiophyllus* Merr., Philipp. J. Sci. 7: 398 (1912); *Trevia nudiflora* var. *tomentosa* Susila et N. P. Balakr., J. Econ. Taxon. Bot. 22: 351, f. 3 (1998); *Trevia nudiflora* var. *polycarpa* (Benth.) Susila et N. P. Balakr., J. Econ. Taxon. Bot. 22: 351, f. 2 (1998); *Trevia nudiflora* var. *dentata* Susila et N. P. Balakr., J. Econ. Taxon. Bot. 22: 352, f. 4 (1998); *Mallotus polycarpus* (Benth.) Kulju et Welzen, Blumea 52: 130 (2007); *Mallotus nudiflorus* (L.) Kulju et Welzen, Blumea 52: 124 (2007).

云南、广西、海南；菲律宾、越南、老挝、缅甸、泰国、柬埔寨、马来西亚、印度尼西亚、不丹、尼泊尔、印度、斯里兰卡。

乌桕属 Triadica Lour.

山乌桕

Triadica cochinchinensis Lour., Fl. Cochinch. 2: 610 (1790).

Sapium eugeniaefolium Ham., Numer. List n. 7970 (1832), *nom. nud.*; *Stillingia discolor* Champ. ex Benth., Hooker's J. Bot. Kew Gard. Misc. 6: 1 (1856); *Excoecaria discolor* (Champ. ex Benth.) Müll. Arg., Prodr. (DC.) 15 (2): 1210 (1861); *Sapium discolor* (Champ. ex Benth.) Müll. Arg., Linnaea 32: 121 (1863); *Excoecaria loureiroana* Müll. Arg., Prodr. (DC.) 15 (2): 1217 (1866); *Sapium cochinchinense* (Lour.) Pax et K. Hoffm., Pflanzenr. (Engler) 52 (4. 147. 5): 252 (1912), non (Lour.) Kuntze (1898); *Sapium laui* Croizat, J. Arnold Arbor. 21 (4): 505 (1940); *Shirakia cochinchinensis* (Lour.) Hurus., J. Fac. Sci. Univ. Tokyo, Sect. 3, Bot. 6: 318 (1954); *Sapium pleiocarpum* Y. Q. Tseng, Acta Phytotax. Sin. 20 (1): 105, pl. 1 (1982).

安徽、浙江、江西、湖南、湖北、四川、贵州、云南、福建、台湾、广东、广西、海南；菲律宾、越南、老挝、缅甸、泰国、柬埔寨、马来西亚、印度尼西亚、印度。

圆叶乌桕

Triadica rotundifolia (Hemsl.) Esser, Harvard Pap. Bot. 7: 19 (2002).

Sapium rotundifolium Hemsl., J. Linn. Soc., Bot. 26 (177): 445 (1894); *Baccaurea esquirolli* H. Lév., Fl. Kouy-Tcheou 159 (1914); *Sapium rotundifolium* var. *obcordatum* S. K. Lee, Acta Phytotax. Sin. 5 (2): 121 (1956).

湖南、贵州、云南、广东、广西；越南（北部）。

乌桕

Triadica sebifera (L.) Small, Florida Trees 59 (1913).

Croton sebiferum L., Sp. Pl. 2: 1004 (1753); *Triadica sinensis* Lour., Fl. Cochinch., ed. 2, 610 (1790); *Stillingia sebifera* (L.) Michx., Fl. Bor.-Amer. 2: 213 (1803); *Sapium sebiferum* (L.) Roxb., Hort. Bengal. 69 (1814); *Excoecaria sebifera* Müll. Arg., Prodr. (DC.) 15 (2): 1210 (1866); *Sapium chihsinianum* S. K. Lee, Acta Phytotax. Sin. 5 (2): 121, pl. 14 (1956); *Sapium discolor* var. *wenhsienensis* S. B. Ho, Fl. Tsinling. 1 (3): 451, f. 155 (1981); *Sapium sebiferum* var. *pendulum* B. C. Ding et T. B. Chao, Fl. Henan. 2: 481 (1988); *Sapium sebiferum* var. *multiracemosum* B. C. Ding ex S. Y. Wang et T. B. Chao, Fl. Henan. 2: 481 (1988); *Sapium sebiferum* var. *dabeshanense* B. C. Ding et T. B. Chao, Fl. Henan. 2: 481 (1988); *Sapium sebiferum* var. *cordatum* S. Y. Wang, Fl. Henan. 2: 480 (1988).

山东、陕西、甘肃、安徽、江苏、浙江、江西、湖北、四川、贵州、云南、福建、台湾、广东、广西、海南；日本、越南；欧洲、非洲、美洲；栽培于印度。

三宝木属 Trigonostemon Blume

白花三宝木

Trigonostemon albiflorus Airy Shaw, Kew Bull. 25 (3): 547 (1971).

Trigonostemon leucanthus Airy Shaw, Kew Bull. 25 (3): 548 (1971); *Trigonostemon leucanthus* var. *siamensis* H. S. Kiu, Guihaia 12 (3): 211 (1992).

广西；泰国（北部）。

勐仑三宝木（丝梗三宝木）

Trigonostemon bonianus Gagnep., Bull. Soc. Bot. France 69: 747 (1923).

Trigonostemon petelotii Merr., Univ. Calif. Publ. Bot. 10: 425 (1924); *Trigonostemon kwangsiensis* Hand.-Mazz., Sinensia 2 (10): 130 (1932); *Trigonostemon lii* Y. T. Chang, Guihaia 3 (3): 175 (1983); *Trigonostemon chinensis* var. *filipes* S. L. Mo, Guihaia Add. 1: 129 (1988); *Trigonostemon filipes* Y. T. Chang et S. L. Mo, Acta Phytotax. Sin. 27 (2): 149 (1989); *Trigonostemon kwangsiensis* var. *viridulis* H. S. Kiu, Guihaia 12 (3): 210 (1992).

云南；越南。

三宝木

●**Trigonostemon chinensis** Merr., Philipp. J. Sci. 21: 498 (1922).

Trigonostemon harmandii Gagnep., Bull. Soc. Bot. France 69: 750 (1922); *Trigonostemon fungii* Merr., Lingnan Sci. J. 11 (1): 47 (1932); *Trigonostemon huangmosu* Y. T. Chang, Guihaia 3 (3): 174 (1983); *Trigonostemon chinensis* f. *fungii* (Merr.) Y. T.

Chang, Acta Phytotax. Sin. 27 (2): 149 (1989); *Trigonostemon leucanthus* var. *hainanensis* H. S. Kiu, Guihaia 12 (3): 211 (1992); *Trigonostemon wui* H. S. Kiu, J. Trop. Subtrop. Bot. 3 (4): 19, f. 2 (1995).
广东、广西、海南。

异叶三宝木

Trigonostemon flavidus Gagnep., Bull. Soc. Bot. France 69: 749 (1923).
Trigonostemon heterophyllus Merr., Lingnan Sci. J. 9 (1-2): 38 (1930).
海南；老挝、缅甸、泰国。

黄花三宝木

Trigonostemon fragilis (Gagnep.) Airy Shaw, Kew Bull. 32 (2): 415 (1978).
Poilaniella fragilis Gagnep., Bull. Soc. Bot. France 72: 467 (1925); *Trigonostemon lutescens* Y. T. Chang et J. Y. Liang, Guihaia 3 (3): 173, f. 1, 3-5 (1983).
广西、海南；越南。

长序三宝木

Trigonostemon howii Merr. et Chun, Sunyatsenia 2 (3-4): 262, t. 53 (1935).
Prosartema gaudichaudii Gagnep., Bull. Soc. Bot. France 72: 468 (1925), non *Trigonostemon gaudichaudii* (Baill.) Müll. Arg. (1865); *Trigonostemon gagnepainianus* Airy Shaw, Kew Bull. 32: 415 (1978).
海南；越南。

长梗三宝木

Trigonostemon thyrsoideus Stapf, Bull. Misc. Inform. Kew 1909 (6): 264 (1909).
贵州、云南、广西；越南、老挝、缅甸、泰国（北部）。

瘤果三宝木（新拟）

●**Trigonostemon tuberculatus** F. Du et Ju He, Kew Bull. 65 (1): 111 (2010).
云南。

剑叶三宝木

●**Trigonostemon xyphophyllorides** (Croizat) L. K. Dai et T. L. Wu, Acta Phytotax. Sin. 8 (3): 278 (1963).
Cleidion xyphophylloidea Croizat, J. Arnold Arbor. 21 (4): 503 (1940).
海南。

油桐属 Vernicia Lour.

油桐（桐油树，桐子树，罂子桐）

Vernicia fordii (Hemsl.) Airy Shaw, Kew Bull. 20: 394 (1966).
Aleurites fordii Hemsl., Hooker's Icon. Pl. 29: pls. 2801, 2802 (1906).
河南、陕西、安徽、江苏、浙江、江西、湖南、湖北、四川、贵州、云南、福建、广东、广西、海南；越南，栽培于旧世界和新世界。

木油桐（千年桐，皱果桐）

Vernicia montana Lour., Fl. Cochinch., ed. 2, 2: 586 (1790).
Aleurites montana (Lour.) E. H. Wilson, Bull. Imp. Inst. Gr. Brit. 11: 460 (1913).
安徽、浙江、江西、湖南、湖北、贵州、云南、福建、台湾、广东、广西、海南；越南、缅甸、泰国，栽培于日本。

125. 扁距木科 CENTROPLACACEAE [1 属: 1 种]

膝柄木属 Bhesa Buch.-Ham. ex Arn.

膝柄木（库林木）

Bhesa robusta (Roxb.) Ding Hou, Blumea Suppl. 4: 152 (1958).
Celastrus robustus Roxb., Hort. Bengal. 18 (1814); *Kurrimia robusta* (Roxb.) Kurz, J. Asiat. Soc. Bengal 34 (2): 73 (1870); *Kurrimia sinica* H. T. Chang et S. Y. Liang, Acta Sci. Nat. Univ. Sunyatseni 1: 100 (1981).
广西；越南、老挝、缅甸、泰国、柬埔寨、马来西亚、印度尼西亚、？不丹、尼泊尔、印度、孟加拉国。

126. 金莲木科 OCHNACEAE [3 属: 4 种]

赛金莲木属 Campylospermum Tiegh.

齿叶赛金莲木（裂瓣奥里木，裂瓣赛金莲木）

Campylospermum serratum (Gaertn.) Bittrich et M. C. E. Amaral., Taxon 43: 92 (1994).
Meesia serrata Gaertn., Fruct. Sem. Pl. 1: 344, t. 70, f. 6 (1788); *Walkera serrata* (Gaertn.) Willd., Sp. Pl., ed. 4 [Willdenow] 1 (2): 1145 (1798); *Ouratea lobopetala* Gagnep., Fl. Indo-Chine Suppl. 1: 671 (1946), *nom. inval.*; *Ouratea serrata* (Gaertn.) N. Robson, Taxon 11: 51 (1962); *Gomphia serrata* (Gaertn.) Kanis, Taxon 16: 422 (1967).
海南；菲律宾、越南、泰国、柬埔寨、马来西亚、印度尼西亚、印度、斯里兰卡。

赛金莲木（奥里木）

Campylospermum striatum (Tiegh.) M. C. E. Amaral, Fl. China 12: 362 (2007).
Campylocercum striatum Tiegh., Ann. Sci. Nat. (Paris) ser. 8, 16: 304 (1902); *Ouratea striata* (Tiegh.) Lecomte, Fl. Indo-Chine 1: 703 (1911); *Gomphia striata* (Tiegh.) C. F. Wei, Fl. Reipubl. Popularis Sin. 49 (2): 306 (1984).
海南；越南。

金莲木属 Ochna L.

金莲木（似梨木）

Ochna integerrima (Lour.) Merr., Trans. Amer. Philos. Soc. n. s. 24 (2): 265 (1935).
Elaeocarpus integerrimus Lour., Fl. Cochinch., ed. 2, 1: 338 (1790); *Ochna harmandii* Lecomte, Fl. Indo-Chine 1: 706, f. 75: 1-5 (1911).
广东、广西、海南；越南、老挝、缅甸、泰国、柬埔寨、马来西亚、印度、巴基斯坦。

合柱金莲木属 Sauvagesia L.

合柱金莲木（辛木）

●**Sauvagesia rhodoleuca** (Diels) M. C. E. Amaral, Novon 16: 2 (2006).
Sinia rhodoleuca Diels, Notizbl. Bot. Gart. Berlin-Dahlem 10 (99): 889 (1930).
广东、广西。

127. 叶下珠科 PHYLLANTHACEAE[15 属: 128 种]

喜光花属 Actephila Blume

毛喜光花（长花喜光花）

Actephila excelsa (Dalzell) Müll. Arg., Linnaea 32: 78 (1863).
Anomospermum excelsum Dalzell, Hooker's J. Bot. Kew Gard. Misc. 3: 228 (1851); *Actephila dolichantha* Croizat, J. Arnold Arbor. 23 (1): 30 (1942).
云南、广西；菲律宾、越南、缅甸、泰国、马来西亚、印度尼西亚、印度。

喜光花

●**Actephila merrilliana** Chun, Sunyatsenia 3 (1): 26, f. 3 (1935).
Actephila inopinata Croizat, J. Arnold Arbor. 21 (4): 490 (1940).
广东、海南。

短柄喜光花

Actephila subsessilis Gagnep., Bull. Soc. Bot. France 71: 569 (1924).
云南；越南。

五月茶属 Antidesma L.

西南五月茶（宋闷，酸叶树，二蕊五月茶）

Antidesma acidum Retz., Observ. Bot. (Retzius) 5: 30 (1789).
Stilago diandra Roxb., Pl. Coromandel 2: 35, t. 166 (1798); *Stilago lanceolaria* Roxb., Fl. Ind. (Roxburgh) 3: 760 (1832); *Antidesma lanceolarium* (Roxb.) Wall., Numer. List n. 7284 (1832); *Antidesma wallichianum* C. Presl, Epimel. Bot. 235 (1849); *Antidesma diandrum* (Roxb.) Roth, Nov. Spec. 369 (1921).
四川、贵州、云南；越南、老挝、缅甸、泰国、柬埔寨、印度尼西亚（爪哇）、不丹、尼泊尔、印度（包括安达曼群岛和尼科巴群岛）、孟加拉国。

五月茶（污槽树）

Antidesma bunius (L.) Spreng., Syst. Veg. 1: 826 (1825).
Stilago bunius L., Mant. Pl. 122 (1767).
江西、贵州、云南、西藏、福建、广东、广西、海南；菲律宾、越南、老挝、缅甸、泰国、新加坡、印度尼西亚、尼泊尔、印度（包括安达曼群岛和尼科巴群岛）、斯里兰卡、巴布亚新几内亚、澳大利亚（东北部）、太平洋岛屿（夏威夷、塔希提）。

五月茶（原变种）

Antidesma bunius var. **bunius**
Antidesma dallachyanum Baill., Adansonia 6: 337 (1866); *Antidesma collettii* Craib, Bull. Misc. Inform. Kew 1911 (10): 461 (1911); *Antidesma thorelianum* Gagnep., Bull. Soc. Bot. France 59: 124 (1923).
江西、贵州、西藏、福建、广东、广西、海南；菲律宾、越南、老挝、缅甸、泰国、新加坡、印度尼西亚、尼泊尔、印度（包括安达曼群岛和尼科巴群岛）、斯里兰卡、巴布亚新几内亚、澳大利亚（东北部）、太平洋岛屿（夏威夷、塔希提）。

毛叶五月茶

Antidesma bunius var. **pubescens** Petra Hoffm., Kew Bull. 54: 350 (1999).
云南；泰国（北部）。

黄毛五月茶（唛毅怀，木味水）

Antidesma fordii Hemsl., J. Linn. Soc., Bot. 26 (177): 430 (1894).
Antidesma yunnanense Pax et K. Hoffm., Pflanzenr. (Engler) 81 (IV. 147. XV): 157 (1921).
云南、福建、广东、广西、海南；越南、老挝。

方叶五月茶（田边木，圆叶早禾子）

Antidesma ghaesembilla Gaertn., Fruct. Sem. Pl. 1: 189 (1788).
云南、广东、广西、海南；菲律宾、越南、老挝、缅甸、泰国、柬埔寨、马来西亚、印度尼西亚、？不丹、尼泊尔、印度（包括尼科巴群岛）、孟加拉国、斯里兰卡、巴布亚新几内亚、澳大利亚。

海南五月茶

Antidesma hainanense Merr., Philipp. J. Sci. 21 (4): 347 (1922).

Antidesma fleuryi Gagnep., Bull. Soc. Bot. France 70: 121 (1923).
云南、广东、广西、海南；越南、老挝。

河头山五月茶

●**Antidesma hontaushanense** C. E. Chang, For. Journ. For. Ass. Taiwan Prov. Inst. Agric. Pintung 6: 2 (1964).
台湾。

酸味子（酸味子，禾串果，枯里珍）

Antidesma japonicum Siebold et Zucc., Abh. Bayer. Akad. Wiss., Math.-Naturwiss. Abt. 4 (2): 212 (1846).
Antidesma delicatulum Hutch., Pl. Wilson. 2 (3): 522 (1916); *Antidesma acutisepalum* Hayata, Icon. Pl. Formosan. 9: 97 (1920); *Antidesma hiiranense* Hayata, Icon. Pl. Formosan. 9: 98 (1920); *Antidesma neriifolium* Pax et K. Hoffm., Pflanzenr. (Engler) 81 (IV. 147. XV): 130 (1921); *Antidesma ambiguum* Pax et K. Hoffm., Pflanzenr. (Engler) 81 (IV. 147. XV): 127 (1921); *Antidesma gracillimum* Gage, Rec. Bot. Surv. India 9 (2): 227 (1922); *Antidesma filipes* Hand.-Mazz., Symb. Sin. 7 (2): 218 (1931); *Antidesma japonicum* var. *densiflorum* Hurus., Icon. Pl. Asiae Orient. 4 (2): 347 (1941); *Antidesma japonicum* var. *acutisepalum* (Hayata) Hurus., Icon. Pl. Asiae Orient. 4 (2): 346 (1941); *Antidesma pentandrum* var. *hiiranense* (Hayata) Hurus., J. Fac. Sci. Univ. Tokyo, Sect. 3, Bot. 6 (6): 328 (1954).
青海、安徽、江苏、浙江、江西、湖南、湖北、四川、贵州、云南、西藏、福建、台湾、广东、广西、海南；日本、越南、泰国、马来西亚。

多花五月茶

Antidesma maclurei Merr., Philipp. J. Sci. 23 (3): 248 (1923).
海南；越南。

山地五月茶（南五月茶，山五月茶）

Antidesma montanum Blume, Bijdr. Fl. Ned. Ind. 1124 (1827).
湖南、四川、贵州、云南、西藏、台湾、广东、广西、海南；日本、菲律宾、越南、老挝、缅甸、泰国、柬埔寨、马来西亚、印度尼西亚、不丹、印度、孟加拉国、澳大利亚。

山地五月茶（原变种）

Antidesma montanum var. **montanum**
Cansjera pentandra Blanco, Fl. Filip. 71 (1837); *Antidesma pubescens* var. *moritzii* Tul., Ann. Sci. Nat., Bot., sér. 3, 15: 215 (1851); *Antidesma barbatum* C. Presl, Epimel. Bot. 233 (1851); *Antidesma moritzii* (Tul.) Müll. Arg., Linnaea 34: 67 (1865); *Antidesma gracile* Hemsl., J. Linn. Soc., Bot. 26 (177): 431 (1894); *Antidesma apiculatum* Hemsl., J. Linn. Soc., Bot. 26 (177): 430 (1894); *Antidesma henryi* Hemsl., J. Linn. Soc., Bot. 26 (177): 431 (1894); *Antidesma pentandrum* var. *barbatum* (C. Presl) Merr., Philipp. J. Sci. 9 (5): 463 (1914); *Antidesma pentandrum* (Blanco) Merr., Philipp. J. Sci. 9 (5): 462 (1914); *Antidesma rotundisepalum* Hayata, Icon. Pl. Formosan. 9: 98 (1920); *Antidesma henryi* Pax et K. Hoffm., Pflanzenr. (Engler) 81 (IV. 147. XV): 132 (1921), non Hemsl. (1894); *Antidesma costulatum* Pax et K. Hoffm., Pflanzenr. (Engler) 81 (IV. 147. XV): 129 (1921); *Antidesma calvescens* Pax et K. Hoffm., Pflanzenr. (Engler) 81 (IV. 147. XV): 118 (1921); *Antidesma chonmon* Gagnep., Bull. Soc. Bot. France 70: 119 (1923); *Antidesma paxii* F. P. Metcalf, Lingnan Sci. J. 10 (4): 485 (1931); *Antidesma kotoense* Kaneh., Formos. Trees, ed. rev. 329, f. 284 (1936); *Antidesma pentandrum* var. *rotundisepalum* (Hayata) Hurus., J. Fac. Sci. Univ. Tokyo, Sect. 3, Bot. 6 (6): 327 (1954).
贵州、云南、西藏、台湾、广东、广西、海南；日本、菲律宾、越南、老挝、缅甸、泰国、柬埔寨、马来西亚、印度尼西亚、不丹、印度、孟加拉国、澳大利亚。

小叶五月茶（小杨柳，沙潦木，水杨梅）

Antidesma montanum var. **microphyllum** (Hemsl.) Petra Hoffm., Kew Bull. 54: 357 (1999).
Antidesma microphyllum Hemsl., J. Linn. Soc., Bot. 26 (177): 432 (1894); *Antidesma sequinii* H. Lév., Repert. Spec. Nov. Regni Veg. 9: 460 (1911); *Myrica darrisii* H. Lév., Repert. Spec. Nov. Regni Veg. 12 (341-345): 537 (1913); *Antidesma pseudomicrophyllum* Croizat, J. Arnold Arbor. 21 (4): 496 (1940); *Antidesma verosum* auct. non E. Mey. ex Tul.: P. T. Li, Fl. Reipubl. Popularis Sin. 44 (1): 63 (1994).
湖南、四川、贵州、云南、广东、广西、海南；越南、老挝、泰国。

大果五月茶（海南五月茶）

Antidesma nienkui Merr. et Chun, Sunyatsenia 2 (3-4): 263, t. 54 (1935).
广东、海南；泰国。

泰北五月茶

Antidesma sootepense Craib, Bull. Misc. Inform. Kew 1911 (10): 463 (1911).
云南；老挝、缅甸、泰国。

银柴属 Aporosa Blume

银柴（大沙叶，甜糖木，山咖啡）

Aporosa dioica (Roxb.) Müll. Arg., Prodr. (DC.) 15 (2): 472 (1866).
Alnus dioica Roxb., Fl. Ind. (Roxburgh) 3: 580 (1832); *Scepa stipulacea* Lindl., Intr. Nat. Syst. Bot. 441 (1836); *Scepa aurita* Tul., Ann. Sci. Nat., Bot., sér. 3, 15: 254 (1851); *Scepa chinensis* Champ. ex Benth., Hooker's J. Bot. Kew Gard. Misc. 6: 72 (1854); *Aporosa aurita* (Tul.) Miq., Fl. Ned. Ind. 1 (1): 431 (1855); *Tetractinostigma microcalyx* Hassk., Flora 40: 533 (1857); *Aporosa roxburghii* Beill., Étude Euphorb. 645 (1858); *Aporosa microcalyx* (Hassk.) Hassk., Bull. Soc. Bot. France 6: 714 (1859); *Aporosa leptostachya* Benth., Fl. Hongk. 317

(1861); *Aporosa microcalyx* var. *chinensis* (Champ. ex Benth.) Müll. Arg., Prodr. (DC.) 15 (2): 472 (1866); *Aporosa microcalyx* var. *intermedia* Pax et K. Hoffm., Pflanzenr. (Engler) 81 (IV. 147. XV): 102 (1921); *Aporosa chinensis* (Champ. ex Benth.) Merr., Lingnan Sci. J. 13 (1): 34 (1934).

云南、广东、广西、海南；越南、缅甸、泰国、马来西亚、不丹、尼泊尔、印度。

全缘叶银柴

Aporosa planchoniana Baill., Étude Euphorb. 645 (1858).

Aporosa lanceolata var. *murtonii* F. N. Williams, Bull. Herb. Boissier, sér. 2, 5: 30 (1905).

云南、广西、海南；越南、老挝、缅甸、泰国、柬埔寨、印度。

毛银柴（毛大沙叶，南罗米）

Aporosa villosa (Lindl.) Baill., Étude Euphorb. 645 (1858).

Scepa villosa Lindl., Intr. Nat. Syst. Bot., ed. 2: 441 (1836); *Aporosa glabrifolia* Kurz, J. Bot. 13 (155): 330 (1875); *Aporosa microcalyx* var. *yunnanensis* Pax et K. Hoffm., Pflanzenr. (Engler) 81 (IV. 147. XV): 102 (1921); *Aporosa dioica* var. *yunnanensis* (Pax et K. Hoffm.) H. S. Kiu, Guihaia 11 (1): 17 (1991).

云南、广东、广西、海南；越南、老挝、缅甸、泰国、柬埔寨、印度。

云南银柴（橄树，铁车木，云南大沙叶）

Aporosa yunnanensis (Pax et K. Hoffm.) F. P. Metcalf, Lingnan Sci. J. 10 (4): 486 (1931).

Aporosa wallichii var. *yunnanensis* Pax et K. Hoffm., Pflanzenr. (Engler) 81 (IV. 147. XV): 90 (1921).

江西、贵州、云南、广东、广西、海南；越南、缅甸、泰国、印度。

木奶果属 **Baccaurea** Lour.

多脉木奶果

☆**Baccaurea motleyana** (Müll. Arg.) Müll. Arg., Prodr. (DC.) 15 (2): 461 (1866).

Pierardia motleyana Müll. Arg., Flora 47: 516 (1864).

栽培于云南；原产于泰国、马来西亚（半岛）、印度尼西亚。

木奶果

Baccaurea ramiflora Lour., Fl. Cochinch., ed. 2, 2: 661 (1790).

Baccaurea cauliflora Lour., Fl. Cochinch., ed. 2, 2: 661 (1790); *Pierardia sapida* Roxb., Fl. Ind. (Roxburgh) 2: 254 (1832); *Baccaurea sapida* (Roxb.) Müll. Arg., Prodr. (DC.) 15 (2): 459 (1866); *Baccaurea wrayi* King ex Hook. f., Fl. Brit. Ind. 5: 374 (1887); *Baccaurea oxycarpa* Gagnep., Bull. Soc. Bot. France 70: 431 (1923); *Gatnaia annamica* Gagnep., Bull. Soc. Bot. France 71: 870 (1924).

云南、广东、广西、海南；越南、老挝、缅甸、泰国、柬埔寨、马来西亚（半岛）、不丹、尼泊尔、印度。

秋枫属 **Bischofia** Blume

秋枫（万年青树，赤木，茄冬）

Bischofia javanica Blume, Bijdr. Fl. Ned. Ind. 17: 1168 (1825).

Andrachne trifoliata Roxb., Fl. Ind. (Roxburgh) 3: 728 (1832); *Microelus roeperianus* Wight et Arn., Edinburgh New Philos. J. 14: 298 (1833); *Stylodiscus trifoliatus* Benn., Pl. Jav. Rar. 133, t. 29 (1838); *Bischofia oblongifolia* Decne., Voy. Inde 4: 152 (1844); *Bischofia toui* Decne., Voy. Inde 153 (1844); *Bischofia roeperiana* (Wight et Arn.) Decne. ex Jacq., Voy. Inde 153 (1844); *Bischofia cumingiana* Decne., Voy. Inde 4: 153 (1844); *Bischofia trifoliata* (Roxb.) Hook., Hooker's Icon. Pl. 9: t. 844 (1851); *Bischofia leplopoda* Müll. Arg., Prodr. (DC.) 15 (2): 479 (1866).

安徽、福建；日本、菲律宾、越南、老挝、缅甸、泰国、柬埔寨、马来西亚、印度尼西亚、不丹、尼泊尔、印度、斯里兰卡、澳大利亚、太平洋岛屿（波利尼西亚）。

重阳木（乌杨，茄冬树，红桐）

●**Bischofia polycarpa** (H. Lév.) Airy Shaw, Kew Bull. 27 (2): 271 (1972).

Celtis polycarpa H. Lév., Repert. Spec. Nov. Regni Veg. 11 (286-290): 296 (1912); *Bischofia racemosa* Ching et C. D. Chu, Sci. Silvae Sin. 8 (1): 13 (1963).

陕西、安徽、江苏、浙江、江西、湖南、贵州、云南、福建、广东、广西。

黑面神属 **Breynia** J. R. Forst. et G. Forst.

黑面神（狗脚刺，田中逵，四眼叶）

Breynia fruticosa (L.) Hook. f., Fl. Brit. Ind. 5 (14): 331 (1887).

Andrachne fruticosa L., Sp. Pl. 2: 1014 (1753); *Phyllanthus lucens* Poir., Encycl. 5: 206 (1804); *Phyllanthus turbinatus* Sims, Bot. Mag. 44: t. 1862 (1816); *Melanthesa chinensis* Blume, Bijdr. Fl. Ned. Ind. 12: 592 (1826); *Melanthesa glaucescens* Miq., J. Bot. Néerl. 1: 97 (1861); *Melanthesopsis lucens* (Poir.) Müll. Arg., Linnaea 32: 75 (1863); *Melanthesopsis fruticosa* (L.) Müll. Arg., Prodr. (DC.) 15 (2): 437 (1866).

浙江、四川、贵州、云南、福建、广东、广西、海南；越南、老挝、泰国。

红仔珠

Breynia officinalis Hemsl., J. Linn. Soc., Bot. 26 (177): 427 (1894).

Breynia accrescens Hayata, J. Coll. Sci. Imp. Univ. Tokyo 20 (3): 22 (1904); *Breynia stipitata* var. *formosana* Hayata, J. Coll. Sci. Imp. Univ. Tokyo 20: 23, t. 2 A, 2 B (1904); *Breynia formosana* (Hayata) Hayata, Icon. Pl. Formosan. 65 (1916);

Breynia officinalis var. *accrescens* (Hayata) M. J. Deng et J. C. Wang, Fl. Taiwan ed. 2, 3: 430 (1993).
福建、台湾；日本。

钝叶黑面神（小叶山漆茎，枝展黑面神，跳八丈）

Breynia retusa (Dennst.) Alston, Handb. Fl. Ceylon 6 (Suppl.): 261 (1931).
Phyllanthus retusus Dennst., Schlüssel Hortus Malab. 31 (1818); *Phyllanthus pomaceus* Moon, Cat. Ceyl. Pl. 65 (1824); *Phyllanthus patens* Roxb., Fl. Ind. (Roxburgh) 3: 667 (1832); *Melanthesopsis patens* (Roxb.) Müll. Arg., Prodr. (DC.) 15 (2): 437 (1866); *Breynia patens* (Roxb.) Benth. et Hook. f., Gen. Pl. 3: 277 (1883); *Breynia hyposauropa* Croizat, J. Arnold Arbor. 21 (4): 493 (1940).
贵州、云南、西藏、广西；越南、老挝、缅甸、泰国、柬埔寨、马来西亚（半岛）、不丹、尼泊尔、印度、孟加拉国、斯里兰卡。

喙果黑面神

Breynia rostrata Merr., Philipp. J. Sci. 21 (4): 346 (1922).
浙江、云南、福建、广东、广西、海南；越南。

小叶黑面神（山漆茎，鼠李状山漆茎）

Breynia vitis-idaea (Burm. f.) C. E. C. Fisch., Bull. Misc. Inform. Kew 1932: 65 (1932).
Rhamnus vitis-idaea Burm. f., Fl. Indi. 61 (1768); *Melanthesa rhamnoides* Blume, Bijdr. Fl. Ned. Ind. 591 (1788), *nom. illeg. superfl.*; *Phyllanthus rhamnoides* Retz., Observ. Bot 5: 30 (1788); *Breynia rhamnoides* (Retz.) Müll. Arg., Prodr. (DC.) 15 (2): 440 (1866); *Breynia keithii* Ridl., J. Straits Branch Roy. Asiat. Soc. 59: 174 (1911); *Breynia microcalyx* Ridl., J. Fed. Malay States Mus. 10: 114 (1920).
贵州、云南、广东；菲律宾、越南、老挝、缅甸、泰国、柬埔寨、马来西亚、印度尼西亚、尼泊尔、印度、孟加拉国、巴基斯坦、斯里兰卡。

土蜜树属 Bridelia Willd.

硬叶土蜜树

Bridelia affinis Craib, Bull. Misc. Inform. Kew 1911 (10): 456 (1911).
Bridelia henryana Jabl., Pflanzenr. (Engler) 65 (IV. 147. VIII): 62 (1915); *Bridelia colorata* Airy Shaw, Kew Bull. 23: 66 (1969).
云南；泰国。

禾串树（大叶逼迫子，禾串土蜜树，刺杜密）

Bridelia balansae Tutcher, J. Linn. Soc., Bot. 37 (258): 66 (1905).
Bridelia insulana auct. non Hance: P. T. Li, Fl. Reipubl. Popularis Sin. 44 (1): 37 (1994).
四川、贵州、云南、福建、台湾、广东、广西、海南；越南、老挝、琉球群岛。

膜叶土蜜树

Bridelia glauca Blume, Bijdr. Fl. Ned. Ind. 597 (1826).
Bridelia pubescens Kurz, J. Asiat. Soc. Bengal 42 (2): 241 (1874).
云南、台湾、广东、广西；菲律宾、老挝、缅甸、泰国、马来西亚、印度尼西亚、印度、新几内亚。

圆叶土蜜树

Bridelia parvifolia Kuntze, Revis. Gen. Pl. 2: 594 (1891).
Bridelia poilanei Gagnep., Bull. Soc. Bot. France 70: 434 (1923).
海南；越南。

大叶土蜜树

Bridelia retusa (L.) A. Juss., Euphorb. Gen. 109 (1824).
Clutia retusa L., Sp. Pl. 2: 1042 (1753); *Clutia spinosa* Roxb., Pl. Coromandel 2: 38, pl. 172 (1798); *Bridelia spinosa* (Roxb.) Willd., Sp. Pl., ed. 4 [Willdenow] 4 (2): 979 (1805); *Bridelia fordii* Hemsl., J. Linn. Soc., Bot. 26 (177): 419 (1894); *Bridelia cambodiana* Gagnep., Bull. Soc. Bot. France 70: 432 (1923); *Bridelia pierrei* Gagnep., Bull. Soc. Bot. France 70: 434 (1923).
湖南、贵州、云南、广东、广西、海南；越南、老挝、缅甸、泰国、柬埔寨、印度尼西亚、不丹、尼泊尔、印度、斯里兰卡。

土蜜藤

Bridelia stipularis (L.) Blume, Bijdr. Fl. Ned. Ind. 597 (1825).
Clutia stipularis L., Mant. Pl. 127 (1776); *Clutia scandens* Roxb., Pl. Coromandel 4: 39, t. 173 (1798); *Bridelia scandens* (Roxb.) Willd., Sp. Pl., ed. 4 [Willdenow] 4: 979 (1805).
云南、台湾、广东、广西、海南；菲律宾、越南、老挝、缅甸、泰国、柬埔寨、文莱、马来西亚、新加坡、印度尼西亚、东帝汶、不丹、尼泊尔、印度、斯里兰卡。

土蜜树（逼迫子，夹骨木，猪牙木）

Bridelia tomentosa Blume, Bijdr. Fl. Ned. Ind. 597 (1825).
Bridelia tomentosa var. *glabrescens* Benth., Hooker's J. Bot. Kew Gard. Misc. 6: 8 (1854); *Bridelia tomentosa* var. *chinensis* Müll. Arg., Prodr. (DC.) 15 (2): 510 (1866).
福建、广东；菲律宾、越南、老挝、缅甸、泰国、柬埔寨、马来西亚、新加坡、印度尼西亚、不丹、尼泊尔、印度、孟加拉国、新几内亚、澳大利亚（北部）。

闭花木属 Cleistanthus Hook. f. ex Planch.

东方闭花木

Cleistanthus concinnus Croizat, J. Arnold Arbor. 23: 41 (1942).
Phyllanthus dongfangensis P. T. Li, Acta Phytotax. Sin. 25 (5): 382, pl. 5 (1987).
海南；越南。

大叶闭花木

Cleistanthus macrophyllus Hook. f., Fl. Brit. Ind. 5 (14): 278 (1887).

云南；泰国、马来西亚（半岛）、新加坡、印度尼西亚。

米咀闭花木（米咀）

Cleistanthus pedicellatus Hook. f., Fl. Brit. Ind. 5 (14): 281 (1887).

Cleistanthus quadrifidus C. B. Rob., Philipp. J. Sci. 3: 197 (1908); *Cleistanthus integer* C. B. Rob., Philipp. J. Sci. 3: 196 (1908); *Cleistanthus monocarpus* R. I. Milne, Kew Bull. 49 (3): 450 (1994).

广西；菲律宾、马来西亚、印度尼西亚、新几内亚。

假肥牛树

Cleistanthus petelotii Merr. ex Croizat, J. Arnold Arbor. 23 (1): 40 (1942).

广西；越南（北部）。

闭花木（火炭木，尾叶木，闭花）

Cleistanthus sumatranus (Miq.) Müll. Arg., Prodr. (DC.) 15 (2): 504 (1866).

Leiopyxis sumatrana Miq., Fl. Ned. Ind., Eerste Bijv. 3: 446 (1860); *Paracleisthus subgracilis* Gagnep., Bull. Soc. Bot. France 70: 500 (1923); *Cleistanthus saichikii* Merr., Philipp. J. Sci. 23 (3): 248 (1923).

云南、广东、广西、海南；菲律宾、越南、泰国、柬埔寨、文莱、马来西亚、新加坡、印度尼西亚。

锈毛闭花木

Cleistanthus tomentosus Hance, J. Bot. 15 (179): 337 (1877).

Cleistanthus eburneus Gagnep., Bull. Soc. Bot. France 70: 501 (1923); *Cleistanthus eburneus* var. *sordidus* Gagnep., Bull. Soc. Bot. France 70: 502 (1923).

广东、海南；越南、泰国、柬埔寨。

馒头果（野茶叶，馒头闭花木）

Cleistanthus tonkinensis Jabl., Pflanzenr. (Engler) 4, 147 (8): 16 (1915).

Paracleisthus tonkinensis (Jabl.) Gagnep., Bull. Soc. Bot. France 70: 497 (1923).

云南、广东、广西；越南。

白饭树属 **Flueggea** Willd.

毛白饭树（巴东叶底珠）

●**Flueggea acicularis** (Croizat) G. L. Webster, Allertonia 3 (4): 304 (1984).

Securinega acicularis Croizat, J. Arnold Arbor. 21 (4): 491 (1940); *Flueggea leucopyra* auct. non Willd.: Hutch. in Sarg., Pl. Wilson. 2: 520 (1916).

湖北、四川、云南。

聚花白饭树

Flueggea leucopyrus Willd., Sp. Pl., ed. 4 [Willdenow] 4: 757 (1805).

Flueggea xerocarpa A. Juss., Euphorb. Gen. 106 (1824); *Phyllanthus leucopyrus* (Willd.) J. Konig ex Roxb., Fl. Ind. (Roxburgh) 3: 658 (1832); *Flueggea wallichiana* Baill., Étude Euphorb. 592 (1858); *Securinega leucopyra* (Willd.) Müll. Arg., Prodr. (DC.) 15 (2): 451 (1866); *Cicca leucopyra* (Willd.) Kurz, Forest Fl. Burma 2: 353 (1877); *Acidoton leucopyrus* (Willd.) Kuntze, Revis. Gen. Pl. 2: 592 (1891).

四川、云南；印度、斯里兰卡、阿拉伯半岛；非洲。

一叶萩（山蒿树，狗梢条，白几木）

Flueggea suffruticosa (Pall.) Baill., Étude Euphorb. 502 (1858).

Pharnaceum suffruticosum Pall., Reise Russ. Reich. 3 (2): 716, t. E, f. 2 (1776); *Xylophylla ramiflora* Aiton, Hort. Kew. (W. Aiton) 1: 376 (1789); *Geblera suffruticosa* (Pall.) Fisch. et C. A. Mey., Index Seminum (St. Petersburg) 1: 28 (1835); *Geblera chinensis* Rupr., Bull. Cl. Phys.-Math. Acad. Imp. Sci. Saint-Pétersbourg 15: 357 (1857); *Phyllanthus flueggeoides* Müll. Arg., Linnaea 32: 16 (1863); *Securinega ramiflora* (Aiton) Müll. Arg., Prodr. (DC.) 15 (2): 449 (1866); *Securinega fluggeoides* (Müll. Arg.) Müll. Arg., Prodr. (DC.) 15 (2): 450 (1866); *Securinega japonica* Miq., Ann. Mus. Bot. Lugduno-Batavi 3: 128 (1867); *Acidoton ramiflorus* Kuntze, Revis. Gen. Pl. 2: 592 (1891); *Acidoton flueggeoides* (Müll. Arg.) Kuntze, Revis. Gen. Pl. 2: 592 (1891); *Phyllanthus argyi* H. Lév., Mém. Real Acad. Ci. Barcelona 12: 550 (1916); *Securinega suffruticosa* (Pall.) Rehder, J. Arnold Arbor. 13 (3): 338 (1932); *Flueggea ussuriensis* Pojark., Fl. U. R. S. S. ed. Komarov 14: 734 (1949); *Securinega suffruticosa* var. *japonica* (Miq.) Hurus., J. Fac. Sci. Univ. Tokyo sect. 3, Bot. 6: 329 (1954); *Flueggea flueggeoides* (Müll. Arg.) G. L. Webster, Brittonia 18: 373 (1967); *Securinega microcarpa* B. C. Ding et S. Y. Wang, Fl. Henan. 2: 462 (1988), non (Blume) Müll. Arg. (1866).

中国除甘肃、青海、新疆外均产；蒙古国、日本、朝鲜、俄罗斯。

白饭树（金柑藤，密花叶底株，白倍子）

Flueggea virosa (Roxb. ex Willd.) Royle, Ill. Bot. Himal. Mts. 328 (1836).

Phyllanthus virosus Roxb. ex Willd., Sp. Pl., ed. 4 [Willdenow] 4: 578 (1805); *Xylophylla obovata* Willd., Enum. Pl. (Willdenow) 329 (1809); *Flueggea microcarpa* Blume, Bijdr. Fl. Ned. Ind. 12: 580 (1826); *Flueggea virosa* (Roxb. ex Willd.) Voigt, Hort. Suburb. Calcutt. 152 (1845), *nom. illeg.*; *Flueggea obovata* (Willd.) Wall., Numer. List n. 7928 (1847); *Flueggea virosa* Wall., Numer. List n. 7928 B (1847), *nom. inval.*; *Flueggea virosa* Baill., Étude Euphorb. 593 (1858), *nom. illeg.*; *Flueggea sinensis* Baill., Étude Euphorb. 592 (1858); *Flueggea virosa* (Roxb. ex Willd.) Dalzell, Bombay Fl. 236

(1861), *nom. illeg.*; *Flueggea obovata* Baill., Adansonia 2: 41 (1861); *Securinega virosa* (Roxb. ex Willd.) Baill., Adansonia 6: 334 (1866); *Securinega obovata* (Willd.) Müll. Arg., Prodromus 15 (2. 2) (1866); *Cicca obovata* (Willd.) Kurz, Forest Fl. Burma 2: 354 (1877); *Flueggea obovata* (Willd.) Wall. ex Fern.-Vill., Fl. Filip. (ed. 3) 4 (13 A): 189 (1880), *nom. illeg.*; *Acidoton virosus* (Roxb. ex Willd.) Kuntze, Revis. Gen. Pl. 2: 592 (1891); *Acidoton obovatus* (Willd.) Kuntze, Revis. Gen. Pl. 2: 592 (1891); *Securinega virosa* (Roxb. ex Willd.) Pax et K. Hoffm., Nat. Pflanzenfam. 19 c: 60 (1931), *nom. illeg.*; *Flueggea monticola* G. L. Webster, Allertonia 3 (4): 283 (1984); *Securinega multiflora* S. B. Liang, Bull. Bot. Res., Harbin 8 (4): 89 (1988).
河北、山东、河南、湖南、贵州、云南、福建、台湾、广东、广西；分布于亚洲（东部和东南部）、非洲、大洋洲。

算盘子属 Glochidion J. R. Forst. et G. Forst.

白毛算盘子（小草面瓜）

Glochidion arborescens Blume, Bijdr. Fl. Ned. Ind. 12: 584 (1825).
Phyllanthus arborescens (Blume) Müll.Arg., Flora 48: 370 (1865); *Phyllanthus silheticus* Müll. Arg., Flora 48: 378 (1865).
云南；泰国、马来西亚、印度尼西亚、印度（阿萨姆）。

线药算盘子

●**Glochidion chademenosocarpum** Hayata, Icon. Pl. Formosan. 9: 94 (1920).
台湾。

红算盘子

Glochidion coccineum (Buch.-Ham.) Müll. Arg., Linnaea 32: 60 (1863).
Agyneia coccinea Buch.-Ham., Embassy Ava 479 (1800); *Episteira coccinea* (Buch.-Ham.) Raf., Sylva Tellur. 20 (1838); *Bradleia coccinea* (Buch.-Ham.) Wall., Numer. List n. 7868 (1847); *Phyllanthus coccineus* (Buch.-Ham.) Müll. Arg., Flora 48: 370 (1865); *Diasperus coccineus* (Buch.-Ham.) Kuntze, Revis. Gen. Pl. 2: 598 (1891).
贵州、云南、福建、广东、广西、海南；越南、老挝、缅甸、泰国、柬埔寨、印度。

革叶算盘子（达氏算盘子，灰叶算盘子）

Glochidion daltonii (Müll. Arg.) Kurz, Forest Fl. Burma 2: 344 (1877).
Phyllanthus daltonii Müll. Arg., Prodr. (DC.) 15 (2): 310 (1866); *Diasperus daltonii* (Müll. Arg.) Kuntze, Revis. Gen. Pl. 2: 599 (1891).
山东、安徽、江苏、浙江、江西、湖南、湖北、四川、贵州、云南、广东、广西；越南、缅甸、泰国、马来西亚、印度。

四裂算盘子（阿萨姆算盘子）

Glochidion ellipticum Wight, Icon. Pl. Ind. Orient. (Wight) 5: t. 1906 (1852).
Phyllanthus malabaricus Müll. Arg., Linnaea 34: 69 (1865); *Phyllanthus diversifolius* var. *wightianus* Müll. Arg., Flora 48: 378 (1865); *Phyllanthus assamicus* Müll. Arg., Flora 48: 378 (1865); *Glochidion malabaricum* (Müll. Arg.) Bedd., Fl. Sylv. S. India 194 (1872); *Glochidion diversifolium* var. *wightianum* (Müll. Arg.) Bedd., Fl. Sylv. S. India 193 (1872); *Phyllanthus andersonii* Müll. Arg., Flora 55: 3 (1872); *Glochidion ellipticum* var. *wightianum* (Müll. Arg.) Hook. f., Fl. Brit. Ind. 5: 321 (1887); *Glochidion assamicum* (Müll. Arg.) Hook. f., Fl. Brit. Ind. 5: 319 (1887); *Diasperus wightianus* Kuntze, Revis. Gen. Pl. 2: 603 (1891); *Diasperus malabaricus* (Müll. Arg.) Kuntze, Revis. Gen. Pl. 2: 600 (1891); *Diasperus ellipticus* (Wight) Kuntze, Revis. Gen. Pl. 2: 599 (1891); *Glochidion assamicum* var. *magnicapsulum* Croizat et H. Hara, J. Jap. Bot. 16: 319 (1940); *Glochidion balakrishnanii* Jothi et al., J. Econ. Taxon. Bot. 26: 114 (2002).
贵州、云南、台湾、广东、广西、海南；越南、缅甸、泰国、不丹、尼泊尔、印度。

绒毛算盘子

Glochidion heyneanum (Wight et Arn.) Wight, Icon. Pl. Ind. Orient. (Wight) 15 (2): t. 1908 (1852).
Gynoon heyneanum Wight et Arn., Edinburgh New Philos. J. 14: 300 (1833); *Eriococcus gracilis* Hassk., Tijdschr. Natuurl. Gesch. Physiol. 10: 143 (1843); *Glochidion velutinum* Wight, Icon. Pl. Ind. Orient. (Wight) 5 (2): t. 1907, f. 2 (1852); *Phyllanthus heyneanus* (Wight et Arn.) Müll. Arg., Linnaea 32: 49 (1863); *Phyllanthus asperus* Müll. Arg., Flora 48: 377 (1865); *Phyllanthus velutinus* Müll. Arg., Flora 48: 387 (1865); *Phyllanthus nepalensis* Müll. Arg., Flora 48: 375 (1865); *Glochidion asperum* (Müll. Arg.) Bedd., Fl. Sylv. S. India 193 (1872); *Glochidion nepalense* (Müll. Arg.) Kurz, Forest Fl. Burma 2: 344 (1877); *Diasperus velutinus* (Wight) Kuntze, Revis. Gen. Pl. 2: 601 (1891); *Diasperus nepalensis* (Müll. Arg.) Kuntze, Revis. Gen. Pl. 2: 600 (1891); *Diasperus heyneanus* (Wight et Arn.) Kuntze, Revis. Gen. Pl. 2: 599 (1891); *Diasperus asperus* (Müll. Arg.) Kuntze, Revis. Gen. Pl. 2: 598 (1891).
云南；越南、老挝、缅甸、泰国、柬埔寨、不丹、尼泊尔、印度。

厚叶算盘子（丹药良，赤血仔，大云药）

Glochidion hirsutum (Roxb.) Voigt, Hort. Suburb. Calcutt. 153 (1845).
Bradleia hirsuta Roxb., Fl. Ind. (Roxburgh) 3: 699 (1832); *Glochidion molle* Hook. et Arn., Bot. Beechey Voy. 210 (1837); *Glochidion tomentosum* Dalzell, Hooker's J. Bot. Kew Gard. Misc. 2: 38 (1851); *Glochidion dasyphyllum* K. Koch, Hort. Dendrol. 85: 3 (1853); *Agyneia hirsuta* (Roxb.) Miq., Fl. Ned. Ind. 1 (2): 368 (1859); *Glochidion arnottianum* Müll. Arg., Linnaea 32: 60 (1863); *Phyllanthus hirsutus* (Roxb.) Müll. Arg., Flora 48: 371 (1865); *Phyllanthus arnottianus* (Müll.

Arg.) Müll. Arg., Flora 48: 370 (1865); *Phyllanthus tomentosus* (Dalzell) Müll. Arg., Flora 48: 371 (1865); *Glochidion mishmiense* Hook. f., Fl. Brit. Ind. 5: 327 (1887); *Glochidion tomentosum* var. *talbotii* Hook. f., Fl. Brit. Ind. 5: 311 (1887); *Diasperus hirsutus* (Roxb.) Kuntze, Revis. Gen. Pl. 2: 599 (1891); *Diasperus mishmiensis* (Hook. f.) Kuntze, Revis. Gen. Pl. 2: 601 (1891); *Diasperus tomentosus* (Dalzell) Kuntze, Revis. Gen. Pl. 2: 601 (1891); *Diasperus arnottianus* (Müll. Arg.) Kuntze, Revis. Gen. Pl. 2: 598 (1891); *Glochidion sphaerostigmum* Hayata, Icon. Pl. Formosan. 9: 96 (1920); *Glochidion zeylanicum* var. *talbotii* (Hook. f.) Haines, Bot. Bihar Orissa 2: 132 (1922); *Glochidion dasyanthum* var. *iriomatense* Hurus., J. Fac. Sci. Univ. Tokyo, Sect. 3, Bot. 6: 334 (1954); *Glochidion hongkongense* var. *puberulum* Chakrab. et M. G. Gangop., J. Econ. Taxon. Bot. 13 (3): 712 (1989).

云南、西藏、福建、台湾、广东、广西、海南；印度。

长柱算盘子

Glochidion khasicum (Müll. Arg.) Hook. f., Fl. Brit. Ind. 5 (14): 324 (1887).

Phyllanthus khasicus Müll. Arg., Flora 48: 389 (1865).

云南、广西；泰国、不丹、印度。

台湾算盘子

●**Glochidion kusukusense** Hayata, Icon. Pl. Formosan. 9: 96 (1920).

台湾。

艾胶算盘子（大叶算盘子，艾胶树）

Glochidion lanceolarium (Roxb.) Voigt, Hort. Suburb. Calcutt. 153 (1845).

Bradleja lanceolaria Roxb., Fl. Ind. (Roxburgh) 3: 697 (1832); *Glochisandra acuminata* Wight, Icon. Pl. Ind. Orient. 5 (2): 28 (1852); *Phyllanthus lanceolarius* (Roxb.) Müll. Arg., Flora 48: 371 (1865); *Glochidion cantoniense* Hance, Ann. Sci. Nat., Bot. ser. 5, 5: 241 (1866); *Diasperus lanceolarius* (Roxb.) Kuntze, Revis. Gen. Pl. 2: 599 (1891); *Diasperus benthamianus* Kuntze, Revis. Gen. Pl. 2: 598 (1891); *Glochidion subsessile* var. *birmanicum* Chakrab. et M. Gangop., J. Econ. Taxon. Bot. 13: 716 (1989).

云南、福建、广东、广西、海南；越南、老挝、泰国、柬埔寨、印度。

披针叶算盘子（披针叶馒头果）

Glochidion lanceolatum Hayata, J. Coll. Sci. Imp. Univ. Tokyo 20 (3): 16 (1904).

Glochidion kotoense Hayata, Icon. Pl. Formosan. 9: 96 (1920); *Glochidion zeylanicum* var. *lanceolatum* (Hayata) M. J. Deng et J. C. Wang, Fl. Taiwan, ed. 2, 3: 480 (1993).

台湾；日本。

南亚算盘子

Glochidion moonii Thwaites, Enum. Pl. Zeyl. 286 (1861).

Phyllanthus glaucogynus Müll. Arg., Flora 48: 389 (1865); *Phyllanthus moonii* (Thwaites) Müll. Arg., Prodr. (DC.) 15 (2. 2): 312 (1866); *Diasperus moonii* (Thwaites) Kuntze, Revis. Gen. Pl. 2: 600 (1891).

云南；斯里兰卡。

多室算盘子

Glochidion multiloculare (Rottler ex Willd.) Voigt, Hort. Suburb. Calcutt. 152 (1845).

Agyneia multilocularis Rottler ex Willd., Neue Schriften Ges. Naturf. Freunde Berlin 4: 206 (1803); *Bradleia multilocularis* (Rottler ex Willd.) Spreng., Syst. Veg., ed. 16, 3: 19 (1826); *Phyllanthus multilocularis* (Rottler ex Willd.) Müll. Arg., Flora 48: 380 (1865); *Diasperus multilocularis* (Rottler ex Willd.) Kuntze, Revis. Gen. Pl. 2: 600 (1891).

云南；缅甸、尼泊尔、孟加拉国、印度。

宽果算盘子（扁圆算盘子）

Glochidion oblatum Hook. f., Fl. Brit. Ind. 5 (14): 312 (1887).

云南；缅甸、泰国、印度。

算盘子（红毛馒头果，野南瓜，柿子椒）

Glochidion puberum (L.) Hutch., Pl. Wilson. 2 (3): 518 (1916).

Agyneia pubera L., Mant. Pl. 2: 296 (1771); *Agyneia impubes* L., Mant. Pl. 2: 296 (1771); *Nymphanthus chinensis* Lour., Fl. Cochinch., ed. 2, 2: 544 (1790); *Bradleja sinica* Gaertn., Fruct. Sem. Pl. 2: 127, t. 109, f. 1 (1791); *Phyllanthus villosus* Poir., Encycl. 5: 297 (1804); *Bradleia pubera* (L.) Roxb., Fl. Ind. (Roxburgh) 3: 698 (1832); *Glochidion sinicum* Hook. et Arn., Bot. Beechey Voy. 210 (1836); *Agyneia pinnata* Miq., Fl. Ned. Ind. 1 (2): 368 (1859); *Glochidion distichum* Hance, Ann. Sci. Nat., Bot. ser. 4, 18: 228 (1862); *Glochidion fortunei* Hance, Ann. Sci. Nat., Bot. ser. 4, 18: 228 (1862); *Phyllanthus puberus* (L.) Müll. Arg., Flora 48: 387 (1865); *Phyllanthus puberus* var. *fortunei* (Hance) Müll. Arg., Prodr. (DC.) 15 (2): 307 (1866); *Phyllanthus puberus* var. *sinicus* (Hook. et Arn.) Müll. Arg., Prodr. (DC.) 15 (2): 307 (1866); *Glochidion fortunei* Hance, Trans. Asiat. Soc. Japon. 24, Suppl. 82 (1896); *Glochidion bodinieri* H. Lév., Repert. Spec. Nov. Regni Veg. 12 (317-321): 183 (1913); *Glochidion eirocarpum* Champ. ex Benth., Icon. Pl. Formosan. 9: 95 (1920); *Glochidion fortunei* var. *longistylum* H. Keng, J. Wash. Acad. Sci. 41 (6): 200 (1951); *Glochidion fortunei* var. *megacarpum* H. Keng, J. Wash. Acad Sci 41 (6): 200 (1951); *Glochidion hayatae* var. *tsushimense* Hurus., J. Fac. Sci. Univ. Tokyo Sect. 3 Bot. 6: 332 (1954).

河南、陕西、甘肃、安徽、江苏、浙江、江西、湖南、湖北、四川、贵州、云南、西藏、福建、台湾、广东、广西、海南；日本。

茎花算盘子（劳莫）

☆**Glochidion ramiflorum** J. R. Forst. et G. Forst., Char. Gen. Pl. 57 (1775).

Phyllanthus ramiflorus Pers., Syn. Pl. (Persoon) 2 (2): 591 (1807).
栽培于广东；原产于斐济。

水社算盘子

•**Glochidion suishaense** Hayata, Icon. Pl. Formosan. 9: 97 (1920).
台湾。

里白算盘子

Glochidion triandrum (Blanco) C. B. Rob., Philipp. J. Sci. 4 (1): 92 (1909).
Kirganelia triandra Blanco, Fl. Filip. 711 (1837); *Phyllanthus triandrus* (Blanco) Müll. Arg., Flora 48: 379 (1865); *Diasperus triandrus* (Blanco) Kuntze, Revis. Gen. Pl. 2: 601 (1891).
湖南、四川、贵州、云南、福建、台湾、广东、广西；日本、菲律宾、泰国（北部）、柬埔寨、尼泊尔、印度。

里白算盘子（原变种）

Glochidion triandrum var. **triandrum**
Glochidion eleutherostylum Müll. Arg., Linnaea 32: 69 (1863); *Glochidion acuminatum* Müll. Arg., Linnaea 32: 68 (1863); *Phyllanthus bicolor* Müll. Arg., Flora 48: 389 (1865); *Glochidion bicolor* Hayata, J. Coll. Sci. Imp. Univ. Tokyo 20: 18, t. 2 E (1904); *Glochidion quinquestylum* Elmer, Leafl. Philipp. Bot. 1: 303 (1908); *Glochidion hayatai* Croizat et H. Hara, J. Jap. Bot. 16 (6): 316 (1940).
湖南、四川、贵州、云南、福建、台湾、广东、广西；日本、菲律宾、柬埔寨、尼泊尔、印度。

泰云算盘子（思茅渐尖算盘子）

Glochidion triandrum var. **siamense** (Airy Shaw) P. T. Li, Acta Phytotax. Sin. 26 (1): 62 (1988).
Glochidion acuminatum var. *siamense* Airy Shaw, Kew Bull. 26 (2): 273 (1972).
云南；泰国（北部）。

湖北算盘子

•**Glochidion wilsonii** Hutch., Pl. Wilson. 2 (3): 518 (1916).
安徽、浙江、江西、湖北、四川、贵州、福建、广西。

雀舌木属 Leptopus Decne.

薄叶雀舌木（薄叶黑钩叶）

Leptopus australis (Zoll. et Moritzi) Pojark., Bot. Mater. Gerb. Bot. Inst. Komarova Akad. Nauk S. S. S. R. 20: 270 (1960).
Andrachne australis Zoll. et Moritzi, Natuur-Geneesk. Arch. Ned.-Indië 2: 17 (1845); *Andrachne tenera* Miq., Fl. Ned. Ind. 1 (2): 365 (1859); *Andrachne australis* var. *angustifolia* Müll. Arg., Prodr. (DC.) 15 (2): 235 (1866); *Andrachne polypetala* Kuntze, Revis. Gen. Pl. 2: 592 (1891); *Andrachne hirta* Ridl., Bull. Misc. Inform. Kew 1923: 362 (1923); *Andrachne calcarea* Ridl., Bull. Misc. Inform. Kew 1923: 361 (1923); *Thelypetalum pierrei* Gagnep., Bull. Soc. Bot. France 71: 876 (1925); *Andrachne lanceolata* Pierre ex Beille, Fl. Indo-Chine 5: 539 (1927); *Arachne australis* (Zoll. et Moritzi) Pojark., Bot. Zhurn. S. S. S. R. 25: 342 (1940); *Leptopus polypetalus* (Kuntze) Pojark., Bot. Mater. Gerb. Bot. Inst. Komarova Akad. Nauk S. S. S. R. 20: 271 (1960); *Leptopus philippinensis* Pojark., Bot. Mater. Gerb. Bot. Inst. Komarova Akad. Nauk S. S. S. R. 20: 270 (1960); *Leptopus lanceolatus* (Pierre ex Beille) Pojark., Bot. Mater. Gerb. Bot. Inst. Komarova Akad. Nauk S. S. S. R. 20: 271 (1960); *Leptopus calcareus* (Ridl.) Pojark., Bot. Mater. Gerb. Bot. Inst. Komarova Akad. Nauk S. S. S. R. 20: 271 (1960); *Leptopus sanjappae* Sumathi, Karthig., Jayanthi et Diwakar, Bull. Bot. Surv. India 47: 155 (2005).
海南；菲律宾、越南、泰国、马来西亚、印度尼西亚、帝汶岛、安达曼群岛。

雀儿舌头（绒叶雀舌木，云南雀舌木，小叶雀舌木）

Leptopus chinensis (Bunge) Pojark., Bot. Mater. Gerb. Bot. Inst. Komarova Akad. Nauk S. S. S. R. 20: 274 (1960).
Andrachne chinensis Bunge, Enum. Pl. China Bor. 59 (1833); *Andrachne lolonum* Hand.-Mazz., Sitzungsber. Kaiserl. Akad. Wiss., Math.-Naturwiss. Cl., Abt. 1, 58: 178 (1876); *Andrachne colchica* Fisch. et C. A. Mey. ex Boiss., Fl. Orient. 4: 1137 (1879); *Andrachne cordiflolia* Hemsl., J. Linn. Soc., Bot. 26: 420 (1894); *Flueggea capillipes* Pax, Bot. Jahrb. Syst. 29 (3-4): 427 (1900); *Andrachne bodinieri* H. Lév., Repert. Spec. Nov. Regni Veg. 12 (317-321): 187 (1913); *Andrachne hirsuta* Hutch., Pl. Wilson. 2 (3): 516 (1916); *Andrachne capillipes* var. *pubescens* Hutch., Pl. Wilson. 2 (3): 516 (1916); *Andrachne montana* Hutch. in Sarg., Pl. Wilson. 2 (3): 517 (1916); *Andrachne chinensis* var. *pubescens* (Hutch.) Hand.-Mazz., Symb. Sin. 7 (2): 221 (1931); *Arachne chinensis* (Bunge) Pojark., Bot. Zhurn. S. S. S. R. 25: 392 (1940); *Arachne hirsuta* (Hutch.) Pojark., Bot. Zhurn. S. S. S. R. 25: 392 (1940); *Andrachne capillipes* (Pax) Pojark., Bot. Zhurn. U. R. S. S. 25: 392 (1940); *Leptopus montonus* (Hutch.) Pojark., Bot. Zhurn. U. R. S. S. 25: 274 (1940); *Andrachne chinensis* (Bunge) Hurus., J. Fac. Sci. Univ. Tokyo, Sect. 3, 6 (6): 339 (1954); *Leptopus capillipes* (Pax) Pojark., Bot. Mater. Gerb. Bot. Inst. Komarova Akad. Nauk S. S. S. R. 20: 273 (1960); *Leptopus hirsutus* (Hutch.) Pojark., Bot. Mater. Gerb. Bot. Inst. Komarova Akad. Nauk S. S. S. R. 20: 271 (1960); *Leptopus colchicus* (Fisch. et C. A. Mey. ex Boiss.) Pojark., Bot. Mater. Gerb. Bot. Inst. Komarova Akad. Nauk S. S. S. R. 20: 274 (1960); *Leptopus yunnanensis* P. T. Li, Notes Roy. Bot. Gard. Edinburgh 40 (3): 469 (1983); *Leptopus nanus* P. T. Li, Notes Roy. Bot. Gard. Edinburgh 40 (3): 474 (1983); *Leptopus chinensis* var. *hirsutus* (Hutch.) P. T. Li, Notes Roy. Bot. Gard. Edinburgh 40 (3): 474 (1983); *Leptopus chinensis* var. *pubescens* (Hutch.) S. B. Ho, Index Fl. Yunnan. 1: 445 (1984); *Andrachne yunnanensis* (P. T. Li) Govaerts, et World Checkl. Bibliogr. Euphorbiaceae 170 (2000).
河北、山西、河南、陕西、甘肃、江苏、湖南、湖北、四

川、贵州、广西、海南；缅甸、巴基斯坦、俄罗斯（高加索北部）、阿布哈兹、格鲁吉亚、伊朗。

方鼎木

•**Leptopus fangdingianus** (P. T. Li) Voronts. et Petra Hoffm., Kew Bull. 63 (1): 46 (2008).

Archileptopus fangdingianus P. T. Li, J. S. China Agric. Coll. 12 (3): 39, t. 1 (1991).

广西。

海南雀舌木（海南黑钩叶）

•**Leptopus hainanensis** (Merr. et Chun) Pojark., Bot. Mater. Gerb. Bot. Inst. Bot. Acad. Nauk Kazakhsk. S. S. R. 20: 271 (1960).

Andrachne hainanensis Merr. et Chun, Sunyatsenia 5 (1-3): 102, f. 9 (1940); *Andrachne hainanensis* var. *nummularifolia* Merr. et Chun, Sunyatsenia 5 (1-3): 103 (1940).

海南。

厚叶雀舌木（公连）

•**Leptopus pachyphyllus** X. X. Chen, Guihaia 8 (3): 233 (1988).

广西。

珠子木属 Phyllanthodendron Hemsl.

珠子木

•**Phyllanthodendron anthopotamicum** (Hand.-Mazz.) Croizat, J. Arnold Arbor. 23 (1): 37 (1942).

Phyllanthus anthopotamicus Hand.-Mazz., Symb. Sin. 7 (2): 223 (1931).

贵州、云南、广东、广西。

龙州珠子木

•**Phyllanthodendron breynioides** P. T. Li, Bull. Bot. Res., Harbin 7 (3): 6 (1987).

Phyllanthus breynioides (P. T. Li) Govaerts et Radcl.-Sm., Kew Bull. 51 (1): 176 (1996).

广西。

尾叶珠子木

•**Phyllanthodendron caudatifolium** P. T. Li, Bull. Bot. Res., Harbin 7 (3): 7 (1987).

Phyllanthus lii Govaerts et Radcl.-Sm., Kew Bull. 51: 177 (1996).

贵州、广西。

枝翅珠子木（枝翅叶下珠）

•**Phyllanthodendron dunnianum** H. Lév., Repert. Spec. Nov. Regni Veg. 9 (214-216): 324 (1911).

Phyllanthodendron cavaleriei H. Lév., Repert. Spec. Nov. Regni Veg. 9 (222-226): 151 (1911); *Phyllanthodendron dunnianum* var. *hypoglaucum* H. Lév., Fl. Kouy-Tcheou 166 (1914); *Phyllanthus dunnianus* (H. Lév.) Hand.-Mazz. ex Rehder, J. Arnold Arbor. 14 (3): 230 (1933).

贵州、云南、广西。

宽脉珠子木

•**Phyllanthodendron lativenium** Croizat, J. Arnold Arbor. 23 (1): 36 (1942).

Phyllanthus lativenius (Croizat) Govaerts et Radcl.-Sm., Kew Bull. 51: 177 (1996).

贵州。

弄岗珠子木（弄岗叶下珠）

•**Phyllanthodendron moi** (P. T. Li) P. T. Li, Bull. Bot. Res., Harbin 7 (3): 9 (1987).

Phyllanthus moi P. T. Li, Guihaia 3 (3): 167, f. 1 (1983).

广西。

圆叶珠子木

•**Phyllanthodendron orbicularifolium** P. T. Li, Bull. Bot. Res., Harbin 7 (3): 5 (1987).

Phyllanthus orbicularifolius (P. T. Li) Govaerts et Radcl.-Sm., Kew Bull. 51: 177 (1996).

广西。

岩生珠子木

•**Phyllanthodendron petraeum** P. T. Li, Bull. Bot. Res., Harbin 7 (3): 4 (1987).

Phyllanthus guangxiensis Govaets et Radcl.-Sm., Kew Bull. 51: 176 (1996).

广西。

玫花珠子木

Phyllanthodendron roseum Craib et Hutch., Bull. Misc. Inform. Kew 1910 (1): 23 (1910).

Phyllanthodendron album Craib et Hutch., Bull. Misc. Inform. Kew 1910 (8): 279 (1910); *Phyllanthodendron roseum* var. *glabrum* Craib ex Hosseus, Beih. Bot. Centralbl. 28 (2): 406 (1911); *Phyllanthus roseus* (Craib et Hutch.) Beille, Fl. Indo-Chine 5: 590 (1927).

云南；越南、老挝、泰国、马来西亚。

云南珠子木（滇珠子木）

•**Phyllanthodendron yunnanense** Croizat, J. Arnold Arbor. 23 (1): 36 (1942).

Phyllanthus yunnanensis (Croizat) Govaerts et Radcl.-Sm., Kew Bull. 51: 178 (1996).

贵州、云南。

叶下珠属 Phyllanthus L.

苦味叶下珠（珠子草，月下珠，霸贝菜）

Phyllanthus amarus Shumach. et Thonn., Kongel. Danske Vidensk. Selsk. Skr., Naturvidensk. Math. Afd. 4: 195 (1829).

云南、台湾、广东、广西、海南；泛热带，可能原产于美洲。

苦味叶下珠（原亚种）

Phyllanthus amarus subsp. **amarus**

Phyllanthus swartzii Kostel., Allg. Med.-Pharm. Fl. 5: 1771 (1836); *Phyllanthus nanus* Hook. f., Fl. Brit. Ind. 5: 298 (1887); *Phyllanthus niruri* auct. non L.: P. T. Li, Fl. Reipubl. Popularis Sin. 44 (1): 101 (1994).

云南、台湾、广东、广西、海南；泛热带，可能原产于美洲。

三亚叶下珠

●**Phyllanthus amarus** subsp. **sanyaensis** P. T. Li et Y. T. Zhu, J. S. China Agric. Coll. 17 (3): 118 (1996).

广东、海南。

沙地叶下珠

Phyllanthus arenarius Beille, Fl. Indo-Chine 5: 587 (1927).

云南、广东、海南；越南。

沙地叶下珠（原变种）

Phyllanthus arenarius var. **arenarius**

广东、海南；越南。

云南沙地叶下珠

●**Phyllanthus arenarius** var. **yunnanensis** T. L. Chin, Acta Phytotax. Sin. 19 (3): 350 (1981).

云南。

贵州叶下珠

●**Phyllanthus bodinieri** (H. Lév.) Rehder, J. Arnold Arbor. 18 (3): 212 (1937).

Sterculia bodinieri H. Lév., Fl. Kouy-Tcheou 406 (1915).

贵州、广西。

浙江叶下珠

●**Phyllanthus chekiangensis** Croizat et F. P. Metcalf, Lingnan Sci. J. 20 (2-4): 194, t. 6 (1942).

Phyllanthus kiangsiensis Croizat et F. P. Metcalf, Lingnan Sci. J. 20 (2-4): 195, t. 7 (1942); *Phyllanthus leptoclados* var. *pubescens* P. T. Li et D. Y. Liu, Bull. Bot. Res., Harbin 6 (1): 181 (1986).

安徽、浙江、江西、湖南、湖北、福建、广东、广西。

滇藏叶下珠（思茅叶下珠）

Phyllanthus clarkei Hook. f., Fl. Brit. Ind. 5 (14): 297 (1887).

Phyllanthus simplex var. *tonkinensis* Beille, Fl. Indo-Chine 5: 578 (1927).

贵州、云南、西藏、广西；越南、缅甸、泰国、印度、巴基斯坦。

锐尖叶下珠

△**Phyllanthus debilis** Klein ex Willd., Sp. Pl., ed. 4 [Willdenow] 4 (1): 582 (1805).

Phyllanthus niruri var. *javanicus* Müll. Arg., Linnaea 32: 43 (1863); *Phyllanthus niruri* var. *debilis* (Klein ex Willd.) Müll. Arg., Prodr. 15 (2): 407 (1866); *Diasperus debilis* (Klein ex Willd.) Kuntze, Rivis. Gen. Pl. 2: 601 (1891); *Phyllanthus niruri* auct. non Linn.: H. S. Kiu, Fl. Guangdong 5: 47 (2003).

归化于台湾、广东、海南、香港；原产于印度和斯里兰卡，现广布于热带和亚热带地区。

余甘子（庵摩勒，米含，望果）

Phyllanthus emblica L., Sp. Pl. 2: 982 (1753).

Emblica officinalis Gaertn., Fruct. Sem. Pl. 2: 122, t. 108 (1791); *Dichelactina nodicaulis* Hance, Ann. Bot. Syst. 3: 376 (1852); *Diasperus emblica* (L.) Kuntze, Revis. Gen. Pl. 2: 599 (1891); *Phyllanthus mairei* H. Lév., Bull. Acad. Int. Géogr. Bot. 25: 23 (1915).

江西、四川、贵州、云南、福建、台湾、广东、广西、海南；菲律宾、老挝、缅甸、泰国、柬埔寨、马来西亚、印度尼西亚、不丹、尼泊尔、印度、斯里兰卡，栽培于南美洲。

尖叶下珠

●**Phyllanthus fangchengensis** P. T. Li, Acta Phytotax. Sin. 25 (5): 377, pl. 3 (1987).

广西。

穗萼叶下珠

●**Phyllanthus fimbricalyx** P. T. Li, Acta Phytotax. Sin. 25 (5): 380, pl. 4 (1987).

云南。

落萼叶下珠（红五眼，弯曲叶下珠）

Phyllanthus flexuosus (Siebold et Zucc.) Müll. Arg., Prodr. (DC.) 15 (2): 324 (1866).

Cicca flexuosa Siebold et Zucc., Abh. Math.-Phys. Cl. Königl. Bayer. Akad. Wiss. 4 (2): 143 (1845); *Hemicicca japonica* Baill., Étude Euphorb. 646 (1858); *Phyllanthus japonicus* (Baill.) Müll. Arg., Linnaea 32: 52 (1863); *Glochidion flexuosum* (Siebold et Zucc.) Müll. Arg. ex Miq., Ann. Mus. Bot. Lugduno-Batavi 3: 128 (1867); *Hemicicca flexuosa* (Siebold et Zucc.) Hurus., Bot. Mag. (Tokyo) 60: 71 (1947).

安徽、江苏、浙江、湖南、湖北、四川、贵州、云南、福建、广东、广西；日本。

刺果叶下珠

●**Phyllanthus forrestii** W. W. Sm., Notes Roy. Bot. Gard. Edinburgh 8: 195 (1914).

Phyllanthus echinocarpus T. L. Chin, Acta Phytotax. Sin. 19 (3): 347 (1981).

湖北、四川、贵州、云南。

云贵叶下珠（雷波叶下珠，成凤叶下珠）

●**Phyllanthus franchetianus** H. Lév., Bull. Acad. Int. Géogr. Bot. 25: 23 (1915).

Phyllanthus leiboensis T. L. Chin, Acta Phytotax. Sin. 19 (3): 348 (1981).

四川、贵州、云南。

青灰叶下珠

Phyllanthus glaucus Wall. ex Müll. Arg., Linnaea 32: 14 (1863).

Phyllanthus fluggeiformis Müll. Arg., Prodr. (DC.) 15 (2): 349 (1866).

安徽、江苏、浙江、江西、湖南、湖北、四川、贵州、云南、西藏、福建、广东、广西、海南；不丹、尼泊尔、印度。

毛果叶下珠

Phyllanthus gracilipes (Miq.) Müll. Arg., Linnaea 32: 47 (1863).

Reidia gracilipes Miq., Fl. Ned. Ind. 1 (2): 374 (1859); *Eriococcus gracilis* Hassk., Tijdschr. Nat. Geschied. 10: 143 (1843), non *Phyllanthus gracilis* Roxb. (1832); *Reidia gracilis* (Hassk.) Miq., Fl. Ned. Ind. 1 (2): 373 (1859); *Phyllanthus concinnus* Ridl., J. Straits Branch Roy. Asiat. Soc. 59: 171 (1911); *Phyllanthus hullettii* Ridl., Bull. Misc. Inform. Kew 1923: 363 (1923); *Phyllanthus discofractus* Croizat, J. Arnold Arbor. 23 (1): 31 (1942).

广西；越南、泰国、印度尼西亚。

广东叶下珠

●**Phyllanthus guangdongensis** P. T. Li, Acta Phytotax. Sin. 25 (5): 376, pl. 2 (1987).

广东。

海南叶下珠（海南油柑）

●**Phyllanthus hainanensis** Merr., Lingnan Sci. J. 14 (1): 20, f. 6 (1935).

海南。

细枝叶下珠

●**Phyllanthus leptoclados** Benth., Fl. Hongk. 312 (1861).

Epistylium leptocladon Hance, Ann. Sci. Nat., Bot. Ser. 4, 18: 229 (1862); *Phyllanthus glabrocapsulus* F. P. Metcalf, Lingnan Sci. J. 10 (4): 483 (1931).

云南、福建、广东。

麻德拉斯叶下珠

☆**Phyllanthus maderaspatensis** L., Sp. Pl. 2: 982 (1753).

栽培于广东、香港；印度尼西亚、印度、巴基斯坦、斯里兰卡、澳大利亚；亚洲（东南部）、非洲。

单花水油甘

●**Phyllanthus nanellus** P. T. Li, Acta Phytotax. Sin. 25 (5): 376, pl. 1 (1987).

海南。

少子叶下珠（新竹油树）

●**Phyllanthus oligospermus** Hayata, Icon. Pl. Formosan. 9: 93 (1920).

台湾。

崖县叶下珠

Phyllanthus pachyphyllus Müll. Arg., Prodr. (DC.) 15 (2): 353 (1866).

Phyllanthus coriaceus Wall. ex Hook. f., Fl. Brit. Ind. 5: 292 (1887); *Phyllanthus klossii* Ridl., J. Fed. Malay States Mus. 10: 114 (1920); *Phyllanthus campanulatus* Ridl., Bull. Misc. Inform. Kew 1923: 362 (1923); *Phyllanthus frondosus* var. *rigidus* Ridl., Fl. Malay. Penin. 3: 203 (1924); *Phyllanthus annamensis* Beille, Fl. Indo-Chine 5: 585 (1927); *Phyllanthus sciadiostylus* Airy Shaw, Kew Bull. 23: 30 (1969).

海南；越南、泰国、马来西亚。

云桂叶下珠

Phyllanthus pulcher (Baill.) Wall. ex Müll. Arg., Linnaea 32: 49 (1863).

Epistylium pulchrum Baill., Étude Euphorb. 648 (1858); *Diasperus pulcher* (Baill.) Kuntze, Revis. Gen. Pl. 2: 600 (1891); *Phyllanthus asteranthos* Croizat, J. Jap. Bot. 16 (11): 655 (1940).

云南、广西；越南、老挝、缅甸、柬埔寨、马来西亚、印度尼西亚、印度。

小果叶下珠

Phyllanthus reticulatus Poir. in Lamark, Encycl. 5: 298 (1804).

Phyllanthus multiflorus Willd., Sp. Pl., ed. 4 [Willdenow] 4: 581 (1805), non Poir. (1804); *Kirganelia sinensis* Baill., Étude Euphorb. 614 (1858), *nom. inval.*; *Kirganelia reticulata* (Poir.) Baill., Étude Euphorb. 613 (1858); *Cicca microcarpa* Benth., Fl. Hongk. 312 (1861); *Phyllanthus microcarpus* (Benth.) Müll. Arg., Linnaea 32: 51 (1863); *Phyllanthus reticulatus* var. *glaber* Müll. Arg., Linnaea 32: 12 (1863), *nom. inval.*; *Phyllanthus sinensis* (Baill.) Müll. Arg., Linnaea 32: 12 (1863), *nom. inval.*; *Cicca reticulata* (Poir.) Kurz, Forest Fl. Burma 354 (1877); *Phyllanthus dalbergioides* Wall. ex J. J. Sm., Bijdr. Booms. Java 12: 67 (1910); *Glochidion microphyllum* Ridl., J. Straits Branch Roy. Asiat. Soc. 59: 173 (1911); *Phyllanthus takaoensis* Hayata, Icon. Pl. Formosan. 9: 94 (1920).

贵州、福建、广东、广西、海南；菲律宾、越南、老挝、泰国、柬埔寨、马来西亚、印度尼西亚、不丹、尼泊尔、印度、斯里兰卡、澳大利亚（东北部）；非洲（西部）。

瑞氏叶下珠

Phyllanthus rheedii Wight, Icon. Pl. Ind. Orient. 5, t. 1895 (1852).

广东、广西、香港；印度、斯里兰卡。

水油甘

●**Phyllanthus rheophyticus** M. G. Gilbert et P. T. Li, Fl. China 11: 188 (2008).

广东、海南。

云泰叶下珠（美丽叶下珠）

Phyllanthus sootepensis Craib, Contr. Fl. Siam. 185 (1911).

Phyllanthus subpulchellus Croizat, J. Jap. Bot. 16 (11): 652 (1940).

云南；泰国。

落羽杉叶下珠（滇橄榄）

Phyllanthus taxodiifolius Beille, Fl. Indo-Chine 5: 605 (1927).

云南、广西；越南、泰国、柬埔寨。

纤梗叶下珠

△**Phyllanthus tenellus** Roxb., Fl. Ind. (Roxburgh) 3: 668 (1832).

Phyllanthus corcovadensis Müll. Arg., Fl. Bras. 11 (2): 30 (1873).

归化于台湾、香港；原产于马斯克林群岛，现广布于世界热带和亚热带地区。

西南叶下珠（鲤下子，察瓦龙叶下珠）

●**Phyllanthus tsarongensis** W. W. Sm., Notes Roy. Bot. Gard. Edinburgh 13 (63-64): 177 (1921).

Phyllanthus hookeri auct. non Müll. Arg.: Croiz., J. Jap. Bot. 16: 652 (1940).

四川、云南、西藏。

红叶下珠（山杨桃，地五敛，鹧鸣）

Phyllanthus tsiangii P. T. Li, Acta Phytotax. Sin. 25 (5): 375 (1987).

Nymphanthus ruber Lour., Fl. Cochinch., ed. 2, 2: 541 (1790); *Phyllanthus ruber* (Lour.) Spreng., Syst. Veg. 3: 22 (1826), non Noroña (1790).

海南；越南。

叶下珠（阴阳草，假油树，珍珠草）

Phyllanthus urinaria L., Sp. Pl. 2: 982 (1753).

Phyllanthus cantoniensis Schweigg., Enum. Pl. Hort. Regiom. 54 (1812); *Phyllanthus lepidocarpus* Siebold et Zucc., Fl. Jap. Fam. Nat. 1: 35 (1845); *Phyllanthus leprocarpus* Wight, Icon. Pl. Ind. Orient. 5: t. 1895 (1852); *Phyllanthus chamaecerasus* Baill., Adansonia 2: 235 (1862).

河北、河南、安徽、湖南、湖北、贵州、福建、广东、广西、海南；日本、越南、老挝、泰国、马来西亚、印度尼西亚、不丹、尼泊尔、印度、斯里兰卡；南美洲。

蜜柑草（飞蛇仔）

Phyllanthus ussuriensis Rupr. et Maxim., Bull. Cl. Phys.-Math. Acad. Imp. Sci. Saint-Pétersbourg Ser. 3, 15: 222 (1857).

Phyllanthus anceps Willd., Fl. Hongk. 311 (1861); *Phyllanthus simplex* var. *chinensis* Müll. Arg., Linnaea 32: 33 (1863); *Phyllanthus simplex* var. *ussuriensis* (Rupr. et Maxim.) Müll. Arg., Prodr. (DC.) 15 (2): 391 (1866); *Phyllanthus matsumurae* Hayata, J. Coll. Sci. Imp. Univ. Tokyo 20: 11, pl. 1 E (1904); *Phyllanthus wilfordii* Croizat et F. P. Metcalf, Lingnan Sci. J. 20 (2-4): 194 (1942); *Phyllanthus virgatus* var. *chinensis* (Müll. Arg.) G. L. Webster, J. Jap. Bot. 46 (3): 68 (1971).

黑龙江、吉林、辽宁、山东、安徽、江苏、浙江、江西、湖南、湖北、福建、台湾、广东、广西；蒙古国、日本、朝鲜、俄罗斯（东南部）。

黄珠子草（细叶油树）

Phyllanthus virgatus G. Forst., Fl. Ins. Austr. 65 (1786).

Phyllanthus simplex Retz., Observ. Bot. (Retzius) 5: 29 (1789); *Phyllanthus simplex* var. *virgatus* (G. Forst.) Müll. Arg., Linnaea 32: 33 (1863).

河北、山西、河南、陕西、浙江、湖南、湖北、四川、贵州、云南、台湾、广东、广西、海南；越南、老挝、泰国、柬埔寨、马来西亚、印度尼西亚、不丹、尼泊尔、印度、斯里兰卡、太平洋岛屿（波利尼西亚）。

龙胆木属 Richeriella Pax et K. Hoffm.

龙胆木

Richeriella gracilis (Merr.) Pax et K. Hoffm., Pflanzenr. (Engler) 81 (IV. 147. XV): 30 (1921).

Baccaurea gracilis Merr., Philipp. J. Sci. 1 (Suppl. 3): 203 (1906); *Flueggea gracilis* (Merr.) Petra Hoffm., Kew Bull. 61 (1): 44 (2006).

海南；菲律宾、泰国。

守宫木属 Sauropus Blume

守宫木

Sauropus androgynus (L.) Merr., Bull. Bur. Forest. Philipp. Islands 1: 30 (1903).

Clutia androgyna L., Mant. Pl. 1: 128 (1767); *Agyneia ovata* Lam. ex Poir., Encycl. Suppl. 1: 243 (1810); *Sauropus albicans* Blume, Bijdr. Fl. Ned. Ind. 596 (1825); *Phyllanthus strictus* Roxb., Fl. Ind. (Roxburgh) 3: 670 (1832); *Sauropus retroversus* Wight, Icon. Pl. Ind. Orient. 6: 6, pl. 1951 (1853); *Sauropus indicus* Wight, Icon. Pl. Ind. Orient. 6: 6, pl. 1952 (1853); *Sauropus gardnerianus* Wight, Icon. Pl. Ind. Orient. 6: 6, pl. 1951 (1853); *Sauropus zeylanicus* Wight, Icon. Pl. Ind. Orient. 6: 6, pl. 1952 (1853); *Sauropus sumatranus* Miq., Fl. Ned. Ind., Eerste Bijv. 446 (1861); *Sauropus albicans* var. *intermedius* Müll. Arg., Linnaea 32: 72 (1863); *Sauropus albicans* var. *gardnerianus* (Wight) Müll. Arg., Linnaea 32: 72 (1863); *Sauropus albicans* var. *zeylanicus* (Wight) Müll. Arg., Prodr. (DC.) 15 (2): 241 (1866); *Aalius androgyna* (L.) Kuntze, Revis. Gen. Pl. 2: 591 (1891); *Aalius retroversa* (Wight) Kuntze, Revis. Gen. Pl. 2: 591 (1891); *Aalius sumatrana* (Miq.) Kuntze, Revis. Gen. Pl. 2: 591 (1891); *Sauropus scandens* C. B. Rob., Philipp. J. Sci. 4: 72 (1909); *Sauropus parviflorus* Pax et K. Hoffm., Pflanzenr. (Engler) 81 (IV. 147. XV): 218

(1921); *Sauropus convexus* J. J. Sm., Bull. Jard. Bot. Buitenzorg, sér. 3, 6: 82 (1924).
云南、广东、广西、海南；缅甸、印度、孟加拉国、斯里兰卡、菲律宾、越南、老挝、柬埔寨、泰国、马来西亚、印度尼西亚。

艾堇（艾堇守宫木，红果草）

Sauropus bacciformis (L.) Airy Shaw, Kew Bull. 35: 685 (1980).
Phyllanthus bacciformis L., Mant. Pl. 2: 294 (1771); *Phyllanthus racemosus* L. f., Suppl. Pl. 415 (1782); *Emblica grandis* Gaertn., Fruct. Sem. Pl. 2: 123 (1790); *Agyneia bacciformis* (L.) A. Juss., Euphorb. Gen. 24 (1824); *Emblica racemosa* (L. f.) Spreng., Syst. Veg., ed. 16, 3: 20 (1826); *Agyneia phyllanthoides* Spreng., Syst. Veg., ed. 16, 3: 19 (1826); *Emblica annua* Raf., Sylva Tellur. 91 (1838); *Diplomorpha herbacea* Griff., Not. Pl. Asiat. 4: 479 (1854); *Agyneia bacciformis* var. *oblongifolia* Müll. Arg., Linnaea 32: 71 (1863); *Agyneia bacciformis* var. *angustifolia* Müll. Arg., Linnaea 32: 72 (1863); *Agyneia affinis* Kurz ex Teijsm. et Binn., Tijdschr. Ned. Ind. 27: 118 (1864); *Diplomorpha bacciformis* (L.) Kuntze, Revis. Gen. Pl. 2: 603 (1891); *Phyllanthus goniocladus* Merr. et Chun, Sunyatsenia 2 (3-4): 260, t. 51 (1935); *Agyneia taiwaniana* H. Keng, J. Wash. Acad. Sci. 41 (6): 200 (1951); *Agyneia gonioclada* (Merr. et Chun) H. Keng, J. Wash. Acad. Sci. 41 (6): 201 (1951); *Synostemon bacciforme* (L.) G. L. Webster, Taxon 9 (1): 26 (1960).
台湾、广东、广西、海南；菲律宾、越南、泰国、马来西亚、印度尼西亚、印度、孟加拉国、斯里兰卡、印度洋群岛（毛里求斯、留尼汪）。

茎花守宫木

Sauropus bonii Beille, Fl. Indo-Chine 5: 651 (1927).
广西；越南。

石山守宫木（石山越南菜）

●**Sauropus delavayi** Croizat, J. Arnold Arbor. 21 (4): 496 (1940).
Sauropus orbicularis auct. non Craib: Beille, Fl. Indo-Chine 5: 655 (1927).
云南、广西。

苍叶守宫木（滇越南菜）

Sauropus garrettii Craib, Bull. Misc. Inform. Kew 1914 (8): 284 (1914).
Sauropus yunnanensis Pax et K. Hoffm., Pflanzenr. (Engler) 81 (IV. 147. XV): 220 (1921); *Sauropus chorisepalus* Merr. et Chun, Sunyatsenia 2 (1): 10, t. 5 (1934); *Sauropus androgynus* auct. non (L.) Merr.: Fl. Hupeh. 2: 366, f. 1267 (1979).
湖北、四川、贵州、云南、广东、广西、海南；老挝、缅甸、泰国。

长梗守宫木

Sauropus macranthus Hassk., Retzia 1: 166 (1855).
Sauropus spectabilis Miq., Fl. Ned. Ind., Eerste Bijv. 446 (1861); *Sauropus macrophyllus* Hook. f., Fl. Brit. Ind. 5: 333 (1887); *Aalius macrophylla* (Hook. f.) Kuntze, Revis. Gen. Pl. 2: 591 (1891); *Aalius macrantha* (Hassk.) Kuntze, Revis. Gen. Pl. 2: 591 (1891); *Sauropus grandifolius* Pax et K. Hoffm., Pflanzenr. (Engler) 81 (IV. 147. XV): 220 (1921); *Sauropus grandifolius* var. *tonkinensis* Beille, Fl. Indo-Chine 5: 648 (1927); *Sauropus longipedicellatus* Merr. et Chun, Sunyatsenia 2 (1): 34 (1934).
云南、广东、海南；菲律宾、老挝、缅甸、泰国、马来西亚、印度尼西亚、印度、澳大利亚（北部）。

盈江守宫木

Sauropus pierrei (Beille) Croizat, J. Arnold Arbor. 21 (4): 494 (1940).
Breyniopsis pierrei Beille, Fl. Indo-Chine 5: 630, f. 75: 1-9 (1927).
云南；越南、老挝、柬埔寨、加里曼丹岛。

方枝守宫木（四角越南菜，扁枝守宫木，扁缩守宫木）

Sauropus quadrangularis (Willd.) Müll. Arg., Linnaea 32: 73 (1963).
Phyllanthus quadrangularis Willd., Sp. Pl., ed. 4 [Willdenow] 4: 585 (1805); *Phyllanthus rhamnoides* Willd., Sp. Pl., ed. 4 [Willdenow] 4: 580 (1805); *Ceratogynum rhamnoides* Wight, Icon. Pl. Ind. Orient. 5 (2): 26 (1852); *Sauropus ceratogynum* Baill., Étude Euphorb. 635 (1858); *Sauropus rigidus* Thwaites, Enum. Pl. Zeyl. 284 (1861); *Phyllanthus leschenaultii* var. *tenellus* Müll. Arg., Linnaea 32: 38 (1863); *Sauropus compressus* Müll. Arg., Prodr. (DC.) 15 (2. 2): 243 (1866); *Sauropus pubescens* Hook. f., Fl. Brit. Ind. 5: 335 (1887); *Sauropus concinnus* Collett et Hemsl., J. Linn. Soc., Bot. 28: 123 (1890); *Aalius rigida* (Thwaites) Kuntze, Revis. Gen. Pl. 2: 591 (1891); *Aalius quadrangularis* Kuntze, Revis. Gen. Pl. 2: 591 (1891); *Aalius pubescens* (Hook. f.) Kuntze, Revis. Gen. Pl. 2: 591 (1891); *Aalius compressa* (Müll. Arg.) Kuntze, Revis. Gen. Pl. 2: 591 (1891); *Aalius ceratogynum* Kuntze, Revis. Gen. Pl. 2: 591 (1891); *Sauropus quadrangularis* var. *compressus* (Müll. Arg.) Airy Shaw, Kew Bull. 26 (2): 337 (1972).
云南、西藏、广西；越南、老挝、缅甸、泰国、柬埔寨、不丹、尼泊尔、印度。

波萼守宫木

Sauropus repandus Müll. Arg., Flora 55: 2 (1872).
云南；不丹、印度。

网脉守宫木

●**Sauropus reticulatus** S. L. Mo ex P. T. Li, Acta Phytotax. Sin. 25 (2): 133 (1987).
云南、广西。

短尖守宫木

Sauropus similis Craib, Bull. Misc. Inform. Kew 1911: 457 (1911).
云南；缅甸、泰国。

龙脷叶（龙舌叶，龙味叶）

☆**Sauropus spatulifolius** Beille, Fl. Indo-Chine 5: 652 (1927).
Sauropus changianus S. Y. Hu, J. Arnold Arbor. 32 (4): 393, t. 1, f. 12-15 (1951); *Sauropus rostratus* auct. non Miq.: F. C. How, Fl. Guangzhou. 269, f. 134 (1956).
栽培于福建、广东、广西；原产于越南北部。

三脉守宫木

Sauropus trinervius Hook. f. et Thomson ex Müll. Arg., Linnaea 32: 72 (1863).
Phyllanthus trinervius Wall., Numer. List n. 7922 (1828), *nom. inval.*; *Aalius trinervius* (Hook. f. et Thomson ex Müll. Arg.) Kuntze, Revis. Gen. Pl. 2: 591 (1891).
云南；印度、孟加拉国。

尾叶守宫木

●**Sauropus tsiangii** P. T. Li, Acta Phytotax. Sin. 25 (2): 135 (1987).
广西。

多脉守宫木

●**Sauropus yanhuianus** P. T. Li, Acta Phytotax. Sin. 25 (2): 134 (1987).
云南。

本书主要参考文献

刘慎谔. 1958. 东北木本植物图志. 北京: 科学出版社: 568.

王焕冲. 2014. 亚洲产悬钩子属空心莓亚属植物的分类修订. 北京: 中国科学院大学博士学位论文.

王清隆, 邓云飞, 黄明忠, 王祝年, 宴小霞. 2012. 中国大戟科一新记录属——小果木属. 热带亚热带植物学报, 20(5): 517-519.

王文采. 2014. 中国楼梯草属植物. 青岛: 青岛出版社: 393.

于慧, 叶华谷, 夏念和. 2008. 国产冻绿属的分类处理. 热带亚热带植物学报, 16(4): 366-369.

Angiosperm Phylogeny Group (APG). 2009. An update of the Angiosperm Phylogeny Group classification for the orders and families of flowering plants: APG Ⅲ. Botanical Journal of the Linnean Society, 161(2): 105-121.

Chin S W, Shaw J, Haberle R, Wen J, Potter D. 2014. Diversification of almonds, peaches, plums and cherries-Molecular systematics and biogeographic history of *Prunus* (Rosaceae). Molecular Phylogenetics and Evolution, 76: 34-48.

Deng T, Kim C K, Zhang D G, Zhang J W, Li Z M, Sun H. 2013. *Zhengyia shennongensis*: a new bulbiliferous genus and species of the nettle family (Urticaceae) from central China exhibiting parallel evolution of the bulbil trait. Taxon, 62(1): 89-99.

Fryer J, Hylmö B. 2009. Cotoneasters, a Comprehensive Guide to Shrubs for Flowers, Fruit, and Foliage. Portland: Timber Press: 344.

Haston E, Richardson J E, Stevens P F, Chase M W, Harris D J. 2009. The linear angiosperm phylogeny group (LAPG) III: a linear sequence of the families in APG Ⅲ. Botanical Journal of the Linnean Society, 161 (2): 128-131.

Herbert J. 2005. New combinations and a new species in *Morella* (Myricaceae). *Novon*, 15: 293-295.

Hubert F, Grimm G W, Jousselin E, Berry V, Franc A, Kremer A. 2014. Multiple nuclear genes stabilize the phylogenetic backbone of the genus *Quercus*. Systematics and Biodiversity, 2014: 1-19.

Ma J S. 2001. A revision of *Euonymous* (Celastraceae). Thaiszia-Journal of Botany, 11: 1-264.

McAllister H. 2005. The Genus *Sorbus*, Moutain Ash and Other Rowans. London: The Royal Botanic Gardens, Kew: 252.

McKenna M J, Simmons M P, Bacon C D, Lombardi J A. 2011. Delimitation of the Segregate Genera of *Maytenus s. l.* (Celastraceae) based on morphological and molecular characters. Systematic Botany, 36(4): 922-932.

McNeill J, Barrie F R, Buck W R, et al. 2012. International Code of Nomenclature for algae, fungi, and plants (Melbourne Code), adopted by the Eighteenth International Botanical Congress, Melbourne, Australia, July 2011. Regnum Vegetabile 154 A. R. G. Gantner Verlag, Ruggell: 288.

Potter D, Eriksson T, Evans R C, Oh S H, Smedmark J E E, Morgan D R, Kerr M, Robertson K R, Arsenault M, Dickinson T A, Campbell C S. 2007. Phylogeny and classification of Rosaceae. Plant Systematics and Evolution, 266: 5-43.

Shi S, Li J L, Sun J H, Yu J, Zhou S L. 2013. Phylogeny and classification of *Prunus sensu lato* (Rosaceae). Journal of Integrative Plant Biology, 35 (11): 1069-1079.

Soják J. 2010. *Argentina* Hill, a genus distinct from *Potentilla* (Rosaceae). Thaiszia, 20: 91-97.

Sun M, Lin Q. 2010. A revision of *Elaeagnus* L. (Elaeagnaceae) in mainland China. Journal of Systematics and Evolution, 48(5): 356-390.

Wiersema J H, McNeill J, Turland N J, et al. 2015. International Code of Nomenclature for algae, fungi, and plants (Melbourne Code), adopted by the Eighteenth International Botanical Congress, Melbourne, Australia, July 2011. Appendices Ⅱ-Ⅷ Koeltz Scientific Books, Bratislava: 492.

Wilmot-Dear C M, Friis I. 2013. The Old World species of *Boehmeria* (Urticaceae, tribus Boehmerieae). A taxonomic revision. Blumea, 58: 85-216.

Wu Z Y, Raven P H, Hong D Y. 1994-2013. Flora of China, vol. 1-25. Beijing: Science Press & St. Louis: Missouri Botanical Garden Press.

主要参考网站

Biodiversity Heritage Library: http://www.biodiversitylibrary.org/
eFloras: http://www.efloras.org/
JSTOR Global Plants: http://plants.jstor.org/
The Plant List: http://www.theplantlist.org/
Tropicos: http://www.tropicos.org/Home.aspx
The International Plant Names Index: http://www.ipni.org/

中文名索引

A

B

D

E

F

G

H

J

Y

K

L

M

N

O

P

Q

R

S

T

W

Y

Z

学名索引

A

B

C

D

E

F

G

M

N

O

P

Q

R

S

T

U

V

W

Z